Biotechnologie für Einsteiger

Reinhard Renneberg · Darja Süßbier
Viola Berkling · Vanya Loroch

BIOTECHNOLOGIE FÜR EINSTEIGER

5. Auflage

Springer Spektrum

Reinhard Renneberg
MCI Management Center Innsbruck
Innsbruck, Österreich

Darja Süßbier
Berlin, Deutschland

Viola Berkling
Oschersleben, Deutschland

Vanya Loroch
Communication and training in life sciences
Châtel-sur-Rolle, Schweiz

ISBN 978-3-662-56283-3

Die Deutsche Nationalbibliothek verzeichnet diese Publikation in der Deutschen Nationalbibliografie; detaillierte bibliografische Daten sind im Internet über http://dnb.d-nb.de abrufbar.

Springer Spektrum
© Springer-Verlag GmbH Deutschland 2006, 2007, 2010, 2013, 2018

Verantwortlich im Verlag: Sarah Koch
Redaktion: Andreas Held
Einbandgestaltung: deblik, Berlin
Titelgrafik: Darja Süßbier unter Verwendung eines Fotos von Prof. Wei Shyy, Hongkong
Layout/Satz: Darja Süßbier

Gedruckt auf säurefreiem und chlorfrei gebleichtem Papier

Springer Spektrum ist Teil von Springer Nature
Die eingetragene Gesellschaft ist Springer-Verlag GmbH Deutschland
Die Anschrift der Gesellschaft ist: Heidelberger Platz 3, 14197 Berlin, Germany

NICHTS IST MÄCHTIGER ALS EINE IDEE,
DEREN ZEIT GEKOMMEN IST.

Victor Hugo

DAS GLÜCK TRIFFT DEN
VORBEREITETEN GEIST.

Louis Pasteur

ICH SAGE VORAUS,
DASS DIE DOMESTIZIERUNG
DER BIOTECHNOLOGIE UNSER KÜNFTIGES LEBEN
IN DEN NÄCHSTEN 50 JAHREN
MINDESTENS SO DOMINIEREN WIRD,
WIE DIE DOMESTIZIERUNG DER
COMPUTER UNSER LEBEN IN DEN LETZTEN
50 JAHREN DOMINIERT HAT.

Freeman Dyson (2007)

Meiner wundervollen Mutter
Ilse Renneberg (1928–2016) in Liebe
und Dankbarkeit gewidmet

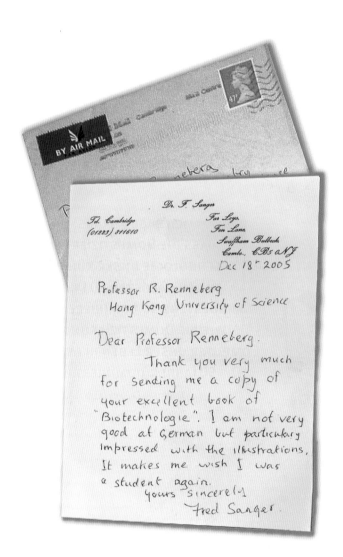

Dr. F. Sanger

Tel. Cambridge
(01223) 811610

Far Leys
Fen Lane
Swaffham Bulbeck
Cambs. CB5 0NJ
Dec 18th 2005

Professor R. Renneberg
Hong Kong University of Science

Dear Professor Renneberg,
 Thank you very much
for sending me a copy of
your excellent book of
"Biotechnologie". I am not very
good at German but particularly
impressed with the illustrations.
It makes me wish I was
a student again.
 Yours sincerely
 Fred Sanger.

Fred Sanger (1918–2013) vor dem Wellcome Trust Sanger Institute in Cambridge (oben) und im Kellerlabor in Cambridge während seiner Insulin-Sequenzierung

Ein Brief aus Cambridge

Frederick Sanger war als Kind einer meiner Helden. Ich bewunderte seinen Scharfsinn, seine Ausdauer im Kellerlabor bei der Insulinanalyse, seine Bescheidenheit und später natürlich seine zwei Nobelpreise.

Gleich als dieses Buch fertig wurde, schickte ich auf gut Glück per Eilpost ein Exemplar nach Cambridge, ohne Hoffnung auf Antwort.

Und dann bekam ich in Hongkong nach vier Monaten einen handgeschriebenen Brief des mittlerweile Verstorbenen.

Liebe Studenten, die Sie dieses lesen:
Fred Sanger würde liebend gerne einer von IHNEN sein! Denn die biotechnologische Revolution hat gerade erst begonnen.
Viel Glück, Erfolg und Spaß am Entdecken!

Reinhard Renneberg, Hongkong

MITARBEITER

Mitarbeit am gesamten Buch

Francesco Bennardo, Liceo Scientifico
S. Valentini, Castrolibero, Cosenza

Ming Fai Chow, Hongkong

Jan F. Engels, FH Aachen

David S. Goodsell, The Scripps Research
Institute, La Jolla

Oliver Kayser, TU Dortmund

Oliver Ullrich, Hochschule für
Angewandte Wissenschaften Hamburg

Mitarbeit an Einzelkapiteln

Rita Bernhardt, Universität des
Saarlandes, Saarbrücken

Uwe Bornscheuer, Ernst-Moritz-Arndt-
Universität, Greifswald

George Cautherley, R&C Biogenius,
Hongkong

Ananda M. Chakrabarty, University of
Illinois, Chicago

David P. Clark, Southern Illinois
University, Carbondale

Arnold L. Demain, Drew University,
Madison

Theodor Dingermann, Johann-Wolfgang-
Goethe-Universität, Frankfurt/M.

Stefan Dübel, Technische Universität
Braunschweig

Jan Frederick Engels, HKUST Hongkong

Christiane Engels

Roland Friedrich, Justus-Liebig-
Universität Gießen

Peter Fromherz, Max-Planck-Institut für
Biochemie, Martinsried/München

Dietmar Fuchs, Universität Innsbruck

Saburo Fukui (†), Universität Kyoto

Karla Gänßler, Gerswalde

Oreste Ghisalba, Ghisalba Life Sciences
GmbH, Reinach

Christoph Griesbeck, Management
Center Innsbruck

Horst Grunz, Universität Duisburg-Essen

Georges Halpern, University of California
Davis

Albrecht Hempel, Zentrum für
Energie- und Umweltmedizin, Dresden

Choy-L. Hew, National University
of Singapore

Franz Hillenkamp, Universität Münster

Bertold Hock, Technische Universität
München

Martin Holzhauer, IMTEC, Berlin-Buch

Jon Huntoon, The Scripps Research
Institute, La Jolla

Frank Kempken, Christian-Albrechts-
Universität Kiel

Albrecht F. Kiderlen, Robert-Koch-
Institut, Berlin

Uwe Klenz, Institut für Physikalische
Hochtechnologie e.V. Jena

Louiza Law, Hongkong

Inca Lewen-Dörr, GreenTec., Köln

Hwa A. Lim, D'Trends Inc., Silicon Valley

Jutta Ludwig-Müller, Technische
Universität Dresden

Stephan Martin, Deutsches Diabetes-
Zentrum, Düsseldorf

Alex Matter, Novartis Singapur

Wolfgang Meyer, Berlin

Marc van Montagu, Max-Planck-Institut
für Pflanzenzüchtung, Köln

Werner Müller-Esterl, Präsident der
Johann-Wolfgang-Goethe-Universität,
Frankfurt/M.

Reinhard Niessner, Technische
Universität München

Susanne Pauly, Hochschule Biberach

Jürgen Polle, Brooklyn College of the City
University of New York

Tom Rapoport, Harvard Medical School,
Boston

Matthias Reuss, Universität Stuttgart

Hermann Sahm, Forschungszentrum
Jülich

Der MEISTER James Watson sprach diese
weisen Worte...

Frieder W. Scheller, Universität Potsdam

Steffen Schmidt, Berlin

Olaf Schulz, Interventionelle Kardiologie
Spandau, Berlin

Andreas Sentker, Die Zeit, Hamburg

Georg Sprenger, Universität Stuttgart

Eric Stewart, INSERM-University Paris 5

Gary Strobel, Montana State University,
Bozeman

Kurt Stüber, Köln

Atsuo Tanaka, Universität Kyoto

Dieter Trau, National University of
Singapore

Thomas Tuschl, Rockefeller University,
New York

Larry Wadsworth, Texas A&M University

Terence S. M. Wan, Head of Racing
Laboratory, The Hong Kong Jockey Club

Christian Wandrey, Institut für Biotechnologie, Forschungszentrum Jülich

Zeng-yu Wang, The Noble Foundation,
Ardmore, Oklahoma

Eckhard Wellmann, Universität Freiburg

Michael Wink, Ruprecht-Karls-Universität
Heidelberg

Dieter Wolf, Boehringer-Ingelheim,
Biberach

Leonhard Zastrow, Coty Inc., Monaco

Mit Beiträgen von ...

Wolfgang Aehle, B.R.A.I.N. AG, Zwingenberg

Werner Arber, Basel, Präsident der Päpstlichen Akademie der Wissenschaften, Rom

Susan R. Barnum, Miami University, Oxford

Hildburg Beier, Universität Würzburg

Ian und John Billings, Norwick Philatelics, Dereham (GB)

Ananda M. Chakrabarty, University of Illinois, Chicago

Cangel Pui Yee Chan, Chinese University of Hong Kong, Prince of Wales Hospital, Hongkong

David P. Clark, Southern Illinois University, Carbondale

Charles Coutelle, Imperial College, London

Jared Diamond, University of California, Los Angeles

Carl Djerassi (†), Stanford University

Stefan Dübel, Technische Universität Braunschweig

Akira Endo, Professor emeritus, Universität Tokio

Hermann Feldmeier, Institut für Mikrobiologie und Hygiene der Charité, Berlin

Ernst Peter Fischer, Universität Konstanz

Michael Gänzle, University of Alberta, Edmonton

Erhard Geißler, Professor emeritus, Max-Delbrück-Centrum für Molekulare Medizin Berlin-Buch

Oreste Ghisalba, Ghisalba Life Sciences GmbH, Reinach (Schweiz)

David S. Goodsell, Scripps Institute, La Jolla

Susan A. Greenfield, Oxford University

Alan E. Guttmacher, National Institute Child Health and Human Developent (NICHD)

Christian Haass, Deutsches Zentrum für Neurodegenerative Erkrankungen, München

Frank Hatzak, Novozymes Dänemark

Wolfgang Huber, Bischof a. D., Berlin

Sir Alec Jeffreys, University of Leicester

Alexander Kekulé, Universität Halle-Wittenberg

Shukuo Kinoshita (†), Tokio

Manfred Kircher, CLIB2021 – Cluster industrielle Biotechnologie e.V., Düsseldorf

Jörg Knäblein, Bayer Schering Pharma, Berlin

Stephen Korsman, Walter Sisulu University, Südafrika

James W. Larrick, Panorama Research Institute, Silicon Valley

Frances S. Ligler, US Naval Research Lab, Washington, DC

Alan MacDiarmid (†), University of Pennsylvania, Philadelphia

Siddharta Mukherjee, Columbia University, New York

Dominik Paquet, Medizinische Universität München

Alexander Pfeifer, Rheinische Friedrich-Wilhelms-Universität Bonn

Ingo Potrykus, Humanitarian Golden Rice Board & Network, Schweiz

Richard David Precht, Leuphana-Universität, Lüneburg

Wolfgang Preiser, Stellenbosch University, Südafrika

Timothy H. Rainer, Chinese University of Hong Kong, Prince of Wales Hospital

Jens Reich, Max-Delbrück-Centrum, Berlin-Buch

Michael K. Richardson, Universität Leiden, NL

Stefan Rokem, Hebräische Universität, Jerusalem, I

Frederick Sanger (†), Cambridge

Sujatha Sankula, National Center for Food and Agricultural Policy, Washington

Gottfried Schatz (†), Professor emeritus, Universität Basel

Sally Smith Hughes, University of California, Berkeley

Gerd Spelsberg, TransGen, Aachen

Gary A. Strobel, Montana State University, Bozman

Jürgen Tautz, BEEgroup, Universität Würzburg

Christian Wandrey, Institut für Biotechnologie, Forschungszentrum Jülich

Fuwen Wei, Key Lab of Animal Ecology and Conversation Biology, Beijing

Katrine Whiteson, San Diego State University, California

Ian Wilmut, Roslin Institute, Edinburgh

Michael Wink, Ruprecht-Karls-Universität Heidelberg

Christoph Winterhalter, Wacker Chemie AG, München

Eckhard Wolf, Universität München

Boyd Woodruff (†), Watchung, USA

Daichang Yang, Wuhan University, China

Holger Zinke, B.R.A.I.N. AG, Zwingenberg

INHALT

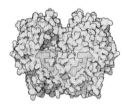

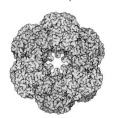
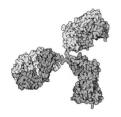

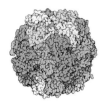

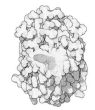

Boxen

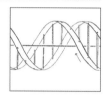

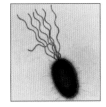

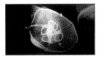

VORWORT

David Goodsell, Molekül-Grafiker, bekennender Yoga-Praktiker und Nanobiotech-Visionär

Darja Süßbier, Wissenschafts-grafikerin, mit Ridgeback-Hündin „Freya"

Vanya Loroch, Basel, begnadeter Biotech-Lehrer

Lange Vorworte liest kein Mensch! Also kurz: Warum ist dieses Buch entstanden?

Aus **Neugier und Begeisterung**. Schon als kleiner Junge las ich alles, was mir die Welt erklärte. Heute, als Wissenschaftler, ist für mich die Biotechnologie das spannendste Thema überhaupt, denn es geht um *uns* und unsere Zukunft! Was kann aufregender sein?

Aus **Sucht nach Allwissen**. Beim Lesen stellte ich fest, dass »ich weiß, dass ich nichts weiß«. Ich wäre gerne ein Universalgelehrter geworden, so wie manche Wissenschaftler in der Renaissance. Aber das ist heutzutage völlig unmöglich. Sich einen Gesamtüberblick über ein Gebiet zu verschaffen, ist gerade noch leidlich machbar. Aber darüber hinaus braucht man die Zusammenarbeit mit Wissenschaftlern, die auf Nachbargebieten Spezialisten sind.

Was das betrifft, hatte ich gleich mit zwei Olivers Glück: **Oliver Kayser** aus Berlin (jetzt Dortmund) und **Oliver Ullrich** aus Hamburg – beide ziemlich „allwissend" – haben alles mitgelesen und mitgestaltet. Danke! Zu kniffligen Gebieten habe ich eine Reihe von Experten befragt und deren Meinungen (oft stark gekürzt) in Boxen gezwängt. Auf Seite VII sind meine fachlichen Wohltäter genannt, bei denen ich mich herzlich bedanke.
Hoffentlich wurde niemand vergessen!

Aus **Faulheit**. Seit 22 Jahren lehre ich Analytische Biotechnologie und Chemie in Hongkong. Meine chinesischen Chemiestudenten wissen fast nichts über Bierbrauen, Enzymwaschmittel, DNA, ölfressende Bakterien, „Goldenen Reis", *GloFish®*, Herzinfarkt oder das Humangenomprojekt. Also enthalten meine Seminare immer einen zeitraubenden Exkurs in Biotechnologie. Meine Hinweise auf ein Literaturverzeichnis von 88 Bio-Büchern halfen bislang nichts: Die Studenten wollen *ein* Buch haben! In Zukunft kann ich sagen: „Kauft und lest mein Buch, dann wisst ihr alles Wichtige!"

Aus **Spaß**. »Kreativität ist alles«, sagte **Picasso**. Es war ein Riesenvergnügen, mit **Darja Süßbier**, der für mich besten „Bio-Grafikerin" Deutschlands, zusammen einen ganz neuartigen Lehrbuchtyp zu planen und zu gestalten. Alle meine – bisweilen spontanen oder unausgereiften – Ideen hat sie aufgegriffen und kongenial umgesetzt. Jede andere Grafikerin wäre mit meinem Chaos irre geworden. Danke, Dascha!

Dass **David Goodsell** in La Jolla seine großartigen Molekülgrafiken zum Buch beisteuern würde, war für mich ein Traum, der wahr wurde.

Als mir das Nachzählen der Kohlenstoffatome des Taxols langweilig wurde, stieß **Francesco Bennardo** aus Italien dazu und zauberte über Nacht Raummodelle wichtiger Moleküle. Das alles hat riesigen Spaß gemacht!

Aus **Bildersucht**. In Asien wird traditionell alles bildlich dargestellt. Während der Google-Suche nach Bildern habe ich mich an Biotech-Abbildungen berauscht. Der Verlag war anfangs erschrocken, wie aus dem „schönen weißen Textbuch in zwei Farben" schrittweise eine Farbexplosion aus Bildern wurde. Es ist kaum ein weißer Fleck übrig geblieben! Oder?

Ein Problem war bei so vielen Abbildungen die Rechteklärung. Dennoch haben fast alle Rechteinhaber positiv reagiert. Der Ringier-Verlag hat mir freundlicherweise alle Rechte des früheren Urania-Verlags in Leipzig an meinem ersten Buch *Bio-Horizonte* überlassen. Der Urania-

Cheflektor **Bernd Scheiba** hat auf mich verdienstvollerweise das Buch-mach-Virus übertragen: „Wer schreibt, bleibt!"

Einige, wie die GBF Braunschweig, die Roche Penzberg, Degussa, die Netzwerke Transgen und Biosicherheit, haben Dutzende von Bildern genehmigt und mit Zehn-Megabyte-Mails meinen Server erfreut. **Larry Wadsworth** aus Texas hat mir Fotos sämtlicher geklonten Tiere geschickt. Wenn ich jemanden nicht als Bildautor zitiert oder erreicht habe, bitte melden. Es war keine böse Absicht!

Der Leser wird sicherlich auch meine eigenen Bilder bemerken: Katzen, Vögel, Frösche, Delfine, Speis und Trank, China, Japan, Afrika – alles wurde auf die Biotech-Buchverwertung hin fotografiert. Ich hoffe, es nervt Sie nicht, den Verfasser des Öfteren im Selbstexperiment zu sehen.

Aus **Kommunikationswut**. Es gab nichts Schöneres für mich, als frühmorgens mit einer Tasse Kaffee in der Hand und Blick aufs Südchinesische Meer den Laptop zu öffnen und dann zu schauen, was über Nacht an Post von den Kleinen und Großen der Biotech-Szene oder an neuen Layouts von Dascha aus Berlin eingetroffen war. Es sind bestimmt 10 000 Mails hin und her gegangen, und jedes Mal war es wie Weihnachten! Danke, Internet, ohne dich wäre das Buch nicht entstanden. Ich sitze auf einer subtropischen Insel, drücke ein paar Tasten und in Deutschland wird ein schönes Buch daraus! **Jules Verne** wäre beeindruckt.

Wer hatte die **Idee**? Es war **Merlet Behncke-Braunbeck**, die mir das feste Versprechen abnahm, meine Buchidee als Lehrbuch zu realisieren. Das hoch motivierte, effektive und zugleich charmante Lektoratsteam hat sicherlich manchmal leise geflucht, wenn ich wieder einmal ein ganzes Kapitel über Nacht umgestellt oder „bereichert" hatte, aber mir und Dascha immer wunderbar den Rücken gestärkt. Danke, liebe Damen!

Wie kann man das Buch benutzen?

Als **Einsteiger-Buch**: Sie sind Studienanfänger an Fachhochschulen und Universitäten oder auch als Lehrer, Journalist oder einfach als begeisterter Mensch an Biotechnologie interessiert.

Als **Lehrbuch für Studenten**: Sie arbeiten sich systematisch durch die Kapitel und versuchen, die acht Fragen am Ende jedes Kapitels zu beantworten.

Als **Aha-Erlebnis**: Sie blättern im Buch und lesen sich (hoffentlich) fest. Fehlende Informationen erfahren Sie in anderen Kapiteln, im Glossar, oder aber in Fachbüchern und im Internet.

Als **Lexikon**: Sie stoßen auf eine Frage aus dem Bereich der Biotechnologie und schauen hier mal nach. Das Internet oder spezielle Lehrbücher vermitteln Ihnen weitere Informationen.

Ob das gut geht? Manche Kollegen mögen die Nase rümpfen. Das Buch ist ein Experiment! Ich hasse langweilige Bücher – Bäume sind dafür umsonst gestorben.

Ich freue mich über jeden Kommentar der Nutzer dieses Buches.
Mailen Sie mir unter: *chrenneb@gmail.com*

Reinhard Renneberg, im August 2005

Zur 5. Auflage

Viele Jahre sind vergangen seit der 1. Auflage dieses Buches. Als Leser haben Sie es begeistert angenommen. Danke für die vielen E-Mails! Die 5. Auflage ist das schönste Geschenk, das ich mir als Autor denken kann. Danke, Traum-Team!

Sie werden hier viel Neues finden, denn auch die besten Boxen der US-Ausgabe sind in das Buch eingeflossen.

Eine wesentliche Neuerung ab der 4. Auflage sind die besten Internet-Links, die ständig auf der Webseite www.springer.com/9783662562833 zu jedem Kapitel und zum Glossar aktualisiert werden.

Hier findet man zusätzliches wertvolles visuelles Anschaungsmaterial zu jedem Kapitel. Mein chinesischer Freund, der Chef-Cartoonist der *South China Morning Post*, **Ming Fai Chow**, hat außerdem seine Cartoons beigesteuert.

Auch die 5. Auflage hat **Andreas Held** mit „Argusaugen" als Copyeditor korrigiert.

Danke an alle!
Reinhard Renneberg, im September 2017

Oliver Kayser mit Sohn und Tochter

Francesco Bennardo zaubert Moleküle am Computer.

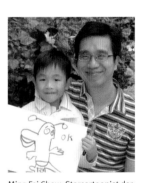

Ming Fai Chow, Starcartoonist der *South China Morning Post,* mit Sohn KingKing, auch ein Talent!

Merlet Behncke-Braunbeck war von Anfang an Inspiration, Mutter und Schutzengel des Biotech-Buches.

Hinter diesem **QR-Code** verbirgt sich die Buch-Website mit den besten Links.

Vorwort von Tom A. Rapoport

Oben: Ernst Haeckel als Wandkunst in Merseburg
Unten: Eine der wunderschönen Naturzeichnungen von Ernst Haeckel

Das Merseburger Schloss ist eine beeindruckende Schlossanlage der deutschen Spätrenaissance. Es wurde von 1245 bis 1265 angelegt.
Das Schloss steht neben einer der drei sächsischen Kathedralen (Naumburg, Meissen, Merseburg), dem tausendjährigen Dom zu Merseburg.

Reinhard Renneberg mit Tom Rapoport in Hongkong

Gleich am Anfang muss ich gestehen, dass ich Lehrbücher höchst ungern lese. Und ich weiß auch, dass viele Studenten meine Abneigung teilen: Man braucht einen frustrierenden Fleiß, um sich durch Hunderte Seiten gesammelten trockenen Wissens hindurchzuarbeiten. Moderne Lehrbücher versuchen das durch eine ständig anwachsende Flut bunter Bilder auszugleichen, aber alles Bunte macht sie noch lange nicht zu Reißern, die man als Bildungshungriger verschlingt.

Also war ich ziemlich skeptisch, als mir Reinhard Renneberg erzählte, dass er ein Biotechnologie-Lehrbuch geschrieben habe. Und als er mich sogar noch um ein Vorwort dazu bat, war ich in einer ersten Reaktion geneigt, dies glatt abzulehnen. Das Buch ist sicher schrecklich langweilig, es ist problematisch über etwas zu schreiben, das ich nicht absolut verstehe, und vor allem: Ich habe keine Zeit! Aber dann hab ich mich doch, wie so oft im Leben, überreden lassen, und mein Fazit:

Dieses Buch ist anders!

Sicher, es ist und bleibt natürlich ein Lehrbuch und vermittelt Wissen, aber es macht echt SPASS.

Reinhard Renneberg und seine Grafikerin Darja Süßbier haben die Fakten in exzellente Abbildungen, interessante geschichtliche Diskurse, witzige Cartoons und prägnante Texte, manche selbstironisch, verpackt. **Ein unterhaltsames, ja „personalisiertes" Lehrbuch? Das muss das Erste seiner Art sein**!

Ich würde das Buch in Amerika *Biotech in a nutshell* nennen, Biotechnologie in einer Nussschale, adressiert an alle, die sich konzentriert für das neueste Wissen, aber auch die historischen Grundlagen interessieren.

Man braucht kein spezielles Fachwissen dafür, solides Schulwissen genügt.

Die Begeisterung kommt beim Lesen…

Ich bin mir sicher, Ihnen wird es wie mir gehen: Man staunt über die Wunder des Lebens und der Biotechnologie. Es ist klar, dass Reinhard dafür brennt und es ihm selbst großen Spaß macht – sein Enthusiasmus ist ansteckend … wo kommt der nur her? Lassen Sie mich dazu etwas über den Autor erzählen. Das meiste hat er mir während unserer gemeinsamen Zeit am Zentralinstitut für Molekularbiologie in Berlin selbst berichtet.

Reinhard wuchs im Osten Deutschlands auf, in der DDR. Seine jungen Eltern waren Neulehrer, die nach dem Krieg ohne große pädagogische Ausbildung in die Schule geschickt wurden. Man hatte damals einfach kaum Lehrer, die nicht durch die Nazi-Zeit belastet waren.

Oben: Ilse Renneberg als Junglehrerin
Links: Der Großvater Alfred Schmidt, Student der Theologie und Doktor der Biologie in Heidelberg und Halle, mein großes Vorbild.

Wie viele andere starteten Reinhards Eltern frisch und voller Begeisterung: „Nie wieder Krieg", war keine leere Floskel für diese junge Generation. Reinhard wurde in der Lehrerwohnung einer Dorfschule geboren und wuchs dort auf. Kein Wunder, dass er heute ein begeisterter Lehrer ist!

Seine Mama herbarisierte Pflanzen, der Papa malte Aquarelle und Karikaturen, heute würden wir sagen: Cartoons.

Der eine Großvater war evangelischer Pfarrer und gleichzeitig promovierter Biologe, der andere Sozialist und Gründer einer Landwirtschaftlichen Produktionsgenossenschaft (LPG).

Reinhard ging in die **Ernst-Haeckel**-Schule in Merseburg; sein zweites Vorbild nach dem Großvater war der deutsche Darwinist Haeckel, der in die gleiche Schule gegangen war. Er sammelte Pflanzen, machte aktiv bei den Ornithologen mit und lernte Rinderzüchter mit Abitur. Das alles waren zusätzliche frühe Prägungen eines Biologen.

Dann kam die Erleuchtung: Als er eines Tages das aus dem Westen geschmuggelte Taschenbuch *Die Doppelhelix* von **James D. Watson** in nur einer Nacht auslesen musste, stand sein Studienwunsch fest.

Er baute sofort ein DNA-Modell aus DDR-Kinderwagenklappern zusammen – das wohl einzige DNA-Modell der Welt, das klappert.

Den Mangel an Reisefreiheiten kompensierte er mit Bergen von Büchern. Darunter waren auch die *Reisen des Marco Polo*. Und da nur die östliche Reiserichtung möglich war, war für Reinhard klar: Biologie-Studium möglichst in China! Nur, China befand sich mitten in der Kulturrevolution und im Grenzkonflikt mit der Sowjetunion.

Diese aber stand immer noch weit offen für DDR-Studenten.

Fünf Jahre, von 1970 bis 1975, lernte er die grandiose Natur und das weite Herz der Russen schätzen, ihre Liebe zur Literatur, Musik und Wissenschaft, die Kosmos-Begeisterung, ihre Fähigkeit zur Improvisation.

Zurück in der DDR hatte er schon wieder Glück im Leben: Er landete in der Gruppe von Prof. **Frieder Scheller** am Zentralinstitut für Molekularbiologie, Berlin-Buch. Am ZIM wurden wir Freunde. Die Scheller'sche Gruppe war Weltspitze bei Biosensoren. Enthusiasmus und Improvisationstalent waren gefragt, um trotz der Mangelwirtschaft erfolgreich zu sein.

Nach der Wiedervereinigung traf Reinhard 1993 in Berlin-Buch Prof. **Nai-Teng Yu** aus Hongkong. Er war auf Talentsuche für Fernost, fuhr zurück und schrieb eine knappe Empfehlung:

„Renneberg sofort anheuern! Kombination von ostdeutscher Motivation und Technologie in Hongkong unschlagbar!"

Und so ging Reinhards China-Traum doch noch in Erfüllung.

Ich habe ihn in Hongkong besucht, seine große und hoch motivierte Forschungsgruppe, seine beiden Biotech-Firmen gesehen, die Uni HKUST, die inzwischen zur Top-Universität von Asien gekürt wurde; alles vor einer subtropischen Kulisse am Chinesischen Meer.

Offenbar hat er immer noch zu viel Freizeit, er schreibt „Biolumnen" für eine deutsche Zeitung, malt Cartoons und konzipiert neue Lehrbücher, editiert deren spanische, russische, chinesische und japanische Fassungen.

Ich wünsche dem Buch allen Erfolg, den es verdient hat!

Glück gehabt? Wie zitiert Reinhard doch im Buch Louis Pasteur?

» Chance favors the prepared mind!«

Tom Rapoport, Harvard University, Boston
1. März 2012

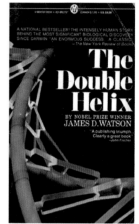

Das Buch von James Watson (oben), welches Reinhard inspirierte, eine Doppelhelix nachzubauen

Reinhards Forschungsgruppe an der Hongkonger Universität

Die Moskauer Lomonossow-Universität, an der Reinhard Chemie studierte

FRIEDER W. SCHELLER,
MEIN LEHRER IN DER ANALYTISCHEN BIOTECHNOLOGIE

Frieder W. Scheller

Er hat es geschafft, dass die kleine **DDR** auf einem Gebiet Weltspitze war: bei den **Biosensoren**.

Frieder Scheller wurde 1942 mitten im Kriege geboren, und seine Eltern nannten ihn hoffnungsvoll Frieder. Er hat Elektrochemie an der TH Merseburg studiert, ging dann an die Humboldt-Uni in Berlin, danach an die Akademie der Wissenschaften (AdW) in Berlin-Buch.

Scheller war von der Idee besessen, dass **Biomoleküle elektrische Eigenschaften** haben. Könnte man sie mit Elektrochemie kombinieren?

Viele, auch am Zentralinstitut für Molekularbiologie der AdW, hielten das für eine ziemlich brotlose Spinnerei, weder akademisch noch praktisch relevant. Sie sollten sich doppelt irren. In den USA und Japan hatten bereits einige Kollegen Enzyme, also Biomoleküle, erfolgreich mit Elektroden gekoppelt. Wenn man **Glucose-Oxidase** auf einer Elektrode befestigte, konnte man so Glucose in einem Blutstropfen bestimmen. Eine geniale Methode für die Diabetiker-Früherkennung und -Kontrolle!

Bisher waren zur **Glucosemessung** umständliche optische Tests nötig: Man trennte die roten Blutkörperchen ab, gewann Serum, fügte zwei Enzyme hinzu und maß dann eine Farbreaktion. Für jeden Test wurden jeweils Enzyme und Chemikalien neu verwendet; das war

teuer und langsam. Marktführer beim Test war in Westdeutschland die Firma Boehringer Mannheim. Könnte man das ersetzen? Sozusagen „den Westen überholen ohne einzuholen?", wurde Scheller gefragt. Scheller hatte alles im Labor ausprobiert, es funktionierte auf Anhieb, aber nun musste es „planmäßig" erforscht werden und vor allem, es musste zuverlässig, genau und vor allem unter DDR-Bedingungen auch tatsächlich praktikabel sein.

In Berlin-Buch, bei der Akademie der Wissenschaften (AdW), begann die „planmäßige Entwicklung einer **Enzymelektrode für Blutzucker**" mit der Einstellung der frischgebackenen Diplom-Biophysikerin **Dorothea Pfeiffer** im September 1975.

Schellers „grüne" Idee war die Wiederverwendbarkeit der Glucose-Oxidase. Wenn man sie so genial an der Elektrode fixierte (immobilisierte), dass sie danach noch aktiv war, könnte man sie Tausende Male wiederbenutzen. Das würde der armen DDR Kosten und Chemikalien sparen. Wie könnte man das ausschließlich mit DDR-Chemikalien machen? Ausprobiert als Membranen wurden Dederonstrümpfe und Fallschirmseide der Nationalen Volksarmee.

Weltspitze, Jungs! Nun noch mal alles planmäßig!!

Der „Meister" mit seinem Meisterstück

Not macht erfinderisch!

Nach langem Suchen bekam Scheller Fotogelatine aus der Farbfilmentwicklung (bekannt für West-Exporte) von ORWO Wolfen. Die wurde erwärmt und flüssig gemacht, dann rührte man GOD rein und das Ganze wurde zu einer Schicht ausgegossen. Nach Erkalten war die GOD in dieser Membran noch völlig aktiv. Erste „handgeschmiedete" Funktionsmuster der Biosensoren wurden im hauseigenen Gerätebau in Berlin-Buch entwickelt. Dort saßen pfiffige Bastler im Bastlerland DDR. Nun musste die volkseigene Industrie überzeugt werden, diese Innovation auch tatsächlich zu bauen! Ein mühsames Geschäft. Scheller zog alle Strippen, klopfte unermüdlich an hundert Türen. Wir wurden dafür FDJ-Jugendforscher-Kollektiv, stellten auf der „Messe der Meister von morgen" aus. Alles, um die völlig „durchgeplante" und lustlose Industrie zu einer Innovation zu locken. Tausende andere Innovationen sind sicherlich in der DDR schon in diesem Stadium auf der Strecke geblieben. **Manfred von Ardenne** am Weißen Hirsch in Dresden bestärkte Scheller übrigens. Er hatte als Erster in der DDR ein Patent auf einen Biosensor angemeldet. Von Ardenne nannte sein

Die Biosensor-Gruppe mit dem GKM-01

eigenes Erfolgsrezept „positives Verursacherprinzip": Der Erfinder muss bis zum bitteren Ende dranbleiben, sonst stirbt sein Technologie-Baby hundert Tode. Hilfe kam tatsächlich aus Sachsen: Eine Messzelle mit dem Biosensor wurde in einen Wasserbadthermostat der Firma Prüfgerätewerke Medingen (PGW) eingebaut. **Glucoseanalysatoren** mit unseren Biosensoren wurden dann, neun Jahre nach dem Start, ab 1984 im Zentrum für wissenschaftlichen Gerätebau der AdW (ZWG) im Betriebsteil Liebenwalde serienmäßig produziert.

Nach aufwendigen klinischen Erprobungen in Krankenhäusern und im Zentralinstitut für Diabetes in Karlsburg standardisierte das Institut für Arzneimittelforschung (IfAr Berlin-Weißensee) die Methode. Sie wurde in das Arzneimittelbuch (AB) der DDR aufgenommen. Ein Wahnsinnsaufwand, der sich aber lohnte. Innerhalb von zwei Jahren kamen 400 Glucoseanalysatoren **Glucometer** (GKM-01) in die klinischen Labore. Damit war die DDR Weltspitze... (Naja, ein wenig haben wir übertrieben: Biosensoren *pro Kopf* der Bevölkerung ... die Japaner hatten ja auch ein paar hundert Biosensoren, aber eben 103 Millionen Einwohner mehr als die DDR.) Zumindest Westdeutschland war nun abgehängt: Null praktische Biosensoren jenseits der Elbe! Wir vermuteten nach marxistischer Analyse (wohl nicht zu Unrecht), dass „gewisse große BRD-Firmen aus Profitgründen nicht an preiswerten, wiederverwendbaren Bio-

sensor-Technologien interessiert sind". Wir konnten immerhin automatisiert Tausende Messungen mit einer einzigen Enzymmembran machen, also alles wiederverwenden.

Der Zwang zum Sparen hatte zu einer wissenschaftlich-technischen Innovation geführt. Das war eine echt „grüne" Technologie, ihrer Zeit weit voraus. Solche Innovationen braucht die Welt auch heute mehr denn je... Dann schlug einer der „vier Hauptfeinde des Sozialismus" zu (Ossi-Scherz; gemeint sind Frühling, Sommer, Herbst und Winter): Im heißen Sommer 1985 traten erhebliche Probleme auf. Die GOD-Gelatinemembran verflüssigte sich und löste sich schnell auf. Offensichtlich fraßen gierige Mikroben die nahrhafte ORWO-Gelatine auf. Kleine Panik, dann verrührten wir die GOD mit DDR-Polyurethankleber aus der volkseigenen Schuhproduktion. Der war Synthesechemie und ungenießbar! Das Enzym aber tat wunderbarerweise seine Pflicht: Mit PU-Schuhkleber funktionierte die GOD sogar noch besser. Damit hatte Schellers Team den schnellsten Glucosesensor der Welt realisiert. Um das Enzym besser kenntlich zu machen, gaben wir einen roten Farbstoff in die Klebermischung. Unsere japanischen Kollegen (und Konkurrenten) berichteten Jahre später, sie hätten monatelang versucht, das Geheimnis der stabilen „kommunistischen roten Membran" herauszufinden. PGW Medingen brachte nun den Blutglucoseanalysator AM 3000 auf den Markt. Dieses Gerät schaffte 120

Vollblutproben pro Stunde. Die alte Methode der Glucosebestimmung war damit endgültig passé. Das nächste Gerät, der vollautomatische Analysator ECA 20, erhielt 1987 auf der Leipziger Herbstmesse eine Goldmedaille und zudem die Auszeichnung „Für gutes Design". Das Entwicklerteam bekam den Nationalpreis. Scheller konnte sich endlich einen neuen Wartburg ohne Warteschlange kaufen; damals wie ein Hauptgewinn im Lotto.

Die Enzymmembran war so stabil, dass sie selbst nach einer monatelangen Rundreise zu **Fidel Castros** Insel immer noch funktionierte.

Nun wurde auch der Westen munter. Die Hamburger Firma Eppendorf nutzte die Leipziger Messe zur Kontaktaufnahme.

Bioelektrochemie in Schellers Labor: Der Autor als Doktorand mit einer Quecksilbertropfelektrode zur Cytochrom-P-450-Reduktion

Die DDR-Exportfirma Intermed vermittelte eine Kooperation. Das führte zur Westversion mit dem Namen ESAT 6660 und vor allem zu einem neuen Gerätegehäuse. Eppendorf betrachtete nämlich das prämierte Design der Leipziger Messe als „geschäftsschädigend". Das Ostgerät hatte ein schwarzes Gehäuse, das Westgerät „natürlich" ein weißes. Die Produktion des neu gestylten Geräts erfolgte bei PGW, und die Enzymmembranen wurden gegen „harte" Devisen von der AdW der DDR geliefert. Dafür durften wir Biochemikalien im Westen kaufen. Eine bezeichnende Anekdote aus dieser Zeit: Eines Tages bekam Scheller einen vertraulichen Anruf aus dem DDR-Regierungskrankenhaus in Berlin-Buch, nur wenige Kilome-

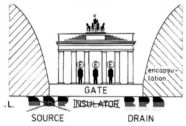

Die Biosensor-Gruppe im Labor vor der Wiedervereinigung (oben); das Brandenburger Tor kurz vor dem Mauerfall 1989 (Mitte); Schellers Darstellung des *Brain drains* nach der Vereinigung am Beispiel von Feldeffekttransitoren

ter Luftlinie von unserem Institut entfernt. Die verzweifelten Genossen Professoren dort bekamen ein schickes, frisch importiertes Gerät zur Glucosemessung mit weißem Gehäuse nicht in den Griff...

Frieder Scheller ist international ein sehr gefragter Mann, Mitorganisator der Biosensor-Weltkongresse mit Briten, Amerikanern und Japanern. Im gesamten RGW war Scheller der führende Kopf bei den Biosensoren. Er baute unermüdlich die kreativste und stärkste Biosensor-Gruppe in ganz Europa auf. Unter Hinweis auf seine religiösen und pazifistischen Überzeugungen hat er sich den Werbeversuchen der Staatspartei beharrlich verweigert. Die heraufziehende „Wende" sollte ihn also nicht schrecken, ganz im Gegenteil!

Kurz vor der Wiedervereinigung fand das erste gesamtdeutsche Biosensor-Meeting im Jugendzentrum Bogensee bei Berlin statt. Sehr zum Erstaunen des BMBF dominierte hier die Ost-Biosensorik. Biosen-

sorik war „in". Auch Forschungsminister **Riesenhuber** war begeistert: „Eine nun endlich zusammengewachsene gesamtdeutsche Biosensorik wäre Weltspitze!"

Dann kam die Wende. Nach mehreren fehlgeschlagenen Versuchen durch interessierte Westfirmen wurde PGW zusammen mit zehn Firmen durch das Immobilien/Umwelttechnik-Unternehmen Preiss-Daimler von der Treuhand übernommen. Das Interesse an spottbilligen DDR-Immobilien war aber wohl stärker als an Innovationen...

Mit stark reduzierter Belegschaft lief die Produktion weiter. Die Produktion der **Super-Enzymmembranen** war dann die Basis für die Firma BST (BioSensor Technologie) GmbH in Berlin, gegründet durch Schellers Mitarbeiterin Dorothea Pfeiffer im November 1991. Diese innovative Firma ist heute einer der Marktführer bei Biosensoren in Europa. Ein nagelneues gesamtdeutsches Institut für Chemo- und Biosensorik (ICB) wurde gegründet. Wo und wie? Keine Frage, dachten wir naiv: natürlich in Berlin-Buch, mit Frieder Scheller an der Spitze...

Mitnichten! Das Institut entstand ohne ihn und seinen Rat in Münster/Westfalen. Schellers ausländischen Kollegen waren entsetzt, wie ignorant Gesamtdeutschland seine Trümpfe verspielt. Dieses Institut in Münster stand unter einem schlechten Stern: Es ist heute durch Missmanagement pleite. Die Berlin-Bucher Neueingeflogenen und der Wissenschaftsrat meinten, Biosensoren passten nicht so recht zur molekularen Medizin. Das war ein fundamentaler Irrtum übrigens, wie bereits 20 Jahre zuvor durch die DDR-Oberen! Schellers Gruppe musste aus dem Labor in Buch zunächst in den ehemaligen Kindergarten des Bucher Instituts umziehen. Zu dieser Zeit der Demütigung verließen auch andere Wissenschaftler wie **Tom Rapoport** und **Charles Coutelle** Berlin-Buch. Man findet sie heute in Spitzenpositionen in Harvard und London.

Schellers Biosensorgruppe musste aus der Nestwärme in die kalte weite Welt hinaus. Er hatte uns perfekt ausgebildet. Wir alle haben vom ihm gelernt, wie man schwierigste Situationen kreativ und opti-

Am 17. August 2017 wurde Frieder Scheller 75 Jahre jung.
Danke für dein Vorbild, deine Hilfe, deine menschliche Wärme!
Happy Birthday und ein chinesisches Feuerwerk für den Vater der europäischen Biosensoren!

Reinhard Renneberg im Namen aller Biosensoriker

mistisch meistert, wie man akademisch forscht und dabei immer an den Nutzen für die Menschen denkt, Letzteres keine hohle Phrase für den Menschenfreund Frieder Scheller. 1993 zog die Universität Potsdam das große Los: eine Bioanalytik-Professur für Scheller an der neuen Uni. Buchstäblich auf der grünen Wiese in Golm baute Scheller erneut eine starke kreative Gruppe mit einigen Getreuen aus Berlin-Buch wie **Ulla Wollenberger** auf.

Er setzte wieder dort an, von wo er 40 Jahre zuvor gestartet war, bei den elektrischen Eigenschaften der Biomoleküle. Nun waren **Biochips** das Ziel und die Messung von allerkleinsten Mengen interessanter Substanzen. Bioelektronik miniaturisiert die unhandlichen Laborgeräte zu Chip-Größe. Weltweit vielbeachtet maßen seine Leute direkt im Blutkreislauf aggressive freie Sauerstoffradikale. Seine Biosensoren stehen heute in jedem deutschen diagnostischen Labor, ja in vielen Labors der Welt.

Seine Bücher sind vielerorts, zum Beispiel bei mir in Hongkong, Pflichtlektüre.

Aus Bioanalytik für Einsteiger
von Reinhard Renneberg (Spektrum Akademischer Verlag, Heidelberg, 2009)

VOM VERZAUBERN DER WELT

Über die notwendige Korrektur eines hartnäckigen Irrtums

Die moderne Physik kann technisch eine Menge mit Licht machen – sie kann es beugen, brechen und bündeln, fokussieren und polarisieren, als Laserstrahl einsetzen und noch einiges mehr –, und bei all dem kann sie höchst zutreffend und im kleinsten Detail vorhersagen, was passiert.

Ein Physiker kann stets und ständig genau herausfinden, wie Licht – in der jeweils gegebenen Situation – agiert, was es tut und wie es sich verhält und erscheint.

Doch dann ist Schluss für ihn und uns.

Denn seine Wissenschaft kann selbst mit sämtlichen Ergebnissen und auch beim besten Willen nicht sagen, was Licht ist.

Denn wie spätestens seit den Tagen von Albert Einstein – und damit seit mehr als 100 Jahren – bekannt ist, kommt dem Licht eine duale Natur zu. Es kann sowohl als Teilchen – als sogenanntes Photon – als auch als Welle in Erscheinung treten.

Wenn nun aber etwas wirklich von Menschen Vorgefundenes und in der Welt Vorhandenes sowohl eine Wellenlänge als auch einen bestimmten Ort aufweist, wenn ein reales Etwas die beiden konträren und sich widersprechenden Eigenschaften von Welle und Teilchen zu einem Zeitpunkt in sich vereinigt – zum Beispiel bei einer Messung, in der ein Physiker das Licht zwingt, sich zu entscheiden und genau eine seiner beiden Grundqualitäten anzunehmen –, dann bleibt uns Menschen verschlossen, was Licht „eigentlich" ist.

Wir wissen einfach nicht – und wir wissen es erst recht nicht zu sagen –, wie etwas Wirkliches als Welle und Teilchen zugleich gegeben sein und sich bemerkbar machen kann, und das heißt, Licht bleibt für uns Menschen geheimnisvoll.

Es wird nun hier vorgeschlagen, diese Einsicht positiv zu verstehen („Das ist gut so!")

und mit ihr unser Gefühl für das Geheimnisvolle anzusprechen und auszulösen, mit dem Einstein zufolge „wahre Wissenschaft" beginnt.

An dieser philosophisch entscheidenden Stelle ist Einstein 1905 exemplarisch gelungen, was als Qualität der Wissenschaft erkannt und begrüßt werden sollte, nämlich die Fähigkeit, eine zwar gegebene, aber geheimnisvolle Natur – das Licht – in eine noch geheimnisvollere – gar in eine mysteriöse – Erklärung zu verwandeln.

Es gilt, sich von dem Gedanken zu verabschieden, Wissenschaft liefere leicht anwendbare Lösungen und damit die Langeweile, die sich einstellt, wenn einem keine Fragen mehr einfallen und alles klar scheint.

Wissenschaft vermag offenbar genau das Gegenteil, sie fasziniert ihre Kenner durch immer neue Geheimnisse. Sie verzaubert die Welt durch ihre Erklärung, und mit dieser Einsicht wird es möglich und hoffentlich gelingen, einen weiteren, leider nach wie vor weit verbreiteten Irrtum über die Wissenschaft auszuräumen, der mit dem gegenläufigen Begriff der Entzauberung verbunden ist.

Die angebliche Entzauberung der Welt

Die „Entzauberung der Welt" – dieser Ausdruck wurde öffentlich eingeführt und populär durch **Max Weber**, (1864 –1920) den vielfach verehrten Klassiker der Soziologie, und er hat das Konzept zum ersten Mal in seiner legendären Rede „Wissenschaft als Beruf" verwendet, die 1919 in Textform erschienen und bis heute in vielen Ausgaben verfügbar ist.

Weber spricht in seinen Ausführungen zunächst vom „inneren Berufe zur Wissenschaft", und er meint die dazugehörige Praxis mit, wenn er betont, „nichts ist für den Menschen etwas wert, was er nicht mit Leidenschaft tun kann".

Insgesamt führt die Tatsache, dass es in unserer Gesellschaft den Beruf der Wissenschaft gibt, zwar dazu, dass viele Abläufe einer „Rationalisierung" unterzogen werden, wie Weber darstellt, aber dies bedeutet in seinen Augen überraschenderweise nicht, dass damit eine „größere Kenntnis der Lebensbedingungen" gegeben ist, unter denen Menschen existieren.

Um dies zu demonstrieren, stellt Weber seinen damaligen Mitbürgern – den Zuhörern oder Lesern – die Indianer und Hottentotten gegenüber, die er – wie in seiner Zeit zwar üblich, heute aber nur peinlich – als „Wilde" bezeichnet. Tatsächlich – so Weber – wissen diese „Wilden" von ihren Werkzeugen mehr als seine zwar gezähmten, hoffentlich aber gespannten Bewunderer im Saal etwa von der Straßenbahn, mit der sie hergefahren sind, um den gelehrten Ausführungen zu lauschen. Sie haben sicherlich – wie er selbst – „keine Ahnung, wie sie das macht, sich in Bewegung zu setzen", aber das stört nicht, wie der Soziologe seinem Publikum versichert.

Schließlich verfügen die lauschenden Leute im Saal und damit wir alle in einer zivilisierten Gesellschaft über etwas anderes, nämlich „den Glauben daran, dass man, wenn man nur wollte, es jederzeit erfahren könnte", wie eine Bahn losfährt. Wir bürgerlich Gezähmten denken im Gegensatz zu den ursprünglichen Wilden, „dass es also prinzipiell keine geheimnisvollen unberechenbaren Mächte gebe, die da hineinspielen, dass man vielmehr alle Dinge – im Prinzip – durch Berechnen beherrschen könne". Und für diesen ihm selbstverständlichen Tatbestand führt Weber seinen wirkungsmächtigen und bis heute massenhaft nachgeplapperten Begriff ein, indem er ihn als die „Entzauberung der Welt" bezeichnet.

Webers zweifaches Irren

Wie der in Paris und München arabische Philosophie und Religionswissenschaft lehrende Rémi Brague in seinem Buch Die Weisheit der Welt zeigt, ist die „abgedroschene Auffassung" von der Entzauberung der Welt bereits lange vor Webers Verwendung in Umlauf gewesen, und sie kann zudem anders verstanden werden, etwa als „Neutralisierung des Kosmos", wie hier nur angedeutet und nicht weiter verfolgt wird.

Denn an dieser Stelle hat der berühmte Soziologe Weber das Sagen, auch wenn seine Ansicht völlig danebenliegt, weshalb sie im Folgenden kritisiert werden soll.

Denn so schön Webers Verwendung der Entzauberung seinen vermutlich überwiegend naturwissenschaftsfeindlich eingestellten Zuhörern in den Ohren klingt und so verführerisch sich das Argument darbietet – an dem Konzept einer Entzauberung der Welt stimmt etwas grundsätzlich nicht, wie sich leicht zeigen lässt.

Das Unpassende fällt nämlich sofort auf, wenn man sich klarmacht, dass Weber in seinen Darlegungen offenbar die Ansicht vertritt, geheimnisvoll und unberechenbar meine in der Wissenschaft ein und dasselbe.

Was etwa von einem Physiker berechnet werden kann, sei nicht mehr geheimnisvoll, und was in ihr geheimnisvoll bleibt, sei für die Forschung unberechenbar.

Davon kann aber keine Rede sein, wie das oben eingeführte Beispiel vom Licht zeigt, und damit unterliegt Weber einem ersten Irrtum, wie wir an Einsteins Photonen erläutert haben und noch häufiger bei anderen Erscheinungen antreffen werden – etwa denen des Elektromagnetismus –, die alle sehr wohl und zudem höchst genau berechenbar sind, ohne auch nur einen Hauch ihres eigentlichen Geheimnisses preiszugeben.

Und eng verknüpft mit diesem ersten erweist sich der zweite und noch grundlegendere Denkfehler, der in dem von Weber angeführten Glauben besteht, dass der Mann oder die Frau auf der Straße oder im Hörsaal unter seinen Zuhörern jederzeit erfahren könnten, warum sich eine elektrisch betriebene Straßenbahn nun in Bewegung setzt oder wie sie wieder abbremst, um bei seinem simplen Beispiel des frühen 20. Jahrhunderts zu bleiben, das man heute durch raffiniertere Mechanismen – etwa von Mobiltelefonen – ersetzen würde.

„Jederzeit erfahren können", das meint doch, dass es irgendwo einen Gelehrten in den Räumen der Wissenschaft oder einen Text in einer Bibliothek gibt, der erklären bzw. in dem man nachlesen kann, was da in der Natur oder in der Technik genau vor sich geht, etwa wenn Elektrizität in eine motorische Kraft verwandelt wird oder wenn genetische Informationen einen Körper mit seiner Gestalt hervorbringen. Doch dies ist nicht der Fall, auch wenn viele Lehrer und Soziologen das bevorzugt meinen und unentwegt grinsende TV-Moderatoren das emsig behaupten.

So wenig wie Einstein weiß, was Licht ist, so wenig weiß zum Beispiel der Erfinder der elektromotorischen Kraftübertragung, der Kroate **Nikola Tesla** (1856–1943), womit er zu tun hat: „Tag für Tag fragte ich mich", wie er 1940 in Rückblick auf seine Jugendjahre geschrieben hat, „was die Elektrizität sei, ohne eine Antwort zu finden. Achtzig Jahre sind inzwischen vergangen, und ich stelle mir immer noch dieselbe Frage, ohne eine Antwort geben zu können."

Und was das Biologische angeht, so kann kein Blick in ein neueres Lehrbuch der Molekularbiologie übersehen, dass die Genetiker zwar alles Mögliche über Zellen wissen und mit ihnen können, sie können zum Beispiel aber nicht zählen, wie viele Gene sie da finden, da sie nicht zu sagen vermögen, was ein Gen denn nun genau ist – wobei wir die uralte Frage „Was ist Leben?" gar nicht erst erwähnen wollen.

Wenn aber jemand wie Einstein nicht weiß, was Licht ist, und wenn jemand wie Tesla nicht weiß, was Elektrizität ist – er weiß dafür, dass es uns und die Erde ohne diese Kraft gar nicht geben könnte –, wenn kein Molekularbiologe weiß, was ein Gen ist, dann weiß dies niemand und dann nützt auch das Fragen von **Max Weber** wenig.

Dann kann von einer Entzauberung der Welt wahrlich keine Rede sein, wie jeder einsehen sollte, der die Wissenschaft auch nur ein ganz klein wenig ernst nimmt und ihr zutraut, dass sie ihre Gegenstände mit dieser Vorgabe behandelt. Und tatsächlich darf das Gegenteil behauptet werden, dass der wissenschaftliche Zugriff nämlich einen besonderen Beitrag zur Verzauberung der uns zugänglichen Welt liefert.

Sie zeigt den Menschen, wie viele Geheimnisse in dem Wirklichen stecken, und auf diese Weise und in diesem Sinne macht das forschende Bemühen alles um uns herum schöner und überhaupt lebenswerter.

Die Wissenschaft verzaubert die Welt durch ihre Erklärung, und wir sollten uns darüber freuen.

Sie tut es für uns.

Was gibt es Interessanteres für Wissenschaftler als die Historie der Irrungen und Wirrungen ihres Fachs, also die Wissenschaftsgeschichte?

Diese lehrt Ernst Peter Fischer als Professor an den Universitäten Konstanz und Heidelberg. Fischer engagiert sich als spannender und stilsicherer Wissenschaftsvermittler.

Sein Buch Die andere Bildung, *in dem er die für die Allgemeinbildung wichtigen Erkenntnisse der Naturwissenschaften präsentiert, fand große Resonanz. Man erinnere sich an das Buch des Hamburger Literaturprofessors Dietrich Schwanitz:* Bildung – Alles was man wissen muß *war ein deutscher Bestseller.*

Bei Schwanitz kommen die Naturwissenschaften nur als Randgebiete vor. Ernst Peter Fischer räumt ihnen endlich den gebührenden Platz ein.

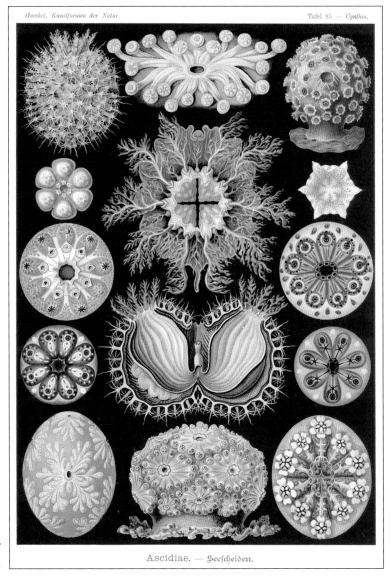

Ascidiae. — Seescheiden.

Das Wunder der Schöpfung ...

»Was würdest du besser machen,
wenn du nochmals beginnen könntest?«
Hier fällt mir die Antwort leicht:
»Ich würde die Lehre
mindestens ebenso ernst nehmen
wie die Forschung.«
Unter „Lehre" verstehe ich nicht
die Aufzählung wissenschaftlicher Tatsachen,
sondern die Weitergabe meiner
wissenschaftlichen Erfahrungen und
meiner persönlichen Ansichten über
Wissenschaft, die Welt und uns Menschen.

»Die Waffe der Wissenschaft ist Wissbegierde –
doch diese Waffe ist stumpf
ohne die Schärfe der Intelligenz.
Aber selbst die schärfste Intelligenz
ist kraftlos ohne Leidenschaft und Mut –
und diese wiederum
sind Strohfeuer ohne die Macht der Geduld.«

Gottfried Schatz
(geb. 1936, Professor emeritus für Biochemie, Basel)

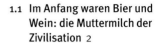

BIER BROT KÄSE –
schmackhafte Biotechnologie

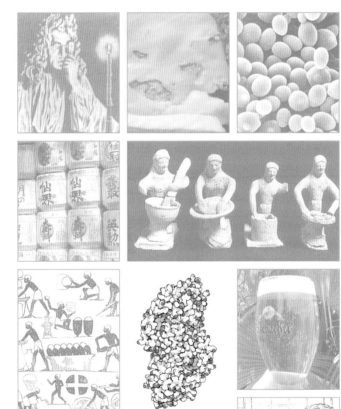

Kapitel 1

Abb. 1.1 Bierherstellung in Ägypten vor 4400 Jahren

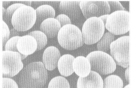

Abb. 1.2 Boetische Frauen beim Brotbacken vor 6000 Jahren

Abb. 1.3 Hefen in einer Zeichnung Leeuwenhoeks (oben) und unter dem modernen Rasterelektronenmikroskop; deutlich sind Knospen der Tochterzellen zu sehen.

Abb. 1.4 Bierbrauen im Mittelalter

■ 1.1 Im Anfang waren Bier und Wein: die Muttermilch der Zivilisation

Schon vor 6000 bis 8000 Jahren beherrschten die Sumerer in Mesopotamien, dem Zweistromland zwischen Euphrat und Tigris (heute Irak), die Kunst des Brauens. Aus gekeimtem Getreide stellten sie ein nahrhaftes, haltbares und berauschendes Getränk her. Sie feuchteten dazu Gerste oder Emmerweizen, eine alte Kulturform des Weizens, an und brachten das Getreide zum Keimen. Auf einer sumerischen Tontafel, dem *Monument Bleu* im Louvre in Paris aus dem 3. Jahrtausend vor unserer Zeit, ist das Enthülsen von Emmer zur Bierbereitung dargestellt: Aus den gekeimten Getreidekörnern, dem Malz, wurden dann Bierbrote bereitet, zerbröckelt und mit Wasser verrührt. Mit einem Sieb aus Weidengeflecht trennte man die Flüssigkeit von dem festen Rückstand und lagerte sie in verschlossenen Tongefäßen. Sehr bald stiegen in den Gefäßen Gasbläschen auf, die Flüssigkeit begann zu gären.

Aus dem süßen Saft entstand unter Luftabschluss durch **Gärung** ein alkoholhaltiges Getränk, das Bier.

Ein Teil des gekeimten Getreides wurde in der Sonne getrocknet – das entspricht der heutigen Darre — und als Dauerware für Zeiten ohne frisches Getreide aufbewahrt. Das babylonische Bier hatte einen leicht säuerlichen Geschmack, der von einer parallel ablaufenden **Milchsäuregärung** herrührte. Durch die Milchsäure wurde die Haltbarkeit des Bieres wesentlich erhöht, weil im sauren Milieu viele Mikroben nicht gedeihen können. Im heißen Klima des Orients war das von großer Wichtigkeit, denn damit stand ein hygienisch einwandfreies Gebräu zur Verfügung.

Alkohol ist vergorener Zucker, ein Stoffwechselendprodukt der Hefen. Schon 2-3 %iger Alkohol verändert die Permeabilität (Durchlässigkeit) der Cytoplasmamembran von Bakterien und hemmt dadurch deren Wachstum. Im heißen Klima des Orients ist die **Mikrobenhemmung** mittels Gärung eine vorteilhafte hygienische Eigenschaft, wenn nicht gar die entscheidende. Aufgrund des Ackerbaus wuchs die Bevölkerung dramatisch. Sauberes Trinkwasser wurde plötzlich zum Problem, wie übrigens auch in Europa bis ins 19. Jahrhundert hinein. Man denke auch an heutige Bilder von heiligen Ritualen im Ganges. Tierische und menschliche Fäkalien verseuchen und verschmutzen bis heute das Trinkwasser. Verunreinigtes Wasser kann hochgefährlich sein! Die Gärungsprodukte Bier, Wein und Essig waren dagegen frei von gefährlichen Keimen. Selbst leicht verschmutztes Trinkwasser konnte man damit aufbereiten, weil nicht nur Alkohol, sondern auch organische Säuren vorhandene Erreger hemmen.

Nicht Wasser löschte also den Durst unserer Altvorderen, sondern Bier, Wein und Essig. Sie waren sozusagen die „Muttermilch der Zivilisation". **Die älteste Biotechnologie der Welt war nahrhaft, anregend und auch sicher** – ein revolutionärer Fortschritt, der sich einfach durchsetzen musste.

Auch die Ägypter brauten Bier. Ein etwa 4400 Jahre altes Wandbild aus einer ägyptischen Grabstätte zeigt die Herstellung (Abb. 1.1).

Die Ägypter wussten bereits, dass die Gärung schneller beginnt, wenn man den Bodensatz von gelungenem Bier wiederverwendet. Die ägyptischen Biere waren meist dunkel, sie wurden aus gerösteten Bierbroten hergestellt. Einige hatten immerhin einen Alkoholgehalt von 12-15 %. Die Ägypter erfanden auch das Flaschenbier: Beim Pyramidenbau wurde Bier in Tonflaschen zur Baustelle geliefert.

Kelten und Germanen bevorzugten Met, ein säuerliches Bier, das man in Gefäßen von bis zu 500 Litern bei etwa 10 °C im Erdboden aufbewahrte und mit Honig versetzte. Zur Kunst entwickelte sich das Bierbrauen aber erst, als sich im 6. Jahrhundert die Mönche der Sache annahmen. Der Devise *Liquida non frangunt ieunum* („Flüssiges bricht nicht das Fastengebot") verdanken wir die besonders kräftigen und alkoholhaltigen Starkbiere.

Das Wort „Bier" soll sich von dem altsächsischen *bere*, d. h. Gerste, ableiten. Die erfolgreichen Bierbrauer der Vergangenheit konnten natürlich nicht wissen, dass die Gärung durch Lebewesen, die Hefen, verursacht wird.

Es war **Antonie van Leeuwenhoek** (1632-1723), der die ersten Bakterien gesehen hatte (Box 1.1) und mit seinem einlinsigen Mikroskop auch als erster Mensch in einer Bierprobe gelbe Hefekügelchen fand (Abb. 1.3). Zu Leeuwenhoeks Zeiten wurde bereits Hefe in konzentrierter und gereinigter Form sowohl zum Brotbacken als auch für die Bierbrauerei und Weinbereitung verwendet.

Box 1.1 Biotech-Historie: Leeuwenhoek

Antonie van Leeuwenhoek bei der Arbeit mit seinem einlinsigen Mikroskop; es vergrößerte immerhin schon 200-fach.

»Wir hatten eine sehr starke und schnelle Bewegung vor uns und sie schossen durch die Flüssigkeit wie es ein Hecht durchs Wasser tut. Diese Wesen waren sehr gering an Zahl. Die zweite Art hatte eine Figur wie B. Diese drehten sich öfter wie Kreisel und nahmen alsdann einen Kurs ein wie C und D. Sie waren in viel größerer Anzahl vorhanden. Bei der dritten Art konnte ich keine Form ausmachen, denn einerseits schienen sie wie ein Oval und andererseits wie ein Kreis. Sie waren so klein, dass ich sie nicht größer sehen konnte wie in Fig. E und dabei schwirrten sie so schnell durcheinander, dass man sich einbildete, einen großen Schwarm Fliegen oder Mücken vor sich zu haben.

Sie waren so zahlreich, dass ich glaubte, einige Tausend zu sehen in der Wassermenge bzw. Speichel (vermengt mit der erwähnten Materie), die nicht mehr war als ein Sandkorn, obwohl ich die Probe zwischen den Schneide- und Backenzähnen herausgeholt hatte. Hauptsächlich bestand die Materie aus einer Menge schlierenartiger Gebilde von sehr unterschiedlicher Länge und doch von ein und derselben Dicke, die einen krumm gebogen, die anderen gerade, wie Fig. F, die ungeordnet durcheinander lagen.«
(Quelle: Paul de Kruif, *Mikrobenjäger*, 1940)

Mit dieser mikroskopischen Betrachtung seines Zahnbelags eröffnete ein wissenschaftlicher Autodidakt, der Krämer Mynheer **Antonie van Leeuwenhoek** (1632–1723), im holländischen Städtchen Delft der Menschheit eine neue Welt. Als erster Mensch hatte er **Bakterien** gesehen und sie gezeichnet. Es hatte damit begonnen, dass Leeuwenhoek einem Brillenmacher auf dem Jahrmarkt die Kunst des Linsenschleifens abgeschaut hatte. Mit Besessenheit schliff er sich nun immer stärkere Glaslinsen. Bis zu 200-fache Vergrößerungen erzielte er mit seiner Art von **Mikroskopen**. Stundenlang konnte er sich daran

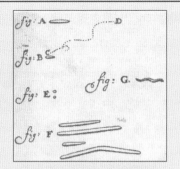

Die erste Zeichnung von Bakterien durch Leeuwenhoek. Vom britischen Wissenschaftspublizisten Brian F. Ford wurde ein Blick durch Leeuwenhoeks Mikroskop nachgestellt: Leeuwenhoek konnte Spirillen (Fig. G) tatsächlich sehen!

ergötzen, dass ein feines Schafshaar unter seinem einlinsigen Mikroskop zum dicken Strick wurde.

Eines Tages kam Leeuwenhoek auf die Idee, einen Tropfen Wasser aus einer Regentonne zu untersuchen. Er erschrak nicht wenig, als er unter dem Mikroskop ein Gewimmel kleiner Wesen erblickte. Sie schwammen munter umher und spielten, wie ihm schien, miteinander. Die Wesen waren nach Leeuwenhoeks Schätzung tausendmal kleiner als das Auge einer Laus.

Auf Drängen eines Freundes schrieb Leeuwenhoek 1673 erstmals einen begeisterten Brief in Holländisch an die damals bedeutendste Vereinigung von Wissenschaftlern auf der Welt, die Londoner Royal Society (Königliche Gesellschaft). Die gelehrten Herren lasen mit Verwunderung die Beschreibung der „elenden kleinen Biestchen", wie Leeuwenhoek die seltsamen Tierchen nannte.

Der englische Forscher **Robert Hooke** (1635–1703) war zu dieser Zeit als Mitglied der Royal Society dafür verantwortlich, auf jedem Treffen der Gelehrten neue Experimente vorzuführen. Er selbst hatte mit seinem mehrlinsigen Mikroskop Flaschenkork untersucht, dabei ein Muster aus regelmäßig angeordneten kleinen Löchern entdeckt und sie „Zellen" genannt. Hooke baute nach Leeuwenhoeks Angaben die Mikroskope des Holländers nach und konnte dessen Beobachtungen bestätigen. Er ahnte nicht, dass die kleinen „Tierchen" ebenfalls aus Zellen bestehen, allerdings meist nur aus einer einzigen.

Die Wissenschaftler der Royal Society überzeugten sich nun mit eigenen Augen von der Existenz mikroskopisch kleiner Wesen. Die „elenden Biestchen" riefen ihr lebhaftes

Interesse hervor. Leeuwenhoek, der nie eine Universität besucht hatte, wurde 1680 einstimmig zum Mitglied der Königlichen Gesellschaft gewählt. Er hatte durch seine Fingerfertigkeit, seine Neugier und Ausdauer mehr geleistet als viele Wissenschaftler seiner Zeit, die zum Beispiel bei der Frage, wie viele Zähne ein Esel habe, lieber in den Schriften des altgriechischen Gelehrten **Aristoteles** nachschlugen, als einem Grautier ins Maul zu schauen.

Könige, Fürsten und Wissenschaftler aller Länder interessierten sich für Leeuwenhoeks Entdeckungen. Königin **Anne von Großbritannien und Irland** und **Friedrich I. von Preußen** besuchten ihn ebenso wie der russische Zar **Peter der Große**, der sich unter falschem Namen in Holland zum Studium des Schiffbaus aufhielt.

Die „Biestchen" wurden lange Zeit als Kuriosität bestaunt und gerieten dann wieder in Vergessenheit.

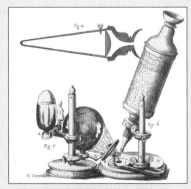

Leeuwenhoeks Mikroskop. Er fertigte etwa 500 einlinsige Mikroskope an.

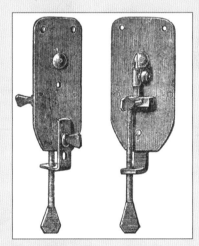

Robert Hookes mehrlinsiges Mikroskop, mit dem er dünne Korkschnitte untersuchte und „Zellen" beschrieb

Box 1.2 **Wichtige Biomoleküle und Strukturen**

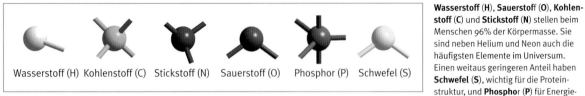

Wasserstoff (H) Kohlenstoff (C) Stickstoff (N) Sauerstoff (O) Phosphor (P) Schwefel (S)

Kugel-Stab-Modelle

Wasserstoff (**H**), **Sauerstoff** (**O**), **Kohlenstoff** (**C**) und **Stickstoff** (**N**) stellen beim Menschen 96% der Körpermasse. Sie sind neben Helium und Neon auch die häufigsten Elemente im Universum. Einen weitaus geringeren Anteil haben **Schwefel** (**S**), wichtig für die Proteinstruktur, und **Phosphor** (**P**) für Energieumwandlung und Signalsteuerung.

Nucleotide sind Bausteine der Nucleinsäuren (DNA und RNA), der Informationsträger der Zellen. Sie bestehen aus einem Monosaccharid (Desoxyribose oder Ribose), Base (Adenin, Thymin, Cytosin, Thymin; bei RNA Uracil statt Thymin) und Phosphatrest. A und T (hier gezeigt) bilden zwei H-Brücken aus, G und C drei.

H-Brücken

Adenin   Thymin

Der **Cofaktor ATP** (**Adenosintriphosphat**) ist der universelle Energieüberträger und besteht aus einem Adeninrest, einer Ribose und drei Phosphatgruppen. Durch Hydolyse werden ADP und Phosphat gebildet und Energie freigesetzt.

ATP

Phospholipid

Lipide (**Fettstoffe**) sind im Wasser schlecht, in organischen Lösungsmitteln gut löslich. Dazu gehören Membranlipide (Phospholipide, Glykolipide, Cholesterin) und Speicherlipide (Fette und Öle). Hier gezeigt ist ein Phospholipid, das aus hydrophilem „Kopf" (Glycerin und Phosphat) und hydrophoben „Schwänzen" (Fettsäuren) besteht.

Traubenzucker
(β-ᴅ-Glucose)

Kohlenhydrate (**Zucker**) sind Energielieferanten (Glucose, Stärke, Glykogen) und Strukturbildner (Cellulose, Chitin). Grundeinheiten der Kohlenhydrate sind kleine Ketone (mit -C=O-Gruppe) und Aldehyde (mit HC=O) mit zwei oder mehr Hydroxylgruppen (-OH). Das Monosaccharid β-ᴅ-Glucose (Traubenzucker) ist hier gezeigt.

Aminosäure
(ʟ-Cystein)

20 verschiedene **Aminosäuren** sind linear zu Polypeptidketten verknüpft. Sie besitzen ein zentrales C-Atom, um das eine Aminogruppe (-NH₂), eine Carboxylgruppe (-COOH), ein H-Atom und eine variable Seitenkette (-R) gruppiert sind.

Wie kann man sich von Molekülen ein Bild machen?

Der Realität am nächsten kommen **Kalottenmodelle**. Sie empfinden die räumliche Ausdehnung und Anordnung der Atome nach. Ihre van-der-Waals-Radien markieren ihre „Privatspäre". **Kugel-Stab-Modelle** stellen dagegen kleine gleich große Kugeln dar, die über Stäbe verbunden sind. **Strukturformeln** zeigen Bindungen minimalistisch durch einen oder mehrere Striche zwischen den Elementsymbolen. „R" (Rest) steht oft für einen großen Molekülteil, der aus Gründen der Übersicht nicht ausgeführt wurde.

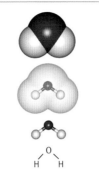

GOD

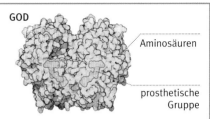

Aminosäuren

prosthetische Gruppe

Enzyme sind biokatalytische Proteine. Hier gezeigt ist die **Glucose-Oxidase** (**GOD**). Die GOD ist eine dimeres Molekül und besteht aus 2 x 256 Aminosäurebausteinen. Als prosthetische Gruppe dient FAD (Flavinadenindinucleotid) im aktiven Zentrum. (*Ausführlich siehe Kapitel 2.*)

Stärke

Glucose

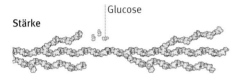

Stärke ist ein Polysaccharid aus Tausenden D-Glucose-Einheiten, die über glykosidische Bindungen miteinander verknüpft sind.

Aminosäuren

Antigen

Aminosäuren

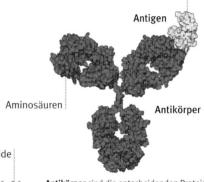

Antikörper

Antikörper sind die entscheidenden Proteine des Immunsystems. Hier gezeigt ist das Y-förmige Immunglobulin G. Es besteht aus zwei leichten (je 220 Aminosäuren) und zwei schweren Ketten (je 440 Aminosäuren) mit zwei „Armen" und den „Fingerspitzen", den Antigenbindungsstellen (Paratopen), und einem „Fuß". (*Ausführlich siehe Kapitel 5.*)

RNA-Polymerase

DNA

Nucleotide

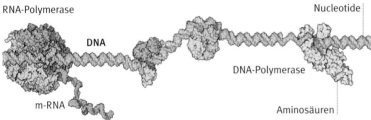

m-RNA

DNA-Polymerase

Aminosäuren

DNA, die Doppelhelix. Hier gezeigt ist, wie eine RNA-Polymerase die DNA aufwindet und mRNA bildet, sowie einige Transkriptionsproteine und die DNA-Polymerase. (*Ausführlich siehe Kapitel 3.*)

Duftstoffe

Ionen

Membran

Lipide

Aminosäuren

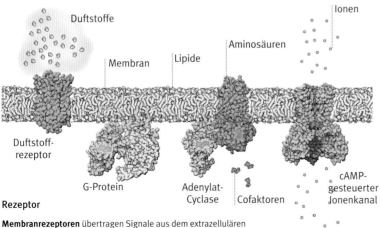

Duftstoffrezeptor

G-Protein

Adenylat-Cyclase

Cofaktoren

cAMP-gesteuerter Ionenkanal

Rezeptor

Membranrezeptoren übertragen Signale aus dem extrazellulären in den intrazellulären Raum. Hier gezeigt ist die Kaskade der Geruchsrezeptoren, die mit G-Proteinen und Adenylat-Cyclase gekoppelt schließlich das Schließen oder Öffnen von Ionenkanälen bewirken. Es gibt daneben eine Vielzahl von intrazellulären Rezeptoren.

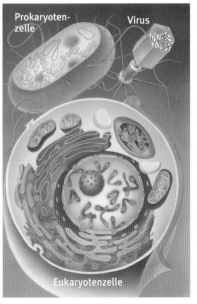

Prokaryotenzelle

Virus

Eukaryotenzelle

Zellen

Box 1.3 Die Proteindatenbank Molekulare Maschinerie – interaktive Webseite!

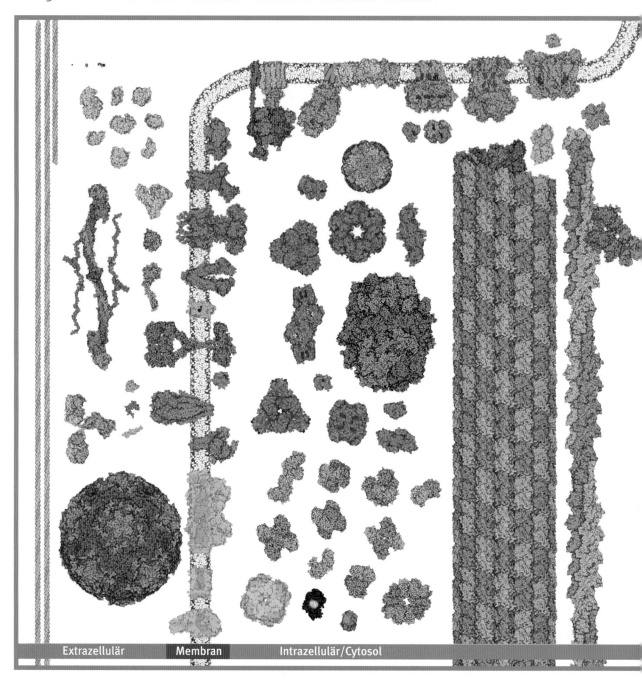

Extrazellulär　Membran　Intrazellulär/Cytosol

Biomoleküle interaktiv im Internet:
http://mm.rcsb.org/
© Protein Data Bank
2017

Kleine Moleküle

Lagerung

Verdauungs-enzyme

Photosynthese

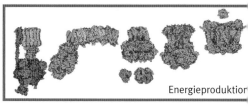
Energieproduktion

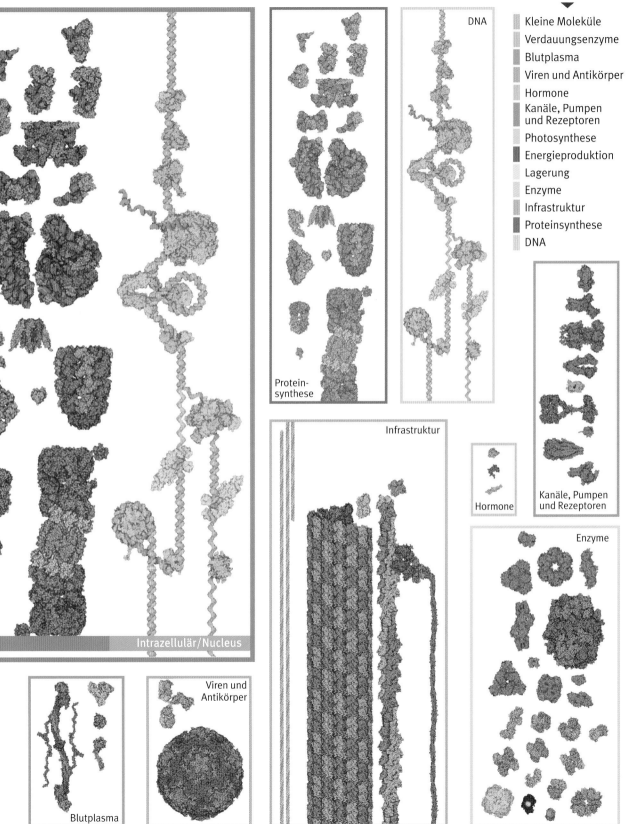

Struktur
und Funktion

Kleine Moleküle
Verdauungsenzyme
Blutplasma
Viren und Antikörper
Hormone
Kanäle, Pumpen
und Rezeptoren
Photosynthese
Energieproduktion
Lagerung
Enzyme
Infrastruktur
Proteinsynthese
DNA

DNA

Protein-
synthese

Infrastruktur

Intrazellulär/Nucleus

Hormone

Kanäle, Pumpen
und Rezeptoren

Enzyme

Viren und
Antikörper

Blutplasma

7

Box 1.4 Bierbrauen heute

Bier wird in Deutschland nach dem in Bayern schon seit 1516 geltenden **Reinheitsgebot** (Abb. 1.32) aus Gerstenmalz, Hopfen und Wasser unter Zusatz von Hefe bereitet.

Das stärkehaltige Getreide kann nicht direkt vergoren werden, sondern muss erst durch **Stärke spaltende Enzyme** (**Amylasen**), die in keimenden Getreidekörnern gebildet und aktiviert werden, zu Malzzucker (Maltose) und Traubenzucker (Glucose) „verzuckert" werden. Zur Bierherstellung gehören deshalb die Vorgänge der Malzbereitung, Würzebereitung und des Vergärens.

Zunächst quillt die Gerste in der **Mälzerei** nach Reinigung und Sortieren ein bis zwei Tage im Wasser. Man lässt die eingeweichten Gerstenkörner bei 15–18 °C in großen Keimkästen mit automatischen Wendern keimen und unterbricht den Keimprozess nach sieben Tagen.

Im so erhaltenen **Grünmalz** ist der enzymatische Abbau der Stärke zu Maltose nur teilweise erreicht. Es wird getrocknet (gedarrt) und dann bei allmählich steigender Temperatur (anfangs 45 °C, dann 60–80 °C, für dunklere Biere bis 105 °C) auf Darren und Horden in **Darrmalz** überführt.

In der **Brauerei** wird bei der Würzbereitung das geschrotete Malz gemaischt, das heißt mit viel Wasser angerührt und erhitzt.

Beim **Maischen** werden Haltephasen für die enzymatischen Abbauprozesse eingelegt: Unter 50 °C bauen β-Glucanasen die „Gummistoffe" ab, die das Filtrieren erschweren würden. Bei 50–60 °C wird die „Eiweißrast" eingehalten: Proteine werden gespalten. Bei der „Verzuckerungsrast" (60–74 °C) spalten die Stärke abbauenden Enzyme (α- und β-Amylasen) die restliche Stärke vollständig zu Glucose, Maltose und größere Stärkebruchstücke (Dextrine) werden abgebaut.

Die nach dem Absetzen oder einer Filtration klar abgeläuterte Lösung (**Würze**) kocht man mit Hopfen, um sie zu konzentrieren, keimfrei zu machen und zu aromatisieren. Der Hopfen mit seinem Gehalt an Bitterstoffen, Harzen und ätherischen Ölen verleiht dem Bier den anregenden bitteren Geschmack und eine bessere Haltbarkeit.

Der **Stammwürzegehalt** ist der Gehalt an löslichen Extraktstoffen wie Glucose und Maltose in Gramm Trockensubstanz pro 100 g Würze und ist im deutschen Biersteuergesetz vorgeschrieben: Einfachbiere enthalten 2–5,5 % Stammwürze, Schankbiere 7–8 %, Vollbiere 11–14 % und Starkbiere über 16 %.

Die gehopfte Würze wird abgelassen und filtriert (**Abläutern** im Läuterbottich). Die Stärke spaltenden Enzyme sind durch das Kochen inaktiviert, sodass bei der nachfolgenden Gärung mit Hefe nur die Glucose und Maltose, nicht aber die im Bier erwünschten kurzen Stärkebruchstücke (Dextrine) abgebaut werden.

Nach dem Kühlen der Würze und der Aufnahme von Sauerstoff leitet man die **Gärung durch die Anstellhefe** (Reinzuchtrassen von *Saccharomyces cerevisiae*) ein. Den Sauerstoff braucht die Hefe zunächst für Wachstum und Vermehrung.

Die durch langsame **Untergärung** (in acht bis zehn Tagen) gewonnenen Biere (Pilsener, Dortmunder und Münchner Biere, Bockbiere) sind haltbare, versandfähige Lagerbiere, während bei der schnellen **Obergärung** (vier bis sechs Tage) meist leichtere Biere entstehen. Untergärig sind alle herkömmlichen Biersorten, auch das Schankbier. Obergärig sind Berliner Weißbier, Kölsch und Alt, Karamelbier sowie die englischen Biersorten Ale, Porter und Stout.

Zum Schluss überlässt man das Bier in Kühlkellern noch einer langsamen mehrwöchigen **Nachgärung** bei 0–2 °C in Lagerfässern, aus denen es in kleinere Versandfässer oder, nach Filtration, in Flaschen abgefüllt wird.

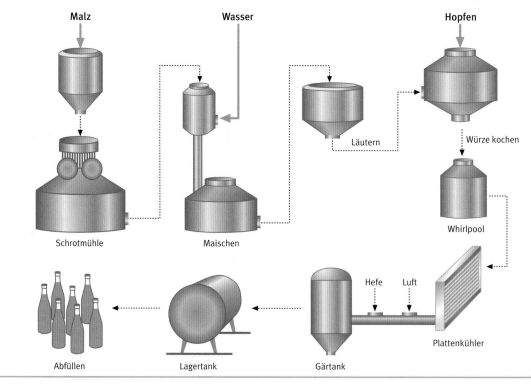

Malz — Schrotmühle

Wasser — Maischen

Hopfen

Läutern — Würze kochen — Whirlpool

Plattenkühler

Hefe — Luft

Gärtank — Lagertank — Abfüllen

■ 1.2 Hefen sind die Arbeitspferde der Alkoholgärung

Hefen zählen zu den Pilzen (Fungi), speziell zur Gruppe der Schlauchpilze (Ascomycetes), der artenreichsten Pilzabteilung.

Sie sind im Gegensatz zu den prokaryotischen Bakterien **Eukaryoten** (griech. *karyon*, Kern), haben also einen komplexen Zellaufbau (Kompartimente wie Mitochondrien) und einen **echten Zellkern**. Man nannte sie auch Sprosspilze, weil sie sich meist ungeschlechtlich (vegetativ) durch Sprossung vermehren. Sie können sich aber auch sexuell durch Kopulation zweier haploider Sprosszellen vermehren. Diese enthalten einen einfachen vollständigen Chromosomensatz. Hefen werden nach ihrer Vermehrungsart verschiedenen Pilzgruppen zugeordnet.

Die Hefen bestehen nur aus einer einzigen Zelle. Diese Mutterzelle bildet bei der Sprossung mehrere Ausstülpungen, Tochterknospen, die abgeschnürt werden, selbstständig lebensfähig sind und ihrerseits neue Zellen bilden können (Abb. 1.3). Sie wachsen heterotroph (also auf Nährstoffen, ohne Photosynthese) bei vorzugsweise sauren pH-Werten. Ihre Zellwand besteht wie die Gerüstsubstanz der Insekten aus Chitin und außerdem aus Hemicellulose. Bier entsteht durch alkoholische Gärung aus den Kohlenhydraten von Getreidesamen. Diese liegen aber zum großen Teil als Polysaccharide vor und sind für die Glykolyseenzyme der Hefezellen (Abb 1.14) erst verfügbar, wenn sie durch Amylasen zu Di- und Monosacchariden abgebaut sind.

■ 1.3 Auch heute werden zum Bierbrauen Hefe, Wasser, Malz und Hopfen verwendet

Auch heute beginnt das Bierbrauen wie schon bei den Sumerern mit dem Keimen von Gerste, ihrer Umwandlung in das **enzymhaltige Malz** (Box 1.4).

Das Malz wird danach zerkleinert und mit warmem Wasser vermischt. Diese **Maische** füllt man in den Maischbottich. Hier entstehen innerhalb einiger Stunden aus der Getreidestärke, die in den Körnern gespeichert ist, durch die Wirkung von **Stärke abbauenden Enzymen** (**Amylasen**) Malzzucker (Maltose), Traubenzucker (Glucose) und andere Zucker. Zellwand-abbauende Enzyme (β-**Cellulasen**) bauen die äußeren Hüllen der Gerstenkörner ab, damit die α-**Amylase** die Stärke

im Sameninnern angreifen kann. Anschließend filtert man die festen Bestandteile der Maische ab und bringt den flüssigen süßen Anteil in den Braukessel. Dabei wird **Hopfen** zugesetzt. Er verleiht dem Bier den würzig-bitteren Geschmack.

Die so entstandene **Würze** gießt der Brauer in einen Gärbottich und setzt **Brauereihefen** hinzu.

Dann beginnt die **alkoholische Gärung**. Nach der Gärung lagert das Bier einige Zeit in Tanks, um zu reifen. Zum Schluss wird das Bier kurz erhitzt, um schädliche Mikroben abzutöten, und dann in Flaschen, Büchsen oder Fässer abgefüllt.

Die grundlegenden Vorgänge beim modernen Bierbrauen sind also die gleichen wie vor mehreren Tausend Jahren. Aber damals nutzten die Menschen Mikroorganismen nur unbewusst für ihre Zwecke.

Fast alle Völker der Erde machten im Altertum ähnliche Entdeckungen wie die Sumerer. Erfunden wurde der **Wein** wahrscheinlich vor 6000 Jahren im Gebiet um den Berg Ararat. Neueste Befunde verweisen allerdings auf die Chinesen als Weinerfinder vor 9000 Jahren in der Steinzeit (Box 1.10).

Die alten Griechen und Römer bevorzugten den vergorenen Saft von Weintrauben, den Wein (Box 1.5). Die Römer waren es dann, die Weinanbau und -herstellung an Rhein und Mosel brachten. Aus Hirse gewannen die Afrikaner mit *Schizosaccharomyces pombe* das **Pombe-Bier**, asiatische Steppenvölker vergoren Stutenmilch in Lederbeuteln zu **Kumys**, die Japaner bereiteten **Sake**, ein alkoholisches Getränk aus Reis, die Russen **Kwass** mit *Lactobacillus*-Arten und dem Schimmelpilz *Aspergillus oryzae* zur Verzuckerung.

Bis heute hat sich auch das Prinzip der **Weinerzeugung** (Box 1.5) nur wenig verändert: Aus roten und farblosen (weißen) Weintrauben wird nach der Lese durch Zerstampfen und Pressen (Keltern) Traubensaft gewonnen. Dieser gefilterte Saft gärt dann in geschlossenen Gefäßen. Früher waren das Holzfässer, heute benutzt man Metalltanks mit Inhalten bis zu 250 000 L.

Weltweit werden jährlich etwa eine halbe Milliarde Hektoliter Wein produziert.

■ 1.4 Zellen funktionieren mit Sonnenenergie

Täglich sendet der Glutball der Sonne vier Milliarden kWh Energie an die Erde. Die Sonne liefert

Abb. 1.5 Bierbrauen im alten Ägypten

Abb. 1.6 Bier mit deutlich sichtbaren Kohlendioxidbläschen

Pasteurisieren

Louis Pasteur (1822–1895) fand heraus, dass es genügte, Wein kurz zu erhitzen, um die Bakterien abzutöten, die ihn verdarben. Auf diese Weise konnte man auch Milch vor dem Sauerwerden schützen.

Diesen Vorgang, bei dem die überwiegende Anzahl der in einer Substanz enthaltenen Mikroorganismen abgetötet wird, nennt man heute Pasteur zu Ehren Pasteurisieren. Immerhin enthält 1 ml (1 cm³) roher „keimarmer" Milch 250 000 bis 500 000 Mikroben! Trinkmilch wird deshalb heute meist kurzzeitig bei 71–74 °C pasteurisiert. Dabei werden 98–99,5 % der Mikroorganismen abgetötet. Die vier Wochen ohne Kühlung haltbare sogenannte H-Milch wird durch Wasserdampf kurz auf 120 °C erhitzt und in pasteurisierte Behälter gefüllt.

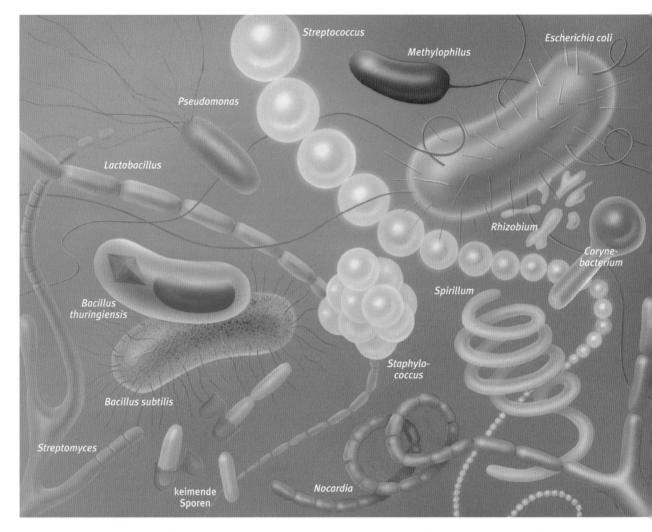

Streptococcus

Methylophilus

Escherichia coli

Pseudomonas

Lactobacillus

Rhizobium

Coryne-
bacterium

Spirillum

Bacillus
thuringiensis

Staphylo-
coccus

Bacillus subtilis

Streptomyces

keimende
Sporen

Nocardia

Bakterienkolonien in Kreisform

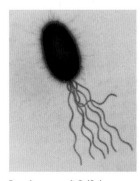

Pseudomonas mit Geißeln

Abb. 1.7 Bakterien

Bakterien sind Prokaryoten, das heißt, ihre genetische Information ist nicht in einem Zellkern lokalisiert, sondern liegt frei im Zellplasma als meist ringförmige doppelsträngige DNA.

Ihnen fehlen die für Eukaryoten (Hefen, höhere Pflanzen- und Tierzellen) typischen Zellorganellen, wie Mitochondrien (für die Zellatmung) oder Chloroplasten (für die Photosynthese) und ein endoplasmatisches Reticulum.

Bakterien leben überwiegend heterotroph, das heißt, sie gewinnen ihre Energie aus organischer Materie. Es existieren aber auch Arten, die photosynthetisch oder aus anorganischen Verbindungen (z. B. Schwefel) Energie gewinnen können.

Es gibt unter den Bakterien bewegliche und unbewegliche Einzeller (zum Beispiel Stäbchen), aber auch Mehrzeller, zum Beispiel Zellverbände in

der Gattung *Nocardia* und pilzfadenähnliche Geflechte (Mycelien) der *Streptomyces*-Arten.

Die Farbtafel zeigt biotechnologisch wichtige Vertreter der Bakterien. Ihre Zellwände sind unterschiedlich aufgebaut (Kap. 4). Nach ihrer Anfärbbarkeit zur Betrachtung unter dem Mikroskop werden grampositive von gramnegativen Bakterien unterschieden.

Zu den **gramnegativen aeroben Stäbchen** und **Kokken** gehören *Pseudomonas*-Arten (Kohlenwasserstoffverwertung, Steroidoxidation) und *Acetobacter* (Essigsäurebildung), *Rhizobium* (Stickstofffixierung) und *Methylophilus* (Einzellerprotein, Methanoloxidation).

Gramnegative fakultativ anaerobe Stäbchen sind dagegen die Darmbakterien *Escherichia coli*, die „Haustiere" der Gentechniker.

Bacillus- (Enzymproduktion) und *Clostridium*-Arten (Aceton- und

Butanolproduktion) gehören zu den **grampositiven Sporen bildenden Stäbchen** und **Kokken**.

Die keulenförmigen grampositiven *Corynebacterium*-Arten bilden Aminosäuren.

Grampositive Kokken sind die Milchsäure bildenden *Streptococcus*-Arten, *Staphylococcus* (Lebensmittelvergiftung), *Propionibacterium* (Vitamin B12, Käsebereitung), *Nocardia*-Arten (Kohlenwasserstoffoxidation) und Streptomyceten (Antibiotika, Enzyme).

Lactobacillus-Arten (Milchsäurebildung) zählen zu den **grampositiven nicht Sporen bildenden Bakterien**.

Bakterien richten großen Schaden als Erreger von Krankheiten und beim Verderb von Nahrungsmitteln an.

Sie haben aber auch enorme wirtschaftliche Bedeutung in biotechnologischen Prozessen.

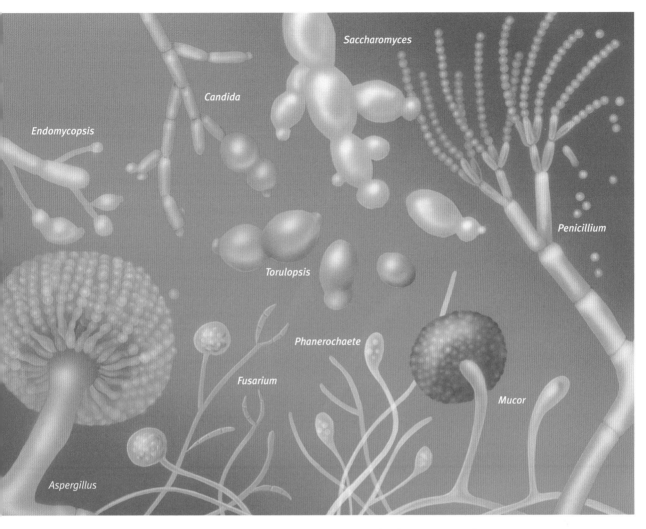

Abb. 1.8 Pilz

Pilze spielen eine hervorragende Rolle in den Kreisläufen der Natur, vor allem bei Abbauprozessen. Etwa 70 000 Pilze wurden bisher klassifiziert. Die **Hefen** gehören wie alle Pilze zu den Eukaryoten, das heißt, ihr Erbmaterial ist in einem Zellkern konzentriert. Sie sind **Sprosspilze (Endomyceten)**.

Von wilden Hefen werden **Kulturhefen** unterschieden, die große industrielle Bedeutung als Bierhefen (z. B. *Saccharomyces carlsbergensis*), Wein- und Backhefen (*S. cerevisiae*) und Futterhefen (*Candida*) haben. *Candida utilis* wächst auf Sulfitabwässern von Zellstoffwerken als Futterhefe. *Candida maltosa* ernährt sich von Alkanen (Paraffinen) des Erdöls und kann Futterprotein erzeugen. *Trichosporon cutaneum* ist ein wichtiger aerober Abwasserverwerter, der sogar Phenole abbauen kann – ein Gift für andere Pilze. *Trichosporon*

und die Hefe *Arxula adeninivorans* werden in mikrobiellen Abwassersensoren (Kap. 6 und 10) verwendet.

Schimmelpilze gehören zu den **Schlauchpilzen (Ascomyceten)**, der mit 20 000 Arten größten Gruppe der Pilze. Sie haben im Gegensatz zu den rundlichen Hefen lang gestreckte Zellen und leben meist strikt aerob. Ungeschlechtlich bilden die Schimmelpilze Sporen durch Teilung des Zellkerns an Sporenträgern, die sich meist vom Mycel in die Luft erstrecken. Die reifen Sporen werden leicht mit dem Wind verbreitet. Wenn sie auf ein geeignetes Substrat fallen, keimen sie aus und bilden neue Mycelien.

Da die industriell wichtigen Pilze meist untergetaucht (submers) in Tanks als Mycelklumpen gezogen werden, bilden sie keine Sporen.

In der Ernährungsweise folgen die Schimmelpilze den Hefen, wobei sie vielseitiger veranlagt sind. So kön-

nen einige – im Gegensatz zu Hefen – auch auf Cellulose (*Trichoderma reesei*) oder Lignin (*Phanerochaete chrysosporium*) wachsen (Kap. 6).

Schimmelpilze der Gattungen *Aspergillus* (Gießkannenschimmel) und *Penicillium* (Pinselschimmel) bilden die Basis für viele Fermentationen, besonders für den enzymatischen Abbau von Stärke und Eiweiß in Gerste, Reis und Sojabohnen.

Aspergillus niger produziert Citronensäure, *Penicillium chrysogenum* ist der Produzent von Penicillin (Kap. 4). Andere Pinselschimmel erzeugen spezielle Käsesorten wie Camembert und Roquefort. Die von den Pilzen abgegebenen Amylasen und Proteasen werden auch als industrielle Enzympräparate gewonnen (Kap. 2).

Endomycopsis und *Mucor* bilden ebenfalls industrielle Enzyme. *Fusarium*-Arten werden zur Proteingewinnung für die menschliche Ernährung genutzt.

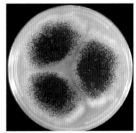

Aspergillus niger auf Agar

Penicillin produzierender Schimmelpilz (*Penicillium notatum*)

11

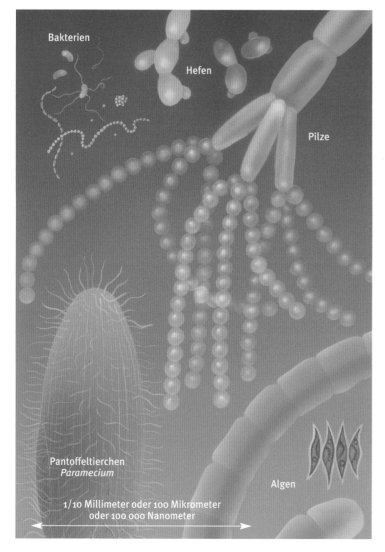

Bakterien

Hefen

Pilze

Pantoffeltierchen
Paramecium

Algen

1/10 Millimeter oder 100 Mikrometer
oder 100 000 Nanometer

somit gratis alle 30 Minuten, was alle Erdbewohner zusammen in einem Jahr an Energie verbrauchen. Nur drei Tausendstel dieser Energie der Sonne werden durch die Photosynthese der grünen Pflanzen in chemische Energie umgewandelt.

Wasser wird dabei mithilfe eines energiereichen Lichtquants in den **Chloroplasten** der Zellen (Kap. 7) in seine Bestandteile Sauerstoff (jährlich 100 Milliarden Tonnen) und Wasserstoff zerlegt, wobei nur der Sauerstoff gasförmig, in molekularer Form, freigesetzt wird. Ihn brauchen alle atmenden Lebewesen zur „kalten Verbrennung" von Stoffen. Der bei der Photosynthese freigesetzte Wasserstoff wird dagegen durch Bindung an 200 Milliarden Tonnen Kohlenstoff jährlich kurzzeitig stabilisiert und in Kohlenhydraten (Zuckern) vorübergehend gebunden.

Kohlenhydrate sind die mengenmäßig vorherrschenden Produkte der Photosynthese und damit zugleich die wichtigste Energiequelle für die meisten Lebewesen auf der Erde.

Bei der Atmung wird dann der Wasserstoff wieder aus seiner Kohlenstoffbindung herausgelöst und in einer „biochemischen Knallgasreaktion" stufenweise unter Energieproduktion in der Atmungskette freigesetzt. Letztlich stammt also alle Energie von der Sonne!

Zellen brauchen sowohl während des Wachstums als auch während der Ruhe eine dauernde Zufuhr von Energie, die durch eine gesteuerte Umsetzung von Stoffen innerhalb der Zelle (**Stoffwechsel**

Abb. 1.9 Größenvergleich von biotechnologisch wichtigen Mikroorganismen. Die Länge des Pantoffeltierchens (*Paramecium*) enspricht etwa der Dicke eines menschlichen Haares: 1/10 Millimeter oder 100 Mikrometer oder 100 000 Nanometer.

Abb. 1.10 Rechts: Größenverhältnisse von Eukaryoten- und Prokaryotenzellen und Viren

Abb. 1.11 Rechts außen: Eine Bakterienzelle (*Escherichia coli*) in Zahlen

Auf der Erde gibt es 5×10^{30} Bakterien, 50% der lebenden Materie sind mikrobieller Herkunft.

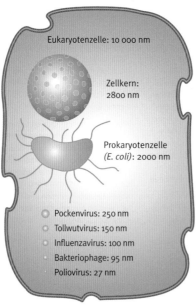

Eukaryotenzelle: 10 000 nm

Zellkern: 2800 nm

Prokaryotenzelle (*E. coli*): 2000 nm

Pockenvirus: 250 nm
Tollwutvirus: 150 nm
Influenzavirus: 100 nm
Bakteriophage: 95 nm
Poliovirus: 27 nm

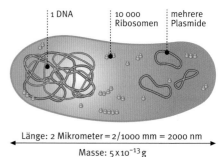

1 DNA   10 000 Ribosomen   mehrere Plasmide

Länge: 2 Mikrometer = 2/1000 mm = 2000 nm

Masse: 5×10^{-13} g

Zahl der Moleküle und Anteil an der Gesamtmasse

Wasser	10^{10}	80,0 %
Proteine	10^6–10^7	10,0 %
Zucker	10^7	2,0 %
Fette	10^8	2,0 %
Amino- und organ. Säuren	10^6–10^7	1,3 %
DNA	1	0,4 %
RNA	10^5–10^6	3,0 %
anorganische Stoffe	10^8	1,3 %

Box 1.5 Weine und Spirituosen

Zunächst werden bei der Weinbereitung die Weintrauben in der Traubenmühle zerquetscht. Bei der Weißweinherstellung folgt sofort das **Keltern** (Pressen) oder Maischen: Der Saft (Most) wird von den Stielen, Schalen und Kernen (als Rückstand, Treber genannt) getrennt. Eine Zugabe von **Pektinasen** (Kap. 2) erhöht die Saftausbeute erheblich und führt zu einem klareren Most. Bei der Gewinnung von **Rotwein** überlässt man die Maische direkt der Hauptgärung, da der hauptsächlich aus Anthocyanen bestehende Farbstoff der roten und blauen Weinbeeren in den Schalen lokalisiert ist und erst mit der Alkoholbildung in Lösung geht. Deshalb wird diese Maische nach vier- bis fünftägigem Stehen gekeltert.

Die Gärung tritt durch die an der Außenseite der Beeren haftenden Hefen oder aus Gründen der Betriebssicherheit und Qualität nach vorheriger Pasteurisierung durch Zusatz von **Hefe**-Reinkulturen (*Saccharomyces cerevisiae*-Stämme) ein. Sie verläuft unter stürmischem Aufschäumen. Der so gewonnene, durch die Hefezellen getrübte „Sauser" wird in manchen Gegenden gern getrunken. Während der vier bis acht Tage dauernden **Hauptgärung** wird schließlich fast der gesamte Zucker verbraucht. Die Proteine und Pectine scheiden sich in unlöslicher Form ab und bilden mit der Hefe den als Eingeläger bezeichneten Bodensatz, von dem der Wein abgezogen wird. Im ersten Jahr kann in langsamer Nachgärung in kühlen Kellern noch Restzucker vergären (Treiben); dabei entsteht ein zweites Geläger. Gleichzeitig bildet sich im Wein das die Aromastoffe enthaltende Bouquet (Bukett, Blume).

Der nach Abschluss der Gärung vorliegende Jungwein wird in fest verspundete, vorher ausgeschwefelte Lagerfässer abgefüllt, in denen er (bisweilen unter zeitweiliger Lüftung) seine **Reife** erlangt. Während dieser Zeit setzt auch die Kellerbehandlung ein. Diese dient in erster Linie zur Erhöhung der Haltbarkeit (z. B. durch Schwefeln, Schwefeldioxid ist für Bakterien giftiger als für Hefen) und dem Klären. Die meisten Weine haben Ethanolgehalte zwischen 10 und 12 %. Ein wichtiger Prozess ist der **Abbau der Apfelsäure** (**Malat**) durch Milchsäurebakterien zur wesentlich schwächeren **Milchsäure** (Lactat). Ohne diese *Fermentation malolactique* wären deutsche Weine wegen ihres hohen Gesamtsäuregehalts (8–10 g/L) nicht trinkbar.

Die **Unterscheidung der Weine** erfolgt nach der Farbe (meist Weiß- und Rotwein), nach der Herkunft und nach den Rebsorten (z. B. Riesling, Trollinger, Spätburgunder, Silvaner). **Restzuckergehalte** lassen sich durch Unterbrechung der Gärung oder Zusatz von Most herstellen: trocken (max. 9 g/L), halbtrocken (max. 18 g/L) und lieblich (mehr als 18 g/L). **Verstärkte Weine** wie Madeira, Sherry, Portwein oder Wermut sind Weine, denen Zucker, zusätzlich Ethanol und manchmal Kräuter zugesetzt wurden. Mikroben spielen dabei keine Rolle.

Champagner und andere Schaumweine durchlaufen eine doppelte Gärung. Hier schließt man absichtlich CO_2 mit in die Flaschen ein. Eine Weißweinmischung wird mit etwas Zuckersirup versetzt und in besonders starke Flaschen mit verbolzten Korken abgefüllt. Die Flaschen werden in einem Gestell (Kanzel) gelagert, in dem der Wein langsam gären kann. Eine spezielle Champagnerhefe wächst in den Flaschen. Über Monate hinweg werden die Flaschen langsam gestürzt, bis sie auf dem Kopf stehen. Hefe und Bodensatz lagern sich dabei auf dem Korken ab. Nun wird der Korken schnell ersetzt und Zuckersirup und Weinbrand werden zugesetzt. So entsteht ein edler haltbarer Wein, der noch lange nach dem Öffnen fein perlt. Bei **Schaumwein** wird dagegen einem stillen Wein unter Druck CO_2 zugesetzt.

Zu den **Spirituosen** (lat. *spiritus*, Geist) zählen Branntwein, Liköre, Punsche und Mischgetränke (Cocktails). Entweder werden bereits vergorene Getränke, wie Wein sowie stärkehaltige Produkte, oder aber Zuckerlösungen, wie Fruchtsäfte und Melasse, nach vorhergehender Gärung zu Branntwein verarbeitet, das heißt destilliert. Bei den sogenannten Edelbranntweinen (Weinbrand, Cognac, Rum, Arrak, Whisky, Enzian, Wacholder und Obstbranntweine) verbleiben die neben dem Ethanol entstehenden Produkte (Ester, höhere Alkohole, Aldehyde, Säuren, Acetate usw.) wegen ihres angenehmen aromatischen Geschmacks ganz oder teilweise im Destillat. Wenn man Stärkeprodukte vergärt, entstehen wenig Fuselalkohole.

Die gewöhnlichen **Trinkbranntweine** werden meist lediglich auf kaltem Wege durch Mischen von Primasprit mit Wasser und mit bestimmten, als Würze bezeichneten Geschmacksstoffen (z. B. Anis, Fenchel, Kümmel, Wacholder) hergestellt. Sie müssen min-

destens 32 Vol.-% Ethanol enthalten. **Getreidebranntweine** (auch Korn oder Kornbrand genannt) dürfen nur aus Roggen, Weizen, Buchweizen, Hafer oder Gerste gewonnen werden. Bei dem ursprünglich aus Schottland oder Irland stammenden **Whisky** (mindestens 43 Vol.-% Ethanol) werden die Malzkörner oft dem Rauch von Torf direkt ausgesetzt. **Wodka** („Wässerchen") mit 40–60 Vol.-% Ethanol entsteht aus Roggen, Kartoffeln oder anderen stärkehaltigen Pflanzen durch mehrfache Gegenstromdestillation aus der vergorenen Maische. Steinhäger, Genever oder Gin erhält man durch Zugabe von Wacholderbeeren zu den Getreidemaischen oder von alkoholischen Wacholderbeerauszügen zum Destillat.

Obstbranntweine (mindestens 38 Vol.-% Ethanol) werden aus der vollen vergorenen Obstfrucht, aus Beeren oder deren Säften ohne Zusatz von Zucker, weiterem Ethanol und Farbstoffen durch direkte Destillation gewonnen. Kirschwasser, Pflaumenbrand oder Slibowitz und die „Geiste" (Himbeergeist, Wacholdergeist) entstehen aus unvergorenen Beerenfrüchten, Aprikosen und Pfirsichen unter Zusatz von Alkohol. Weinbrand (mindestens 38 Vol.-% Ethanol) darf nur aus Wein hergestellt sein.

Die Bezeichnung **Cognac** ist streng genommen Weinbrand vorbehalten, der aus Trauben hergestellt wurde, die in dem Gebiet der Departements Charente-Maritime, Charente, Dordogne und Deux Sèvres geerntet wurden. **Rum** ist ein Trinkbranntwein und wird aus dem Saft und aus Rückständen von Zuckerrohr durch Gärung und Destillation gewonnen (Mindestethanolgehalt 38 Vol.-%). Ausgangsprodukt für **Arrak** bildet Reis oder der Saft von Blütenkolben der Kokospalme.

Für **Liköre** werden Spirituosen mit Zucker und bestimmten aromatischen Stoffen, Pflanzen- und Fruchtauszügen oder -destillaten versetzt. **Punsche** (auf Hindi *pantsch*, fünf) sind heiße Getränkezubereitungen mit fünf Zutaten: Ethanol, Gewürze, Zitronensaft, Zucker und wenig Tee oder Wasser.

Cocktails (engl. Hahnenschwanz), appetitanregende ethanolhaltige Mischgetränke, haben ihren Namen im amerikanischen Unabhängigkeitskrieg bekommen. Damals bemühte man sich, verschiedenartige Flüssigkeiten möglichst unvermischt so übereinanderzuschichten, dass das Getränk einem prächtigen Hahnenschwanz ähnelte.

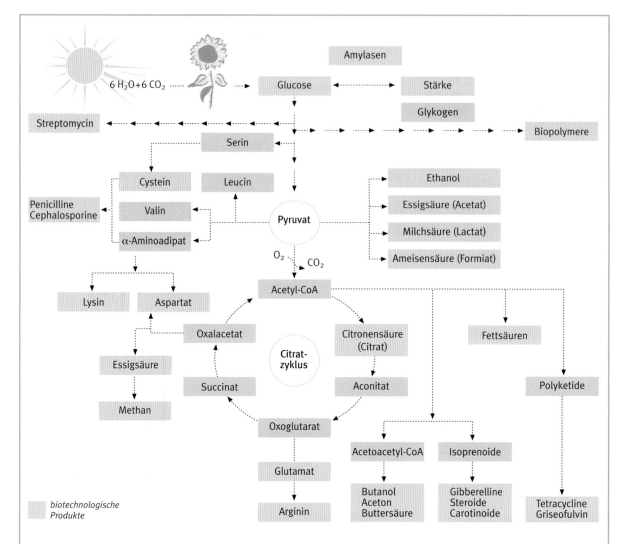

Amylasen

6 H₂O+6 CO₂ ····→ Glucose ◄——► Stärke

Streptomycin ◄····► ····► Glykogen ····► Biopolymere

Serin

Cystein   Leucin

Penicilline   Valin   Ethanol
Cephalosporine

α-Aminoadipat   Pyruvat   Essigsäure (Acetat)

Milchsäure (Lactat)

O₂ ···→ CO₂   Ameisensäure (Formiat)

Lysin   Aspartat   Acetyl-CoA   Fettsäuren

Oxalacetat   Citronensäure
(Citrat)

Essigsäure   Citrat-
zyklus

Succinat   Aconitat   Polyketide

Methan   Oxoglutarat

Acetoacetyl-CoA   Isoprenoide

Glutamat   Butanol   Gibberelline   Tetracycline
Aceton   Steroide   Griseofulvin
Arginin   Buttersäure   Carotinoide

biotechnologische
Produkte

Box 1.6 **Wie Glucose umgebaut wird**

Der Abbau von Glucose (**Glykolyse**) beginnt damit, dass ihr in den Zellen enzymatisch eine Phosphatgruppe des Cofaktors Adenosintriphosphat (ATP) übertragen wird (Abb. 1.14).

Die **Cofaktoren Nicotinamidadenindinucleotid** (**NADH**) und **ATP** werden gebildet. Cofaktoren sind wichtige regenerierbare Hilfsstoffe für Enzyme (siehe Kap. 2). Das ursprünglich sechs Kohlenstoffatome enthaltende Molekül der Glucose wird im Zuge seines Abbaus enzymatisch in zwei Teile gespalten; schließlich entsteht nach einer Folge von Enzymreaktionen **Pyruvat** (Brenztraubensäure) aus Glucose.

Pyruvat spielt im Stoffwechsel eine zentrale Rolle. Die Hauptmenge des Pyruvats wird oxidiert und liefert „aktivierte Essigsäure"

(Acetyl-Coenzym A). Dabei entsteht auch zum ersten Mal ein Endprodukt der Glucoseveratmung: **CO₂**. Nun sind im Acetyl-Coenzym A nur noch zwei Kohlenstoffatome verblieben. Eine kleinere Menge Pyruvat wird in Oxalacetat umgewandelt. Mit dieser kleinen Menge Oxalacetat startet der sogenannte **Citratzyklus**, bei dem die zwei Kohlenstoffatome aus dem Acetyl-Coenzym A in einen Kreislauf eintreten und zu zwei Molekülen CO₂ oxidiert werden. Zwischenprodukte des Citratzyklus, wie Citronensäure (Citrat), liegen im Normalfall in geringer Konzentration vor; sie befinden sich in einem Fließgleichgewicht (Kap. 4).

Beim Glucoseabbau wird durch Dehydrierung (Wasserstoffentzug) Energie freigesetzt. Dabei ist der oxidierte Cofaktor NAD⁺ beteiligt, auf den der Wasserstoff zeitweilig übertragen wird. Der so reduzierte Cofaktor

(NADH) muss aber den Wasserstoff wieder „loswerden", weil er sonst für die Energie liefernden Reaktionen des Glucoseabbaus nicht mehr zur Verfügung stünde. Das geschieht durch Enzymreaktionen der sogenannten **Atmungskette** in den Mitochondrien.

In der Atmungskette wird der Wasserstoff des NADH von dem durch Otto Warburg entdeckten Enzym **Cytochrom-Oxidase** (Abb. 1.13 und Kap. 2) benutzt, um Wasserstoff unter hohem Energiegewinn „kalt" zu Wasser zu verbrennen. Dabei wird Energie gewonnen.

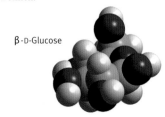

β-D-Glucose

oder **Metabolismus**) gewonnen wird. Die Energiequellen sind die aufgenommenen Nahrungsstoffe. Sie werden durch eine Reihe hintereinander geschalteter Enzymreaktionen über spezifische Stoffwechselwege umgesetzt.

So entstehen **Bausteine** und **Energie** für Synthesen und andere energieaufwendige Prozesse: Nährstoffe werden zunächst in kleinere Bruchstücke zerlegt und in Enzymreaktionen zu niedermolekularen Verbindungen umgewandelt, aus denen die Bausteine der Zelle gebildet werden: Traubenzucker (Glucose), Aminosäuren, Nucleotide (Pyrimidin-, Purinbasen und Zuckerphosphate), organische Säuren und Fette (Box 1.6).

Aus diesen Bausteinen werden die „Riesenmoleküle" der Proteine, der Nucleinsäuren (DNA und RNA), Reservestoffe und Zellwandbestandteile aufgebaut.

Da Kohlenhydrate mengenmäßig die vorherrschenden Produkte der Photosynthese und damit zugleich die allgemeinen Nahrungsstoffe für die Mehrzahl der Lebewesen sind, wird in erster Linie von **Traubenzucker** (Glucose) ausgegangen. Von der Art und Weise, wie Glucose in der Zelle abgebaut wird, hängt die Produktion vieler Biotechnologieprodukte ab.

■ 1.5 Alkohol ist nicht Genuss, sondern eine Notmaßnahme für Hefen

Wenden wir nun biochemische Erkenntnisse an, um eine „Lebensfrage" der Hefezellen zu beantworten. Hefen können als **Atmer** (**Aerobier**) oder **Gärer** (**Anaerobier**) leben, sind somit fakultative Aerobier. In Gegenwart von Sauerstoff gedeihen Hefen prächtig, sie veratmen Zucker zu CO_2 und Wasser und gewinnen dabei Energie, die sie zum Wachsen und Aufbau neuer Zellen nutzen.

Stoppt man die Luftzufuhr für Hefen, so schalten die Mikroben ihren Stoffwechsel auf die Notmaßnahme Gärung um. Die Gärung hilft ihnen, lebensfeindliche Zeiten zu überstehen, obwohl das energetisch ungünstig ist. **Louis Pasteur** (1822–1895) entdeckte 1861, dass Hefe ohne Sauerstoff mehr Glucose verbraucht als in dessen Gegenwart. Das nennt man den **Pasteur-Effekt**. Die Hefen verarbeiten unter anaeroben Bedingungen weiter Zuckermoleküle, weit mehr als unter aeroben Bedingungen, um die Energieverluste zu kompensieren. Da nun aber kein Sauerstoff mehr zur Verfügung steht, kann er in der

Atmungskette auch nicht mit dem angesammelten Cofaktor NADH + H⁺ verbrannt werden. Der Glucoseabbau bleibt somit auf der Stufe des Pyruvats stehen (Box 1.6).

Die Zelle wandelt Pyruvat in Acetaldehyd um. Dabei wird CO_2 freigesetzt. Der Citratzyklus kann nun ebenfalls nicht mehr genutzt werden. Um das angesammelte NADH + H⁺ zu verwerten, das wegen O_2-Mangels nicht mehr in der „kalten Verbrennung" der Atmungskette zu NAD⁺ rückoxidiert werden kann, bleibt der Zelle nur noch ein Weg: Sie benutzt die **Alkohol-Dehydrogenase** (Abb. 1.12) und bildet unter NADH + H⁺-Verbrauch aus Acetaldehyd Ethanol und NAD⁺. Glucose wird also letztlich unvollständig zu Alkohol und CO_2 „verbrannt". Bei der Vergärung eines Glucosemoleküls entstehen nur ein bis vier Moleküle des „Energiewechselgeldes" ATP (statt maximal 38 bei der Veratmung mit Sauerstoff); das reicht zum Überleben.

Alkohol ist für die Hefe also kein Genuss, vielmehr eine Notmaßnahme. Sie geht zugrunde, wenn der Alkoholgehalt einen bestimmten Wert übersteigt. Entgegen der klassischen Ansicht kann Ethanol aber auch aerob produziert werden (*Crabtree*-Effekt), wenn mehr als 100 mg Glucose im Liter Nährmedium enthalten sind. Bei dieser „Überlaufreaktion" wird Pyruvat nicht über den Citratzyklus oxidiert, sondern zu Ethanol reduziert.

Mithilfe moderner **Gen-Chips** (Kap. 10) für Hefe-mRNA (eine einzelsträngige Nucleinsäure, die von der Zellkern-DNA mit der Bauanweisung für Proteine zu den Ribosomen gelangt, siehe Kap. 3) wurde bewiesen, dass bei Sauerstoffmangel anaerobe Hefen schlagartig teilweise ganz andere Enzyme als aerobe Hefen produzieren. Das heißt, die Gene (DNA) werden unterschiedlich abgelesen, und verschiedene Proteine werden exprimiert, je nach der Sauerstoffsituation der Hefezelle.

Andere Gärer, die Bakterien, bilden **Milchsäure** (*Lactobacillus*), **Buttersäure** (*Clostridium butyricum*), **Propionsäure** (*Propionibacterium*), **Aceton** und **Butanol** (*Clostridium acetobutylicum*) (Kap. 6) sowie weitere Produkte unter Gewinnung von ATP und scheiden diese aus.

Gärungsprodukte werden also in großen Mengen gebildet, denn nur der Umsatz sehr großer Nährstoffmengen in Sauerstoffabwesenheit liefert die von den Zellen benötigte Energie in Form von ATP.

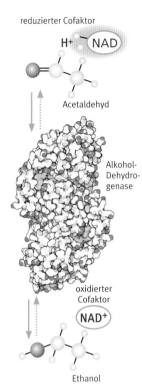

reduzierter Cofaktor

Acetaldehyd

Alkohol-Dehydrogenase

oxidierter Cofaktor

Ethanol

Abb. 1.12 Alkohol-Dehydrogenase aus Hefe wandelt Acetaldehyd in Ethanol um. Für bioanalytische Zwecke (Kap. 10) wird die Umkehrreaktion zum Nachweis von Ethanol im Blut benutzt.

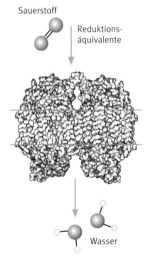

Sauerstoff

Reduktionsäquivalente

Wasser

Abb. 1.13 Cytochrom-Oxidase, das von Otto Warburg entdeckte „Atmungsferment".
Sie wandelt in „kalter Verbrennung" unter Energiegewinn Wasserstoff zu Wasser um.

Abb. 1.14 Die Glykolyse und ihre Enzyme: Abbau von Glucose zu Pyruvat (vereinfacht)

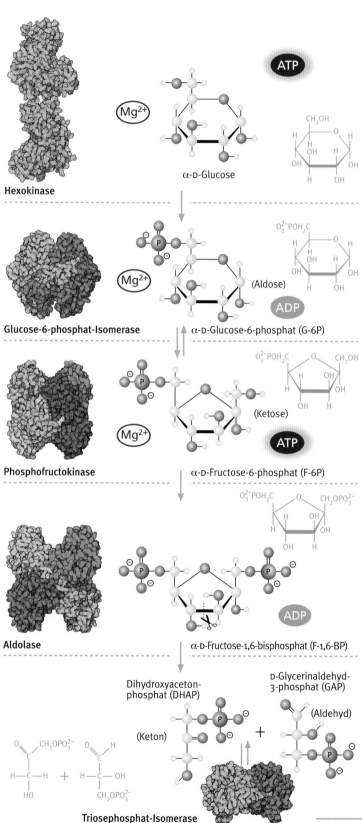

Hexokinase

α-D-Glucose

Glucose-6-phosphat-Isomerase

α-D-Glucose-6-phosphat (G-6P)

(Aldose)

Phosphofructokinase

α-D-Fructose-6-phosphat (F-6P)

(Ketose)

Aldolase

α-D-Fructose-1,6-bisphosphat (F-1,6-BP)

Dihydroxyaceton-phosphat (DHAP)

D-Glycerinaldehyd-3-phosphat (GAP)

(Aldehyd)

(Keton)

Triosephosphat-Isomerase

Jetzt wird klar, warum die ersten Biotechnologieprozesse, die der Mensch nutzte, die Alkohol- und Milchsäuregärung waren: Gärungen liefern **große Produktmengen in kurzer Zeit** und sind somit hocheffektiv.

1.6 Hoch konzentrierter Alkohol entsteht durch Brennen

Hefen bilden Alkohol nur bis zu einer bestimmten Konzentration; bei einem hohen Alkoholgehalt beginnen sie abzusterben. Bier und Wein enthalten deshalb Alkohol nur in verdünnter Form. Wein hat 12–13 %, Sake immerhin 16–18 % Alkohol.

Eine konzentrierte Form (Schnaps oder Branntwein) ist wahrscheinlich erst seit dem 12. Jahrhundert bekannt. Damals erhitzte (brannte) man Wein in einem geschlossenen Kessel.

Der Trick der **Alkoholdestillation** (bzw. Rektifikation): Alkohol verdampft bereits bei 78 °C, also lange vor dem Wasser, das erst bei 100 °C siedet. Der entstandene Alkoholdampf wurde in einer Röhre durch kaltes Wasser geleitet, kühlte sich ab und kondensierte in Tröpfchenform. Der stark konzentrierte Alkohol sammelte sich in einem Gefäß.

Spirituosen (lat. *spiritus*, Geist) sind Branntweine mit mindestens 32 Vol.-% Ethanol (Box 1.5). Genannt seien nur Cognac, Deutscher Weinbrand, Armagnac, Obstbranntweine, Whisky, Wodka und Gin.

Der berühmte **Cognac** wurde Anfang des 15. Jahrhunderts von den Winzern in der französischen Charente entwickelt, als sie die mindere Qualität ihres Weines gegenüber der Qualität des Weines der benachbarten Region Bordeaux eingestehen mussten. Sie verfielen der Idee, ihren Wein zu destillieren. Später wurde das Produkt sogar zweimal nacheinander destilliert. Auch heute noch kommt der junge Cognac mit einem Alkoholgehalt von 70 % in Fässer aus Limousin-Eiche, wo er teilweise jahrelang zur vollen Größe reift, den Farbton und Geschmack annimmt. Erst danach wird er auf 40 % verdünnt.

Heute gewinnt man in modernen Brennereien **reinen Alkohol** (**Sprit**) aus Getreide- oder Kartoffelstärke. Diese wird zuerst durch Stärke abbauende Amylasen in Zucker umgewandelt, die Zucker vergärt man mit Hefen zu Alkohol, erhitzt und destilliert den Alkohol danach bis zur Obergrenze von 96 %. Bekanntlich ist eines der Argumente der Alkoholliebhaber, dass konzentrierter Alkohol Keime abtötet. Tatsächlich wird 70 %iger Alkohol in der Medizin zur äußerlichen Desinfektion von Hautpartien eingesetzt.

Alkohol erhöht schon in Konzentrationen von 2–3 % die **Permeabilität der Cytoplasmamembran** von Bakterien und hemmt damit deren Wachstum. Klar, dass hoch konzentrierter Alkohol noch besser hemmt. In Alkohol eingelegte Früchte, zum Beispiel beim Rumtopf, sind lange haltbar und demonstrieren deutlich den Mikroben hemmenden Effekt von Alkohol. Bekannte Lebensmittelverderber und -vergifter unter den Mikroorganismen sind meist alkoholempfindlich und werden unterdrückt.

Zumindest in der Frühzeit des Menschen war also die Alkoholgärung auch wichtig für die **Gewinnung haltbarer und hygienisch einwandfreier Lebensmittel.**

■ 1.7 Bakterienprodukte: Sauer macht haltbar!

Bakterien sind Prokaryoten und etwa zehnmal kleiner als Hefezellen. Um eine Vorstellung von den Körpermaßen der Bakterien zu erhalten, können wir uns einen winzigen Würfel mit 1 mm Kantenlänge vorstellen (also mit 1 mm³ Rauminhalt). In ihm finden nicht weniger als eine Milliarde Bakterien Platz.

Bakterien (Abb. 1.7) haben oft die Form von Stäbchen. Wir kennen aber auch kugelförmige Bakterien, die **Kokken** (griech. *kokkus*, runder Kern), die kommaförmigen, ständig zitternden **Vibrionen** (lat. *vibrare*, zittern, vibrieren) oder schraubenförmig gewundene **Spirillen** (lat. *spirillum*, kleine Schraube). Viele Bakterien tragen Geißeln, lange Anhängsel, mit denen sie sich schnell fortbewegen können. Bakterien vermehren sich meist, indem sich ihre Zellen in der Mitte spalten. Man nannte sie deshalb früher auch „Spaltpilze" (Abb. 1.15). Die so entstandenen Tochterzellen trennen sich dann meist. Wenn sie aneinander haften bleiben, entstehen Ketten von Bakterienzellen. Sie werden **Streptokokken** (griech. *streptos*, Kette) genannt. Sind sie traubenförmig zusammengelagert, heißen sie **Staphylokokken** (griech. *staphyle*, Traube).

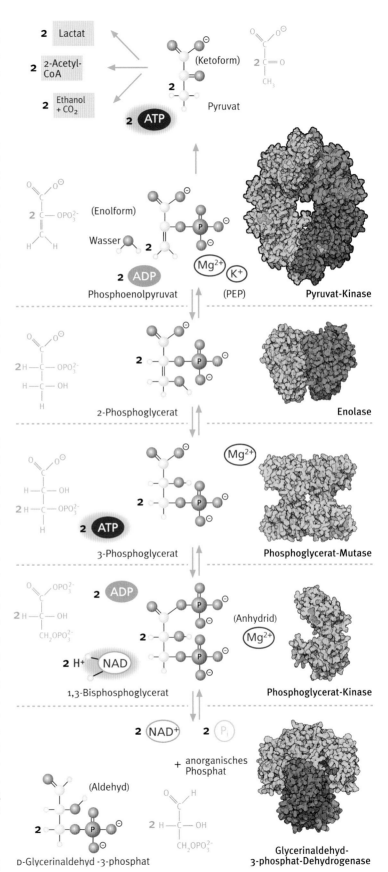

2 Lactat

2 2-Acetyl-CoA

2 Ethanol + CO₂

2 ATP

(Ketoform)

Pyruvat

(Enolform)

Wasser

2 ADP

Mg²⁺ K⁺

Phosphoenolpyruvat   (PEP)

Pyruvat-Kinase

2-Phosphoglycerat

Enolase

Mg²⁺

3-Phosphoglycerat

2 ATP

Phosphoglycerat-Mutase

2 ADP

(Anhydrid)

Mg²⁺

2 H⁺ NAD

1,3-Bisphosphoglycerat

Phosphoglycerat-Kinase

2 NAD⁺   2 Pᵢ

+ anorganisches Phosphat

(Aldehyd)

D-Glycerinaldehyd -3-phosphat

Glycerinaldehyd-3-phosphat-Dehydrogenase

Box 1.7 **Sauermilchprodukte und Käse**

Sauermilcherzeugnisse gewinnt man unter Einsatz von Milchsäurebakterien.

Bereitung von Camembert

Sauermilch (Dickmilch) wird aus pasteurisierter Milch nach Beimpfen mit Kulturen von *Streptococcus cremoris, Str. lactis* und *Leuconostoc cremoris* als Aromabakterien in etwa 16 Stunden im Säuerungstank hergestellt.

Zur **Joghurtherstellung** nimmt man Ziegen-, Schafs- oder Kuhmilch. Die Joghurtkultur besteht aus thermophilen (Wärme liebenden) Milchsäurebakterien (*Streptococcus thermophilus, Lactobacillus bulgaricus*). Beide existieren in Lebensgemeinschaft (Symbiose): *Lactobacillus* produziert das von Streptococcus benötigte Spaltprodukt des Milcheiweißes Casein, *Streptococcus* bildet dagegen Ameisensäure, die konservierend wirkt.

Kefir ist ein dickflüssiges, sämiges, leicht sprudelndes Getränk. Es enthält neben 0,8–1 % Milchsäure auch 0,3–0,8 % Ethanol und Kohlendioxid, die neben geringen Mengen Diacetyl, Acetaldehyd und Aceton wesentlich zum erfrischenden Geschmack von Kefir beitragen. Die Kefirknöllchen, von den Muslimen poetisch auch als Hirse des Propheten bezeichnet, sind blumenkohlartig geformte, haselnussgroße Klümpchen, die aus geronnenem Casein und Milchzucker vergärenden Hefen wie *Saccharomyces kefir* und *Torula kefir, Lactobacillus-* und *Streptococcus*-Arten, Aroma bildenden *Leuconostoc*-Arten und auch Essigsäurebakterien bestehen.

Kumys gewinnt man aus Stutenmilch, die mit einer Mischung von Milchsäurebakterien und Hefen vergoren wird.

Auch **Sauerrahmbutter** ist ein Mikrobenprodukt. Nachdem der Rahm gewonnen und

Camembert, ein Werk von Pinselschimmel-Arten

Verschiedene Käsesorten auf Korsika

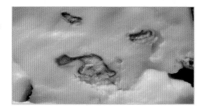

Roquefort mit Luftgängen für Pilzwachstum

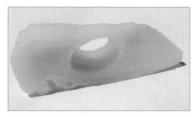

Die berühmten Löcher im Käse: Werk der Propionsäurebakterien

unter Hitze behandelt worden ist, wird er abgekühlt und „gereift". Dabei kristallisiert das Butterfett. Nach Beimpfung mit Säurebildnern (*Streptococcus lactis, Str. cremoris* und *Leuconostoc cremoris*) wird der vorhandene Milchzucker (Lactose) zu Milchsäure und zu „Butteraroma" (Diacetyl) und Acetoin umgewandelt. Buttermilch ist ein Nebenprodukt der Butterherstellung.

Die **Käsebereitung** beginnt meist mit der Impfung pasteurisierter Milch mit Milchsäurebakterien und Schimmelpilzen (Starterkulturen). Durch Zugabe von Lab-Enzym gerinnt

die Milch (etwa eine Stunde lang) und dickt ein. Die Gallerte schneidet man vorsichtig in zentimetergroße Würfel (Bruch). Molke wird abgezogen, der Bruch in Formen abgefüllt.

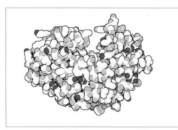

Lab-Enzym (Chymosin oder Rennin)

Nach mehrmaligem Wenden und einem Salzbad wird **Emmentaler** Käse abgetrocknet (etwa zwei Wochen lang) und sechs bis acht Wochen im Heizkeller gelagert. Dabei vergären Propionibakterien die Milchsäure zu CO_2 und Propionsäure, wodurch es zur charakteristischen Loch- und Geschmacksbildung des Schweizer Käses kommt. Danach reift der Käse sechs Monate lang.

Limburger Käse wird nach dem Abtrocknen mehrmals geschmiert, das heißt, mit einer „Rotschmierekultur" (*Brevibacterium linens*) bestrichen.

Camembert, mit Sporen des schneller wachsenden *Penicillium caseicolum* bzw. des traditionellen *P. camemberti* beimpft, entwickelt im Trockenkeller nach drei bis vier Tagen Schimmelbewuchs und kann nach neun bis elf Tagen verpackt und verkauft werden. Camembert reift oft noch beim Kunden: Die Eiweiß spaltenden Enzyme des Schimmelpilzes lassen die Käsemasse weich werden und setzen Aromastoffe und Ammoniak (scharfer Geruch) frei.

Echter **Roquefort** wird aus frischer roher Schafsmilch produziert. Der Bruch wird mit *Penicillium roqueforti*-Sporen beimpft. Nach dem Abfüllen in Formen werden die Käse aus ganz Frankreich, von Korsika bis zu den Pyrenäen, nach Roquefort transportiert, dort gesalzen und mit Nadeln durchstochen (pikiert), um Luftgänge für das Pilzwachstum zu schaffen.

Die Reifung erfolgt ausschließlich in den natürlichen Kellern in einem Berg von Roquefort. Die Käse reifen 20 Tage lang aerob und dann in Zinnfolien drei Monate unter Luftabschluss (anaerob), wobei Protein und Fett spaltende Enzyme der Schimmelpilze weiterwirken.

Box 1.8 **Sake, Sojasauce und andere fermentierte asiatische Produkte**

Die Produktion von japanischem **Sake** (**Reiswein**) ähnelt mehr der Bier- als der Weinherstellung, weil der Reis Stärke enthält, die zunächst durch Stärke spaltende Amylasen in vergärbare Zucker verwandelt werden muss. Sporen des Schimmelpilzes *Aspergillus oryzae* mischt man mit gekochtem Reis. Das Gemisch wird fünf bis sechs Tage bei 35 °C gehalten, um das sogenannte *Koji* zu produzieren. Es enthält von den Pilzen ausgeschiedene Stärke und Protein spaltende Enzyme in hoher Konzentration. *Koji*, gemischt mit größeren Mengen von gekochtem Reis und Starterkulturen (*Moto*) von Hefestämmen wie *Saccharomyces cerevisiae,* fermentieren drei Monate lang als *Moromi* den Reis zum Sake. Sake enthält etwa 20 Vol.-% Alkohol.

Bei der **Sojasauce** (*Shoyu* in Japan, *Chiang-siu* in China, *Siau* in Hongkong) wird ähnlich verfahren. Man versetzt *Moromi* aus Sojabohnen, Weizen und *Koji* mit großen Mengen Kochsalz und fermentiert acht bis zwölf Monate lang mit *Aspergillus soyae* und *A. oryzae.* Das Bakterium *Pedicoccus soyae,* die Hefen *Saccharomyces rouxii, Hansenula-* und *Torulopsis*-Stämme werden oft als Starterkulturen zugegeben, sie bilden Milchsäure

Sake-Fässer, vor einem japanischen Tempel gestapelt

Mit Schimmelpilzen fermentierte Sojabohnen: *Natto*

und Alkohol. Nach der Fermentation wird die Sojasauce ausgepresst, den Presskuchen verwendet man als Viehfutter. Sojasauce enthält neben 18 % Kochsalz über 1 % des geschmacksverstärkenden Aminosäuresalzes **Glutamat** (siehe Kap. 4) und 2 % Alkohol.

Miso ist eine fermentierte Sojapaste, die in Japan seit alters her als Hauptproteinlieferant gedient hat. Sie entsteht auch über die *Koji*-Vorstufe. **Tofu** (oder **Sufu**) ist säurekoaguliertes Sojaprotein, das von *Mucor sufu* fermentiert wurde.

Der stechend (Ammoniak!) riechende **Natto** entsteht aus gedämpften Sojabohnen, in Fichtenholzblättchen gewickelt, die man mit *Koji* (*Aspergillus oryzae*) beimpft und nach mehreren Monaten mit *Streptococcus* und *Pediococcus* erneut fermentiert.

Angkak (roter Reis) entsteht auf gedämpftem Reis durch den Pilz *Monascus purpureus* und wird in China, Indonesien und auf den Philippinen als scharfes Würz- und als Färbemittel verwendet.

Tempeh in Indonesien sind gekochte Sojabohnen, die in Bananenblätter gewickelt mit *Rhizopus*-Arten „angeschimmelt" wurden.

Sojasauce (*Shoyu*) in Kombination mit *Wasabi* (geriebenem Meerrettich, der Peroxidase enthält, siehe Kap. 2)

Neben den Hefen waren und sind es die Bakterien, die eine Vielzahl von Lebens- und Futtermitteln sowie Genusswaren produzieren. Selbst für die Alkoholproduktion lassen sich spezielle Bakterien nutzen. Die Ureinwohner Mexikos verwendeten unbewusst seit Jahrhunderten zur Bereitung von **Pulque** (und der Sonderform **Tequila**, der aus der Stadt Tequila in Mexiko kommt) den vergorenen Saft von Agaven und von Palmwein das Bakterium *Zymomonas mobilis.* Wie erst in den letzten Jahren festgestellt wurde, kann das Bakterium auch in Medien mit sehr hoher Zuckerkonzentration wachsen. Es bildet dabei sechs- bis siebenmal so schnell Alkohol wie die besten Hefestämme.

Das **Brotbacken** im heutigen Sinne wurde wahrscheinlich erst nach dem Bierbrauen erfunden. Zunächst kannte man nur das feste Fladenbrot. Erst vor rund 6000 Jahren stellten die ägyptischen Bäcker ein lockeres Brot aus gesäuertem (gegorenem) Mehlbrei her.

Sauerteig wird von Milchsäurebakterien (*Lactobacillus*-Arten) und säuretoleranten Hefen gebildet. Das sind Hefen, die nicht nur in neutralem, sondern auch saurem Milieu leben können wie *S. cerevisiae, Candida krusei, Pichia saitoi.* Die Nebenprodukte der Teiggärung, wie Alkohol, Essigsäure, Acetoin, Diacetyl und Fuselalkohole, sind für Aroma und Geschmack des Brotes verantwortlich.

Erwünschtes Hauptprodukt der Gärung ist hier also nicht Alkohol, sondern **Kohlendioxid** (CO_2), dessen Gasbläschen den Teig aufblähen. Der Teig „geht" und wird locker. Als Kohlenhydratquelle für die ablaufenden Gärungen dienen im Mehl vorhandene oder zugegebene freie Zucker wie **Glucose** (Traubenzucker), **Fructose** (Fruchtzucker) und **Saccharose** (Rübenzucker) sowie die Glucose und **Maltose** (Malzzucker), die durch Getreideenzyme (Amylasen) aus der Stärke des Mehls gebildet werden. Beim Backen hört die Gärung auf, denn die große Hitze im

Abb. 1.15 Herr Professor Koch lehrt die „Spaltpilze" reine Kultur (zeitgenössische Karikatur).

Abb. 1.16 Brotprodukte sind das Werk von Milchsäurebakterien und Hefen.

Abb. 1.17 Brotbacken im Mittelalter

Abb. 1.18 Industrielles Brotbacken heute: Die Grundprozesse sind unverändert.

»Der Verzehr von Kuhmilch hätte diese frühen Ägypter möglicherweise (...) ziemlich krank gemacht, doch im Verlauf der Jahrhunderte gewöhnten sich ihre Nachfahren und viele andere Völker daran.

Dieses Muster findet sich überall auf der Welt: Stoffe, die wir zunächst schwer verdauen können, werden durch allmähliche Anpassung zu zentralen Bestandteilen unserer Ernährung.

Es heißt oft, wir seien, was wir essen;

vielleicht sollte man eher davon sprechen, dass wir sind, was unsere Vorfahren unter großen Mühen zu essen lernten.«

Neil MacGregor

Abb. 1.19 Tierhaltung im alten Ägypten, vor ca. 5000 Jahren

Ofen tötet die Hefen und Bakterien ab. Der bei der Gärung gebildete Alkohol verdunstet, und im gebackenen Teig bleiben nur die wabenartigen Hohlräume der CO_2-Bläschen zurück, wie man sie bei jeder Brotscheibe erkennen kann.

Heute stellt man Brot aus einer Mischung von Mehl, Hefe, Salz und Wasser her, der fertiger Sauerteig zugefügt wird (Box 1.9). Der Teig wird geknetet und gärt danach mehrere Stunden. Anschließend teilt eine Maschine den Teig in brotlaibgroße Stücke. Die Portionen müssen wiederum gären, danach werden sie gerollt und in Backformen gefüllt.

Bevor der Teig in den Ofen kommt, „geht" er erneut. Nach etwa 20 Minuten Backzeit nimmt man die knusprigen Brote aus dem Ofen und lässt sie abkühlen. Für Weißbrote und Kuchenteig rührt man nur Hefen mit Mehl und Wasser an, das heißt, es erfolgt keine Milchsäuregärung.

Backhefe (*Saccharomyces cerevisiae*) für das Brot- und Kuchenbacken wird oft auf Rückständen der Zuckerrübenverarbeitung (**Melasse**) angezogen. Jährlich werden weltweit immerhin 1,5 Millionen Tonnen Presshefe mit einem Produktwert von einer halben Milliarde Euro hergestellt.

Als der Mensch begann, Schafe, Ziegen und Rinder zu zähmen und die Milch seiner Haustiere gewann, lernte er auch **Sauermilch** kennen (Box 1.6). Sie entstand „wie von selbst", wenn frische Milch einige Zeit stehen blieb. Gekochte Milch verdarb allerdings nicht so schnell, diese Erfahrung hatte man auch schon gemacht. In frisch gemolkener Milch können sich die Milchsäurebakterien sehr rasch vermehren und Teile des Milchzuckers (Lactose) zu **Milchsäure** (**Lactat**) vergären. Die Vermehrung von Fäulnis- und Krankheitserregern wie Staphylokokken wird in dem sauren Milieu unterdrückt. Es entsteht ein haltbares, wohlschmeckendes und nahrhaftes Produkt.

Sauermilch ist gut bekömmlich, weil das Milchprotein **Casein** durch die Säuerung feinflockig ausfällt; es wird damit leichter verdaulich. Milchsäure reagiert außerdem im Magen mit dem für die Knochenbildung wichtigen Mineral Calcium zu Calciumlactat, das von den Darmwänden leicht wieder aufgenommen werden kann.

Dadurch geht das Calcium dem Körper nicht verloren. In verschiedenen Regionen der Erde entwickelten sich wegen der Klimaeinflüsse und der

Milchbeschaffenheit unterschiedliche Bräuche in der Milchbehandlung (Box 1.7). In Europa entstanden **Sauermilch** (**Dickmilch**) und **Quark**, auf dem Balkan und im Nahen Osten **Joghurt**, **Kefir** im Kaukasus, **Kumys** in Zentralasien, **Dahi** in Indien und **Laben** in Ägypten.

Bei der Herstellung von **Butter** wird zunächst die Milch pasteurisiert (siehe Seitenspalte S. 9 und Kap. 4). Man gewinnt den Rahm und versetzt ihn mit einem „Säurewecker", mit einer Mischkultur von Milchsäurebakterien. Für 16 bis 30 Stunden reift der Rahm in Rahmtanks. Die Bakterien bilden Säuren und Acetoin, das durch Oxidation in das typische „Butteraroma" (Diacetyl) übergeht. Bei der Butterung im Butterfass bleibt **Buttermilch** als Nebenprodukt zurück.

„Sauer macht lustig!" Offenbar wird eine gewisse weiche Säure bei Lebensmitteln als angenehm empfunden. Ein uraltes Fermentationsverfahren ist das **Einsäuern** von **Kohl** und **Gurken**. Kleinere Gurken werden oft mit anderem Gemüse (*mixed pickles*) vergoren. Dabei ist *Lactobacillus plantarum* das wichtigste Bakterium. Saure Gurken empfiehlt man am Morgen nach (zu) reichlichem Alkoholgenuss. Auch **Oliven** werden so (nach Behandlung mit schwacher Natronlauge zur Entfernung des Bitterstoffes Oleuropin) mit Milchsäurebakterien haltbar gemacht: Unreife Früchte werden zu grünen, reife zu schwarzen Oliven.

Um **Sauerkraut** herzustellen, wird fein geschnittener Weißkohl lagenweise mit Kochsalz (eventuell auch mit Gewürzen) so lange festgestampft, bis Flüssigkeit aus den zerstörten Pflanzenzellen den Kohl bedeckt. An einem kühlen Ort beginnt er sehr bald zu gären. Der frische Weißkohl verwandelt sich unter Luftabschluss in der Lake allmählich in schmackhaftes Sauerkraut. Da Fäulnis erregende Mikroorganismen im stark sauren Milieu der Milch- und Essigsäureflüssigkeit nicht gedeihen können, ist Sauerkraut lange haltbar (Abb 1.21). Heute stellt man Sauerkraut in Behältern von bis zu 80 t Fassungsvermögen in sieben bis neun Tagen her. Oft wird das entstandene Sauerkraut kurz erhitzt (blanchiert); das tötet die Milchsäurebakterien und beendet die Säuerung. Dieses Verfahren ergibt ein milderes Sauerkraut.

Auch das liebe Vieh liebt lustig machendes Saures: **Silage**. In der Landwirtschaft werden Grünfutter, Mais und Rübenblätter gehäckselt, im Silo dicht gepackt und für den Winter eingesäuert. Es entsteht lange haltbare nahrhafte Silage.

Zu Beginn des Silierens wachsen aerobe Bakterien und verbrauchen den Sauerstoff. Die Sauerstoffabnahme und der steigende Säuregehalt fördern die Vermehrung von *Lactobacillus-*, *Streptococcus-* und *Leuconostoc*-Arten.

Bei ungenügender Milchsäurebildung vermehren sich dagegen – deutlich erkennbar am stechenden Geruch – **Buttersäurebakterien** (*Clostridium butyricum*). Der Verfasser dieses Buches wurde als Jugendlicher in der deutschen Landwirtschaft ausgebildet und weiß: Verdorbene Silage sollte nicht an Rinder verfüttert werden. Sie führt zur „Sofortblähung" bei der Kuh.

Auch wenn es um die Wurst geht, bei der Herstellung von **haltbaren Rohwürsten** (wie Salami, Mett- und Zervelatwurst) (Abb. 1.23), läuft eine Milchsäuregärung ab. Dem zerkleinerten Rind- und Schweinefleisch werden Milchsäurebakterien und Bakterien der Gattung *Micrococcus* als sogenannte **Starterkulturen** zugesetzt. Die Milchsäurebakterien vergären die Zucker, die dem Fleisch zugesetzt werden müssen, weil Fleisch arm an Zuckern ist. Die gebildete Milchsäure ist nicht nur geschmacksbildend, sie hemmt auch zusammen mit dem zugesetzten Pökelsalz (Gemisch aus Kochsalz und dem umstrittenen Natriumnitrit) unerwünschte Mikroben und trägt zur Schnittfestigkeit der künftigen Wurst bei. Die in Wurstdärme abgefüllte Masse wird in Reifekammern gehängt, wo sie zwei Wochen reift, zwischendurch Rauch ausgesetzt wird und dann noch nachreift.

Wenn Wein längere Zeit an der Luft steht oder das Gärungsgefäß nicht fest verschlossen ist, entsteht statt des Weines eine saure Flüssigkeit, **Essig**.

Man kann die Verwandlung von Alkohol zu Essig zu Hause leicht beobachten, wenn Bier- oder Weinreste unverschlossen in einem warmen Raum stehen. Auch die Essigbereitung kannten die Sumerer bereits. Als Ausgangsmaterial dienten Palmsaft und Dattelsirup, später auch Bier und Wein. Die Griechen und Römer tranken verdünnten Weinessig sogar als Erfrischungsgetränk. Im Mittelalter wurde in Frankreich Weinessig in großem Umfang nach heute kaum mehr bekannten Verfahren hergestellt. Heute wird Essig in der Industrie im „**Schnellverfahren**" produziert. **Essigsäurebakterien** (*Acetobacter suboxydans*) oxidieren den Alkohol in Bioreaktoren sofort unter Zuhilfenahme von Luftsauerstoff zu Essig. Die **Essigsäurefermentation** ist keine echte Gärung, da sie nicht unter Luftabschluss verläuft.

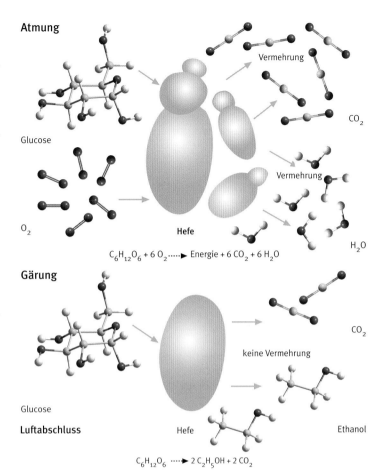

Atmung

Glucose

O_2

Vermehrung

CO_2

Vermehrung

H_2O

Hefe

$C_6H_{12}O_6 + 6\,O_2 \cdots\!\blacktriangleright$ Energie $+ 6\,CO_2 + 6\,H_2O$

Gärung

Glucose

Luftabschluss

Hefe

keine Vermehrung

CO_2

Ethanol

$C_6H_{12}O_6 \cdots\!\blacktriangleright 2\,C_2H_5OH + 2\,CO_2$

Abb. 1.20 Vergleich der Veratmung und Vergärung von jeweils einem Molekül Glucose durch Hefezellen

Genussmittel wie Kaffee, Kakao, Tee, Tabak und Vanille werden seit jeher fermentiert, das heißt durch Mikroorganismen und pflanzeneigene Enzyme verändert.

1.8 Kaffee, Kakao, Vanille, Tabak – Fermentation für den Genuss

Bei der **Kaffeefermentation** wird das Fruchtfleisch durch Bakterien abgebaut, die Pektin spaltende Enzyme (Pektinasen) bilden und die Stützsubstanzen aller Früchte (Pektine) abbauen.

Das Fruchtfleisch von **Kakaobohnen** (Sarkotesta, Abb. 1.24) bauen Hefen und anschließend Alkohol verwertende Essigsäurebakterien ab. Dabei wird Wärme frei, die für die Qualität des Kakaos wichtig ist. Der Samen stirbt ab, Polyphenole entstehen, die dem Kakao Aroma verleihen, Tannine werden abgebaut, die schokoladenbraune Farbe entsteht. Dann wird der Samen geröstet.

Enzyme bestimmen durch ihr Wirken das Aroma der Frucht der Orchidee **Vanille** (*Vanilla planifolia*) (Abb. 1.25). Die unreifen Früchte werden

Abb. 1.21 Sauerkraut als Vitaminquelle im Winter (Witwe Bolte von Wilhelm Busch)

Abb. 1.22 Echter Aceto-Balsamico-Essig kommt aus Modena.

Box 1.9 Expertenmeinung: Brot

Brot birgt eines der letzten Geheimnisse der Lebensmittelbiotechnologie. Unansehliche und praktisch unverdauliche Getreidekörner werden durch Mahlen, Fermentation und Backen in eine unübersehbare Vielfalt aus wohlriechenden, wohlschmeckenden und nahrhaften Backwaren verwandelt. Zu den bestgehütetsten Geheimnissen der Bäcker gehört die **Sauerteigfermentation**, die immer dann eingesetzt wird, wenn nur das Beste gut genug ist. Cracker oder Ciabatta, Brezel oder Baguette, Pumpernickel oder Panettone – so verschieden die Produkte auch sind, sie alle werden mit Sauerteig hergestellt, also mit **Milchsäurebakterien** und **Hefen** fermentiert.

Mehl enthält eine große Vielzahl verschiedener Bakterien und Hefen. Wird Mehl zu einem Teig verknetet und bei Raumtemperatur fermentiert, werden zunächst Proteine und Stärke durch **mehleigene Enzyme** abgebaut. Die freigesetzten Zucker und Aminosäuren sind Substrat für das Wachstum von Bakterien; der Teig wird sauer und fängt in den meisten Fällen an zu stinken. Wird der Teig erneut mit frischem Mehl und Wasser gefüttert – Bäcker bezeichnen dies als „anfrischen" – setzen sich Milchsäurebakterien durch. Nach mehrfachem Anfrischen bildet sich eine stabile Mikroflora aus, die genügend Stoffwechselaktivität entwickelt, um den Teig zu lockern. Auch der Gestank bleibt aus; reifer Sauerteig riecht leicht säuerlich mit fruchtigen, vanilleartigen oder butterartigen Geruchsnoten, die dem Brot das unvergleichliche Aroma von Sauerteigbrot verleihen. In allen Sauerteigen leben Milchsäurebakterien und Hefen in einer Symbiose. Die Vielfalt von Milchsäurebakterien und Hefen in Sauerteigen ist fast so groß wie die Vielfalt der Brotsorten in deutschen Backstuben, am häufigsten werden jedoch *Lactobacillus sanfranciscensis* und *Candida humilis* angewendet.

Ein aktiver Sauerteig ermöglicht die Brotherstellung und Teiglockerung mit **lediglich drei Zutaten – Wasser, Mehl und Salz.** Die kurze Zutatenliste erfordert jedoch einen höheren Aufwand bei der Teigbereitung, da ein aktiver Sauerteig über mehrere Teigstufen gezüchtet werden muss. Die Teigführung beginnt am Vortag mit einer geringen Menge Sauerteig, dem „Anstellgut", das mit frischem Mehl und Wasser vermischt wird. Nach einigen Stunden Gare wird der Sauerteig erneut

Backofen in Pompeji

mit Mehl und Wasser vermischt und über Nacht fermentiert. Nach einer weiteren Teigstufe, dem „Vollsauer", dem etwa 30% des Mehles der Rezeptur zugesetzt werden, kann schließlich der Brotteig hergestellt werden. Vor dem Backen muss ein kleiner Teil des Teiges als **Anstellgut für den nächsten Sauerteig** zur Seite gelegt werden, um die Sauerteigführung für den nächsten Tag anzustellen. Solange der Sauerteig mehrfach täglich angefrischt wird, bleibt er aktiv und kann praktisch unbegrenzt verwendet werden. In vielen Bäckereien wurde der Sauerteig über Jahrzehnte hinweg aktiv gehalten und mit dem Betrieb an die nächste Generation weitergegeben.

Hefen des Sauerteiges verstoffwechseln die im Teig verfügbaren Zucker zu Ethanol und CO_2, das den Teig lockert. Der Stoffwechsel der Milchsäurebakterien trägt ebenfalls zur Teiglockerung bei, da *L. sanfranciscensis* wie die meisten anderen Milchsäurebakterien des Sauerteiges neben Milchsäure auch Ethanol oder Essigsäure und CO_2 bilden. Wenn Sauerteig statt Backhefe verwendet wird, erfordert die Teiglockerung allerdings etwas mehr Geduld. Lockerung mit Backhefe erfolgt durch Zusatz von etwa 108 (100 Millionen) Zellen pro Gramm Teig, die in kurzer Zeit genügend Gas bilden, um den Teig zu lockern. Die Zellzahl der Sauerteighefen ist wesentlich geringer, etwa eine bis zehn Millonen Zellen pro Gramm Teig. Obwohl diese aktiver sind als Backhefe und durch die Milchsäurebakterien unterstützt werden, benötigen sie mehr Zeit für die Lockerung. Die längere Fermentationszeit für die Teiglockerung wird jedoch durch eine bessere Brotqualität belohnt. Die von Milchsäurebakterien produzierte **Milch- und Essigsäure** tragen zum säuerlichen Geschmack des Brotes bei und

erschweren zudem das Wachstum von Schimmelpilzen während der Lagerung. Die lange Teigführung stellt Amylasen, Proteasen und weiteren Enzymen des Mehles mehr Zeit zur Verfügung, um Stärke und Proteine des Mehles teilweise zu Zucker und Aminosäuren abzubauen. Diese werden durch die Mikroflora des Sauerteiges und während des Backens zu Aromastoffen umgesetzt und tragen wesentlich zum Brotaroma bei.

Die **Geschichte des Sauerteiges** begann wahrscheinlich bereits mit dem Beginn des Getreideanbaus. Menschen haben bereits in der Vorgeschichte gelernt, dass aus Getreide durch Mahlen, Fermentation und Backen ein schmackhaftes, haltbares und nahrhaftes Lebensmittel hergestellt werden kann. In der italienischen Stadt Pompeji, die 79 n.Chr. vom Vesuv verschüttet wurde, wurde in archäologischen Grabungen Brot gefunden – es war auch ca. 1920 Jahre nach Ablauf des Mindesthaltbarkeitsdatums noch gut erhalten, allerdings durch die Hitze des Vulkanausbruchs völlig verkohlt. Sauerteig blieb wichtigstes Teiglockerungsmittel für die Brotherstellung, bis im 18. und 19. Jahrhundert die Herstellung von Backhefe industrialisiert wurde. Zu Beginn des 20. Jahrhunderts war Sauerteig als Teiglockerungsmittel für Weizenbrote fast vollständig durch Backhefe ersetzt worden.

In Deutschland und anderen Ländern Nord-, Mittel- und Osteuropas wurde Sauerteig weiterhin zur Herstellung von **Roggenbrot** verwendet, da Roggenteige aufgrund der hohen Amylaseaktivität des Roggens versäuert werden müssen. Während des Backens nimmt die Stärke Wasser auf, verkleistert und bildet das Gerüst für die Brotkrume. Die hohe Amylaseaktivität von Roggenmehlen führt während des Backens zu einem weitgehenden Abbau der Stärke, der das Krumengerüst zerstört: Statt elastischer Brotkrume entsteht ein unansehnlicher Klumpen. Die Herstellung von Roggenbroten erfordert daher eine Absenkung des pH-Wertes durch Sauerteigfermentation oder chemische Teigsäuerung. Praktischerweise stellt **Sauerteig ein selbstregulierendes System** dar: Roggenmehle mit hoher Enzymaktivität werden von Milchsäurebakterien aufgrund des hohen Substratangebots schneller versäuert, bei enzymschwachen Mehlen ist die Säuerung verzögert.

Ein wichtiger Grund für die weitergehende Verwendung von Sauerteig war sicher, dass viele Bäcker (und ihre Kunden) nicht vom unvergleichlichen Geschmack des Sauerteig-(roggen)brotes lassen wollten. Auch für Weizenspezialitäten, wie französisches Baguette oder italienischen Panettone, blieben Sauerteigführungen ein „Muss", um den bestmöglichen Geschmack und das optimale Aroma zu erhalten. In Nordamerika gilt **„Sourdough"** als Spitzname für die Bewohner Alaskas und der Yukon Territories – Goldgräber, die sich während des Goldrausches um 1898 zum Klondike-Fluss aufmachten, brachten Sauerteig mit, um auch in der Wildnis Brot backen zu können. Im Winter musste der Legende nach aufgrund der großen Kälte der Sauerteig im Schlafsack warmgehalten werden! Backen war offensichtlich ein wesentlich nachhaltigeres Geschäftsmodell als die Goldgräberei, denn auch heutzutage ist am Yukon in Whitehorse und in Dawson City hervorragendes Sauerteigbrot erhältlich.

Auch wenn heute noch in vielen Handwerksbetrieben Sauerteig in traditioneller Herstellungsweise zur Teiglockerung eingesetzt wird, hat die **Industrialisierung der Brotherstellung** zu einem Paradigmenwechsel geführt. Sauerteig wird nicht mehr in erster Linie zur Teiglockerung oder -säuerung, sondern zur gezielten Verbesserung des Aromas, zur Verlängerung der Haltbarkeit und als Alternative zu Zusatzstoffen und Konservierungsstoffen eingesetzt. Die Herstellung des Sauerteiges findet dabei oftmals nicht mehr im Backbetrieb statt, sondern wird von spezialisierten Zulieferbetrieben übernommen, die Sauerteige als Starterkultur oder als getrocknetes Sauerteigpräparat herstellen. Im Gegensatz zu Starterkulturen, die in fermentierten Milchprodukten eingesetzt werden, können **Sauerteig-Starterkulturen** jedoch nicht ohne Aktivitätsverlust gefriergetrocknet werden und müssen kühl gelagert mit begrenzter Haltbarkeit vertrieben werden.

Alternativ zu Starterkulturen oder Backmitteln auf Sauerteigbasis verwenden viele Großbäckereien **automatisierte Fermentationsanlagen**, in denen im Batch-Verfahren oder in kontinuierlicher Fermentation Sauerteig hergestellt wird. Obwohl die ersten kontinuierlichen Sauerteiganlagen bereits zu Beginn des 20. Jahrhunderts infolge der (erzwungenen) Industrialisierung der Brotproduktion in der Sowjetunion konzipiert wurden, stellt deren Steuerung nach wie vor eine ingenieurtechnische Herausforderung dar. Ein erfahrener Bäcker kann an Geruch und Konsistenz des Sauerteiges feststellen, ob die wichtigsten

„Mitarbeiter" bei der Sache sind oder ob die Mikroflora aus dem Gleichgewicht geraten ist – diese Form der Qualitätskontrolle lässt sich nicht auf die kontinuierliche Herstellung von Sauerteig im industriellen Maßstab übertragen. Moderne Methoden der Lebensmittelbiotechnologie geben wichtige Hilfestellungen, um Sauerteigfermentation zur Entwicklung neuer Produkte einzusetzen und handwerkliche, traditionelle Verfahren in der industriellen Brotproduktion umzusetzen. Die erste Frage ist dabei, welche Bakterien und Hefen in Sauerteigfermentationen dominant sind und wie man die **Flora im Gleichgewicht** halten kann.

Hefen und Milchsäurebakterien treten im Verhältnis von 1:10 bis 1:100 auf. Obwohl eine große Vielfalt von Hefen und Milchsäurebakterien aus Sauerteigen isoliert wurden, gelten zwei Organismen – *Candida humilis* und *Lactobacillus sanfranciscensis* – als typische Vertreter der Sauerteigflora. *L. sanfranciscensis* wurde bislang nur in Sauerteigen gefunden. Der Name des Organismus (wörtlich übersetzt „Milchsäure bildender Bazillus aus San Francisco") weist darauf hin, dass er zum ersten Mal aus Sauerteig in San Francisco isoliert wurde. *L. sanfranciscensis* ist jedoch ein echter Globetrotter und dominiert weltweit in Sauerteigen, die als Teiglockerungsmittel verwendet werden – in westfälischen Roggensauerteigen ebenso wie in italienischen Teigen zur Herstellung von Panettone oder Sauerteig aus Whitehorse im Norden Kanadas.

Warum ist *L. sanfranciscensis* in Sauerteigen so erfolgreich und nirgendwo anders zu finden? Der Organismus ist ein schlechter Futterverwerter; sein Erfolgsrezept beruht auf schnellem Wachstum, das durch verwenderischen Verbrauch eines Überangebots an Nahrung ermöglicht wird. In Sauerteigen, die durch fortlaufende Führung in einem stoffwechselaktiven Zustand erhalten werden, kann *L. sanfranciscensis* durch schnelles Wachstum und Säurebildung alle andere Bakterien verdrängen. Für die Versorgung mit Aminosäuren und Kohlehydraten verlässt sich *L. sanfranciscensis* dabei auf andere. Sauerteighefen sind für die Versorgung mit Fructose zuständig – die in Weizen und Roggen vorkommenden Saccharose und Fructooligosaccharide werden durch Hefe-Invertase gespalten und dadurch für *L. sanfranciscensis* verfügbar. Getreideeigene Amylasen und Proteasen setzen während der Fermentation kontinuierlich Maltose aus Stärke sowie Peptide aus Getreideproteinen frei.

L. sanfranciscensis verwendet Maltose-Phosphorylase, um Maltose zu Glucose und Glucose-1-phosphat zu spalten – dabei wird die chemische Energie der glykosidischen Bindung bewahrt und energiereiches Glucosephosphat verfügbar, ohne ATP aufzuwenden. Das energiereiche Glucose-1-phosphat wird weiter zu Milchsäure, CO_2 und Ethanol verstoffwechselt, die Glucose wird liegen gelassen. Fructose wird nicht als C-Quelle verwendet, sondern zu Mannit reduziert, was die Bildung von Essigsäure statt Ethanol mit zusätzlichem Gewinn von Energie ermöglicht. Der Stickstoffbedarf wird durch Transport von Peptiden in die Zelle gedeckt, die intrazellulär zu Aminosäuren hydrolysiert werden.

C. humilis kann Maltose nicht verwerten und verstoffwechselt vor allem Glucose (einschließlich der von *L. sanfranciscensis* aus Maltose freigesetzten Glucose, die liegengelassen wird). Im Gegensatz zu Milchsäurebakterien nehmen Hefen bevorzugt Aminosäuren auf. Die zwei Organismen in Sauerteigen stehen also in Bezug auf Kohlehydrat- und Stickstoffquellen nicht in direkter Konkurrenz. *C. humilis* ist zudem wesentlich säureresistenter als Backhefe und toleriert die von Milchsäurebakterien gebildete Milchsäure und Essigsäure, ohne im Wachstum erheblich gehemmt zu werden.

In den letzten Jahren wurden die ersten **Genome von Milchsäurebakterien** des Sauerteiges – *Lactobacillus reuteri* und *Lactobacillus brevis* – vollständig sequenziert. Weitere Genomsequenzen stellen das gesamte Stoffwechselpotenzial der Organismen dar, was es wesentlich vereinfacht, den Zusammenhang zwischen Rohware, mikrobiellem Stoffwechsel und Brotqualität aufzuklären. Ob diese Erkenntnisse in Zukunft die Herstellung besseren Brotes ermöglichen, bleibt ungewiss. Sie werden jedoch dazu beitragen, eines der letzten Geheimnisse der Lebensmittelbiotechnologie zu lüften und die Herstellung von gutem Sauerteigbrot zu vereinfachen.

Michael Gänzle
ist Professor für
Lebensmittel-
mikrobiologie
und Probiotika an
der Universität
Alberta
in Kanada.

Abb. 1.23 Pamaschinken dank Milchsäuregärung

Abb. 1.24 Die Früchte des Kakaobaumes (*Theobroma cacao*) sitzen am Stamm und benötigen ein Dreivierteljahr, um zu reifen. *Theobroma* bedeutet im Griechischen „Götterspeise".

Abb. 1.25 Vanille (*Vanilla planifolia*), eine Orchidee, liefert Aroma nach Fermentation.

Abb. 1.26 Teefermentation im alten China

geerntet, getrocknet, der Sonne ausgesetzt und nehmen die typische dunkelbraune Farbe an. Enzymatisch entsteht aus Glykosiden Vanillin.

Teeblätter lässt man einen Tag lang welken, anschließend werden sie gerollt. Dadurch bricht man die Zellen auf, wobei sich der Zellsaft auf den Blattoberflächen verteilt. Durch die Wirkkraft oxidierender Pflanzenenzyme, Bakterien und Hefen entwickeln sich der charakteristische Geschmack und Geruch des Tees (Abb. 1.26). Dieser entsteht vor allem durch die organischen Bestandteile des Blattguts, die Polyphenole, gut sichtbar durch die einsetzende Verfärbung, beginnend vom Blattrand und sich langsam zum Blattkern vorarbeitend. Das zuvor grüne Blatt verfärbt sich nun kupferrot und später dunkelbraun bis violett. In Europa wird zumeist schwarzer Tee konsumiert.

Es handelt sich im Gegensatz zum grünen Tee um fermentierten Tee. Als halb oder teilweise fermentierten Tee bezeichnet man Oolongtee, Gelben Tee oder anfermentierten Weißtee. Bei der Verarbeitung von Oolongtee, Weißtee oder Gelbem Tee muss der Teemeister den Oxidationsprozess im richtigen Augenblick stoppen. Bei zu frühem Abbruch kann der Tee kein Aroma entwickeln, er ist flach und nichtssagend im Geschmack. Wird der Prozess zu lange herausgezögert „verbrennt" der Tee. Er schmeckt dann bitter.

Auch beim **Tabak** laufen ähnliche enzymatische und mikrobielle Prozesse ab (Abb. 1.27). Die Zigarrentabake durchlaufen fast immer eine Naturfermentation. Dabei werden die vorgetrockneten Blätter zu Büscheln zusammengefasst und dann zu Stöcken (Stapel) aufeinander gesetzt. Durch die Eigenerwärmung (bis zu 50 °C) muss der Tabak immer wieder umgeschlagen werden. Die bei dieser Temperatur stattfindende Gärung bewirkt die farbliche Veränderung der Tabakblätter. Oft sind hierbei noch farbliche Verbesserungen möglich. Drei bis vier Monate lang dauert diese Art der Fermentation. Auch die spätere Lagerfähigkeit des Tabaks wird dadurch gewährleistet.

Die **Fermentation von Lebensmitteln** wurde zwar zufällig entdeckt, ihre vorteilhaften Auswirkungen (längere Lagerbarkeit, bessere Verdaulichkeit, reicheres Aroma – und nicht zuletzt das Rauscherlebnis bei alkoholhaltigen Produkten) waren aber so offenkundig, dass sich in fast allen Kulturstufen sehr frühzeitig Fermentationsprodukte durchsetzten. **Die Fermentation war somit eine erste Form der Veredlung von Lebensmitteln.**

In der Tat kannten die ersten sesshaften Menschen nur das Trocknen und Salzen zur Haltbarmachung von Lebensmitteln. Dabei war Salz oft eine Kostbarkeit (Kap. 4). Mit Einführung der Fermentation ließen sich dann auch wesentlich schmackhaftere und vielfältigere Produkte erzeugen; das **Risiko von Lebensmittelvergiftungen nahm deutlich ab**.

Während heute in den hoch industrialisierten Ländern der **Genusswert** der fermentierten Lebensmittel im Vordergrund steht, zeigt die Fermentation in den **Entwicklungsländern** ihren ursprünglichen, kaum abschätzbar hohen Wert. Gerade dort verdirbt heute noch ein Drittel der Lebensmittel.

Die Fermentation ist im Vergleich zur modernen Kühltechnik, chemischen Konservierung und Gefriertrocknung billig, kann einfach ausgeführt werden, erfordert keine teuren Apparate, und ihre Produkte werden traditionell psychologisch akzeptiert. Sie schafft außerdem Arbeitsplätze.

◼ 1.9 Schimmelpilze kooperieren mit Bakterien und produzieren Käse

Milch ist reich an allen Nährstoffen, Vitaminen und Mineralstoffen; daher war es schon für die frühzeitlichen Ackerbauern und Viehzüchter wichtig, diese Inhaltsstoffe zu erhalten. Der Physiologieprofessor **Jared Diamond** hält die Viehhaltung für einen entscheidenden Faktor der erstaunlichen Auseinanderentwicklung der Kontinente: Nur in Eurasien gab es **domestizierbare Tiere.**

Durch Kuh, Ziege, Schwein und insbesondere Zugochsen wurde die landwirtschaftliche Entwicklung beschleunigt. Das Pferd brachte ungeahnte Mobilität. In Amerika wurden nur Lama und Alpaka domestiziert, in Australien kein einziges Tier. Die Haustiere lieferten Fleisch, Milch und Dung und zogen Pflüge. Milchproduzenten wie Kuh, Schaf, Ziege, Pferd, Rentier, Wasserbüffel, Yak und Kamel lieferten in ihrem Leben das Mehrfache der Proteinmengen, die man bei Schlachtung erhalten hätte. Durch Milchsäuregärung wurden diese Milchprodukte haltbar gemacht.

Box 1.10 Nicht nur das Pulver haben die Chinesen erfunden

Patrick McGovern von der University of Pennsylvania hat einen Traumjob: Er kombiniert chemische Analytik mit Archäologie; er forscht nach Weinspuren. Berühmt wurde er seinerzeit durch die detektivisch-historische Suche nach dem Purpur der Kaiser aus der Purpurschnecke. Dann hatte McGovern seine „Noah-Hypothese": Der biblische Noah landete am Berg Ararat in der heutigen Osttürkei und begann alsbald den Weinanbau. Die Landwirtschaft wurde tatsächlich hier am Ararat begründet, mit domestiziertem Einkorn-Weizen.

McGovern startet nun DNA-Vergleiche des wilden Weines (siehe Kap. 10).

Der wilde Eurasische Wein (*Vitis vinifera sylvestris*) kommt von Spanien bis Zentralasien vor. Der Kulturwein stammt von diesem wilden Wein ab. McGovern sucht in den türkischen Taurusbergen (wo der Tigris entspringt) nach Stellen, an denen der wilde Ursprungswein noch wachsen könnte. **José Vouillamoz** vom italienischen Istituto Agrario di San Michele all'Adige in Trento und **Ali Ergül** von der Universität Ankara sind im DNA-Team. Das Team sammelt alles rund um das Thema Wein von den örtlich ansässigen Weinbauern. Man will den Ursprung des Weinbaus zurückverfolgen.

Die Forscher suchen auch nach Tonscherben mit Weinresten. Ein heißes Indiz ist jeweils das von **Louis Pasteur** seinerzeit erforschte Tartrat (Weinsäure), das auf Wein schließen lässt.

Vor zehn Jahren glaubte Patrick McGovern schon, die ältesten Spuren von Wein und

Chinesisches Weingefäß und Prof. McGovern beim Verkosten historischer Weinfunde

Tierartig geformtes Bronzegefäss (*Hsi-tsun*) aus China für Wein-Zeremonien

Gerstenbier, 7400 Jahre alt, in dem iranischen Dorf Hajii Firuz Tepe gefunden zu haben.

Nun wurden aber in Jiahu in Chinas Henan-Provinz die ältesten „Orakelknochen" mit chinesischen Bildzeichen und Flöten aus Vogelknochen und Tonscherben gefunden. 16 der 9000 Jahre alten Tonscherben mit Weinresten nahm er mit zum Pennsylvania's Museum of Archaeology and Anthropology in Philadelphia. Außerdem 90 verschlossene Bronzegefäße aus der Shang-Dynastie. Gas- und Flüssigchromatografie, Infrarot-Spektrometrie und Isotopenanalyse wurden kombiniert: Der Wein enthielt ein komplexes Gemisch aus fermentiertem Reis, Bienen-

wachs, Weißdornfrüchten (die einen hohen Zuckergehalt aufweisen und eventuell die Hefen für die Gärung geliefert haben) und wildem Wein.

6000 Jahre später in der Shang-Dynastie hatte die Önologie erhebliche Fortschritte gemacht. Der Wein der Shang-Kaiser aus den Bronzegefäßen enthielt Blumenspuren (Chrysanthemen), Harz von Pinien (das erinnert an moderne griechische Retsina), Spuren von Kampfer, Oliven, Gerbsäuren und sogar Wermut (der später den Absinthtrinkern der Pariser Belle Époque von Toulouse-Lautrec zum Verhängnis wurde).

McGovern hat den aromatischen Shang-Wein nicht selbst probiert, denn die Gefäße enthielten bis zu 20 % Blei… Interessant! Wein ist bekanntlich sauer und löst somit hervorragend Metalle. Wie die römische Oberschicht mit ihren Bleikelchen müssten sich eigentlich auch chinesische Kaiser mit Blei vergiftet haben: mit Symptomen von Krämpfen bis hin zum Wahnsinn. Blei ist wie alle Schwermetalle ein starker Hemmstoff für Enzyme, denn Schwermetalle attackieren die stabilisierenden Disulfidbrücken der Proteine (Kap 2).

Ein Teil der 9000 Jahre alten chinesischen Getränke wurde aus Rispenhirse bereitet – und das ist frappierend, denn gleiche Hirsespuren wurden auch in den 7500 Jahre alten iranischen Weinen entdeckt. Es scheint ein reger Ideenaustausch in Zentralasien stattgefunden zu haben.

Für Patrick McGovern ist das Studium von Wein mit allen seinen sozialen und ökonomischen Zusammenhängen die Tür zu den alten Zivilisationen: »Eine gute Flasche Merlot oder Shiraz kann uns heute helfen, Geschichte nachzuempfinden.«

Aus saurer Milch wurde durch Abfiltern der festen Bestandteile **Quark** gewonnen, und aus dem Quark stellte man eine lagerbare Form her, den **Käse**. Die Menschen fanden sehr bald heraus, dass die Käsebereitung (Box 1.7) besser gelang, wenn sie der Milch eine Verdauungssubstanz aus den Mägen von Milch saugenden Kälbern, das **Lab-Enzym**, zusetzten.

Lab (auch **Rennin** genannt) lässt das Milchprotein Casein gerinnen. Beim Gerinnen verklumpen die festen Bestandteile der Milch sehr schnell und werden auch viel fester, als wenn man die Milch einfach stehen und sauer werden lässt. Bei der Käsebereitung setzt man der Milch Milchsäurebakterien als Starterkulturen und Lab zu. Meist gerinnt die Milch schon innerhalb von 30 Minuten und wird dick: Casein fällt aus und lagert sich zusammen. Nach dem Abpressen der flüssigen Molke wird der so entstandene Quark mit Salz vermengt und in Stücke geschnitten.

Bei der Gewinnung von **Weichkäse**, wie Camembert und Brie, sorgt man dafür, dass auf der Oberfläche des „Käseteiges" Schimmelpilze wachsen. Ganz besondere Schimmelpilze wurden seit langem in den kleinen französischen Orten **Camembert** und **Roquefort** verwendet.

Abb. 1.27 Tabak (*Nicotiana tabacum*)

Abb. 1.28 Im Chinesischen und Japanischen werden Pilze und Bakterien mit einem gemeinsamen Schriftzeichen beschrieben. Es enthält Getreide in der Mitte, auf dem Pflanzen wachsen. Genauso wurde Reis fermentiert!

Abb. 1.29 Fermentation von Sake in einem Cartoon aus der Studentenzeit von Prof. Sakayu Shimizu (Universität Kyoto)

Abb. 1.30 Auch in Lateinamerika spielen Haustiere (Lamas, Rinder) eine historische Rolle.

Abb. 1.31 Französische Banknote zu Louis Pasteurs Impfung und Fermentation.

Pasteur und die Keime
Omne vivum ex vivo.
(Alles Leben stammt von Leben ab.)
Louis Pasteur 1860

Damit entstanden die nach ihren Herkunftsdörfern benannten unterschiedlichen Käsesorten.

Hartkäse wie Emmentaler werden in sogenannten Käsepressen gehärtet und sind haltbarer als Weichkäse. Dem Käseteig setzt man bei der Hartkäsebereitung spezielle Schimmelpilze zu. Die Pilze wachsen dann nicht nur auf der Oberfläche, sondern auch im Innern des Käses, wenn sie ausreichend mit Luft versorgt werden. Zur Belüftung sticht man mit Spießen dünne Luftkanäle in die Käsemasse. Im reifen Käse ist dann der Schimmelrasen auch tatsächlich entlang der Stichkanäle zu erkennen.

Die Löcher im Käse und das Aroma von Hartkäsen, wie des Emmentalers, verdanken wir **Propionsäurebakterien**, die im Käseinnern Zucker zu Propionsäure, Essigsäure und CO_2 vergären. Die Rotschmiere auf Limburger und Romadur stammt ebenfalls von Bakterien, die aber auf der Käseoberfläche wachsen.

Schimmelpilze erkennen wir mit bloßem Auge, sie sind im Gegensatz zu den Hefen mehrzellige Lebewesen. Man sieht allerdings meist nur die Sporenträger der Pilze. Die Hüte der Speisepilze, wie wir sie vom Pilzesammeln kennen, sind ebenfalls deren Sporenträger (Fruchtkörper).

Der eigentliche Körper der Pilze ist bei den Speisepilzen wie bei den Schimmelpilzen unscheinbar. Er besteht aus langen, dünnen Pilzfäden, dem **Mycel** (griech. *mykes,* Pilz). Aus dem Mycel wachsen die **Sporenträger** (**Sporangien**) heraus. Sie bilden Tausende von Sporen, die vom Wind verweht oder vom Regenwasser weggespült werden. Die Sporen keimen auf einer nährstoffreichen Unterlage und bilden ein neues Mycel.

Nach der Form ihrer Sporenträger werden die Käse produzierenden Pilze **Pinselschimmel** genannt. Ihr lateinischer Name lautet *Penicillium* (lat. Pinselchen).

Gießkannenschimmel (*Aspergillus*) wächst auf Brot und Marmelade. Im Gegensatz zu den ungefährlichen Schimmelpilzen für die Käsebereitung kann aber zum Beispiel *Aspergillus flavus* Aflatoxine bilden, die dann in der Leber durch Sauerstoffeinbau des Cytochrom-P 450-Enzymsystems zu Giftstoffen aktiviert werden und Leberkrebs hervorrufen können (Kap. 4).

◼ 1.10 Sake und Sojasauce

In Ostasien (Japan, China, Korea) werden Schimmelpilze seit Jahrhunderten eingesetzt, um die

Box 1.11 Biotech-Historie:
Vom Jäger zum Bauern – wie Vorratshaltung, Ackerbau und Viehzucht den Lauf der Geschichte bestimmten

In seinem Buch Arm und Reich – Die Schicksale menschlicher Gesellschaften *beleuchtet der Evolutionsbiologe Jared Diamond die Gründe, die Europa zur Wiege der modernen Gesellschaften machten, und geht der Frage nach, wie die Europäer den Rest der Welt erobern konnten. Welche Rolle dabei Landbau und Vorratshaltung spielten (zur Rolle der Mikroben siehe Kap. 5), zeigt der folgende, mit freundlicher Erlaubnis des Autors abgedruckte Auszug.*

Europa hält Zeus (der als Stier getarnt ist) am Horn – antike griechische Vase (480 v.Chr.).

Seit der Abzweigung unserer Urahnen vom gemeinsamen Stammbaum mit den Vorfahren der Menschenaffen vor rund sieben Millionen Jahren ernährte sich der Mensch die allermeiste Zeit ausschließlich von Wild, das er jagte, und von wilden Pflanzen, die er sammelte. Erst innerhalb der letzten 11 000 Jahre gingen einige Völker zu dem über, was wir als Nahrungsmittelerzeugung oder Landwirtschaft bezeichnen, also zur **Domestikation von Wildtieren und -pflanzen** zur Gewinnung von Nahrung in Form von Fleisch und pflanzlicher Kost. Heute leben die meisten Erdbewohner von Nahrungsmitteln, die entweder von ihnen selbst oder von anderen Menschen erzeugt werden. Falls das gegenwärtige Tempo des Wandels anhält, werden die wenigen noch verbliebenen Gruppen von Jägern und Sammlern ihre Lebensweise innerhalb der nächsten zehn Jahre aufgeben, sich auflösen oder aussterben. Damit würde eine Daseinsweise, auf die der Mensch seit Jahrmillionen festgelegt war, endgültig der Vergangenheit angehören.

Diverse Völker vollzogen den Übergang zur Landwirtschaft zu unterschiedlichen prähistorischen Zeitpunkten. Einige, wie zum Beispiel die **australischen Aborigines**, taten diesen Schritt nie. Von den Völkern, die ihn taten, entwickelten einige (z.B. die **alten Chinesen**) die Landwirtschaft von allein, während andere (z.B. die alten Ägypter) sie ihren Nachbarn abschauten. Wie wir sehen werden, war die Einführung der Landwirtschaft eine wichtige Etappe auf dem Weg, der zur militärischen und politischen Überlegenheit einiger Völker über andere führte. **Deshalb liefern die geografischen Unterschiede im Ob und Wann des Übergangs zu Ackerbau und Viehzucht auf den verschiedenen Kontinenten einen wichtigen Beitrag zur Erklärung unterschiedlicher späterer Geschichtsverläufe.**

Der erste Zusammenhang ist der nächstliegende und einleuchtendste: **Mehr Kalorien bedeuten mehr Menschen.** Von allen Wildpflanzen und -tieren, die in der Natur vorkommen, ist nur eine kleine Zahl für den Menschen genießbar beziehungsweise lohnt die Mühe des Jagens oder Sammelns.

Die meisten Arten taugen für uns nicht als Nahrung, weil sie einen oder gleich mehrere der folgenden Nachteile aufweisen: Sie sind unverdaulich (wie Baumrinde), giftig (wie Monarchfalter und Fliegenpilze), haben einen zu geringen Nährwert (wie Quallen), sind mühsam zuzubereiten (wie sehr kleine Nüsse), mühsam zu sammeln (wie die Larven der meisten Insekten) oder gefährlich zu jagen (wie Nashörner). Das Gros der Biomasse (Gesamtheit aller organischen Substanzen) auf den Kontinenten kommt in Form von Holz und Blättern vor, die für uns überwiegend nicht als Nahrung verwertbar sind.

Durch **Auswahl und Anbau beziehungsweise Haltung der wenigen für Menschen genießbaren Pflanzen- und Tierarten** mit der Folge, dass 90 % statt 0,1 % der Biomasse eines Hektars Land auf sie entfallen, erhalten wir erheblich mehr essbare Kalorien pro Hektar. Folglich kann eine bestimmte Fläche eine weit größere Zahl von Ackerbauern und Viehzüchtern – in der Regel zehn- bis hundertmal mehr – ernähren als Jäger und Sammler. Diese auf schieren Zahlen basierende Stärke war der erste von vielen militärischen Vorteilen, die Landwirtschaft betreibende Stämme gegenüber Stämmen von Jägern und Sammlern erlangten.

In Gesellschaften mit Haustierhaltung **trug das Vieh auf vier verschiedene Arten zur Ernährung einer größeren Zahl von Menschen bei**: durch Lieferung von Fleisch, Milch und Dünger sowie als Zugtiere bei der Feldbestellung. An erster und wichtigster Stelle wurden Haustiere zum **Hauptlieferanten von tierischem Eiweiß** und traten damit die Nachfolge von Wildtieren an. Heute decken beispielsweise die meisten Amerikaner ihren Bedarf an tierischem Eiweiß durch Verzehr von Rind-, Schweine-, Schaf- und Hühnerfleisch, während Wild (z.B. Hirschfleisch) zur seltenen Delikatesse geworden ist. Daneben wurden einige domestizierte Säugetiere zu **Lieferanten von Milch und Milchprodukten** wie Butter, Käse und Joghurt. Neben Kühen dienen Schafe, Ziegen, Pferde, Rentiere, Wasserbüffel, Yaks, Dromedare und Kamele als Milchspender. Auf diese Weise liefern sie während ihrer Lebensspanne ein Mehrfaches der Kalorienzahl, die man erhielte, würde man sie nur schlachten und ihr Fleisch verzehren.

Außerdem trugen große domestizierte Säugetiere im Zusammenspiel mit domestizierten Pflanzen auf zweierlei Art zur Ausweitung der Nahrungsproduktion bei. Zum einen können Bodenerträge, wie jeder Bauer oder Gärtner weiß, **mithilfe von Dung und Jauche erheblich gesteigert** werden. Selbst nach Erfindung synthetischer Düngemittel, die in modernen Chemiefabriken hergestellt werden, ist in den meisten Ländern tierischer Dung – vor allem von Kühen, aber auch von Yaks und Schafen – nach wie vor das Düngemittel Nummer eins. In traditionellen Gesellschaften fand **Dung auch als Brennstoff Verwendung**.

Zum anderen steigerten die größten unter den domestizierten Säugetieren als Zugtiere die Erträge des Pflanzenanbaus, indem sie **Pflüge zogen** und so die Bestellung von Land ermöglichten, das sonst unbebaut geblieben wäre. Zu den am stärksten verbreiteten Zugtieren zählten Kühe, Pferde, Wasserbüffel, Bali-Rinder und Kreuzungen aus Yak und Kuh. Ein Beispiel für ihren hohen Nutzen lieferten die ersten prähistorischen Bauern in Mitteleuropa, die der sogenannten bandkeramischen Kultur zugeordnet werden, die um 5000 v. Chr. auftauchte. Ursprünglich waren sie auf leichte Böden angewiesen, die mit Grabstöcken bestellt werden konnten. Nur gut tausend Jahre später – inzwischen war der Ochsenpflug eingeführt – mussten

diese Ackerbauern jedoch auch vor schweren Böden und harten Soden nicht mehr haltmachen. Ähnlich wurden in Nordamerika von einigen Indianerstämmen der großen Präriegebiete zwar Flusstäler bestellt, doch die festen Soden der ausgedehnten Hochlandflächen blieben bis zum 19. Jahrhundert, als Europäer mit ihren Haustieren und Pflügen Einzug hielten, landwirtschaftlich ungenutzt.

So führte die Domestikation von Pflanzen und Tieren auf direktem Weg zu **höheren Bevölkerungsdichten, da mehr Nahrung erzeugt werden konnte** als zuvor. Ein ähnlicher, wenn auch weniger direkter Effekt hängt mit den Folgen der Sesshaftigkeit zusammen, die eine Bedingung der Landwirtschaft war. Während die meisten Jäger und Sammler auf der Nahrungssuche häufig von einem Ort zum anderen ziehen, müssen **Bauern stets in der Nähe ihrer Felder und Obstgärten** bleiben. Die daraus resultierende Sesshaftigkeit trägt zu **höheren Bevölkerungsdichten** bei, da sie kürzere Abstände zwischen zwei Geburten erlaubt. Bei Jägern und Sammlern kann eine Mutter beim Umzug zu einem anderen Lagerplatz außer ihrer spärlichen Habe nicht mehr als ein Kind tragen. Den nächsten Spross kann sie sich erst leisten, wenn der vorige schon schnell genug laufen kann, um mit den Erwachsenen Schritt zu halten.

Sogar der Euro zeigt, was wir Nutztieren verdanken.

Nomadische Jäger-Sammler-Kulturen sorgen deshalb in der Regel dafür, dass zwischen zwei Geburten ein Abstand von etwa vier Jahren liegt. Die dazu praktizierten Methoden sind unter anderem langes Stillen, sexuelle Abstinenz, Kindestötung und Abtreibung. Im Gegensatz dazu können Angehörige sesshafter Völker, denen sich das Problem des Mitschleppens von Kleinkindern beim Weiterziehen nicht stellt, so viele Kinder zur Welt bringen und großziehen, wie Nahrung vorhanden ist. In vielen bäuerlichen Gesellschaften ist der durchschnittliche Geburtenabstand mit etwa zwei Jahren halb so lang

Fortsetzung nächste Seite

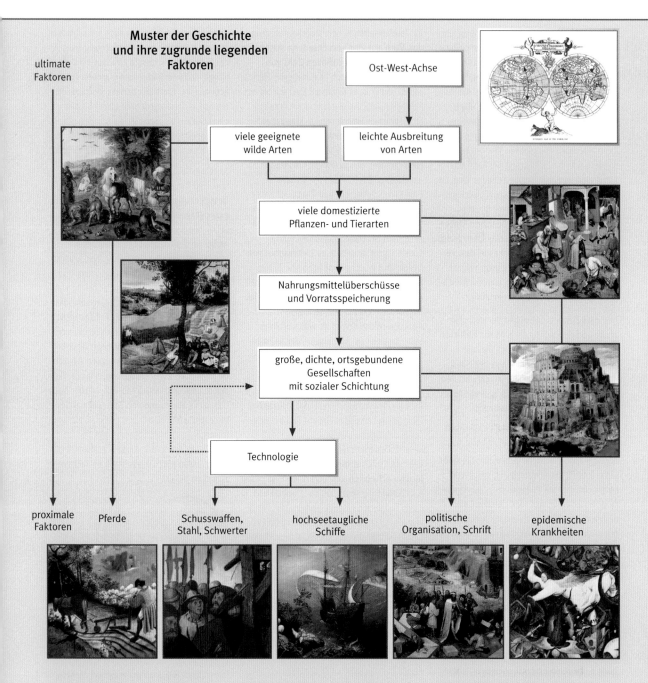

Muster der Geschichte und ihre zugrunde liegenden Faktoren

ultimate Faktoren

Ost-West-Achse

viele geeignete wilde Arten

leichte Ausbreitung von Arten

viele domestizierte Pflanzen- und Tierarten

Nahrungsmittelüberschüsse und Vorratsspeicherung

große, dichte, ortsgebundene Gesellschaften mit sozialer Schichtung

Technologie

proximale Faktoren

Pferde

Schusswaffen, Stahl, Schwerter

hochseetaugliche Schiffe

politische Organisation, Schrift

epidemische Krankheiten

In seinem Bestseller *Arm und Reich* skizziert Jared Diamond, wie die Wirkungen bestimmter Faktoren (z.B. Schusswaffen, Pferde und Krankheiten) einige Nationen zur Eroberung anderer befähigten und die Orientierung der Kontinentalachsen beeinflussten.

So entwickelten sich einige ansteckende Krankheiten der Menschen in Gegenden, in denen viele zur Domestikation geeignete Tier- und Pflanzenarten vorkamen. Zum einen konnten die so erzielten Ernten und das Vieh Menschen, die in einer hohen Bevölkerungsdichte lebten, ernähren – eine ideale Brutstätte

für ansteckende Keime. Zum anderen entwickelten sich Ansteckungskrankheiten für den Menschen aus Keimen, die ursprünglich nur Haustiere befallen hatten.

Der Dung der Tiere konnte außerdem als Dünger oder Brennstoff verwendet werden. Die ersten biotechnologisch erzeugten Produkte wie Bier, Wein oder Essig waren, da arm an Krankheitskeimen, „sichere" Getränke, Käse und eingelegtes Gemüse konnten längere Zeit bedenkenlos aufgehoben werden.

Diamonds Entwurf ist hier durch einige meiner Lieblingsgemälde der Brueghel-Familie illustriert.

Pieter Brueghel (um 1525–1569), gemeinhin bekannt als Pieter Brueghel der Ältere, ist der berühmteste flämische Maler des 16. Jahrhunderts.

Jan Brueghel (1568–625), auch „Samtbrueghel" genannt, war der zweitgeborene Sohn von Pieter Brueghel dem Älteren und bekannt für seine Stillleben von Blumen und für seine Landschaftsgemälde.

wie bei Jägern und Sammlern. Die höhere Geburtenrate der Bauern führte in Kombination mit ihrer Fähigkeit, pro Hektar mehr Personen zu ernähren, zu **weitaus höheren Bevölkerungsdichten**. Eine andere Folge der sesshaften Lebensweise ist die Möglichkeit, **Nahrungsvorräte anzulegen**, was ja nur Sinn ergibt, wenn man zur Bewachung in der Nähe bleibt.

Zwar erbeuten auch nomadische Jäger und Sammler zuweilen mehr Nahrung, als sie in wenigen Tagen verzehren können, doch im Grunde nützt ihnen das wenig, da eine längere Bewachung nicht in Frage kommt. **Nahrungsvorräte sind dagegen eine Voraussetzung zur Unterhaltung von Personen, die spezialisierten Tätigkeiten nachgehen und selbst keine Nahrung produzieren** – ganz besonders, wenn ganze Städte mit ernährt werden sollen. Nomadische Jäger-Sammler-Kulturen verfügen deshalb über wenige oder gar keine derartigen „Vollzeit-Spezialisten". Diese tauchten erstmals in sesshaften Gesellschaften auf.

Zu ihnen zählen zum Beispiel Könige und Bürokraten. Gesellschaften von Jägern und Sammlern sind in der Regel vergleichsweise egalitär. Selten findet man in ihnen Vollzeitbürokraten oder Häuptlinge mit erblichem Status. Typisch sind für sie eher schwach ausgeprägte Formen politischer Organisation auf der Ebene von Kleinverbänden oder Stämmen, was daran liegt, dass alle gesunden Jäger und Sammler genötigt sind, einen Großteil ihrer Zeit der Nahrungsbeschaffung zu widmen.

Wo Nahrungsvorräte angelegt werden, kann es dagegen einer politischen Elite gelingen, die Kontrolle über die von anderen produzierten Nahrungsmittel an sich zu bringen, Abgaben zu erheben, sich selbst vom Zwang zur Nahrungserzeugung zu befreien und nur noch politischen Geschäften nachzugehen. Entsprechend werden kleinere Agrargesellschaften oft von Häuptlingen regiert, während größere auch Könige an der Spitze haben können. Diese komplizierteren politischen Gebilde sind viel eher zur Führung längerer Eroberungskriege imstande als egalitäre Scharen von Jägern und Sammlern. In einigen Regionen wie an der Nordwestküste Nordamerikas und der Küste Ecuadors, die von der Natur besonders reich gesegnet sind, wurden Jäger und Sammler ebenfalls sesshaft, legten Nahrungsmittelvorräte an und ließen sich von Häuptlingen regieren. Weitere Schritte auf dem Weg zur Monarchie taten sie jedoch nicht. **Mit den Nahrungsvorräten, durch Abgabenerhebung aufgebaut**, können nicht nur Könige und Bürokraten, sondern noch weitere Spezialisten mit ernährt werden. Von größter unmittelbarer Bedeutung für die Führung von Eroberungskriegen sind natürlich Berufssoldaten. Der Erfolg der Engländer im Kampf gegen **Neuseelands gut bewaffnete Maori-Bevölkerung** war diesem entscheidenden Punkt zuzuschreiben. Die Maoris errangen zunächst beeindruckende Siege, waren jedoch nicht in der Lage, ein stehendes Heer zu unterhalten, sodass sie am Ende vor der britischen Streitmacht aus 18 000 Berufssoldaten kapitulieren mussten. Nahrungsvorräte können auch dazu dienen, Priester mit zu ernähren, die Eroberungskriege religiös legitimieren. Oder Handwerker wie zum Beispiel Schmiede, die Schwerter und Kanonen oder andere militärische Technologien erfinden. Sie können auch zur Unterhaltung von Schreibern verwendet werden, die mehr Informationen festhalten, als irgendein Mensch in seinem Gedächtnis speichern kann.

Von ebenso großer Bedeutung für den Ausgang von Eroberungskriegen waren die **Krankheitserreger**, die sich in Kulturen mit domestizierten Tieren entwickelten. Infektionskrankheiten wie Pocken, Masern und Grippe entstanden als Krankheitserreger des Menschen durch Mutation sehr ähnlicher Erreger tierischer Krankheiten (Kap. 10). Jene, die Tiere domestizierten, gehörten zu den ersten Opfern der neu entstandenen Erreger, entwickelten dann aber auch beachtliche **Resistenzen** gegen die neuen Krankheiten. Kamen solche teilresistenten Menschen in Kontakt mit Völkern, die mit den betreffenden Erregern noch keine Bekanntschaft gemacht hatten, brachen Epidemien aus, die bis zu 99 % der noch nicht resistenten Bevölkerung dahinrafften. **Krankheitserreger, die letztlich von domestizierten Tieren stammten, spielten eine entscheidende Rolle beim Sieg der Europäer über Indianer, Australier, Südafrikaner und Pazifikinsulaner.**

Kurzum, die Domestikation von Pflanzen und Tieren führte zur Erzeugung von erheblich mehr Nahrung und somit zu viel höheren Bevölkerungsdichten. Nahrungsmittelüberschüsse und (in einigen Gebieten) die Möglichkeit zum Transport dieser Überschüsse mithilfe von Tieren schufen die Voraussetzung für die Entstehung sesshafter, politisch zentralisierter, sozial und ökonomisch differenzierter und technisch innovativer Gesellschaften. Die Verfügbarkeit domestizierter Pflanzen und Tiere liefert also die eigentliche Erklärung dafür, dass Schrift, Waffen aus Stahl und politische Reiche am frühesten in Eurasien aufkamen, auf anderen Kontinenten dagegen erst später oder gar nicht. Die militärische Nutzung von Pferden und Kamelen und die tödliche Wirkung von Krankheitserregern, die letztendlich tierischen Ursprungs waren, vervollständigen die Liste der wichtigsten Bindeglieder zwischen Landwirtschaft und Eroberung.

Jared Mason Diamond

Jared Mason Diamond (geb. 1937) ist ein amerikanischer Evolutionsbiologe, Physiologe, Biogeograf und Autor von Sachbüchern. Bekannt wurde er vor allem durch sein Buch Arm und Reich, *für das er 1998 mit dem Pulitzer-Preis ausgezeichnet wurde. 1999 erhielt er außerdem die National Medal of Science. 1966 wurde er Professor für Physiologie an der University of California, Los Angeles (UCLA). Schon mit Mitte zwanzig begann er, sich zusätzlich der Ökologie und Evolution der Vögel Neuguineas zu widmen. Seither leitete er zahlreiche Expeditionen zur Erkundung Neuguineas und der umgebenden Inseln. Mit Mitte fünfzig befasste er sich zunehmend mit Umweltgeschichte und wurde Professor für Geografie – diese Position bekleidet er bis heute an der UCLA.*

In seinem Buch Kollaps: Warum Gesellschaften überleben oder untergehen *(2005) untersucht Diamond die Gründe, die in der Vergangenheit zum Untergang großer Zivilisationen führten, und zeigt auf, was heutige Gesellschaften aus deren Schicksal lernen können.*

Literaturzitat aus:

Diamond J (2000) *Arm und Reich: Die Schicksale menschlicher Gesellschaften.* S. Fischer Verlag GmbH, Frankfurt am Main

Lesenswert auch:

Diamond J (2005) *Kollaps: Warum Gesellschaften überleben oder untergehen.* S. Fischer Verlag GmbH, Frankfurt am Main

Box 1.12 Biotech-Historie: Pasteur, Liebig und Traube – was ist Fermentation?

Fast 200 Jahre vergingen nach Leeuwenhoeks Entdeckungen, ehe die Mikroben wieder in den Mittelpunkt des Interesses gelangten. In der Mitte des 19. Jahrhunderts waren in Europa im Verlauf der industriellen Entwicklung große Fabriken entstanden. Auch Alkohol wurde jetzt nicht mehr in kleinen Familienunternehmen, sondern in Großbetrieben hergestellt. Immer dringender brauchte man deshalb genaue Kenntnisse über die Vorgänge bei Gärungen, um kostspielige Fehlschläge zu vermeiden.

Louis Pasteur (1822–1895), Begründer der Mikrobiologie und Biotechnologie, im Labor

In der französischen Stadt Lille sprach im Jahr 1856 ein gewisser Monsieur Bigo, Besitzer einer Alkoholfabrik, bei dem Professor für Chemie **Louis Pasteur** (1822–1895) vor. Bigos Sohn studierte bei Pasteur. Vater Bigo berichtete Pasteur, eine seltsame Krankheit habe viele seiner Alkoholfässer befallen. Aus dem Zuckersaft von Zuckerrüben entstand darin nicht wie früher Alkohol, sondern eine sauer riechende, schleimige graue Flüssigkeit. Pasteur packte sein Mikroskop ein und begab sich zur Fabrik. Hier entnahm er sowohl den „kranken" als auch den „gesunden" Fässern Proben. Der „gesunde" Alkohol enthielt, wie die mikroskopische Untersuchung ergab, gelbe Kügelchen, die **Hefen**. Sie bildeten Trauben. Wie beim Keimen eines Samenkorns sprossen aus den Kügelchen Seitentriebe hervor. Die Hefe lebte also. Ihr Leben bewirkte die Verwandlung des Zuckers in Alkohol. Nun untersuchte Pasteur die schleimige Masse. Es waren keine Hefen darin zu entdecken, dafür aber kleine, graue Punkte. Jeder Punkt enthielt ein Gewirr von zitternden Stäbchen – Millionen von Stäbchen in jedem grauen

Punkt. Der saure Stoff, den die Stäbchen produzierten, erwies sich in chemischen Analysen als **Milchsäure** (**Lactat**).

Pasteur träufelte etwas stäbchenhaltige Flüssigkeit in eine Flasche mit klarer Lösung von Hefe und Zucker. Nach kurzer Zeit waren auch hier die Hefen verschwunden, und die Stäbchen beherrschten das Feld. Es entstand wieder Milchsäure anstelle von Alkohol.

Die entdeckten Stäbchen waren **Bakterien**. Sie erhielten ihren Namen nach ihrer Körperform: Das griechische Wort für Stäbchen heißt *bakterion*. Die Bakterien produzierten offensichtlich durch **Gärung** Milchsäure aus dem Zucker, während Hefen Zucker zu Alkohol und dem Gas Kohlendioxid vergoren.

Bald nach seiner Entdeckung der **Milchsäurebakterien** in den Alkoholfässern wurde Louis Pasteur zu den Weinbauern nach Arbois geholt; Pasteurs Vater war Gerber in Arbois gewesen. Sie hatten **Sorgen mit der alkoholischen Weingärung**. Immer wieder entstand selbst aus dem Saft der besten Weintrauben öliger, dicker, bitterer Wein. Auch hier fand Pasteur im missratenen Wein statt der Hefepilze winzige Bakterien, die allerdings Perlschnüre bildeten. Pasteur entdeckte bei seinen gründlichen Untersuchungen die verschiedensten Bakterienarten, die Wein verderben. Schließlich konnte er den verblüfften Weinbauern sogar vorhersagen, wie eine Weinprobe schmecken würde, ohne sie vorher gekostet zu haben! Er sah dazu die Probe lediglich unter dem Mikroskop an und bestimmte die Hefe- oder Bakterienart. Pasteur fand heraus, dass es genügte, den Wein kurz zu erhitzen, um die Bakterien abzutöten.

Die gleiche Technik war auch geeignet, Milch vor dem Sauerwerden zu schützen. Diesen Vorgang, bei dem die überwiegende Anzahl der in einer Substanz enthaltenen Mikroorganismen abgetötet wird, nennt man heute Pasteur zu Ehren Pasteurisieren.

Die Frage nach dem Wesen der Gärung beschäftigte nicht nur Pasteur. 1810 hatte **Joseph Louis Gay-Lussac** (1778–1850) nachgewiesen, dass bei der Gärung von Weintraubensaft aus dem Traubenzucker (Glucose) Ethylalkohol und das Gas Kohlendioxid entstehen. Mitte des 19. Jahrhunderts stellte dazu der berühmte deutsche Chemiker **Justus von Liebig** (1803–1873) eine Theorie auf. Er behauptete, dass es sich bei der Entstehung des Alkohols um einen rein chemischen und nicht um einen biologischen

Vorgang handle. Liebig fand es einfach lächerlich, dass die Gärung von mikroskopisch kleinen Wesen verursacht sein könnte. Vielmehr sollten sich „Vibrationen" bei der Zersetzung organischer Materie auf den Zucker übertragen und ihn zu CO_2 und Alkohol verwandeln. Bei allen **alkoholischen Gärungen** fand man jedoch Hefen, also Lebewesen.

Justus von Liebig (1803–1873), der größte Chemiker des 19. Jahrhunderts, in seinem Chemielabor in Gießen

Louis Pasteur, noch am Beginn seiner wissenschaftlichen Laufbahn, begann einen heftigen wissenschaftlichen Streit mit der internationalen Autorität Justus von Liebig : »Ohne lebende Hefen gibt es keinen Alkohol!« beharrte Pasteur starrsinnig.

Liebig spottete dagegen: »Jene Leute, die glauben, der Gärungsvorgang werde durch *animalcules* (Tierchen) verursacht, gleichen den Kindern, die meinen, das Fließen des Rheins wäre durch die Schaufelräder der Wassermühlen verursacht, die an seinem Ufer stehen.« Der erbitterte Streit wogte jahrelang hin und her. Endgültig wurde er jedoch erst nach dem Tod Pasteurs und Liebigs entschieden.

Zunächst veröffentlichte Pasteur 1876 die Ergebnisse von zwei Jahrzehnten in einem umfangreichen Buch. »**Gärung ist Atmung ohne Sauerstoff**«, erklärte Pasteur. Sie dient zum „Antrieb" der Lebewesen, zur Energiegewinnung. Alle Lebewesen benötigen Energie zum Leben. Sie gewinnen diese Energie in ihrem Stoffwechsel meist durch den Abbau von Zuckern, Fetten und Eiweißen in ihren Körperzellen. Zucker wird beispielsweise in den Zellen zu dem Gas Kohlendioxid und zu Wasser veratmet. Beide Produkte verlassen die Zellen. Die dabei freigesetzte Energie benötigt der Körper beispielsweise zur Bewegung seiner Muskeln. Für diese „kalte" Verbrennung brauchen die Zellen den Sauerstoff der Luft, wie er bei der „heißen" Verbrennung von Holz zu Asche erforderlich ist. Ohne Sauerstoff können höher entwickelte Tiere und Pflanzen keine Energie gewinnen und deshalb nicht leben. Mikroorganismen besitzen dagegen eine Art Notatmung bei Sauerstoffmangel – die Gärung. Wahrscheinlich stammt diese heutige Notlösung aus der Urzeit des Lebens, als es auf der Erde noch keinen Sauerstoff gab. Er wurde erst später durch Pflanzen aus Wasser (Photosynthese) freigesetzt. Vorher, in der sauerstoffarmen Atmosphäre, war die Gärung für die Urmikroben die normale Form der Energiegewinnung.

Moritz Traube (1826–1894).

Hatte also Pasteur recht, dass ohne Mikroben keine Gärung möglich ist? **Moritz Traube** (1826–1894), ein Schüler **Liebigs**, sagte bereits 1858 voraus, dass Fermentationen nicht unbedingt von Aktivitäten der Hefe herrühren, sondern vielmehr chemische Prozesse beinhalten, die von oxidierenden und reduzierenden „Fermenten" katalysiert werden. Traube charakterisierte die **Fermente** erstmals als katalytisch wirkende Eiweißstoffe, als definierte chemische Verbindungen, die durch die eigene aufeinanderfolgende Oxidation und Reduktion in den Organismen, aber auch außerhalb lebender Zellen Oxidations- und Reduktionsreaktionen bewirken könnten.

Er teilte die Fermente dementsprechend bereits nach dem Reaktionstyp ein. Weiterhin stellte er die Notwendigkeit des direkten molekularen Kontakts zwischen Ferment und Substrat für die Reaktion dar.

Bisher ist in der biochemisch-historischen Literatur nicht erwähnt worden, dass er auch schon qualitative Überlegungen zur Reaktionskinetik anstellte und erstmals den Zusammenhang von Reaktionszeit und Fermentmenge formulierte.

Erst 1897 führte dann **Eduard Buchner** (1860–1917) das entscheidende Experiment durch, das den Streit zwischen Liebig und Pasteur entschied (siehe Kap. 2).

eiweißreiche Sojabohne und Reis durch Schimmelpilzenzyme (Stärke spaltende Amylasen, Eiweiß spaltende Proteasen) für eine nachfolgende alkoholische und Milchsäuregärung aufzuschließen. Am bekanntesten ist bei uns in Europa die **Sojasauce** (*Shoyu*) (Box 1.8 und Abb. 1.34), von der in Japan jährlich rund 10 L pro Kopf (!) hergestellt und verbraucht werden. Sie entsteht aus einer Soja-Weizen-Mischung, die mit Sporen von *Aspergillus oryzae* oder *Aspergillus soyae* als Starterkulturen beimpft wird (Abb. 1.28). Die von den Pilzen ausgeschiedenen Enzyme zerlegen das Protein der Sojabohne und die Stärkemoleküle des Weizens; außerdem wird Kochsalz in hohen Konzentrationen zugesetzt, um Fäulniserreger zu hemmen. In acht bis zehn Monaten entwickeln sich Hefen und Bakterien (*Pediococcus*-Stämme) und führen die Fermentation zu Ende. Dann wird die Sojasauce abgepresst.

Ähnlich wird **Reiswein** (**Sake**) produziert (Abb. 1.29). Hier muss zuerst Reisstärke zu fermentierbaren Zuckern abgebaut werden. Das geschieht durch Enzyme (Amylasen), die Schimmelpilze in die Umgebung abgeben. Anschließend werden die so gebildeten Zucker durch *Saccharomyces*-Stämme zu Alkohol vergoren. Der Reiswein enthält übrigens etwa 20 Vol.-% Alkohol; das ist keine Kleinigkeit, wenn man bedenkt, dass sich viele asiatische Völker von den Europäern in der Enzymausstattung ihrer Leber geringfügig unterscheiden: Sie besitzen eine molekulare Variante (**Isoenzym**) der Acetaldehyd-Dehydrogenase, die das Produkt der Alkohol-Dehydrogenase (Abb. 1.12) langsamer abbaut als das „europäische" Isoenzym. Als Folge davon haben zwar kleinere Alkoholmengen bei Asiaten die gleiche Rauschwirkung wie größere bei Europäern (sehr ökonomisch!), die allbekannten Folgeerscheinungen am Morgen nach dem Genuss sind aber auch gravierender.

■ 1.11 Was ist eigentlich Gärung?

Alle bisher beschriebenen Verfahren und Gärungsprozesse wurden und werden von den Menschen seit Tausenden von Jahren angewendet. Die dabei gesammelten Erfahrungen gab man von Generation zu Generation weiter. Völlig unklar war allerdings, was eigentlich Gärung ist und wie sie zustande kommt. Erst im 19. Jahrhundert brachte **Louis Pasteur** (1822–1895) Licht in das Dunkel (Abb. Seite 33). Er legte den Grundstein für die bewusste Beherrschung technischer Prozesse, in denen Mikroorganismen die

Abb. 1.32 Der bayerische Herzog Wilhelm IV. (1493–1550) erließ 1516 das Reinheitsgebot. Unten: Urkunde des Gebots

Der Wortlaut des Reinheitsgebots (Auszug)

»Ganz besonders wollen wir, dass forthin allenthalben in unseren Städten, Märkten und auf dem Lande zu keinem Bier mehr Stücke als allein Gersten, Hopfen und Wasser verwendet und gebraucht werden sollen ...«

Gegeben von Wilhelm IV. Herzog in Bayern am Georgitag zu Ingolstadt Anno 1516.

Abb. 1.33 Wilhelm Busch spielt mit der „Witwe Klicko" lobendhumorvoll auf die berühmte Veuve Clicquot (französische Erfinderin des Rüttelpult-Champagners) an.

Der Kellner hört des
Fremden Wort.
Es saust der Frack.
Schon eilt er fort.
Wie lieb und luftig perlt die Blase
Der Witwe Klicko in dem Glase.
– Gelobt seist du viel
tausendmal!

Abb. 1.34 Sojasauce-Werbung

Abb. 1.35 Uralte Fermentation, kombiniert mit moderner Technologie: In Alginatkugeln eingeschlossene (immobilisierte) Hefezellen (siehe Kap. 2) produzieren kontinuierlich Ethanol, das im japanischen Haushalt verwendet wird (nicht ganz ernst gemeinter Cartoon aus den 80er-Jahren).

»Die Chemie ist
die Antriebsmaschine
der Biologie,
und viele Enzyme
sind dafür zuständig,
dass diese Chemie
möglich ist.«

*Guy Dodson und
Alexander Wlodawer, 1998*

„Arbeitstiere" sind, und ist damit einer der Väter der modernen Biotechnologie (Box 1.12).

Die alkoholische Gärung wird von Hefen verursacht. Sie bauen Zucker unter Luftabschluss zu Alkohol und Kohlendioxid ab. Hefen können je nach Sauerstoffangebot atmen oder gären. Durch die Gärung gewinnen sie aber viel weniger Energie als durch die Atmung. Sie vermehren sich deshalb ohne Sauerstoff etwa 20-mal langsamer als mit ausreichend Sauerstoff. Der Mensch bringt die **Hefen gewissermaßen in eine Notsituation**, um Alkohol zu gewinnen oder beim Brotbacken durch Kohlendioxidbläschen den Teig aufzulockern. Um zu überleben, müssen die Hefen bei der Gärung viel mehr Zucker verarbeiten als bei der Atmung. Deshalb sind Gärungen so produktiv!

Not macht erfinderisch!

Alkohol ist immer noch das am weitesten verbreitete Suchtmittel in Deutschland.

Deutschland ist 2015 mit im Schnitt 9,6 Liter reinen Alkohols pro Kopf und Jahr an vorderster Stelle im Ländervergleich. Allein 10% der Menschen trinken davon etwa die Hälfte. 1,8 Millionen Deutsche sind abhängig von Alkohol.

Noch verbreiteter sind jedoch **Zigaretten**: 16 Millionen Menschen rauchen.

Zwei Millionen Deutsche sind abhängig von **Medikamenten**. Bedenklich!

200 000 Menschen nehmen illegale **Drogen**.

Abb. 1.36 Ariadne bändigt den Minotaurus – die Geschichte um die griechische Göttertochter Ariadne, die ihren Liebsten Theseus mit dem berühmten Ariadnefaden listig aus dem Labyrinth des Minotaurus führte, inspirierte die Bildhauerin Karla Gänßler zu ihrer frechen Kleinplastik.
Fast demütig scheint der Stier vor der stolzen Frau daherzutraben. Ein Symbol für die Bedeutung domestizierter Tiere für den Fortschritt.

Verwendete und weiterführende Literatur

- Die Taschen-Bibel für Biotechnologen: **Schmid RD** (2016) *Taschenatlas der Biotechnologie und Gentechnik*. 3. Aufl. Wiley-VCH, Weinheim

- Das letzte Meisterwerk des Bio-Design: **Goodsell DS** (2016) *Atomic Evidence*. Springer Switzerland-Copernicus

- Vom Altmeister der deutschen Biotechnologie unterhaltsam geschrieben: **Dellweg H** (2012) *Biotechnologie verständlich*. Springer, Heidelberg

- Alt, aber gut – eine gute Einführung: **Gruss P, Herrmann R, Klein A Schaller H** (Hrsg.) (1984) *Industrielle Mikrobiologie*. Spektrum der Wissenschaft, Heidelberg

- Besonders für Technologie-Interessierte: **Crueger W, Crueger A** (1988) *Biotechnologie – Lehrbuch der Angewandten Mikrobiologie*. 3. Aufl. Oldenbourg, München.

- Das wohl beste Mikrobiologie-Taschenbuch: **Fuchs G** (Hrsg.), **Schlegel HG** (2017) *Allgemeine Mikrobiologie*. 10. Aufl. Thieme, Stuttgart

- Quelle vieler Sach-Boxen dieses Buches: *Ullmann's Encyclopedia of Industrial Chemistry* (2003). 6th Edition in print, Wiley-VCH, Weinheim

- Die spannende Geschichte der Mikrobiologie: in einer Neuauflage des Originals von 1927: **de Kruif P** (1985) *Mikrobenjäger*. Neuaufl. Ullstein, Frankfurt/M., Berlin, Wien

- Alles über den Wein: **Ambrosi H** (2002) *Wein von A bis Z*. Gondrom, Bindlach

- **Dellweg H, Schmid RD, Trommer W** (Hrsg.)(2006) *Römpp Lexikon Biotechnologie*. Thieme, Stuttgart

- **Schüler J** (2016) *Die Biotechnologie-Industrie, ein Einführungs-, Übersichts- und Nachschlagewerk*. Springer Spektrum, Heidelberg

- Für höhere Semester: **Clark DP, Pazdernik NJ** (2009) *Molekulare Biotechnologie. Grundlagen und Anwendungen*. Spektrum Akademischer Verlag, Heidelberg

8 Fragen zur Selbstkontrolle

1. Wie unterscheiden sich Prokaryoten von Eukaryoten (mindestens drei Merkmale)?

2. Weshalb kann man Alkohol die „Muttermilch der Zivilisation" nennen? Wer hat den Wein erfunden?

3. Aus welchen biochemischen Gründen liefert die Gärung große Produktmengen in kurzer Zeit?

4. Wie unterscheiden sich Bakterien von Hefen? Nennen Sie je zwei biotechnologische Anwendungen.

5. Welche Genussmittel entstehen durch Fermentation?

6. Warum hemmt Alkohol das Wachstum von Bakterien?

7. Wenn Hefen „die Wahl" hätten, würden sie Alkohol produzieren?

8. Welche Standpunkte vertrat Justus von Liebig in der Diskussion um die Gärung, welche Pasteur? Wer hatte schließlich Recht?

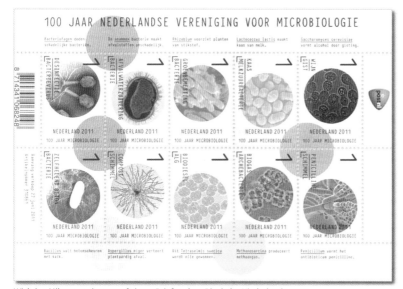

Wichtige Mikroorganismen auf einem Briefmarken-Block der Niederlande 2011

Louis Pasteur, Vater der Mikrobiologie (1822–1895)

DAS LEBEN
IST UNABDINGBAR
DARAUF ANGEWIESEN,
DASS DIE ENZYME
IHRE VIRTUOSEN FÄHIGKEITEN EINSETZEN
UND BIOCHEMISCHE REAKTIONEN
AUF IHRE
GANZ EIGENE ART KATALYSIEREN.

Richard Dawkins (2004)

ENZYME –
molekulare Superkatalysatoren
für Haushalt und Industrie

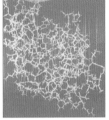

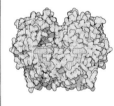

Kapitel **2**

Abb. 2.1 1926 konnte der Amerikaner James B. Sumner (1887–1955) als Erster das Enzym Urease kristallin gewinnen und deutlich Proteineigenschaften nachweisen.

Abb. 2.2 John H. Northrop (1891–1987) kristallisierte zwischen 1930 und 1933 die Verdauungsenzyme Trypsin und Pepsin und bewies, dass sie ausschließlich aus Protein bestehen. Erst dann wurde Sumners Befund akzeptiert. Beide erhielten 1946 den Nobelpreis.

Abb. 2.3 Otto Heinrich Warburg (1883–1970) entdeckte den Cofaktor Nicotinamidadenindinucleotid (NAD) und eisenhaltige Atmungsenzyme wie die Cytochrom-Oxidase (siehe Abb. 1.13). Mit dem Nobelpreis wurde er 1941 ausgezeichnet.

2.1 Enzyme sind leistungsstarke und spezifische Biokatalysatoren

Enzyme verändern, steuern und regeln fast alle chemischen Reaktionen in lebenden Zellen.

Bisher sind über 4000 verschiedene Enzyme detailliert beschrieben worden. Man vermutet bis zu 10 000 verschiedene Enzyme in der Natur. Von manchen Enzymarten sind nur wenige Moleküle in einer Zelle vorhanden, von anderen dagegen 1000 bis 100 000. Alle Enzyme wirken als **biologische Katalysatoren**: Sie wandeln Stoffe oft in Bruchteilen einer Sekunde in andere Produkte um, ohne sich selbst dabei zu verändern.

Enzyme beschleunigen die Einstellung des Gleichgewichts chemischer Reaktionen um einen Faktor von einigen Millionen bis zu einer Billion. Sie ermöglichen dadurch erst die Lebensprozesse. Die Bildung von Alkohol und Kohlendioxid aus Zucker – die Enzyme in Hefezellen in wenigen Sekunden vollenden – würde ohne Enzyme Hunderte von Jahren dauern, wäre also praktisch unmöglich. Enzyme sind hocheffektive, leistungsstarke Biokatalysatoren.

In allen Zellen von rund einem zehntel Millimeter bis zu einem tausendstel Millimeter Durchmesser laufen in jeder Sekunde Tausende von enzymatischen Reaktionen geordnet ab.

Das funktioniert nur dann, wenn jeder der beteiligten molekularen Katalysatoren unter Tausenden verschiedenen Substanzen in der Zelle „sein" **Substrat**, also den Stoff spezifisch „erkennt", den er zu „seinem" Produkt umsetzt (Box 2.1). Die Biokatalyse findet im **aktiven Zentrum** (*active site*) des Enzyms statt.

Nahezu alle biologischen Katalysatoren sind Proteine. Auch **RNA** (Ribonucleinsäure) kann jedoch biokatalytisch agieren (siehe Abschnitt 3.2). Oft wird durch diese **Ribozyme** andere RNA abgebaut. Man kann aber aus RNA auch künstlich **Aptamere** konstruieren, die gewünschte Substanzen binden (siehe Kap. 10).

Bereits 1894 postulierte der deutsche Chemiker und spätere Nobelpreisträger **Emil Fischer** (1852–1919) (Abb. 2.4), dass Enzyme ihre Substrate durch „Probieren" nach dem **Prinzip von Schlüssel und Schloss** (*lock and key*) erkennen. Eine Vertiefung (Spalte, Höhle) auf der Oberfläche, das aktive Zentrum des Enzyms, soll dabei so geformt sein, dass die Substratmoleküle exakt räumlich hineinpassen, wie ein Schlüssel in das

dazugehörige Schloss. Schon geringfügig veränderte Moleküle treten nicht mehr mit dem Enzym in Wechselwirkung. Das Schlüssel-Schloss-Prinzip erklärt fürs Erste recht gut das hohe Auswahlvermögen, die Substratspezifität der Enzyme. Es erklärt auch gut, warum räumlich ähnliche **Enzymhemmstoffe** (Inhibitoren, z.B. Penicillin) mit dem Substrat konkurrieren. Sie blockieren das aktive Zentrum entsprechender Enzyme (kompetitive Inhibition) wie ein „Dietrich" oder ein Schlüssel, der im Schloss stecken bleibt .

Ein einfaches biochemisches Experiment macht die **Spezifität** von Enzymen klar (Box. 2.1). Es ist einzusehen, dass Enzyme wie die Glucose-Oxidase (Abb. 2.5) für die fein abgestimmten Mechanismen in der Zelle eine hohe Substratspezifität besitzen müssen (Sicherheitsschlössern vergleichbar). Solche Enzyme wirken zumeist hochspezifisch.

Extrazelluläre Enzyme, wie Eiweiß spaltende Enzyme (**Proteasen**) oder Stärke spaltende Enzyme (**Amylasen**), sind dagegen wenig spezifisch. Sie wirken außerhalb der Zelle, und es wäre unökonomisch, für jedes spezielle abzubauende Protein oder Polysaccharid ein spezielles Enzym zu bilden.

Betrachten wir zwei **extrazelluläre Proteasen**, die von den Zellen in das umgebende Milieu abgegeben werden.

- Ein Enzym wie **Trypsin** muss alle Proteine im Magen von Schwein oder Mensch in kleinere Bruchstücke spalten können. Trypsin hat zwar nur eine geringe Substratspezifität, aber eine hohe Wirkungsspezifität: Es spaltet nämlich alle Eiweißverbindungen exakt an den Verknüpfungsstellen ganz genau festgelegter Aminosäuren (auf der Carboxylseite von Lysin- oder Argininresten in der Peptidkette). Trypsin wird daher auch zu spezifischen Synthesen, zur Umwandlung von Schweine-Insulin in Humaninsulin, eingesetzt (Kap. 3).

- Das mikrobiell erzeugte **Subtilisin** unterscheidet dagegen fast gar nicht zwischen Seitenketten der Aminosäuren, neben denen es eine Peptidbindung spaltet. Es hat breite Substrat- und Wirkungsspezifität. Subtilisin wird von *Bacillus subtilis* in das Medium abgegeben, zerlegt dort Proteine in „mundgerechte" Stücke und ist deshalb ein „idealer Alleszerkleinerer" – bestens geeignet für technische Anwendungen in Biowaschmitteln (Abb. 2.17).

Box 2.1 Wie GOD Zucker hoch-spezifisch erkennt und umwandelt

In einem Reagenzglas befindet sich ein Gemisch von Kohlenhydraten: Glucose (Traubenzucker), Fructose (Fruchtzucker), Saccharose (Rüben- oder Rohrzucker), Maltose (Malzzucker) und Stärke.

Nun fügen wir dem Gemisch das Enzym Glucose-Oxidase (GOD) hinzu und analysieren die Lösung nach einiger Zeit chemisch: Die Glucose ist fast völlig verschwunden! An ihrer Stelle ist ein neuer Stoff aufgetaucht – Gluconolacton, ein Oxidationsprodukt der Glucose. Alle anderen Kohlenhydrate sind unverändert geblieben. Die Glucose wurde offensichtlich durch die Glucose-Oxidase zu Gluconolacton umgesetzt. Glucose ist also das Substrat der Glucose-Oxidase und Gluconolacton das Oxidationsprodukt der Enzymreaktion. Von fünf verschiedenen Kohlenhydraten wurde lediglich β-D-Glucose von der Glucose-Oxidase als Substrat ausgewählt und umgewandelt. Auch α-D-Glucose wird nicht erkannt und somit nicht umgewandelt. β-D-Glucose bedeutet, dass sich die Hydroxylgruppe (-OH) am C_1-Atom oberhalb der Ringebene befindet. In der α-D-Glucose befindet sich die Hydroxylgruppe unterhalb der Ringebene am C_1-Atom. Neben der Glucose wird auch Sauerstoff als zweites Substrat umgesetzt (reduziert), und dabei entsteht Wasserstoffperoxid H_2O_2.

Maltose, Saccharose und erst recht Stärke sind für Glucose-Oxidase einfach „zu große Schlüssel". Fructose würde zwar in das

Gemisch verschiedener Zucker

Fructose   Saccharose   Maltose

Stärke

Glucose-Oxidase   β-D-Glucose

Sauerstoff

Gluconolacton

H_2O_2

Katalyse im Enzym-Substrat-Komplex

„Enzymschloss" hineinpassen, aber mangels exakter Passform nicht schließen, sie wird deshalb vom Enzym nicht umgewandelt. Allein die β-D-Glucose passt.

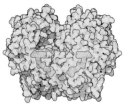

Abb. 2.4 Schlüssel und Schloss: Nobelpreisträger Emil Fischer (1852–1919) postulierte das Prinzip von Schlüssel und Schloss bei Enzymen. Dieses Prinzip erklärt gut die Komplementarität der Reaktionspartner.

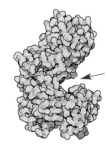

Abb. 2.5 Raumstruktur der Glucose-Oxidase. GOD ist ein Dimer. Sie ist eine Oxidoreduktase, die sehr erfolgreich in Biosensoren zur Blutzuckermessung bei Diabetikern eingesetzt wird (siehe Kap. 10). Die prosthetische Gruppe im aktiven Zentrum der GOD, Flavinadenindinucleotid (FAD), ist in rosa dargestellt.

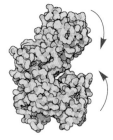

Abb. 2.6 Die Hexokinase, das erste Enzym beim Glucoseabbau in der Zelle, zeigt nach Bindung von Glucose (Pfeil) eine Änderung ihrer Konformation (unten).

Die Wirkungsspezifität diente als Grundlage für eine einheitliche **Klassifizierung** und **Benennung** der Enzyme (Box 2.3), der Enzym-Nomenklatur (EC) der IUPAC.

◼ 2.2 Lysozym: das erste Enzym, dessen Anatomie und Funktion in molekularen Details verstanden wurden

Lysozym war das erste Enzym, dessen räumliche Struktur aufgeklärt wurde und dessen Eigenschaften bis ins molekulare Detail verstanden wurden. **Alexander Fleming** (1881–1955) entdeckte es einige Jahre vor dem Penicillin (Box 2.4).

Das Lysozym war ein hervorragendes Modell, um die **Wechselwirkung von Enzym und Sub-**

strat zu studieren. Schlüssel und Schloss waren zwar anfangs ein gutes Denkmodell, das sich aber als zu starr erwies. Proteine sind dynamische, flexible Strukturen.

Eine 1958, 60 Jahre nach Fischers Postulat, von **Daniel Koshland** (1920–2007) aufgestellte Hypothese fand beim Lysozym eine glänzende Bestätigung. Seine **Theorie der „induzierten Passform"** (engl. *induced fit*) besagt, dass Substrat und Enzym besser als mit dem starren Modell von Schlüssel und Schloss mit einer beweglichen Hand und einem zerknautschten Handschuh verglichen werden sollten, wobei Hand (Substrat) und Handschuh (Enzym) wechselwirken. Der Handschuh ist kein genaues räumliches Negativ der Hand, er kann zudem in den verschiedenen Formen als Faust- oder Fingerhand-

Box 2.2 Biotech-Historie: Wie die Enzyme entdeckt wurden

Enzymreaktionen wurden seit frühester Zeit beobachtet und praktisch genutzt. Schon **Homer** beschreibt die Gerinnung von Milch mithilfe von Feigensaft (Abb. 2.7). Zur Käsebereitung wurde das Lab aus Kälbermägen verwendet. Erlegte Wildtiere mussten vor der Zubereitung „abhängen", um genießbar zu sein. Die Erforschung der Enzyme begann erst am Ende des 18. Jahrhunderts.

Als **Fermentation** (lat. *fermentum*, Gärung) wurde generell die Zersetzung einer Substanz durch eine andere bezeichnet. Um 1780 gab der Italiener **Lazzaro Spallanzani** (1729-1799), wie schon vor ihm der Franzose **Antoine Ferchault de Réaumur** (1683-1757), der Erfinder der ersten Temperaturskala, bekannt, dass Fleisch durch den Magensaft von Vögeln verflüssigt wird.

Zu Beginn des 19. Jahrhunderts wurde allgemein angenommen, dass Fermentationen chemische Veränderungen sind, die von einigen speziellen Formen organischen Materials, den Fermenten, hervorgerufen werden.

1814 zeigte der Deutsche **Gottlieb Sigismund Constantin Kirchhoff** (1764-1833), Mitglied der Sankt Petersburger Akademie der Wissenschaften, dass in keimenden Getreidesamen eine Substanz existiert, die eine Umwandlung von Stärke in Zucker verursacht.

Der Direktor einer Pariser Zuckerfabrik und spätere Entdecker der Cellulose, **Anselme Payen** (1795-1871), trennte 1833 zusammen mit seinem Kollegen **Jean François Persoz** (1805-1865) ein „Stärke verflüssigendes Prinzip" aus gekeimter Gerste ab. Dabei beobachteten sie bereits einige für Enzyme heute allgemein gültige Eigenschaften: Relativ kleine Mengen des Präparats konnten große Stärkemengen verflüssigen. Diese Fähigkeit ging jedoch beim Erhitzen verloren; die aktive Substanz konnte in Pulverform aus der Lösung gewonnen werden und war nach erneuter Auflösung in Wasser wieder aktiv. Die beschriebene Substanz, **Diastase** (griech. *diastasis*, Trennung) genannt, war das erste pflanzliche Enzym, das in gereinigter Form im Laboratorium untersucht werden konnte.

Dem Mitbegründer der Zellenlehre **Theodor Schwann** (1810-1882) gelang es drei Jahre

Lazzaro Spallanzani (1729-1799)

Antoine Ferchault de Réaumur (1683-1757)

Jöns Jakob Berzelius (1779-1848) vermutete 1836 Tausende katalytische Prozesse in allen Lebewesen.

Wilhelm Friedrich Kühne (1837-1900) nannte die „nicht organisierten Fermente" 1878 Enzyme.

Friedrich Wöhler (1800-1882)

Eduard Buchner (1860-1917), Nobelpreis für Chemie 1907

später, ein tierisches Enzym des Magensaftes, das Pepsin, in reiner Form zu gewinnen und zu untersuchen.

Seiner Zeit weit voraus war der große schwedische Chemiker **Jöns Jakob Berzelius** (1779-1848) mit der Feststellung, dass es sich bei den fermentativen Vorgängen um katalytische Prozesse (griech. *katalysis*, Zersetzung) handelt. Katalysatoren definierte er

als Körper, durch deren bloße Gegenwart chemische Tätigkeiten hervorgerufen werden, die ohne sie nicht stattfinden.

Mit geradezu prophetischem Klarblick schrieb er 1836:

»Wir bekommen begründeten Anlass zu vermuten, dass in den lebenden Pflanzen und Tieren Tausende von katalytischen Prozessen zwischen den Geweben und Flüssigkeiten vor sich gehen.«

Durch andere Entdeckungen wurde der Begriff „Ferment" jedoch wieder unklar. 1837 fand nämlich **Theodor Schwann** (1810-1882), dass Fäulnis, also die Zersetzung einer Substanz und somit eine Fermentation, durch Mikroorganismen bewirkt wird. Eine eigenartige Situation war entstanden. Man unterschied zwischen zwei Klassen von Fermenten, zwischen „echten organisierten" Fermenten (z. B. Hefen und andere Mikroorganismen) und „nicht organisierten" löslichen Fermenten (z. B. Diastase). Die nicht organisierten Fermente sollten dabei von den Lebensvorgängen abtrennbar sein. Nach einem Vorschlag von **Wilhelm Friedrich Kühne** (1837-1900) wurden sie, »um Missverständnissen vorzubeugen und lästige Umschreibungen zu vermeiden«, 1878 als **Enzyme** bezeichnet.

Die organisierten Fermente waren eine der letzten Bastionen des Vitalismus, dessen Anhänger eine *vis vitalis* (Lebenskraft) göttlichen Ursprungs annahmen. Zunächst hatte man geglaubt, dass organische Verbindungen nicht im Labor zu erzeugen seien, weil ihnen eine Lebenskraft innewohnt.

Die Harnstoffsynthese aus anorganischen Stoffen durch **Friedrich Wöhler** (1800-1882) brachte dann 1828 diese Hypothese zum Einsturz.

Er schrieb an Berzelius: »Ich kann sozusagen mein chemisches Wasser nicht halten und muss Ihnen sagen, dass ich Harnstoff machen kann, ohne dazu Nieren oder überhaupt ein Thier, sei es Mensch oder Hund, nöthig zu haben.«

Erst 1897 führte **Eduard Buchner** (1860-1917) das entscheidende Experiment durch, das den Streit zwischen Liebig und Pasteur entschied. Er wollte wissen, ob Gärung auch ohne lebende Zellen möglich ist, und verrieb die Hefe mit einem Pistill unter Zusatz von Quarz und Kieselgur in einem großen Mörser. Danach presste er die erhaltene Masse, eingewickelt in ein starkes Segeltuch, in einer hydraulischen Presse aus. Der zellfreie Hefepresssaft sollte nun, da er nicht zersetzlich war, in einer konzentrierten Zuckerlösung über Nacht aufbewahrt werden. Schon nach kurzer Zeit begann in der klaren Lösung jedoch eine lebhafte Gasentwicklung: Es bildete sich Kohlendioxid!

Erstmals konnte die alkoholische Gärung ohne lebende Hefezellen in einer zellfreien Lösung beobachtet werden! Für seine bahnbrechende Entdeckung des Enzyms „Zymase" bekam Eduard Buchner im Jahr 1907 den Nobelpreis für Chemie.

Er hatte zwei Jahre nach Pasteurs Tod bewiesen, dass eine **Fermentation auch ohne lebende Zellen** möglich ist.

James B. Sumner im Labor. Obwohl einarmig, ein geschickter Experimentator: Er kristallisierte Urease.

Pasteur und Liebig – jeder hatte auf seine Art recht: Gärungen werden von Mikroben verursacht, aber eigentlich bewirken ihre Enzyme im Innern (*in vivo*) diese chemischen Umwandlungen der Stoffe. Dasselbe vermögen die Enzyme auch außerhalb (*in vitro*) von lebenden Zellen zu bewerkstelligen.

Sensationell war der nächste Befund: Man kann Enzyme erstaunlicherweise kristallisieren! 1926 konnte der Amerikaner **James B. Sumner** (1887–1955, Abb. 2.1) dann als Erster das Enzym Urease aus Schwertbohnen kristallin gewinnen und klar Eiweißeigenschaften nachweisen.

Sein Landsmann **John H. Northrop** (1891–1987, Abb. 2.2) kristallisierte zwischen 1930 und 1933 Verdauungsenzyme. Es war nun nach langem Ringen unbestritten, dass Enzyme Proteine sind.

Summer und Northrop erhielten zusammen 1946 den Nobelpreis.

schuh existieren. Erst wenn die Hand hineingeschlüpft ist, wird seine genaue räumliche Passform verwirklicht (Abb. 2.6).

Nach ihrer aktiven Wechselwirkung und nach der **Bildung eines Übergangszustands** passen nun Enzym und Substrat exakt zusammen. Enzyme binden also nicht die ursprüngliche Konfiguration des Substrats, sondern den Übergangszustand des Substrats in ihrem aktiven Zentrum (Abb. 2.10 und 2.11).

In der ersten Begeisterung nahm man an, alle Enzyme würden wie das Lysozym nach dem **Prinzip der Verformung des Substrats** durch das Enzym funktionieren – die Ursachen für ihre hohe katalytische Leistungsfähigkeit sind jedoch weitaus komplexer (Box 2.5)

Der wichtigste „Trick" der Enzyme besteht darin, dass sie aufgrund ihrer Proteinstruktur die umzuwandelnden Substrate kurzzeitig in einer Höhle oder Spalte im Enzymmolekül binden. Im aktiven Zentrum befinden sich, auf kleinstem Raum konzentriert, **hochreaktive chemische Gruppen** („Nachbarschaftseffekt", *proximity effect*).

Das Substrat wird regelrecht durch Ladungen in das Zentrum hineingezogen – etwas poetisch **„Circe-Effekt"** genannt – und in Bruchteilen von Sekunden chemisch umgewandelt. Das Enzym selbst gelangt danach wieder in den Ausgangszustand, kann also nach Abstoßen des Produkts ein weiteres Substratmolekül umwandeln.

Durch die kompakte räumliche Anordnung und konzertierte Aktion der reaktiven Gruppen im aktiven Zentrum des Enzymmoleküls kann die **Aktivierungsenergie**, die benötigt wird, um eine chemische Reaktion auszulösen (freie Aktivierungsenthalpie), im Vergleich zu Reaktionen ohne Enzym dramatisch erniedrigt werden. Durch die Erleichterung der Bildung von Übergangszuständen beschleunigen Enzyme die Einstellung des Gleichgewichts von chemischen Reaktionen wesentlich (Box 2.5).

Am Raumbild des Lysozyms konnte ausgezeichnet studiert werden, welche Gruppen und Kräfte wirksam sind, um diese Raumstruktur eines aktiven Zentrums zu bilden (Abb. 2.9 bis 2.11):

Die **Stabilisierung des Moleküls** erfolgt durch die verschiedenen Seitengruppen der Aminosäuren. Sie sind in der Peptidkette so angeordnet, dass sie wie die Borsten einer Flaschenbürste nach allen Seiten abstehen. Bei einer Verknäuelung der Kette können sie deshalb leicht in Wechselwirkung treten.

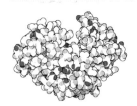

Abb. 2.7 Schon Homer (oben, hypothetisches Porträt) beschrieb das Gerinnenlassen von Milch mit Feigensaft (Mitte). Dieser enthält die Protease Ficin. Theodor Schwann gewann als Erster ein reines tierisches Enzym, das Pepsin (unten).

Jöns Jakob Berzelius (1836)

»Es ist also erwiesen, dass viele […] Körper […] die Eigenschaft besitzen, auf zusammengesetzte Körper einen von der gewöhnlichen chemischen Verwandtschaft ganz verschiedenen Einfluss auszuüben, indem sie dabei in dem Körper eine Umsetzung der Bestandteile in andere Verhältnisse bewirken, ohne dass sie dabei mit ihren Bestandteilen nothwendig selbst theilnehmen, wenn dies auch mitunter der Fall sein kann. […]

Es ist dies eine […] neue Kraft. […]

Ich werde sie […] katalytische Kraft der Körper und die Zersetzung durch dieselbe Katalyse nennen.«

Box 2.3 Die sechs Enzymklassen

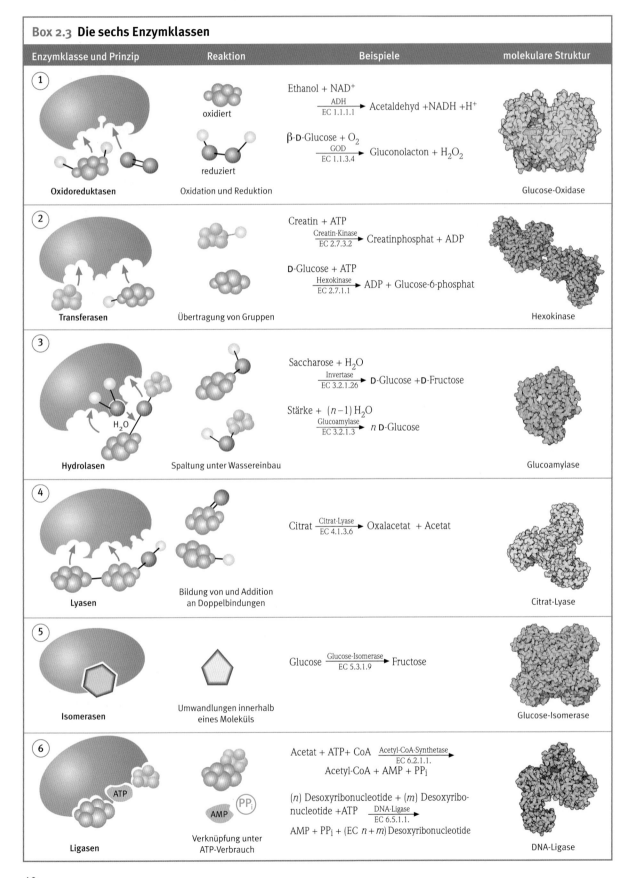

Enzymklasse und Prinzip	Reaktion	Beispiele	molekulare Struktur

1 Oxidoreduktasen — oxidiert / reduziert — Oxidation und Reduktion

$$\text{Ethanol} + NAD^+ \xrightarrow[\text{EC 1.1.1.1}]{\text{ADH}} \text{Acetaldehyd} + NADH + H^+$$

$$\beta\text{-D-Glucose} + O_2 \xrightarrow[\text{EC 1.1.3.4}]{\text{GOD}} \text{Gluconolacton} + H_2O_2$$

Glucose-Oxidase

2 Transferasen — Übertragung von Gruppen

$$\text{Creatin} + ATP \xrightarrow[\text{EC 2.7.3.2}]{\text{Creatin-Kinase}} \text{Creatinphosphat} + ADP$$

$$\text{D-Glucose} + ATP \xrightarrow[\text{EC 2.7.1.1}]{\text{Hexokinase}} ADP + \text{Glucose-6-phosphat}$$

Hexokinase

3 Hydrolasen — H_2O — Spaltung unter Wassereinbau

$$\text{Saccharose} + H_2O \xrightarrow[\text{EC 3.2.1.26}]{\text{Invertase}} \text{D-Glucose} + \text{D-Fructose}$$

$$\text{Stärke} + (n-1)\,H_2O \xrightarrow[\text{EC 3.2.1.3}]{\text{Glucoamylase}} n\,\text{D-Glucose}$$

Glucoamylase

4 Lyasen — Bildung von und Addition an Doppelbindungen

$$\text{Citrat} \xrightarrow[\text{EC 4.1.3.6}]{\text{Citrat-Lyase}} \text{Oxalacetat} + \text{Acetat}$$

Citrat-Lyase

5 Isomerasen — Umwandlungen innerhalb eines Moleküls

$$\text{Glucose} \xrightarrow[\text{EC 5.3.1.9}]{\text{Glucose-Isomerase}} \text{Fructose}$$

Glucose-Isomerase

6 Ligasen — ATP / AMP / PP_i — Verknüpfung unter ATP-Verbrauch

$$\text{Acetat} + ATP + CoA \xrightarrow[\text{EC 6.2.1.1.}]{\text{Acetyl-CoA-Synthetase}}$$
$$\text{Acetyl-CoA} + AMP + PP_i$$

$$(n)\,\text{Desoxyribonucleotide} + (m)\,\text{Desoxyribonucleotide} + ATP \xrightarrow[\text{EC 6.5.1.1.}]{\text{DNA-Ligase}}$$
$$AMP + PP_i + (EC\ n+m)\,\text{Desoxyribonucleotide}$$

DNA-Ligase

Besondere Festigkeit erhält der Körper durch stabile chemische Bindungen, die sich zwischen zusammengelagerten schwefelhaltigen Seitengruppen (-SH) jeweils zweier Aminosäurebausteine Cystein ausbilden. Die so entstandenen insgesamt vier **Disulfidbrücken (S–S)** sind die entscheidende Stütze für die Raumstruktur des Lysozyms. **Schwermetallionen** attackieren übrigens die Disulfidbrücken von Proteinen, ein Grund für ihre Toxizität. Enzyme werden durch Schwermetalle nichtkompetitiv gehemmt.

Die **kugelartige Raumstruktur** (Abb. 2.8 und 2.10) wird im wässrigen Medium durch polare und unpolare Seitengruppen der Aminosäuren stabilisiert. Die polaren Gruppen sind hydrophil (Wasser liebend) und werden deshalb nach außen ins Wasser gerichtet. Die unpolaren Seitengruppen sind dagegen hydrophob (wasserfeindlich) (Abb. 2.10). Sie versuchen, sich aus dem wässrigen Milieu abzusondern. Das können sie nur, indem sie sich im Innern der Enzymmoleküle zusammenlagern und das Molekül dadurch zusammenhalten, genauso wie sich Öltropfen im Wasser stabilisieren. Neben Wechselwirkungen der Seitengruppen bilden sich aber auch zwischen benachbarten Sauerstoff- und Wasserstoffatomen des „Rückgrats" verschiedener Aminosäuren lockere Bindungen, sogenannte **Wasserstoffbrücken**, aus.

2.3 Cofaktoren dienen komplexen Enzymen als Handwerkszeuge

Nicht alle Enzyme sind wie das Lysozym ein reines Proteinmolekül, sondern sie verwenden ein „Handwerkszeug", zusätzliche chemische Komponenten, die man **Cofaktoren** nennt. Solche „qualifizierten" Enzyme haben auch einen komplizierteren Reaktionsmechanismus.

Bei Cofaktoren kann es sich um ein oder mehrere **anorganische Ionen** (wie Fe^{2+}, Mg^{2+}, Mn^{2+} oder Zn^{2+}) handeln oder um komplexe organische Moleküle, **Coenzyme.** Manche Enzyme brauchen gleichzeitig beide Arten von Cofaktoren.

Coenzyme sind organische Verbindungen, die im aktiven Zentrum der Enzyme (oder in seiner Nähe) binden; sie verändern die Struktur des Substrats oder transportieren Elektronen, Protonen und chemische Gruppen zwischen Enzym und Substrat oft über große Entfernungen innerhalb des riesigen Enzymmoleküls, bis sie sich dann verbraucht wieder vom Enzym lösen.

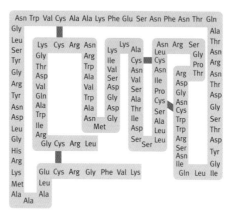

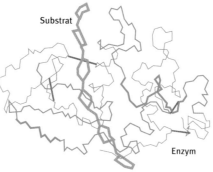

Substrat

Enzym

Viele Coenzyme werden aus **Vitaminvorstufen** gebildet. Deshalb benötigen wir eine zwar geringe, aber ständige Zufuhr bestimmter Vitamine. Eines der wichtigsten Coenzyme, das **NAD⁺** (**Nicotinamidadenindinucleotid**), wird beispielsweise aus dem Vitamin Niacin gebildet. Die meisten wasserlöslichen Vitamine der B-Gruppe wirken ähnlich wie Niacin als Coenzymvorstufen.

Otto Heinrich Warburg (1883–1970, Abb. 2.3) entdeckte das Atmungsenzym Cytochrom-Oxidase (Abb. 1.13, S. 15) und das NAD. Seine Entdeckung und die nachfolgende Strukturaufklärung waren Sternstunden der modernen Biochemie. Fehlt das Vitamin Niacin in der Nahrung, können bestimmte Enzyme (z. B. Dehydrogenasen) im Körper nicht aktiv arbeiten, der Betroffene erkrankt an der Avitaminose Pellagra. Warburg führte den **optischen Warburg-Test** ein, bei dem das reduzierte NADH bei 340 nm Wellenlänge quantifiziert werden kann (das oxidierte NAD⁺ absorbiert Licht der Wellenlänge 340 nm nicht). Dadurch wurden wichtige Enzymreaktionen messbar, wie z. B. der heute noch gebräuchliche Glucosenachweis mit Glucose-Dehydrogenase (siehe Kap. 10). Nobelpreis!

Die **Vitamine** B₂ (Riboflavin), B₁₂ (Cyanocobalamin) und C (Ascorbinsäure) werden inzwischen

Abb. 2.8 Lysozym
Links oben: Primärstruktur des Lysozyms, die Abfolge (Sequenz) der Aminosäuren im Molekül (alle 20 natürlich vorkommenden Aminosäuren sind vertreten; sie wurden nach internationaler Nomenklatur abgekürzt; Disulfid(S–S)-Brücken zwischen Cysteinresten sind farbig hervorgehoben).

Links unten: Tertiärstruktur des Lysozyms, die räumliche Anordnung der Peptidkette. Vom Enzym und dem aktiven Zentrum gebundenen Substrat (grün) sind übersichtlichkeitshalber nur die „Rückgrate" der Peptidkette und der Zuckerringe dargestellt (die Disulfidbrücken rot).

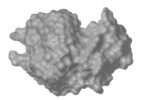

Raumbild des Lysozyms aus Eiklar

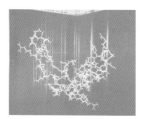

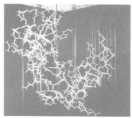

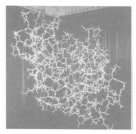

Abb. 2.9 Wie David Phillips das Raummodell des Lysozyms konstruierte. Oben: die ersten 38 Aminosäurereste, Mitte: Reste 1–86, unten: Reste 1–129, das komplette Molekül

Abb. 2.10 Tertiärstruktur des Lysozyms und seines Substrats. Gezeigt sind alle Atome der beiden Moleküle; hervorgehoben sind die Seitengruppen der Aminosäuren des aktiven Zentrums, die an der Bindung und Umwandlung des Substrats beteiligt sind. Asp 52 und Glu 35 bedeuten Asparaginsäure an Stelle 52 der Peptidkette und Glutamat bzw. Glutaminsäure an 35. Stelle von insgesamt 129 Aminosäuren.

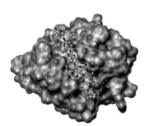

Abb. 2.11 Unten: Zeitlicher Ablauf der Substratspaltung – gezeigt sind nur die Zuckerringe 4 und 5 – mit den wichtigsten Atomen ihres „Rückgrats", zwischen denen die Spaltung erfolgt.

1. Bindung des Substrats im aktiven Zentrum.
2. Verformung des 4. Zuckerringes.
3. Ein Proton (H⁺) der Glutaminsäure (Glu) attackiert die Bindung zwischen dem 4. und 5. Zuckerring.
4. Es entsteht ein positiv geladenes Carboniumion (C⁺) am 4. Zuckerring, das durch eine negativ geladene Gruppe der Asparaginsäure (Asp) stabilisiert wird. Die Bindung zwischen dem 4. und 5. Ring wird gespalten, das erste Produkt (5. und 6. Ring) verlässt das aktive Zentrum. Das Carboniumion wird mit einem Hydroxylion (OH⁻) aus einem Wassermolekül beliefert. Das Proton des Wassermoleküls füllt die unbesetzte Stelle an der Glutaminsäure im aktiven Zentrum wieder auf.
5. Das zweite Spaltprodukt ist damit gebildet (1. bis 4. Ring) und wird abgestoßen.
6. Das Enzym ist völlig regeneriert und kann das nächste Substratmolekül binden und umwandeln. Zwei Substratmoleküle werden pro Sekunde umgewandelt.

Substrat (sechs Zuckerringe)

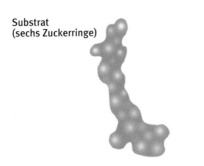

Lysozym

Inneres des Enzyms

unpolare hydrophobe Aminosäureseitengruppen

Oberfläche des Enzyms

polare hydrophile Aminosäureseitengruppen

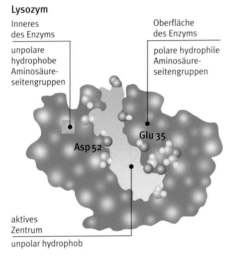

Glu 35

Asp 52

aktives Zentrum
unpolar hydrophob

Lysozym-Substrat-Komplex

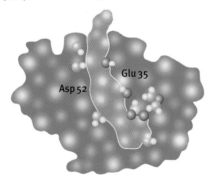

Glu 35

Asp 52

Zeitlicher Ablauf der Substratspaltung

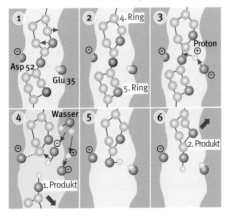

tonnenweise weltweit durch biotechnologische Verfahren hergestellt (Kap. 4).

Prosthetische Gruppen sind fest gebundene Cofaktoren. Die prosthetische Gruppe von Glucose-Oxidase ist das Flavinadenindinucleotid (FAD). Peroxidase und Cytochrom P450 haben eine Hämgruppe, wie sie im Myoglobin und Hämoglobin vorkommen. Die Hämgruppe ihrerseits besteht aus einem Porphyrinring, in dessen Zentrum ein Eisenion gebunden ist.

Coenzyme sind dagegen lose gebunden und werden wie Substrate gebunden und umgewandelt, also auch verbraucht. Im Gegensatz zu Substraten werden sie jedoch von einer Vielzahl von Enzymen verwendet (z. B. NADH und NADPH von fast allen Dehydrogenasen), in der Zelle regeneriert (siehe Abschnitt 2.13) und wiederverwendet. Enzyme, die das gleiche Coenzym verwenden, sind sich in der Regel mechanistisch ähnlich.

Cofaktoren sind die „Handwerkszeuge" vieler Enzyme. Der Proteinanteil der Enzyme verkörpert dagegen die „Handwerksmeister", von denen abhängt, wie effektiv mit den Werkzeugen gearbeitet wird. Ohne sein Handwerkszeug ist natürlich auch der beste Meister hilflos, ohne Meister aber das schönste Werkzeug nutzlos.

■ 2.4 Enzyme können aus Tieren, Pflanzen und Mikroorganismen gewonnen werden

Mit der Entdeckung der **Verdauungsenzyme** wurden im 19. Jahrhundert auch Methoden zur Enzymgewinnung aus Schlachttieren entwickelt (Box 2.2). Heute noch werden für diese Zwecke Rohpräparate hergestellt, wie **Pepsin** aus Schweine- und Rindermagenschleimhaut, Lab-Enzym aus Kälbermägen und Enzymgemische aus **Trypsin, Chymotrypsin, Lipasen und Amylasen** aus den Bauchspeicheldrüsen (Pankreas) von Schweinen. Pepsinwein aus der Apotheke enthält meist Pepsin aus Schweinemagen. Für analytische und medizinische Zwecke kann man aus Organen mit hoher Stoffwechselleistung (Muskelfleisch, Leber, Milz, Niere, Herz und Dünndarm) hochgereinigte Enzyme gewinnen.

Neben Enzymen aus Tieren wurden auch **pflanzliche Enzyme** auf ihre Verwendungsfähigkeit in der Industrie untersucht. Getreide liefert nach Quellung und Keimung Malz, das Stärke abbauende Enzyme (Amylasen) und Eiweiß spaltende Proteasen enthält und von alters her in der Bierbrauerei und Schnapsbrennerei verwendet wird.

Box 2.4 Biotech-Historie:
Flemings Schnupfen und seine enzymologischen Folgen

Trotz einer Erkältung arbeitete **Alexander Fleming** (1881–1955) im Jahr 1922 in seinem mikrobiologischen Labor in London. Seiner Forschungsneugier folgend, gab er einige Tropfen seines Nasenschleims zu einer Bakterienkultur. Zu seiner großen Überraschung fand er einige Tage später, dass irgendetwas in dem Schleim die Bakterien getötet hatte. Da die Substanz offenbar ein Enzym war und bestimmte Mikroben zersetzte (lysierte), nannte er sie **Lysozym**. In der Folgezeit entdeckte Fleming das Lysozym in allen Körpersekreten, unter anderem in der **Tränenflüssigkeit**.

Alexander Fleming (1881–1955) fand zuerst das Lysozym, bevor er später das Penicillin entdeckte.

Es wird erzählt, dass Mitarbeiter, Studenten und selbst Besucher Tränenflüssigkeit bei Fleming abliefern mussten. Besonders reich an Lysozym war auch das **Eiklar** (engl. *egg white*) von Hühnereiern. Hier konnte man einen Schutzmechanismus vor Bakterienbefall vermuten. Zu Flemings großer Enttäuschung war aber das gegen harmlose Mikroben so mächtige Lysozym gerade gegen krankheitserregende Bakterien unwirksam. Zwei Jahre vergingen, bis Fleming in einem ebenfalls scheinbar zufälligen Experiment ein äußerst effektives Antibiotikum, das **Penicillin**, entdeckte (siehe Kap. 4).

Das Lysozym sollte dennoch einen Ehrenplatz in der Geschichte der modernen Biologie einnehmen. Es war das **erste Enzym, dessen räumliche Struktur aufgeklärt wurde und dessen Eigenschaften man bis ins atomare Detail verstand**. Das Substrat des Lysozyms ist ein aus Zuckerringen der Acetylmuraminsäure und des Acetylglucosamins zusammengesetztes Molekül (Abb. 2.10), ein sogenanntes Mucopolysaccharid, das als Baumaterial für Bakterienzellwände dient.

Wenn Lysozym sein Substrat spaltet, wird die Zelle undicht, nimmt Flüssigkeit auf und zerplatzt aufgrund des hohen osmotischen Druckes im Zellinnern.

1963 wurde die genaue Anzahl und die Abfolge der Aminosäuren (Primärstruktur) im Lysozym aus dem Eiklar aufgeklärt (Abb. 2.8).

Die 20 Aminosäuren unterscheiden sich durch ihre Seitengruppen. Unklar war jedoch, wie dieser lang gestreckte Eiweißfaden mit seinen 129 Aminosäuren und insgesamt 1950 Atomen ein aktives Zentrum formen und Substrate binden und umwandeln kann.

Erst die **Röntgenstrukturanalyse** erlaubte Aussagen über die räumliche Struktur des Lysozyms. Nach der erfolgreichen Aufklärung der Raumstruktur des roten Blutfarbstoffes Hämoglobin und des Muskeleiweißes Myoglobin (Nobelpreis 1962) durch **John C. Kendrew** (1917–1997) und **Max F. Perutz** (1914–2004) war das Lysozym das dritte Protein und erste Enzym, dessen Raumstruktur mithilfe dieser Methode ermittelt wurde (Abb. 2.8 bis 2.10).

Bereits 1960 hatten **David Phillips** (1924–1999) und seine Kollegen an der Royal Institution in London mit der Arbeit begonnen. Zuerst wurde das Protein kristallisiert. Im Frühjahr 1965 war das erste Raumbild des Lysozyms fertig. Es zeigte kein säuberlich ausgestrecktes Fadenmolekül, sondern ein kompaktes Gebilde mit einer Spalte. Der auffällig tiefe Spalt im Lysozymmolekül musste das aktive Zentrum enthalten. Erstmals war damit durch die Röntgenstrukturanalyse das aktive Zentrum eines Enzyms sichtbar gemacht worden! Wie aber Substrate dort gebunden und gespalten werden, woher die Energie für die Spaltung kommt, konnte das Raumbild nicht zeigen. Philipps baute deshalb auf der Grundlage des Raumbildes ein **Raummodell** des Lysozyms Stück für Stück aus Draht und Kugeln zusammen (Abb. 2.9).

Gleichzeitig hatte er ein räumliches Drahtmodell eines Teils des Substrats konstruiert, das mit dem Lysozym in Wechselwirkung steht. Es bestand aus sechs miteinander verketteten Zuckerringen, von denen jeder eine **Sesselform** hatte. Drei Zuckerringe passten getreu dem Schlüssel-Schloss-Prinzip exakt in die obere Spalthälfte; der vierte passte in seiner normalen Sesselform nicht richtig in den Spalt. Verschiedene seiner Atome kamen in Konflikt mit den Seitengruppen der Aminosäuren im aktiven Zentrum.

Phillips verbog das Drahtmodell des vierten Zuckerringes **aus seiner natürlichen Sesselform in eine unnatürliche gespannte weit-**

gehend ebene „Wannenform". Nun passte es exakt! Wie im Modell musste das Lysozym auch in Wirklichkeit funktionieren, indem es den vierten Zuckerring verformte und dadurch passend machte. Der fünfte und sechste Ring ließen sich nach Verformung des vierten Ringes ohne weitere Verbiegungen in den Spalt einpassen. Ausgerechnet zwischen dem verdrehten angespannten vierten und dem normalen fünften Ring wird aber das Substrat gespalten (Abb. 2.11).

David Phillips (1924–1999) und Lysozymkristalle

Der Spalt des Enzyms wurde hauptsächlich von **unpolaren Aminosäuren** gebildet, deren Seitengruppen also keine elektrische Ladung trugen. Direkt neben der zu spaltenden Bindung, zwischen dem vierten und fünften Ring, befand sich aber die **polare Seitengruppe** der Asparaginsäure (Asp) mit einer starken negativen Ladung. Gegenüber, auf der anderen Seite, enthielt der Spalt die Seitengruppe der Glutaminsäure (Aminosäure Nr. 35, Abb. 2.11).

Beide Seitengruppen nahmen die zu brechende Bindung förmlich „in die Zange". Erstmalig wurde damit der **Mechanismus** einer **Enzymreaktion** bis in atomare Einzelheiten deutlich. Am Lysozymmodell konnten zudem ausgezeichnet allgemeine Gesetzmäßigkeiten des Aufbaus von Enzymen studiert werden.

Noch eine weitere Erkenntnis brachte das Lysozymmodell: Man hätte eigentlich nach **Emil Fischers Schlüssel-Schloss-Prinzip** erwarten können, dass das Substrat genau in das aktive Zentrum passt. **Tatsächlich passte das Substrat aber erst nach der Verformung durch das Enzym in das aktive Zentrum.** Doch damit nicht genug: Nicht nur das Substrat veränderte sich. Wie Röntgenstrukturanalysen zeigten, verengte und vertiefte sich auch der Spalt des Lysozyms bei Bindung des Substrats. Das war sozusagen ein Schloss aus Gummi mit einem Schlüssel aus Gummi oder besser eine **induzierte Passform** wie Hand und Handschuh.

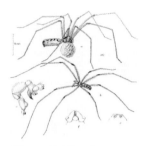

Abb. 2.12 Die Zitterspinne *Pholcus* beißt von einer erbeuteten Stechmücke die Fußspitze eines der langen Mückenbeine an. Verdauungssaft wird injiziert, das Opfer so von innen verdaut und über diesen „Strohhalm" dann der gesamte Mückenkörper leergesaugt. Das dauert bis zu 16 Stunden, weil durch das dünne Mückenbeinchen zuerst der Enzym-Verdauungssaft in den Körper und in fünf weitere ebenso lange dünne Beine injiziert werden muss, bevor die Zitterspinne sich dann auf umgekehrtem Weg am „Mücken-Cocktail" laben kann.

Abb. 2.13 Jokichi Takamine (oben, 1854–1922) nutzte als einer der Ersten mikrobielle Enzyme industriell.
Unten: sein Verdauungshilfsmittel Taka-Diastase

Aus dem Saft tropischer Pflanzen wurden auf einfache Art bereits im vorigen Jahrhundert mit hohen Ausbeuten Proteasen hergestellt: **Papain** und Chymopapain aus dem Melonenbaum (Abb. 2.19), **Ficin** aus dem Saft des Feigenbaums (Abb. 2.7), **Bromelain** aus den Strünken der Ananas. Diese exotischen Proteasen werden noch heute zum Beispiel zum „Zartmachen" (engl. *tenderizing*) von Fleisch als Verdauungshilfe oder zum Reinigen von Kontaktlinsen benutzt (Abb. 2.18).

In Europa ist die Gewinnung pflanzlicher Enzyme dagegen schwierig. Gewinnung und Enzymgehalt sind stark von der Jahreszeit abhängig, und die Aufarbeitung einer großen Masse von Pflanzen ist sehr aufwendig. Tierische Enzyme fallen meist als Nebenprodukte bei der Fleischproduktion an; pflanzliche Enzyme erfordern einen hohen Einsatz an Ausgangsmaterial. Beide Enzymquellen können den ständig steigenden Bedarf an Enzymen nicht decken. Die leicht kultivierbaren **Mikroorganismen** boten sich deshalb als neue Enzymquelle an.

Bereits 1894 begann die industrielle Nutzung mikrobieller Enzyme mit einem Patent des Japaners **Jokichi Takamine** (1854–1922, Abb. 2.13), der nach Peoria (Illinois) in die USA gekommen war, um dort zu arbeiten. Peoria spielte später eine wichtige Rolle bei der Penicillinproduktion (siehe Kap. 4). Takamines patentierte Methode der **Oberflächenkultur** (**Emerskultur**) war einfach und genial: Auf Weizenstroh wurden Nährstoffe und Nährsalze gegossen. Nach Beimpfung mit Sporen von *Aspergillus oryzae* lagerte man das getränkte Stroh in Stiegen in Brüträumen. Nachdem die Schimmelpilze gewachsen waren, wurde das Stroh in Salzlösung gewaschen, um die gebildeten und von den Zellen ausgeschiedenen Enzyme (Amylasen, Proteasen) zu extrahieren. Bis zum Ende des Zweiten Weltkrieges gab es in den USA Enzymfabriken, die täglich bis zu 10 t „Schimmelpilzstroh" erzeugten. Erst gegen Ende der 50er-Jahre setzten sich **Submerskulturen** durch, bei denen die Schimmelpilze „untergetaucht" wurden.

Die Vorteile der **Nutzung von Mikroorganismen** als Enzymquellen liegen klar auf der Hand: Sie können schnell, in großen Mengen, relativ billig und unabhängig von Standort und Jahreszeit produziert werden. Durch Verwendung geeigneter Mutanten, Induktion und Selektion ist es möglich, extrem hohe Enzymausbeuten zu erreichen. Schließlich kann man gentechnologisch „Enzyme nach Wunsch" von manipulierten Mikroorganismen und durch Protein-Design herstellen.

Neben hohen Enzymausbeuten wird eine hohe Stabilität der Enzyme für die industrielle Anwendung gefordert. In der Natur existieren viele Mikroorganismen unter extremen Bedingungen, somit haben sie auch besonders stabile Enzyme in ihren Zellen. **Thermophile** (Wärme liebende) **Mikroorganismen** aus heißen Quellen des amerikanischen Yellowstone-Nationalparks oder von Kamtschatka besitzen zwangsläufig auch hitzestabile Enzyme, sonst könnten sie nicht existieren. Ein Beispiel ist die *Taq*-Polymerase aus *Thermus aquaticus* (Kap. 10), ohne die Gentechnik heute undenkbar ist. Solche thermostabilen Enzyme finden sich aber selbst in den Mikroorganismen profaner Komposthaufen, in denen hohe Temperaturen entstehen. In Salzseen werden **halophile** (Salz liebende) **Bakterien** gefunden. **Psychrophile** (Kälte liebende) **Enzyme** wurden aus Mikroorganismen aus der Antarktis isoliert.

■ 2.5 Extrazelluläre Hydrolasen bauen Biopolymere in kleine verwertbare Einheiten ab

Der Schwerpunkt der mikrobiellen Enzymproduktion liegt bei den einfachen hydrolytischen Enzymen (Proteasen, Amylasen, Pektinasen), die natürliche Polymere wie Proteine, Stärke oder Pektinstoffe abbauen. Die Enzyme werden dabei von Mikroorganismen ins Medium ausgeschieden, um deren Nahrungsquellen zu erweitern. Diese **extrazellulären Enzyme** spalten die Riesenmoleküle der Substrate außerhalb der Zelle in kleine Bruchstücke und machen sie dadurch erst für die Mikroorganismen verfügbar. Im Tierreich nennt man das extraintestinale Verdauung, und sie kommt z. B. bei Spinnen vor (Abb. 2.12).

Es ist kein Wunder, dass bisher bevorzugt extrazelluläre Enzyme industriell produziert werden, weil sie **einfach und billig aus dem Medium** gewonnen werden können und umständliche und teure Zellaufschlüsse und Reinigungsprozeduren nicht notwendig sind. Da eine Bakterienzelle tausend verschiedene Enzyme enthält, muss ein **intrazelluläres Enzym** (also ein Enzym, das in der Zelle verbleibt) von allen anderen Enzymen und Zellstrukturen abgetrennt werden. In zwei Eigenschaften unterscheiden sich Proteine so stark, dass die **Unterschiede für eine Trennung von Proteinen** genutzt werden können: im Molekulargewicht und in der elektrischen Ladung.

Box 2.5 Der Trick der Enzyme

Enzyme beschleunigen chemische Reaktionen um einen Faktor von 100 Millionen bis zu einer Billion (10^8–10^{12}). Nehmen wir an, eine enzymkatalysierte Reaktion würde in einer Sekunde vollständig ablaufen, so würde die gleiche Reaktion ohne Enzym bei einem Faktor von 10^{10} theoretisch 300 Jahre im Schneckentempo zu ihrem Ablauf benötigen! Ihre Geschwindigkeit wäre kaum messbar. Die Mehrzahl der Stoffwechselreaktionen im Organismus wäre ohne Enzyme so langsam, dass sie keinerlei Nutzen hätten. Enzyme machen also Leben überhaupt erst möglich.

Damit Stoffe miteinander reagieren können, müssen sie aktiviert, das heißt, in einen reaktionsfähigen Zustand gebracht werden. Die Energie, die dafür aufgebracht werden muss, wird **Aktivierungsenergie** genannt. Man kann den energetischen Verlauf einer chemischen Reaktion mit einer Berglandschaft veranschaulichen (s. Abb. unten). Die **Ausgangsstoffe** sind dabei Steinen vergleichbar, die in einer Rinne an der talabgewandten Seite eines Berges liegen und nur in das Tal rollen (d. h. zu **Produkten** umgewandelt werden können), wenn die entsprechende Aktivierungsenergie aufgebracht wird, um sie über den Berggipfel zu schieben. Bei **nicht katalysierten Reaktionen** kann diese Energie den Stoffen zum Beispiel durch **Temperatur- oder Druckerhöhungen** zugeführt werden. Für eine lebende Zelle natürlich tödlich!

Generell erniedrigen alle Katalysatoren die Aktivierungsenergie (freie oder Gibbs'sche Aktivierungsenthalpie). Sie tragen also, bildlich gesprochen, den Berggipfel so weit ab, dass es einer nur geringen Energie bedarf, ihn zu überwinden. Diese nun benötigte wesentlich kleinere Energie kann sehr leicht und oft aufgebracht werden. Man könnte Katalysatoren auch mit einem Bergführer vergleichen, der statt über den Gipfel mit möglichst wenig Aufwand durch mehrere Tunnel führt, die erheblich niedriger sind. Die Zustände des Gleichgewichts der Reaktion werden durch die Rinne (Ausgangszustand) und das Tal (Endzustand) symbolisiert; auf dem Gipfel liegt ein labiler **Übergangszustand** des aktivierten Komplexes vor.

Enzyme ändern die Gleichgewichtslage der Reaktion nicht (das würde bedeuten, die Tiefe der Rinne oder des Tales zu verändern), sondern ermöglichen lediglich eine erheblich **schnellere Einstellung dieses Gleichgewichts**. Sie beschleunigen damit einen Vorgang, der auch ohne sie, nur wesentlich langsamer (in vielen Fällen unmessbar langsam), abgelaufen wäre.

Wie das allerdings geschieht, ist unter den Enzymologen umstritten. Es gibt offensichtlich auch kein allgemeingültiges Schema für alle Enzyme.

Eine Möglichkeit haben wir beim Lysozym kennengelernt (Abb. 2.8 bis 2.11): Das Substrat wird durch das Enzym deformiert, in eine angespannte Lage (Übergangszustand) gebracht, aus der es nur durch die Bildung des Produkts entweichen kann.

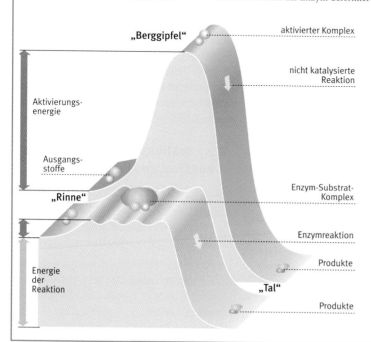

Bindung des Substrats im aktiven Zentrum des Lysozyms

Ein großer Energiebetrag für die Reaktion wird wahrscheinlich außerdem schon bei der Bindung der Substrate im aktiven Zentrum gewonnen. Stoffe, die in einer Lösung erst zufällig zusammentreffen müssen, werden vom Enzym im aktiven Zentrum gezielt in **enge Nachbarschaft** geführt. Ihre Chance, miteinander zu reagieren, ist demnach viel größer.

Im aktiven Zentrum sind auf kleinstem Raum **hochreaktive chemische Gruppen** des Enzyms konzentriert und räumlich so angeordnet, dass sie direkten Kontakt zu den umzuwandelnden Bindungen der Substrate haben. Diese geraten dadurch unter gezielten und koordinierten massiven „Beschuss".

Da das aktive Zentrum hauptsächlich aus unpolaren Gruppen gebildet wird, ist dieses Areal des Enzyms mit einem organischen (unpolaren) Lösungsmittel vergleichbar. Organische Reaktionen laufen in organischen unpolaren Lösungsmitteln meist wesentlich schneller ab als im polaren Wasser. In der organischen Umgebung des aktiven Zentrums werden deshalb **die wenigen geladenen polaren Seitengruppen der Aminosäuren „superreaktiv"** im Vergleich zu ihrem Verhalten in wässriger Lösung.

Woher also die Überlegenheit der Enzymreaktionen gegenüber „normalen" unkatalysierten chemischen Reaktionen und auch solchen mit technischen Katalysatoren stammt, wird aus den genannten Faktoren klar.

Daraus resultiert, dass die Enzyme **riesige Kettenmoleküle** sein müssen. Nur so können sie durch räumliche Faltung die benötigten reaktiven Gruppen an einem Ort so konzentrieren, dass diese **zur richtigen Zeit am richtigen Platz** wirksam werden. Dabei ist das Enzymmolekül kein starres Gebilde, sondern flexibel und elastisch verformbar.

Energieverhältnisse bei einer nicht katalysierten chemischen Reaktion (hinten) und einer Enzymkatalyse (vorn). Die Aktivierungsenergie für beide Reaktionen unterscheidet sich erheblich.

"Berggipfel" .... aktivierter Komplex

nicht katalysierte Reaktion

Aktivierungsenergie

Ausgangsstoffe

"Rinne"

Enzym-Substrat-Komplex

Enzymreaktion

Produkte

Energie der Reaktion

"Tal"

Produkte

Abb. 2.14 Der deutsche Industrielle und Erfinder des Plexiglases Otto Röhm (1876–1939) aus Darmstadt hatte bereits Anfang des 20. Jahrhunderts den Einfall, verschmutzte Wäsche durch Waschen mit verdünnten Enzymextrakten der Bauchspeicheldrüse (Pankreas) zu reinigen.
Mit seiner Firma produzierte er 1914 das Einweichmittel „Burnus", das Pankreasproteasen aus den Bauchspeicheldrüsen von Schweinen enthielt.

Abb. 2.15 Das Einweichmittel „Burnus" aus dem Jahr 1914, das Pankreasproteasen enthielt

Abb. 2.16 Pektinasen verflüssigen Obst.

Alle bekannten Trennverfahren für Proteine basieren auf diesen Unterschieden: Ausfällung mit Salzen, Wanderung im elektrischen Feld (Elektrophorese), Bindung an geladene oder ungeladene Träger (Chromatografie), Massenspektrometrie und andere Methoden (Kap. 10).

■ 2.6 Amylasen brauen, backen und entschlichten

Der bayrische **Herzog Wilhelm IV.** (Abb. 1.32, S. 31) erließ 1516 das **Reinheitsgebot**. Es lautet: »daß [...] zu keinem Bier mehr Stücke als Gerste, Hopfen und Wasser verwendet und gebraucht werden sollen«. Es wird in Deutschland befolgt. In den meisten Ländern ist man aber aus ökonomischen Gründen dazu übergegangen, Malz ganz oder teilweise durch ungekeimtes Getreide, Mais oder Reis zu ersetzen. Da diese Ersatzstoffe kaum eigene Amylasen besitzen, müssen technische Enzympräparate, die Amylasen, Glucanasen und Proteasen aus Schimmelpilzen oder Bakterien enthalten, als „Brauereienzyme" zugesetzt werden.

Die Deutschen sind beim Bier pro Kopf der Bevölkerung weltweit 2014 auf dem dritten Platz gelandet: 1. Tschechien: 143 Liter Eigenverbrauch; 2. Seychellen (!): 114,6 Liter, 3. Deutschland: 106,9 Liter. 4. Österreich: 104 Liter.

Die enzymatischen Grundprozesse sind aber auch heute noch die gleichen wie vor 2000 Jahren bei den alten Ägyptern: Die **Stärke** des Getreides wird enzymatisch zu Zuckern abgebaut, die dann alkoholisch durch Hefen vergoren werden. Stärke ist ein Speicherstoff der Pflanze und gehört zu den wichtigsten Nahrungsmitteln von Mensch und Tier. Sie ist ein Polysaccharid und besteht ausschließlich aus Glucosebausteinen.

Verschiedene Stärke abbauende **Amylasen im Malz** spalten auf verschiedene Weise die Bindungen zwischen den Glucosemolekülen und setzen unterschiedlich große Stärkebruchstücke frei. Malz enthält nur 0,5–1 % Amylasen, ist aber mit Abstand **weltweit das mengenmäßig größte Enzympräparat**.

Will man den Energiespender **Traubenzucker** (Glucose) gewinnen, muss man Kartoffel- oder Maisstärke möglichst vollständig abbauen. Früher ließ man dazu bei erhöhter Temperatur Säure auf Stärke einwirken (Säurehydrolyse). Seit etwa 20 Jahren werden aber in zunehmendem Maße Amylasen verwendet. Stärke wird zunächst bei 80–105 °C bis zu drei Stunden lang durch α-**Amylase** zu kurzen Bruchstücken abgebaut

und dünnflüssig gemacht. Es entsteht ein Dextringemisch, das nachfolgend durch eine andere Amylase, die **Glucoamylase**, bis auf die Grundbausteine (Glucose) gespalten werden kann. Durch Kristallisation entsteht reiner Traubenzucker. Wärmestabile α-Amylase aus *Bacillus*-Stämmen arbeitet zwei bis drei Stunden lang bei immerhin 95 °C. Glucoamylase wird aus Schimmelpilzen (*Aspergillus*-Stämmen) gewonnen. Der Vorteil der enzymatischen Verzuckerung liegt in der hohen Ausbeute an Traubenzucker, verkürzten Stärkeabbauzeiten und dem Wegfall der früheren umweltbelastenden Säurebehandlung.

Auch beim **Backen** finden Enzymzusätze Verwendung: Amylasen erhöhen durch Stärkeabbau den Zuckergehalt im Teig und beschleunigen dadurch die Gärung. Proteasen sollen dagegen die „Kleber"-Eiweiße (Gluten) im Teig abbauen. Das Gluten bindet einen Teil des Wassers und bildet ein gelartiges Gerüst. Proteasen aus Schimmelpilzen bauen Gluten ab, der Teig wird dehnbar und hält besser die Kohlendioxidbläschen zurück. Das Volumen von fluffigen „Enzymbrötchen" wird größer als ohne Enzyme.

In der **Textilindustrie** (z. B. bei der Herstellung von Jeans) werden die Kettfäden von Baumwolle mit Stärke als Schlichtmittel behandelt; dadurch verkleben die Fasern miteinander und werden dehnbar und widerstandsfähiger gegenüber mechanischer Beanspruchung beim Weben.

Die verwendete Stärke muss zum Schluss jedoch wieder aus dem Gewebe entfernt werden. Zur **Entschlichtung** wurden anfangs Malz- und Pankreasamylasen, heute Bakterienamylasen, eingesetzt, die relativ wärmestabil sind, sodass bei höheren Temperaturen gearbeitet werden kann und der Prozess sehr schnell abläuft. Gleichzeitig kann bei diesen Temperaturen rationell im Einbadverfahren gebleicht werden.

■ 2.7 Pektinasen pressen mehr Saft aus Obst und Gemüse

Obst- und Gemüsesäfte sind der „Renner" der gesunden Lebensweise. Beim Auspressen von Obst und Gemüse wird aber die Ausbeute an Presssaft durch hochmolekulare **Pektine** vermindert.

Pektine – aus Apfelkernen gewonnen – sind den Hausfrauen als Gelierhilfen beim Herstellen von Konfitüren bekannt. Gerade das Gelieren ist beim Entsaften allerdings unerwünscht: Pektine machen den Presssaft von Obst dickflüssig.

Pektinasen aus Schimmelpilzen (*Aspergillus, Rhizopus*) gewinnt man in Oberflächenkultur. Weltweit werden auf diese Weise jährlich etwa 100 t hergestellt. Sie werden dem zerkleinerten Obst und Gemüse zugesetzt und bauen die langkettigen Pektine ab. So sinkt die Viskosität (Zähflüssigkeit) des Saftes stark ab, die Filtration wird erleichtert, und die Ausbeute erhöht sich erheblich (Abb. 2.16). Babynahrung ist ein anderer wichtiger Einsatzort der Pektinasen. Sie mazerieren (erweichen) Früchte und Gemüse.

Auch Fruchtjoghurt und trübe Obstsäfte sind meist Biotech-Produkte. Um Möhrensaft statt Karottenpüree herzustellen, setzt man außer Pektinasen noch Zellwand-abbauende **Cellulasen** aus Schimmelpilzen zu.

2.8 Biowaschmittel sind die wichtigste Anwendung hydrolytischer Enzyme

Die Beseitigung eiweißhaltiger Flecken (z.B. Milch, Eigelb, Blut oder Kakao) ist schwierig. **Proteinverschmutzungen** sind im Wasser nur sehr schwer löslich; bei hohen Temperaturen gerinnt das Eiweiß auf den Gewebefasern und sitzt dadurch nur noch fester. Wäscheschmutz setzt sich aus Staub, Ruß und organischen Stoffen wie Fetten, Eiweißen, Kohlenhydraten und Farbstoffen zusammen. Besonders an Bett- und Leibwäsche haftet Schmutz. Fette und Proteine wirken wie ein Klebstoff für den Schmutz (Abb. 2.17).

Beim Waschprozess werden die Fettverschmutzungen durch oberflächenaktive Stoffe (**Detergenzien**) vom Textilgewebe abgelöst und fein verteilt, der Proteinklebstoff bleibt jedoch.

Otto Röhm (1876–1939, Abb 2.14), ein Schüler **Eduard Buchners**, verwendete als Erster Enzyme zum Waschen (Abb. 2.15).

Die verwendeten **Pankreasenzyme** waren jedoch nicht sehr stabil und auch zu teuer. Die Biowaschmittel waren so nicht als Massenprodukt herstellbar. Das änderte sich erst, als 1960 in *Bacillus licheniformis* das im alkalischen Bereich wirksame **Subtilisin** gefunden wurde.

Heute sind Biowaschmittel weit verbreitet. Die **alkalischen Proteasen**, von denen etwa 200 mg pro kg Waschpulver zugesetzt werden, sind in der Waschlauge optimal wirksam. Sie haben eine **geringe Substratspezifität** und sind deshalb „Alleszerkleinerer", die den Proteinklebstoff zu Aminosäuren und kurzkettigen Peptiden abbau-

en (Abb. 2.17). Dadurch lösen sie Eiweißverschmutzungen aus dem Gewebe und waschen tatsächlich „porentief rein".

Biowaschmittel wurden ab Mitte der 60er-Jahre in den USA, Westeuropa und Japan in größerem Umfang verkauft. Das Staubproblem, das **Allergien bei Arbeitern** in der Waschmittelfabrik verursachte, konnte kurzfristig durch die **Granulierung** der Waschmittel gelöst werden. Sie werden jetzt als rieselfähige, nicht staubende Granulate (oder Prills), die mit einer Wachsschicht überzogen sind, in den Handel gebracht.

Flüssigwaschmittel bieten keinerlei Probleme für Allergiker. **Tabletten** (Tabs) bieten alles gefahrlos in kompakter Form (Box 2.6).

Infolge des **zunehmenden Energiebewusstseins** bekam eine Eigenschaft der Biowaschmittel in den letzten Jahren einen wichtigen Stellenwert: Da die beteiligten Enzyme bei 50–60 °C optimal arbeiten, wird mit den Enzymwaschmitteln der **maximale Wascheffekt ebenfalls bei 50–60 °C** (und nicht erst durch Kochen) erreicht (Abb. 2.17).

Dadurch wird wertvolle Energie eingespart. Neben Proteasen setzt man oft auch **Amylasen** zu, um Stärkereste abzubauen, und **Lipasen** zum Fettabbau.

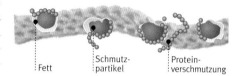
verschmutzte Faser

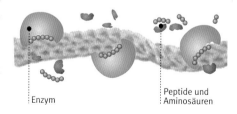
Fett | Schmutzpartikel | Proteinverschmutzung

Biowaschmittel

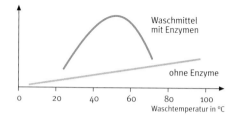
Enzym | Peptide und Aminosäuren

Waschaktivität

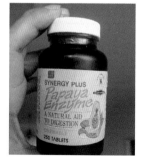
Waschmittel mit Enzymen
ohne Enzyme
0 | 20 | 40 | 60 | 80 | 100
Waschtemperatur in °C

Abb. 2.17 Biowaschmittel und ihr Wirkungsprinzip (links). Serin-Proteasen (unten): Eine außergewöhnlich reaktive Seringruppe im aktiven Zentrum ist namensgebend.

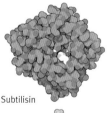
Subtilisin

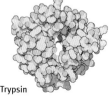
Trypsin

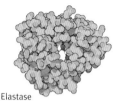
Elastase

Abb. 2.18 Papain aus dem Melonenbaum als Verdauungshilfe

Abb. 2.19 Melonenbaum (*Carica papaya*)

Box 2.6 Wie Waschmittelenzyme produziert werden

In großen Rührkesseln von 10 000 bis 100 000 L Inhalt werden die Enzymproduzenten kultiviert. Das Nährmedium enthält vorabgebaute Stärke (5–15 %) als Kohlenstoff- und Energiequelle sowie 2–3 % Sojabohnenmehl und 2 % Milcheiweiß oder Gelatine als billige Protein- und Stickstoffquelle, außerdem Phosphat zur Stabilisierung des Säuregrades (pH-Wertes). Das Medium sterilisiert man bei 121 °C mit Dampf für 20–30 Minuten und kühlt es dann ab. Die Kultivierung erfolgt bei 30–40 °C und neutralem pH-Wert unter guter Belüftung.

Man geht von einer Reinkultur eines speziell ausgewählten Stammes von **Bacillus licheni-**

Wirkprinzip von Biowaschmitteln

formis aus und impft damit zunächst Nährmedien in Schüttelkolben an, die dann die Impfkultur (*Inoculum*) für einen kleineren Bioreaktor (10–50 L) ergeben.

Meist schließt sich eine weitere Kultivierung in Volumina von etwa 500 bis 1000 L an, ehe der Produktionsreaktor angeimpft wird.

Die Bakterien verbrauchen zunächst die leicht verwertbaren Stickstoffquellen des Mediums, ehe nach zehn bis 20 Stunden die von ihnen ins Medium abgegebene **Protease** Subtilisin nachgewiesen werden kann. Die zum weiteren Abbau der vorabgebauten Stärke gebildete α-Amylase verschwindet später, während die Proteaseproduktion so lange weiterläuft, wie noch Protein im Medium vorhanden ist.

Um das gewünschte Produkt nicht durch Besiedlung mit anderen Mikroben zu gefährden, wird der Bioreaktorinhalt rasch auf ungefähr 5 °C abgekühlt.

Die Zellen (etwa 100 g/L) trennt man nach einer Vorbehandlung durch Zentrifugation oder Filtration ab. Die Protease aus dem klaren Kulturüberstand wird anschließend durch Ultrafiltration konzentriert. In der

Ultrafiltration dienen Membranen als Trenneinheiten, die so feine Poren haben, dass selbst gelöste Moleküle wie die der Proteasen nicht passieren können, wohl aber Wasser und gelöste Salze und andere kleine Moleküle. Danach ist die Protease zehnfach aufkonzentriert.

Japanische Waschmaschinen haben prinzipiell kein Heizprogramm: Sie verwenden seit Jahrzehnten Biowaschmittel!

Trockene Enzympräparate kann man durch Ausfällung, vorzugsweise jedoch durch Sprühtrocknung erhalten.

Dabei verstäubt man die enzymhaltige Lösung in einem warmen Luftstrom, sodass das Wasser rasch verdampft. Es entstehen Partikel von 0,5–2 mm Größe.

Um staubfreie Präparate zu erhalten, setzt man inertes Material und wachsartige Stoffe zu, zum Beispiel Polyethylenglykole, und bettet das trockene Enzym darin ein (sog. Prills) oder überzieht es damit (Marumerizer-Verfahren).

Abb 2.20 Otto Röhm (rechts) beim Beizen von Leder

Abb. 2.21 Oropon® war das erste industrielle Lederbeizmittel. Es enthielt Pankreasextrakt.

Abb. 2.22 Huhn und Schwein profitieren vom Phytasezusatz. Die Bauern sparen Phosphatzusatz und verringern Phosphatverluste und Umweltbelastung (Box 2.7).

Cellulasen in Vollwaschmitteln bauen von der Faser abstehende Mikrofasern ab, sodass Baumwolle sich weicher anfühlt und farblich frischer wirkt. Auch Geschirrspülmittel enthalten zunehmend Enzyme, hier natürlich mehr Amylasen.

Enzymatisches Fleckensalz enthält Proteasen, Lipasen und Amylasen und löst nicht nur die besonders hartnäckigen farbigen Flecken von Rotwein, Gras, Obst, Gemüse, Kaffee und Tee, sondern auch die sehr viel häufigeren Mischflecken. So enthalten z. B. Speiseeis, Fruchtquark und Rahmspinat außer farbigen Anteilen auch Eiweiß und Fett. In Flecken von Bratensoße, Ketchup und vielen Fertiggerichten sind sogar alle vier Flecktypen gemischt: Farbiges, Eiweiß, Fett und Stärke.

Im Fleckensalz sind, wie in Waschmitteln, oxidative Bleichmittel enthalten, die eigentlich Enzyme zerstören. Durch **Protein-Engineering** sind Proteasen aus *Bacillus* aber inzwischen dem Waschprozess optimal angepasst worden. Es werden immerhin **1000 Tonnen gentechnisch veränderter Proteasen jährlich** erzeugt. Das sind vor allem **Subtilisine**, bei denen eine gegen Oxidation empfindliche Aminosäure (Methionin

in der Position 222) gegen stabilere Aminosäuren ersetzt wurde (Box 2.9).

Diese Subtilisine sind bei pH 10 bis zu 60 °C ausreichend stabil, ebenso gegen waschaktive Tenside, Komplexbildner zur Wasserenthärtung und Oxidationsmittel.

■ 2.9 Proteasen machen Fleisch mürbe und gerben Leder

Bei der Eroberung Mexikos hatten die Spanier beobachtet, dass die Eingeborenen Fleisch vor dem Kochen oder Braten mit Blättern des **Melonenbaumes** (*Carica papaya*) (Abb. 2.19) umwickelten oder es mit einer Scheibe der Papaya-Frucht einrieben. Dieses uralte Verfahren hat folgenden Hintergrund: Die Proteasen **Papain** und **Chymopapain**, die in hoher Konzentration im Melonenbaum und in seinen Früchten vorkommen, bauen das Bindegewebe des Fleisches ab und machen es dadurch mürbe.

In den USA werden Hunderte Tonnen Papain jährlich zum „Zartmachen" von Fleisch benutzt. Andere pflanzliche Proteasen für diesen Zweck sind **Ficin** aus dem Feigenbaumsaft (Abb. 2.7)

Box 2.7 Expertenmeinung:
Phytase – Chefmanager Nummer eins für Phosphor

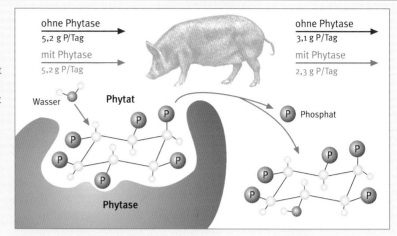

Phosphor wird interessant! Phosphor ist nicht länger ein im Übermaß vorhandener Rohstoff, sondern wird zunehmend kostbar und erfordert ein sorgfältiges und nachhaltiges Management.

Jahrzehntelang verursachte die industrielle Landwirtschaft eine **massive Umweltbelastung** durch ein Überangebot an Phosphor-Düngemitteln einerseits und Futterphosphaten (anorganischen Phosphaten) im Tierfutter andererseits. Sowohl Tiere als auch Pflanzen brauchen **Phosphor**: Er dient zum Aufbau von Knochensubstanz und ist ein wichtiger Baustein der DNA und des „Energie-Geldes" der Zelle, Adenosintriphosphat. Zu hohe Phosphat- und Nitratmengen aus der Landwirtschaft haben zu massiver **Eutrophierung** (Überdüngung) der Gewässer geführt.

Eine stinkende Kloake entsteht letztlich durch die **Phosphat-/Nitrat-Überdüngung**. Die „Rote Algenpest" (*red tide*) in südlichen Meeren, wie vor Hongkong, hat übrigens die gleichen Ursachen. Die braunrote Färbung des Wassers war aber vor Jahren auch in der Kieler Innenförde nicht zu übersehen. Die mikroskopisch kleinen Algen gehören zu der Gruppe der Dinoflagellaten (zweigeißlige gepanzerte Algen). Sie brauchen warmes Wasser und Nährstoffe und produzieren giftige Toxine.

Der zweite globale Phosphortrend entstand durch das plötzliche dynamische Wachstum Chinas und Indiens. Rohstoffpreise begannen unkontrolliert zu steigen und zu fluktuieren. Inzwischen beginnt aber ein Gegentrend, das „Phosphor-Management", zu greifen. Chefmanager Nummer eins ist ein Enzym: die **Phytase**.

Nicht-Wiederkäuer wie Hühner, Schweine (Abb. 2.22) und auch wir Menschen scheiden einen Großteil der aufgenommenen Phosphate wieder ungenutzt aus. Der Grund ist die Speicherform des Phosphats (myo-Inositolhexakisphosphat) in Pflanzensamen, das man auch Phytat nennt.

Dieses kann von „monogastrischen" Tiermägen nicht hydrolysiert werden, weil erforderliche Enzymaktiviäten gar nicht oder nur unzureichend vorhanden sind. Bei Wiederkäuern allerdings scheiden Mikroorganismen in der Flora der verschiedenen Mägen Phytaseaktivität aus. Mikrobielle Phytasen spalten hydrolytisch die Phosphatgruppen vom Phytat ab und machen sie bioverfügbar. Viele Mikroben, auch Pilze, bilden Phytase und scheiden sie extrazellulär aus.

Die Biotechnologen und Tierernährer hatten nun die Idee, **mikrobielle Phytasen** (aus Pilzen oder Bakterien) in Bioreaktoren im Großmaßstab zu produzieren und z.B. dem Schweine- und Hühnerfutter zuzusetzen. Gleichzeitig wurde die Menge des zugesetzten anorganischen Futterphosphats herabgesetzt. Schweine sind bekanntlich gefürchtete Gülleproduzenten und Schweinefarmen der Schrecken der Umwelt.

Erstaunliches geschah: Durch die phytasekatalysierte Hydrolyse des Phytats konnte bei herabgesetzter Phosphatzugabe die **Phosphatexkretion der Borstentiere um 25–30 %** gesenkt werden! Anders gesagt, man konnte durch den Einsatz der Phytase den Zusatz an anorganischem Phosphat zum Tierfutter drastisch senken, welches nun aus dem Getreide selbst freigesetzt wurde.

In Ländern mit intensiver Tierproduktion wie den Niederlanden, Dänemark und Deutschland „rechnet" sich der Einsatz der Phytase bereits mit einer deutlichen **Verringerung der Phosphorbelastung** von mehreren Tausend Tonnen im Jahr und durch **Einsparungen am Futterphosphat.** Die Gesetzgeber der Niederlande und Dänemarks fördern den Einsatz von Phytase, ebenso wie einige US-Bundesstaaten. Andere Länder, wie z.B. China, haben nun aus Gründen des Ressourcenmanagements den Phosphatbergbau eingeschränkt und die nationalen Normen für Phosphat in Futtermitteln gesenkt.

Darüber hinaus steigerte auch die allgemeine Preisentwicklung bei Mineralrohstoffen für die Landwirtschaft (zum Beispiel für NPK-Dünger) die Nachfrage nach Phytase. Dies alles hat Phytase weltweit zu einem außerordentlich erfolgreichen Enzymprodukt gemacht.

So konnte die dänische Firma Novozymes als einer der weltgrößten Phytaseproduzenten im Jahr 2011 einen Umsatz von rund 100 Millionen Euro mit Tierfutterenzymen erzielen – das meiste davon mit der fungalen *Peniophora lycii*-Phytase, die unter dem Handelsnamen RONOZYME® P durch den Allianzpartner DSM Nutritional Products vertrieben wird.

Den größten Erfolg hat hierbei die Produktform des temperaturstabilen CT-Granulats (CT, *coated thermostable*), das die hohen Temperaturen von 80–85 °C, die während der Herstellung von pelletiertem Futter eingesetzt werden, aushalten kann.

Gleichzeitig mit der stürmischen Ausbreitung der mikrobiellen Phytaseprodukte macht aber auch die „Grüne Biotechnologie" Fortschritte durch den **Einbau mikrobieller Phytasegene** in Mais, Reis und Sojabohnen.

An der Universitaet Guelph in Kanada wurden transgene „Enviropigs" geschaffen. Sie sezernieren Phytase im Speichel. Der Phosphatgehalt des Mists wird um 60 % gesenkt!

Dr. Frank Hatzack ist Manager bei Novozymes, Dänemark.

Abb. 2.23 Ichiro Chibata (oben) und Tetsuya Tosa entwickelten bei Tanabe Seiyaku Co. Ltd (Osaka) in den 70er-Jahren den weltweit ersten Prozess mit immobilisierter Acylase.

Abb. 2.24 Atsuo Tanaka (Kyoto) immobilisierte Mikroben in maßgeschneiderten Gelen. Der Verfasser dieses Buchs wurde von ihm in japanischer Biotechnologie unterwiesen. Nun ist mein Meister im Ruhestand.

Abb.2.25 Bergmann mit „immobilisiertem" Kanarienvogel. Die letzten Kanaris in britischen Bergwerken gingen 1996 „in Pension".

und **Bromelain** aus Ananas. In vielen Ländern werden proteasehaltige pulverförmige **Fleisch-Zartmacher** verkauft. Vor der Zubereitung bleibt das eingeriebene oder gepuderte Fleisch einige Stunden bei Normaltemperatur liegen. In dieser Zeit bauen die pflanzlichen Proteasen Bindegewebsproteine wie Kollagen und Elastin ab. Die Zartmacher beschleunigen Prozesse, die bei jeder Fleischreifung natürlich vorkommen. Zumindest jeder Jäger weiß, dass Wild erst „abhängen" muss, damit es schmackhaft wird. Bei der **Fleischreifung** spielen körpereigene Proteasen (Cathepsine) der getöteten Tiere eine entscheidende Rolle.

Auch in der **Gerberei** lassen sich mikrobielle Proteasen hocheffektiv zum Enthaaren und Gerben von Häuten einsetzen. Lederqualität und -ausbeute steigen dadurch.

Das älteste deutsche Patent zur Verwendung von Enzymen wurde **Otto Röhm** (Abb. 2.14) 1911 zunächst für die Verwendung von tierischem Pankreasextrakt zur Lederbeize erteilt (Abb. 2.20 und 2.21).

Die Enzyme ersetzten dabei den sonst benutzten **Hundekot**, der den Gerberberuf bis dahin „anrüchig" gemacht hatte. Man weiß heute übrigens auch, warum Hundekot Eiweiß spaltend (und dadurch Leder-gerbend) wirkt: Auf ihm wachsen schlicht Protease-bildende Bakterien!

■ 2.10 Immobilisierung: Wenn man Enzyme wiederverwenden will

Eine erfolgreiche Anwendung der bisher beschriebenen enzymatischen Verfahren setzt Folgendes voraus: Die Enzyme selbst müssen so **preiswert** sein, dass man sie in den späteren Produkten aktiv oder inaktiviert belassen oder nach Gebrauch wegwerfen kann. Infrage kommen dafür vor allem **extrazelluläre Hydrolasen** (Proteasen, Amylasen, Lipasen), die stabil sind und ohne Zusatz von Cofaktoren arbeiten.

Aufwendig zu isolierende und deshalb teure intrazelluläre Enzyme wären für diese Zwecke unökonomisch. Für sie sind Verfahren notwendig, die ihre **Stabilität erhöhen** und gestatten, sie wiederzuverwenden. Bei einer Reihe von Prozessen, z.B. in der pharmazeutischen Industrie, dürfen außerdem, um Immunreaktionen zu vermeiden, **keine Enzymbeimengungen** im Endprodukt enthalten sein. Es müssen Methoden erarbeitet werden, um Enzyme wieder abtrennen zu

können. Einen Weg zeigt die **Fixierung an Trägermaterial**, die **Immobilisierung** (Box 2.8).

Wenn man ein intrazelluläres Enzym aus Zellen isoliert, es über aufwendige Schritte von allen Verunreinigungen befreit und seine Eigenschaften und sein Verhalten im Reagenzglas studiert, vergisst man oft, dass man das Enzym in einer „unnormalen Umgebung" untersucht und es sich auch entsprechend unnormal verhalten könnte. „Normal" sind Reagenzglasbedingungen nur für wenige, zumeist extrazelluläre Enzyme, die von den Zellen ins umgebende Medium abgesondert werden.

Die meisten Enzyme der Zelle sind in irgendeiner Form an Zellbestandteile gebunden oder in Membranen eingebettet. Sie bilden komplizierte Komplexe mit anderen Proteinen oder mit fettartigen Stoffen (Lipiden). Deshalb versuchte man, Modelle für Enzyme in der Zelle zu schaffen; sie wurden an künstliche Trägerstoffe und Membranen gebunden oder in Gele eingeschlossen. Solche mehr oder weniger fest gebundenen Enzyme, die unbeweglich fixiert, immobil gemacht wurden, nennt man **immobilisierte oder trägerfixierte Enzyme**.

Ein Sinnbild für immobilisierte Enzyme (Abb. 2.27) sind „immobilisierte Nachtigallen" auf dem Vogelmarkt in Hongkong. Sie sind in enge Käfige (polymere Gele) eingeschlossen (engl. *gel entrapment*) und können nicht entweichen (*leakage*), sind aber auch vor Katzen (Proteasen, Mikroben!) geschützt. Futter, Wasser und Sauerstoff (Substrate) diffundieren gut hinein, und Stoffwechselprodukte gelangen leicht hinaus. Ihre Aktivität ist sichtbar und hörbar. Sie sind langlebig, also „wiederverwendbar".

In Europa wurden übrigens Kanarienvögel in Bergwerken gehalten, um Kohlenmonoxidvergiftungen vorzubeugen (Abb. 2.25). Fiel der Vogel tot von der Stange, war das ein Warnsignal des Biosensors (siehe auch Kap. 10).

Da Enzyme immer **noch relativ teuer** sind, ist es für die Biotechnologen nahe liegend, die gleichen rationellen Verfahren wie die lebende Zelle zu nutzen, um Enzyme zu stabilisieren und wiederholt mit ihnen Substrate umzusetzen.

Die erfolgreichen Beispiele der immobilisierten Formen der **Glucose-Isomerase** und der **Aminoacylase** demonstrieren deutlich, welche Voraussetzungen geschaffen werden müssen, um immobilisierte Enzyme einsetzen zu können.

Box 2.8 Immobilisierte Enzyme

Immobilisierte Enzyme sollen mehrmals wiederverwendbar sein. Durch die Bindung an große, mit bloßem Auge sichtbare Trägermaterialien können sie einfach mechanisch von der Reaktionslösung abgetrennt (z. B. abfiltriert) werden. Eine große Zahl von **Immobilisierungstechniken** ist entwickelt worden. Enzyme können direkt chemisch (kovalent) an den Träger gebunden oder andererseits physikalisch durch Adsorption oder elektrostatische Kräfte am Träger gehalten werden. Die Enzymmoleküle lassen sich untereinander durch spezielle Reagenzien verbinden (vernetzen), aber auch mechanisch in Gele oder in Hohlfasern einschließen.

Um für die industriellen Prozesse optimal einsetzbar zu sein, sollen immobilisierte Enzyme einfach und relativ billig herzustellen sein, eine große Enzymaktivität pro Masse des Trägers besitzen und eine hohe Arbeitsstabilität aufweisen. Sie werden in verschiedenen Enzymreaktoren eingesetzt; die Grundtypen sind Säulenreaktoren und Reaktoren mit Rühreinrichtung. Die technologischen und ökonomischen Vorteile der immobilisierten Enzyme gegenüber löslichen Enzymen sind offensichtlich: Sie sind wiederverwendbar, sie zeigen gewünschte chemische und physikalische Eigenschaften, oft eine verbesserte Stabilität in einem breiteren pH-Bereich (Säuregrad) sowie gegen höhere Temperaturen, und die Endprodukte der Prozesse bleiben frei von Enzymen.

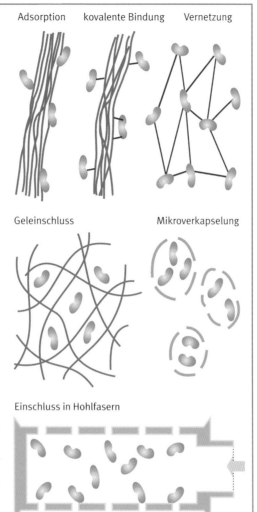

Adsorption · kovalente Bindung · Vernetzung · Geleinschluss · Mikroverkapselung · Einschluss in Hohlfasern

Abb. 2.26 Fructose wird von Diabetikern als Süßungsmittel verwendet.

Abb. 2.27 Das Symbol für immobilisierte Enzyme: Vogel im Käfig auf dem Vogelmarkt in Hongkong. Substrat (Sauerstoff, Futter) gelangt in den Käfig. Die Produkte (CO_2 und Kot) werden entsorgt. Das Vögelchen kann nicht wegfliegen und ist vor der Katze geschützt.

Abb. 2.28 Hefezellen in Polymeren eingeschlossen (immobilisiert) behalten ihre Aktivität und sprossen sogar.

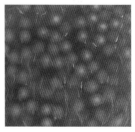

Abb. 2.29 Alginatkugeln in einem Säulenreaktor mit immobilisierten Hefen, der von Zuckerlösung durchströmt wird

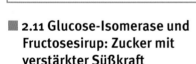

2.11 Glucose-Isomerase und Fructosesirup: Zucker mit verstärkter Süßkraft

Der Zuckerverbrauch der Welt steigt. Zuckerrüben und Zuckerrohr erfordern allerdings entsprechende klimatische Bedingungen und eine gute Bodenqualität für ihren Anbau, und das Rohmaterial muss unmittelbar nach der Ernte weiterverarbeitet werden, um Verluste zu vermeiden. **Stärke**, das natürliche Speicherprodukt der Pflanzen, kann dagegen aus den verschiedensten Pflanzen (Kartoffeln, Getreide, Maniok, Bataten) zum Teil auch in landwirtschaftlich ungünstigen Gebieten gewonnen werden und ist gut speicherbar. Aus Stärke kann leicht Zucker (Glucose) gewonnen werden.

In Deutschland wird Stärke allerdings auch als **nachwachsender Rohstoff** in der chemisch-technischen Industrie vielfältig eingesetzt; der Verbrauch an Stärke lag 2008 nach Verbandsangaben bei mehr als 800 000 Tonnen.

Wie wir beim Bierbrauen gesehen haben, lässt sich Stärke industriell mit Amylasen abbauen. Das Endprodukt Glucose hat jedoch einen Mangel: Es besitzt nur 75% der **Süßkraft** von Saccharose. Um den gleichen Effekt beim Süßen wie bei der Saccharose zu erzielen, braucht man also mehr Glucose.

Fructose (Fruchtzucker) hat dagegen eine um etwa 80% höhere Süßkraft als Saccharose, ist damit mehr als doppelt so süß wie Glucose. Da Fructose ein **Isomeres** der **Glucose** ist, also die gleiche Summenformel ($C_6H_{12}O_6$) hat und aus den gleichen Atomen besteht, müsste man Glucose „nur" chemisch zu Fructose umbauen und könnte so die Süßkraft verdoppeln. Die Box 2.10

Box 2.9 Expertenmeinung:
Protein-Engineering: Maßgeschneiderte Enzyme

Protein-Engineering fasziniert mich, seit ich mich als Postdoc vor mehr als 20 Jahren zum ersten Mal damit befasst habe. Nach meinem Chemiestudium bekam ich die Möglichkeit, die verwirrende, fesselnde Welt der **dreidimensionalen Proteinstrukturen** zu erkunden.

Während ich mich in das neue Fachgebiet einarbeitete, wurde mir klar, wie uns Protein-3D-Strukturen helfen können, die Wechselwirkung zwischen der räumlichen Struktur und der katalytischen Funktion eines Enzyms zu verstehen.

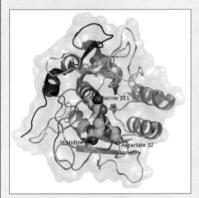

Am katalytischen Mechanismus von Subtilisin sind gerade mal drei seiner 275 Aminosäuren unmittelbar beteiligt. Die Atome dieser drei Aminosäuren sind in der Abbildung als Kugeln wiedergegeben. Diese sind entsprechend der chemischen Elemente eingefärbt, aus denen die Aminosäuren bestehen (rot = Sauerstoff, grün = Kohlenstoff, blau = Stickstoff, gelb = Schwefel, Wasserstoffatome sind nicht sichtbar).

Die drei Aminosäuren Asparaginsäure 32, Histidin 64 und Serin 221 bezeichnet man als „katalytische Triade" des Subtilisins.

Das Sauerstoffatom in der Seitenkette des Serins spaltet aktiv die Peptidbindungen des Proteinsubstrats, während die zwei anderen Seitenketten ihrer Kollegin assistieren, indem sie Elektronen und Wasserstoffatome während der Reaktion verschieben.

Die anfängliche Faszination, die Proteinstrukturen auf mich ausübten, besteht für mich noch heute. Ich lese immer noch neugierig die einschlägige Literatur, um mein Wissen über die Struktur und Funktion von Proteinen zu erweitern – und natürlich bin ich immer noch ein Protein-Engineer.

Meine erste Begegnung mit der Welt der Protein-3D-Strukturen fand bei der Gesellschaft für Biotechnologische Forschung (heute Helmholtz-Zentrum für Infektionsforschung) in Braunschweig statt. Mein Kollege **Joachim Reichelt** hatte das Programm BRAGI entwickelt, das es auf den modernsten Computern der damaligen Zeit (die unter der Arbeit hörbar ächzten!) ermöglichte, Proteinstrukturen in allen drei Dimensionen zu betrachten und auf dem Bildschirm zu bewegen. Ich baute mit BRAGI ein 3D-Modell der *Bacillus*-Protease **Subtilisin**.

Subtilisin wird in fast allen modernen Waschmitteln benutzt, um Eiweißflecken wie Ei, Milch oder Blut aus der Wäsche zu entfernen. Das Bild links zeigt die Subtilisin-3D-Struktur. Es handelt sich um ein Modell des Enzyms, das aus 275 Aminosäuren aufgebaut ist. Subtilisin besteht aus einem zentralen Faltblatt, das von α-Helices flankiert ist. In der gewählten Perspektive schaut man in das aktive Zentrum des Enzyms. Man sieht deutlich, dass es weit offen und damit für Substrate sehr leicht zugänglich ist. Diese Eigenschaft könnte der Grund dafür sein, dass Subtilisin die zahlreichen verschiedenen Proteinsubstrate, aus denen Flecken bestehen, so gut abbaut.

Die Kenntnis der 3D-Struktur von Proteinen ist eine Voraussetzung für viele Aspekte des Protein-Engineering. „Protein-Engineering" umfasst den Gebrauch verschiedener Techniken der modernen Biotechnologie mit dem Ziel, die Eigenschaften von natürlich vorkommenden (Wildtyp-) Proteinen, hauptsächlich Enzymen, zu verändern.

Protein-Engineering lässt sich sehr gut mit einem „traditionellen" Ingenieurprojekt, wie zum Beispiel mit dem Entwurf und der Produktion von Autos, vergleichen:

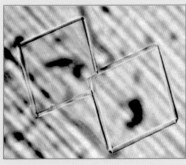

Subtilisin-Kristalle

Autoingenieure schlagen Veränderungen eines Prototyps vor. Produktionsingenieure bauen die Autos, während Testingenieure die neuen Prototypen testen: Taugt das neue für Rennen, für den Transport von Lasten, oder ist es eher ein Familienauto geworden?

Das natürliche Protein, der Wildtyp, entspricht dem Autoprototypen der Autoindustrie. Der Protein-Engineer schlägt Modifikationen des Wildtyp-Proteins vor. Molekularbiologen geben ihren Wirtszellen die Anweisungen, um modifizierten Proteine zu produzieren, und Biochemiker testen dann das Verhalten der modifizierten Varianten in der Anwendung. Letzten Endes wird das Enzym mit den gewünschten Eigenschaften in großen Mengen in industriellem Maßstab produziert und ausgeliefert.

Zahlreiche Technologien hatten einen Einfluss auf die Etablierung von Protein-Engineering als Forschungs- und Entwicklungsinstrument für Enzyme.

Die einflussreichsten Techniken befinden sich ganz sicher in der großen Werkzeugkiste, der Molekularbiologie. Die Entdeckung der **Polymerase-Kettenreaktion** (PCR) war der wichtigste Beitrag zum Protein-Engineering. Der Gebrauch der PCR erlaubt den Wissenschaftlern, sehr kleine Mengen DNA sehr oft zu kopieren. Somit können gezielt veränderte Gene vervielfältigt werden, um sie in ausreichender Menge in Wirtszellen zur Produktion einzuschleusen. Andererseits kann der DNA-Kopiervorgang im Reagenzglas bewusst gestört werden, um eine Vielfalt von Varianten des Gens zu erhalten, die dann in vielen verschiedene Wirtszellen zur Produktion ein-

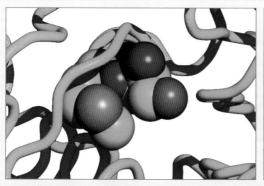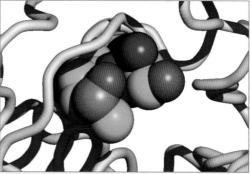

Das aktive Zentrum des Subtilisins: links die native Form (Proteindatenbank, Code 1CSE), rechts die oxidierte Fom (PDB, Code 1ST2). Die Seitengruppen 221 und 222 sind als Kalotten gezeigt.

gebaut werden, um die Proteinvarianten zu Testzwecken zu produzieren.

Zu gleicher Zeit hatte die rasante Entwicklung einer ganz anderen Technologie einen großen Einfluss auf das Protein-Engineering – die **Computerrevolution**: Immer schnellere Computersysteme ermöglichten es immer mehr Menschen, Protein-3D-Strukturen zu erkunden und durch visuelle Inspektion auf einem Desktopcomputer oder mit computerunterstützten Analysemethoden Veränderungen in Proteinen zu planen.

Die moderne Protein-Engineering-Szene arbeitet mit zwei Hauptansätzen: Das Anbringen von Zufallsmutationen in einem Gen, gefolgt von der Suche nach einem Protein mit einer verbesserten Eigenschaft und das sogenannte „rationelle Protein-Engineering", welches die Struktur- und Funktionsinformation über das infrage kommende Protein zur Vorhersage Erfolg versprechender Mutationen benutzt.

Methoden, die auf der Zufallsmutagenese basiert sind (*Directed Evolution*)

Die Anwendung von Techniken, die zufällige Mutationen im Gen des Zielproteins gebrauchen, um das Protein zu verändern, werden heutzutage unter dem Namen „Directed Evolution" zusammengefasst.

„Directed Evolution" – also „gerichtete Evolution" – kann als eine künstliche, durch den Menschen gesteuerte Version des natürlichen Evolutionsprozess beschrieben werden. Dabei erzeugt das Protein-Engineering-Team mithilfe molekularbiologischer Methoden eine sogenannte Bank, die sehr viele Varianten des ursprünglichen Enzyms enthält. Im

Anschluss daran wird diese Bank nach Varianten durchsucht, die in einer oder mehreren der untersuchten Eigenschaften besser sind als das ursprüngliche Enzym. Diesen Vorgang nennt man Screening (engl. *to screen* = sieben).

Eine der besseren Varianten dient dann als Ausgangsmolekül für einen weiteren Zyklus von Mutagenese, Screening und Selektion. Dieser Prozess der Erzeugung von Varianten, Screening und Selektion wird so lange wiederholt, bis ein verändertes Protein gefunden ist, das die Eigenschaften besitzt, welche für die spätere Anwendung gewünscht sind.

Rationales Protein-Engineering verwendet einen wissensbasierten Ansatz

Bei dieser Methode bestimmen die Wissenschaftler zunächst die 3D-Struktur eines Proteins mithilfe von Röntgenstrahlmessungen oder Kernspinresonanzmessungen. Die Interpretation der 3D-Struktur gibt den Wissenschaftlern einen Einblick in die Funktion der verschiedenen Aminosäuren des Proteins. Oftmals ist es sogar möglich, 3D-Strukturen eines Enzyms in Komplex mit seinem Substrat oder einem dem Substrat ähnlichen Inhibitor zu erhalten. Diese Strukturen können verwendet werden, um in Kombination mit sorgfältig durchgeführten biochemischen Experimenten Einsicht in die Beziehung zwischen Struktur und Funktion des Proteins zu gewinnen. Diese Information wird verwendet, um eine oder mehrere Veränderungen an einer genau definierten Stelle des Proteins anzubringen. Die sorgfältige Charakterisierung der biochemischen Eigenschaften des veränderten Proteins liefert im besten Fall das gewünschte, verbesserte Molekül oder sehr

wertvolle Informationen, welche für die weitere Forschung und die Planung weiterer Veränderungen gebraucht werden können.

In der Praxis werden die verschiedenen Methoden des Protein-Engineering in zahlreichen Projekten gleichzeitig ausgeführt. Sie sind keine konkurrierenden Technologien, sondern entwickeln ihre volle Stärke erst durch geschickte Kombination.

Protein-Engineering in der akademischen Welt und für industrielle Anwendungen

Die Grundlagen des Protein-Engineering wurden durch die akademische Forschung gelegt. Nachdem die Basistechniken entwickelt worden waren, nutzten Wissenschaftler sie zur Untersuchung der chemischen Mechanismen der Katalyse zahlreicher Enzyme, zur Aufklärung der allgemeinen Prinzipien der Stabilität von Enzymen und begannen, mit ihnen das Rätsel der unbegreiflich schnell ablaufenden Faltung von Proteinen zu lösen.

Während ich noch meine ersten Schritte auf dem Gebiet des Protein-Engineering machte, demonstrierten meine Kollegen bei Genencor – **Scott Power**, **Tom Graycar** und **Rick Bott** – eindrucksvoll den Nutzen von rationellem Protein-Engineering, indem Sie die Protease Subtilisin für die Anwendung in Waschmitteln verbesserten.

Bei der Verwendung des Enzyms war aufgefallen, dass die Aktivität des Subtilisins bei Anwesenheit von **Bleiche** im Waschmittel sank. Die Bleiche in einem Waschmittel besteht aus oxidierenden Substanzen wie Wasserstoffperoxid oder Peressigsäure.

Fortsetzung nächste Seite

Durch sie verlor das Enzym etwa 80 % seiner ursprünglichen Aktivität während des Waschprozesses.

Es lag auf der Hand, dass die Oxidation des Enzyms durch die Bleiche die Ursache für den teilweisen Verlust der Enzymaktivität war, da eine Inkubation des Enzyms mit Wasserstoffperoxid ebenfalls zu einem 80 %igen Verlust der Enzymaktivität führte.

Es gelang schließlich, das oxidierte Enzym zu isolieren und zu säubern. **Rick Bott** kristallisierte das oxidierte Subtilisin und konnte die 3D-Struktur mithilfe einer Röntgenstruktur-analyse bestimmen. Jetzt war es möglich, die oxidierte Form des Subtilisins mit der unveränderten Form zu vergleichen.

Die Abbildung auf Seite 53 zeigt die kleinen, aber entscheidenden Unterschiede der beiden Strukturen im Bereich des katalytischen Zentrums der beiden Formen des Subtilisins. Auf der rechten Seite des Bildes ist ein zusätzliches Sauerstoffatom (rot) auf dem gelben Schwefelatom des Methionin 222 sichtbar, das dem katalytisch aktiven Serin 221 benachbart ist. Der aufmerksame Betrachter wird bemerken, dass die Seitenkette dieses Serins (zu erkennen durch den roten Ball des Sauerstoffatoms) in dem oxidierten Enzym etwas anders orientiert ist als in dem nicht oxidierten Enzym.

Diese kleine Positionsveränderung, die durch eine Wasserstoffbrückenbindung zwischen dem Sulfoxid (oxidierter Schwefel) des Methionin 222 und der Alkoholgruppe des Serin 221 gebildet wird, ist die Ursache für den Verlust der katalytischen Wirkung des Subtilisins durch die Oxidation.

Ersetzt man das Methionin durch eine der 19 anderen Aminosäuren, so sind beinahe alle resultierenden Varianten stabil gegen die bleichaktiven Substanzen der Waschmittel und entfernen, in Waschmitteln mit Bleiche eingesetzt, Proteinflecken besser als die Wildtyp-Variante des Enzyms.

Diese Methode wurde inzwischen auch mit Erfolg für die Entwicklung einer oxidations-stabilen α-Amylase für den Gebrauch in Waschmitteln angewendet.

Wie das Beispiel der Stabilisierung von Enzymen gegen Bleichmittel zeigt, richtet sich das Interesse der Protein-Ingenieure der Industrie in erster Linie auf die Anwendbarkeit von Enzymen in technischen Prozessen. In zahlreichen Fällen sind die Wildtyp-Enzyme aus der Natur nicht vollständig für die oftmals rauen Bedingungen in technischen Prozessen geeignet.

Ein weiteres wichtiges Ziel der Protein-Ingenieure ist die **Katalyse von Syntheseschritten bei der Herstellung von Arzneimitteln** für die pharmazeutische Industrie. Die Syntheseindustrie ist vornehmlich an dem Vermögen von Enzymen interessiert, enantio-selektive Reaktionsschritte zu katalysieren. Enzyme sind nicht gegenüber allen Substraten in gleicher Weise enantioselektiv. Dies wird besonders dann sichtbar, wenn es sich nicht um die „natürlichen" Substrate der Enzyme handelt. Mithilfe des Protein-Engineering ist es möglich, diese Enzyme für das unnatürliche Substrat enantioselektiv zu machen und damit die Synthese in Richtung eines der zwei Enantiomere einer chemischen Verbindung zu steuern.

Zusammenfassend kann man sagen, dass Protein-Engineering in der Industrie gebraucht wurde, um die Effektivität von Enzymen in technischen Anwendungen zu verbessern. Diese Verbesserungen wurden hauptsächlich von dem Wunsch getrieben, die Kosten des Gebrauchs von Enzymen zu senken. Ein oft unterschätzter Nebeneffekt des industriellen Protein-Engineering ist die **enorme Einsparung von Energie und Grundstoffen** bei der Produktion der verbesserten Enzyme selbst.

So zeigte eine Ökobilanz, dass die verbesserte Leistung einer Waschmittelprotease in Kombination mit einem verbesserten mikrobiellen Produktionssystem zu einer mehr als zehnfachen Reduzierung aller relevanten Produktionskosten wie zum Beispiel Energie und Nährstoffen führt. Selbstverständlich sanken somit auch die anfallenden Mengen an Abfallstoffen, wie Kohlendioxid, Wasser, Salze und Zellbestandteile, um den Faktor zehn.

Das Protein-Engineering ist eine moderne Forschungsrichtung der Biotechnologie, die unser Verständnis der Struktur-Funktions-Beziehung verbessert hat. Die Protein-Engineering-Techniken, die anfangs in der akademischen Forschung verwendet wurden, fanden sehr schnell begeisterte Anhänger in der industriellen Forschung. Ihre Anwendung ebnete den Weg für den häufigeren Gebrauch von Enzymen in der Industrie. Ich denke, dass wir zurzeit eine dynamische Entwicklung zur Etablierung von Enzymen als nicht wegzudenkende Katalysatoren in der chemischen Industrie erleben. Auch in anderen Industriezweigen, wie der Papierindustrie oder der kosmetischen Industrie, wird sich in naher Zukunft die enzymatische Katalyse etablieren, wenn die ökonomischen und anderen Vorteile deutlich werden, die sie zu bieten hat.

Das überzeugendste Argument für die Einführung einer neuen Technologie in der Industrie ist der Beweis, dass diese Technologie Vorteile gegenüber den traditionellen Technologien aufweist. In den kommenden Jahren wird es eine zunehmende Zahl von technischen Enzymen geben, die von Protein-Ingenieuren maßgeschneidert wurden.

Wolfgang Aehle ist im Corporate Development der BRAIN AG in Zwingenberg (D) für den Bereich Performance Proteine und Enzyme zuständig. Davor hat er 20 Jahre bei verschiedenen Firmen Protein-Engineering-Projekte zur Verbesserung von industriellen Enzymen durchgeführt. Nachdem Aehle seine Promotion als organischer Chemiker abgeschlossen hatte, entdeckte er die Schönheit von Protein-3D-Strukturen und die Aufregung beim Erkunden dieser Strukturen als Postdoc beim Modellieren der 3D-Struktur eines Subtilisins an der GBF in Braunschweig (D). Aehle setzte seine Karriere in der Industrie als Protein-Engineer fort, zuletzt in Leiden (NL) bei der europäischen Forschungsabteilung der Firma Genencor, wo er zahlreiche Protein-Engineering-Projekte geleitet und inhaltlich begleitet hat. Seine Arbeiten sind in zahlreichen wissenschaftlichen Publikationen und Patentveröffentlichungen dokumentiert.

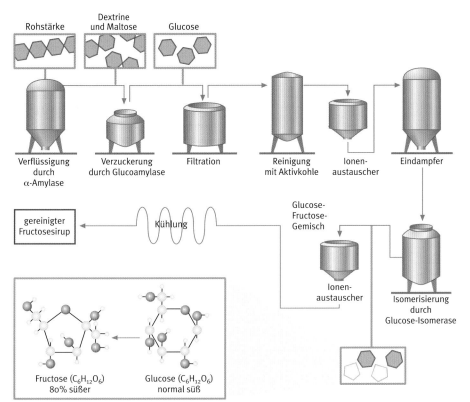

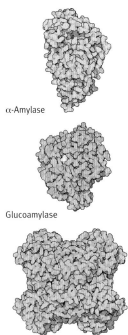

α-Amylase

Glucoamylase

Glucose-Isomerase

Abb. 2.30 Wie Fructosesirup aus Stärke gewonnen wird (links). Die beteiligten Enzyme (unten)

Rohstärke | Dextrine und Maltose | Glucose

Verflüssigung durch α-Amylase | Verzuckerung durch Glucoamylase | Filtration | Reinigung mit Aktivkohle | Ionen-austauscher | Eindampfer

gereinigter Fructosesirup | Kühlung

Glucose-Fructose-Gemisch

Ionen-austauscher | Isomerisierung durch Glucose-Isomerase

Fructose (C$_6$H$_{12}$O$_6$) 80% süßer | Glucose (C$_6$H$_{12}$O$_6$) normal süß

schildert die Geschichte des HFCS (*high-fructose corn syrup*).

Gegenwärtig beträgt die jährliche Produktion weltweit etwa 100 000 Tonnen Glucose-Isomerase. Neun bis zehn Millionen Tonnen Fructosesirup werden produziert.

In den USA wird **Fructosesirup** bevorzugt in Getränken verwendet. Glucose-Isomerase wird heute vor allem aus *Streptomyces*-Arten gewonnen und immobilisiert. Dabei kommen meist abgetötete, aufgebrochene Mikrobenzellen zum Einsatz, in denen die Glucose-Isomerase noch voll intakt ist. Sie werden oft durch Glutardialdehyd miteinander vernetzt und so stabilisiert.

Hochinteressant ist Fructose für die Nahrungsmittelproduzenten: Sie wird schneller als andere Zucker aufgenommen, ist also **ideal für Sportdrinks**. Sie verstärkt den Geschmack von Früchten und auch von Schokolade und maskiert den bitteren Geschmack von Zuckerersatzstoffen (Abb. 2.26).

Fructose setzt den Gefrierpunkt bei Speiseeis herab und macht so Gefrorenes weicher, cremiger und angenehm „leckbar". Klinischen Tests zufolge können Diabetiker ihren Glucosespiegel weit bes-

ser mit fructosehaltigen Nahrungsmitteln als mit der Aufnahme saccharose- oder stärkehaltiger Lebensmittel kontrollieren.

Fructose wird überwiegend insulinunabhängig von der Leber verwertet und ist damit ein wichtiges **Diätnahrungsmittel** (Abb. 2.26). Aufgrund der höheren Süßkraft landen weniger Kalorien im Mund als bei Zucker (Saccharose). Produziert wird angereicherter Fruchtzucker in Europa aus

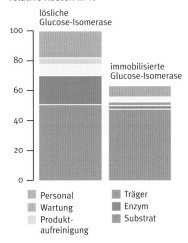

relative Kosten in %

lösliche Glucose-Isomerase

immobilisierte Glucose-Isomerase

Personal | Träger
Wartung | Enzym
Produkt-aufreinigung | Substrat

Praktischer Tipp: Fructose gegen „Kater"

Einige Experten empfehlen einen Löffel Fructose nach einer fröhlichen Nacht. Gewarnt sei aber vor Fructose-Unverträglichkeiten (Fructose-Intoleranz) bei einzelnen Menschen, die sogar zu Todesfällen führen können. Ungefährlich ist die Aufnahme von Fructose über Honig oder Marmelade, die beide Fructose enthalten, oder aber über frisches Obst. In der Leber baut Fructokinase den Fruchtzucker zehnmal schneller um als Hexokinase im Körper die Glucose. Dieser Vorgang baut den Cofaktor NAD$^+$ auf, der beim Alkoholabbau (durch Alkohol-Dehydrogenase und Acetaldehyd-Dehydrogenase) dringend benötigt wird. Alkohol und die „Katersubstanz" Acetaldehyd werden so wesentlich schneller abgebaut.

Abb. 2.31 Vergleich der Produktionskosten für Fructosesirup durch lösliche und immobilisierte Glucose-Isomerase (nach Angaben von Kyowa Hakko Kogyo Co., Japan)

Box 2.10 **Fructosesirup**

Der rein chemische Prozess der Isomerisierung von Glucose zu Fructose mit technischen Katalysatoren bei hohen pH-Werten war ein Misserfolg. Dunkel gefärbte und schlecht schmeckende Nebenprodukte entstanden, ihre Abtrennung wäre zu teuer geworden.

1957 wurde die **Xylose-Isomerase** entdeckt, die außer Xylose zu Xylulose auch Glucose zu Fructose isomerisieren kann. Da die Nebenaktivität die wirtschaftlich interessantere Variante darstellt, wird das Enzym heute meist **Glucose-Isomerase** genannt. Die Glucose-Isomerase ist ein intrazelluläres Enzym und wird aus verschiedenen Mikroorganismen, z. B. *Streptomyces*-Arten, gewonnen.

Ein entsprechender enzymatischer Prozess wurde 1960 in den USA patentiert. 1966 beschrieben japanische Forscher in Chiba City einen industriellen Prozess, der lösliche Glucose-Isomerase nutzt. Im industriellen Isomerisierungsprozess von Glucose erhält man als Produkt ein Gemisch von Glucose und Fructose. Dieses Gemisch kann anstelle der kristallinen Saccharose als Sirup verwendet werden, da seine Süßkraft sehr groß ist.

In den USA begann 1967 die Clinton Corn Processing Company mit der Produktion von **Glucose-Fructose-Sirup** durch lösliche Glucose-Isomerase. Dieser Sirup enthielt jedoch anfangs nur 15% Fructose. Außerdem wurde bald klar, dass der Glucose-Isomerase-Prozess nur dann ökonomisch rentabel sein kann, wenn das teure Enzym wiederverwendet wird. Glücklicherweise ist Glucose-Isomerase ein ideales Enzym für die Immobilisierung. Sie ist bei hohen Temperaturen stabil, und da sowohl das Substrat (Glucose) als auch das Produkt (Fructose) sehr kleine Moleküle sind, gibt es nur geringe Diffusionsprobleme, wenn

Traditionell wird Saccharose aus Zuckerrüben gewonnen. Diese Anlage in Klein-Wanzleben (Sachsen-Anhalt) fasst 60 000 t Zucker.

das immobilisierte Enzym in Säulen gepackt wird. Glucose- und Fructosemoleküle tragen keine elektrischen Ladungen, deshalb konnte die Glucose-Isomerase an geladene Cellulosederivate als Trägermaterial gebunden werden; im anderen Fall wären Substrat und Produkt am Träger elektrostatisch „kleben geblieben".

1968 führte die Clinton Corn Processing Company ein diskontinuierliches Verfahren mit immobilisiertem Enzym ein, das 42% Fructose lieferte. 1972 gelang es, ein kontinuierlich arbeitendes System mit immobilisierter Glucose-Isomerase zu entwickeln.

Die erfolgreiche technologische Lösung allein genügte jedoch nicht für die Anerkennung des Verfahrens, entscheidend war die Marktsituation.

In den 60er-Jahren lag der Preis für Zucker bei etwa 15 bis 20 US-Cents pro Kilogramm. Fructosesirup konnte auf keinen Fall billiger produziert werden. Zu dieser Zeit überwogen auch noch die Nachteile des enzymatischen Prozesses. Außer der Überwindung von Vorurteilen war ein neues Herangehen in der Industrie nötig: Ein kompliziertes System von Druckfiltern und eine Vorrichtung zur Entfernung des

Schwermetalls Cobalt, das als Enzymstabilisator gebraucht wurde, mussten entwickelt werden.

Im November 1974 stiegen jedoch die Zuckerpreise auf 1 Dollar und 25 Cents je Kilogramm Zucker. Der Isomeraseprozess wurde förmlich über Nacht sehr attraktiv. Gleichzeitig entwickelte die dänische Firma Novo Industry A/S immobilisierte Glucose-Isomerase-Präparate, die billiger waren, ohne Cobaltzugabe arbeiteten und dem Druck in großen industriellen Reaktoren standhielten, in denen Säulenhöhen von 7 m keine Seltenheit sind. 1976 wurden 750 t immobilisierter Glucose-Isomerase allein in den USA produziert, und mit ihnen 800 000 t 42%igen Fructosesirups erzeugt. Als die Zuckerpreise Ende 1976 wieder auf 15 Cents je Kilogramm fielen, war der neue Prozess bereits erfolgreich etabliert und hatte sich durchgesetzt. Der 42%ige Fructosesirup wurde nun zu niedrigeren Preisen produziert als Saccharose. 1978 gelang ein weiterer Schritt nach vorn. Durch neue Trennverfahren wurde nun ein 55%iger Fructosesirup verfügbar. Er war dabei nur um 15–25% teurer als der 42%ige Sirup. Für saure Getränke wie Cola (pH-Wert von 3,0) war ein Sirup mit mindestens 55% Fructose erforderlich, um Saccharose zu ersetzen. Damit war der massive Einstieg des Fructosesirups in einen wichtigen Markt gelungen.

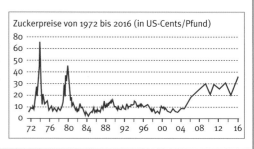
Zuckerpreise von 1972 bis 2016 (in US-Cents/Pfund)

Abb. 2.32 Aminosäuren werden in Japan Fitness-Drinks beigemengt.

Stärke durch Abbau mit Amylasen und anschließenden Umbau mit der Glucose-Isomerase. Alternativ kann von Saccharose ausgegangen werden: Durch Säurehydrolyse oder Spaltung mit dem Enzym **Invertase** entsteht Invertzucker, also Fructose plus Glucose. Die weniger süße und für Diabetiker unerwünschte Glucose wird durch Chromatografie abgetrennt.

Die **Gesamtkosten** bei Verwendung der immobilisierten Glucose-Isomerase sind etwa 40% geringer als mit löslichem Enzym.

■ 2.12 Nahrungs- und Futtermittel durch immobilisierte Enzyme

Das Beispiel der Glucose-Isomerase hat gezeigt, dass durch immobilisierte Enzyme **große Mengen billiger Produkte zu niedrigen Kosten** hergestellt werden können. Eine weitere Chance für immobilisierte Enzyme, die **effektive Produktion hochwertiger Produkte in kleinen Mengen**, zeigt die **Penicillin-Acylase**; sie katalysiert maßgeschneiderte Veränderungen am Penicillinmolekül (Kap. 4).

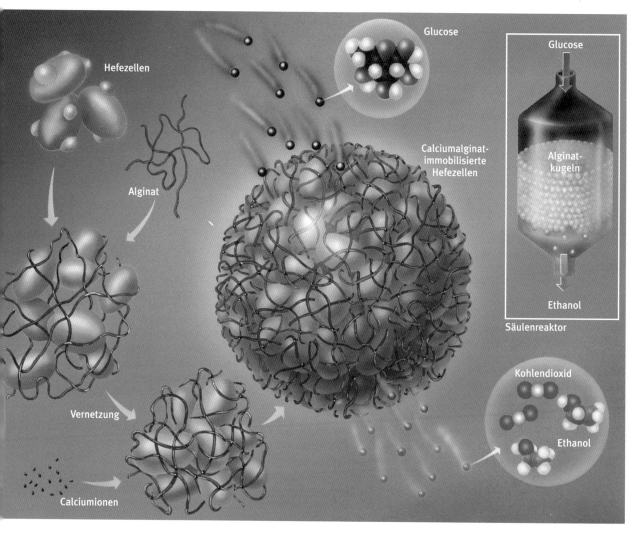

Hefezellen

Alginat

Vernetzung

Calciumionen

Glucose

Calciumalginat-
immobilisierte
Hefezellen

Kohlendioxid

Ethanol

Glucose

Alginat-
kugeln

Ethanol

Säulenreaktor

Abb. 2.33 Immobilisierte Hefen produzieren Ethanol und messen Wasserqualität.

Die Immobilisierung (Trägerfixierung) von Zellen bietet für die Stoffproduktion mehrere Vorteile: Die Zellen können wiederverwendet werden und haben eine wesentlich erhöhte Lebensdauer. Das gewünschte Endprodukt bleibt weitgehend frei von biologischen Substanzen und Zellen, deshalb fallen einige Reinigungsstufen weg. Bei einer der gebräuchlichsten Techniken, dem Einschluss von Zellen in Gelen, vermischt man eine Zellsuspension mit gelbildenden Substanzen.

Alginat, ein Produkt aus Meeresalgen, das in der Nahrungsgüterindustrie für Gelees verwendet wird, bildet mit Calciumionen ein festes Netzwerk aus, es entsteht eine stabile Gelstruktur. Kugeln oder Perlen aus Alginatgelen produziert man, indem ein Alginat-Zell-Gemisch in eine Calciumchloridlösung eingetropft wird.

Nach Eindringen der Calciumionen gelieren die Alginatperlen und schließen beispielsweise Hefezellen fest ein. Kleine Moleküle wie Glucose können durch Poren zu den Zellen gelangen, Produkte (Alkohol und Kohlendioxid) verlassen dagegen die Kugeln. Die lebenden Hefezellen bleiben dabei intakt.

Um die Alginatperlen dicht mit Zellen zu packen, fördert man zunächst die Vermehrung der Zellen durch Nährstoff- und Sauerstoffzufuhr. Wenn der verfügbare Raum im Gel durch die Zellen ausgefüllt ist, werden die Perlen in einen Säulenbioreaktor geschichtet. Den Bioreaktor durchströmt eine Glucoselösung, die die immobilisierten Zellen mit Substrat versorgt. Da Sauerstoff nicht ausreichend zur Verfügung steht, vergären die Hefezellen Glucose zu Alkohol.

Der produzierte Alkohol und das gebildete gasförmige CO_2 verlassen die Kugeln. Pilotanlagen produzierten bereits monatelang kontinuier-

lich Alkohol aus Glucose mithilfe immobilisierter Zellen. Auf ähnliche Art wie Hefezellen lassen sich auch Pflanzen- und tierische Zellen immobilisieren. Statt Kugeln können auch Filme immobilisierter Zellen hergestellt werden, beispielsweise als Membranen für Biosensoren.

Die Hefe *Arxula* wird immobilisiert und zur Messung des biochemischen Sauerstoffbedarfs (BSB) mit Abwasser-Biosensoren eingesetzt (siehe Kap. 10): Man misst die Atmung (Respiration) der immobilisierten Hefezellen in einer Polymermembran mit einem Sauerstoffsensor. Ist keine bioabbaubare Substanz im Wasser enthalten ("sauberes Wasser"), nehmen die Hefen keine Nahrung auf und veratmen somit auch keinen Sauerstoff. Der Biosensor liefert ein Signal in nur fünf Minuten.

Die konventionelle Methode braucht dagegen fünf Tage!

Immobilisierte Zellen der Hefe *Arxula*

ABBAUBARE SUBSTANZEN O_2 O_2 O_2 O_2

Wasser

SILBER
SILBER

PLATIN-ELEKTRODE

Sauerstoff-Reduktions-Strom

Box 2.11 Expertenmeinung: Enzymsuche – eine Entdeckungsreise?

Die Entdeckung von geeigneten Enzymen für eine technische Anwendung ist keine einfache Aufgabe. Denn man will natürlich ein Enzym finden, dessen Eigenschaften es erlauben, das Enzym ohne weitere Veränderung zu benutzen.

Einerseits bestimmen die **physikalischen Bedingungen** wie pH, Temperatur oder die Anwesenheit von organischen Lösungsmitteln die Anforderungen an einen Biokatalysator. Andererseits spielen die gewünschten **katalytischen Eigenschaften** des Enzyms wie zum Beispiel das Substratspektrum, die Stereospezifität oder die Schnelligkeit der Umsetzung eine große Rolle. Am wichtigsten ist jedoch die Frage, ob ein potenzieller Kandidat überhaupt in der Lage ist, die gewünschte Umsetzung zu katalysieren, und ob er in einer technischen Anwendung den gewünschten Effekt – wie zum Beispiel die Fleckentfernung in der Haushaltswäsche, auch in der Waschmaschine beim Verbraucher – zeigt. Letzten Endes ist es also nötig, **vor dem Beginn ein Pflichtenheft für den neuen Katalysator** aufzustellen, in dem die gewünschten Eigenschaften aufgelistet werden. Auf der ersten Seite des Pflichtenheftes steht in großen Buchstaben die gewünschte Funktionalität, gefolgt von zahlreichen Seiten, die die weiteren Eigenschaften des idealen Biokatalysators für die Anwendung beschreiben.

Mit diesem Pflichtenheft in der Hand kann die Suche nach einem neuen Enzym beginnen. Diese Suche hat manchmal richtig abenteuerliche Aspekte, die an Expeditionen der großen Entdeckungsreisenden vergangener Jahrhunderte erinnern. Durch neue Technologien verschwindet dieser abenteuerliche Aspekt der Enzymsuche jedoch immer mehr, wie die folgenden Abschnitte zeigen werden. Das ist vielleicht schade für den Abenteurer, aber für den modernen Biotechnologen ist die Suche nach neuen Enzymen auch heute noch ein spannendes Abenteuer mit einem oftmals überraschenden Ergebnis.

Wo kann man Enzyme finden?

Alle Enzyme haben ihren Ursprung in lebenden Organismen, denn Enzyme sind die „Katalysatoren des Lebens". Das traditionelle Vorgehen zum Auffinden von Enzymen be-

Mein Kollege Prof. Brian Jones (Leiden) fischt während einer gemeinsamen Expedition chinesischer, südamerikanischer und europäischer Wissenschaftler in einem Salzkristallisationsteich in der Nähe vom Eijnor-See in der Inneren Mongolei (China) nach Mikroorganismen, die in Anwesenheit von hohen Salzkonzentrationen leben können.

steht darin, dass man Organismen zunächst wachsen lässt und dann in irgendeiner Weise aus einem Pflanzenteil, einem Organ eines Tieres, aus dem Inneren eines Mikroorganismus oder den Sekreten von Lebewesen Enzyme isoliert. Die ersten Enzyme, die durch die Menschheit verwendet wurden, sind daher Enzyme, die **aus Extrakten von Tieren und Planzen isoliert** wurden, wie z.B. die Protease Papain aus der Papayafrucht oder aber auch das Lab-Ferment aus den Mägen von Kälbern.

Die größte Zahl technischer Enzyme stammt jedoch inzwischen aus **Mikroorganismen**. Das ist nicht verwunderlich, wenn man bedenkt, dass Mikroorganismen eine große Vielfalt von Lebewesen repräsentieren. Mikroorganismen sind wahre Meister des Überlebens in Gebieten, die uns Menschen als unwirtlich und unbewohnbar erscheinen. Sie sind wirklich überall auf der Welt nachzuweisen. Mikroorganismen leben in der eiskalten Antarktis, im heißen, sauren Wasser der Quellen an den Abhängen von Vulkanen, in den alkalischen Seen des Rift Valleys in Kenia, in den „Black Smokers", die sich in den lichtlosen Tiefen der Ozeane befinden, und sogar in uralten Gesteinen tief in der Erdkruste ist es gelungen, Mikroorgansimen nachzuweisen, die seit Jahrtausenden wahrscheinlich keinen Kontakt mehr mit der heutigen Flora und Fauna hatten. Es ist daher gut zu verstehen, dass die größte Variation physikalischer Eigenschaften bei Enzymen aus Mikroorganismen gefunden wird.

Zahlreiche Forscher sind darum in der Welt unterwegs, um Proben zu sammeln und auf Mikroorganismen hin zu untersuchen, deren Inhaltsstoffe und Enzyme dann isoliert und charakterisiert werden. Obwohl die Ausrüstung der heutigen Entdeckungsreisenden und die Bedingungen der Reisen oftmals noch sehr an die Expeditionen aus alter Zeit erinnern, unterscheiden sich die Forscher doch in

einem wichtigen Punkt von ihren Vorgängern. Sie ziehen nicht mehr los, um die Schätze fremder Länder auszubeuten, sondern sie arbeiten mit Wissenschaftlern vor Ort zusammen und respektieren die Rechte der einheimischen Bevölkerung. Dabei gilt der Grundsatz, dass die **heimische Biosphäre und deren Produkte Eigentum der einheimischen Bevölkerung** sind. Diese Vorgehensweise wurde im Jahr 1992 während der UNO-Konferenz über Umwelt und Entwicklung in Rio de Janeiro im Rahmen der internationalen Biodiversitätskonvention festgelegt.

Wie findet man neue Enzyme?

Eigentlich gestaltet sich die Suche nach einem Enzym sehr einfach: Man lässt einen Mikroorganismus wachsen, isoliert daraus eine Proteinfraktion und untersucht in einem Experiment, ob sich in dem Isolat ein Enzym mit der gewünschten Aktivität befindet. In dieser Phase der Enzymsuche muss man im Allgemeinen sehr viele Experimente ausführen. Die Chance, ein Enzym zu finden, das in einer technischen Anwendung überhaupt den gewünschten Effekt hat, ist sehr klein. Die natürliche Umgebung der Lebewesen ist im Allgemeinen physikalisch und chemisch nicht mit den Bedingungen in einem technischen Prozess vergleichbar.

Durch geeignete **Auswahl der Organismen**, die man untersucht, kann man jedoch erreichen, dass die Zahl der Auswahlexperimente sehr viel kleiner wird. So kann man zum Beispiel nur Mikroorganismen aus alkalischen Seen verwenden, wenn man ein Enzym für die Waschmittelindustrie sucht, die Enzyme benötigt, welche in der alkalischen Waschflotte aktiv sind. Man kann auch beim Isolieren von Mikroorganismen dafür sorgen, dass man nur solche isoliert, die auf dem gewünschten Substrat aktiv sind. Dazu nimmt man Proben von Orten, in denen das Substrat natürlicherweise vorkommt. Ein solches Habitat – ein biologischer Fachbegriff für die Flora und Fauna einer biologischen Wohngemeinschaft – ist zum Beispiel der **Magen von Termiten**.

Termiten verdanken nämlich ihre gefürchtete Fähigkeit, ganze Holzhäuser zu zerkleinern und als Nährstoff zu verwenden, ihren mikrobiellen Magenbewohnern. Diese Mikroorganismen zerlegen die zerkauten Holzhäuser, also einen Brei aus Lignocellulose, in Nährstoffe und ernähren damit sich und ihren Wirt – die Termite. Eine ähnliche Lebensgemeinschaft aus mikrobiellen Celluloseliebhabern kann man auch in den Mägen von Wiederkäuern finden. Auch in den beiden Habitaten hat man inzwischen Enzyme gefunden, die Cellulose abbauen.

Eine zweite Möglichkeit, ein Enzym zu finden, das ein bestimmtes Substrat unter definierten Bedingungen abbaut, besteht darin, das Substrat sozusagen als Köder zu benutzen. Im Falle des Celluloseabbaus hängt man zum Beispiel einen Baumwolllappen für einige Zeit in einen alkalischen See, um Mikroorganismen zu fangen, die **alkalische Cellulasen** produzieren. Anschließend isoliert man die Mikroorganismen, die sich auf dem Lappen angesiedelt haben, und untersucht sie auf ihre Fähigkeit, Cellulose unter alkalischen Bedingungen abzubauen. Diese „Anreicherungsstrategie" ist sehr erfolgreich und hat schon zahlreiche industrielle Enzyme geliefert.

Leider ist die Suche nach einem neuen Enzym mit der Identifikation eines Organismus, der die gewünschte Aktivität zeigt, noch nicht abgeschlossen. Denn nun folgt die langwierige Suche nach dem Enzym, dessen Wirkung man im Experiment beobachtet hat, und natürlich die **Suche nach dem Gen**, das die Erbinformation trägt, mit der man dieses Enzym produzieren lassen kann. Diese Schritte sind langwierig und mühsam, führen aber in den meisten Fällen zum Erfolg. Die Mehrzahl der Enzyme, die heute in großen Mengen verwendet werden, wurde in der Vergangenheit mit diesen Methoden entdeckt.

Unbewusst haben sich die Forscher damit jedoch sehr in Ihren Möglichkeiten eingeschränkt. Die Tatsache nämlich, dass man einen Organismus zunächst in einem Labor kultivieren muss, um ein Enzym entdecken zu können, schränkt die Vielfalt der zur Verfügung stehenden Diversität stark ein. Um einen Mikroorganismus kultivieren zu kön

Oben: Ein Roboter der BRAIN AG, der einzelne Kolonien von Mikroorganismen selbstständig erkennt und sie dann zur Durchmusterung nach Enzymaktivitäten in Mikrotiterplatten überträgt.

Unten: Ansicht einer automatisierten Screening-Straße der BRAIN AG. Eine Mitarbeiterin befüllt gerade das sogenannte „Mikrotiterplatten-Hotel" aus dem der Roboter die Mikrotiterplatten mit den vereinzelten Mikroorganismen entnimmt, sie aufwachsen lässt und automatisch nach Enzymaktivitäten durchsucht. Positive Kandidaten werden erkannt, und der Wissenschaftler kann sie für weitere Charakterisierungen aus den Platten entnehmen.
© Kristian Barthen, Archiv BRAIN AG

nen, muss man wissen, unter welchen Bedingungen (Temperatur, pH, Nährstoffe) man die Kultivierung durchführen muss. Wenn man nicht weiß, ob ein Organismus überhaupt besteht, kann man natürlich so gut wie gar nicht vorhersagen, bei welchen Bedingungen er in einem Labor wachsen wird. Ein unlösbares Problem! Die etablierten Kultivierungsbedingungen orientieren sich daher an den Bedingungen, unter denen Mikroorganismen in der näheren Umgebung der Menschheit wachsen, denn die ersten Mikroorganismen wurden ja auch genau dort gefunden.

So wählte man meistens eine Temperatur in der Nähe von 37 °C, einen neutralen pH-Wert und eine Zusammenstellung des Nährmediums, die sich an die Fundorte der ersten Mikroorganismen orientierte, wie zum Beispiel Milchbestandteile. Der Erfolg gab den Forschern zunächst Recht, denn die Zahl der identifizierten neuen Organismen wuchs atemberaubend schnell. Erst später fand man

Organismen auch an Stellen, die man schlichtweg als lebensfeindlich empfand und damit eigentlich für unbewohnbar erklärt hatte. So weiß man inzwischen, dass sich einige Mikroorganismen in saurem kochendem Wasser genauso wohl fühlen, wie andere bei Temperaturen um den Gefrierpunkt. Und auch die Vielzahl der möglichen Zusammenstellungen von Nährstoffen scheint schier unbegrenzt zu sein. Durch diese ungeheure Mannigfaltigkeit der Lebensbedingungen ist es schlicht und einfach unmöglich, jedem Organismus die geeigneten Wachstumsbedingungen zu bieten. Schätzungen zufolge sind wir Menschen in der Lage lage, **weniger als 1 % und wahrscheinlich weniger als 0,1 %, aller Mikroorganismen im Labor zu kultivieren**. Das bedeutet, dass wir mit den genannten traditionellen Methoden 99 % oder gar 99,9 % aller Organismen gar nicht erst für die Suche nach neuen Enzymen zur Verfügung haben.

Neue Methoden – die Erschließung des Metagenoms

Wie in allen Feldern der Biotechnologie hat uns auch im Bereich der Suche nach Enzymen die molekulare Biologie neue Methoden an die Hand gegeben, die noch vor 15 Jahren undenkbar waren.

Heutzutage sind wir in der Lage, sehr schnell und zu erschwinglichen Kosten die Erbinformation ganzer Organismen oder Habitate zu entschlüsseln. Die Summe aller Gene eines Organismus bezeichnet man als dessen **Genom**. Alle Gene, die sich in einem Habitat – wie zum Bespiel dem bereits genannten Termitenmagen – zum Zeitpunkt der Probenentnahme befinden, bezeichnet man als **Metagenom diese Habitats**. Die Erbinformation aus Genomen und Metagenomen wird in umfangreichen öffentlichen Datenbanken gesammelt, gepflegt und ist für jedermann im Internet zugänglich. Die Datenbanken kann man also nutzen, um die Suche nach einem Enzym im **Computer** – „*in silico*" – durchzuführen.

Als Ergebnis dieser *in silico*-Suche erhält man die Erbinformation von einem oder mehreren Enzymen, die prinzipiell in der Lage sind, die gewünschte Reaktion zu katalysieren. Man muss nun nur das Gen synthetisieren und kann dann mithilfe eines Mikroorganismus

Fortsetzung nächste Seite

das Enzym herstellen. In einem Laborexperiment kann man dann feststellen, ob es auch wirklich die vorhergesagte Reaktion katalysiert. Für die *in silico*-Suche muss man selbstverständlich am Beginn der Suche wissen, welchen Typ Enzym man sucht.

Dabei hilft dem Forscher die Einteilung der **Aminosäuresequenzen in sogenannte Familien**. Enzyme mit ähnlichen Aminosäuresequenzen, die in eine „Familie" von „verwandten" Enzymen eingeteilt werden, haben fast immer eine sehr ähnliche räumliche Struktur und katalysieren im Allgemeinen dieselbe chemische Reaktion. Dieselbe Beobachtung, die die Grundlage für die Einteilung von Enzymen in **Sequenzfamilien** war, ist die Erklärung dafür, dass man mit einer *in silico*-Suche nur Varianten von bestehenden Enzymen findet.

Unsere heutigen Möglichkeiten erlauben es leider noch nicht, sehr detaillierte Vorhersagen über die chemischen und physikalischen Eigenschaften eines Enzyms nur auf Basis der Sequenzinformation zu treffen. Wir können also trotz umfangreicher Datenbanken und einer schier endlos groß erscheinenden Datenbasis noch nicht vorhersagen, bei welchem pH-Wert und bei welcher Temperatur das Enzym am besten funktioniert, welche Substanzen es bevorzugt und wie effektiv es diese umsetzen wird. Um diese Eigenschaften kennenzulernen, ist es nach wie vor unumgänglich, das Enzym darzustellen und im Labor zu untersuchen. Die *in silico*-Enzymsuche wird in der Zukunft eine immer größere Bedeutung erlangen, weil die Sequenzinformationen in den Datenbanken nach wie vor exponentiell zunehmen und weil unsere Werkzeuge zur Vorhersage der Eigenschaften der Enzyme immer besser werden. Die Beschränkung auf Variationen von bereits bekannten Enzymen wird jedoch bestehen bleiben, denn alle Vorhersagen basieren nun mal auf bestehendem Wissen.

Eine zweite revolutionäre neue Entwicklung hat sich dank der neuen molekularbiologischen Methoden auch bei der Laborarbeit vollzogen. Es ist inzwischen möglich geworden, DNA aus beinahe jeder Umgebung zu isolieren und so zuzubereiten, dass man einen sogenannten **Wirtsorganismus** dazu bringen kann, mit dieser Erbinformation die Proteine herzustellen, für die die isolierte DNA-Probe die Erbinformation enthält. Dieser Wirtsorganismus ist in der Lage, in kurzer

Zeit sehr viele verschiedene Enzyme herzustellen und für Experimente bereitzustellen. Man kann also das Metagenom eines Habitats für die aktivitätsbasierte Suche nach Enzymen erschließen.

Neben der Tatsache, dass die aktivitätsbasierte Suche nicht von dem akkumulierten Wissen der Datenbanken beeinflusst wird, ist der größte Vorteil dieser Vorgehensweise die Tatsache, dass man in dem Moment, in dem ein aktives Enzym entdeckt wird, auch sehr schnell die dazugehörige Erbinformation finden kann, denn sie wurde ja durch den Forscher selbst in den Organismus gebracht. Nach der Isolation des Gens und der Entzifferung der DNA-Sequenz und damit auch der Aminosäuresequenz weiß man also rasch, um was für ein Enzym es sich handelt, und kann auch sehr schnell mehr Enzym für weitere Untersuchungen gezielt herstellen. Im Erfolgsfall kann dann auch vergleichsweise schnell ein Produktionsstamm entwickelt werden.

Das **aktivitätsbasierte Durchmustern des Metagenoms** erlaubt es, bisher völlig unbekannte Enzyme zu finden. Der Preis für den Zugriff auf die unbegrenzte und nicht vorselektierte Vielfalt, die das aktivitätsbasierte Durchsuchen dieser „Metagenombanken" bietet, ist der Zwang, sehr viele Proben durchmustern zu müssen, bevor man einen „Treffer" hat. Darum verfügen Labors, die diese Enzymsuche durchführen, über vollautomatische Roboteranlagen, die es erlauben, mehrere Hunderttausend oder sogar bis in die Millionen gehende Klonzahlen pro Tag zu durchmustern und interessante Kandidaten zu identifizieren.

Wie wird sich die Suche nach Enzymen weiterentwickeln?

In der Natur wird eine ungeheure Vielfalt an chemischen Reaktionen unter sehr unterschiedlichen Reaktionsbedingungen katalysiert. Aus den gigantischen Mengen an DNA- und Aminosäuresequenzen, die sich heute schon in den entsprechenden Datenbanken befinden, lässt sich ableiten, dass es praktisch eine unbegrenzte Zahl an möglichen Kandidaten gibt, um eine chemische Reaktion für technische Zwecke durch einen biologischen Katalysator katalysieren zu lassen. Um den Entdeckungsprozess noch weiter beschleunigen zu können, wird es notwendig sein, schon auf Basis der Aminosäuresequenz eines

Proteins entscheiden zu können, ob es in der Lage ist, eine bestimmte Reaktion unter den vorgegebenen Bedingungen in einem Reaktor durchzuführen.

Die heutigen Techniken der Bioinformatik erlauben es uns bereits, in dem Genom eines Organismus alle Gene und damit Proteine zu identifizieren und auch anzugeben, um was für ein Protein es sich höchstwahrscheinlich handelt. Wenn das in dem Organismus identifizierte Protein ein Enzym ist, sind Wissenschaftler oftmals auch in der Lage, sehr genau vorherzusagen, welche Reaktion wohl katalysiert wird, welcher chemische Mechanismus abläuft und ob das Enzym Cofaktoren für die Katalyse benötigt.

Diese Möglichkeiten wurden in den letzten 15 Jahren entwickelt und basieren auf den gesammelten experimentellen Daten von mehr als 100 Jahren. Eine wichtige Rolle bei allen Vorhersagen spielt die Kenntnis der räumlichen Struktur der Enzymmoleküle, die jedoch noch immer nicht sehr präzise gelingt.

In den nächsten Jahren werden die experimentellen katalytischen Daten die Basis unseres Wissens verstärken und können die katalytischen Eigenschaften an die Aminosäuresequenzen bereits bekannter Enzyme gekoppelt werden. Diese Erweiterung unserer Wissensbasis wird dazu führen, dass wir immer mehr **Eigenschaften von Proteinen schon anhand der Sequenz vorhersagen** können. Zu gleicher Zeit werden auch alle Werkzeuge der Molekularbiologie weiterhin verbessert, und die Durchführung von Experimenten zur Bestimmung der katalytischen Kenndaten von Enzymen wird durch weitgehende Robotisierung und Datenverarbeitung wesentlich vereinfacht werden Mit anderen Worten, die **Entdeckung eines neuen Biokatalysators wird noch schneller ablaufen können**, als es heute schon der Fall ist.

Die Entdeckungsreisen der Forscher der vergangenen Jahrhunderte werden sich wohl immer mehr in das Labor oder sogar den Computer verlagern. Vorläufig gibt es aber auch für die Abenteurer unter den Forschern genug zu tun, die Basis unseres Wissens zu vergrößern, denn ohne experimentelle Daten aus dem Feld kann es keine sinnvollen Vorhersagen über Struktur und Funktion von unbekannten Enzymen geben.

Wolfgang Aehle
Siehe Box 2.9, S. 54

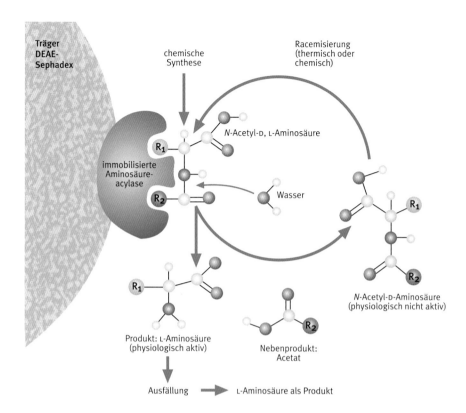

Träger
DEAE-
Sephadex

chemische
Synthese

Racemisierung
(thermisch oder
chemisch)

N-Acetyl-D, L-Aminosäure

R₁

immobilisierte
Aminosäure-
acylase

R₂

Wasser

R₁

N-Acetyl-D-Aminosäure
(physiologisch nicht aktiv)

R₂

R₁

R₂

Produkt: L-Aminosäure
(physiologisch aktiv)

Nebenprodukt:
Acetat

Ausfällung ➤ L-Aminosäure als Produkt

Abb. 2.34 Der erste industrielle Prozess (1969, Tanabe Seiyaku, Japan) mit immobilisiertem Enzym: Auftrennung von chemisch erzeugter Acetyl-D,L-Aminosäure durch Aminoacylase in physiologisch aktive L-Aminosäure (schwer löslich, kristallisiert aus) und inaktive Acetyl-D-Aminosäure, die thermisch oder chemisch wieder in die Ausgangsform überführt werden kann (Gemisch aus D- und L-Form). Bei entsprechender Prozessführung lässt sich so der gesamte Rohstoff nutzen.

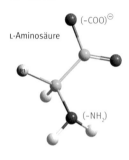

L-Aminosäure

$(-COO)^{\ominus}$

$(-NH_2)$

relative Kosten in %

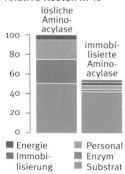

lösliche Amino-acylase

immobilisierte Amino-acylase

100
80
60
40
20
0

■ Energie
■ Immobi-lisierung
■ Personal
■ Enzym
■ Substrat

Abb. 2.35 Vergleich der Produktionskosten bei Einsatz löslicher und immobilisierter Aminoacylase (nach Angaben von Tanabe Seiyaku, Japan)

Aminosäuren wie **Lysin** und **Methionin** können von Nicht-Wiederkäuern, z.B. Menschen, Hühnern und Schweinen, nicht oder nur mit ungenügender Geschwindigkeit synthetisiert werden und müssen mit der Nahrung zugeführt werden. Man nennt sie deshalb **essenziell** (unentbehrlich). Der Bedarf an essenziellen Aminosäuren als Futtermittelzusätze und für medizinische Zwecke (Infusionslösungen) nimmt rasch zu. Gegenwärtig werden fermentative und chemische Methoden zur industriellen Herstellung von L-Aminosäuren (siehe Kap. 4) anstelle der konventionellen Isolierung aus Eiweißhydrolysaten eingesetzt. Chemisch synthetisierte Aminosäuren sind aber optisch inaktive Gemische (**Racemate**) von D- und L-Isomeren. Nur die optische L-Form (Ausnahme: Methionin) ist physiologisch aktiv, und nur sie wird für die Medizin, für Sportler (Abb. 2.32) und für Futtermittel benötigt.

Ichiro Chibata (Abb. 2.23) und seine Gruppe entwickelten in Japan einen Prozess, bei dem chemisch produzierte Racemate von Acetyl-D,L-Aminosäuren enzymatisch in L-Aminosäuren und unhydrolysierte Acetyl-D-Aminosäuren gespalten werden (Abb. 2.34). Die gewünschte L-Aminosäure lässt sich danach aufgrund ihrer verringerten Löslichkeit leicht von der acetylierten D-Aminosäure abtrennen. Die nicht erwünschte D-Ami-

nosäure wird wieder zur chemischen Synthese des Racemats verwendet. Zunächst wurde dieser Prozess mit löslicher **Aminoacylase** aus Nieren oder *Aspergillus oryzae* durchgeführt, wobei man auf die Wiedergewinnung des Enzyms verzichtete.

Für bestimmte Zwecke (z. B. für aminosäurehaltige Infusionslösungen) musste jedoch die „**Enzymverunreinigung**" sehr aufwendig wieder entfernt werden, um immunologische Abwehrreaktionen bei den Patienten zu vermeiden. Das führte zu Ausbeuteverlusten und zusätzlichen Kosten. Die **Immobilisierung** bot sich als Ausweg an. Das Enzym band man dabei unkompliziert und billig durch **Adsorption** (Anheftung) an einen Träger (DEAE-Cellulose-Kugeln, Abb. 2.34). Es ist recht stabil: In 65 Tagen sank seine Aktivität nur auf die Hälfte ab. Die Firma Tanabe Seiyaku aus Osaka hatte somit zum **ersten Mal immobilisierte Enzyme industriell genutzt**.

Seit 1969 werden mit diesem Verfahren die Aminosäuren L-Phenylalanin, L-Valin und L-Alanin industriell produziert (Abb. 2.34 und Kap. 4).

Die **Gesamtkosten des Prozesses** bei immobilisierter Aminoacylase liegen um etwa 40 % niedriger als bei löslichem Enzym (Abb. 2.35). Da der Prozess weitgehend automatisiert ist, werden Personalkosten eingespart, die Katalysatorkosten

Abb. 2.36 Katerbaby Fortune genießt lactosefreie Milch, die durch Enzymbehandlung mit immobilisierter Lactase (β-Galactosidase) hergestellt wurde. Lactase spaltet Lactose in Glucose und Galactose.

Box 2.12 Biotech-Historie: Der Enzymmembranreaktor und Designer-Bakterien

Im Sommer 1973 gab mir Professor **Karl Schügerl**, der Altmeister der Technischen Chemie in Deutschland, den besten Rat meines Lebens: „Wandrey, warum machen Sie nicht mal etwas vollkommen anderes und studieren Biotechnologie bei Professor Kula?"

Maria-Regina Kula (geb. 1937), zu diesem Zeitpunkt bereits eine Kapazität auf dem Gebiet der Biotechnologie, erklärte sich bereit, sich irgendwo zwischen Hannover und Braunschweig in einer Autobahnraststätte mit mir zu treffen. Das schien die zeitsparendste Lösung zu sein. Ich ging dahin, weil es mir aufgetragen worden war, erwartete aber nicht viel von diesem Gespräch.

Entgegen meiner Erwartungen hatte dieses Treffen jedoch weitreichende Folgen – eine davon ist beispielsweise, dass die heute in der Aminosäureproduktion weltweit führenden Japaner L-Methionin aus Deutschland importieren.

Bei meinem ersten Besuch in Kulas Labor stellte ich all die naiven Fragen, die ein Verfahrenstechniker einem Biochemiker nur stellen kann.

„Überleben diese – wie-nennen-Sie-die-doch-gleich – Enzyme wirklich eine Ultrafiltration?"

Ihre Antwort hätte es nicht besser auf den Punkt bringen können:
„Warum machen wir das wohl?"

„Und Verunreinigungen kann man mit Wasser abspülen?"

„Selbstverständlich!"

Interessant. Und wenn man eine Substratlösung über ein Enzym laufen lässt, sollte man ein Produkt erhalten. Durch Hinzufügen einer Membran könnte man das Produkt von den Enzymen trennen und die Enzyme im Reaktor für weitere Umsetzungen nutzen. Zu jener Zeit war die **Immobilisierung von Enzymen** sehr in Mode. Enzyme wurden vernetzt, kovalent gebunden oder in Gele eingebettet. Das einzige Problem dabei: Recht häufig büßten sie durch diese Behandlung ihre Aktivität ein. Hier setzte unser vollkommen anderer Ansatz an.

Die Membran behinderte die Enzymaktivität nicht, und das Enzym wurde sogar noch vom

Hermann Sahm, Maria-Regina Kula und Christian Wandrey

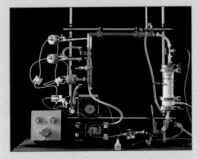

Der erste EMR

Der Degussa-EMR in Nanning

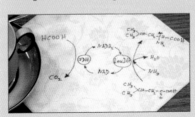

Die historische Tasse Kaffee, bei der uns die Idee für die Regenerierung des Cofaktors kam: hingekritzelt auf eine Papierserviette

Produkt getrennt. Der **Enzymmembranreaktor** (EMR) war geboren.

Der EMR bot den zusätzlichen Vorteil, dass man Enzyme nachfüllen konnte, was bei fixierten Systemen nicht möglich ist.

Erst später fand ich heraus, dass **Alan Michaels** (nach dem AMICOM benannt worden ist) schon 1968 eine ähnliche Idee veröffentlicht, diese aber nie in die Praxis umgesetzt hatte. Leider war unsere hervorragende Idee somit nicht mehr patentierbar.

Wir probierten es zunächst einmal mit Aminoacylase, einem Enzym, das **Ichiro Chibata** bei Tanabe Seiyaku in Japan erfolgreich auf Ionenaustauschern fixiert hatte. Es funktionierte, und das Produkt in der ultrafiltrierten Lösung wurde anschließend mittels eines Durchflusspolarimeters quantitativ bestimmt.

Unseren ersten EMR-Prototyp kann man mittlerweile im Deutschen Museum unter den „100 wichtigsten technischen Neuerungen" bewundern. Laut Beschilderung soll der Reaktor 75 % des weltweiten Bedarfs an L-Methionin herstellen. Das gilt natürlich nicht für den Zehn-Milliliter-Reaktorprototyp!

Im Jahr 1981 wurde in Konstanz der erste EMR fertiggestellt. 2005 nahm der deutsche Chemiekonzern **Degussa** (heute: Evonik) in Nanning, China, eine EMR-Anlage mit einer jährlichen Produktionskapazität von 500 Tonnen L-Methionin in Betrieb.

Warum kann man L-Methionin eigentlich nicht durch Fermentation herstellen? Die Biosynthese von schwefelhaltigen Aminosäuren ist (bislang) einfach zu kompliziert.

Kaffeepause im Zug und Regenerierung des Cofaktors

Nach meiner Promotion saß ich 1976 mit Professor Kula auf der Rückreise von einer Biotechnologie-Konferenz im Zug, und wir nippten an einem Kaffee. Auf der Konferenz hatte jemand die Möglichkeit angedeutet, unter Verwendung von Glucose-Dehydrogenase **Gluconsäure** herzustellen. Der einzige Haken an der Sache war, dass dazu der **Cofaktor NAD+** benötigt wurde, der ein Vermögen kostete und den Preis für industriell hergestellte Gluconsäure unermesslich in die Höhe getrieben hätte.

Beim Umrühren meines Kaffees drehten sich auch meine Gedanken im Kreis – oder sollte ich besser sagen in Zyklen? Wie wäre es, wenn man den Cofaktor recyceln könnte?

Professor Kula meinte, man könne den teuren Cofaktor NADH aus NAD⁺ mittels einer Dehydrogenase wieder recyceln, es gäbe aber eine noch bessere Möglichkeit – **Formiat-Dehydrogenase** (**FDH**). Ihr Kollege **Hermann Sahm** hatte diese in der Hefe *Candida boidinii* entdeckt, und Maria-Regina Kula hatte sie gereinigt. FDH produziert aktiven Wasserstoff in Form von NADH und CO_2. Das gasförmige CO_2 würde von selbst aus dem Reaktionsgemisch entweichen, und Ameisensäure war spottbillig. Schnell war die Reaktion auf eine Serviette gekritzelt.

Die kontinuierliche Freisetzung von CO_2 würde das Gleichgewicht hin zu einer gesteigerten Produktion verlagern.

Von Minute zu Minute wuchs unser Enthusiasmus: Vielleicht sollten wir besser Ammoniumformiat nehmen, das könnte als Stickstoffquelle für die reduktive Aminierung von α-Ketosäuren (in der modernen Nomenklatur 2-Oxosäuren) dienen.

Zu jener Zeit stellte man L-Aminosäuren durch **Racemattrennung** her, wodurch man jedoch nur eine Ausbeute von 50 % erhielt. Daher war ein zusätzliches Recycling erforderlich. Unsere Methode ergab, zumindest theoretisch, eine Ausbeute von 100 %. Es schien nach dem heutigen Sprachgebrauch eine Win-win-Strategie zu sein.

Das Ausgangsmaterial, die α-Ketosäuren, lassen sich einfach chemisch synthetisieren.

Gesagt, getan – wir begannen mit Leucin-Dehydrogenase, von der eine ansehnliche Menge in Maria Kulas Kühlschrank lagerte.

Um das Ganze auf die Spitze zu treiben, stellten wir nicht nur natürliches essenzielles Leucin her, sondern auch eine künstliche Version, das sogenannte *tert*-Leucin. Dieses artifizielle Leucin kann in künstlich hergestellte Peptide eingebaut werden, ohne deren Wirkung zu beeinträchtigen. Diese künstlichen Proteine können durch die Proteasen im Blut nicht einfach abgebaut werden und sind dadurch stabiler als natürliche Peptide. Das sah nach einem genialen Kassenschlager aus.

So weit, so gut, aber was war mit diesen kleinen NAD⁺- und NADH-Molekülen, die zusammen mit dem Produkt die Membran passierten und ersetzt werden mussten, anstatt sie zu recyceln? Wir überlegten, dass man deren Molekülmasse beträchtlich erhö-

hen müsste, ohne jedoch ihre Wasserlöslichkeit zu beeinflussen. Dafür benötigten wir eine Trägersubstanz, an die NAD binden konnte; Polystyrol- oder Sephadexkügelchen kamen jedoch nicht infrage, da beide nicht wasserlöslich sind.

Coenzyme sind Transportmetaboliten, d. h. sie fungieren als Zubringer zwischen verschiedenen Enzymen und sind äußerst mobil. Man kann sie mit einem Pendel vergleichen (siehe Karikatur).

Die Lösung war, NAD⁺ an Moleküle von **Polyethylenglykol** (**PEG**) zu binden, die vollständig wasserlöslich sind. Der verstorbene **Fritz Andreas Bückmann** von der Gesellschaft für Biotechnologische Forschung in Braunschweig beherrschte die Kunst der Synthese in- und auswendig. Er koppelte NAD⁺ and PEG – und es funktionierte!

Die Dehydrogenasen kamen mit dem an die Trägersubstanz gebundenen, hochmolekularen NAD⁺ von ungefähr 20 000 Dalton zurecht, weil es leicht wasserlöslich war. Sie verhielten sich wie Hunde, die an ihrer Hütte angekettet sind, und blieben selbst im immobilisierten Zustand im EMR hochreaktiv.

Um beim Bild des Pendels zu bleiben: Das NAD-Pendel wird von der FDH mit zwei Wasserstoffatomen beladen. Es schwingt zur Aminosäure-Dehydrogenase, die diese zwei Wasserstoffe aufnimmt und zur Synthese verwendet. Das „leere" Pendel schwingt zurück zur FDH und so weiter...

Schon bald konnten meine Studenten in Jülich berichten, dass sich die Coenzym-Pendel 10 000 Mal verwenden ließen, später konnten sie damit sogar 30 000 Zyklen ablaufen lassen. Ich lobte eine Flasche Sekt für denjenigen aus, dem es gelänge, die Zahl der Zyklen auf 100 000 zu steigern.

„Wie wäre es mit einer Flasche Champagner für 200 000 Zyklen?" fragte daraufhin eine aufgeweckte Doktorandin. Schließlich musste ich sogar drei Flaschen Champagner für 600 000 Zyklen zahlen. Was hatte ich da für eine tolle Truppe von Studenten beisammen!

Die Zukunft – der Zellmembranreaktor

Wie sieht die Zukunft der EMRs aus?

Die Ultrafiltrationsmembranen sind mittlerweile weiterentwickelt und derart verfeinert worden, dass sie die Cofaktoren auch ohne PEG zurückhalten können. Zudem ist der

Der Nobelpreisträger Otto Heinrich Warburg auf einer deutschen Briefmarke: Warburg erforschte die Struktur von NAD und NADP.

Preis für NAD auf 1,00 Euro pro Gramm gefallen, sodass ein gewisser Verlust von NAD zu verschmerzen ist.

Bakterienzellen sind als Enzymmembranreaktoren immer noch unübertroffen.

Manche wurden gentechnisch verändert, damit sie sowohl mehr von den gewünschten Enzymen produzieren als auch deren Cofaktoren regenerieren. In mehreren Firmen produziert man so z. B. chirale Alkohole. Diese Designer-Bakterien kann man auch als Zellmembranreaktoren ansehen, die innerhalb eines Reaktors mit technischer Membran hocheffizient arbeiten.

Zurück zur Natur!

Christian Wandrey begann seine Karriere als Doktorand an der Universität Hannover und promovierte 1973. Von 1974 bis 1977 war er in Hannover Assistenzprofessor und wechselte dann an die Universität Clausthal. 1979 erhielt er einen Lehrstuhl für Biotechnologie an der Universität Bonn und wurde Direktor am Institut für Biotechnologie am Forschungszentrum Jülich.
Prof. Wandrey veröffentlichte mehr als 300 wissenschaftliche Artikel, ist Inhaber von 100 Patenten und half seinen früheren Studenten bei der Gründung eigener Biotech-Firmen. Er erhielt namhafte Auszeichnungen wie den Philip-Morris-Forschungspreis, die Gauß-Medaille, den Wöhler-Preis und den Solvay-Preis.

Box 2.13 Expertenmeinung: BioÖkonomie

Die Europäische Union hat sich 2016 im Pariser Klimaschutzabkommen verpflichtet, die CO_2-Emission bis 2050 um 80-95% im Vergleich zu 1990 zu senken. Ein solch ehrgeiziges Ziel ist nur erreichbar, wenn Verbraucher und natürlich alle Industriebereiche mitziehen. Dabei ist der Klimaschutz ein entscheidendes Ziel, aber auch die Abkehr von den bekanntlich begrenzten Vorräten fossiler Kohlenstoffquellen lässt die Industrie nach Alternativen suchen. Dabei gehen heute rund 95% der fossilen Rohstoffe in den Energiesektor (Wärme, Treibstoff, Strom) und 5% in die stoffliche Verwertung (Chemie). Die in Deutschland wichtige Chemieindustrie – immerhin die viertgrößte der Welt – hängt zu 87% von Erdöl, Gas und Kohle ab. Erst 13% der Chemieprodukte werden aus tierischen Fetten, pflanzlichen Ölen, aus Cellulose, Stärke und Zucker hergestellt. Dazu gehören beispielsweise Ergänzungsstoffe für Nahrungs- und Futtermittel, Kunststoffe, Klebstoffe, Kosmetika u.v.m. Die Chemieindustrie möchte in Zukunft deutlich mehr Produkte auf Basis nachwachsender Kohlenstoffquellen produzieren. Darunter versteht man forst- und landwirtschaftliche Produkte wie Fette und Öle, Kohlenhydrate wie Stärke und Zucker, Stroh und Holz (Lignocellulose). Das sollen die nachhaltigen Rohstoffe unserer zukünftigen Wirtschaft – der Bioökonomie sein, die daraus Lebens- und Futtermittel, Energie und eben auch Chemieprodukte herstellen soll. Dabei ist die industrielle Biotechnologie ein Schlüssel zur nachhaltigen Herstellung von speziellen Chemieprodukten wie den o.g., aber auch Vorstufen für die chemische Synthese oder Energieträgern wie Bioethanol.

In vielen Chemieunternehmen ist die industrielle Biotechnologie etabliert, aber gerade zurzeit entwickelt die Wissenschaft so grundlegend bahnbrechende Technologien, dass sich der Biotechnologie ganz neue und große Anwendungsfelder eröffnen. Bevor wir zu diesen kommen, wollen wir zunächst ein bewährtes Verfahren beschreiben.

L-Lysin

Die Aminosäure L-Lysin wird im Maßstab von 1,2 Millionen Tonnen durch Fermentation hergestellt. Es ist eine essenzielle Aminosäure, die die Nachhaltigkeit und Umweltver-

Zuckerherstellung

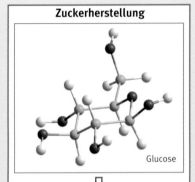

Glucose

⇩

Fermentation

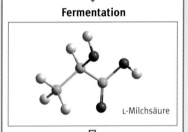

L-Milchsäure

⇩

chemische Polymerisierung

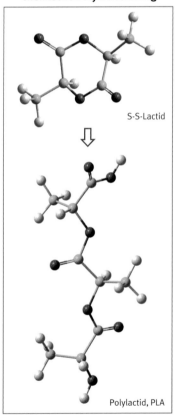

S-S-Lactid

⇩

Polylactid, PLA

Abb. 1 Herstellung von PLA aus Zucker über Fermentation und Polymerisierung

träglichkeit der Zucht von Schweinen und Geflügel erhöht und z.B. auch in Infusionslösungen unabdingbar ist. Praktisch alle Mikroorganismen synthetisieren sie aus Zucker, aber *Corynebacterium glutamicum* hat den zusätzlichen Vorteil, sie mit einem aktiven Exkretionssystem aus der Zelle auszuschleusen. Deshalb ist dies die Spezies der Wahl für die industrielle Produktion. Dabei werden die Mikroorganismen in Fermentern vemehrt, die bis zu 500 000 Liter einer zuckerhaltigen Nährlösung enthalten. Jeder Milliliter dieses sogenannten Mediums enthält mehr als eine Millarde dieser Bakterien, sodass im gesamten Fermenter 1016 bis 1017 Zellen Lysin ausscheiden. Synthetisieren diese Zellen nur Lysin? Nein, natürlich nicht. Sie synthetisieren auch alle anderen 20 Aminosäuren, daraus Enzyme und Biomasse. Sonst könnten sie sich gar nicht vermehren. Aber die industrielle Biotechnologie möchte natürlich erreichen, dass die Zellen den Zucker bevorzugt zu Lysin umsetzen.

Deshalb verwenden die Wissenschaftler einen Trick: In den sogenannten Produktionsstämmen wird der Biosyntheseweg so verändert, dass der Metabolitfluss in der Zelle bevorzugt in die Lysinbiosynthese geht und nur so viel wie unbedingt für die Zelle nötig zu anderen Produkten. In diesem Fall ist die Aspartat-Kinase das Schlüsselenzym. Wenn sie durch das Endprodukt Lysin nicht mehr gehemmt wird, kann die Zelle die Lysinproduktion fast nicht mehr stoppen. Alle Lysinproduzenten haben deshalb diese Mutation.

Festzuhalten bleibt, dass die Biotechnologie hier einen natürlicherweise vorhandenen Stoffwechselweg nutzt und so verändert, dass die Zellen für die industrielle Produktion geeignet sind. Dieses Verfahren ist auch deshalb schon lange erfolgreich, weil L-Lysin durch chemische Synthese gar nicht erreichbar wäre. Es gibt also keine Alternative zur Biotechnologie. Führend in der Biologie der Lysin-Biosynthese ist z.B. in Deutschland Evonik Industries.

PLA

Milchsäure ist ein ähnliches biotechnologisches Produkt. Zellen produzieren sie natürlicherweise aus Zucker – z.B. in Joghurt. In vergleichbarer Weise wie für L-Lysin beschrieben kann auch hier durch Veränderung des Stoffwechselweges eine Überproduktion erreicht werden. In den USA hat Cargill-Dow, das spätere Joint Venture NatureWorks, die chemische Weiterverarbeitung von Milchsäure untersucht. Tatsächlich ist Milchsäure ein geeigneter Ausgangsstoff für die chemische Synthese des Biopolymers Polymilchsäure (englisch PLA; *poly-lactic acid*), aus dem sich z.B. Verpackungen für Lebensmittel herstellen lassen (Abb. 1). In Europa ist das niederländische Unternehmen Corbion in der Produktion von PLA führend und z.B. Danone füllt Joghurt in PLA-Becher ab. Das Material ist in seinen Eigenschaften dem auf Erdöl basierenden chemischen Kunststoff PET (Polyethylenterephtalat) sehr ähnlich. Damit weist PLA zwei wichtige Eigenschaften auf: Es ist erstens ein Produkt der Kombination eines biotechnischen und eines chemischen Verfahrens, und zweitens kann dieser Kunststoff auf Basis von Zucker andere erdölbasierte Polymere ersetzen.

PDO

PLA lässt schon einmal einen Schimmer des Potenzials der Biotechnologie in der Chemieindustrie aufblitzen, indem tatsächlich ein natürliches Produkt von Mikroorganismen als Vorstufe für die Polymersynthese geeignet ist. Allerdings ist es ja geradezu das Wesen der Chemie, immer neue Moleküle zu synthetisieren und damit Arzneimittel, modernen Automobil- und Flugzeugbau sowie die von uns geschätzten Sportgeräte überhaupt erst möglich zu machen. Wenn die Biotechnologie nur Moleküle bereitstellte, die die Natur entwickelt hat, wäre das Ende der Anwendungsmöglichkeiten in der Chemie schnell erreicht. Tatsächlich ist es in Deutschland dem Fraunhofer-Institut gelungen, mit 1,3-Propandiol (PDO) einen für die Chemie wertvollen Ausgangsstoff biotechnologisch zu erzeugen, obwohl die Natur dieses Molekül an sich nicht kennt. Keine Zelle der Welt verfügte deshalb über den Stoffwechselweg, PDO zu erzeugen, und konnte somit wie bei Lysin und PLA Ausgangspunkt für die Entwicklung eines Produktionsstamms sein. Forschern von Dupont (USA) gelang es schließlich, bekannte Stoffwechselwege in *Escherichia coli* so zu kombinieren, dass diese Zellen tatsächlich aus Zucker PDO – und damit ein für die Natur vollkommen neues Molekül – produzierten (Abb. 2). Heute ist PDO der Ausgangsstoff für Textil- und Teppichfasern und erfolgreich auf dem Markt.

Abb. 2 1,3-PDO wird von *Escherichia coli* mit Gensequenzen aus *Klebsiella pneumoniae* und *Saccharomyces cerevisiae* synthetisiert.

Maisstärke, Rüben- und Rohrzucker sowie deren Biomasse und Holz liefern nachwachsende Rohstoffe.

Neue genetische Methoden (z.B. CRISPR) stellen der sogenannten synthetischen Biotechnologie Werkzeuge zur Verfügung, die das Spektrum biotechnologischer Chemikalien zukünftig stark erweitern können. So ist das französische Unternehmen Global Bioenergies in der biotechnologischen Herstellung der Grundchemikalie Isobuten weit fortgeschritten.

Damit ist der Nachweis erbracht, dass Zucker und andere nachwachsende Rohstoffe tatsächlich das Potenzial haben, Erdöl als wesentlichen Rohstoff der Chemieindustrie zu ersetzen.

Kohlenstoffquellen

Doch wie immer kann ein scheinbar gelöstes Problem ein neues erzeugen. Zucker und pflanzliche Fettsäuren sind auch Lebensmittel. Gehen große Teile davon in die Herstellung von Energie und Chemikalien, könnte es zu einem problematischen Wettbewerb zwischen Agrarflächen für Ernährung und industrielle Anwendungen kommen. Deshalb fordert der von der Bundesregierung berufene Deutsche Bioökonomierat zu Recht Priorität für Nahrungsmittel und auch die Chemieindustrie hat schon frühzeitig entschieden, auf nicht als Lebensmittel, geeignete Rohstoffe (*non-food*) zu setzen. So lassen sich landwirtschaftliche Nebenprodukte wie Stroh und Dreschabfälle nutzen. Diese Biomasse besteht aus Lignocellulose, die ihrerseits aus Lignin und Zuckern aus sechs (C6) und fünf Kohlenstoffen (C5) besteht. Die Zucker und das Lignin können chemisch oder auch biotechnologisch voneinander getrennt und einzeln verwertet werden. Die freigesetzten C6-Zucker können direkt in etablierte Fermentationsprozesse eingespeist werden, während die meisten Produktionsstämme für die Verwertung von C5-Zuckern erst genetisch „trainiert" werden müssen. Lignin, das in Stroh und in Holz 20–30 % des Kohlenstoffs ausmacht, ist allerdings sehr stabil und kann deshalb bisher nicht stofflich, sondern nur energetisch genutzt werden. Neben Lignin sind C5- und C6-Zucker auch Bestandteil von Holz, sodass es möglich ist, die Bioökonomie auch auf Holz aufzubauen. Erste Anlagen zur Herstellung von Bioethanol auf Basis von Lignocellulose laufen in den USA und Italien, Corbion plant die entsprechende Produktion von PLA und Global Bioenergies arbeitet auch an derartigem Isobuten. Non-food-Biomasse stünde also der Chemieindustrie in großem Umfang zur Verfügung, wobei derzeit allerdings nur 70–80 % des Kohlenstoffs – die Zucker – genutzt werden können.

Aber auch hier erscheint ein Ausweg am Horizont. Man kann Biomasse auch zu Synthesegas (CO_2, CO, H_2) verarbeiten, wobei fast 100 % des Kohlenstoffs umgesetzt werden. Ausgesprochene Spezialisten unter den

Fortsetzung nächste Seite

Mikroorganismen – z.B. Clostridien – sind in der Lage, aus diesen sogenannten C1-Körpern die komplexe Vielfalt biologischer Metabolite aufzubauen. Könnte es gelingen, solche Organismen zu Plattformen für die Fermentation von Chemieprodukten zu entwickeln? Die Herstellung von Ethanol auf Basis von CO hat bereits den industriellen Demonstrationsmaßstab erreicht, und an weiteren Produkten arbeitet z.B. Global Bioenergies (Isobuten).

Synthesegas aus Biomasse – liegt dann nicht der Schritt nahe, auch organische Abfälle wie z.B. Siedlungsabfälle für Synthesegas oder CO_2 aus Rauchgasen der Energiewirtschaft oder CO der Stahlherstellung und die Kohlenstoff-Emission weiterer Industrien zu nutzen? Tatsächlich baut der Stahlkonzern ArcelorMittal in Gent (Belgien) eine Demonstrationsanlage zur biotechnologischen Herstellung von Ethanol aus Synthesegas, die 2018 in Betrieb gehen soll.

Wertschöpfungskette

Dass solche Verfahren wirklich umwälzend sind, zeigt sich daran, dass sie etablierte Industrien von Grund auf verändern können. Wer hätte vor 20 Jahren gedacht, dass die Holzwirtschaft deutscher Buchenwälder Rohstofflieferant für die Chemieindustrie werden oder eine Fermentation ihren Kohlenstoff aus einem Stahlwerk in Belgien beziehen könnte! Und dass eine solche industrielle Revolution auf unscheinbaren Mikroorganismen und ihren Enzymen – den wichtigsten Werkzeugen der industriellen Biotechnologie – beruhen könnte!

Die Entstehung neuer Wertschöpfungsketten ist tatsächlich schon Realität (Abb. 3). So wird die Landwirtschaft Zulieferer für die Rohstoffindustrie der Chemie. Etablierte Beispiele sind die eingangs beschriebenen Produkte L-Lysin, Milchsäure und 1,3-Propandiol. Die Chemie nimmt diese Vorstufen auf, produziert Zwischenprodukte wie z.B. PLA und PDO-basierte Polymere, die schließlich von den Endproduzenten zu den vielfältigen Produkten verarbeitet werden, die wir als Konsumenten kaufen und schätzen.

Prioritäten

Wie eingangs bemerkt, soll die Bioökonomie den zukünftigen Bedarf an Ernährung, Energie und Chemie befriedigen. Angesichts der Größe der fossilbasierten Wirtschaft ist dies eine gewaltige Herausforderung insbesondere bezüglich des Rohstoffbedarfs. Die Erweiterung des biotechnologisch nutzbaren Rohstoffspektrums von primärer (Zucker, Öle) und sekundärer (Lignocellulose) Biomasse zu gasförmigem Kohlenstoff unterschiedlicher Quellen ist dabei ein zukunftsweisender Beitrag auch in Richtung einer Kreislaufwirtschaft. Dennoch bleibt festzuhalten, dass angesichts der wachsenden Weltbevölkerung eine Limitierung biobasierter Kohlenstoffquellen nicht auszuschließen ist. Es kommt deshalb darauf an, für deren Nutzung die richtigen Prioritäten zu setzen. Ernährung bleibt vorrangig. In dem bisher bei weitem größten Kohlenstoff verbrauchenden Sektor, der Energie, stehen kohlenstofffreie Alternativen zur Verfügung (Solar-, Wind-, Geoenergie, Wasserkraft, in manchen Ländern auch Atomkraft), die möglichst weitgehend genutzt werden müssen. Die organische Chemie hängt dagegen vollständig von Kohlenstoff ab. Sie sollte deshalb nach der Ernährung an zweiter Stelle priorisiert werden. Nur so kann die Bioökonomie langfristig Ernährung, Klimaschutz und Wohlstand sichern.

Manfred Kircher
ist Vorsitzender des Beirats von KADIB und CLIB2021 mit mehr als 30 Jahren Erfahrung in der Chemieindustrie und Bioökonomie. Regionale und internationale Bioökonomiestrategien sowie die Bildung bioökonomischer Konsortien sind seine Arbeitsschwerpunkte.
Stationen seiner Karriere sind biotechnologische Forschung (Degussa AG, Deutschland), Produktion (Fermas s.r.o., Slowakei), Venture Capital (Burrill & Company, USA), Industriekooperation (Evonik Industries AG, Deutschland), der Aufbau des Clusters industrielle Biotechnologie CLIB2021 e.V. und die Beteiligung an dem Beratungsunternehmen KADIB.

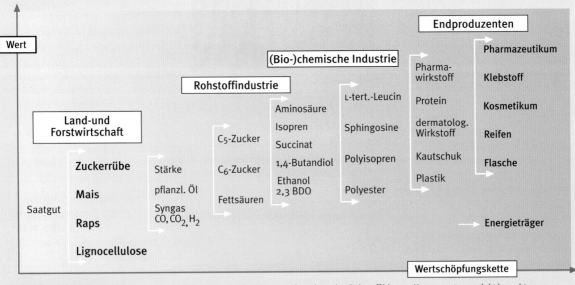

Abb. 3 Die Wertschöpfungskette der industriellen Biotechnologie vom nachwachsenden Rohstoff bis zum Konsumentenprodukt braucht ganz unterschiedliche Industrien.

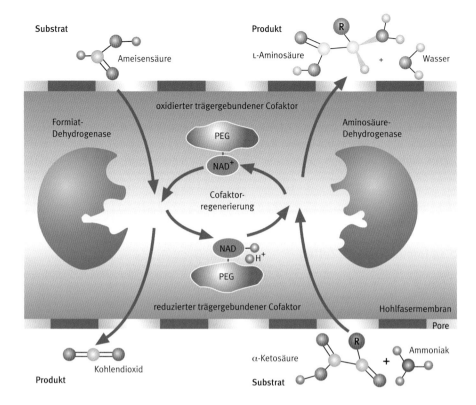

Substrat

Ameisensäure

Produkt

L-Aminosäure

R

+ Wasser

Formiat-
Dehydrogenase

oxidierter trägergebundener Cofaktor

PEG

NAD$^+$

Cofaktor-
regenerierung

NAD

H$^+$

PEG

reduzierter trägergebundener Cofaktor

Aminosäure-
Dehydrogenase

Hohlfasermembran

Pore

Kohlendioxid

Produkt

α-Ketosäure

R

+

Ammoniak

Substrat

Abb. 2.37 Prinzip des Enzym-
membranreaktors zur Produktion
von L-Aminosäuren (z. B. L-Alanin).
Der Cofaktor NAD$^+$ ist an hochmo-
lekularem Polyethylenglykol
(PEG) gebunden und wird so im
Reaktor zusammen mit den
Enzymen zurückgehalten.
Er wird ständig durch Formiat-
Dehydrogenase reduziert und
somit für die Verwendung durch
L-Aminosäure-Dehydrogenase
regeneriert.
(nach Wandrey 1986, verändert)

Abb. 2.38 Christian Wandrey
entwickelte mit Maria-Regina Kula
und Frits Andreas Bückmann (†)
den ersten Enzymmembranreaktor
mit Cofaktorregenerierung in
Jülich und Braunschweig.
Unten: Ein Vogel im Käfig ist ein
gutes Modell für einen Enzymmembranreaktor.

sind geringer, die Produktionsausbeute ist höher. Dies zeigt deutlich die Überlegenheit des Einsatzes der immobilisierten Form.

Diese Überlegenheit konnte bisher beim Einsatz einiger anderer Enzyme nicht erreicht werden. So wird **lösliche Glucoamylase** bereits mehr als 20 Jahre industriell genutzt. Es hat viele erfolgreiche Versuche gegeben, Glucoamylase zu immobilisieren. Letztlich ist aber – trotz der Vorteile, die ein immobilisiertes Enzym technisch hat – die immobilisierte Form mit der löslichen nicht konkurrenzfähig, weil die **lösliche Glucoamylase leicht zu gewinnen und daher sehr billig** ist, lösliches Enzym ohne technische Probleme verwendet werden kann und der Prozess mit dem löslichen Enzym bis zum Äußersten optimiert worden ist. Mit löslicher oder immobilisierter **Lactase** wird lactosefreie, leicht verdauliche Milch produziert (Abb. 2.36).

Ein anderes lösliches Enzym kommt gegenwärtig bei Futtermitteln zunehmend zum Einsatz: **Phytase** (Box 2.7).

Phytase spaltet Phosphatgruppen von Phytat in Futtergetreide ab und hilft so, teure Phosphatzusätze zu verringern und die Phosphatausscheidungen von Schweinen und Hühnern (Abb. 2.22) umweltschonend zu verringern.

■ 2.13 Enzymmembranreaktoren nutzen Cofaktorregenerierung

Eine neue Phase in der Anwendung von Enzymen wurde mit der Entwicklung von Enzymmembranreaktoren erreicht, in denen cofaktorabhängige Enzyme zum Einsatz kommen, deren verbrauchte, sehr teure Cofaktoren ständig enzymatisch regeneriert werden.

In den **Membranreaktoren** werden cofaktorabhängige (NADH) Aminosäure-Dehydrogenasen und Formiat-Dehydrogenase (FDH, zur **Regenerierung von verbrauchten Cofaktoren**) gemeinsam zwischen Ultrafiltrationsmembranen platziert. Diese werden von Substratlösung durchströmt.

Die Enzyme können die Membranen nicht durchdringen. Damit der niedermolekulare Cofaktor nicht zusammen mit den Produkten die Reaktionskammer verlässt, binden ihn **polymere Träger** (Polyethylenglykol, PEG) und halten ihn so aufgrund seiner 100-fachen Größe zurück. Die Aminosäure-Dehydrogenase wandelt dabei unter Cofaktorbeteiligung die Ketosäure in die L-Aminosäure um (Abb. 2.37), die durch die Membranen nach außen gelangt. Der seinerzeit teure Cofaktor NADH wird zu NAD$^+$ oxidiert und ist

Weisheit

»Wer **nichts außer Chemie** versteht, versteht auch die **nicht** recht.«

Georg Christoph Lichtenberg (1742–1799)

Abb. 2.39 Eine Alkoholbrennerei um 1900, die Amylasen zum Stärkeaufschluss verwendet

Abb. 2.40 Moderne Ethanolanlage in Japan mit immobilisierten Hefen

»Ich denke, Enzyme sind Moleküle, die in ihrer Struktur komplementär zu den aktivierten Komplexen der Reaktionen sind, die sie katalysieren.

Das heißt, deren molekulare Konfiguration ist ein Intermediat zwischen reagierenden Substraten und den Produkten der Reaktion.

Die Attraktion des Enzymmoleküls zum aktivierten Komplex führt demzufolge zu einer Energie-Erniedigung, also zu einer Verminderung der Aktivierungsenergie der Reaktion und somit zur Erhöhung der Geschwindigkeit der Reaktion.«

Linus Pauling (1948)

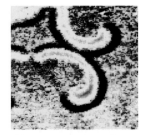

Abb. 2.41 Rotierende spiralförmige Wellen von NADH während der Glykolyse in aus Hefen isoliertem Cytoplasma

für das Enzym „wertlos" geworden. Das zweite in der Reaktorkammer „gefangene" Enzym, die Formiat-Dehydrogenase, kann aber billige Ameisensäure (Formiat) zu ungiftigem CO_2 umwandeln und reduziert dabei NAD^+ zu NADH. Somit ist der teure Cofaktor regeneriert und wiederverwendbar. Das Konzept der **Cofaktorregenerierung** im **Enzymmembranreaktor** von **Christian Wandrey** (Abb. 2.38), **Maria-Regina Kula** und **Frits Andreas Bückmann** aus Jülich und Braunschweig ging voll auf: Mehr als 90 Tage lang wurde jedes Molekül im Bioreaktor insgesamt 700 000- bis 900 000-mal aus dem „verbrauchten" NAD^+ regeneriert!

■ 2.14 Immobilisierte Zellen

Statt Enzymen kann man auch ganze Zellen immobilisieren. Japan ist auf dem Gebiet der immobilisierten Zellen besonders weit fortgeschritten.

Ichiro Chibata und **Tetsuya Tosa** bei der Firma Tanabe Seiyaku in Osaka, Pioniere der Enzymimmobilisierung, entwickelten 1973 einen Prozess, bei dem abgetötete Zellen von *Escherichia coli* in Gel eingeschlossen jährlich 600 t der Aminosäure **Aspartat** aus **Fumarsäure** synthetisierten (siehe auch Kap. 4). Erst nach 120 Tagen sank die Aspartase-Aktivität der Colibakterien auf die Hälfte. Freie Zellen hatten dagegen nur eine Halbwertszeit von zehn Tagen. Beim Prozess mit immobilisierten Zellen entstehen 60 % der Produktionskosten im Vergleich zur Verwendung freier Zellen:

Die Katalysatorkosten sinken von etwa 30 % bei freien Zellen auf 3 %, die Kosten für Bedienungspersonal und Energie um 15 %. Ein Säulenreaktor von 1000 L Fassungsvermögen lieferte annähernd zwei Tonnen (!) L-Aspartat pro Tag. Mikroorganismen bieten sich natürlich eher noch für **Mehrstufenprozesse** wie die Alkoholherstellung mit immobilisierten Hefen an. Ethanol wird anaerob (unter Luftabschluss) aus Glucose durch eine Mehrstufenreaktion produziert, für die Cofaktor-regenerierende Systeme (in der Hefezelle) gebraucht werden.

Eine **Pilotanlage für Ethanol** der japanischen Firma Kyowa Hakko Kogyo Co. (Abb. 2.40) arbeitete seit 1982 mit fünf Reaktorsäulen (je 4 m³ Fassungsvermögen) jeweils über sechs Monate und produzierte 8,5 %igen Alkohol kontinuierlich aus Zuckerrohrmelasse. Der Reaktor nutzte lebende Hefezellen, die in gelartigen Alginatkugeln eingeschlossen wurden (Abb. 2.33).

Alginat wird aus Meeresalgen (Kap. 7) gewonnen und als Eindickmittel in der Lebensmittelindustrie verwendet. Die Pilotanlage lieferte täglich etwa 2400 L reinen Alkohol.

Die Vorzüge der Immobilisierung von Zellen werden deutlich, wenn man die **Produktivität** mit der von konventionellen Verfahren vergleicht: Sie ist etwa 20-mal höher, die Kosten werden dramatisch gesenkt. Da der Prozess kontinuierlich läuft, ist er vollautomatisch über Computer kontrollierbar, es werden somit Arbeitskräfte eingespart. Die Ethanolanlage ist der Modellfall für kompliziertere Biosyntheseanlagen.

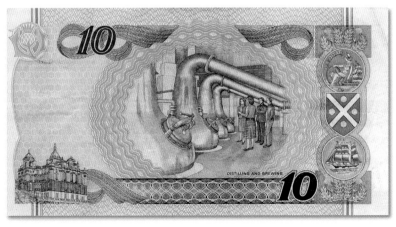

Abb. 2.42 Schottische Zehn-Pfund-Note mit Whisky-Destillationsanlage

Verwendete und weiterführende Literatur

- Der deutsche Biotech-Klassiker:
  Dellweg H (1987) *Biotechnologie*. Wiley-VCH, Weinheim

- Der Biochemie-Klassiker „Lehninger Biochemie":
  Nelson DL, Cox MM (2010) Lehninger Biochemie. 4. Aufl. Springer, Berlin

- **Dingermann T, Zündorf I, Winckler T** (2010) *Gentechnik. Biotechnik*. 2. Aufl. Wissenschaftliche Verlagsgesellschaft, Stuttgart

- **Renneberg R** (1984) *Elixiere des Lebens*. Aulis-Verlag Deubner und Co., Köln

- Der Originalartikel zur Lysozymstruktur:
  Phillips DC (1967) The hen egg-white lysozyme molecule. *Proc Natl Acad Sci* 57 (3): 484–495

- Das Allerneueste zur Biokatalyse: **Bommarius AS, Riebel-Bommarius, BR** (2004) *Biocatalysis*. 2. Aufl. Wiley-VCH, Weinheim

- **Buchholz K, Kasche V, Bornscheuer UT** (2012) *Biocatalysts and Enzyme Technology*. 2. Aufl. Wiley-VCH, Weinheim

- **Aehle, W** (ed) (2007) *Enzymes in Industry. Production and Applications*. Wiley-VCH, Weinheim

- Der Klassiker für immobilisierte Biokatalysatoren:
  Tanaka A, Tosa T, Kobayashi T (1993) *Industrial Applications of Immobilized Biocatalysts*. Marcel Dekker, New York

- Otto Warburgs Leben und wissenschaftliches Werk:
  Werner P, Renneberg R (1991) *Ein Genie irrt seltener …* Akademie-Verlag, Berlin

8 Fragen zur Selbstkontrolle

1. Warum ist ohne Enzyme Stoffwechsel in der Zelle faktisch undenkbar?

2. Sind Biokatalysatoren immer Proteine?

3. Durch welche „Tricks" können Enzyme die Aktivierungsenergie von Reaktionen drastisch verringern? Drei mindestens!

4. Wie wurde die Schlüssel-Schloss-Theorie von Emil Fischer durch das Lysozym-Modell von David Phillips modifiziert? Was sagt Koshlands Idee der „induzierten Passform" aus?

5. Was sind Vorteile der Immobilisierung von Enzymen? Wo verwendet man immobilisierte Enzyme? Warum setzt man immobilisierte Enzyme nicht überall ein?

6. Welches sind die wichtigsten Einsatzgebiete von Enzymen in der Industrie?

7. Weshalb haben Waschmaschinen in Japan kein Heizprogramm?

8. Warum und wie werden Cofaktoren in Enzymmembranreaktoren zur Synthese hochwertiger Aminosäuren regeneriert?

SO THAT'S WHEN I SAW
THE DNA MODEL FOR THE FIRST TIME,
IN THE CAVENDISH,
AND THAT'S WHEN I SAW THAT THIS WAS IT.
AND IN A FLASH YOU JUST KNEW
THAT THIS WAS VERY FUNDAMENTAL.

ALS ICH DAS DNA-MODELL ZUM ERSTEN MAL
IM CAVENDISH SAH,
WUSSTE ICH GLEICH:
DAS IST ES!
SOFORT WAR KLAR, DASS ES SICH UM ETWAS
SEHR GRUNDLEGENDES HANDELTE.

Sydney Brenner (geb. 1927)
(*Nobelpreis für Medizin oder Physiologie 2002*)

Das DNA-Modell von Watson und Crick,
im Mendel-Museum Brno nachgestellt

DIE WUNDER
DER GENTECHNIK

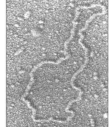

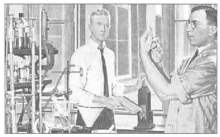

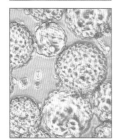

Kapitel 3

Abb. 3.1 James D. Watson (geb. 1928)

Abb. 3.2 Francis C. Crick (1916–2004)

Abb. 3.3 DNA-Doppelhelix. Sydney Brenner über seinen ersten Eindruck: »*The moment I saw the DNA model... I realized it is the key of understanding to all problems of biology.*«

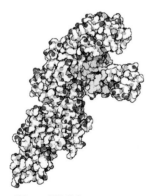

Abb. 3.4 DNA-Polymerase

3.1 DNA: Die Doppelhelix ist der materielle Träger der Erbsubstanz

Dreh- und Angelpunkt der Bio-Revolution ist die Helix des Lebens – der materielle Träger der Erbsubstanz, die Desoxyribonucleinsäure (DNS), international abgekürzt **DNA**, nach der englischen Bezeichnung *deoxyribonucleic acid*. Die lange Suche nach dem Träger der Vererbung (Box 3.1) gipfelte 1953 in einem Artikel des Wissenschaftsjournals *Nature* der beiden jungen Forscher **James Dewey Watson** (geb. 1928) und **Francis Compton Crick** (1916–2004) (Abb. 3.1 und 3.2). Darin war eine einfache, aber geniale Grafik einer Doppelwendel zu sehen, die DNA-Doppelhelix (Abb. 3.3 und Box 3.2).

Die DNA ist vereinfacht einem verdrillten Reißverschluss vergleichbar – einem Reißverschluss allerdings, der vier unterschiedliche Sorten von „Zähnen" besitzt: Die vier Basen **Adenin** (**A**), **Cytosin** (**C**), **Guanin** (**G**) und **Thymin** (**T**). Diese Basen sind Bestandteil der Nucleotide, der eigentlichen Bausteine der DNA. Die Nucleotide ihrerseits bestehen aus einem Zucker, einer Base und einem Phosphatrest (Abb. 3.8). Die Geometrie der Doppelhelix ist nicht nur platzsparend, sondern erlaubt auch den Zugang zur Information von allen Richtungen.

Desoxyribose ist der Zucker der Nucleotide. Im Unterschied zur Ribose – dem Zucker der Ribonucleinsäure, der RNA – fehlt der Desoxyribose das Sauerstoffatom am 2'-Kohlenstoff. Das Rückgrat besteht aus sich abwechselnden Desoxyribose- und Phosphateinheiten. Die Zucker sind also über Phosphodiesterbrücken miteinander verbunden. Wie Reißverschlusszähne an einer Stoffleiste sind die vier Basen an dem Rückgrat befestigt, das lediglich tragende Funktionen hat. Für die genetische Information ist allein die Reihenfolge der vier Basen von Bedeutung, die **Basensequenz**.

Die beiden Zahnleisten eines geschlossenen Reißverschlusses werden mechanisch zusammengehalten. Im Fall der beiden DNA-Stränge sind es dagegen molekulare Wechselwirkungen, **Wasserstoffbrücken** (**H-Brücken**), die zwischen gegenüberliegenden Basen der beiden Einzelstränge wirken (Abb. 3.8).

Erwin Chargaff (1905–2002, Abb. 3.5) hatte 1950 mithilfe chromatografischer Methoden festgestellt, dass das Verhältnis von Adenin zu Thymin und von Guanin zu Cytosin bei allen Lebewesen stets etwa 1 beträgt (**Chargaff'sche Regel**) (Abb. 3.6). Aus Watson und Cricks DNA-Modell wurde nun klar, warum das so sein muss: A-Basen und T-Basen sowie C-Basen und G-Basen passen räumlich exakt zusammen: Drei Wasserstoffbrücken halten G und C zusammen, zwei H-Brücken A und T (Abb. 3.8 und 3.12). Diese sogenannte **Basenpaarungsregel** (oder **Watson-Crick-Regel**) ist Voraussetzung für die exakte Weitergabe genetischer Information.

3.2 DNA-Polymerasen katalysieren die Replikation des DNA-Doppelstrangs

Grundlage jeder Vererbung von Merkmalen ist die Vermehrung von Zellen. Zwei gleichartige Nachkommen entstehen aus einer Zelle, von denen jede das gleiche Erbprogramm trägt. Daher muss die DNA vor der Zellteilung (**Mitose**) durch den Vorgang der **Replikation** eine exakte Kopie ihrer selbst anfertigen. Zu diesem Zweck öffnet sich die DNA wie ein Reißverschluss, d. h. die beiden Einzelstränge lösen sich voneinander. An jedem der beiden frei werdenden Stränge synthetisiert das Enzym **DNA-Polymerase** (Abb. 3.4) einen neuen DNA-Strang. Er bildet mit dem vorhandenen Strang wieder eine Doppelhelix, sodass am Ende zwei neue Doppelstränge vorliegen

Die DNA-Polymerase gehört zur Enzymklasse der Transferasen (Kap. 2), überträgt also chemische Gruppen. Sie wurde von **Arthur Kornberg** (1918–2007, Nobelpreis 1959) aus *E. coli* isoliert. Bei der Replikation lagert sich ein frei werdendes A-Nucleotid einem von der Zelle bereitgestellten T-Nucleotid an, ein frei werdendes C-Nucleotid einem G-Nucleotid usw.

Während die eben angelagerten Nucleotide auf der „Vorderseite" durch Wasserstoffbrücken zwischen den gepaarten Basen richtig ausgerichtet werden, verbindet die Polymerase auf der „Rückseite" die einzelnen „Rückgratelemente" aus Desoxyribose und Phosphat zu einem festen Gerüst.

Die DNA-Polymerase (Abb. 3.4) katalysiert dabei unter Abspaltung von Pyrophosphat die Bildung einer Phosphodiesterbindung zwischen dem 3'-OH-Ende einer bestehenden Sequenz und dem 5'-Triphosphat-Ende eines neu angelagerten Nucleotids.

Dazu braucht das Enzym eine Kopiervorlage, eine **Matrize** (*template*). Das kann ein singulärer DNA-Strang oder auch ein partiell aufgetrennter Doppelstrang sein.

Außer der Matrize benötigt die Polymerase sämtliche Bausteine als aktivierte Vorläufer, das heißt **Desoxynucleosid-5'-triphosphate** (**dNTPs**) und einen doppelsträngigen Startpunkt, einen **Primer**, mit einer freien 3'-Hydroxylgruppe.

Die in Abb. 3.4 gezeigte **DNA-Polymerase I hat Doppelaktivität**: Sie heftet sich an einen kurzen Einzelstrangabschnitt (*nick*) eines ansonsten doppelsträngigen DNA-Moleküls und synthetisiert dann einen ganz neuen Strang (**Polymerase-Aktivität**), indem sie den vorhandenen Strang immer weiter abbaut (**Nuclease-Aktivität**). Abbau und Aufbau laufen gleichzeitig ab, und der *nick* wandert an der DNA entlang. Das dient der Fehlerkorrektur. Falsch eingebaute Nucleotide werden dabei ersetzt. Diese Eigenschaft führt zu der **unglaublichen Präzision der DNA-Replikation** mit einer Fehlerquote von nur einem Fehler pro 100 000 000 kopierten Basenpaaren. Das wäre so, als würde man per Hand einige Tausend Romane abtippen und nur einen einzigen Fehler machen!

Das Polymerasemolekül ähnelt einer rechten Hand: Den Platz zwischen den „Fingern" und dem „rechten Daumen" nimmt die DNA ein. Die Polymerase-Aktivität sitzt an „Zeige- und Mittelfinger". Die Nuclease-Aktivität in der Mitte des Moleküls liest die Korrektur der neu eingefügten Nucleotide. Aus einer Doppelhelix entstehen so zwei exakte Kopien, von denen jede ein vollständiges DNA-Molekül darstellt. Bei der Teilung der Mutterzelle werden sie auf die beiden Tochterzellen verteilt.

Bei der für die Gentechnik entscheidenden Technik, der **Polymerase-Kettenreaktion** (*polymerase chain reaction,* **PCR**, siehe Kap. 10), werden hitzestabile DNA-Polymerasen aus dem Bakterium *Thermus aquaticus* eingesetzt, das unter anderem in den siedend heißen Quellen des Yellowstone-Nationalparks lebt. Sie werden auch *Taq*-Polymerasen genannt.

3.3 Nicht alle Gene bestehen aus DNA: RNA-Viren benutzen einzelsträngige RNA

Die Genome fast sämtlicher Organismen bestehen aus DNA. Einige Viren verwenden jedoch RNA (Ribonucleinsäure), die von einer Proteinhülle umschlossen ist. Das Tabakmosaikvirus (TMV), das Tabakblätter befällt, besteht aus einem einzelsträngigen RNA-Molekül mit 6395 Nucleotiden und einer Proteinhülle mit 2130

identischen Untereinheiten (Abb. 3.7). Eine **RNA-Polymerase** katalysiert seine Replikation.

Eine andere wichtige Klasse von RNA-Viren sind die **Retroviren**. Bei ihnen erfolgt der Fluss der genetischen Information nicht wie üblich von der DNA zur RNA, sondern in umgekehrter Richtung, also rückwärts (*retro*). Zu den Retroviren gehören der AIDS-Erreger HIV und einige Krebsviren (Kap. 5).

Sie enthalten zwei Kopien einer einzelsträngigen RNA. Beim Eintritt in die befallene Zelle wird diese RNA durch ein mitgeliefertes Virusenzym, die **Reverse Transkriptase** (**Revertase**), in DNA umgeschrieben (Abb. 3.36) und die so gebildete doppelsträngige DNA in das chromosomale Genom des Wirtes eingebaut. Die Wirtszelle bildet später mit der Information des integrierten viralen Genoms neue virale RNA und neue Virushüllproteine, die sich zu infektiösen Viruspartikeln zusammenlagern (siehe Kap. 5).

3.4 Die Aufklärung des genetischen Codes

Nachdem nun bekannt war, dass in den vier Basen die genetische Information liegt, stellte sich die Frage, wie die genetische Bauanweisung in dieser Abfolge der Basen verschlüsselt wird.

Licht in das Dunkel gebracht hatten in den 40er-Jahren die beiden amerikanischen Genetiker **George W. Beadle** (1903-1989) und **Edward L. Tatum** (1909-1975), zusammen mit **Joshua Lederberg** (1925-2008), dem Begründer der Phagengenetik.

Sie postulierten: »**Ein Gen steuert die Produktion eines Enzyms.**«

Enzyme sind Proteinmoleküle. Das Gen etwa für die blaue Blütenfarbe von Blumen, so konnte man vermuten, steuert die Produktion jenes Enzyms, das die Herstellung von blauem Blütenfarbstoff dirigiert. Beadle, Tatum und Lederberg erhielten 1959 den Nobelpreis für Physiologie oder Medizin.

Die Schlüsselfrage war wie die Bauanweisungen auf der DNA den Aufbau der Proteine steuern. Proteine sind Moleküle wechselnder Größe, die aus nur 20 verschiedenen Aminosäuren gebildet werden. Art, Zahl und Reihenfolge (die **Aminosäuresequenz**) der Aminosäuren im Proteinmolekül bestimmen dessen Eigenschaften (siehe Kap. 2 am Beispiel des Lysozyms).

Abb. 3.5 Erwin Chargaff (1905–2002)

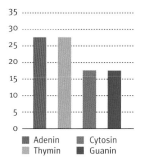

Abb. 3.6 Zusammensetzung der menschlichen DNA in Prozent. Die Verteilung der Basen A, T, C und G im Humangenom, wie sie in der Chargaff'schen Regel zusammengefasst wurde.

Abb. 3.7 Aufbau des Tabakmosaikvirus (TMV) mit Proteinuntereinheiten und einem einsträngigen RNA-Molekül

Abb. 3.8 Von der DNA zum Protein.
Rechts oben:
Struktur der DNA-Doppelhelix.
Rechts unten:
Wie die Basensequenz der DNA in mRNA transkribiert und von den Ribosomen in eine Aminosäuresequenz translatiert wird.

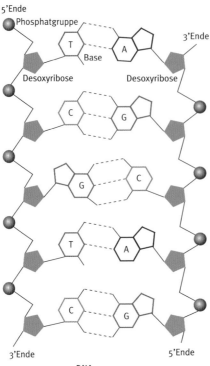

Nucleotid

5'Ende
Phosphatgruppe
3'Ende
T — A
Base
Desoxyribose — Desoxyribose
C — G
G — C
T — A
C — G
3'Ende — 5'Ende

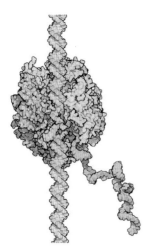

Abb. 3.9 RNA-Polymerase mit neu synthetisierter mRNA

Abb. 3.10 Marshall Nirenberg (1927–2010, rechts) und Heinrich Matthaei (geb. 1929)

Abb. 3.11 Har Gobind Khorana (1922–2011), Nobelpreis 1968 mit Nirenberg und Holley

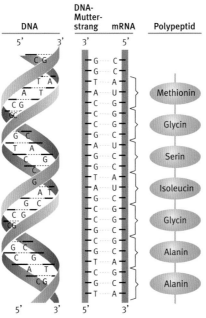

DNA	DNA-Mutterstrang	mRNA	Polypeptid
5' 3'	3'	5'	
C G	G	C	
G	C		
T A	T	A	
A T	A	U	Methionin
C G	C	G	
C C	C	G	Glycin
C	G		
G C	C	G	
T A	A	U	Serin
G	C		
C	G		
T	A		
G A	A	U	Isoleucin
G C	G	C	
C	G		Glycin
C G	C	G	
C G	G	C	
G C	G	C	Alanin
C G	C	G	
A T	T	A	
C G	C	G	Alanin
T	A		
5' 3'	5'	3'	

Die Anordnung der Basen auf der DNA, die **DNA-Sequenz**, musste die Bauanleitung für den Einbau der Aminosäuren in die Proteine liefern. Die Bauanweisungen liegen in der bekannten A-, C-, G-, T-Basensprache vor, Proteine sind dagegen in einer ganz anderen, in der Aminosäurensprache geschrieben. Den Schlüssel für die Übersetzung von der DNA- in die Aminosäurensprache nennt man den **genetischen Code**.

Nach dem Modell der Doppelhelix von **Watson** und **Crick** (Box 3.2) begann man in den 50er-Jahren über die Art des genetischen Codes zu spekulieren: Vier verschiedene Basen stehen als Steueranleitung für 20 verschiedene Aminosäuren zur Verfügung. Nur eine Kombination mehrerer Basen kann also die Anweisung für den Einbau einer Aminosäure in ein Protein liefern: Wären es Zweierkombinationen, so stünden $4 \times 4 = 16$ Kombinationsmöglichkeiten zur Verfügung – zu wenig für die Verschlüsselung von 20 Aminosäuren. Daher werden mindestens Dreierkombinationen (**Tripletts** oder **Codons**) benötigt: $4^3 (4 \times 4 \times 4) = 64$. Da aber nicht 64, sondern nur 20 Anweisungen für den Einbau der 20 Aminosäuren benötigt werden, war zu vermuten, dass mehrere Dreierkombinationen den Einbau ein und derselben Aminosäure steuern. **Der Code ist „degeneriert".**

Man wusste gegen Ende der 50er-Jahre auch, dass Proteine nicht direkt an der DNA hergestellt werden. Die genomische DNA der prokaryotischen Bakterien schwimmt frei im Plasma, die eukaryotische DNA liegt fest im Zellkern verknäuelt vor (Abb. 3.16). Außer der genomischen DNA im Zellkern besitzen Eukaryoten auch Mitochondrien-DNA und Pflanzenzellen zusätzlich DNA in ihren Chloroplasten. Proteine entstehen außerhalb des Kerns im Zellplasma. Die Zelle verfügt dort über eigene Proteinfabriken, die **Ribosomen**. Diese Lücke zwischen Kern und Fabrik muss überbrückt werden. Wie gelangt die in der DNA enthaltene Bauanweisung im Zellkern zu den Ribosomen im Zellplasma? Ein Bote (engl. *messenger*) wird benötigt. Ein solcher biologischer Bote ist auch aus „zellökonomischen" Gründen notwendig.

■ 3.5 Das Humangenom – eine 23-bändige Riesen-Enzyklopädie

3 088 268 401 Buchstaben, etwa 750 Megabytes an digitaler Information, hat das menschliche Genom. Es würde etwa 5000 Bücher wie dieses Lehrbuch füllen und passt doch auf eine einzige DVD (*Digital Versatile Disc*).

Der Mensch besitzt **20 687 proteincodierende Gene**. Weniger als erwartet!

Ein einziges der 23 **menschlichen Chromosomenpaare** trägt also durchschnittlich etwa 1000 verschiedene Gene.

Das Humangenom kann man mit dem Inhalt einer 23 „mega-dicken" Bände umfassenden Enzyklopädie vergleichen. Ein anderer bildhafter Vergleich: Insgesamt 2000 New Yorker Telefonbücher könnten damit gefüllt werden (Kap. 10).

Jeder Band (Chromosom) der Enzyklopädie (Genom) enthält dann etwa 1000 Bauanleitungen (Gene) für Proteine, wobei die Länge der Bauanleitungen stark variiert. Die Sprache ist bizarr: Jedes Wort (**Codon**) besteht aus nur drei Buchstaben, und das Alphabet kommt mit nur vier Buchstaben (A, T, C, G) aus. Einige Anleitungen sind nur wenige Zeilen lang, andere gehen über mehrere Seiten.

Jede Proteinbauanleitung (**Exon**) ist oft von mehreren, für uns bislang unverständlichen wirren Einschüben (**Introns**) unterbrochen; und manchmal ziehen sich scheinbar sinnlose Einschübe und Wiederholungen über Seiten hinweg.

Wird eine bestimmte Bauanleitung (ein Gen) verlangt, so fertigt die Verwaltung der Bibliothek (also die Zelle) eine Kopie an, anstatt den zentnerschweren Band der Enzyklopädie auszuleihen. Er ist ja auch unschätzbar kostbar!

Der Name dieser einzelsträngigen Genkopie ist **messenger-Ribonucleinsäure, mRNA**.

Die mRNA-Kopie des Gens entspricht chemisch weitgehend dem DNA-Original. Wie DNA besteht auch sie aus einem „Rückgrat" wechselnder Zucker- und Phosphateinheiten. An diesem Rückgrat sitzen die gleichen Basen wie bei der DNA: A, C, G. Die Base **Thymin ist allerdings durch die Base Uracil (U) ersetzt**. Sie tritt in der RNA überall dort auf, wo in der DNA Thymin (T) vorkommt (Abb. 3.8).

Der Zucker der mRNA ist, wie schon erwähnt, eine **Ribose**. Sie besitzt im Unterschied zur Desoxyribose der DNA eine OH-Gruppe am 2. Kohlenstoffatom des Zuckers.

Benötigt die Zelle ein bestimmtes Protein, so fertigt sie zuerst von der DNA eine mRNA-Kopie des entsprechenden Gens an. Bei höheren Lebewesen (Eukaryoten) wandert diese Kopie aus dem Zellkern in das Zellplasma hin zur Proteinfabrik, zu den Ribosomen. Hier steuert die mRNA dann den Aufbau des Proteins (Abb. 3.16).

Das Verfahren zur Herstellung einer mRNA-Kopie eines DNA-Abschnitts, die **Transkription**, ähnelt weitgehend dem Kopierverfahren (Replikation) vor der Zellteilung in der S-Phase der Mitose.

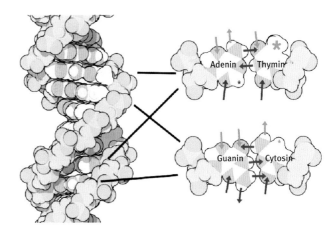

Statt der DNA-Polymerase agiert hier aber ein anderes Enzym. Der „Reißverschluss" der Doppelhelix öffnet sich lokal um den „Gen-Anfang", und an die frei werdenden Basen lagert das Enzym **RNA-Polymerase** (Abb. 3.9) die entsprechenden RNA-„Fertigbauteile" an:

- an ein Adenin der DNA ein Uracil,
- an ein Cytosin der DNA ein Guanin,
- an ein Guanin der DNA ein Cytosin und
- an ein Thymin der DNA ein Adenin der RNA.

Die unumkehrbare (irreversible) **Hemmung** von RNA-Polymerasen durch α-Amanitin (Abb. 3.13) ist übrigens der Grund, warum jedes Jahr weltweit etwa hundert Menschen an Vergiftungen mit Grünem Knollenblätterpilz sterben. Die Zellen können dann keine mRNA und folglich keine Proteine mehr synthetisieren.

■ 3.6 Der DNA-Code wird geknackt: Synthetische RNA entschlüsselt die Codons

Das Prinzip des genetischen Codes lag zu Beginn der 60er-Jahre fest. Entschlüsselt war er damit noch nicht. Welche der 64 möglichen Kombinationen dreier Basen (Codon) kontrolliert den Einbau von welcher der insgesamt 20 verschiedenen Aminosäuren in ein Protein?

Den entscheidenden Durchbruch gaben 1961 der Amerikaner **Marshall Nirenberg** (1927-2010) und der Deutsche **Heinrich Matthaei** (geb. 1929) (Abb. 3.10) auf dem Internationalen Biochemiekongress in Moskau bekannt.

Sie stellten enzymatisch ein künstliches mRNA-Molekül, nur aus Uracil-Basen bestehend, her (-U-U-U-U- usw.) und übertrugen diese künstliche Steueranweisung in ein sorgfältig vorbereitetes Reaktionsgemisch.

Abb. 3.12 Wie die Basenpaare (Watson-Crick-Regel) chemisch zustande kommen: Adenin-Thymin über zwei Wasserstoffbrücken, Guanin-Cytosin über drei Wasserstoffbrücken

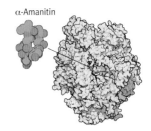

α-Amanitin

Abb. 3.13 Eukaryoten haben drei Typen von RNA-Polymerase. Der Grüne Knollenblätterpilz (*Amanita phalloides*) produziert α-Amanitin, das die menschlichen RNA-Polymerasen II und III mit oft tödlicher Konsequenz hemmt.

Was ist eine Kilobase (kb)?

Eine Kilobase (kb) entspricht 1000 Basen einer Doppelstrang-DNA oder eines einzelsträngigen Moleküls.
1 kb einer doppelsträngigen DNA ist 0,34 Mikrometer lang und hat eine Masse von etwa 660 000 Dalton.

Box 3.1 Biotech-Historie: DNA

»Während der Herr Abt einer der beliebtesten Geistlichen in Brünn war, glaubte keine Seele, dass seine Experimente mehr waren als ein Freizeitvergnügen und seine Theorie mehr als Faselei eines bezaubernden Schwätzers«, schrieb ein Zeitgenosse Gregor Mendels.

Mendel (1822–1884) hatte 1865 seine 1856 begonnenen „Erbsenexperimente" öffentlich gemacht. Erstmals waren von ihm Gesetze der Vererbung formuliert worden: Die rein äußerlich beobachteten Merkmale (z. B. Farben von Blüten und Formen von Samen und Schoten) werden von Faktoren bestimmt, die unabhängig voneinander vererbt werden. Diese Erbfaktoren wurden später **Gene** genannt. Erst um 1900 wurden die Mendel'schen Gesetze von **Carl E. Correns** (1864-1933), **Erich von Tschermak** (1871-1962) und **Hugo de Vries** (1848-1935) wiederentdeckt.

1869 isolierte der Baseler **Johannes Friedrich Miescher** (1844-1895) aus dem Eiter von gebrauchtem Verbandsmaterial eine Substanz, das „Nuclein". Diese Substanz konnte nicht von Protein spaltenden Enzymen abgebaut werden. Sie hatte saure Eigenschaften, und so wurde das Nuclein später in „Nucleinsäure" umbenannt. Miescher fand Nuclein auch in Hefen, Nieren- und Leberzellen sowie in roten Blutkörperchen.

Es dauerte aber über 50 Jahre, bis man wusste, dass DNA aus den sechs Komponenten Phosphorsäure, dem Zucker Desoxyribose sowie den vier organischen Basen Adenin, Guanin, Thymin und Cytosin zusammengesetzt ist. Dieser einfachen Struktur traute man generell aber nicht so komplexe Funktionen wie die Vererbung zu.

In reiner Form stellte **Rudolf Signer** (1903-1990) aus Bern DNA erstmals 1938 her. Mit der Feststellung, dass die DNA-Basen flache Ringe sind, die senkrecht zur Achse eines Kettenmoleküls stehen, war er seiner Zeit weit voraus. Er lieferte 1950 15 Gramm wertvollste hochgereinigte DNA nach Cambridge, „Manna aus Bern".

1928 führte der britische Bakteriologe **Frederick Griffith** (1877-1941) ein Experiment mit Pneumokokken, den Erregern der Lungenentzündung, durch. Griffith arbeitete mit zwei Pneumokokken-Stämmen. Ein Stamm hatte keine Kapseln und trug die Bezeichnung R (engl. *rough*, rau). Der andere

Der Autor in Gregor Mendels Klostergarten in Brno

Friedrich Miescher (1844–1895) entdeckte 1869 die Nucleinsäuren.

Oswald Theodore Avery (1877–1955) bewies 1944, dass die DNA der materielle Träger der Vererbung ist. Er begründete die Molekulargenetik.

Rosalind Franklin (1920–1958) Sie starb vor der Verleihung des Nobelpreises an das DNA-Team.

Maurice Wilkins (1916–2004), Nobelpreis mit Watson und Crick 1962.

Doppel-Nobelpreisträger Linus Pauling (1901–1994)

bildete Kapseln und wurde als S-Stamm bezeichnet (engl. *smooth*, glatt). Im Experiment an Mäusen war der glatte S-Stamm tödlich, der raue R-Stamm harmlos. Tötete man die Bakterien des gefährlichen S-Stammes ab und injizierte sie einer Maus, nahm das Tier keinen Schaden. Injizierte man der Maus aber eine Mischung aus lebenden R-Bakterien und abgetöteten S-Bakterien, so starb sie. Die ursprünglich harmlosen R-Pneumokokken hatten den tödlichen Faktor des S-Stammes übernommen.

Griffith beschrieb so als einer der Ersten eine **Möglichkeit des Genaustauschs zwischen Bakterien (Transformation)**. Heute weiß man, dass die DNA der tödlichen S-Bakterien den Erhitzungsprozess überstanden hatte und von den harmlosen R-Pneumokokken aufgenommen wurde. Die DNA des S-Stammes enthielt das entscheidende Gen, das die Bakterien vor dem Immunsystem des Wirtes schützt.

Nach einer Phase als praktizierender Arzt war der Kanadier **Oswald Avery** (1877–1955) am Rockefeller Institute of Medical Research von 1913 bis 1947 wissenschaftlich tätig. 1944, 75 Jahre nach Friedrich Miescher, bewies er mit **Colin M. MacLeod** (1909-1972) und **Maclyn McCarty** (1911-2005), dass Nucleinsäuren die Träger der genetischen Information sind und nicht, wie man bis dahin angenommen hatte, die Proteine. Was ist das „transformierende Prinzip" des Genaustauschs?

Und was ist ein Gen chemisch betrachtet? Avery ging einen Schritt weiter als Griffith und nahm für seine Experimente nicht einfach hitzeinaktivierte S-Pneumokokken, sondern stellte Zellextrakte her, die er immer weiter aufreinigte. Alle Fraktionen (Zellwandbestandteile, diverse Proteinfraktionen und nucleinsäurehaltige Fraktionen) wurden auf ihre Fähigkeit untersucht, aus R-Formen S-Formen zu schaffen. Wenn Ethanol zugesetzt wurde, gab es einen Niederschlag im Reagenzglas und das „Prinzip" funktionierte nicht mehr. Kohlenhydrate, wie die Bakterienkapseln, präzipitieren aber nicht mit Alkohol, Nucleinsäuren dagegen gut. Proteasen zeigten keinen Effekt. Das Experiment gelang also nur mit aktiven nucleinsäurehaltigen Fraktionen.

Wenn aber Avery das RNA spaltende Enzym Ribonuclease zusetzte, war das „Prinzip" immer noch wirksam. Weder Proteine noch RNA waren zur Transformation in der Lage. Der chemische Test zum Nachweis des DNA-

Zuckers Desoxyribose färbte sich blau: Es war DNA! Nur Fraktionen, die DNA enthielten, und dann schließlich die chemisch reine DNA überführten harmlose R-Empfängerzellen dauerhaft in den pathogenen S-Phänotyp. Die DNA war also das transformierende Prinzip. Die Griffith/Avery-Experimente sind aus heutiger Sicht erstaunlich modern. Es waren die ersten Gentechnikexperimente der Geschichte.

Den dritten Teil der DNA-Geschichte prägten maßgeblich Erwin Chargaff, Maurice Wilkins, Francis C. Crick und James D. Watson.

Erwin Chargaff (1905-2002, Abb. 3.5) stammte aus einer jüdischen Familie, verließ nach der Machtübernahme durch die Nationalsozialisten Deutschland und ging ans Pasteur-Institut nach Paris. 1935 emigrierte er in die USA und arbeitete ab 1938 an der Columbia-Universität in New York. Von 1944 an forschte er über die DNA.

Nachdem Chargaff festgestellt hatte, dass in der DNA jedes untersuchten Lebewesens das **gleiche Mengenverhältnis von Adenin zu Thymin und von Cytosin zu Guanin** vorhanden ist, formulierte er die nach ihm benannte „Chargaff'sche Regel" (Abb. 3.6). Chargaff wurde später ein ernsthafter Mahner vor dem Missbrauch der Gentechnologie.

Als hochintelligenter, von der Vogelkunde begeisterter Jugendlicher begann **James Dewey Watson** (geb. 1928) im Alter von 15 Jahren ein Zoologiestudium an der Universität von Chicago. Zunehmend an Fragen der neuen Genetik interessiert, schrieb er seine Doktorarbeit bei **Salvador Luria** (1912-1991), einem der Begründer der Phagenforschung. Diese Viren, die Bakterien befallen (Kap. 5), galten als Modelle für Gene (siehe auch Box 3.4).

1950 ging Watson nach Europa, um die biochemischen Grundlagen der Phagenvermehrung zu studieren. Er kam nach Cambridge – „der richtige Mann zur richtigen Zeit an den richtigen Ort"–, wo er zusammen mit dem Physiker und Kristallografen **Francis Crick** (1916-2004) binnen kurzer Zeit 1953 die Doppelhelixstruktur der DNA aufklärte.

Die Geschichte der Doppelhelix ist am allerbesten von Jim Watson selbst erzählt worden. Angespornt wurden Watson und Crick durch die Konkurrenz der Londoner DNA-Kristallografin **Rosalind Franklin** (1920-1958) – sie wies die Helixstruktur der DNA nach – und **Maurice Wilkins** (1916-2004), der sich später den Nobelpreis mit Watson und Crick

teilte. Der amerikanische Chemiker **Linus Pauling** (1901-1994) hatte 1951 die α-Helix als ein entscheidendes Strukturelement der Proteine erkannt und danach die DNA-Struktur untersucht. Allerdings postulierte er – wie Watson und Crick von Paulings Sohn Peter voller „akademischer Schadenfreude" erfuhren – eine Dreifachhelix statt der Doppelhelix.

Nach dem gewonnenen DNA-Rennen suchte Watson weitere vielversprechende Themen. Sein Versuch, die RNA-Struktur aufzuklären, schlug allerdings fehl.

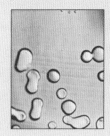

Aus Averys klassischem Artikel: Kleine Kolonien des unverkapselten rauen harmlosen Stammes von *Streptococcus pneumoniae* (oben) und des glatten verkapselten Stammes (unten)

In den nächsten Jahren schlossen sich junge Forscher aus den USA, England und Frankreich, darunter außer Watson und Crick unter anderem **Sydney Brenner** (geb. 1927) (Kap.10), **Richard Feynman** (1918-1988) und die aus Deutschland vertriebenen **Erwin Chargaff** (1905-2002) und **Gunther Stent** (1924 -2008), unter der Leitung des russisch-amerikanischen Wissenschaftlers **Georgi Gamow** (1904-1968) zum „**RNA-Krawatten-Club**" zusammen, um die damals drängenden Fragen der Molekularbiologie, insbesondere die des genetischen Codes, interdisziplinär und unterstützt durch viele informelle Kontakte aufzuklären.

Auch als Hochschullehrer verhielt sich Watson revolutionär. Sein Konzept lautete: *Wissenschaftlicher Erfolg hängt davon ab, dass Lehrer ihre Studenten schnell zur Selbstständigkeit erziehen.* Er setzte das Konzept in den 60er-Jahren an der Harvard-Universität in die Praxis um. Zusammen mit **Walter Gilbert** (geb. 1932) förderte er dieses Prinzip, indem die beiden die sonst übliche Praxis der Professoren aufgaben, ihre Namen auf Publikationen ihrer Studenten zu setzen, selbst wenn die Publikationen ohne ihr direktes Zutun entstanden waren.

Watson war zuletzt entscheidend am **Humangenomprojekt** beteiligt (Kap. 10) und sorgt bis heute durch seine zugespitzten Bemerkungen und Kommentare für kontroverse Debatten.

Wie man DNA-Sequenzen aufschreibt

Die 5'-Hydroxygruppe eines Nucleotids ist jeweils über eine Phosphatgruppe mit der 3'-Hydroxygruppe des nächsten Nucleotids verknüpft (Abb. 3.8). Alle Phosphodiesterbindungen in DNA- und RNA-Strängen sind entlang der Kette gleichartig ausgerichtet. Das verleiht jedem Nucleinsäurestrang eine bestimmte Polarität und unterscheidbare 5'- und 3'-Enden. Man hat sich geeinigt, die Sequenz in der 5'– 3'-Richtung zu schreiben.

Die Kurzform ACCGGT besagt also: 5'-ACCGGT-3'. A verfügt über eine freie 5'-Phosphatgruppe am „Kopf", T dagegen über die unverknüpfte 3'-OH-Gruppe am „Schwanz". Aufgrund dieser Polarität sind also ACCGGT und das komplementäre TGGCCA zwei völlig verschiedene Verbindungen!

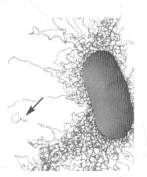

Abb. 3.14 Oben: Geplatzte *E. coli*-Zelle in einer elektronenmikroskopischen Aufnahme (Pfeil: Plasmid)

Unten/Hintergrund: Eine geplatzte *Escherichia coli*-Zelle mit ihrer ringförmigen Haupt-DNA (etwa 1 mm lang) und einigen Plasmiden. Die Zelle ist dagegen nur 2 μm groß.

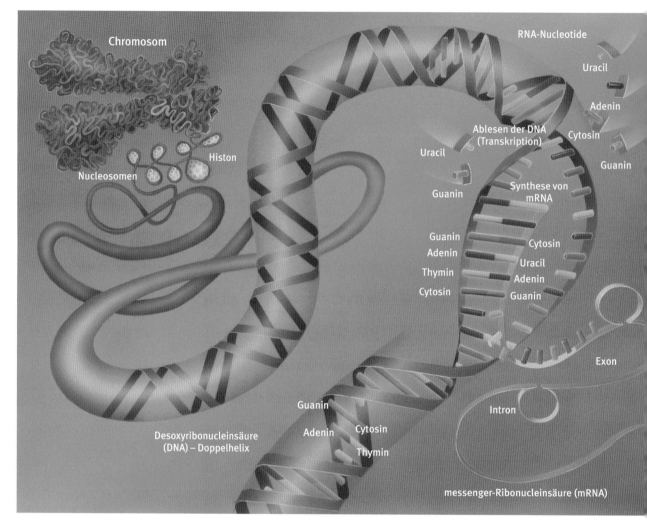

Chromosom

Histon

Nucleosomen

Desoxyribonucleinsäure
(DNA) – Doppelhelix

Guanin

Adenin

Cytosin

Thymin

Guanin

Adenin

Thymin

Cytosin

Uracil

Guanin

RNA-Nucleotide

Uracil

Adenin

Cytosin

Guanin

Ablesen der DNA
(Transkription)

Synthese von
mRNA

Cytosin

Uracil

Adenin

Guanin

Exon

Intron

messenger-Ribonucleinsäure (mRNA)

Abb. 3.15 Die DNA liegt in den Chromosomen der Eukaryoten nicht nackt vor, sondern ist eng an kleine Proteine, die Histone, gebunden. Sie bilden zusammen die Nucleosomen.

Abb. 3.16 und 3.17 Jede lebende Zelle produziert Proteine. Ein Proteinmolekül besteht aus Aminosäuren. Die Anweisung, in welcher **Reihenfolge** (**Sequenz**) die Aminosäuren bei der Synthese des Proteins aneinanderzuhängen sind, findet sich in der Desoxyribonucleinsäure (DNA), langen linearen doppelsträngigen Molekülen.

Jeder DNA-Strang besteht seinerseits aus Bausteinen, die Nucleotide genannt werden, und die man mit den Anfangsbuchstaben der in ihnen enthaltenen Basen Adenin (A), Cytosin (C), Guanin (G) und Thymin (T) kennzeichnet.

Die Nucleotide sind paarweise komplementär, das heißt, im DNA-Doppelstrang stehen sich immer nur die Nucleotide A/T und C/G gegenüber.

Jeder Aminosäure im Protein entspricht ein **Nucleotidtriplett** in der DNA. Die Gesamtheit der Nucleotidtripletts, die ein Proteinmolekül

spezifizieren, bezeichnet man als **Strukturgen** des Proteins.

Bei Eukaryoten kann ein solches Strukturgen aus mehreren informationstragenden Abschnitten (**Exons**) bestehen, zwischen denen sich DNA-Stücke (**Introns**) befinden, die keine Information über die Proteinstrukturen enthalten.

Nucleotidsequenzen können nicht nur Aminosäuren spezifizieren, sondern auch Signalen entsprechen, die von der Maschinerie, die die Proteine synthetisiert, als Kommandos wie „Start" oder „Stopp" interpretiert werden.

Damit die in der DNA enthaltene Information im Zellplasma wirksam werden kann, muss die DNA in **messenger-Ribonucleinsäure** (**mRNA**) umgeschrieben werden. Auch die mRNA besteht aus Nucleotiden, aber statt der Base Thymin (T) in der DNA tritt hier das Uracil (U) auf.

Beim **Umschreiben** (**Transkription**) werden von der Polymerase zunächst die Exons und Introns der DNA kopiert.

Dann werden aus der mRNA die den Introns entsprechenden Nucleotidsequenzen eliminiert (**Spleißen**; engl. *splicing*).

Das Produkt ist ein kürzeres RNA-Molekül, das man als „reife" (*mature*) mRNA bezeichnet, weil es aus dem Zellkern in das Zellplasma wandert und als Botschaft den Bauplan des Proteinmoleküls mitbringt.

Die Nucleotidreihenfolge (**Sequenz**) der mRNA wird dann im Zellplasma mithilfe der Ribosomen und der 20 verschiedenen aminosäurebeladenen transfer-Ribonucleinsäuren (tRNAs) in die Aminosäuresequenz des Proteins übersetzt (**Translation**).

Die synthetisierten Polypeptidketten falten sich danach zum Protein.

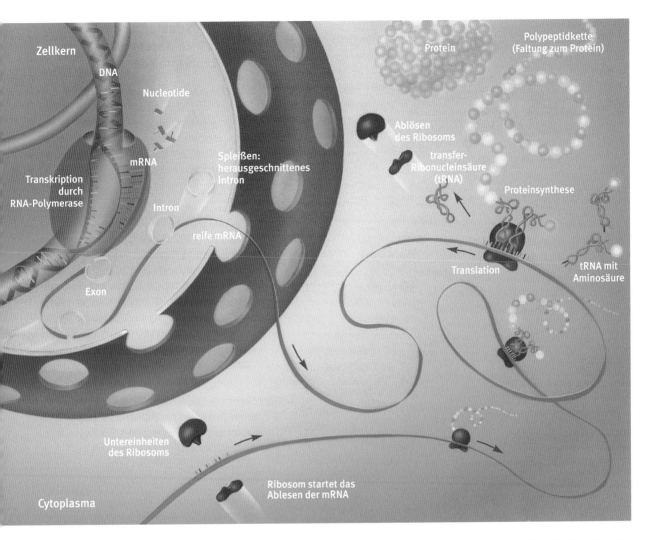

Zellkern

DNA

Nucleotide

mRNA

Transkription durch RNA-Polymerase

Intron

reife mRNA

Exon

Spleißen: herausgeschnittenes Intron

Untereinheiten des Ribosoms

Cytoplasma

Ribosom startet das Ablesen der mRNA

Protein

Polypeptidkette (Faltung zum Protein)

Ablösen des Ribosoms

transfer-Ribonucleinsäure (tRNA)

Proteinsynthese

Translation

tRNA mit Aminosäure

Das Gemisch enthielt sämtliche chemische Bau-elemente, aus denen auch die lebende Zelle Pro-teine aufbaut, jedoch mit einem entscheidenden Unterschied: Es enthielt keine andere DNA oder RNA, als das künstliche mRNA-Molekül aus U-Basen. Dennoch begann das „tote" Reaktions-gemisch nach Zugabe des künstlichen Steuerpro-gramms, wie eine lebende Zelle Protein zu erzeu-gen. Das künstliche Proteinmolekül bestand aus einer Kette der sich monoton wiederholenden Aminosäure Phenylalanin: -Phe-Phe-Phe-.

Nirenberg und Matthaei hatten damit **die erste von 64 möglichen Dreierkombinationen** des genetischen Codes entschlüsselt. Das Codon UUU der RNA steuert also den Einbau der Ami-nosäure Phenylalanin in ein Eiweißmolekül.

Bald danach wurde AAA als Codon für Lysin ermittelt, CCC für Prolin. So ging es weiter. Schließlich wurde 1966 die Suche nach dem

genetischen Code durch den in den USA leben-den Inder **Har Gobind Khorana** (1922–2011, Abb. 3.11) durch Entzifferung auch der letzten der 64 möglichen Dreierkombinationen beendet.

Damit war klar: Aminosäuren werden durch Gruppen aus jeweils drei Basen (**Tripletts**) codiert, und zwar ausgehend von einem bestimm-ten Startpunkt. 61 der 64 Codons bestimmen Aminosäuren, die restlichen drei (UAA, UAG und UGA) sind Signale für den **Kettenabbruch**. AUG ist bei Eukaryoten ein **Startsignal**, codiert aber gleichzeitig auch Methionin.

61 möglichen Codewörtern stehen nur 20 Aminosäuren gegenüber. Also existieren für einige Aminosäuren mehrere Codewörter, der genetische Code ist somit „degeneriert": So gibt es für Valin und Alanin vier verschiedene Codons, für Leucin sogar sechs. Durch diese **Degenerati-on des genetischen Codes** lässt sich von der

Exons und Introns

Mark Henderson, Wissenschafts-publizist und -redakteur bei *The Times*, vergleicht Exons und Introns mit einem TV-Film, in dem die Szenen, die man sehen wolle, die Exons seien, und die Werbe-blöcke dazwischen die Introns. Wenn man das Ganze aufgezeich-net habe, könne man die Unter-brechungen überspringen oder herausschneiden und den Film ungestört ansehen – genau wie ein Ribosom eine kontinuierliche Abfolge von Exons zu lesen bekäme.

Schnei-den Sie es ab!

Abb. 3.18 Rechts: Translation der mRNA in Protein am Ribosom

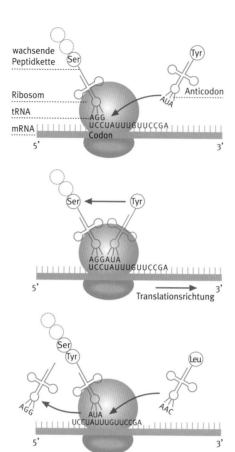

wachsende Peptidkette

Ribosom

tRNA

mRNA

Codon

Anticodon

Ser

Tyr

AGG
UCCUAUUUGUUCCGA

5′ — 3′

AGGAUA
UCCUAUUUGUUCCGA

5′ — 3′

Translationsrichtung

Ser

Tyr

Leu

AUA
UCCUAUUUGUUCCGA

5′ — 3′

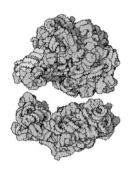

Phenylalanin   Aspartat

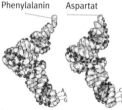

Abb. 3.19 Das Ribosom besteht aus zwei Untereinheiten; diese umklammern eine mRNA während der Proteinsynthese.

Oben: Ein Bakterien-Ribosom. Eukaryoten-Ribosomen sind etwas größer. Ribosomen bestehen mehrheitlich aus RNAs (hier orange und gelb), die mit Proteinen (blau) komplexiert sind. Die kleine Untereinheit „assoziiert" für jedes mRNA-Codon ein passendes tRNA-Anticodon mit entsprechender Aminosäure. Die große Untereinheit katalysiert die Synthese: Sie überträgt die Aminosäure von der tRNA auf die wachsende Polypeptidkette. Unten: Zwei von 20 tRNAs: Die Aspartat-tRNA trägt Asparatat, die Phenylalanin-tRNA dagegen Phenylalanin (Pfeile). Deutlich sind auch die Anticodons zu sehen.

Abb. 3.20 Robert W. Holley (1922–1993) erforschte die tRNA. Nobelpreis 1968 mit Nirenberg und Khorana

Aminosäuresequenz eines Proteins nicht exakt die Nucleotidsequenz der DNA ableiten. Der **genetische Code ist im Prinzip universell**. Es gibt aber Ausnahmen: Mitochondrien, Zellorganellen, von denen man annimmt, sie seien in Urzeiten Bakterien gewesen, die mit höheren Zellen eine Symbiose eingingen. Die Zellen boten Schutz, die Bakterien lieferten Energie. **Mitochondrien** können einen vom Rest der Zelle abweichenden Code haben. So ist UGA bei menschlichen Mitochondrien kein Stoppsignal, sondern codiert für Tryptophan. Auch die **Wimpertierchen** (Ciliaten) haben in der Evolution früh einen eigenen Weg beschritten und besitzen einen leicht abweichenden genetischen Code. Beispielsweise ist hier UGA das einzige Stoppsignal. Die Kettenabbruch-Codons UAA und UAG codieren bei Wimpertierchen für Aminosäuren.

Warum ist der **Code über Jahrmilliarden nahezu unverändert** geblieben? Wenn eine Mutation die Ablesung der mRNA drastisch verändert, führt das zur Veränderung der Aminosäuresequenzen fast aller Proteine. Solche Mutationen wären aber tödlich und würden in der Evolution durch natürliche Selektion sofort ausgemerzt.

■ 3.7 Den Strukturgenen benachbarte DNA-Abschnitte steuern die Expression der Gene

Bei Bakterien, die als **Prokaryoten** keinen Zellkern besitzen, bildet die DNA einen geschlossenen Ring von mindestens 1 mm Umfang. Das Ganze passt überhaupt nur als extrem eng verknäueltes Paket in das Innere einer Bakterienzelle, die selbst nur 1/1000 mm dick ist (siehe S. 76/77).

Auf diesem einen Millimeter der DNA reihen sich bei dem *Escherichia coli*-„Sicherheitsstamm" K12 genau 4 639 221 Basenpaare aneinander. Sie tragen knapp 4300 proteincodierende Gene. Sogenannte **Strukturgene**, ein jedes etwa 1000 Basenpaare lang, sind für die **Struktur eines einzigen Proteins**, meist eines Enzyms, zuständig. Ein Strukturgen dirigiert die Maschinerie der Zelle so, dass einige Hundert Aminosäuren vom Ribosom in einer bestimmten Reihenfolge und damit zu einem bestimmten Protein verkettet werden.

Nicht alle Bereiche der DNA codieren Proteine. Besondere Abschnitte, die den Strukturgenen benachbart sind, steuern deren **Expression**, das heißt, sie sorgen dafür, dass ein solches Gen in eine mRNA abgeschrieben (transkribiert) und in ein Protein übersetzt (translatiert) wird.

Der erste Vorgang, die **Transkription**, wird von zwei speziellen DNA-Abschnitten gesteuert. Einer davon, der **Promotor** (**Startpunkt**), besteht aus einer kurzen Sequenz, die es dem Enzym RNA-Polymerase ermöglicht, sich an die DNA zu binden und dort entlangzuwandern. Das Enzym beginnt dann an einer dem Strukturgen vorgelagerten Stelle mit der Transkription der DNA in mRNA.

Der andere Abschnitt, eine **Stoppsequenz**, sitzt räumlich etwas hinter dem Strukturgen und gibt das Signal, die Transkription zu beenden. Bei *E. coli* lässt das Stoppsignal im neu synthetisierten mRNA-Strang eine „Haarnadel"-Struktur entstehen. Wenn diese Haarnadel entsteht, löst sich die RNA-Polymerase sofort von der neu gebildeten mRNA.

Eukaryoten besitzen andere Promotoren (z. B. den Metallothionein-Promotor, der durch Schwermetallionen beeinflusst wird, ausführlich in Kap. 8) sowie *Enhancer*-Sequenzen, die verstärkende Wirkung ausüben, und auch Stoppsequenzen.

Bei Eukaryoten wird die mRNA nach der Transkription modifiziert: Das 5'-Ende wird mit einer **Kappenstruktur** (*cap*) versehen, das 3'-Ende mit einem „Schwanz" aus Adeninbausteinen (Poly(A)) (siehe Insulinexpression in Abb. 3.38). Weitere regulatorische Bereiche findet man bei Genen, deren Aktivität sich mit der augenblicklichen Konzentration bestimmter Stoffwechselprodukte ändert.

Wie wir bei der Regulation der Lactoseverwertung noch sehen werden (ausführlich in Kap. 4 am Beispiel des Lac-Operators), kann eine sogenannte **Operatorregion**, die zwischen dem Promotor und dem Strukturgen liegt, ein sogenanntes **Repressorprotein** binden.

Bindet sich ein **Induktor** (z. B. ein Zucker) an dieses Repressorprotein, verändert sich die Raumstruktur des Proteins, und es verlässt die Operatorregion. So wird die Ablesung des Strukturgens für das entsprechende Zucker-Abbauenzym freigegeben.

▦ 3.8 Ribosomen – die Protein-fabrik der Zelle: Riesenmoleküle aus RNA und Proteinen

Die mRNA enthält die komplette Information einschließlich der Start- und Stoppsignale für die Proteinsynthese. Sie wird im **Ribosom** abgelesen. Ribosomen bestehen aus einer großen und einer kleineren Untereinheit (Abb. 3.19) und sind Komplexe aus Proteinen und RNA. **Ribosomale RNAs (rRNA)** sind einzelsträngige Moleküle und Bestandteile der Ribosomen. Die 20 verschiedenen tRNAs werden von 20 ganz verschieden gebauten **Aminoacyl-Synthetasen** (Abb. 3.21) synthetisiert, die jeweils eine Aminosäure an die jeweilige tRNA binden.

Neben der mRNA und der rRNA gibt es aber noch einen weiteren RNA-Typ: **Transfer-RNAs (tRNA)** transportieren Aminosäuren in aktivierter Form zum Ribosom (Abb. 3.18). Für jede der 20 Aminosäuren gibt es mindestens eine tRNA. Die tRNAs bestehen aus RNA mit einem „Anticodon" am einen Ende und der aktivierten jeweiligen Aminosäure am anderen Ende (Abb. 3.19).

Andere DNA-Sequenzen, die neben dem eigentlichen Strukturgen in mRNA abgeschrieben wurden, überwachen die Übersetzung (**Translation**) im Ribosom in eine Peptidkette (Abb. 3.18). Eine spezielle Bindungsstelle fixiert die mRNA an ein Ribosom. Die Translation beginnt dann am Startsignal, an dem ersten Codon des Strukturgens.

Schließlich sorgt ein Stoppsignal am Ende des Gens dafür, dass das Ribosom die vollendete Proteinkette freigibt.

Ohne ein klares Verständnis all dieser Prozesse ist ein planvolles Programmieren der DNA undenkbar. So können **Eingriffe in ein Strukturen die Aminosäuresequenz eines Enzyms verändern** und damit dessen Aktivität beeinflussen. Der Promotor vermag bereits nach einer geringfügigen Änderung seiner Sequenz die RNA-Polymerase leichter zu binden. Das erhöht die Effizienz des Umkopierens der DNA auf mRNA (Kap. 4). Und schließlich können **Mutationen** in der Operatorregion oder einem Regulatorgen verhindern, dass sich das Repressorprotein an seinen Bestimmungsort anlagert. Die Transkription läuft dann ständig auf Hochtouren. Darüber hinaus werden „eingebaute" fremde Gene nur dann in Proteine übersetzt, wenn die Promotor- und die ribosomalen Bindungsstellen von Wirt und Spender einander hinreichend ähneln.

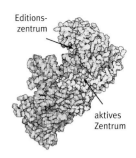

Editions-zentrum

aktives Zentrum

Abb. 3.21 20 verschiedene Aminoacyl-tRNA-Synthetasen verbinden sehr akkurat die 20 Aminosäuren mit tRNA. Isoleucin ist Valin sehr ähnlich. Um Fehler zu vermeiden, besitzt die Isoleucyl-tRNA-Synthetase ein zusätzliches aktives Zentrum, das „editiert". So tritt nur noch ein Fehler bei 3000 Synthesen auf (statt einer bei 150 ohne Korrektur!).

Abb. 3.22 Unterschiede der Proteinbiosynthese bei Prokaryoten (oben) und Eukaryoten (unten)

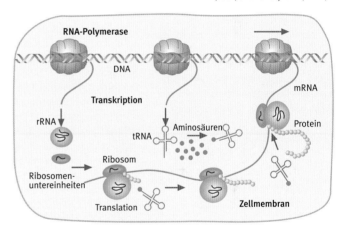

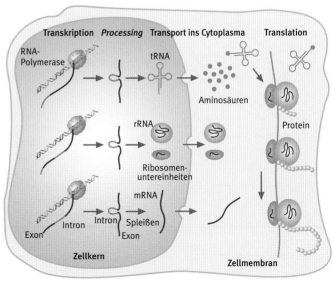

Box 3.2 Biotech-Historie:
Das Basispaar und seine Basenpaare, Francis H.C. Crick und James D. Watson

Francis H.C. Crick (1916-2004) und **James D. Watson** (geb. 1928) stellen wohl das berühmteste Paar der Wissenschaftsgeschichte dar, und ihre Namen werden in Erinnerung bleiben und weiter genannt werden, solange es Menschen gibt, die wissenschaftlich tätig sind und in diesem methodischen und gedanklichen Rahmen die unerschöpflich bleibenden Geheimnisse des Lebens erkunden wollen. Ihre große singuläre Leistung – die Präsentation einer wunderschönen Doppelschraube (**Doppelhelix**) als Modell für den Stoff, aus dem die Gene bestehen – beschäftigt aber nicht nur die Geschichtsbücher der Genetik, deren anfänglicher Verlauf von einigen Historikern gerne und ausdrücklich als „Weg zur Doppelhelix" dargestellt wird. Was Crick und Watson vollbracht haben, findet inzwischen Eingang in die Literatur, es regt Maler zu Kunstwerken an, und ein Produzent in Hollywood soll daran gedacht haben, die Doppelhelix-Story zu verfilmen. Dazu ist es dann zwar nicht gekommen, aber immerhin hat die BBC London einen Film produziert und im Fernsehen gesendet.[1]

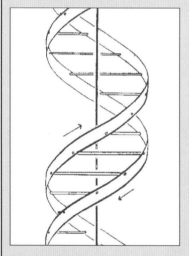

Die Doppelhelix

Die wissenschaftliche Veröffentlichung mit dem Modell der Erbsubstanz aus DNA erscheint am 25. April 1953 in dem britischen Magazin *Nature*, und zwar auf den Seiten 737 und 738. In ihrem kurz gehaltenen, lakonisch formulierten und sehr wohl auf *understatement* bedachten Bericht stellen die damals noch unbekannten Wissenschaftler Watson und Crick als Modell für das Erbmaterial die Struktur der Doppelhelix vor. Sie wird nicht nur zu einer Ikone des 20. Jahrhunderts, sondern auch zum Ausgangspunkt des rasanten biotechnologischen Fortschreitens, das wir heute erleben und das in Zukunft noch an Geschwindigkeit zunehmen wird.

Die Veröffentlichung – genauer: die Watson-Crick-Doppelhelix, die sie einführt bzw. vorstellt – hat **kurzfristig eine enorm elektrisierende und langfristig eine unglaublich tiefgreifende Wirkung**. Unmittelbar beeindruckend wirkt die Eleganz des Moleküls, dessen Darstellung nahezu jeden Betrachter anrührt und dazu verleitet, das Wort „schön" in vielen Bedeutungen und Variationen zu verwenden.

Die Paare

Ihren längst legendären Durchbruch haben Crick und Watson – wenn wir den Älteren zuerst nennen – erzielt, als die Entwicklung der Biologie bzw. Genetik auf breiter Grundlage durch das Wirken erfolgreicher Paare vorangetrieben wurde. Beispiele sind **Max Delbrück** und **Salvador Luria**, die in den 40er-Jahren die Bakteriengenetik begründen, oder **Jacques Monod** und **François Jacob**, die in den 60er-Jahren entdecken, wie die Regulierung von Genen erfolgt. Crick und Watson stellen so etwas wie die triumphale Mitte dieser Paare dar, deren Mitglieder aus europäischen Ländern (England, Italien, Deutschland und Frankreich) und den USA stammen. Unter ihren Händen und in ihren Köpfen verschmelzen Genetik, Chemie, Physik, Bakteriologie, Virologie und andere Fächer zu der neuen interdisziplinären Wissenschaft mit Namen Molekularbiologie, deren strukturelle Basis durch die Zusammenarbeit von Crick und Watson in den frühen 50er-Jahren gelegt werden konnte.

In historischen Dimensionen gesprochen **beginnt mit der Arbeit von Watson und Crick die große Zeit der Genetik**, die zu einer vollständigen Transformation der Wissenschaft vom Leben führt, indem sie dem damals schon zirkulierenden Wort von der **Molekularbiologie** zum ersten Mal einen zugleich tiefen und weitreichenden Sinn verleiht. Die Doppelhelix stellt nämlich dem wissenschaftlichen Denken ein Molekül zur Verfügung, dessen Form (Struktur) unmittelbar erkennen lässt, wie grundlegende biologische Funktionen zustande gebracht werden können – nämlich als Verdoppelung des Erbmaterials als Vorstufe der Vermehrung von Zellen und Organismen. Das Verständnis des biologischen Lebens geht seit der Entdeckung dieser Struktur von diesem Molekül aus, das chemisch gesehen eine Säure darstellt und sich im Kern einer jeden Zelle befindet.

Der mit der Doppelhelix einsetzende Erfolg der Molekularbiologie hat unter anderem deshalb so weitreichende Folgen für die Wissenschaft, weil er viele Forscher dazu übergehen lässt, nach ähnlichen Schlüsselstrukturen in ihren Gebieten zu fahnden, und bald ist von Molekularer Pharmakologie, Molekularer Endokrinologie, Molekularer Biotechnologie oder von Molekularer Medizin die Rede. Diese Entwicklung hat sich beschleunigt, seit es die Gentechnik gibt, die 20 Jahre nach der Doppelhelix vorgestellt wird und es erlaubt, die Struktur, die Watson und Crick in allgemeiner Form herausgearbeitet haben, im konkreten Detail zu erkennen und von Menschenhand zu verändern.

Der Weg zur Paarbildung

Wie ist das Paar Watson und Crick zusammengekommen, und wie haben die beiden miteinander gearbeitet?

Die Geschichte beginnt mit James Dewey Watson – so der volle Name –, der aus Chicago stammt. Schon auf der High School hatte Watson das große Thema gepackt, das in der Frage steckte, „**Was ist ein Gen**?".

Gestellt und versuchsweise beantwortet hatte die Frage der berühmte Physiker **Erwin Schrödinger** (1887-1961) in seinem Buch *Was ist Leben?*, das Watson verschlungen hatte, und irgendwie spürte der 18-jährige Junge, dass hier sein Thema lag, obwohl es noch kein entsprechendes Fach an einer Universität gab. Trotzdem – oder gerade deshalb – wollte Watson herausfinden, was ein Gen ist, wobei seine Sehnsucht nach der Lösung nur durch die Angst übertroffen wurde, dass die Lösung lediglich demjenigen gelingen kann, der über tiefe philosophische oder hohe mathematische Fähigkeiten zugleich verfügt. Unabhängig davon gab es zwei Möglichkeiten:

Entweder war es schwer, die Natur des Gens zu klären, dann wollte Watson die Finger von dem Thema lassen. Oder es war leicht, die

---

1 Der Film lief unter dem Titel *Life story*; seine Premiere war im April 1987. Auf *www.youtube.com* zu sehen.

Natur des Gens zu klären, dann galt es, sich zu beeilen und den richtigen Weg zu gehen. Als Watson sich mit dieser gedanklichen Zwickmühle befasste und nach einer Entscheidung suchte, sah er schließlich, wo seine Chance lag, nämlich in der richtigen molekularen Zielrichtung.

Zwar wollten viele Biologen um 1950 wissen, was ein Gen ist, doch dachten die meisten dabei an die chemischen Substanzen, die Proteine heißen. Sie taten dies, obwohl eine Forschergruppe um **Oswald Avery** schon 1944 in New York gezeigt hatte, dass die Erbsubstanz (die Gene) wenigstens teilweise aus **DNA** besteht. Trotzdem zog die DNA nicht so viel Aufmerksamkeit der Forscher auf sich, wie sie nach Watsons Meinung verdient hatte. Für ihn klang das, was Avery gefunden hatte, nach der richtigen Antwort, und Watsons Stunde konnte schlagen, wenn sich eine Arbeitsgruppe finden ließe, die an der DNA arbeitete, ohne die Bedeutung der Substanz so hoch einzuschätzen, wie er es tat.

In diesem Fall konnte Watson tatsächlich vor allen anderen auf dem richtigen Weg sein und die Natur der Gene finden – aber nur, wenn sich ihre Struktur als nicht zu kompliziert erweisen würde, was konkret heißt, dass sie eine kleine Einheit haben musste, die sich rasch erkennen ließ.

Die zentrale **Rolle der DNA für die Genetik** und damit für die Molekularbiologie stand für Watson außer Zweifel, nachdem sich 1952 gezeigt hatte, dass Viren, die sich auf Kosten von Bakterien vermehren, in einer Phase ihres Lebenszyklus ausschließlich aus DNA bestehen. Watson hatte sich inzwischen in Europa umgesehen, um mehr über die Moleküle zu lernen, die das Leben braucht, und er wusste nun, wo man mit DNA umgehen konnte, nämlich in Cambridge, und hier arbeitete Crick, zu dem Watson sich sofort hingezogen fühlte.

Crick hatte keinen besonderen Ruf in Cambridge. Er laborierte noch an seiner Doktorarbeit herum und verfolgte seltsame Interessen, die er 1947 einmal so formuliert hatte:

»Das besondere Feld, das mein Interesse erregt, ist die Trennung zwischen dem Lebenden und dem Nicht-Lebenden, wie sie etwa durch Proteine, Viren, Bakterien und der Struktur der Chromosomen definiert wird. Das angestrebte Ziel, das sicher noch weit entfernt liegt, besteht in der Beschrei-

Briefmarken von Palau zeigen das Paar Crick und Watson.

bung dieser Aktivitäten mithilfe ihrer Strukturen, also mit der räumlichen Anordnung der sie aufbauenden Atome, soweit dies möglich ist. Man könnte dies die chemische Physik der Biologie nennen«, oder in einem Wort: **Molekularbiologie**.

Genau dieses Ziel verfolgte Watson mit der DNA, und deshalb wollte er sich mit Crick zusammentun, und zwar unabhängig davon, dass er sich damit Schwierigkeiten einhandelte. Die amerikanischen Stiftungen, die Watsons Stipendien zahlten, hatten ihm nämlich Geld zur Verfügung gestellt, um etwas über Proteine zu lernen, und von denen hatte sich Crick gerade abgewandt. Aber Watson hat sich nie an Vorschriften gehalten und sein Leben lang nicht getan, was man ihm vorgab, sondern das, was er für richtig hielt – und seine Entscheidungen waren immer gut und immer besser.

Die Außenseiter bei der Arbeit

Watson und Crick begannen ihre Kooperation mit einer endlosen Folge von Diskussionen, die andere Mitarbeiter des Laboratoriums derart nervte, dass man beschloss, den beiden ein gemeinsames Büro zu geben, „damit ihr diskutieren könnt, ohne die anderen zu stören", wie halb offiziell mitgeteilt wurde.

Eine glückliche Entscheidung der Institutsführung, wie bald die ganze Welt feststellen sollte.

Zunächst erkannten Crick und Watson in ihren Gesprächen, dass es wichtig sei, „sich nicht allzu sehr auf irgendwelche experimentellen Einzelergebnisse zu verlassen", denn „sie könnten sich als irreführend herausstellen". Man musste damit rechnen, dass **Messdaten schlichtweg falsch** waren und deswegen in die Irre führen konnten – so schwer verständlich dies für Außenstehende auch sein mochte. Diese Möglichkeit machte es zum Beispiel sinnlos, von einem Modell zu erwarten, dass es alle (gemessenen) Eigenschaften seines natürlichen Vorbildes auf einmal erklärt. Nicht Präzision und Detail-

besessenheit seien in erster Linie wichtig, sagten sich die beiden, sondern Mut und Fantasie. So wichtig in vielen Fällen Genauigkeit ist, sie stellt keinen Wert an sich dar. Und eine begrenzte Schlampigkeit im Denken kann manchmal weiter führen als die größte Sorgfalt. **Nicht die perfekte Beherrschung des komplizierten Handwerkszeugs entscheidet über Erfolg und Misserfolg, sondern die richtige Fragestellung**, und die lautete im Frühjahr 1953: „Wie sieht die Substanz aus, aus der Gene bestehen? Welche Struktur hat die DNA?"

Die Basenpaare

Es ist wichtig, sich klarzumachen, was Watson und Crick hier wirklich machten bzw. was sie waren. Die beiden repräsentierten einen **neuen Forschertyp**, der sich nicht länger hinter den methodischen Einzelheiten seiner Disziplin verkroch, sondern der vor allem das Ziel vor Augen hatte und dabei erstens sofort merkte, dass er dabei auf die Hilfe anderer Forscher angewiesen war (Stichwort: **Teamwork**), und der sich zweitens klarmachte, dass er die alten durch neue Tugenden ersetzen musste. Während man früher alles selbst machte, sein Gebiet fehlerfrei beherrschte und stets höchste Sorgfalt walten ließ, bemühten sich Watson und Crick vor allem darum, die Ergebnisse der anderen kennenzulernen; **sie riskierten es darüber hinaus, dauernd Fehler zu machen und sich zu blamieren**; sie nahmen weiter in Kauf, mit ihren Vorschlägen kläglich zu scheitern, aber sie versuchten trotz allem, die Vorteile ihres sowohl verschwommenen als auch zielstrebigen Denkens zu nutzen, um das Glück zu erwischen, von dem sie wussten, dass es sich dem vorbereiteten Geist anbietet und von ihm erfasst werden kann.

Im Frühjahr 1953 war es dann so weit, wie Crick notiert: »**Die Schlüsselentdeckung war Jims Bestimmung der genauen Natur der beiden Basenpaare (A mit T, G mit C)**. Dies gelang ihm nicht aufgrund logischer Überlegungen, sondern **durch einen glücklichen Zufall**.«

Es kam und kommt also auf die **Basenpaare** an, die bislang noch nicht erwähnt worden sind, obwohl sie heute im Mittelpunkt der Genetik stehen, da ihre Reihenfolge die genetische Information liefert, die von den

Fortsetzung nächste Seite

DNA-Molekülen gespeichert und mit ihrer Hilfe vererbt wird. Diese Anteile der Erbsubstanz stellten eines der Hauptprobleme für Watson und Crick dar. Sie wussten zwar, dass die untersuchten Nucleinsäuren vier Bausteine enthalten, die Basen Adenin (A), Guanin (G), Cytosin (C) und Thymin (T). Sie wussten aber nicht, wie diese Basen genau aussahen, und sie hatten zweitens keine Ahnung, wo sie diese Basen in der DNA-Struktur unterbringen sollten bzw. wie sie dort angeordnet sind.

In den Lehrbüchern der 50er-Jahre waren die Basen falsch dargestellt, wie man heute weiß, und erst als – durch Zufall? – der amerikanische Kristallograf **Jerry Donohue** nach Cambridge kam und in Watson und Cricks Büro vorbeischaute, konnte er ihnen erklären, wie diese Bausteine der Gene nach dem neuesten Stand der Wissenschaft tatsächlich aussehen könnten – und **auf einmal passte alles zusammen**, und die Jahrhundertentdeckung konnte gemacht werden. Anschließend ließ es sich Crick nicht nehmen, mit seiner bekannt lauten Stimme im Gasthaus namens „Eagle", das dem Laboratorium gegenüber lag, lautstark zu verkünden, **das Geheimnis des Lebens sei soeben gelüftet worden.**

Der Durchbruch zur richtigen Struktur des Erbmaterials konnte erst gelingen, nachdem Watson erfahren hatte, dass die **vier Basen der DNA eine andere Form haben, als in den Lehrbüchern angegeben** war. Trotz dieser Information kam die Arbeit nicht automatisch zum Ziel, weil weder Crick noch Watson eine Idee hatten, wie sie die Basen anordnen sollten, von denen es zwei große und zwei kleine gibt. Die großen Basen (Adenin und Guanin, A und G) tragen bei Chemikern den kurzen Namen **Purine**; und die kleinen Basen (Cytosin und Thymin, C und T) tragen den langen Namen **Pyrimidine**.

Wochenlang haben Watson und Crick versucht, A mit A und T mit T zu paaren, weil sie (ohne wissenschaftliche Grundlage) meinten, eine Gleiches-mit-Gleichem-Theorie würde angemessen wiedergeben, was in der Natur vorliegt. Erst die neuen biochemischen Strukturen zwangen sie zum Umdenken, das dann eines Tages zur Lösung führte – und zwar weniger zufällig als plötzlich.

Um genau zu verstehen, was Watson vor Augen hatte, als er sich dem entscheidenden Moment der Entdeckung näherte, müssen

die noch fehlenden sogenannten **Wasserstoffbrücken** erläutert werden, die in der Natur eine Rolle spielen. Die mit diesem Namen bezeichneten Bindungen zwischen Molekülen entstehen dadurch, dass einzelne Wasserstoffatome aus einem Verband miteinander Fühlung aufnehmen und sich eine Art elektronische Hand reichen, die sie jederzeit wieder loslassen können, ohne dabei eine feste chemische Bindung einzugehen. **Die Wasserstoffbrücken waren eine junge Entdeckung der Chemie** und Watsons gedanklicher Schatz, den er in dem entscheidenden Moment verwenden konnte und einsetzte. Watson beschreibt, was nach dem Tag passierte, an dem Jerry Donohue ihnen erklärt hatte, wie die Basen wirklich aussehen. Es heißt in *The Double Helix*:

»Als ich am nächsten Morgen als Erster ins Büro kam (nachdem Watson am Abend zuvor mit ein paar Mädchen im Theater war), räumte ich schnell alle Papiere vom Schreibtisch, damit ich eine genügend große ebene Fläche hatte, um durch Wasserstoffbrücken zusammengehaltene Basenpaare zu bilden.

Zu Anfang kam ich wieder auf die alte Voreingenommenheit für die **Gleiches-mit-Gleichem-Theorie** zurück, aber bald sah ich, dass sie zu nichts führte. Als Jerry kam, blickte ich auf, sah, dass es nicht Francis war, und begann die Basen hin und her zu schieben und jeweils auf eine andere, ebenfalls mögliche Weise paarweise anzuordnen. Plötzlich merkte ich, dass ein durch zwei Wasserstoffbindungen zusammengehaltenes Adenin-Thymin-Paar dieselbe Gestalt hatte wie ein Guanin-Cytosin-Paar, das durch wenigstens zwei Wasserstoffbrücken zusammengehalten wurde. Alle diese Wasserstoffbindungen schienen sich ganz natürlich zu bilden. Es waren keine Schwindeleien nötig, um diese zwei Typen von Basenpaaren in eine identische Form zu bringen. Ich rief Jerry und fragte ihn, ob er diesmal etwas gegen meine neuen Basenpaare einzuwenden habe.

Als er verneinte, tat meine Seele solch einen Hüpfer, dass ich abzuheben meinte. Ich hatte das Gefühl, dass wir jetzt das Rätsel gelöst hatten, warum die Zahl der Purine immer genau der Zahl der Pyrimidine entsprach. ... (Ihre Entsprechung) erwies sich plötzlich als notwendige Folge der doppelspiralförmigen Struktur der DNA. Aber noch aufregender war, dass dieser Typ von Doppelhelix ein Schema für die Autoreproduktion ergab,

das viel befriedigender war als das Gleiches-mit-Gleichem-Schema, das ich eine Zeit lang in Erwägung gezogen hatte. Wenn sich Adenin immer mit Thymin und Guanin immer mit Cytosin paarte, so bedeutete das, dass die Basenfolgen in den beiden verschlungenen Ketten komplementär waren. War die Reihenfolge der Basen in einer Kette gegeben, so folgte daraus automatisch die Basenfolge der anderen Kette. Es war daher begrifflich sehr einfach, sich vorzustellen, wie eine einzige Kette als Gussform für den Aufbau einer Kette mit der komplementären Sequenz dienen konnte.

Als Francis erschien und noch nicht einmal ganz im Zimmer war, rückte ich schon damit heraus, dass wir die Antwort auf alle unsere Fragen in der Hand hatten. Zwar blieb er aus Prinzip ein paar Minuten lang bei seiner Skepsis, aber dann taten die gleich geformten AT- und GC-Paare die erwartete Wirkung.«

Die Doppelhelix kommt damit in die Welt, und die Wissenschaft vom Leben kann ihre neue Form annehmen.

*Ernst Peter Fischer studierte Mathematik, Physik und Biologie und promovierte 1977 am California Institute of Technology in Pasadena, USA. Heute ist er Professor für Wissenschaftsgeschichte an der Universität in Konstanz. Als Autor zahlreicher Bücher, wie **Einstein für die Westentasche** (2005), **Die andere Bildung** (2003), **Am Anfang war die Doppelhelix: James D. Watson und die neue Wissenschaft vom Leben** (2004) und **Das große Buch der Evolution** (2008), will er Wissenschaft spannend für jedermann präsentieren.*

Als Wissenschaftsautor schreibt er für die Zeitschriften GEO, Bild der Wissenschaft und die Frankfurter Allgemeine Zeitung.

Mehr findet sich auf seiner Homepage unter: www.epfischer.com

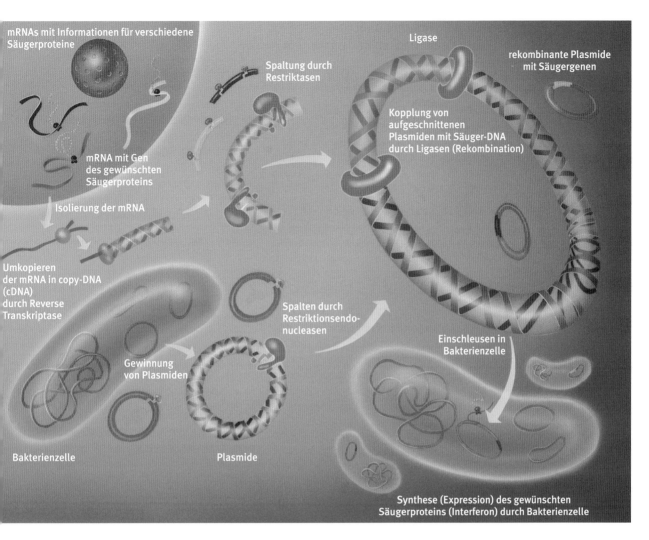

mRNAs mit Informationen für verschiedene Säugerproteine

mRNA mit Gen des gewünschten Säugerproteins

Isolierung der mRNA

Umkopieren der mRNA in copy-DNA (cDNA) durch Reverse Transkriptase

Gewinnung von Plasmiden

Bakterienzelle

Plasmide

Spaltung durch Restriktasen

Spalten durch Restriktionsendo-nucleasen

Ligase

Kopplung von aufgeschnittenen Plasmiden mit Säuger-DNA durch Ligasen (Rekombination)

rekombinante Plasmide mit Säugergenen

Einschleusen in Bakterienzelle

Synthese (Expression) des gewünschten Säugerproteins (Interferon) durch Bakterienzelle

Eukaryoten, also alle höheren Organismen von Hefen, Algen bis zum Menschen, verwenden andere **Steuersignale** als die Prokaryoten, die Bakterien. Das ist nicht der einzige **Unterschied**: In eukaryotischen Zellen gibt es keine „nackte" DNA (Abb. 3.22). Die **Eukaryoten-DNA ist mit Proteinen (Histonen) verpackt** (Abb. 3.15) und auf einzelne Chromosomen verteilt. Die Chromosomen liegen allesamt im Innern eines Zellkerns. Die Zelle eines Pilzes enthält bereits zehnmal mehr DNA als ein Bakterium. Höhere Pflanzen und Tiere besitzen sogar mehrere Tausend Mal so viel, obgleich sich ihr genetisches Repertoire keineswegs in diesem Maß erweitert hat. Der Mensch besitzt mit 19 000 bis 20 000 Genen **nur etwa fünfmal so viele Gene wie ein Darmbakterium.**

Ein Grund dafür sind die vielen sogenannten **Mosaikgene**, „gestückelte" Strukturgene, in denen codierende Abschnitte (**Exons**) und nicht codierende (**Introns, „junk"-DNA**) einander abwechseln. Darüber hinaus gibt es zwischen den Genen lange Abschnitte mit sich vielfach wiederholenden (**repetitiven**) **Sequenzen** mit bisher unbekannter Funktion.

Was immer die Funktion der Introns sein mag (Kap. 10), sie tragen die Spuren der Evolution (wahrscheinlich auch die Geschichte von Virusattacken), und sie haben zumindest keine echte Information für die Zelle, um Peptidketten aufbauen zu können. In Eukaryoten werden die Introns zwar auf mRNA umkopiert, sie bilden Schleifen, werden dann aber herausgeschnitten (*splicing,* **Spleißen**), und nur die Exons werden zusammengefügt (Abb. 3.16).

Die so gekürzte mRNA mit ausschließlich proteincodierender Information, wird *mature* (**reife**) **mRNA** genannt.

Abb. 3.23 Genmanipulation von Bakterienzellen am Beispiel der Produktion von menschlichem Interferon durch Bakterien:

Aus menschlichen Zellen wird die gesamte mRNA isoliert, enzymatisch durch Reverse Transkriptase im Reagenzglas in doppelsträngige DNA umgewandelt, durch Restriktionsendonucleasen spezifisch geschnitten und durch Ligasen in Bakterienplasmide (zuvor mit den gleichen Restriktionsendonucleasen aufgeschnitten) eingefügt.

Die rekombinanten Plasmide schleust man in Bakterien ein und vermehrt (kloniert) sie.

Schließlich wird aus Zehntausenden Bakterienkolonien diejenige isoliert, die menschliches Interferon bildet.

Abb. 3.24 Herbert W. Boyer (geb. 1936), Mitgründer von Genentech: »*Wonder is what sets us apart from other life forms. No other species wonders about the meaning of existence or the complexity of the universe or themselves.*«

Abb. 3.25 Stanley N. Cohen (geb. 1935), ein Plasmidspezialist, wurde zum Mitbegründer der Gentechnik.

Abb. 3.26 In Mendels Klostergarten

> »Der Genetiker zählt,
> der Biochemiker reinigt.«
>
> *Arthur Kornberg*
> *(Nobelpreisträger)*
> *zu Siddharta Mukherjee*

▥ 3.9 Rekombination: Die genetischen Karten werden neu gemischt

Mutationen verändern die Gene eines Lebewesens (ausführlich Kap. 4).

Rekombinationen – das zweite wichtige Instrument der Genetiker – mischen dagegen die genetischen Karten neu: Rekombinationen ordnen Gene oder Teile von Genen um, die aus zwei oder mehr Organismen stammen.

Eine **homologe Rekombination** findet beispielsweise statt, wenn zwei Chromosomen mit gleichen oder ähnlichen DNA-Sequenzen in einer Zelle zusammenkommen und korrespondierende (homologe) Teile austauschen, wobei die DNA bricht und wiedervereinigt wird. Den Austausch katalysieren spezielle Enzyme.

Bei den Eukaryoten finden homologe Rekombinationen hauptsächlich während der **Meiose** (Reifung der Geschlechtszellen) statt. Eine weitere Neuzusammenstellung wird durch die zufällige Verteilung der mütterlichen und väterlichen homologen Chromosomen (**Homologe**) auf die entstehenden Geschlechtszellen erreicht. Bei den Nachkommen vereint sich dann je ein einfacher (**haploider**) **Chromosomensatz** der Eltern zu einem doppelten (**diploiden**) Satz.

Die Rekombination zwischen homologen DNA-Teilen ist ein ausgesprochen wirkungsvolles Verfahren: Wenn sich zwei Individuen in Genen oder Genteilen unterscheiden, liefert die Rekombination zwei Genotypen, also genetisch verschiedene Individuen.

Wenn sich zwei Bakterienstämme beispielsweise in einem Dutzend Basenpaaren unterscheiden, können 2^{12} oder fast 5000 neue Genotypen entstehen. In den meisten Fällen gibt es aber mehr als ein Dutzend Unterschiede, und so erreichen die Kombinationsmöglichkeiten astronomische Höhen.

Obwohl vermutlich alle Mikroorganismen Gene mit verwandten Stämmen austauschen können, hat man bisher von der natürlichen genetischen Rekombination zu dem Zweck, aus mehreren Stämmen einen industriell nutzbaren Stamm zu entwickeln, nur wenig Gebrauch gemacht.

Auf den einfachsten Zellzyklus trifft man bei **haploiden Hefen**. Sie besitzen während des größten Teils ihres Zellzyklus nur einen einfachen Chromosomensatz und nicht wie die meisten Tiere und Pflanzen einen doppelten. Eine normale Hefezelle kann sich nur dann geschlechtlich fortpflanzen, wenn sie mit einer verwandten Zelle des anderen Geschlechts, des entgegengesetzten Paarungstyps, zusammentrifft. Die beiden Zellen verschmelzen, und es entsteht vorübergehend eine diploide Zelle, in der sich haploide Geschlechtssporen ausbilden. Die Sporen enthalten eine andere Genkombination als die haploiden elterlichen Zellen. Von diesem einfachen Muster abweichend können industrielle Hefen auch mehrere Chromosomensätze besitzen oder die Paarung (*mating*) „ausfallen" lassen.

Die **Kreuzung** (**Hybridisierung**) unterschiedlicher – oft sogar artverschiedener Stämme – spielt eine bedeutende Rolle in der Entwicklung der industriellen Hefen. Insbesondere gilt das für Hefen, die eine schnelle Brotproduktion mit modernen Fabrikationsmethoden ermöglichen, mehr Alkohol für Destillationszwecke erzeugen und Spezialbiere brauen helfen, in denen fast alle löslichen Kohlenhydrate abgebaut sind (Kap. 1).

Wo kommen Rekombinationen noch vor, neben der Reifeteilung (Meiose) der Zelle?

Die Rekombination ist von entscheidender Bedeutung für die Produktion der vielgestaltigen **Antikörper** und einiger anderer Moleküle im Immunsystem (Kap. 5). Manche **Viren** benutzen die Rekombination, um ihr Erbgut in die DNA der Wirtszelle einzubauen (Kap. 5). Gene können mithilfe von Rekombinationen künstlich manipuliert werden, z. B. bei **Knockout-Mäusen** (Kap. 8).

▥ 3.10 Plasmide sind ideale Vektoren für genetisches Material

1955 isolierten japanische Mikrobiologen während einer Ruhrepidemie einen *Shigella*-Bakterienstamm, gegen den drei verschiedene Antibiotika wirkungslos blieben – die Bakterien waren widerstandsfähig (resistent) geworden. In den folgenden Jahren mehrten sich die Anzeichen für eine zunehmende **Antibiotikaresistenz** mit steigendem Antibiotikaverbrauch. Die resistenten Bakterien konnten dem Angriff der Antibiotika widerstehen und – mehr noch – ihre Widerstandsfähigkeit an andere Bakterien weitergeben. Sie bildeten Enzyme, die Antibiotika auf verschiedene Weise inaktivieren (siehe Kap. 4).

1960 fand der Japaner **Tsutomu Watanabe** (1923-1977) des Rätsels Lösung: **Plasmide**, kleine, ringförmige DNA-Elemente (mit 3000 bis über 100 000 Basenpaaren), die sich außerhalb der sehr viel größeren Haupt-DNA (dem „Haupt-chromosom") frei in der Bakterienzelle aufhalten (Abb. 3.29). Es gibt etwa **50 bis 100 kleine und ein bis zwei größere Plasmide pro Zelle.** Die meisten Plasmide können sich selbstständig in der Zelle vermehren. Nehmen zwei Bakterienzellen miteinander Kontakt auf, können sie über eine Brücke (Pilus) die großen Plasmide austauschen (**Konjugation**). Die kleinen Plasmide sind dagegen nicht transferabel. Die Plasmid-DNA selbst macht die Bakterien nicht resistent gegen Antibiotika, sie steuert vielmehr die Produktion **Antibiotika-inaktivierender Enzyme** (z.B. von Penicillinasen oder Tetracyclin-inaktivierender Enzyme).

Stanley N. Cohen (geb. 1935, Abb. 3.25), ein Plasmidspezialist der kalifornischen Stanford-Universität, erkannte als Erster, wie die Plasmid-DNA zu nutzen ist: Plasmide wären ein ideales Transportmittel für Erbmaterial, ein **Vektor**, wenn man ihnen fremde DNA mitgeben würde. Die Plasmide wären sozusagen der Kuckuck, der das Ei (fremde DNA) ins Nest (Bakterienzelle) befördert. Man müsste ein Verfahren entwickeln, damit die DNA-Ringe aufgeschnitten und die Fremd-DNA eingefügt werden können. Das ist gar nicht einfach: Zwar misst die Haupt-DNA der Bakterien ausgestreckt etwa 1 mm (siehe Abb. Seite 76/77), tatsächlich aber existiert sie fest verknäuelt in einer Zelle von einem tausendstel Millimeter Durchmesser. Plasmide sind noch 100-mal kleiner. Ein Gen, das in ein Plasmid eingefügt werden soll, ist etwa ein zehntausendstel Millimeter groß. Dabei hat die DNA-Helix nur eine Dicke von zwei millionstel Millimetern. Mit mechanischen Scheren und Skalpellen ist hier nicht weiterzukommen. Zudem müssten „die Scheren" selbst die Schnittstellen finden können.

▓ 3.11 Molekulare Scheren und Kleber: Restriktionsendonucleasen und DNA-Ligasen

In den 60er-Jahren hatten **Werner Arber** (geb. 1929, Abb. 3.28) in Genf und der Amerikaner **Hamilton O. Smith** (geb. 1931; beide bekamen 1978 den Nobelpreis mit **Daniel Nathans**, 1928-1999) einen Schutzmechanismus der Bakterien gegen die tödliche Bedrohung durch Bakterienviren (**Bakteriophagen**) entdeckt. Bakteriophagen injizieren ihre DNA in die Bakterienzellen. Die Bakterien zerschneiden die fremde Virus-DNA mit Enzymen, sogenannten Restrik-

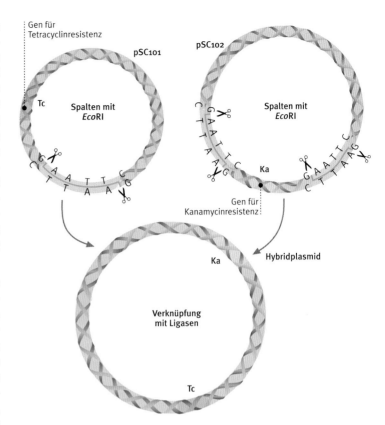

tionsendonucleasen (kurz: Restriktasen), und machen sie damit unschädlich. Die bakterieneigene DNA war dagegen durch zusätzliche Methyl-(CH_3-)Gruppen geschützt, welche die Restriktasen blockieren (ausführlich siehe Box 3.3).

1970 fand man heraus, dass Restriktionsendonucleasen die DNA nicht beliebig, sondern nur an ganz bestimmten Basenpaaren exakt zerschneiden. **Herbert W. Boyer** (geb. 1936, Abb. 3.24) untersuchte an der Universität von Kalifornien in San Francisco die Restriktionsendonuclease *Eco* RI (benannt nach dem *Escherichia coli*-Stamm RY 13). Sie zerschneidet DNA nur dort, wo die Basenkombination GAATTC auftritt, und zwar zwischen den Basen G und A. An dem gegenüberliegenden komplementären „Schwester"-DNA-Strang mit der Basenfolge CTTAAG spaltet *Eco* RI ebenfalls zwischen den Basen A und G:

3'-XXXXXXXX**G**/**AATTC**XXXXXXXX-5'
5'-XXXXXXXX**CTTAA**/**G**XXXXXXXX-3'

So entsteht kein „glatter Schnitt", sondern es bilden sich zwei Bruchstücke mit überstehenden Enden:

3'-XXXXXXXX**G**   **AATTC**XXXXXXXX-5'
5'-XXXXXXXX**CTTAA**   **G**XXXXXXXX-3'

Abb. 3.27 Das erste Gentechnik-experiment von Cohen und Boyer

Abb. 3.28 Werner Arber (geb. 1929)

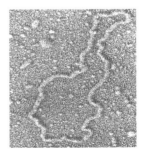

Abb. 3.29 Das Plasmid pSC101, von Stanley Cohen auch *plasmid necklace* (Plasmid-Halskette) genannt

87

Box 3.3 Biotech-Historie:
Werner Arber und die Entdeckung der „molekularen DNA-Scheren"

Nobelpreisträger Werner Arber, Präsident der Päpstlichen Akademie der Wissenschaften, berichtet:

Erste wissenschaftliche Prägungen

Geboren wurde ich 1929 in Gränichen im Schweizer Kanton Aargau. Von 1949 bis 1953 absolvierte ich ein Diplomstudium in Naturwissenschaften an der ETH Zürich.

Im letzten Jahr des Diploms hatte ich meine **erste Begegnung mit der Grundlagenforschung**: Ich isoliere und charakterisierte ein neues Isomer von Cl^{34}, mit einer Halbwertszeit von 1,5 Sekunden. Nach einem breit interdisziplinär ausgerichteten Grundstudium in Naturwissenschaften an der ETH Zürich trat ich im Herbst 1953 eine Assistentenstelle am biophysikalischen Laboratorium der Universität Genf an.

Meine Zeit in der Schweiz: Vom Elmi-Pfleger zum Phagenforscher

Unter der Leitung von **Eduard Kellenberger** (1920-2004) und unterstützt von **Gret Kellenberger** (1919-2011) waren meine Aufgaben der Betrieb eines intensiver Pflege bedürftigen Elektronenmikroskops und dessen Nutzung für vornehmlich mikrobielle Forschung. Eine dieser Studien analysierte vergleichend Lysate des Phagen λ (s. Box 3.4) und von einigen seiner verfügbaren Mutanten. Das Partikel des nicht mutierten λ-Wildtyps präsentiert sich als kugelförmiger, mit DNA gefüllter Kopf, an dem ein stabförmiger Schwanz angeheftet ist. Der Schwanz hilft bei der Infektion der Wirtszelle. Bei der Infektion von *E. coli*-Bakterien mit dem Phagen λ kann es verschiedene Antworten geben: Etwa 70 % der infizierten Zellen produzieren Nachkommenphagen und lysieren, wobei diese Nachkommen freigesetzt werden. Dagegen überleben etwa 30 % der infizierten Zellen und werden lysogen.

Lysogene Bakterien tragen das Genom des Phagen λ an einer spezifischen Stelle eingebaut im eigenen Bakteriengenom. Hin und wieder spontan (oder viel effektiver nach UV-Bestrahlung) erfolgt eine schnelle Vermehrung des λ-Phagen. Es folgt dessen Freisetzung mittels Lyse der Wirtszelle. Bei der Betrachtung von Lysaten gewisser Mutanten sieht

Die Päpstliche Akademie der Wissenschaften ist die älteste Akademie der Welt.

Am Tag meiner Doktorprüfung zusammen mit Eduard Kellenberger und Jean Weigle (1958)

Giuseppe (Joe) Bertani und Rudy Schmidt 1980

man im Elektronenmikroskop nur leere Köpfe und freie Schwänze. Andere Mutanten können volle Köpfe zeigen, aber keine Schwänze. Solche Beobachtungen können auf die bei Mutanten fehlenden Funktionen hinweisen.

Sicher stellt sich der Leser jetzt die Frage, wie es möglich sei, eine defektive Phagenmutante zu multiplizieren und in infektiöse Phagenpartikel abzupacken.

Die Antwort: mittels **Koinfektion mit Wildtyp-Phagen**. Genprodukte dieses sogenannten „Helferphagen" stehen in der Wirtszelle auch der Mutante zur Verfügung. Fehlt ihr ein Schwanz-Gen, so kann sie einen vom Helferphagen produzierten Schwanz verwenden.

Gegen Ende dieser Untersuchungen erhielt ich noch eine von **Larry Morse** (1921-2003) im Laboratorium von **Joshua** (1925-2008) und **Esther Lederberg** (1922-2006) isolierte, defektive Mutante λ gal.

Nach UV-Bestrahlung eines für λ gal lysogenen Wirtsbakteriums ergab sich zwar eine Lyse der Zelle, aber im Lysat war keine dem Phagen zuzuordnende Struktur elektronenmikroskopisch zu erkennen.

Kurz entschlossen widmete ich mich der Genetik des Phagen λ und dessen Derivat λ gal. Dabei zeigte es sich, dass dem Genom von λ gal einige Kopf-und Schwanzgene fehlten. Offenbar waren darin diese für die Reproduktion fehlenden Gene durch bakterielle Gene für die Fermentation des Zuckers Galactose ersetzt.

Man vermutete, dass dies hin und wieder bei einem „illegitimen" Ausbau des λ-Genoms aus dem Chromosom der Wirtszelle geschehen kann. Dabei diente das hybride Genom von λ gal in „spezialisierter Transduktion" zur horizontalen Übertragung von bakterieller Erbinformation aus einer Donorzelle in eine allenfalls andersartige Rezeptorzelle.

Die von Phagen vermittelte Transduktion wurde ursprünglich von Norton Zinder in **Joshua Lederberg**'s Laboratorium bei *Salmonella*-Bakterien und deren Phagen P22 entdeckt. Bald zeigte es sich, dass auch der von **Joe Bertani** (1923-2015) in Los Angeles isolierte und auf *Escherichia coli*-Bakterien wachsende Phage P1 Transduktion von Wirtsgenen vermitteln kann.

Etwas später erwies es sich, dass der Transfermechanismus bei den Phagen P22 und P1 nicht wie bei λ gal über eine Hybridformation geht. Vielmehr wird hier ein Phagenkopf voll mit einem fallweise verschiedenen Abschnitt der Wirts-DNA abgepackt. In diesem Fall der „allgemeinen Transduktion" ist transferierte Donor-DNA normalerweise nicht zur autonomen Vermehrung fähig. Sie kann aber hin und wieder durch materiellen Einbau in das Rezeptorgenom aufgenommen werden, was manchmal zufälligerweise der Empfängerzelle einen selektiven Vorteil verschaffen kann. Die Natur ist erfinderisch und findet oft mechanistisch verschiedenartige Wege zur Erreichung des gleichen Zieles.

In Los Angeles 1959: Transduktion

Während meiner Postdoktorandenzeit im Laboratorium von **Joe Bertani** in Los Angeles widmete ich meine Forschung im Jahr 1959 vornehmlich der Transduktion. Dabei beschäftige ich mich unter anderem mit P1-mediierter Transduktion des λ-Genoms aus einem λ-lysogenen Bakteriengenom hinaus und mit jener des bei bakterieller Konjugation wichtigen Fertilitätsplasmids F. Es zeichnete sich schon damals ab, dass **Viren als natürliche Genvektoren** (also Gentransporteure) für die längerfristige biologische Evolution bedeutungsvoll sind.

Ende der 50er-Jahre träumten einige Genforscher davon, **einzelne Gene oder DNA-Abschnitte aus den sehr großen Genomen herauszusortieren und diese sich intensiv vermehren zu lassen**, um dadurch genügend gereinigtes Material für strukturelle und funktionelle Analysen zu erhalten. Dabei diente λ gal als paradigmatisches Beispiel eines Genvektors. Man hoffte, dass der Einbau von Fremdgenen in den viralen Genvektor auch ohne Verlust von dessen Replikationsfähigkeit geschehen könnte. In Vorexperimenten wurden mittels Scherkräften **lange DNA Moleküle in kleinere Fragmente aufgeteilt**, um diese dann einzeln in zur autonomen Replikation befähigte Vektormoleküle (Phagengenome oder Plasmide) einzubauen. Effiziente Hilfe zu diesen Plänen kam dann einige Jahre später mit den bakteriellen Restriktionsendonucleasen.

1960 wieder in Genf: DNA-Strahlenschäden bei Phagen und Bakterien

Wieder an der Universität Genf übernahm ich 1960 die Leitung einer kleineren Forschungsgruppe über Strahlenschäden auf Bakterien und Phagen. Finanziert wurden diese Studien aus einem Sonderkredit zur Förderung der friedlichen Nutzung der Atomenergie.

Neben den mir vertrauten E.coli-K12-Bakterien plante ich auch mit E.coli-B-Bakterien zu arbeiten, weil davon eine strahlenresistente Mutante verfügbar war. Allerdings konnte der Phage λ an Zellen von E.coli B nicht adsorbieren. Auf einen von Esther Lederberg erhaltenen Tipp hin gelang es mir, mittels P1-Transduktion von Genen für die Fermentation von Maltose einige der erhaltenen Mal+-Transduktanden auch mit dem Rezeptor für die Adsorption des Phagen λ auszustatten.

Aber bei der Infektion dieser Derivate mit dem zuvor auf E.coli K12 gewachsenen Phagen λ K begegnete ich dem einige Jahre zuvor beschriebenen, aber noch **unerklärten Phänomen der wirtskontrollierten Modifikation**. Bei Wirtswechsel begegnet der infizierende Phage oft einer **starken Restriktion**.

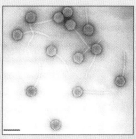

λ–Phagen im Elmi

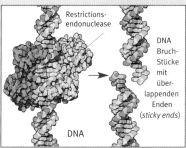

Restrictions-endonuclease

DNA Bruch-Stücke mit über-lappenden Enden (sticky ends)

DNA

Je nach benutztem Wirt führt das dazu, dass nur *einer* von 10 000 oder von 100 000 infizierenden Phagen Nachkommen produziert. Im Allgemeinen sind diese Nachkommen dann nicht genetische Mutanten, sondern nur temporär auf den neuen Wirt adaptiert („modifiziert"). Sie können auch oft nicht mehr ohne Restriktion auf ihren früheren Wirt zurückkehren.

Heute wissen wir, dass die **Gene für die Enzyme der Restriktions-Modifikations-Systeme (R-M-Systeme) oft im bakteriellen Genom** sitzen und dass sie auch auf Plasmiden und viralen Genomen zu finden sind. In den für den Phagen P1-lysogenen Bakterien befindet sich beispielsweise ein P1-spezifischer Restriktions- und Modifikation system. Die dafür zuständigen Gene sind Teil des viralen Genoms, welches im Gegensatz zu λ nicht ins Wirtsgenom eingebaut ist, sondern sich als Plasmid autonom im Einklang mit dem Wirtswachstum vermehrt.

Das entscheidende Experiment

Vor diesem Hintergrund überlegte ich mir, **ob Restriktion und Modifikation sich direkt auf der viralen DNA abspielen könnten**, dies im Gegensatz zu der Möglichkeit, dass Viruspartikel sich den Schlüssel zur Wiederinfektion durch Mitnahme eines Wirtsproteins verschaffen könnten.

In einem Vorexperiment fand ich gute Hinweise für die erste Erklärung. Üblicherweise basieren Phagenpräparate auf mehreren aufeinanderfolgenden Vermehrungszyklen auf

ihren Wirtsbakterien. Von den ursprünglichen elterlichen DNA-Strängen ist dann nicht mehr viel vorhanden. Im Gegensatz dazu finden sich im **Ein-Zyklus-Lysat** einer phageninfizierten Bakterienzelle etwa 1% der Phagennachkommen mit einem elterlichen DNA Strang. Nach Infektion mit mehreren Phagen pro Wirtszelle gibt es auch Nachkommenpartikel mit elterlichem DNA Doppelstrang.

Das Resultat meines Laborexperimentes zeigte mir, dass P1-spezifische Modifikation in einem Mehr-Zyklen-Lysat von λ auf einem nicht lysogenen Wirt ganz verloren geht (die Rückkehrwahrscheinlichkeit auf P1-lysogene Bakterien ist 10^{-5}), während im Ein-Zyklus-Lysat von λ unter gleichen Bedingungen für die Fähigkeit zur Wiederinfektion des P1-lysogenen Wirtes noch bei 10^{-2} liegt.

Dass das den Phagenpartikeln mit elterlicher DNA entspricht, konnte mit zwei Methoden klar gezeigt werden: Ein erstes Experiment basierte auf dem „Selbstmordeffekt" von stark mit ^{32}P-Radioisotopen beladenen elterlichen DNA Strängen für die darauffolgende Ein-Zyklus-Vermehrung auf nicht-modifizierenden Wirtsbakterien in nichtradioaktivem Wachstumsmedium. Mit dem Zerfall der ^{32}P-Atome (Halbwertszeit 14 Tage) gingen auch die noch auf dem P1-lysogenen Wirt wachsenden Phagennachkommen verloren. Das zeigte, dass **elterliche, P1-spezifische Modifikation auf dem elterlichen DNA-Strang lokalisiert** ist. Dieser Befund wurde in einem weiteren Experiment mit Deuterium-markierten Phagen und CsCl-Dichtegradienten-Zentrifugation eindeutig bestätigt.

Fremd-DNA wird schnell enzymatisch abgebaut!

Zur gleichen Zeit konnte unsere Doktorandin **Daisy Dussoix** (1936–2014) auf eine Anregung von Gret Kellenberger hin zeigen, dass **in allen Fällen von Restriktion die in die Bakterienzelle eindringende Fremd-DNA schnell zu Säurelöslichkeit abgebaut** wird.

Aufgrund dieser Befunde vermuteten wir damals, dass die mit **Phagen erforschte Restriktion nicht nur Phageninfektion beeinträchtigt, sondern den Bakterien ganz allgemein zu einer starken Beschränkung der Aufnahme von fremden DNA Molekülen** dient. In der Tat konnten

Fortsetzung nächste Seite

89

wir experimentell zeigen, dass Restriktion auch bei bakterieller Konjugation, bei der Aufnahme freier, fremder DNA Moleküle in Transformation und bei viral vermittelter Transduktion wirkt. So ergab sich die Interpretation, dass Restriktionsenzyme den Bakterien dazu dienen, in die Zelle eindringende **fremde DNA als solche zu erkennen und relativ schnell abzubauen.**

Dass diese natürliche Beschränkung in der Aufnahme fremder Erbinformation nicht ganz dicht ist, kann dem **evolutionären Fortschritt** helfen, wenn meist kleinere DNA-Segmente vor ihrer Vernichtung noch den Weg zum rettenden Einbau ins Genom des neuen Wirtes finden. Dank der universellen Natur des genetischen Codes kann kleinschrittig aufgenommene Fremd-DNA dem Empfängerbakterium manchmal **sogar einen selektiven Vorteil** verschaffen.

Für den **Schutz der zelleigenen DNA** vor Abbau durch Restriktionsenzyme sorgt eindeutig die jedem R-M-System zugehörige Modifikation. Auf eine von **Gunther Stent** (1924 – 2008) geäußerte Vermutung hin konnten wir 1963 in Experimenten mit von Methionin abhängigen Bakterien gute Evidenz finden, dass Modifikation auf sequenzspezifischer Methylierung von Nucleotiden der DNA basiert. **Die Methylierung von DNA (durch DNA-Methylasen) spielt übrigens eine entscheidende Rolle in der Epigenetik** (ausführlich siehe Box 3.6).

Restriktionsenzyme sind hydrolytische Enzyme: Endonucleasen!

In der Folgezeit befassten sich einige Forscher mit der Identifikation der für R-M-Systeme

Willkommen! Ihr könnt mithelfen, die GENTECHNIK zu entwickeln!

Die Virus DNA kleinschneiden. Gute Idee!

Arber

Phagen-Transfektion

Oben: Entdecker der Restriktionsenzyme: Werner Arber (rechts) und Hamilton Smith (geb. 1931)

Unten: Daniel Nathans (1928–1999)

zuständigen Gene sowie mit der Suche nach deren Produkten. Gegen Ende der 60er-Jahre wurden die ersten Erfolge vermeldet. Bald erwiesen sich dabei **Restriktionsenzyme als Endonucleasen** und Modifikationsenzyme als **DNA-Methylasen**, wie es zu erwarten war. Dabei kann hier wiederum die Erfindungskraft der Natur bewundert werden. R-M-Systeme lassen sich **verschiedenen Typen und Subtypen** zuordnen. Bei **Typ II** wirken Endonucleasen in der Regel sequenzspezifisch und funktionell unabhängig von den die DNA schützenden Methylasen.

Im Gegensatz dazu bilden bei **Typ-I**-Systemen die Endonuclease, die Methylase und ein Proteinprodukt zur Sequenzerkennung Untereinheiten eines größeren Enzymkomplexes. Nach Aktivierung an einer unmethylierten Erkennungssequenz zerschneidet in diesem Fall die Endonuclease die fremde DNA mehr zufällig außerhalb der Erkennungssequenz, wenn zwei die DNA translozierende Enzymkomplexe aufeinander stoßen.

Die „DNA-Scheren-Idee": Beginn der Gentechnik

Im Moment des Verfügbarwerdens von Typ-II-Enzymen, deren Prototyp von Hamilton Smith isoliert und funktionell erkundet wurde, erhielt die bereits diskutierte Idee neuen Auftrieb, gewisse **Genomabschnitte auszusortieren und im Hinblick auf analytische Untersuchungen zu vermehren.**

Nach dem Vorbild der Natur bedienten sich die Forscher im Bereich der **Gentechnik** natürlicher Genvektoren, in welche Restriktionsfragmente von zu untersuchenden DNA-Abschnitten eingebaut wurden. Nicht zuletzt dank der **Gelelektrophorese** konnten Restriktionsfragmente aufgetrennt werden, was

auch wesentlich zum Erstellen von auf Restriktionsfragmenten basierenden **Genkarten** diente. Außerdem wurden Methoden zur ortsgerichteten Mutagenese im Hinblick auf funktionelle Studien entwickelt.

Basel und Asilomar: Risiken der neuen DNA-Technologie?

Viele der damals gentechnisch Forschenden machten sich Gedanken über allfällige **Risiken** ihrer Arbeiten, beispielsweise an einem in der Nähe von Basel im Herbst 1972 stattfindenden EMBO-Workshop über R-M-Systeme. Auf Anregung eines in *Science* publizierten Briefes von zehn amerikanischen Forschern hin fand dann im Februar 1975 im kalifornischen Asilomar eine internationale Konferenz statt, welche sich selbstkritisch mit allfälligen **Risiken der Gentechnik** befasste. Man schlug dort vor, zwischen **unmittelbaren und längerfristig evolutionär wirksamen Risiken** zu unterscheiden.

Unmittelbare Risiken können pathogene, toxische, allergene oder andere schädliche Effekte mit möglicher Wirkung auf das Forschungspersonal betreffen. Es wurde vorgeschlagen, dass die Forscher fallweise ein Bestehen solcher Risiken vor einer angestrebten, breit zugänglichen Nutzanwendung experimentell abklären sollten, dies unter Arbeitsbedingungen, die seit langem erfolgreich in der medizinischen Mikrobiologie zur Analyse der von Patienten stammenden Proben dienen.

Im Jahr 1975 bestanden noch keine konkreten Pläne zur gezielten Freisetzung von gentechnisch modifizierten Lebewesen. Aber man warf die Frage auf, ob eingepflanzte oder künstlich veränderte Geninformation aus freigesetzten Lebewesen auch hin und wieder spontan auf andere Lebewesen in Ökosystemen übertragen werden könnte.

Dies hat mich und andere Forscher dazu bewegt, uns intensiv mit molekularen Mechanismen, der **spontan erfolgenden genetischen Variation, der Triebkraft der biologischen Evolution,** zu befassen. Mikrobielle Evolution eignet sich dazu äußerst gut, und DNA-Sequenzvergleiche zwischen evolutionär mehr oder weniger verwandten Lebewesen können auf eine breite Gültigkeit der experimentell erzielten Einsichten hinweisen.

Strategien der Natur und Gentechnik

Inzwischen zeichnete es sich ab, dass in der freien Natur Veränderungen am Erbgut **drei qualitativ verschiedenartigen natürlichen Strategien** zugeordnet werden können, nämlich lokalen Veränderungen von Nucleotidsequenzen, segmentweiser Umstrukturierung von DNA-Abschnitten innerhalb des herkömmlichen Genoms (inklusive Verdoppelung, Deletion oder Inversion eines Abschnitts) und schließlich der Akquisition eines kürzeren Abschnitts von fremder Erbinformation mittels natürlichem horizontalem Gentransfer.

Jeder dieser drei natürlichen Strategien der genetischen Variation lässt sich eine Mehrzahl spezifischer molekularer Mechanismen zuordnen, zu denen sowohl spezifische Genprodukte wie auch nicht-genetische Elemente beitragen können.

Im Vergleich mit den in der Gentechnik üblichen Methoden lassen sich keine prinzipiellen Unterschiede feststellen.

Aus langjähriger Erfahrung wissen wir, dass die natürlich erfolgende biologische Evolution ohne große Rückschläge äußerst erfolgreich gewesen ist und dass wir ihr die vorgefundene **reiche Biodiversität** verdanken.

Aufgrund der großen Vergleichbarkeit der in der Gentechnik verwendeten Verfahren mit jenen der freien Natur darf man zu Recht annehmen, dass allfällige, **auf Gentechnik basierende evolutionäre Risiken klein und unbedeutend** sind. Denken wir auch daran, dass mittels Gentechnik verpflanzte Erbinformation bereits seit langem in der Natur vorhanden ist und gelegentlich auch in der biologischen Evolution mitwirken kann.

In diesem Licht darf man auch den **Einsatz der Gentechnik in biotechnologisch angestrebten Nutzanwendungen** befürworten, insbesondere zur Sicherung einer ausgewogenen **Ernährung** und einer wissenschaftlich abgestützten **medizinischen Versorgung** aller Menschen.

Allgemein kann man schließen, dass sich eine beträchtliche Vielfalt von verschiedenartigen molekularen Mechanismen in der Natur zur Erreichung des gleichen Zieles vorfindet: **Tiefhalten von horizontalem Gentransfer**, ohne diesen allerdings ganz zu verhindern. Das ist ganz im Sinne der langsam fortschreitenden biologischen Evolution.

Prof.
Werner Arber

Die Wikipedia über Werner Arber

Ab 1960 klärte Arber das Phänomen der Restriktionsenzyme auf. **Hamilton Smith** isolierte 1970 aus *Haemophilus influenzae* die ersten **Typ-II**-Restriktionszenzyme und zeigte, dass sie unmodifizierte DNA an kurzen Erkennungssequenzen reproduktiv schneiden. **Typ-I**-Enzyme, welche die DNA nicht reproduktiv außerhalb der Erkennungssequenzen schneiden, wurden zuerst von **Bob Yuan** und **Matt Meselson** isoliert (1968), und dann auch von **Stuart Linn** in Arbers Labor in Genf. Schließlich benutzte **Daniel Nathans** die von Smith isolierten Enzyme zur Erforschung eines DNA-Krebs-Virus.

Aus dem Nachrichten-Ticker vom 16. Januar 2011

papst benedikt xvi hat den nobelpreisträger werner arber, einen protestanten, zum praesidenten der akademie des vaticans berufen. es ist die aelteste wissenschaftliche akademie auf der welt.

der schweizer mikrobiologe tritt die nachfolge des italieners nicola cabibbo an, der im august verstarb. professor arber ist damit das erste oberhaupt in der geschichte der pontifikalen akademie der wissenschaften seit gruendung 1603, der kein katholik ist. werner arber ist mitentdecker der dna-scheren, der restriktionsenzyme, der entscheidenen molekularen werkzeuge der modernen gentechnik.

Treffen mit der Familie von Werner Arber in Basel

Werner Arber erzählt:

Silvia Arber mit zehn Jahren und heute als Professorin für Neurobiologie

Unsere beiden Töchter Silvia und Caroline wurden 1968 und 1974 geboren.

Als Silvia im Herbst 1978 von meinem Nobelpreis hörte, wollte sie nicht nur wissen, was das ist, sondern auch, warum gerade ich als Preisträger ausgewählt wurde. Nachdem ich ihr mit einfachen Worten die Grundidee der Restriktionsenzyme erklärt hatte, kam sie – nach einigem Nachdenken – mit ihrem eigenen Märchen heraus. Es ist inzwischen in der ganzen Welt verbreitet worden.

Die Geschichte vom König und seinen Dienern

Wenn ich in das Labor meines Vaters komme, sehe ich meistens einige Platten herumliegen. In diesen Platten gibt es Kolonien von Bakterien. Mich erinnert eine solche Kolonie an eine Stadt mit vielen Einwohnern. In jedem dieser Bakterien gibt es einen König. Der ist sehr lang, aber dafür dünn. Dieser König hat sehr viele Diener. Die sind dick und kurz, fast wie Kugeln. Den König nennt mein Vater DNA und die Diener Enzyme. Der König ist wie ein Buch, worin alles aufgezeichnet ist, was die Diener arbeiten sollen. Für uns Menschen sind diese Anweisungen des Königs ein Geheimnis.

Mein Vater hat einen Diener entdeckt, der als Schere dient. Wenn ein fremder König in die Bakterie eindringt, kann ihn dieser Diener in viele kleine Stücke zerschneiden, aber dem eigenen König tut er kein Unheil an. Schlaue Menschen benutzen den Diener mit der Schere, um in die Geheimnisse von Königen einzudringen. Dazu sammeln sie viele Scherendiener und legen sie auf einen König, sodass der König zerschnitten wird. Aus den dabei entstehenden kleinen Stücken lassen sich die Geheimnisse viel leichter erforschen. Deshalb erhielt mein Vater für die Entdeckung des Scherendieners den Nobelpreis.

Abb. 3.30 Prinzip der Klonierung eines Gens aus Säugerzellen

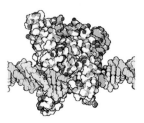

Restriktionsendonuclease

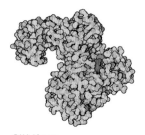

DNA-Ligase

Was kann man aus Genen herauslesen?

»Gene sind nicht mit Blaupausen für Ingenieure zu vergleichen, eher mit Rezepten in einem Kochbuch.

Sie sagen uns, was für Zutaten reinkommen, in welchen Mengen und welcher Reihenfolge – doch sie liefern uns keinen vollständigen und genauen Plan dessen, was dabei herauskommt.«

Ian Stewart, *Life's Other Secret*, New York 1998

Abb. 3.31 Russisches DNA-Modell, demonstriert von Ivan Konstantinov, Meister der Visualisierung
© Ivan Konstantinov
www.visualsciencecompany.com

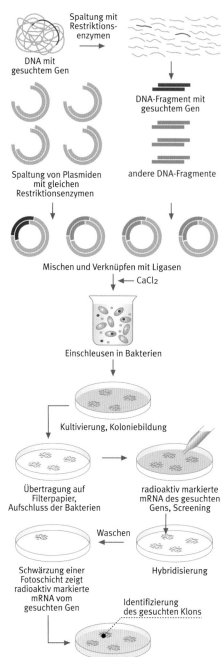

Spaltung mit Restriktionsenzymen

DNA mit gesuchtem Gen

DNA-Fragment mit gesuchtem Gen

Spaltung von Plasmiden mit gleichen Restriktionsenzymen

andere DNA-Fragmente

Mischen und Verknüpfen mit Ligasen
← CaCl₂

Einschleusen in Bakterien

Kultivierung, Koloniebildung

Übertragung auf Filterpapier, Aufschluss der Bakterien

radioaktiv markierte mRNA des gesuchten Gens, Screening

Waschen

Schwärzung einer Fotoschicht zeigt radioaktiv markierte mRNA vom gesuchten Gen

Hybridisierung

Identifizierung des gesuchten Klons

Doch die zerschnittene DNA zerfällt bei niedriger Temperatur nicht in zwei Teile, ihre überstehenden Enden kleben lose aneinander. **Janet Mertz** aus **Paul Bergs** (Abb. 3.49) Labor an der Stanford-Universität fand heraus, dass sich die A- und T- sowie C- und G-Basen, diese *„sticky ends"* (**klebrige Enden**), elektrostatisch anziehen. Man kann sie sogar wieder durch ein Enzym, die ATP verbrauchende **DNA-Ligase**, zusammenfügen. Voneinander unabhängig suchende Forscher hatten „Scheren" und „Kleber" für die DNA

gefunden, nun mussten die Ergebnisse ihrer Anstrengungen vereint werden.

Heute sind über 3000 Restriktionsendonucleasen bekannt, die drei verschiedene Klassen bilden. Nur einige von ihnen sind allerdings interessant für die Gentechnik. Es gibt übrigens auch Restriktionsendonucleasen mit glattem Schnitt und glatten Enden (*blunt ends*), z.B. *Pvu*II aus *Proteus vulgaris* und *Alu*I aus *Arthrobacter luteus*. Verschiedene Enzymscheren erzeugen gleiche Enden: Die Restriktionsendonucleasen *Bam*HI (Erkennungssequenz GGATCC) aus *Bacillus amyloliquefaciens* und *Bgl*II (Erkennungssequenz AGATCT) aus *Bacillus globigii* lassen beide klebrige Enden mit der gleichen Sequenz GATC entstehen. Die Genfragmente, die von einem dieser Enzyme produziert wurden, lassen sich also mit denen des anderen verbinden.

◾ 3.12 Die ersten Gentechnikexperimente: Quakende Bakterien?

Anfang 1973, knapp ein Jahr nachdem die Werkzeuge verfügbar waren, führten **Stanley N. Cohen** (Abb. 3.25) und seine Mitarbeiterin **Annie C. Y. Chang** von der Universität Stanford mit ihren Kollegen der benachbarten Universität von San Francisco, **Herbert W. Boyer** (Abb. 3.24) und **Robert B. Helling** (1939–2006) das erste Experiment der neuen **Gentechnologie** aus. Die Forscher wählten das nach den Initialen von Stanley Cohen benannte kleine nichttransferable **Plasmid pSC101** (Abb. 3.29), das in hoher Zahl in der Zelle vorliegt. Es trägt ein Gen, das *tc*-Gen, das *E. coli* resistent gegen das Antibiotikum **Tetracyclin** macht. Das Plasmid pSC101 wurde ausgewählt, weil es nur eine einzige Basenanordnung enthält, die von der Restriktionsendonuclease *Eco*RI zwischen G und A in der Sequenz -GAATTC- gespalten wird. Wenn es mehrere Schnittstellen gegeben hätte, würde das ringförmige Plasmid nicht einfach aufgeschnitten, sondern in viele Stücke geteilt werden.

Die Fähigkeit zur Antibiotikaresistenz durfte durch das Aufschneiden keinesfalls verloren gehen. Man wollte ja später herausfinden, in welche Bakterienzellen das fremde Gen erfolgreich eingeschleust worden war. *Eco*RI stammt – wie der Name sagt – aus *Escherichia coli*. Durch *Eco*RI wird die ringförmige Plasmid-DNA in fadenförmige lineare DNA mit klebrigen Enden verwandelt. Cohen und Boyer zerschnitten mit *Eco*RI auch ein anderes Plasmid aus *E. coli* (**pSC 102**), das ein Gen für die Resistenz gegen das

Box 3.4 **Nützliche Vektoren, Transportmittel für Gene**

Das Plasmid pBR322

Das bei Gentechnikern sehr beliebte Plasmid **pBR322** aus *E. coli* wurde 1977 entwickelt. Das p steht für Plasmid, BR bezeichnet die beteiligten Wissenschaftler **Francisco Bolivar** und **Reimond L. Rodriguez.** Die Zahl 322 unterscheidet das Plasmid von anderen Plasmiden aus Boyers Labor wie pBR325, pBR327 usw.

pBR322 enthält Gene für die **Antibiotikaresistenzenzyme** gegen Tetracyclin und Ampicillin. Verschiedene Restriktionsendonucleasen können das Plasmid an spezifischen Schnittstellen aufschneiden. Anschließend lassen sich dort ebenso geschnittene DNA-Fragmente einfügen. Wenn *Eco*RI benutzt wird, wird keines der Antibiotikaresistenzgene zerschnitten, wohl aber, wenn z. B. mit *Bam*HI geschnitten wird. Dann ist das Tetracyclinresistenzgen zerschnitten, und es wird ein Fremdgen mitten in das *tc*-Gen eingebaut (Insertion).

Die Zellen sind dann resistent gegen Ampicillin, aber nicht gegen Tetracyclin und können so leicht selektiert werden.

Zellen, die den Vektor nicht aufgenommen haben, sind gegen beide Antibiotika empfindlich. Zellen, die pBR322 ohne Insertion enthalten, sind gegen beide Antibiotika resistent.

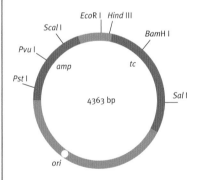

Die genetische und physikalische Karte von pBR322 zeigt die Positionen der zwei Resistenzgene für Ampicillin (*amp*) und Tetracyclin (*tc*), den Startpunkt der Replikation (*ori*) und Schnittstellen wichtiger Restriktionsendonucleasen.

Der λ-Phage

Der λ-Phage (Phage Lambda) liebt Abwechslung: Er kann seinen Wirt zerstören oder vorübergehend ein Teil von ihm werden. Im ersten Fall werden bei der Lyse virale Proteine und DNA schnell erzeugt und zu Viruspartikeln verpackt, was zur Zerstörung der Wirtszelle führt (**lytischer Zyklus**). Im zweiten Fall, dem **lysogenen Zyklus**, fügt sich die Virus-DNA in das Genom der Wirtszelle ein. Sie wird mit deren DNA eventuell über Generationen hinweg repliziert, ohne dem Wirt zu schaden.

Durch bestimmte Umweltänderungen kann die ruhende Virus-DNA plötzlich aktiviert werden. Sie wird aus dem Genom herausgeschnitten und initiiert den lytischen Zyklus. Der Phage λ hat 48 kb DNA, und große Teile sind für eine erfolgreiche Infektion nicht notwendig. Gene für den lysogenen Zyklus können also durch fremde DNA ersetzt werden, ideal für einen Vektor.

Für die Klonierung von DNA wurden gezielt **Phagenmutanten** entwickelt. Deren DNA kann nur an zwei Stellen (anstelle von fünf) durch *Eco*RI geschnitten werden. Dabei entstehen drei Schnittprodukte, von denen das mittlere entfernt wird.

An seine Stelle wird ein passendes langes DNA-Stück (etwa 10 kb) mit Ligasen eingefügt. Der Phage ist dadurch noch immer infektiös, kann aber nur den lytischen und nicht den lysogenen Zyklus durchlaufen (also nicht „schlafend abwarten"). Das sind alles sehr wünschenswerte Eigenschaften für einen Klonierungsvektor. Der Vorteil vom Phagen λ ist, dass die manipulierten Viren leichter als Plasmide in Bakterienzellen eindringen und größere DNA-Abschnitte einführen können.

Man hat auch spezielle **Cosmide** konstruiert. Sie sind Hybride aus λ-Phagen und Plasmiden. Der Name Cosmid leitet sich von DNA-Sequenzen ab, die als *cos* bezeichnet werden und von dem Bakteriophagen λ stammen.

Diese Abschnitte machen es möglich, dass in Cosmide größere Gene (bis zu 45 kb) eingebaut werden können. Solche Cosmide werden in Phagen verpackt, mit deren Hilfe sich letztlich die fremden Gene in Bakterien einschleusen lassen.

Enthalten die Cosmide das Gen für die Ampicillinresistenz, werden die Bakterien in die Lage versetzt, in einer Kulturlösung trotz Zugabe des Antibiotikums Ampicillin zu überleben und sich und die Fremd-DNA zu vermehren.

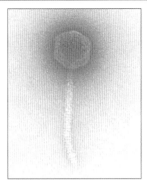

Der λ-Phage

Der M13-Phage

M13 ist ein filamentöser Phage. Er sieht völlig anders aus als der Phage λ. Es handelt sich um ein fadenförmiges Virus (900 nm lang, mit nur 9 nm Durchmesser) mit einer ringförmigen einzelsträngigen DNA (auch +-Strang genannt) und einer Proteinhülle aus 2710 identischen Proteinuntereinheiten (siehe Kap. 5).

Das Virus dringt in *E. coli* interessanterweise über deren „Sexualorgan" ein, den Sexpilus, der den Austausch von DNA zwischen Bakterien ermöglicht. M13 ist so attraktiv, weil man mit ihm die klonierte DNA in einzelsträngiger Form gewinnen kann. Einzelstränge von klonierten Genen braucht man besonders für die DNA-Sequenzierung und die *in vitro*-Mutagenese (Kap. 10).

M13 ist der Akteur bei der **Phagen-Display-Technik** (Kap. 5). Die M13-DNA wird nicht (wie beim Phagen λ) in das Bakteriengenom integriert. Es kommt auch nicht zur Lyse der Zellen. Das Bakterium wächst und teilt sich, allerdings langsamer als nicht infizierte Zellen. Die Tochterzellen setzen weiterhin M13-Phagen frei.

Pro Generation entstehen etwa tausend neue M13-Phagen. Da M13 den Wirt nicht tötet, kann man ihn in großen Mengen züchten und leicht ernten.

Abb. 3.32 Einbau und Klonierung von Krallenfrosch-DNA in Bakterien

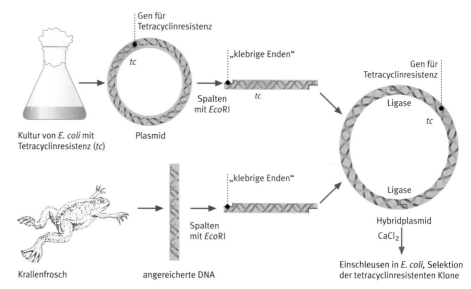

Gen für Tetracyclinresistenz

tc

Kultur von *E. coli* mit Tetracyclinresistenz (*tc*)

Plasmid

Spalten mit *Eco*RI

„klebrige Enden"

tc

Gen für Tetracyclinresistenz

Ligase

tc

Ligase

Hybridplasmid
CaCl₂

Krallenfrosch

angereicherte DNA

Spalten mit *Eco*RI

„klebrige Enden"

Einschleusen in *E. coli*, Selektion der tetracyclinresistenten Klone

Ich wusste immer, dass wir zu Höherem geboren sind!

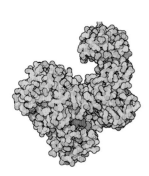

Abb. 3.33 Afrikanischer Krallenfrosch (*Xenopus laevis*) – ein neues Labortier, wie zuvor Maus und Ratte, anspruchslos und langlebig. Sein wissenschaftlicher Name („seltsamer Fuß") kommt von den schwarzen Krallen. In Kalifornien wurden diese fresslustigen, über 10 cm großen eingebürgerten Amphibien zur Landplage.

Abb. 3.34 DNA-Ligase, der „Kleber" für geschnittene DNA, ist ein ATP-abhängiges Enzym (siehe Kap. 2). Ligase ist ein für die Gentechnik unverzichtbares Werkzeug. Der Cofaktor ATP (rot) und ein Lysinrest (magenta) sind essenziell.

Antibiotikum **Kanamycin** (**Ka-Gen**) enthält (Abb. 3.27). Auch dieses Plasmid hatte nur eine Schnittstelle, und das Ka-Gen wurde von *Eco*RI nicht zerschnitten.

Die zwei zerschnittenen Plasmide besaßen die gleichen klebrigen Enden, da sie an der gleichen Stelle -G/AATTC- zerschnitten worden waren. Durch die elektrostatischen Anziehungskräfte zwischen den Bruchstellen lagerten sich die zwei unterschiedlichen DNA-Bruchstücke lose zusammen. Die Wissenschaftler fügten nun den Kleber, **DNA-Ligase** (Abb. 3.34), dem Gemisch hinzu und verbanden damit die zwei Klebestellen.

Es entstanden neue größere **rekombinante Plasmide.**

Im letzten Schritt, der **Transformation**, wurde diese **rekombinante DNA** in Bakterien überführt. Dazu wurde der Lösung mit den zu manipulierenden *E. coli*-Bakterien **Calciumchlorid** (**CaCl₂**) zugesetzt. Dieses Salz macht die Zellwände für DNA durchlässig (Abb. 3.30). Mit diesem künstlichen Vorgang, der in der Natur so nicht vorkommt, konnten die neuen Plasmide in die Bakterien eingeschleust werden (siehe auch Abb. 3.23). Am Schluss folgte der entscheidende Test: Die Bakterienlösung wurde auf Nährplatten ausgestrichen, die sowohl Tetracyclin als auch Kanamycin enthielten.

Die meisten Bakterien gingen – wie erwartet – ein. Nur wenige Bakterien überlebten. Sie mussten das künstlich geschaffene Plasmid mit der **Doppelresistenz** besitzen: Hier wurden Kanamycin- und Tetracyclin-desaktivierende Enzyme

von den Bakterien gebildet. Die überlebenden Bakterien vermehrten sich und wuchsen zu Zellkolonien heran; etwa 100 Millionen identisch gebauter Nachkommen, die alle die neue rekombinante DNA trugen. Ein **Klon** war entstanden, eine Gruppe genetisch identischer Lebewesen.

Nach diesem Erfolg wagten sich Cohen und seine Mitarbeiter an das nächste Experiment: Sie **rekombinierten DNA-Segmente von Plasmiden aus verschiedenen Bakterien**, aus *E. coli* das Plasmid pSC101 und ein Plasmid aus dem Penicillin-resistenten *Staphylococcus aureus*. Da das Plasmid von *St. aureus* vier Schnittstellen für *Eco*RI enthielt, wurde es folglich in vier Teile zerstückelt. Nur ein DNA-Stückchen enthielt dabei das Resistenzgen gegen Penicillin. Die verschiedenen Kombinationsmöglichkeiten waren somit größer als im ersten Experiment. Die Stunde der Wahrheit kam dann mit der Ausplattierung der manipulierten Bakterien auf Tetracyclin- und gleichzeitig auch Penicillin-haltigem Nährboden.

Ein Jubelschrei aus Cohens Labor: Auch ein solches rekombinantes Plasmid funktionierte in den *E. coli*-Zellen! Damit wurde **erstmals Erbmaterial unterschiedlicher Arten verpflanzt**. Eine „Überwindung der Schranken, die normalerweise biologische Arten voneinander trennen", wie Cohen etwas voreilig verkündet hatte, war allerdings nicht erreicht worden, weil – wie wir heute wissen – auch unterschiedliche Mikroorganismen und Viren Erbmaterial „natürlich" austauschen können.

Alle **Virusinfektionen** sind demnach Gentransfer! Gentransfer ist also **nicht unnormal!**

Ermutigt durch diese Erfolge sollten nun höhere Barrieren überwunden werden: die Artschranke zwischen Bakterien und Fröschen, genauer den **Afrikanischen Krallenfröschen** (*Xenopus laevis*) (Abb. 3.33).

Genomische DNA wurde aus Krallenfroschzellen isoliert und mit Restriktionsenzymen des Typs *Eco*RI zerschnitten. Gleichzeitig wurde das Bakterienplasmid pSC101 ebenfalls mit *Eco*RI aufgeschnitten (Abb. 3.32).

Zusammengelagerte **Frosch-DNA und Bakterien-DNA** wurden mit Ligasen verklebt, in *E. coli*-Zellen eingeschleust und vermehrt. Die Zellen, die das neue rekombinante Frosch-Bakterien-Plasmid enthielten, wurden aufgrund der Tetracyclinresistenz und – da die Frosch-DNA keine Resistenzgene gegen Antibiotika enthält – durch chemische Analyse der Nucleinsäuren identifiziert.

Am 27. Juli 1973 stand fest: Frosch-DNA wird von Bakterien „akzeptiert"!

Das neue Plasmid vermehrte sich 1000-fach bei den 1000 Zellteilungen mit. Von ihm wurden somit identische Kopien hergestellt: **Das rekombinante Frosch-Bakterien-Plasmid wurde kloniert.**

Eine neue Art war das noch nicht, denn nur weniger als ein Tausendstel der Bakterien-DNA stammt vom Frosch. Zwar quakten die manipulierten Bakterien nicht nach Froschart, wie die Forscher scherzten, aber etwas viel Wichtigeres war von den ersten Gentechnikern geleistet worden: Sie hatten eine **universelle Gentechnikmethode** entwickelt, mit der erstmals das bis dahin völlig unzugängliche Erbmaterial höherer Lebewesen in großer Menge hergestellt und untersucht werden konnte: das **Klonieren von DNA** war nun technisch möglich geworden (Abb. 3.30).

3.13 Wie Gene gewonnen werden

Leider war das Experiment mit der „zerhackten" Frosch-DNA nicht so einfach auf die Produktion von Proteinen höherer Lebewesen zu übertragen. Der Grund dafür waren die in die **DNA-Kette eingefügten Introns** mit ihrer nicht für Proteine codierenden „Nonsense"-Information. Es hätte nicht viel Sinn, die DNA höherer eukaryotischer Lebewesen durch Restriktionsendonucleasen zu spalten und in Plasmid-DNA einzubauen. Zwar könnten Tausende von Fremd-DNA-Stücken kloniert werden, aber ein funktionierendes Fremdprotein würde kaum produziert. Im besten Fall

Gen für Tetracyclin-resistenz

Penicillin-resistenzgene

Schneiden mit Restrictase

Tc

Einbau des Proinsulin-gens

Teil des Penicillin-resistenzgens

Einschleusen in Bakterien, Genexpression

Mischprotein

Teil des Penicillinasemoleküls

Proinsulin

Trypsin-behandlung

aktives Ratteninsulin

Abb. 3.35 Synthese von Ratten-Proinsulin durch Bakterien

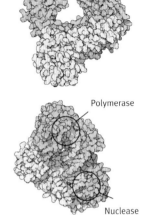

Polymerase

Nuclease

Abb. 3.36 Oben: Reverse Transkriptase. Ihre klauenartige Struktur.
Darunter: Zwei Aktivitäten sind in einem Molekül der Reversen Transkriptase vereint: Mit der Polymerase entsteht ein RNA-DNA-Hybridmolekül, mit der Nuclease-Aktivität wird die am Ende überflüssige RNA abgebaut. Der DNA-Einzelstrang wird dann zum Doppelstrang ergänzt.

wäre das Endprodukt ein Protein, das zwar alle seine Aminosäuren aus den Exons enthält, dazwischen aber völlig irrelevante „Extra-Aminosäuren" aus den Introns.

Der Ausweg für die Gentechniker lag darin, nicht die intronbelastete DNA höherer Lebewesen zu verwenden, sondern die **reife (*mature*) mRNA** zu gewinnen, auf der die verschlüsselten Baupläne der Proteine von Introns befreit sind.

Nun lässt sich aber die einzelsträngige mRNA nicht mit der doppelsträngigen Plasmid-DNA zusammenbauen. Glücklicherweise fand man (wie bereits in Abschnitt 3.3 erwähnt) ein Enzym in Retroviren, die **Reverse Transkriptase (Revertase)**. Sie kann die einzelsträngige RNA in doppelsträngige DNA zurückschreiben (Abb. 3.36).

Abb. 3.37 Das DNA-Modell aus Stahl von Sebastian Kulisch am Max-Delbrück-Centrum für Molekulare Medizin in Berlin-Buch

95

Abb. 3.38 Insulinsynthese in den Inselzellen des Pankreas:

Gezeigt ist ein typisches Insulingen einer Säugetierzelle mit Introns, codierenden Sequenzen (Exons) und den Regulationssequenzen, die für die Transkription gebraucht werden.

Kurz vor dem Anfang des Insulingens (in der flankierenden Region am 5'-Ende) liegen mehrere Sequenzelemente, die für die Insulinproduktion entscheidend sind. Verschiedene Regulationsproteine binden sich an diese Sequenzen und aktivieren sie. In Zellen, die kein Insulin herstellen, werden diese DNA-Abschnitte durch andere Proteine blockiert.

Die RNA-Polymerase startet direkt nach diesen Sequenzen ihre Transkriptionsarbeit. Die Enden der transkribierten mRNA werden bei Eukaryoten mit einer 5'-Cap („Kappe") und einem 3'-Poly(A)-Schwanz modifiziert. Die Kappe soll vor Enzymabbau (Phosphatasen und Nucleasen) schützen und die Translation verstärken. Der Poly(A)-Schwanz ist nicht in der DNA codiert und stabilisiert offenbar die mRNA.

Auch nach der Translation am Ribosom kann die Geschwindigkeit der Insulinsynthese noch gesteuert werden; das Präproinsulin (128 Aminosäuren) ist länger als das aktive Hormon.

Die Signalpeptidase spaltet am Aminoende ein kurzes Stück (24 Aminosäuren) ab, das als Signalsequenz für die Membranpassage am endoplasmatischen Reticulum dient.

Anschließend wird aus dem so entstandenen Proinsulin der mittlere Teil der Peptidkette (C-Peptid) entfernt. Die beiden kurzen A-und B-Ketten bilden das fertige Insulin. Sie werden durch Disulfidbrücken (–S–S–) zwischen den Cysteinen (in Rot) zusammengehalten.

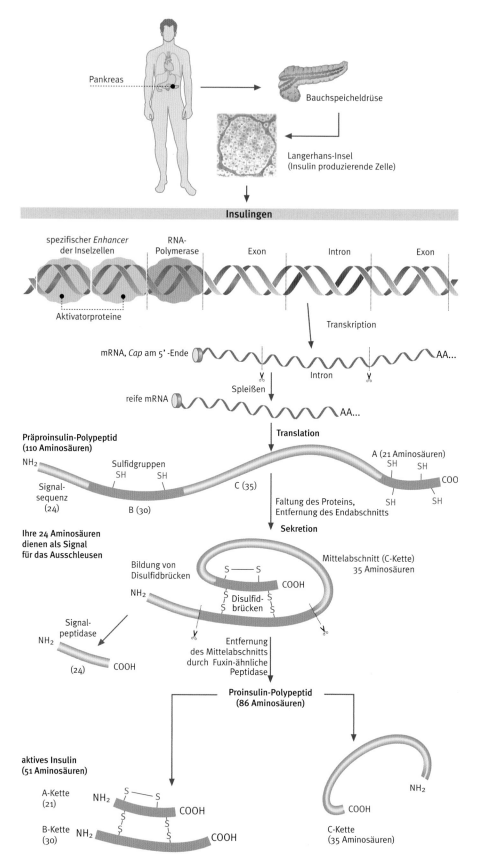

96

Die Erbsubstanz der Retroviren besteht nämlich nicht aus DNA, sondern aus einem einzelsträngigen RNA-Molekül. Befallen diese Viren DNA enthaltende Wirtszellen (siehe Kap. 5), übersetzen sie mit der mitgebrachten Revertase ihre einzelsträngige Viren-RNA in doppelsträngige DNA und integrieren diese dann in die Wirts-DNA (Abb. 3.23).

Die Gentechniker nutzen nun Reverse Transkriptase, um an dem mRNA-Einzelstrang einen DNA-Strang zu synthetisieren. Diese DNA, die durch Kopieren einer RNA entstanden ist, wird als **copy-DNA** (**cDNA**) bezeichnet.

Ist die Abfolge der Aminosäuren (Sequenz) eines Proteins bekannt und lässt sich die entsprechende mRNA dennoch nicht aus Zellen isolieren, kann das zugehörige Gen aber auch **auf chemischem Weg synthetisiert** werden. So lässt sich eine DNA herstellen, die eigentlich in der Natur nicht vorkommt. Heute gibt es schon **DNA-Syntheseautomaten** (Box 3.11). Bei ihnen wird ein Startnucleotid an feste Trägermaterialien (wie Silicagel oder Glasperlen) gebunden, und nachfolgend hängt man Nucleotide in der gewünschten Reihenfolge an. 1988 konnte man so täglich 30 Basen lange DNA-Fragmente synthetisieren: Dazu war noch 1979 ein halbes Jahr Teamarbeit nötig. Heute kann man in wenigen Stunden komplette „Gene nach Maß" synthetisieren.

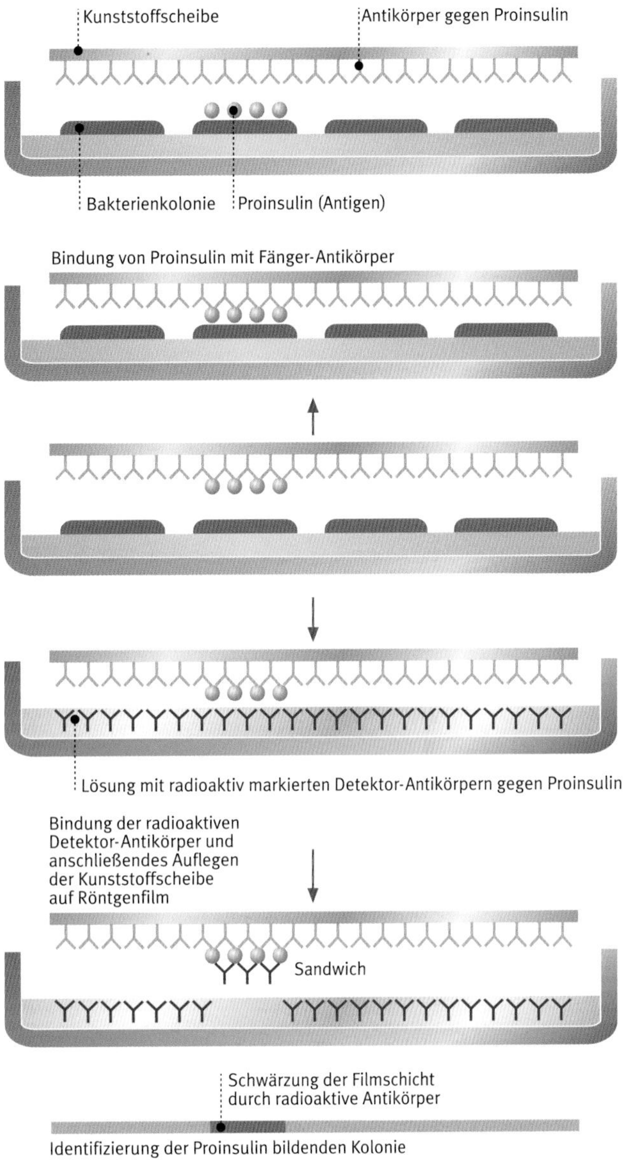

3.14 Humaninsulin aus Bakterien?

Im Juli 1980 erhielten 17 Freiwillige Insulininjektionen im Londoner Guy's Hospital. Sie machten Schlagzeilen in den Zeitungen. Was war daran so sensationell? Jeden Tag wurden Millionen Diabetiker in aller Welt mit dem Hormon Insulin behandelt (siehe Box 3.5). Das Insulin wurde aus der Bauchspeicheldrüse von Rindern und Schweinen gewonnen. Das substituierte Insulin soll den Blutzuckerspiegel der Diabetiker regulieren und die schwerwiegenden Folgen des **Diabetes** bekämpfen – eine Krankheit, die in den Industrieländern auf Platz drei der Todesursachen steht (siehe Box 3.10). Eine „moderne Volkskrankheit".

Der **Typ-I-Diabetes** wird durch Autoimmunzerstörung der Insulin bildenden Zellen des Pankreas verursacht und setzt vor dem 20. Lebensjahr ein. Der **Typ-II-Diabetes** tritt dagegen ab mittlerem Lebensalter auf (90 % der Diabetiker), vor allem bei Übergewichtigen (Kap. 10). Die oben erwähnten 17 Freiwilligen waren die ersten Men-

schen in der Medizingeschichte, die mit einem Säugetierhormon behandelt wurden, das nicht aus Säugetierorganen, sondern aus Bakterien stammte. Damit wurde die erste mithilfe der Gentechnologie hergestellte Substanz am Menschen getestet. Zwei Jahre später erfolgte die offizielle Genehmigung für die medizinische Anwendung gentechnisch produzierten Insulins.

Der Bedarf an **Insulin ist unglaublich hoch**. Ein Diabetiker brauchte zur Deckung seines Jahresbedarfs die Bauchspeicheldrüsen von etwa 50 Schweinen. Die deutsche Firma Hoechst verarbeitete täglich elf Tonnen Schweinebauchspeicheldrüsen, die von mehr als 100 000 Schlachttieren stammten.

Kunststoffscheibe   **Antikörper gegen Proinsulin**

Bakterienkolonie   **Proinsulin (Antigen)**

Bindung von Proinsulin mit Fänger-Antikörper

Lösung mit radioaktiv markierten Detektor-Antikörpern gegen Proinsulin

Bindung der radioaktiven Detektor-Antikörper und anschließendes Auflegen der Kunststoffscheibe auf Röntgenfilm

Sandwich

Schwärzung der Filmschicht durch radioaktive Antikörper

Identifizierung der Proinsulin bildenden Kolonie

Abb. 3.39 Wie Proinsulin bildende Bakterienkolonien mithilfe von Antikörpern im Radioimmunoassay gefunden werden.

Abb. 3.40 Rosalyn Yalow (1921–2011) Nobelpreis 1977, entwickelte den Radioimmunoassay (RIA) mit S. Berson.

97

Box 3.5 Biotech-Historie: Insulinherstellung

Frederick Banting und Charles Best

1921 gelang den Kanadiern **Frederick G. Banting** (1891–1941, bei Flugzeugabsturz umgekommen) und **Charles H. Best** (1899–1978) in Toronto die Isolierung des Insulins aus tierischen Bauchspeicheldrüsen. Ihre Arbeit wurde als so epochal angesehen, dass Banting dafür nur zwei Jahre später zusammen mit **J. J. R. Macleod** den Nobelpreis für Physiologie oder Medizin erhielt.

Bereits 1922 wurde das Hormon an einem Patienten mit Erfolg klinisch erprobt. Die US-Firma Eli Lilly & Co. (Indianapolis) bekam zunächst eine Exklusivlizenz für ein Jahr und produzierte „Iletin" im Großmaßstab.

Das war der Startschuss für den heute noch zu den größten Insulinproduzenten der Welt gehörenden Konzern. Nach diesem Jahr wandte sich das Komitee der Universität Toronto an verschiedene Interessenten. In Deutschland war das der Arzt **Oskar Minkowski** (1858–1931).

Minkowski fragte 1923 seinerseits bei den Farbwerken Hoechst an. Bei Hoechst hatte man schon zuvor aus Schlachthöfen in Frankfurt und Karlsruhe Drüsenmaterial gesammelt und versucht, Insulin zu gewinnen. Anfang November 1923 kam dann das selbst-entwickelte „Altinsulin" mit Genehmigung aus Kanada auf den Markt. Fortan war Hoechst führend in der Insulinforschung und bestimmt heute unter dem neuen Namen Sanofi-Aventis mit Eli Lilly, Novo Nordisk und Berlin Chemie den Markt in Deutschland.

Viele andere Firmen versuchten ihr Glück, scheiterten aber zumeist am Rohstoffproblem: Das Einsammeln des Materials aus vielen kleinen deutschen Schlachthäusern war mühsam – man denke dagegen an die riesigen von **Upton Sinclair** beschriebenen Schlachthöfe von Chicago! Bauchspeicheldrüsen mussten importiert werden.

1936 gelang es dann der Firma Hoechst als Erster, die gesamte Produktion auf das kristallisierte Hormon umzustellen. Die daraus hergestellten Lösungen waren besser von begleitendem Fremdprotein gereinigt und somit verträglicher. Auch an löslichen Depot-Insulinen wurde gearbeitet. 1938 kam das „Depot-Insulin Hoechst" mit dem Stabilisator Surfen auf den Markt. Sogar während des Krieges blieb die Versorgung durch ein neues Verfahren zur Drüsenkonservierung gesichert. In den ersten Jahren nach 1945 erreichte die Produktion jedoch einen Tiefstand. Hoechst blieb allerdings Hauptlieferant und brachte 1953 das langwirkende „Long-Insulin" auf den Markt. Dann gelang nach zehnjähriger Arbeit **Frederick Sanger** die Bestimmung der Insulinstruktur (siehe Box 3.10).

1963 bis 1965 wurde in verschiedenen Arbeitsgruppen die Insulin-Totalsynthese ausgeführt, und 1969 benutzte **Dorothy Crowfoot Hodgkin** die Röntgenstrukturanalyse zur Aufklärung der Raumstruktur (siehe Abb. 3.50).

Oskar Minkowski (1858–1931) fand 1889 an der Medizinischen Klinik in Straßburg, dass Hunde Diabetes entwickeln, wenn ihnen das Pankreas entfernt wird. Er überzeugte Hoechst 1923 zur Insulinproduktion.

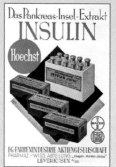

Oben: Insulinproduktion bei Hoechst
Links: Werbung für Insulin von Hoechst

Das Pankreas-Insel-Extrakt
INSULIN
Hoechst

I.G.-FARBENINDUSTRIE AKTIENGESELLSCHAFT
PHARMAZ.-WISS. ABTEILUNG „Bayer-Meister Lucius"
LEVERKUSEN

Abb. 3.41 Walter Gilbert (geb. 1932), Nobelpreis für Chemie 1980

Seit 15. März 2005 wird in Deutschland kein tierisches Insulin mehr vertrieben.

3.15 Wie Insulin im Menschen synthetisiert wird: vom Präproinsulin über Proinsulin zum aktiven Insulin

Insulin ist ein kleines Hormon, das aus zwei Proteinketten besteht, von denen die eine 21 (**A-Kette**) und die andere 30 Aminosäuren (**B-Kette**) lang ist. Von 1945 an hatte **Fred Sanger** (1918–2013, Box 3.10) in zehn Jahre langer zäher Arbeit im Keller des Biochemischen Instituts in Cambridge (England) die Primärstruktur des Insulins erforscht.

Das Vorhaben der Insulinanalyse wurde seinerzeit als tollkühn angesehen. Kristallisiertes Rinder-Insulin aus 120 Rindern diente Sanger als Rohstoff. Fred Sanger bekam den Nobelpreis 1957, nur drei Jahre nachdem er die Sequenz aller 51 Aminosäurebausteine in den zwei Insulinketten entschlüsselt hatte.

Beide Ketten werden zunächst als Bestandteile einer längeren Kette von 110 Aminosäuren in den B-Zellen (β-Zellen) der Langerhans'schen Inseln im Pankreas synthetisiert. Diese Langform ist das **Präproinsulin** (Abb. 3.38). Wie für andere Peptidhormone wird dieses Vorstufenprotein ins endoplasmatische Reticulum sezerniert. Seine ersten 24 Aminosäuren dienen als Signal für die

Zellmembran zum Ausschleusen des Insulins aus der Zelle. Beim Durchgang durch die Membran werden diese 24 Aminosäuren durch Enzyme (Peptidasen) abgetrennt und verbleiben in der Zelle. Die restlichen 86 Aminosäuren bezeichnet man als **Proinsulin**: B-Kette, C-Peptid plus A-Kette.

Anfangs- und Endstück dieses Moleküls (B und A) treten miteinander in Wechselwirkung und werden so durch zwei **Disulfidbrückenbindungen** (-S-S-) miteinander verknüpft. Danach wird der zentrale Teil des Proinsulins (**C-Kette** oder **C-Peptid**, mit 35 Aminosäuren) durch membranständige Enzyme (Proteasen) im Golgi-Apparat der Zelle abgetrennt.

Die Bedeutung der C-Kette besteht darin, die A- und B-Ketten korrekt zueinander auszurichten. Ohne diese **korrekte räumliche Faltung** ist das Insulin nicht voll aktiv.

Aktives Insulin und C-Peptid werden in Vesikeln aufbewahrt und nach Stimulus zusammen entlassen. Der „Tagesverbrauch" von Insulin beträgt beim Menschen etwa 1,8 mg.

3.16 Der gentechnische Start mit Ratten-Proinsulin

Um Insulin gentechnisch mithilfe von Bakterienzellen zu produzieren, gingen **Walter Gilbert** (geb. 1932, Abb. 3.41) und **Lydia Villa-Komaroff** (geb. 1947) von der Harvard-Universität 1977 von einem Tumor der β-Zellen einer Rattenbauchspeicheldrüse aus, also von tierischen Krebszellen. Als sie mit den Untersuchungen begannen, waren Experimente mit menschlichen Genen noch nicht erlaubt.

Die mRNA der Krebszellen schrieben die Forscher mit Reverser Transkriptase in cDNA um, schnitten diese dann mit Restriktionsendonucleasen, um klebrige Enden zu bekommen, und setzten die DNA-Stücke in bakterielle Plasmide ein, die Penicillin- und gleichzeitig Tetracyclinresistenzgene enthielten (Abb. 3.36). Die mit der fremden DNA beladenen Plasmide wurden dann in Bakterienzellen eingeschleust. Aus jeder dieser Zellen wurde ein Klon gezüchtet. Man plattierte sie auf Agarnährböden aus, die Penicillin und Tetracyclin enthielten.

Würde einer dieser oben erwähnten Klone tatsächlich Ratten-Proinsulin produzieren? Um das zu prüfen, beluden Gilbert und seine Mitarbeiter

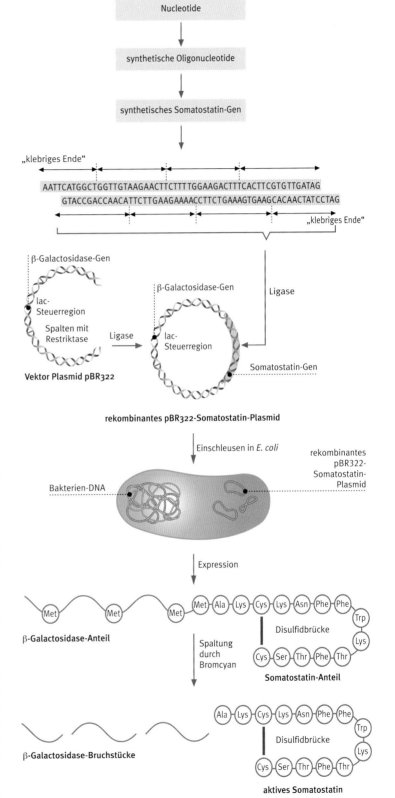

Abb. 3.42 Die erste Synthese eines menschlichen Peptids, des Hormons Somatostatin, durch genmanipulierte Bakterien

Box 3.6 Expertenmeinung:
Epigenetik – die unerwartet komplexe Wechselwirkung von Umwelt und Genom

Lebewesen entstehen nicht nur aus sich selbst heraus, ihre Entwicklung, von der befruchteten Eizelle bis zum fertigen Organismus, ist nicht nur ein Abspulen eines starr festgelegten genetischen Programms.

Signale aus der Umwelt sind natürlicher und notwendiger Bestandteil dieser Entwicklung, eine Erkenntnis, die mindestens hundert Jahre alt ist. Wenn heute in diesem Zusammenhang von sensationellen neuen Erkenntnissen die Rede ist, besteht die Sensation nicht darin, dass es diese Einflussnahme der Umwelt gibt.

Sie besteht in **ihrer Raffinesse und in ihrem unerwarteten Umfang**, der in den letzten Jahren offenbar wurde. Darin, dass sich die zugrunde liegenden Mechanismen als **unvorstellbar komplexes mehrschichtiges sensibles Regulationsgeflecht** entpuppen. Es steuert nicht nur die Differenzierung einer Vielzahl hoch spezialisierter Zelltypen, sondern verleiht Organismen auch die Fähigkeit, Umwelteinflüsse wie die Qualität der Nahrung, die Dauer des Winters oder die Fürsorge der Mutter auf ihrem Entwicklungsweg zu berücksichtigen, sie in einer Art Zellgedächtnis zu bewahren und gegebenenfalls Weichenstellungen vorzunehmen, flexibel und reversibel.

Der Entwicklungsbiologe **Scott Gilbert** stellt mit Recht fest: »Das ist nicht der Blick auf das Leben, wie er üblicherweise in heutigen Lehrbüchern und populären Darstellungen der Biologie präsentiert wird.« Und das Folgende schon gar nicht. Denn als biochemischer Anmerkungsapparat der DNA werden einige dieser individuellen Umwelterfahrungen sogar an nachfolgende Generationen vererbt.

»Epigenetik ist das Studium von mitotisch und/oder meiotisch vererbbaren Veränderungen der Genfunktion, die nicht durch Veränderungen der DNA-Sequenz erklärt werden können.« (Gary Felsenfeld, National Institutes of Health). Mittlerweile ist eine ganze Reihe von Mechanismen entdeckt worden, wie Zellen diese Veränderung der Genfunktion bewerkstelligen. Zwei der wichtigsten haben mit der Tatsache zu tun, dass die DNA im Zellkern zu keinem Zeitpunkt als „nackter Helixfaden" vorliegt.

Methylgruppen (CH_3) können sich an bestimmte kurze Sequenzen anlagern (insbesondere an die Base Cytosin) und die Aktivität des betroffenen Gens verändern, bis hin zur völligen Stilllegung. Neben einer Reihe anderer Moleküle können sie auch an die Nucleosomen binden, jene im Zellkern in millionenfacher Ausfertigung vorhandenen **Histonkomplexe, um die die DNA-Helix gewunden ist wie Draht um einen Spulenkern.**

Auf diese Weise beeinflussen sie die Fähigkeit des DNA-Nucleosomen-Fadens, sich zu kompakten Strukturen zusammenzulagern (Heterochromatin) und regulieren die Verfügbarkeit der genetischen Information. Die Steuerungsmöglichkeiten sind hier so vielfältig, dass man von einem **Histon-Code** spricht.

Die **DNA-Methylierung**, der am besten untersuchte epigenetische Mechanismus, ist schon bei Bakterien, also sehr früh in der Stammesgeschichte, entstanden, vermutlich zur Abwehr fremder, zumeist viraler DNA.

Diese **Schutzfunktion** erfüllt die DNA-Methylierung noch heute. In höher entwickelten vielzelligen Organismen zielt sie auf die Hinterlassenschaften uralter Virenangriffe, auf die parasitischen und mobilen DNA-Sequenzen, die beim Menschen etwa die Hälfte seines Genoms ausmachen.

Methylgruppen inaktivieren diese Sequenzen und machen sie damit unschädlich. Das umfangreichste epigenetische Instrumentarium scheinen Blütenpflanzen und Säugetiere zu besitzen, und seine Funktion geht über

den ursprünglichen Schutz vor fremder Erbsubstanz weit hinaus. Während der Zelldifferenzierung dienen diese Mechanismen der Programmierung des eigenen Genoms. Dabei werden in bestimmten Zelllinien **nicht benötigte Gene epigenetisch stillgelegt** oder ihre Aktivität moduliert. Auf diese Regulationsprozesse kann auch die Umwelt einwirken.

So benötigen viele **Pflanzen eine winterliche Kälteperiode**, um im Frühjahr blühen zu können. Im Zentrum des molekularen Geschehens steht ein Protein namens FLOWERING LOCUS C, kurz FLC, ein Transkriptionsfaktor, der in der jungen Pflanze die Blütenbildung unterdrückt. Die Information über die erlebte Kälte wird in der das FLC-Gen enthaltenen Chromatinregion in Gestalt von Methylgruppen auf die Histone der Nucleosomen niedergeschrieben. FLC wird epigenetisch stillgelegt und über viele Zellteilungen hinweg stumm bleiben.

In grober Vereinfachung der tatsächlichen Vorgänge heißt das: Der gesamte für die Blütenbildung nötige Zellapparat begibt sich in Bereitschaft, in geduldiger Erwartung längerer Tage mit viel Licht, die die Blockade aufheben. Die epigenetische Niederschrift am FLC-Gen transportiert aber noch mehr. Je länger die winterliche Kälte andauert, desto tiefer sinkt der mRNA-Pegel des FLC und desto schneller kommen die Pflanzen zur Blüte, wenn die Tage warm werden. Die epigenetischen Markierungen enthalten also nicht nur eine schlichte Ja-Nein-Botschaft, sie liefern auch quantitative Informationen über die Dauer der Kälteperiode.

Erst kürzlich wurde geklärt, wie aus ein und demselben **Ei der Honigbiene** mal eine hoch fertile, mehrere Jahre lebende Königin, mal eine sterile Arbeiterin mit einer Lebenserwartung von nur wenigen Wochen schlüpfen kann.

Seit Langem ist bekannt, dass alle Bienenlarven zunächst mit einem Sekret der Ammenbienen, dem Gelée Royale, gefüttert werden. Zukünftige Königinnen erhalten es Zeit ihres Larvenlebens, die Arbeiterinnenlarven aber werden auf Honig und Pollennahrung umgestellt. Australische und deutsche Forscher konnten nun zeigen, dass diese veränderte Ernährung eine Kaskade epigenetischer Aktivitäten auslöst: »Über 500 Gene zeigen signifikante Methylierungsunterschiede zwischen

Königinnen und Arbeiterinnen«, schrieben **Frank Lyko** und seine Mitarbeiter vom Deutschen Krebsforschungszentrum in Heidelberg. »Wir fanden eine starke Korrelation zwischen Methylierungsmustern und Spleiß-Stellen, auch solchen, die das Potenzial besitzen, alternative Exons hervorzubringen … Anstatt Gene an- und abzuschalten, arbeitet die **Methylierung** in der Honigbiene als ein Modulator der Genaktivität.« Das Ergebnis ist ein Phänotyp mit veränderter Anatomie, verändertem Verhalten und veränderter Lebensdauer.

Epigenetik von eineiigen Zwillingen.

Obwohl die epigenetische Forschung am Menschen noch in den Anfängen steckt, dürften Umwelterfahrungen gerade für das „Anpassungswunder" *Homo sapiens* von großer Bedeutung sein.

Interessante Resultate lieferte die Zwillingsforschung. Durch Vergleich von erbgleichen eineiigen Zwillingen mit zweieiigen, die genetisch betrachtet nichts anderes als normale Geschwister sind, wurde für praktisch alle wichtigen Krankheiten des Menschen eine signifikante genetische Komponente ermittelt. Im Fall der Schizophrenie liegt sie mit 80% sehr hoch. Doch nur bei jedem zweiten aller von diesem schweren Leiden betroffenen Zwillingspaare bricht die Krankheit bei beiden Geschwistern aus. Bei Alzheimer, Alkoholismus und Autismus sind es nur wenig mehr. Eine Erklärung könnte die Epigenetik liefern. 2005 legte ein internationales Forscherteam unter der Leitung des spanischen Krebsforschers **Manuel Esteller** die viel beachteten Ergebnisse einer Untersuchung an 80 eineiigen Zwillingen vor, der größten derartigen Gruppe, die bis dahin Gegenstand molekularbiologische Forschung war.

Dabei stießen die Forscher auf zum Teil „bemerkenswerte" epigenetische Unterschiede, die mit dem Alter zunehmen. Während dreijährige Zwillingsgeschwister epigenetisch kaum voneinander zu unterscheiden sind, offenbaren 50-jährige beträchtliche Unterschiede, sowohl in absoluten Zahlen als auch in der Verteilung epigenetischer Markierungen im Genom.

Mit anderen Worten: **Das Leben hinterlässt individuelle epigenetische Spuren.** Ältere eineiige Zwillingspaare sind zwar genetisch identisch, epigenetisch aber verschie-

Zweieiige oder dreieiige Zwillinge sind genetisch gesehen nichts anderes als zeitgleich geborene Geschwister. Für eineiige Zwillinge gilt: Sie sind genetisch identisch, aber epigenetisch umso verschiedener, je älter sie werden.
Unten: Meine Kollegin Prof. Jian Zhen Yu hat im Glücksjahr des Drachen ein chinesisches Wunder vollbracht: Drillinge!
Die munteren Knaben Franklin, Jefferson und Hamilton Wang kann man nur am jeweiligen Muttermal unterscheiden: einer links, einer rechts, einer in der Mitte …

den, und die Abweichungen sind umso größer, je unterschiedlicher das Leben der beiden Zwillinge verlaufen ist. Allerdings dürften nicht alle diese Unterschiede eine Folge von Umwelteinflüssen sein. Epigenetische „Programmierfehler" scheinen sich mit zunehmendem Alter durch Zufallsprozesse zu akkumulieren.

Kanadische Forscher konnten zeigen, dass sexueller Kindesmissbrauch zu epigenetischen Veränderungen an einem Hormonrezeptorgen im Gehirn führt. Kollegen aus Konstanz fanden ähnliche Veränderungen bei Kindern von Müttern, die während der Schwangerschaft misshandelt wurden. Epigenetische Phänomene werden mit vielen wichtigen Krankheiten in Verbindung gebracht, unter anderem mit Krebs. Erste diagnostische Tests, die bestimmte **epigenetische Krebsmarker im Blut** nachweisen, erlangen in diesen Tagen Marktreife.

Umstritten ist, ob derartige auf Umwelterfahrungen zurückgehende epigenetische Programmierungen an kommende Generationen vererbt werden können. Quer durch alle Organismenreiche wurden zahlreiche Beispiele von epigenetischer Vererbung dokumentiert, aber noch ist unklar, was dabei überhaupt vererbt wird, ob es sich um Ausnahmefälle handelt oder ob mehr dahinter steckt, eine **Lamarck'sche Dimension**, wie es die israelische Wissenschaftlerin **Eva Jablonka** nennt. Zumindest für Pflanzen muss man wohl von Letzterem ausgehen.

Französischen Forschern um **Vincent Colot** ist es gelungen, 500 Linien der Ackelschmalwand *Arabidopsis thaliana* zu „züchten", die genetisch nahezu identisch sind und sich nur in ihren DNA-Methylierungsmustern unterscheiden. Hinsichtlich wichtiger Merkmale zeigen sie die gleiche Variationsbreite wie Pflanzen des Wildtyps und haben diese epigenetischen Unterschiede bereits über viele Generationen vererbt.

Bernhard Kegel studierte Chemie und Biologie und lebt heute als freier Schriftsteller in Berlin und Brandenburg.

Zuletzt erschienen:
Epigenetik – Wie Erfahrungen vererbt werden, Köln 2009, der Roman
Ein tiefer Fall, Hamburg 2012, und
Die Herrscher der Welt, Köln 2015

Abb. 3.43 Der 27-jährige Robert Swanson (1947–1999) traf Herbert Boyer 1975. Sie gründeten Genentech: »All the academics I called said commercial application of gene splicing was ten years away. Herb didn't.«

Abb. 3.44 Die erste Gentechnik-firma in der Geschichte war 1971 in Berkeley die Cetus Corporation. Oben: das Firmenlogo, darunter einer der Mitgründer, der Biochemiker Ronald Cape, mit seinem Konsultanten Arnold Demain, dem Herausgeber der amerikanischen Version dieses Buches.

Abb 3.45 Menschliches Somatostatin

Kunststoffplatten mit Antikörpern gegen Proinsulin. Gegen Proinsulin lassen sich in Mäusen Antikörper erzeugen, wenn man diesen das Protein injiziert.

Kunststoffe wie Polystyrol (PS) binden leicht adsorptiv Antikörper. Die Wissenschaftler brachten dann die beschichteten PS-Platten mit den Bakterienkolonien in Kontakt. Durch Zugabe von Lysozym (siehe Kap. 2) wurden die Zellen lysiert und ihr Inhalt der Analyse zugänglich.

Enthalten die Zellen in irgendeinem Protein die Aminosäuresequenz des Proinsulins, so wird dieses Protein von den Antikörpern auf der Kunststoffplatte gebunden (Abb. 3.39). Man nennt diese Antikörper auch **Fänger-(capture-) Antikörper**.

Wie weiß man, ob und wo sich das Proinsulin gebunden hat? Man verwendet eine Lösung mit radioaktiv markierten **Detektor-Antikörpern** (die ebenfalls Proinsulin erkennen und binden) und inkubiert sie mit der PS-Platte. Es bildet sich im positiven Fall eine **Sandwich-Struktur** aus: Die Platte bindet den Fänger-Antikörper, der Fänger-Antikörper bindet Proinsulin, und das Proinsulin bindet über eine andere Stelle des Moleküls den radioaktiv markierten Detektor-Antikörper.

Wenn kein Proinsulin vorhanden ist, binden sich keine Detektor-Antikörper. Diese ungebundenen Detektor-Antikörper werden bei einem Waschschritt weggewaschen; es gibt dann kein Sandwich und keine gebundene Radioaktivität. Die Methode nennt man **Radioimmunoassay** (RIA, siehe auch Kap. 10).

Rosalyn Yalow (1921–2011, Abb. 3.40) entwickelte 1959 mit **Solomon Berson** (1918–1972) in New York die ersten RIAs zum Nachweis von Insulin im Blut (Nobelpreis 1977 mit **Roger Guillemin** und **Andrew V. Schally**). Da die Antikörper radioaktiv markiert sind, erkennt man die betreffenden radioaktiven Stellen auf der Kunststoffplatte, wenn man die Platte anschließend auf einen strahlenempfindlichen Röntgenfilm legt (**Autoradiografie**, s. Kap. 5).

Ein Klon gab eine positive Reaktion: Er schwärzte den Film. Er gab sie auch dann, wenn die Kunststoffscheibe nicht mit Antikörpern gegen Proinsulin, sondern mit Antikörpern gegen Penicillinase beladen wurde. Das heißt, das Syntheseprodukt, das man mithilfe der Antikörper nachwies, war offenbar ein **Penicillinase-Proinsulin-Mischprotein**. Das Gen für Proinsulin war also inmitten des Gens der Penicillinase eingebaut worden (Abb. 3.39).

Dieser Klon wurde isoliert. Als man seine Zellen in einem flüssigen Nährmedium wachsen ließ, konnte das Mischprotein aus der Kulturlösung isoliert werden, ohne die Zellen zu zerstören. Der Penicillinase-Teil hatte dem ganzen Mischprotein ermöglicht, die bakterielle Zellmembran zu durchdringen und ins Medium zu gelangen. Die **Sekretion** des Proteins ins Medium war ein großer Fortschritt im Vergleich zum Ratten-Proinsulin, das in der Zelle synthetisiert wurde und dort auch verblieb.

Der Penicillinase war deren **Signalsequenz** vorgeschaltet, die eine Ausschleusung des „Proteinfadens" aus der Zelle ermöglichte. Im anderen Fall wäre das Proinsulin in der Zelle verblieben. Die Nucleotidsequenzanalyse der fremden DNA, die im bakteriellen Plasmid enthalten war, zeigte dann, dass tatsächlich nur die fremde Sequenz für das Proinsulin vorhanden war.

Um aus dem Penicillinase-Proinsulin-Mischprotein reines Insulin zu erhalten, entfernte Gilbert mithilfe des Verdauungsenzyms **Trypsin** (Kap. 2 und Abb. 3.48) den größten Teil der Penicillinase-Abschnitte und gleichzeitig das mittlere C-Segment des Proinsulins. Damit entstand **aktives Insulin**. Wissenschaftler in Boston prüften das Produkt und stellten fest, dass es den Zuckerstoffwechsel von Fettzellen in gleicher Weise beeinflusst wie normales Ratten-Insulin: **Bakterien hatten also „echtes" Ratten-Insulin gebildet.**

3.17 DNA-Hybridisierung: Wie man Bakterien mit DNA-Sonden findet

Im Fall des Ratten-Proinsulins fand man den rekombinanten Klon durch den Nachweis des Genprodukts mit Antikörpern, durch einen Sandwich-Radioimmunoassay. Häufiger detektiert man jedoch Bakterien (auch nichtmanipulierte, „natürliche") mit **DNA-Sonden**. Dabei wird die **Hybridisierung** der DNA genutzt, die Bildung einer Doppelstrang-DNA aus komplementären Einzelsträngen verschiedener Herkunft. Sie formen ein Hybridmolekül.

Bei der Suche nach einer bestimmten DNA-Sequenz in Bakterien benutzt man ein komplementäres einzelsträngiges Oligonucleotid, eine **DNA-Sonde** (DNA probe).

Die Zellen wachsen in Kolonien auf einem Nährmedium (Abb. 3.46). Man markiert diese Kolonien (meist mit Zahlen im Uhrzeigersinn auf dem

Deckel der Petrischale). Dann wird ein Abdruck mit einem **Nitrocellulosefilter** genommen. Damit hat man eine spiegelbildliche Kopie der Kolonien fixiert. Die Zellmembranen werden mit einem **Detergens** (ein Waschmittel wie Tween) zerstört, der Zellinhalt wird freigesetzt. Die Bakterien-DNA bindet sich fest an die Nitrocellulose. Nun wird **Natronlauge** (NaOH) zugesetzt. Sie zerstört die Wasserstoffbrücken, welche die Bakterien-Doppelhelix zusammenhalten. Die DNA wird dadurch denaturiert und zerfällt in zwei Einzelstränge, die aber weiter an der Nitrocellulose gebunden bleiben.

Danach fügt man die **DNA-Sonde** hinzu. Sie ist ein einzelsträngiges Oligonucleotid aus meistens etwa 20 Nucleotiden. Man kann die DNA-Sonde mit dem DNA-Syntheseautomaten (siehe Box 3.11) herstellen, wenn man die Struktur (Sequenz) des gesuchten Gens kennt. Die Sonde wird entweder radioaktiv oder (fortschrittlicher) **mit Fluoreszenzmolekülen als Label markiert**. Nach der Hybridisierung wäscht man ungebundene markierte Sonden weg. Nur die gesuchten DNA-Sequenzen haben Hybride mit den DNA-Sonden gebildet. Man legt nun einen Röntgenfilm auf den Nitrocellulosefilter und sieht sich dessen Schwärzung an (**Autoradiografie**). Hybridisierte Sonden schwärzen den Film. Beim Einsatz von Fluoreszenzmolekülen regt man diese mit Licht bestimmter Wellenlänge an: Sie leuchten dann auf. Wenn man nun die Stelle ausfindig gemacht hat, an denen die Hybridisierung stattgefunden hat, geht man zurück zur Agarplatte und findet dort leicht die gesuchte Kolonie.

Mit diesem Verfahren lassen sich sowohl genmanipulierte Zellen finden als auch in der medizinischen Diagnostik natürliche Bakterien detektieren, z. B. Cholera-Erreger (Kap. 6). Man muss dafür **allerdings einen Teil der DNA-Sequenz** des Erregers kennen.

3.18 Ein kleiner Umweg: Somatostatin – das erste menschliche Eiweiß aus Bakterien

Als Nächstes wurde dann als das erste menschliche Eiweiß **Somatostatin** (Abb. 3.45) in Bakterienzellen erzeugt (Abb. 3.42). Daran wurden entscheidende Techniken für die spätere Insulinproduktion erlernt.

Somatostatin besteht aus nur 14 Aminosäuren und ist eines von mehreren Hormonen, die im Hypothalamus, in einer Region im Zwischenhirn,

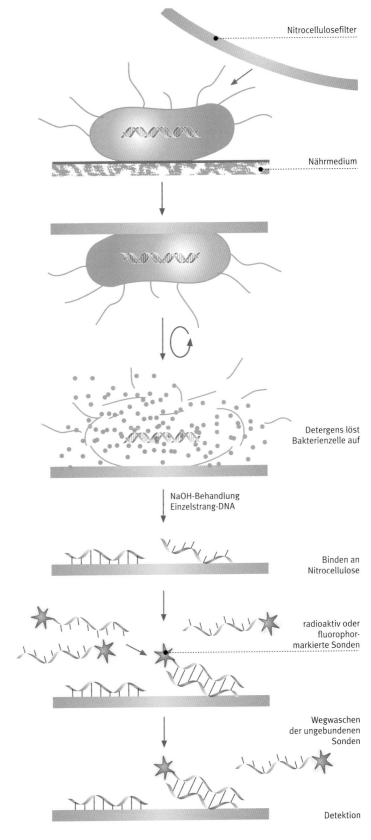

Nitrocellulosefilter

Nährmedium

Detergens löst Bakterienzelle auf

NaOH-Behandlung Einzelstrang-DNA

Binden an Nitrocellulose

radioaktiv oder fluorophor-markierte Sonden

Wegwaschen der ungebundenen Sonden

Detektion

Abb. 3.46 Detektion von Bakterien mithilfe von DNA-Sonden und der DNA-Hybridisierung

Box 3.7 Biotech-Historie:
Die Erfindung der rekombinanten DNA-Technologie und ihr erstes Unternehmen, Genentech

In ihrem faszinierenden Buch *Genentech: The Beginnings of Biotech* beschreibt die Autorin **Sally Smith Hughes** die Anfänge des Unternehmens Genentech.

»Ich schaute auf die ersten Gene (des ersten Experiments zum Klonieren rekombinanter DNA) und ich kann mich erinnern, dass Tränen in meine Augen traten. Es war so schön, ich meine, da war es. Man konnte seine Ergebnisse stofflich sichtbar machen, und danach wussten wir, dass wir viele Dinge machen konnten.«

Herbert W. Boyer, Gentechnikpionier, 28. März 1994.

Die moderne Gentechnik hat ihren Ursprung im Jahr 1973, als die Technologie der rekombinanten DNA erfunden wurde, eine heutzutage universelle Form der Gentechnik. Sie umfasst die **Rekombination** (Verbinden) von DNA-Stücken in einem Probengefäß, das **Klonieren** (Herstellen identischer Kopien von DNA) in einem Bakterium oder einem anderen Organismus und die **Expression** des DNA-Codes in Form eines Proteins oder RNA-Moleküls. Sie dehnte den Einfluss und die Möglichkeiten der Molekularbiologie schnell enorm aus, durchdrang mehrere Industriesektoren und wurde zum Eckstein der neuen Biotechnologieindustrie. Doch die technologische Leistungsfähigkeit und das Potenzial können die erste kommerzielle Anwendung durch das Biotech-Unternehmen Genentech in der Mitte der 1970er nicht allein erklären...

Die Pioniere

Stanley Cohen und **Herbert Boyer**, die beiden Erfinder, hatten die Technik zwar für die Grundlagenforschung entwickelt, aber sie sahen sofort ihre praktische Anwendung zur Herstellung großer Mengen von Insulin, Wachstumshormon und anderer nützlicher Substanzen in Bakterien voraus.

Trotz ihres gemeinsamen Ausgangspunkts **wählten Cohen und Boyer unterschiedliche Wege** zur industriellen Anwendung der rekombinanten DNA-Technologie.

Der Grund dafür waren ihre unterschiedlichen Persönlichkeiten und beruflichen Verpflichtungen. Es betraf auch die nationale Lebenswelt in

Turbulente Zeiten in Kalifornien ...

den USA in den 1970ern – eine entscheidende Dekade mit stürmischen Auseinandersetzungen zur Wissenschaftspolitik, grundlegenden Dilemmas und Entscheidungen über das Verfassungs- und Patentrecht. Kulturelle, gesinnungsbedingte und persönliche Herausforderungen sowie kommerzielle Interessen erfassten nun die Molekularbiologie zum ersten Mal mit voller Kraft.

Risikokapitalgeber Robert Swanson und der Biochemiker Dr. Herbert Boyer investierten beide 500 $, um Genentech 1976 in Gang zu setzen.

Herbert Wayne Boyer wurde 1936 in einer Arbeiterfamilie in der Kleinstadt Derry, 50 km von Pittsburgh entfernt, im Kohlerevier West-Pennsylvaniens geboren.

Stanley Norman Cohen war ebenfalls das erste und einzige Kind seiner Eltern, deren Ausbildung mit der High School endete. Kein Erwachsener musste dem jungen Stan Disziplin beibringen. »Ich vermute,« erinnerte er sich, »dass ich im Großen und Ganzen kein eigensinniges Kind war, es gab also keinen Grund, mir Disziplin einzubläuen.«

Er und sein Vater, ein verkappter Erfinder, verbrachten ihre Freizeit im Keller mit kleinen elektrischen und mechanischen Projekten. Cohen dankte später seinem Vater, sein Interesse daran geweckt zu haben, wie Dinge funktionieren, sein Interesse an der Wissenschaft generell.

Von Anfang an war er **hoch motiviert, etwas Reales zu erreichen** und... er erreichte immer wieder etwas. In der High School war er Herausgeber der Schülerzeitung und Mitherausgeber des Jahrbuchs.

Zu dieser Zeit interessierte ihn besonders Biologie. Das bedeutete für Stan, Arzt zu werden. Das sollte ihn über die Enge seiner Herkunft hinausführen. Dennoch sollte ihn sein jüdisches Erbe weiter prägen: Arbeitsethik, professioneller Ehrgeiz und Respekt vor Wissen.

Boyer und Cohen wurden mit etwas mehr als einem Jahr Altersunterschied in der frühen 1950ern volljährig. Beide waren stets knapp bei Kasse, beide konnten nicht auf finanzielle Unterstützung seitens ihrer Eltern hoffen, beide wählten Hochschulen nahe ihrer Heimat.

Mehr als fünf Jahrzehnte später erinnerte sich Boyer an den prägenden Moment seiner Laufbahn:

»Wir hatten ein brandneues, glänzendes Zellphysiologie-Lehrbuch. Jedem von uns wurde ein Kapitel zugewiesen, und wir mussten ein Seminar darüber gestalten.

Welches bekam ich?

„Die Struktur der DNA",

Das war 1957 und die Begeisterung über die DNA fand gerade Eingang in die Lehrbücher ... ich war von der Watson-Crick-Struktur der DNA total angetan und dies legte die Grundlage meiner Faszination für den heuristischen Wert der Struktur.«

Als Zeichen seiner Vernarrtheit benannte Boyer seine siamesischen Katzen Watson und Crick ...

Jahre an der Universität und im Labor

Die Entdeckung von **Watson und Crick** im Jahr 1953 löste ein Lawine von Arbeiten zu grundsätzlichen Fragen aus – die wichtigsten davon die Natur des genetischen Codes und der Mechanismus der Proteinbiosynthese. Viele dieser Arbeiten wurden an Bakterien durchgeführt, wegen ihrer relativen Einfachheit im Vergleich zum Tierreich.

Ein Kollege kommentierte später, dass »Boyer ständig große Dinge versuchte, ohne zu wissen, ob sie überhaupt funktionieren könnten oder würden.«

Er schaffte es allerdings, genügend Daten herauszuquetschen, um seine Doktorarbeit zu beenden.

Seine Leidenschaft für anspruchsvolle Probleme sollte sein Markenzeichen werden. In Boyer verfestigte sich ein dauerhaftes Muster: Unter seiner saloppen Oberfläche lagen **Ehrgeiz und Beharrlichkeit.**1963 promovierte Boyer in Bakteriologie.

Stanley Cohen wählte die Rutgers University, ein paar wenige Kilometer von seiner Heimatstadt Perth Amboy entfernt. Rutgers bot ihm die größte Unterstützung und lag außerdem nahe der Wohnung seines kränkelnden Vaters.

Fleißig arbeitete Cohen und hart, aber seinen Entschluss, auch **ein Leben außerhalb des Wissenschaftsbetriebs zu haben**, zog er bis zum Exzess durch: Er trat dem Debattier-Club der Universität bei, fing an, Gitarre zu spielen, und versuchte sein Glück mit dem Schreiben von Popsongs, von denen einer sogar in die Hitparade kam. Diese hektische Aktivität außerhalb des Lehrplans, prophetisch, was die Intensität anbelangt, beeinträchtigte seine akademischen Leistungen offenbar nicht.

1956 schloss er Rutgers mit *magna cum laude* ab. Im Herbst desselben Jahres begann er mit dem Medizinstudium an der University of Pennsylvania. 1960 erhielt Cohen seinen Medizin-Abschluss. Wie ein Wirbelsturm fegte er innerhalb von fünf Jahren von der Ostküste zum Süden und vervollständigte seine Ausbildung als Arzt im Praktikum durch eine zweijährige Stelle als Forscher am National Institute of Health (NIH, um seine Zulassung als Arzt zu erhalten.

Herbert Boyer als Student

Herb Boyers Karriere verlief auf weniger ausschweifenden Bahnen. Er ging direkt als Postdoc in Mikrobiologie von Pittsburgh nach Yale. Dort schloss er sich einem Labor an, das sich auf genetischen Austausch und Rekombination bei Bakterien konzentrierte.

Er war fasziniert von den **Restriktionsenzymen** der Bakterien.

In den 60ern kam heraus, dass bestimmte Restriktionsenzyme die DNA an eindeutigen Stellen des Moleküls durchtrennen. Vielleicht **könnte man diese fremdartigen Enzyme dazu benutzen, DNA in genau definierte Stücke zu schneiden und so ihre Struktur zu kartieren.**

Er hatte schon frühzeitig den Verdacht, dass Restriktionsenzyme »sehr nützliche Enzyme« sein könnten, um DNA mit Präzision zu schneiden, zu rekombinieren und zu charakterisieren. Sein **Verdacht war prophetisch:** Restriktionsenzyme und genetische Manipulation sollten seine karrierelange Leidenschaft bleiben.

Stanley Cohen (rechts) an der Stanford University.

»Wozu ist das eigentlich gut?«

Jetzt lebte und atmete Boyer seine Wissenschaft. Nach einer Nacht in der Stadt kam er oft zum Labor zurück oder stand noch in der Dunkelheit auf, um ein Experiment zu beobachten. Aber die Leute zu Hause waren konsterniert. »Was machst Du eigentlich?« fragte sein Vater. »Modifikation mit Restriktionsenzymen,« pflegte er leichthin zu antworten. Er wartete dann auf die unausweichliche Erwiderung seines Vaters: »Wozu ist das eigentlich gut? Was hast du damit vor?« Und Boyer antwortete gewöhnlich: »Keine Ahnung – Erkältungen kurieren.« Seine Antwort war zwar abweisend, aber die Fragen seines Vaters veranlassten ihn, **über die praktische Verwertbarkeit seiner Forschung nachzudenken.**

Die Firma nach ihrem Erfolg.

Das Denkmal vor dem Firmengebäude von Genentech

In der Zwischenzeit begann Cohen mit einer Stelle als Postdoc (1965-1967) in der Molekularbiologe am Albert Einstein College of Medicine in New York. Hier hörte er auf, zwischen einer Karriere in Medizin oder Naturwissenschaft zu schwanken.

Er nahm die **Forschung an Plasmiden** auf, winzigen DNA-Ringen im Cytoplasma von Bakterienzellen außerhalb des Hauptchromosoms. Typischerweise tragen Plasmide **Antibiotikaresistenzgene**, die von einem Bakterium auf ein anderes übertragen werden können und so Resistenzen weiter verbreiten.

Die Untersuchung von Plasmiden war zu jener Zeit ein ruhiges Nebengewässer und deshalb attraktiv für Cohen. An genetischem Austausch und Genregulation interessierte Wissenschaftler untersuchten meistens Viren, die seit den 30er Jahren im Mittelpunkt der molekularen Forschung standen. Cohen meinte, dass seine umfangreichen klinischen Aufgaben einen erfolgreichen Wettbewerb mit „Starlabors" der Molekularbiologie schwierig, wenn nicht sogar unmöglich machen würden. Die Plasmidforschung schien perfekt zu passen: Er beherrschte die notwendigen molekularen und biochemischen Techniken, und das wachsende medizinische Problem der Antibiotikaresistenz war ein für einen Arzt geeignetes Thema. Er hatte in allem Recht, außer mit der Annahme, dass dieses Feld ruhig bleiben würde. Es war im Gegenteil dabei zu explodieren, und er, Cohen, würde sich selbst im Epizentrum der Explosion befinden.

Um 1968 versuchte er, eine Professorenstelle zu finden. Einer seiner Mentoren hatte berufliche Verbindungen zu mehreren Mitgliedern der

Biochemie-Abteilung der Stanford University. Diese Verbindungen führten zwar zu einem Stellenangebot, aber nicht in Biochemie. Die Mediziner erkannten in Cohen ein Mitglied eines neuen Typs von Arzt-Wissenschaftlern. Man bot ihm eine Assistenzprofessur in Hämatologie an. Cohen, angezogen vom kalifornischen Klima und vom Lebensstil, akzeptierte und zog 1968 mit seiner Frau zum sonnendurchfluteten Campus von Palo Alto um.

Niemand teilte Cohens Faszination für molekulare Genetik

Allerdings war er entmutigt, als er herausfand, dass **niemand seine Faszination für molekulare Genetik teilte**. Er wandte sich mit der Bitte um Rat an **Arthur Kornberg**, den einflussreichen Chef der Biochemie von Stanford. Durch seinen Nobelpreis, seine akademische Position und kraftvolle Persönlichkeit war Kornberg eine Person, mit der man rechnen musste. Als Freund klarer Worte teilte er Cohen mit, dass Plasmidforschung uninteressant sei. Die Ironie dieser Bemerkung würde bald ersichtlich sein. »Das war also keine sehr beruhigende Einführung in Stanford«, erinnerte sich Cohen.

Nun war aber Cohen nach Stanford gekommen, um eine mit dem Biochemie-Institut geteilte Berufung zu bekommen. Dagegen machte der große Kornberg klar, dass Cohens Beziehung zu seinem Bereich bestenfalls informell sein könnte.

Kornberg ließ fast niemals geteilte Berufungen zu und war der Auffassung, **dass nur wenige Personen dazu in der Lage waren, gleichzeitig sowohl klinische Medizin als auch Grundlagenforschung auszuführen.** Trotz der lauen Aufnahme, und sogar nachdem sein eigenes Labor die Arbeit aufnahm, lungerte Cohen dem Biochemiker **Paul Berg** zufolge meist in der Biochemieabteilung herum. Cohen blühte in der Tat beim stimulierenden intellektuellen Austausch zwischen verschiedenen Abteilungen auf.

Er hatte Zugang zum Elektronenmikroskop und zu anderer Ausrüstung, die in seiner eigentlichen Abteilung nicht vorhanden war. Regelmäßig nahm er an den Biochemie-Seminaren teil und profitierte von der Möglichkeit, »Ideen mit den Leuten in der Abteilung auszutauschen«. Besonderen Nutzen zog er aus den Diskussionen über die aktuelle Forschung in der Abteilung, die sich mit **DNA-Ligation und der DNA-Aufnahme in tierische Zellen** befasste.

Im Gegenzug teilte er mit seinen Kollegen seine Arbeiten über die **Isolierung und die Charakterisierung von Plasmiden**.

Cohen **benutzte Plasmide, um Gene und DNA-Fragmente in Bakterien zu transportieren.** Paul Bergs Gruppe und andere Gruppen in Stanford benutzten dagegen Viren als Transportmittel. 1972 gelang es Berg und seinem Labor, das erste rekombinante DNA-Molekül im Reagenzglas herzustellen.

Niemand in Stanford noch sonst irgendwo hatte jedoch eine Methode geschaffen, um DNA zu vervielfältigen, sie zu klonieren. Die dringende Notwendigkeit einer einfachen und effizienten Methode, um genetisches Material zu verbinden und zu replizieren, blieb weiterhin unbeantwortet.

Boyer suchte ebenfalls eine Ernennung als Professor, da seine Postdoc-Jahre zu Ende gingen. Er hörte von einer offenen Stelle an der Mikrobiologie-Abteilung der University of California, San Francisco, und bewarb sich, weniger von der Reputation der Medizinschule (mittelmäßig) geködert als vom Charme des „Goldenen Staats". Er liebte Western und wollte schon immer Kalifornien besuchen. Boyer akzeptierte seine Ernennung als Assistenz-Professor mit einem jährlichen Gehalt von 12 500 $ und zog 1966 mit seiner Familie um. An der Fakultät für Grundlagenwissenschaften wurde ihm allerdings der versprochene Laborraum in einem der neuen Forschungstürme verweigert. So siedelte er sich, sehr verärgert, in überfüllten Labors einer Abteilung an, die von einem Mikrobiologen alter Schule ohne Interesse an Molekularbiologie geleitet wurde.

Die reiche Protest- und Gegenkultur der 60er in der Bucht von San Francisco faszinierte ihn. Er erzählte Reportern später, dass er an fast jeder Antikriegs-Demonstration teilgenommen hatte. Wie viele seiner Kollegen war er vom **wachsenden technischen Leistungsvermögen der neuen Genetik gefesselt, den Stoff des Lebens zu manipulieren.** Aber er war auch wegen der sozialen und ethischen Auswirkungen besorgt.

Wie weit sollten Wissenschaftler mit ihrer Fähigkeit gehen, »am Leben herumzubasteln«?

Bei einer von vielen Gelegenheiten, zu denen er und andere sich bei einem Treffen zur Molekularbiologie einfanden, verbrachten sie den gesamten Abend damit, darüber zu diskutieren, **wie Gentechnik zum Guten oder zum**

Schlechten auf die Gesellschaft einwirken könnte.

Es war nicht das letzte Mal, dass Boyer an einer Zusammenkunft über die soziale Verantwortung der Wissenschaft teilnehmen sollte. Sein sozialer Aktivismus tröstete ihn zu einer Zeit, als seine Forschung trotz langer, arbeitsreicher Stunden im Labor nur wenig produktiv war. Er verbrachte geschlagene vier Jahre damit, ein Restriktionsenzym zu untersuchen, von dem er letztendlich zu dem Schluss kam, dass es das DNA-Molekül auf eine nicht hilfreiche, weil zufällige Weise schnitt.

Ein Enzym finden, das nur einen bestimmten vorhersagbaren Bruch erzeugt ...

Von dem fehlenden Fortschritt seiner Forschung entmutigt und mit dem Gefühl, in seiner Abteilung wie ein Fisch auf dem Trockenen zu sein, dachte er daran, woanders eine Stelle zu suchen. Aber dann besserten sich die Umstände. Die Verwaltung der UCSF, die seit mehr als einem Jahrzehnt entschlossen war, eine Medizinschule aus der zweiten Reihe in eine erstklassige Forschungseinrichtung zu verwandeln, hatte zu Ende der 1960er-Jahre beschlossen, dass die Biochemie vorangehen sollte. Mit **William J. Rutter** (geb. 1928) kam 1968 eine energiegeladene und gewandte Person an die Spitze. Der unermüdliche und energische Biochemiker, ein hervorragender strategischer Denker, erschien unter dem ambitionierten Banner, eine Biochemie-Abteilung aufzubauen, die neueste Erkenntnisse der Molekularbiologie und der Biochemie anwenden sollte, um die komplexen genetischen Mechanismen höherer Organismen zu untersuchen. Es war eine bewusste Abweichung von der traditionellen Beschränkung auf Bakterien und Viren und ein Vorhaben, das die neuesten Techniken zum Entziffern der komplizierten Genome höherer Organismen erforderte.

Rutters multidisziplinäre Forschungsstrategie und die kooperative Kultur der Zusammenarbeit zwischen Abteilungen, die er fördern wollte, waren mit Boyers Forschungsinteressen und seinem an Mitarbeit orientiertem wissenschaftlichen Stil hochgradig kompatibel.

Nachdem der Biochemiker **Howard Goodman** (geb. 1938), eine von Rutters ersten Verstärkungen, 1970 ankam, verbrachte Boyer immer mehr Zeit in der Biochemieabteilung, wo er mit Goodman über Probleme der Restriktionsenzyme arbeitete. Sie wurde sein zweites akademisches Zuhause – für Seminare, Geplauder, Kollegialität und die Geselligkeit, bei denen er geradezu aufblühte. Boyer erinnert sich, dass die Biochemieabteilung »in den frühen 1970ern zu einem sehr anregendem Ort für mich wurde«.

Wie Cohen fand er somit ein Umfeld, das eine viel größere Übereinstimmung mit seinen Forschungsinteressen aufwies als seine eigene Abteilung.

In der Zwischenzeit jonglierte Cohen mit einer atemberaubenden Arbeitsbelastung in drei unterschiedlichen Bereichen: Er hatte anspruchsvolle Verpflichtungen in klinischer Forschung und Grundlagenforschung und war als Mitarbeiter an einem Computersystem zur Identifizierung von Medikamentenwechselwirkungen beteiligt, worüber er auch publizierte. Doch irgendwie schaffte er es, dass seine Leistungen ständig zunahmen. 1970 bis 1972 veröffentlichte er 13 Papers, davon neun über Plasmide. Mitte 1972 hatten er und zwei Assistenten **ein System entwickelt, um Plasmid-DNA aus Bakterienzellen zu entfernen**, sie in einem Mixer in Stücke zu scheren und einzelne Plasmid-DNA-Moleküle in Bakterien einzuschleusen, um Struktur und Antibiotikaresistenz zu untersuchen. Aber der **Vorgang war langsam und ineffizient**. Der Scherprozess zerstückelte die Plasmid-DNA in eine Vielzahl von Fragmenten zufälliger Länge, was die Selektion und die Untersuchung erschwerte, und nur sehr selten gelangte die Plasmid-DNA in die Bakterienzellen.

Cohen grübelte über diese Mängel seines Plasmidtransfersystems, als er **damit anfing, eine Konferenz über Plasmidforschung zu organisieren, die für November 1972 in Honolulu geplant war.**

Was Cohen zu dieser Zeit nicht wusste, war, dass das Labor von **Boyer in diesem Jahr eine verwandte Entdeckung gemacht hatte**: Ein Doktorand hatte ein Restriktionsenzym isoliert (das bald weitverbreitete *Eco*RI), das die DNA vorhersagbar an einer spezifischen Stelle im Molekül schnitt – genau das Merkmal, das Boyer gesucht hatte.

Klebrige Enden!

Besonders aufregend war der Befund – von Biochemikern und Genetikern der Stanford University, denen Boyer sein Enzym in großzügigen Mengen zur Verfügung gestellt hatte –, dass *Eco*RI den Doppelstrang des DNA-Moleküls nicht glatt durchschnitt. Stattdes-

sen entstanden durch einen versetzten Schnitt zwei vorstehende Einzelstränge. Jeder Einzelstrang konnte sich mit einem komplementären DNA-Strang verbinden, so wie ein Klettband sich mit einem anderen verbindet. Die Labore von Goodman und Boyer bestätigten die Befunde aus Stanford, indem sie die von *Eco*RI geschnittene DNA-Stelle sequenzierten und die Anordnung der Nucleotideinheiten der Restriktionsstelle ermittelten.

Die Idee, **kohäsive oder „klebrige" Enden, wie sie auch genannt wurden, zur Verbindung von DNA-Fragmenten zu benutzen**, stand schon ungefähr eine Dekade im Raum.

In der Tat synthetisierten mehrere Gruppen der Biochemie von Stanford chemisch klebrige Enden, verbanden sie mit DNA-Fragmenten und benutzten die klebrigen Enden dazu, die Fragmente zu verbinden. Das Verfahren war langwierig und mühsam. Boyers Enzym, mit seiner natürlichen Fähigkeit zu gerade einem Schritt klebrige Enden zu erzeugen, ermöglichte einen erheblichen Sprung, was die leichte Handhabung und die Effizienz bei der Verbindung von DNA-Stücken in Form rekombinanter Moleküle anging.

Boyer und **Robert Helling**, ein Biochemiker in einem Sabbatjahr in Boyers Labor, versuchten diese Eigenschaften auszunutzen und benutzten das Enzym *Eco*RI bei Versuchen, DNA-Fragmente zu verbinden. Es war der Sommer 1972 und sie kamen nicht voran.

Die Zusammenarbeit

In der Zwischenzeit organisierte Cohen die Plasmid-Konferenz in Honolulu und erfuhr verspätet von Boyers noch unveröffentlichter Arbeit über das neue Restriktionsenzym.

Er sah die potenzielle Bedeutung der Arbeiten bei der Charakterisierung von Plasmid-DNA und schickte Boyer, den er noch nie getroffen hatte, in letzter Minute eine Einladung zur Konferenz.

Boyer erkannte **die goldene Gelegenheit, um über *Eco*RI zu sprechen,** und stimmte einer Teilnahme zu.

Im November kamen Boyer und Cohen in Honolulu an, um an der Konferenz teilzunehmen, und keiner kannte die Details der Forschung des anderen. Als Boyer mit seinem Vortrag an der Reihe war, lauschte Cohen gespannt seiner Beschreibung der Eigenschaften von *Eco*RI . Seine Gedanken entflammten sich, als er hörte, dass das Enzym DNA-Mole-

küle vorhersagbar und reproduzierbar in einzigartige Fragmente mit klebrigen Enden schnitt. Mit einer blitzartigen Einsicht fragte er sich: **Könnte man Boyers Enzym benutzen, um ein Plasmid präzise zu durchtrennen und die klebrigen Enden dazu verwenden, ein weiteres DNA-Fragment anzuhängen?** Das Hybrid-Plasmid könnte man dann in ein Bakterien einbringen, um es zu klonieren. Das verblüffende Konzept, falls es denn funktionierte, könnte das Problem der Zufälligkeit und der Ineffizienz seines Verfah-

Die Hawaii Konferenz: Brainstorming

rens zum Plasmidtransfer lösen. Er musste dringend mit Boyer reden. Die Gelegenheit kam nach einem langen Tag mit Vorträgen in einem stickigen Konferenzsaal. Boyer und Cohen entschieden sich, zusammen mit Kollegen einen Bummel zu unternehmen, um ihre Beine etwas zu vertreten und die milde Luft eines Abends in Hawaii zu genießen. Der Spaziergang bot Boyer und Cohen die Gelegenheit, über die aktuellen Experimente in ihren Laboren zu sprechen.

Blitzartig wurde ihnen klar, dass sie zusammen die Werkzeuge einer Methode in der Hand hatten, um DNA-Moleküle zu verbinden und zu klonieren. Während einer Pause in einer Feinkosthandlung in der Nähe des Strands von Waikiki setzte sich die Gruppe in einer Nische und bestellte Sandwich und Bier. Boyer und Cohen waren zunehmend „aufgekratzt", wie es Boyer später ausdrückte, was das Potenzial und die Synergie ihrer getrennten Lösungsansätze zur Isolierung und zum Kopieren ausgewählter DNA-Fragmente anging.

Aber würden sich die Ideen, die während eines Brainstormings bei Sandwich und Bier entwickelt wurden, in einen wirklichen Experiment bewähren? Cohen schlug eine Zusammenarbeit vor, um dies herauszufinden. Boyers erster Impuls war, etwas von seinem Enzym zur Verfügung zu stellen, wie er es mit anderen Wissenschaftlern von Stanford getan hatte, um Cohen das Experiment allein durchführen

Genentech-Aktien 2005

zu lassen. Cohen erinnerte sich, gesagt zu haben: »Das ist wohl nicht ganz fair. Dein Labor hat viel Zeit damit verbracht, das Enzym zu isolieren und wir sollten das gemeinsam tun.«

Zutreffend war auch, dass Cohen die Expertise des Labors von Boyer bezüglich der Restriktionsenzyme brauchte, um die Experimente wie geplant durchzuführen. Boyer stimmte der Zusammenarbeit zu.

Gemeinsame Interessen und die Notwendigkeit kombinierten Sachwissens und gemeinsam zugänglicher Ressourcen brachten zwei sehr unterschiedliche Persönlichkeiten zusammen. Auf vielfältige Weise waren sie genau entgegengesetzte Pole bezüglich Verhalten, Gebaren und Lebenseinstellung. Boyer wirkte auf andere gesellig, locker und bescheiden.

Er war offen für neue Ideen und deshalb bereit, Risiken einzugehen. Cohen wirkte auf andere eigen, vorsichtig und anspruchsvoll, was sich selbst und andere anging. Beide Männer waren unverbesserliche Arbeitstiere und leidenschaftliche Wissenschaftler.

Aber ihre Leidenschaft manifestierte sich auf unterschiedliche Weise. Boyer leitete ein sehr chaotisches Labor und liebte Brainstorming bei einem Bier. Cohen leitete eine kleine, abgeschlossene Laborgruppe, die ihre Forschungsarbeiten in der Ruhe seines Büros diskutierte. Auch in ihrem Erscheinungsbild war der Unterschied auffällig. Boyer stellte einen Wuschelkopf unbändigen braunen Haars zur Schau, ein offenes, engelsgleiches Gesicht, eine robuste Figur und kleidete sich mit Jeans, Sportschuhen und Lederweste auf eine Art, welche die Grenze des Legeren streifte. Ein Reporter beschrieb ihn später als „Barockengel in Blue Jeans".

Cohen war schlank, trug einen Bart, hatte schütteres Haar und benötigte eine Brille. Er trug lässige, aber gepflegte Kleidung in Form von Freizeithosen und Pullover oder

Blazer. Er bot das typische Bild eines Universitätsprofessors, ein solider Bürger und ernsthafter Intellektueller. **Im Januar 1973 fingen Boyer und Cohen mit dem Experiment an, das in Honolulu entworfen worden war,** parallel zu ihren laufenden Projekten, und ohne ihm eine besondere Eile zu geben.

Die besonderen Kenntnisse und technischen Fähigkeiten in jedem Labor führten zu einer natürlichen Arbeitsteilung. Das Labor von Cohen bearbeitete die Isolierung und die Übertragung von Plasmiden, Boyer die Enzymologie und die Elektrophorese.

Durch einen glücklichen Zufall hatte Boyer auf seiner Rückreise von Honolulu Kollegen besucht, die ihre Methode zum Anfärben von DNA-Fragmenten mit einem Fluoreszenzfarbstoff gezeigt hatten, der die Banden in den Elektrophorese-Gelen eindringlich hervorstechen lies. Er brachte die Technik mit zurück zu Bob Helling, der immer noch sein Sabbatjahr mit Forschungen in Boyers Labor verbrachte und daran arbeitete, Fragmentgröße und Beweglichkeit im Gel zu korrelieren.

Aber das endgültige Ergebnis des Experiments war alles andere als klar. Wie Cohen später bemerkte: »Es gibt einige Leute, die denken, dass man offensichtlich chimärische (rekombinante) DNA klonieren konnte, sobald eine Methode ausgearbeitet war, um DNA-Fragmente biochemisch zusammenzufügen. Nachträglich kann man das leicht sagen, aber das war wirklich nicht der Fall – besonders bei DNA-Molekülen, die sich aus unterschiedlichen biologischen Arten ableiteten.«

Da er sich über die Erfolgsaussichten des Experiments nicht sicher war, übertrug Cohen die Arbeiten im Labor auf seine Forschungsassistentin Annie Chang, um der Karriere seiner Postdocs nicht zu schaden, falls die Experimente fehlschlagen sollten.

Chang, die in San Francisco lebte, wurde zum Verbindungskanal zwischen den beiden Laboren, und fuhr Plasmide in ihrem VW Käfer zwischen den Laboren hin und her.

In bemerkenswert kurzer Zeit hatten sie Ergebnisse. An einem triumphalen Tag im März begutachteten Boyer und Helling Elektrophorese-Gele, die unterschiedliche DNA-Fragmente zeigten. Eine verräterische Bande, die aus zwei Typen von Plasmid-DNA zusammengesetzt war, war eindeutig und klar hervorstechend in fluoreszentem Orange zu sehen. Zu ihrer unermesslichen Freude hatten sie nicht

nur rekombinante DNA, sie hatten sie auch kloniert! Die manipulierten Plasmide mit der Fähigkeit zur Reproduktion in Bakterienzellen hatten auch die in sie eingeführte Fremd-DNA getreu kloniert.

Die Ansicht brachte Tränen in Boyers Augen: Direkt vor ihm war der Beweis für eine einfache Methode, spezifische Gene zu isolieren und genau und in praktisch unbegrenzten Mengen zu kopieren.

Er erinnerte sich an diesen emotionalen Moment: »Die (DNA-) Banden waren aufgereiht (im Gel) und man konnte sie einfach ansehen und man wusste … dass die DNA-Rekombination und Klonierung erfolgreich waren. Ich war einfach in Ekstase. Ich erinnere mich, dass ich nach Hause ging und meiner Frau ein Foto (des Gels) zeigte … Wissen Sie, ich schaute bis zum frühen Morgen auf das Ding … Als ich es sah …, wusste ich, dass man damit einfach alles machen konnte. Ich war wirklich tief bewegt. Mir kamen Tränen in die Augen, weil ich eine etwas wolkige Vorstellung von dem hatte, was kommen sollte.«

Für Cohen war es ein Moment des Stolzes. »Das Experiment hatte wie ein Zauber funktioniert.«

Boyer und Cohen hatten eine Technik entwickelt, die in Einfachheit und Effizienz alles weit übertraf, was die Biochemiker von Stanford oder anderswo zum Zusammenfügen von DNA-Fragmenten ersonnen hatten.

Aber die krönende Errungenschaft war die Erfindung einer einfachen Technik zum Klonieren von DNA, eine Technik, die so einfach war, dass sie Oberstufenschüler bald benutzen sollten.

Sally Smith Hughes (University of Chicago Press)

Zitiert in gekürzter Form mit Genehmigung aus dem Buch Genentech: The Beginnings of Biotech, *von Sally Smith Hughes (University of Chicago Press).*

**Box 3.8 Max Raabe –
Klonen kann sich lohnen ...**

1. Man liebt es gerne bunt,
straff und glatt und rund;
Tomaten, die nicht schrumpeln,
Kartoffeln, die nicht rumpeln.

2. Es wird variiert,
das Erbgut patentiert.
Dieser oder jener
wär' auch gerne schöner.

3. Klonen, Klonen kann sich lohnen.
Tiere, Obst und Bohnen –
und Personen.
Kommt dir hier was komisch vor?
Das ist ein Genlabor;
leih mir mal dein Ohr!

4. Was sonst im Bad vergammelt,
hab ich brav gesammelt.
Alles ist schon da,
die ganze DNA.

5. Klonen, heimlich im Privaten,
basteln an Primaten;
dreimal darfst du raten,
erst wag' ich mich ans Gnu ran,
dann, mein Schatz, bist du dran.

6. Du schaust mich fragend an,
ob ich das wirklich kann.
Ich lausche dir geduldig,
die Antwort bleib ich schuldig.

7. Mir schwant, sie ahnt grad,
ich sei ein Psychopath.
Ich denk, mit andren Worten,
nur noch an Retorten.

8.(= 4.)

9. Klonen, Klonen kann sich lohnen.
Verlässt du mich,
klon ich dich.
Ich hab dein Duplikat
du bleibst mir erspart.

Den genialen Max Raabe und seinen Klon der schönsten Geigerin der Welt (nach Meinung ihres Verehrers RR)
kann man auf YouTube hören und sehen: *www.youtube.com/watch?v=BMkjoQ6S7oQ*

Max Raabe mit seinen Klonen (unten)

Cecilia 1, 2, 3, 4 ...

Molekulare Modelle von Scripps sind
in Hongkong angekommen, große
Begeisterung!

Moleküle zum Anfassen!

Wir alle kennen und lieben phantastische
Computergrafiken von Proteinen, DNA,
Lipiden, Viren.

Aber wir Menschen sind emotionale
Wesen... das Berühren von Dingen bringt
uns ganz taktile, ganz spezielle Emotio-
nen. Das Raumgefühl ist (wie das Riechen)
wohl kaum absolut durch Computer zu
ersetzen. Wenn Sie Moleküle nun echt
berühren wollten, müssen wir Sie leider
„schrumpfen" und zwar etwa 20 000 000-
mal, also 20-millionenfach!

Unsere „taktilen" Modelle zeigen dagegen
nicht nur die Form, sondern auch die Wechselwirkungen innerhalb (intramolekular)
und zwischen Molekülen (extramolekular):
DNA, Proteine, Viren und anderen Strukturen. Farben codieren die Atomtypen,
Ladungen, elektrostatische Potenziale und
bringen eine visuelle Zusatzinformation ein.

Wie läuft das ab?

1. Die Modelle werden mit 3D-Druckern
auf der Grundlage der Moleküldaten
Schicht für Schicht aufgebaut. Röntgenstrukturanalyse von Kristallen, Elektro-
nenmikroskopie und andere Methoden
benutzt man dazu.
2. Dann werden die 3D-Koordinaten
modelliert.
3. Am Ende werden die Atome coloriert
entsprechend ihrer molekularen Eigenschaften. Hierzu werden Programme
wie PyMol, AutoDock und Chimera
benutzt.
4. Das Modell ist nun fertig, um mit der
Drucker-Software in 1 mm dicke Schichten geschnitten zu werden.
5. Das Modell wird dreidimensional gedruckt. Die Drucker sind heute schon
erschwinglich!

*Jon Huntoon hat
sechs Jahre am
Molecular Graphics
Lab des Scripps
Research Institute
gearbeitet.
Er gründete nun
Science Within Reach
LLC, eine Firma, die
Modelle für Schulen
produziert.*

Primärstruktur (Sequenz) von Humaninsulin

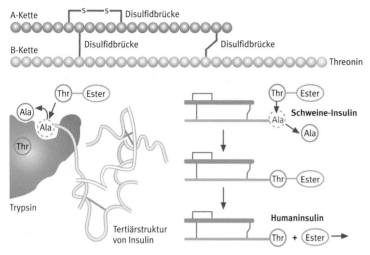

Abb. 3.47 Enzymatische Umwandlung von Schweine- in Humaninsulin

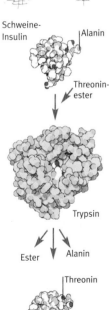

Abb. 3.48 Raumstrukturen von Schweine- und Humaninsulin sowie von Trypsin (Mitte)

gebildet werden. Von dort gelangt es mit dem Blutstrom zur Hirnanhangsdrüse. Dort sorgt es dafür, dass die Freisetzung von Insulin und die Ausschüttung des menschlichen Wachstumshormons gebremst werden.

Somatostatin könnte deshalb von therapeutischem Wert sein. Aus diesem Grund wählten 1977 **Herbert Boyer** und seine Mitarbeiter vom kalifornischen City of Hope National Medical Center und von der Universität von Kalifornien in San Francisco gerade diese Substanz für ihre Untersuchungen.

Es war bis dahin nicht gelungen, das Somatostatin-Gen aus menschlichen Zellen zu isolieren, doch seine Basensequenz ließ sich bei Kenntnis des genetischen Codes aus der bekannten Reihenfolge der 14 Aminosäuren im Peptid ableiten.

So baute man aus Blöcken von jeweils drei Basen ein **künstliches Gen** zusammen (Abb. 3.42). Es bestand aus 52 Basenpaaren, von denen $14 \times 3 = 42$ den verschlüsselten Bauplan für Somatostatin enthielten. Die restlichen zehn Basenpaare sollten die Expression des Gens (Realisierung der Bauanleitung) durch das Ribosom gewährleisten, die Isolierung des Hormons erleichtern und schließlich die „klebrigen Enden" liefern, die nötig waren, um das doppelsträngige DNA-Fragment in ein Plasmid (den Vektor) einzufügen. Als Wirt wählte man *Escherichia coli*. Um die Übertragung zu bewerkstelligen, kombinierte man das synthetische Gen mit einem Plasmid, das die Bezeichnung pBR322 führt (siehe Box 3.4), sowie mit einem Abschnitt aus dem lac-Operon von *Escherichia coli* (ausführlich Kap. 4). Zur effektiven Expression eines klonierten Gens wer-

den **deutliche Signale benötigt**, die von der Wirtszelle verstanden werden. Diese **Promotoren** stammen häufig von einem Gen, das in diesem Wirt ein hohes Expressionsniveau erreichen kann. Am einfachsten ist es, die klonierte DNA an die DNA eines zelleigenen Gens zu koppeln und dessen gut funktionierende Promotoren mitzunutzen. Das Somatostatin-Gen wurde am Ende desjenigen bakteriellen Gens eingesetzt, in dem das Enzym β-**Galactosidase** verschlüsselt ist. Die β-Galactosidase ist ein Enzym, das in *E. coli* in großen Mengen vorkommt und Lactose abbaut. Es ist ein induzierbares Enzym (Kap. 4).

Nach der erfolgreichen Übertragung des Plasmids in eine Zelle von *E. coli* bildet sich daher das Somatostatin in Form des **Fusionsproteins** Somatostatin-β-Galactosidase. Eigentlich ist es nur ein kurzer, an das Enzym Galactosidase angehängter „Peptidschwanz" aus 14 Aminosäuren.

Durch Behandeln mit der Chemikalie **Bromcyan** (**CNBr**), die Proteine nur an Stellen spaltet, an denen die Aminosäure **Methionin** sitzt, lässt sich das Somatostatin anschließend von der β-Galactosidase abtrennen.

Da man das Gen synthetisch hergestellt hatte, war es eine Kleinigkeit, das benötigte Methionin am Anfang des Somatostatinmoleküls einzufügen. Dazu wurde einfach das **Codon ATG für Methionin mit eingebaut**. Dieser Umweg ließ sich nicht vermeiden. Somatostatin wird sonst, wenn man es für sich allein herzustellen versucht, rasch von Eiweiß spaltenden bakteriellen Enzymen (Proteasen) abgebaut. Diese lassen sich offenbar von der „gut vertrauten" Galactosidase „täuschen" und bemerken das Somatostatin-Anhängsel nicht, das sie sonst zerstückeln würden. Wissenschaftlich gesagt: Durch die Expression als „Fusionsprotein mit bakterieneigenem Anteil" ist auch das bakterienfremde Somatostatin **vor dem Abbau durch bakterielle Proteasen geschützt**.

Wie sich herausstellte, war das in *E. coli* synthetisierte **Somatostatin mit dem natürlichen menschlichen völlig identisch**. Je Zelle wurden rund 10 000 Somatostatinmoleküle gebildet. Das war eine beachtliche Ausbeute, die dazu ermutigte, auch andere Peptide auf diese Weise zu gewinnen.

Immerhin 500 000 Hypothalami aus Schafgehirnen hatte der Entdecker des tierischen Somatostatins, **Roger Guillemin** (geb. 1924, Nobelpreis 1977 mit **Andrew V. Schally**, geb. 1926, und

Box 3.9 Expertenmeinung:
Kann man künftig Alter und Aussehen aus der DNA ablesen?

Außer eineiigen Zwillingen haben zwei Individuen immer unterschiedliche DNA. Seit 20 Jahren benutzt man deshalb DNA für kriminalistische Zwecke, und um historische Funde zu identifizieren. In Deutschland wurde 1998 eine **DNA-Analyse-Datei** eingerichtet, die mittlerweile gut 700 000 Personenprofile und über 180 000 Spurendatensätze umfasst. Laut Bundeskriminalamt konnten seit Bestehen der Datei mehr als 86 000-mal Tatortspuren einem Spurenverursacher zugeordnet werden. Ist denn nicht die DNA-Sequenz im Genom das ganze Leben lang fixiert? Ja schon, aber doch nicht die **zusätzlichen Modifizierungen** der DNA! Die häufigste zusätzliche DNA-Modifizierung ist eine **Methylierung, das Anheften einer CH$_3$-Gruppe**. Normalerweise passiert das an der Base Cytosin (C). Einige Hunderttausend Cytosinstellen im Genom sind dafür zugänglich, von insgesamt 3 000 000 000 Basen beim Menschen.

Diese **Modifikationen der DNA** beeinflussen die Expression (das Ablesen und die Synthese von Protein) der DNA in verschiedenen Geweben und Entwicklungsstadien sowie unter verschiedenen Umwelteinflüssen. Die neuesten Ergebnisse der **Epigenetik** sind nur so verständlich (siehe auch Box 3.6). Wie sonst ist es zu erklären, dass beispielsweise eine Überernährung unserer Vorfahren vor 200 Jahren bei uns heute zu erhöhtem Diabetes führt? Die DNA-Sequenz selbst ist stabil! Nun hat man herausgefunden, dass etwa 100 dieser Modifikationen sehr gut mit dem Alter korrelieren. Man kann durch die Analyse bestimmter Cytosin-Modifikationen **das Alter auf etwa fünf Jahre genau** abschätzen!

Wie funktioniert das?

Moderne DNA-Tests beruhen auf **STRs** (*short tandem repeats*). Das sind Regionen auf den Chromosomen, wo Basen zwei- bis 20-mal wiederholt werden, z. B. CACACACACA (siehe Kap. 10). Wir haben etwa 650 000 STRs. Unverwechselbar! Unklar noch, wieso eigentlich.

Um eine Person vollständig zu charakterisieren, werden mehrere STRs benutzt. Es gibt schon Standards für die Kriminaltechnik. Ein Beispiel der Identifizierung war 1991 die STR-Analyse von **Zar Nikolaus, Zarin Alexandra** und ihrer vier Töchter, die 1918 nach der Revolution erschossen wurden

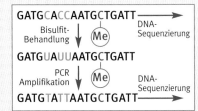

Oben: Wie die Methylierung der DNA bestimmt wird: DNA mit Natriumbisulfit behandelt: Nichtmethyliertes Cytosin (grün) wird dabei in Uracil verwandelt. Während der PCR wird das Uracil (U) durch Thymin (T) ersetzt. Methyliertes Cytosin (rot) wird nicht durch Bisulfit attackiert!
Links: Speichel enthält DNA... Vorsicht beim Spucken!

(siehe S. 331). Heute lebende „blaublütige" Verwandte, wie Prinz Philip, Duke of Edinburgh, Ehemann der Queen, wurden zum Vergleich DNA-analysiert.

Praktisch interessant an der STR-Analyse ist auch, dass man herausfinden kann, ob **teurer Thunfisch mit billigem Fisch „gestreckt"** wurde, ein heißes Thema für Asien und zunehmend die EU-Kontrolleure.

Kann man **Größe, Hautfarbe, Augenfarbe, Erscheinungsbild** eines Menschen aus der DNA voraussagen? Einen großen praktischen Nutzen verspricht das Verfahren, das ein Team um **Manfred Kayser** an der Erasmus-Universität Rotterdam entwickelt hat.

Das Team hat Verfahren, die auf die Augen- und die Haarfarbe sowie das ungefähre Alter des unbekannten „DNA-Spenders" verweisen. Diese Tests können dann eingesetzt werden, wenn das DNA-Profil nach dem Abgleich mit einer Datenbank keinen Hinweis auf eine konkrete Person bringt. Am weitesten sind die Forscher bisher bei der **Bestimmung der Augenfarbe** gekommen. Nach einer ausführlichen Genomanalyse hatten die Rotterdamer dafür sechs Variationen einzelner Basenpaare an sechs STRs ausgemacht, die in unmittelba-

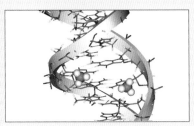

Das Basenpaar Guanin-Cytosin in der DNA. Cytosin ist methyliert und somit blockiert!

rem Zusammenhang mit der Augenfarbe stehen. Die Genanalyse, für die die DNA-Menge aus sechs Zellen genügt, wird mit einem statistischen Vorhersagemodell kombiniert. So können blaue oder braune Augen mit über 90 %iger Präzision prognostiziert werden. Dies wird „Iris-Plex-Methode" genannt.

Bei der Bestimmung der **Haarfarbe** geht es ebenfalls voran. Hier ließ sich bisher mit hoher Sicherheit nur die seltene rote Variante aus der DNA ableiten. Es gelang aber auch die Vorhersage anderer Haarfarben: schwarz mit fast 90 %iger Sicherheit, bei blond und braun noch mit gut 80 % Trefferquote. Für diese Analyse genügen 13 DNA-Marker aus elf verschiedenen Orten im Genom.

So könnte das **„Phantombild aus dem Genom"** zukünftig ähnlich einem Augenzeugenbericht helfen, den Kreis verdächtiger Personen einzugrenzen. Bei der Ermittlungsarbeit wird es in der Zukunft sicher eingesetzt werden. Zwar ist es in Deutschland nicht erlaubt, aus der DNA abgeleitete Daten über äußere Merkmale systematisch zu erfassen, aber kein Polizist wird sich bei einem langwierigen, täterlosen Fall scheuen, Untersuchungsaufträge auch international zu vergeben, um an neue Informationen zu kommen.

Wie wird die DNA-Methylierung bestimmt?

Man sequenziert die DNA zweimal: Bei der einen Messung verändert **Natriumbisulfit** dabei Cytosin (das nicht methyliert ist) in Uracil, das beim Sequenzieren in Thymin verändert wird. Der Trick: die Cytosine, die methyliert waren, werden nicht verändert! Anschließend vergleicht man beide Sequenzen.

David P. Clark ist Professor im Ruhestand an der Southern Illinois University. Er ist Autor der hervorragenden lesenswerten Lehrbücher Molecular Biology Made Simple and Fun *und* Molecular Biology and Biotechnology *(bei Spektrum Akademischer Verlag:* Molecular Biology: Das Original mit Übersetzungshilfen. Understanding the Genetic Revolution*).*

Box 3.10 **Insulin und Diabetes**

Insulin ist eines der wichtigsten Proteinhormone der Säugetiere. Als **Frederick Sanger** 1953 die Insulinstruktur bestimmte, zeigte er erstmalig, dass ein Protein eine präzise Aminosäuresequenz (Primärstruktur) besitzt und dass Insulin nur aus L-Aminosäuren besteht, die über Peptidbindungen zwischen α-Amino- und α-Carboxylgruppen verknüpft sind.

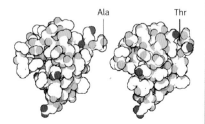

Gen für das menschliche Proinsulin (oben links). Ein kurzes Segment ist dargestellt. Zwei Fragmente werden in mRNA transkribiert und durch Spleißen verbunden.
Bildung des reifen Insulins (rechts): Das Proinsulin wird noch weiter beschnitten.

Frederick Sanger (1918–2013) klärte von 1945 bis 1955 in Cambridge die Insulinstruktur auf und bekam dafür seinen ersten Nobelpreis.
Von Zeit zu Zeit bemerkte er, aus seinem Kellerlabor blickend, »zwei Gestalten, die wild aufeinander einredend vorbei liefen, ein ziemlich verrücktes Paar. Sie pflegten auf und ab zu schreiten und sich in irgendetwas fürchterlich reinzusteigern«. Das waren Crick und Watson! Es war klar, dass diese beiden Verrückten Sanger früher oder später für die DNA begeistern würden. Tatsächlich bekam Sanger seinen zweiten Nobelpreis für die DNA-Sequenzierung (Kap. 10).

Insulin wird in der Bauchspeicheldrüse produziert und nach den Mahlzeiten ins Blut abgegeben, wenn der Glucosespiegel steigt. Dieses Signal läuft dann durch den Körper: zur Leber, zu Muskeln und Fettzellen. Insulin

veranlasst die Zellen, Glucose aus dem Blut aufzunehmen und zur Synthese von Speichersubstanzen wie Glykogen, Triglyceriden und Eiweiß zu verbrauchen.

Insulin ist ein winziges Molekül. Kleine Proteine sind eine Herausforderung für die Zelle: Es ist schwierig, ein kleines Eiweiß zu produzieren, das sich dann zu einer stabilen Struktur faltet. Die Zelle löst das Problem, indem sie längere Peptidketten bildet, sie in die richtige Form faltet und dann das Extrateil (im Fall des Insulins das C-Peptid) herausschneidet (siehe Abb. 3.38).

Wenn die Funktion des Insulins gestört ist (durch Erkrankung des Pankreas oder durch Altern bzw. ungesunden Lebensstil), kann der Glucosespiegel im Blut gefährlich ansteigen. Hohe Glucosespiegel führen zur Dehydrierung, da der Körper versucht, den Glucoseüberschuss mit dem Urin aus dem Körper zu waschen. Der pH-Wert verändert sich dramatisch im Blut, Zellen werden beeinflusst.

Diabetes ist die Zivilisationskrankheit Nummer eins (Kap. 10) und nimmt den Charakter einer weltweiten Epidemie an. Der Typ-I-Diabetes oder insulinabhängige *Diabetes mellitus* lat. *mellitus*, mit Honig gesüßt wird durch

Menschliches Insulin (rechts oben) unterscheidet sich nur in einer Aminosäure von Schweine-Insulin: In der Position 30 befindet sich ein Threonin (Thr) beim Menschen im Gegensatz zu einem Alanin (Ala) beim Schwein.

Die beiden Ketten (A und B) beim Schweine-Insulin sind in der Abbildung unten in Grün und Blau gezeigt. Sie sind durch drei Disulfidbrücken verbunden (hier rot dargestellt).

Autoimmunzerstörung der Langerhans'schen Inseln im Pankreas verursacht. Die betreffende Person braucht Insulin zum Überleben. Die meisten Diabetiker haben normale oder sogar erhöhte Blutinsulinspiegel, sprechen aber schlecht auf das Hormon an (Typ-II-Diabetes, ausführlich in Kap. 10).

Abb. 3.49 Paul Berg (geb. 1926) wurde bereits mit 33 Jahren Stanford-Professor. Er schrieb den „Berg-Brief", in dem er ein Moratorium für riskante DNA-Experimente forderte, und organisierte 1975 das Asilomar-Meeting.

Rosalyn Yalow, 1921–2011, Abb. 3.40), aufarbeiten müssen, um etwa 5 mg Reinsubstanz des tierischen Hormons Somatostatin zu gewinnen. Nur 8 L Suspension der rekombinanten Colibakterien lieferten nun die gleiche Menge menschlichen Somatostatins.

▮ 3.19 Wie man enzymatisch aus Schweine-Insulin Humaninsulin fertigt

Das zuvor in der Diabetestherapie gebräuchliche Insulin wurde, wie bereits geschildert (siehe auch Box 3.5), aus der Bauchspeicheldrüse von Rindern oder Schweinen extrahiert. Es stimmt in der

Aminosäuresequenz nicht völlig mit menschlichem Insulin überein: **Beim Schwein weicht eine Aminosäure ab**, beim Rind sind es drei. Insulin wurde schon zwei Jahre nach seiner Entdeckung in die Diabetestherapie eingeführt. Es beseitigt zwar die Hauptsymptome der Zuckerkrankheit, brachte aber auch unliebsame Nebeneffekte mit sich.

So entwickeln einige Diabetiker gegen die tierischen Hormone **Allergien**, da sie für das Immunsystem Fremdproteine darstellen, gegen die Antikörper gebildet werden können. Die Lösung wäre, **Schweine-Insulin mithilfe von Enzymen in menschliches Insulin** umzuwandeln.

Box 3.11 Gene aus dem Reagenzglas: DNA-Syntheseautomaten

Steuerung durch Mikroprozessoren

Es gibt heute Maschinen, die automatisch und äußerst schnell Sequenzen einzelsträngiger DNA synthetisieren können. Der ganze Arbeitsvorgang, so auch die Reihenfolge (Sequenz) der einzelnen Basen, wird dabei durch Mikroprozessoren gesteuert.

Reagenzien und Lösungsmittel — Nucleotide

zum Kollektor

Synthesesäule — Pumpe

Abfall

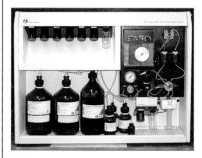

DNA-Syntheseautomat

Kügelchen aus Kieselerde — Schutzgruppe

Bei der hier gezeigten Maschine wird die gewünschte Sequenz eingegeben. Die Mikroprozessoren sorgen dann dafür, dass Nucleotide, Reagenzien und Lösungsmittel für jeden einzelnen Schritt durch die Synthesizer-Säule gepumpt werden. Die Säule steckt voller Kügelchen aus Kieselerde (Silicagel). Diese haben etwa die Körnung von feinem Sand. Jedes Kügelchen gibt der an ihr entstehenden DNA-Kette einen festen Halt.

Möchte man nun eine bestimmte Sequenz synthetisieren, z.B. TACG, so geht man von einer Säule aus, an deren Kügelchen bereits das erste Nucleotid (im Beispiel die Base Thymin) fixiert ist – und zwar mit dem sogenannten 3'-Ende. Die Mikroprozessoren veranlassen nun, dass Millionen Moleküle des nächsten Nucleotids (A) durch die Säule gepumpt werden. Das 5'-Ende von A ist dabei chemisch maskiert, sodass es sich mit der richtigen Orientierung an T bindet. Die Schutzgruppe wird dann entfernt, und eine neue Runde beginnt. Auf diese Weise lassen sich kurze Ketten von bis zu etwa 50 Nucleotiden synthetisieren. Die fertige Oligonucleotidkette wird von den Kügelchen abgespalten und aus der Säule gewaschen. Die Zeiten zur Synthese von Nucleotidketten werden durch neuere automatisierte Entwicklungen ständig verkürzt. Man tippt nur noch die Sequenz ein und kann das fertige Oligonucleotid nach kurzer Zeit abholen. Oligonucleotide sind aus drei Gründen wichtig für die Biotechnologie: Sie können zu größeren vollständig synthetischen Genen zusammengebaut werden (wie beim Insulin und Somatostatin gezeigt). Sie können als DNA-Sonden benutzt werden (Abb. 3.46), und sie werden als Primer für die Polymerase-Kettenreaktion (PCR) und Sequenzierung benötigt (Kap. 10).

Die Forscher von der Hoechst AG fanden Anfang der 80er-Jahre eine elegante Lösung: Die endständige Aminosäure Alanin des Schweine-Insulins wird enzymatisch gegen ein Threonin ausgetauscht (siehe Abb. 3.48). Die Hydrolase **Trypsin** (Abb. 3.48), obwohl eigentlich im Magen ein „Alleszerkleinerer" für Proteine (Kap. 2), hat die erstaunliche Eigenschaft, Eiweiße und Peptide **exakt neben den Aminosäuren Lysin und Arginin spezifisch zu hydrolysieren**. Am Ende der B-Kette befindet sich glücklicherweise beim Schwein das Alanin und „davor" ein Lysin … na, wunderbar!

Das endständige Alanin konnte so abgespalten werden (Abb. 3.47). Zuerst geht alles „normal" zu: Schweine-Insulin wird mit Trypsin behandelt. Gleichzeitig wird ein Ester des Threonins zugesetzt (Threonin-tertiär-Butylester), und die Reaktion erfolgt in 55%igem organischem Lösungsmittel. Nun passiert etwas Erstaunliches: die **Rückreaktion des Enzyms**. Proteasen können mithilfe von Wasser Peptide spalten, aber auch Peptide (und Aminosäureester) in wasserarmer Umgebung wieder zusammenbauen! Man nennt das **Transpeptidierung**. Der Threoninester wird anstelle des abgespaltenen „Schweine-Alanins"

Abb. 3.50 Die Raumstruktur des Insulins: Helices (schraubenförmig) und Faltblätter (in Pfeilform)

Box 3.12 Expertenmeinung: Biowaffen unter Kontrolle?

Biologische Kampfmittel (BW) sind Massenvernichtungswaffen, zumindest einige von ihnen. Werden **Milzbrandsporen**, die Dauerformen von *Bacillus anthracis*, über einer Zehn-Millionen-Stadt versprüht, dann kann schon ein Kilogramm davon bewirken, dass mehr als 100 000 Menschen an Lungenmilzbrand sterben. Auch manche **Toxin-Kampfstoffe** (**TW**) sind Massenvernichtungsmittel: Mit einem mit Botulinum-Toxin gefüllten Sprengkopf einer Scud-Rakete könnte man ein Gebiet von etwa 3700 Quadratkilometern vergiften.

Aber **Milzbrandbakterien** können auch auf natürlichem Weg Infektionen hervorrufen, in erster Linie den meist kurablen Hautmilzbrand, während der durch Einatmen von Milzbrandsporen verursachte Lungenmilzbrand unter normalen Bedingungen extrem selten ist. Bei bestimmten Berufsgruppen, die viel mit Tierfellen zu tun haben, ist Milzbrand sogar als Berufskrankheit anerkannt. Analog kann auch **Botulinum-Toxin** natürlicherweise krank machen. Nicht selten verursacht es Lebensmittelvergiftungen, insbesondere nach dem Verzehr „verdorbener" Wurstkonserven, in denen sich die Toxin-bildenden Clostridien vermehren konnten. Andererseits wird es als „**Botox**" gelegentlich sogar zur Schönheitspflege eingesetzt.

Dies beweist: Biologische und Toxin-Kampfmittel (BTW) sind keine eigens für kriegerische oder terroristische Zwecke entwickelten Waffen, sondern „*dual-threat agents*" (**DTAs**), zweifach bedrohliche Agenzien. Das macht biologische Rüstungskontrolle, einschließlich von Bemühungen zur Verhinderung bioterroristischer Anschläge, so schwierig.

Zwar gibt es eine **internationale Konvention**, die Entwicklung, Herstellung und Lagerung von BTW verbietet und ihre Vernichtung gebietet. Das Übereinkommen trat 1975 – zufällig zeitgleich mit der Einführung der Gentechnik – in Kraft und wurde inzwischen von 163 Staaten ratifiziert. Allerdings ist die Konvention nicht frei von Schwachstellen. Besonders schwerwiegend ist, dass Forschungs- und Entwicklungsarbeiten mit DTAs für tatsächliche oder angebliche prophylaktische beziehungsweise protektive Zwecke nicht verboten sind. Dadurch kann offensives Know-how und Potenzial gewonnen werden. Nicht auszuschließen ist aber auch, dass sol-

Publikation von Prof. Geißler

che Aktivitäten insgeheim mit offensiven Intentionen durchgeführt werden. Einerseits bieten Gentechnik und andere molekulare Biotechnologien vielfältige prophylaktische Möglichkeiten: **Impfstoffe** können wirksamer und schneller hergestellt, diagnostische Verfahren optimiert und **neuartige Therapeutika** entwickelt werden. Mittels der sogenannten **Polymerase-Kettenreaktion** können innerhalb weniger Minuten selbst **geringste Mengen von BW** nachgewiesen werden, beispielsweise noch zehn *Bacillus anthracis*-Bakterien innerhalb einer Viertelstunde! Gleichzeitig kann man schnell ermitteln, ob es sich bei identifizierten Erregern um natürlich vorkommende Formen handelt oder um für den militärischen beziehungsweise terroristischen Einsatz präparierte. Aber auch die molekularen Biotechnologien sind ambivalent nutzbar und ermöglichen andererseits eine Schärfung von BTW sowie eine quantitative und qualitative Vergrößerung des Bio- und Toxinwaffenarsenals.

Erstens können DTAs nunmehr wesentlich **schneller und in größeren Mengen produziert** werden als bisher. Heute ist auch die Massenproduktion bestimmter Toxine durch Einbau entsprechender Gene in geeignete Produzentenzellen möglich. Vor Einführung der molekularen Biotechnologien konnten dagegen nur drei Toxine in für einen militärischen Einsatz geeigneten Mengen gewonnen werden: Botulinum-Toxin, Staphylokokken-Enterotoxin B sowie Ricin.

Zweitens können die **Möglichkeiten zur effizienten Verbreitung von BTW** signifikant erhöht werden: Sie können beispielsweise für Umwelteinflüsse wie die schädliche Wirkung des Sonnenlichts oder Austrocknung unempfindlicher gemacht werden. Ihre Überlebensdauer kann verlängert oder verkürzt werden.

Drittens ist es nunmehr möglich, ihre **Wirksamkeit** drastisch zu erhöhen. Krankheitser-

reger können durch gezielte Veränderung der verantwortlichen Gene oder durch Einbau zusätzlicher Erbanlagen virulenter gemacht werden. Sie können gegen dem Gegner zur Verfügung stehende Antibiotika und Chemotherapeutika resistent gemacht und/oder befähigt werden, Immunbarrieren zu überwinden. Schließlich kann durch Veränderung bestimmter Merkmale die Diagnose der eingesetzten BTW erschwert werden, was den Einsatz von Bekämpfungsmaßnahmen deutlich verzögert.

Die größte Gefahr aber droht dadurch, dass „**Biowaffen der zweiten Generation**" entwickelt und produziert werden könnten. Durch Einführung von Toxin- und/oder Virulenzgenen können Krankheitserreger oder leicht übertragbare, bisher als harmlos geltende Bakterien, Pilze oder Viren in höchst gefährliche, schwer zu bekämpfende Kampfmittel verwandelt werden. Allerdings ist die Behauptung, der **Erreger von AIDS** sei ein Produkt gentechnischer Arbeiten in einem (US-amerikanischen) Militärlabor, völlig aus der Luft gegriffen und möglicherweise das Produkt einer Desinformationskampagne Mitte der 80er-Jahre des sowjetischen Geheimdienstes KGB. Trotzdem sind BTW seit Einführung der Gentechnik **praktisch nicht genutzt worden**. Insgesamt wurden in den vergangenen vier Jahrzehnten nur 73 Personen durch solche Kampfmittel umgebracht, keiner davon durch gentechnisch geschärfte BTW. Die meisten von ihnen, 66, kamen 1979 durch einen Unfall in einer sowjetischen Biowaffen-Einrichtung ums Leben, also nicht durch bewussten Einsatz solcher Kampfmittel.

Der nach dem Anschlag aufs New Yorker World Trade Center weltweit befürchtete Bioterror blieb bisher aus. Die fünf Opfer der anschließend in den USA in Briefkuverts versandten Milzbrandsporen starben eher zufällig als Folge von Bio-Psycho-Terror. Vielleicht ist die Biowaffenkonvention trotz ihrer zahlreichen Schwachstellen doch ein wirksames Instrument zum Schutz vor BTW – selbst im Zeitalter der molekularen Biotechnologien…

Erhard Geißler (geb. 1930) ist einer der führenden Molekulargenetiker und engagierte sich aktiv international im Kampf gegen moderne B-Waffen.

angehängt. Nun muss er nur noch durch Wasserzugabe hydrolysiert werden. Butanol wird abgespalten. So entsteht aktives Humaninsulin durch Enzymkatalyse. Dieses elegante Verfahren braucht etwa sechs Stunden, benötigt aber nach wie vor Schweine-Insulin in riesigen Mengen als Rohstoff.

Wie schon erwähnt, wurden täglich bei Hoechst fast ein Dutzend Tonnen Schweinepankreas von mehr als 100 000 Schlachttieren verarbeitet.

3.20 Endlich geschafft! Das erste gentechnisch hergestellte menschliche Insulin

1979 wurde dann auch die bakterielle Synthese von menschlichem Insulin mit Erfolg praktiziert. Mit einer Insulinausbeute von **100 000 Molekülen je Zelle** war die bakterielle Insulinproduktion sogar noch ergiebiger als die des Somatostatins. Außerdem besitzt das Insulin eine wesentlich größere medizinische Bedeutung. Wie wurde die Synthese bewerkstelligt?

Insulin besteht, wie schon erwähnt, aus zwei Peptidketten, die 21 beziehungsweise 30 Aminosäuren lang sind. Die Information für die erforderliche **Prozessierung** zum aktiven Insulin ist allerdings nicht in der Gensequenz codiert: Das **Signalpeptid** und die C-Peptidsequenz müssen entfernt und die Cysteine exakt zu **Disulfidbrücken** verknüpft werden. Das können eigentlich nur die Langerhans'schen Inseln der Bauchspeicheldrüse bewerkstelligen. *E. coli*-Zellen und selbst die eukaryotischen Hefen besitzen diese Fähigkeiten nicht (siehe Abschnitt 3.25).

Bequem war am Insulin zumindest, dass für seine Funktionsfähigkeit keine Zuckerreste angehängt werden mussten (**Glykosylierung**). Der Weg der Isolierung der Insulin-mRNA war nicht gangbar. Man musste an die Aufgabe wie beim Somatostatin herangehen. In mühseliger, dreimonatiger Kleinarbeit stellten Wissenschaftler vom City of Hope National Medical Center die den beiden Ketten entsprechenden synthetischen Gene her. Da man – dank der zehnjährigen Arbeit von Frederick Sanger – den Aufbau des Insulins kannte, konnte man die entsprechenden **Gensequenzen am Reißbrett** entwerfen. 18 Bruchstücke aus jeweils mehreren Nucleotiden fügten die Forscher zum Gen für die längere Kette und elf Bruchstücke zum Gen für die kürzere Kette zusammen. Man ging getrennt vor: Aus Angst vor möglichen Risiken wurden die A-Kette und die B-

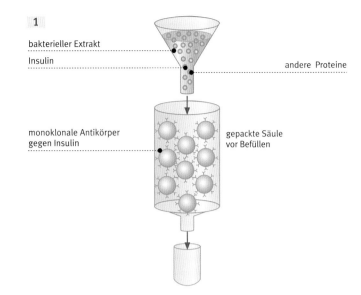

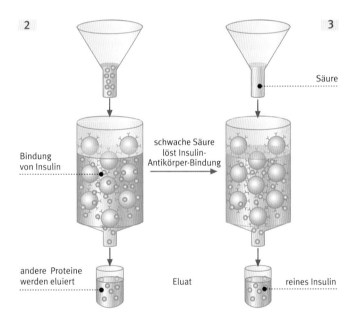

Abb. 3.51 Aufreinigung von Insulin durch Affinitätschromatografie mit Antikörpern

Kette in verschiedenen Mikroorganismen parallel erzeugt (Abb. 3.53). Aktives Insulin konnte so keinesfalls in einer Zelle entstehen.

3.21 Asilomar: Wie gefährlich ist die neue Gentechnik?

Warum die Angst? Das Risiko von Gentechnikexperimenten war von besorgten Wissenschaftlern wie **Paul Berg** (Abb. 3.49), **David Baltimore**, **Maxine Singer** und **Sydney Brenner** 1975 auf der Konferenz von Asilomar heiß diskutiert worden. Könnten beispielsweise krebserregende

Abb. 3.52 Zum 50. Geburtstag der DNA-Doppelhelix 2003 prägte Großbritannien 25 000 Zwei-Pfund-Silbermünzen, mit Feingold beschichtet.

Abb. 3.53 Insulinexpression in zwei getrennten *Escherichia coli*-Stämmen:

Rechts: Zwei Oligonucleotide (A- und B-Kette) werden chemisch synthetisiert. Die DNA-Fragmente codieren jeweils eine Insulinkette. Mit Restriktionsendonucleasen geschnitten, werden beide Fragmente mit DNA-Ligase getrennt in Plasmide eingebaut.

Vor die Insulin-DNA setzte man die DNA von β-Galactosidase (β-Gal) und einen bakteriellen Promotor der β-Gal. So werden Fusionsproteine in *E. coli* produziert, die sich als β-Galactosidase-A-Ketten-Insulin und β-Galactosidase-B-Ketten-Insulin in *E. coli* separat ansammeln. Nach dem Ernten der Zellen reinigt man beide Fusionsproteine.

Die für Insulin codierende DNA ist so konstruiert, dass sie mit einem Methionin-Codon beginnt. Bromcyan (CNBr) spaltet immer die Peptidbindung jeweils hinter Methionin im Fusionsprodukt. So werden die natürlichen Insulinketten separat erhalten. Weil β-Gal noch weitere Methioninbausteine enthält, entstehen viele kleine Peptide.

Genial: Die Insulinketten enthalten dagegen intern keine Methionine und bleiben deshalb intakt!

Durch oxidative Sulfitolyse werden nach Reinigung schließlich die Cysteine der A-und B-Kette aktiviert und beide Ketten vereinigt: Intaktes menschliches Insulin entsteht.

β-Galactosidase wird abgetrennt (rot)

CNBr spaltet die Peptidbindung hinter Methionin.

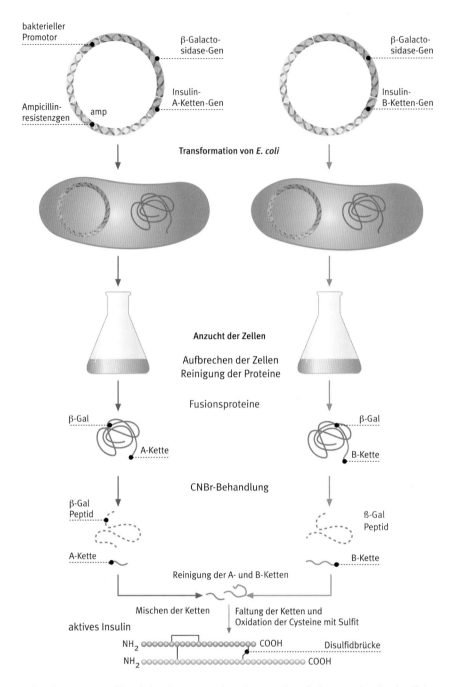

antibiotikaresistente Darmbakterien gentechnisch entstehen, eine **„durch Bakterien verbreitete Krebsepidemie"** zur Folge haben? Die besorgten Wissenschaftler ahnten allerdings nicht, dass ihre eigenen Verantwortungsgefühle von den Medien zu Horrorbildern der Gentechnikgefahren umgedreht werden würden. Was würde passieren, wenn Bakterien aktives Insulin bildeten und sie **versehentlich in den Darm des Menschen** gelangten und dort überlebten? Sie könnten dort einen tödlichen **Insulinschock**

hervorrufen. Daher wurden in der Folge vom National Institute of Health (NIH) strenge Gentechnikrichtlinien erlassen. „Verkrüppelte" **Sicherheitsstämme** von *E. coli* (z. B. K12) wurden geschaffen, die nicht außerhalb des Labors existieren können. **Labors verschiedener Sicherheitsstufen (P1 bis P3)** wurden für mikrobiologische Arbeiten konzipiert. Die künstlich geschaffenen Gene für die A- und die B-Kette des Insulins hatten zwar nicht unbedingt die gleiche Sequenz wie die natürlichen Genabschnitte (die man ja nicht kannte), aber sie repräsentierten die richtigen Polypeptide. Jedes künstliche Gen, das der A- und das der B-Kette, wurde (wie im Fall des Somatostatins) direkt hinter dem β-Galactosidase-Gen-Promotor und dem Galactosidase-Gen in verschiedene Plasmide eingesetzt. Klug wurde zwischen Insulin- und Galactosidase-Genen wieder eine „**Spaltstelle**", ein Codon für die Aminosäure **Methionin** (also ATG), eingebaut. Nach der erfolgreichen Produktion trug jede A-Kette oder B-Kette ein zusätzliches Methionin am N-terminalen Ende der Ketten zur Abspaltung der Galactosidase (Abb. 3.53).

Nach der Übertragung auf zwei unterschiedliche E. coli-Stämme und der erfolgreichen Polypeptidproduktion spaltete man die beiden Peptide mit **Bromcyan** wieder exakt an der „Sollbruchstelle" zur jeweiligen Galactosidase ab. Abb. 3.51 zeigt, wie man danach Insulinketten aus einem Gemisch verschiedener Substanzen mithilfe von speziellen Antikörpern gegen Insulin sauber chromatografisch abtrennen kann. Diese Trennung beruht auf der Affinität des Insulins zu speziellen Anti-Insulin-Antikörpern und wird **Affinitätschromatografie** genannt.

Dann braucht man noch einen chemischen Schritt: die „**oxidative Sulfitolyse**". Sulfit, Sauerstoff und ein stark basischer pH-Wert führen zur Oxidation der Cysteine, die eine SH-Gruppe tragen. Sie sind nun hochreaktiv und verbinden benachbarte oxidierte SH-Gruppen über eine **Disulfidbrücke** (-S-S-Bindung) miteinander zum aktiven Insulin. Die Ausbeute an aktivem Insulin wird allerdings durch falsch verknüpfte A- und B-Ketten geschmälert, die man abtrennen muss. Die Disulfidbrücken sind entscheidend für die **Raumstruktur und damit die Aktivität** des Insulins.

Drei Disulfidbrücken muss das Insulin enthalten: eine innerhalb der A-Kette und zwei zwischen A- und B-Kette. Das auf diese Weise mikrobiell erzeugte **rekombinante Insulin** führte 1982 zu einer tiefgreifenden Umwälzung auf dem Insulinmarkt, zu einer Revolution.

Aus **Sicherheitsgründen** wurden also zunächst A- und B-Ketten getrennt hergestellt. Die Bedenken waren in der Tat groß: Die Firma Hoechst beantragte 1984 die Genehmigung zur Errichtung einer Produktionsanlage für gentechnisches Humaninsulin. Nach endlosem Hin und Her konnte schließlich 1998 – **nach 14 Jahren Bürokratie und öffentlicher Diskussion** (!) – Hoechst Marion Roussel die Anlage in Deutschland in Betrieb nehmen.

3.22 Menschliches Proinsulin aus einem einzigen E. coli-Stamm

Eine weitere Verbesserung war die **Proinsulin-Produktion in nur einem Bakterienstamm**. Das komplette Proinsulingen (mit dem C-Peptid, allerdings ohne die Sequenz für das Signalpeptid) wurde zunächst künstlich synthetisiert. Vor das Codon für die erste Aminosäure fügte man wieder ein Methionin-Codon (ATG) an.

Der Vorteil war, dass nur ein einziges Plasmid und nur ein einziger E. coli-Stamm für die Produktion verwendet wurden. Kontrolliert wurde das Proinsulingen in diesem Fall von einem starken Promotor für die Tryptophan-Synthase. Auf dem Plasmid befanden sich also nacheinander der Tryptophan-Synthase-Promotor, das Tryptophan-Synthase-Gen, die Sequenz ATG (die Methionin codiert, als Spaltstelle) und die Sequenz für das Proinsulin (B-C-A).

Es bildete sich also ein **Fusionsprotein**. Nach der Biosynthese spaltete man mit CNBr das Methionin samt dem Enzym Tryptophan-Synthase ab und erhielt das Proinsulin. Die korrekten Verknüpfungen der Cysteinreste erhielt man durch oxidative Sulfitolyse. Durch das C-Peptid erreicht man eine viel bessere Ausrichtung der A- und B-Ketten. Das C-Peptid wird durch **Trypsin** enzymatisch herausgeschnitten. So erhält man aktives, korrekt gefaltetes Insulin – **100 % identisch mit menschlichem Insulin!** Nach dieser Rezeptur wird heute Insulin bei den Firmen Berlin-Chemie, Sanofi-Aventis (ehemals Hoechst) und Lilly hergestellt.

3.23 Bäckerhefen als Proinsulin-Produzenten

Statt der prokaryotischen Bakterien wählte die Firma Novo Nordisk die eukaryotische Bäckerhefe. Auch sie verwendet ein Kunstgen, allerdings (nach einem Fehlschlag mit dem vollständigen C-Peptid) mit nur neun Nucleotiden für das C-Peptid (also mit nur drei Aminosäuren im Produkt). Hefe-Proteasen können dieses kurze Peptid nicht hydrolysieren.

Dieses kurze Peptid ist genial ausgewählt, denn es bringt die A- und B-Ketten in eine so günstige Nachbarschaft zueinander, dass so noch in der Hefezelle (und nicht erst am Ende des Prozesses) Disulfidbrücken geknüpft werden.

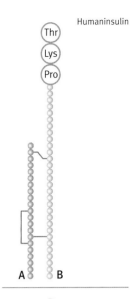
Humaninsulin

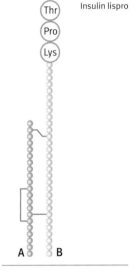
Insulin lispro

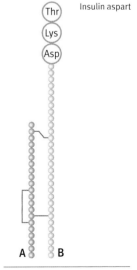
Insulin aspart

Abb. 3.54 Insulinvarianten

117

Box 3.13 Expertenmeinung:
Eine neue Ära? Ethische Fragen zur Genomchirurgie

Von Bischof a.D. Wolfgang Huber

CRISPR-Cas9!?

»Die medizinische Entdeckung des Jahrhunderts«, »eine neue Ära«, »Gottes-Werkzeug"«, »Zauberscheren«...
Wo eine wissenschaftliche Entdeckung mit derartigen Worten beschrieben wird, gerät das ethische Urteil leicht in den Sog gegenläufiger Deutungen. Sie oszillieren zwischen Mauerfall und Dammbruch, zwischen dem Aufbruch in eine neue Freiheit mit ihren ungeahnten Möglichkeiten und dem Abrutschen auf einer schiefen Ebene, auf der es kein Halten gibt. Euphorische Betrachtungsweisen steigern die Chancen des Neuen bis hin zu Heilsversprechen; apokalyptische Sichtweisen betrachten die Risiken als unabwendbares Unheil.

Was die einen als »Gottes-Werkzeug« preisen, kritisieren die anderen als den vermessenen Versuch, **»Gott zu spielen«.**

Merkwürdiger verfehlter Gottesbegriff

Im einen wie im andern Fall leitet dabei ein merkwürdiger Gottesbegriff die Deutung naturwissenschaftlicher Entdeckungen. Gott als Welt-Demiurgen zu verstehen, der mit dafür geeigneten Werkzeugen die Evolution kausal steuert, ist mit einem reflektierten Gottesverständnis kaum zu vereinbaren. Denn dieses zielt auf den **Sinn der Welt als guter Schöpfung** und auf die Bestimmung des Menschen, zu dieser Güte beizutragen.

Die **Mitgestaltung der Welt mit den Möglichkeiten menschlicher Erkenntnis** entweder als Entdeckung eines Gottes-Werkzeugs zu preisen oder umgekehrt deshalb zu begrenzen, weil der Mensch dadurch in eine kausal definierte Funktion Gottes eingreife, ist im einen wie im andern Fall verfehlt. Im einen Fall wird der euphorische, im andern der apokalyptische Zugang zu neuen wissenschaftlichen Möglichkeiten religiös gesteigert; **die kritische Auseinandersetzung mit solchen Zugängen wird dadurch gerade blockiert.***

Die **Ethik**, verstanden als methodisch angeleitete Reflexion über die **Verantwortbarkeit menschlichen Verhaltens**, ist demgegenüber

Albrecht Dürer, *Melencolia* I, Kupferstich (1514)

gut beraten, den Weg des Abwägens zu gehen. Abzuwägen sind **Chancen und Risiken**; zu bedenken sind die **intendierten Ziele** ebenso wie die beabsichtigten oder nicht beabsichtigten **Folgen** möglichen Handelns.

Neue Handlungsmöglichkeiten

Verschiedene Beispiele für die Notwendigkeit ethischen Abwägens werden bereits diskutiert. **Jörg Hacker** hat die Typen von Fragestellungen, um die es dabei geht, auf einleuchtende Weise unterschieden (Hacker 2016). Es geht um neue Handlungsmöglichkeiten in der Grünen wie in der Roten Gentechnik, im zweiten Fall sowohl bei Tieren als auch bei Menschen; ferner ist zwischen Eingriffen in somatische Zellen und in die Keimbahn zu unterscheiden.

Genomchirurgie an Körperzellen und an Keimzellen

Genomchirurgie an **somatischen Zellen** ist in ihren Auswirkungen auf das jeweilige Individuum beschränkt; Eingriffe in die **Keimbahn** haben, wenn sich daraus Individuen entwickeln, Konsequenzen für alle Nachkommen dieser Individuen. Die lebensgeschichtlichen Implikationen von Keimbahneingriffen für die einzelne davon betroffene Person wie für ihre möglichen Nachkommen greifen unvergleichlich viel weiter, als dies bei genomchirurgischen Eingriffen in die somatischen Zellen eines Menschen der Fall ist.

Ebenso notwendig wie die Unterscheidung zwischen Eingriffen in Körperzellen und in Keimbahnzellen ist die **Unterscheidung zwischen therapeutischen Zielen und Zielen**

der **Perfektionierung** bei solchen Eingriffen. Freilich sind solche Unterscheidungen angesichts der dynamischen Forschungsentwicklung keineswegs immer so eindeutig anzuwenden, wie der Ethiker sich dies wünscht. Eine Momentaufnahme der Problemlage reicht für das ethische Urteil nicht zu. Vielmehr muss man nach Entwicklungstendenzen fragen, die sich aus dem aktuellen Stand von Wissenschaft und Technik ergeben können.

Die aktuelle Diskussion zur Genomchirurgie

Die Übertragung der dafür leitenden Gesichtspunkte auf weitergehende »genetische Interventionen in Körperzellen (oder gar Keimbahnen)« bestimmt die aktuelle Diskussion zur Genomchirurgie. Ob dabei mit **ausreichender Trennschärfe** zwischen solchen Interventionen, die auf die Vermeidung oder Heilung von Krankheiten gerichtet sind, und anderen, die auf die Verbesserung der genetischen Ausstattung zielen, unterschieden werden kann, zeichnet sich schon jetzt als eine **Schlüsselfrage der anstehenden Debatten** ab.

Was kann die Ethik zu diesen Debatten beitragen?

Das lässt sich nur klären, wenn man einen Begriff davon hat, was man unter einer ethischen Reflexion versteht. Deren Ausgangspunkt liegt in der **Unterscheidung zwischen einem pragmatischen, einem ethischen und einem moralischen Gebrauch der Vernunft** (Habermas 1991).

Pragmatische Erwägungen bewegen sich im Bereich der Zweckrationalität. Sie prüfen beispielsweise, ob vorgeschlagene Vorgehensweisen im Blick auf vorgegebene Ziele effizient und effektiv, also sparsam und wirksam sind. Das **Ergebnis sind Handlungsregeln** im Bereich der Zweck-Mittel-Relation. Solche Regeln sind unentbehrlich; zur Rechenschaft über die Verantwortbarkeit menschlichen Verhaltens reichen sie jedoch nicht aus. In wichtigen Fällen geht es nicht nur darum, zwischen unterschiedlichen Mitteln zur Erreichung vorgegebener Ziele zu wählen (*»choosing«*). Sondern es geht darum, über Ziele und Mittel zu entscheiden, die man aus starken Gründen mit Vorrang ausstattet (*»opting«*). Diese Gründe für bewusst gewählte **Antworten auf die Frage nach dem Guten bilden das Thema der Ethik** im engeren Sinn, die damit das Feld unterschiedlicher Lebensentwürfe, kultureller Verständigungen oder religiöser Orientierungen ist. Sobald jedoch das eigene Handeln in die Sphären anderer Menschen eingreift, reicht die Orientierung am eigenen Lebensentwurf nicht. Vielmehr wird eine Betrachtungsweise notwendig, die nicht nur die eigenen, sondern auch die Präferenzen anderer berücksichtigt. Verhaltensregeln werden gesucht, die nicht nur mit der eigenen, sondern auch mit der Freiheit anderer vereinbar sind. Man kann in solchen Fällen nicht nur fragen, was man sich selbst schuldet, sondern muss auch bedenken, was man anderen schuldet.

Diese **unparteiliche, gerechtigkeitsorientierte Reflexion** nennen wir – im Unterschied zur Ethik im beschriebenen engeren Sinn – **Moral**.

Das Gerechte hat in der Regel die Priorität gegenüber dem Guten. Auf der Ebene der wissenschaftlichen Reflexion beansprucht deshalb die philosophische Ethik häufig den Primat. Sie wird als Interpretin des Gerechten verstanden; weltanschaulich imprägnierte Ethiken werden im Vergleich dazu als Interpretationen partikularer Konzepte des Guten angesehen. Reflexionen über die gleiche Achtung, die jedem Menschen gebührt, bestimmen auch wichtige Entwicklungen in der Ethik der Lebenswissenschaften; für sie bildet die Medizinethik ein paradigmatisches Lernfeld.

Die vier medizinethischen Prinzipien

Nahezu kanonische Bedeutung hat in ihr die Festlegung auf **vier medizinethische Prinzipien** gewonnen: **Selbstbestimmung, Schadensvermeidung, Fürsorge und Gerechtigkeit.**

Das Prinzip der Fürsorge

An den Beginn stelle ich das Prinzip der Fürsorge, das Beauchamp und Childress treffender als **Wohltun** (›*beneficence*‹) bezeichnen. Die Aufgabe, anderen Gutes zu tun, also ihrer **Verletzlichkeit mit Empathie zu begegnen**, der Gefährdung ihres Lebens Einhalt zu gebieten, Leid zu vermeiden, zu überwinden oder doch wenigstens zu lindern – kurzum: die Solidarität mit den Leidenden gebietet, Möglichkeiten des Heilens zu entwickeln und zu nutzen.

Gentechnische Verfahren sind dabei nicht ausgeschlossen; von ihnen wird im Bereich der Humanmedizin bereits vielfältig Gebrauch gemacht. Wie wahrscheinlich es ist, dass genomchirurgische Verfahren vom Typ CRISPR-Cas9

Albrecht Dürers Porträt seiner Mutter: *»Diese meine fromme Mutter hat oft die Pestilenz gehabt und viele andere schwere Krankheiten, hat große Armut erlitten, Verspottung, Verachtung, höhnische Worte und andere Widerwärtigkeiten, doch ist sie nie rachsüchtig gewesen.«*

an Körperzellen zu verlässlichen, treffgenauen, von unbeabsichtigten Nebenwirkungen freien Therapien bisher nicht ausreichend behandelbarer Krankheiten führen, kann der Ethiker nicht beurteilen.

Doch wenn diese Verfahren an somatischen Zellen solche Ergebnisse zeitigen, ohne mit negativen Folgewirkungen verbunden zu sein, wird das Prinzip der »*beneficence*«, der Solidarität mit den Leidenden, dafür sprechen, solche therapeutischen Möglichkeiten zu entwickeln und einzusetzen. Das weite Feld der damit verbundenen Kosten betrete ich hier nicht; aber es sei wenigstens genannt.

Isoliert unter dem Gesichtspunkt der »*beneficence*« betrachtet, ist natürlich auch die **Genomkorrektur an Keimzellen eine mögliche Wohltat.**

Wenn sie eine genetische Aberration korrigiert, die mit einer höheren oder niedrigeren Wahrscheinlichkeit eine Erkrankung im Lebensverlauf zur Folge haben kann, so dient sie der Vermeidung möglichen Leidens, verhindert gegebenenfalls den Ausbruch der Krankheit und macht darüber hinaus aufwendige und lästige Kontrolluntersuchungen sowie gegebenenfalls Therapien unnötig, fördert also die Lebensqualität.

Der Einwand, dass es sich um eine »künstliche«, »unnatürliche« Beseitigung einer geneti-

schen Fehlentwicklung handelt, wird meines Erachtens in der neueren Diskussion zu Recht zurückgewiesen. Denn allen heilenden Eingriffen – sogar solchen der »Naturheilkunde« – ist gemeinsam, dass sie planmäßige Interventionen sind, die nicht einfach der Natur ihren Lauf lassen. Deswegen gibt es – im Unterschied zu naturwüchsigen Vorgängen – für all diese Prozesse auch personal identifizierbare Urheber, die zu verantworten haben, was sie durch ihre Intervention in Gang setzen.

Auch Keimbahninterventionen gehören deshalb in den Horizont einer Ethik der Verantwortung. Der mögliche Patientennutzen ist deshalb nur einer der Gesichtspunkte, unter denen die Keimbahnintervention zu betrachten ist. Über ihn hinaus ist zu fragen, ob eine Prüfung an anderen Prinzipien als dem der »*beneficence*« zu einem vergleichbar positiven Ergebnis führt.

Schadensvermeidung

Neben die »*beneficence*« tritt die »*nonmaleficence*«, **die Aufgabe der Schadensvermeidung.** Was die Intervention an Körperzellen betrifft, habe ich auf die Vermeidung von Nebenwirkungen und negativen Folgewirkungen schon hingewiesen.

Was ergibt sich aus dem *Prinzip der Schadensvermeidung* für Eingriffe in die Keimbahn?

Zwei Aspekte sind zu unterscheiden. Der eine Aspekt bezieht sich auf **unbeabsichtigte Mutationen an anderen Stellen im Genom** (»*off-target*«-Wirkungen), auf unbeabsichtigte Nebenwirkungen der gezielten Beseitigung eines genetischen Defekts oder auf epigenetische Effekte, die sich aus der Wechselwirkung zwischen Genen und Umweltfaktoren ergeben.

Doch solche Auswirkungen – das ist der andere Aspekt – betreffen nicht nur das Individuum, an dem im embryonalen Entwicklungsstadium die betreffenden Interventionen vorgenommen wurden; sie betreffen ebenso dessen Nachkommen – und zwar über die Abfolge der Generationen hinweg in einer zeitlich nicht abgrenzbaren Weise.

Welchen Zeithorizont man sich für die zureichende Beantwortung dieser sowohl die gesamte Lebensgeschichte des Einzelnen als auch die Abfolge der Generationen betreffenden Fragen vorzustellen hat, vermag ich nicht zu sagen. Deshalb erscheint mir der Weg eines **Moratoriums** – mit dem sich ja immer die Vorstellung einer zeitlichen Befristung verbindet – durchaus fragwürdig.

Die Frage heißt: Reicht ein Moratorium aus? Ethisch betrachtet handelt es sich um einen klassischen Fall für das Prinzip der Schadensvermeidung in einer spezifischen Fassung, nämlich als *Vorsichtsprinzip*, als »*precautionary principle*«. Gerade an diesem Beispiel zeigt sich, dass dieses Prinzip auf Deutsch mit dem Wort »Vorsichtsprinzip« wesentlich angemessener bezeichnet wird als mit dem üblicherweise verwendeten Wort »**Vorsorgeprinzip**« (vgl. Huber 2016: 251ff.). In aller Kürze lässt sich der Sinn dieses Prinzips aus der Fassung herleiten, die **Hans Jonas** dem Kategorischen Imperativ als Grundprinzip der Moral gegeben hat:

»Handle so, dass die Wirkungen deiner Handlung verträglich sind mit der Permanenz echten menschlichen Lebens auf Erden« (Jonas 2015: 40).

Je präziser wir die künftigen Wirkungen möglichen Handelns einschätzen und eingrenzen können, desto klarer können wir dessen Verantwortbarkeit beurteilen. Je undeutlicher diese künftigen Wirkungen sind, desto mehr ist Vorsicht geboten. Im Blick auf die neuen Methoden der Genomchirurgie werden deshalb auch bei Anwendung dieses Prinzips **fehlerarme Eingriffe zur Heilung oder Vermeidung von Krankheiten in Körperzellen** moralisch zu rechtfertigen sein.

Mit der Anwendung auf die menschliche **Keimbahn** dagegen können sich l*angfristige Auswirkungen ungewisser Art und ungewisser Reichweite* verbinden.

Erhöhtes Risiko gerechtfertigt?

Nun mag man argumentieren, dass das Ausmaß des Nutzens genomchirurgischer Eingriffe in die Keimbahn ein erhöhtes Risiko rechtfertigt.

So heißt es in der Stellungnahme der Gruppe um **David Baltimore**: »*As with any therapeutic strategy, higher risks can be tolerated when the reward of success is high, but such risks also demand higher confidence in their likely efficacy*« (Baltimore 2015: 37).

Nehmen wir an, dass in Wahrheit das höhere Vertrauen in den Erfolg der therapeutischen Strategie gemeint ist, um dessentwillen man solche Risiken in Kauf nimmt, so bleibt dennoch die Frage, wie denn das Ausmaß und die Eintrittswahrscheinlichkeit der genannten Risiken bemessen ist und ob sie die Adressaten der

Maria mit dem liegenden Kind mit der Birnenschnitte, 1512, Kunsthistorisches Museum

therapeutischen Strategie oder andere treffen. Solche Fragen, so scheint es, lassen sich derzeit im Blick auf genomchirurgische Eingriffe in die menschliche Keimbahn und deren Auswirkungen auf die gesamte Lebenszeit der Betroffenen und ihrer möglichen Nachkommen, ja auf den genetischen Pool insgesamt, nicht beantworten. Solange solche Risiken weder ausgeschlossen noch in ihrem Ausmaß beschrieben werden können, ist ein international vereinbartes Verbot gentechnischer Eingriffe in die Keimbahn in einer moralischen Perspektive vergleichbar plausibel wie ein Verbot des Klonens.

Selbstbestimmung

Das dritte Prinzip ist die Selbstbestimmung, allgemeiner gesagt der Respekt vor der menschlichen Person oder das Personalitätsprinzip. Ein egalitärer Universalismus der gleichen Würde kann sich mit unterschiedlich akzentuierten Vorstellungen von der menschlichen Person verbinden.

Für den durch Christentum und Aufklärung geprägten Kulturkreis ist die Vorstellung von einer unverwechselbaren, zur Freiheit bestimmten und zur Verantwortung befähigten Person leitend geworden. Begründungen aus dem Schöpfungsgedanken und der mit ihm verbundenen Vorstellung von der **Gottebenbildlichkeit des Menschen** sowie aus der **Vernunftnatur des Menschen** und der daraus abgeleiteten Autonomie stehen für diesen Personenbegriff Pate.

Im Vergleich zu Sachen sind **Personen durch Unverwechselbarkeit bestimmt.**

Zur Würde des Menschen gehört es, dass er als Person nicht austauschbar ist. Das bleibt er nur, solange er nicht einem von anderen entworfenen Bauplan gemäß konstruiert und produziert wird. Seine Freiheit hat mit der Unverfügbarkeit der Bedingungen wie der Gelegenheiten seines Lebens zu tun.

Freiheit zeigt sich als Gestaltung von Kontingenz.

Aus diesen Gründen spielt die Grenze zwischen Heilung und Enhancement, zwischen Leidvermeidung und Glückskonstruktion, zwischen Bewahrung und Verfertigung, zwischen Therapie und Perfektion eine entscheidende Rolle.

Autonomie und Unverfügbarkeit der Person

Diese gehören unlöslich zusammen. Von Anfang an hat dieser Gesichtspunkt in der Diskussion über die Gentechnik eine große Rolle ge-spielt. Die Grenze, auf die es hier ankommt, wurde aus unterschiedlichen Perspektiven markiert. Nicht nur diskursethische Ansätze, sondern auch Stimmen aus der kommunitaristischen Ethik widersprechen der Vorstellung von einem Recht dazu, die genetische Ausstattung eines anderen Menschen planmäßig zu verändern und dabei den **Übergang zu einer positiven Eugenik** zu vollziehen. Paradigmatisch verdeutlichen sie das an der **Beziehung zwischen Eltern und Kindern**, also an eben der Lebensbeziehung, die am stärksten von der Vorstellung geprägt ist, der eine habe das Recht, ja sogar die Pflicht, das Beste zum Wohl des andern zu planen und zu tun.

Pointiert führt **Michael Sandel** diesen »Prozess gegen die Perfektion«: Der Versuch, die eigenen Kinder genetisch zu verbessern, ist für ihn unvereinbar mit dem ethischen Paradigma der »bedingungslosen« elterlichen Liebe: Mögen die Ziele einer genetischen Verbesserung des Kindes noch so begrüßenswert sein – beispielsweise musikalische Begabung oder sportliches Können –, so ändert dies nichts an der Feststellung:

»*The drive to banish contingency and to master the mystery of birth diminishes the designing parent and corrupts parenting as a social practice governed by norms of unconditional love*« (Sandel 2007: 82f.).

Diese unterschiedlichen Argumentationsweisen zeigen, dass wir uns beim Personalitätsprinzip – weit stärker als beim vorher erörterten Vorsorgeprinzip – im Bereich ethischer Überlegungen (im engeren Sinn dieses Worts) befinden. Religiöse und kulturelle Prägungen werden in Erinnerung gerufen, um den leitenden Personbegriff plausibel zu machen.

Aber er verträgt sich ohne Zweifel besser als andere Menschenbilder mit dem **Gedanken einer Menschenwürde**, die für jeden, unbeschadet aller Unterschiede, in gleicher Weise gelten soll.

Er führt mit einer inneren Notwendigkeit zu einer Haltung gegenüber neuen gentechnischen Möglichkeiten, in der diese auf therapeutische Ziele beschränkt und nicht für Maßnahmen des *Enhancement* eingesetzt, **in den Dienst des Heilens und nicht der Perfektion** gestellt, also allein der negativen und nicht der positiven Eugenik dienstbar gemacht werden.

Weisheit

Die praktische Anwendung dieser Unterscheidung verlangt **Weisheit**. Wissenschaft und Weisheit sind ohnehin näher miteinander verwandt, als bisweilen im Bewusstsein ist. Auch die **Rasanz ihrer eigenen Entdeckungen** sollte Wissenschaftlerinnen und Wissenschaftler nicht davon abhalten, nach dem Bild vom Menschen zu fragen, an dem sie sich orientieren, und die Ziele zu reflektieren, für die ihre Entdeckungen eingesetzt werden sollen – oder eben nicht.

Auch die Möglichkeiten der Genchirurgie sollten die Einsicht nicht verstellen, **dass der Mensch sich nicht »machen« lässt.**

Es wäre genetischer Determinismus, wenn man aus den neuen Möglichkeiten eine Gewissheit darüber ableiten wollte, dass ein Menschenleben leidfrei verläuft. Jeder weitere Fortschritt birgt auch neue Ungewissheiten und offene Fragen in sich. Auch in Zukunft werden Menschen lernen müssen, mit ihrer Verletzlichkeit umzugehen und ihre Schwäche einzugestehen. **Demut bleibt nötig, allen »Zauberscheren« zum Trotz** (vgl. Berg 2015).

Die Aussagen darüber, ob und wie lange genchirurgische Maßnahmen vor der Grenze der positiven Eugenik haltmachen werden, sind in der aktuellen Diskussion breit gestreut. Eine Voraussetzung dafür, dass diese Grenze klar bestimmt und eingehalten wird, liegt in einer öffentlichen Diskussion darüber, ob

Albrecht Dürer, *Selbstbildnis mit Landschaft*, 1498, Prado in Madrid

dem Prinzip der Personalität eine begrenzende Bedeutung gegenüber den Versuchungen genetischer Veränderungen zuerkannt wird.

Gerechtigkeit

Ich will mich auf eine Bemerkung beschränken, die mit der gerade besprochenen Unterscheidung zwischen Therapie und Enhancement oder zwischen Heilung und Perfektion zusammenhängt. Der schon erwähnte Einwand, man könne zwischen beidem nicht eindeutig trennen, liegt auf der Hand.

Pragmatisch wird diese Unterscheidung gleichwohl dann mit Sicherheit zur Geltung kommen, wenn es um die **Finanzierung genomchirurgischer Behandlungen** gehen wird. Der Gemeinschaft der Versicherten wird man nur die Finanzierung von Behandlungen zumuten, die zur Behebung von Krankheiten notwendig, medizinisch effektiv und in ihren Kosten vertretbar sind. Maßnahmen des Enhancement würden, wenn sie überhaupt zugelassen würden, nach meiner Vermutung auf absehbare Zeit von der Kassenfinanzierung ausgenommen sein.

Sie wären dann also nur für Menschen erschwinglich, die sich diese zusätzlichen Kosten im eigenen Interesse oder im Interesse ihrer Kinder leisten könnten und wollten.

Nehmen wir an, die Förderung von musikalischer Begabung, sportlichem Vermögen, wissenschaftlicher Exzellenz oder beruflicher Leistungsfähigkeit wäre tatsächlich durch positive Eugenik zu erreichen, **dann würde gesellschaftliche Ungleichheit durch gen-**

technische Mittel verschärft. Befähigungsgerechtigkeit und daraus folgend Beteiligungsgerechtigkeit würden, zusätzlich zu ohnehin bereits gravierenden sozialen Unterschieden, auch noch durch den ungleichen Zugang zu Möglichkeiten des Enhancement beeinträchtigt.

Zwei Vorschläge

Meine Überlegungen laufen auf zwei Vorschläge hinaus. Der eine besteht darin, bei der ethischen Betrachtung der Genomchirurgie **Fragen des Gerechten und des Guten**, also moralische und ethische Fragen im jeweils engeren Sinn, voneinander zu unterscheiden. Der andere besteht darin, die **vier medizinethischen Prinzipien** der »*beneficence*«, der »*nonmalificence*«, der Personalität und der Gerechtigkeit auf unser Thema anzuwenden.

Ich selbst habe am Prinzip der »*beneficence*« und am *Vorsichtsprinzip* eher moralische Aspekte, am Personalitätsprinzip und am Gerechtigkeitsprinzip eher ethische Aspekte hervorgehoben. **Das Thema nötigt zu einer klaren Grenzziehung zwischen therapeutischen Zielen und Perfektionierungszielen in der Humanmedizin.**

Moralische und ethische Gesichtspunkte sprechen nach meiner Auffassung dafür, mögliche Eingriffe zu therapeutischen Zwecken an Körperzellen weiter zu erforschen und zu fördern, von weitergehenden Eingriffen in die menschliche Keimbahn dagegen abzusehen, solange es für moralische und ethische Einwände der vorgetragenen Art triftige Gründe gibt.

Bischof a.D. Wolfgang Huber

*Dem sehr stark durch Reinhard Renneberg gekürzten Aufsatz liegt ein Vortrag bei der Jahrestagung des Deutschen Ethikrats am 22. Juni 2016 in Berlin zugrunde.
Zeitschrift für Evangelische Ethik, 60. Jg., S. 272 – 281, ISSN 044-2674 © Gütersloher Verlagshaus 2016

(Literatur siehe Originalarbeit)

Abb. 3.55 Anzucht von Säugerzellen mit speziellen Medien

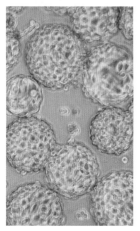

Abb. 3.56 Säugerzellen wachsen auf kugelförmigen Trägern.

Abb. 3.57 Bioreaktor für Säugerzellkulturen

Abb. 3.58 Aus tiefgefrorener Mammut-DNA wurde 2011 das Gen für ein kältebeständiges Protein isoliert, kloniert und in Zellkultur produziert. Nicht nur beim Separieren, sondern auch bei Operationen, werden zunehmend niedrige Temperaturen eingesetzt.

Kontrolliert wird dieses „Mini-Proinsulingen" vom Promotor des Triosephosphat-Isomerase-Gens (ein Enzym der Glykolyse, Kap. 2) aus Hefe. Der Clou ist aber, dass zwischen Promotor und Gen (B-Kette – verkürztes C-Peptid – A-Kette) eine **Signalsequenz** eingebaut wurde. Das Signalpeptid schleust das Mini-Proinsulin aus der Zelle, wobei das Signalpeptid beim **Ausschleusen** von Hefe-Proteasen abgespalten wird.

Somit wird **ein korrektes Proinsulin ins Medium** abgegeben. Das Mini-C-Peptid entfernt man wie bei der Umwandlung von Schweine- in Humaninsulin: In wasserarmem (organischem) Medium spaltet **Trypsin** in Gegenwart von Threonin-tertiär-Butylester hinter den beiden Lysinresten und verlängert dann in der Rückreaktion die B-Kette um einen Threoninesterrest. So erhält man nach der enzymatischen Hydrolyse **aktives Humaninsulin**.

3.24 Künstliche Insulinvarianten (Muteine) durch Protein-Engineering

In allen Verfahren erhält man authentisches Humaninsulin. Nun folgt der nächste Schritt: Insulinvarianten, die es in der Natur gar nicht gibt! Das geht nur mit Gentechnik.

Einerseits sind **schnell wirksame** und andererseits **über 24 Stunden wirksame Insuline** gefragt. Wenn Insulin unter die Haut (subcutan) gespritzt wird, kommt es zu kurzzeitig hohen Insulinkonzentrationen sowohl in der Injektionslösung als auch unter der Haut. In hoher Konzentration verbinden sich Insulinmoleküle aber zu Hexameren, das heißt, sechs Insulinmoleküle lagern sich zusammen. Sie müssen nach der Injektion unter die Haut zunächst wieder in Di- und Monomere zerfallen, bevor sie in die Blutbahn resorbiert werden können und zu ihren Zielzellen gelangen. Das subcutan gespritzte Insulin steigt im Blut also zu langsam an und bleibt zu lange unphysiologisch erhöht. Dies stellt ein Problem für den Diabetiker dar.

Es wurde intensiv danach gesucht, die **schnelle Verfügbarkeit des Insulins** zu erhöhen: Der wechselseitige Austausch von Prolin und Lysin in Position 28 und 29 führte 1996 zum Produkt Humalog®, zum sogenannten **Insulin lispro®** (Abb. 3.54). Der Name leitet sich von „Lysin-Prolin" ab. Wenn dagegen nur Prolin gegen Aspartat ausgetauscht wurde (Insulin aspart®) verhinderte man ein Verklumpen.

Beide Varianten sind schnell wirksam. Maximale Insulinkonzentrationen im Plasma werden schon nach 60 statt 90 Minuten erreicht. Der Konzentrationsabfall ist auch steiler. Er entspricht mehr der natürlichen Insulinabnahme.

Der Patient muss also nicht mehr seine Mahlzeiten im Voraus planen und kann auf Zwischenmahlzeiten verzichten. Intensiv wird auch an Insulinen gearbeitet, die eine **verzögerte Wirksamkeit** zeigen. **Insulin glargin** (HOE 901, Lantus®) ist ein gentechnisch hergestelltes Analogon des Humaninsulins. Es nutzt genau die Schwerlöslichkeit des Insulin-Hexamers, die „schnelle" Insuline vermeiden wollen.

Die B-Kette wurde am C-Ende um zwei Arginine verlängert und das Asparagin in Position 21 der A-Kette durch Glycin (daher das „gl" im Namen) ersetzt. Damit wird Insulin glargin im physiologischen Bereich (pH 7,4) schwer löslich. Nach Injektion einer klaren Lösung bildet Insulin stabile Hexamer-Assoziate, die sich langsam auflösen und über 24 Stunden das Insulin abgeben. Damit ist eine *one-shot*-Variante möglich, das heißt, man kann es direkt injizieren.

In allen genannten Fällen wurden **gezielt auf gentechnischem Weg Aminosäuren ausgetauscht**, und die Insuline werden mit *Escherichia coli* produziert. Das ist ein praktisches Beispiel für erfolgreiches **Protein-Engineering**.

3.25 Genmanipulierte Säugerzellen produzieren modifizierte komplexe Proteine

Nach der ersten Euphorie über das menschliche Insulin aus Bakterien erwartete die Gentechniker **eine herbe, aber vorhersehbare Enttäuschung**: Nicht jedes Protein ließ sich durch manipulierte Mikroben herstellen! **Insulin war ein Glücksfall**: ein kleines Molekül und nur aus Aminosäuren aufgebaut.

Die Aminosäuresequenz ist nicht das einzige wichtige Charakteristikum eines Proteins: Kompliziert gebaute tierische und menschliche Proteine, die **außer ihrem Proteinanteil noch Modifikationen wie Zuckerreste, Phosphat- oder Nucleotidgruppen für ihre Wirksamkeit** benötigen, können von den prokaryotischen Bakterien nicht hergestellt werden, oder aber sie sind inaktiv. Einen Ausweg boten zunächst die eukaryotischen Hefen, deren Zellen in Struktur und Stoffwechsel höher organisiert sind. **Hefen** waren erfolgreich bei der Produktion von Proinsulin, von Hirudin (Kap. 9) und des Impfstoffes gegen Hepatitis B (Kap. 5), ganz im Gegensatz zu *E. coli.* Doch auch den Hefen fehlen oft die Enzyme und Cofaktoren für bestimmte Proteinmodifikationen und die Strukturen in den Zellorganellen, in denen sich die neu synthetisierten Proteine zu ihrer Raumstruktur falten und Disulfidbrücken zur Stabilisierung ausbilden können.

Der einzige Ausweg bestand darin, Säugerzellen selbst gentechnisch zu manipulieren (Abb. 3.59) und in Bioreaktoren in großen Mengen zu züchten. Was zunächst fast aussichtslos erschien, wird heute schon technisch gut beherrscht.

Genetische Manipulationen an Säugerzellen verlangen einen weit höheren Aufwand im Vergleich zu Manipulationen an Bakterien, denn bei ihnen ist die DNA komplexer organisiert; sie ist in Chromosomen verpackt und in einem Zellkern eingeschlossen. Das fremde Gen muss nicht nur in den Zellkern eingeschleust (**Transfektion**), sondern in der Zelle auch zur Expression gebracht werden.

Zunächst **isoliert man das gewünschte Säugergen** und kloniert (vervielfältigt) es in Bakterien oder mithilfe der **Polymerase-Kettenreaktion** (**PCR**) (Kap. 10), um genügend große Mengen zur Verfügung zu haben. Für die Übertragung in die Säugerzelle wird ein **Vektorsystem** benötigt, ein Transportmittel (siehe Box 3.4).

Am gebräuchlichsten sind bakterielle **Plasmide**, die zweckmäßigerweise ein Antibiotikaresistenzgen zur Selektion der erfolgreich transformierten Bakterienzellen tragen sollten, in denen das Plasmid zunächst vermehrt und optimiert wird. Das Plasmid sollte darüber hinaus ein Resistenzgen gegen ein für tierische Zellen giftiges Antibiotikum besitzen, oder aber ein Enzymgen, das einen Stoffwechseldefekt der verwendeten Säugerzellen kompensiert. In beiden Fällen überleben in selektiven Medien nur die gewünschten plasmidhaltigen Zellen. Mit den schon bekannten gentechnischen „Enzymscheren und -klebern", **Restriktionsendonucleasen und DNA-Ligasen**, wird das menschliche Gen in Plasmide eingebaut. Wichtig für die spätere Expression in Säugerzellen ist der gleichzeitige Einbau eines tierischen **Promotors** direkt vor das Gen. Das so gewonnene Hybridplasmid wird mit Bakterien vermischt, und alle Zellen, die es aufgenommen haben, lassen sich leicht durch ihre Resistenz gegen ein bestimmtes Antibiotikum erkennen.

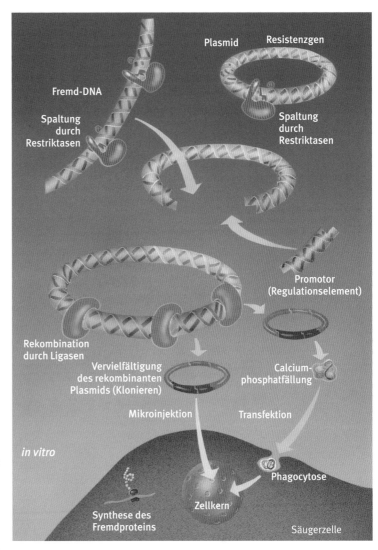

Abb. 3.59 Genmanipulation von Säugerzellen:

Das Fremdgen wird zunächst isoliert, in Bakterienzellen kloniert (oder durch PCR vervielfältigt) und dann mit Restriktionsendonucleasen und Ligasen in ein Vektorsystem eingebracht (hier gezeigt: Bakterienplasmide, die ein Resistenzgen für bestimmte Antibiotika enthalten).

Damit das Fremdgen in den Säugerzellen abgelesen (exprimiert) werden kann, muss gleichzeitig ein tierischer Promotor (die Erkennungssequenz für die Bindung der RNA-Polymerase) direkt vor das Fremdgen eingebaut werden.

Das rekombinante Plasmid wird in Bakterien eingeschleust.

Die Zellen mit dem erfolgreich eingeschleusten Plasmid sind gegen bestimmte Antibiotika resistent und können so selektiert werden.

Das Plasmid mit dem Fremdgen wird in den Bakterien kloniert und anschließend isoliert. Es steht danach in großen Mengen zur Verfügung.

Die Einschleusung in die Säugerzelle (Transfektion) erfolgt durch Mikroinjektion direkt in den Zellkern oder durch Präzipitation der Plasmide und direkte Aufnahme in die Zelle.

Ein kleiner Teil der so eingeschleusten DNA wird stabil in das Erbgut der Säugerzelle integriert und in Fremdprotein umgesetzt.

Es werden Säugerzelltypen kultiviert, die möglichst das Fremdprotein zur einfachen Aufreinigung ins Medium abgeben.

Abb. 3.60 In diesem Säugerzell-kulturen-Reaktor versorgen Hohl-fasern die Zellen mit Nährstoffen.

Mögliche Modifikationen eines Proteins nach seiner Synthese in Eukaryotenzellen

- Disulfidgruppen zwischen Cysteinresten
- Anheftung von Zuckern (Glykosylierung)
- Blockade des N-Terminus
- Farnesylierung oder Myristiny-lierung, um Proteine mit der Membran zu assoziieren
- spezielle Hydrolysen (proteoly-tische Spaltungen)

Abb. 3.61 Die DNA-Doppelhelix (oben) und ihre Sequenzierung (unten) auf Briefmarken aus Macao und Australien

Abb. 3.62 Können wir künftig die Talente unserer Kinder durch DNA-Tests herausfinden? Unter www.biolumne.de „Das Krieger-Gen" ist eine mögliche Antwort nachzulesen.

Nur sie wachsen zu einer Kolonie gleichartiger Zellen heran, einem **Klon**. Jede Zelle dieser Kolonie enthält dann eine Kopie des gleichen Plasmids. Das Plasmid wird damit vervielfältigt, kloniert. Die Plasmide lassen sich danach aus den Bakterienzellen leicht extrahieren. Für die **Transfektion**, die Einschleusung der Hybridplasmide in Säugerzellen, gibt es verschiedene Methoden: Die **Mikroinjektion** des Vektors erfolgt unter dem Mikroskop mit einer sehr feinen Injektionsnadel, deren Spitze bis in den Zellkern getrieben wird. Das Plasmid integriert sich im Erfolgsfall in die chromosomale DNA der Säugerzelle. Bei der **Calciumphosphat-Präzipitation** werden die Plasmide in Phosphatpuffer gegeben. Man fügt dann Calciumionen zu, sodass schwer lösliches Calciumphosphat ausfällt und die Plasmide zwischen sich einschließt. Diese Aggregate setzen sich als granulierter Niederschlag ab. Calciumionen beschleunigen gleichzeitig die Aufnahme der DNA-Granula durch die Zellmembran in die Säugerzelle. Ein kleiner Teil der aufgenommenen DNA wird so in die Zellen transportiert und stabil in die chromosomale DNA integriert.

Bei der **Elektroporation** werden die Säugerzellen starken elektrischen Impulsen ausgesetzt. Sie lassen kurzzeitig größere Poren in den Zellmembranen entstehen, durch die dann Plasmide aufgenommen werden können. Nach der Transfektion züchtet man die behandelten Säugerzellen auf einem geeigneten Selektionsmedium (Abb. 3.55).

Wie schon bei der Genklonierung in *E. coli* überleben bei der **Selektion** nur die genmanipulierten Zellen. Sie sind z. B. durch ein auf dem Plasmid befindliches Resistenzgen gegen ein für tierische Zellen giftiges Antibiotikum resistent oder durch ein Enzymgen, das einen Stoffwechseldefekt der verwendeten Säugerzellen kompensiert, überlebensfähig. Die **gewünschten Produkte** lassen sich auf verschiedene Weise gewinnen: Wenn die Produkte in der Zelle verbleiben, werden die Zellen geerntet und dann aufgeschlossen. Ihr Erzeugnis wird isoliert und gereinigt (Abb. 3.51). Wenn dagegen Produkte durch die Zellen abgesondert (sezerniert) werden (z. B. Antikörper), kann man sie aus dem abgepumpten Medium gewinnen, während die Zellen im Reaktor zurückbleiben. Die manipulierten Zellen bilden **Kolonien**. In geeigneten Nährmedien wachsen sie und geben das gewünschte Protein in großen Mengen ins Medium ab. Viele Säugerzellen brauchen für ihr Wachstum im natürlichen Zustand

feste Oberflächen, Glas oder Plastik, auf denen sie regelrechte Zellrasen bilden (Abb. 3.56). Die meisten Säugerzellen wachsen heute aber als Einzelzellen in flüssigen Nährmedien der Zellkultur-Bioreaktoren. Säugerzellen wurden auch in **Gelen eingeschlossen**: Antikörper bildende Hybridomzellen (siehe Kap. 5) wachsen in Kapseln aus Alginat und sondern die Antikörper durch die Kapselmembran ins Medium ab.

Die ersten Produkte der Gentechnologie, einer neuen Etappe in der Entwicklung der Biotechnologie, waren Pharmaprodukte, produziert von manipulierten Zellen.

Schon einmal – um 1940 – war durch die Produktion des Penicillins ein Meilenstein in der Biotechnologie gesetzt worden.

Nachdenkliches zur Gentechnik

»Ich denke schon, dass es diesmal sehr ernst ist.

Aller Fortschritt der Vergangenheit, von der Zähmung des Feuers bis zur Entwicklung des Supercomputers, betraf unser Verhältnis zur Natur.

Wir waren handelndes Subjekt, und die Natur war Gegenstand, war Objekt.

Das Ziel war die Befreiung des Menschen aus den Zwängen des Naturzusammenhangs.

Wozu wir uns jetzt anschicken, ist nicht die Zähmung der unbelebten und belebten Natur ringsum – nein, wir beginnen, uns selbst, unseren Körper, unser Gehirn, als biologische Wesen zu entwerfen, nach technischen Kriterien zu modellieren.

Wir greifen in die Grundvoraussetzungen unseres Daseins ein, wollen uns selbst und nicht mehr nur unsere Umwelt planen, wollen gründlich heilen, den Körper verbessern, wenn möglich optimieren.

Wird das gelingen?

Und wenn es gelingt, sind wir dann noch Menschen?«

Jens Reich in:
Es wird ein Mensch gemacht. Rowohlt, Berlin (2003)

Verwendete und weiterführende Literatur

- Das entscheidende weiterführende Buch, komplementär zur vorliegenden *Biotechnologie für Einsteiger*:
  Brown TA (2011) *Gentechnologie für Einsteiger*. 6. Aufl.
  Spektrum Akademischer Verlag, Heidelberg

- Immer noch die beste Einführung in die DNA-Forschung:
  Watson JD, Gilman M, Witkowski J, Zoller M (2000) *Rekombinierte DNA*.
  2. Aufl. Spektrum Akademischer Verlag, Heidelberg

- Geschichte der DNA-Forschung:
  Judson HF (1980) *Der 8. Tag der Schöpfung: Sternstunden der neuen Biologie*. Meyster, Wien und München

- Der autobiografische Klassiker von Jim Watson:
  Watson JD (1969) *Die Doppel-Helix*. Rowohlt, Hamburg

- Das umfassende, reich illustrierte Kompendium zur Gentechnik und Biotechnologie, schon jetzt das Standardwerk für Pharmazeuten auf Deutsch:
  Dingermann T, Winckler T, Zündorf J (2010) *Gentechnik, Biotechnik*.
  2. Aufl. Wissenschaftliche Verlagsgesellschaft, Stuttgart

- Eine gute US-amerikanische Einführung, hauptsächlich in die Gentechnik, mit Tipps für Berufe in der US-Biotechnologie:
  Thieman WJ, Palladino MA (2007) *Biotechnologie*.
  Pearson Studium, München

- Biochemie pur und sehr gut illustriert, der „Stryer": **Berg JM, Tymoczko JL, Stryer L** (2017) *Stryer Biochemie*. 8. Aufl. Springer Spektrum, Heidelberg

- Trotz des Alters lesenswert und voller neuer Einsichten:
  Berg P, Singer M (1993) *Die Sprache der Gene*. Spektrum Akademischer Verlag, Heidelberg

- Modernes, sehr gut illustriertes Mikrobiologie-Buch:
  McKane L, Kandel J (1996) *Microbiology: Essentials and applications*.
  2nd ed. McGraw-Hill Inc., New York

- **Henderson M** (2010) *50 Schlüsselideen Genetik*.
  Spektrum Akademischer Verlag, Heidelberg

- **Mukherjee S** (2016) *Das Gen: Eine sehr persönliche Geschichte* S. Fischer, Frankfurt/M.

- **Fischer EP** (2017) *Treffen sich zwei Gene: Vom Wandel unseres Erbguts und der Natur des Lebens*. Siedler, München

8 Fragen zur Selbstkontrolle

1. Wie unterscheidet sich DNA von RNA? Nennen Sie mindestens drei Unterschiede!

2. Die Sequenz eines DNA-Stranges lautet:
   5'-AATTCGTCGGTCAGCC-3'
   Wie ist die Sequenz des komplementären Stranges?

3. Sie haben einen neuen Bakterienstamm entdeckt! Seine DNA besteht zu 17 % aus Adenin. Wie viel Prozent des Bakteriengenoms besteht aus Guanin?

4. Eine eukaryotische mRNA hat folgende Sequenz:
   5'-AUGCCCGAACCUCAAAGUGA-3'
   Wie viele Codons sind hier enthalten, und wie viele Aminosäuren sind codiert? (Normalerweise sind mRNAs viel länger. Hinweis: Es gibt nicht nur proteincodierende Codons).

5. Was für Proteine würde man erhalten, wenn man menschliche genomische DNA direkt mit Restriktionsendonucleasen schneiden würde, in Plasmide einbaute und zur Expression brächte?
   Wie kann man dieses Ergebnis vermeiden?

6. Was macht bakterielle Plasmide zu idealen Vektoren für Fremd-DNA? Nennen Sie mindestens einen weiteren Vektor auf der Basis eines Virus.

7. Warum sind DNA-Sonden eigentlich immer Einzelstrangmoleküle?

8. Weshalb wurden beim menschlichen Insulin die A- und B-Ketten zunächst strikt in separaten Experimenten in *E. coli* exprimiert?

„SI VIS PACEM, PARA BELLUM"

WENN DU DEN FRIEDEN WILLST,
RÜSTE ZUM KRIEGE.

Flavius Vegetius Renatus, um 450

„SI VIS PACEM, PARA PACEM"

WENN DU DEN FRIEDEN WILLST,
RÜSTE ZUM FRIEDEN.

Carl Djerassi, 2012

Carl Djerassi (1923–2015)

WEISSE BIOTECHNOLOGIE –
Zellen als Synthesefabriken

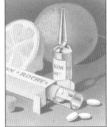

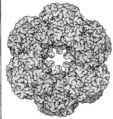

Kapitel **4**

Abb. 4.1 Der Mitbegründer der Theoretischen Biologie, Ludwig von Bertalanffy (1901–1972), zog zum Teil drastische praktische Konsequenzen aus seiner Theorie.

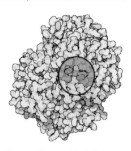

Abb. 4.2 Hämoglobin (mit Sauerstoff gebunden am Eisen-Porphyrin-Komplex, der Hämgruppe) war das erste Protein, bei dem allosterische Effekte gezeigt werden konnten: Bindung von Sauerstoff verändert die Form des Moleküls. Weiterer Sauerstoff bindet sich dann leichter.

Abb. 4.3 Jacques Monod (1910–1976), Nobelpreisträger und Direktor des Pasteur-Instituts von 1971 bis zu seinem Tod. Monod schrieb ein viel diskutiertes philosophisches Traktat: *Zufall und Notwendigkeit*.

Abb. 4.4 Das metabolische Netzwerk der Zelle:
Aus komplexen Zuckern (blau, oben links) entsteht beispielsweise Glucose, die in der Glykolyse (siehe Kap. 1) umgewandelt wird (blau, senkrecht Mitte) und in den Citronensäurezyklus (blau, unten Mitte) einmündet. Aminosäuren werden in den Abzweigungen gebildet.

■ 4.1 Das Problem der Übersicht

Jede Zelle ist ein **offenes System** gegenüber der Umwelt. Sie wird ständig von Stoffen durchflossen, die außerordentlich schnell umgesetzt werden, aber nie ein stationäres Gleichgewicht erreichen. Die Zelle befindet sich im **Fließgleichgewicht** (*steady state*). Der Mitbegründer der Theoretischen Biologie, **Ludwig von Bertalanffy** (1901–1972, Abb. 4.1), drückte das so aus: »Wenn Sie etwa einen Hund besitzen, so glauben Sie, dass Sie in fünf Jahren noch den gleichen Hund vor sich haben, der immer noch auf den alten Namen zu Ihnen kommt; aber tatsächlich ist von dem heutigen Hund, was diesen als einen Komplex materieller Bestandteile anlangt, kaum mehr etwas übrig; der Hund enthält in fünf Jahren kaum mehr ein Molekül und sehr wenige Zellen Ihres früheren Lieblings. Die Folgerungen, die sich aus dieser ständigen Erneuerung des Lebendigen für Ihre menschlichen Bekannten und Ihre Frau ergeben, mögen Sie selber ziehen.«

Ein 70 kg schwerer Mensch nimmt zum Beispiel am Tag etwa 50–100 g Protein, 300 g Kohlenhydrate und 40–90 g Fett zu sich, daneben Wasser, Vitamine, Mineralstoffe und etwa 500 L Sauerstoff. In seinem Körper werden daraus rund 70 kg des „Energiewechselgeldes" Adenosintriphosphat (ATP) und 2 kg Citronensäure (siehe an späterer Stelle im Kapitel) vorübergehend auf- und abgebaut und schließlich Energie und nichtverwertbare Abfallprodukte freigesetzt.

Nur bei **ständiger Stoffzufuhr** kann das Fließgleichgewicht des Zellsystems aufrechterhalten

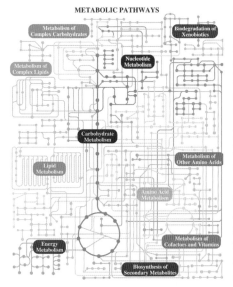

METABOLIC PATHWAYS

werden. Daneben leben in unserem Darm 1–2 kg Bakterien, die uns beim Stoffwechsel helfen und zum Teil wichtige Vitamine bilden.

In einer einzigen Zelle durchschnittlicher Größe, von 1/1000 bis 1/100 mm laufen **Myriaden von Stoffwechselreaktionen gleichzeitig, nach- oder nebeneinander ab**. Sie sind genau aufeinander abgestimmt. Bei Ruhe oder Aktivität, Hunger, Wachstum und Vermehrung, Hitze oder Kälte muss der hohe Ordnungszustand des Stoffwechsels aufrechterhalten werden und sich flexibel den veränderten Bedingungen anpassen. In allen Lebewesen existiert deshalb ein eng verflochtenes **Netz von Regel- und Kontrollmechanismen**, die auf verschiedenen Prinzipien beruhen. Auf der Ebene der Zelle spielen die **Enzyme** die entscheidende Rolle in diesem Netzwerk. Wie die Teile einer Fabrik sind die meisten Enzyme der „Zellfabrik" in langen, vielfach verzweigten Ketten und Kreisläufen organisiert (Abb. 4.4 und Box 4.14). Im einfachsten Fall „schweben" die Enzymmoleküle frei im **Zellplasma** (Cytoplasma).

Im Zellplasma einer einzigen Zelle (Abb. 4.5) befinden sich z. B. zwischen 50 000 und 100 000 Moleküle der wichtigsten Enzyme des Glucoseabbaus (Glykolyse) (siehe Kap. 1). Ihre kleinen Substrate und Produkte können auf dem Weg von einem Enzym zum anderen relativ schnell das Cytoplasma durchqueren. Trotzdem werden die für unsere Begriffe minimalen Entfernungen für die Stoffwechselreaktionen oft zum echten Hindernis. Aktivatoren oder Hemmstoffe von Enzymen und Enzyme anderer Stoffwechselwege können die Reaktionen leicht stören.

Höher organisierte Enzyme vermeiden diese Störungen und erhöhen ihre Effektivität, indem sie sich zusammenlagern und Komplexe bilden. Diese meist aus vielen verschiedenen Enzymen zusammengesetzten Strukturen werden als **Multienzymsysteme** bezeichnet.

Der deutsche Biochemiker und Nobelpreisträger **Feodor Lynen** (1911–1979) untersuchte über eine lange Zeit den Mechanismus der **Synthese von Fettsäuren** in der Zelle. Er fand heraus, dass die Enzyme der Fettsäuresynthese ein großes Multienzymsystem bilden. Bei Hefen besteht dieser Fettsäure-Synthetase-Komplex aus sieben fest miteinander gekoppelten, verschiedenen Enzymen. In einem solchen Multienzymsystem sind die räumlichen Entfernungen minimal. Das Substrat wird unmittelbar von Hand zu Hand weitergereicht, es bleibt dabei in einem geschlossenen Kreislauf und verlässt das System erst, wenn es als Endprodukt vorliegt. So werden Störeinflüsse ausgeschaltet.

Bereits die ersten Elektronenmikroskope zeigten, dass eine Zelle höherer Lebewesen (**Eukaryotenzelle**) durchaus kein großer Sack ist, in dem alle Bestandteile bunt durcheinandergewürfelt sind. Sie ist vielmehr von einem Netz von Kanälen und Membranen durchzogen. Abbildung 4.8 zeigt auch, wie „prall gefüllt" eine Zelle (hier eine Eukaryotenzelle) ist.

Wie ein Fabrikgebäude ist die Eukaryotenzelle in verschiedene Funktionsräume oder **Kompartimente** aufgeteilt. Die Mauern, Rohre und Leitungen werden von **Membranen** (Abb. 4.5) gebildet, die auch die Spezialabteilungen abgrenzen: die „Kommandozentrale" des Zellkerns, die „Kraftwerke" der Mitochondrien, die Ribosomen als Orte der Eiweißproduktion. So wie in einer Fabrik bestimmte Maschinen und Spezialisten nur in bestimmten Funktionsbereichen zu finden sind, sind auch in der Zelle ganz bestimmte Enzyme bestimmten Abteilungen zugeteilt. Hier wie da laufen unverträgliche Prozesse, streng voneinander getrennt, in verschiedenen Räumen ab. Fettsäuren z. B. werden im Zellplasma gebildet, dagegen – durch Membranen abgetrennt – in den Mitochondrien abgebaut.

Die Membranen sind zudem nicht nur Barrieren für Enzyme, sondern ermöglichen auch, Substrate an bestimmten Stellen in größeren Mengen anzuhäufen, Enzymreaktionen zu koppeln, räumlich zu ordnen und zu organisieren. Es verstärken sich immer mehr die Beobachtungen, dass viele, wenn nicht sogar die meisten Enzyme in der Zelle nicht frei, sondern an verschiedene Strukturen gebunden vorliegen. Ein bedeutender Teil der Enzyme „schwimmt" dabei in den Lipiden der Membranen.

Die Zelle hat **zwei prinzipielle Möglichkeiten**, um mithilfe der Enzyme den Stoffwechsel zu regulieren:

Die **taktische Anpassung** setzt bei den bereits vorhandenen Enzymen an. Sie werden durch chemische und physikalische Veränderungen aktiviert oder gehemmt (**Inhibition**). Allen diesen Prozessen ist gemeinsam, dass sie sehr schnell auf kurzfristig veränderte Bedingungen reagieren, oft sogar in Bruchteilen einer Sekunde.

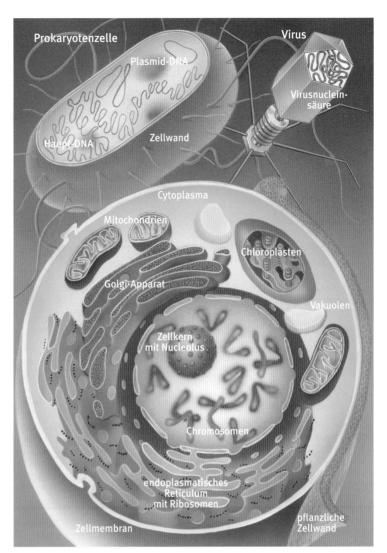

Abb. 4.5 Zellen (unten pflanzliche und tierische Zelle kombiniert)

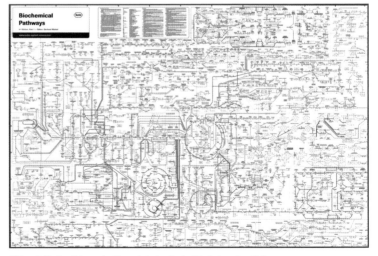

Abb. 4.6 Ein faszinierender Gesamteindruck: der Stadtplan einer Zelle. Details auf: *www.expasy.org*, © Roche

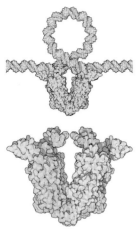

STOPP
RNA-Polymerase
kann nicht ablesen

Schalter ist blockiert: keine Synthese von
mRNA und Enzymen

für
β-Galacto-   für   für
sidase   Permease   Transferase

Gene der Lactoseabbauenzyme

DNA

allosterisches
Repressorprotein aktiv

Operator blockiert

RNA-Polymerase
liest ab (Transkription)

Repressorprotein
inaktiviert

Operator frei

β-Galactosidase

Schalter ist frei:
Synthese von
mRNA und Enzymen!

Enzymsynthese

mRNA

Ribosom

Permease   Transferase

Abb. 4.7 Rechts: Induktion der Lactoseabbauenzyme in einer Bakterienzelle durch Lactose (bzw. den echten Induktor Allolactose).
Oben: Der lac-Repressor bindet sich an die Operatorregion der DNA (unten).

Abb. 4.8 Unten: Panorama-schnitt durch eine Eukaryotenzelle.

Unten links: Übersicht des Schnitts.
Unten rechts: Das Panorama beginnt links an der Zelloberfläche und verläuft durch einen Teil des Cytoplasmas. Im endoplasmatischen Reticulum sind die Ribosomen bei der Proteinsynthese gezeigt. Dann folgen der Golgi-Apparat und ein Vesikel. Im Zentrum des Panoramas ist ein Mitochondrium zu sehen.

Rechts ist der Zellkern sichtbar. Alle Makromoleküle sind gezeigt: Proteine in blau, DNA und RNA in rot und orange, Lipide gelb, Kohlenhydrate (Zucker) grün. Die aus RNA und Protein bestehenden Ribosomen sind magenta-rot koloriert. In der realen Zelle sind die Räume zwischen den Makromolekülen mit kleinen Molekülen, Ionen und Wasser gefüllt.

Die **strategische Anpassung** erfolgt dagegen als Antwort auf generell veränderte Lebensbedingungen und läuft über den „genetischen Apparat".

■ 4.2 Taktische Anpassung: Regulation durch Rückkopplung

»Heureka! Ich habe das zweite Geheimnis des Lebens entdeckt...«, rief Professor **Jacques Monod** (1910–1976, Abb. 4.3) nach zwei Jahrzehnten Forschungsarbeit am Pariser Pasteur-Institut 1961 enthusiastisch aus. Seit Mitte der 50er-Jahre hatten verschiedene Forschergruppen die Prinzipien der Stoffwechselregulation am „Haustier" der Biochemiker untersucht, dem Darmbakterium *Escherichia coli*.

Besonders interessierten sie die **Ketten nacheinander geschalteter Enzyme**, die ein Ausgangssubstrat über mehrere Stufen zu einem wichtigen Endprodukt umwandeln. Überraschend war die exakte Steuerung der Enzymketten: Wenn ihnen das zu synthetisierende Endprodukt zugesetzt

wurde, stoppten sie sofort dessen Synthese! Dagegen schaltete das Endprodukt die Reaktionskette nicht aus, wenn das erste Enzym der Kette vorsichtig erhitzt wurde. Es zeigte zwar danach noch Aktivität, offenbar wurde aber die Schaltstelle am Enzym zerstört. Wie aber konnte das Endprodukt der Kette das erste Enzym ausschalten? Eine Konkurrenz um das Enzym durch Substrat und Endprodukt kam nicht in Frage, weil es keinerlei Ähnlichkeit zwischen beiden gab.

Monod schloss deshalb nach weiteren Experimenten, der „Schalter" müsste eine räumlich (sterisch) vom aktiven Zentrum getrennte weitere Bindungsstelle für das Endprodukt sein. Die Gesamterscheinung wurde **Allosterie** (griech. *allos*, anders, verschieden) getauft.

Dieses zweite, **allosterische Zentrum** beeinflusste irgendwie das aktive Zentrum. Gerade zu dieser Zeit wurden die Ergebnisse der Röntgenstrukturanalysen des Hämoglobins durch **John Kendrew** (1917–1997, Nobelpreis 1962 zusammen mit **Max Perutz**) bekannt. Sie schienen

Zucker der
Zellmembran

Ribosomen
mit mRNA

endoplasmatisches
Reticulum

Golgi-Appara

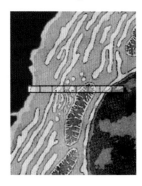

zunächst für die Lösung des Problems der Allosterie uninteressant zu sein, zeigten jedoch, dass das gesamte Hämoglobinmolekül seine Form veränderte, wenn an eine seiner vier Untereinheiten ein Sauerstoffmolekül gebunden hatte (Abb. 4.2).

Das war also die Lösung! Die Schlussfolgerung für allosterische Enzyme bot sich förmlich an: Die Bindung eines Hemmstoffes im allosterischen Zentrum **veränderte die gesamte Raumstruktur des Enzyms** und damit die Form des aktiven Zentrums so, dass keine Substrate mehr umgesetzt werden konnten. Aktivatoren müssten dagegen bei Bindung an das allosterische Zentrum das Enzym und sein aktives Zentrum in die optimale Raumstruktur versetzen.

Tatsächlich sind alle **allosterischen Enzyme** aus **mehreren Untereinheiten** aufgebaut. Jede davon besitzt zumeist ein aktives und ein oder sogar mehrere allosterische Zentren. Die Untereinheiten sind dabei so eng miteinander gekoppelt, dass die Bindung eines einzigen allosterischen Hemmstoffmoleküls nicht nur die Raumstruktur und die Aktivität der bindenden Untereinheit verändert, sondern gleichzeitig auch die anderen Untereinheiten hemmt. Diese **Kooperativität der Untereinheiten** verstärkt die regulierende Wirkung von Hemmstoffen (oder Aktivatoren).

Die **allosterischen Reglerenzyme** können dadurch wie elektrische Relais durch **recht schwache Signale** (Hemmstoffe oder Aktivatoren) gesteuert werden und lösen eine **starke Wirkung** in der Zelle aus. Sie sind deshalb an wichtigen Schlüsselpositionen des Stoffwechsels postiert. Oft genügt **ein einziges allosterisches „Schrittmacherenzym"** (*pace maker enzyme*) am Anfang eines Stoffwechselweges, um die Geschwindigkeit des gesamten Weges zu regulieren. Ein biotechnologisch wichtiges Beispiel dafür ist die Glutaminsynthese in Bakterien (Abschnitt 4.4). Wenn sich in einer Stoffwechselkette das Endprodukt in großer Menge staut, gibt es einen **negativen Rückkopplungseffekt** (*negative feedback*):

Das **Endprodukt wirkt auf Distanz**, es bindet sich allosterisch an das Schrittmacherenzym der Kette,

hemmt es und schaltet damit das gesamte Fließband aus. Die Zwischenprodukte und das Endprodukt werden nicht mehr produziert. Das Ausgangssubstrat kann für andere Zwecke verwendet werden, bis die Überproduktion durch Abtransport oder Verbrauch des Endprodukts abgebaut ist.

Nicht nur Enzyme, sondern auch andere Proteine können nach dem Prinzip der Allosterie geregelt werden. Sie können, wie Monod schrieb, »Wechselwirkungen zwischen Verbindungen ohne gegenseitige chemische Affinität (Bindungsbestreben) vermitteln und dadurch den Stoff- und Energiefluss durch das Gesamtsystem regeln, während sie selbst nur wenig Energie brauchen«. Monod und **François Jacob** (1920–2013) teilten sich den Nobelpreis für Physiologie oder Medizin im Jahr 1965 mit **André Lwoff** (1902–1994).

Wir werden sehen, wie der lac-Repressor und die Glutaminsynthese allosterisch geregelt werden.

■ 4.3 Strategische Anpassung: Enzymproduktion nach Bedarf

Alle Körperzellen eines Organismus tragen in ihrem Zellkern, verschlüsselt in der DNA, den gleichen kompletten Satz genetischer Informationen. Eine hoch spezialisierte Nerven- oder Darmzelle braucht aber gar nicht das gesamte genetische Programm. Im Gegenteil: Die Bildung von Acetylcholin-Esterase durch eine Darmzelle wäre sinnlos und eventuell ebenso tödlich wie die Bildung von Verdauungsenzymen in einer Nervenzelle. Ein großer Teil der gespeicherten Information ist deshalb – je nach Zelltyp in unterschiedlichem Maße – **unterdrückt und blockiert**. Es muss also auch Steuerungs- und Informationsmechanismen geben, die darüber entscheiden, welche **Informationen zur richtigen Zeit, am richtigen Ort** zum Ablesen freigegeben werden.

Jacques Monod und sein Kollege **François Jacob** beschäftigten sich seit Anfang der 50er-Jahre mit dem Problem. Sie setzten Bakterien von ihrer Lieblingsnahrung Glucose auf einen Nährboden um, der nur Milchzucker (Lactose) enthielt. Schlagartig stoppten diese ihr Wachstum.

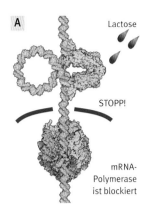

Lactose

STOPP!

mRNA-Polymerase ist blockiert

mRNA-Synthese startet

Ribosom

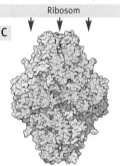

β-Galactosidase

Galactosid-Acetyltransferase

Lactose-Permease

Abb. 4.9 Vorgänge bei der lac-Induktion (oben). Die molekulare Struktur der drei Lactoseabbauenzyme (unten). β-Galactosidase katalysiert den Abbau von Lactose in die Einfachzucker Glucose and Galactose. Galactosid-Acetyltransferase ist ein zweites Enzym. Lactose-Permease ist ein Protein in der Membran des Bakteriums, das Lactose ins Zellinnere transportiert.

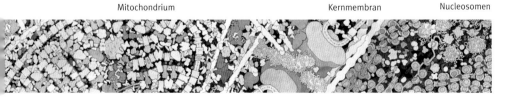

Mitochondrium

Kernmembran

Zellkern mit Nucleosomen

Box 4.1 Biotech-Historie:
Aspergillus niger – das Ende eines italienischen Monopols

Die kommerzielle Produktion von Citronensäure begann 1826 durch **John Sturge** (1799-1840) und seinen Bruder **Edmund** (1808-1893) im englischen Selby. Als Ausgangssubstanz diente Zitronensaft von importierten italienischen Zitrusfrüchten (Zitronen und Limonen). Aus ihm wurde Calciumcitrat gewonnen, das leicht in Citronensäure über-

führt werden kann. Italien eroberte sehr schnell das Monopol auf die Produktion, und die Preise stiegen. Als Italien jedoch während des Ersten Weltkrieges seine Zitrusplantagen vernachlässigte, war Citronensäure stark überteuert. Andere Länder suchten nach günstigen Alternativen zur Herstellung.

1917 veröffentlichte **John N. Currie** dann im *Journal of Biological Chemistry* einen Artikel, der das italienische Monopol binnen weniger Jahre beendete. Er handelte von einer speziellen Stoffwechselaktivität des Pilzes *Aspergillus niger*. Currie fand heraus, dass *Aspergillus niger* sehr viel mehr Citronensäure produziert als andere Pilze, und untersuchte, unter welchen Bedingungen die Ausbeute am höchsten war.

Die Firma Pfizer Inc. in New York nahm 1923 unter Mithilfe von John Currie die erste Großproduktion von Citronensäure auf, und weitere Anlagen in Deutschland, der Tschechoslowakei, Großbritannien und Belgien folgten.

Die Kultivierung von *Aspergillus niger* erfolgte auf der Oberfläche eines Flüssigmediums. Glucose, Saccharose und Melasse aus Zuckerrüben waren Ausgangssubstrate. 100 Jahre

nach der Firmengründung in England kombinierte 1930 John & E. Sturge (Citric) Ltd. mit Sitz in York die Methode von Currie mit der herkömmlichen chemischen Gewinnung des Calciumcitrats aus Zitronensaft. Die Firma gehörte später zu Boehringer Ingelheim bzw. Haarmann & Reimer. Nach dem Zweiten Weltkrieg wurde ein Verfahren mit untergetauchten (Submers-)Kulturen entwickelt, es war besser kontrollierbar.

In den 60er- und 70er-Jahren versuchte man – aufgrund niedriger Ölpreise – Citronensäure mithilfe von Hefen (*Candida*-Stämmen) aus Erdölfraktionen zu synthetisieren. Die Idee wurde jedoch, ebenso wie eine Einzellerproteinproduktion, aufgrund der Unwirtschaftlichkeit verworfen (siehe auch Kap. 6, *single cell*-Protein).

Heute wird wie einst verfahren, wobei neben *Aspergillus niger* auch verschiedene Hefen verwendet werden.

Auch beim besten Willen hätte man 2018 niemals 2,1 Millionen Tonnen Citronensäure aus Zitrusfrüchten gewinnen können.

Es sei denn, man hätte ganz Italien mit Zitronenbäumchen zugepflanzt!

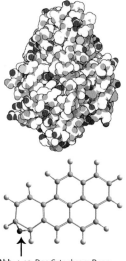

Abb. 4.10 Das Cytochrom P450 (hier aus dem Campher verwertenden Bakterium *Pseudomonas putida*). Fremdstoffe entgiftet es durch Sauerstoffeinbau. Einige Substrate wie Benzpyren und Aflatoxine werden jedoch in der Leber „gegiftet". Das hier gezeigte Epoxid (Pfeil) des Benzpyrens (unten) bindet an DNA und ruft Mutationen und Krebs hervor. Benzpyren wird also durch P450 „gegiftet".

Sie konnten Lactose nicht verwerten, ihre Zellen besaßen nicht genügend Enzyme dafür. Nach etwa 20 Minuten der Ruhe begann ein stürmisches Wachstum. Nun verfügten die Bakterien offensichtlich über Enzyme zur Lactoseverwertung.

Das Phänomen war schon seit den 30er-Jahren als **Induktion** bekannt. Bereits damals wurde vermutet, dass es zwei Kategorien von Enzymen in der Zelle gibt: **konstitutive** und **induzierbare Enzyme**. Die konstitutiven Enzyme sind die wichtigsten Enzyme des Stoffwechsels, die zum ständigen Bestand der Zelle, zu ihrer Konstitution, gehören und in etwa gleichbleibender Menge gebildet werden. Die induzierbaren Enzyne werden nur bei Bedarf produziert, und ihre Bildung wird durch bestimmte Stoffe ausgelöst (induziert). Sie dienen der Anpassung an veränderte Umgebungsbedingungen. Ihre Konzentration in der Zelle schwankt sehr stark.

Durch die Lactose war im besagten Experiment die Bildung von drei **Lactoseabbauenzymen** induziert worden. Zunächst fand man durch scharfsinnige Experimente heraus, dass die Gene für die drei Enzyme auf der DNA nebeneinander

liegen. Für die Bildung der drei Lactoseabbauenzyme müssen auch drei Gene verantwortlich sein.

Wie aber kann ein einfacher Stoff wie die Lactose den komplizierten genetischen Apparat der Bakterienzelle „einschalten"? An diesem Punkt überschnitt sich plötzlich Monods klare Vorstellung zur Allosterie mit dem ungelösten Rätsel der Induktion. Die Lösung war einfach und genial: Der **Induktor** musste sich mit einem allosterischen Protein verbinden, das die Gene für die Lactoseabbauenzyme blockierte. Das allosterische Repressorprotein würde sich dann räumlich verformen, inaktiv werden und sich von der DNA ablösen. Das Konzept erwies sich als fruchtbar, obwohl Jacob und Monod experimentell kein Repressoreiweiß nachweisen konnten. Erst 1967 gelang es **Walter Gilbert** (geb. 1932) (siehe Kap. 3) und **Benno Müller-Hill** (geb. 1933) tatsächlich, dieses Repressorprotein für die Lactoseabbauenzyme in gereinigter Form zu isolieren. Jede Zelle enthielt nur wenige Moleküle des Repressors. Damit war die **Hypothese von Jacob und Monod**, die zwei Jahre zuvor mit dem Nobelpreis geehrt worden waren, **nachträglich experimentell bestätigt.**

Die **Induktion durch Lactose** läuft also bei Bakterien wie in den Abbildungen 4.7 und 4.9 dargestellt ab:

Der **Repressor** ist ein Tetramer aus vier identischen Untereinheiten (Abb. 4.7). Er bindet fest an eine spezifische Region der Bakterien-DNA, den **Operator**, die direkt jener Region benachbart ist, die für drei Lactose verwertende Enzyme codiert. Wenn sich Lactose und ähnliche Zucker am Repressoreiweiß binden, ändert der Repressor seine Form und kann sich nun nicht länger an die DNA heften. Nun kann die **RNA-Polymerase** die DNA entlangwandern und die Gene transkribieren: Die drei Enzyme werden produziert. Wenn Lactose knapp geworden ist, werden die Lactoseabbauenzyme nicht weiter gebraucht, der lac-Repressor nimmt seine Ausgangsform wieder an und blockiert die DNA erneut.

In direkter Nachbarschaft zu den Genen, die für die Abbauenzyme codieren, befindet sich ein DNA-Abschnitt, der **Operator**, der als **Schalter für die Gene** dient.

Der Operator ist durch die vier Untereinheiten des Repressorproteins blockiert, das räumlich exakt zu dem Abschnitt der DNA passt. Der Repressor „biegt" die DNA förmlich um sich herum und bildet eine Schlaufe. Dadurch kann die RNA-Polymerase schon rein mechanisch nicht starten; die drei Gene für die Lactoseabbauenzyme können nicht abgelesen werden.

Nun erscheint der **Induktor**, in unserem Fall die Lactose. Der Induktor bindet sich an das aktive allosterische Repressorprotein und verändert dessen Raumstruktur. Das abzubauende Substrat kann, muss aber nicht selbst der Induktor sein. Der „echte" Induktor ist in unserem Fall Allolactose, eine **Modifikation**, die zu Beginn der Induktion aus Lactose gebildet wird. Sie inaktiviert den Repressor. Er passt nun räumlich nicht mehr zum Operator und wird abgestoßen – der **Schalter ist damit frei**! Die Schlaufe der DNA wird nun aufgehoben.

Die RNA-Polymerase kann sich jetzt in Bewegung setzen (Abb. 4.9). Sie schreibt die Information der drei Gene in ein langes Stück mRNA um, das sofort von Ribosomen abgelesen wird. Nacheinander werden nun alle drei Enzyme produziert. Die frisch gebildeten Enzyme beschleunigen die Lactoseaufnahme und -verwertung; dadurch strömen noch mehr Induktormoleküle in die Zelle ein. In relativ kurzer Zeit hat die Bakterienzelle

genügend Enzyme gebildet, um sich weitgehend von Lactose ernähren zu können. Wenn die Bakterien in dieser Situation auf einen reinen Glucosenährboden zurückversetzt werden, bleibt der Induktor (also Lactose bzw. Allolactose) natürlich schlagartig aus. Das induktorinaktivierte Repressorprotein verwandelt sich wieder in seine aktive Form zurück, bindet sich an den Operator und stoppt die Arbeit der RNA-Polymerase und die Synthese der drei Lactoseabbauenzyme. Die noch in der Zelle vorhandenen Enzyme der Lactoseverwertung werden dann überflüssig und deshalb abgebaut. Kurz gesagt: Bei der Induktion hebt der Induktor lediglich die Hemmung der Enzymsynthese auf. Es handelt sich also um eine **negative Kontrolle**.

Mithilfe dieses Mechanismus kann die Zelle ihr **Sparsamkeitsregime** durchsetzen. Es wäre ja auch höchst unökonomisch, wenn ein Bakterium für alle Wechselfälle des Lebens ständig tausend verschiedene Enzyme produzierte.

Ein anderer Mechanismus, die **Repression**, verhindert, dass einfach weiterproduziert wird, obwohl Riesenberge des fertigen Produkts „vor der Tür" liegen.

In höheren Lebewesen sind Induktion und Repression komplizierter geregelt als bei Bakterien, sie laufen langsamer und weniger dramatisch ab. Neben Nahrungsstoffen können auch körpereigene Hormone und Fremdstoffe induzierend wirken. Ein Beispiel für den Menschen ist die **Induktion von Leberenzymen** durch Arzneimittel (Cytochrom-P450-System, Abb. 4.10) und Alkohol (Alkohol- und Acetaldehyd-Dehydrogenase, Kap. 1). Bekanntlich führt beständige Einnahme von Schlaftabletten zum Wirkungsverlust, weil das **Cytochrom-P450-System** induziert wird. Die Schlaftablette wird in wasserlöslichere Verbindungen abgebaut und „entgiftet". Wenn nun aber das induzierte P450 mit Stoffen wie Benzpyren (Zigaretten, gegrilltes Fleisch) in Kontakt kommt, wandelt es dieses Substrat in cancerogene Epoxide um, es findet also eine „Giftung" statt. Das Gleiche geschieht mit Aflatoxinen (Abb. 4.10). Es ist klar, dass die Giftung umso größer ist, je stärker zuvor das P450 (z. B. durch Tablettenmissbrauch) induziert wurde.

Ständiger Ethanolkonsum induziert dagegen die Alkohol-Dehydrogenase und die Acetaldehyd-Dehydrogenase der Leber. Man verträgt zwar mehr Alkohol, hat aber auch Leberschäden in Kauf zu nehmen.

Glutamin-Synthetase (Draufsicht)

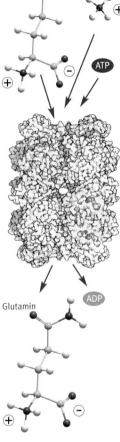

Glutamat

Ammoniak

ATP

Glutamin

ADP

Abb. 4.11 Die Glutamin-Synthetase besteht aus zwölf Untereinheiten, jede von ihnen hat ein aktives Zentrum, um Glutamin zu produzieren. Glutamat und Ammoniak binden sich, und ein ATP-Molekül liefert jeweils die Energie. Alle Untereinheiten kommunizieren miteinander: Wenn die Konzentration der entsprechenden Substanzen steigt, wird die Aktivität des Gesamtenzyms mehr und mehr blockiert. Die Zelle kann aber auch sozusagen „auf Knopfdruck" das Gesamtenzym sofort abschalten: dann, wenn im aktiven Zentrum bestimmte Aminosäuren AMP oder CTP binden und seine Aktion drosseln.

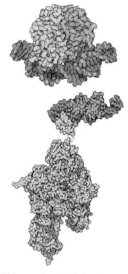

Abb. 4.12 Das Katabolit-Aktivatorprotein (*catabolite activator protein*, CAP) „fischt" nach Genen und lässt dadurch die Polymerase leichter arbeiten. Wenn sich cAMP bindet (purpur im oberen Bild), ändert CAP seine Konformation geringfügig und bindet sich perfekt an den entsprechenden Operator der DNA – und zwar in Nachbarschaft zum Gen eines Abbauenzyms. CAP greift sich die DNA ziemlich „brutal" und biegt sie um fast 90° (oben).

CAP „lockt" danach die RNA-Polymerase nahe zur DNA und stimuliert die Transkription der benachbarten Gene. Die RNA-Polymerase (gelb) hat eine kleine Untereinheit, die mit CAP und DNA wechselwirkt (fast wie eine Angel).

Das Bild zeigt, wie sich eine Hälfte der Polymerase-Untereinheit an der DNA (rot) und CAP (blau) bindet. Die beiden Hälften dieser Untereinheit sind durch einen flexiblen Linker verbunden. Die RNA-Polymerase „angelt sich" also aktiv die gewünschten Gene.

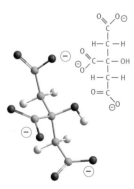

Abb. 4.13 Citronensäure

■ 4.4 Ein allosterischer molekularer Computer: die Glutamin-Synthetase

Unser Körper muss auf verschiedene Nahrung reagieren können und die entsprechenden Enzyme bereithalten; genauso geht es Bakterien. Sie haben allerdings oft (im Gegensatz zu uns) keine Wahl: Sie müssen Nahrung aufnehmen, wo sie gerade sind, was kommt, und dann die entsprechenden Enzyme mobilisieren.

Die **Glutamin-Synthetase** (**GS**) ist ein Schlüsselenzym bei der Kontrolle des Stickstoffs in der Zelle (Abb. 4.11). Glutamin ist als Aminosäure nicht nur ein Eiweißbaustein, sondern liefert auch Stickstoffatome an Enzyme, die DNA-Basen und Aminosäuren aufbauen. Deshalb muss die GS sehr sorgfältig kontrolliert werden: Sie muss bei Stickstoffbedarf angeschaltet werden, sodass die Zelle nicht hungert. Aber wenn genügend Stickstoff da ist, muss sie ausgeschaltet werden, um ein „Überfressen" zu vermeiden.

GS agiert wie ein molekularer Computer, indem sie den Gehalt an stickstoffreichen Molekülen registriert: Aminosäuren wie Glycin, Alanin, Histidin und Tryptophan und Nucleotide wie Adenosinmonophosphat (AMP) und Cytidintriphosphat (CTP). Wann immer zu viel davon vorhanden ist, „fühlt" das die GS und drosselt die Produktion leicht. Wenn das Niveau aber dramatisch steigt, verlangsamen die Endprodukte die GS mehr und mehr. Das Enzym stoppt, wenn genügend von all den Substanzen präsent ist.

Die Glutamin-Synthetase unterliegt insgesamt einer sogenannten „**kumulativen Rückkopplung**": Alle acht Endprodukte können das Enzym hemmen. Jeder Inhibitor kann die Enzymaktivität zusätzlich hemmen, selbst wenn andere Inhibitoren bereits in sättigendem Maße gebunden sind.

Die Aminosäure Glutamin ist in tierischen Zellkulturen eine wichtige Nährstoffquelle. Sie wird gern in Sportdrinks eingesetzt, weil sie tatsächlich Energie liefert. Zusammen mit Arginin ist sie bei „Bodybuildern" beliebt.

■ 4.5 Katabolit-Repression oder: Wie angelt man sich eine Polymerase?

Bakterien lieben Süßes, besonders Glucose. Sie kann leicht verdaut und in chemische Energie verwandelt werden. Wenn Glucose im Überfluss vorhanden ist, ignorieren Bakterien meist andere Kohlenstoffquellen.

Bakterien nutzen eine ungewöhnliche Modifikation von ATP, um der Zellmaschinerie mitzuteilen, was sie gerade aufnehmen: Wenn der Glucosespiegel fällt, wird ein membrangebundenes Enzym als „Glucosesensor" aktiviert, die **Adenylat-Cyclase**. Sie spaltet zwei Phosphatreste vom ATP ab und verbindet die freien Enden zu einem kleinen Molekül, dem **zyklischen AMP** (**cAMP**). Zyklisches AMP wird auch als sekundärer Bote (*second messenger*) bezeichnet.

Reaktionen, die der Zelle aus Brennstoffen Energie liefern, nennt man auch katabole Reaktionen oder **Katabolismus**. Die Gegenspieler, Energie benötigende Reaktionen, heißen **Anabolismus**.

Das **Katabolit-Aktivatorprotein** (*catabolite activator protein*, CAP, Abb. 4.12) wird durch cAMP aktiviert und stimuliert Enzyme, die Nicht-Glucose-Nahrung abbauen. Wenn sich cAMP bindet, ändert CAP seine Konformation geringfügig und bindet perfekt an den entsprechenden Operator der DNA – und zwar in Nachbarschaft zum Gen eines Abbauenzyms. Die Abbildung zeigt, wie die RNA-Polymerase sich aktiv die gewünschten Gene „angelt".

In *E. coli* gibt es zahlreiche Bindungsstellen für CAPs, die sich an Promotoren für vielfältige Enzyme des katabolen Stoffwechsels anheften. Solange *E. coli* auf Glucose wächst, bleibt die cAMP-Konzentration gering, und alle anderen Enzyme zum Zuckerabbau werden kaum produziert. Sie zu synthetisieren, wäre reine Verschwendung! Wenn aber Glucose fehlt und dafür andere Zucker auftauchen, schaltet die Zelle um.

Diese sogenannte **Katabolit-Repression** ist im Gegensatz zur negativen Lactose-Induktion **positiv**: Der Komplex aus cAMP und CAP verstärkt die Ablesung der DNA durch die Polymerase um das etwa 50-Fache. Am lac-Operon ist die Genexpression der Lactoseabbau- und Transportenzyme dann am stärksten, wenn Lactose oder Allolactose die Hemmung durch den lac-Repressor aufgehoben haben und gleichzeitig der CAP-cAMP-Komplex die Bindung der RNA-Polymerase stimuliert.

■ 4.6 Schimmelpilze statt Zitronen!

Kein geringerer als **Justus von Liebig** (1803-1873, Kap. 1) bestimmte 1838 die Struktur der Citronensäure. 1893 beobachtete dann der Mikrobiologe **Carl Wehmer** (1858-1935) an der Universität Hannover, dass Schimmelpilze beim Wachstum auf Zucker Citronensäure (Struktur in Abb. 4.13) ins Medium abgeben.

Der Bedarf an Citronensäure stieg nach dem Ersten Weltkrieg, und die mikrobielle Citronensäureproduktion war eine echte Alternative zur aufwendigen Isolierung aus Zitrusfrüchten und zu teuren Fruchtimporten (Box 4.1). Die verstärkte Suche nach den besten Citronensäurebildnern führte schließlich zu dem **Schwarzen Gießkannenschimmel** (*Aspergillus niger*), auch Brotschimmel genannt (Abb. 4.14 und Abb. 1.8).

Gleich zu Beginn stellt man fest, dass der Gehalt an Protonen (H⁺) bzw. der Säuregrad (**pH-Wert**, der negative dekadische Logarithmus der Protonenkonzentration) des Nährmediums einen **entscheidenden Einfluss auf die Produktivität des Pilzes** hat. In sehr saurem Milieu wurde Citronensäure bevorzugt von *Aspergillus niger* ausgeschieden. Die Verringerung der freien Eisenionen in der Nährlösung auf 0,5 mg/L erbrachte eine weitere Produktionssteigerung. Man nimmt an, dass das Citronensäure abbauende Enzym Aconitase sowohl durch niedrige pH-Werte als auch durch Eisenmangel gehemmt wird. Es baut dadurch die gebildete Citronensäure nicht ab. Vermutlich kommt es außerdem durch den geringen Gehalt an Protonen im Medium zu Änderungen in der Membranstruktur der Schimmelpilzzellen, weshalb Citronensäure leicht aus der Zelle ausfließen kann. Ein niedriger pH-Wert hemmt im Übrigen unerwünschte Keime in der Fermentation. Bakterien „hassen" Saures.

Durch Zugabe von „Gelbem Blutlaugensalz" (Kaliumhexacyanoferrat) zur Fermentationslösung werden Eisenionen gebunden. Es bildet sich das schwer lösliche „Berliner Blau". Blau ist auch die Farbe der Rückstände von Citronensäurefabriken.

Das erfolgreiche industrielle Verfahren für Citronensäure vernichtete in den 20er-Jahren die Existenz vieler italienischer Kleinbauern, die von ihren Zitronenplantagen lebten – eine **frühe negative soziale Auswirkung der Biotechnologie** (Box 4.1).

Heute werden in den technischen Anlagen in Rühr- oder Turmbioreaktoren von 100–500 m³ aus Edelstahl 85 % des eingesetzten Rohstoffs als Citronensäure gewonnen. Es muss korrosionsfreier Edelstahl verwendet werden, da die Erntelösung stark sauer ist. Die **mikrobiologisch erzeugte Citronensäure ist chemisch völlig identisch mit dem Naturprodukt aus Zitrus-**

früchten. Sie wird wegen ihres fruchtigen Geschmacks für Bonbons, Limonaden, Konfitüren und in Lebensmitteln eingesetzt. Citronensäure ist auch ein möglicher Ersatz für die umweltbelastenden Polyphosphate in Waschmitteln und Spülmitteln, weil sie Komplexe mit Calcium und Magnesium bildet. Da sie Schwermetalle bindet, wird die Citronensäure auch in der Notfallmedizin bei Vergiftungen eingesetzt.

Weltweit werden jährlich etwa 800 000 Tonnen Citronensäure mit einem Marktwert von etwa 800 Millionen US-Dollar fast ausschließlich mikrobiell erzeugt. Die Produktionsstämme von *Aspergillus* gehören übrigens zu den bestgehüteten Schätzen der Fermentationsindustrie.

Die Möglichkeiten der Zelle als Synthesefabrik und die große Palette der verschiedensten Stoffe, ihre Herstellung und Verwendung werden zum Teil an anderer Stelle dieses Buches ausführlich besprochen (Kap. 1 und 2).

Direkt verbunden mit dem Citronensäurezyklus ist jedoch die Synthese von Aminosäuren.

Abb. 4.14 Der Pilz, der die Zitrone verdrängte, *Aspergillus niger*.

■ 4.7 Lysin im Überfluss: Die Feedback-Hemmung der Aspartat-Kinase wird in Mutanten überlistet

Lysin ist eine der **acht essenziellen Aminosäuren** (Abb. 4.15, 4.16; Strukturen Abb. 4.17), die der Mensch und viele Nutztiere nicht selbst synthetisieren können und deshalb mit der Nahrung aufnehmen müssen: Phenylalanin (Phe), Isoleucin (Ile), Tryptophan (Trp), Methionin (Met), Leucin (Leu), Valin (Val), Lysin (Lys), Threonin (Thr) (siehe „Eselsbrücke" in der Randspalte S. 138).

Abb. 4.15 Lysin ist eine entscheidende essenzielle Aminosäure für Tierfutter.

Abb. 4.16 Zusammenhänge zwischen Metabolom, Genom Transkriptom und Proteom. Das Metabolom fasst alle charakteristischen Stoffwechseleigenschaften einer Zelle bzw. eines Gewebes zusammen.

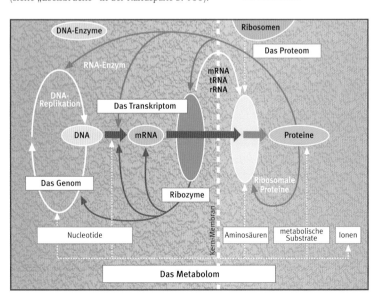

Box 4.2 Expertenmeinung: Hochwertiges Cystein wird nicht mehr aus Haaren oder Federn gewonnen

Was die Aminosäure **Cystein** so einzigartig macht, ist die schwefelhaltige **Sulfhydryl-gruppe**, die chemisch sehr reaktiv ist.

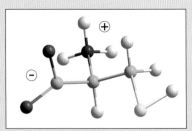

So kann sie Disulfidbrücken bilden, die zur Stabilität von Proteinen beitragen: Dadurch entstehen beispielsweise erst die stabilen Fasersträge von Haaren, Wolle und Federn, aber auch Nägel, Hufe und Hörner. Deren Proteine (Keratine) enthalten zu einem großen Teil Cystein.

Bäcker setzen auf Cystein basierende Back-zutaten ein, um das im Mehl enthaltene kleb-rige Gluten aufzubrechen. Der Teig lässt sich dann wesentlich leichter kneten. Auf die hohe Reaktivität des Cysteins und seiner Derivate, wie Acetylcystein, setzen auch die Hustenlöser: Acetylcystein knackt die Muco-proteine des Bronchialschleims und verflüs-sigt das zähe Sekret.

In **japanischen Friseursalons** ersetzt Cystein die in Europa übliche, streng riechen-de Thioglykolsäure, wenn es darum geht, die Haare für Dauerwellen zu präparieren. Dem vielfältigen Einsatz der schwefelhaltigen Ami-nosäure steht allerdings ein Problem entge-gen. Cystein war bis vor Kurzem eine der wenigen Aminosäuren, die aus tierischen oder menschlichen „Rohstoffen" gewonnen werden musste – beispielsweise aus Haaren, Federn, Schweineborsten oder Hufen. In Asien ist das eine richtiggehende Industrie: In den Friseurläden Chinas kehren berufsmäßi-ge Sammler jedes Jahr Zehntausende von Tonnen an Haaren zusammen und bringen sie zu den Cysteinherstellern, die dann mit Aktivkohle und konzentrierter Salzsäure daraus die begehrte Aminosäure extrahieren. Eine Tonne Haare ergibt etwa 100 kg Cystein.

Wenn man bedenkt, dass die Pharma-, Kos-metik- und Lebensmittelindustrie derzeit weltweit pro Jahr über 4000 t an Cystein benötigen, lässt sich ermessen, was man dafür an Rohstoffen braucht. Jährlich wächst der Bedarf um etwa 4 %. Doch das Streben nach höherer Effizienz und Umweltfreund-lichkeit war nicht einmal der wichtigste Grund, nach einer alternativen Herstellungs-methode zu suchen.

Noch wichtiger ist für viele Anwendungen in der Pharma- und Lebensmittelindustrie die **Qualität des Produkts**. Für die Pharmain-dustrie ist es entscheidend, dass man **gefähr-liche Kontaminationen** – wie die Erreger von BSE, SARS oder Hühnergrippe – aus-schließen kann. Bei dem biotechnologischen Verfahren sind solche Kontaminationen von vornherein auszuschließen.

Der Verfasser bei seinem chinesischen Friseur. Man fühlt sich als Rohstofflieferant, wenn man weiß, wozu die Haare dienen.

Den Forschern von der Firma Wacker gelang es, durch gezielte Mutation und Selektion die Regulatorproteine abzuschalten, die die Cysteinproduktion in *E. coli* normalerweise drosseln.

Die Bakterien fertigen daraufhin Cystein „wie am Fließband" und schleusen die zu viel pro-duzierten Mengen der Aminosäure durch ihre Zellmembran in die Nährlösung der 50 000-Liter-Fermenter.

Die Methode hat gleich mehrere Vorteile: Sie ist hocheffizient: 90 % des Bakterien-Cysteins gehen ins Endprodukt. Beim klassischen Ver-fahren der Extraktion aus Haaren oder Federn sind es nur 60 %. Außerdem wird für die Extraktion wesentlich weniger Salzsäure benötigt: Nach dem biotechnologischen Ver-fahren braucht man 1 kg Säure für 1 kg Cystein. Gewinnt man dagegen Cystein aus organischen Materialien, müssen dafür 27 kg Salzsäure eingesetzt werden. Das Bioverfah-ren vermeidet unerwünschte Verunreinigun-gen: Da als Ausgangsstoffe nur Zucker, Salze und Spurenelemente verwendet werden, können beispielsweise keine Krankheitserre-ger im Endprodukt auftreten. Das Produkt ist zu mindestens 98,5 % reines Cystein und

Bioreaktor mit Cystein produzierendem *E. coli*-Stamm

erfüllt alle geforderten Standards der Nah-rungsmittel- und Pharmaindustrie.

Das Cystein ist außerdem **ideal für vegetari-sche Nahrungsmittel**, beispielsweise wenn man künstliche Fleischaromen erzeugen will. Verbindet sich nämlich Cystein mit Zucker, wie etwa Ribose, so entwickeln sich beim Erhitzen **Aromastoffe, die nach Fleisch schmecken**. Hierbei wird ein natürlicher Aromastoff nachgebildet, denn auch beim Braten, etwa eines Huhnes, reagiert das natürlich vorhandene Cystein mit Zucker im Fleisch zu den typischen Aromaverbindun-gen (Maillard-Reaktion).

Nach dem Verfahren wurden im Jahr 2004 bereits mehr als 500 t Cystein hergestellt – mehr als ein Achtel des Weltbedarfs. Die jähr-lichen Wachstumsraten für das biotechnolo-gisch hergestellte Cystein liegen bei über 10 %.

Dennoch werden auch die asiatischen Haare-sammler und Geflügelzüchter nicht sofort arbeitslos werden: Nach der konventionellen Methode werden immer noch mehrere Tau-send Tonnen Cystein pro Jahr extrahiert – allerdings werden sich die Marktanteile zunehmend verschieben. Abnehmer, die nur am niedrigsten Preis und nicht am Ursprung der Ware interessiert sind, sind beispielsweise die Hersteller von **Hunde- oder Katzenfut-ter**, die ihre Produkte mit den verschiedens-ten Fleischaromen „veredeln" wollen. Derartige Märkte werden sicherlich am längs-ten durch das alte Herstellungsverfahren bedient werden.

Dr. Christoph Winterhalter, Leiter des Business Teams Ingredients bei WACKER FINE CHEMICALS

Gemeinsam mit Methionin und Threonin ist Lysin besonders wichtig, weil diese Aminosäuren in Getreide (Weizen, Mais, Reis) kaum vorkommen. Bei Tierfutter spielt dieser Gesichtspunkt eine entscheidende Rolle.

1,3 Millionen Tonnen Lysin produzierte man im Jahr 2009 mikrobiell, hauptsächlich als Futtermittelzusatz. Lysin wird aber auch für die menschliche Ernährung angeboten.

Als Lysinbildner fand man *Corynebacterium*-Stämme (Abb. 4.21). Sie sehen keulenförmig aus (griech. *koryne*, Keule). Eine Enzymhemmung durch Rückkopplung (**Feedback-Inhibition**) war zunächst bei der Produktion der Aminosäure Lysin durch *Corynebacterium glutamicum* zu überwinden.

In Wildstämmen wird Lysin aus dem Oxalacetat des Citronensäurezyklus mit Pyruvat über Aspartat durch eine verzweigte Kette von Enzymreaktionen gebildet, die mit der ATP verbrauchenden Reaktion des allosterischen Schrittmacherenzyms **Aspartat-Kinase** beginnt und bei der außerdem die Aminosäuren Threonin und Methionin entstehen (Abb. 4.19). Die Enzymreaktionen werden durch Feedback-Inhibition gesteuert: Die Aktivität von Aspartat-Kinase wird durch Überschussmengen der Produkte Lysin und Threonin gehemmt. Sie müssen beide an der Aspartat-Kinase binden, um diese zu drosseln.

Wenn mehr Lysin und Threonin entstehen, als die Zelle benötigt, hemmt diese die Aspartat-Kinase. Umgekehrt gilt, wenn Mangel an Lysin und Threonin besteht, erhöht das die Synthese. In der Natur ist das sehr sinnvoll, wir wollen aber Lysin im Überschuss haben! Es besteht wenig Aussicht, das Bakterium zu einer nennenswerten Lysinbildung zu veranlassen, es sei denn, man überlistet seine Regulation, indem dieser allosterische Kontrollmechanismus ausgeschaltet wird.

Man suchte und fand zwei **Mangelmutanten** der Bakterien: Die eine Mutante ist threoninbedürftig (thr-) (Abb. 4.19). Das Enzym **Homoserin-Dehydrogenase** ist durch eine spontane Mutation inaktiviert.

Threonin – einer der beiden Hemmstoffe der Aspartat-Kinase – wird dann nicht mehr gebildet. Wenn man nun diese Mutante in einem Medium mit so viel künstlich zugesetztem Threonin heranzieht, dass gerade das Zellwachstum gewährleistet ist, Threonin aber zu wenig vorhanden ist, um mit Lysin beim Abschalten der Aspartat-Kinase zu kooperieren (Motto: „zu wenig zum Leben, zu viel zum Sterben"), läuft die Lysinproduktion mit voller Kraft!

Bei der anderen Mutante ist das **Gen für die Aspartat-Kinase selbst mutiert**. Das dadurch in seiner Struktur leicht veränderte Enzym funktioniert zwar, lässt sich aber nicht mehr durch Lysin hemmen, auch nicht bei riesigem Überschuss.

Die Lysinproduktion ist ein gutes Beispiel für einen Industrieprozess, **der erst durch Kenntnis der Enzymreaktion und eine rationale Selektion von Mutanten ökonomisch** gestaltet werden konnte. Sowohl Mutanten von *Corynebacterium glutamicum* als auch von *Brevibacterium flavum* wandeln heute mehr als ein Drittel der im Medium angebotenen Zucker zu Lysin um und erreichen dabei Konzentrationen von 120 g Lysin je Liter Medium im Zeitraum von 60 Stunden in 500-m³-Bioreaktoren.

Heute versucht man für das **Metabolic Engineering** eine rationale Stammentwicklung mithilfe der Gentechnik. Die Forschungsgruppe von **Alfred Pühler** (geb. 1940) an der Universität Bielefeld und die großen Aminosäureproduzenten sitzen an der Entschlüsselung des 3,3 Megabasen großen Genoms von *Corynebacterium glutamicum* (Abb. 4.21).

Das ebenfalls essenzielle **Methionin** hat eine Sonderstellung unter den Aminosäuren, da D-Methionin im Tierkörper zu L-Methionin umgewandelt werden kann. Man kann deshalb Methionin rein chemisch (aus Acrolein, Methanthiol und Blausäure) als Racemat (D,L-Gemisch) herstellen (siehe Abschnitt 4.9).

600 000 Tonnen D,L-Methionin werden weltweit pro Jahr produziert.

30 000 Tonnen **L-Threonin** werden jährlich zumeist durch Hochleistungsmutanten von *Escherichia coli* synthetisiert – zum Teil in Konzentrationen von 80 g/L in nur 30 Stunden.

Der Preis aller drei Aminosäuren schwankt um 5000 US-Dollar pro Tonne, sodass sich ein Marktvolumen von insgesamt mehr als einer Milliarde US-Dollar ergibt.

Vor allem Chinas Wachstum auf diesem Gebiet ist sehr dynamisch.

Künftig werden zunehmend **transgene Pflanzen** (Kap. 7) mit einem veränderten Aminosäurespektrum (z. B. einem höheren Anteil an essenziellen Aminosäuren) in Konkurrenz zu den fermentativ hergestellten Aminosäuren treten.

Abb. 4.17 Strukturformeln der acht essenziellen Aminosäuren (Fortsetzung auf S. 138)

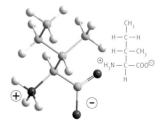

Isoleucin (Ile, I)

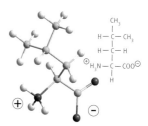

Leucin (Leu, L)

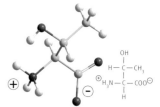

Threonin (Thr, T)

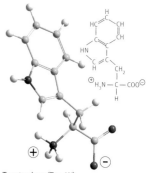

Tryptophan (Trp, W)

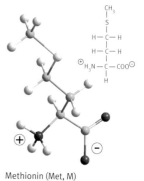

Methionin (Met, M)

Abb. 4.17 (Fortsetzung)

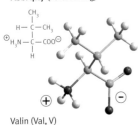

Valin (Val, V)

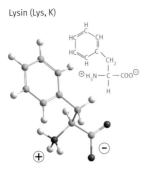

Lysin (Lys, K)

Phenylalanin (Phe, F)

Abb. 4.18 Glutamat (Glu,E)

■ 4.8 L-Glutamat: „linksdrehende" Suppenwürze im Überfluss

Umami ist neben den vier „westlichen" Geschmacksqualitäten (bitter, süß, sauer und salzig) **der fünfte benennbare Geschmack**. Er kann mit „würzig" oder „fleischig herzhaft" umschrieben werden.

Er kommt aus Fernost und war uns in Mitteleuropa weitgehend unbekannt. Die mediterrane Küche verwendet in ihren Zutaten allerdings eine Menge wohlschmeckendes *umami*.

Drei verschiedene Substanzen sind für die *umami*-Empfindung zuständig: Mononatriumglutamat (*monosodium glutamate*, MSG), Dinatriuminosinat (*disodium inosinate*, DSI) und Dinatriumguanylat (*disodiumguanylate*, DSG), wobei **Glutamat** die entscheidende Rolle spielt.

Die geschmacksgebende Substanz *umami* in Kombu, der pazifischen Meeresalge *Laminaria japonica*, wurde schon 1908 von dem Japaner **Kikunae Ikeda** (1864–1936) als Glutamat identifiziert. Das Salz der Aminosäure L-Glutaminsäure (L-Glutamat, Abb. 4.18) verstärkt den Geschmack von Suppen und Soßen wesentlich. Unser Körper verfügt über spezielle Glutamatrezeptoren für das L-Glutamat, nicht jedoch für das D-Glutamat (Abb. 4.24).

Das L-Glutamat gewann man in den 20er-Jahren und gewinnt es zum Teil heute noch aus Weizen (Kap. 1). Spitzenreiter war die japanische Ajinomoto Co. (jap. *Aji-no-moto*, Geschmacksessenz). Der Bedarf an Glutamat stieg nach dem Zweiten Weltkrieg mit dem Aufkommen von Fertiggerichten, Soßenpulvern und Gewürzmischungen enorm an.

Anfang der 50er-Jahre fand der Japaner **Shukuo Kinoshita** (1915–2011) mit einem Suchtest Bakterien, die in der Lage waren, Glutamat anzusammeln, wenn sie auf Glucose wuchsen. Das Bakterium – wir kennen es bereits als Lysinproduzenten – erhielt nach langen Diskussionen schließlich den Namen *Corynebacterium glutamicum*. Danach wurden weitere Glutamat produzierende Mikroorganismen, besonders aus den Gattungen *Corynebacterium*, *Brevibacterium*, *Arthrobacter* und *Microbacterium*, gefunden (Box 4.3).

Die Glutamatproduktion durch Mikroorganismen übersteigt vor allem durch die japanische und chinesische Bioindustrie zwei Millionen Tonnen für über eine Milliarde US-Dollar pro Jahr.

Glutamat ist ein gutes Beispiel dafür, wie sich Grundlagenkenntnisse der Enzymreaktionen des Stoffwechsels in Produktionstechnologien verwandeln lassen: L-Glutamat entstammt, wie fast alle 20 Aminosäuren, die für die Proteinsynthese gebraucht werden, den Vorstufen des Glucoseabbaus (Glykolyse) und dem Citronensäurezyklus.

Bei *Corynebacterium glutamicum* weist, genetisch bedingt, die Oxoglutarat-Dehydrogenase im Citronensäurezyklus eine äußerst geringe Aktivität auf. Dieses Enzym ist für die weitere Umwandlung von 2-Oxoglutarat im Citronensäurezyklus verantwortlich. Dadurch wird 2-Oxoglutarat „angestaut". Dass es sich nicht maßlos anhäuft, dafür sorgt ein anderes Enzym, das in hoher Aktivität in der Zelle als „Abzweigung" vom Citronensäurezyklus vorliegt, die Glutamat-Dehydrogenase. Sie setzt unter Einbau von Ammoniumionen (NH_4^+) 2-Oxoglutarat zu L-Glutamat um.

Um viel Glutamat zu bilden, müssen dem Prozess also ausreichend Ammoniumionen für die Umwandlung des 2-Oxoglutarats zugeführt werden. Das geschieht über „eingeblubbertes" gasförmiges Ammoniak (NH_3), das im Wasser zum Ion NH_4^+ protoniert wird.

Wie gelangt nun die **Überproduktion an Glutamat aus der Zelle in die Kulturflüssigkeit**? Die Zelle zu zerstören und aus den Tausenden von Zellbestandteilen das Glutamat zu isolieren, würde den Prozess unökonomisch machen. Man musste also die lebenden Zellen dazu zwingen, Glutamat in das Medium abzugeben.

Der *Corynebacterium*-Stamm wies glücklicherweise eine wichtige Besonderheit auf: Er kann den für den Aufbau der Zellmembran wichtigen **Cofaktor Biotin** (ein Vitamin) nicht mehr produzieren und ist deshalb auf die Versorgung mit Biotin aus dem Nährmedium angewiesen. Wenn das Medium (z. B. Melasse) nur minimale Biotinmengen enthält, ist zwar das Zellwachstum noch möglich, die Zellwände werden jedoch für Glutamat durchlässig. Andere Möglichkeiten zur Glutamatfreisetzung sind kleine Penicillingaben (siehe weiter unten) oder der Einsatz von Detergenzien.

Wie viel Glutamat verträgt man in Speisen? Man sagt in Asien, schlechte Köche kompensieren ihre mangelnde Kunst mit Glutamat. Neuere Untersuchungen (Doppelblindstudien) zum Glutamat und dem „**China-Restaurant-Syndrom**", bei dem Nicht-Asiaten nach Genuss chinesischer Küche oft heftige Allergien zeigten, wiesen allerdings auch auf eine psychologische Komponente hin.

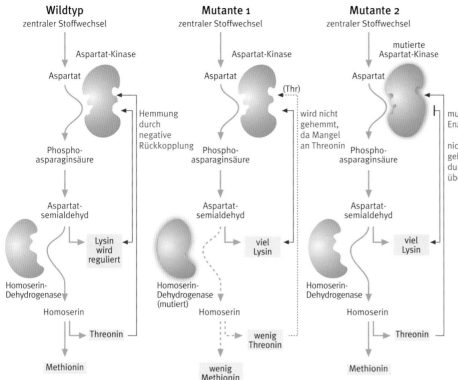

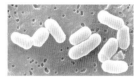

Corynebacterium glutamicum

Abb. 4.19 Negative Rückkopplung bei der Synthese von Lysin durch den Wildstamm von *Corynebacterium* (elektronenmikroskopische Aufnahme oben) und zwei Mutanten. Bei der ersten Mutante ist das Enzym Homoserin-Dehydrogenase inaktiviert. In der zweiten Mutante ist die Aspartat-Kinase selbst so verändert, das sogar Überschussmengen an Lysin das Enzym nicht hemmen können.

Noch eine Aminosäure ist zunehmend von Interesse für die Pharma-, Kosmetik- und Lebensmittelindustrie. Weltweit werden pro Jahr bis zu 4000 Tonnen an **L-Cystein** benötigt.

Bislang wird es aus Haaren gewonnen, doch die deutsche Firma Wacker-Chemie produziert es bereits biotechnologisch mit *E. coli* (Box 4.2). Durch gezielte Mutation und Selektion wurden die Regulatorproteine abgeschaltet, die die Cysteinproduktion in *E. coli* normalerweise drosseln. Die Bakterien fertigen daraufhin Cystein „wie am Fließband" und schleusen die zu viel produzierten Mengen der Aminosäure durch ihre Zellmembran in die Nährlösung der 50 000-Liter-Bioreaktoren.

■ 4.9 Müssen es immer Mikroben sein? Chemische Synthese contra Fermentation

Warum ist man eigentlich bei der L-Glutamat- und L-Lysin-Synthese auf Mikroorganismen angewiesen? Kann man sie nicht ebenso preiswert **rein chemisch** herstellen?

Tatsächlich wurde in Japan zunächst eine chemische Synthese von Glutamat aus Acrylnitril mithilfe von Cobaltcarbonyl-Katalysatoren und der sogenannten Strecker-Synthese betrieben. Lysin

wurde aus Aminocaprolactam chemisch produziert. Die Produkte waren ein Gemisch (**Racemat**) von zwei zueinander spiegelbildlichen räumlichen Anordnungen der Glutamat- oder Lysinatome, so wie unsere rechte und linke Hand den gleichen, wenn auch spiegelbildlichen Aufbau haben (Abb. 4.24).

Die beiden spiegelbildlichen Formen des Glutamats werden bei Analysen durch ihren entgegengesetzten optischen Drehwinkel (rechtsdrehend und linksdrehend) als **D**- und **L-Form** unterschieden. Chemisch wurden etwa gleiche Mengen der D- und L-Form gebildet. Den besonderen Würzgeschmack besitzt aber nur linksdrehendes L-Glutamat!

Unsere Geschmackszellen mit ihren Rezeptoren können – wie die Enzyme im aktiven Zentrum – nur eine räumliche Anordnung des Reaktions-

Goethe und Bioreaktoren?
»Das ist die Eigenschaft der Dinge:
Natürlichem
genügt das Weltall kaum,
was künstlich ist,
verlangt geschloss'nen Raum.«

J.W. v. Goethe, *Faust.*
Der Tragödie zweiter Teil

Abb. 4.20 Lysinproduktion in Riesen-Bioreaktoren in Japan

Abb. 4.21 *Corynebacterium glutamicum* ist in der American Type Culture Collection (ATCC) als Nr. 13032 hinterlegt. Die Kreise, die das Genom darstellen, sind Codierregionen. Gezeigt sind auch Bioreaktoren.

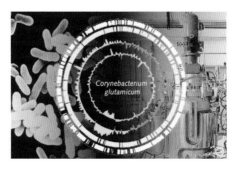

Box 4.3 Biotech-Historie:
Kinoshita und die Anfänge von Japans Bioindustrie

Die Ära der mikrobiellen Aminosäure-produktion mittels *Corynebacterium glutamicum* und die wissenschaftliche Untersuchung dieses Bakteriums begannen vor fast 60 Jahren, als man feststellte, dass es Glutaminsäure produziert. Heute ist dieses Bakterium einer der wichtigsten Mikroorganismen in der Biotechnologie. Mit seiner Hilfe werden jährlich etwa zwei Millionen Tonnen Aminosäuren herstellen. Davon finden mehr als eine Million Tonnen in Form von Natriumglutamat als Geschmacksverstärker in der Nahrungsmittelindustrie Verwendung, und mehr als eine halbe Million Tonnen dienen in Form von L-Lysin als Nahrungsmittelzusatz. Dieser Marktanteil wächst weiterhin ständig an.

Shukuo Kinoshita war der Pionier der Aminosäurefermentation in Japan. Trotz seines mittlerweile hohen Alters bat ich ihn 2008 um einen Beitrag und erhielt folgende nette E-Mail von dem 93-Jährigen. (siehe Kasten rechts)

Die Anfänge bei Kyowa

Im Jahr 1956 starteten wir bei **Kyowa Hakko Kogyo Co. Ltd., Tokio**, ein Forschungsprogramm mit dem Ziel, einen Mikroorganismus zu finden, der extrazellulär Glutaminsäure anreichern kann.

Unter sehr vielen Isolaten fanden wir eine Kolonie, die für diesen Zweck geeignet schien, und nannten sie *Micrococcus glutamicus* Nr. 534. Weitere Studien zeigten, dass dieser Mikroorganismus bei einer begrenzten Menge von Biotin im Wachstumsmedium in der Lage ist, Glutaminsäure anzureichern. Demzufolge musste Biotin eine Schlüsselrolle für die Physiologie der Zelle und ihre Fähigkeit, Glutamat zu bilden, spielen. Durch mikroskopische Beobachtung von Kulturen in unterschiedlichen Stadien stellten wir fest, dass sich die Zellform beträchtlich verändern kann. Deswegen und aufgrund weiterer taxonomischer Studien benannten wir das Bakterium in *Corynebacterium glutamicum* um. Durch Mutationen an diesem Bakterium und die Entdeckung wichtiger Regulationsmechanismen fand man heraus, dass es viele verschiedene Aminosäuren wie Lysin, Arginin,

Ornithin, Threonin und andere anreichern kann. Die meisten davon werden mittlerweile kommerziell hergestellt.

Die durch diesen Prozess erzeugten Aminosäuren liegen alle in ihrer natürlichen L-Form vor – **ein wesentlicher Vorteil der mikrobiellen Produktion gegenüber der chemischen Synthese**. Damit war der neue Industriezweig der Aminosäurefermentation geboren.

Bis zur Entdeckung von *C. glutamicum* war man bei der kommerziellen Produktion von Aminosäuren darauf angewiesen, natürliche Proteine abzubauen und aus den Abbaubestandteilen die Aminosäuren zu isolieren.

Unser neuer Prozess war dagegen ein biosynthetischer Vorgang unter Verwendung von Kohlenhydraten und Ammoniumionen. Dieser Prozess steigert das Angebot an Aminosäuren und trägt dazu bei, die absolute Proteinmenge weltweit zu erhöhen.

Mit der immer weiter anwachsenden Weltbevölkerung steigt auch der Bedarf an Amino-

säuren und Proteinen. Nach dem Zweiten Weltkrieg entstanden in Japan zwei neue Fermentationsindustrien: die Aminosäure- und die Nucleotidfermentation.

Die historischen Wurzeln

Ich möchte kurz erklären, warum die Aminosäureproduktion in Japan entstanden ist. Dazu müssen wir ins Jahr 1908 zurückgehen.

Damals fand Professor **Kikunae Ikeda** (1864–1936) an der Universität Tokio heraus, dass Mononatriumglutamat (oder MSG für engl. *monosodium glutamate*) eine

---

Lieber Prof. Dr. Reinhard Renneberg,   *Tokio, 20. 11. 2008*

mein Name ist Yuko K. Akoi. Ich war früher Sekretärin von Dr. Shuko Kinoshita bei Kyowa Hakko Kogyo Co. Ltd. und wurde von ihm gebeten, Ihnen folgende Nachricht zu schicken.

Zunächst einmal möchte ich Ihnen herzlich für Ihre freundliche E-Mail vom 16. November 2008 danken. Sie baten mich darin, die Geschichte meiner Entdeckung des Aminosäure-produzieren-den Bakteriums Corynebacterium glutamicum *für eine Box der englischen Ausgabe Ihres Lehrbuches zu schreiben. Ich leide jedoch schon seit langem an Grünem Star und bin seit kurzem fast blind. Daher kann ich Ihrer Bitte leider nicht entsprechen.*

Wie Sie wissen, habe ich seit 1956 daran gearbeitet, die industrielle Produktion von Amino-säure durch Fermentation bei Kyowa Hakko Kogyo Co. Ltd. aufzubauen. Aufgrund der großen Anstrengung von uns und unseren Konkurrenzfirmen lassen sich heutzutage fast alle Aminosäuren mittels Fermentation herstellen. Durch unsere Entwicklung der industriellen Produktion von Aminosäuren mittels eines Fermentationsprozesses ließen sich die Herstellungskosten drastisch senken. Das hat wiederum dazu geführt, dass Aminosäuren mittlerweile sehr verbreitet in vielen Bereichen Verwendung finden, unter anderem zum Beispiel in indus-triell hergestellten Lebensmitteln, pharmazeutisch aktiven Bestandteilen oder Tierfutter. Die grundlegenden Prinzipien unseres Prozesses sind die hervorragende Kombination von metabolischer Regulation und genetischer Modifikation von Mikroorganismen. Ich halte die Entwicklung der industriellen Produktion von Aminosäuren durch Fermentation für den bedeutendsten und erfolgreichsten Bereich der im 20. Jahrhundert aufgeblühten modernen Biotechnologie.

Darüber hinaus glaube ich nicht, dass zukünftig irgendein anderer Vorgang den Fermentations-prozess übertreffen wird. Auf diese Leistung von mir und meinen Kollegen bin ich sehr stolz. Vor zwei Jahren arbeitete ich am Handbook of Corynebacterium glutamicum *mit, heraus-gegeben vom Verlag Taylor & Francis. Darin beschreibe ich, wie ich die Aminosäure-pro-duzierenden Mikroorganismen entdeckt habe und warum die Aminosäureindustrie in Japan zu ihrer Blüte kam. Für eine Veröffentlichung meiner obigen Stellungnahme in Ihrem Buch wäre ich Ihnen zutiefst dankbar.*

Nochmals vielen Dank und beste Grüße an Arny Demain.
Hochachtungsvoll, Shukuo Kinoshita PhD.
1-6-1 Ohtemachi, Chiyoda-ku, Tokio, 100-8185, Japan

Kikunae Ikeda und die ersten japanischen Glutamatprodukte

Aminosäureproduktion bei Kyowa Hakko

Bioreaktoren zur Herstellung von Aminosäuren

Wert der Nahrungsmittel erhöhen könnte, indem man ihren Geschmack verbessert. In dieser Hinsicht kann eine Verbesserung des Geschmacks zur Linderung der Mangelernährung beitragen. Er begann also nach etwas zu suchen, das einen guten Geschmack bewirkt. Da Kombu in der japanischen Küche traditionell als Geschmacksverstärker verwendet wurde, nahm er an, dass dieser Seetang die Geschmackssubstanz enthalten müsse. Dies führte zur Entdeckung von MSG. Um dessen geschmacksverstärkende Eigenschaften jedoch für die tägliche Ernährung der japanischen Bevölkerung nutzen zu können, musste es kommerziell hergestellt werden.

Saburosuke Suzuki (1867–1931) unterstützte Professor Ikedas Pläne. Als Rohmaterial zur Gewinnung von MSG wählte man Weizengluten, was sich jedoch als sehr problematisch erwies.

Zum Abbau von Gluten benötigte man konzentrierte Salzsäure (HCl), aber zu jener Zeit gab es noch keine korrosionsstabilen Gefäße. Deshalb verwendete man Tongefäße, deren Verwendung aber aufgrund ihrer Zerbrechlichkeit nicht ungefährlich war. Außerdem verursachten austretende Salzsäuredämpfe bei den Anwohnern in der Umgebung der Fabrik schwere Gesundheitsschäden. Nachdem es zahlreiche Anschuldigungen und Beschwerden hagelte, musste Suzuki mit seiner Fabrik in eine abgelegene Gegend umziehen. Der Kampf um die Herstellung von MSG dauerte zehn Jahre, bis er endlich vom kommerziellen Erfolg überzeugt war. Als MSG erst einmal am Markt eingeführt war, überschwemmte es mit seinen wunderbaren Wirkung den Nahrungsmittelmarkt und entwickelte sich zu einem wesentlichen Nahrungsmittelzusatz. Heute ist die Firma von Suzuki unter dem Namen Ajinomoto Co., Inc. bekannt.

Unsere Motivation: Versorgung der Hungernden nach dem Zweiten Weltkrieg...

Nach dem Zweiten Weltkrieg gründete Dr. **Benzaburo Kato** 1945 die Kyowa Hakko Kogyo Co. Ltd.. Wegen der Nahrungsmittelknappheit musste das japanische Volk unter Hunger leiden. Überall litten Menschen unter Mangelernährung. Dr. Kato machte sich darüber große Sorgen und suchte nach einer Lösung für diese Misere. Dabei dachte er an die Bereitstellung einer großen Menge Protein als Nahrungsmittel. Um diese Idee

umzusetzen, beauftragte er mich, eine kommerzielle Produktionsmöglichkeit zu entwickeln, mit der man durch einen Fermentationsprozess Nahrungsprotein erzeugen kann.

„**Nahrungsprotein durch einen Fermentationsprozess herstellen?**" Ich traute meinen Ohren nicht. Sein inständiges Bedürfnis, die Unterernährung in Japan zu lindern, beeindruckte mich tief, aber es war einfach unmöglich, Protein zu einem Preis zu produzieren, der mit natürlichen Proteinen konkurrieren konnte. Wenn sich die Herstellung von Proteinen nicht verwirklichen ließ, wie verhielt es sich dann mit Aminosäuren? Da sie einen sehr ähnlichen Nährwert aufweisen, war es meiner Ansicht nach einen Versuch wert, ihre Herstellung auszuprobieren. Das war der Beginn unseres herausfordernden Projekts, das aber letztendlich den beschriebenen Erfolg brachte.

Interessanterweise führte die Lösung dieses Problems zu zwei vollkommen gegensätzlichen Prozessen: einem Abbauprozess und einem Biosyntheseprozess.

Dies sind die Hintergründe der Entstehung der Aminosäureindustrie in Japan. Zweifellos hatten **Dr. Ikeda** und **Dr. Kato** die gleiche **grundlegende Motivation, nämlich die Mangelernährung in Japan zu lindern.**

Shukuo Kinoshita (1915-2011)

Literatur:

Ikeda K. (2002) New seasonings. *Chem. Senses* 27: 847–849
Kinoshita S. (1987) Thom Award Address. Amino acid and nucleotide fermentations: From their genesis to the current state. *Developments in Industrial Microbiology* 28: 1–12

stark geschmacksverstärkende Wirkung hat. Er entdeckte dieses Phänomen durch eingehende Untersuchung der Abbauprodukte von Kombu, einem essbaren Seetang. Bei seinen Studien stieß er auf ein kleines Kristall. Es handelte sich dabei um Glutaminsäure, die, wie er feststellte, sauer schmeckte. Als er zu einer Glutaminsäurelösung Natronlauge (Natriumhydroxid, NaOH) hinzugab und erneut probierte, stellte er zu seiner Überraschung fest, dass die **Lösung nun sehr wohlschmeckend** war. Damit hatte er das Ziel seiner Untersuchungen erreicht und einen wirksamen Aroma- oder Geschmacksverstärker gefunden. Durch Zugabe von nur wenigen Milligramm von MSG ließ sich der Geschmack verschiedener Nahrungsmittel deutlich verbessern. Was für eine großartige Errungenschaft!

Betrachten wir nun seine ursprüngliche Idee, die ihn dazu veranlasste, diese Untersuchungen durchzuführen. Eigentlich beabsichtigte er, die Ernährung zu verbessern und die zu dieser Zeit niedrige Lebenserwartung der japanischen Bevölkerung zu erhöhen.

Es war ökonomisch jedoch nicht möglich, **große Mengen von mikrobiell erzeugten Proteinen zu liefern**, die zu natürlichen Proteinquellen wie Soja oder Weizen konkurrenzfähig gewesen wären. Daher dachte er noch einmal über eine **effektive Methode zur Linderung der Unterernährung in Japan** nach. Schließlich kam ihm die Idee, dass man selbst bei gleicher Ernährung den

Abb. 4.22 James Bond (Sean Connery) tarnte sich in *Man lebt nur zweimal* als Geschäftsmann, um in Japan eine supergeheime Raketenzentrale zu finden. Der Meisterspion bestellte, sehr listig buchstabierend, „Mo-no-so-di-um-glu-ta-ma-te" bei einem japanischen Gangsterboss, um vom Geheimauftrag der Weltrettung abzulenken.

Abb. 4.23 In seinem 1871 veröffentlichten Buch *Alice hinter den Spiegeln* beschreibt Lewis Carroll, wie Alice durch einen Spiegel in eine spiegelbildliche Welt gelangt: »Also, wenn du einmal ordentlich zuhörst, Mieze, und nicht dauernd dazwischenredest, will ich dir erzählen, wie ich mir das Haus hinterm Spiegel vorstelle. Zuerst einmal kommt das Zimmer, das du hinter dem Glas siehst – das ist genau wie unser Wohnzimmer, nur ist alles verkehrt herum.

Wie gefiele dir das, Mieze, wenn du in dem Haus hinterm Spiegel wohnen müsstest? Ob sie dir dort auch deine Milch zu trinken gäben? Aber vielleicht schmeckt Spiegelmilch nicht besonders gut!«

Abb. 4.24 Konfiguration der im polarisierten Licht rechtsdrehenden (D-) und der linksdrehenden (L-) Form (vorn) einer optisch aktiven Substanz. Beide räumlichen Formen verhalten sich wie Bild und Spiegelbild.

partners erkennen (so wie uns sofort auffällt, ob unser Partner uns die rechte oder die linke Hand zum Gruß gibt).

Proteine werden ausschließlich aus L-Aminosäuren synthetisiert, daher ist die Synthesemaschine der Zelle eben auch nur auf die Produktion von L-Aminosäuren eingestellt. Übrigens trifft der umgekehrte Fall auf die Zucker zu: Bei Zuckern werden nur D-Formen gebildet und erkannt, also beispielsweise β-D-Glucose (Traubenzucker).

Die tieferen Ursachen für diese Fakten sind noch unklar. Wahrscheinlich hat der Zufall am Beginn der Evolution eine Rolle gespielt. Man könnte sich theoretisch auch Lebewesen auf einem anderen Planeten vorstellen, die aus L-Zuckern und D-Aminosäuren aufgebaut sind. Sie könnten uns sogar äußerlich ähneln. Beide Formen wären aber nicht vermischbar. L-Glucose oder D-Glutamat von anderen Planeten wären ohne Nährwert für uns, da unsere Enzyme sie nicht „erkennen" und umsetzen können. Umgekehrt wären wir als Jagdbeute uninteressant…

Lewis Carroll machte dazu ein Gedankenexperiment in *Alice hinter den Spiegeln*: Gespiegelte Milch (Abb. 4.23) (mit L-Lactose statt D-Lactose) würde der normalen Katze nicht schmecken, aber vielleicht einer gespiegelten Katze?!

Der Nachteil der chemischen Aminosäuresynthese liegt also klar auf der Hand: Die Hälfte des chemisch synthetisierten Glutamats (also das D-Glutamat) besäße keine Würzkraft. Corynebakterien bilden dagegen ausschließlich würziges L-Glutamat. Von Lysin und Threonin sind ebenfalls nur die L-Formen biologisch aktiv, welche die Bakterien zu 100 % bilden. Die mikrobielle Synthese ist bei solchen stereochemisch komplizierten Synthesen und Umsetzungen der chemischen Synthese immer weit überlegen, wenn es um verschieden angeordnete, jedoch chemisch gleich-

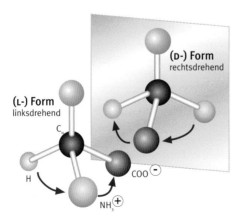

(D-) Form
rechtsdrehend

(L-) Form
linksdrehend

wertige Gruppen in einem Molekül geht. Im Übrigen können Enzyme genutzt werden, um chemisch erzeugte D, L-Gemische wieder aktiv aufzutrennen (siehe Kap. 2, Aminoacylasen).

Die Fähigkeit der Mikroben zu solchen gezielten Synthesen und Umsetzungen setzt man auch bei der Produktion von L-Ascorbinsäure (Vitamin C) ein.

■ 4.10 L-Ascorbinsäure, das Vitamin C

Wir, andere Primaten und – merkwürdigerweise – Meerschweinchen können Vitamin C (Abb. 4.28) nicht synthetisieren und müssen es mit der Nahrung aufnehmen. Meerschweine und Schimpansen können also auch Skorbut bekommen. Uns allen fehlt das Enzym Gulonolacton-Oxidase.

Kurios erscheint heute, dass die kaiserlichen Matrosen um 1900 auf Erlass des deutschen Kaisers täglich löffelweise Citronensäure schlucken mussten, um Skorbut abzuwenden. Man hatte diese Vitaminwirkung bei Zitrusfrüchten erlebt. Die kaiserliche Prozedur führte aber lediglich zu Durchfällen. Man wusste damals nicht, dass die Ascorbinsäure (Vitamin C) in den Zitronen Skorbut verhütet, nicht die Citronensäure. Sauerkraut war dagegen sehr gesund (solange es nicht in Dosen mit Bleiverschluss eingelötet wurde, siehe Box 4.9).

Eine Sensation wurde 1933 aus den Kellerlabors des Polytechnikums an der Eidgenössischen Technischen Hochschule (ETH) in Zürich gemeldet: die Synthese von Vitamin C, der **L-Ascorbinsäure** (Box 4.4).

Bei dem Herstellungsprozess baute der gebürtige Pole **Tadeusz Reichstein** (1897–1996) Glucose über mehr als zehn Zwischenstufen chemisch zu L-Xylose ab und verwandelte Letztere mit Blausäure (HCN) zu Vitamin C. Leider war die Methode für eine Großproduktion viel zu kompliziert und lieferte schlechte Ausbeuten. Gerade Vitamin C braucht der Mensch, verglichen mit anderen Vitaminen, aber in großen Mengen, etwa 100 mg täglich.

Reichstein und sein junger Kollege **Andreas Grüssner** gingen deshalb einen zweiten Weg. Sie wollten zunächst Sorbose als Zwischenstufe herstellen. Dazu reduzierten sie Glucose mit Wasserstoff und einem Katalysator unter Druck mit 100 %iger Ausbeute zu Sorbit.

Die nachfolgende chemische Oxidation von Sorbit zur Vitamin-C-Vorstufe Sorbose war aber sehr kompliziert. Der französische Chemiker **Gabriel Bertrand** (1867–1962, Box 4.4) hatte jedoch schon 1896 den nächsten Schritt beschrieben: Das Essigsäurebakterium *Acetobacter suboxydans* wandelt nämlich Sorbit in Sorbose um. Das Bakterium heißt heute nach neuer Systematik *Gluconobacter oxydans*.

Reichstein tat nun etwas für einen Chemiker seiner Zeit Ungewöhnliches: **Er dachte biotechnologisch** und kaufte sich reine *Acetobacter*-Kulturen von Mikrobiologen. Doch die gekauften Bakterien wollten Reichstein, einem Laien auf mikrobiologischem Gebiet, nicht zu Diensten sein. Bertrand hatte aber glücklicherweise auch eine verrückte Methode beschrieben, um wilde Sorbosebakterien einzufangen: Fruchtfliegen (*Drosophila*, Box 4.4)!

Reichstein nutzte die **Kombination** von chemischer Synthese mit dem biotechnologischen Schritt der Umwandlung von D-Sorbitol in L-Sorbose (Abb. 4.26).

1933 bot Reichstein der Firma Hoffmann-La Roche in Basel die Idee an. Roche war zuvor drauf und dran gewesen, die Methode von **Albert Szent-Györgyi** (1893–1986) zu übernehmen: Der Ungar hatte Vitamin C aus der Nationalspeise Paprika isoliert und 1937 den Nobelpreis erhalten.

Das **Reichstein-Verfahren** (Abb. 4.25) läuft in folgenden Schritten ab:

- D-Glucose wird **katalytisch** (Nickel als Katalysator, 150 bar Druck) zu D-Sorbitol (Sorbit) reduziert.

- Dann wird das Sorbitol durch die Bakterien aufgenommen und durch **Sorbitol-Dehydrogenase** in *Acetobacter suboxydans* selektiv zu L-Sorbose umgesetzt. Das passiert in submerser Fermentation von 20- bis 30%iger Sorbitlösung nahezu vollständig innerhalb von ein bis zwei Tagen.

- Schließlich wird L-Sorbose **chemisch** zu 2-Keto-L-gulonsäure (2-KLG) oxidiert und diese durch Säurebehandlung und Wasserabspaltung zu L-Ascorbinsäure umgewandelt.

Nach Jahrzehnten des Erfolgs wird nun die chemisch-biotechnologische Vitamin-C-Synthese von Reichstein und Grüssner aber durch neue, rein biotechnologische Prozesse attackiert (Abb. 4.31 und Box 4.4):

Bakterien der Gattung *Erwinia* (Abb. 4.32) setzen die Glucose bis zur 2,5-Diketo-D-gluconsäure

Reichstein-Verfahren

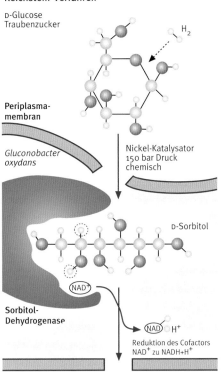

D-Glucose
Traubenzucker

H$_2$

Periplasma-membran

Gluconobacter oxydans

Nickel-Katalysator
150 bar Druck
chemisch

D-Sorbitol

NAD$^+$

Sorbitol-Dehydrogenase

NAD$^+$ H$^+$

Reduktion des Cofactors
NAD$^+$ zu NADH+H$^+$

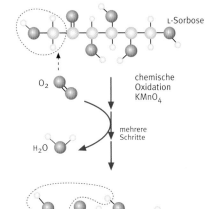

L-Sorbose

O$_2$

chemische
Oxidation
KMnO$_4$

H$_2$O

mehrere
Schritte

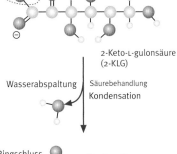

2-Keto-L-gulonsäure
(2-KLG)

Wasserabspaltung

Säurebehandlung
Kondensation

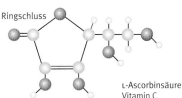

Ringschluss

L-Ascorbinsäure
Vitamin C

Abb. 4.25 Links: Vitamin-C-Synthese von Reichstein

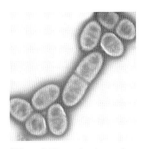

Abb. 4.26 *Gluconobacter oxydans* wandelt D-Sorbitol mit seiner Sorbitol-Dehydrogenase in L-Sorbose um.

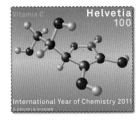

Abb. 4.27 Die Schweizer Firma Roche machte ein Vermögen mit L-Ascorbinsäure

Abb. 4.28 Kristalle der Ascorbinsäure (Vitamin C) im Polarisationsmikroskop. Es zeigt die auf der Doppelbrechung des Lichtes beruhenden Interferenzen.

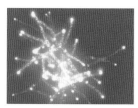

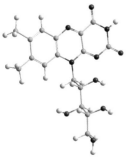

Abb. 4.29 Der filamentöse Ascomycet *Ashbya gossypii* produziert Vitamin B$_2$ (Riboflavin) (oben).

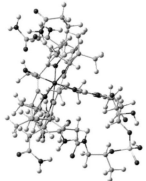

Abb. 4.30 Dorothy Crowfoot Hodgkin (1910–1994) war die dritte Frau, der ein Chemie-Nobelpreis zuerkannt wurde. Sie klärte bis 1949 die Penicillinstruktur auf. Die Struktur von Vitamin B$_{12}$ knackte sie 1955. 1964 folgte der Nobelpreis für Chemie. Die englische Presse verkündete irritiert, dass der Nobelpreis einer Großmutter zuerkannt worden war. Erst 1969 konnte Dorothy Crowfoot Hodgkin die endgültige Struktur des Insulins veröffentlichen – nach über 35 Jahren harter Arbeit!

(2,5-DKG) um. Das geschieht durch drei verschiedene Enzyme (Enzym 1 bis 3, Abb. 4.31). *Erwinia* ist (wie *E. coli*) gramnegativ.

Diese drei Enzyme sind membrangebunden im **Periplasma**, dem Zwischenraum zwischen äußerer Membran und Cytoplasmamembran bei gramnegativen Bakterien.

Andere Bakterien wie die grampositiven **Corynebakterien** haben eine einfachere Wandstruktur (90 % Murein, 10 % Teichonsäure), deshalb kann man ja auch grampositive von gramnegativen Bakterien durch Färbung unterscheiden! Sie besitzen kein Periplasma. Interessanterweise haben sie aber eine 2,5-Diketo-D-gluconsäure-Reduktase im Cytoplasma und können damit 2,5-DKG zu 2-Keto-L-gulonsäure (2-KLG) umsetzen, die ihrerseits leicht zu Vitamin C zyklisiert.

Erwinia bildet also das Ausgangsprodukt für *Corynebacterium*! Man müsste *Corynebacterium* und *Erwinia* in einer Co-Fermentation zusammenbringen. Großtechnisch die beiden zu verbinden, ist aber sehr schwierig (verschiedene pH- und Temperatur-Optima, Wachstumsraten und Verdrängen des anderen Stammes, verschiedene Nährmedien).

Es ist jedoch schließlich gelungen, durch gentechnische Methoden das **Erbgut der zwei Bakterienarten in einem einzigen Mikroorganismus** zu vereinen: Dieser nimmt reine Glucose auf und scheidet die Vitamin-C-Vorstufe direkt ins Medium ab.

Man entschied sich, das Reduktase-Gen aus Corynebakterien in die *Erwinia*-Zellen einzuführen. Das ist natürlich sinnvoll, denn *Erwinia* fehlt ja nur ein Enzym, und die *Erwinia*-Enzyme würden in *Corynebacterium* keine Periplasmamembran vorfinden. Die *Corynebacterium*-**Reduktase** arbeitet dagegen nicht an einer Membran, sondern frei im Zellplasma.

Nun passiert Folgendes in den **rekombinanten** *Erwinia*-**Zellen** (Abb. 4.31):

- D-Glucose wird aus dem Medium ins Periplasma aufgenommen.

- Die drei Periplasmaenzyme (Enzyme 1, 2, 3 an der inneren Membran von *Erwinia*) synthetisieren stufenweise 2,5-DKG.

- Die 2,5-Diketo-D-gluconsäure-Reduktase (Enzym 4 aus *Corynebacterium*) katalysiert im Cytoplasma der *Erwinia*-Zellen 2,5-DKG zu 2-KLG (2-Ketogulonsäure) und gibt sie ins Medium ab.

- 2-KLG wird durch Säurebehandlung unter Wasserabspaltung in die ringförmige L-Ascorbinsäure (Vitamin C) verwandelt.

Mithilfe der Gentechnik ist es somit gelungen, die **metabolische Kapazität zweier sehr unterschiedlicher Mikroben elegant zu vereinen**. Die rekombinanten *Erwinia*-Zellen produzierten in 120 Stunden etwa 120 g 2-KLG pro Liter Fermentationsbrühe. 60 % der Glucose werden umgesetzt.

Mit der genialen Kombination von chemischer und biotechnologischer Synthese wurde Hoffmann-La Roche über viele Jahre hinweg zum weltweit größten Vitamin-C-Produzenten. Inzwischen wurde die Produktion von DSM (Niederlande) übernommen (von Roche 2002 verkauft).

Heute liegt der Marktumsatz für Vitamin C bei rund einer Milliarde US-Dollar, wobei allerdings 90 % der Anteile bereits auf chinesische Biotech-Firmen entfallen, die erheblich unter den Weltmarktpreisen produzieren.

Tadeusz Reichstein erhielt 1950 den Nobelpreis für Physiologie oder Medizin, allerdings für seine Arbeiten zum Cortison, einem Hormon der Nebennierenrinde (siehe Abb. 4.54).

Die Firma Roche verkaufte 1936 370 kg Vitamin C zu einem Kilopreis von 1140 Schweizer Franken. 1938 sank der Preis je Kilogramm auf 550 Franken, 1940 auf 390 Franken und 1950 auf 102 Franken. Anfang der 60er-Jahre kostete 1 kg Vitamin C 80 Franken, und heute liegt der Preis bei etwa 20 Franken je Kilogramm; Vitamin C ist also heute mehr als 50-mal billiger als vor 80 Jahren!

Außer zur Gesundheitsprophylaxe dient der größte Teil des Vitamins als harmloses **natürliches Antioxidans**, das Erfrischungsgetränken beigemischt wird, um sie haltbar zu machen. Chemie- und Friedensnobelpreisträger **Linus Pauling** (1901–1994) schwor auf Vitamin C als Fänger freier Radikale, die im Körper Erbschäden auslösen können.

Er schluckte täglich mehrere Gramm Vitamin C, wurde immerhin 93 Jahre alt und war nie erkältet. Wenn seine Theorie auch umstritten ist, man kann auf jeden Fall sicher sein, dass vitaminhaltige und proteinreiche Kost anstelle von Fett und Fleisch die Lebenserwartung steigern.

Wie viel Vitamin C soll man eigentlich zu sich nehmen? Die Deutsche Gesellschaft für Ernährung empfiehlt 150 mg pro Tag. „*Forever young*"-Anhänger nehmen dagegen täglich 1–3 g. Man kann kaum überdosieren und sich nicht vergiften, denn Vitamin C ist wasserlöslich. Es sammelt sich nicht wie die fettlöslichen Vitamine A, D, E und K im Körper an, sondern wird im Urin ausgeschieden. Die Säure im Übermaß kann allerdings auf den Magen schlagen (und auf den Geldbeutel!).

Die meisten anderen Vitamine werden rein chemisch hergestellt, z. B. der Möhrenfarbstoff β-Carotin für Tierfutter oder aus Pflanzen das Tocopherol. Nur die **Vitamine C, B₂ und B₁₂** (Abb. 4.29 und 4.30) werden hauptsächlich biotechnologisch durch Mikroben produziert.

Der Pilz *Ashbya gossypii* (Abb. 4.29), ein filamentöser Ascomycet, liefert **Riboflavin**, das **Vitamin B₂**. Der inzwischen gezüchtete Industriestamm produziert heute 20 000-mal mehr Vitamin B₂ als seine Artgenossen in der Natur. Der Prozess wurde schon 1947 zum Laufen gebracht.

Zunächst erzeugte *Ashbya* nur sehr geringe Mengen Riboflavin. Inzwischen wird auch ein verwandter Pilz, *Eremothecium ashbyii*, eingesetzt sowie das Bakterium *Bacillus subtilis*, von dem bestimmte Stämme das Vitamin überproduzieren und ins Medium abgeben. *B. subtilis* ist im Gegensatz zu den beiden Pilzen kein natürlicher Vitamin-Überproduzent, es wurde gezielt gentechnisch manipuliert.

Riboflavin kommt in Milch, Leber, Huhn, Eiern, Seefisch, Nüssen und Salat vor. Es soll wesentlich Fitness und Muskelbildung beeinflussen sowie an der Produktion des Stresshormons Adrenalin beteiligt sein.

Pseudomonas denitrificans und *Propionibacterium shermanii* bilden Cobalamin, die Vorstufe zum **Cyanocobalamin** (**Vitamin B₁₂**, Abb. 4.30), sogar in 50000-facher Überproduktion im Vergleich zum Wildstamm. In einem einstufigen Prozess erzeugt *Pseudomonas denitrificans* anaerob das Cobalamin in viertägigem Wachstum in Zuckerrübenmelasse bis zu 60 mg/L. Das Cobalamin wird ins Medium abgegeben. Die Melasse enthält Betain, das die Ausbeute wesentlich erhöht. Man erhitzt die Kultur am Ende in Gegenwart von Cyanid und erhält so Cyanocobalamin.

Vitamin B₁₂-Mangel führt zu **Anämien** (**perniziöse Anämie**). 1926 wurde die perniziöse Anämie erstmals erfolgreich mit ein bis zwei Pfund roher Rinderleber pro Woche behandelt.

Gentechnikverfahren

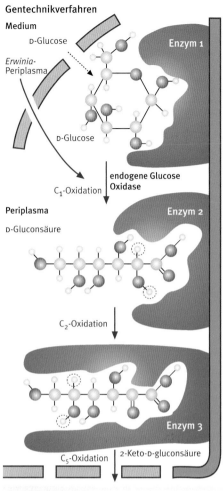

Medium
D-Glucose
Erwinia-Periplasma
Enzym 1
D-Glucose
C₁-Oxidation
endogene Glucose Oxidase
Periplasma
D-Gluconsäure
Enzym 2
C₂-Oxidation
Enzym 3
C₅-Oxidation
2-Keto-D-gluconsäure

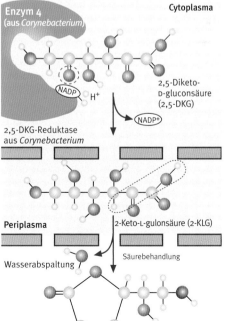

Enzym 4 (aus *Corynebacterium*)
Cytoplasma
NADP
H⁺
2,5-Diketo-D-gluconsäure (2,5-DKG)
NADP⁺
2,5-DKG-Reduktase aus *Corynebacterium*
Periplasma
2-Keto-L-gulonsäure (2-KLG)
Wasserabspaltung
Säurebehandlung
L-Ascorbinsäure Vitamin C
Medium

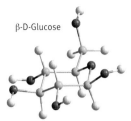

Abb. 4.31 Vitamin-C-Synthese mit genmanipulierten *Erwinia*-Zellen

β-D-Glucose

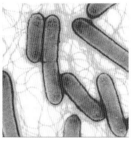

Abb. 4.32 *Erwinia* (Mitte) ist eigentlich ein gramnegativer Pflanzenschädling, der Nass- und Trockenfäule (unten) verursacht und über die Ausscheidung von Pektinasen in die Pflanzenzellen gelangt.

Abb. 4.33 Corynebakterien liefern das Enzym 2,5-DKG-Reduktase, das in *Erwinia*-Zellen im Cytoplasma exprimiert wird.

Vitamin C

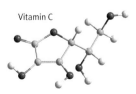

Box 4.4 Biotech-Historie:
Reichsteins Fliege und das Vitamin C

Tadeusz Reichstein
(1897–1996)

Tadeusz Reichstein war Assistent bei dem genialen Synthesechemiker **Leopold Ruzicka** (1887–1976) an der ETH Zürich. Ruzicka hatte versucht, Roche seine Hormonsynthesen anzubieten. Doch »der unkonventionell originelle Ruzicka und der ganz auf Ordnung und Disziplin ausgerichtete Emil Barell (1874–1953) (von Roche) vermochten sich nicht zu verständigen« (Roche-Firmenschrift). Ruzicka ging (mit Erfolg!) 1929 zu Ciba in Basel. Ähnlich erging es zunächst Reichstein bei Roche 1932.

Der Franzose Gabriel Bertrand (1867–1962) beschrieb, wie man Sorbose genial mit *Drosophila*-Hilfe produzieren kann. Bei Reichstein funktionierte es genauso wie beim Verfasser in Hongkong 120 Jahre später.

Nach 50 Jahren erinnerte sich Reichstein an die damaligen Ereignisse:

»Die genaue Vorschrift kenne ich nicht mehr. Aber es ging (bei **Gabriel Bertrand**) etwa so: Man nimmt Wein, tut etwas Zucker und Essig rein und lässt das alles in einem Glas stehen. Durch dieses flüssige Gemisch angelockt, schwärmen kleine Fliegen herbei, *Drosophila* mit Namen. *Drosophila*, auch Fruchtfliege genannt, hat solche Bakterien in sich, im Darm, und wenn die Fliege nun an diesem Saft zu saugen beginnt, gehen da gleich ein paar von diesen Bakterien weg und fangen an, Sorbose zu machen. Als ich das damals probieren wollte, war es schon ziemlich spät im Jahr, das Wetter aber schön mild, ich habe keine einzige *Drosophila* mehr gesehen. Aber ich konnte nicht noch ein Jahr warten und habe es eben dennoch versucht.

In den Wein habe ich anstatt Zucker gleich Sorbit reingetan, etwas Essig wie vorgeschrieben, aber auch Hefebouillon. Denn ein Bakteriologe hat mir gesagt, in Hefebouillon ist alles drin, was ein Bakterium so braucht. Nicht wahr, die sollten es ja gut haben. Fünf Becher von dieser Lösung habe ich vor das Fenster meines Kellerlabors gestellt, von dem aus man die Sonne gerade noch sehen konnte. Das war an einem Samstag. Und ich habe gedacht, wenn die Fliegen kommen, ist es gut, wenn nicht, ist auch nichts verloren. Am Montag bin ich zurückgekommen, alles war eingetrocknet. Aber zwei Becher waren voller Kristalle. Wir haben diese Kristalle angeschaut – es war reine Sorbose! In einem Glas ist noch eine *Drosophila* drin gewesen, die ist ersoffen.

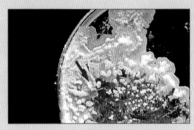

Das vom Verfasser nachgestellte Experiment mit Sorbit: roter Pfeil zeigt die Fliege

Und von dieser *Drosophila* gingen strahlenförmig die Sorbosekristalle aus. Diese wilden Bakterien haben also Sorbose in zwei Tagen gemacht, was die gekauften in sechs Wochen nicht konnten, also mussten meine gut sein. Wir haben sie dann überimpft, und in der Tat, auch beim zweiten Versuch mit diesen sich schnell vermehrenden Bakterien hat sich alles in Sorbose verwandelt, und zwar wiederum in 24 bis 48 Stunden. Auf diesem Weg haben wir in wenigen Tagen etwa 50 g Sorbose machen können. Es war natürlich ein wildes Gemisch von Bakterien in dieser Lösung. Aber das schadet nichts. Sie haben bei pH 5, also einer sauren Reaktion, das Optimum ihrer Wirksamkeit erreicht. Und bei einer so stark sauren Reaktion wachsen die anderen Bakterien oder Pilze kaum mehr. Aus der Sorbose konnte man dann tatsächlich auf sehr einfache Weise Vitamin C bekommen, sofort grammweise, und man konnte auch bereits sagen, dass es möglich sein würde, es tonnenweise zu produzieren.

Ich glaube, wir haben aus 100 g Glucose 30–40 g Vitamin C bekommen. Aber wir haben ja an der Synthese noch nicht geschliffen, man konnte sie also sicher noch optimieren und noch bessere Resultate erzielen.«

Redoxon®, damals und heute als Brausetablette, nun auch in China

Die Firma Roche in Zürich übernahm die Lizenz von Reichstein; obwohl der Firmenchef der damals noch ganz kleinen Firma meinte, diese mikrobiologische Reaktion mit Bakterien passe ihm nicht, sie sei bei den Chemikern sehr unbeliebt. Reichstein antwortete ihm: »... ob beliebt oder nicht, ich kann's nicht ändern, dieses Bakterium ist der einzige Laborant, der aus Sorbit Sorbose mit 90 % Ausbeute machen kann. Das macht ihm kein Mensch nach. Und das leistet das Bakterium in zwei Tagen, mit gar nichts, nur mit Luft. Man muss ihm bloß ein bisschen Hefe zu fressen geben.«

In der Firmenschrift zum 100. Jubiläum 1996 schreibt die Firma Roche: »Die Isolierung dieses Anti-Skorbut-Vitamins war nach langem Suchen dem Ungarn **A. Szent-Györgyi** gelungen, und Roche war drauf und dran, dessen Methoden der Vitamin-C-Gewinnung aus Paprika zu übernehmen. [...] Doch Reichsteins geniale Synthese erwies sich als viel zukunftsträchtiger. Mit ihr begann die eigentliche Vitaminproduktion bei Roche. [...] Allerdings beurteilte Barell damals das Vitamin C noch als ein selten gebrauchtes Biochemicum, von dem man höchstens 10 kg pro Jahr verkaufen könne, und war sehr überrascht, als es sich schon nach einigen Monaten als höchst begehrtes Produkt erwies.«

Das 1934 lancierte Vitamin-C-Präparat Redoxon® ist, natürlich weiterentwickelt, heute noch auf dem Markt.

1934 gab es den Medizin-Nobelpreis für **George Hoyt Whipple** (1878–1976), **George Richards Minot** (1885–1950) und **William Parry Murphy** (1892–1987) für diese Erkenntnis.

Vitamin B$_{12}$ wird zur Blutbildung und als Leberschutzpräparat verwendet, und etwa die Hälfte der jährlich produzierten 40 t als Futtermittel für Wachstum und Knochenaufbau. Beim Menschen soll es zudem Nervenstärke und geistige Frische fördern.

■ 4.11 Aspartam – der Siegeszug eines süßen Dipeptidesters

James Schlatter (geb. 1942) Chemiker des amerikanischen Pharmaproduzenten G. D. Searle Co., testete 1965 Peptide, kurze Ketten aus verschiedenen Aminosäuren, als Präparate gegen Magengeschwüre. Später berichtet die Saga, er habe sich versehentlich im Labor Tropfen eines seiner Präparate über die Hand geschüttet. Als er beim Auflesen eines Papierschnitzels gedankenlos eine Fingerspitze mit der Zunge befeuchtete, schmeckte der Finger zuckersüß. (Böswillige behaupten, das wäre bei verbotenem Rauchen im Labor passiert.) Die Testsubstanz besaß, wie sich später herausstellte, die **200-fache Süßkraft** von Rüben- oder Rohrzucker, also von Saccharose.

Der neue Superzucker **Aspartam** ist ein Peptid, ein Methylester der beiden Aminosäuren Aspartat und Phenylalanin.

Phenylalanin und Aspartat können durch Bakterien in Bioreaktoren produziert werden. Man verknüpft sie rein chemisch oder mithilfe der **„Umkehrreaktion" von Proteasen** (wie Trypsin) in Zweiphasensystemen mit organischen Lösungsmitteln zum Peptid (siehe Kap. 2).

Aspartam wird zwar von den Verdauungsenzymen im Darm gespalten; 1 g Aspartam, der Tagesbedarf eines Erwachsenen, liefert aber nur vier Kilokalorien, weit weniger als ein Hundertstel der Energie, die ein Mensch gewöhnlich mit Zucker zu sich nimmt. Der zweite Vorteil von Aspartam: Es ist **nicht nur kalorienarm, sondern schmeckt auch fast wie Zucker** (bis auf den fehlenden „Körper"), hat also nicht den Beigeschmack seiner Konkurrenten Saccharin und Cyclamat (Abb. 4.35).

Aspartam kam zur rechten Zeit: Ende der 70er-Jahre schwappte die Fitnesswelle über die USA. *Light*-Produkte verwenden reines Aspartam oder in Mischungen (Abb. 4.34, 4.35). Einen Nachteil

hat Aspartam jedoch auch: Es zersetzt sich nach sechs bis neun Monaten. Für die Softdrinks ist das allerdings unwesentlich: 95 % der Getränke stehen laut Statistik nicht länger als drei Monate im Regal.

Gegenwärtig ist Aspartam noch teurer als Saccharin und auch teurer als enzymproduzierter Fructosesirup (Kap. 2). Wenn es aber gelingt, Mikroben durch Gentechnik dazu zu veranlassen, das Aspartam gleichsam „fix und fertig", oder aber die beiden Aspartambausteine in noch größeren Mengen billiger zu bilden, könnte Aspartam bald der Sieger sein. Da sein Nährwert verschwindend gering ist, drohen verhältnismäßig **schlechte Zeiten für Kariesbakterien** wie *Streptococcus mutans* (Kap. 7).

Ob das auch für Fettpolster zutrifft, bezweifeln allerdings Ernährungsfachleute: *Light*-Getränke suggerieren dem Körper eine Energiezufuhr, die gar nicht kommt und zu Heißhunger führt, der dann auf andere Weise gestillt wird. Es gibt sogar regelrechte **Warnungen** vor Aspartam durch Ernährungswissenschaftler. In den USA wird von einigen Gruppierungen Aspartam verteufelt, weil das beim Verdauen von Aspartam eventuell entstehende Methanol zu Blindheit führen soll; dazu müssten aber Unmengen von Aspartam aufgenommen werden.

Weltweit werden 14 000 t Aspartam pro Jahr erzeugt. Aspartam kostet 30–40 US-Dollar pro kg.

Zwei andere, noch süßere Eiweiße wurden in westafrikanischen Sträuchern entdeckt: **Thaumatin** und **Monellin** (Abb. 4.36). Da die Kosten zur Gewinnung dieser Süßstoffe aus Pflanzen hoch sind, versucht man sie gentechnisch durch Mikroben herstellen zu lassen. Aber der letzte Hit ist ein Zucker von *Stevia* (Abb. 4.37).

Viele Katzen lieben Thaumatin. Es hält sich das hartnäckige Gerücht, dass Thaumatin oder bestimmte Aminosäuren Katzen für Katzenfuttermarken geradezu süchtig machen (Box 4.2).

■ 4.12 Immobilisierte Zellen produzieren Aminosäuren und organische Säuren

Japan ist auf dem Gebiet der immobilisierten Zellen besonders weit fortgeschritten (Kap. 2). **Ichiro Chibata** und **Tetsya Tosa** (in Kap. 2, Abb. 2.23) bei der Firma Tanabe Seiyaku in Osaka, Pioniere schon der Enzymimmobilisierung, nutzten 1973 einen Prozess, bei dem tiefgefrorene Zellen von *Escherichia coli* in Gel eingeschlossen jähr-

Abb. 4.34 Wie sich die Zeiten und Geschmäcker ändern: Reklamebilder. Oben: das kalorienreiche Original in den USA, unten: das *Bio-Light*-Produkt in Asien.

Abb. 4.35 Auf *Cola-zero*-Büchsen ist neben der Inhaltsdeklaration eine Warnung für Phenylketonurie-Kranke vor Aspartam angebracht.

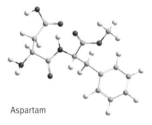

Aspartam

Abb. 4.36 Thaumatin wird aus den Früchten des afrikanischen *Katemfe*-Strauches gewonnen.

Abb. 4.37 Stevia ist 50-mal süßer als Zucker.

Box 4.5 Warum UV-Licht Mikroben tötet

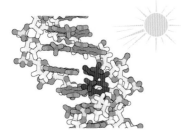

Durch UV-Bestrahlung entsteht ein TT-Dimer (violett) in der DNA-Doppelhelix. Ein Cyclobutanring bildet sich zwischen den beiden Thyminbasen (oben). Das Dimer führt zu einer Verdrehung in der Helix (rechts in der Box gezeigt) und schwächt die Wechselwirkung mit dem eigentlichen Partner Adenin, es knickt das DNA-Rückgrat leicht.

Ultraviolettes Licht wird von einer Doppelbindung in einer Pyrimidinbase (Thymin und Cytosin in DNA) absorbiert, öffnet die Bindung und erlaubt ihr, mit den Nachbarmolekülen zu reagieren. Die häufigste Reaktion ist eine direkte Interaktion mit der anderen Thyminbase. Es werden so chemisch stabile

(kovalente) Bindungen hergestellt: Ein fester Viererring entsteht. Jede Hautzelle erleidet etwa 50 bis 100 solcher Reaktionen in jeder Sekunde (!) im Sonnenlicht; so entstehen Mutationen.

UV-Licht wird für die Sterilisation von Arbeitstischen (*Clean Bench*) benutzt.

Zum Glück für uns werden diese Schäden meist schon Sekunden nach ihrer Entstehung beseitigt. Dutzende Proteine kooperieren dabei. Sie schneiden bei der sogenannten *nucleotide excision repair* ein 30 Basenpaare langes Segment heraus, das dann wieder mit korrekten Nucleotiden aufgefüllt wird. Das ist unser einziger Schutz gegen UV (neben Sonnencremes). Wenn diese Repara-

tur nicht erfolgreich ist, entsteht Hautkrebs. Mikroorganismen nutzen dagegen Endonucleasen, die einfach in einem Schritt die beschädigte Base herausschneiden. Die Endonuclease V des T4-Bakteriophagen geht sehr robust mit der DNA um, die sie korrigiert. Sie bindet an der Stelle mit einem TT-Dimer.

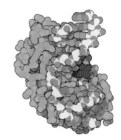

Wie ein DNA-Reparaturenzym (grün) das TT-Dimer (violett) findet, korrigiert und das Adenin in seine Tasche, links neben der DNA, befördert.

Erstaunlicherweise erkennt das Enzym nicht das Dimer, sondern die Schwächung der Helix durch das Dimer. Das Enzym knickt die DNA an der Seite der Läsion und nimmt auch eine komplementäre Adeninbase heraus in seine Tasche.

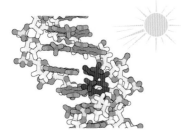

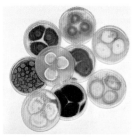

Abb. 4.38 Petrischalen mit Mikroorganismenkolonien, Screening auf neue Antibiotikabildner in Jena

lich 600 t der Aminosäure **Aspartat** (Asparaginsäure, ein Baustein des Aspartams) aus Fumarsäure synthetisierten.

Erst nach 120 Tagen sank die Aktivität der Aspartase der Colibakterien auf die Hälfte ab. Freie Zellen haben dagegen nur eine „Halbwertszeit" von zehn Tagen. Beim Prozess mit immobilisierten Zellen entstehen 60 % der Produktionskosten im Vergleich zur Verwendung freier Zellen: Die Katalysatorkosten sinken von etwa 30 % bei freien Zellen auf 3 %, die Kosten für Bedienungspersonal und Energie um 15 %. Ein Säulenreaktor von 1000 L Fassungsvermögen lieferte annähernd 2 t (!) L-Aspartat pro Tag.

Ein ähnlicher Prozess mit immobilisierten *Brevibacterium*-Zellen erzeugte 180 t **L-Malat** (**Äpfelsäure**) aus Fumarsäure pro Jahr. Beide Prozesse verwenden jeweils nur ein einziges Enzym des Mikroorganismus (Aspartase bzw. Fumarase), das aus wirtschaftlich-praktischen Erwägungen im Zellverband belassen wird. Die Zellmembranen zerstört man vor dem Einsatz teilweise schonend, dadurch liegen keine lebenden Zellen mehr vor. Die Substrate werden nicht durch die Zellmembran zurückgehalten, die Enzyme sind jedoch stabil.

Mikroorganismen bieten sich natürlich eher noch für **Mehrstufenprozesse** an. Eine gute Mög-

lichkeit ergibt sich zum Beispiel für die Alkoholherstellung mit immobilisierten Hefen (Kap. 1), sie ist allerdings noch lange nicht wirtschaftlich.

Die Möglichkeiten der immobilisierten Zellen sind groß. Im Vergleich zu freien, lebenden Zellen schneiden die immobilisierten Zellen in der Mehrzahl der Fälle deutlich besser ab.

Ein Prozess von Tanabe Seiyaku nutzte 1982 sogar zwei verschiedene „in Reihe geschaltete" immobilisierte Mikroorganismen zur Stoffumwandlung: Zunächst wird aus Fumarsäure durch immobilisierte Zellen von *Escherichia coli* in einem 1000-L-Bioreaktor **L-Aspartat** gebildet, das nachfolgend von immobilisierten *Pseudomonas dacunhae*-Zellen in einem 2000-L-Reaktor zu **L-Alanin** umgewandelt wird. Die Pilotanlage produzierte monatlich 100 t L-Aspartat und 10 t L-Alanin.

■ 4.13 Mutationen – ein Weg zur gezielten Programmierung von Mikroben

Um einen maßgeschneiderten industriell nutzbaren Mikroorganismus zu gewinnen, muss man die unerwünschten Eigenschaften eines Wildstammes eliminieren, die nützlichen verstärken oder sogar völlig neue Eigenschaften einführen.

Box 4.6 Screening, Mutagenese und Selektion schaffen potente Antibiotikaproduzenten

Zunächst entnimmt man einem verdächtigen Habitat Proben.

Da sich in 1 cm³ Erdboden Millionen von **Mikroben** befinden, muss die Probe mit Wasser verdünnt werden. Verschieden stark verdünnte Proben werden auf Fangplatten ausgegossen und verteilt. Das sind Petrischalen, die einen Nährboden enthalten. Dann werden die Petrischalen bei 25 °C oder 37 °C in Brutschränken sechs Tage lang bebrütet, bis aus den einzelnen Mikroorganismen kleine, gut sichtbare Ansammlungen (**Kolonien**) entstanden sind. Wenn sich darunter Kolonien befinden, die **Antibiotika** bilden, sondern sie die Hemmstoffe in die Umgebung ab. Werden nun die Fangplatten mit Testbakterien, zum Beispiel Streptokokken, besprüht, bilden diese Bakterien auf allen Platten einen dichten Rasen. Nur um die Antibiotika produzierenden Kolonien entsteht eine tote Zone.

Visuelles Screenen auf „tote Zonen" um die Antibiotikabildner herum

Diesen Kolonien entnimmt man mit einem dünnen Draht, bestehend aus dem Edelmetall Platin, der vorher ausgeglüht und dadurch keimfrei gemacht wurde, eine Probe und zieht damit beim Strichtest einen Strich auf eine frische Nährplatte. Nach einer kurzen Bebrütung zieht man dann senkrecht zum ersten Strich neue Striche mit verschiedenen Testmikroben, z. B. mit Staphylokok-

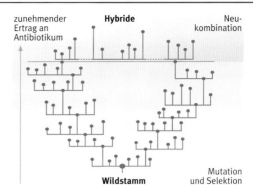

Die jeweils besten Tochterkolonien (farbig) werden ausgewählt. Rechts: Steigerung der Penicillinausbeute durch Mutation und Selektion sowie verbesserte Fermentation von der ersten Produktion von Penicillin bis in die 90er-Jahre.

ken, Streptokokken, *Escherichia coli* oder Hefe der Gattung *Candida*. Die Teststämme, die gegen das neue Antibiotikum empfindlich sind, wachsen in der Nähe des ersten Impfstriches nicht, während unempfindliche Stämme wachsen können.

Nun wird der so gefundene Antibiotikaproduzent kultiviert. Wenn er gut gewachsen ist, versucht man, das Antibiotikum in reiner Form zu gewinnen. Dann wird die Wirksamkeit des Antibiotikums an Versuchstieren getestet.

Durch **Mutation und nachfolgende Selektion** der Antibiotika produzierenden Mikroorganismen kann die Ausbeute verbessert werden. Die jeweils besten Tochterkolonien werden ausgewählt, erneut einem Mutagen ausgesetzt und anschließend auf ihre Produktivität geprüft. Nach etlichen Mutations- und Selektionsrunden kann man die besten Mutanten miteinander kreuzen. Durch **Neukombination (Rekombination) der Gene** können Tausende genetisch verschiedene Nachkommen hervorgehen, viele davon mit einer höheren Antibiotikaproduktion.

Penicillin ist das beste Beispiel für den Erfolg von Screening, Mutagenese und Selektion, eine moderne „Evolution in der Petrischale". Heute produzieren Industriestämme von *Penicillium chrysogenum* 150 000 Einheiten/mL (etwa 100 mg) im Vergleich zu den vier Einheiten/mL von Flemings Pilz.

Während man Anfang der 40er-Jahre etwa 1200 Schimmelpilzstämme besaß, hat heute die ARS Culture Collection in Peoria allein mehr als 80 000 mikrobielle Stämme.

Ende der 90er-Jahre fand in Peoria der Mikrobiologe **Stephen W. Peterson** 39 neue *Penicillium*-Spezies, zusätzlich zu 102 vorher bekannten *Penicillium*-Arten, einschließlich des berühmten Melonenstammes.

Ausplattierte Mikroorganismen in Petrischalen

Mehrere Wege sind dabei sinnvoll: spontane **Mutationen** zu nutzen oder Mutationen künstlich auszulösen.

Beim einfachsten Fall, einer **Punktmutation**, wird ein Basenpaar der DNA durch ein anderes ersetzt.

In anderen Fällen kann ein Basenpaar oder ein kurzes DNA-Stück verloren gehen oder sich neu einfügen. Solche Veränderungen kommen von Natur aus in jeder DNA vor: Wahrscheinlich schleichen sie sich beim Kopieren ein.

Spontane Mutationen an einer bestimmten Base sind allerdings sehr selten: Die durchschnittliche Mutationsrate bei *E. coli* für eine umgeschriebene (replizierte) Base liegt bei 10^{-10}, das heißt, unter zehn Milliarden Basen mutiert durchschnittlich eine Base! Solche Mutationen bleiben meist „stumm" oder werden einfach durch Enzyme repariert (Box 4.6).

Die Mutationsrate lässt sich mindestens um den Faktor 1000 erhöhen, wenn man Mikroorganismen mit **Mutagenen** behandelt.

Abb. 4.39 Im Laborbioreaktor werden die Kulturbedingungen für jeden Mikroorganismus optimiert.

Box 4.7 Biotech-Historie:
Fleming, das Penicillin und der Start der Antibiotikaindustrie

An einem Herbsttag des Jahres 1928 untersuchte der Mikrobiologe **Alexander Fleming** (1881–1955) in seinem kleinen Laboratorium des St. Mary's Hospital in London verschiedene Kulturen Eiter erregender Bakterien (Staphylokokken). Das Labor war vollgestopft mit Petrischalen, in denen die Bakterien auf Nährböden aus Agar-Agar wuchsen. Aber Unordnung kann fruchtbar sein!

Fleming hatte einige Schalen bereits vor seinen Sommerferien mit Bakterien beimpft. Sie alle waren nun von deutlich sichtbaren Bakterienkolonien bedeckt. In einigen Petrischalen wuchsen aber auch Schimmelpilze. Es war ein kühler Sommer gewesen, und die Bakterien waren nicht schnell genug gewachsen.

Flemings Kollege **Melvin Pryce** war Augenzeuge der Sternstunde der Wissenschaft. Die Geschichte ist in **André Maurois'** Buch *Alexander Fleming* nachzulesen.

Fleming nahm während des Sprechens ein paar Schalen mit alten Kulturen zur Hand und enfernte die Deckel. Mehrere der Gallertmassen hatten sich mit Schimmel überzogen. Eine alltägliche Sache. »Man braucht nur eine Schale zu öffnen«, sagte Fleming, »und schon hat man seinen Ärger. Immer fällt etwas aus der Luft herein.« Plötzlich hielt er inne, es folgte ein Augenblick stummer Beobachtung, und dann sagte er mit gleichgültiger Stimme: »That is funny...« In der Schale, die er vor sich hatte, wuchs eine besonders prächtige Schimmelpilzkolonie. Merkwürdig war, dass sich rund um die Pilzkolonie eine bakterienfreie Zone befand. Hier hatten sich keine Bakterien angesiedelt, oder waren sie zugrunde gegangen? Offenbar verhinderten die Schimmelpilze die Ausbreitung der Staphylokokken.

Als Pryce das lebhafte Interesse Flemings bemerkte, sagte er: »So haben Sie seinerzeit das Lysozym entdeckt, nicht wahr?« Fleming gab keine Antwort. Er entnahm dem Schimmel mit einer Platinpinzette eine Probe und übertrug sie in ein Röhrchen mit Nährgelatine.

Fleming stellte die Petrischale beiseite. Er sollte sie sein Leben lang wie einen Schatz hüten. »Sehen Sie sich das an, es ist interessant. Solche Sachen liebe ich: Sie könnten wichtig sein.« Fleming zeigte sie einem ande-

Ernst Boris Chain (1906–1979)

Howard Florey (1898–1968), nach Meinung seines australischen Biografen der einzige Australier, der jemals der gesamten Menschheit Nutzen brachte

ren Kollegen. Der betrachtete die Schale und gab sie dann höflich zurück: »Ja, sehr interessant.«

In den folgenden Tagen züchtete Fleming den Pilz auf Nährböden, die er vorher durch Hitze mikrobenfrei gemacht hatte. Sodann verpflanzte er rings um den Schimmel verschiedene grampositive Bakterienarten: Ketten bildende Streptokokken, traubenförmige Staphylokokken und Pneumokokken. Tatsächlich – sie alle breiteten sich in der unmittelbaren Nähe des Pilzes nicht aus. Gramnegative Bakterien, wie *Escherichia coli* und *Salmonella*-Arten, wuchsen dagegen weiter. Fleming bestimmte „seinen" Schimmelpilz als Vertreter der **Pinselschimmel**, der Gattung *Penicillium*, genauer als *Penicillium notatum*.

Er züchtete nun den Pilz in einem größeren Gefäß mit flüssiger Nährlösung. Ein grünliches Pilzgeflecht bedeckte bald wie ein Rasen die Oberfläche der Nährlösung, die sich nach einigen Tagen goldgelb färbte. In neuen Versuchen mit Bakterien zeigte sich, dass die Nährlösung allein die Vermehrung der Bakterien ebenfalls hemmte. Der Pinselschimmel musste also irgendeinen bakterienfeindlichen Stoff in seine Umwelt absondern. Ihn nannte Fleming nach seiner Herkunft **Penicillin**. Streptokokken, Staphylokokken sowie die Erreger von Milzbrand (Anthrax), Diphterie, Pfeiffer'schem Drüsenfieber und Wundstarrkrampf (Tetanus) wurden durch Penicillin gehemmt.

Fleming ahnte nicht, dass er mit dem Penicillin eine sehr wichtige Entdeckung gemacht

hatte, die Millionen Menschen das Leben retten sollte. Obwohl weitere Versuche bewiesen, dass das Penicillin nur Bakterien, nicht aber lebenden Kaninchen schadet, versuchte Fleming selbst nicht, es in reiner Form zu gewinnen und mit ihm krankheitserregende Bakterien im Körper von Labortieren zu bekämpfen.

Vom Artikel im *British Journal of Experimental Pathology* nahm kaum jemand Notiz. Noch 1940 schrieb Fleming, es sei wohl nicht der Mühe wert, Penicillin herzustellen. Sein **Hauptinteresse an Penicillin galt anscheinend der selektiven Wirkung** auf verschiedene Bakterienarten. Man konnte mit seiner Hilfe die Arten besser klassifizieren. Zu dieser Zeit waren jedoch schon andere Forscher auf den Bakterien hemmenden Stoff aufmerksam geworden.

1938 wurde **Ernst Boris Chain** (1906–1979) in der englischen Universitätsstadt Oxford auf den Pilz aufmerksam. Mit dem Ausbruch des Zweiten Weltkrieges 1939 bestand plötzlich ein riesiger Bedarf an Heilmitteln, um die Bakterieninfektionen der Verwundeten zu bekämpfen. In Oxford begann der ukrainisch-jüdische Emigrant Chain unter der Leitung des Australiers **Howard Florey** (1898–1968) mit einer fieberhaften Arbeit. Er gewann Penicillin, reinigte es von Begleitstoffen der Nährlösung und erprobte das gelbe Pulver an Mäusen, die vorher mit krankheitserregenden Bakterien infiziert worden waren.

Die Mäuse wurden innerhalb kurzer Zeit wieder gesund. Das war sensationell! Die Regierungen Großbritanniens und der USA unterstützten nun die Bemühungen, Penicillin in ausreichenden Mengen zu gewinnen. Wegen der **militärischen Bedeutung** wurde das Projekt streng geheim gehalten.

Im Sommer 1941, als man fest mit einem bevorstehenden Überfall Deutschlands auf Großbritannien rechnete, beschlossen Florey und seine Kollegen der Legende nach, das Labor völlig zu zerstören, falls der Feind landen sollte. Die einzige Ausnahme war der Wunderpilz: Ihn und seine Sporen schmierten sich die Forscher an ihre Kleidung. Nach einer Flucht könnte der Schimmelpilz leicht rekultiviert werden.

1941 wurde Penicillin erstmalig an einem 43-jährigen Patienten erprobt, der an einer gefährlichen Staphylokokken- und Streptokokkeninfektion erkrankt war. Obwohl zunächst eine kurze Besserung eintrat, starb der Patient einen Monat später. Die verfügbare Penicillinmenge war zu gering, obwohl es sogar aus dem Urin des Kranken zurückgewonnen wurde, den Floreys Frau jeden Tag ins Labor brachte. Florey und Chain mussten erst größere Mengen Penicillin herstellen, ehe sie die ersten Kranken erfolgreich kurieren konnten.

Im Juli 1941 begannen Howard Florey and **Norman Heatley** (1911-2004) mit der Zusammenarbeit mit Peoria im amerikanischen Illinois. Bald klinkten sich Firmen wie Merck, Squibb, Lilly und Pfizer ein, nur wenige Monate bevor die USA in den Krieg eintraten.

Norman Heatley (1911–2004) ist der stille praktische Held der Penicillin-Story. Heatley injizierte am 25. März 1940 acht Mäusen je 110 Millionen Streptokokken und der Hälfte der Mäuse eine Stunde später Penicillin: Sie überlebten! Floreys etwas widerwilliger Chef-Kommentar angesichts der lebendigen Mäuse: »*Looks quite promising*« (sieht recht vielversprechend aus).
Heatley bekam zwar nicht den Nobelpreis, wurde aber 1990 der erste Ehrendoktor der Universität Oxford in ihrer 800-jährigen Geschichte.

Charles Thom (1872–1956) identifizierte den *Penicillium*-Stamm

Als Heatley und Florey 1941 in die USA kamen, hatten sie keine tollen Ergebnisse aufzuweisen : vier Einheiten/mL (1 Einheit (*unit*) = 0,6 µg). Die National Academy of Sciences wurde konsultiert und empfahl ihnen Charles Thom, einen *Penicillium*-Experten, der die beiden wiederum zur neuen Fermentationseinheit des neu gegründeten Northern Regional Research Laboratory (*NRRL*) in Peoria, Illinois, schickte. **Charles Thom** (1872-1956) hatte als Erster *Penicillium*

Howard Florey auf einer australischen Banknote

roqueforti und *P. camemberti* als die aktiven Pilze bei der Käsebereitung beschrieben (siehe Kap. 1).

Ein Problem: Der Fleming-Stamm wuchs nur auf Oberflächen (*emers*). In der ganzen Welt wurde, auch von der US-Army, nun fieberhaft nach *P. chrysogenum* gesucht, der submers wachsen sollte, also untergetaucht.

Eine einfache Hausfrau (oder aber die Labormitarbeiterin **Mary Hunt**, die legendäre *Mouldy Mary*) brachte 1943 schließlich eine verschimmelte Melone vom Markt in Peoria mit *Penicillium chrysogenum*. Submers produzierte dieser Pilz 70 - 80 Einheiten/mL, eine Mutante, die aus einzelnen Konidien isoliert wurde, sogar 250 Einheiten/mL. Der von der Warzenmelone isolierte Stamm *Penicillium chrysogenum* NRRL 1951 wurde zum Vater der meisten modernen Stämme.

Das Penicillin-Team erfand anstelle der Oberflächenkultur die *deep-tank*-Technologie zur Massenproduktion von Penicillin. Das war die **Geburtsstunde der Antibiotikaindustrie**. Ende November 1941 konnte **Andrew J. Moyer** (1899-1959), Experte für Schimmelpilzernährung, mit Norman Heatley die Ausbeuten um das Zehnfache steigern, sie benutzten als Substrat **Maisquellwasser** (*corn steep liquor*). Mais war und ist für die amerikanische Landwirtschaft eine dominierende Pflanze (siehe auch Kap. 3 zum Fructosesirup). Das Laboratorium in Peoria war unter anderem gegründet worden, um Wege zur Beseitigung dieser Maisabfall-Flüssigkeit zu finden. Bei der Produktion von Stärke aus Maiskörnern fällt sie in riesigen Mengen als lästiges Nebenprodukt an. Das Maisquellwasser ist ein **Gemisch aus Stärke, Zuckern und Mineralstoffen**.

Später stellte sich heraus, dass die neue Nährlösung außer den Zuckern noch einen Stoff enthält, der eine **chemische Vorstufe zum Penicillin** ist. Das erleichtert dem Schimmelpilz natürlich die Produktion.

Das *War Production Board* der USA startete überall Projekte, z. B. an der University of

Wisconsin-Madison, wo **John F. Stauffer** und **Myron Backus** Tausende UV-induzierter Mutanten testeten (siehe Box 4.5).

Backus and Stauffer konnten die Produktion von 250 auf 900 Einheiten/mL steigern. Zusätzliche Mutagenese erbrachte 2500 Einheiten/mL. Andere Universitäten beteiligten sich, Stanford, Minnesota und die Carnegie Institution in Cold Spring Harbor.

Ende 1942 waren schon 17 US-Firmen am Penicillin beteiligt. Am 1. März 1944 wurde die erste Großanlage mit Submerskultur in Brooklyn, NY, eröffnet. Die Produktion sprang von 210 Millionen Einheiten 1943 auf 1 663 Milliarden Einheiten im Jahr 1944 und auf 6,8 Billionen Einheiten im Jahr 1945. Bereits im Mai 1943 behandelte man 1500 Militärangehörige in einem Hospital mit Penicillin. Nur ein Jahr später wurden unzählige Verwundete am *D-Day* (6. Juni 1944) durch Penicillin gerettet. Die Ausbeuten waren von 1-L-Flaschen mit weniger als 1% auf 10 000-Gallonen-Tanks (eine Gallone sind 3,8 Liter) mit 80 - 90 % Ausbeute gesteigert worden.

Penicillinproduktion in Oxford 1940

Frohe Kunde: Penicillin wird 1945 in jedem Drugstore der USA verkauft.

Ab dem 15. Mai 1945 war Penicillin in jedem Drugstore der USA frei zugänglich.

Fleming, Florey und Chain bekamen 1945 den **Nobelpreis**. Bis zum heutigen Tag grämen sich die Briten, dass Florey überredet worden war, aus ethischen Gründen kein **Patent** auf das Penicillin anzumelden.

Niemals erhielt die Universität Oxford einen Anteil aus den märchenhaften Gewinnen aus der Penicillinproduktion der Amerikaner. Schlimmer noch: Das Königreich hatte jahrelang Lizenzgebühren an US-Firmen zu zahlen!

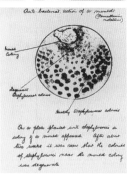

Abb. 4.40 Alexander Fleming (1881–1955) und seine Labornotiz zur Petrischale mit penicillin-lysierten Bakterien

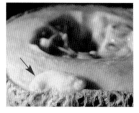

Abb. 4.41 Auf einer Warzenmelone (Cantaloupe) wurde der bis dahin potenteste Penicillinproduzent gefunden (vom Verfasser nachgestelltes Experiment).

Abb. 4.42 Moderne Penicillinproduktion in Submerskultur

Dazu zählen **ultraviolette (UV-) Strahlung** (sie veranlasst z. B. zwei benachbarte Thymine der DNA zur Bildung von Dimeren, Box 4.5), ionisierende Strahlung (Röntgen-, Gamma- oder Neutronenstrahlen) sowie eine Unmenge offenbar nicht miteinander verwandter chemischer Verbindungen, die mit DNA-Basen (z. B. reagiert salpetrige Säure mit Aminogruppen) reagieren oder den Kopiervorgang stören. Manche Verbindungen werden erst **durch Leberenzyme (wie das Cytochrom P450) zu Mutagenen aktiviert** (z. B. Aflatoxine von Schimmelpilzen auf Erdnüssen, Abb. 4.10), zu hochreaktiven Epoxiden, die dann mit Guanin der DNA zu einer stabilen Verbindung reagieren. Krebs beim Menschen und anderen Säugetieren entsteht durch Mutationen in Genen, die an der Wachstumskontrolle beteiligt sind, und durch fehlerhafte DNA-Reparatur (bei vielen Arten von Darmkrebs).

Es ist im Allgemeinen **unmöglich, ein einzelnes Gen gezielt zu mutieren**. Um einen Mikrobenstamm durch Mutation zu verbessern, muss man über empfindliche Tests verfügen, mit denen sich die seltenen zufälligen „richtigen" Mutanten erkennen lassen.

Wie man Mikroorganismen durch Mutationen in der erwünschten Weise umprogrammiert, haben wir bereits bei der Produktion von Aminosäuren (Abschnitt 4.7) gezeigt: Mithilfe natürlicher Mutationen und gezielter Auslese entstand ein Bakterienstamm, der große Mengen der lebenswichtigen Aminosäure Lysin überproduzierte.

Anders ist die Situation bei Antibiotika bildenden Pilzen und Bakterien: Die **produzierte Antibiotikummenge hängt von Dutzenden von Genen ab.** So ist es unmöglich, einzelne Mutationen zu finden, die eine dürftige Ausbeute eines Wildstammes von vielleicht einigen Milligramm pro Liter sofort auf wirtschaftliche Werte bringen. Hoch entwickelte Industriestämme liefern heute je Liter Nährmedium immerhin 20 oder mehr Gramm Antibiotika, das **Ergebnis vieler Mutations- und Selektionsrunden** (Box 4.6).

In jeder Runde behandelt man eine Kultur mit einem Mutagen und prüft die daraus resultierenden Kolonien. Hat man dann unter Tausenden von Kolonien eine Mutante gefunden, die eine deutlich höhere Produktivität entfaltet, so dient diese als Ausgangspunkt für eine neue Mutations- und Selektionsrunde. Auf diese Weise wird die Evolution des Organismus in eine unnatürliche Richtung gelenkt – so lange, bis ein Stamm entstanden ist, der eine wirtschaftliche Ausbeute garantiert. Eine solche Methode ist sehr langwierig, arbeitsintensiv und ihr Ergebnis in keinem Fall voraussagbar.

Nicht nur die Gene, sondern auch die Kulturbedingungen beeinflussen den Ertrag an Antibiotikum. Zu Anfang lassen sich vorteilhafte Mutanten einfach dadurch finden, dass man die Ausbeute der einzelnen auf Nährstoffplatten wachsenden Kolonien misst. Aber schließlich muss man die im Laboratorium verbesserten Stämme auch unter möglichst ähnlichen Bedingungen prüfen, wie sie in den riesigen Bioreaktoren herrschen. Trotz dieser Schwierigkeiten werden heute mehrere Antibiotika, wie das Penicillin, von hochproduktiven Stämmen erzeugt, die in 20 oder 30 Selektionsschritten entwickelt wurden – eine Arbeit, die sich über zwei oder mehr Jahrzehnte erstreckte.

■ 4.14 *Penicillium notatum*: der Wunderpilz des Alexander Fleming

Die meisten von uns haben die Zeit nicht mehr erlebt, als die Ärzte schweren bakteriellen Infektionen weitgehend hilflos gegenüberstanden. Eine bakterielle Herzinnenhautentzündung führte fast zwangsläufig zum Tod. Die von Meningokokken verursachte Gehirnhautentzündung machte jene wenigen, die sie überlebten, zu geistigen Krüppeln. Die durch Pneumokokken hervorgerufene Lungenentzündung war unter dem Namen „Freund des alten Mannes" bekannt, weil sie alten Menschen einen „gnädigen Tod" gewährte.

Vor diesem Hintergrund musste das Penicillin mit seiner hohen Wirksamkeit gegen zahlreiche pathogene Bakterien und seiner fast zu vernachlässigenden Giftigkeit wie eine Wunderdroge erscheinen. 1928 entdeckte der uns schon durch das Lysozym (Kap. 2) bekannte Mikrobiologe **Alexander Fleming** (1881–1955), dass *Penicillium notatum* bestimmte Bakterienkulturen hemmt (Abb. 4.40).

Penicillin läutete den Beginn einer neuen Ära im Kampf gegen die Krankheit ein. Die Box 4.7 schildert diese Entdeckung, die von Fleming selbst anfangs unterschätzt wurde, sowie den Beitrag von **Florey**, **Heatley**, **Chain** und anderen ausführlich. Die dann folgenden Heilungen von Bakterieninfektionen grenzten an Wunder. Aber noch war die Herstellung des Penicillins zu umständlich und zu teuer. Um nur einen einzigen Patienten zu behandeln, mussten etwa 1000 L

Box 4.8 Wie Penicillin funktioniert: Enzyminhibitoren als molekulare Neidhammel

Die Entwicklung des Penicillins war für die Entstehung einer modernen Bioindustrie eine ganz wichtige Etappe. Warum das Penicillin eigentlich auf bestimmte Mikroben tödlich wirkt, blieb allerdings lange Zeit unklar.

Heute wissen wir, dass Penicillin zusammen mit Nährstoffen von wachsenden Bakterien aufgenommen wird. Die Bakterien müssen während ihrer Querteilung neue Zellwände durch Aminosäureseitenketten mithilfe ihrer speziellen Wandbauenzyme vernetzen. Penicillin hemmt jedoch diese Enzyme bei ihrer Arbeit. Es ist ein „molekularer Neidhammel", das heißt, Penicillin sieht ihrem Substrat täuschend ähnlich, bindet sich und verhindert so die Umwandlung des „echten" Substrats in einen Wandbaustein. Man nennt das **kompetitive Inhibition**.

Der Wirkmechanismus wurde erst 1957 von dem späteren Nobelpreisträger **Joshua Lederberg** (1925–2008) geklärt. Durch ein einfaches Experiment wies er nach, dass Penicillin die Bildung der bakteriellen Zellwand verhindert. In einer Nährlösung, die stark salzhaltig war, konnten Bakterien trotz der Anwesenheit des Penicillins wachsen, bildeten jedoch keine Zellwand aus. Wurden die so gewonnenen Protoplasten, also „nackte" Bakterien ohne Zellwand, von Lederberg in eine normale Nährlösung überführt, platzten sie, weil ihnen der Schutz der Zellwand fehlte.

1965 beschrieben **James Park** und **Jack Strominger** den genauen Wirkmechanismus des Penicillins: Die Zellwand von Bakterien besteht aus langen Zuckerketten (Murein), die durch Peptidketten vernetzt sind (Peptidoglykane). Diese Verbrückung wird durch das Enzym **Glykopeptid-Transpeptidase** katalysiert. Penicillin blockiert dieses Enzym, indem es sich als perfekte Imitation einer Eiweißbrücke anbietet, und bringt somit die Zellwandproduktion von Bakterien zum Erliegen. Das Ergebnis der Störaktion des Penicillins ist katastrophal für die Bakterien: Es entstehen undichte Stellen in den Zellwänden, die Wände halten dem osmotischen Druck der Zellen nicht mehr stand, sie blähen sich auf und zerplatzen.

Das **Penicillin hemmt also nur die Vermehrung der Bakterien**, es tötet ausgewachsene Bakterien nicht. Deshalb genügt es nicht, Penicillin nur so lange einzunehmen, wie man sich krank fühlt! Erst wenn sich ein Bakterium teilt, kann Penicillin seine hemmende Wirkung auf das Bakterienwachstum ausüben. Daher wird Penicillin über mehrere Tage hinweg verabreicht. Sehr gefährlich ist es also, entgegen der Vorschrift des Arztes die Penicillinbehandlung eigenmächtig abzubrechen, sobald man sich etwas besser fühlt. Überlebende Mikroben erholen sich dann schnell, sie vermehren sich, und der Patient kann einen gefährlichen Rückschlag erleiden. **Die überlebenden Mikroben sind sogar teilweise resistent geworden** und beschleunigen den Wettlauf zwischen Mensch und Mikrobe.

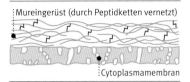

Bakterienzellwand (grampositiv)

Mureingerüst (durch Peptidketten vernetzt)

Cytoplasmamembran

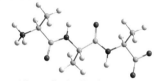

Peptidkette, die das Mureingerüst vernetzt

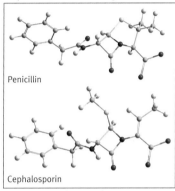

Penicillin

Cephalosporin

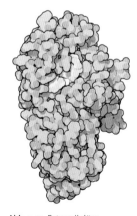

geplatzte Zellwand nach Wirkung von Penicillin

Wirkung von Antibiotika mit einem Lactamring: Beide verhindern aufgrund ihrer Ähnlichkeit zur Peptidkette die Quervernetzung der Mureinketten.

„Pilzbrühe" hergestellt und verarbeitet werden. Drei Probleme waren zu lösen:

- Man musste die Pinselschimmelart mit der höchsten Penicillinproduktion finden (Abschnitt 4.15);
- musste den Pilz in riesigen Mengen züchten (Abschnitt 4.16);
- und schließlich brauchte man Verfahren, um das Penicillin in reiner Form von der Nährlösung abzutrennen (Abschnitt 4.17).

■ 4.15 Screening: Biotechnologen auf Pilzjagd

In der ganzen Welt wurde angestrengt nach Schimmelpilzen gesucht, die mehr Penicillin produzieren als Flemings *Penicillium notatum*. Man züchtete die gefundenen Pilze auf Nährböden und testete ihre Fähigkeit, Penicillin zu bilden.

Für die gezielte Suche nach Mikroorganismen wurden **Screening-Programme** entwickelt. Das englische Wort *screening* bedeutet dabei so viel wie Aussieben (Box 4.6).

Die Suche nach den besten Produzenten kam erst voran, nachdem sich die US-Regierung am kriegsentscheidenden Penicillinprojekt beteiligte. In dem amerikanischen Forschungslabor von Peoria fand Florey tatkräftige Unterstützung. Bis 1943 hatte man jedoch keinen besseren Penicillinproduzenten finden können als Flemings Pilz.

Ausgerechnet vor der Haustür, in Peoria selbst, fand man den Schimmelpilz, der später als ***Penicillium chrysogenum*** bestimmt wurde, also eine andere Art als der Fleming'sche Pilz. Er befand sich auf einer verschimmelten Warzenmelone (Cantaloupe, Abb. 4.41) und erwies sich als ungeheuer produktiv. Dieser Schimmelpilz

Abb. 4.43 Extrazelluläre α-Amylase baut Stärke im Medium ab (hier sind fünf Glucose-Einheiten im aktiven Zentrum gebunden).
Auch wir besitzen extrazelluläre α-Amylase im Speichel.

Box 4.9 Biotech-Historie: Hitze, Luftabschluss oder Kälte – sterile Konserven

Erfunden wurde das Einkochen – übrigens ohne Kenntnis des Mikrobenlebens – schon 50 Jahre vor Pasteurs Entdeckung der Hitzesterilisierung durch den französischen Koch **Nicolas Appert** (1749–1841).

Der Koch Nicolas Appert (1749–1841), Begründer der modernen Konservenindustrie, auf einer französischen Briefmarke

1795 hatte **Napoleon** einen Preis dafür ausgesetzt, ein brauchbares Verfahren zu finden, mit dem Lebensmittel für die Feldzüge seiner Armee lange Zeit haltbar gemacht werden konnten. 14 Jahre lang arbeitete Appert darüber. Er erhitzte die Lebensmittel in Flaschen und Gläsern und verschloss die Behälter luftdicht mit Korken. Das Prinzip des Vakuumverschlusses war durch Experimente von **Otto von Guericke** (1602–1686) und **Denis Papin** (1647–1712) vorbereitet worden.

Otto von Guericke wurde mit dem historischen Versuch vor dem Reichstag zu Regensburg im Jahr 1654 mit den sogenannten „Magdeburger Halbkugeln" berühmt, mit denen er seinen staunenden Zuschauern Größe und Kraft des Luftdrucks bewies. Zur Demonstration des Arbeitsvermögens des Luftdrucks versuchte Guericke 1657, mit bis

zu 16 Pferden zwei leer gepumpte Kugelhälften voneinander zu trennen. Er ahnte nicht, dass er damit einen wesentlichen Teil des Einkochverfahrens, den Vakuumverschluss der Einkochgläser, entdeckt hatte.

Die Konserven Apperts waren über Monate haltbar; sie wurden auch von der französischen Marine getestet. 1809 erhielt Appert den Preis von 12 000 Gold-Francs (ein Vermögen! Es wären nach Berechnungen einiger Historiker heute 250 000 Euro). Er veröffentlichte seine Methode und wurde damit zum **Begründer der modernen Konservenindustrie.**

1810 löste der Brite **Peter Durand** das Problem des Glasbruchs bei den Konserven: Er patentierte stählerne Kanister, die mit Zinn beschichtet waren. Die Konservenbüchse war geboren. Die Briten nannten das Konservenfleisch *embalmed meat* (einbalsamiertes Fleisch). Am 19. Mai 1845 startete von London eine Expedition. An Bord zweier Schiffe befanden sich die 134 besten Offiziere und Mannschaften der britischen Marine unter dem Polarexperten **Sir John Franklin** (1786–1847). Ihr Ziel war die Erforschung der Nord-West-Passage.

Nie zuvor wurde eine Expedition derart luxuriös ausgestattet: Heißwasserkessel für die Heizung, mit Dampfdruck betriebene Schiffsschrauben, Eisenplatten als Schutz vor dem Eis sowie Konserven und Heizmaterial für mindestens drei Jahre. Keiner konnte ahnen, dass ausgerechnet von dieser Reise niemand mehr lebend zurückkehren würde.

Eine unverständliche Tragödie des 19. Jahrhunderts: Wieso konnte sich die so erfahrene Mannschaft nicht selbst retten? 1986 wurden drei der im Eis begrabenen Seeleute vom Eis befreit und sorgfältig untersucht. Franklins Crew starb nicht, wie angenommen, an Hunger, Kälte oder Skorbut, sondern an einer

massiven Bleivergiftung. Die Killer waren die Konservendosen für den Proviant, eine damals noch recht neue Erfindung.

8000 Stück hatten die Schiffe geladen. Sie waren mit Blei verschweißt, und weil der Hersteller dieser Vorräte offensichtlich unter Zeitdruck gestanden hatte, waren die Schweißnähte auch im Inneren der Dosen angebracht worden. Eine große Menge des überaus giftigen Bleis wurde so von den Seeleuten mit der täglichen Nahrung aufgenommen und führte zu schweren Vergiftungserscheinungen. Schwermetalle zerstören die Disulfidbrücken in den Proteinen und wirken somit als Enzyminhibitoren, siehe Kap. 3). Das typische Krankheitsbild war Magersucht, Abgeschlagenheit, Reizbarkeit, Paranoia, Konzentrationsverlust, Unfähigkeit zu klaren Entscheidungen. In den Gewebeproben der gefundenen Leichname fand man den Beweis: eine rund zehnfache Überdosis an Blei.

Reklame für den Einweckapparat und ein Weckglas mit Ananas aus dem Jahre 1897

Knapp 100 Jahre nach Franklins Expedition ging der US-Amerikaner **Clarence Birdseye** (1886–1956) für den U.S. Geographic Service auf Expedition nach Labrador.

Er bemerkte, dass Fisch und Karibufleisch, das der eisigen arktischen Luft ausgesetzt

---

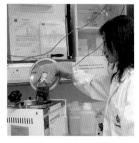

Abb. 4.44 Autoklaven nutzen Dampf unter Druck zur Sterilisierung von Nährmedien.

wurde nun gezüchtet. Noch heute stammt die Mehrzahl der für die Penicillinherstellung benutzten Pinselschimmel von der Melone von Peoria. Ähnlich wie in der Tier- und Pflanzenzucht wurden immer die Schimmelpilze mit der größten Leistung weitervermehrt, und man erhielt so über Generationen hinweg die heutigen Hochleistungspilze.

Schon in den 20er-Jahren des letzten Jahrhunderts stellte man fest, dass sich **Erbanlagen künstlich verändern** lassen. Röntgenstrahlen

und bestimmte Chemikalien rufen verstärkt **Mutationen** bei Zellen hervor. Beim Pinselschimmel koppelten die Forscher Röntgenbestrahlung, ultraviolette Bestrahlung und Behandlung mit Chemikalien (Senfgas) und suchten danach jeweils die besten Penicillinbildner aus. Insgesamt durchliefen diese Schimmelpilze solche Prozeduren über 20-mal (Box 4.6). Die besten Pilzmutanten lieferten schließlich 7 g Penicillin je Liter.

Der heutige **Hochleistungspilz** unterscheidet sich von seinem Vorfahren zu Beginn der 50er-Jahre

Johann Carl Weck (links) und Georg van Eyck

worden war, noch Monate nach dem Kochen frisch schmeckte. Er schlussfolgerte, dass **schnelles Einfrieren auf extrem niedrige Temperaturen** das Geheimnis der Frische sei. Daraufhin entwickelte er in den USA seine *Multiplate Quick Freeze Machine*, patentierte sie und fror blitzschnell Fleisch auf −40° Fahrenheit ein. 1925 gab es das erste gefrorene Fischfilet, und alle anderen Nahrungsmittel kamen hinzu. Nach anfänglichem Misserfolg war die Gefriernahrung dann aus dem Leben der Amerikaner nicht mehr wegzudenken.

Im Zweiten Weltkrieg wurde durch die anfängliche Kontrolle der Japaner über den Pazifik Zinn knapp. Alle verfügbaren Zinndosen wurden außerdem in den USA für den Armeebedarf umgeleitet – ein idealer Start für Birdseyes *Frozen Food*, denn es brauchte keine verzinnten Dosen!

Eine „sehr deutsche" Form des Konservierens ist das **Einwecken**; hierfür hätten sich die hektischen Amerikaner niemals Zeit genommen.

In Deutschland bekam **Rudolf Rempel** (1859-1893) auf seine Methode 1892 ein Patent. Seine Frau schrieb später an die Firma Weck: »Etwa 50 Jahre ist es her, seit mein verstorbener Mann, Dr. Rudolf Rempel, Chemiker an der AG für Kohledestillation in Gelsenkirchen, die ersten Versuche, Nahrungsmittel zu sterilisieren, machte. Zu diesen ers-

ten Versuchen benützte er Pulvergläser aus dem chemischen Laboratorium, deren Rand er abgeschliffen hatte. Er versah die Gläser mit Gummiring und Blechdeckel und kochte die Nahrungsmittel im Wasserbad, indem er einen schweren Gegenstand (Stein oder Gewicht) auf den Deckel des Glases legte.

Die sterilisierte Milch, die er nach Monaten aufmachte, als Besuch ins Laboratorium kam, um Kaffee vorzusetzen, schmeckte wunderbar frisch. Nun begannen die Versuche zu Hause an den dienstfreien Sonntagen mit Obst und Gemüse, das wir aus unserem großen Garten holten. Ich habe die Gläser auf dem Spülstein mithilfe von Schmirgelpulver abgeschliffen, was keine kleine Arbeit war, und wir probierten auf alle möglichen Arten, Obst und Gemüse mit schönem Aussehen zu sterilisieren. Meist schlossen einige Gläser nicht, die geschlossenen hielten sich aber ausgezeichnet.

Nun handelte es sich darum, einen Apparat herzustellen, der den Deckel während des Kochens auf den Gläsern festhielt. Ein Apparat, in dem man bei dem Kochen die Gläser hineinschraubte, bewährte sich in den wenigsten Fällen. Es wurde dann ein Apparat gebaut, auf dem die Gläser unter Federdruck standen. (...)

Unter den ersten Kunden war ein Herr **Johann Carl Weck** (1841-1914). Er zeigte ein sehr großes Interesse für die Sache und bestellte mal einen ganzen Waggon Gläser. Weck war im Jahr 1895, nachdem er das Rempel'sche Patent käuflich erworben hatte, an die Schweizer Grenze nach Öflingen bei Säckingen in Baden gezogen.«

Ein sehr fähiger Kaufmann, **Georg van Eyck** (1869-1951), gründete zusammen mit diesem Johann Weck am 1. Januar 1900 die Firma J. Weck und Co.

Weck selbst, »dem Ausdauer nicht gegeben war, verließ aus persönlichen und familiären Gründen die Firma schon bald nach ihrer Gründung, im Jahre 1902, mit einer sehr hohen Lizenzvereinbarung« (Zitat aus der Firmenschrift). Georg van Eyck bildete sich seine Mitarbeiter selbst heran und organisierte im ganzen Land emsig die Einführung und den Verkauf der Weck-Gläser und Weck-Geräte. Er stellte Hauswirtschaftslehrerinnen ein, die in den Kochschulen, Pfarrhäusern und Krankenhäusern Vorträge mit praktischen Anleitungen an den Gläsern und Geräten gaben, und er verbesserte laufend die Einkochgläser, Gummiringe, Einkochapparate, Thermometer und Hilfsgeräte, die er alle unter der Marke Weck® herausbrachte. Seine dankbare Zielgruppe waren die sparsamen, fleißigen deutschen Hausfrauen – ein voller Erfolg!

Mit der Marke Weck® schuf van Eyck übrigens einen der ersten Markenartikel in Deutschland und betrieb eine ausgesprochen fortschrittliche Werbung, wobei er als Markenzeichen (Trademark) die Erdbeere mit dem eingeschriebenen Wort Weck einführte.

Werbung der Firma Weck für das Einkochen

---

sehr. Er bildet im Durchschnitt 100 g Penicillin in 1 L Nährlösung, das ist 2000-mal mehr, als der Pilz auf der Melone bilden konnte und 20 000-mal mehr, als Flemings Pilz produzierte! Mikrobengruppen einer Art, die sich in ihren Eigenschaften stark unterscheiden und diese auch weitervererben, bezeichnet man als Stämme.

Hochleistungsstämme sind meist so empfindlich und durch die Biotechnologen verwöhnt, dass sie unter normalen Naturbedingungen (wie auch viele unserer Haustiere) nicht überleben

könnten. Dem Superschimmelpilz selbst nützt seine Fähigkeit nichts, 1000-mal mehr Penicillin zu bilden als seine Vorfahren. Er wird durch den Menschen zu dieser Überproduktion gezwungen, indem sein Erbprogramm verändert und seine Lebensbedingungen umgestaltet werden.

Wie ein **modernes Haustier** kann er nur noch in einer Kunstwelt, bei behaglichen Temperaturen, ausreichender und angemessener Nahrung, behütet vor natürlichen Konkurrenten und Feinden, existieren und produzieren.

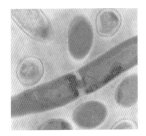

Abb. 4.45 Für jeden Mikroorganismus (hier Bakterien) muss die geeignete Nährstoffmischung gefunden werden.

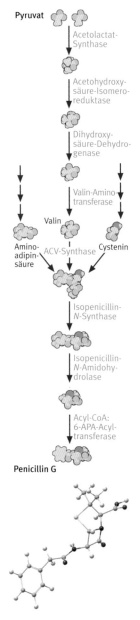

Pyruvat

Acetolactat-Synthase

Acetohydroxy-säure-Isomero-reduktase

Dihydroxy-säure-Dehydro-genase

Valin-Amino-transferase

Valin

Amino-adipin-säure · ACV-Synthase · Cystenin

Isopenicillin-*N*-Synthase

Isopenicillin-*N*-Amidohy-drolase

Acyl-CoA:
6-APA-Acyl-transferase

Penicillin G

Abb. 4.46 Biosynthese von Penicillin in der Zelle aus Pyruvat

Abb. 4.47 *Der dritte Mann* ist ein britischer Thriller mit Orson Welles aus dem Jahr 1949 nach einem Drehbuch von Graham Greene. Im befreiten Nachkriegs-Wien wird Penicillin geschmuggelt und zu Profitzwecken gestreckt.

▪ 4.16 Die Speisekarte der Mikroben

Was braucht ein Mikroorganismus für das Wohl-befinden? Zunächst Nahrung. Am liebsten „fres-sen" Mikroben die leicht verdaulichen organi-schen Grundbausteine wie Glucose, Fettsäuren und Aminosäuren. Zusammengesetzte Stoffe, wie Stärke, Cellulose, Pektine und Proteine, kön-nen in der Regel nicht direkt verwertet werden. Sie müssen außerhalb der Zellen zubereitet wer-den. Dazu gibt es für die Mikroben nur einen Weg: **extrazelluläre Enzyme** (Kap. 2). Um zum Beispiel Stärke zu Glucose abzubauen, müssen die Zellen Amylasen in ihre Umgebung (das Medi-um) abgeben. Man könnte das als eine Art Außen-verdauung ansehen.

Im Medium spalten **Amylasen** (Abb. 4.43) Stär-ke so lange, bis die Mikroben von Glucosebau-steinen umgeben sind. Diese können sie leicht aufnehmen. Wenn Proteine verwertet werden sollen, sondern die Zellen die Eiweiß spaltenden Proteasen und zum Celluloseabbau entsprechende Cellulasen ins Medium ab (Kap. 2).

In der Industrie werden neben Glucose auch Stär-ke und Rübenzucker verwendet. Die Stärke stammt aus Getreide, der Zucker aus Mais oder Melasse. **Melasse** ist ein dunkler, zähflüssiger Rückstand, der bei der Zuckerproduktion anfällt und etwa zur Hälfte aus Rübenzucker besteht.

Die wasserunlösliche **Stärke** wird zunächst gekocht, damit wasserlöslich gemacht und mit-hilfe von Amylasen, die aus Mikroben gewonnen werden, zu Zucker abgebaut. Andere Nährstoffe wie **Aminosäuren** stammen aus dem Mehl von Sojabohnen, Maisquellwasser (*corn steep liquor*) oder Schlempe, einem Abfallprodukt von Braue-reien.

Schließlich brauchen die Mikroorganismen für ihr Wachstum noch **Mineralsalze** (Ammonium-salze, Nitrate, Phosphate) und je nach Art **viel oder wenig Sauerstoff**. Manche Mikroben wie die Methanbakterien müssen vor Sauerstoff ganz geschützt werden, weil er für sie regelrecht giftig ist.

Als man während des Zweiten Weltkrieges begann, Schimmelpilze zu züchten, wurden zunächst glucosehaltige Nährlösungen, die auch Mineralsalze enthielten, verwendet.

Die Pilze verbrauchten den Zucker und wuchsen schnell. Sie bildeten aber nur wenig Penicillin. Zufällig fand man jedoch im Labor von Peoria eine ideale Nährlösung, die billig und gut für die Peni-cillinproduktion war: **Maisquellwasser**. Ironie der Geschichte: Eine Abteilung in Peoria war spe-ziell dafür gegründet worden, Wege zur umwelt-freundlichen Entsorgung des Quellwassers zu suchen (siehe Box 4.7).

So wie für die Pinselschimmel muss für jede Mikrobenart die geeignete Nährstoffmischung gefunden werden; sie soll außerdem möglichst billig sein. Es lassen sich eigentlich alle **zucker-haltigen Abfallprodukte**, z. B. Abfälle der Land-wirtschaft oder Abwässer von Cellulosefabriken, verfüttern. Spezielle Mikroorganismen sind sogar in der Lage, schwer verdauliche Stoffe, wie **Erd-ölrückstände und Kunststoffabfälle**, zu ver-werten. Damit ist es möglich, Stoffe zu nutzen, die sonst ins Abwasser gelangen oder auf andere Weise unsere Umwelt vergiften. Diese Stoffe sind nicht nur billig – es wäre auch meist sehr teuer, sie auf andere Weise zu beseitigen.

Die Biotechnologie erschließt damit sonst nicht genutzte Futterreserven und hilft gleichzeitig, die Umwelt sauber zu halten.

▪ 4.17 Die moderne Biofabrik

Keine qualmenden Schornsteine! Helle, gefliese Hallen mit kesselwagengroßen, aufrecht stehen-den Behältern aus rostfreiem Stahl, die von einem Gewirr von Rohrleitungen, Ventilen und Anzei-gegeräten umgeben sind. Draußen unter freiem Himmel stehen weitere Stahlkolosse, groß wie Hochöfen. Diese Stahlbehälter werden **Bioreak-toren** oder **Fermenter** genannt.

Moderne Bioreaktoren (Box 4.11) sind wahre Wunderwerke der Technik und das Ergebnis jahr-zehntelanger Forschungsarbeit. Für ihre Ent-wicklung war die Jagd nach dem Penicillin ein entscheidender Anstoß. Als Florey, Chain und Heatley nach Zuchtgefäßen für den Pinselschim-mel suchten, begannen sie mit kleinen, flachen Glasschalen.

Auf der Oberfläche der Nährlösung (**Emerskul-tur**) schwammen die Pilze. Damit konnte man jedoch niemals so viel Penicillin produzieren, um den Bedarf zur Heilung kranker Menschen zu decken. Die flachen Glasschalen brauchten eine Menge Platz. Der Pilz müsste nicht nur an der Oberfläche wachsen, sondern in der gesamten Nährlösung, **unter Wasser** (**submers**) gedei-hen, dann wäre seine Zucht einfach und platz-sparend, sagten sich die Wissenschaftler.

Box 4.10 Biotechnologisch hergestellte Antibiotika: Wie und wo sie wirken

Bisher wurden etwa 12 000 Antibiotika aus Mikroorganismen und weitere 7500 aus höheren Organismen isoliert.

Nach ihrem Wirkungsmechanismus kann man die Antibiotika grob in drei große Gruppen klassifizieren:

1. Zellwand-Inhibitoren

Die β-Lactam-Antibiotika (**Penicilline**, **Cephalosporine** und deren Abkömmlinge) mit einem viergliedrigen Lactamring sind die wichtigsten Antibiotika. 60 000 t werden jährlich produziert. Sie verhindern die Peptidquervernetzung in der Bakterienzellwand. Wichtige Vertreter sind Penicillin G und Cephalosporin C, aus denen halbsynthetische Antibiotika hergestellt werden. Auf die Zellmembran von Hefen und Pilzen (nicht auf Bakterien) wirken **Polyene**, die überwiegend von Streptomyceten gebildet werden. Einige, wie Nystatin und Amphotericin B, werden bei *Candida*-Infektionen, Pimaricin bei der Käseherstellung eingesetzt. Auch das Glykopeptid Vancomycin aus *Amycolatopsis orientalis* hemmt die bakterielle Zellwandsynthese. Es wird vor allem bei resistenten *Staphy-*

lococcus aureus-Infektionen als letzte Rettung angewendet.

2. Proteinsynthese-Inhibitoren

Tetracycline sind Breitband-Antibiotika und sind nach den β-Lactam-Antibiotika die am meisten eingesetzten Antibiotika. Sie haben einen Marktwert von über drei Milliarden US-Dollar. Sie binden an die 30 S-Untereinheit der Ribosomen (siehe Kap. 3) und werden ausschließlich von Streptomyceten gebildet. **Anthracycline** wie Doxorubicin (Adriamycin) hemmen die DNA-Replikation, indem sie sich in die „Furchen" der Helix binden und Topoisomerasen inhibieren (Topoisomerasen verändern die „Spiralisierung" der DNA-Helix und spielen deshalb eine entscheidende Rolle bei Replikation, Transkription und Rekombination).

Chloramphenicol (Abb. 4.58) aus *Streptomyces venezuelae* ist das historisch erste Breitband-Antibiotikum und blockiert die Peptidyltransferase der Ribosomen. **Griseofulvin** ist ein fermentativ hergestelltes fungistatisches Antibiotikum, das die Zellteilung von Pilzen und den Spindelapparat der Zelle hemmt. Es wird gegen Dermatosen und bei Pflanzen gegen Mehltau eingesetzt.

3. DNA-Inhibitoren

Makrolid-Antibiotika hemmen grampositive Bakterien, indem sie an die 50 S-Untereinheit der bakteriellen Ribosomen binden und dadurch die wachsende Polypeptidkette unterbrechen. **Erythromycin** und **Spiramycin** werden bei Atemwegsinfektionen verabreicht. Erythromycin wird durch *Streptomyces erythreus* (jetzt *Saccharopolyspora erythrea*) produziert. Das verwandte **Tylosin** (gegen Mycoplasmen) setzt man bei der Schweinemast

ein (in der EU seit 1999 verboten, in China erlaubt). Marktwert 2,6 Milliarden US-Dollar.

Ansamycine wie **Rifampicin**, ein halbsynthetisches Derivat, sind die wichtigsten Antibiotika gegen Tuberkulose und Lepra. Sie hemmen die RNA-Polymerase von Bakterien (nicht aber das Enzym von Eukaryoten, siehe Kap. 3) durch Bindung an deren β-Untereinheit. Der Ausgangsstoff für Rifamycin wird durch *Nocardia mediterranei* (heute *Amycolatopsis*) produziert. Peptid-Antibiotika, wie die von *Streptomyces verticillus* gebildeten **Bleomycine**, sind wichtige cancerostatische Antibiotika.

Zur Immunsuppression dient **Cyclosporin**. Es wird durch *Tolypocladium inflatum* gebildet und jährlich in einem Wert von über einer Milliarde US-Dollar produziert.

Vier Tonnen **Bacitracin** aus *Bacillus licheniformis* werden für 100 Millionen Dollar zur Wundheilung und Hunderte Tonnen jährlich als Futtermittelzusatz umgesetzt.

Herzlich willkommen, Bakterien-Resistenzen!

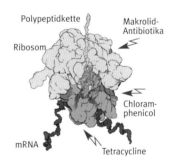

Am Ribosom setzen Tetracycline, Chloramphenicol und Makrolid-Antibiotika an. Sie hemmen die Proteinbiosynthese der Zelle.

Flemings Wildstamm von *Penicillium notatum* konnte sich jedoch nur an der Oberfläche vermehren. Glücklicherweise war aber der in Peoria gefundene neue Stamm der Art *Penicillium chrysogenum* gleichzeitig ein **guter „Taucher"**! Er wächst auch unter Wasser in einer Tauchkultur (**Submerskultur**), wenn man ihn nur ausreichend mit Sauerstoff versorgt, wenn also (wie im Aquarium den Fischen) Sauerstoff zugepumpt wird. Zum Tauchen brachte den Pilz **Andrew Moyer** (1899–1959) in Peoria (siehe Box 4.7).

Für die Penicillinproduktion nutzt man heute meist Bioreaktoren mit 100 000 bis 200 000 L Inhalt. Im Labor reichen jedoch Laborreaktoren mit einigen Litern Nährlösung aus, um neue

Erkenntnisse über die Mikroben zu gewinnen. Danach hängt es aber von der Zusammenarbeit der Wissenschaftler, Ingenieure und Konstrukteure ab, ob ein biotechnologischer Prozess, der im Laboratorium gute Ergebnisse bringt, auch in den 10 000-mal größeren Industriebioreaktoren funktioniert. Die **Maßstabsvergrößerung** (*scaling up*) ist oft ein kompliziertes Problem (Box 4.11).

Wichtig für das Wohlbefinden der Mikroben ist natürlich auch die **Temperatur** des Nährmediums. Die „Behaglichkeitstemperatur" der meisten Mikroorganismen liegt im Bereich von 20–50 °C; sie produzieren also am besten bei normalen bis tropischen Temperaturen.

Abb. 4.48 Tiefkühlschränke (hier gezeigt bis –80° C) werden zur Aufbewahrung empfindlicher biochemischer Proben über längere Zeit benutzt. Für Zellen wird Flüssigstickstoff (–196°C) verwendet.

Box 4.11 Bioreaktoren: Raum zum Leben und Schaffen für Mikroben

Der Bioreaktor, das Kernstück jeder biotechnologischen Produktionsanlage, ist im Prinzip eine Weiterentwicklung des alten **Gärbottichs**. Im Gegensatz zu diesem ist er aber mit einer aufwendigen technischen Peripherie versehen. Die Bioreaktorentwicklung begann mit einfachen Gruben für Abfälle, später wurden abgedeckte Behälter, Gefäße aus Leder, Holz und Keramik, zur Alkohol- und Essigsäureproduktion benutzt. Echte Fortschritte gab es dann erst mit den Arbeiten **Pasteurs** und dem Konzept von Reinkulturen, Sterilität und reinen Produkten.

Historisch bedeutend ist der **Oberflächenreaktor** für die Herstellung von Citronensäure und der **Rieselfilmreaktor**, der Tropfkörper in der aeroben Abwasserreinigung. Beide sind einfach zu bedienen, gestatten aber nur eine geringe Raum-Zeit-Ausbeute. Für die Produktion von Bäckerhefe, von organischen Chemikalien (Aceton, Butanol) und schließlich von Penicillin waren dann im 20. Jahrhundert Bioreaktoren nötig, die eine exakte Prozesskontrolle und -führung ermöglichten. Das gängige Modell ist der **Rührreaktor**. Er ist thermostatiert, hat Rührwerk und Begasung, sterile Zuleitungen und Probenentnahmeventile.

Man unterscheidet heute zwei große Gruppen von Verfahren in Bioreaktoren: Bei den **diskontinuierlichen Verfahren** (*Batch*- oder Chargen-Verfahren), wird der Kessel zu Beginn mit dem gesamten Ausgangsmaterial und natürlich auch den Mikroorganismen gefüllt. Danach beginnt die biochemische Umsetzung, die einige Stunden oder auch mehrere Tage dauern kann. Schließlich wird der Tank geleert und das Produkt von Fremdstoffen gereinigt. Danach kann ein neuer Produktionszyklus starten.

Bei den **kontinuierlichen Verfahren** werden dem Reaktor ständig Ausgangsstoffe zugeführt und entsprechende Mengen des Reaktionsgemischs mit dem Produkt entnommen. Zufuhr und Entnahme müssen so aufeinander abgestimmt sein, dass sich ein Fließgleichgewicht einstellt. Kontinuierliche Produktionsprozesse ähneln den Abläufen in einer Erdölraffinerie. Den Chargen-Betrieb könnte man dagegen mit den Produktionsmethoden in einer Bäckerei vergleichen.

Es gibt auch eine Kombination von beiden: Bei der **semi-kontinuierlichen Produktion** bleiben die Mikroben bis zu 90 Tage im Bioreaktor, das Medium wird aber täglich gewechselt.

Bei der Wahl des Verfahrens sind letztlich wirtschaftliche Gesichtspunkte ausschlaggebend. Die kontinuierlichen Verfahren eignen

sich im Prinzip besser für große Produktionsvolumina (z. B. in Abwasseranlagen) als die diskontinuierlichen. Trotzdem wird heute noch vielfach der Chargen-Betrieb bevorzugt, weil oft nur kleine Produktmengen benötigt werden. Der Bioreaktor ist schnell auf die Herstellung anderer Produkte umstellbar und kann leichter steril gehalten werden.

Es gibt eine Vielzahl von Bioreaktoren, die man unterschiedlich einteilen kann: In Bezug auf das **Fassungsvermögen** teilt man Bioreaktoren ein in

- Laborreaktoren (< 50 L),
- Versuchsreaktoren (50–5000 L) und
- Betriebsreaktoren (> 50 L bis zu 1 500 000 L).

Nach dem Höhe/Durchmesser-Verhältnis unterscheidet man **Tankreaktoren** (H/D = 3) und **Säulenreaktoren** (H/D > 3).

Nach Art des **Energieeintrags** kann man Reaktoren formal einteilen in

- mechanisch gerührte Reaktoren (Rührkesselreaktoren bzw. gerührte Tankreaktoren), das sind die vielseitigsten Reaktoren, z. B. für die Antibiotikaproduktion;
- Reaktoren mit außen angeordneter Flüssigkeitspumpe (Tauchstrahlreaktoren), z. B. für Futterhefeproduktion;

Rührtankbioreaktor

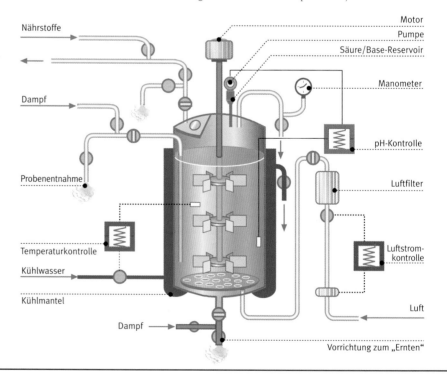

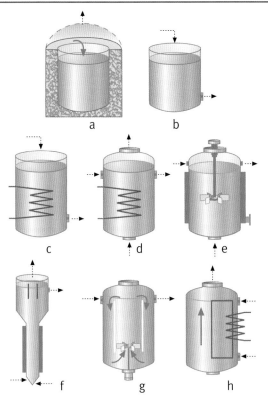

a

b

c

d

e

f

g

h

Die historische Entwicklung der Bioreaktor-Typen (Fermenter)

a Grube mit Abdeckung (menschliche Abfälle, Biogas)

b einfacher Behälter aus Holz, Leder, Metall, Kunststoff (Wein, Bier, Alkohol, Essig, Sauermilch)

c offener Reaktor (Brauerei) mit Temperaturkontrolle

d steriler Reaktor zur kontrollierten Fermentation (Hefen, Spezialchemikalien)

e Rührtankreaktor (Antibiotika)

f tubulärer Turmreaktor (Bier, Wein, Essig)

g Airliftreaktor mit innerer Umwälzung (Hefe aus Erdölbestandteilen)

h Airliftreaktor mit äußerer Umwälzung (Bakterien aus Methanol)

Bakterienkultur: *Escherichia coli* und *Klebsiella pneumoniae* auf Levine-Agar

Produktionsanlage zur Züchtung von Mikroorganismen

Verfahrensentwicklung in einem Fermentationstechnikum

Moleküle unterschiedlicher Größe werden in einer Ultrafiltrationsanlage über Membranen voneinander getrennt.

Zellabtrennung vom Fermentationsmedium über Zentrifugen

Keimarme Abfüllung am Ende des Produktionsprozesses

● Reaktoren mit Energieeintrag durch Gaskompression (Airliftreaktoren mit innerer und äußerer Umwälzung), z. B. für Einzellerproteinherstellung (Hefe aus Erdöl, Bakterien aus Methanol) und Abwasserreinigung („Turmbiologie").

Ein entscheidendes Problem beim Züchten freier Zellen ist die **kontinuierliche Durchmischung** des gesamten Fermentationsguts. Man braucht normalerweise auch eine gute Belüftung, da die Prozesse meist aerob sind. Deshalb ist der **Rührtankreaktor** der am häufigsten angewandte Bioreaktor. Die Durchmischung erfolgt durch Rührwerke oder Pumpen. Der Rührreaktor kann mechanische Turbinenrührer besitzen (Propeller) oder Turbinen, die Luft einblasen und dispergieren. Oft sind beide kombiniert. Besonders wenn das Verhältnis von Höhe des Fermenters zu seinem Durchmesser größer als 1,4 ausgelegt ist, müssen mehrfache Rührer verwendet werden.

„Grobtechnische" Fermentationen (Submersverfahren für Essig oder Hefe und Kläranlagen) verwenden **Bioreaktoren ohne aktive Luftverteilung**. Das Rührwerk (Propeller oder Turbine) sorgt dann für Turbulenzen und verteilt die Luft gleichmäßig. Für empfindliche Säugerzellen sind solche Reaktoren aber nicht geeignet (Kap. 3). Bei der Bierherstellung und Hefeproduktion entstehen durch die Fermentation selbst Gase (CO_2). Das Fermentationsgut wird pneumatisch durch das produzierte CO_2 und die eingeleitete Luft durchmischt. Bei hydraulisch rührenden Reaktoren übernehmen Pumpen die Durchmischung.

Alle bisher vorgestellten Bioreaktoren verwenden homogene Mischungen aus Medium und Zellen. In **Membranreaktoren** wird dagegen der Katalysator (Zelle oder Enzym) vom Produkt durch eine Membran getrennt, die für den Biokatalysator nicht durchlässig ist. Wir haben das bei der enzymatischen Aminosäureproduktion in Kapitel 2 gesehen. Bei einer speziellen Form, dem **Hohlfaserreaktor**, sind die Enzyme oder Zellen auf der äußeren Oberfläche der Fasern immobilisiert. Das Medium strömt durch die Hohlfasern zum Biokatalysator. Durch die Verwendung von Hohlfaserbündeln erreicht man hohen Durchsatz und damit hohe Produktivität auf kleinstem Raum.

Festbettreaktoren enthalten eine Füllung von Trägermaterial (z. B. poröses Glas, Cellulose) mit einer großen Oberfläche. Sie werden als Enzymreaktoren (Kap. 2) und für empfindliche höhere Zellen (Kap. 3) eingesetzt.

Box 4.12 Primäre und sekundäre Stoffwechselprodukte

In Kapitel 1 haben wir klassische Stoffwechselendprodukte wie Ethanol und Milchsäure kennengelernt. Sie entstehen „in der Not" durch Gärungsvorgänge. Essenzielle **primäre Stoffwechselprodukte** werden dagegen von den Zellen synthetisiert, weil sie **für deren Wachstum** unabdingbar sind.

Wirtschaftlich bedeutend sind Aminosäuren bzw. deren Abkömmlinge (Threonin, Lysin, Phenylalanin, Tryptophan, Glutamat), Vitamine (B_2 und B_{12}) und Nucleoside (Inosin-5-monophosphat, IMP; Guanosin-5-monophosphat, GMP).

Von Natur aus produzieren die Mikroben diese Stoffe nicht in übergroßen Mengen, denn das wäre wegen des überhöhten Energie- und Kohlenstoffverbrauchs ein Selektionsnachteil gegenüber denen, die nur für den Bedarf produzieren. Man muss also die Regulationsmechanismen gewaltsam verändern.

Sekundäre Produkte werden von den Zellen erst in einer späteren Phase des Wachstums gebildet, sind für das eigentliche Wachstum nicht nötig, und ihre natürliche Funktion ist oft nicht bekannt. Viele von diesen sekundären Produkten , z. B. die Antibiotika, hemmen andere Mikroben zum eigenen Vorteil. Es werden auch noch andere Stoffe gebildet wie Mycotoxine und Pigmente.

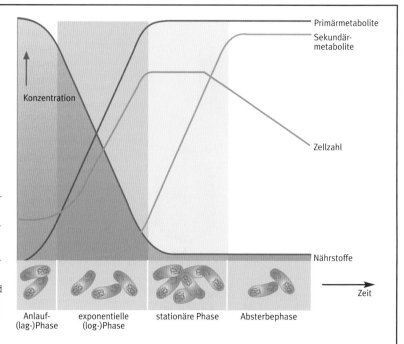

Primäre Stoffwechselprodukte (z. B. Ethanol und Aminosäuren) reichern sich im Bioreaktor in dem Maße an, in dem die Zellen wachsen, wohingegen die Produktion sekundärer Stoffwechselprodukte (z. B. Penicillin) erst nach der Wachstumsphase ihr Maximum erreicht.

Für die Produktion hat das einschneidende Konsequenzen.

Für primäre Metaboliten (wie Aminosäuren) muss man „nur" ideale Wachstumsbedingungen schaffen. In dem Umfang, in dem sich Bakterien oder Hefen vermehren, nimmt auch die Konzentration der Primärmetaboliten zu. Wird dagegen Penicillin, das sekundäre Produkt eines Schimmelpilzes, produziert, erreicht die Penicillinkonzentration erst ihr Maximum, wenn das Wachstum des Pilzes eingestellt ist.

Man muss also einen Kompromiss zwischen jeweils idealen Wachstumsbedingungen und Produktion finden.

Abb. 4.49 Reinraumproduktion erfordert höchste Sorgfalt, zum Beispiel Schutzkleidung.

Abb. 4.50 Selman Abraham Waksman (1888 - 1973) entdeckte das Streptomycin und schuf den Begriff „Antibiotikum".

Deshalb entdecken wir kaum Schornsteine in der Biofabrik. Dagegen werden für die Stoffproduktion in der Chemieindustrie Temperaturen von mehreren 100 °C benötigt.

Biotechnische Verfahren dagegen benötigen häufig sogar eine **Kühlung**. Kühlung ist allerdings oft teurer als Beheizung. Wie viele Menschen in einem kleinen Raum produzieren auch Schimmelpilze und andere Zellen im Bioreaktor durch ihren Stoffwechsel einen Überschuss an Wärme. Die Bioreaktorwände müssen deshalb mit Wasser gekühlt werden, damit eine tödliche Überhitzung vermieden wird.

■ 4.18 Hitze, Kälte und Trockenheit halten uns Mikroben vom Hals

Während der gesamten Laufzeit eines Bioreaktors bereiten unsichtbare Störenfriede den Biotechnologen große Sorgen (Box 4.11). Was nützt der beste *Penicillium*-Stamm, wenn im Bioreaktor unerwünschte Mikroben die Nährstoffe wegfressen,

das Pilzwachstum hemmen oder sogar giftige Stoffe in die Nährlösung abgeben? Alle Nährstoffe und auch die eingepumpte Luft müssen deshalb kurzzeitig erhitzt und dadurch **mikrobenfrei** (**steril**) gemacht werden.

Die Bioreaktoren selbst sterilisiert man vor Beginn der Mikrobenzucht. Auch der Kessel wird **mit Dampf sterilisiert**.

Es gibt eine zweite Strategie, um die Infektionsgefahr zu vermindern: Wenn im Kessel ein **geringer Überdruck** besteht, haben es Keime schwer hineinzugelangen. Besonders groß ist die Infektionsgefahr an den Aus- und Einlassöffnungen. Um hier für keimfreie Bedingungen zu sorgen, bläst man heißen Wasserdampf durch die Rohröffnungen vor den Ventilen.

Hitze wird auch im Haushalt und in der Lebensmittelindustrie angewendet, um Keime, also schädliche Mikroben, abzutöten: Denken wir nur an das einfache Abkochen oder Pasteurisieren von Milch, das Einwecken von Obst oder Herstellen von Konserven – überall werden Bakterien und ein großer Teil der Pilzsporen durch Hitze abgetötet (Box 4.9). Da die Gefäße luftdicht verschlossen sind, können Mikroben und auch Sauerstoff, den die meisten Mikroorganismen zum Wachstum benötigen, nicht eindringen. Sobald jedoch Luft einströmt, verdirbt der Inhalt. Unsere Eltern kennen noch Einweckgläser, die nicht fest genug verschlossen waren und deren Inhalt verschimmelt war.

Außer übergroßer Hitze kann aber auch **Kälte** dazu genutzt werden, die unerwünschte Vermehrung von Mikroorganismen zu stoppen. Da die meisten Mikroben Wärme und Wachstum benötigen, bewahrt man Lebensmittel im Kühlschrank auf oder friert sie in der Tiefkühltruhe ein. Dabei hemmt man das Wachstum der Mikroben nur zeitweilig, tötet sie aber nicht. Viele Mikroorganismen überstehen sogar Temperaturen von flüssigem Stickstoff bei -196 °C schadlos. Aufgetaute Lebensmittel müssen sofort verbraucht werden, um nicht ein idealer Nährboden für die aus dem Kälteschlaf erwachten Mikroben zu sein.

Da Mikroben zum Leben immer **Wasser** brauchen, kann man ihr Wachstum auch durch **Trocknen** (Backpflaumen, Brezeln oder Dörrfisch) verhindern. Beim Einlegen in **Salzlösungen** (Salzheringe) oder in **starken Zuckerlösungen** (**Sirup**) wird den Mikrobenzellen ebenfalls Wasser entzogen (Osmose), sie schrumpeln ein, trocknen aus und wachsen dadurch nicht mehr. **Gefriertrocknung** ist eine der häufigsten modernen Konservierungsmethoden. Konzentrierter **Alkohol** erhöht nicht nur die Permeabilität der Cytoplasmamembran von Bakterien (siehe Kap. 1) und hemmt dadurch deren Wachstum, sondern entzieht den Mikrobenzellen auch Wasser.

Schließlich hat der Mensch auch eine Reihe von Mikroben hemmenden **Desinfektionsmitteln** entwickelt.

■ 4.19 Produktaufarbeitung: *downstream processing*

Hat man die Keime unter Kontrolle und war der Bioreaktorprozess erfolgreich, kann der **Bioreaktor geerntet** werden. Man lässt dazu das dicke Gemisch von Schimmelpilzen, restlichen Nährstoffen und Penicillin ablaufen. Da Penicillin von den Pilzen in die Umgebung abgesondert wird, ist seine Gewinnung sehr einfach. Man filtert die

Mikrobenzellen ab. Aus der klaren Nährlösung lässt sich dann das aufgelöste Penicillin ausfällen, und man kann die Kristalle leicht abtrennen.

Analog zur **Substrataufbereitung** für den Bioreaktor (*upstream processing*) bezeichnet man alle Schritte, die von der Fermentationslösung bis zum Endprodukt erforderlich sind, als *downstream processing*.

Die meisten Produkte (z. B. viele Proteine) werden allerdings von den Mikroben nicht in die Nährlösung abgegeben. Man muss dann die Mikrobenzellen gewaltsam aufbrechen und die gewünschten Produkte mühsam vom übrigen Inhalt der Zellen abtrennen (z. B. durch Affinitätschromatografie, Kap. 3). Dadurch wird die Gewinnung dieser Substanzen natürlich teurer.

■ 4.20 Streptomycin und Cephalosporine – die nächsten Antibiotika nach dem Penicillin

Penicillin ist gegen ein breites Spektrum grampositiver Bakterien hochwirksam. Nach der Einführung des Penicillins in die klinische Praxis zeigte sich, dass es viele weitverbreitete bakterielle Infektionen, wie die von Streptokokken verursachte Halsentzündung (Pharyngitis), die durch Pneumokokken hervorgerufene Lungenentzündung und die meisten Staphylokokkeninfektionen, schnell und vollständig zu heilen vermag. Heilung brachte es auch bei der oft tödlichen, von Meningokokken hervorgerufenen Hirnhautentzündung und bei einigen Formen der tödlichen bakteriellen Herzinnenhautentzündung.

Diese spektakulären klinischen Erfolge lösten eine intensive Suche nach weiteren natürlichen Antibiotika aus.

Zwei Beweggründe standen hinter diesen Bemühungen. **Penicillin wirkt nicht bei gramnegativen Bakterien** wie *Escherichia coli, Salmonella, Pseudomonas, Mycobacterium*. Zum anderen stellte sich heraus, dass auch bestimmte grampositive Bakterien **gegen Penicillin resistent** sind oder werden können.

Mithilfe einer neu entwickelten Technik, mit der sich erdbewohnende Mikroorganismen routinemäßig auf die antibiotische Wirksamkeit ihrer Stoffwechselprodukte untersuchen lassen, gelang es 1943 **Selman Abraham Waksman** (1888–1973, Abb. 4.50) und seinen Mitarbeitern an der amerikanischen Rutgers-Universität, ein neues Antibiotikum aus Actinomyceten der Gattung *Streptomyces* zu isolieren.

Grampositiv?

Die Begriffe grampositiv, gramnegativ oder Gramfärbung gehen zurück auf den Dänen **Hans Christian J. Gram**.

Abb. 4.51 Hans Christian J. Gram (1853–1938)

Bereits 1884 machte er angeblich eher zufällig in einem Berliner medizinischen Labor die Entdeckung, dass grampositive und gramnegative Bakterien unterschiedlich gebaute Zellwände besitzen und in unterschiedlichem Maße in der Lage sind, Gentianaviolett nach Auswaschen mit Iod-Iodkalium-Lösung und Alkohol zurückzuhalten. Tiefblau (grampositiv) färben sich meist kugelförmige Bakterien (Pneumokokken, Streptokokken), blassrosa oder rot (gramnegativ) meist Stäbchen (*E. coli* und Salmonellen).

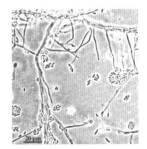

Abb. 4.52 *Acremonium* bildet Cephalosporine.

Abb. 4.53 Giuseppe Brotzu (1895–1976) entdeckte die Cephalosporine.

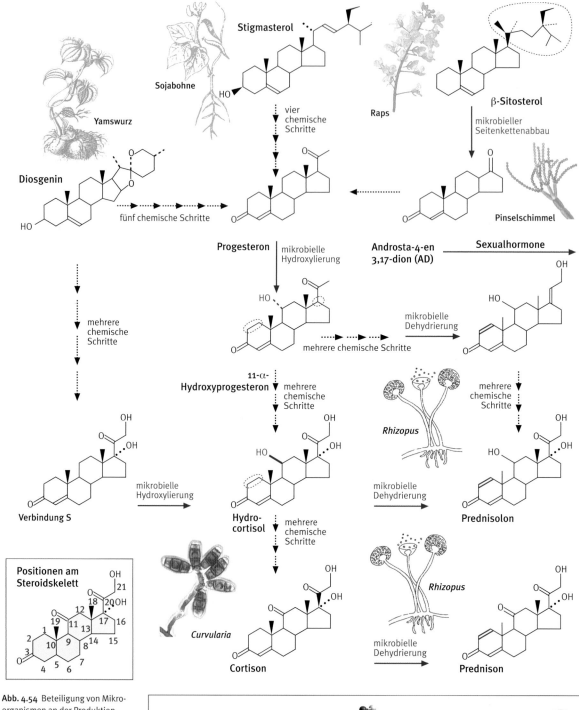

Stigmasterol

Sojabohne

Yamswurz

Raps

β-Sitosterol

mikrobieller
Seitenkettenabbau

Diosgenin

vier chemische Schritte

fünf chemische Schritte

Pinselschimmel

Progesteron

mikrobielle
Hydroxylierung

Androsta-4-en
3,17-dion (AD)

Sexualhormone

mehrere
chemische
Schritte

mikrobielle
Dehydrierung

mehrere chemische Schritte

11-α-
Hydroxyprogesteron

mehrere
chemische
Schritte

Rhizopus

mehrere
chemische
Schritte

Verbindung S

mikrobielle
Hydroxylierung

Hydro-
cortisol

mehrere
chemische
Schritte

mikrobielle
Dehydrierung

Prednisolon

**Positionen am
Steroidskelett**

Curvularia

Rhizopus

Cortison

mikrobielle
Dehydrierung

Prednison

Abb. 4.54 Beteiligung von Mikroorganismen an der Produktion
therapeutisch wichtiger Steroide
(oben);
Raumstrukturen von Cortison
(unten rechts)

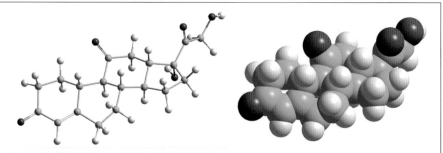

Box 4.13 Biotech-Historie: **Mexiko, die Mutter der Pille und das Rennen um Cortison**

Carl Djerassi wurde 1923 als Sohn jüdischer Ärzte geboren und wuchs bis zu seiner Flucht vor den Nazis 1938 im Wien der Vorkriegszeit auf.

Im Alter von 16 Jahren kam er völlig mittellos in New York an. Nur wenige Jahre später machte er als Mitglied der Phi Beta Kappa seinen Abschluss am Kenyon College in Ohio. Seine erste Anstellung erhielt er als Chemiker beim Schweizer Pharmakonzern CIBA. Er promovierte an der University of Wisconsin und arbeitete anschließend in dem kaum bekannten Syntex-Labor in Mexiko-Stadt. Innerhalb kurzer Zeit entwickelte sich dieses mexikanische Labor zu einem Zentrum der Erforschung und Herstellung von Steroiden. Die Forscher dieses Labors beteiligten sich auch an dem weltweiten Wettlauf um die Synthese von Cortison. Dort war Djerassi auch federführend bei der Herstellung des ersten oralen Empfängnisverhütungsmittels für Frauen und wurde dadurch weltweit als „Mutter der Pille" bekannt. Unser guter Freund Carl Djerassi verstarb 2015.

Im Folgenden beschreibt Carl Djerassi die aufregende Jagd nach Cortison (aus seinen beiden Memoiren vom Autor zusammengefasst und gekürzt):

Das Telegramm vom 8. Juni 1951 stammte von **Tadeusz Reichstein**, der im Jahr zuvor für die Isolation und strukturelle Aufklärung von **Cortison** gemeinsam mit zwei weiteren Wissenschaftlern den Nobelpreis für Medizin erhalten hatte. Der Text des Telegramms aus

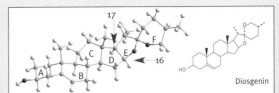

Carl Djerassi und Alejandro Zaffaroni deuten auf die wesentliche chemische Eigenschaft aller steroiden Verhütungsmittel.

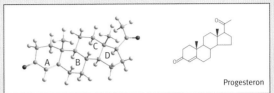

Diosgenin

Carl Djerassi (links) in Hongkong mit dem Ernährungsfachmann Prof. Georges Halpern (rechts) und dem Autor

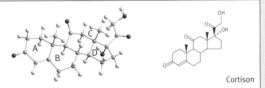

Progesteron

Cortison

Basel nach Mexiko-Stadt, wo das kleine Syntex-Labor seinen Sitz hatte, lautete lediglich: »Keine Erniedrigung.« Damit war gemeint, dass der Schmelzpunkt des natürlichen Steroids, das Reichstein aus Nebennieren isoliert hatte, nicht erniedrigt wurde, wenn man es mit dem synthetisch hergestellten vermischte, das wir in die Schweiz geschickt hatten. (1951 war die Untersuchung des „gemischten Schmelzpunkts" eine der Standardmethoden zum Nachweis der Übereinstimmung zweier kristalliner Substanzen.) Folglich hatte unsere unbekannte Forschungsgruppe – das älteste Mitglied war 34 Jahren alt – das Rennen gewonnen.

Zu dieser Zeit herrschte ein unerschütterlicher Optimismus, und man hielt Cortison für ein Wundermittel zur Behandlung von Arthritis und anderen entzündlichen Erkrankungen. **Philip Hench** (1896–1965) von der Mayo-Klinik, einer der beiden Forscher, die zusammen mit Reichstein den Nobelpreis erhalten hatten, hatte 1949 Filme von hilflosen, an Arthritis erkrankten Patienten gezeigt, die nach Cortisongaben innerhalb weniger Tage wieder tanzen konnten. Das einzige Problem war, dass Cortison fast 200 Dollar pro Gramm kostete und zur Herstellung nicht so leicht erhältliches Ausgangsmaterial benötigt wurde, nämlich Schlachttiere. **Lewis H. Sarett** (1917–1999) von Merck & Company in Rahway, New Jersey, benötigte 1944 **zur Herstellung von Cortison aus Rindergalle 36 chemische Schritte**. Es war also eine potenziell unbegrenzte pflanzliche Quelle für Cortison erforderlich: Wenn man

es nicht von Grund auf aus Luft, Kohle oder Erdöl und Wasser synthetisieren konnte, dann durch **partielle Synthese** mit einem natürlich vorkommenden Steroid als Ausgangsstoff, der sich chemisch in Cortison umwandeln ließ. Sarett hatte mittels einer derartigen partiellen Synthese bereits ein paar erste Gramm Cortison hergestellt – es ähnelte in etwa dem Umbau einer Scheune zu einer Villa, wobei die Gallensäure seine Scheune und Cortison seine Villa war. Um mit **Einstein** zu sprechen: »Man soll die Dinge so einfach wie möglich machen, aber nicht einfacher.« Als Ausgangsmaterial wählte unser Syntex-Team als leichter erhältliche Alternative zu Saretts Gallensäure **Diosgenin** (siehe auch Abb. 4.54).

Auf den ersten Blick schien diese Wahl weder chemisch noch geografisch sinnvoll zu sein. Zwar enthält die Struktur vom Diosgenin die für Steroide typischen vier Ringe, darüber hinaus ist es jedoch noch mit nicht relevanten chemischen Anhängen belastet, einschließlich zweier zusätzlicher Ringe an Position 16 und 17 (siehe Abbildung oben, Ringe E und F).

Diosgenin war jedoch nur wenige Jahre zuvor die Grundlage zur Gründung von Syntex gewesen. In den später 30er- und frühen 40er-Jahren leitete **Russel E. Marker** (1902–1995), ein brillanter, aber unorthodoxer Chemieprofessor von der Pennsylvania State University, die Forschungen an einer Gruppe von Steroiden, den sogenannten „Sapogeninen". Diese Verbindungen pflanzlichen Ursprungs erhielten ihren Namen,

Fortsetzung nächste Seite

weil sie durch ihre chemische Verbindung mit Zuckern („Saponine" genannt) in wässriger Lösung seifenähnliche Eigenschaften zeigten. In Mexiko und Südamerika, wo in der Natur zahlreiche saponinhaltige Pflanzen vorkommen, nutzten die Einheimischen diese schon seit langer Zeit zum Waschen ihrer Wäsche und zum Töten von Fischen. Marker konzentrierte sich hauptsächlich auf die Chemie des steroiden Sapogenins Diosgenin, das in bestimmten in Mexiko wild wachsenden ungenießbaren Yamswurzeln vorkommt. Er entdeckte einen äußerst einfachen Prozess, durch den die beiden Komplexringe (für uns molekularer Abfall) zu einer Substanz abgebaut wurden, die wiederum chemisch sehr leicht in das weibliche Sexualhormon **Progesteron** umgewandelt werden konnte (Abb. 4.54).

Weil Marker keinen einzigen amerikanischen Pharmakonzern von dem kommerziellen Potenzial von Diosgenin überzeugen konnte, gründete er 1944 **das kleine mexikanische Unternehmen Syntex** (aus Synthese und Mexiko).

Wenige Monate später begann Syntex, an andere Pharmaunternehmen reines, kristallines Progesteron zu verkaufen, hergestellt in fünf Schritten durch partielle Synthese aus Diosgenin. Innerhalb eines Jahres kam es zum Zerwürfnis der Partner, und Marker verließ das Unternehmen. Seine Partner **Emeric Somlo** und **Federico Lehmann** sahen sich nach einem anderen Chemiker um, der die Herstellung von Progesteron aus Diosgenin bei Syntex wieder aufnehmen sollte, und verpflichteten Dr. **George Rosenkranz** aus Havanna. Rosenkranz war wie Somlo Ungar. Er hatte seine Doktorarbeit bei Nobelpreisträger **Leopold Ruzicka** (einer Koryphäe der Anfänge der Steroidchemie) gemacht und Markers Veröffentlichungen gelesen. Innerhalb von zwei Jahren hatte Rosenkranz bei Syntex nicht nur die Massenproduktion von Progesteron wieder etabliert, sondern – was noch bedeutsamer war – aus der gleichen mexikanischen Yamswurzel auch noch die großmaßstäbige und kommerziell wertvollere Herstellung des männlichen Geschlechtshormons Testosteron. Beide Synthesen waren derart viel einfacher als die Methoden der europäischen Pharmakonzerne wie CIBA, die damals den Markt der Steroidhormone dominierten, dass die **winzige Firma Syntex innerhalb kurzer Zeit das internationale Hormonkartell zum Einsturz brachte.** Infolgedessen sanken die Preise beträchtlich, und diese

Pressekonferenz zur Bekanntgabe der erstmaligen Synthese von Cortison aus pflanzlichen Rohstoffen durch Syntex in Mexiko-Stadt 1951. Von links nach rechts: Gilbert Stork, Juan Pataki, George Rosenkranz, Enrique Batres, Juan Berlin, Carl Djerassi und Rosa Yashin

Carl Djerassi mit seiner Assistentin Arelina Gomez bei Syntex

Hormone wurden in weitaus größeren Mengen verfügbar. Ende der 1940er-Jahre war Syntex Hauptlieferant für Pharmakonzerne auf der ganzen Welt. Außerhalb dieser Firmen wussten jedoch nur wenige Menschen überhaupt von der Existenz dieses kleinen Chemiebetriebs in Mexiko-Stadt, der schon bald die Steroidchemie und die Steroidindustrie auf der ganzen Welt revolutionieren sollte. Im Frühjahr 1951 ließ zumindest ein mexikanischer Coup allgemein ernsthaft aufhorchen. Damals veröffentlichte unser Syntex-Team im JACS unsere Entdeckung eines neuen Syntheseswegs für die charakteristische Ring-A-Struktur von Cortison und andere Hormone aus einer Zwischenstufe, die für steroidale Sapogeninvorstufen wie Diosgenin besonders geeignet war.

Ab diesem Zeitpunkt arbeiteten wir im Zweischichtbetrieb und erhielten so die synthetischen Kristalle, die wir zu **Reichstein** in die Schweiz schickten. Innerhalb weniger Stunden nach Erhalt des besagten Telegramms schrieb ich den ersten Entwurf unserer „Meldung" mit dem Titel „Die Synthese von Cortison".

Unsere erfolgreiche Synthese von Cortison aus Diosgenin bescherte **Mexiko für immer einen Platz auf der Landkarte der Steroidforschung**. Upjohns Bedarf an Tonnen von Progesteron – eine Menge, die man zu jener Zeit nur aus Diosgenin produzieren konnte –

trug ebenfalls dazu bei, dass Syntex auf dem besten Weg zu einem Pharmariesen war. Beschleunigt wurde dies noch wenige Monate später durch unsere Synthese des ersten oralen Verhütungsmittels, ebenfalls in Mexiko-Stadt. Reichsteins Telegrammtext wenige Monate zuvor – »keine Erniedrigung« – galt für das Cortison, aber nicht für uns. Wir waren in einem Hochgefühl: Es lebe Mexiko!

Das *Life*-Magazin stellte unser Team vor, die meisten von uns in blitzsauberen weißen Laborkitteln, gruppiert um einen glänzenden Glastisch, augenscheinlich fasziniert von einer riesigen Yamswurzel, die das neben ihr platzierte Modell des Cortisonmoleküls bei weitem überragte. Rosenkranz hielt ein bis zum Rand mit weißen Kristallen gefülltes Reagenzglas in der Hand – das Pendant des Chemikers zur Flagge des Erstbesteigers auf dem Gipfel des Mount Everest. Dem Fotografen zuliebe hatten wir das Reagenzglas zuvor mit gewöhnlichem Tafelsalz befüllt, da wir zu diesem Zeitpunkt gerade einmal ein paar Milligramm Cortison synthetisiert hatten.

Ironischerweise trug keiner der bezüglich des Cortisons erzielten Triumphe, die im August 1951 Thema des *Journal of the American Chemistry Society* waren – weder aus unserem Labor, noch aus denen unserer Konkurrenten von Harvard oder Merck –, zur Behandlung auch nur eines einzigen Patienten mit Arthritis bei, weil ein Neuling auftauchte, von dessen Beteiligung an dem Wettlauf keiner auch nur einen Schimmer hatte. Wenige Monate nach unserer Veröffentlichung erhielt das Management von Syntex eine Anfrage der **Upjohn Company** in Kalamazoo (in Michigan), ob wir ihr zehn Tonnen Progesteron liefern könnten.

Da zu jenem Zeitpunkt die gesamte jährliche Produktion weltweit vermutlich weniger als ein Hundertstel dieser Menge betrug, erschien diese Nachfrage äußerst befremdlich. Niemand in unserer Gruppe konnte sich eine medizinische Nutzung von Progesteron vorstellen, für die man solche Mengen benötigen würde. Wir schlossen daraus, dass Upjohn das Progesteron eher als chemisches Zwischenprodukt verwenden wollte, statt zur Hormontherapie.

Unsere Folgerung stellte sich wenige Wochen später als richtig heraus. Anhand eines Patentes, das Upjohn in Südafrika erteilt worden war (Patente wurden dort sehr viel schneller erteilt als in den USA), erkannten wir, dass zwei ihrer Wissenschaftler, **Durey H. Peterson** und

Herbert C. Murray, eine sensationelle Entdeckung gemacht hatten: Die Vergärung von **Progesteron durch bestimmte Mikroorganismen** verkürzt und vereinfacht die Synthese von Cortison erheblich. Was wir Chemiker mühevoll mittels einer Reihe komplizierter chemischer Umwandlungen bewerkstelligt hatten, erledigten Upjohns Mikroorganismen mit ihren eigenen Enzymen in nur einem **einzigen Schritt!**

Nur wenige Monate später veröffentlichte Djerassi, dass er zusammen mit George Rosenkranz und Luis E. Miramontes das Gestagen Norethisteron synthetisiert hatte. Es bleibt im Gegensatz zu Progesteron auch bei oraler Verabreichung wirksam und ist wesentlich stärker als das natürlich vorkommende Hormon. Djerassi bekannte später, dass »wir uns das selbst in unseren kühnsten Träumen nicht vorgestellt hatten«.

Carl Djerassi (1923–2015) war Autor von mehr als 1200 wissenschaftlichen Veröffentlichungen und sieben Monografien. Als einziger amerikanischer

© David Loveall

Chemiker wurde er sowohl mit der National Medal of Science (1973 für die Entdeckung des oralen Verhütungsmittels – der „Pille") ausgezeichnet als auch mit der National Medal of Technology (1991 für die Förderung neuer Ansätze zur Schädlingsbekämpfung). Außerdem wurde er in die National Inventors Hall of Fame aufgenommen. Ab 1959 war Djerassi Professor für Chemie an der Stanford University. In einer zweiten Karriere hatte sich das Multitalent Djerassi von der praktischen Chemie dem Schreiben von bislang fünf Science-fiction-Romanen zugewandt. Auch acht Theaterstücke entstammen seiner Feder, von denen fünf ihren Schwerpunkt auf topaktueller Forschung in den biomedizinischen Wissenschaften haben.

Quellen:

Djerassi C (1992) *The Pill, Pygmy Chimps, and Degas' Horse.* Basic Books, New York

Djerassi C (2001) *This Man's Pill.* Oxford University Press. Nachdruck der Auszüge mit freundlicher Genehmigung von Oxford University Press

www.djerassi.com

Actinomyceten sind grampositive, unregelmäßig gefärbte unbewegliche Bakterien, die Filamente und Verzweigungen bilden.

Streptomycin (Abb. 4.57) ist ein Aminoglykosid, besteht also aus Zuckern und Aminosäuren. Streptomycin wirkt anders als Penicillin auch gegen einige gramnegative Bakterien. Erstmals war nun eine Tuberkulosetherapie effektiv. Aminoglykosid-Antibiotika haben eine breite Wirkung, sind aber auch leicht toxisch. Der typische Geruch frischer Erde ist übrigens auf die bodenbewohnenden Streptomyceten zurückzuführen.

Waksman fand aber mit seinen Mitarbeitern noch weitere neue Antibiotika: Actinomycin (1940), Clavacin, Streptothricin (1942), Grisein (1946), Neomycin (1948), Fradicin, Candicidin, Candidin und andere. Zwei davon, Streptomycin und Neomycin, werden noch heute breit angewendet.

Bereits 1945 beschäftigte sich Professor **Giuseppe Brotzu** (1895–1976, Abb. 4.53) vom Hygiene-Institut im italienischen Cagliari mit einem Problem, das heute gigantische Ausmaße angenommen hat: mit der **Verschmutzung des Mittelmeeres**. In der Nähe der Einleitung einer Kanalisationsanlage in das Mittelmeer auf Sardinien entnahm er Wasserproben. Brotzu spekulierte: Wenn im Abwasser Bakterien auftreten, die Infektionskrankheiten des Verdauungstraktes hervorrufen, sollten dann nicht auch in diesem Milieu ihre natürlichen Feinde anwesend sein? So entdeckte Brotzu den Schimmelpilz *Cephalosporium acremonium* (heute in **Acremonium chrysogenum** umbenannt, Abb. 4.52), der Hemmstoffe gegen eine ganze Reihe von Bakterien produziert.

Brotzus Veröffentlichung in einer kaum beachteten italienischen Universitätszeitschrift gelangte durch einen glücklichen Zufall nach Oxford in die Gruppe der „Antibiotikajäger". Es stellte sich heraus, dass der Pilz mehrere verwandte Antibiotika erzeugt. Eines davon, das **Cephalosporin C**, erwies sich als besonders wirksam gegen Penicillin-resistente grampositive Krankheitskeime (siehe Box 4.10).

Die Penicilline, Cephalosporine und das Streptomycin waren zwar die wichtigsten Entdeckungen in der Frühzeit der Antibiotikaforschung, doch bei Weitem nicht die einzigen. Die Zahl der jährlich neu gefundenen Antibiotika wuchs zwischen den späten 40er- und frühen 70er-Jahren nahezu linear auf etwa 200 an. Gegen Ende des letzten Jahrhunderts erreichte sie schließlich die Rekordmarke von 300 Substanzen je Jahr.

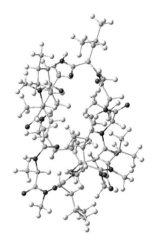
Abb. 4.55 Struktur des Cyclosporins

Abb. 4.56 Edward Kendall (1866–1972, sitzend) und sein Cortison-Team

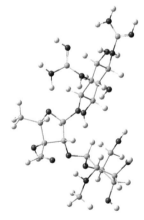
Abb. 4.57 Streptomycin

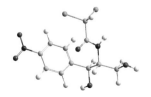
Abb. 4.58 Chloramphenicol

Abb. 4.59 Pflanzen für die Steroidgewinnung

Soja

Yamswurz

Raps

Abb. 4.60 Durch den unkontrollierten Gebrauch von Antibiotika in Medizin und Landwirtschaft wird die „Wunderwaffe der Medizin" stumpf – eine gefährliche Entwicklung!

Heute sind 8000 Antibiotika aus Mikroorganismen und 4000 aus höheren Organismen isoliert worden (Box 4.10). 30 000 Tonnen Penicilline und Cephalosporine werden weltweit produziert. Cephalosporine werden nur beim Menschen eingesetzt, Penicilline allerdings (oft missbräuchlich) auch bei der **Mast von Nutztieren**.

Kurz nach den ersten Erfolgen der Mensch-gegen-Mikroben-Strategie **begannen die Mikroben mit dem massiven Gegenschlag**. Eigentlich zeigen sie damit, wie Evolution noch heute abläuft.

■ 4.21 Der Wettlauf mit den Mikroben: Resistenzen

Der große **Louis Pasteur** schrieb: »Die Bakterien werden das letzte Wort haben, Messieurs!« Wie wahr – im mehrfachen Sinne!

Penicillin war einige Jahre lang erfolgreich angewendet worden. 1972 kam es jedoch zu einer Ruhrepidemie in Mexiko, 1975 zu einer seuchenartigen Ausbreitung der Gonorrhoe auf den Philippinen, befördert durch die zunehmende Prostitution. Für **Gonorrhoe** (griech. Samenfluss) ist die deutsche Bezeichnung Tripper gebräuchlich, die von dem niederdeutschen *drippen* („tropfen") abgeleitet ist. Beide Bezeichnungen deuten auf charakteristische Symptome hin.

Die Gonorrhoe, eine seit Jahrhunderten bekannte Geschlechtskrankheit, konnte erst durch Antibiotika dauerhaft geheilt werden.

Es stellte sich aber heraus, dass Prostituierte über längere Zeit prophylaktisch in großen Mengen Penicillin einnahmen, um sich vor Tripper zu schützen. So geriet *Neisseria gonorrhoeae* in eine Situation, die zur Auslese widerstandsfähiger Zellen führte. Bald traten **Penicillin-resistente Bakterienstämme** auf. Die „Unempfindlichkeit" der Bakterien beruht auf der Produktion von Enzymen, die Penicillin inaktivieren – von β-**Lactamasen**. Diese Hydrolasen sprengen den sogenannten β-Lactamring des Penicillins und der Cephalosporine (Box 4.8) durch enzymatische Hydrolyse auf und wandeln sie zu **unwirksamen Penicillansäuren** um. Vor allem in Krankenhäusern infizieren sich Patienten fatalerweise häufig mit antibiotikaresistenten Bakterienstämmen (**Hospitalismus**). In Deutschland sollen jährlich 30 000 Patienten daran sterben! Man versucht jedoch, die Mikroben zu überlisten. Von den *Penicillium*-Arten wird in der pharmazeutischen Industrie hauptsächlich das sogenannte Penicillin

G produziert, das eine Benzylseitenkette trägt. Man spaltet diese Seitenkette mit speziellen immobilisierten Enzymen ab (Penicillin-Amidasen), koppelt dann neue Gruppen an und gewinnt somit neuartige **halbsynthetische Antibiotika**, gegen die Mikroben (noch nicht!) resistent sind (Kap. 2). Es ist ein Wettlauf mit den Bakterien, und die massiven Antibiotikagaben an Nutztiere zur Wachstumsverbesserung und Prophylaxe verschärfen ihn. Wir haben ja schon gesehen, dass Bakterien **Plasmide** austauschen, die Gene für Antibiotikaresistenzen tragen.

Im Grunde sehen wir bei den Bakterien und den Antibiotika, wie auch **heute noch die Evolution** im Sinne von Darwin und Wallace funktioniert: Mutation, Selektion, Überleben der Fittesten und am besten Angepassten.

■ 4.22 Cyclosporin – ein Mikrobenprodukt für Transplantationen

Wann immer die Mitarbeiter von Sandoz Ltd. in Basel seit 1957 in den Urlaub oder auf Dienstreise gingen, wurden sie gebeten, Plastikbeutel mit Bodenproben aus aller Welt mitzubringen. Diese wurden nach dem Urlaub katalogisiert und auf neue Antibiotikaproduzenten „durchgescreent". Erst im März 1970 wurden die Wissenschaftler aber fündig: *Tolypocladium inflatum* wurde aus Erde von Wisconsin, USA, und von der Hardangervidda in Norwegen isoliert.

Die Baseler Forscher fanden zunächst enttäuschenderweise nur eine Substanz, die lediglich gegen einige wenige Pilze wirkte – und das nicht einmal besonders gut. Das von dem Pilz produzierte Antibiotikum mit der Laborbezeichnung 24-556 hatte aber eine bemerkenswerte Eigenschaft: Es war zwar schwach wirksam gegen Pilze, aber von **geringer Giftigkeit gegen Versuchstiere**. Nur deshalb wurde es überhaupt weitergetestet.

1972 zeichnete sich in den Tests plötzlich eine Sensation ab: Der neue Stoff, ein ringförmig geschlossenes Peptid aus elf Aminosäuren, unterdrückte das Abwehrsystem des Menschen, er wirkte als **Immunsuppressivum**, verhinderte also auch die natürlichen Abstoßungsreaktionen gegen verpflanzte Spenderorgane. Solche Immunsuppressiva waren zwar schon seit Längerem im Einsatz, sie setzten jedoch immer das gesamte Abwehrsystem außer Kraft. Für die so Behandelten konnte jede leichte Infektion tödlich wirken.

Nicht so Substanz 24 556, die heute als **Cyclosporin** (oder Ciclosporin; Abb. 4.55) weltweit

Box 4.14 Pro- und eukaryotische Zellen: gigantische Synthesefabriken

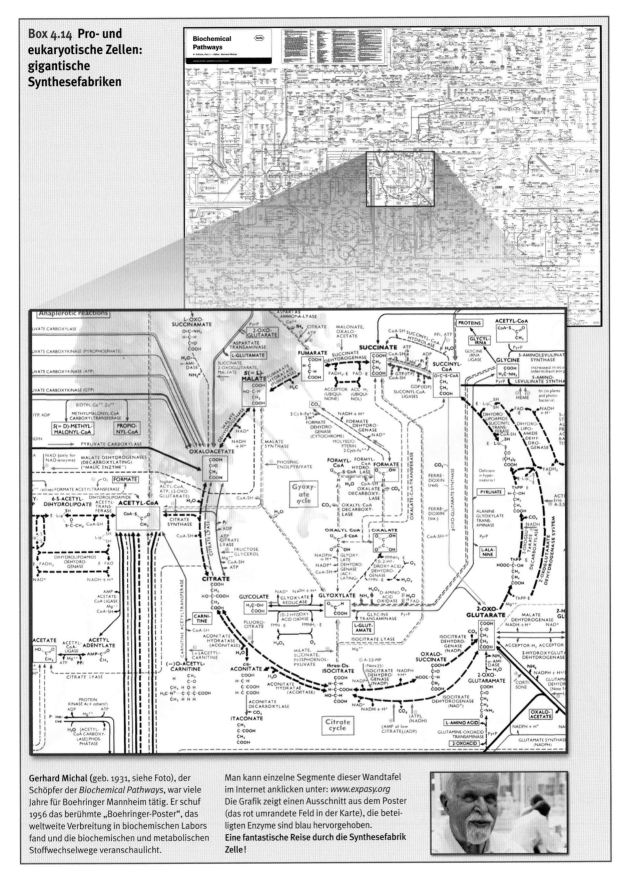

Gerhard Michal (geb. 1931, siehe Foto), der Schöpfer der *Biochemical Pathways*, war viele Jahre für Boehringer Mannheim tätig. Er schuf 1956 das berühmte „Boehringer-Poster", das weltweite Verbreitung in biochemischen Labors fand und die biochemischen und metabolischen Stoffwechselwege veranschaulichte.

Man kann einzelne Segmente dieser Wandtafel im Internet anklicken unter: *www.expasy.org* Die Grafik zeigt einen Ausschnitt aus dem Poster (das rot umrandete Feld in der Karte), die beteiligten Enzyme sind blau hervorgehoben. **Eine fantastische Reise durch die Synthesefabrik Zelle!**

Abb. 4.61 Mikroorganismen für die Steroidgewinnung

Rhizopus

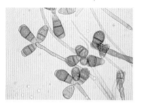

Curvularia

Penicillium

Heimliches Stoßgebet eines Organischen Chemikers

»Oh Herr, gewähre mir die Gunst, dass über meine hehre Kunst, neue Synthesen zu kreieren, nicht die Bakterien triumphieren!«

Hanswerner Dellweg, einer der Nestoren der Biotechnologie in Deutschland

Abb. 4.62 Die entscheidende Hilfe bei der Synthese der „Pille": Mikroorganismen!

bekannt ist. Wenn Cyclosporin vom Körper aufgenommen wird, lagert es sich in den T-Lymphocyten an bestimmte Rezeptoren an. Die T-Zellen sind die wichtigsten Zellen bei der spezifischen Abwehr des Körpers (siehe Kap. 5). Der Wirkstoff führt in mehreren Reaktionsschritten dazu, dass das wichtige **Interleukin-2** nicht mehr von den T-Zellen hergestellt wird. Interleukin-2 ist ein Botenstoff (Lymphokin) und wird benötigt, um das Immunsystem zu aktivieren. Er ist an der Entstehung einer Entzündungsreaktion beteiligt.

Cyclosporin A führt letztlich zu einer Hemmung der T-Lymphozyten sowie einer Blockade der Interleukin-2-Produktion und sorgt so für eine Supression des Immunsystems.

Durch das Mikrobenprodukt Cyclosporin und abgewandelte Formen ist seit Anfang der 80er-Jahre die **Zahl der erfolgreichen Herz-, Nieren- und Lungentransplantationen sprunghaft angestiegen**. Cyclosporin ist eines der wenigen Peptide, das bequemerweise geschluckt, also in oraler Formulierung gegeben werden kann.

■ 4.23 Steroidhormone: Cortison und Wunschkindpille

Während bei der industriellen Produktion von Antibiotika Mikroorganismen die Arbeitspferde für alle Jobs sind, übernehmen sie bei der Herstellung anderer Arzneimittel nur einzelne Schritte in einem viel längeren Produktionsprozess, der überwiegend aus nichtbiologischen Synthesen besteht. Ein Paradebeispiel dafür ist die Herstellung von **Steroidhormonen**.

In den frühen 30er-Jahren isolierten **Edward C. Kendall** (1866 - 1972, Abb. 4.56) von der Mayo-Stiftung und **Tadeusz Reichstein** (der auch die Vitamin-C-Synthese entwickelte; siehe Box 4.4) von der Universität Basel das **Cortison**, ein von der Nebennierenrinde abgesondertes Steroidhormon. Diese Leistung wurde 1950 mit dem Nobelpreis gewürdigt. Etwa ein Jahr später entdeckte man, dass Cortison bei Patienten, die unter **rheumatischer Arthritis** leiden, schmerzlindernd wirkt. Sofort entstand eine beträchtliche Nachfrage nach dem Medikament. Angesichts des großen zu erwartenden Marktes ging man daran, eine chemische Synthese zu entwickeln. Sie war jedoch ziemlich umständlich: Die Firma Merck & Co. benötigte 37 Schritte, von denen viele nur unter extremen Bedingungen abliefen, um Cortison aus der Gallensäure von Rindern zu gewin-

nen. Auf diese Weise hergestelltes Cortison kostete fast **400 Mark je Gramm** (Box 4.13).

Mithilfe einer **mikrobiellen Hydroxylierung**, für die man industriell den Pilz *Rhizopus arrhizus* einsetzte (Abb. 4.61), ließ sich die Synthese von 37 auf elf Schritte verkürzen. Der Cortisonpreis sank dadurch auf ungefähr 15 Mark pro Gramm.

Die mikrobielle Hydroxylierung führte jedoch nicht nur zu einer Verkürzung der Synthese. Waren vorher hohe Drücke und Temperaturen sowie teure nichtwässrige Lösungsmittel nötig, so lief die Synthese nun bei 37 °C und Atmosphärendruck in gewöhnlichem Wasser ab. Auch das trug ganz wesentlich zur Senkung der Herstellungskosten bei. 1980 wurde der Preis durch weitere Produktionsverbesserungen auf unter **zwei Mark pro Gramm** gesenkt.

Nur die mexikanische Yamswurz (*Dioscorea*) (Abb. 4.59) lieferte den Ausgangsstoff für das Cortison, Diosgenin. Bis 1975 waren das Mengen von über 2000 t je Jahr. Die Regierung Mexikos glaubte deshalb, **für den Rohstoff ein Monopol** zu besitzen. Inspiriert von den damaligen Erfolgen der OPEC-Staaten mit den Erdölpreisen entschloss sich das mexikanische Unternehmen Proquivenex 1975, den Preis für Diosgenin um das Zehnfache zu erhöhen. Die internationalen Pharmakonzerne, gewohnt, selbst zu diktieren, schossen jedoch mithilfe ihrer Biotechnologen zurück: Sie entwickelten alternative Methoden, vor allem den mikrobiellen Abbau des bei der Herstellung von Sojabohnenöl anfallenden Rückstands. Dieser ist reich an den Steroiden Sitosterol und Stigmasterol (Abb. 4.54). Damit konnten sie Diosgenin sehr schnell ersetzen.

Schon zwei Jahre nach ihrer Preiserhöhung mussten die Mexikaner ihren Preis ebenso dramatisch wieder senken. Inzwischen wollte sich aber niemand mehr auf diese Quelle verlassen, der Markt für Diosgenin war zusammengebrochen. Diese Erfahrung lehrt: **Kein Stoff ist unersetzlich in der Biotechnologie!**

Der Fall des Cortisons zeigt zudem deutlich, wie auch schon der Fall des Vitamins C, dass **Biotechnologie und Chemie keine Entweder-oder-Alternativen** sind. Gerade die **Kombination** biologischer und chemischer Prozesse wird im nächsten Jahrzehnt stark wachsen. Dabei vollziehen Mikroben oder ihre Enzyme einzelne Stufen bei Synthesen, die chemisch sehr teuer oder umständlich wären (Abb. 4.54).

Verwendete und weiterführende Literatur

- Die „Taschen-Bibel der Biotechnologie":
  Schmid RD (2016) *Taschenatlas der Biotechnologie und Gentechnik*. 3. Aufl. Wiley-VCH, Weinheim

- Besonders für Technologie-Interessierte:
  Crueger W, Crueger A (1989) *Biotechnologie – Lehrbuch der Angewandten Mikrobiologie*. 3. Aufl. Oldenbourg, München

- Schön solide:
  Ratledge C, Kristiansen B (eds) (2006) *Basic Biotechnology*. 3rd ed. Cambridge University Press, Cambridge, New York

- Ein kompletter und sehr anregender Einblick in industrielle enzymatische und mikrobielle Biotransformationen:
  Liese A, Seelbach K, Wandrey C (2006) *Industrial Biotransformations*. 2nd ed. Wiley-VCH, Weinheim

- Die spannende Autobiografie der „Mutter der Pille":
  Djerassi C (2001) *Die Mutter der Pille*. Heyne, München

- Die komplette Fleming-Story, auch zum Lysozym, etwas romantisiert:
  Maurois A (1962) *Alexander Fleming*. Paul List Verlag, Leipzig

- Herrliche historische Mikrobiologie-Miniaturen, unbedingt lesen!
  Dixon B (1998) *Der Pilz, der John F. Kennedy zum Präsidenten machte*. Spektrum Akademischer Verlag, Heidelberg

- **Michal, G** (1998) *Biochemical Pathways*. Spektrum Akademischer Verlag, Heidelberg

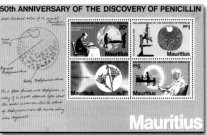

»Unterschätze nie die Macht der Mikrobe!«
Jackson W. Forster (1914–1966)

Unser Körper ist eine hoch konzentrierte Quelle
von leckeren Nährstoffen;
ein gemütliches,
auf ideale 37 °C beheiztes Heim für unzählige Bakterien.
Warum werden wir nicht
innerhalb weniger Tage von ihnen aufgefressen?
Wir müssen alle Tricks verstehen,
mit denen die Zellen unseres Immunsystems,
Antikörper und viele weitere Moleküle zusammenarbeiten,
um genau dies zu verhindern.
Dann werden wir auch die Werkzeuge in der Hand haben,
um die allermeisten Krankheiten zu besiegen.
Diese Werkzeuge sind nicht einfach Paul Ehrlich's „Zauberkugeln".
So nannte der Begründer der Immunologie vor 100 Jahren
begeistert die gerade neu entdeckten Antikörper.

Nein!

Es werden viel mehr Komponenten
als normale Antikörper benötigt.
Wir müssen echt verstehen,
wie die Vielzahl von Effektoren des
Immunsystems miteinander wechselwirken,
das ist eine geniale Arbeitsteilung.
Designer-Biomoleküle aus mehreren funktionellen Domänen oder
Designer-Zellen mit neuartigen Kombinationen von Rezeptoren
müssen völlig neu gestaltet werden.

Sie werden dann weit über das hinausgehen,
was ihre natürlichen,
Jahrmillionen alten Vorbilder leisten können.

Stefan Dübel (2001)

VIREN, ANTIKÖRPER UND IMPFUNGEN

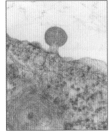
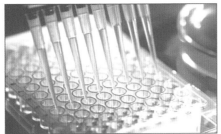

Kapitel **5**

Abb. 5.1 Prof. Malik Peiris (geb. 1949), der 2003 das SARS-Virus entdeckte

Abb. 5.2 SARS ist ausgebrochen! Aber selbst meine Biotechnologie-Vorlesungen gingen 2003 in Hongkong weiter. Natürliches Thema: „Virusdetektion".

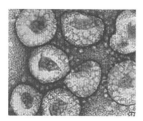

Abb. 5.3 Das SARS-Virus (*Severe Acute Respiratory Syndrome Virus*) ist ein Coronavirus. Es funktioniert anders als zum Beispiel das AIDS-Virus. Das Virus bringt seine einzelsträngige RNA in die Wirtszelle und kopiert sie mit einer RNA-abhängigen RNA-Polymerase in spiegelbildliche Kopien.

Abb. 5.4 Eine neue globale Bedrohung kann aus der Kombination von Vogel- mit Humangrippe entstehen.

■ 5.1 Viren – das geborgte Leben

Viren sind keine Lebewesen, sie haben **keinen eigenen Stoffwechsel** und benutzen zu ihrer Vermehrung die Zellmaschinerie von Tieren, Pflanzen oder Bakterien, die sie befallen. Sie können sich grundsätzlich nur in einer Wirtszelle vermehren und sind deshalb nicht selbstständig lebensfähig. Damit erfüllen sie die Eigenschaften der Definition von „Leben" nicht.

Im Prinzip sind **Viren kleine „Programme"**, die sich in die Gene ihrer Wirte einbauen und deren Produktionsmaschinerie nutzen, um neue Viren zu produzieren. Die Störprogramme der „Computerviren" funktionieren nach einem durchaus ähnlichen Mechanismus.

Da Viren keinen eigenen Metabolismus haben, kann man sie auch **nicht mit Hemmstoffen wie Antibiotika bekämpfen** oder etwa ihren Stoffwechsel lahmlegen. Man kann lediglich an den Punkten der Wechselwirkung mit dem Wirt ansetzen.

Man unterscheidet „umhüllte" (*enveloped*) Viren und „nackte" Viren. Die nackten, hüllenlosen Viren umschließen ihr Genom nur durch ein aus Protein aufgebautes **Capsid** (engl. *core*). Die umhüllten Viren besitzen dagegen eine aus der Zellmembran des Wirts durch Knospung (*budding*) abgeschnürte Hülle, also eine Lipidmembran, in die zusätzlich viruscodierte Proteine eingelagert sind. Diese **Lipid-Protein-Virushüllmembran** umgibt dann das auch bei diesen Viren vorhandene Capsid (Abb. 5.8).

Viren unterscheiden sich von den Mikroorganismen dadurch, dass zu ihrer Vermehrung eigentlich nur ihre Nucleinsäure und eine Wirtszelle notwendig ist. Manche Viren bringen aber auch eigene Enzyme mit, die zur Replikation erforderlich sind, beispielsweise die Retroviren, welche die **Reverse Transkriptase** (Kap. 3) in ihrem Capsid mitliefern.

Bei der Vervielfältigung der Nucleinsäure und der Synthese der Virusproteine ist ein Virus immer auf die **Wirtszelle** (*host*) angewiesen.

Man unterscheidet einen **lytischen Zyklus** (griech. *lysis*, Auflösung; daher stammt die Bezeichnung Flemings für das Lysozym, Kap. 2), in dem bei der Freisetzung des Virus die Wirtszelle zerstört wird, und einen **nichtlytischen**, bei dem die Viren durch Knospen von der Zellmembran abgeschnürt werden (so die Regel bei den umhüllten Viren wie z. B. Influenzaviren oder HIV).

Alle Viren enthalten einen **einzigen Typ von Nucleinsäure** (RNA oder DNA). Die gegenwärtig bekannten Virusarten werden nach ihren Nucleinsäuren, ihren Eiweißhüllen und nach Wirtsspezifität klassifiziert.

Zu den **RNA-Viren** gehören unter anderem das AIDS verursachende HI-Virus (Humanes Immunschwächevirus), das Grippe verursachende Influenzavirus, das Masernvirus, das Tollwutvirus sowie das Pflanzen befallende Tabakmosaikvirus (TMV, Kap. 3; die beiden Letztgenannten sind von stabförmiger Gestalt) und die Gruppe der Picornaviren (z. B. Poliovirus (Kinderlähmung) und Rhinovirus, das den profanen Schnupfen verursacht, Abb. 5.3 bis 5.5). Das **SARS-Virus** (*Severe Acute Respiratory Syndrome*), das Hongkong und China besonders im Jahr 2003 in Angst und Schrecken versetzte (Abb. 5.1 bis 5.3), ist ebenfalls ein RNA-Virus, ein sogenanntes Coronavirus, da die Oberfläche der Viren an eine Krone erinnert (lat. *corona*, Krone).

Zu den **DNA-Viren** gehören beispielsweise die Papovaviren (Warzenviren), unter denen es auch Tumor-auslösende Vertreter gibt, die **Pocken-** (*Variola* -) und **Kuhpocken-** (*Vaccinia* -)Viren, Herpesviren (Erreger verschiedener Hautkrankheiten), Adenoviren (Erreger von Schleimhauterkrankungen), die Bakterien befallenden Bakteriophagen (griech. *phagein*, fressen, z. B. T4 und M13, Kap. 3) und Baculoviren, die nur Insekten befallen.

■ 5.2 Wie Viren Zellen befallen

Viren binden sich immer zunächst an die Oberfläche von Zellen (Abb. 5.6). DNA-Viren wie **Bakteriophagen** injizieren ihr Erbmaterial (Doppelstrang-DNA) in die Bakterienzelle (Abb. 5.6 links). Nun bilden sie mithilfe der Bakterienzelle Enzyme (T4-DNA-Polymerase) für die Neusynthese von DNA und von mRNA (T4-RNA-Polymerase). Diese Enzyme synthetisieren dann neue Virus-DNA. Die aus bakterieller RNA gebildete Virus-mRNA wird von den Bakterienribosomen abgelesen. Die Bakterienzelle bildet somit aus eigenem Baumaterial sowohl die Proteinhülle als auch die DNA der neuen Bakteriophagen. Die „Einzelteile" lagern sich zu vollständigen Bakteriophagen (etwa 100 pro Zelle) zusammen und diese lysieren die Zelle.

Die injizierte Virus-DNA kann aber auch **ohne Lyse** in die Bakterien-DNA eingebaut werden; das ist „**ruhende**" (*dormant*) **Virus-DNA**. Erst in späteren Bakteriengenerationen können die integrierten Viren zur Vermehrung wieder freigesetzt werden.

Beim Befall von tierischen-Zellen (Abb. 5.6 rechts) binden Viren an Rezeptoren auf der Zelloberfläche. Die Proteinhülle verschmilzt mit der Zellmembran, das Virus dringt ein.

Bei **RNA-Viren** der Gruppe der Retroviren (wie dem HI-Virus) gelangt einzelsträngige RNA in die Zelle. Sie wird durch ein vom Virus mitgebrachtes Enzym (**Reverse Transkriptase**, Kap. 3) in doppelsträngige DNA umgewandelt. Die umgeschriebene Virus-DNA wird im Zellkern in die chromosomale DNA eingebaut. Die Transkriptionsmaschinerie der Wirtszelle (RNA-Polymerase) schreibt zunächst eine mRNA ab. Nach dieser Vorlage werden mithilfe der Ribosomen virale Proteine synthetisiert. Darunter sind auch Nicht-Strukturproteine, die bei vielen Viren für die Pathogenität verantwortlich sind. Die neu gebildete Virus-RNA und das Viruscapsidprotein lagern sich zu vollständigen neuen Viren zusammen und verlassen anschließend die Zelle.

Eine **Integration** des Virusgenoms kommt nur bei wenigen Virenfamilien vor. Dazu gehören die Herpes- und die Retroviren. Durch die Integration kann das Virus über Generationen von Zellteilungen hinweg stabil in der Wirtszelle bzw. ihren Nachkommen verbleiben, bis es wieder aktiv wird. Bei Viren, bei denen eine Integration ins Wirtsgenom erfolgt, ist das eine „abortive Integration", die z. B. beim Hepatitis-B-Virus oder den Papillomaviren ursächlich an der **Tumorentstehung** beteiligt ist. Die Integration führt in diesen Fällen zum Verlust der Replikationsfähigkeit.

Intensiv wird nach **Strategien gegen Virusbefall** gesucht (Box 5.1). Zum Beispiel können spezifische **Antikörper** Viren durch Quervernetzung (Box 5.9) noch vor dem Zellkontakt und dem Eindringen in die Zielzelle neutralisieren. Die Antikörper hindern auch durch Maskierung der entsprechenden Bindungsstellen die Viren daran, ihre Zielzellen zu erkennen (Abb. 5.9). Antikörper markieren Viren auch für **Fresszellen** (Makrophagen, Granulocyten) und verursachen so deren Beseitigung.

Bei RNA-Viren können **Inhibitoren** (Hemmstoffe) gegen die Reverse Transkriptase (Kap. 3) das Umschreiben der viralen RNA in DNA verhindern. Viele solcher derzeit in der HIV-Therapie eingesetzten Hemmstoffe sind allerdings toxisch. Wenn die Zelle neue Virus-RNA bildet, könnte

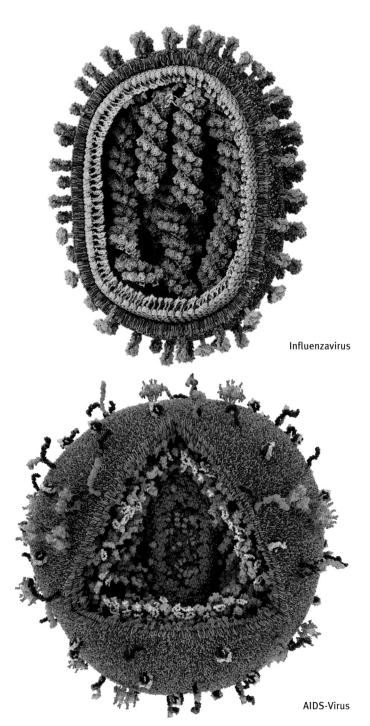

Influenzavirus

AIDS-Virus

Abb. 5.5 Oben: Influenzavirus, ein Orthomyxovirus mit mehreren RNA-Strängen und Hüllen, es gibt A-, B- und C-Typen.
Unten: AIDS-Virus (HIV), ein Retrovirus mit Hülle und Einzelstrang-RNA, lange Latenzzeit
© Ivan Konstantinov

www.visualsciencecompany.com

Forscher haben das **Vogelgrippe-Virus** Anfang 2012 manipuliert und ihm so leichtere Übertragbarkeit ermöglicht. Dies „dient dem Verständnis der Tier-Mensch-Übertragung", wurde aber von der WHO, zu Recht, mit einem Moratorium belegt.

Siehe Cartoon Seite 209

Box 5.1 Medikamente gegen HIV

Viele Strategien können dazu dienen, die Ausbreitung des HI-Virus zu verhindern. Man versucht, das Virus in allen Replikationszyklen zu treffen:

1. Beim **Andocken** an nichtinfizierte Zellen: Das Virus bindet sich mit gp120 der Virushülle am **CD4-Rezeptor** der Zelloberfläche von Helfer-T-Lymphocyten. Wenn man Antikörper gegen CD4 hätte, könnten die Andockstellen auf der Zelle abgesättigt werden. Andererseits lassen sich CD4–Moleküle synthetisieren, die, wenn sie ins Blut injiziert werden, an das gp120 der Virushülle binden und dadurch eine Infektion verhindern könnten. Im Labor funktionieren beide Methoden. Es sind aber immunologische Komplikationen zu erwarten, weil jedes CD4 oder Anti-CD4 die Wechselwirkung von CD4 mit seinem natürlichen Liganden verhindert.

2. Die **Hemmung der Reversen Transkriptase** ist eine effektive Methode. HIV ist ein Retrovirus, seine RNA muss also zunächst in DNA umgeschrieben werden. Substanzen wie Azidothymidin (AZT, auch Zidovudin genannt), Lamivudin und Didesoxyinosin (ddi) sind analog zu Nucleotiden aufgebaut und werden „irrtümlich" vom Enzym in die Polynucleotidkette eingebaut.

Der erste potente Wirkstoff gegen Herpes, **Aciclovir**, funktioniert übrigens ebenfalls als nucleotidanaloger Hemmstoff der Revertase. Er funktioniert sehr effektiv durch Auftragen einer Salbe bei *Herpes simplex* und *Herpes zoster* (Gürtelrose) und ist relativ ungiftig. Andere Hemmstoffe blockieren das aktive Zentrum der HIV-Revertase (wie Neviragin und Delavirdin).

3. Antisense-RNA („Gegensinn-RNA") ist eine RNA-Kopie, die exakt komplementär zum Genom des HI-Virus ist. Die Antisense-RNA codiert nicht für Proteine und ist damit ohne Funktion in der Zelle. Da das Virusgenom eine einzelsträngige RNA ist, die bei einer Infektion freigesetzt wird, könnte sich die virale RNA sofort mit der „wartenden"

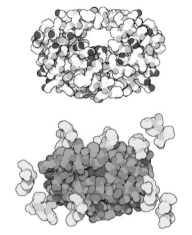

Computer-aided drug design: Medikamente können am Computer entworfen und getestet werden. Automatisierte Andockmethoden werden genutzt, um die beste Stelle am Biomolekül zum Andocken zu finden. Wenn die vorhergesagte Bindung stark genug ist, kann das Molekül synthetisiert und auf Aktivität getestet werden. Die beste Stelle ist hier für Saquinavir rot gezeigt.

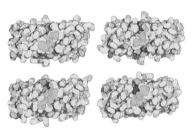

HIV-Protease (oben) und AIDS-Medikamente: Indinavir, Saquinavir, Ritnavir und Nelfinavir (von links oben nach rechts unten)

Antisense-RNA zu einem stabilen „sinnlosen" RNA/RNA-Hybrid verbinden, das kein Provirus bilden kann. Das könnte über Gentherapie bzw. Stammzellen (Kap. 10) erreicht werden.

Das Antisense-Medikament Fomivirsen dient heute schon erfolgreich bei AIDS-Patienten zur Behandlung einer viralen Augeninfektion, die sonst unweigerlich zur Erblindung geführt hatte.

4. Hemmung der **HIV-Protease**. Medikamente, die die HIV-Protease blockieren, sind ein Triumph der modernen Medizin und des molekularen Designs. Die Protease spaltet die vom Virus in langen Ketten hergestellten Polypeptide zur exakt richtigen Zeit in kurze Stücke, die zur Verpackung der neuen Viren gebraucht werden. Wenn sich das Medikament fest an die Protease bindet und ihre Aktion blockiert, kann das Virus nicht zur infektiösen Form reifen.

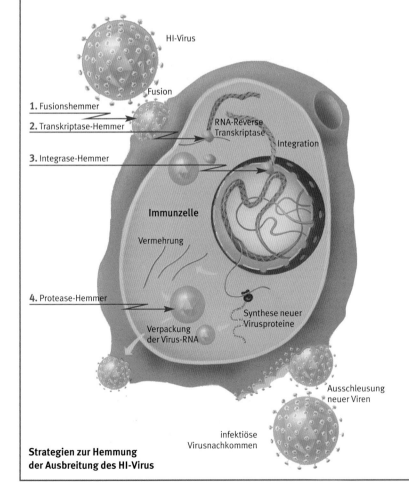

HI-Virus

Fusion

1. Fusionshemmer

2. Transkriptase-Hemmer

RNA-Reverse Transkriptase

Integration

3. Integrase-Hemmer

Immunzelle

Vermehrung

4. Protease-Hemmer

Verpackung der Virus-RNA

Synthese neuer Virusproteine

Ausschleusung neuer Viren

infektiöse Virusnachkommen

Strategien zur Hemmung der Ausbreitung des HI-Virus

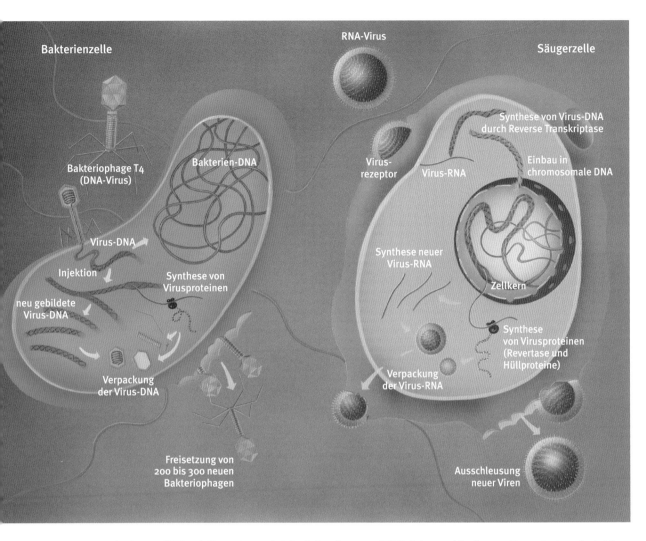

Bakterienzelle

Bakteriophage T4 (DNA-Virus)

Bakterien-DNA

Virus-DNA

Injektion

Synthese von Virusproteinen

neu gebildete Virus-DNA

Verpackung der Virus-DNA

Freisetzung von 200 bis 300 neuen Bakteriophagen

RNA-Virus

Säugerzelle

Synthese von Virus-DNA durch Reverse Transkriptase

Virus-rezeptor

Virus-RNA

Einbau in chromosomale DNA

Synthese neuer Virus-RNA

Zellkern

Synthese von Virusproteinen (Revertase und Hüllproteine)

Verpackung der Virus-RNA

Ausschleusung neuer Viren

diese durch **Antisense-RNA** („Gegensinn-RNA", sie passt chemisch wie ein Spiegelbild zur RNA, Kap. 10) inaktiviert werden.

Eine neue Strategie ist die Verwendung von **kurzen Doppelstrang-RNA-Stücken** (**RNAi**, das „i" steht für Interferenz, ausführlich in Kap. 9). Mit künstlich erzeugter RNAi von 21 bis 23 Nucleotiden Länge legte der deutsche Wissenschaftler **Tom Tuschl** (siehe Abb. 9.29) erstmals Säugetiergene still, ohne die störende Interferonantwort auszulösen (diese führt zum Abbau jeglicher RNA). Seitdem gelang es z. B. beim AIDS-Erreger HIV, spezifische Gene (*nef-, rev-, gag-, pol*-Gene) stillzulegen.

Erste Erfolge gibt es bei der Bekämpfung des Influenza- und des Hepatitis-C-Virus.

Hemmstoffe gegen die viruscodierte **Protease**, die bei der Reifung der viralen Proteine eine wichtige Rolle spielt, sind häufig genutzte Therapeutika

bei der Behandlung von HIV-Infizierten. Alle diese verschiedenen Abwehrstrategien verfolgt man gegenwärtig bei der AIDS-Forschung (Box 5.1).

Da das HI-Virus hauptsächlich die sogenannten **T-Helferzellen** befällt, die für das Zustandekommen der körpereigenen Abwehr notwendig sind, könnte man den Körper auch durch gentechnisch produzierte **Cytokine** (z. B. Interleukin-2) stärken. Zuerst würde das Virus durch chemische Mittel „mattgesetzt", erst danach würden Immunzellen durch Interleukin-2-Gaben stimuliert.

Bei anderen Virusinfektionen werden **Interferone** eingesetzt. Virusinfizierte Zellen bilden natürlicherweise Interferone und scheiden sie aus (Sekretion, Kap. 9). Sezerniertes oder künstlich in den Körper eingeführtes Interferon bindet an spezifische Rezeptormoleküle an der Oberfläche anderer Zellen und ändert die Zellaktivitäten. Es kommt zur Synthese von Proteinen, die Zellen gegen Virusinfektionen widerstandsfähig machen.

Abb. 5.6 Wie Viren Zellen befallen. Links: Bakteriophagen attackieren *Escherichia coli*; rechts: HIV befällt eine menschliche Zelle.

Abb. 5.7 Wie der Körper Infektionen abwehrt. Ausführliche Beschreibung in Kapitel 9. Hier zu sehen sind Makrophagen, Antikörper und T-Zellen.

175

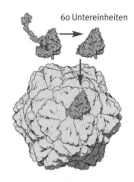

60 Untereinheiten

Virusproteinhülle

RNA

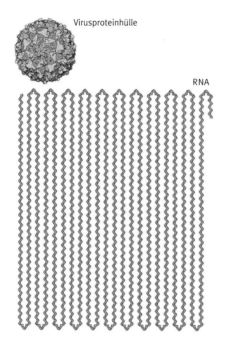

Abb. 5.8 Oben: Wie sich Untereinheiten eines Viruscapsids aus Peptidketten bilden. Oben rechts: Das Poliovirus, das erstmals 2002 vollständig von Grund auf synthetisiert wurde, besteht aus einem langen RNA-Strang in einem hohlen Proteincapsid (oben rechts).

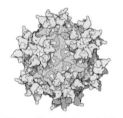

Abb. 5.9 Wie Antikörper ein Virus neutralisieren: Gezeigt sind hier in Hellgrün nur die bindenden Arme (Fab-Fragmente), nicht der „Fuß" der Antikörper. Deutlich wird, dass die Spikes des Virus durch Antikörper bedeckt und somit neutralisiert sind.

Abb. 5.10 Wie Antikörper Antigene binden: Eine tiefe Höhlung bindet ein kleines Fullerenmolekül (oben, Buckminster-Fulleren); eine große, flache Oberfläche der Antigen-Bindungsstelle bindet dagegen das hochmolekulare Protein Lysozym (unten).

Wie das Lymphokin **Interleukin-2** (**IL-2**) wurden auch die Interferone in der ersten Begeisterung als die Wunderarzneimittel der Zukunft begrüßt, die viele Krankheiten, von der gewöhnlichen Erkältung bis hin zum Krebs, heilen sollten. Sie sind diesen unrealistischen Erwartungen nicht gerecht geworden. Die heilende Wirkung ist normalerweise nur schwach, und die Nebenwirkungen sind oft schwer. Interferone sind wie IL-2 für die Behandlung einiger Krankheiten des Menschen von Wert, aber meist nur in Kombination mit anderen Medikamenten (Kap. 9).

■ 5.3 Wie der Körper Infektionen abwehrt: humorale Immunantwort durch Antikörper

Bakterien und Viren waren zunächst unbewusst die **Biowaffen der Europäer bei der Eroberung Amerikas**: Sie besorgten den Großteil der mörderischen Arbeit. Vom 16. bis zum 19. Jahrhundert brachten die Eroberer und Besiedler Amerika und auch den ozeanischen Inseln Masern, Pocken, Grippe, Typhus, Diphtherie, Malaria, Mumps, Keuchhusten, Pest, Tuberkulose und Gelbfieber mit, während die Indianer (von der Syphilis mit unklarem Ursprung einmal abgesehen) keinen einzigen todbringenden Erreger „auf ihrer Seite" hatten. Auf dem amerikanischen Kontinent gab es vorher offenbar keine Seuchen.

Nach **Jared Diamond** kam es zur „Ungleichheit der Waffen" zwischen den Indianern bzw. den Indios und den Europäern durch die großen Viehherden der sesshaften Bauern Eurasiens. Hier entwickelten sich akut und endemisch verlaufende Krankheiten als Tierkrankheiten und griffen später auch auf menschliche Populationen ähnlicher Dichte über (Box 5.4).

Die Ausbrüche heute bekannter Infektionskrankheiten liegen daher erstaunlich kurz zurück: Pocken traten erstmals um 1600 vor unserer Zeit auf, Mumps und Pest um 400 vor unserer Zeit, Cholera und Fleckfieber sogar erst im 16. Jahrhundert! Die eurasischen Völker konnten über Jahrhunderte hinweg **Immunität** dagegen entwickeln und hatten im Spiel gegen die Epidemien ein Remis erzwungen. Die Bewohner der Neuen Welt hatten dagegen keine Zeit, „Abwehrgene" zu verbreiten, sie fielen den Keimen unvorbereitet fast restlos zum Opfer.

Wie schützt uns das Immunsystem? Im Folgenden müssen wir uns mit einer vereinfachten Antwort begnügen: Das Immunsystem ist so komplex, dass seine Schilderung den Rahmen eines Einsteigerbuches für Biotechnologie überschreiten würde.

Das Immunsystem kann zwischen „**Selbst**" und „**Nicht-Selbst**" unterscheiden. Es kann hundert Millionen (10^8) verschiedene Antikörperspezifitäten und über eine Billion (10^{12}) verschiedene T-Zell-Rezeptoren bilden. Das Immunsystem besteht aus zwei parallel wirkenden, aber eng verflochtenen Systemen: der **humoralen und der zellulären Immunantwort**.

Bei der **humoralen Immunantwort** (lat. *humor*, Flüssigkeit) dienen lösliche Proteine, **Antikörper** (Immunglobuline, Box 5.3), als Erkennungselemente. Außerdem gibt es humorale Abwehrfaktoren, das Lysozym (Kap. 2) und die Interferone. Antikörper binden körperfremde Moleküle oder Zellen, kennzeichnen sie damit als Eindringlinge und fördern somit die Phagocytose durch Fresszellen. Gebildet werden die Antikörper von Plasmazellen, die ihrerseits aus B-Zellen hervorgehen.

Die Bezeichnung erhielten die **B-Zellen** (B-Lymphocyten) nach der *Bursa fabricii*, die nur bei Vögeln vorkommt – ein lymphatisches Organ im Endabschnitt der Kloake (Abb. 5.11). In der *Bursa* reifen Lymphocyten zu **B-Lymphocyten** heran. Entfernte man bei Hühnchen die *Bursa*, waren sie hochgradig empfänglich für Bakterieninfektionen. Sie waren nicht mehr zur Antikörperbildung fähig.

Box 5.2 Expertenmeinung: Tests auf HIV-Infektion

Es gibt viele Gründe dafür, den **HIV-Status einer Person** zu ermitteln, das heißt, sie darauf zu testen, ob sie mit dem HI-Virus (Humanen Immundefizienz-Virus) infiziert ist oder nicht. Für Betroffene ist es unabdingbar, ihren Status zu kennen, damit sie von den enormen medizinischen Fortschritten der letzten 25 Jahre profitieren können. Mit der modernen antiviralen Therapie können die meisten Infizierten trotz bestehender HIV-Infektion eine hohe Lebensqualität genießen, statt an AIDS zu sterben. Außerdem werden ständig HIV-Tests durchgeführt, um die Sicherheit von Blutkonserven zur Transfusion zu gewährleisten, sowie als Reihenuntersuchung an schwangeren Frauen, um durch rechtzeitige Maßnahmen das Risiko einer Übertragung von der Mutter auf ihr Kind zu verringern.

Vor der Durchführung eines jeden HIV-Tests muss man zunächst eine **Einverständniserklärung der zu testenden Person** einholen. Apropos: Den Begriff AIDS-Test sollte man vermeiden: AIDS ist ein klinischer Zustand, der sich nach Jahren der Infektion bei den meisten HIV-infizierten Personen entwickelt; der Test wird jedoch durchgeführt, um das Vorhandensein des HI-Virus nachzuweisen.

Eine HIV-Infektion wird in der Regel indirekt diagnostiziert durch den **Nachweis virusspezifischer Antikörper**. Praktisch alle HIV-Infizierten bilden solche Antikörper. Unglücklicherweise führen diese aber im Gegensatz zu den meisten anderen Virusinfektionen nicht zur Immunität.

Zum Nachweis der Antikörper gibt es verschiedene Tests. Am häufigsten werden sogenannte **enzymgekoppelte Immunadsorptionstests (ELISA, *Enzyme-linked Immunosorbent Assays*)** eingesetzt. Derartige Screening-Tests zeichnen sich durch eine **sehr hohe Sensitivität** aus, das heißt, man kann damit positive Proben als positiv identifizieren. Im Normalfall zeigt nur weitaus weniger als eine von 1000 positiven Proben ein falsch negatives Testergebnis. Erreicht wird dies durch Verwendung geeigneter Antigene (auf die die Antikörper der Patienten im Test reagieren) und sorgfältige Optimierung des gesamten Assays (der konzipiert wurde, um die Antigen-Antikörper-Reaktion sichtbar zu machen). So wird das Risiko eines falsch

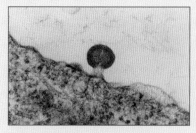

Das Humane Immundefizienz-Virus (HIV) ist die Ursache des erworbenen Immundefektsyndroms (AIDS, *Acquired Immunedeficiency Syndrome*). Es handelt sich um ein Retrovirus – ein **behülltes Virus mit RNA-Genom**.

Für die Replikation wird das RNA-Genom durch reverse Transkription mithilfe des Enzyms Reverse Transkriptase in DNA umgeschrieben. Ein weiteres, unter der Bezeichnung Integrase bekanntes Enzym hilft dabei, die virale DNA in das Wirtsgenom einzubauen. Bei AIDS beginnt das Immunsystem zu versagen, was zu **lebensgefährlichen opportunistischen Infektionen** führt. Die Infektion mit HIV kann über Blut, Sperma, Scheidenflüssigkeit, Präejakulat oder über die Muttermilch erfolgen.

Diese Körperflüssigkeiten können freie Viruspartikel enthalten oder Viren in infizierten Immunzellen. Die drei **Hauptinfektionswege** sind ungeschützter Geschlechtsverkehr, kontaminierte Spritzen und die Übertragung von infizierten Müttern auf ihr Baby bei der Geburt oder durch das Stillen. HIV infiziert in erster Linie wichtige Zellen des menschlichen Immunsystems wie T-Helferzellen (speziell CD_4^+-T-Zellen), Makrophagen und dendritische Zellen. Die HIV-Infektion führt durch unterschiedliche Mechanismen zu einem erniedrigten Spiegel von CD_4^+-T-Zellen. Wenn die Zahl der CD_4^+-T-Zellen unter einen kritischen Wert fällt, geht die zellvermittelte Immunität verloren, und der Körper wird zunehmend anfällig für opportunistische Infektionen.

Unbehandelt entwickeln die meisten HIV-Infizierten AIDS und sterben daran, während etwa jeder Zehnte noch viele Jahre ohne erkennbare Symptome gesund bleibt.

negativen Ergebnisses minimiert und eine sichere Diagnosestellung gewährleistet.

Andererseits ist die **Spezifität** dieser Screening-Tests – darunter versteht man die Fähigkeit, negative Proben korrekt zu erkennen – für **gewöhnlich weniger hoch**. Das bedeutet, dass eine Probe gelegentlich ein positives (oder besser ein reaktives) Ergebnis zeigt, obwohl sie in Wirklichkeit keine Antikörper gegen HIV enthält.

Diese unspezifische Reaktivität kann durch zahlreiche Faktoren hervorgerufen werden; die meisten davon haben keine pathologische (krankhafte) Ursache. Ein reaktiver („positiver") Screening-Test allein bedeutet also nicht

unbedingt, dass die getestete Person Antikörper hat und demnach mit HIV infiziert ist!

Aus diesem Grund muss jeder reaktive Screening-Test **durch mindestens einen weiteren nachfolgenden Assay bestätigt** werden. Dies kann beispielsweise der sogenannte Western Blot (in Deutschland und USA obligatorisch) sein oder alternativ dazu eine Reihe verschiedener Tests, die in einer definierten Reihenfolge (Algorithmus) durchgeführt werden. Nur wenn diese Bestätigungstests die Reaktivität der Probe untermauern, ist das Vorliegen von Antikörpern erwiesen und kann eine HIV-Infektion diagnostiziert werden, und die Testperson wird informiert, dass sie HIV-positiv ist.

Es sollte aber **auf jeden Fall eine zweite Blutprobe zum Test** eingeschickt werden, um Verwechslungen auszuschließen.

Zwar sind die Sensitivität und die Spezifität eines bestimmten HIV-Assays normalerweise bekannt, in der Praxis sind jedoch weitere Parameter von noch größerer Relevanz. Wir kennen nicht den „wahren" HIV-Status der Testperson, sondern müssen ihn aus den Testergebnissen schließen.

Der **positive Vorhersagewert** (*positive predictive value*, PPV) gibt die Wahrscheinlichkeit an, mit der ein positives Testergebnis einen wirklich infizierten Patienten anzeigt; umgekehrt gibt der **negative Vorhersagewert** (**NPV**) die Wahrscheinlichkeit an, mit der ein negatives Testergebnis anzeigt, dass die Testperson tatsächlich nicht infiziert ist. Diese Vorhersagewerte hängen nicht nur von der Sensitivität und der Spezifität des jeweiligen Tests ab, sondern auch von der Häufigkeit von HIV in der getesteten Bevölkerungsgruppe.

Unglücklicherweise wird dieses statistische Phänomen häufig dazu missbraucht, die **angebliche Nutzlosigkeit von HIV-Tests** zu „belegen". In Bevölkerungsgruppen mit einem sehr niedrigen Vorkommen von HIV (zum Beispiel sorgfältig ausgewählte Blutspender) ist die Mehrzahl derer mit einem reaktiven Testergebnis tatsächlich nicht infiziert. In Gruppen mit einer hohen Prävalenz hingegen ist die Chance, dass ein positives Testresultat tatsächlich eine Infektion anzeigt, sehr hoch. Aber genau deswegen **müssen alle reaktiven Screening-Tests bestätigt werden**, bevor man eine Diagnose stellen kann.

Fortsetzung nächste Seite

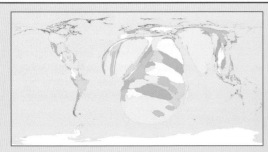

Prof. **Mark Newman** (University of Michigan) und sein Team haben neue Karten erstellt. Man kann die Größe der Länder auf der Karte verändern, um einen bestimmten Sachverhalt grafisch darzustellen und zu verdeutlichen. Derartige Kartogramme können geografische oder soziale Daten besonders anschaulich darlegen.

Die Karte zeigt die Zahl der Einwohner mit HIV/AIDS (mit freundlicher Genehmigung von Mark Newman, UMICH).

Die HIV-Infektion beim Menschen ist mittlerweile eine **Pandemie**. Laut dem Gemeinsamen Programm der Vereinten Nationen für HIV/AIDS (UNAIDS) und der Weltgesundheitsorganisation (WHO) sind seit der Erstentdeckung von AIDS mehr als 35 Millionen Menschen der Krankheit zum Opfer gefallen. AIDS ist eine der verheerendsten Pandemien der Geschichte. Allein im Jahr 2016 forderte AIDS schätzungsweise eine Million Menschenleben.

Ein Drittel dieser Todesfälle betrifft Afrika südlich der Sahara, bremst das Wirtschaftswachstum und führt vermehrt zu Armut in diesen Gebieten.

Zwar lassen sich durch antiretrovirale Therapien sowohl die Sterblichkeit als auch die Erkrankungswahrscheinlichkeit bei einer HIV-Infektion verringern, aber die antiretroviralen Medikamente sind nicht in allen Ländern frei verfügbar.

Das ist jedoch keinesfalls ein Grund, HIV-Tests als nutzlos in Verruf zu bringen! In Bevölkerungsgruppen mit einer hohen Infektionsrate zeigt die überwiegende Mehrzahl der reaktiven Testergebnisse leider tatsächlich ein positives Ergebnis an. Deshalb legen die Richtlinien der Weltgesundheitsorganisation (WHO) für solche Gegebenheiten einfachere Bestätigungsalgorithmen fest.

Unter bestimmten Umständen sind **Schnelltests** (auch als Vor-Ort-Tests oder *Point-of-care*-Tests bezeichnet, im Englischen *rapid/simple test devices*) den Labortests vorzuziehen. Meist kann man diese ohne großen Aufwand mit Kapillarblut (aus der Fingerkuppe) durchführen. Sie erfordern nur eine minimale Ausstattung, und die Testergebnisse liegen in der Regel **innerhalb einer halben Stunde** vor. Besonders wertvoll sind Schnelltests, wenn das Ergebnis rasch gebraucht wird: in Notaufnahmen, nach Nadelstichver-

letzungen usw. Sie können auch dazu beitragen, die Rate „nicht abgeholter" Testergebnisse zu senken (wenn die Patienten nicht wiederkommen, um ihr Testergebnis zu erfahren). In vielen Gebieten mit mangelnder Infrastruktur stellen sie die einzig durchführbare Möglichkeit dar. Ein Algorithmus aus verschiedenen Schnelltests kann sogar zu Bestätigungszwecken eingesetzt werden und macht es unnötig, zusätzlich Proben ins Labor zu schicken.

Die Qualitätskontrolle von Schnelltests stellt zwar eine erhebliche Herausforderung dar, ist aber äußerst wichtig.

Allen auf dem Nachweis von HIV-spezifischen Antikörpern basierenden Tests ist ein Problem gemeinsam: **Patienten in sehr frühen Infektionsstadien werden durch sie nicht erkannt**, weil der Körper eine Immunantwort erst noch aufbauen muss. Die Zeitspanne, bis Antikörper erkennbar werden, bezeichnet man „**diagnostische Lücke**" oder „diagnostisches Fenster".

Durch verschiedene Ansätze kann man diese „Lücke" wesentlich verkürzen: etwa durch eine direkte Diagnose anhand der Isolierung des infektiösen Virus oder durch **Nachweis viraler Antigene oder Materials aus dem Virusgenom (Nucleinsäure)**. Zur Isolation des Virus muss in spezialisierten Labors eine Zellkultur angelegt werden; sie ist daher unpraktisch und kostspielig. Dagegen sind Untersuchungen auf **HIV-p24-Antigen** zu einem wesentlichen Bestandteil der Untersuchungen geworden. Man verwendet dabei Screening-Assays der vierten Generation, die neben spezifischen Antikörpern auch das virale Antigen sichtbar werden lassen und so

Meine Mitarbeiter beim HIV-Schnelltest mit Speichelproben im Labor in Shenzen

die diagnostische Lücke stark verkürzen. Unter bestimmten Umständen wendet man auch sogenannte **NAT-Tests** (für *Nuclein Acid Test*) an, die direkt virales Genom nachweisen, zum Beispiel mittels **Polymerase-Kettenreaktion** (**PCR**): um bei Blutspendern eine Infektion auszuschließen und um bei Patienten mit vermuteten Primärinfektionen sowie bei Babys HIV-infizierter Mütter HIV-Infektionen zu diagnostizieren.

Bei solchen Babys sind normalerweise bis zum Alter von zwölf bis 15 Monaten passive (über die Placenta erworbene) mütterliche HIV-Antikörper nachweisbar. Deswegen haben Kinder HIV-positiver Mütter anfänglich positive Ergebnisse bei HIV-Tests, bis ihr Körper die mütterlichen Antikörper eliminiert hat. Glücklicherweise ist die Mehrzahl dieser zunächst seropositiven Babys jedoch nicht selbst infiziert. Eine gute Prävention der Mutter-Kind-Übertragung kann die Rate vertikaler Übertragungen auf unter 1 % senken. Durch NAT kann man infizierte Babys rechtzeitig erkennen und eine geeignete Behandlung einleiten.

Wenn in besonderen Fällen, wie oben erklärt, Antikörpertests nicht weiterhelfen, kann man eine NAT auf provirale cDNA in Leukocyten durchführen; hierbei wird eine Infektion mittels eines qualitativen Assays („ja oder nein?") diagnostiziert.

Die Quantifizierung von HIV-RNA im Blutplasma („wie viel?"), die sogenannte **Viruslast**, kann als prognostischer Marker dienen, um den Erfolg der Therapie zu überwachen und die Ansteckungsgefahr abzuschätzen. Im Zusammenhang mit der antiviralen Therapie ist dieser Test ein wichtiges Hilfsmittel geworden. Viruslasttests sind jedoch nicht dafür bestimmt, eine Infektion zu diagnostizieren, und können gelegentlich bei nicht infizierten Personen fälschlich niedrig positive Ergebnisse erbringen.

In den richtigen Händen und von erfahrenen Profis durchgeführt, sind **Tests auf HIV-Infektionen heutzutage extrem zuverlässig** und können in fast allen Fällen eine definitive Antwort liefern. Bei **rechtzeitiger Durchführung** bieten HIV-Tests die Chance, durch eine antivirale Therapie eine schwerwiegende Erkrankung oder sogar den vorzeitigen Tod zu verhindern und durch Präventionsmaßnahmen das Risiko der Ansteckung anderer zu senken.

Prof. Wolfgang Preiser wurde in Frankfurt am Main geboren und studierte Medizin. Später spezialisierte er sich an der Johann Wolfgang Goethe-Universität in seiner Heimatstadt und am University College in London auf medizinische Virologie.

Während des Ausbruchs von SARS (Schweres Akutes Respiratorisches Syndrom) im Jahr 2003 war er an der Identifizierung des Erregers beteiligt und wurde vorübergehend als Berater der Weltgesundheitsorganisation (WHO) nach China gesandt.

Seit 2005 ist er Professor und Leiter der Abteilung für medizinische Virologie an der Stellenbosch University in Südafrika. Seine Forschungsschwerpunkte sind die Entwicklung und Bewertung neuer Methoden zur Labordiagnose viraler Infektionen sowie tropische und neu aufkommende Viren.

Dr. Stephen Korsman ist medizinischer Virologe an der Walter Sisulu University/Mthatha National Health Laboratory Service Pathology Department in Südafrika. Seine Interessensgebiete sind die Mutter-Kind-Übertragung von HIV, neu entstehende Infektionskrankheiten, molekulare Diagnostik und medizinische Aufklärung.

Quellen:

Weltgesundheitsorganisation (WHO), HIV-/AIDS-Diagnostik: *www.who.int/hiv/amds/diagnostics/en/index.html*

U.S. Food and Drug Administration (FDA), Center for Biologics Evaluation and Research (CBER): zugelassene Tests auf HIV, HTLV und Hepatitis

Preiser W, Korsman S (2007) HIV Testing. Kapitel 3 in *www. hivmedicine.com*

Die 15. Auflage des regelmäßig aktualisierten medizinischen Lehrbuchs bietet einen umfassenden und aktuellen Überblick über die Behandlung von HIV-Infektionen. (825 Seiten, ISBN: 3-924774-50-1 – ISBN-13: 978-3-924774-50-9) Der gesamte Text ist kostenfrei online abrufbar unter: hivmedicine.com/textbook/testing.htm

Ein körperfremdes Makromolekül (oder eine Zelle bzw. ein Virus), nennt man **Antigen**. Antikörper richten sich mit ihrer Bindungskraft (Affinität) nicht gegen das gesamte Antigen, sondern nur gegen eine exponierte Stelle auf dem Molekül, die man als **Epitop** oder **antigene Determinante** bezeichnet.

Eine **Infektion** mobilisiert mehrere kooperierende Populationen von Immunzellen. B-Lymphocyten tragen Antikörper als Erkennungsmoleküle (Oberflächenrezeptoren) auf ihrer Oberfläche. Im Allgemeinen werden sie jedoch von zirkulierenden Antigenen nicht aktiviert. Zuerst muss das Antigen von einer **Antigen-präsentierenden Zelle** aufgenommen werden. Diese Funktion übernimmt ein **Makrophage** oder eine **dendritische Zelle**. Das Antigen wird von dieser Zelle „bearbeitet" (prozessiert), erscheint dann auf der Zelloberfläche und wird einer T-Helferzelle „präsentiert". Diese bildet durch den Stimulus Interleukin-2 und aktiviert damit B-Zellen, die zuvor ebenfalls Antigenkontakt hatten. Diese B-Zellen vermehren sich nun stark, bilden einen Zellklon (**klonale Selektion**) und differenzieren sich: Einige Nachkommen werden zu **Gedächtniszellen**, die bei neuerlicher Infektion eine schnellere Immunreaktion ermöglichen, andere entwickeln sich zu Antikörper produzierenden Plasmazellen.

Die frei zirkulierenden Antikörper binden das Antigen und markieren es damit für die Zerstörung durch andere Komponenten des Immunsystems.

Neben diesen genannten Mechanismen wirkt das körpereigene **Komplementsystem**, eine Kaskade von etwa 30 Proteinen.

Sie sind im Blutplasma gelöst oder zellgebunden und dienen der Abwehr von Mikroorganismen (z. B. Bakterien, Pilze, Parasiten). Sie haben stark zellzerstörende Eigenschaften und können, wenn sie unreguliert wirken, im Verlauf vieler Krankheiten (Herzinfarkt, systemischer Lupus erythematodes, Rheumatoide Arthritis) für Gewebsschäden verantwortlich sein. Durch Komplementkomponenten werden dann die Zellmembran und damit Bakterien oder geschädigte und entartete Zellen zerstört (Kap. 9).

■ 5.4 Zelluläre Immunantwort: Killer-T-Zellen

Entfernt man bei jungen Säugetieren den **Thymus** (Bries, innere Brustdrüse), so führt das

Abb. 5.11 Oben: 1927 wurde **Michael Heidelberger** (1888–1991, er wurde 103 Jahre alt) Laborchef am Mount Sinai Hospital in New York und ging an die Columbia Universität als Professor. Dort entwickelte er mit **Forrest E. Kendall** die noch heute verwendete im Cartoon gezeigte „**Heidelberger Kurve**".

Heidelbergers geniale Idee war, dass man die Bindung von Ag und Ak benutzen kann, um festzustellen, wie viel Antigen mengenmäßig im Körper anwesend ist. Mitte: B-Zellen (B-Lymphocyten) bekamen ihren Namen nach der *Bursa fabricii*, die nur bei Vögeln vorkommt, ein lymphatisches Organ im Endabschnitt der Kloake. Unten: Wie Antikörper mit Antigenen Komplexe bilden.

Das Cartoon zeigt, wie y-förmige Antikörper (hier känguruartige Moleküle) mit ihren zwei „Armen" Antigene (z.B. Viren, im Cartoon deren Babys) binden und große Komplexe bilden, die zur Trübung der Lösung führen. So maß man die ersten Immunreaktionen technisch. Wenn keine Antigene vorhanden sind, bilden sich auch keine trübenden Komplexe.

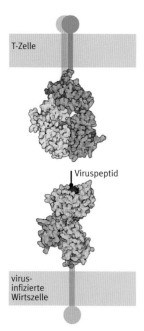

Abb. 5.12 Oben: T-Zell-Rezeptor (TCR). Unten: Struktur eines MHC-Klasse-I-Proteins mit präsentiertem Viruspeptid (rot)

Abb. 5.13 Oben: T-Killerzelle (klein, im Vordergrund) attackiert eine virusinfizierte Zelle.
Unten links: T-Zelle mit CD8 (grün) und T-Zell-Rezeptor (TCR, blau).
Unten rechts: T-Helferzelle mit CD4 (grün) und T-Zell-Rezeptor (TCR, blau). Beide docken an virusinfizierter Wirtszelle an, die ein Viruspeptid (rot) präsentiert.

ebenso wie die Entfernung der *Bursa* bei Hühnchen zur Anfälligkeit für Infektionen. Nach einer Thymektomie nimmt die Zahl der Lymphocyten (weißen Blutzellen) stark ab. Da sich die T-Zellen im Thymus entwickeln, nannte man sie **T-Lymphocyten** oder **T-Zellen** (Abb. 5.13).

Lösliche Antikörper (Abschnitt 5.3) wirken zwar sehr gut gegen Krankheitserreger, die sich außerhalb der Zellen befinden, bieten aber kaum einen Schutz gegen Viren und Mycobakterien (wie die Erreger von Lepra und Tuberkulose). Diese sind durch die Membranen ihrer Wirtszelle vor den Antikörpern geschützt. Die Evolution hat deshalb eine raffiniertere Abwehrstrategie entwickelt: die **zellvermittelte Immunantwort.**

Cytotoxische T-Lymphocyten (auch **Killer-T-Zellen** genannt) suchen ständig die Oberflächen aller zugänglichen Zellen ab und töten diejenigen, die körperfremde Kennzeichen tragen (Abb. 5.12 und 5.13). Das ist nicht so einfach, denn die Invasoren wollen keine Spuren hinterlassen. Die Wirtszellen haben für getarnte Eindringlinge einen genialen Mechanismus zum Schneiden (durch Proteasomen) und Vorzeigen entwickelt: Sie präsentieren an ihrer Oberfläche eine Stichprobe von kleinen Peptiden, die durch Proteinabbau des Eindringlings im Cytosol der Wirtszelle entstanden sind. Diese Peptide werden nach außen gebracht und von Zellmembranproteinen dargeboten (Abb. 5.12), die von dem **Haupthistokompatibilitätskomplex** (*Major Histocompatibility Complex,* **MHC**) codiert werden.

Es existieren prinzipiell MHC-Proteine der Klasse I und der Klasse II (Abb. 5.13). Die in der Plasmamembran der virusbefallenen Zelle gebundenen **MHC-Proteine der Klasse I** halten ihre

gebundenen Peptide sehr hartnäckig fest, sodass die Rezeptoren einer Killer-T-Zelle sie berühren und untersuchen können. Körperfremde gebundene Peptide sind das „Killersignal" und lösen die **Apoptose**, den programmierten Zelltod, aus, einen „Selbstmord im Interesse des Gesamtorganismus".

Cytotoxische T-Zellen besitzen zusätzlich ein als **CD8** (CD bedeutet *cluster of differentiation*) bezeichnetes Protein, das der Erkennung des Komplexes aus MHC-Klasse-I-Protein und des zu präsentierenden Peptids dient. Bei Erkennung dieses Komplexes wird das Protein **Perforin** abgegeben, das in der Zielzellmembran **Poren von 10 nm Durchmesser** bildet und die Membran durchlässig macht. Dann werden Proteasen (Granzyme) sezerniert. Die Zielzelle wird leck, stirbt und zerstückelt dabei ihre und die Virus-DNA. Die T-Zelle selbst löst sich ab und wird zur Vermehrung angeregt, nachdem sie sich als geeignete Waffe gegen den Eindringling erwiesen hat.

Nicht alle T-Zellen sind cytotoxisch, also Killer. **T-Helferzellen** sind für die Abwehr sowohl extrazellulärer als auch intrazellulärer Krankheitserreger unerlässlich. Sie regen B-Lymphocyten und cytotoxische T-Zellen zur Vermehrung an.

Auch die T-Helferzellen werden durch die Erkennung von fremden Antigenen auf der Oberfläche von Antigen-präsentierenden Zellen, in der Regel von **dendritischen Zellen**, aktiviert. Das Antigen liegt dabei als Peptidfragment vor; es wurde aus dem Fremdprotein in der Antigen-präsentierenden Zelle durch Abbau hergestellt (prozessiert) und von dieser nun auf ihrer Oberfläche der T-Helferzellen präsentiert. Die Erkennung des Antigens hängt entscheidend von den **MHC-Proteinen der Klasse II** auf der Antigen-präsentierenden Zelle ab.

Das Vorzeigen eines Peptids durch MHC-Proteine der Klasse II signalisiert einen Hilferuf: „Zelle mit Erreger in Kontakt gekommen!" Bei Klasse I lautet die Botschaft dagegen: „Zelle dem Erreger erlegen! Selbstzerstörungsmechanismus einleiten!"

Die T-Helferzellen bedienen sich ihres **T-Zell-Rezeptors** und eines Proteins (**CD4**) auf ihrer Oberfläche, das eine extrazelluläre immunglobulinähnliche Domäne (gebaut wie Antikörper) trägt (Abb. 5.13). Die Erkennung des Komplexes löst hier nicht Ereignisse aus, die zum Tod der Zelle führen, sondern regt die T-Helferzellen dazu

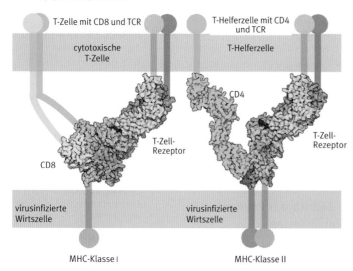

Box 5.3 Antikörper

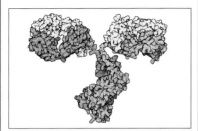

Die zwei leichten Ketten (ocker) formen mit den beiden schweren Ketten (dunkel- und heller rot) eine variable Domäne (Fv), die das Antigen bindet, sozusagen zwei „Hände", die das Antigen greifen können. In der variablen Region sind 20 Aminosäuren hypervariabel, sie erlauben Billionen Kombinationen zur Erkennung von Antigenen.

Antikörper sind Teile des Immunsystems der Wirbeltiere, das Eindringlinge abwehren und unschädlich machen soll. Sie haben die Aufgabe, Krankheitserreger spezifisch zu erkennen und zu binden und damit für das Immunsystem zu markieren sowie Toxine zu neutralisieren.

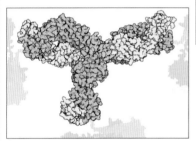

Wie sich gleich drei Antikörperfragmente (Fab) an den Epitopen eines Antigens (grün) binden. Hier ist das Enzym Lysozym gezeigt.
Das zweite Fab und der „Fuß" der Antikörper sind schattiert ergänzt.

Antikörpermoleküle bestehen aus vier Proteinketten: zwei leichte (*light*) **L-Ketten** (Molekülmasse 25 kDa) und zwei schwere (*heavy*) **H-Ketten** (55 kDa). Sie werden durch **Disulfidbrücken** chemisch fest (kovalent) zusammengehalten.

Der „Fuß" der Antikörper wird auch **konstante Region** (**Fc**) genannt. Rezeptoren in der Zelle binden an diesem Fc-Teil. Der Fc-Teil ist der „Rufer" nach dem Rezeptor.

Wie kann der Organismus gegen praktisch jeden Fremdstoff einen spezifischen Antikörper bilden, wie möglichst alle „feindlichen" Antigene erkennen? Es wäre viel zu aufwendig, für jeden der etwa 100 000 000 unter-

Immunglobulin G (IgG)

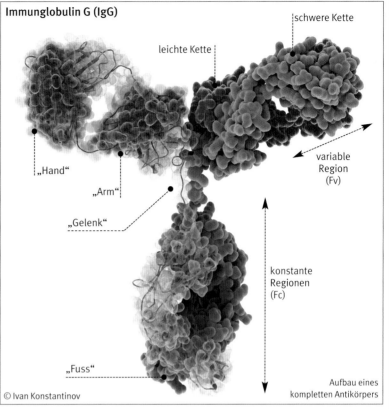

schwere Kette

leichte Kette

„Hand"

„Arm"

„Gelenk"

variable Region (Fv)

konstante Regionen (Fc)

„Fuss"

© Ivan Konstantinov

Aufbau eines kompletten Antikörpers

schiedlichen Antikörper ein eigenes Gen bereitzuhalten. Deshalb nutzt der Organimus einen genialen Trick.

Die Immuntechnologen **Frank Breitling** und **Stefan Dübel** aus Heidelberg bzw. Braunschweig beschreiben das so: »So, wie man mit wenigen genormten Bausteinen Millionen unterschiedlicher Häuser errichten kann, verknüpfen sie „genormte" Polypeptidbausteine zu einem modular aufgebauten Antikörper. Dadurch müssen im Genom nur ein paar Hundert dieser Polypeptidbausteine codiert werden. Einige wenige (große) Bausteine codieren für die konstanten Bereiche des Antikörpers. Die Antigen-Bindungsspezi-

fität eines Antikörpers jedoch wird nur von einem kleinen Teil des Gesamtproteins vermittelt, den **variablen Regionen** (**Fv**). Auch diese bestehen wiederum aus drei bis vier unterschiedlichen Modulen, die während der Differenzierung der B-Lymphocyten in jeder Zelle anders zusammengesetzt werden.«

An den Schnittstellen dieser Module gibt es eine „genetisch nicht codierte Beliebigkeit", die die Variabilität weiter steigert. Diese Beliebigkeit wird auch bei jeder Immunisierung weiter verwendet zur Erhöhung der Passgenauigkeit und der Affinität (Affinitätsreifung).

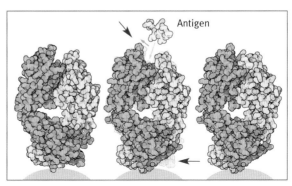

Antigen

Wie Antigene gebunden werden: Deutlich ist eine Konformationsänderung der „Hand" des Antikörpers nach der Bindung des Antigens als Schattierung im mittleren Bild sichtbar (siehe rote Pfeile).

Abb. 5.14 Die Vakzination durch Jenner (oben).
Zeichnung von Edward Jenner: Arm der an Kuhpocken erkrankten Magd Sarah Nelmes (unten)

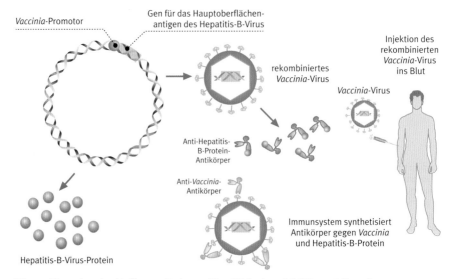

Abb. 5.17 Wie moderne Impfstoffe gegen Pocken und Hepatitis in einem Schritt hergestellt werden

Labels in Abb. 5.17:
Vaccinia-Promotor — Gen für das Hauptoberflächen-antigen des Hepatitis-B-Virus — rekombiniertes *Vaccinia*-Virus — Injektion des rekombinierten *Vaccinia*-Virus ins Blut — *Vaccinia*-Virus — Anti-Hepatitis-B-Protein-Antikörper — Anti-*Vaccinia*-Antikörper — Immunsystem synthetisiert Antikörper gegen *Vaccinia* und Hepatitis-B-Protein — Hepatitis-B-Virus-Protein

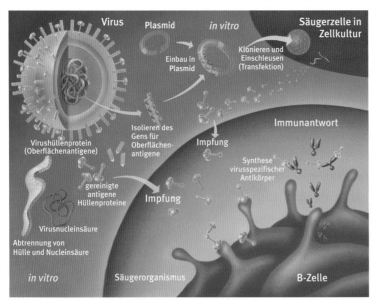

Abb. 5.15 Nach den Pocken wurde die Rinderpest weltweit ausgerottet. Als nächstes Ziel sind die Masern avisiert.

Abb. 5.16 Unten: Wie Impfstoffe hergestellt werden

Labels in Abb. 5.16:
Virus — Plasmid — *in vitro* — Säugerzelle in Zellkultur — Einbau in Plasmid — Klonieren und Einschleusen (Transfektion) — Virushüllenprotein (Oberflächenantigene) — Isolieren des Gens für Oberflächen-antigene — Impfung — Immunantwort — gereinigte antigene Hüllenproteine — Synthese virusspezifischer Antikörper — Impfung — Virusnucleinsäure — Abtrennung von Hülle und Nucleinsäure — *in vitro* — Säugerorganismus — B-Zelle

an, **Lymphokine** auszuscheiden – dazu gehören Interleukin-2 und Interferon-γ. IL-2 stimuliert die B-Zellen, die ebenfalls zuvor Antigenkontakt hatten, zu proliferieren und zu Antikörper bildenden Plasmazellen zu werden. Die Plasmazellen geben ihre Antikörper ins Blut ab. Das HI-Virus unterwandert das Immunsystem durch Zerstörung der T-Helferzellen.

Ein neuer Signalstoff für Virusinfektionen ist das **Neopterin**. Diese niedermolekulare Substanz wird von Makrophagen ins Blutplasma abgegeben, wenn sie mit Interferon-γ stimuliert werden. Wie **Dietmar Fuchs** mit seiner Arbeitsgruppe (Abb. 5.26) in Innsbruck zeigen konnte, lässt sich damit ein **schneller Test für Virusinfektionen** aufbauen. Eine hohe Neopterinkonzentration im

Blut zeigt an, dass eine Virusattacke stattfindet, egal, welches Virus das ist. Neopterin kann also bei unbekannten Viren für die Frühdiagnose wichtig sein! Für Blutbanken wäre das eine unschätzbare Hilfe, wenn alle frischen Virusinfekte von Spendern angezeigt würden. Alle österreichischen Blutbanken benutzen den Neopterintest. Weltspitze bei der Sicherheit!

■ 5.5 Die erste Impfung: mit Kuhpocken gegen echte Pocken

Wenn der englische Landarzt **Edward Jenner** (1749–1823) heute sein Experiment wiederholen würde, das ihn 1796 berühmt gemacht hatte (Abb. 5.14), säße er sicher schon wenig später im Gefängnis. Sein Versuch, bei dem er dem achtjährigen **James Phipps** eine Probe aus der Kuhpockenpustel der Melkerin **Sarah Nelmes** (Abb. 5.14) in die Haut einimpfte und ihm dann zwei Monate später eine potenziell lebensgefährliche Dosis echter Pocken verabreichte, verletzt nach heutigen Maßstäben selbst die laxesten medizinischen Sicherheitsrichtlinien.

Das wurde nur noch von keinem Geringeren als **Louis Pasteur** übertroffen (Box 5.5). Der Junge überlebte jedoch, und Jenner half, die Medizin zu revolutionieren: Der **erste Impfstoff in der Geschichte** war gefunden. Allerdings soll es bereits um 1000 vor unserer Zeitrechnung aktive Pockenimpfungen gegeben haben.

Die Biotechnologie verspricht nun eine neue Revolution für die Impfstoffe: die Entwicklung neuer **Vakzine** (lat. *vacca*, Kuh) in kürzester Frist mit einer dramatischen Senkung des Impfrisikos.

Box 5.4 Biotech-Historie: Jared Diamond: Tödliche Mikroben

Die Rolle von tödlichen Mikroben in der Geschichte der Menschheit

In seinem Bestseller *Arm und Reich – Die Schicksale menschlicher Gesellschaften* untersucht Professor Jared Diamond die Gründe, die Europa und den Nahen Osten zur Wiege der modernen Gesellschaften machten. Der mit freundlicher Erlaubnis des Autors abgedruckte, stark gekürzte Auszug behandelt den Beitrag der Mikroben zur Menschheitsgeschichte.

Rückgang der Bevölkerung von Inka und Azteken nach 1520

Ein gutes Beispiel für die Bedeutung tödlicher Krankheitserreger für den Verlauf der Menschheitsgeschichte ist die Eroberung und Entvölkerung der Neuen Welt durch Europäer. **Weitaus mehr Indianer erlagen eurasischen Krankheiten als Verwundungen durch eurasische Stich- und Schusswaffen.** Die Krankheitsepidemien schwächten die indianische Gegenwehr, indem sie die Mehrzahl der Indianer samt ihren Führern töteten und die Moral der Überlebenden erschütterten. So landete **Hernán Cortés** (1485-1547) im Jahr 1519 mit 600 Mann an der Küste Mexikos, um das Reich der ausgesprochen kampflustigen, militärisch erfahrenen Azteken mit seinen vielen Millionen Einwohnern zu erobern. Dass Cortés überhaupt die Azteken-Hauptstadt Tenochtitlán erreichte, unter Verlust von „nur" zwei Dritteln seiner Streitmacht entkam und sich den Weg zurück zur Küste bahnen konnte, zeugt von der militärischen Überlegenheit der Spanier ebenso wie von der anfänglichen Naivität der Azteken. Doch bei Cortés nächstem Anlauf wussten die Azteken, was sie von den Spaniern zu erwarten hatten, und begegneten ihnen mit entschlossenem, äußerst zähem Widerstand. Ausschlaggebend für den Sieg der Spanier war letztlich ein Pockenvirus, das 1520 von einem infizierten Sklaven aus Kuba

Ein Holzschnitt der Reiter der Apokalypse von **Albrecht Dürer** (1471-1528): Traditionell standen die vier apokalyptischen Reiter für Seuchen, Krieg, Hunger und Tod.

Aus der „Offenbarung des Johannes" am Ende des Neuen Testaments (Kapitel 6, Vers 2-8):

»Und ich sah, dass das Lamm das erste der sieben Siegel auftat, und ich hörte eine der vier Gestalten sagen wie mit einer Donnerstimme: Komm!

Und ich sah, und siehe, ein weißes Pferd. Und der darauf saß, hatte einen Bogen, und ihm wurde eine Krone gegeben, und er zog aus sieghaft und um zu siegen.

Und als es das zweite Siegel auftat, hörte ich die zweite Gestalt sagen: Komm!

Und es kam heraus ein zweites Pferd, das war feuerrot. Und dem, der darauf saß, wurde Macht gegeben, den Frieden von der Erde zu nehmen, dass sie sich untereinander umbrächten, und ihm wurde ein großes Schwert gegeben.

Und als es das dritte Siegel auftat, hörte ich die dritte Gestalt sagen: Komm!

Und ich sah, und siehe, ein schwarzes Pferd. Und der darauf saß, hatte eine Waage in seiner Hand.

Und ich hörte eine Stimme mitten unter den vier Gestalten sagen: Ein Maß Weizen für einen Silbergroschen und drei Maß Gerste für einen Silbergroschen; aber dem Öl und Wein tu keinen Schaden!

Und als es das vierte Siegel auftat, hörte ich die Stimme der vierten Gestalt sagen: Komm!

Und ich sah, und siehe, ein fahles Pferd. Und der darauf saß, dessen Name war: Der Tod, und die Hölle folgte ihm nach. Und ihnen wurde Macht gegeben über den vierten Teil der Erde, zu töten mit Schwert und Hunger und Pest und durch die wilden Tiere auf Erden.«

eingeschleppt wurde. Die Epidemie, die daraufhin ausbrach, raffte beinahe die Hälfte der Azteken einschließlich ihres **Herrschers Cuitláhuac** (1476-1520) dahin. Die Überlebenden waren demoralisiert von der rätselhaften Krankheit, die Indianer tötete, aber

Spanier wie als Symbol ihrer Unbesiegbarkeit verschonte. Bis 1618 war die Bevölkerung Mexikos, die ursprünglich etwa 20 Millionen zählte, auf 1,6 Millionen geschrumpft.

Francisco Pizarro (1471-1541) hatte ähnliches Glück, als er 1531 an der Küste von Peru landete, um mit 168 Mann das Inka-Reich mit seinen mehreren Millionen Untertanen zu erobern. Von großem Vorteil für Pizarro und tragisch für die Inkas war, dass im Jahr 1526 die Pocken auf dem Landweg eingetroffen waren. Der Seuche fiel ein großer Teil der Inka-Bevölkerung zum Opfer, einschließlich des Herrschers **Huayna Capac** (1464-1527) und seines designierten Nachfolgers. Wie in Kapitel 2 geschildert, hatte die Verwaisung des Throns zur Folge, dass zwischen zwei anderen Söhnen von Huayna Capac, **Atahualpa** und **Huáscar**, ein Streit um die Nachfolge entbrannte, der in einen regelrechten Bürgerkrieg mündete. Diese Spaltung machte sich Pizarro bei der Eroberung des Inka-Reichs zunutze. Wird heute nach den einwohnerstärksten Zivilisationen der Neuen Welt vor 1492 gefragt, fallen den meisten von uns nur Azteken und Inkas ein.

Vergessen wird dabei, dass in Nordamerika eine Reihe bevölkerungsreicher Zivilisationen in einem Gebiet existierten, wo man sie auch am ehesten vermuten würde, nämlich im Tal des Mississippi, dessen Böden heute zu den fruchtbarsten der USA zählen. Zum Untergang dieser Kulturen trugen die Konquistadoren jedoch nicht direkt bei; vielmehr wurde ihnen diese Arbeit von Krankheitserregern abgenommen, die ihnen vorauseilten.

Als **Hernando de Soto** (1496-1542) 1540 als erster europäischer Konquistador durch den Südosten der heutigen USA marschierte, fand er verlassene Städte vor, die erst zwei Jahre zuvor aufgegeben worden waren, da ihre Bewohner verheerenden Krankheitsepidemien zum Opfer gefallen waren. Eingeschleppt hatten diese Epidemien Indianer von der Küste, die dort mit Spaniern in Berührung gekommen waren. Somit reisten die Krankheitserreger der Spanier schneller landeinwärts als sie selbst.

De Soto hatte aber noch Gelegenheit, einige der dicht besiedelten Städte am Unterlauf des Mississippi kennenzulernen. Nach seiner Expedition vergingen viele Jahre, bis wieder

Fortsetzung nächste Seite

Europäer ins Mississippital kamen, aber das hielt die eurasischen Mikroben, die nun in Nordamerika Fuß gefasst hatten, nicht davon ab, sich weiter auszubreiten. Bei der Ankunft der nächsten Europäer am unteren Mississippi – es handelte sich um französische Siedler, und das 17. Jahrhundert neigte sich dem Ende zu –, waren fast sämtliche der großen Indianerstädte verschwunden. Ihre Überreste sind heute als die berühmten Erdwallanlagen des Mississippitals zu bewundern. Erst seit Kurzem wissen wir, dass viele der Hügelbauer-Gesellschaften zum Zeitpunkt der Ankunft von Kolumbus in der Neuen Welt noch weitgehend intakt waren und dass ihr Zusammenbruch irgendwann zwischen 1492 und der systematischen Erforschung des Mississippi durch Europäer erfolgte, vermutlich ausgelöst durch Krankheitsepidemien.

Als ich klein war, lernten wir in der Schule, dass Nordamerika ursprünglich von **nur rund einer Million Indianern** bewohnt war. Diese geringe Zahl erleichterte die Rechtfertigung der Eroberung durch die Weißen, konnte man doch von einem nahezu unbesiedelten Kontinent sprechen. Archäologische Ausgrabungen und die Analyse von Berichten, die uns die ersten Europäer, die an den Küsten Nordamerikas landeten, hinterließen, belegen indes, dass die **wahre Zahl eher bei 20 Millionen** lag. Nach Schätzungen schrumpfte die indianische Bevölkerung der Neuen Welt innerhalb von ein bis zwei Jahrhunderten nach der Ankunft von **Kolumbus** um etwa 95 %.

Die häufigste Todesursache waren Krankheiten aus der Alten Welt, mit denen die Indianer zuvor nicht in Berührung gekommen waren und gegen die sie deshalb **weder Immunkräfte noch eine genetische Abwehr** besaßen. Pocken, Masern, Grippe und Typhus führten die Liste der Todbringer an. Als wäre das nicht genug, folgten Diphtherie, Malaria, Mumps, Keuchhusten, Pest, TBC und Gelbfieber auf dem Fuße. In zahllosen Fällen wurden die weißen Ankömmlinge Zeugen der Massaker, die ihre Krankheitserreger unter den Indianern anrichteten. So wurden 1837 die Mandan, ein Prärieindianerstamm mit hoch entwickelter Kultur, mit Pocken infiziert, die ein Dampfschiff mitgebracht hatte, das von St. Louis den Missouri hinauffuhr. In einem der Mandan-Dörfer schrumpfte die Bevölkerung binnen weniger Wochen von 2000 auf weniger als 40 Einwohner.

Francisco Pizarro bat den Inka-Herrscher Atahualpa und seine Leibwächter, ihn unbewaffnet zu treffen. Er wusste, konnte er ihren König gefangen nehmen, so gehörte ihm das ganze Inka-Reich mitsamt seinem Gold. Mit Schüssen aus ihren Kanonen massakrierten Pizarros Truppen alle Inkas auf dem Platz von Cajamarca.

Der elfte und letzte Azteken-Herrscher, Cuauhtémoc, kapituliert im August 1521 und wird Cortés vorgeführt. Die Wörter der Legende bedeuten übersetzt: „Nun waren die Mexica [Azteken] am Ende."

Während über ein Dutzend Infektionskrankheiten aus der Alten Welt in der Neuen Welt sesshaft werden konnten, gelangte möglicherweise keine einzige tödliche Krankheit amerikanischen Ursprungs nach Europa.

Eine **Ausnahme war vielleicht die Syphilis**, deren Herkunft aber noch umstritten ist. Diese Einseitigkeit des Erregeraustauschs ist umso verblüffender, wenn man bedenkt, dass große, dichte Populationen eine der Voraussetzungen für die Evolution unserer typischen Infektionskrankheiten sind. Sollten die jüngsten Erkenntnisse über die Bevölkerungszahl der präkolumbianischen Neuen Welt zutreffen, so lag diese nicht sehr weit unter der damaligen Bevölkerungszahl Eurasiens. Einige Städte der Neuen Welt, wie Tenochtitlan, zählten sogar zu den bevölkerungsreichsten der Erde. Woran lag es dann, dass in Tenochtitlan keine bösartigen Krankheitserreger auf die Spanier warteten?

Bei der Lösung dieses Rätsels bringt uns eine simple Frage weiter: Aus welchen Mikroben hätten die gefährlichen Krankheiten der Indianer eigentlich entstehen sollen? Wir haben gesehen, dass eurasische Infektions-

krankheiten sich **aus Krankheiten domestizierter eurasischer Herdentiere** entwickelten. Im Gegensatz zur Vielzahl derartiger Tierarten in Eurasien wurden in Nord- und Südamerika von allen Abteilungen des Tierreichs **nur ganze fünf Arten domestiziert.**

Dieser krasse Mangel an Haustieren in der Neuen Welt ist wiederum Ausdruck eines Mangels an biologischem „Rohmaterial". Etwa 80 % der großen Säugetiere Nord- und Südamerikas starben am Ende der letzten Eiszeit vor rund 13 000 Jahren aus. Die wenigen Domestikationskandidaten, die den Indianern danach verblieben, bildeten im Vergleich zu Schweinen und Rindern kein sonderlich geeignetes Reservoir für die Entstehung von Massenkrankheiten. So leben Moschusenten und Truthähne weder in großen Schwärmen, noch eignen sie sich als Schmusetiere (wie beispielsweise junge Lämmer), mit denen wir gerne körperlichen Kontakt pflegen.

Die geschichtliche Bedeutung von Krankheiten tierischen Ursprungs reicht weit über die Kollision von Alter und Neuer Welt hinaus. Auch in vielen anderen Teilen der Welt spielten eurasische Krankheitserreger eine entscheidende Rolle bei der Dezimierung von Urbevölkerungen. Betroffen waren beispielsweise die **Bewohner pazifischer Inseln, die australischen Aborigines und die Khoisan-Völker** (Hottentotten und Buschmänner) im südlichen Afrika. Die kumulative Sterblichkeit dieser Völker, die zuvor keine Bekanntschaft mit eurasischen Krankheitserregern gemacht hatten, lag zwischen 50 und 100 %. So schrumpfte die indianische Bevölkerung von Hispaniola von etwa acht Millionen bei Kolumbus' Ankunft im Jahr 1492 auf null im Jahr 1535.

Durch Syphilis, Gonorrhoe, Tuberkulose und Grippe, 1779 von **Kapitän James Cook** (1728 -1779) und seiner Mannschaft eingeschleppt, sowie eine schwere Typhusepidemie im Jahr 1804 und zahlreiche „kleinere" Epidemien schrumpfte die **Bevölkerung Hawaiis** von etwa einer halben Million im Jahr 1788 auf 84 000 im Jahr 1853, als auch noch die Pocken Hawaii heimsuchten und rund 10 000 der Überlebenden töteten. Die Reihe der Beispiele ließe sich nahezu endlos fortsetzen. Es war allerdings nicht so, dass Krankheitserreger immer und überall nur auf der Seite der Europäer standen. Während in der Neuen Welt und in Australien wenige beziehungsweise keine epidemischen Krankheiten auf sie warteten, lässt sich dies für die **Tropenregionen Afrikas und Asiens** gewiss nicht behaupten. Die bekanntesten und gefährlichsten tropischen Geißeln waren (und sind) **Malaria** in der Alten Welt, **Cholera** in Südostasien und **Gelbfieber** in Afrika. Sie bildeten für die europäischen Kolonisierungsanstrengungen in tropischen Gefilden das größte Hindernis und erklären auch, warum die **koloniale Aufteilung Neuguineas und des größten Teils Afrikas erst beinahe 400 Jahre nach der Aufteilung der Neuen Welt** unter europäischen Mächten begann. Nachdem Malaria und Gelbfieber an Bord europäischer Handelsschiffe auch nach Nord- und Südamerika gelangt waren, wurden sie bei der Kolonisierung tropischer Gebiete der Neuen Welt ebenfalls zum **Hindernis Nummer eins**. Ein bekanntes Beispiel ist die Vereitelung des französischen Panamakanal-Projekts durch diese beiden Krankheiten; auch das am Ende erfolgreiche Kanalbauprojekt der USA drohte an ihnen zu scheitern.

Ohne Zweifel waren die Europäer den meisten der nichteuropäischen Völker, über die sie den Sieg davontrugen, in puncto **Bewaffnung, Technik und politischer Organisation haushoch überlegen**.

Doch das allein erklärt noch nicht vollständig, wie es geschehen konnte, dass eine anfangs kleine Zahl europäischer Immigranten einen so großen Teil der Bevölkerung Nord- und Südamerikas und einiger anderer Regionen der Welt von ihrem Platz verdrängen konnte. Vielleicht wäre es nicht so gekommen, hätten die Europäer kein so **unheilvolles Mitbringsel im Gepäck gehabt: die Krankheitserreger**, die sich in den Jahrtausenden des engen Zusammenlebens mit ihren Haustieren entwickelt hatten.

Jared Diamond (Biografie in Box 1.11 auf Seite 29)

Literaturzitat aus:
Diamond J (1998) *Arm und Reich – Die Schicksale menschlicher Gesellschaften*, S. Fischer Verlag GmbH, Frankfurt am Main, S. 251–257

Jenner hatte richtig beobachtet, dass eine erfolgreich überstandene Kuhpockenerkrankung dem Menschen Immunität nicht nur gegen Kuhpocken, sondern auch gegen die echten Pocken verleiht.

Was Jenner nicht wissen konnte: Die Kuhpockenviren sind mit den echten Pockenviren eng verwandt. Wie oben erwähnt, besitzt der Körper im Blut Lymphocyten, die Alarm schlagen, wenn sie ungebetene Eindringlinge (Antigene) ausmachen. Sie geben Befehl an andere Zellen, Abwehrstoffe (Antikörper) gegen die Krankheitserreger zu bilden, mit diesen Antikörpern die Krankheitserreger zu markieren und sie durch Fresszellen (Makrophagen) zu vernichten (Abb. 5.7).

Wie oben erwähnt, vermehren sich B-Zellen nach Antigenkontakt und Aktivierung durch T-Helferzellen. Ein Teil der Nachkommen bildet Antikörper in großer Menge gegen die Eindringlinge, ein anderer Teil entwickelt sich zu Gedächtniszellen, die bei erneuter Infektion eine schnellere Immunreaktion ermöglichen. Diese Gedächtniszellen bleiben teilweise lebenslang erhalten und verleihen somit dem Organismus Immunität gegen das betreffende Antigen.

Jenner hatte Glück, weil durch die Ähnlichkeit der antigenen Oberflächenstruktur von Kuhpocken und echten Pocken Immunität nicht nur gegen die harmlosen Kuhpocken, sondern gleichzeitig gegen die gefährlichen menschlichen Pockenviren erzeugt wurde. Man kann also das Immunsystem des Körpers mit harmlosen Erregern gegen einen Angriff lebensbedrohender Erreger wappnen.

Der letzte Pockenkranke der Welt, der Somalier **Ali Maow Maalin** (Abb. 5.18), konnte am 26. Oktober 1977 aus dem Krankenhaus entlassen werden. Danach nahm man mehr als zwei Jahre lang weltweit eine intensive Pockenkontrolle vor und erklärte **die Welt schließlich für pockenfrei**. Nur noch zwei Laboratorien in der Welt (hoffentlich!) halten heute die Pockenviren: die internationalen Referenzlaboratorien der Weltgesundheitsorganisation (WHO) in Atlanta (USA) und in der Nähe von Nowosibirsk (Russland).

Die Vernichtung der Bestände wird kritisch diskutiert. Angesichts von **Bioterrorismus** horten allerdings die Industrienationen Impfstoffe gegen Pocken. Wer traut sich heute schon noch, mit Sicherheit zu behaupten, dass nicht doch Pockenviren in falsche Hände geraten könnten (oder schon dort sind)? Erstmalig ist mit den Pocken eine Krankheit auf der Erde dank der Schutzimp-

Abb. 5.18 Der letzte Pockenkranke der Welt: der 23-jährige Somalier Ali Maow Maalin 1977. 200 bis 300 Millionen Dollar wurden zur Ausrottung der Pocken auf der Erde ausgegeben. Maow Maalin hätte ohne Antibiotika die Pockenerkrankung nicht überlebt.

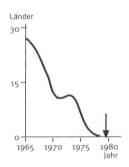

Abb. 5.19 Zahl der Länder mit Pockenfällen

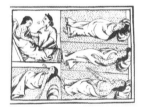

Abb. 5.20 Eine aztekische Darstellung von Pockenkranken während verschiedener Stadien der Krankheit

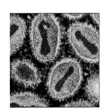

Abb. 5.21 Pocken (auch unter dem lateinischen Namen *Variola* bekannt) sind eine hochansteckende Krankheit, die nur den Menschen befällt.

Box 5.5 Biotech-Historie: Impfungen

»Ein Nichtmediziner verwendet Material unbekannter Zusammensetzung und Toxizität und behandelt damit Patienten, darunter ein Kind, die möglicherweise an einer tödlichen Krankheit leiden. Er versucht noch nicht einmal, das Einverständnis seiner Patienten zu erhalten, sondern veröffentlicht ihre Namen und Adressen, um einige erstaunliche Behauptungen bekannt zu machen. Darüber hinaus hält der Betreffende, wie es Kurpfuscher gemeinhin tun, Einzelheiten der Behandlung geheim, sodass ihr Sinn und Wert nicht unabhängig beurteilt werden kann. Das vielleicht Schlimmste von allem ist, dass diese skrupellose Person Menschen eine außerordentlich virulente Mikrobe injiziert, ohne zuvor Tests an Tieren durchgeführt zu haben. Einige Patienten sterben, und ein an den Experimenten beteiligter Mediziner distanziert sich von den Machenschaften seines Mitarbeiters. Der Mann, der diese Risiken in Kauf nahm, um sich dann für seine Erfolge bei der Bekämpfung der Tollwut lautstark feiern zu lassen, war **Louis Pasteur!**«

Soweit **Bernard Dixon**, Biotech-Historiker, in dem Spektrum-Buch *Der Pilz, der John F. Kennedy zum Präsidenten machte.*

Pasteur hatte eine Menge Glück, wie er selbst sagte: »**Das Glück begünstigt den vorbereiteten Geist**« – genau wie bei seinen anderen Pioniertaten. Er verletzte – wie zuvor **Edward Jenner** bei der Pockenimpfung – etliche ethische Grundsätze. Er postulierte, dass der Erreger im Rückenmark sitzen müsse, obwohl die Mikrobe noch unbekannt war. Sie konnte abgeschwächt, „attenuiert", werden, indem man Rückenmark aus Hasen entfernte und altern ließ.

Am 6. Juli 1885 verabreichte er dem kleinen **Joseph Meister** gealtertes Hasen-Rückenmark, ohne zu wissen, ob das Virus darin enthalten war. Heute kann man die geschossförmigen Tollwutviren, die zu den Rhabdoviren gehören, unter dem Elektronenmikroskop sehen. Zu Pasteurs Zeiten blieb dagegen das Virus unsichtbar. Im Gegensatz zu Jenners Impfstoff war Pasteurs Vakzine im Labor entstanden.

Jenner war eigentlich „auf der sicheren Seite": Er hatte bemerkt, dass die **Kuhpocken** harmlos waren. Im 11. Jahrhundert beobachteten chinesische Ärzte, dass Personen, die eine Pockenerkrankung glücklich überstan-

den hatten, gegenüber einer erneuten Pockenansteckung resistent waren. Im alten China infizierte man bereits Kleinkinder künstlich mit Pocken, um sie in ihrem späteren Leben vor einer Pockenerkrankung zu schützen.

Die mit dieser Impfung verbundenen hohen Risiken erschienen bei der ansonsten sehr hohen Kindersterblichkeit erträglich. In China gab es die Pocken-Göttin *Chuan Hsing Hua Chieh* und bei den Hindus *Shitala mata*. Die leichtesten Impfpockenreaktionen traten dann auf, wenn der Pockenimpfstoff von besonders milden Pockenfällen isoliert wurde. Diese Technik der Pockenimpfung hat sich später auch nach Europa ausgebreitet. In der zweiten Hälfte des 18. Jahrhunderts war diese „**Variolation**" weit verbreitet.

Lady Mary Wortley Montagu (1689–1762) ließ ihre Tochter 1721 „variolieren", und diese wurde somit die erste Person in England, die offiziell geimpft war. Experimente an Gefangenen und Waisen (!) gaben britischen Ärzten die Sicherheit, und sogar Mitglieder der Royal Family wurden da noch gegen Pocken geimpft.

1756 kam das College of Physicians mit einer Empfehlung zur Variolation heraus. Aber erst Edward Jenner demonstrierte eine weitgehend ungefährliche Methode. Diese war eine der Ursachen für den starken Rückgang der Pocken und letztendlich eine der Voraussetzungen für die industrielle Revolution. Die besondere Bedeutung der Entdeckung Jenners wurde aber erst durch Pasteur richtig erforscht. Er hatte in Versuchen mit den Erregern der Geflügelcholera (*Pasteurella multocida*) gearbeitet. Eine Erregerkultur, die über mehrere Wochen im Labor vergessen worden war, wurde von Pasteur an Hühnern verwendet, und es stellte sich heraus, dass die Hühner den Infektionsversuch nicht nur überlebten, sondern auch gegen weitere Infektionen der Geflügelcholera immun wurden.

Zuvor hatte Pasteur allerdings öffentlich 1881 die Wirksamkeit einer Schutzimpfung von Schafen gegen **Milzbrand** (*Bacillus anthracis*) bewiesen, die **Seidenraupenzucht** gerettet und die **Weingärung** auf wissenschaftliche Prinzipien gestellt. Pasteur hatte also Erfolg! Der Erfolg gegen Tollwut legte den Grundstein für das Pasteur-Institut in Paris. Die immunologische Reaktion des Organismus, die Pasteur daraus folgerte, führte zur Entwicklung der verschiedenen Arten der Impfungen.

Die Apotheke der Zukunft, so erträumt zu Behrings Zeiten

Robert Koch (1843–1910) begründete die medizinische Bakteriologie. Er bewies als Erster (in Kontroverse zum streitlustigen Pasteur), dass Cholera, Milzbrand, Tuberkulose und Pest durch spezielle Bakterien verursacht werden. Für seine Entdeckungen über Tuberkulose erhielt Koch 1905 den Nobelpreis für Physiologie oder Medizin.

Aus zahlreichen Forschungsreisen nach Indien, Japan und in afrikanische Länder resultierten tropenhygienische und parasitologische Forschungsergebnisse, wie die Kenntnis der Erreger der Pest, Rinderpest, Malaria, Schlafkrankheit und Cholera.

Emil von Behring (1854–1917) führte dann das Verfahren der **passiven Immunisierung** durch die Verabreichung von Antiserum in die Medizin ein (**Blutserumtherapie**). Von 1880 bis 1889 war Behring in Berlin als Stabsarzt tätig, bevor er ab 1888 am Hygiene-Institut und ab 1889 schließlich am Institut für Infektionskrankheiten Assistent von Robert Koch wurde. Hier arbeitete er eng mit dem japanischen Arzt und Mikrobiologen **Shibasaburo Kitasato** (1853–1931) zusammen.

Behring gelangen 1890 bei Tieren erste Erfolge in der Therapie von Diphtherie. Diphtherie war damals eine gefürchtete Infektionskrankheit, der „Würge-Engel der Kinder". Durch die Zusammenarbeit mit **Paul Ehrlich** (1854–1915) gelang es Behring schließlich 1893, das Antiserum zu schaffen und damit vielen Kindern das Leben zu retten.

1895 wurde Emil Behring in Marburg zum Direktor des Hygiene-Instituts ernannt. Im Jahre 1901 erhielt er (vier Jahre vor seinem verehrten Lehrer Robert Koch) für die Entdeckung der Antikörper und die Herstellung von Impfstoffen den Nobelpreis für Physiologie oder Medizin verliehen und wurde in den Adelsstand erhoben.

Er gründete 1904 die „Behring-Werke" in Marburg, die Seren gegen Diphtherie und Tetanus in großen Mengen herstellten.

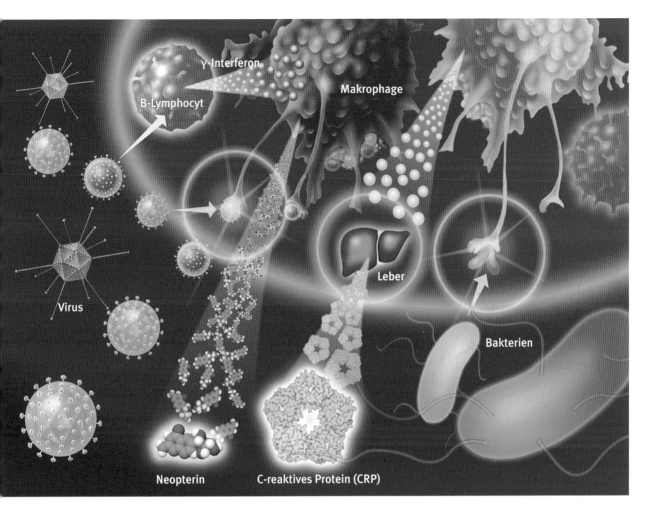

γ-Interferon

B-Lymphocyt

Makrophage

Leber

Virus

Bakterien

Neopterin

C-reaktives Protein (CRP)

fung ausgerottet worden. Noch zu Beginn des 19. Jahrhunderts erkrankten allein in Deutschland jährlich über eine halbe Million Menschen an Pocken, jeder Zehnte von ihnen starb. Pockennarbige Gesichter waren keine Seltenheit.

Leider besitzen jedoch die wenigsten Krankheitserreger so enge und gleichzeitig so harmlose „Verwandte" wie die echten Pockenviren. Erst mit Louis Pasteur, der ein Jahr vor Jenners Tod geboren wurde, begann die gezielte Suche nach Impfstoffen (Box 5.5).

■ 5.6 Moderne Impfungen

Heute verwenden wir zum Impfen im Wesentlichen Toxoide, abgetötete und abgeschwächte lebende Erreger. Nach den jüngsten Erfolgen der Gentechnik wird auch an veränderten Lebendimpfstoffen und an Peptidimpfstoffen gearbeitet. **Toxoide** sind Extrakte der von den Erregern abgegebenen Gifte (Toxine). Diese werden neutralisiert (zum Teil mit Formalin) und stimulieren nach Injektion das Immunsystem im Körper

(z. B. bei Wundstarrkrampf und Diphtherie). Der Tetanus-Erreger *Clostridium tetani* (der sich im Erdboden aufhält) infiziert beispielsweise eine Wunde und gibt ein neurotoxisches Protein in den Blutstrom ab.

Es führt zur spastischen Paralyse, die früher nach Gefechten zu grauenhaften Szenen bei Verwundeten führte. Die Tetanus-Impfung muss von Zeit zu Zeit aufgefrischt werden, um die gegen das Toxin zirkulierenden Antikörper in ausreichender Konzentration aufrechtzuerhalten. Bei Cholera, Kinderlähmung (Polio) und Typhus werden dagegen chemisch **abgetötete Bakterien** oder **Viren** als Impfstoff verwendet.

Der Cholera-Impfstoff kann also die Krankheit nicht mehr auslösen. Zugleich enthält er das unschädlich gemachte Gift (Toxin) des Cholera-Bakteriums. Die Impfung ist eine aktive Schluckimpfung. Aktiv deshalb, da der Körper nach der Impfung selbst Antikörper gegen die abgetöteten Bakterien und das Gift bildet. Die Sicherheit der

Abb. 5.22 Immunreaktion auf Virus- und Bakterienbefall

Abb. 5.23 Bei Virusinfektionen helfen keine Antibiotika. Entzündungshemmende Schmerztabletten wie Aspirin sind oft das einzige sinnvolle Medikament. Ein Test zur Unterscheidung von Viren- und Bakterien-Infektionen ist dringend notwendig!

187

Box 5.6 Expertenmeinung: Warum gibt es immer noch keinen Impfstoff gegen HIV?

In Anbetracht der zahlreichen Limitationen der derzeit verfügbaren antiretroviralen Therapie scheint nur eine wirksame Vakzine ein geeignetes Instrument, um AIDS Paroli zu bieten. Warum, so lautet daher die berechtigte Frage, gibt es einen solchen **Impfstoff** noch nicht? AIDS begleitet uns immerhin seit 30 Jahren, und alleine im vergangenen Jahrzehnt wurden rund eine Milliarde Dollar in die Impfstoffforschung investiert.

Kampagne gegen AIDS in China

Die banale Antwort ist die, dass das HI-Virus die Vakzineforscher vor eine wissenschaftliche Herausforderung ohne Präzedenz stellt. Nicht nur, dass es zwei „Arten" des Virus (HIV-1 und HIV-2) und zahllose **Subtypen** von HIV-1 gibt – alleine die HIV-1-M-Gruppe lässt sich in neun Virusstämme und zahlreiche, in unterschiedlichen geografischen Regionen zirkulierende rekombinante „Virusindividuen" differenzieren. In einem definierten Stamm unterscheidet sich die Aminosäuresequenz eines einzigen Antigens, beispielsweise des Hüllproteins env (*envelope*), von Isolat zu Isolat um bis zu 20 %. Für virale Krankheitserreger ist diese extreme **antigene Diversität** außergewöhnlich.

HIV scheint also unerschöpflich in seiner Fähigkeit, wichtige Oberflächenmerkmale zu ändern und so das Immunsystem „ins Leere laufen" zu lassen. Dass hier konventionelle Impfstoffe, die darauf abzielen, Antikörper gegen ein fixes Merkmal des Erregers zu

erzeugen, nichts auszurichten vermögen, liegt auf der Hand.

Die mit viel Elan in den 90er-Jahren begonnenen Experimente, durch Impfung virusneutralisierende Antikörper zu erzeugen, haben sich zwischenzeitlich als Kette von Fehlschlägen erwiesen. Zuletzt enttäuschte ein auf dem gp120-Hüllprotein basierender Impfstoff der Firma VaxGen. Diese Vakzine erzeugte in Phase-II-Studien nicht die geringste protektive Immunität. Seit dieser herben Enttäuschung ist das Konzept hochspezifisch wirkender Antikörper ad acta gelegt.

Die Sachlage ist zusätzlich kompliziert, weil die Abwehrmechanismen, die im Blut die Virusvermehrung verhindern sollen, und solche, die im Genitaltrakt an „vorderster Front" zupacken müssen – sprich eine Infektion verhindern sollen –, ganz andere Komponenten haben.

Schließlich fehlt den Forschern bis heute eine immunologische Flagge – ein zellulärer Marker, an dem man die Schutzwirkung eines Impfstoffs mit einem simplen Testverfahren ablesen kann.

Dieses Manko wiederum macht es schwierig, den Erfolg von Impfstudien am Menschen vorauszusehen, denn eine gute Immunantwort auf eine Vakzine in Vorversuchen bedeutet noch lange nicht, dass der Impfstoff „im Ernstfall" tatsächlich eine Ansteckung verhindert.

Lange Zeit hatten die Forscher gehofft, Studien an sogenannten *long-term-nonprogressors* (LTNP) – Menschen, die mit HIV infiziert sind, aber nicht an AIDS erkranken – würden den idealen immunologischen Marker ausfindig machen.

Ursprünglich schienen cytotoxische T-Lymphocyten ein guter Kandidat: LTNP zeigten häufig eine starke Aktivierung dieses Zelltyps, wohingegen bei Patienten, die an AIDS verstarben, die cytotoxischen T-Lymphocyten „unauffällig" blieben. Neuere Untersuchungen widerlegten diese Vermutung. Sie wiesen dagegen auf eine Korrelation zwischen einer niedrigen Anzahl von Viruskopien pro Mikroliter Blut (der sogenannten **Viruslast**) und polyfunktionalen CD4$^+$ und CD8$^+$ T-Zellen hin (Lymphocyten die gleichzeitig Interleukin-2 und Interferon-γ exprimieren und einen

Oben: Der Autor beim Schnelltest in der Blutbank Guangzhou (China).

Unten: Alle Blutspenden müssen auf HIV und verschiedene Hepatitisformen getestet sein, um sicheres Spenderblut zu gewinnen. Werbung auf einem Blutspende-Bus in China.

Rezeptor für Interleukin-7 aufweisen). Diese T-Lymphocyten gelten als Gedächtniszellen, die nach Kontakt mit Virusantigen eine Palette von Cytokinen freisetzen und damit die Virusvermehrung bremsen.

In der Amsterdam-Kohorten-Studie von 2006 zeigte sich dann allerdings, dass die Präsenz der multifunktionalen Gedächtniszellen weder die Viruslast voraussagte, noch eine negative Korrelation vom Fortschreiten einer symptomlosen Infektion zu AIDS reflektierte.

Kein Impfstoff für jede Gelegenheit

Ausgehend von der Beobachtung, dass Menschen, die mit einem „verkrüppelten" HI-Virus infiziert sind, über lange Zeit (in einem Fall über 17 Jahre) kein AIDS entwickeln, hatte man lange Zeit Hoffnung in eine **abgeschwächte Lebendvakzine** gesetzt. In der Tat schützten Virusvarianten, denen das sogenannte *nef*-**Gen** fehlte (oder andere Genabschnitte, die für die Virusvermehrung notwendig sind), Affen in einem hohen Prozentsatz gegen HIV-1.

Zwischenzeitlich ist klar geworden, dass selbst Varianten, denen drei essenzielle

Genabschnitte fehlen, für die Geimpften eine biologische Zeitbombe darstellen können:

So zeigten **Ruth M. Ruprecht** und ihre Kollegen vom Dana Faber Cancer Institute in Boston, dass auch künstlich veränderte HIV-Varianten Versuchstiere krank machen und letztlich umbringen können. Die abgeschwächte Lebendvakzine ist damit endgültig vom Tisch.

Alle Hoffnungen ruhten deshalb in den vergangenen Jahren auf gentechnisch hergestellten Impfstoffen. Die neue Strategie basiert auf dem Einsatz von **Plasmid-DNA-Vakzinen**, die zusammen mit rekombinanten Vektoren verabreicht werden. Diese Vektoren sind so „getuned", dass sie gleichzeitig mehrere HIV-1-Antigene exprimieren. Solche DNA-Vakzine führen aber nur nach Mehrfachimpfung zu einer messbaren Immunantwort, und auch nur dann, wenn den DNA-Vakzinen spezifische Adjuvanzien (Impfhilfstoffe) beigefügt werden – hier steht die Forschung aber erst am Anfang. Als rekombinante Vektoren bieten sich abgeschwächte Adenoviren oder Orthopoxviren an.

Bislang wurden mehrere DNA-Vakzinkandidaten in *proof-of-concept*-Studien als geeignet identifiziert. Zuletzt wurde ein DNA-Vakzin mit einem Adenovirusvektor, der drei verschiedene HIV-1-Stamm B-Antigene (Gag, Pol, Nef) exprimiert, ausgewählt, um den „Impfstoff-Elchtest", eine randomisierte, kontrollierte Feldstudie mit rund 3000 Probanden, zu bestehen.

Bei einer Zwischenanalyse, der sogenannten **STEP-Studie**, waren die Ergebnisse allerdings so schlecht, dass die Studie vorzeitig abgebrochen wurde. Weder waren geimpfte Personen vor einer HIV-Infektion geschützt, noch zeigte sich bei den trotz Impfung infizierten Personen eine kleinere Viruslast im Blut als bei Kontrollpersonen.

Noch schlimmer: die Häufigkeit einer HIV-Infektion war sogar bei den Empfängern der synthetischen Vakzine höher als bei den nicht geimpften Kontrollen. Die entsetzten Impfstoffforscher vermuten, dass der Adenovirusvektor selbst zu einer schädlichen Aktivierung des Immunsystems geführt und damit die avisierte Schutzwirkung der drei HIV-Antigene quasi ausgehebelt haben könnte.

AIDS-Virus im Blut, umgeben von Y-förmigen Antikörpern

Nach zwei Dekaden Forschung an einem HIV-Vakzin macht sich in vielen Labors Resignation breit.

Die AIDS-Forscher haben deshalb ihre Messlatte für einen wirksamen Impfstoff im Laufe der letzten zehn Jahre stark nach unten korrigiert. So würde ein Vakzin mit einer **Schutzrate von nur 60%** bereits als Erfolg gewertet.

Zum Vergleich: Der Impfstoff gegen das Hepatitis-B-Virus, das ebenfalls durch Blutprodukte und Geschlechtsverkehr übertragen wird, wirkt in nahezu 100% der Fälle.

Den HIV-Impfstoff für „alle Gelegenheiten" wird es in den nächsten 20 Jahren nicht geben. Eher denkbar ist eine Palette von Impfstoffen, die auf die Bedürfnisse unterschiedlicher Risikogruppen maßgeschneidert sind: beispielsweise für nicht infizierte Homosexuelle, für Jugendliche in Entwicklungsländern oder für HIV-Träger im Sinne eines Antikrankheitsvakzins – ein Impfstoff, der zwar eine Ansteckung nicht verhindert, aber das Immunsystem so weit stärkt, dass es den Erreger in Schach halten kann, ohne dass die Krankheit ausbricht.

Die tatsächliche Effizienz eines Impfstoffkandidaten und schwerwiegende, aber selten auftretende Nebenwirkungen lassen sich erst dann exakt quantifizieren, wenn mehrere 10 000 Personen in unterschiedlichen Endemiegebieten geimpft worden sind. Dies wiederum bedeutet, dass zahlreiche große, multizentrische Impfstudien geplant, genehmigt, realisiert und ausgewertet werden müssen. Deshalb besteht Konsensus, dass vermutlich noch zwei weitere Dekaden ins Land gehen werden, bis ein wirklich zuverlässiges und nebenwirkungsfreies HIV-Vakzin zur Verfügung steht.

Selbst wenn sich die biomedizinischen Probleme schneller als erwartet in den Griff bekommen lassen, gibt es Hürden, die sich auch durch immer neue immunologische Tricks in High-Tech-Labors nicht aus dem Weg räumen lassen: Um die Studiendauer möglichst kurz zu halten sowie aus statistischen und Kostengründen, müssen Impfstudien sinnvollerweise dort durchgeführt werden, wo sich besonders viele Menschen pro Zeiteinheit infizieren – also in Afrika südlich der Sahara.

Dies wirft aber ethische Fragen auf, die bis jetzt nicht ausreichend beantwortet werden können. Beispielsweise das Problem, wie man einfachen Menschen ohne Bildung das Prinzip und die Risiken einer Doppelblindstudie erklärt (bei der weder Arzt noch Patient wissen, wer den Impfstoff und wer das Placebo erhält).

Und nach dem Fiasko der STEP-Studie verlangen die Gesundheitsbehörden der Entwicklungsländer einen klaren Nachweis, dass ein neues Vakzin nicht schadet – wenn es schon nichts nützt.

Prof. Dr. Hermann Feldmeier lehrt Tropenmedizin an der Charité – Universitätsmedizin Berlin.

Box 5.7 Wie man Antikörper gewinnt

Seit den Arbeiten von **Behring** und **Kitasato** um 1890 weiß man, dass spezifische Bindemoleküle aus dem Blut gewonnen werden können.

Die klassische Methode ist die **Immunisierung** von Versuchstieren mit einem Antigen. Nach wiederholter erfolgreicher Immunisierung kann man Antikörper aus dem Serum der Tiere gewinnen. Die in Abb. 5.28 gezeigte Ziege aus Shanghai wurde mit hochgereinigtem Eiweiß aus menschlichem Herzmuskel (dem h-FABP, *heart Fatty Acid-Binding Protein*) immunisiert. Am Ende wurden aus ihrem Blut die Antikörper gegen h-FABP gewonnen. Diese sind ein Gemisch und binden an verschiedenen Stellen der Antigenoberfläche (**Epitope**) mit verschiedener Stärke (Affinität). Da jeder Antikörper von bestimmter Spezifität immer von einem eigenen B-Lymphocyten-Klon im Blut gebildet wird und die Immunantwort auf der Verviel-

fältigung mehrerer verschiedener Zellklone beruht, nennt man sie **polyklonale Antikörper**.

Mitte: Die von **Köhler** und **Milstein** entwickelte Methode nutzt die **Hybridom-Technik**. Zuerst wird ebenfalls ein Versuchstier (meist eine Maus) immunisiert. Die Maus bildet Antikörper gegen das Antigen in der Milz, die dann im Blut und der Lymphe kursieren. Da es sich um eine Vielzahl von Antikörpern gegen verschiedene Epitope des Antigens aus verschiedenen Zellklonen handelt, erhält man polyklonale Antikörper. Das Ziel war aber, „einheitliche", homogene Antikörper, die nur gegen ein einziges Epitop gerichtet sind, in größeren Mengen zu bekommen.

Antikörper werden dafür nicht aus dem Blut gewonnen, sondern vielmehr entnimmt man die Milz der immunisierten Maus und isoliert die darin zahlreich vorhandenen B-Lymphocyten. Eigentlich entstehen B-Lymphocyten im Knochenmark aus Stammzellen. In der Milz oder den Lymphknoten werden vorhan-

dene B-Lymphocyten antigenspezifisch klonal vermehrt bzw. zu Plasmazellen oder Gedächtniszellen differenziert. Jeder B-Lymphocyt produziert nur „seinen" Antikörper mit einer ganz eigenen Spezifität.

Man fusioniert nun im Reagenzglas B-Lymphocyten mit Myelomzellen (Tumorzellen, die gut in Zellkultur wachsen) und erhält Hybridomzellen. Die Abkömmlinge einer Zelle, eines Klons, produzieren dann alle uniforme Antikörper: **monoklonale Antikörper**.

Nach Selektion findet man Klone mit der Unsterblichkeit der Krebszellen und der Antikörperproduktion der B-Lymphocyten. Man kann sie in prinzipiell unbegrenzter Menge produzieren. Die Auswahl (Screening) ist jedoch aufwendig. Tausende von Klonen müssen unter sterilen Bedingungen getrennt kultiviert und getestet werden.

Rekombinante Antikörper sind ein dritter Weg. Dabei werden Antikörper nicht mehr in Versuchstieren (*in vivo*) produziert, sondern in Bakterien- oder Zellkulturen (*in vitro*).

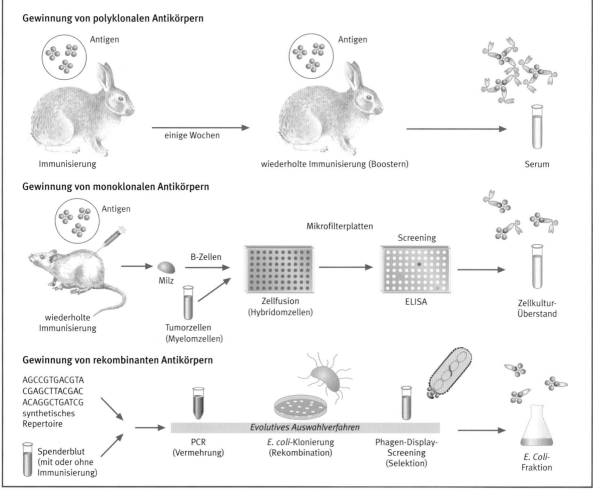

Gewinnung von polyklonalen Antikörpern

Antigen · Antigen

einige Wochen

Immunisierung · wiederholte Immunisierung (Boostern) · Serum

Gewinnung von monoklonalen Antikörpern

Antigen

Mikrofilterplatten

Screening

B-Zellen

wiederholte Immunisierung · Milz · Tumorzellen (Myelomzellen) · Zellfusion (Hybridomzellen) · ELISA · Zellkultur-Überstand

Gewinnung von rekombinanten Antikörpern

AGCCGTGACGTA
CGAGCTTACGAC
ACAGGCTGATCG
synthetisches
Repertoire

Spenderblut (mit oder ohne Immunisierung)

Evolutives Auswahlverfahren

PCR (Vermehrung) · *E. coli*-Klonierung (Rekombination) · Phagen-Display-Screening (Selektion) · *E. Coli-*Fraktion

Cholera-Impfung liegt bei ungefähr 90 %. Erwachsene und Kinder ab sechs Jahren erhalten zwei Impfdosen im Abstand von mindestens einer und maximal sechs Wochen. Der Impfschutz beginnt acht Tage nach der Impfung und besteht ungefähr zwei Jahre.

Attenuierte Erreger (abgeschwächte Erreger) verwendet man bei Röteln und Masern. Leider gab es eine Reihe von Impfunfällen, wenn die Erreger nicht vollständig abgetötet oder geschwächt worden waren. Seit 1985 existieren verschiedene **gentechnische Impfstoffe** für Mensch und Tier, zum Beispiel gegen die Maul- und Klauenseuche bei Rindern. Seit 1986 ist – zuerst in den USA – ein gentechnisch hergestellter Impfstoff für Menschen zugelassen: Er schützt gegen Hepatitis B.

Das **Hepatitis-B-Virus** (**HBV**) ist ein DNA-Virus. Mit etwa 350 Millionen chronisch infizierten Menschen gehört Hepatitis B neben der Tuberkulose und der HIV-Infektion zu den häufigsten Infektionskrankheiten der Welt. Bis zu 25 % der Erkrankten sterben an den Folgekrankheiten des HBV (Leberzirrhose, Leberkarzinom). Dieses Virus kommt endemisch in Südostasien und im tropischen Afrika vor. Dank der Impfkampagnen ist das Vorkommen in Nord- und Westeuropa und den USA auf unter 0,1 % der chronischen Virusträger gesunken.

Die konventionelle Hepatitis-B-Impfstoffproduktion stieß auf große Probleme: Im Gegensatz zu den meisten Mikroorganismen lassen sich die **Hepatitis-B-Viren weder in Nährmedien noch in tierischen Embryonen züchten** (zum Beispiel in bebrüteten Hühnereiern). Die Impfstoffe mussten deshalb aus Eiweißen der Virushüllen, die eine Immunantwort hervorrufen, den Oberflächenantigenen, aus dem Blut infizierter Träger der Krankheit gewonnen werden. Dabei werden die Viren meist zerstört und Hüllproteine durch oberflächenaktive Stoffe (Detergenzien) abgelöst und dann gereinigt. Sie dienen als Impfstoff, lösen also eine Immunantwort aus.

Das infektiöse Blut ist natürlich gefährlich für die Personen, die mit ihm umgehen müssen. Die Mitarbeiter werden daher immunisiert, also geimpft. Die Arbeit findet in isolierten, gesicherten Laboratorien statt. Dazu kommt, dass jede Charge dieses Impfstoffes an Schimpansen (sie stehen aus ethischen Gründen nur begrenzt zur Verfügung) getestet werden musste, um eine Verunreinigung mit lebenden Viren auszuschließen.

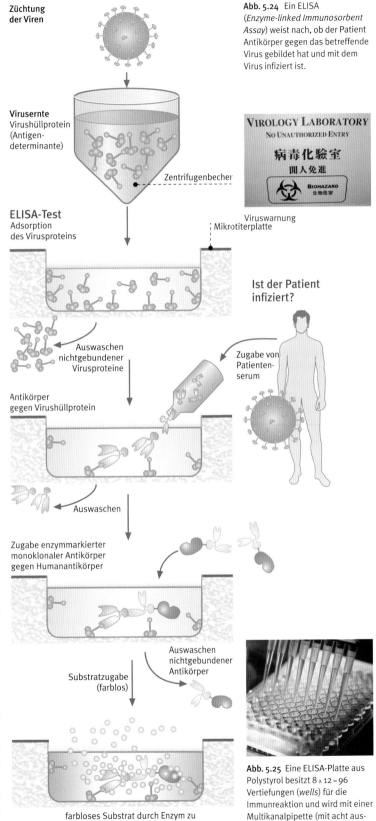

Züchtung der Viren

Virusernte
Virushüllprotein (Antigendeterminante)

Zentrifugenbecher

ELISA-Test
Adsorption des Virusproteins

Mikrotiterplatte

Auswaschen nichtgebundener Virusproteine

Antikörper gegen Virushüllprotein

Zugabe von Patientenserum

Auswaschen

Zugabe enzymmarkierter monoklonaler Antikörper gegen Humanantikörper

Auswaschen nichtgebundener Antikörper

Substratzugabe (farblos)

farbloses Substrat durch Enzym zu blauem Produkt umgesetzt

Testergebnis: viruspositiv!

Ist der Patient infiziert?

Abb. 5.24 Ein ELISA (*Enzyme-linked Immunosorbent Assay*) weist nach, ob der Patient Antikörper gegen das betreffende Virus gebildet hat und mit dem Virus infiziert ist.

VIROLOGY LABORATORY
NO UNAUTHORIZED ENTRY
病毒化驗室
閒人免進
BIOHAZARD
生物危害

Viruswarnung

Abb. 5.25 Eine ELISA-Platte aus Polystyrol besitzt 8 × 12 = 96 Vertiefungen (*wells*) für die Immunreaktion und wird mit einer Multikanalpipette (mit acht auswechselbaren Plastik-Pipettenspitzen) befüllt.

Box 5.8 Biotech-Historie: Monoklonale Antikörper

Georges Köhler (1946-1995) studierte in Freiburg. Nach Studium und Promotion am Institut für Immunologie in Basel ging er 1974 für einen zweijährigen Gastaufenthalt an das von **César Milstein** (1927-2002) geleitete Labor nach Cambridge.

Normale Lymphocyten konnte man in Zellkulturen leider nicht vermehren und daher auch nicht als Antikörperlieferanten halten. Doch in Milsteins Labor gelang es, **Myelomzellen** aus Mäusen in Kultur zu halten. Das sind entartete Abkömmlinge von Lymphocyten, die sich als Krebszellen unbeschränkt halten und vermehren lassen, und dabei nach wie vor die Fähigkeit besitzen, Antikörper zu produzieren. Was passiert, wenn man beide mit List und Tücke „verheiratet"? Ließ sich eine solche Zellfusion auch mit einer Myelomzelle und einem normalen Lymphocyten bekannter Spezifität durchführen? Würde die Tochterzelle dann neben Myelomantikörpern unbekannter Spezifität auch Antikörper der bekannten Spezifität des Lymphocyten liefern? Zu diesem Experiment verwendete Köhler Schaf-Erythrocyten (rote Blutzellen) als Antigen und injizierte sie einer Maus. Nachdem im Tierkörper die dadurch ausgelöste Immunreaktion angelaufen war, entnahm er die Milz. In der Milz werden Lymphocyten gebildet; sie liegen dort in großer Zahl vor. Dem zerkleinerten Milzgewebe setzte er Kulturen von Myelomzellen zu, gemeinsam mit der chemischen Substanz für die Zellfusion (Polyethylenglykol). Er hoffte, dass dabei Zellmischlinge mit der gewünschten Eigenschaft zustande kämen.

Tatsächlich trug dieser „zelluläre Heiratsmarkt" die erhofften sensationellen Früchte. Mithilfe von Schaf-Erythrocyten, die nun als Testantigen dienten, identifizierte Georges Köhler eine größere Anzahl von Hybridzellen. Sie produzierten Antikörper gegen die als fremd erkannten Erythrocyten. Solche Zellen ließen sich jeweils einzeln in Kultur züchten und vermehren. Sie hatten die Unsterblichkeit der Myelomzellen geerbt, und gleichzeitig lieferten sie Antikörper mit der bekannten Spezifität des Lymphocyten, ihrer anderen Elternzelle. Sie werden **Hybridomzellen** genannt.

Nach der Nobelpreis-Verleihung wurde Georges Köhler in einem Interview gefragt, warum er und Milstein ihre Methode nicht patentieren ließen, sie könnten bei den Milliardenumsätzen mit den monoklonalen Antikörpern längst Millionäre sein. Köhler: »Herr Milstein hat die zuständigen Leute beim Medical Research Council darüber informiert, dass wir etwas gefunden hatten, was man patentieren könne. Daraufhin kam aber keine Antwort. Da war es uns auch egal, und wir haben unsere Methode veröffentlicht.

Georges Köhler

César Milstein

Wir sind Wissenschaftler und keine Geschäftsleute. Wissenschaftler sollten sich nichts patentieren lassen. Wir haben damals nicht lange hin und her überlegt, unsere Entscheidung kam spontan – sozusagen aus dem Herzen. Ich hätte mich mit Geld beschäftigen müssen, ich hätte mich mit Lizenzverhandlungen beschäftigen müssen. Ich wäre dadurch ein ganz anderer Mensch geworden. Das wäre für mich nicht gut gewesen.«

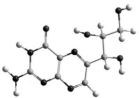

Abb. 5.26 Prof. Dietmar Fuchs (Medizinische Universität Innsbruck), der führende Fachmann für Neopterin (unten). Dieses Signalmolekül wird von den Makrophagen nach aktivem Virusbefall gebildet.

Die Produktion eines solchen Impfstoffes dauert fast ein Jahr. Fazit: Ein natürlicher Impfstoff stand in begrenzter Menge, also nur für Risikogruppen, zur Verfügung. Der neue **biotechnologische Impfstoff gegen Hepatitis B** wird nun von gentechnisch manipulierten Hefen (also Eukaryoten) oder Säugerzellen produziert. Er basiert auf einem Oberflächenprotein dieses Virus.

Ein *E. coli*-Impfstoff war nicht so effektiv. Manipulierte Bakterienzellen können nicht alle Modifikationen am Protein, insbesondere Glykosylierungen, ausführen (siehe Ende Kap. 3). Eigentlich sind DNA-Vakzine „Abfallprodukte" der Genforschung.

Man hatte DNA-Transferexperimente durchgeführt und festgestellt, dass die produzierten Proteine oft Allergien (also Abwehrreaktionen) hervorriefen. Wie aber konnte man aus der Not eine Tugend machen, nachdem man herausgefunden hatte, welche Oberflächenantigene das menschliche Immunsystem zur Immunreaktion bringen? Da diese Antigene Proteine sind, können sie durch Isolierung des entsprechenden Gens aus dem Viruserbgut und Einschleusung in harmlose Mikroorganismen (wie Bäckerhefe) oder in Säugerzellen in großen Mengen hergestellt werden. Dabei besteht niemals die Gefahr einer Verseuchung des Impfstoffes durch Viren.

Die größte Impfaktion in Deutschland sollte Ende Oktober 2009 starten, nachdem das Schweinegrippe-Virus ausgebrochen war. Zur breiten Anwendung der Impfstoffe Pandemrix und Celvapan lagen keine Angaben vor, zudem waren die Menschen abwartend und skeptisch gegenüber Massenimpfungen.

Nach Ablauf der Haltbarkeit mussten Ende 2011 16 Millionen Dosen Pandemrix im Wert von 130 Millionen Euro bei 1000 Grad verbrannt werden; einer der größten Flops der deutschen Gesundheitsgeschichte.

5.7 Lebendimpfstoffe

Die Begründung der jährlichen traditionellen Fuchshatz in England ist nun auch wissenschaftlich obsolet geworden. Das britische Parlament hatte die Fuchsjagd ab Februar 2005 verboten. Reinecke Fuchs, das Symboltier der deutschen Fabeln, wurde bislang gnadenlos gejagt, weniger als Gänsedieb, sondern vielmehr als **Tollwutüberträger**.

In Europas Wäldern werden Füchse nun biotechnologisch geschützt, indem man Köder mit **Lebendvakzinen** präpariert. Für Lebendimpfstoffe verwendet man harmlose Viren, z. B. das Kuhpockenvirus (lat. *vacca*, Kuh), das seit Jenner zur Pockenimpfung eingesetzt wird. Das Virus dient hierbei lediglich als Vektor, als Transportmittel für Fremdgene. Seine Nucleinsäure ist eine lineare doppelsträngige DNA mit 180 000 Basenpaaren.

1982 konnte gezeigt werden, dass wenigstens zwei größere Abschnitte der DNA für die Vermehrung nicht erforderlich sind. Diese kann man daher mit Fremd-DNA erweitern bzw. ganz oder teilweise ersetzen. Gene, die für **Hüllproteine mit antigener Wirkung** codieren, werden also so stabil in das genetische Material des Virus eingebaut, dass das Virus nicht in seiner Fähigkeit zum Befall von Säugerzellen eingeschränkt ist. Bis zu 20 Fremdgene kann man gleichzeitig einschleusen. Wenn sie mit einem Promotorgen (als „Anschalter") gekoppelt sind, werden sie von der Säugerzelle zusammen mit den Genen des Vacciniavirus exprimiert, das heißt in Proteine umgesetzt (Abb. 5.17). Gelungen ist das schon in Tierversuchen für Oberflächenantigene des Hepatitis-B-Virus, des Tollwutvirus, des *Herpes-simplex*-Virus und auch des Grippevirus.

Für die **HIV-Vakzine** (Box 5.6) begannen Anfang 2005 die klinischen Phase-II-Tests zum sogenannten trivalenten Vakzin „MRKAd5 HIV-1 gag/ pol/nef". Es basiert auf einem modifizierten Schnupfenvirus (Adenovirus), das so verändert wurde, dass es keine Erkältung mehr auslöst, aber als Vektor der drei synthetisch produzierten HIV-Gene dient. Die gebildeten HIV-Proteine sind absolut ungefährlich und lösen eine Immunreaktion im Organismus aus.

„**Essbare Vakzine**" werden kontrovers diskutiert. In Kapitel 7 sehen wir, wie transgene Pflanzen geschaffen werden. Speziell gekennzeichnete Bananen oder Kartoffeln (zum Beispiel blau gefärbt, Abb. 7.55) könnten wie bei einer

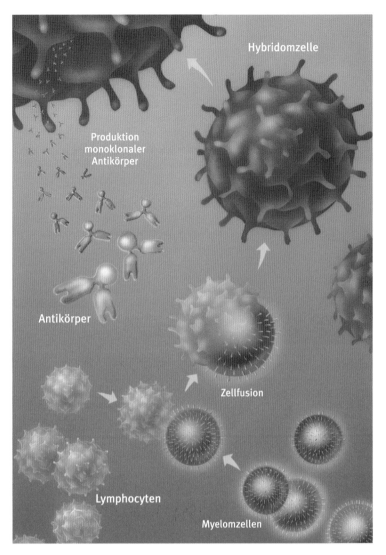

Schluckimpfung den Impfstoff über den Magen-Darm-Trakt in den Körper schleusen.

5.8 Monoklonale Antikörper: hochspezifische und einheitliche Zauberkugeln aus dem Bioreaktor

Am 7. August 1975 erschien eine bahnbrechende Arbeit. **César Milstein** (1927–2002, Box 5.8) von der Universität Cambridge, gebürtiger Argentinier, der vor der Militärdiktatur aus seiner Heimat geflüchtet war, und **Georges Köhler** (1946–1995) aus Deutschland beschrieben in ihrer Veröffentlichung ein Verfahren, mit dem sich „**monoklonale Antikörper**" erzeugen lassen – das heißt Abwehrmoleküle einer einheitlichen Struktur und Spezifität. Für die biochemische Analytik und die medizinische Diagnostik brach

Abb. 5.27 Wie Hybridomzellen für monoklonale Antikörper gewonnen werden: Lymphocyten aus der Milz einer Maus werden isoliert und durch Zellfusionstechniken (z. B. Polyethylenglykol oder Elektrofusion) mit Myelomzellen (krebsig entarteten Zellen des Immunsystems) zu Hybridzellen (Hybridomzellen) verschmolzen, die in sich die Antikörper produzierende Fähigkeit der Lymphocyten und die Unsterblichkeit der Krebszellen vereinen.

Die Hybridomzellen wachsen in Nährmedien zu Kolonien gleichartiger Zellen (Klonen) heran, die alle die gleichen (monoklonalen) Antikörper synthetisieren und ins Medium abgeben.

Abb. 5.28 Polyklonale Antikörper gewinnt man mit Kaninchen (oben) und in größeren Mengen mit Ziegen (hier eine Ziege in Shanghai), die durch Injektion entsprechender Antigene zur Antikörperproduktion gebracht werden.

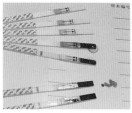

Abb. 5.29 Gedränge in der Aufnahme der Blutbank Guangzhou in China. Spender werden mit Schnelltests auf Syphilis und Hepatitis vorgetestet. Infizierte werden so schnell herausgefunden und von der Spende ausgeschlossen. Auf die Privatsphäre wird hier nicht geachtet.

damit eine neue Ära an. 1984 erhielten die beiden Wissenschaftler für ihre Leistung den Nobelpreis für Physiologie oder Medizin.

Die revolutionäre Bedeutung dieses Verfahrens: Nach dem von ihnen gefundenen Prinzip – Immunisierung eines Tieres, Gewinnung von Milzgewebe, Mischkultur aus Myelom- und Milzzellen, Fusion, anschließende Selektion und Züchtung von Hybridomzellen (Box 5.7) – lassen sich monoklonale Antikörper jeder gewünschten Spezifität isolieren, gezielt und in großen Mengen.

Die einzigartige Fähigkeit des Immunsystems, bestimmte Strukturen gezielt und mit höchster Empfindlichkeit – nämlich molekülweise – zu erkennen, kann nun durch den Menschen genutzt werden.

Die in der Wolfsschlucht gegossenen Zauberkugeln des Jägerburschen Max suchten unbeirrbar selbst ihr Ziel, zumindest im „Freischütz" von Carl Maria von Weber (Abb. 5.31).

Auch **Paul Ehrlich** (1845-1915) suchte nach ihnen: *Magic bullets*, Zauberkugeln, sind die monoklonalen Antikörper für die Medizin heute. In der Diagnostik haben sich die monoklonalen Antikörper schon heute weite Bereiche erobert.

Nehmen wir als Beispiel eine Viruserkrankung. Der Körper bildet Antikörper als Reaktion auf den Virusbefall. Hat man monoklonale Antikörper gegen dieses betreffende Virus, so kann man in Körperflüssigkeiten des Patienten nachweisen, dass der Patient infiziert ist (Kap. 10, **ELISA-Test für Viren**). Derartige Tests sind bereits Routine bei HIV und Hepatitis (Abb. 5.24 und 5.25).

Oft wird jedoch nicht das Virus selbst nachgewiesen, dazu sind die Tests meist nicht empfindlich genug, sondern nur, ob der Patient Antikörper gebildet hat. Der Nachteil: Die Anti-Virus-Antikörper werden erst nach Wochen in nachweisbaren Mengen produziert. Wenn also jemand eine frische HIV-Infektion hat, so lässt sich das über Antikörper im Blut noch nicht nachweisen.

Bei der SARS-Epidemie in Hongkong hatte man sogar mit der **Polymerase-Kettenreaktion** (PCR, siehe Kap. 10) Probleme, das Virus schnell und sicher nachzuweisen. Dazu kam, dass die PCR-Methode so empfindlich ist, dass Nucleinsäureverunreinigungen selbst aus der Laborluft mit verstärkt wurden. Gesunde Patienten wurden fälschlich („falsch positiv") als SARS-Fälle identifiziert und infizierten sich dann tragischerweise im Hospital tatsächlich mit SARS.

Was für Viren funktioniert, gilt auch für andere Arten von Krankheitserregern – mehr noch: auch für krankhaft veränderte Oberflächenstrukturen körpereigener Zellen. Bei bestimmten **Krebsarten** zum Beispiel treten ganz spezielle Proteinstrukturen auf den betreffenden Tumorzellen auf. Diese helfen im Regelfall dem Immunsystem, einen Tumor zu erkennen. Auch gegen diese sogenannten **Tumormarker** lassen sich monoklonale Antikörper herstellen. Wurde ein derartiger Tumor diagnostiziert, so lassen sich seine Größe und Lage im Körper mithilfe von monoklonalen Antikörpern genau bestimmen. Diese können die Therapiemöglichkeiten – zum Beispiel operative Entfernung oder Bestrahlung des Tumors – beträchtlich verbessern.

Das Aufspüren von Krebs läuft folgendermaßen ab: Der monoklonale Antikörper wird im Reagenzglas durch chemische Reaktion **mit einer radioaktiven Substanz „markiert"** und in die Blutbahn des Patienten injiziert.

Die Antikörper verteilen sich zunächst im ganzen Körper. Antikörpermoleküle, die auf den Tumor treffen, heften sich stabil an ihn. Somit konzentriert sich nach einiger Zeit die Radioaktivität am Tumor. Um die Strahlenbelastung des Patienten niedrig zu halten, verwendet man natürlich nur eine geringe Dosis Radioaktivität. Trotzdem lässt sich mit empfindlichen Messmethoden die Quelle der Radioaktivität im Körper des Patienten exakt orten. Diese gibt dem Arzt genaue Daten über Größe und Position des Tumors in die Hand.

Das prinzipielle Handwerkszeug für eine Tumortherapie liegt heute auf der Basis monoklonaler Antikörper bereit. Alles in allem zielt die Technik darauf ab, ein **Hauptproblem heutiger Chemotherapie** zu beheben oder zu verringern: Die Wirkung auch der besten Medikamente mit ihrer notwendig hohen Giftigkeit zielt noch immer nicht nur auf Krebszellen – unerwünschte Nebenwirkungen sind daher unvermeidlich. In dieser Situation könnten mit Zellgiften gekoppelte monoklonale Antikörper die Rolle von therapeutischen Zauberkugeln spielen, die selbstständig und zielsicher ihren Wirkungsort erreichen. Der erste große Erfolg wurde mit dem **monoklonalen Rituximab gegen das Non-Hodgkin-Lymphom** erzielt (siehe Abschnitt 5.14). Dieser Antikörper ist gentechnisch hergestellt worden.

Nach 100 Jahren scheint ein Traum des großen Mediziners **Paul Ehrlich** (Abb. 5.43) in Erfüllung zu gehen. Er war es, der die Wirkungsweise von Antikörpern (die er „Rezeptoren" oder „Seitenketten" nannte) mit derjenigen von Zauberkugeln verglich. Paul Ehrlich hoffte, dieses Prinzip irgendwann einmal zur Grundlage einer völlig neuen Generation von hochselektiven Medikamenten machen zu können.

Weitere faszinierende Entwicklungen bahnen sich an. Es ist bereits gelungen, **bispezifische Antikörper** zu produzieren, bei denen jede der beiden Bindungsstellen ein verschiedenes Antigen bindet. Man „bastelt" auch an Antikörpern, die Teile aus verschiedenen Lebewesen enthalten (zum Beispiel „humanisierte" Antikörper, siehe weiter unten). Völlig neue Perspektiven eröffnen Antikörper mit enzymatischer Aktivität: **katalytische Antikörper** oder **Abzyme**. Sie vereinen die schier unendlich variierbare Selektivität von Antikörpern mit der katalytischen Kraft von Enzymen.

■ 5.9 Katalytische Antikörper

Können Antikörper auch als Enzyme dienen? Da sowohl Antikörper als auch Enzyme Moleküle auf ähnliche Weise (Schlüssel-Schloss-Prinzip bzw. induzierte Passform, Kap. 2) binden, kamen **Richard Lerner** (geb. 1938) und seine Mitarbeiter an der Scripps Clinic in Kalifornien auf die Idee, Antikörper mit katalytischen Eigenschaften zu konstruieren.

Enzyme erniedrigen die benötigte Aktivierungsenergie, indem sie nicht die Substrate selbst am stärksten binden, sondern einen **Übergangszustand** des Substrats (Kap. 2). Der Übergangszustand (engl. *transition state*) wird dadurch stabilisiert, und im Ergebnis wird weniger Energie gebraucht, um ihn zu bilden; die Einstellung des Reaktionsgleichgewichts lässt sich oft um Milliarden Male beschleunigen.

Die Idee war nun: Wenn man einen **Antikörper gegen Übergangszustände von Stoffen** entwickeln könnte, müsste dieser Antikörper auch die entsprechende Reaktion katalysieren. Um aber Antikörper zu bilden, benötigt man Antigene, die in einem Versuchstier eine Immunantwort hervorrufen. Der Übergangszustand eines Substrats ist aber so instabil, dass er in freier Form praktisch nicht existiert und sich somit keine Antikörper gegen ihn im Versuchstier erzeugen lassen. Der Ausweg: Es wurden **auf chemischem Weg Modelle** zusammengebaut, die chemisch und räumlich dem echten Übergangs-

gewünschte chemische Reaktion:

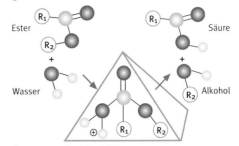

Übergangszustand (instabil)

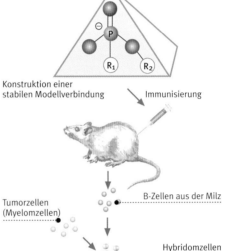

Konstruktion einer stabilen Modellverbindung — Immunisierung

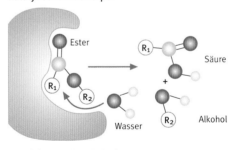

katalytischer Antikörper

wandelt Ester katalytisch um

zustand eines Substrats täuschend ähneln, aber stabil sind (Abb. 5.30).

Ein Beispiel: Bei der **Ester-Hydrolyse** (Spaltung durch Wassereinbau in Ester) läuft die Reaktion des planaren Estermoleküls (Atome liegen in einer Ebene) über einen Übergangszustand mit tetraedraler Anordnung der Atome (Atome in den Ecken eines Tetraeders platziert) zum erneut planaren Produkt (Säure und Alkohol). Der Ester ist elektrisch neutral, der Übergangszustand dagegen durch positive und negative Ladungen polarisiert.

Abb. 5.30 Wie katalytische Antikörper hergestellt werden; hier katalytische Antikörper für die Ester-Hydrolyse (links, Schema). Unten: Die chemische Diels-Alder-Reaktion kann nicht von natürlichen Enzymen katalysiert werden, obwohl sie zentrale Bedeutung für die Synthesechemie hat. Die beiden Ausgangsstoffe formieren einen instabilen Zwischenkomplex (in Rot gezeigt), der dann zu Schwefeldioxid und dem Endprodukt zerfällt. Enzyme agieren, indem sie den Zwischenzustand stabilisieren. Um einen Antikörper in ein Enzym zu verwandeln, muss man versuchen, den Zwischenzustand der Produkte chemisch zu stabilisieren, ihn imitieren.

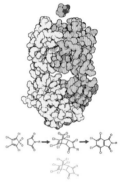

Die grüne Verbindung ist solch ein stabiles Imitat. Das Imitat wird dann Mäusen injiziert, und man bekommt dagegen Antikörper. Diese Antikörper verhalten sich katalytisch, das heißt, sie wandeln tatsächlich die Ausgangsprodukte um, wenn auch noch längst nicht mit der Effektivität „echter" Enzyme. Hier sind nur die beiden „Hände" des Antikörpers (in Draufsicht) gezeigt.

Abb. 5.31 Der Teufel Samiel im „Freischütz" hätte heutzutage als Zauberkugeln Monoklonale verteilt.

Box 5.9 Expertenmeinung:
Frances S. Ligler: Mit Antikörpern tödliche Substanzen aufspüren

Im September und Oktober 2001 traten in den USA mehrere Erkrankungsfälle von Milzbrand auf, die Anlass gaben, die Bioverteidigung und Biosicherheit neu zu überdenken. Bis dahin hatte man sich nur mit einer eingeschränkteren Definition von Biosicherheit beschäftigt, die sich lediglich auf unbeabsichtigte Auswirkungen oder Unfälle bei landwirtschaftlichen oder medizinischen Technologien konzentrierte. Inzwischen hat das Center for Disease Control (CDC) eine Prioritätenliste von **biologischen Kampfstoffen** erstellt und kategorisiert. Agenzien der Kategorie A sind biologische Substanzen, die eine große Bedrohung für die Gesundheit der Bevölkerung darstellen und sich außerdem auch schnell und in großem Umfang ausbreiten. Zu den Substanzen der Kategorie A zählen (in Klammern jeweils die Erreger): Milzbrand oder Anthrax (das Bakterium *Bacillus anthracis*), Pocken (Vacciniaviren), Pest (das Bakterium *Yersinia pestis*), Botulismus (*Clostridium botulinum*), Tularämie oder Hasenpest (das Bakterium *Francisella tularensis*) und virales hämorrhagisches Fieber (Ebola- und Marburg-Viren).

Der menschliche Körper hat elegante Methoden entwickelt, um gefährliche Moleküle und Pathogene zu identifizieren. Zu den bekanntesten und am besten erforschten dieser Schutzmechanismen gehören die Antikörper. Eine faszinierende Eigenschaften von Antikörpern ist, dass sie so hergestellt werden können, dass sie die meisten Moleküle an ihrer Form erkennen; diese Erkennung erfolgt auf höchst spezifische Weise. Im Gegensatz zu Enzymen wandeln Antikörper das gebundene Molekül (Antigen) jedoch nicht in ein Produkt um.

Wie erzeugt man ein Signal?

Um ein **Signal** aus einer Antikörper-Antigen-Reaktion zu erhalten, benötigt man einen **Marker**, außerdem einen **Sensor**, um das erhaltene Signal zu erkennen und zu messen.

Bereits heute sind ELISAs und Immun-Teststreifen (*immunodipsticks*) auf dem Markt: Schwangerschaftstests verwenden kolloidales Gold als Marker für einen Detektions-Antikörper, um humanes Choriongonadotropin (hCG) nachzuweisen. Diese Tests sind ein-

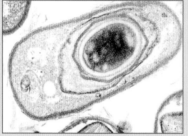

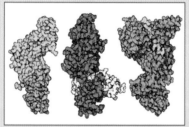

In jüngster Zeit hat sich Milzbrand (Anthrax) als ernst zu nehmende Bedrohung im Zuge des Bioterrorismus erwiesen. Es ist eine sehr effektive Waffe, weil die Erreger robuste Sporen ausbilden, die jahrelang überdauern und nach dem Einatmen rasch eine tödliche Infektion auslösen. Milzbrand wird durch das ungewöhnlich große Bakterium *Bacillus anthracis* hervorgerufen. Haben sich die Sporen erst einmal auf der Haut oder in der Lunge angesiedelt, beginnen sie sehr schnell zu wachsen und produzieren ein tödliches Toxin aus drei Komponenten. Dieses ist beängstigend wirkungsvoll und auf maximale Sterblichkeit ausgelegt.
Die Toxinkomponenten erfüllen zwei Funktionen: Eine Komponente sorgt für die Bindung an die Zellen, die andere ist ein toxisches Enzym, das die Zelle schnell abtötet. Die für die Bindung zuständige Untereinheit des Anthrax-Toxins wird wegen ihrer Verwendung in Anthrax-Impfstoffen als protektives Antigen (PA) oder „Schutzantigen" bezeichnet (links abgebildet). Sie führt die beiden anderen toxischen Komponenten mit sich, den Ödemfaktor (EF) und den Letalfaktor (LF; Mitte und rechts), die die Zelle angreifen.

malig zu gebrauchende Wegwerftests, die nur bei Bedarf durchgeführt werden.

Wie soll man jedoch kontinuierlich die Umgebung überwachen, z. B. als Schutz vor terroristischen Angriffen mit Biowaffen? Frühe, auf Antikörpern basierende Nachweise in den Jahren 1975 bis 1985 beruhten auf zwei wesentlichen Voraussetzungen:

Erstens, dass *Antikörper mit optischen und elektronischen Geräten erkannt werden können,* die ein direktes und genaueres Ablesen der Antigenbindung ermöglichen als das menschliche Auge.

Zweitens, dass Antikörper ihr Ziel-Antigen binden können, nachdem man sie zuvor *auf einer Sensoroberfläche fixiert* hat, statt in einer Lösung eine Nachweisreaktion hervorzurufen.

Die Fortschritte bei Dioden-Lasern, Leuchtdioden (LEDs), Photodioden, Kameras mit CCD- und CMOS-Sensoren und anderen kleinen billigen optischen und elektronischen Komponenten brachte die Entwicklung der **Sensor-Hardware** ein großes Stück voran. Noch vor der Entwicklung entsprechender Geräte musste jedoch das Problem gelöst werden, *die Antikörper nach der Immobilisierung funktionsfähig zu erhalten.* An diesem Punkt leistete mein Labor Ende der 1980er-Jahre erstmals einen größeren Beitrag zu diesem Forschungsgebiet.

Wie hält man Antikörper funktionsfähig?

Intakte IgG-Antikörper sind Y-förmige Moleküle mit Bindungsstellen an den Enden der beiden Arme des Y. Deswegen dachte man, die Immobilisierung am besten erreichen zu können, indem man *den Fuß des Y an die Sensoroberfläche bindet,* damit die beiden Arme frei in der Lösung schwingen können.

Anfangs versuchte man dies auf zweierlei Weise zu bewerkstelligen: Entweder machte man sich die Kohlenhydratseitenketten in der Fc (der „Fußregion") des Y zunutze oder man spaltete das Y (mit Enzymen wie Papain), um eine freie Thiol (–SH)-Gruppe für die Anheftung zu erhalten. Mit diesen Ansätzen ließen sich zwar einige Erfolge erzielen, sie berücksichtigten jedoch nicht die beiden wesentlichsten Probleme bei der Erhaltung der Antigen-Bindefähigkeit der immobilisierten Antikörper: den **„Spiegelei"-Effekt** und den **„Gulliver"-Effekt.**

Der „Spiegelei"-Effekt

Antikörper binden ebenso wie viele andere Proteine gern an Oberflächen. Anfangs ist die Wechselwirkung der hydrophilen Oberfläche des Proteins mit der mehr hydrophoben Oberfläche nur schwach; im Laufe der Zeit beginnt die hydrophobe Innenseite des Proteins jedoch mit der Oberfläche in Wechselwirkung zu treten und sich eng an sie zu binden. Stellen Sie sich ein rohes Ei in der Schale vor, bei dem der hydrophobe Dotter sicher von dem hydrophilen Eiklar umgeben ist. Wenn man das Ei aufschlägt und in eine heiße Bratpfanne gibt, breitet sich das Eiklar aus, und der Dotter kommt in engen Kontakt mit der heißen Oberfläche. Ein Antikörper, der eine derartige Konformationsänderung durchmacht, liegt eindeutig nicht in der optimalen Konfiguration für die Antigenbindung vor. Um diesen Spiegelei-Effekt zu verhindern, muss man die Oberfläche so hydrophil wie möglich machen, damit direkte Wechselwirkungen zwischen der Oberfläche und dem Antikörper verhindert werden.

Der von den Liliputanern gefesselte Gulliver.

In **Jonathan Swifts** *Gullivers Reisen* wacht Gulliver an der Küste von Liliput auf und muss feststellen, dass die Zwerge ihn mit zahlreichen dünnen Schnüren an den Boden gefesselt haben. Er kann weder Arme noch Beine bewegen. Bei den ursprünglich angewandten Methoden zur Anheftung der Antikörper an die Oberfläche verwendete man quervernetzende Moleküle, welche die Antikörper an vielen Stellen mit der sensorischen Oberfläche verbanden; dies schränkte die Fähigkeit der Bindungsarme des Y ein, die sich nicht frei bewegen konnten. Ein ideales Vernetzungsmittel bindet den Antikörper jedoch nur an wenigen Stellen und vorzugsweise am Fuß des Y an die sensorische Oberfläche.

In den späten 1980er-Jahren setzten wir in meinem Labor erstmals eine spezielle Klasse von quervernetzenden Molekülen ein, um die Antikörper an die sensorische Oberfläche

Frances S. Ligler

Biosensor auf Antikörperbasis, konstruiert für den Einsatz im Golfkrieg (über 70 kg schwer, manuelle Bedienung, großer Laser und elektronische Komponenten)

BioHawk: Tragbares Gerät zur Entnahme von Luftproben und zum Erkennen von biologischen Kampfstoffen

Swallow: Unbemanntes Luftfahrzeug, ausgestattet mit einem Luftkeimsammler (die von den Flugzeugnase abstehende Röhre) und mit auf Antikörpern basierenden Biosensoren zur Erkennung von biologischen Kampfstoffen aus großer Entfernung

zu binden; die Oberfläche wurde dazu mit einem hydrophilen Film modifiziert. Diese „heterobifunktionalen" Vernetzungsmittel banden mit dem einen Ende ausschließlich an die Antikörper und mit dem entgegengesetzten Ende ausschließlich an die modifizierte Oberfläche. Dies verhinderte, dass die Antikörper versehentlich aneinander binden konnten.

Die Verwendung von **Silanfilmen** und **heterobifunktionalen Vernetzungsmitteln** wurde schnell allgemein anerkannt. Mittlerweile werden sie in großem Umfang zur Immobilisierung von Antikörpern eingesetzt, um den Spiegelei-Effekt zu verhindern.

Der Gulliver-Effekt

Unser zweiter Durchbruch in der Antikörperimmobilisierung stellte die Lösung für das Gulliver-Problem dar. Bekanntermaßen bindet das B-Vitamin **Biotin** sehr eng an das Protein **Avidin** im Eiklar. Wir waren zwar nicht die Ersten, die versuchten, Antikörper über eine Biotinbrücke zu Avidin an eine Oberfläche zu binden, aber wir zeigten, dass sich die Antikörperfunktion optimieren lässt, indem man nur zwei oder drei Biotinmoleküle an einen Antikörper bindet. Die daraus resultierende Methode der Antikörperbindung an eine Oberfläche hatte mehrere Vorteile: Das Avidin bildete einen schönen, hydrophilen Puffer zwischen dem Antikörper und der sensorischen Oberfläche und verhinderte dadurch den „Spiegelei"-Effekt. Die Beschränkung der Zahl der Quervernetzungen verhinderte den Gulliver-Effekt. Zudem wurde die Gefahr, das aktive Zentrum des Antikörpers direkt zu schädigen, durch die geringere Zahl von Modifikationen am Antikörper minimiert.

Biosensoren, die immobilisierte Antikörper nutzen

Mittlerweile sind die Geräte zur Erkennung von Antigen-Antikörper-Bindungen unglaublich hoch entwickelt und im Laufe ihrer Weiterentwicklung zudem noch sehr viel leichter bedienbar und zuverlässiger geworden. So wog beispielsweise der erste vom US-Militär eingesetzte faseroptische Biosensor über 70 kg, die Flüssigkeiten wurden von Hand aufgebracht und die Proben pro Durchgang nur auf jeweils eine Substanz untersucht. Heutzutage sind vollautomatische faseroptische

Fortsetzung nächste Seite

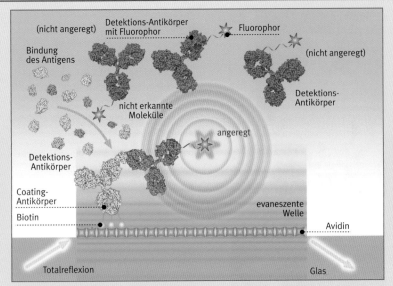

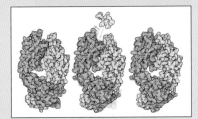

Immunsensor, der den Effekt evaneszenter Wellen nutzt, um Marker anzuregen, die an Detektions-Antikörper gebunden sind (Details im Text)

Biosensoren erhältlich, die simultan auf acht verschiedene Substanzen untersuchen und zusammen mit einem Luftkeimsammler auf dem Rücken getragen werden können. Eine andere Version dieses Systems wird als zehn Pfund schwere Zuladung an einem sehr kleinen unbemannten Flugzeug befestigt und kann im Flug Bakterien identifizieren.

Die meisten dieser **Immunsensoren** wenden folgendes (vereinfachtes) Prinzip an (Abbildung oben): Die Detektions-Antikörper werden (mittels Avidin und Biotin) an eine Glasoberfläche gebunden. Dies kann entweder eine Faseroptik sein oder ein einfacher Objektträger aus Glas. Ein Laserstrahl wird durch das Glas auf die Oberfläche mit den Antikörpern geleitet. Ist das Glas mit einer Flüssigkeit bedeckt, gelten zwei verschiedene Brechungsindices. Trifft der Lichtstrahl die Oberfläche in einem kleineren als dem kritischen Winkel, kommt es zu einer **Totalreflexion** (TIR, *total internal reflection*) des Lichtstrahls, die eine evaneszente Welle auf der Glasoberfläche erzeugt; diese dringt 100 nm in die flüssige Lösung ein – das ist exakt der Wirkbereich der Detektions-Antikörper! Tatsächlich werden zwei verschiedene Antikörper zur Detektion eingesetzt. Nachdem der erste oder Coating-Antikörper an das Antigen gebunden hat, bindet ein zweiter Antikörper mit einem Fluoreszenzmarker an das bereits gebundene Antigen und bildet so ein Sandwich. Die evaneszente Welle regt den Fluoreszenzmarker an, der daraufhin

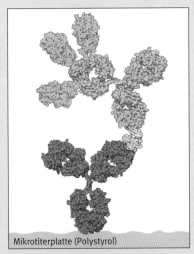

Prinzip der molekularen Erkennung durch Antikörper

Mikrotiterplatte (Polystyrol)

Prinzip eines enzymgekoppelten Immunadsorptionstests (ELISA, *Enzyme-linked Immunosorbent Assay*): Der Coating-Antikörper (oder Fänger-Antikörper) wird an einer Oberfläche fixiert und bindet das Antigen. Der Detektions-Antikörper (oder Detektor-Antikörper) wird mit einem Enzym markiert und bindet ebenfalls an das Antigen, sodass eine „Sandwich"-Struktur entsteht. Nach verschiedenen Waschschritten und der Zugabe farbloser Substrate wird ein farbiges Produkt gebildet (proportional zur Antigenkonzentration).

Licht emittiert. Dies zeigt an, dass das Antigen gebunden ist und erkannt wurde. Nicht gebundene Detektor-Antikörper werden nicht angeregt, weil sie außerhalb der Reichweite der Welle liegen. Anschließend wird das Fluoreszenzsignal erkannt, gefiltert und verstärkt. Diese Immunsensoren sind ausreichend sensitiv für Milliardstel Teile (ppb, *parts per billion*), was etwa der Menge eines Esslöffels einer Substanz in einem Schwimmbecken olympischer Normgröße entspricht.

Mittlerweile wurden **Array-Biosensoren** entwickelt, um viele unterschiedliche Stoffe gleichzeitig überwachen zu können. Diese Systeme bestehen aus einer Vielzahl unterschiedlicher Antikörper in klar abgegrenzten Feldern auf einem flachen Trägermaterial.

Moleküle der Proben und der fluoreszierenden Marker führen nur in manchen Feldern zur Bildung fluoreszierender Komplexe, in anderen jedoch nicht. Die Identität des Probenmoleküls kann anhand der Lage der fluoreszierenden Feldes ermittelt werden. Die Intensität des Signals gibt Aufschluss über die Menge des Zielmoleküls in der Gesamtprobe.

Unterdessen machen sich die Anwender dieser Biosensoren auf Antikörperbasis immer weniger Gedanken über deren Funktionsweise, als vielmehr darüber, wie einfach und billig man sie einsetzen kann. Um die Anwendung zu vereinfachen, werden immer öfter kleine Leitungssysteme aus der sogenannten Mikrofluidik eingesetzt.

Fortschritte in der Optik eröffnen neue Möglichkeiten zur Verbesserung der Sensitivität und reduzieren die Größe und Kosten der Apparaturen. Und die Silikon-Technologie bringt immer bessere integrierte optische Wellenleiter für simultane Analysen mehrerer Stoffe hervor. Arrays zur Detektion einzelner Photonen eröffnen vielleicht einmal die Möglichkeit, ein einzelnes Zielmolekül zu erkennen, vorausgesetzt die Antikörperbindung hält ausreichend lange an und das Hintergrundrauschen kann genügend gedämpft werden.

Die Herstellung von Hilfsmitteln, die auf organischen Polymeren basieren, z. B. LEDs, Transistoren und Photodioden, ist ebenfalls sehr spannend, weil sie sich normalerweise relativ einfach mit biologischen Detektionselementen und Mikrofluid-Technik auf Polymerbasis zu preiswerten Einwegsensoren aus einem Guss zusammenfügen lassen sollten.

Neuartige auf Antikörpern basierende Biosensoren sind höchst sensitiv und haben sich zur Erkennung und Überwachung von Pestiziden in der Landwirtschaft, Toxinen und Pathogenen in homogenisierten Nahrungsmitteln, Krankheitsmarkern in klinischen Flüssigkeiten und biologischen Kampfstoffen in Luft und Wasser bewährt.

Die Analytische Biotechnologie trägt also dazu bei, unser Leben sicherer zu machen.

Die Autorin Dr. Frances Ligler als Teilnehmerin im härtesten 100-Meilen-Pferderennen in den USA, dem Trevis Cup Race. Dieses Rennen findet in der Sierra Nevada statt. Sie meistert sowohl auf wissenschaftlichen Gebiet als auch im Pferdesport die größten Herausforderungen.

Frances S. Ligler (geb. 1951) ist gegenwärtig leitende Wissenschaftlerin für Biosensoren und Biomaterialien in der Navy. Zudem ist sie Mitglied der Biotechnologie-Abteilung der National Academy of Engineering. Sie erhielt den Bachelor of Science der Furman University und die Doktortitel Dr. phil. und Dr. sc. der Oxford University.

Momentan arbeitet sie auf den Gebieten der Biosensoren und Mikrofluidik. Bislang hat sie mehr als 300 Artikel in Fachzeitschriften veröffentlicht, die mehr als 4000-mal zitiert wurden, und hat 24 Patente erhalten.

Sie erhielt die Navy Superior Civilian Service Medal und Auszeichnungen wie den National Drug Control Policy Technology Transfer Award, den Chemical Society Hillebrand Award, den Navy Merit Award, den NRL Technology Transfer Award und andere mehr. Im Jahr 2003 wurde ihr von der Christopher Columbus Foundation der Homeland Security Award verliehen und der Presidential Rank of Distinguished Career Professional.

Literatur:

Ligler FS, Taitt CR (2002) *Optical Biosensors: Present and Future.* Elsevier Science, New York

A

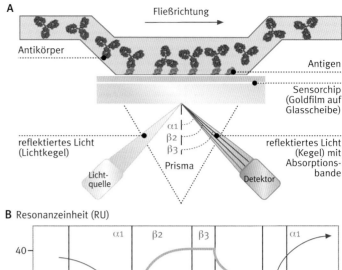

B Resonanzeinheit (RU)

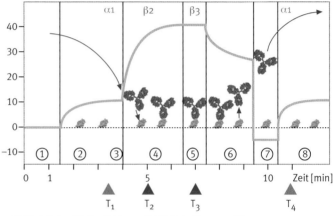

$\alpha 1$ Winkel absorbierten Lichtes zur Teit T_1/T_4 in Phase 1 und 8
$\beta 2/3$ Winkel absorbierten Lichtes zur Teit T_2/T_3 in Phase 4 bzw. 5

Abb. 5.32 Messung der Antikörperbindung an ein Antigen mithilfe der SPR-BIAcore-Technik in Echtzeit.

A Schematischer Aufbau der Anordnung mit Lichtquelle (LQ), Sensorchip (S), Detektor (D) und kontinuierlich durchströmbarer Minikammer mit immobilisiertem Antigen auf der dem Puffer zugewandten Seite des Goldfilmes.

B Messprofil der Antigen-Antikörper-Reaktion, die in A dargestellt ist. Das Profil zeigt die in den Phasen 1 bis 8 am Sensorchip gebundenen Proteinmengen. ① Basislinie (Sensorchip ohne Protein); ② Antigenadsorption an den Goldfilm bis zur Sättigung; ③ Auswaschung überschüssigen Antigens; ④ zunehmende Antikörperbindung; ⑤ Antikörperbindung gesättigt; ⑥ Puffer ohne Antikörper, Dissoziation der niedrigaffinen Antikörper; ⑦ Dissoziation der höheraffinen Antikörper mit denaturierendem Puffer und Regeneration für einen weiteren Test.

(β_2), Winkel zur Zeit T_2 (Phase 4, das in A dargestellte Stadium); (RU), Resonance Unit, ist die Maßeinheit des SPR-Signals (Resonanzwinkeländerung). Auflösung: 0,1 RU; 1000 RU entsprechen 1 ng Protein gebunden pro mm^2 Sensoroberfläche oder 6 mg Protein pro Milliliter Lösung.

Abb. 5.33 SPR: Messung der Bindung eines Nanoru-Babys (siehe Kap. 11) an seine Mama mithilfe der Oberflächenplasmonresonanz. Deutlich ist die Veränderung des Winkels des Minimums der Reflexion zu sehen.

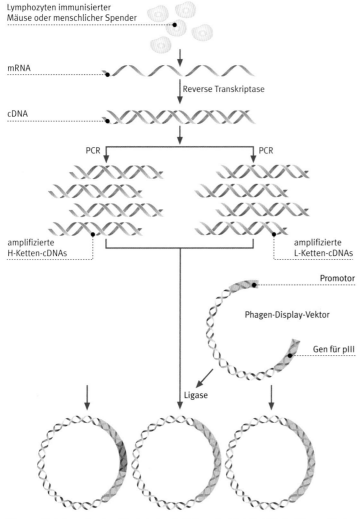

Lymphozyten immunisierter
Mäuse oder menschlicher Spender

mRNA

Reverse Transkriptase

cDNA

PCR — PCR

amplifizierte
H-Ketten-cDNAs

amplifizierte
L-Ketten-cDNAs

Promotor

Phagen-Display-Vektor

Gen für pIII

Ligase

Abb. 5.34 Erstellung einer kombinatorischen Antikörper-Genbibliothek für das Phagen-Display

Abb. 5.35 Rechts:
Eine andere Möglichkeit, ein
Repertoire (Genbibliothek)
menschlicher Antikörper außerhalb des menschlichen Immunsystems herzustellen, bieten
transgene Mäuse.

Bei ihnen hat man die eigenen
Antikörpergene entfernt und
durch einen möglichst kompletten Satz menschlicher Gene
ersetzt.

Nach Immunisierung kann man
aus deren Milz mit herkömmlicher
Hybridom-Technologie (Box 5.7,
5.8) Zelllinien gewinnen, welche
menschliche Antikörper sekretie-
ren.

Neben dem Phagen-Display ist
diese Methode die mittlerweile
wichtigste Quelle für humane
therapeutische Antikörper.

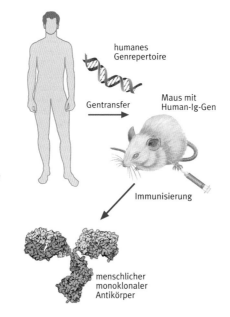

humanes
Genrepertoire

Gentransfer

Maus mit
Human-Ig-Gen

Immunisierung

menschlicher
monoklonaler
Antikörper

Man fand nun eine **stabile Modellverbindung**, in der Phosphor den zentralen Kohlenstoff des Esters ersetzt (Abb. 5.30). Die Geometrie und Ladungsverteilung des instabilen Übergangszustands wird so imitiert. Die Modellsubstanz rief (nach Bindung an einem Trägerprotein) als Antigen eine Immunreaktion in Mäusen hervor. Unter den später gewonnenen Hybridomzellen wurden einige Klone selektiert, die die Modellsubstanz banden.

Dann gab man Ester zu den verschiedenen so gewonnenen monoklonalen Antikörpern. Einige zeigten keinen Effekt, wahrscheinlich waren sie spezifisch für einen Teil des Moleküls, das für den Übergangszustand nicht bedeutsam ist. Andere Antikörper beschleunigten dagegen die Reaktion um das 1000-Fache.

Eine chemisch sehr interessante Reaktion ist die **Diels-Alder-Reaktion**, für die in der Natur keine Enzyme existieren. Es gelang aber, katalytische Antikörper dafür zu konstruieren (Abb. 5.30, rechts).

■ 5.10 Rekombinante Antikörper

Für viele Anwendungen wird eine möglichst kleine Antigen-bindende Einheit benötigt. Vor Entwicklung der Gentechnik konnte man herkömmlich Antikörper nur durch Immunisierung (**polyklonale Antikörper** direkt aus dem Serum der Tiere) oder durch Hybridom-Technik (**monoklonale Antikörper**) gewinnen (Box 5.7).

Nun gibt es seit Kurzem *in vitro*, also außerhalb des Tierkörpers, in Bakterien- oder Zellkulturen erzeugte Antikörper – zumeist nur deren Antigen-bindender Teil, also ein Fragment (**Fab-Fragment**, *fragment antigen binding*). Zuvor konnte man die Fab-Fragmente (Box 5.3) nur aus kompletten Antikörpern durch Spaltung mit Proteasen gewinnen. Heute vermag man das auf rekombinantem Weg.

Die für die Antikörperbindung wichtigsten Stellen sind die variablen Regionen (Fv). Ihnen fehlt aber die stabilisierende Verknüpfung durch die Disulfidbrücken der konstanten Ketten. Man muss sie extra stabilisieren: Sie werden meist durch eine Peptidverbindung zu einem einzigen Proteinstrang verbunden. Außerdem enthalten sie noch eine „Flagge" (engl. *tag*), eine Verlängerung zur Veränderung der biochemischen Eigenschaften oder zur Bindung an Oberflächen. So entstehen *single chain*-Fv-**Fragmente** (scFv-Fragmente).

Warum aber **rekombinante Antikörper**, wenn doch das Immunsystem ein fast unerschöpfliches Reservoir besitzt? Eine gute Nachricht für Tierfreunde: Man kann nun **Antikörper völlig ohne tierische oder menschliche Beihilfe** gewinnen. In Zeiten von BSE, Hepatitis und AIDS ist das ein Vorteil!

Die gewonnenen Antikörper sind natürlich auch **monoklonal**, das heißt, sie werden jeweils von einem einzigen Klon gebildet, sind hochspezifisch und binden genau an einem Epitop.

Wenn man Antikörper beispielsweise mithilfe von Colibakterien herstellen kann, ist das **viel billiger und schneller** als die Herstellung in tierischer Zellkultur mit Hybridomzellen. Wichtiger noch: Die gesamte *E. coli*-Technologie steht zur Verfügung: Sequenzierung, Analyse und Modifikationen sind stark vereinfacht.

■ 5.11 Kombinatorische Antikörperbibliotheken

Selbst bei einer hervorragend gelungenen Fusion von Myelom- (Krebs)- und Milzzellen zu Hybridomzellen kann man nur Dutzende oder höchstens hundert verschiedene Antikörper gewinnen – nicht allzu viel, wenn man bedenkt, dass **unser Immunsystem offenbar über 100 000 Antikörper** verschiedener Spezifität hervorbringen kann! Wie kann man dieses Riesenpotenzial erschließen?

Man umgeht den eigentlich ziemlich ineffektiven Schritt der Fusion, injiziert einer Maus das Antigen, entnimmt dann nach der Immunisierung Milzzellen, und gewinnt aber daraus die *mature* mRNA (Kap. 3). Damit bekommt man nur das genetische Material der Exons, Introns sind bereits herausgeschnitten. Mit Reverser Transkriptase synthetisiert man aus der einzelsträngigen mRNA doppelsträngige copy-DNA (cDNA). Mittels PCR (Kap. 10) stellt man Millionen Kopien der cDNA für die leichten und schweren Ketten der Antikörper her (Abb. 5.34) Dann werden die cDNA-Kopien mit Restriktionsendonucleasen geschnitten, um „klebrige Enden" zu erhalten, und anschließend mit DNA-Ligase in Vektoren für den Bakteriophagen λ eingebaut. Man erhält so zwei verschiedene **Bibliotheken** (*libraries*): eine mit **H-Ketten**-DNA (für die schweren Ketten, *heavy*) und eine mit **L-Ketten**-DNA (für die leichten Ketten, *light*; siehe Abb. 5.34). Nun rekombiniert man die beiden Phagenbibliotheken zu einer dritten „rekombinatori-

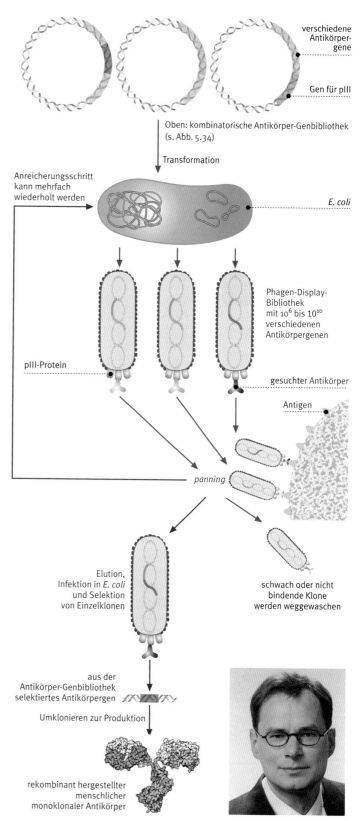

verschiedene Antikörpergene

Gen für pIII

Oben: kombinatorische Antikörper-Genbibliothek (s. Abb. 5.34)

Transformation

Anreicherungsschritt kann mehrfach wiederholt werden

E. coli

Phagen-Display-Bibliothek mit 10^6 bis 10^{10} verschiedenen Antikörpergenen

pIII-Protein

gesuchter Antikörper

Antigen

panning

Elution, Infektion in *E. coli* und Selektion von Einzelklonen

schwach oder nicht bindende Klone werden weggewaschen

aus der Antikörper-Genbibliothek selektiertes Antikörpergen

Umklonieren zur Produktion

rekombinant hergestellter menschlicher monoklonaler Antikörper

Abb. 5.36 Das Prinzip des Antikörper-Phagen-Displays. Unten rechts: Frank Breitling, der sich diese Methode 1989 im Schwimmbad von Heidelberg mit Stefan Dübel ausgedacht hat

201

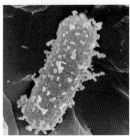

Abb. 5.37 Oben: George P. Smith verwendete den Bakteriophagen M13 für Phagen-Display.
Unten: *E. coli*-Zellen werden mit Phagen infiziert.

hGH

Abb. 5.38 Menschliches Wachstumshormon (hGH, rot), und wie sich hGH am Rezeptor (grün und blau) bindet

Abb. 5.39 Die fantastische Vision der multifunktionellen Antikörper von Kai Herfort (*Laborjournal*)

schen Phagenbibliothek". Diese Phagen besitzen nun Zufallspaare aus cDNA einer L- und einer H-Kette. Diese **Phagenbibliothek** (*phage library)* plattiert man auf einem Bakterienrasen aus, das heißt, *E. coli* wird mit Phagen infiziert.

Die Colizellen produzieren zufällige Paare von H- und L-Ketten. Falls die gebildeten Peptidketten zusammenpassen, lagern sie sich zu Fab-Fragmenten zusammen. Nach Ausplattieren in Petrischalen nimmt man einen Abdruck der gebildeten Fab-Fragmente auf einem Nitrocellulosefilter. Die Fab-Fragmente binden sich, wie alle Proteine, fest am Filter. Wenn man nun ein radioaktiv markiertes Antigen zugibt, und nichtgebundenes Antigen wegwäscht, kann man an der Schwärzung eines Fotofilms sehen, wo das Antigen gebunden hatte.

Man kann ergo rückverfolgen, in welchen Bakterienkolonien die „richtigen" Fab-Fragmente gebildet wurden. Man sucht diese Kolonie und isoliert deren DNA und kann sie in Bakterien- oder Säugervektoren einsetzen.

So können mindestens 1000-mal mehr mögliche Antikörper begutachtet werden als mit der Hybridom-Technologie.

■ 5.12 „Huckepack" oder Phagen-Display – die nächste Revolution

Die B-Lymphocyten des Immunsystems verwenden einen Trick zur Selektion: Sie „präsentieren" einen **membrangebundenen Antikörper auf ihrer Zelloberfläche**. Danach stimuliert die Bindung eines Antigens (z. B. eines Virus) und IL-2 von T-Helferzellen den B-Lymphocyten, sich zu teilen (klonale Selektion). Der **Antikörper ist sozusagen die „Hausnummer" des entsprechenden Gens im Lymphocyten**. Anders gesagt: Der Antikörper trägt sein Gen „huckepack" in einem Riesenrucksack.

Aus Unmengen von B-Lymphocyten kann man also leicht die Zellen herausfinden, die die gewünschten Antikörper produzieren.

Ein **Traum der Gentechniker**: Wenn das bei Bakterien ginge, an der „**Hausnummer außen"** zu sehen, ob das Gen im Bakterium „drin" ist!

George P. Smith (geb. 1941, Abb. 5.37) verwirklichte 1985 diesen Traum an der Universität von Missouri in Columbia. Zwar fand er das nicht für Bakterien, aber für den **Bakteriophagen M13**. M13 ist ein filamentöser Phage wie λ (Kap. 3), hat aber ein viel kleineres Genom. Es besteht

aus ringförmiger, verknäuelter einzelsträngiger DNA und hat nur wenige Gene für die Proteine der Kapsel (des Capsids) und einen einfacheren Infektionszyklus: Gene für den Einbau in das Wirtsgenom sind nicht notwendig.

„Raffinierterweise" dringt M13 über die „Sexorgane" (Sex-Pili) von Colibakterien ein: Er schleust seine Einzelstrang-DNA über einen (F-)Pilus in die Zelle ein. Die DNA dient dann als Matrize und bildet in der Zelle Doppelstrang-DNA. Diese wird jedoch nicht in das Bakteriengenom eingebaut, sondern repliziert sich, bis 100 bis 200 Kopien vorliegen. Wenn sich das Bakterium teilt, erhält jede Tochter Kopien der Phagen-DNA.

„Netterweise" bringt M13 also seinen Wirt nicht um, sondern verlangsamt nur dessen Wachstum. Die 100 Phagenpartikel werden freigesetzt, nachdem Einzelstrang-DNA-Kopien gebildet wurden, die in lange filamentöse Eiweißhüllen verpackt werden. 2700 Proteine des Typs pVIII bilden den Tubulus. Das Besondere sind jedoch je fünf Proteinmoleküle des Typs pVII und pIX am einen Ende und pIII und pIV am anderen Ende des Phagen (Abb. 5.36).

Interessant ist Folgendes: pIII funktioniert auch dann, wenn in ihn fremde Sequenzen integriert sind! Was heißt das? Wenn man ein Fremdgen in das pIII-Gen im Phagen einbaut, sollte das Fremdgen dann als Fremdprotein (oder Peptid) in der Phagenhülle angezeigt (*displayed*) werden, also „außen" auftauchen. Es funktionierte!

Praktisch ausprobiert wurde das **Phagen-Display**, um das Gen für ein stark bindendes Wachstumshormon zu finden.

■ 5.13 Phagen-Display für hochaffines Wachstumshormon

Man wollte Spielarten des menschlichen Wachstumshormons (hGH, *human Growth Hormone*) mit erhöhter Bindung zum hGH-Rezeptor finden und wusste bereits, welche Abschnitte der Peptidsequenz für die Bindung am Rezeptor verantwortlich sind. Also synthetisierte man „**degenerierte" Oligonucleotide**, die sämtliche an diesen Positionen möglichen Aminosäuren codieren.

Diese hGH-Genvarianten wurden in einen Vektor vom M13 eingebaut, und zwar so, dass sie dem Gen für pIII benachbart waren.

Damit sollten sie als Fusionsprotein pIII-hGH gebildet werden. Diese Bibliothek führte man in *E. coli* ein.

Box 5.10 Expertenmeinung:
Ein Superorganismus mit vielen Facetten: Das Bienenvolk und sein Immun-Verteidigungssystem

Honigbienen (*Apis mellifera*) bilden **Staatengemeinschaften**, deren Komplexität und Funktionalität immer wieder in Erstaunen versetzen. Diese Ausgangslage bietet Herausforderungen, Chancen und Risiken für Bienen und Bienenforscher.

In den Sommermonaten besteht eine Bienenkolonie aus bis zu 50 000 Arbeiterinnen, einigen Hundert Drohnen und einer einzigen Königin. Da alle Arbeiterinnen von einer einzigen Mutter abstammen, aber mehrere Drohnen im Hochzeitsflug ihr Erbgut beigesteuert haben, finden wir entsprechend viele unterschiedliche Vollschwesterlinien, die zueinander in einer Halbschwesterbeziehung stehen.

Die **Kooperation** der Mitglieder einer Bienenkolonie führt zu Synergieeffekten, die für die Biologie dieser Insekten völlig neue Perspektiven eröffnen. Als emergente Eigenschaften des **Superorganismus** entstehen Phänomene, zu denen eine einzelne oder auch nur wenige Bienen nicht in der Lage sind. Der Superorganismus besitzt eine „Super-Physiologie", ähnlich der Physiologie von individuellen Organismen. Diese Soziophysiologie führt zu einer Homöostase im Bienenvolk, die durch vielfältige Rückkopplungen aufrechterhalten wird. Die Honigbienen erschaffen sich die Welt, in der sie den Großteil ihres Lebens verbringen, und kontrollieren deren Zustand in einem Ausmaß wie kaum ein anderes Lebewesen. Die nahezu kristallin regelmäßigen Waben entstehen aus dem Wachs, das die Bienen synthetisieren, in einem Selbstorganisationsprozess, in dem das Wachs mittels Erwärmung durch die Bienen in eine energetisch günstige Struktur fließt (Abb. 1). Die Umgebungsparameter, welche die Bienen dabei einstellen, wirken umgekehrt auf die Eigenschaften der sich im Brutnest entwickelnden Bienen zurück. Eine Bienenkolonie beeinflusst auf einer Ebene oberhalb der direkten Wirkung von Genen die Eigenschaften der Koloniemitglieder (**Epigenetik**).

Ein wichtiger Faktor in der epigenetischen Gestaltung von Bieneneigenschaften und -fähigkeiten ist die Temperatur, bei der im Brutnest das Puppenstadium gehalten wird. Larven werden in offenen Wabenzellen von

Frisch gebaute Wabe. Die randständigen Zellen sind noch rund und werden erst nach dem Erwärmen durch die Honigbienen in die energetisch günstige Sechseckform fließen.

Das Brutnest des Bienenvolkes mit weit entwickelten Larven in offenen Zellen und verdeckelten Zellen, in denen über ein Puppenstadium die Verwandlung zu fertigen Bienen abläuft

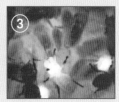
RFID (*Radio Frequency Identification*)-Chips auf dem Rücken der Bienen erlauben ein lebenslanges Registrieren von Verhaltensweisen einer prinzipiell unbegrenzten Anzahl an Individuen.

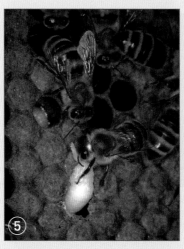
Stockbienen entfernen eine kranke Puppe aus verdeckelten Zellen.

Ammenbienen gefüttert. Im Präpuppenstadium werden diese Zellen dann mit einem Wachsdeckel verschlossen, unter dem die Metamorphose der Puppe zur adulten Biene abläuft (Abb. 2). Mithilfe modernster Wärmebildtechnik konnte gezeigt werden, dass durch ein hochfrequentes Zittern der Flugmuskulatur der Thorax der Bienen, die sich auf den gedeckelten Brutwaben zusammendrängen, eine Körpertemperatur von bis zu 43 °C erreicht (Abb. 3).

Thermografische Falschfarbendarstellung der Temperaturverteilung im Körper der Bienen; gut erkennbar sind die Heizerbienen, die ihren Brustabschnitt (Thorax) auf über 43 °C erhitzen.

Diese **Wärmeproduktion** wird zur Heizung des Brutnestes auf 35 °C eingesetzt. Indem einzelne Heizerbienen leere Zellen nutzen, die in energetisch optimaler Weise im sonst geschlossen verdeckelten Brutbereich verteilt sind, können sie eine größere Anzahl von Waben synchron erwärmen. Wir wissen, dass geringste Unterschiede in der Temperatur des Puppenstadiums Auswirkungen auf die Lebensspanne, kognitiven Eigenschaften und Immunantwort der Bienen haben. Die den Puppen vorangehende Phase als Larve wird nicht temperaturmäßig kontrolliert, enthält aber mit dem „Gelée Royale" einen Futtersaft, der in den Kopfdrüsen von Ammenbienen selbst produziert wird und als „Schwesternmilch" eine ähnliche Funktion erfüllt wie die Muttermilch der Säugetiere. Im Larvenfutter sind Immunpeptide wie das Defensin, aber auch niedermolekulare Substanzen (z.B. 10-Hydroxy-2-trans-decensäure und Acetylcholin) enthalten, die bakterizide und fungizide Wirkung besitzen und in der Larve ein noch schwach ausgebildetes Immunsystem kompensieren.

Die **soziale Immunität** des gesamten Volkes und die Immunität der unterschiedlichen Entwicklungsstadien einzelner Bienen sind in ihrer Vernetzung und gegenseitigen Abhängigkeit derart komplex, dass sie nur mit Hightech-Methoden zu durchdringen sind.

Fortsetzung nächste Seite

Dazu gehört der Einsatz von RFID (*Radio Frequency Identification*)-Chips, die beliebig vielen Bienen zum Zeitpunkt ihrer Geburt auf den Rücken fixiert werden (Abb. 4) und die es erlauben, Aspekte des Verhaltensmusters einer jeden Honigbiene individuell lebenslang zu verfolgen und zu dokumentieren. Eine Verfolgung der Flugaktivitäten Milbeninfizierter Honigbienen mittels RFID-Chips hat ergeben, dass solche Bienen massive Orientierungsprobleme bei ihrer Rückkehr von Sammelflügen aufweisen.

Die hohe Individuendichte, Temperaturen im Brutnestbereich um 35 °C und eine sehr hohe Luftfeuchtigkeit im Bienenstock begünstigen die Ausbreitung von **Infektionen** aller Art. Es ist daher erstaunlich, dass Honigbienen diesem Infektionsdruck bisher widerstanden haben. Dies ist nur dadurch zu erklären, dass das Bienenvolk im Laufe seiner 30 Millionen Jahre während Evolution **eine Fülle von Verteidigungslinien auf unterschiedlichen Ebenen** ausgebildet hat.

Eine wirksame allgegenwärtige „exogene" Komponente ist das Kittharz (**Propolis**), mit dem Bienen jeden Riss im Bienenstock abdichten. Bei dem Propolis-Rohstoff handelt es sich um ein Harz, das von Blattknospen und Rinden verschiedener Bäume ausgeschieden wird, also pflanzlichen Ursprungs ist. Dieses Baumharz ist reich an Komponenten mit antiseptischer und antibakterieller Wirkung. Den Bienen dient Propolis daher nicht nur als Festigungsstoff, sondern auch zur Desinfizierung, z.B. durch Auskleiden von Wabenzellen.

Besonders gut sind vom Bienenvolk Abwehrmaßnahmen auf Kolonieebene entwickelt, die man unter dem Begriff **„soziale Immunität"** zusammenfasst. Hierzu gehören Hygienemaßnahmen wie die stete Reinigung von Wabenzellen und das „Putzen" von Artgenossen. Die Ausbreitung von Krankheitserregern wird vor allem dadurch verhindert, dass adulte kranke Bienen von ihren Mitschwestern aus dem Stock gedrängt und dass tote Larven bzw. Puppen aus den Brutwaben entfernt werden (Abb. 5). Dabei ist noch ungeklärt, wie Bienen abgestorbene Puppen in den verdeckelten Waben wahrnehmen.

Wie alle wirbellosen Tiere besitzen Honigbienen kein „adaptives" Immunsystem, das heißt, sie produzieren keine pathogenspezifischen Antikörper. Stattdessen haben sie ein evolutionär altes „angeborenes" Immunsystem hoch entwickelt, das sie sehr effizient vor Infektio-

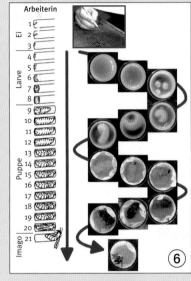

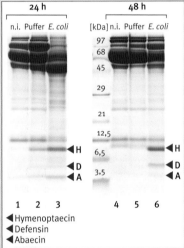

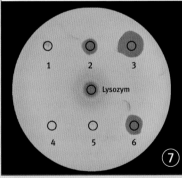

6 Zeitlicher Entwicklungsablauf vom Ei bis zur adulten Arbeiterin im Bienenstock, der mittels *in vitro*-Aufzucht imitiert werden kann

7 Gelelektrophoretische Analyse induzierter Immunpeptide in der Hämolymphe von Bienenlarven nach Verletzung und artifizieller Infektion mit *E. coli*-Bakterien. Im Hemmhoftest kann gezeigt werden, dass die entsprechenden Proben tatsächlich antimikrobielle Aktivitäten besitzen.

nen mit mikrobiellen Krankheitserregern schützt. Die **humorale Immunantwort** ist durch die transiente *de novo*-Synthese eines breiten Spektrums von **antimikrobiellen Peptiden** (**AMPs**) gekennzeichnet. Die AMPs werden im Fettkörper der Insekten synthetisiert und in die Hämolymphe (Insektenblut) sekretiert. Die Eliminierung der Pathogene durch die AMPs wird meistens durch Angriff auf Membranen und Zellwandbestandteile der Mikroorganismen erreicht.

Bisher sind keine Resistenzen gegen AMPs beobachtet worden, was sie zu einer attraktiven neuen Klasse von Antibiotika in der Humanmedizin, u. a. bei äußerer Wundbehandlung, macht.

Eine wichtige Vorraussetzung für das Studium der Immunantwort von Bienen, war die Etablierung der **in vitro-Aufzucht** von Larven über das Puppenstadium bis zur adulten Biene (Abb. 6). Hierbei werden frisch geschlüpfte Larven von der Brutwabe abgesammelt und in Gewebekulturplatten überführt, deren Näpfchen eine geeignete Futterlösung enthalten. Haben die Larven das Vorpuppenstadium erreicht, werden sie in mit Papiertüchern ausgelegte Näpfchen übertragen und nicht mehr mit Futterlösung versorgt – analog zur Situation in der Brutwabe, wo ab diesem Stadium die Verdeckelung des Brutnestes erfolgt.

Die *in vitro*-Aufzucht bietet eine optimale Vorraussetzung für konstante und sterile Versuchsbedingungen. Die künstlich aufgezogenen Larven reagieren nach Verwundung und Bakterieninjektion (mittels fein ausgezogener Glaskapillaren) mit einer starken humoralen Immunantwort. Dies erkennt man an der Neusynthese von mindestens drei niedermolekularen AMPs (d. h. Hymenoptaecin, Defensin und Abaecin), wenn man Hämolymphproben 24 und 48 Stunden nach erfolgter Injektion auf einem denaturierenden Polyacrylamid-Gel analysiert. Mithilfe des Hemmhof-Testes kann man weiterhin feststellen, dass die entsprechenden Proben tatsächlich antimikrobielle Aktivitäten enthalten, wie aus den großen Hemmhöfen der Proben 3 und 6 zu ersehen ist (Abb. 7).

Da das **Bienengenom** im Jahr 2006 entschlüsselt wurde, ist es nun möglich, die molekularen Vorgänge bei der Abwehr von Pathogenen durch Individuen und den Superorganismus systematisch zu untersuchen.

Hildburg Beier, Jürgen Tautz

*Nach seinem Studium der Biologie, Geografie und Physik promovierte **Jürgen Tautz** (geb. 1949) an der Universität Konstanz über ein sinnesökologisches Thema. Nach Arbeiten zur Bioakustik von Insekten, Fischen und Fröschen gründete er 1994 die BEEgroup an der Universität Würzburg, die sich mit Grundlagenforschung zur Biologie der Honigbiene befasst. Neben seiner wissenschaftlichen Tätigkeit (mit bis dato etwa 160 Publikationen, darunter etwa 30 Titelgeschichten, unter anderem in* Science *und* Nature*) verfolgt Jürgen Tautz eine erfolgreiche Öffentlichkeitsarbeit, in der er ein breites Publikum für die Lebenswissenschaften interessieren möchte. Dafür wurde er von EMBO in den Jahren 2005, 2007 und 2008 als einer der besten europäischen Wissenschaftskommunikatoren ausgezeichnet.*

***Hildburg Beier** (geb.1943), Professorin für Biochemie an der Universität Würzburg, schloss sich der BEEgroup nach ihrer Pensionierung im September 2008 an. Ihre Arbeitsgebiete umfassen: Spleißen von tRNA-Vorläufern, RNA-Ligasen, Genexpression von RNA-Viren, zelluläre und humorale Immunreaktionen bei Insekten.*

Schicker Chip!

Ja, aber nun weiß Prof. Tautz, dass ich immer zu spät komme!

Literatur:

Randolt K, Gimple O, Geißendörfer J, Reinders J, Prusko C, Mueller M, Albert S, Tautz J, Beier H (2008) Immune-related proteins induced in the hemolymph after aseptic and septic injury differ in honey bee worker larvae and adults. *Arch. Insect Biochem. Physiol.* 69, 155–167, Tautz J (2007)*Phänomen Honigbiene* (mit Fotografien von HR Heilmann), Spektrum Akademischer Verlag, Heidelberg

Es entstanden tatsächlich infektiöse M13-Phagen mit dem „normalen" pIII-Eiweiß in der Hülle, an dem eine hGH-Variante hing, und zwar wurde nur jeweils eine Variante pro Virus auf der Oberfläche präsentiert. Man erhielt so eine unglaubliche Menge an Phagenvarianten. Wie aber die besten herausfinden?

Man ließ die Phagen eine **Trennsäule** mit Plastikkugeln passieren, an denen der **hGH-Rezeptor** (ein isoliertes Protein, Abb. 5.38) fest gebunden worden war (zur Methode siehe Kap. 3, Reinigung von Insulin mit gebundenen Antikörpern). Phagen ohne hGH auf der Oberfläche „marschieren" gleich ohne Bindung durch die Säule (Abb. 5.34). Auch schwach bindende Phagen landen im Laborabfall. Nur die „Guten im Töpfchen" binden sich fest an die Rezeptoren und werden später mit schwacher Säure abgelöst. **Die so selektierten Phagen setzte man erneut auf Colizellen an und selektierte wiederum** in der Säule. Insgesamt wiederholte man die Prozedur sechsmal. Damit war man im Besitz der **Phagen mit der höchsten Affinität der hGH-Varianten zum hGH-Rezeptor.** Man klonierte einzelne Super-Phagen und bestimmte deren DNA-Sequenz. Nun konnte „verbessertes" Wachstumshormon hergestellt werden, ein Fall von **Protein-Design** (Kap. 10).

Die Konsequenzen des **Phagen-Displays** sind revolutionär. Kann man es auch für Antikörper einsetzen? Ja, und zwar mit Bravour! Die Gene für das Antikörperfragment scFv wurden aus einer Antikörperbibliothek in M13 verpackt. Die in *E. coli* gebildeten Phagen trugen tatsächlich ihr Fragment als „Hausnummer" auf der Oberfläche! Den Selektionsvorgang nennt man übrigens **panning** nach der Pfanne (engl. *pan*) der Goldgräber.

Abb. 5.40 Barry James Marshall (geb. 1951 in Australien) erhielt 2005 den Nobelpreis für Physiologie oder Medizin. Marshall ist bekannt für den Nachweis, dass *Helicobacter-pylori*-Bakterien die Ursache für die meisten Magengeschwüre sind. Er widerlegte damit die jahrzehntelange Annahme, dass Geschwüre hauptsächlich durch Stress, scharfe Speisen etc. verursacht würden.

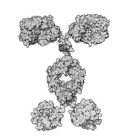

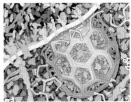

Abb. 5.41 Immuntoxine in Aktion: Ein Immuntoxin (in Rot gezeigt), zusammengesetzt aus Ricin und einem Y-förmigen Antikörper, bindet sich an einen CD-Zellrezeptor einer leukämischen B-Zelle (in Blau). Das gebundene Immunotoxin dringt dann in die Zelle ein (über eine Käfigstruktur aus dreiarmigen Clathrinen) und wird ins Cytoplasma abgegeben.

Rekombinante, von der FDA zugelassene Antikörper

Umsätze 2013 (in Mrd. US $, in Klammern)

1. *Rituximel*: Non-Hodgkin-Lymphom (7,78)

2. *Avastin*: (6,75) Darmkrebs
3. *Herceptin*: (6,56) Brustkrebs
Humira: (6,5) Rheumatoide Arthritis
4. *Erbitux*: (1,87) Darmkrebs
5. *Remicade*: Rheumatoide Arthritis, Morbus Crohn (3,1)

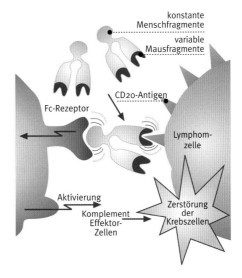

konstante Menschfragmente

variable Mausfragmente

CD20-Antigen

Fc-Rezeptor

Lymphomzelle

Aktivierung

Komplement Effektor-Zellen

Zerstörung der Krebszellen

Abb. 5.42 Wie Rituximab funktionieren könnte.

Box 5.11 **Wie man einen Labortest beurteilt**

Oben, linke Grafik: Zwei unterschiedliche Populationen (z. B. von kürzlich Grippeinfizierten, die aber gesund bleiben, und Infizierten, bei denen die Grippe zum Ausbruch kommt), werden in einem kontinuierlichen Merkmal (z. B. Körpertemperatur) vermessen. Die linke Kurve zeigt die Stichproben-Temperaturverteilung bei resistenten Virenträgern, die rechte dieselbe Temperaturverteilung der in Kürze zu Krankheitsfällen werdenden Patienten. Wie in der Realität zu erwarten, überlappen sich die Messwerte der Teilpopulationen. Ein Trennkriterium (senkrechte Linie, z. B. 38,6 °C) wird also immer einen Anteil beider Teilpopulationen falsch einstufen, entweder falsch positiv (FP, rosa Fläche) oder falsch negativ (FN, hellblaue Fläche). Die Anteile variieren je nach Lage des Trennkriteriums (Pfeil nach links: FN kleiner, FP größer; nach rechts: umgekehrt). Die „lila" Fläche ist eigentlich rot aber „durchscheinend".

Oben, rechter Kasten: Der Anteil der Richtig-Positiven (TP = zu Recht als positiv eingestufte) und der Falsch-Negativen (FN = zu Unrecht als negativ eingestufte) addiert sich zu 100 %; das ist die Fläche unter der rechten Glockenkurve. Gleichermaßen gilt: Anteil Falsch-Negative (TN) plus Anteil Falsch-Positive ergibt 100 %, nämlich die Fläche unter der linken Kurve.

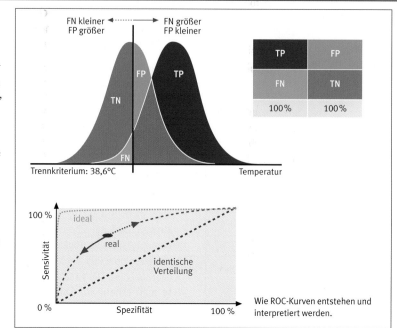

Wie ROC-Kurven entstehen und interpretiert werden.

Oben: ROC-Kurve (TP gegen FP aufgetragen). Sind beide Verteilungen identisch, so ist die Kurve die Winkelhalbierende, d. h. die Rate FP ist bei Variation des Trennkriteriums immer gleich der Rate TP.

Ideale Trennschärfe, d. h. völlige Nichtüberlappung der Verteilungen wäre im ROC-Diagramm durch einen Verlauf Y-Achse aufwärts, obere X-Achse quer (0 % FP, 100 % TP im gesamten Bereich gekennzeichnet).

In der Realität finden sich Kurven im Zwischenbereich, bei denen eine Erhöhung der TP in einem gewissen Bereich eine relativ geringere Erhöhung der FP zur Folge hätte.

Achtung! Die Verschiebungsrichtung des Trennkriteriums (roter Punkt) ist in dieser Auftragung entgegengesetzt der Richtung in der oberen linken Kurve, d. h. Punkt nach links = Trennlinie nach rechts.

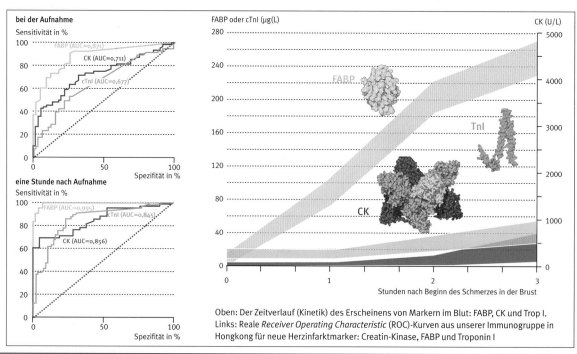

Oben: Der Zeitverlauf (Kinetik) des Erscheinens von Markern im Blut: FABP, CK und Trop I.
Links: Reale *Receiver Operating Characteristic* (ROC)-Kurven aus unserer Immunogruppe in Hongkong für neue Herzinfarktmarker: Creatin-Kinase, FABP und Troponin I

Ein neuer Goldrausch ist ausgebrochen! Der Sieg über den Krebs ist das Ziel.

◼ 5.14 Neue Hoffnung bei Krebs: Rituximab, ein rekombinanter Antikörper

»Stellen Sie sich einmal eine neue Methode der Krebsbehandlung vor, die auf dem Prinzip der *cruise missiles* beruht. Eine submikroskopisch kleine Rakete mit automatischem Suchkopf wird in den Körper injiziert, sucht dort gezielt die Krebszellen und zerstört diese, während das normale gesunde Gewebe nicht angetastet wird. Eine solche Wunderwaffe gibt es zwar noch nicht, jedoch spricht alles dafür, dass sie in naher Zukunft verfügbar sein wird.« Das schrieb schon 1981 das *Wallstreet Journal*, ein Blatt, das sonst eher nüchtern und zurückhaltend ist.

Heute sind monoklonale Antikörper gegen einige **Oberflächenantigene von Krebszellen** verfügbar. Ganz ähnlich wie bei der Tumordiagnostik wird auch bei der Tumortherapie mit monoklonalen Antikörpern deren Fähigkeit, tumorspezifische Zelloberflächenantigene zu erkennen, ausgenutzt. Diesmal ist es jedoch kein radioaktives Isotop, das an die monoklonalen Antikörper angeheftet wird, sondern ein **hochwirksames Zellgift, zum Beispiel das Toxin des Rizinus – das Protein Ricin**. Von diesem Ricin genügt nämlich ein einziges Molekül, um eine ganze Zelle abzutöten (Abb. 5.41).

Im Verband mit den monoklonalen Antikörpern bildet das Ricin gewissermaßen ein „**Zellgift mit Postleitzahl**". Der Antikörper ist dabei lediglich das Vehikel, mit dem das Zellgift hochspezifisch an den Zielort, den Tumor, transportiert werden soll. Erste Ergebnisse mit einigen speziellen Tumorarten sind durchaus verheißungsvoll. Von einer routinemäßigen Anwendung der Technik in der Krebstherapie ist man aber noch weit entfernt. Es gibt eine ganze Reihe von Problemen zu lösen: Ein Toxinmolekül sicher an eine Tumorzelle heranzutransportieren heißt noch nicht, dass es auch in der Zelle ankommt und dort seine tödliche Wirkung entfaltet. Die Aufnahme von Antikörper-Toxin-Komplexen (**Immuntoxinen**) durch die Zelle und die Freisetzung des Toxins in der Zelle sind noch weitgehend unverstanden. Weiterhin kennt man noch längst nicht für alle Krebsarten spezifische Zelloberflächenmarker oder hat monoklonale Antikörper dagegen. Ricin und bakterielle Toxine töten in der Tat Tumorzel-

Box 5.12 Weiterentwicklung von humanisierten / synthetischen zu komplett humanen Antikörpern

Paul Ehrlichs Zauberkugeln werden immer weiter verbessert. Wurden die ersten therapeutischen AK noch in Mäusen erzeugt und mühsam humanisiert, oder aus synthetischen Bibliotheken gewonnen, welche den menschlichen Sequenzen angelehnt waren, kann man sie heute aus riesigen natürlichen menschlichen Genbibliotheken gewinnen.

Solche Gensammlungen bieten Zugriff auf das gesamte natürliche Antikörperspektrum der Menschheit – in einem 1-mL-Röhrchen. Heute wird die Mehrheit der Antikörpermedikamente bereits aus solchen natürlichen menschlichen Gensammlungen gewonnen.

Nach ihrer Gewinnung gibt es mittlerweile weitere Verbesungsmöglichkeiten. Durch erneute Evolution im Reagensglas können wichtige Parameter wie Affinität und Spezifität verbessert werden, aber die wichtigste Neuerung ist die Veränderung des natürlichen IgG-Formats selbst. Durch Anhängen völlig anderer Molekülteile erwerben solche Antikörper Fähigkeiten, die das natürliche IgG nicht hat. Mit Blicyto wurde der erste bispezifische Antikörper erfolgreich für die Krebstherapie entwickelt. Hier sind zwei Arme verschiedener Antikörper verknüpft: Der eine greift die Krebszelle, der andere eine Immunzelle, welche dann die Krebszelle vernichten kann. Auch völlig andere Moleküle werden mit dem IgG verknüpft: Kadcyla besteht aus dem erfolgreichen Anti-Brustkrebs-Antikörper Trastuzumab (Herceptin), der aber zusätzlich mit Giftstoffen beladen wurde und so gesteigerte Effizienz aufweist.

Die erweiterten Möglichkeiten solcher neuartigen Antikörper-Fusionsproteine und -Modifikationen werden derzeit bereits vielfach klinisch untersucht und sie versprechen in Zukunft gegenüber natürlichen IgGs verbesserte und effektivere Medikamente.

Der Immuntechnologe Stefan Dübel

Prof. Dr. Stefan Dübel,
Technische Universität
Braunschweig

Design-Antikörper?

»Nach ersten Erfolgen in der Therapie revolutioniert das Antikörper-Phagen-Display jetzt auch die Herstellung von Forschungsantikörpern.

Seine Vorteile liegen neben der vollständigen Vermeidung von Tierversuchen und dem großen Miniaturisierungspotenzial – welches Kosten spart und den Durchsatz erhöht – vor allem in der biochemischen Steuerbarkeit der Antikörpereigenschaften.

Durch die exakt definierbaren biochemischen Bedingungen während des *in vitro*-Auswahlprozesses können Antikörper selektiv z.B. gegen eine allosterische Konformation eines Proteins erzeugt werden.

Auch ist es durch Zugabe eines oder mehrerer verwandter Antigene als Kompetitoren möglich, Kreuzreaktionen gegen diese bei der Gewinnung der Antikörper bereits auszuschließen.

Miniaturisierung und Parallelisierung ermöglichen damit z.B. in wenigen Wochen komplette Sätze von Designer-Antikörpern gegen alle Produkte einer Genfamilie herzustellen.

Auch die Anwendung der Antikörper in verschiedenen typischen Assays wird erleichtert: *E. coli* können die produzierten rekombinanten Antikörper bereits bei der Herstellung *in vivo* biotinylieren oder in Kopplung an ein Enzym (Alkalische Phosphatase) produzieren.

Mit alldem geht die Antikörper-Phagen-Display-Technologie heute bereits über alles hinaus, was immunisierte Tiere bisher den Forschern an Antikörpern liefern konnten... «

Stefan Dübel

Therapeutische monoklonale Antikörper

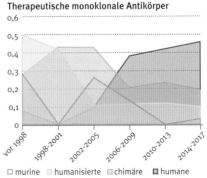

☐ murine ☐ humanisierte ☐ chimäre ◼ humane

Quelle: Antibody Society Webseite, 2/2017

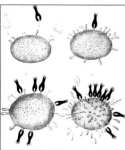

Abb. 5.43 Paul Ehrlich (oben) mit seinem Schüler Hata (Mitte). Unten: Ehrlichs Seitenketten-Theorie. Die moderne Immuntechnologie hat inzwischen einen Milliarden-Markt für Diagnostik und Therapie geschaffen. Paul Ehrlichs Vision ist durch die Verwendung von rekombinanten Methoden nach 100 Jahren endlich Realität geworden.

Abb. 5.44 Produktion von monoklonalen Antikörpern in einem 2000-Liter-Zellkulturreaktor der Firma Celltech

len sehr spezifisch ab. Aber sie sind leider auch für Leber und Niere toxisch, und sie lösen starke Immunantworten gegen das Therapeutikum aus. Mittlerweile kann man körpereigene menschliche Enzyme als „Toxin" verwenden – RNasen. Von den RNAsen reicht ein Molekül aus, um eine Zelle zu töten – aber nur, nachdem es durch einen Antikörper spezifisch eingeschleust wurde. Im Blut sind solche komplett humanen Immuntoxine weder giftig noch immunogen. Allerdings müssen noch weitere spezifische Tumormarker auf der Oberfläche der Krebszellen gefunden werden.

Eine weitere Möglichkeit der zukünftigen Krebstherapie bieten die **bispezifischen Antikörper** – hier wird kein Toxin oder Radionuklid zur Tumorzelle gebracht, sondern durch einem zweiten Antikörper-Greifarm eine ganze Immunzelle, z.B. eine Killer-T-Zelle oder ein T-Lymphocyt. Man macht so die Tumorzelle für das eigene Immunsystem wieder „sichtbar". Ohne diese bispezifischen Antikörper könnte das Immunsystem die Krebszellen nicht als etwas zu Bekämpfendes erkennen.

7,1 Milliarden US-Dollar Umsatz wurden 2015 mit einem rekombinanten Antikörper gemacht. **Rituximab** (*mab* kommt von *monoclonal antibody*) ist gegenwärtig das Krebstherapeutikum Nummer eins. Sein Ziel: das **Non-Hodgkin-Lymphom (NHL)**.

NHL ist eine bösartige Erkrankung des lymphatischen Gewebes, die an vielen verschiedenen Stellen im Körper auftreten kann, so beispielsweise in den Lymphknoten, der Milz, der Thymusdrüse, den Adenoiden, den Mandeln und im Knochenmark.

Beim Rituximab handelt es sich um einen laborchemisch hergestellten Antikörper, der sich gegen ein bestimmtes Oberflächenprotein richtet, welches auf über 90 % der Tumorzellen eines B-Zell-Non-Hodgkin-Lymphoms ausgebildet ist. Dieses Oberflächenprotein heißt Antigen **CD20**. Rituximab interagiert ausschließlich mit Zellen, die das CD20-Antigen auf ihrer Oberfläche besitzen. Die Bindung von Rituximab an CD20 führt über verschiedene Mechanismen, bei denen das eigene Immunsystem aktiviert wird, zum Tod der Zelle (Abb. 5.42).

Damit unterscheidet sich der **Wirkmechanismus von Rituximab ganz grundlegend von den übrigen Krebstherapien**. Rituximab greift nur die Zellen an, die Träger des CD20-Antigens sind; alle übrigen Zellen des Körpers bleiben unbeschadet. Dank dieser gezielten Wirkung ist

Rituximab sehr gut verträglich. Rituximab ist ein sogenannter **humanisierter rekombinanter Antikörper**. Seine variablen CD20-bindenden „Hände" sind durch Immunisierung von Mäusen entstanden, der Rest (90 %) stammt vom Menschen. Dadurch wird Rituximab nicht als „fremd" erkannt und bekämpft.

Die **moderne Immuntechnologie** hat inzwischen einen Milliarden-Markt für Diagnostik und Therapie geschaffen. Paul Ehrlichs Vision ist Realität geworden (Abb. 5.43).

Ehrlich nannte sein Entwicklungsziel die Zauberkugel (Abschnitt 5.8). Mit diesem Namen wollte er auf die selektive Giftigkeit für bestimmte Krankheitserreger hinweisen. Eine erste Zauberkugel war ein Chemotherapeutikum, das Salvarsan. Es wurde um das Jahr 1909 von **Paul Ehrlich** und **Sahachiro Hata** (1873-1938, Abb. 5.43) entwickelt. Der Name Salvarsan (lat. *salvare* – retten, heilen; *sanus* – gesund, plus Rest des Wortes Arsen) bedeutet „heilendes Arsen". Tatsächlich ist Salvarsan ein Meilenstein in der Arzneimittelforschung: Zum ersten Mal stand der Medizin ein antimikrobiell wirkendes Medikament gegen eine gefährliche Infektionskrankheit zur Verfügung. Bei der von Ehrlich gezielt durchgeführten weiteren Suche wurden erstmals moderne Methoden der Arzneimittelforschung eingesetzt. Er benutzte in großem Umfang Reagenzglastests und Tierversuche, um möglichst viele große Verbindungen testen zu können. Als Modell-Krankheitserreger diente *Trypanosoma equinum*, der Erreger der Kreuzlähme der Pferde. Salvarsan wurde schließlich als die 606. getestete Substanz in der Untersuchungsreihe entdeckt. Hieraus resultiert auch der ursprüngliche Name für Salvarsan Präparat 606 (Dioxy-diamino-arseno- benzol-dihydrochlorid). Salvarsan war so wirksam, dass bei manchen Infektionen schon eine einzelne Injektion heilend wirken konnte.

Die heutige Immuntherapie verwirklicht Ehrlichs Traum von den Zauberkugeln.

Wie geht es weiter? Zellkultur-Bioreaktoren (Abb. 5.44) gelangen an die Grenzen ihrer Kapazität. Zunehmend werden ganze Antikörper oder Fragmente mit **transgenen Tieren oder Pflanzen** (*plantibodies*) hergestellt (Kap. 7 und 8).

> »Wer neue Heilmittel scheut,
> muss alte Übel dulden.«
> *Francis Bacon* (1561-1626)

Verwendete und weiterführende Literatur

- Exzellent geschrieben, Neuauflage dringend erforderlich:
  Breitling F, Dübel S (1997) *Rekombinante Antikörper.*
  Springer Akademischer Verlag, Heidelberg

- Der „Janeway", das Standardwerk (der „Stryer" der Immunologie):
  Murphy KM, Travers P, Walport M (2014) *Janeway Immunologie.* 7. Aufl.
  Springer Spektrum, Heidelberg

- Vom Vater der Monoklonalen der Originalartikel:
  Milstein C (1980) Monoclonal antibodies, *Sci. American* 243 (4): 66 - 74

- Gute Grundlagen: **Wink M** (2011) *Molekulare Biotechnologie, Konzepte und Methoden.* 2. Aufl. Wiley-VCH, Weinheim

- Schön bebilderte Einführung in die Immunologie:
  Van den Tweel JG (1999) *Immunologie. Das menschliche Abwehrsystem.*
  Spektrum Akademischer Verlag, Heidelberg

- Unbedingt lesen! Vom Chef der DFG spannend geschrieben:
  Winnacker E-L (1999) *Viren. Die heimlichen Herrscher.*
  Eichborn Verlag, Frankfurt/M.

- Für Experten: **Vollmar A, Zündorf I, Dingermann T** (2012) *Immunologie: Grundlagen und Wirkstoffe.*
  2. Aufl. Wissenschaftliche Verlagsgesellschaft, Stuttgart

- Unterhaltsame Virologie:
  Levine AJ (1992) *Viren. Diebe, Mörder und Piraten.*
  Spektrum Akademischer Verlag, Heidelberg

- Gutes Laborbuch: **Luttmann W, Brake K, Küpper M, Myrtek D** (2014) *Der Experimentator: Immunologie.* 4. Aufl. Springer Spektrum, Heidelberg

- Gute Einführung: **Rink L, Kruse A, Haase H** (2015) *Immunologie für Einsteiger.* 2. Aufl. Springer Spektrum, Heidelberg

- Die Bibel der Bioanalytik: **Lottspeich F, Engels JW** (Hrsg.) (2012) *Bioanalytik.* 3. Aufl. Springer Spektrum, Heidelberg

8 Fragen zur Selbstkontrolle

1. Warum kann man Virusinfektionen nicht mit Antibiotika heilen?

2. Wie können RNA-Viren mit der DNA von Wirtszellen wechselwirken?

3. Was würde heute passieren, wenn Jenner und Pasteur ihre berühmten Impfversuche ausführen würden?

4. Wie erkennen Killerzellen, ob eine Wirtszelle von Viren befallen ist?

5. Wie gewinnt man monoklonale, wie polyklonale Antikörper? Was war die geniale Idee von Milstein und Köhler?

6. Kann man die hohe Spezifität von Antikörpern mit der katalytischen Kraft von Enzymen kombinieren?

7. Wie kann man eine genetische „Hausnummer" auf der Oberfläche von Viren platzieren und zur Optimierung von Proteinen nutzen?

8. Wie können Antikörper zur Krebsbekämpfung eingesetzt werden?

Siehe Text Seite 173

DIE UMGEBUNG NIMMT LEBEWESEN ALS OBJEKTE AUF,
DIE UMWELT ABER WIRD VON IHNEN GESTALTET.
EIN LEBEWESEN IST IMMER AUCH
SEINE JE BESONDERE UMWELT.
SEINE GRENZEN SIND NICHT
DURCH SEINE OBERFLÄCHE (HAUT) GEGEBEN,
SONDERN DURCH SEINE WAHRNEHMUNG
UND SEINE AKTIVITÄT,
SEINE BEWEGUNGEN IN RAUM UND ZEIT.

Jakob Johann Baron von Uexküll (1864–1944),
er definierte als erster „Umwelt"

UMWELT-BIOTECHNOLOGIE –
Weg von Einbahnstraßen, hin zu Kreisläufen!

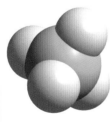

Kapitel 6

Abb. 6.1 Robert Koch, Entdecker der Erreger von Cholera, Tuberkulose, Milzbrand und anderen Infektionskrankheiten, Nobelpreis 1905

Abb. 6.2 Cholera-Epidemie, eine Schreckensvision massenhaften Sterbens

Cholera-Fälle 1989–2016 nach Kontinenten

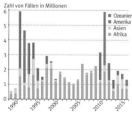

Abb. 6.3 Laut WHO tritt Cholera in 40 bis 50 Ländern auf. Von drei bis fünf Millionen Cholera-Erkrankten sterben 100 000 pro Jahr.

■ 6.1 Sauberes Wasser – ein Bioprodukt

»Von allen Seuchen flößt uns die **Cholera** vielleicht am meisten Furcht ein: Sie verbreitet sich so schnell, dass ein bei Tagesanbruch noch kerngesunder Mann vor der hereinbrechenden Abenddämmerung bereits unter der Erde liegen kann«, schrieb noch **Harold Scott** 1939 in *A History of Tropical Medicine*.

1892 glaubten jedenfalls die Einwohner Hamburgs noch, sie könnten das Elbe- und Alsterwasser direkt aus dem Fluss trinken. 8605 Hamburger Einwohner bezahlten diesen fatalen Irrtum mit ihrem Leben. Längst war das Flusswasser eine ideale Brutstätte für Mikroben – und damit auch für Cholera-Erreger. Die Nachbargemeinde Altona blieb hingegen verschont. Sie reinigte das Flusswasser über eine einfache Sandfiltration. Die Reinigung des Abwassers wurde also unumgänglich in den großen Städten.

Robert Koch (1843 – 1910, Abb. 6.1) hatte 1884 zwar das Cholera erregende Bakterium *Vibrio cholerae* entdeckt, aber Verbesserungen in der Wasserversorgung und Abwasserbehandlung hatten gerade erst begonnen. Cholera und Typhus gaben immerhin einen wichtigen Anstoß. Die Grafik in Box 6.1 zeigt den Zusammenhang zwischen der Anzahl von Typhustoten und der Hygiene der Wasserversorgung.

Sauberes Wasser! Jeden Tag verbrauchen wir heute pro Kopf 200 – 300 L sauberes Wasser, an heißen Tagen sogar bis zu 1000 L. Speisereste, Fette, Zucker, Eiweiße, Exkremente – alles fließt dann mit dem Abwasser davon, dazu kommt noch die Seifenlauge aus der Waschmaschine.

Der „bioabbaubare Grad der Verschmutzung" hat einen Namen: BSB. Der **Biochemische Sauerstoffbedarf in fünf Tagen** (**BSB$_5$**) wird im Labor ermittelt (Box 6.3) und sagt aus, wie viel Milligramm im Wasser gelösten Sauerstoff Abwassermikroben in fünf Tagen verbrauchen würden, um die organische Belastung einer Wasserprobe vollständig abzubauen. Häusliches Abwasser enthält im Durchschnitt eine organische Belastung von 60 g BSB$_5$ pro Einwohner und Tag. Das wurde auch als **Einwohnergleichwert** (**EGW**) festgelegt. In diesem Fall müssten pro Kopf und Tag 60 g Sauerstoff aufgewendet werden, um 1 EGW abzubauen. Wenn die durchschnittliche **Löslichkeit von Sauerstoff etwa 10 mg pro Liter Wasser** beträgt, würde dafür der gelöste Sauer-

stoff aus 6000 (!) L (also 6 m^3) sauberen Wassers benötigt, um die tägliche Verschmutzung durch einen einzigen Stadtbewohner zu beseitigen.

Wenn **ungeklärtes Abwasser** in Seen und Flüsse gelangt, spielt sich stark vereinfacht Folgendes ab: **Aerobier** bauen zunächst die organische Verschmutzung ab und verbrauchen dafür rapide den Sauerstoff. Es entstehen sauerstoffarme Bereiche (meist am Grund), in denen nur anaerobe Bakterien wirken können.

Fische und andere sauerstoffabhängige Organismen beginnen zu sterben. Die **Anaerobier** bilden giftiges Ammoniak (NH$_3$) und Schwefelwasserstoff (H$_2$S), der den Geruch fauler Eier verursacht. Die beiden bringen dann die trotz Sauerstoffmangels überlebenden restlichen Wasserorganismen um: Stinkende Wasserläufe und Kloaken entstehen.

In der **Landwirtschaft** produziert ein Rind genauso viel Abwasser wie 16 Einwohner einer Stadt. Bei 1,4 Milliarden Rindern weltweit produzieren diese also etwa so viel Abwasser wie 22 Milliarden Menschen! Noch bedenklicher sind aber die riesigen Abwassermengen der **Industrie**. Sie enthalten außer den abbaubaren organischen Stoffen große Mengen an anorganischen Substanzen, von Kochsalz bis zur Schwefelsäure, und auch Gifte wie Quecksilber und andere Schwermetalle, die von Mikroben nur schwer abgebaut werden oder die Mikroorganismen selbst abtöten. Papierfabriken erzeugen pro Tonne Papier 200 – 900 EGW, Brauereien 150 – 300 EGW pro 1000 L Bier.

Die **natürliche Reinigungskraft** der Mikroben in den Flüssen reicht längst nicht mehr aus, deshalb müssen in riesigen Kläranlagen die Abwässer so weit durch Mikroorganismen abgebaut werden, dass sie wieder ohne Schaden in die Gewässer geleitet werden können. **Abwasseranlagen sind die größten Biofabriken der Gegenwart**; sie verwerten Abwasser und liefern ein Bioprodukt in Riesenmengen: **sauberes Wasser**.

Mikroorganismen leisten bei der Abwasserreinigung Schwerstarbeit. Sie veratmen die Zucker, Fette und Eiweiße im Abwasser mithilfe von Luftsauerstoff zu Kohlendioxid und Wasser, dabei wachsen sie und bauen ihre neuen Zellen auf.

In den Kläranlagen werden **ideale Bedingungen für die Vermehrung und die Abbauarbeit** der Mikroben geschaffen. Da für den Abbau von 1 g Zucker mehr als 1 g Sauerstoff verbraucht wird, sich im Wasser aber nur 10 mg Sauerstoff pro Liter

Box 6.1 Biotech-Historie:
Rieselfelder und Abwasserentsorgung in Berlin

Bis zum Jahr 1878 wurden in Berlin Regen- und Schmutzwasser, Küchenabfälle und teilweise Fäkalien über die Rinnsteine entsorgt. Diese offenen Gräben befanden sich zwischen Gehweg und Straße und mündeten in einen Vorfluter. Wenn die Rinnsteine nicht unmittelbar zu öffentlichen Wasserläufen führten, endeten sie in unterirdische Kanäle, die systemlos, dem augenblicklichen Bedarf entsprechend, meist mit viel zu großen Querschnitten und ohne genügendes Gefälle angelegt waren.

So bildeten sich Fäulnisherde und ein höchst unangenehmer Geruch. Die Rinnsteine waren außerdem ein enormes Verkehrshindernis. Fäkalien sammelte man in Dunggruben, die regelmäßig per Hand geleert wurden. Den Inhalt transportierte man mit Fuhrwerken ab. Da weder Straßen, Rinnsteine noch Fuhrwerke genügend abgedichtet waren, wurde der Boden bzw. das Grundwasser enorm verschmutzt. Die Bewohner entnahmen ihr Wasser aus hauseigenen Brunnen. Dieses mit Fäkalkeimen belastete Wasser war die Ursache für die Ausbreitung von Krankheiten.

1816 beschloss die Regierung erstmals, Rinnsteine und Straßen mit Wasser zu spülen, um Unrat und Gestank zu entfernen. Diese Überlegungen wurden aber nie in die Tat umgesetzt, da nicht so viel Wasser mit dem entsprechenden Druck zu Verfügung stand. Eine von König **Friedrich Wilhelm IV**. eingesetzte Studienkommission beschloss 1846 die Errichtung eines Wasserwerkes. Auch wurde die Einführung von *Water-Closets* genehmigt. 1856 baute man dieses Wasserwerk am Stralauer Tor.

1873 übernahm die Stadt Berlin das Wasserwerk. Die „Durchspülung der Rinnsteine" entsprach jedoch nicht den Erwartungen. Durch die erleichterte Entnahme von Wasser und die verstärkte Verbreitung von *Water-Closets* nahm die Abwassermenge dramatisch zu. Die auf 1 m verbreiterten und tiefer eingeschnittenen Rinnsteine versagten. Obwohl sich das Abwasserproblem Berlins so stark vergrößerte, gab es „traditionell" weiterhin massiven Protest der regierungskritischen Berliner gegen eine Kanalisation. Man war der Auffassung, dass in der Kanalisation ebenfalls Fäulnis und Geruch, wie in den bisherigen unterirdischen Kanälen, entstehen.

Rudolf Virchow (1821 - 1902, links), Begründer der Zellularpathologie, Medizinhistoriker und Hygieniker, und James Hobrecht (1825 - 1903)

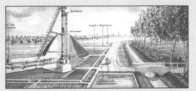

Schematischer Aufbau eines Rieselfeldes. Auf den Rieselbeeten baute man Getreide, Gemüse und Hackfrüchte an. Deshalb musste der Rieselwärter besonders darauf achten, dass die Felder gleichmäßig und regelmäßig überflutet wurden.

Berlin verbesserte seine Wasserversorgung. Damit verringerten sich die Todesfälle durch Typhus umgekehrt proportional.

Im Jahr 1860 beauftragte man den Geheimen Oberbaurat **Wiebe**, eine Studienreise nach Hamburg, Paris und London zu unternehmen und einen Plan für die Beendigung des Abwasserproblems zu erstellen. Er reiste im selben Jahr zusammen mit dem Baumeister für Wasserwege- und Eisenbahnbau, **James Hobrecht**. Wiebe wollte das Abwasser unterirdisch sammeln und dann ungeklärt in die Spree außerhalb der Stadt einleiten. Der Entwurf entfachte einen massiven Meinungsstreit unter Ingenieuren, Medizinern und Politikern. Im Februar 1867 setzte man eine Deputation unter der Führung des bekannten Mediziners und Mikrobiologen **Rudolf Virchow** (1821–1902) ein. Ein besonderes „Bureau" unter der Leitung von James Hobrecht wurde mit der Aufgabe gegründet, die Deputationsarbeiten zu leiten.

Rudolf Virchow fasste die gewonnenen Ergebnisse in einem Generalbericht zusammen und stellte sie im November 1872 der Stadtverordnetenversammlung vor. Diese beschloss im Mai 1873, mit dem Bau von

Abwasserleitungen zu beginnen. Dazu teilte man die Stadt in mehrere Entwässerungsgebiete auf und versah diese mit einem unabhängigen Kanalsystem (Radialsystem).

Dies hatte den Vorteil, dass bei einer Störung nicht alle Kanäle außer Betrieb genommen werden mussten und die restlichen Kanäle das Wasser des defekten Kanals aufnehmen konnten. Das Wasser leitete man durch gebrannte, glasierte Tonröhren und brachte es mittels Pumpstationen durch Dampfkraft auf die sogenannten „**Rieselfelder**" außerhalb der Stadt auf. Der große Fortschritt dieser Neuerung bestand darin, dass das Abwasser nicht mehr in Vorfluter geleitet wurde, sondern durch den Boden gereinigt und als Düngung landwirtschaftlich genutzt wurde. Hobrecht teilte die Stadt in zwölf annähernd gleiche Teile ein. Für jeden Teil war eine große Rieselfläche vorgesehen.

Die Inbetriebnahme des Entwässerungssystems befreite die Stadtbewohner auf einen Schlag von der hygienischen und ästhetischen Plage stinkender Rinnsteine und Jauchegruben. Die nun neu erworbenen Flächen mussten für die Rieselwirtschaft stark verändert werden. Weite Teile der Landschaft planierte man und schüttete Dämme auf. Es entstanden, je nach Neigung, horizontale Beete (Tafeln) oder Hangstücke, die gleichmäßig berieselt wurden. Durch die Rieselfelder erwuchs eine **einzigartige Kulturlandschaft**: Neben der Entsorgung der Abwässer der Stadt Berlin dienten die Rieselfelder auch der landwirtschaftlichen Produktion.

1905 wurde das erste Klärwerk in Wilmersdorf gebaut, 1930 die Klärwerke in Stahnsdorf und Waßmannsdorf. Diese sollten die Rieselfelder entlasten. Jedoch stieg die Abwassermenge weiter an. Deshalb stellte man 60 Jahre später 1133 ha der Rieselfelder auf Intensiv-Filterbetrieb um.

Die ständig überfluteten Felder machten die Landwirtschaft in diesen Bereichen nicht mehr möglich. Ab 1974 wurden Oxidationsbecken angelegt.

1984 baute man in Schönerlinde das Klärwerk Nord mit einer Biogasanlage (siehe Abb. 6.10) und stellte den Rieselbetrieb 1985/86 im Norden Berlins ein, weil das Abwasser durch die Klärwerke vollständig gereinigt werden konnte.

Damals baute man in Berlin noch effektiv und schnell.

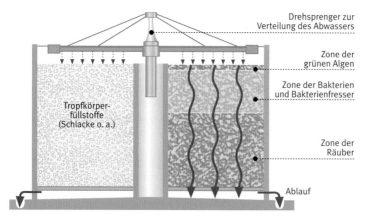

Abb. 6.4 Tropfkörper-Technologie

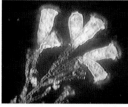

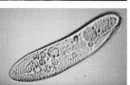

Abb. 6.5 Lebewesen im Süßabwasser (Glockentierchen, Pantoffeltierchen und Daphnie)

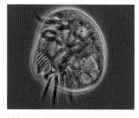

Abb. 6.6 Ein Nitrat-Indikator im Abwasserprozess: Das Rippentierchen (*Aspidisca costata*). Bis zu 25 000 Exemplare sind oft in 1 ml Abwasser enthalten. Außer seiner Anzahl liefert das Rippentierchen noch eine zweite Einschätzungsmöglichkeit: Die Höhe der sechs Rippen hängt vom Nitratgehalt ab. Je mehr Nitrate gebildet werden, desto höher sind die Rippen.

lösen lassen, wird der Sauerstoff im Wasser durch die Mikroorganismen sehr schnell verbraucht. Das Abwasser muss man deshalb ständig umwälzen und mit Sauerstoff belüften – ein energieaufwendiger Prozess.

6.2 Aerobe Abwasserreinigung: Rieselfelder, Tropfkörper und Belebtschlamm

Zu den ältesten Verfahren gehören die **Rieselfelder** (siehe Box 6.1) europäischer Großstädte wie Berlin im 19. Jahrhundert. Dabei versickert das mechanisch vorgereinigte Abwasser im Boden, in dem dann die organischen Schmutzstoffe mikrobiell abgebaut werden.

Neben den Rieselfeldern wurde nach platzsparenden Varianten gesucht: Eine andere Abwassertechnologie, **Tropfkörper** (Abb. 6.4), 1894 in England entwickelt, arbeitet wie ein Festbett-Bioreaktor (Kap. 4) und benutzt festes Material mit großen Poren (Lava, Schlacke, Sinterglas, Kunststoffkörper), das in kesselartigen Behältern gestapelt ist und auf das mechanisch vorgeklärte Abwasser durch Drehsprenger versprüht wird.

Die große Oberfläche der Füllstoffe ist die Voraussetzung für die Aktivität der Abwasserorganismen. Auf den Tropfkörpern entwickelt sich ein „Rasen" aus Bakterien, Pilzen, Cyanobakterien (Blaualgen), Algen, Protozoen, Rotatorien (Rädertierchen), Milben und Nematoden (Fadenwürmer). Eine hervorragende aquatische Lebensgemeinschaft (**Biozönose**, Abb. 6.5 und 6.6).

Ein drittes Verfahren ist das moderne **Belebtschlammverfahren** (Abb. 6.7, 6.8), das ebenfalls vor 100 Jahren eingeführt wurde. Dabei bilden die aeroben Bakterien, Pilze und Hefen nach mechanischer Reinigung große Flocken mit den

Nährstoffen, die durch Schleim zusammengehalten werden, der von Bakterien stammt. Diese **symbiotischen Schlammflocken** sind die Stützsubstanz der Mikroben und schweben in riesigen **Belebtschlammbecken** (Abb. 6.7 und 6.8) mit rotierenden Paddeln oder Bürsten, die Luft in das Wasser förmlich einschlagen. So können sich Sauerstoff verbrauchende Mikroben gut vermehren. Der Durchsatz ist mehrfach höher als bei den Tropfkörpern, vor allem durch die verbesserte Sauerstoffversorgung. In einem Nachklärbecken setzt sich ein Teil dieses Schlammes ab. Nachteilig ist die Geruchsbelästigung, die durch die offene Bauweise zustande kommt.

In Deutschland gibt es zumeist noch die **Stufe der chemischen Phosphat- oder Nitrateliminierung**. Bei Trinkwasser chlort oder ozoniert man danach, um mikrobielle Keime abzutöten. Ein kleinerer Teil des Belebtschlammes wird wieder in das Belebtschlammbecken zurückgeführt, damit für die nachströmenden neuen Abwässer ausreichend große Bakterienmengen vorhanden sind.

Die **Leistungsfähigkeit** der Mikroben des Belebtschlammes ist erstaunlich: Ein Kubikmeter des Beckens kann das 20-Fache seines Volumens an stark verschmutzten Abwässern reinigen. Der belebte Schlamm macht bis zu 20 % des ganzen Beckens aus.

Der abgesetzte Schlamm wird in besonderen Faultürmen unter Luftabschluss behandelt. Dabei setzen die zu den Archaebakterien (Archaea) gehörenden **Methanbakterien** (siehe Abb. 6.14) verbliebene organische Stoffe zu Methan um. Dieses kann als **Biogas** Energie liefern (siehe Abschnitt 6.3). Die Becken der Kläranlagen erfordern viel Raum, der besonders in Industriegebieten knapp ist. Deshalb wurden bei Bayer und Hoechst mehrere raumsparende **Biohochreaktoren** mit 15–30 m Höhe für die biologische Abwasserreinigung entwickelt (Abb. 6.9). Insgesamt klärt die Industrie am Rhein etwa 15 Milliarden Kubikmeter Abwasser pro Jahr.

Es gibt auch **Tiefschachtreaktoren**, die in die Erde gebaut werden. Man erreicht durch die größere Bauhöhe oder -tiefe zum einen, dass sich die Gasblasen länger in der Flüssigkeit aufhalten, und zum anderen eine erhöhte Sauerstofflöslichkeit durch den erhöhten Druck.

Beide Reaktortypen sind intensiv von ihrem Boden aus mit Sauerstoff durchströmt, lösen den Sauerstoff zu 80 % (im Vergleich zu 15 % beim normalen Verfahren) aus, bringen hohe Abbauleistungen, brauchen wenig Platz, vermindern Geruchsbelästigungen, sind aber noch teuer und kompliziert.

6.3 Biogas

Die „Irrlichter" in den Sümpfen gibt es tatsächlich. Im altchinesischen Buch *I Ching* ist bereits vor 3000 Jahren „Feuer in den Marschen" erwähnt. In Europa beschrieb 1776 der italienische Physiker **Alessandro Volta** (1745-1827) die „brennende Luft über den Sümpfen".

Die Vorliebe der „fliegenden Untertassen" für moorige Gegenden erklären überzeugte UFO-Gegner mit dem gleichen Naturphänomen: Emporsteigendes Faulgas enthält brennbares Methan. Eine entzündete Methanblase liefert dann die durchaus irdische Grundlage für Irrlichter und UFOs. Unklar ist dennoch, wie es eigentlich spontan zu Entzündungen des Gases kommt.

Die Methanbildung kann jedermann beim Umrühren des Seeschlammes sehen. Im **Pansen der Wiederkäuer** läuft ebenfalls ein Biogaswerk *en miniature*: 8-10 % des Futters werden durch Mikroorganismen im Pansen eines Rindes täglich in 100-200 L des Treibhausgases Methan umgesetzt, das als charakteristisches „Rülpsgas" oder mit den Darmgasen der Tiere entweicht. Riesige Rinderherden für Fast-Food-Ketten auf niedergebrannten Dschungelgebieten liefern also durchaus einen spürbaren Beitrag zum Methanhaushalt der Erde.

Die nützlichen „bakteriellen Untermieter" im **menschlichen Darm** produzieren neben Vitaminen auch Gase, die der Dickdarm nur zum Teil wieder resorbieren kann. Abhängig von der Ernährung entweicht dem Darm täglich bis zu ein halber Liter Gas. Der größte Teil ist geruchsloser Wasserstoff. Unangenehm bis stechend dagegen riechen verschwindend geringe Mengen Schwefelwasserstoff und weitere schwefelhaltige Verbindungen, die beim Proteinabbau entstehen.

Jährlich bilden Mikroorganismen auf der Erde etwa **500 Millionen bis eine Milliarde Tonnen Methan**; das ist etwa die Menge an Methan, die jedes Jahr aus Erdgasquellen gewonnen wird. Damit werden etwa 5 % des bei der Photosynthese assimilierten Kohlenstoffs durch Mikroben in Methan verwandelt – ein wichtiger Teil des Kohlenstoffkreislaufs. Auf dem Meeresgrund befinden sich **riesige Methanhydratlager** aus dem Perm, Stoff für Energieplaner und Umwelt-Thriller:

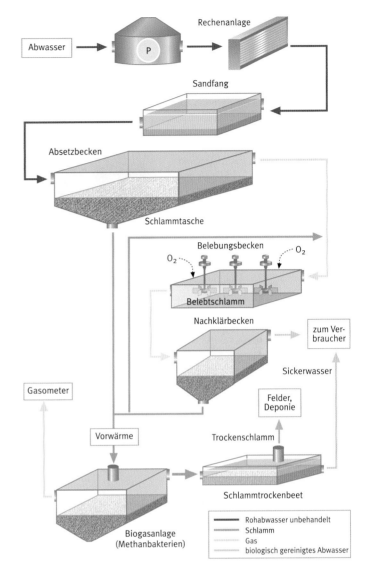

Abb. 6.7 Schema einer Kläranlage mit mechanischer und biologischer Reinigungsstufe (Belebungsbecken mit Belebtschlamm) und der Schlammverwertung durch eine Biogasanlage

Wenn dieses Methan durch globale Erwärmung freigesetzt würde, gäbe es eine Katastrophe. Im Gegensatz zu anderen Treibhausgasen hat sich allerdings erstaunlicherweise laut Nobelpreisträger **Paul Crutzen** (geb. 1933, Abb. 6.15) die Methankonzentration der Atmosphäre in letzter Zeit nicht erhöht.

Die größten Methanproduzenten sind dieses Mal ausnahmsweise nicht wir, sondern Insekten: **Termiten.** Jede Termite (Abb. 6.23) produziert zwar mit ihren Mikroorganismen (zumeist einzelligen Flagellaten) im Darm nur ein halbes Milligramm Methan pro Tag. Bei der unglaublich großen Insektenzahl ergeben sich dadurch aber jährlich 150 Millionen Tonnen des Treibhausgases. Wie vollzieht sich die **Methanogenese**? Verschiedene Bakteriengruppen sind für die anaerobe Umsetzung von großen Biomolekülen, wie Cellulose,

Abb. 6.8 Belebungsbecken der modernen Kläranlage des Kai-Tak-Flughafens in Hongkong. Die Anlage muss zunächst Öle und Waschflüssigkeit vom Wasser separieren, bevor das Belebtschlammbecken versorgt wird.

Box 6.2 Expertenmeinung:
Regenwälder, flüchtige Antibiotika und Endophyten für die industrielle Mikrobiologie

Mikroorganismen zeichnen sich durch eine enorme Vielfalt aus und besetzen die erstaunlichsten Nischen, von den Sedimenten der Tiefsee bis zu heißen Quellen. Eine weitere, bislang noch relativ wenig genutzte Quelle mikrobieller Vielfalt sind die tropischen Regenwälder der Erde. In den lebenden Geweben der meisten Pflanzenarten leben endophytische Mikroorganismen, am häufigsten kommen sie bei Pflanzen des Regenwalds vor.

In Form unendlich vieler Enzyme und sekundärer Pflanzenstoffe, die sie produzieren, werden Mikroorganismen schon lange vom Menschen genutzt. Zudem wird eine **kleinere Zahl von Mikroben direkt für verschiedene industrielle Prozesse genutzt**, zum Beispiel zur Herstellung von Käse, Wein oder Bier, zur Wasser- oder Bodenaufbereitung und zur biologischen Bekämpfung von Schädlingen und Pathogenen. Es scheint, als hätten wir die versteckten Mikroben der Welt bei Weitem noch nicht ausgeschöpft. Eine **umfassendere Untersuchung der ökologischen Nischen auf der Erde** könnte neue Mikroben mit direktem Nutzen für die Menschheit zutage fördern, wobei entweder die Mikroben selbst oder eines ihrer natürlichen Produkte von Nutzen sein könnten.

Regenwälder: unerschlossene Quelle mikrobieller Vielfalt

Regenwälder bedecken nur etwa 7% der Erdoberfläche, bilden aber die Heimat von 50–70% aller Arten der Erde. Ein anschauliches Beispiel dafür ist die Tatsache, dass allein in Amazonien über 30% aller Vogelarten der Erde vorkommen. Es stellt sich die Frage, **warum sich in den Regenwäldern eine solche Artenvielfalt konzentriert?**

Wie **Paul Richards** in seinem Buch *The Tropical Rainforest* schreibt, liegt der immense Pflanzenreichtum der tropischen Regenwälder zweifellos zum Großteil in ihrem hohen Alter begründet, da sie über einen extrem langen Zeitraum hinweg ein Brennpunkt der Evolution der Pflanzen waren. Meiner Meinung nach lässt die Vielfalt großer Lebensformen darauf schließen, was sich wahrscheinlich auch bei den Mikroorganismen abgespielt hat. Demzufolge findet man in Gebieten der Erde mit einer enormen Artenvielfalt

Orchideen (Bild aus den *Kunstformen der Natur* von Ernst Haeckel) wachsen oft epiphytisch im Dschungel, meist in Symbiose mit Pilzen.

an höheren Lebewesen auch eine hohe Vielfalt an Mikroorganismen. **Offenbar hat nur noch niemand danach gesucht!**

Eine ganz besondere und einzigartige Nische, in der Mikroorganismen leben, bilden die Zwischenräume zwischen den lebenden Zellen höherer Pflanzen. Wie sich zeigt, beherbergt jede Pflanze bestimmte Mikroorganismen, die man als **Endophyten** bezeichnet. Diese Organismen verursachen bei den Pflanzen, in denen sie leben, keine offensichtlichen Symptome. Bisher sind diese Endophyten nur wenig erforscht, es ist jedoch anzunehmen, dass in Pflanzen unzählige neue Gattungen endophytischer Pilze und Bakterien leben und dass deren Artenvielfalt parallel zu der höherer Pflanzen verläuft.

Manche Endophyten haben sich möglicherweise in Koevolution mit der jeweiligen höheren Pflanze entwickelt und daher bereits eine Verträglichkeit mit höheren Lebensformen erreicht. Folglich begannen wir eine konzertierte Suche nach neuen endophytischen Mikroben in der Hoffnung, dass diese neue bioaktive Substanzen produzieren oder Prozesse in Gang setzen, die sich irgendwie als nützlich erweisen könnten. Jede Entdeckung neuer Mikroben ist für praktisch alle Standardprozesse der industriellen Mikrobiologie von Bedeutung. Um eine Vorstellung davon zu vermitteln, wie spannend solche Entdeckungen sein können, wenn man an Regenwaldmikroben forscht, möchte ich in erster Linie auf die Entdeckung einer neuen Gattung endophytischer Pilze eingehen – *Muscodor*.

Die Entdeckung von *Muscodor albus*

In den späten 90er-Jahren machte ich mich auf zu einer Sammelexpedition in die Regenwälder an der Karibikküste von Honduras. Dieses Gebiet hatte ich für meine Expedition ausgewählt, weil ganz Mittelamerika einer der „Hotspots" der Biodiversität (Artenvielfalt) auf der Welt ist. Man zeigte mir einen mittelgroßen, in der neuen Welt nicht heimischen Baum, den Ceylon-Zimtbaum (*Cinnamomum zeylanicum*), und ich brach einige kleine Zweige als Probematerial ab. Unglücklicherweise sind die meisten Pflanzenproben aus den Tropen von mikroskopisch kleinen pflanzenfressenden Milben befallen. Diese unangenehmen Organismen befallen nicht nur sämtliche Arbeitsflächen, sondern auch die mit Parafilm verschlossenen Petrischalen. Um das lästige Milbenproblem zu lösen, bewahrten wir die Petrischalen mit den Pflanzengeweben in einer großen Kunststoffbox mit fest schließendem Deckel auf. Das sollte es den winzigen Tierchen erschweren, von der Arbeitsfläche ins Innere der Box zu gelangen.

Nach wenigen Tagen zeigten die meisten der Proben ein Wachstum endophytischer Pilze. Die Spitzen der Pilzhyphen wurden dann auf frische Platten mit Kartoffel-Dextrose-Agar übertragen. Nach zwei Tagen Inkubation stellten wir fest, dass **mit einer Ausnahme keine der übertragenen Pilzhyphen wuchs**. Waren die Endophyten durch Sauerstoffmangel wegen der Aufbewahrung in der Plastikbox abgestorben? Ganz im Gegenteil. Es zeigte sich, dass der einzig überlebende endophytische Pilz (als Isolat 620 bezeichnet) flüchtige Antibiotika oder flüchtige organische Verbindungen (VOCs, *volatile organic compounds*) produzierte.

Damit war die Hypothese geboren, dass ein **Endophyt flüchtige antibiotisch wirksame Substanzen produzieren kann**, die ein weites Spektrum biologischer Aktivitäten zeigen. Schnell stellte man fest, dass zwar viele in Holz lebende Pilze flüchtige Substanzen produzieren, aber keiner davon die biologische Aktivität des Isolats 620 aufwies.

Isolat 620 ist ein weißlicher, steriler endophytischer Pilz mit gedrehten, klebrigen Hyphen und rechtwinkliger Verzweigung. Um den Organismus taxonomisch zu charakterisieren, wurden Teilregionen der ITS-5,8-rDNA isoliert, sequenziert und in der Genbibliothek GenBank hinterlegt.

Eine Gaschromatografie/Massenspektrometrie-Analyse (GC/MS) der flüchtigen organischen Verbindungen des Pilzes zeigte, dass mindestens 28 VOCs vorhanden waren. Diese Substanzen gehörten mindestens fünf Hauptklassen organischer Substanzen an, darunter Lipide, Ester, Alkohole, Ketone und Säuren, von denen einige in nebenstehender Abbildung gezeigt sind. Die endgültige Identifizierung der flüchtigen Stoffe erfolgte durch einen direkten Vergleich der VOCs des Pilzes mit einer GC/MS eindeutiger Substanzen, die kommerziell erhältlich sind oder von uns oder anderen zu diesem Zweck synthetisiert wurden.

Schließlich testeten wir künstlich hergestellte Gemische der Substanzen in einem biologischen Assay-System, um die relative Aktivität der einzelnen Substanzen zu demonstrieren. Obgleich lediglich etwas mehr als 80 % der flüchtigen Substanzen identifiziert werden konnten, schien dies ausreichend, um die hervorragende letal-antibiotische Wirkung der von dem Pilz produzierten VOCs hervorzurufen.

Das Gasgemisch bestand hauptsächlich aus **Alkoholen, Säuren, Estern, Ketonen und Lipiden**. Als wir anschließend jede dieser fünf Hauptgruppen von VOCs im Bioassay-Test testeten, zeigte jede eine gewisse hemmende Wirkung, wobei die Ester am wirkungsvollsten waren. Von diesen wiederum erwies sich 1-Butanol-3-methylacetat am wirksamsten.

Kein einziger Bestandteil oder keine einzige Klasse von Substanzen zeigte jedoch eine letale Wirkung auf irgendeine der getesteten Mikroben, zu denen unter anderem pflanzenpathogene Pilze, grampositive und gramnegative Bakterien gehörten.

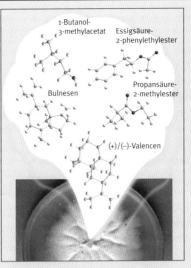

Muscodor albus und einige repräsentative hemmende flüchtige Substanzen, die von diesem stinkenden Pilz produziert werden

Offensichtlich steht die antibiotische Wirkung der VOCs von *M. albus* eng mit der **synergistischen Aktivität** des Gemischs in der Gasphase in Zusammenhang. Wir wissen nur sehr wenig darüber, wie diese Gemische auf Testmikroben wirken. Dies stellt ein interessantes Forschungsgebiet für die Zukunft dar. Mit dem Isolat von *M. albus* als Selektionswerkzeug konnten wir andere eng verwandte Isolate dieses Pilzes aus tropischen Pflanzen aus verschiedenen Teilen der Welt gewinnen, unter anderem aus Thailand, Australien, Peru, Venezuela und Indonesien. Sie zeigen in der Sequenz eine große Ähnlichkeit mit Isolat 620 und produzieren viele – wenn auch nicht alle – der VOCs von Isolat 620.

„Mycodesinfektion" mit *Muscodor*

Die VOCs von *M. albus* töten viele der Pathogene, die Pflanzen, Menschen und sogar Gebäude schädigen. Die Bezeichnung „Mycodesinfektion" bezieht sich auf die praktischen Aspekte dieses Pilzes. Erstmals in der Praxis demonstriert werden konnte seine Wirkung gegen Pathogene durch die Mycodesinfektion von mit Getreidebrand befallenen Gerstenkörnern. Sie führte nach wenigen Tagen zu einer 100 %igen Eindämmung der Krankheit. Zurzeit wird diese Technologie **zur Behandlung von Früchten für die Lagerung und den Transport** weiterentwickelt. Auch die Behandlung von Böden – sowohl im Freiland als auch im Gewächshaus – erwies sich als effektiv. In diesen Fällen wurden die Böden mit einer *M. albus*-Lösung vorbehandelt, um die Entwicklung infizierter Setzlinge zu verhindern.

Das Unternehmen AgraQuest in Davis, Kalifornien, ist intensiv mit der Entwicklung von *M. albus* für zahlreiche landwirtschaftliche Anwendungsbereiche beschäftigt und wollte bereits 2006 ein entsprechendes Produkt auf den Markt bringen. Die amerikanische Umweltschutzorganisation US-EPA (US Environmental Protection Agency) hat eine einstweilige Zulassung von *M. albus* für landwirtschaftliche Zwecke erteilt. Es scheint sich auch abzuzeichnen, dass das Konzept der Mycodesinfektion geeignet ist, die Verwendung anderer gefährlicher Substanzen zu ersetzen, die derzeit bei Feldfrüchten, auf Böden und an Gebäuden angewandt werden. Hier ist in erster Linie Methylbromid zur Bodensterilisation zu nennen. AgraQuest hat inzwischen wahrscheinlich schon ein Produkt zur Behandlung von Früchten auf den Markt gebracht.

Es bleibt zu hoffen, dass die Entdeckung und die Entwicklung an *M. albus* und die daraus entstandenen Erkenntnisse starken Einfluss auf die Entdeckung und Entwicklung weiterer Regenwaldmikroben haben werden.

Gleichzeitig gibt dies einen weiteren Anstoß dazu, die wertvollen Regenwälder der Welt zu schützen, die vom Menschen derzeit auf furchtbare Weise ausgebeutet und vernichtet werden.

Gary Strobel (geb. 1938) ist Professor am Department of Plant Sciences an der Montana State University in Bozeman.

Quellen:

Demain A (1981) Industrial microbiology. *Science*, 214: 987–995

Bull AT (ed) (2004) *Microbial Diversity and Bioprospecting*, ASM Press

Kayser O, Quax W (2007) *Medical Plant Biotechnology*. 2 Bde. Wiley-VCH

Strobel GA, Daisy B (2003) Bioprospecting for microbial endophytes and their natural products. *Microbiol Mol Biol Rev*, 67: 491–502
www.agraquest.com

Abb. 6.9 Die „Turmbiologie" von Bayer erreicht eine gute Sauerstoffversorgung und hohe Abbauleistung ohne Geruchsbelästigung.

Abb. 6.10 Biogasanlage in Schönerlinde bei Berlin

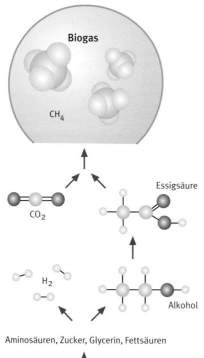

Abb. 6.11 Oben: Der Große Vorsitzende Mao Zedong inspiziert persönlich in den 50er-Jahren die Kochstelle einer Biogasanlage, der Nutzen des „Marschgases" wird auf der Tafel gepriesen.

Unten: 30 Jahre später ist Biogas aktueller denn je. Der Große Reformer Deng Xiaoping vor einer Biogasanlage

Abb. 6.12 Biogasanlage auf Taiwan, volkstümlich erklärt

Abb. 6.13 Rechts: Phasen der Entstehung von Methan

Eiweiß oder Fett, zu Methan und Kohlendioxid verantwortlich: Zuerst bewirken die anaeroben Clostridien und fakultativ anaeroben (d. h. auch mit Sauerstoff lebensfähigen) Enterobakterien und Streptokokken mithilfe ihrer in die Umgebung abgegebenen Enzyme in der **hydrolytischen Phase** den enzymatischen Abbau der hochmolekularen Stoffe in die Grundbausteine Zucker, Aminosäuren, Glycerin, Fettsäuren (siehe Abb. 6.13). Diese Stoffe werden dann in der **acidogenen Phase** vorrangig zu Wasserstoff, Kohlendioxid, Essigsäure und anderen organischen Säuren und Alkohol vergoren. Die organischen Säuren und Alkohole werden danach in der **acetogenen Phase** zu Essigsäure (Acetat), Wasserstoff und Kohlendioxid zerlegt. Aus **Wasserstoff, Acetat** und **Kohlendioxid** entsteht schließlich Methan.

Die Methanbildner gehören zu den sauerstoffempfindlichsten Lebewesen, die wir kennen. Da diesen „Urbakterien" Cytochrome und das Wasserstoffperoxid spaltende Enzym **Katalase** fehlen, reichert sich bei Zutritt von Sauerstoff in den Zellen das tödliche Zellgift Wasserstoffperoxid (H_2O_2) an und zerstört die Zellstrukturen.

Die Methanbildner werden heute zusammen mit den Salz liebenden Halobakterien und den thermophilen Schwefel reduzierenden Bakterien zu den urtümlichen **Archaebakterien** gerechnet. Sie alle unterscheiden sich in Bau und Stoffwechsel drastisch von den „normalen" Bakterien (**Eubakterien**) und sind durchweg an extremen Standorten anzutreffen (Abb. 6.14). Die Bedingungen dort ähneln denen in archaischer Zeit, also in der Frühzeit der Erde, als ebenfalls Sauerstoffmangel herrschte.

■ 6.4 Biogas kann Wälder retten!

Etwa zwei Milliarden Menschen auf der Welt müssen ihre Energie immer noch durch Verbrennen von **Biomasse** (Holz, landwirtschaftliche Abfälle und getrockneter Dung) gewinnen – ein sehr direkter und ineffektiver Weg der Nutzung von Biomasse zur Energiegewinnung.

Dieser Weg hat außerdem **katastrophale Folgen für die Landwirtschaft und Umwelt**: Holz ist in den Ländern der Dritten Welt zu einem ebensolchen Mangelfaktor geworden wie Nahrung. Biogas ist dagegen in kleinen Reaktoren auf dem Land leicht aus tierischen und menschlichen Exkrementen sowie aus pflanzlichen Abfällen zu gewinnen und liefert neben Energie zum Kochen auch natürlichen Dünger in Form von Faulschlamm. Dieser enthält Stickstoff, Phosphor und Kalisalze und hilft so, Kunstdünger zu sparen. In den luftdicht abgeschlossenen Bioreaktoren (Abb. 6.12) werden zudem Krankheitserreger abgetötet. In vielen Entwicklungsländern könnte Biogas die Wälder retten.

Das sogenannte **Gobarprojekt** in Indien (Hindi *gobar*, Kuhdung) sollte deshalb einen Durchbruch bringen. Schätzungen sprechen immerhin von 2,5 Millionen Biogasanlagen. Der Vater der Nation, **Mahatma Gandhi** (1869-1948), hatte von sich selbst versorgenden dörflichen Einheiten geträumt.

Als Hindernis erweist sich jedoch nach wie vor die **halbfeudale Sozialstruktur des indischen Dorfes**: Nur reiche Bauern können sich den Kauf eines Biogasreaktors aus Edelstahl leisten und ihn dann auch mit ausreichenden Abfallmengen betreiben. Die armen Bauern, die oftmals nicht einmal eine Kuh besitzen, könnten selbst kostenlos zur Verfügung gestellte Reaktoren nicht nutzen. Reiche Bauern kauften getrockneten Kuhdung für ihre Reaktoren billig auf, nun fehlt den Ärmsten der Armen auch der einfachste rationale Brenn-

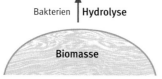

Biogas

CH_4

CO_2

Essigsäure

H_2

Alkohol

Aminosäuren, Zucker, Glycerin, Fettsäuren

Bakterien | **Hydrolyse**

Biomasse

stoff, der früher förmlich auf der Straße lag. Dazu kommt, dass in Indien aus religiösen Gründen menschliche Exkremente tabu sind. Die Folge: Alle nur irgendwie erreichbaren Holzbestände werden verheizt.

Eine Alternative demonstriert nach Meinung der Vereinten Nationen **China**. Hier sollen neun Millionen Biogasanlagen in Betrieb sein (Abb. 6.11). Die Dörfer betreiben oft große Gemeinschaftsanlagen, die mit einer Billigtechnologie aus Betonbioreaktoren errichtet wurden. Sowohl Abfallmasse als auch Energie und Dünger werden wirtschaftlich verarbeitet und sinnvoll verteilt.

■ 6.5 Biogas in Industrieländern: Gülleverwertung

In nichttropischen Ländern ist die Biogasproduktion natürlich schwieriger. Trotzdem gibt es eine ganze Reihe vielversprechender Projekte auch in Europa. In Europa und Nordamerika können Biogasreaktoren helfen, die **Abfallprobleme in Großanlagen der Tierproduktion** zu lösen.

Gülle aus der industriell betriebenen Tierproduktion fällt in so riesigen Mengen an, dass sie den Boden zu stark belasten würde, brächte man sie als Dünger aus, oder aber ihr Transport wäre zu teuer. Von einer Milchkuh fallen immerhin täglich 75 L Gülle an. In der Schweiz errichteten Bauern aus alten Öltanks Biogasanlagen, die ihnen je Kuh den Gegenwert von 300 L Heizöl im Jahr liefern. Bei der Abwasserverwertung lässt sich aus dem anfallenden Schlamm ebenfalls sehr rationell Biogas erzeugen.

Ein neues Klärwerk, das im Norden Berlins täglich 170 000 m³ Wasser reinigte, erzeugte schon zu Zeiten der DDR täglich in vier riesigen Reaktoren 15 000 m³ Biogas, das vorerst die gesamte Anlage mit eigener Energie versorgte (Abb. 6.10). In Deutschland wird gegenwärtig nur ein Promille der Biogasmöglichkeiten genutzt.

Die neuen Bundesländer hatten bei Biogas sogar einen Vorlauf: Als man in den 70er-Jahren mit den Folgen der Ölkrise zu kämpfen hatte und begann, Heizöl im Regelfall durch Braunkohle zu ersetzen, entdeckte man auch das Biogas: Die großen landwirtschaftlichen Tierproduktionen boten genügend Brennstoff. Damit konnte die DDR gleich zwei Fliegen mit einer Klappe schlagen: Der unangenehme Geruch auf vielen Landwirtschaftlichen Produktionsgenossenschaften (LPG) verschwand, und gleichzeitig wurden die Devisen für teure Energieimporte geschont. So entstand

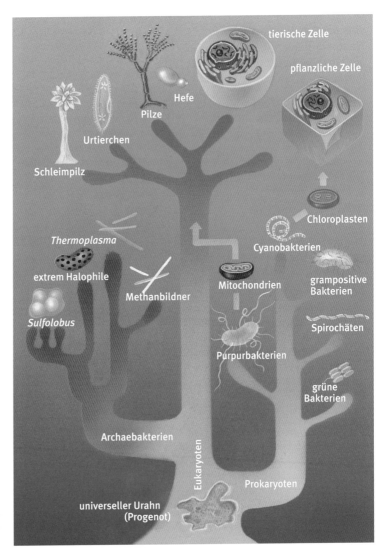

Abb. 6.14 Der herkömmliche Stammbaum des Lebens, wie er vor der Entdeckung der **Archaebakterien** aussah, enthielt zwei Hauptentwicklungslinien: die prokaryotische und die aus ihr hervorgegangene eukaryotische Linie.

Am Anfang standen danach anaerobe Bakterien, die Energie durch Gärung gewannen. Nachdem sich Sauerstoff in der Atmosphäre angereichert hatte, nahmen bestimmte anaerobe Zellen, die ihre Zellwand verloren hatten (Mycoplasmen), kleinere Bakterien in sich auf und gingen eine endosymbiotische Beziehung mit ihnen ein.

Von den „verschluckten" Bakterien entwickelte sich wahrscheinlich ein aerobes (Sauerstoff atmendes) Bakterium zum **Mitochondrium**, ein photosynthetisches Cyanobakterium zum **Chloroplasten** und ein Spirochät möglicherweise zur Geißel. So entstand der Vorfahre der eukaryotischen Zellen.

Das **Dendrogramm** (Stammbaum) der echten Bakterien oder Eubakterien, soweit es bisher bekannt ist, verzweigt sich in fünf Hauptäste. Die grampositiven Bakterien, zu denen Bazillusarten, Streptomyceten und Clostridien gehören, besitzen eine dicke Zellwand.

Die photosynthetischen Purpurbakterien (z. B. *Alcaligenes*) und einige enge Verwandte von ihnen, die keine Photosynthese betreiben, wie *Escherichia coli*, bilden gemeinsam eine weitere Gruppe. Die Spirochäten sind lange, spiralige Bakterien.

Aus den Photosynthese treibenden und dabei Sauerstoff freisetzenden Cyanobakterien haben sich höchstwahrscheinlich die Chloroplasten der Pflanzen entwickelt.

Die grünen photosynthetischen Bakterien (*Chlorobium*) sind anaerobe Organismen.

In den 70er-Jahren entdeckte man, dass sich die prokaryotischen Archaebakterien in ihrem Zellaufbau von allen anderen Lebewesen erheblich unterscheiden, also eine „dritte Lebensform" darstellen, eine gesonderte Gruppe bilden, die in der urzeitlichen Biosphäre eine beherrschende Rolle gespielt hat.

Später wurde sie jedoch wegen ihrer Sauerstoffempfindlichkeit auf kleine ökologische Nischen verbannt.

Box 6.3 Der Biochemische Sauerstoffbedarf (BSB$_5$) – ein Maß für bioabbaubare Substanzen im Abwasser

Sauerstoff ist schwer wasserlöslich. Bei 15 °C lösen sich etwa 10 mg Sauerstoff pro Liter Wasser, bei 20 °C nur noch 9 mg. Wenn in Seen, Flüsse und das Meer Abwässer eingeleitet werden, verringert sich der gelöste Sauerstoff im Wasser dramatisch: Aerobe Bakterien und Pilze benötigen ihn nämlich für den Abbau der eingeleiteten organischen Substanzen.

Kläranlagen, Biofabriken zur Erzeugung sauberen Wassers, benötigen deshalb zusätzlichen Eintrag von Sauerstoff.

Mit dem 1896 in England erfundenen Verfahren „Biochemischer Sauerstoffbedarf" (*Biochemical Oxygen Demand, BOD*) lässt sich die organische Belastung von Wasser bestimmen. Der BSB$_5$ dient der Abschätzung des biologisch leicht abbaubaren Anteils der gesamten organischen Wasserinhaltsstoffe. Er ergibt sich aus dem Sauerstoffbedarf heterotropher Mikroorganismen.

Die beim Abbau bei 20 °C dem Wasser entzogene Sauerstoffmenge wird auf eine bestimmte Anzahl von Tagen bezogen, im Fall des BSB$_5$ auf fünf Tage. Man verdünnt dazu Wasserproben, „durchblubbert" sie in Schüttelkolben mit Luft (um Sättigung mit Sauerstoff

zu erreichen) und fügt *seeds* hinzu (eine Mischkultur von Abwassermikroben). Dann misst man den Sauerstoffgehalt, meist mit einer Clark-Sauerstoffelektrode. Danach werden die Kolben verschlossen und bei 20 °C für fünf Tage im Dunkeln geschüttelt. Nach der Inkubation wird erneut der Sauerstoffgehalt bestimmt. Die Differenz zwischen dem ersten und fünften Tag (multipliziert mit der Verdünnung der Probe) ergibt den BSB$_5$-Wert.

Wie der BSB$_5$-Wert gemessen wird: Clark-Sauerstoffelektrode in Kulturflasche

War kein bioabbaubarer Stoff im Wasser, hatten die Mikroben nichts zu verwerten, vermehrten und veratmeten nichts. Es wurde kein Sauerstoff verbraucht. Die Differenz zwischen ersten und fünften Tag ist gleich null. Der BSB$_5$ beträgt also 0 mg Sauerstoff pro Liter. Es sind keine leicht bioabbaubaren Stoffe im Wasser enthalten!

War das Wasser dagegen reich an bioverwertbaren Stoffen, vermehrten sich die zugesetzten Mikroorganismen und verzehrten den Sauerstoff.

Ist die Differenz beispielsweise 9 mg/L (bei vollständigem O$_2$-Verbrauch) und die Verdünnung 100-fach, errechnet man einen BSB$_5$-Wert von 900 mg/L. Man würde also 900 mg Sauerstoff benötigen, um 1 L dieses Abwassers vollständig abzubauen. Anders gesagt, man würde den Sauerstoff aus 90 L sauberen Wassers brauchen, um 1 L Abwasser abzubauen!

Die BSB$_5$-Belastung von Abwasser, verursacht durch eine Person pro Tag, wird durch den sogenannten **Einwohnergleichwert (EGW)** angegeben. Ein EGW entspricht etwa 60 g BSB$_5$/Tag. Beeinflusst werden kann der BSB$_5$ z. B. durch Nitrifikation, Algenatmung oder Mikroorganismen hemmende toxische Substanzen.

Der **BSB$_5$-Wert** ist für die Vergleichbarkeit von Abwässern wichtig, danach richten sich auch die Abwassergebühren. Der Wert sagt aber nichts über die Belastung mit nicht abbaubaren Verbindungen.

Der Nachteil der BSB-Bestimmung liegt in der lang dauernden Testzeit. Fünf Tage Messdauer gestatten keine sinnvolle Nutzung des Tests zur Steuerung der Anlagen.

Mikrobielle Biosensoren (Kap. 10) messen dagegen den BSB von Abwässern in nur fünf Minuten, zeigen allerdings aber nur niedermolekulare Substanzen an, die eine Schutzmembran des Biosensors durchdringen können.

Abb. 6.15 Nobelpreisträger Paul Crutzen (Mitte), Mitentdecker des Ozonlochs, nach einem Vortrag im April 2005 in Hongkong: »1,4 Milliarden Rindviecher (tierische) gibt es auf der Welt, die massiv Methan ausscheiden …«

Abb. 6.16 Wegen Herbizidbelastung 1990 abgesperrte Fläche im ehemaligen Mauerstreifen in Berlin. Mein Sohn Tom erkundet sie …

bereits in den 80er-Jahren eine Reihe von Biogasanlagen. Drei dieser Pionieranlagen (Frankenförde/Brandenburg, Rippershausen/Thüringen, Zobes/Sachsen) sind heute noch in Betrieb. Drei andere „Hof-Kraftwerke", darunter die mit einer täglichen Gasproduktion von 10 000 m³ einst weltweit größte Anlage in Nordhausen am Ostrand des Harzes, liegen mittlerweile still (genauso wie die dazugehörenden Tierproduktionen).

Denkbar ist sogar der Einsatz von Biogas zum **Betrieb von Fahrzeugen in der Landwirtschaft**. In Deutschland experimentierte man schon vor dem Zweiten Weltkrieg mit Biogas aus Kläranlagen und beheizte angrenzende Wohnanlagen damit. In Stuttgart liefen damals 155 Fahrzeuge der städtischen Fuhrbetriebe mit Biogas – vom Volksmund liebevoll „Furzelino" genannt. Die Autos hatten einen großen Vorteil: Methan verbrennt umweltfreundlich zu Wasser und Kohlendioxid. **Hausmüll** könnte eine weitere Biogas-

quelle sein. In Mülldeponien kommt es ebenfalls zur (teilweise gefährlichen) Methanbildung. Das Biogas kann bei entsprechender Abdeckung auch gewonnen werden. Nach amerikanischen Berechnungen kann in Mülldeponien etwa 1 % der von den USA benötigten Energie erzeugt werden. Das scheint nicht viel zu sein; man sollte aber bedenken, dass dieses 1 % der USA dem Gesamtenergieverbrauch einiger Entwicklungsländer entspricht.

Biogas wird in industrialisierten Ländern **kaum mehr als 1–5 % des Gesamtenergiebedarfs** decken können, einfach schon wegen der begrenzten Mengen des Ausgangsmaterials. Es hat aber große Bedeutung für die **lokale Energieversorgung in ländlichen Gebieten** in aller Welt. Nicht nur die Bereitstellung von Energie, sondern zunehmend auch die **Entsorgung von umweltbelastenden Abfällen** steigen im Stellenwert; und schließlich ist der Schutz der Böden und Wälder ein globales ökologisches Problem.

◼ 6.6 Sprit, der auf den Feldern wächst

Das Auto startet: Statt der gewohnten übel riechenden Auspuffgase entströmt ihm eine leichte Alkoholfahne. Für Brasilien ist das ein alltäglicher Vorgang (ausführlich Box 6.6). Heute existieren in Brasilien 4,2 Millionen Autos, die nur mit Ethanol, und etwa 10,2 Millionen Fahrzeuge, die mit einem Benzin/Ethanol-Gemisch betrieben werden. Die geschätzte weltweite Ethanolproduktion betrug 2012 rund 80 Milliarden Liter. Zu den ganz großen Erzeugern zählt Brasilien (25 Milliarden Liter). Der Startschuss für die enorme Produktion von Treibstoffalkohol fiel in Brasilien infolge der Erdölkrise in den Jahren 1973/74.

Die zweite Krise von 1979 hat die Produktion zusätzlich gefördert. Der Ausgangsrohstoff Zuckerrohr war schon damals in größerem Ausmaß vorhanden. Wegen der hohen Ölpreise auf dem Weltmarkt wurde Ende 1975 das **staatliche Programm** *Proalcool* für die Erzeugung von Ethanol als Treibstoff lanciert. Maßgebend für das Projekt waren politische und wirtschaftliche Gründe (Details in Box 6.6). Das Projekt ist aber auch umstritten: Neben der Problematik „**Treibstoff statt Nahrung**" ist die **Umweltbelastung** durch Abwasser und Bodenerosion ein weiterer Grund.

Die Alkoholproduktion bringt je Liter Ethanol 12 - 15 L Zuckerschlempe und 100 L Waschwasser mit sich; dieses wird meist aus Gewinngründen ungereinigt in die Flüsse abgelassen und verwandelt sie in Kloaken, obwohl man aus der Schlempe Düngemittel gewinnen könnte. Die organische Schmutzfracht dieser Abwässer, die bei der Produktion von 1 L Alkohol entsteht, entspricht der Abwasserbelastung von vier Stadtbewohnern. Eine einzige Alkoholfabrik mit einer Tagesleistung von 150 000 L ist also hinsichtlich der anfallenden Abwassermenge mit einer größeren Stadt von 600 000 Einwohnern vergleichbar.

Biotechnologische Verfahren liefern also nicht „automatisch" umweltschonende Abprodukte!

Die Trinkwasserversorgung ganzer Städte musste während der Alkoholsaison zeitweilig stillgelegt werden. Nun zog die brasilianische Regierung die Notbremse: Waschwasser der Alkoholindustrie soll in geschlossenen Kreisläufen genutzt werden, Schlempe soll in Futtermittel und Düngemittel, Klärschlamm in Biogas umgewandelt werden. Das Biospritproblem zeigt heute schon, welche sozioökonomischen und politischen Aspekte bei der Entwicklung neuer Technologien, wie der Biotechnologie, zu beachten sind.

Lester Brown (geb.1934; Abb. 6.18), Gründer des Worldwatch-Instituts, gibt zu bedenken, Energiepflanzen würden den Druck auf die begrenzten fruchtbaren Ackerflächen der Erde verstärken, einen Druck, der in vielen Teilen der Welt bereits exzessiv ist und zu ausgedehnter Erosion und Bodenzerstörung geführt hat. Brown zog einen Vergleich: Für die jährliche Ernährung eines Menschen genügt der Ertrag von 1000 m^2 Ackerfläche, für den entsprechenden Treibstoffbedarf eines US-amerikanischen Autos würde man dagegen 30 000 m^2 benötigen. **Ein Auto fräße also 30 Menschen die Nahrung weg!**

Abb. 6.17 Intakter vietnamesischer Dschungel (oben) und nach einer „Entlaubungsaktion" mit dem Herbizid Agent Orange (2,4,5-T) (unten); Ananda Chakrabarty züchtete Agent Orange abbauende Bakterien (siehe Box 6.4).

Abb. 6.18 Lester Brown gründete 1974 das Worldwatch Institute und ist einer der profiliertesten Vordenker bei den nachhaltigen regenerierbaren Energien.

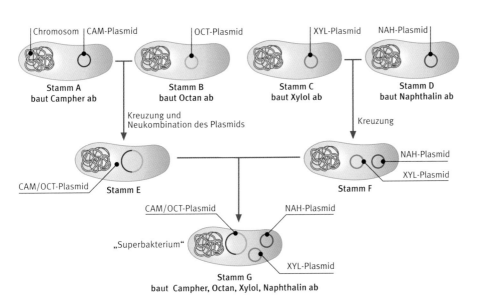

Abb. 6.19 Die Konstruktion eines „Superbakteriums" (*superbug*), das die höheren Kohlenwasserstoffe des Erdöls abbauen kann. Zunächst wurde ein Campher-Abbau-Plasmid (CAM) in ein Bakterium eingeschleust, das bereits ein Octan abbauendes (OCT)-Plasmid enthielt. Beide Plasmide fusionierten. Enzyme für beide Abbauwege wurden so von einem Plasmid codiert.

Anders dagegen bei Xylol (XYL)- und Naphthalin(NAH)-Plasmiden. Hier koexistierten beide Plasmide in einer Zelle. Schließlich vereinigte Chakrabarty alle diese Plasmide in einem Stamm.

Dieser wuchs gut auf Rohöl und benutzt Campher, Xylol, Octan und Naphthalin als Kohlenstoffquellen (siehe Box 6.4).

Box 6.4 Expertenmeinung: Ananda Chakrabarty – Patente auf Lebewesen?

Das erste Patent auf neue Lebensformen in der Geschichte wurde an **Ananda Chakrabarty** erteilt. Er erhielt 1965 seinen Doktortitel an der Universität Kalkutta in Indien. In seiner Zeit als junger Wissenschaftler bei General Electric in den USA entwickelte er einen *Pseudomonas*-Stamm, der Schwerölkomponenten zu weniger komplexen Substanzen abbauen kann, von denen sich dann Wasserlebewesen ernähren können.

Der Stamm war 1980 Gegenstand der Grundsatzentscheidung des Obersten Gerichtshofs der USA, dass im Labor geschaffene Lebensformen patentierbar sind. Kurz nach Bekanntgabe der Entscheidung erklärte ein Sprecher der wegbereitenden Biotechnologiefirma Genentech (gegründet von **R. A. Swanson** und **H. W. Boyer**), diese „habe die technologische Zukunft des Landes gesichert".

Mittlerweile herrscht weitgehend die Überzeugung, dass Chakrabartys Einsatz für den Patentschutz den Weg für zukünftige Patente auf biotechnologische Entdeckungen geebnet hat.

Dies ist seine Geschichte:

„Wem gehört Leben?" Auf diese rhetorische Frage gibt es keine einfachen Antworten. Die Definition, was Leben ist oder wann es beginnt, blieb schon seit der Abtreibungsdebatte eine befriedigende Antwort schuldig oder sogar schon weiter zurück, als Philosophen und Wissenschaftler versuchten, zwischen lebenden und unbelebten Objekten zu unterscheiden.

Und um die Sache noch komplizierter zu machen: Was bedeutet eigentlich Besitz?

In gewissem Sinn besitzen wir alle Leben, wenn man Besitz mit der Fähigkeit gleich-

setzt, neues Leben zu züchten (wie wir es bei Rindern, Hühnern, Fischen oder Pflanzen tun) und dieses Leben nach eigener Entscheidung zu beenden.

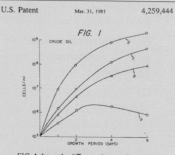

FIG. 1 shows the difference in growth capabilities in crude oil as the sole source of carbon of four single cell strains of *P. aeruginosa* PAO. Curve a shows the cell growth as a function of time of *P. aeruginosa* without any plasmid-borne energy-generating degradative pathways. Curve b shows greater cell growth as a function of time for SAL+ *P. aeruginosa*. Curve c shows still greater cell growth as a function of time for SAL+NPL+ *P. aeruginosa*. Curve d shows cell growth that is significantly greater still as a function of time for the CAM+OCT+SAL+NPL+ superstrain of *P. aeruginosa*. These results clearly establish that cells artificially provided by the practice of this invention with the genetic capability for degrading different hydrocarbons can grow at a faster rate and better on crude oil as the plasmid-borne degradative pathways are increased in number and variety, because of the facility of these degradative pathways to simultaneously function at full capacity.

Mein eigener Fall der Patentierung einer Lebensform

Meine Verwicklung in die Problematik der Patentierung von Lebensformen und die betreffende Gesetzgebung geht auf die 70er-Jahre zurück, als ich Forschungswissenschaftler am Forschungs- und Entwicklungszentrum von General Electric (GE) in Schenectady, New York, war.

Dort entwickelte ich einen genetisch veränderten Mikroorganismus zum schnellen Abbau von Schweröl. Es war geplant, ihn zur Reinigung von Ölteppichen einzusetzen. Dieser Einsatz in der Umwelt würde ihn aber jedem zugänglich machen, der daran interessiert war. Deshalb meldete General Electric ein Patent an, das sowohl den Herstellungsprozess des genetisch manipulierten Mikroorganismus umfasste als auch den Mikroorganismus selbst.

Das Patentamt der Vereinigten Staaten (**Patent and Trademark Office, PTO**) erteilte zwar das Patent für den Herstellungsprozess, verweigerte jedoch das für den Mikroorganismus – mit der Begründung, dieser sei ein Produkt der Natur. General Electric wandte sich an die Beschwerdestelle des PTO und wies darauf hin, dass sich der veränderte Mikroorganismus genetisch sehr stark von dem natürlich vorkommenden unterscheide. Die Berufungsstelle räumte zwar ein, dass es sich nicht um ein Produkt der Natur handele, verweigerte jedoch weiterhin die Erteilung des Patents auf den Mikroorganismus, weil dieser ein Lebewesen war.

Überzeugt davon, dass es für die Ablehnung keine rechtliche Grundlage gab, legte General Electric seine Beschwerde dem Berufungsgericht für Zoll- und Patentangelegenheiten (U. S. Court of Custom and Patent Appeals, CCPA) vor. Das CCPA entschied mit drei zu zwei Stimmen zugunsten von GE. Der für die Mehrheit sprechende Richter **Giles S. Rich** argumentierte, dass Mikroorganismen »viel mehr Ähnlichkeit mit unbelebten chemischen Verbindungen wie Reaktanden, Reagenzien und Katalysatoren haben, als mit Pferden, Honigbienen, Himbeeren oder Rosen«.

Daraufhin wandte sich das Patentamt an den obersten Gerichtshof. Zunächst schickte dieser den Vorgang zur nochmaligen Überprüfung im Licht eines anderen Patentfalles an das CCPA zurück, aber das CCPA entschied wiederum zugunsten von GE. Dabei wurde betont, dass das Gericht »keine rechtlich signifikanten Unterschiede erkennen könne zwischen aktiven chemischen Substanzen, die als leblos klassifiziert werden, und Organismen, die man für chemische Reaktionen einsetzt, welche nur von lebenden Organismen in Gang gesetzt werden können«.

Die Entscheidung des CCPA veranlasste den Solicitor General, also den Anwalt der US-Regierung, zu einem Gesuch an den Obersten Gerichtshof, eine Entscheidung zu treffen, was bewilligt wurde. Viele Einzelpersonen und Organisationen reichten jetzt Sachverständigengutachten ein, um den Fall zu unterstützen oder dagegen zu opponieren. Das Verfahren wurde unter der Bezeichnung **Diamond gegen Chakrabarty** bekannt, da **Sidney Diamond** der neue Patentbevollmächtigte war. Eines der im Auftrag der Regierung erstellten Gutachten verfasste die People's Business Commission (PBC). Sie argumentierte, die Patentierung einer Lebensform sei nicht im öffentlichen Interesse, und die Erteilung eines Patents auf einen Mikroorganismus führe letztlich unweigerlich zur Patentierung höherer Lebensformen einschließlich Säugetieren und eventuell sogar des Menschen. Der „Kern der Angelegenheit" war der PBC zufolge, dass »die

Erteilung eines Patents auf eine Lebensform unterstelle, dass Leben keine grundlegende oder unantastbare Eigenschaft ist, sondern lediglich eine Zusammensetzung von chemischen Verbindungen oder organischem Material«.

Im Jahr 1980, **acht Jahre nach der ersten Eingabe**, stimmte der Oberste Gerichtshof mit fünf zu vier Stimmen Richter **Giles Rich** vom CCPA zu, dass der betreffende Mikroorganismus eine Neuzusammensetzung von Material darstelle, also kein Naturprodukt sei, sondern das Produkt von menschlichem Erfindergeist und daher auch patentfähig. Richter **William Brennan** argumentierte für die Minderheit und stellte heraus, dass es bei diesem Fall um ein Thema gehe, das »in einzigartiger Weise Dinge des öffentlichen Interesses betreffe«; deshalb müsse es vom Kongress geprüft werden und erfordere eine neue Gesetzgebung. Der Besitz von Lebensformen wurde Realität und hatte interessante Auswirkungen!

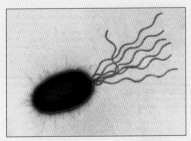

Diese fantastische Aufnahme von *Pseudomonas* stammt von Dennis Kunkel (siehe www.denniskunkel.com). Er erklärt dazu: »Dies ist eine transmissionselektronenmikroskopische (TEM) Aufnahme eines negativ angefärbten Bakteriums. Diese Art besitzt nur ein Bündel von Geißeln an einem Zellpol. Glücklicherweise blieben die meisten Geißeln bei diesem Exemplar erhalten. Durch die negative Färbung zeichnen sich die Geißeln bei der Ansicht im TEM schön gegen den Hintergrund ab.«

Was passierte anschließend?

Die Entscheidung des Obersten Gerichtshofs bezog sich eng begrenzt auf »seelen- und geistlose niedere Lebensformen«, wobei das Gericht allerdings betont hatte, dass absolut alles vom Menschen Erzeugte patentiert werden könne, solange es die Kriterien erfülle. Das PTO legte die Entscheidung über die Patentierbarkeit von Lebensformen sehr weit aus und vergab Hunderte von US-Patenten auf Mikroorganismen, Pflanzen, Säugetiere, Fische, Vögel, menschliche Gene, Mutationen und Zellen.

Die Zuerkennung von **Patenten auf Tiere und menschliche Körperzellen** bedeutet einen Grad von Eigentum, der sich als unerforschtes Terrain mit beispiellosen rechtlichen Auswirkungen erwies. Es kamen viele Streitigkeiten bezüglich Patentverstößen auf, weil von den Gerichten Fragen bezüglich Eindeutigkeit, Freigabe oder Vorrecht der Erfindung entschieden werden mussten.

Als noch problematischer erwiesen sich Fragen hinsichtlich der Rechte am Eigentum und der Privilegien des Besitzers. So verwendeten zum Beispiel die Erfinder des Patents „Einzigartige T-Lymphocytenlinie und daraus erzeugte Produkte" die Milz des Patienten **John Moore**. Dieser litt an Haarzellleukämie (leukämische Reticuloendotheliose) und kam zur Behandlung zu Dr. **David W. Golde** an die University of California in Los Angeles (UCLA). Im Rahmen der Behandlung wurde dem Patienten die Milz entfernt, und Dr. Golde entwickelte daraus eine Zelllinie mit angereicherten T-Lymphocyten. Diese produzierten große Mengen an Lymphokinen, die man zur Behandlung von Krebs oder AIDS anwenden kann. Ohne das Wissen und die Zustimmung von John Moore, und obwohl er deswegen häufig ins Krankenhaus einbestellt werden musste, meldeten Dr. Golde und die UCLA ein Patent auf die Zelllinie an, die sie aus seiner Milz etabliert hatten. Dieses wurde 1984 auch erteilt. Daraufhin verklagte John Moore Dr. Golde und die UCLA und beschuldigte sie des Diebstahls seines Körperteils. Das Gericht entschied in erster Instanz gegen John Moore, dies wurde jedoch am Berufungsgericht revidiert, und letztendlich landete der Fall vor dem obersten Gerichtshof von Kalifornien.

Sowohl das Berufungsgericht als auch der Oberste Gerichtshof erkannten die Neuartigkeit von John Moores Anspruch, für den es bis dahin im Gesetz noch keinen Präzedenzfall gegeben hatte. Dennoch entschied der Oberste Gerichtshof im Bezug auf die widerrechtliche Aneignung (die unerlaubte Verwendung seines Körperteils) gegen Moore; er erkannte jedoch sein Recht an, vom Arzt darüber informiert zu werden, was dieser bezüglich seiner Gesundheit und seines Wohlergehens unternimmt.

Wer sollte geistiger Eigentümer sein, wenn eine betreffende Erfindung nicht nur den menschlichen Erfindergeist erfordert, sondern auch menschliche Gewebe?

Am 30. Oktober 2000 wurde beim Bundesgericht in Chicago eine Klage eingereicht; Kläger waren die Canavan Foundation New York City, die National Tay-Sachs and Allied Diseases Association sowie eine Gruppe von Einzelpersonen. Diese Einzelpersonen und Organisationen brachten Gelder auf, erstellten ein Register von betroffenen Familien und warben um Gewebespender. Ihr Ziel war die Entwicklung eines genetischen Tests für die Canavan-Krankheit, die durch die Mutation eines Gens auf Chromosom 17 verursacht wird, welches für das Enzym Aspartoacylase codiert. Von der Erkrankung sind hauptsächlich Kinder der Ashkenazi-Juden betroffen, und man hoffte, durch einen Gentest ein nützliches Instrument zu bekommen, um Eltern mit dieser Mutation erkennen zu können. Dr. **Reuben Matalon** vom Kinderkrankenhaus in Miami (Miami Children's Hospital, MHC) entwickelte einen genetischen Test und erhielt dafür von der Stiftung finanzielle Unterstützung sowie Gewebeproben von Erkrankten. Nachdem der Test entwickelt worden war, erhielt das MCH darauf ein Patent. Das MCH verlangte aber angeblich eine sehr hohe Gebühr für den Test, machte den Test nicht jedem zugänglich und begrenzte die Zahl des Tests, die ein Lizenznehmer durchführen durfte.

Dies lief der Absicht der Einzelpersonen und Organisationen zuwider; sie wollten mit ihrer Unterstützung dazu beitragen, einen preisgünstigen Test zu entwickeln, der einer großen Zahl werdender Eltern zur Verfügung gestellt werden sollte, um die Canavan-Krankheit zu verhindern.

Die Frage, wie wichtig der Beitrag der Gewebespender ist, ohne die man derartige Tests nicht entwickeln und keine Patente erlangen kann, ist weiterhin aktuell, da immer mehr solcher Fälle vor Gericht landen.

Eine weitere wichtige Überlegung ist der Kostenfaktor dieser Tests. Krankheiten werden häufig durch Mutationen, Deletionen oder die Neuordnung von menschlichen Genen verursacht. Bei manchen Krankheiten muss man daher mehrere unterschiedliche Tests durchführen, um alle möglichen genetischen Veränderungen entdecken zu können. Für eine Krankheit wie Mucoviscidose (cystische Fibrose), bei der mehr als 70 % der Patienten eine einzelne Mutation (eine Deletion eines

Fortsetzung nächste Seite

Trinucleotid-Codons) im *cftr*-Gen (cftr steht für *cystic fibrosis transmembrane conductance regulator*) aufweisen, reicht ein einziger genetischer Test womöglich nicht aus; vielmehr müssen verschiedene Mutationsmöglichkeiten abgeklärt werden, was die Kosten der Tests beträchtlich erhöht.

Weil es sehr langwierig und kostspielig ist, solche Tests zu entwickeln und genetische Veränderungen festzustellen, versuchen die Entwickler sich diese Tests patentieren zu lassen. Durch das Erheben von Lizenzgebühren für die Durchführung des Tests erhoffen sie sich eine Entschädigung für ihren Aufwand. **Wer sollte diese Kosten bezahlen? Wer entscheidet** über den Preis solcher genetischer Tests? Sollen die Kräfte des Marktes darüber entscheiden, wer gesund leben kann und wer leidet? **Dass Pharmafirmen in Südafrika seit einiger Zeit den Vertrieb billiger Generika ihrer patentierten AIDS-Medikamente erlauben,** um diese HIV-infizierten Patienten zugänglich zu machen, ist ein interessantes Beispiel für die soziale Verantwortung großer Arzneimittelhersteller.

Schließlich stellt sich noch die Frage nach der **Patentierbarkeit genetischer Tests**, mit denen sich nicht alle Mutationen oder genetischen Variationen in einem Gen erkennen lassen. **Myriad Genetics** in Salt Lake City erhielten 2000 ein europäisches Patent auf genetische Tests für die Brustkrebsgene BRCA1 und BRCA2. Bei der BRCA-Analyse wird durch automatisierte Sequenzierung nach BRCA-Mutationen und -Deletionen gesucht. In fast 10 % aller Brustkrebsfälle liegen Mutationen in den Genen BRCA1 und BRCA2 vor. Ihre Früherkennung ist bei der Behandlung von elementarer Bedeutung. Bestimmte Deletionen und genetische Neuordnungen von BRCA1, von denen etwa 11,6 kb DNA betroffen sind, werden vom Myriad-Test allerdings nicht erkannt und können nur durch die patentierte Testmethode des DNA-Barcoding nachgewiesen werden, welche im Englischen als *combed DNA color bar coding* bezeichnet wird. Solche Deletionen können bis zu 36 % aller BRCA1-Mutationen ausmachen. Die Ansprüche von Myriad Genetics auf das europäische Patent erschweren europäischen Klinikern die Anwendung der vom Pasteur-Institut patentierten DNA-Barcoding-Technik. Dies wirft die rechtlich schwierige Frage auf, wer Besitzansprüche auf genetische Mutationen beim Menschen und deren Entdeckung

Ananda Chakrabarty bei der Arbeit mit multiresistenten Erregern in seinem Labor

sowie auf die genetische Ausstattung des Menschen im Allgemeinen erheben darf und wer dies kontrolliert.

Bezüglich patentierter Gentests gibt es auch **privat- und zivilrechtliche Probleme**. So verklagte beispielsweise die Gleichstellungskommission Equal Employment Opportunity Commission (EEOC) der USA die Firma Burlington Northern Santa Fe Railroad, weil diese genetische Tests von ihren Angestellten verlangte, die Schadensansprüche wegen bestimmter arbeitsbedingter Schädigungen der Handwurzel (Carpaltunnelsyndrom) anmeldeten.

Die Eisenbahngesellschaft wollte damit feststellen, welche Beschäftigten eine Veranlagung für dieses Syndrom haben, das vermutlich durch eine spezifische genetische Deletion auf Chromosom 17 verursacht wird. Der Eisenbahngesellschaft wurde unterstellt, sie habe Beschäftigten, die den Test verweigerten, mit Kündigung gedroht und damit deren bürgerliches Recht verletzt. Dieser Fall wurde letztendlich zur Zufriedenheit der EEOC geklärt.

Was ist menschlich?

Im Jahr 1998 wurde beim Patentamt der USA (Patent and Trademark Office, PTO) ein Patentantrag auf einen **Mensch-Tier-Hybriden** eingereicht. Dieser war zu diesem Zeitpunkt zwar noch nicht erzeugt, man stellte sich jedoch vor, dass dies ähnlich möglich sein müsste wie bei den Hybriden aus Schafen und Ziegen. Man berief sich darauf, dass die Übereinstimmung in der DNA-Sequenz zwischen Mensch und Schimpanse in derselben Größenordnung liege wie zwischen Schaf und Ziege. Nach Argumentation der Antragsteller sollte es folglich auch möglich sein, Mischlinge aus Menschen und Schimpansen zu erzeugen. Solche Mischlinge könn-

ten als Organspender oder für andere medizinische Belange von Nutzen sein. In Wirklichkeit strebten die Antragsteller das Patent gar nicht an, sondern wollten lediglich auf die Problematik aufmerksam machen, um zukünftige Patente auf die Veränderung menschlicher Gene und Eingriffe in die menschliche Fortpflanzung zu verhindern. Das Patentamt lehnte den Antrag aufgrund des 13. Zusatzartikels der Verfassung der Vereinigten Staaten ab. Dieser richtet sich gegen die Sklaverei und verbietet den Besitz von Menschen.

Auch wenn der Patentantrag abgelehnt wurde, warf er dennoch einige interessante Fragen auf. Wenn der Mensch-Tier-Hybrid als Mensch gilt und deswegen niemand Eigentumsansprüche erheben kann, wie viel genetisches Material des Menschen oder wie viele phänotypisch menschliche Merkmale müssen dann bei einem Organismus oder einem Tier vorhanden sein, um ihn/es als Mensch anzuerkennen?

Ananda Chakrabarty nach dem Gewinn seines Prozesses

Es wurden schon verschiedene menschliche Gene in nichtmenschliche Organismen eingebracht, ohne dass dies patentrechtliche Fragen mit sich gebracht hätte. Gibt es eine Obergrenze für das Vorhandensein solcher menschlichen Gene oder Merkmale, die nach Zusatzartikel 13 eine Patentierung verbietet? Eine Gesellschaft in Massachusetts behauptete, einen menschlichen Embryo geklont zu haben, obwohl dieser nicht genügend Zellteilungen durchlaufen hatte, um eine Blastocyste zu bilden. Betrachtet man die Vielzahl von Tieren, die mittlerweile geklont worden sind, so ist es nur wahrscheinlich, dass zukünftig auch menschliche Embryonen geklont werden. Bezüglich der Gesundheit und des Wohlergehens geklonter Tiere bestehen viele Unwägbarkeiten, und mit Sicherheit würde es enorme Widerstände gegen das Klonen von Menschen geben. Angesichts der Wissbegierde der Wissenschaftler, und weil Klonen relativ einfach ist, wird wahrscheinlich irgendjemand irgendwann auch einen Zellkern in eine entfernte menschliche Eizelle übertragen. Was würde passieren, wenn jemand einen **Schimpansen-Zellkern in eine entkernte menschliche Eizelle** transferieren und diese in eine menschliche Gebärmutter einpflanzen würde? Alternativ könnte auch jemand die Eizelle eines Schimpansen entkernen, einen menschlichen Zellkern einsetzen und das Ganze in die Gebärmutter eines Schimpansen implantieren. Trotz der Beteiligung des cytoplasmatischen Materials, das die Genexpression steuert, und der mitochondrialen DNA der Eizelle legt der übertragene Zellkern aller Wahrscheinlichkeit nach den primären Genotyp des Embryos fest.

Ist ein Schimpansenbaby, das von einer menschlichen Mutter ausgetragen wurde, ein **Schimpanse oder ein Mensch**? Und umgekehrt, ist ein hauptsächlich menschliches Baby, das von einer Schimpansenmutter geboren wurde, ein Mensch oder ein Schimpanse? Können solche Babys patentiert werden, da sie ja nicht natürlich entstanden sind?

Epilog

Wir leben in einer für Biologen gleichermaßen spannenden wie schwierigen Zeit. Die Technologien für Eingriffe in die Fortpflanzung von Tieren und Menschen sowie die Techniken zur genetischen Manipulation entwickeln sich so schnell, dass hierdurch Situationen geschaffen werden, die unser Rechtssystem übersteigen und direkten Einfluss auf unser soziales und ethisches Gefüge haben.

Es ist höchste Zeit, dass die Regierungen genau darauf achten, wohin der Weg der Wissenschaft führt, wohin er führen muss, um einen positiven Beitrag zu leisten; und dass sie vielleicht auch die Grenzen definieren für den Vorstoß zu den unbekannten biologischen Geheimnissen der Natur. Natürlich kann keine Stellungnahme der Regierung jemals alle künftigen wissenschaftlichen Richtungen abdecken oder die menschliche Erfindungsgabe in Bahnen lenken.

Daher wird die Gesetzgebung eine immer größere Rolle spielen bei der Lösung von Streitfällen um genetische Eingriffe in die Fortpflanzung des Menschen, um genmanipulierte Pflanzen und Nahrungsmittel sowie bei der Sanierung der Umwelt. Daher ist es unbedingt nötig, den Dialog zwischen Justiz,

Regierungen, Gesetzgebung, interessierter Öffentlichkeit und der Gemeinschaft der Wissenschaftler zu erhalten, um die wissenschaftlichen Entwicklungen lenken zu können, die wesentlichen Einfluss auf unsere Gesellschaft haben können.

Ananda Chakrabarty
heute

Ananda Mohan Chakrabarty wurde 1938 in Sainthia in Indien geboren und ist derzeit Universitätsprofessor am Illinois College of Medicine in Chicago. Chakrabartys Karriere verdeutlicht seine Begabung, Forschung immer in praktische Anwendungen umzusetzen. Zurzeit beschäftigt er sich mit dem neuen interessanten Befund, dass bestimmte infektiöse pathogene Bakterien bei menschlichen Patienten die Rückbildung von Tumoren bewirken können. Dies ist schon seit mehr als hundert Jahren bekannt. Als Ursache für die Rückbildung nahm man an, dass das aktivierte Immunsystem Cytokine und Chemokine produziert.

Chakrabarty hat nun jedoch gezeigt, dass Bakterien wie Pseudomonas aeruginosa *das Protein Azurin produzieren und dieses ausscheiden, wenn sie mit Krebszellen in Berührung kommen. Azurin und eine modifizierte Form davon, das von* Neisseria*-Arten produzierte sogenannte Laz, bilden sehr effektiv Komplexe mit verschiedenen Proteinen, die beim Krebswachstum eine Rolle spielen, sowie mit Oberflächenproteinen des Malariaerregers* Plasmodium falciparum *und des AIDS-Virus HIV-1 und hemmen dadurch signifikant deren Wachstum. Demzufolge könnten einzelne Bakterienproteine vielleicht einen therapeutischen Nutzen haben, wenn man sie gegen so verschiedene Krankheiten wie Krebs, Malaria und AIDS oder bei einer Koinfektion von AIDS-Patienten mit dem Malariaerreger einsetzen kann.*

Quellen:

Chakrabarty AM (2003) Patenting life forms: yesterday, today, and tomorrow. In: Kieff FS, Olin JM (eds) *Perspectives on properties of the Human Genome Project*, Elsevier Academic Press, Amsterdam, Boston, S. 3–11

Genome **Comparative Genetics**

Genome **Genetic Engineering**

Genome **The End of the Beginning**

Genome **Cracking the Code**

Genome **Medical Futures**

Abb. 6.20 Das Genomprojekt auf britischen Briefmarken

Abb. 6.21 Die *Exxon-Valdez*-Katastrophe 1989:
Tag 1–5: Der Tanker *Exxon Valdez* am Bligh Reef, 26.März 1989; schwer verölte Strände (Smith Island, April 1989); Versuche, die Strände zu reinigen; Verschmutzungen selbst 350 Meilen entfernt auf der Halbinsel Alaska (August 1998)

Bilanz der Tankerkatastrophe
Exxon Valdez

38 000 t Rohöl (der Inhalt von 125 olympiagerechten Schwimmbecken!) flossen in das Meer, 1 300 Meilen der Küste wurden verseucht.
Geschätzte Opfer:
250 000 Seevögel,
2800 Seeotter,
300 Robben,
250 Weißkopfseeadler,
22 Killerwale
und eine nicht abschätzbare Zahl von Fischen.

■ 6.7 Die Ölfresser des Ananda Chakrabarty

Können „Supermikroben" zur Rettung der Umwelt beitragen? Der in den USA lebende indische Biotechnologe **Ananda Mohan Chakrabarty** (geb. 1938, Abb. in Box 6.4) hatte bei General Electric zunächst Bakterien gezüchtet, die das Pflanzenvernichtungsmittel (**Herbizid**) 2,4,5-T abbauen können. Dieses Herbizid wurde in riesigen Mengen im Vietnamkrieg als Bestandteil von **Agent Orange** (es enthielt außerdem mutagene Dioxinverunreinigungen) zur „Entlaubung" großer Dschungelgebiete eingesetzt (Abb. 6.17) und hatte katastrophale Folgen – Missbildungen und Krebs – für die Vietnamesen und die Kinder der beteiligten US-Soldaten.

Chakrabarty züchtete nach den Herbizidfressern regelrechte Ölfresser (Abb. 6.19 und Box 6.4): Er entnahm vier Stämmen von *Pseudomonas*, die jeweils **Octan**, **Campher**, **Xylen** und **Naphthalin** abbauen, Plasmide, erzeugte daraus auf getrennten Wegen „Super-Plasmide" und schleuste sie den Bakterien wieder ein. Damit schuf er ein *superbug*, das gleichzeitig alle vier Stoffe abbauen kann. Die so transformierten Bakterien stürzten sich „mit Heißhunger" auf giftige Erdölrückstände. Sie sollten bei Leck- und Tankerkatastrophen (Abb. 6.21), wenn riesige Flächen des Meeres von der Ölpest bedroht sind, das Erdöl rasch abbauen. Die massenhaft gewachsenen Mikroorganismen sollen danach ihrerseits durch andere Meereslebewesen gefressen werden und dadurch wieder verschwinden. Chakrabartys Ölfresser kamen allerdings in der Umwelt nie zum Einsatz: Die Freisetzung gentechnisch veränderter Bakterien ist nämlich nicht erlaubt.

Bei der Havarie des Tankers ***Exxon Valdez*** 1989 vor der Küste Alaskas wurde die Hauptmasse des dicken Öls aufgesaugt und filtriert (Abb. 6.21). Die Schicht auf den Felsen und dem Kies wurde jedoch mit „normalen" gezüchteten Bakterien abgebaut. Durch Zugabe von „Dünger" (Phosphat und Nitrat) wuchsen die Mikroben wesentlich besser. Mehr ist bisher nicht erlaubt.

Bei der letzten großen Ölkatastrophe, dem Untergang der **BP-Ölplattform** *Deepwater Horizon* 2010 im Golf von Mexiko hatte man gegen eine gefährliche Mischung aus Bohrschlamm, Rohöl und Erdgas anzukämpfen.

BP brachte 2,3 Millionen Liter des Lösungsmittels Corexit an der Wasseroberfläche als auch direkt an der Quelle am Meeresboden zum Einsatz, um damit das Öl in Tröpfchen zu zersetzen, damit Bakterien diese wiederum abbauen. Corexit wurde von Exxon entwickelt und vom US-amerikanischen Chemiekonzern Nalco hergestellt. Es wurde 1979 nach der Explosion der mexikanischen Bohrinsel *Ixtoc I* und beim bereits oben erwähnten Tankerunglück der *Exxon Valdez* eingesetzt. Insgesamt waren nach fünf Monaten Ölpest ca. 4,9 Millionen Barrel ausgetreten; 0,8 Millionen Barrel davon wurden durch Absaugen, Filtrationen und chemische Bekämpfung aufgefangen.

Wohin verschwindet nun der überwältigende Rest des ausgetretenen Rohöls? Hier helfen die Natur und ihre Gesetze, denn die leichtflüssigen Verbindungen verdunsten, schwere Komponenten sinken auf den Meeresboden, die anderen Reste verteilen sich im Wasser, wo sie von Mikroben abgebaut werden.

Die von Leckkatastrophen ausgelösten Umweltschäden werden maßgeblich und grundsätzlich von der Menge des ausgetretenen Öl-Gas-Gemischs sowie der Quantität und Qualität der Chemikalien beeinflusst, um die Folgen der Ölpest einzudämmen. **Öl und Corexit wirken toxisch** auf marines Leben und haben somit direkte Auswirkungen auf die Nahrungskette.

Tanker- und Leckkatastrophen sind allerdings nur für wenige Prozente der Ölverschmutzung verantwortlich. Jährlich gelangen immer noch Millionen Tonnen Erdöl in die Meere, ein Viertel davon durch das illegale Säubern der leeren Tanker auf offener See, ein Drittel durch Abwässer, die in Flüsse geleitet werden.

1980 bekam Chakrabarty den Bescheid des obersten Gerichtshofs der USA zu *Diamond versus Chakrabarty 447 U.S. 303 (1980)*. Er hatte 1971 ein Patent auf ein Lebewesen angemeldet und seitdem prozessiert. Sein Öl fressender Bakterienstamm war das **erste „neu geschaffene" Lebewesen in der Geschichte, für das ein Patent in den USA erteilt wurde** (Abb. 6.19). Damit wurde für die Biotech-Industrie ein Präzedenzfall geschaffen (Box 6.4).

■ 6.8 Zucker und Alkohol aus Holz

Stärke ist der ideale Rohstoff zur Zucker- und Ethanolproduktion sowie für andere Industriechemikalien, kommt aber bei solcher Verwendung in Konflikt mit der Forderung nach mehr Nahrungsmitteln. Das ehemalige Office of Technological Assessment (OTA) der US-Regierung hat

Lignocellulose

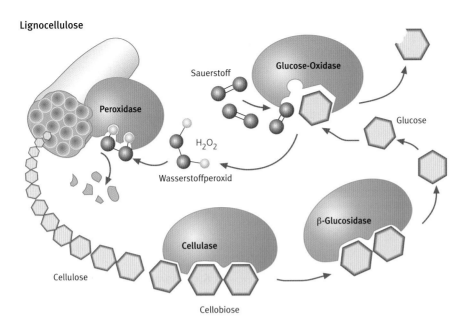

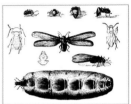

Abb. 6.22 Hypothetischer enzymatischer Abbau von Lignocellulose

Abb. 6.23 Oben: Das höchste Holzhochhaus der Welt entsteht in Wien-Aspern (84 m hoch). Mitte: Termiten („Weiße Ameisen") produzieren Biogas mithilfe der Cellulasen ihrer Darmflagellaten. Unten: Ein lange nicht benutztes Schubfach in Hongkong mit Termitensiedlung. Methan aus dem Holz des Schrankes. Interessant!

berechnet, dass nur 1–2 % des Kraftstoffverbrauchs durch Alkohol aus Maisstärke gedeckt werden könnten, ohne dass die Nahrungsmittelpreise in den USA steigen müssten.

Lignocellulose bietet sich dagegen als bedeutendster nachwachsender Rohstoff an, sie kommt auch nicht als Nahrungsmittel infrage!

Lignocellulose besteht aus drei Komponenten: **Cellulose** (einem linearen Polymer aus Glucosebausteinen), **Hemicellulose** (ebenfalls ein Polysaccharid, das aber aus langen Ketten des Fünferzuckers Xylose besteht) und **Lignin**, einem Komplex aromatischer Moleküle. In Weizenstroh und Holz liegen diese Komponenten im Verhältnis von etwa 4:3:2 vor (Abb. 6.22).

Obwohl Cellulosebiomasse pro Tonne Trockenmasse bedeutend billiger als Getreidestärke ist, kann sie dennoch bei der Verzuckerung mit Stärke nicht konkurrieren: Die feste Struktur der Lignocellulose, lebensnotwendig für die Pflanzen, wird hier zum Nachteil. Cellulose liegt nämlich in kristalliner Form, eingeschlossen in Hemicellulose und Lignin, vor und ist – wie jedermann weiß, der noch echte alte Holzmöbel besitzt – im Gegensatz zur Stärke nicht wasserlöslich.

Die meisten Mikroben können Holz nicht ohne enzymatische Vorbehandlung abbauen. Das ist ein Grund dafür, **dass Holz ein so beliebtes stabiles Baumaterial** (Abb. 6.23) wurde. Und doch muss Holz vor Holzwürmern, Termiten und den Erregern der Weiß- und Blaufäule (Pilzerkrankung) geschützt werden. Alle diese genannten

produzieren **Cellulasen**, die Cellulose zu Zucker abbauen und so das Holz zerstören. Bei den Methan produzierenden Termiten besitzen die Protozoen im Darm Cellulasen (Abb. 6.23).

Der nach dem amerikanischen Cellulasespezialisten **Edmund T. Reese** von *Trichoderma viride* in *Trichoderma reesei* umbenannte Pilz ist der gegenwärtige Favorit, der Cellulase extrazellulär abgibt. Er wurde auf Neuguinea auf einem verrotteten Patronengürtel aus Baumwolle aus dem Zweiten Weltkrieg gefunden (Abb. 6.24). Mikrobiologen waren damals alarmierenden Meldungen aus den tropischen Kampfgebieten nachgegangen, denen zufolge sich cellulosehaltige Ausrüstungsgegenstände der US-Armee mit erschreckender Schnelligkeit zersetzten.

Inzwischen wurden Mutanten gefunden, die Cellulose zehnfach produktiver als der Wildstamm verzuckern. Und doch ist der Prozess bisher noch unökonomisch. Der beste Kandidat für den Ligninabbau, der Pilz *Chrysosporium pruinosum*, lässt nach 30 Tagen im Bioreaktor immer noch 40 % des Lignins unberührt zurück.

Die **Abbauprodukte des Lignins sind für viele Mikroben giftig** (offenbar ein natürliches Holzschutzmittel der Bäume), und für Lignin sind leider bisher keine sinnvollen Einsatzmöglichkeiten bekannt. Säurevorbehandlung der Lignocellulose bleibt also für einen guten enzymatischen Abbau der Cellulose notwendig, die Säurebeseitigung ist jedoch teuer. Dampfexplosionsaufschluss und Gefrierexplosionsverfahren mit flüssigem Ammo-

Abb. 6.24 Im Pazifikkrieg gegen Japan zersetzten sich Baumwollsachen und die Patronengürtel der GIs in atemberaubender Geschwindigkeit: Cellulase produzierende Pilze wie *Trichoderma* waren die Ursache.

Abb. 6.25 Chemierohstoffe aus
Biomasse (Strukturformeln)

CH_3-CH_2-OH

Ethanol

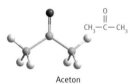

$CH_3-C{\displaystyle {O \atop OH}}$

Essigsäure (Acetat)

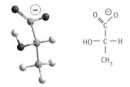

$CH_3-CH_2-CH_2-CH_2-OH$

n-Butanol

$$CH_3-\underset{\underset{\displaystyle O}{\|}}{C}-CH_3$$

Aceton

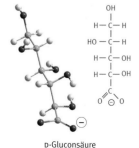

Citronensäure

Milchsäure (Lactat)

D-Gluconsäure

niak könnten aber die Kosten senken. Es gibt jedoch einen Lichtblick: Die jahrelange **Suche nach Lignin abbauenden Mikroben** nahm vor wenigen Jahren eine unvorhergesehene Wende. Die Experten hatten erwartet, dass hochmolekulare Stoffe immer zuerst von hydrolytischen Enzymen (Hydrolasen) gespalten werden, die von Mikroorganismen gebildet und ins Medium abgegeben werden. Bekannte Beispiele sind die Amylasen und die Cellulasen.

Für den Ligninabbau wurden dann Pilze gefunden, von denen die sogenannte **Weißfäule** des Holzes verursacht wird. Sie bauen das Lignin zu 60-70 % ab und erzeugen Fragmente, Kohlendioxid und Wasser und legen weiße Cellulose frei (daher die Bezeichnung Weißfäule).

Sensationell ist der **Mechanismus** des Ligninabbaus: Die Pilze *Phanerochaete chrysosporium* und *Coriolus versicolor* geben **nicht Hydrolasen, sondern extrazelluläre Peroxidasen** in das Medium ab! Diese spalten vor allem die Bindungen zwischen den Phenolen des Lignins (Abb. 6.22). Rätselhaft bleibt die Herkunft des Wasserstoffperoxids, ohne welches Peroxidasen nicht arbeiten. Wahrscheinlich liefern extrazelluläre Oxidasen, wie die Glucose-Oxidase, das H_2O_2 bei der Oxidation der Glucose (Box 2.1). Die unerwartete Beteiligung von Peroxidasen an Abbauprozessen zeigt deutlich: Auch bei den Enzymen hat man erst die Spitze des Eisbergs erforscht, erstaunliche und sehr nützliche Anwendungsgebiete sind noch zu erwarten.

Das zweite Problem beim Abbau von Holz ist die Hemmung von Cellulasen durch ihre eigenen Produkte (**Produkthemmung**), Glucose und deren Dimer Cellobiose, sowie ihre relativ geringe Aktivität. Immerhin beträgt die Enzymaktivität der besten Cellulasen nur ein Tausendstel der Aktivität handelsüblicher Amylasen. Vielleicht kann durch **Protein-Engineering**, das heißt die Konstruktion neuartiger Enzyme durch Veränderung ihrer Aminosäurebausteine, erreicht werden, dass die Cellulasen ihre „freiwillige Selbstkontrolle" aufgeben (siehe Box 2.9).

Gentechniker haben bereits **Cellulase-Gene** aus verschiedenen Mikroben in Bakterien kloniert, um Cellulasen billig und in großen Mengen zu produzieren. Eine andere Möglichkeit zur Verfahrensverbesserung ist die Übertragung der Fähigkeit, die Fünferzucker der Hemicellulose durch Celluloseverwerter zu nutzen.

Schließlich bleibt der Einsatz von Mikroben, die **Lignocellulose direkt verwerten**, zum Beispiel *Clostridium thermocellum*. Die Wildformen bilden eine große Produktpalette aus Lignocellulose, besonders Ethanol und organische Säuren. Durch genetische Manipulation soll eines dieser Produkte in hoher Konzentration und damit ökonomisch gebildet werden.

Eine nordamerikanische Firma nutzt den Weißfäulepilz *Ophiostoma piliferum* zur Vorbehandlung (Verrottung oder *Biopulping*) von Holzspänen. Nach einigen Wochen wurde im Maßstab von 100 t eine höhere Zellstoffausbeute erreicht. Mit *Ophiostoma* beimpfte Späne bauen Lignin ab und verdrängen gleichzeitig Blaufäulekonkurrenten.

■ 6.9 Chemierohstoffe aus Biomasse?

Nur etwa 100 Industriechemikalien repräsentieren gegenwärtig **99 % der Masse aller Chemikalien**. Etwa drei Viertel davon werden aus fünf Grundstoffen hergestellt: Ethylen, Propylen, Benzen (Benzol), Toluen (Toluol) und Xylen (Xylol). Alle diese Stoffe produziert man gegenwärtig aus Erdöl und Erdgas. Die schwankenden Ölpreise beeinflussen erheblich den Industriechemikaliensektor. Dazu kommen hohe Energiekosten für das Cracken des Öls und zur Vermeidung von Umweltproblemen. Nach Schätzung von Experten ist **prinzipiell die Hälfte der 100 „Top-Chemikalien" aus erneuerbaren Rohstoffen herstellbar.**

Wie ist die Lage heute? Ethanol, Citronensäure und Essigsäure können kostengünstig biotechnologisch hergestellt werden (Abb. 6.25). **Ethanol** (Abb. 6.25) ist eine wichtige Industriechemikalie (Kap. 1). Es dient als Lösungs-, Extraktions- und Gefrierschutzmittel, als Ausgangssubstanz für die Synthese anderer organischer Verbindungen, die als Farbstoffe, Klebstoffe, Schmiermittel, Pharmaka, Detergenzien, Sprengstoffe, Kunstharze und Kosmetika verwendet werden.

Die chemische Ethanolsynthese aus Ethylen (durch Wasseranlagerung bei hoher Temperatur mit Katalysatoren) verdrängte jedoch bei niedrigen Erdöl- und Erdgaspreisen und hohen Stärke- und Zuckerpreisen den Gärungsalkohol. Nun beginnt eine **Renaissance des ältesten Bioverfahrens der Welt.** Kontinuierliche Prozessführung, neue hocheffektive thermophile und ethanoltolerante Mikroorganismen und energiesparende Destillationstechniken können den Bioprozess konkurrenzfähig machen.

Box 6.5: Biotech-Historie: **Eine Bakterie als Staatsgründer**

Chaim Weizmann (1874–1952) war als junger Mann gezwungen, seine antisemitisch geprägte westrussische Heimat zu verlassen. Nach einem Studium in der Schweiz und Deutschland begann er bei dem berühmten Chemieprofessor **William Perkin** (1838–1907) 1904 in London zu arbeiten.

Anfang 1915 wurde der damalige Kriegsminister **David Lloyd George** (1863–1945) auf ihn aufmerksam gemacht. Es herrschte empfindlicher Mangel an hochexplosivem Cordit, einer Mischung aus Nitroglycerin und Nitrocellulose. Das dafür benötigte Aceton, aus Holz destilliert, war besonders knapp.

Lloyd George traf Weizmann, und beide waren voneinander begeistert. Wie kann man **Aceton durch Fermentation** gewinnen? Weizmann erinnerte sich an Pasteurs Untersuchungen zur Vergärung von Zucker zu Alkohol. Er suchte im Boden, auf Mais und anderem Getreide nach entsprechenden Bakterien oder Hefen.

Innerhalb weniger Wochen nach dem Treffen isolierte Weizmann *Clostridium acetobutylicum*, das nicht nur wunderbarerweise Ace-

Chaim Weizmann und Albert Einstein

Das „staatsgründende" Bakterium *Clostridium acetobutylicum*

ton herstellte, sondern auch eine weit wertvollere Substanz: Butanol! **Butanol** wird für synthetischen Kautschuk gebraucht, also für strategisch wichtige Autoreifen.

Lloyd George war absolut begeistert und bot an, Weizmann dem Premierminister für eine hohe Ehrung vorzuschlagen. Weizmann lehnte aber kategorisch ab und sprach stattdessen von der Notwendigkeit, den Juden der Welt eine Heimat zu geben. Als Lloyd George später selbst Premierminister wurde, diskutierte

er diesen Wunsch Weizmanns mit seinem Außenminister **Arthur Earl Balfour** (1848–1930). Dies führte direkt zur historischen Erklärung von Balfour am 2. November 1917 und schließlich 1948 zur Gründung des Staates Israel, dessen erster Präsident Weizmann wurde. Weizmann fand nicht einfach nur eine geniale Methode, zwei Chemikalien herzustellen. Er läutete das Wachstum der Fermentationsindustrie und damit der modernen Biotechnologie ein, noch lange vor der Penicillinproduktion.

Der britische Kriegsminister Lloyd George, Karikatur

Chaim Weizmann, neben Howard Florey (Box 4.7) der einzige Biotechnologe, der jemals auf einem Geldschein abgebildet wurde (Israel)

Essigsäure (Abb. 6.25) wird gegenwärtig nur für Nahrungszwecke durch Oxidation von Ethanol mit *Acetobacter* erzeugt (Kap. 1). Für hoch konzentrierte Industrie-Essigsäure ist die chemische Carbonylierung von Methanol aber bislang noch kostengünstiger. Weltweit werden etwa 200 000 t Essigsäure durch Fermentation aus Ethanol hergestellt.

Eine **umweltschonende Anwendung von Essigsäure** wird in den USA getestet. Acetat, das Salz der Essigsäure, wird durch Mischen mit Kalkstein aus Essigsäure produziert. Die Essigsäure gewinnt man zuvor aus Biomasse. **Calcium-Magnesium-Acetat (CMA)** hat einen Schmelzpunkt um minus acht Grad Celsius und wird als umweltschonendes **Streusalz** im Winter benutzt.

Es erfreut die amerikanische Autofahrernation, weil es zudem ihr Blech vor Korrosion schützt. Unser „deutsches Auftausalz" (reines Natriumchlorid, NaCl) ist dagegen ein **Baumkiller**, weil es wichtige Pflanzennährstoffe verdrängt. Der Verkehrsclub Deutschland berichtete, dass im Winter 2000/2001 pro Straßenkilometer der (bislang

noch) wunderschönen brandenburgischen Alleen 2,8 t Tausalz bereitgehalten wurden, also auf jeden Meter 2,8 kg Salz! Formiate sollen helfen

Ein wichtiges organisches Lösungsmittel ist *n*-**Butanol** oder 1-Butanol (*n* steht für normal und bedeutet, dass es sich um eine unverzweigte, geradkettige Verbindung handelt). *n*-Butanol (Abb. 6.25) findet bei der Herstellung von Weichmachern, Bremsflüssigkeiten, Treibstoffzusätzen, synthetischen Harzen, Extraktionsmitteln und bei der Farbenproduktion Verwendung. Weltweit werden Millionen Tonnen industriell aus Erdöl erzeugt.

Die biotechnologische Produktion von Butanol entstand aus der Not Englands im Ersten Weltkrieg und führte u. a. zur Gründung Israels (Box 6.5).

Als Nebenprodukt bildete *Clostridium acetobutylicum* das Lösungsmittel **Aceton** (Abb. 6.25), für das im Ersten Weltkrieg eine große Nachfrage bestand: Es wurde in Großbritannien für den Sprengstoff Cordit benötigt. Später, nach dem Krieg, brauchte man dagegen Butylacetat für Nitrocelluloselacke. Das Interesse verlagerte sich

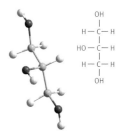
Fig. 6.26 Glycerin (Glycerol)

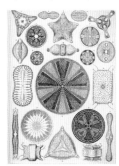
Abb. 6.27 Kieselalgen (Diatomeen) dienen als Kieselgur bei der Dynamitherstellung. Stich von Ernst Haeckel aus den *Kunstformen der Natur*.

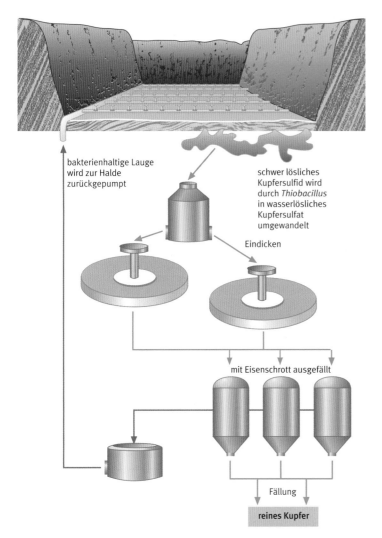

bakterienhaltige Lauge
wird zur Halde
zurückgepumpt

schwer lösliches
Kupfersulfid wird
durch *Thiobacillus*
in wasserlösliches
Kupfersulfat
umgewandelt

Eindicken

mit Eisenschrott ausgefällt

Fällung

reines Kupfer

Abb. 6.28 Prinzip der mikrobiellen Kupferlaugung

Abb. 6.29 Historische Kupferfabrik in den USA

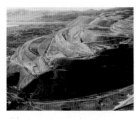

Abb. 6.30 Eine Kupfermine mit kupferarmem Gestein der Kennecott Utah Copper

Glycerin (**Glycerol**), ein vielseitiges Lösungs- und Gleitmittel (Abb. 6.26), wurde bereits im Ersten Weltkrieg in Deutschland mikrobiell durch Hefen für die Dynamitherstellung erzeugt, so wie damals in England Aceton durch Bakterien für Cordit.

Zur Herstellung von **Dynamit** wird Glycerin unter ständiger Kühlung in die Nitriersäure (Schwefelsäure und Salpetersäure) getropft: In kleinen Mengen brennt es gefahrlos ab, während es in größeren Mengen bei plötzlicher Erhitzung oder auf Schlag plötzlich explodiert.

Der spätere Stifter des Nobelpreises, **Alfred Nobel** (1833–1896) stabilisierte das **Nitroglycerin** durch Absorption an Kieselgur. Hierbei handelt es sich um natürliche Ablagerungen der Kieselsäuregerüste von Kieselalgen (Diatomeen, Abb. 6.27) mit großen Poren und hohem Aufsaugvermögen.

Ethanol produzierenden Hefekulturen setzte man Natriumsulfit zu, das ein wichtiges Zwischenprodukt bei der Ethanolsynthese bindet. Dadurch entsteht am Ende neben Ethanol Glycerol. Immerhin produzierte man auf diese Weise 1000 t monatlich. Nach dem Krieg jedoch wurde das Verfahren durch die chemische Verseifung von Fetten oder die Herstellung aus Propylen und Propan verdrängt.

Citronensäure (Abb. 6.25, Box 4.1) wird von dem Pilz *Aspergillus* hergestellt. Citronensäure nutzt man als völlig ungefährlichen Geschmacksstoff, als Konservierungsmittel und in Waschmitteln weltweit mit etwa 700 000 Tonnen.

Milchsäure (**Lactat**, Abb. 6.25) wurde von dem schwedischen Chemiker **Carl Wilhelm Scheele** (1742–1786) 1780 in saurer Milch entdeckt und durch **Carl Wehmer** (1858–1935) mit *Lactobacillus delbrueckii* seit 1895 in der damaligen kleinen Firma A. Boehringer – später eine Biochemikalien-Weltfirma – sehr effizient aus Glucose gewonnen.

Milchsäure dient als Mittel zum Ansäuern in der Lebensmittelindustrie und als Konservierungsmittel für Büchsennahrung, als Textilbeize und zur Kunststoffproduktion. Insgesamt wurden 2015 in der Welt etwa 330 000 Tonnen pro Jahr hergestellt. In Europa wird fast die Hälfte der Milchsäure mikrobiell produziert, während in den USA ausschließlich chemische Verfahren eingesetzt werden. Die Isolierung der Milchsäure aus Kulturmedium ist allerdings bisher noch nicht effizient.

wieder zum *n*-Butanol. Erst in den 40er- und 50er-Jahren, als die Preise für Petrochemikalien unter die für Stärke und Melasse fielen, ging die mikrobielle Erzeugung von *n*-Butanol drastisch zurück. Nur in der Republik Südafrika, wo Erdöl wegen des internationalen Embargos knapp war, betrieb man den Prozess in 90-Kubikmeter-Bioreaktoren weiter. Ausbeuten von 30 % an Lösungsmitteln wurden erzielt, mit sechs Anteilen Butanol, drei Anteilen Aceton und einem Anteil Ethanol.

Mit den steigenden Rohölpreisen und den Fortschritten der Biotechnologie nahm in den 80er-Jahren das Interesse an dem Bioprozess wieder zu. Ein Problem für die Effektivitätssteigerung war bisher die Giftigkeit von *n*-Butanol für Bakterien.

Mithilfe von immobilisierten Mikroorganismen und einer kontinuierlichen Prozessführung gelang es inzwischen, die Butanolausbeuten um das 200-Fache zu steigern.

Box 6.6 Expertenmeinung: Nobelpreisträger Alan MacDiarmid prophetisch über Agrarenergie

Sie starten Ihr Auto, los geht's, und zurück bleibt ein wunderbarer Geruch nach Schnaps...

Der alte Esso-Werbeslogan „Pack den Tiger in den Tank" sollte heute besser „Pack BIO in den Tank" heißen. Viele Länder, die Europäische Union, China und selbst die USA unter George Bush haben sich dafür entschieden, künftig mehr Gebrauch von Bioethanol (Agraralkohol) zu machen. Vor dem Hintergrund stark ansteigender Erdöl- und Benzinpreise ergibt eine Rückbesinnung auf die älteste Biotechnologie der Welt Sinn, die Vergärung von Zucker zu Alkohol durch Hefe. Viele sehen im **Biotreibstoff** die Rettung für unsere Zukunft.

Prof. Alan MacDiarmid (ehemals University of Texas in Dallas und University of Pennsylvania) hat zwei Jahre vor seinem Tod an meiner Universität in Hongkong einen Vortrag über Agrarenergie gehalten. Im Jahr 2000 erhielt er für die revolutionäre Entdeckung, dass modifizierte Kunststoffpolymere elektrisch leitfähig sind, den Nobelpreis.

Vor einiger Zeit gründete er in China ein Forschungszentrum, das sich mit der Versorgung des Landes mit Bioenergie beschäftigt. In China gibt es ausgedehnte wüstenähnliche Regionen, die sich nicht zum Anbau von Nahrungspflanzen eignen, in denen man aber widerstandsfähige, Energie liefernde Pflanzen anbauen und dadurch armen Bauern ein Einkommen verschaffen könnte.

Nobelpreisträger Alan MacDiarmid erklärte den Studenten:

Nach der weltweiten Ausbeutung der großen Öl-, Kohle- und Erdgasvorkommen könnte es zwar technisch machbar sein, die noch verbliebenen fossilen Brennstoffe zu erschließen, aus ökonomischer Sicht wäre dies jedoch aufgrund der hohen Kosten nicht rentabel. Dies verdeutlicht der stetig weiter ansteigende Preis von derzeit 50 US-Dollar pro Barrel (Anmerkung des Autors: 63 US-Dollar Anfang 2018).

Diese Tatsache macht **jegliche alternativen Formen erneuerbarer Energien finanziell rentabler**, weil diese Rentabilität an den Ölpreis pro Barrel auf dem internationalen Markt gekoppelt ist. Falls der Ölpreis fällt,

Ethanol-betriebenes Auto zwischen Zuckerrohr, das den nachwachsenden Kraftstoff liefert

Zuckerrohr (*Saccharum officinarum*)

Jatropha, auch Purgiernuss genannt, wird in China gegenwärtig wegen ihres Öls auf etwa zwei Millionen Hektar angebaut. Das nicht zum Verzehr geeignete Öl wird zur Kerzen- und Seifenproduktion verwendet. Voraussichtlich wird *Jatropha* die wichtigste Pflanze zur Produktion von Biodiesel werden. Die geplante Anbaufläche von 13 Millionen Hektar, hauptsächlich im Süden Chinas, sollte jährlich etwa sechs Millionen Tonnen Biodiesel liefern. Die *Jatropha*-Bäume liefern zudem Holz zum Heizen eines Kraftwerks mit einer Kapazität von zwölf Millionen Kilowatt. Das entspricht etwa zwei Dritteln der Kapazität des größten Staudamms der Welt, des Drei-Schluchten-Staudamms am Jangtse in China.

was unwahrscheinlich ist, sinkt die ökonomische Rentabilität alternativer Energieformen. Wenn der Ölpreis aber ansteigt, was weitaus wahrscheinlicher ist, steigt damit auch die wirtschaftliche Rentabilität alternativer Energien. Die vielversprechendste alternative Energiequelle stellen die natureigenen Solarzellen dar – die Blätter von Bäumen, Sträuchern und Gräsern. Sie absorbieren das Sonnenlicht und bauen mit seiner Energie verschiedene organische Materialien auf – gespeicherte Sonnenenergie.

In vergangenen Epochen lebten die Menschen als Jäger und Sammler, fingen Fische und jagten andere Tiere, sammelten Beeren und Wurzeln. Später lernte der Mensch den Ackerbau. Aber noch immer sind wir auf der Jagd nach Energie aus Wäldern, die vor Millionen von Jahren gewachsen sind – in Form von Kohle, Erdöl und Erdgas.

Mit unseren heutigen Erkenntnissen werden wir sicherlich unseren Energiebedarf auf ähnliche Weise decken, wie wir es mit unserer Nahrung tun: Wir beginnen unsere Energie anzubauen.

Entsprechend dem „Ackerbau zur Nahrungsmittelproduktion", wie er vor langer Zeit von den Menschen erfunden wurde, ist heute die Zeit für den **„Ackerbau zur Brennstoffproduktion"** gekommen.

Zukünftig werden wir den Großteil unserer Energie aus dem Anbau von Pflanzen gewinnen und nicht mehr darauf warten müssen, bis diese über Jahrtausende verrottet sind, und dann teure und aufwendige Technologien einsetzen, um diese Energie aus dem Erdboden zu fördern.

Der verbreitetste Kraftstofftyp, den man anbauen kann, ist Bio-Ethylalkohol, allgemein als **Ethanol** bezeichnet. Er findet schon jetzt in beträchtlichen Mengen als Benzinersatz Verwendung. Gewonnen wird er in erster Linie durch Fermentation (Vergärung) von Zuckerrohr und bestimmten Teilen von Mais.

Ein weiterer Biokraftstoff ist **Biodiesel**, den man aus dem Öl von Raps, Sojabohnen, Sonnenblumenkernen, *Jatropha* oder Ähnlichem gewinnt. Hierbei wird das Öl extrahiert, und es ist kein Fermentationsprozess erforderlich.

Da manche Länder aufgrund ihres Klimas oder ihrer Bodenverhältnisse nur eingeschränkt Zuckerrohr und Mais für die Fer-

Fortsetzung nächste Seite

mentation zu Bioalkohol anbauen können, richtet sich das Interesse momentan auf Fortschritte in der **Gewinnung von Kraftstoffen aus Cellulose**. Dies kann aus Holzschnitzeln oder trockenen pflanzlichen Abfällen von landwirtschaftlichen Produkten erfolgen.

Wenn sich Cellulose mit Enzymen zu Zucker abbauen ließe, der wiederum problemlos zu Ethanol vergoren werden kann, wäre ein verbreiteter Einsatz von Biokraftstoffen weitgehend uneingeschränkt möglich. Hierzu wurden schon Pilotprojekte mit vielversprechenden Ergebnissen durchgeführt. Die Kosten sinken beinahe täglich, da die Ausgaben für das Celluloseenzym durch aktive Forschung immer geringer werden.

Im Laufe der Zeit wird der weltweite Kraftstoffbedarf aus Bäumen, Sträuchern und Gräsern gedeckt werden, die unter beinahe allen klimatischen Bedingungen der Erde wachsen können, sowie durch den Anbau von Mais und Zuckerrohr in bestimmten Klimaten. Statt in einer Erdölwirtschaft werden wir künftig in einer Bioalkoholwirtschaft leben.

Das Schöne an der Verwendung von Kraftstoffen aus lebenden Pflanzen ist, dass jegliches Kohlendioxid, das beim Verbrauch von Biokraftstoffen in die Atmosphäre gelangt, von Pflanzen wieder über ihre Blätter absorbiert werden kann. So entsteht ein Kreislauf, in dem die in die Luft abgegebene Menge von Kohlendioxid weder erhöht noch erniedrigt wird. Deshalb trägt die Verwendung von Biokraftstoffen jeglichen Typs **auch nicht zur globalen Erwärmung** bei, weil sie nicht den Kohlendioxidgehalt der Luft erhöht, wie dies bei den fossilen Kraftstoffen der Fall ist.

Natürlich kann keine Form alternativer Energien allein den gesamten Energiebedarf eines Landes decken – weder Biokraftstoff noch Wind oder Solarenergie. Entsprechend den örtlichen Gegebenheiten von Klima, Boden und Gelände wird es zwangsläufig erforderlich sein, **verschiedene Energieformen zu kombinieren**. Zweifellos werden in einem Teil eines Landes Wind- und Wasserkraft genutzt werden, in anderen Teilen Biokraftstoffe und in manchen Regionen zusätzlich immer noch „ökonomisch rentable" fossile Brennstoffe.

Das beschriebene Szenario trifft so schon auf **Brasilien** zu, das heute im Grunde unabhängig von Erdölimporten ist. Bislang sind dort

schon **sechs Millionen Autos** produziert worden, die entweder ausschließlich mit reinem Ethanol fahren oder mit einer Kombination aus Ethanol und Benzin. Sie werden als „Flexible Fuel Vehicles" (FFV), also „an den Kraftstoff anpassungsfähige Fahrzeuge", bezeichnet. Jede brasilianische Tankstelle ist mit zwei Typen von Zapfsäulen ausgestattet.

Die einen Zapfsäulen sind mit „Alkohol" gekennzeichnet, die anderen mit „Benzin", wobei selbst dem Kraftstoff in den Benzin-Zapfsäulen etwa 22 % Ethanol beigemischt sind. Sensoren im Benzintank der Fahrzeuge messen den relativen Gehalt an Ethanol und Benzin, und der Motor passt sich entsprechend an. Momentan ist der Liter Ethanol billiger als der Liter Benzin.

Auch in Europa steigt die Zahl der an den Kraftstoff anpassungsfähigen Fahrzeuge. Ford hat angekündigt, in den USA 250 000 derartige Fahrzeuge bauen zu wollen. Da fragt man sich: Wenn es Brasilien gelungen ist, sich völlig auf Biokraftstoff umzustellen, warum kann dies dann nicht auch die einzige Supermacht, die jetzt in ihrer Abhängigkeit vom Öl aus dem Nahen Osten gefangen ist – mit all den damit verbundenen Konflikten und dem damit einhergehenden Beitrag zur globalen Erwärmung?

Es scheint so fortschrittlich, aber ist es das auch? Im Anschluss an seinen Vortrag führten wir mit Alan MacDiarmid eine freundliche, aber kontroverse Diskussion:

Erst vor Kurzem hat die chinesische Regierung dem Biokraftstoff den Hahn abgedreht. Seit 2002 hatte **China** Biokraftstoffe subventioniert, und zwar die Produktion von Ethanol, vor allem aus Mais, Hirse, Maniok, Süßkartoffeln und Rüben. Nur zwei Monate vor Änderung der Politik auf diesem Gebiet war angekündigt worden, dass an den chinesischen Tankstellen Biodiesel aus tierischen und pflanzlichen Fetten eingeführt werden solle.

Als eines der Hauptprojekte des zehnten Fünf-Jahres-Plans sollte bleifreies Benzin durch Ethanol ersetzt werden. Fünf Provinzen und 27 Städte, u. a. Heilongjiang, Jilin und Liaoning, haben die Umstellung bereits vollzogen. Laut der offiziellen Nachrichtenagentur Xinhua News Agency macht Bioethanol ein Fünftel des gesamten in China verwendeten Kraftstoffs für Autos aus. Man nimmt auch an, dass aus Ölsamen gewonne-

ner Biodiesel weniger krebserregende Substanzen freisetzt.

Die **Kombination von Benzin oder Diesel mit Biokraftstoffen** könnte dazu beitragen, die zunehmend unerträglicher werdende Luftverschmutzung in China einzudämmen und das Land unabhängiger von Erdöl zu machen. Seit fünf Jahren steigt der jährliche Ertrag an Mais und Weizen in China ständig an, und es lohnt sich auch wirtschaftlich, die Überschüsse in Ethanol umzuwandeln. Was hat diesen **Wandel in der Politik** bewirkt?

Es gibt ganz einfach nicht **genügend Agrarfläche**, und die Getreidepreise stiegen in letzter Zeit steil an. Allein zwischen Oktober und November 2006 betrug die Preissteigerung gewaltige 5 %. Laut dem chinesischen Informationszentrum für Getreide- und Ölproduktion stieg der Preis für Mais im Hafen von Dalian, in dem ein Großteil des Exportgetreides abgefertigt wird, von Oktober bis November 2006 um 200 Yuan auf 1530 Yuan (CNY) pro Tonne.

Ein Festhalten an der Produktion von Alkohol aus Nahrungsmitteln könnte die **Preisspirale außer Kontrolle geraten lassen** und zu sozialer Instabilität und Unzufriedenheit führen. Deswegen benötigt man mittlerweile in China zur Produktion von Bioethanol eine Genehmigung, die man nur nach einem komplizierten Antragsverfahren erhält.

Möglicherweise ist **China** Vorreiter für einen Trend, dem viele Länder folgen werden. Die **EU** plant, bis 2020 20 % ihres gesamten Energiebedarfs durch landwirtschaftliche Produktion zu decken.

Allein in den **USA** wurden 2004 34 Millionen Tonnen Getreide zu Ethanol umgewandelt. Diese Zahl wird mittlerweile auf 69 Millionen verdoppelt – hauptsächlich durch die Umwandlung von Mais. Mais importierende Länder wie Japan, Mexiko und Ägypten sorgen sich bereits darum, dass dadurch die Exporte aus den USA, die immerhin 70 % des Welthandels abdecken, sinken könnten. In Mexiko ist Mais das Grundnahrungsmittel der armen Bevölkerung.

Wie ist das Problem zu lösen? Man könnte Getreide auch durch eine **zweite Generation von Energie lieferndem organischem Rohmaterial** ersetzen, nämlich durch Stroh, Holz, Stallmist und Pflanzenabfälle. Ein weiterer häufig angebrachter Kritikpunkt ist die

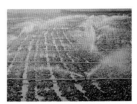

mangelnde **Effizienz** der Programme für Biokraftstoffe. Offenbar gewinnt **Brasilien als einziges Land mehr Energie aus Zuckerrohr, als es in die Produktion investiert**, da zusätzlich Nebenprodukte wie die als Bagasse bezeichneten faserigen Bestandteile fermentiert werden.

Im Gegensatz dazu können Indien und China keine ausreichenden Mengen Mais oder Zuckerrohr für die Ethanolgewinnung produzieren. Unterdessen sind Biologen mit der Entwicklung energiereicher Feldfrüchte beschäftigt, beispielsweise **Mais mit einem höheren Stärkegehalt**. Sie arbeiten an der Optimierung von Enzymen und Mikroorganismen.

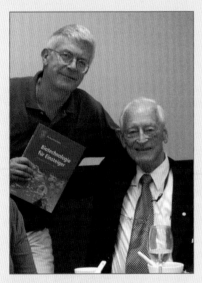

Alan MacDiarmid (1927–2007) besuchte die Victoria University in Neuseeland. Nach dem Abschluss seines Studiums in Chemie bekam er ein Fullbright-Stipendium für seine Dissertation an der University of Wisconsin.

Ein anschließendes Shell-Stipendium ermöglichte ihm eine zweite Dissertation an der Universität Cambridge. 1955 nahm er eine Stelle an der University of Pennsylvania an. Im Jahr 1964 erhielt er eine Professorenstelle und von 1988 an die angesehene Blanchard-Professur für Chemie.

Für die Entdeckung und Entwicklung leitfähiger organischer Polymere wurde ihm im Jahr 2000 zusammen mit dem Physiker Alan Heeger (USA) und dem Chemiker Hideki Shirakawa der Nobelpreis für Chemie verliehen.

Aktuell wurde auch wieder einer der historisch ersten technischen Bioprozesse, die Herstellung von **Gluconsäure** (Abb. 6.25) aus Glucose durch *Aspergillus niger*. Bei diesem Prozess spielt die Glucose-Oxidase des Pilzes eine entscheidende Rolle, die auch bei Biosensoren (Kap. 10) für die Glucosemessung genutzt wird: Sie oxidiert Glucose unter Sauerstoffverbrauch zu Gluconolacton und Wasserstoffperoxid, das dann als Zellgift von Katalase schnell abgebaut wird. Gluconolacton hydrolysiert spontan zur Gluconsäure.

Gluconsäure ist sehr vielseitig verwendbar: vor allem als Waschmittelzusatz, weil sie Metallionen bindet und die Bildung von Flecken auf Gläsern durch Calciumsalze verhindert sowie vorhandene Ablagerungen mild auflöst. Dabei korrodieren auch Metallgefäße nicht. Weltweit werden etwa 60 000 t Gluconsäure jährlich produziert.

Andere organische Säuren können ebenfalls biotechnologisch hergestellt werden, zum Beispiel Fumarsäure (Salz **Fumarat**) und Äpfelsäure (Hydroxybernsteinsäure, Salz **Malat**). Fumarsäure kann durch den Pilz *Rhizopus nigricans* aus Zucker oder durch *Candida*-Hefen aus Alkanen (Paraffinen) gebildet werden, wobei der chemisch-synthetische Vorgang immer noch billiger ist.

Für die Äpfelsäure wurde dagegen von der japanischen Firma Tanabe Seiyaku 1974 ein hocheffektives biotechnologisches Verfahren mit immobilisierten abgetöteten Mikroorganismen entwickelt (siehe Kap. 2). Dabei nutzt man nur jeweils ein Enzym (Fumarase) in abgetöteten *E. coli*-Zellen für die Äpfelsäureproduktion aus Fumarsäure.

Lohnt die Produktion von **Industriechemikalien aus regenerierbaren** Quellen? Die Herstellung von großtonnagigen Produkten mit geringem Wertzuwachs erfordert eine scharfe ökonomische Berechnung. Diese fällt gegenwärtig meist zugunsten der fossilen Rohstoffquellen aus.

In naher Zukunft wird sich die Situation zumindest für ganze Industriezweige nicht verändern. Eine allmähliche „biotechnologische Unterwanderung" der Chemieindustrie hängt von den Erdölpreisen und der Entwicklung ökonomischer Bioprozesse ab. Dabei sollte man nicht vergessen, dass natürlich auch die chemischen Verfahren und die chemischen Katalysatoren laufend weiter verbessert werden.

Die **Ökonomie diktiert letztlich**, ob biotechnologische oder chemische Prozesse oder eine Kom-

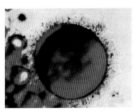

Abb. 6.31 Mikrobielle Kupferlaugung: Thiobakterien-haltige Flüssigkeit wird über das Erz versprüht und dann gesammelt.

Abb. 6.32 Öltropfen mit daraufsitzenden Mikroben

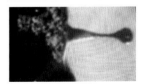

Abb. 6.33 Xanthan presst das Rohöl aus Gesteinsporen.

in Gesteinsporen
festsitzendes Öl

Herauslösung des
Öls durch Biodetergens

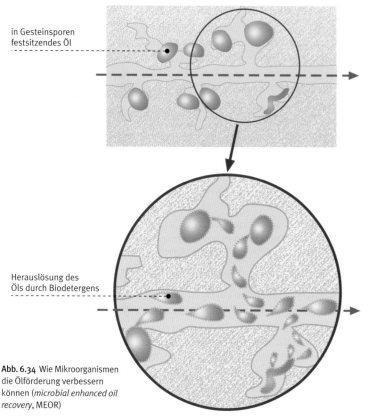

Abb. 6.34 Wie Mikroorganismen die Ölförderung verbessern können (*microbial enhanced oil recovery*, MEOR)

Abb. 6.35 Diese Bakterien (*Ralstonia eutropha*) bestehen fast vollständig aus Bioplastik (Polyhydroxybutyrat, PHB).

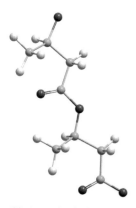

Abb. 6.36 Poly-3-hydroxybutyrat (PHB, Ausschnitt)

helfen, das **schwer lösliche Kupfersulfid in eine wasserlösliche auslaugbare Form (Kupfersulfat) zu verwandeln** (Abb. 6.28). Heute liefern Mikroben gezielt aus Milliarden Tonnen minderwertiger Armerze reines Kupfer. In den USA, Kanada, Chile, Australien und Südafrika produzieren sie ein Viertel des gesamten Kupfers durch **Biolaugung** *(bioleaching)* weltweit. Mehr als 10 % des Goldes und 3 % des Cobalts und Nickels werden biotechnologisch gewonnen.

Die wichtigsten Akteure bei der mikrobiellen Laugung von Kupfer sind die **Schwefelbakterien** *Thiobacillus ferrooxidans* und *Th. thiooxidans*. *Th. ferrooxidans* werden auch kurz „**Ferros**" genannt. Sie sind acidophile (Säure liebende) Bakterien, oxidieren zweiwertiges zu dreiwertigem Eisen, greifen löslichen Schwefel, aber auch die unlöslichen Sulfide an und wandeln sie schließlich zu Sulfaten um. Die „**Thios**" (*Th. thiooxidans*) wachsen dagegen nur auf elementarem Schwefel und löslichen Schwefelverbindungen.

Beide Arten arbeiten eng zusammen: Bei der **direkten Laugung** gewinnen die Bakterien Energie (ATP) durch einen Elektronentransfer von Eisen oder Schwefel zum Sauerstoff an der Zellmembran.

Die oxidierten Produkte sind besser löslich. Bei der **indirekten Laugung** oxidieren die Bakterien lösliches zweiwertiges Eisen zu dreiwertigem, das seinerseits ein starkes Oxidationsmittel ist und andere Metalle in schwefelsaurer Lösung in die oxidierte leicht lösliche Form überführt.

Dabei entsteht wieder zweiwertiges Eisen, das von den Bakterien schnell in die „aggressive" dreiwertige Form reoxidiert wird. Im praktischen Laugungsprozess überlagern sich diese Mechanismen. Letztlich **entsteht bei der Kupferlaugung Schwefelsäure und aus unlöslichem Kupfersulfid das leicht lösliche blau gefärbte Kupfersulfat.**

Bei der bakteriellen Laugung werden Millionen Tonnen von Abraummaterial mit kleinen, aber wertvollen Mengen an Kupfer zu Sammelstellen befördert. Es gibt Halden mit bis zu 400 m Höhe und vier Milliarden Tonnen Gestein (Abb. 6.30). Dieses Gestein wird mit angesäuertem Wasser besprüht.

Während das Wasser durchsickert, vermehren sich die Thiobakterien, die zu Millionen in jedem Gramm Gestein vorkommen. Am Fuß der Halde

bination von beiden zum Einsatz kommen. Bei entsprechendem Interesse, hohen Investitionen und wirtschaftlichem Druck könnten die meisten der Industriechemikalien künftig durchaus mit biotechnologischen Verfahren aus regenerierbaren Rohstoffen produziert werden. Interessant sind aber gegenwärtig neuartige Produkte, die chemisch nicht herstellbar sind, und **kleintonnagige hochwertige Feinchemikalien**, Produkte mit einem hohen Veredlungsgrad, wie etwa Aminosäuren (siehe Kap. 4).

■ 6.10 Lautloser Bergbau

Kupfer, das „rote Gold", ist in den letzten Jahren so stark abgebaut worden, dass Erzvorkommen mit hohem Kupfergehalt selten geworden sind. Der Abbau wird in immer tiefere Zonen vorgetrieben. Energie und Erschließungskosten steigen an, und doch gibt es einen Ausweg:

Bereits vor 3000 Jahren wurde im Mittelmeerraum vermutlich Kupfer aus dem Grubenwasser gewonnen. Historisch belegt ist die Kupfergewinnung der Spanier im 18. Jahrhundert am Rio Tinto durch Laugung.

Bis vor 50 Jahren ahnte niemand, dass Bakterien bei der Extraktion eine aktive Rolle spielen. Sie

Box 6.7 Expertenmeinung: Pack den Panda in den Tank? Cellulasen

Der immer freundlich lächelnde Pandabär, unser chinesisches Nationalsymbol, könnte helfen, den steigenden Energiehunger Chinas und der Welt zu stillen.

Wie das?

Der Allesfresser (Omnivore) frisst sagenhafte 12 kg Bambus pro Tag. Das tut der Panda, obwohl er, wie auch wir Menschen, keine Enzyme hat, um die Hauptenergieträger des Bambus (Cellulose und Hemicellulose) zu verdauen.

Diese Polymere enthalten Glucose, wie auch z.B. Stärke. Cellulose und Hemicellulose sind jedoch anders chemisch verknüpft als in Stärke. Sie passieren somit unser Verdauungssystem unbeschadet bzw. unverdaut. Für Stärke hingegen haben wir Stärke spaltende Enyme (Amylasen) im Speichel und im Darm. Man kaue mal Brot ganz lange – es schmeckt am

Ende süß! Die Stärke wurde mithilfe der Enzyme in Zucker umgewandelt. Auf Gras, Bambus oder Holz kann man jedoch so lange kauen wie man will, es wird nichts passieren.

Wo könnte man diese Cellulasen noch für industrielle Zwecke finden?

Im Zentrallabor für Tierökologie der Chinesischen AdW in Bejing kamen wir auf die naheliegende Idee: Im Pandabären, genauer: dessen Endprodukten des Verdauungsapparats. In gesammelten Kot (engl. „poo") von Pandas aus den Zoos und der Wildnis analysierten wir mehr als 5000 DNA-Sequenzen.

Wir verglichen die DNA-Sequenzen mit denen aus dem Kot anderer Grasfresser und fanden Bakterien: sieben neue *Clostridium*-Arten, die Cellulose abbbauen. Dazu produzieren diese Bakterien Cellulasen und sondern die Enzyme in das Medium ab. Die Enzyme „zerhacken" die sperrigen Cellulosepolymere in „bakterien-mundgerechte" Glucosemoleküle, die dann von den Clostridien begierig aufgenommen werden.

Der Nutzen für uns?

Die weltweit rasant wachsende Bioenergieindustrie konzentriert sich auf Mais, Soja und Zuckerrohr. Damit konkurriert Biosprit mit Nahrung! „Pack den Hunger in den Tank", sagen Bioethanol-Kritiker.

Die Cellulase produzierenden Clostridien des Pandas würden diese Rohstoffpalette jedoch erheblich um Abfälle erweitern: Gras, Getreideabfälle, Holz und Pflanzenreste jeglicher Art würden Biosprit liefern.

Für Asien sind auch Cellulasen aus anderem Tierkot interessant: In Indien gibt es zwar keine Pandas, wohl aber Unmengen an **Elefanten**. Und diese 60 000 strikt vegetarischen Dickhäuter produzieren gewaltige Mengen Dung: 5 t pro Rüsseltier und Monat. Das sind etwa 160 kg pro Tag... ein **echtes Entsorgungsproblem**! Das sind 3,6 Millionen Tonnen Dung pro Jahr, die Hälfte der Cheops-Pyramide in Ägypten!

Mit den Cellulasen aus dem Elefanten-„poo" kann dieser aber zu Biogas oder Alkohol abgebaut werden.

Prof. Dr. **Fuwen Wei** *arbeitet seit 25 Jahren in Beijing über Pandas.*

Er ist Professor im Key Lab of Animal Ecology and Conservation Biology am Institut für Zoologie der Chinesischen Akademie der Wissenschaften.

---

sickert die metallhaltige Flüssigkeit heraus und wird in großen Sammelbecken aufgefangen. Daraus kann nun leicht das Kupfer gewonnen werden. Die kupferfreie Laugungsflüssigkeit wird erneut auf der Halde verteilt.

Bei der **Laugung von Uranmineral** (mit vierwertigen Uranionen) wird ebenfalls durch Bakterien aus Schwefelkies oder löslichem zweiwertigem Eisen „aggressives" dreiwertiges Eisen erzeugt, das seinerseits sechswertige Uranionen formiert; sie lösen sich gut in verdünnter Schwefelsäure.

Für die **Umwelt** scheint sich die **Biosorption** zu lohnen: Schilf filtert Giftstoffe aus Abwässern. Es wurden Algen entdeckt, die giftige Schwermetalle, zum Beispiel Cadmium, in großen Mengen binden. Verschiedene Kohlarten akkumulieren ebenfalls Schwermetalle. Bis zu 1000-mal höhere Konzentrationen als im umgebenden Boden konnten

angereichert werden. Diesen Kohl sollte man allerdings tunlich nicht essen!

■ 6.11 Neues Leben für müde Ölquellen?

Auf einer Bohrinsel landet ein Helikopter, dem ein Biotechnologe mit einem Köfferchen entsteigt. Der Koffer bringt Leben in die erschöpfte Ölquelle: Mikrobenkulturen, die in das Ölreservoir gepumpt werden, sich dort vermehren und Produkte bilden, die das Öl wieder sprudeln lassen.

Zwei Drittel des Erdöls bleiben heute bei der primären Förderung noch im Boden zurück. **Sekundäre Ölfördermethoden** nutzen Wasser und Gas, die in die Quelle gepresst werden, um den abgefallenen Druck wieder zu erhöhen (Abb. 6.34). Allein in den Ölfeldern der Nordsee soll nicht förderbares Öl im Wert von 300 Milliarden Pfund Sterling verbleiben.

Abb. 6.37 Eine Vision? Cellulasen aus dem „*poo*" vom Panda können helfen, Biosprit zu produzieren!

Box 6.8 Expertenmeinung:
Von Biomasseumwandlung hin zu nachhaltiger Bioproduktion: Kraftstoffe, Bulk-, Fein- und Spezialchemikalien

Der schonende Umgang mit den Ressourcen war eine der Triebfedern für die Entwicklung der industriellen Biotechnologie, lange bevor diese Denkweise in erweiterter Form zur heute weltweit als vernünftig erkannten und akzeptierten Strategie der **nachhaltigen Entwicklung**[1] erhoben wurde.

Allerdings wird bei aktuellen grün inspirierten Szenarien zur industriellen Verwertung von nachwachsenden Rohstoffen und von Abfallbiomasse leider immer noch allzu oft vergessen, dass eine nachhaltige Entwicklung definitionsgemäß drei Dimensionen berücksichtigen muss:

- **Umweltverträglichkeit**,
- **Sozialverträglichkeit** und
- **Wirtschaftlichkeit**.

Sehr oft sind die vorgeschlagenen Strategien zu eindimensional und extrapolieren einfach eine Politik ausgehend von den heutigen, immer noch stark subventionsbedürftigen landwirtschaftlichen Produktionsweisen.

Ethanoldestillation im Mittelalter

Gefragt sind wirklich nachhaltige Lösungsansätze, die auch die Frage der Wirtschaftlichkeit zufriedenstellend beantworten. Die Wirtschaftlichkeitsoptimierung sollte klar darauf hinzielen, sowohl die Stoff- und Energiebilanzen (Ressourcenschonung) als auch die Rentabilität der Prozesse zu verbessern. Für die zukünftige Chemie/Biotechnologie, ausgehend von Biomasse und Biomassefraktionen, sollte möglichst nach dem Prinzip der „minimalen strukturellen Veränderungen des Rohmaterials" verfahren werden. Mit anderen Worten: Die zur Gewinnung industrieller Produkte erzeugte

Raps liefert Biodiesel.

Mais ist besonders in Amerika der nachwachsende Rohstoff Nummer eins.

Biomasse sollte möglichst intelligent, das heißt unter weitgehender Erhaltung des hohen Organisationsgrades und des C/H/O-Verhältnisses, genutzt und umgewandelt werden. Positivbeispiel: Bei der etablierten „Fett- und Ölchemie" sind diese Forderungen weitgehend erfüllt, da diese praktisch unter Erhaltung des Startgewichts arbeitet. Man sollte also weniger anstreben, ausgehend von Biomasse klassische, auf dem „petrochemischen Denken" beruhende Chemikalien zu produzieren (obwohl dies unter großen Transformationsverlusten möglich ist), sondern vielmehr **die gewünschten „Funktionen" mit neuen Biologie-näheren Produkten abzudecken**.

In einem neueren OECD-Report *The Application of Biotechnology to Industrial Sustainability*[2] wird die Methodik des Life Cycle Assessment (LCA) (auf Deutsch oft auch etwas ungenau mit „Ökobilanz" übersetzt) zur Nachhaltigkeitsbeurteilung (in Bezug auf Energie, Rohstoffe, Abfall, Produkte und Nebenprodukte, Prozesse und Sicherheit) propagiert und anhand von 21 detaillierten Fallstudien dokumentiert.

Die **Schlussfolgerungen** dieses Reports sind in zehn Hauptbotschaften formuliert:

- Das globale Umweltbewusstsein wird größere Anstrengungen in Richtung saubere industrielle Prozesse induzieren.

- Biotechnologie ist eine starke *enabling technology* für die Etablierung von saubereren Produkten und Prozessen und kann die Basis für industrielle Nachhaltigkeit liefern.

- Die Beurteilung der Sauberkeit von industriellen Produkten und Prozessen ist essenziell, aber auch sehr komplex. LCA ist im Moment die beste verfügbare Methode für diese Beurteilung.

- Die Haupttriebfedern für industrielle biotechnologische Prozesse sind Ökonomie (Kräfte des Marktes), Regierungspolitik, Wissenschaft und Technologie.

- Das Erreichen einer größeren Durchdringung der Biotechnologie benötigt vereinigte FuE-Anstrengungen durch Regierung und Industrie.

- Um das volle Potenzial der Biotechnologie als Grundlage für saubere Produkte und Prozesse auszuschöpfen – über die heutigen Anwendungen hinaus – braucht es zusätzliche FuE.

- Weil die Biotechnologie, einschließlich der rekombinanten DNA-Technologie und ihrer Anwendungen, zunehmend wichtiger wurde als Werkzeug zur Schaffung hochwertiger Produkte und für die Entwicklung von Biokatalysatoren, besteht ein starker Bedarf für harmonisierte und ansprechende Regelungen und Vorschriften.

- Die Marktkräfte können starke Anreize für die Erreichung von Umweltreinhaltungszielen darstellen.

- Regierungspolitik zur Verbesserung der Sauberkeit von industriellen Produkten und Prozessen kann der einzige höchst ausschlaggebende Faktor für die Entwicklung und die industrielle Anwendung von sauberen biotechnologischen Prozessen sein.

- Kommunikation und Ausbildung werden nötig sein, um die Durchdringung der Biotechnologie für saubere Produkte und Prozesse in verschiedenen industriellen Sektoren zu erreichen.

Biotechnologie und Biokatalyse: FuE-Situationsanalyse aus Industriesicht

Auf dem Weg zu nachhaltigen Produktionsstrategien muss die chemische Industrie weiterhin eine Schlüsselrolle spielen und einen wichtigen Strukturwandel durchführen, bei dem mehr und mehr biologische Prozesse und biobasiertes Denken in die FuE-Anstrengungen gelangen. Dabei besteht spitz formuliert in etwa die folgende Ausgangslage:

- Die Wahrnehmung und Bewertung der Innovation auf dem Sektor Biokatalyse divergieren sehr stark zwischen Hochschule und Industrie; **Invention (Erfindung) darf nicht mit Innovation verwechselt werden!**

- Der „Graben" zwischen der rein akademischen Forschung und den realen industriellen Bedürfnissen wird tendenziell immer breiter, Wissensvermehrung führt nicht automatisch zu neuen Anwendungen und Problemlösungen.

- Auf der Hochschulseite **zu großer und einseitiger „Publikationsdruck"** und zu wenig Gewicht auf der Umsetzung der Resultate in innovative Anwendungen (z.B. in Zusammenarbeit mit Industriepartnern oder über *Spin-offs*). Anreize zur Umsetzung müssen verstärkt werden.

- **Viel zu geringe Screening-Anstrengungen** auf beiden Seiten; Vergrößerung der biokatalytischen Toolbox ist dringend nötig.

Zur Verbesserung der zukünftigen industriellen Erfolgschancen der Biokatalyse und damit der Weißen Biotechnologie können die **folgenden strategischen Ziele** definiert werden:

- Die Industrie braucht dringend neue Typen von Biokatalysatoren, welche neue (bisher nicht bekannte oder nicht biologisch zugängliche) Reaktionstypen katalysieren. Die Chancen, die sich aus der enormen, noch nicht systematisch erforschten Biodiversität der lebenden Organismen ergeben, müssen dabei optimal genutzt werden. Intelligente, rasche und zielführende Screening-Methoden sind zu entwickeln. Dies sind Aufgaben, die nur von Industrie und Hochschule gemeinsam gelöst werden können.

- Die Verbesserung bereits bekannter Biokatalysatoren durch genetische, chemische oder physikalische Methoden ist in manchen (aber bei weitem nicht in allen) Fällen nötig und wünschenswert. Hier sollte im Sinne eines optimalen Ressourceneinsatzes vor allem auf der Hochschulseite mehr Sorgfalt auf die Wahl der „richtigen" Systeme gelegt werden. Dazu ist ein intensiver Dialog mit der Industrie nötig.

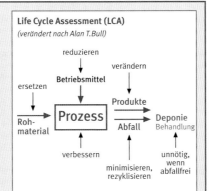

Life Cycle Assessment (LCA)
(verändert nach Alan T.Bull)

Life Cycle Assessment (LCA) ist definiert als »eine Methodik, die verwendet wird zur Evaluation der Umweltbelastungen, die mit einem Produkt, einem Produktionsprozess oder einer Aktivität verbunden sind, durch Identifizierung und Quantifizierung der Energiekonversion, des Materialverbrauchs und der in die Umwelt entlassenen Abfälle, zur Abschätzung der Einflüsse dieser Energie- und Materialverwendungen und Entlassungen in die Umwelt und zur Identifizierung und Bewertung von Möglichkeiten, Umweltentlastungen zu erhalten.«

(Society of Environmental Toxicology and Chemistry (SETAC), 1993)

- Neue und gut charakterisierte Biokatalysatoren[3,4] mit großem Anwendungspotenzial müssen möglichst rasch kommerziell verfügbar gemacht werden und in die akademische und industrielle Forschung und Entwicklung einfließen können. Negativbeispiel: Nitrilasen sind seit über 20 Jahren bekannt, aber erst seit Kurzem über wenige Enzymfirmen allgemein zugänglich.

Oreste Ghisalba,
Ghisalba Life Sciences GmbH,
Reinach/CH

Literatur:

1 **World Commission on Environment and Development** (1987) *Our Commun Future* (*The Brundtland Report*), Oxford University Press
2 **OECD** (2001) *The Application of Biotechnology to Industrial Sustainability*
3 **Ghisalba O** (2000) *Biocatalysed Reactions*. In: Gualtieri F (ed.) *New Trends in Synthetic Medicinal Chemistry*. Wiley-VCH, Weinheim
4 **Meyer H-P, Ghisalba O, Leresche JE** (2009) *Biotransformations in the Pharma Industry*. In: Crabtree RH (ed) *Handbook of Green Chemistry, Vol. 3: Biocatalysis*. Wiley-VCH, Weinheim

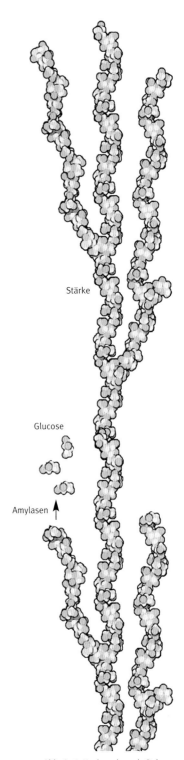
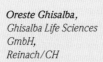

Abb. 6.38 Nachwachsende Rohstoffe dienen einer nachhaltigen Industrie. Hier gezeigt ist das verzweigte Molekül von Stärke. Es kann durch Amylasen (Kap. 3) in einfache Zucker gespalten werden, die dann alkoholisch vergoren werden.

Abb. 6.39 Pullulan-Folien für klaren Atem zergehen auf der Zunge.

Abb. 6.40 Der Rohstoff Biopol® der Firma Zeneca ist biologisch abbaubar.

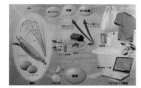

Abb. 6.41 Eine bioabbaubare „Corn-CD" (oben) und der Kreislauf der Biokunststoffe, auf einem japanischen Poster dargestellt (unten)

Schon wenige Prozent Produktionssteigerung würden die Investitionen für Forschung und Entwicklung wieder wettmachen. Das Zauberwort heißt **tertiäre Ölförderung** oder auch **MEOR** (engl. *microbial enhanced oil recovery*, mikrobiell gesteigerte Ölförderung).

Es wird mit verschiedenen Verfahren experimentiert. Die scheinbar leeren Ölquellen beimpft man mit Bakterienmischungen, die *in situ* (an Ort und Stelle) Gase wie Kohlendioxid, Wasserstoff und Methan produzieren und so den Druck auf die Öllager erhöhen. Andere Mikrobenstämme sollen **Biotenside** herstellen, die das Öl in kleinere Tröpfchen zerteilen und so aus den feinsten Gesteinsporen herauslösen (Abb. 6.34).

Problematisch ist gegenwärtig noch die Versorgung der Mikroorganismen mit Sauerstoff und mit Nährstoffen, wenn sie sich nicht von Erdölbestandteilen ernähren können. Außerdem herrschen „vor Ort" extreme Bedingungen, in den Öllagern der Nordsee beispielsweise bei hohem Salzgehalt und Sauerstoffmangel 200 bis 400 Atmosphären Druck und Temperaturen von 90-120 °C! Hier werden **Extremophile** gesucht.

Ölfirmen experimentieren mit Mikroben, die langkettige Biopolymere bilden und ausscheiden. **Biopolymere wie Xanthan**, werden von der Bakterienart *Xanthomonas campestris*, einem Erreger von Pflanzenkrankheiten, aus Stärke oder Glucose produziert.

Xanthan wirkt als **Eindickungsmittel**, es macht Wasser dickflüssig. Wenn man in eine erschöpfte Ölquelle zuerst seifenartige Biotenside pumpt, um das Öl aus dem Gestein zu lösen, und dann Xanthanwasser folgen lässt, wird das herausgelöste Öl (wie mit einem Stempel bei einer Spritze) mit Hochdruck aus dem Bohrloch gepresst (Abb. 6.33). Gegenwärtig ist **Xanthan noch zu teuer**, um die Ölförderung effektiv zu beschleunigen. Xanthan wird aber weltweit in Nahrungsmitteln eingesetzt, zum Beispiel bei der Herstellung von Softeis, Puddings und in kalorienarmen Getränken, um den sogenannten Körper zu erzeugen, ohne den diese Nahrungsmittel „dünn" schmecken würden. Xanthan dickt zwar ein, **sein Verzehr macht aber nicht dick**. Es wird vom Menschen (d. h. seinen Enzymen) nicht abgebaut, ist folglich kalorienarm und gibt Schlankheitsbewussten ein (kurzes!) Sättigungsgefühl.

Xanthan war vor 30 Jahren eines der ersten neuen Produkte der modernen Biotechnologie. Weitere Bioprodukte folgten. Sie sind zumeist leicht biologisch abbaubar.

■ 6.12 Bioplastik: Kreisverkehr statt Einbahnstraße!

In japanischen Supermärkten findet man oft Gemüsepackungen und Fertiggerichte in appetitlicher cellophanartiger Folie verpackt. Die Folie wurde aus dem neuen Bioprodukt **Pullulan** produziert (Abb. 6.39).

Dieses Polysaccharid besteht zwar aus Glucosebausteinen, die jedoch (über die Kohlenstoffatome eins und sechs, statt eins und vier bei der Stärke) so verknüpft sind, dass ihre Bindungen im Gegensatz zu denen der Stärke nicht von Amylasen gespalten werden können; sie sind also für den Menschen **nicht verdaubar und somit kalorienarm**. Pullulan erhöht wie das Xanthan die Zähflüssigkeit (Viskosität) bei Lebensmitteln.

Die japanische Firma Hayashibara stellt Pullulan durch Pilze (*Pullularia pullulans*) aus einfachen Zuckern her und gießt aus dem zähen Pullulan-Sirup dünne Schichten, die bei Trocknung feste Folien ergeben. Die Folien sind ein **exzellentes Verpackungsmaterial**, weil sie das Verpackte zwar luftdicht abschließen, sich in heißem Wasser jedoch auflösen. Sie sind natürlich auch umweltfreundlich und werden in feuchtem Zustand von Mikroben abgebaut.

Als besonderer Gag werden „Folien mit Geschmack" angeboten, zum Beispiel mit Frucht- oder Knoblauchgeschmack, die das Aroma des Eingepackten lange erhalten sollen.

Biologisch leicht abbaubar sind auch Produkte aus **Polyhydroxybutyrat** (**PHB**) (Abb. 6.36). PHB hat Eigenschaften wie Polypropylen, das uns aus dem alltäglichen Gebrauch von Plastikartikeln vertraut ist. Im Gegensatz zu diesem Erdölprodukt wird PHB jedoch aus Zucker von Bakterien der Art *Ralstonia eutropha* (syn. *Alcaligenes eutrophus*) erzeugt (Abb. 6.35). PHB dient den Bakterien als Energiespeicherstoff. Die Bakterien bestehen zum Großteil aus Plastik.

Der neue Biokunststoff wurde zuerst von Biotechnologen der britischen ICI entwickelt und unter dem Namen **Biopol®** von der ICI-Tochter Marlborough Biopolymers Ltd. in Cleveland (Großbritannien) produziert (Abb. 6.40). Das aus *Alcaligenes* gewonnene PHB erwies sich als

Box 6.9 Expertenmeinung: Kann uns Biomasse helfen, die Energieprobleme zu lösen?

Als traditionelle Biomassebrennstoffe dienen **Feuerholz und Kohle**, die zur Energiegewinnung verbrannt werden. In jüngerer Zeit hat sich das Interesse vor allem auf die Produktion von **Flüssigtreibstoffen** konzentriert, von denen wir in unserem Alltag außerordentlich abhängig geworden sind, insbesondere im Transportwesen. Daneben besteht ein enormer Bedarf an Energie zum Heizen, zur Stromerzeugung und für industrielle Zwecke. **Die Hauptprobleme bei den Flüssigtreibstoffen sind:**

- dass sie in **riesigen, ständig weiter ansteigenden Mengen** benötigt werden insbesondere bedingt durch den zunehmenden Lebensstandard in vielen Schwellenländern wie China, Indien, Brasilien etc.;

- der **relativ niedrige Preis** für fossile Brennstoffe, mit denen sie in Konkurrenz stehen (Der Preis für ein Barrel Rohöl lag Mitte 2011 bei ungefähr 80 bis 100 US-Dollar; ein Barrel sind 159 Liter. Das heißt 90/159 = 57 US-Dollar pro Liter vor Transport und Raffinerie. Die derzeitigen Ölförderkosten in Saudi-Arabien werden auf ungefähr 10 US-Dollar pro Barrel geschätzt. Vor der ersten Ölkrise im Jahr 1973 lagen die Förderkosten noch bei 0,85 US-Dollar pro Barrel.);

- **nachhaltige Lösungen zu finden.** Eine natürliche Ressource, bei der es keine Konkurrenzsituation zu anderen Nutzungen, etwa als Nahrungsmittel, gibt, keine negativen Auswirkungen auf die globale Erwärmung und keine zerstörerischen Veränderungen in der Landnutzung.

Im Jahr 2010 lag der Anteil der Biokraftstoffe im Transportwesen weltweit bei 2,7%.

Man unterscheidet **drei „Generationen"** von Biokraftstoffen, wobei diese Klassifizierung hauptsächlich auf der **Nachhaltigkeit des jeweiligen Produkts** beruht. Die Nachhaltigkeit, also die Auswirkungen auf Umwelt, Wirtschaft und Gesellschaft, wurde zur Messlatte dafür, bei welchen Technologien ein Ausbau zu einer groß angelegten Produktion erfolgen sollte.

Das in jüngster Zeit immer stärker ins Bewusstsein gerückte Konzept der Nachhaltigkeit hat dazu geführt, dass neue Methoden

Algen sind ein aussichtsreicher Kandidat für Biodiesel. Auch die Lufthansa erprobt Biokraftstoff.

entwickelt wurden, um großmaßstäbliche Lösungen miteinander vergleichen zu können, denn es gibt viele Verfahren/Brennstoffe, die dazu beitragen könnten, das Problem der Versorgung mit Flüssigtreibstoffen zu lösen. Mittels einer als **Life Cycle Assessment** (**LCA**) bezeichneten Methode (siehe Box 6.8) lässt sich die Ökobilanz verschiedener Verfahren miteinander vergleichen.

Die eigentliche Zwickmühle besteht darin, Einigkeit über die „Grenzen" der LCA-Methode zu erzielen[1]. Beispielsweise wurde erst in jüngerer Zeit ein lange übersehener Parameter berücksichtigt: Der **Flächenverbrauch** und dessen Veränderungen, weil immer mehr Flächen für den Anbau von Rohstoffen benötigt werden[2]; diese haben einen beträchtlichen Einfluss auf die Nachhaltigkeit eines Verfahrens. Die tatsächliche **Verringerung des Ausstoßes an Treibhausgasen** durch Biokraftstoffe gehört ebenfalls dazu. Sie hängt davon ab, welche Rohstoffe für deren Produktion Verwendung finden. Ein solcher Vergleich wurde beispielsweise für die Rohstoffe zur Produktion von Bioethanol gezogen, mit dem Ergebnis, dass Zuckerrohr die Treibhausgase um 80% verringert; bei Weizen, Pflanzenölen

und Zuckerrüben sind es zwischen 30% und 60%, bei Mais weniger als 30%.

Antriebskraft für den starken Anstieg der Produktion von Biokraftstoffen in letzter Zeit waren in erster Linie Bestimmungen, dass ein Teil der insgesamt verbrauchten Energie durch alternative Energien abgedeckt werden muss. Die EU-Richtlinien von 2003 hatten zum Ziel gesetzt, bei den Treibstoffen im Transportwesen bis 2020 einen Anteil von 20% zu erreichen. 2008 wurde dieser Wert unter Berücksichtigung der erforderlichen Nachhaltigkeit der Produktionsprozesse auf 10% gesenkt. Ähnliche Bestimmungen wurden auch in den USA aufgestellt. Hier müssen bis 2020 20% der nationalen Stromversorgung durch erneuerbare Energien (nicht nur Biokraftstoffe) bereitgestellt werden. Es wurden Standards für Bioethanol und Biodiesel entwickelt, um zu gewährleisten, dass die **Motoren keinen Schaden nehmen** und die gültigen Emissionsgesetze eingehalten werden.

Biodiesel und Bioethanol

Die Biokraftstoffe der ersten Generation, Biodiesel und Bioethanol aus Pflanzen, für die es konkurrierende Nutzungen gibt, werden alle in großem Umfang produziert, mit einer leichten Zunahme in den 1990er-Jahren gefolgt von einem „exponentiellen" Anstieg in den 2000er-Jahren. Die Entscheidung, welcher Treibstoff produziert und welcher pflanzliche Rohstoff dafür angebaut werden soll, hängt in erster Linie von den **vor Ort herrschenden Bedingungen wie Klima, Vorschriften und Fördermitteln** ab.

Biodiesel wird aus Fetten (Triglyceriden) unterschiedlicher Herkunft hergestellt, beispielsweise aus tierischen oder pflanzlichen Ölen oder auch Altfetten. Am häufigsten dienen Pflanzenöle aus verschiedenen Quellen als Ausgangsstoff. Sie sind unproblematisch in der Handhabung und verströmen keinen unangenehmen Geruch (wie tierische Fette). In den Vereinigten Staaten wird Biodiesel vor allem aus dem **Öl von Sojabohnen** hergestellt, in Europa steht **Rapsöl** an erster Stelle der pflanzlichen Öle. In tropischen Ländern finden auch **Palmöl und Kokosöl** Verwendung sowie neuerdings das Öl einer nachhaltigen Nutzpflanze, die nicht zur Nahrungsproduktion dient, der **Purgiernuss** (**Jatrophaöl**).

Fortsetzung nächste Seite

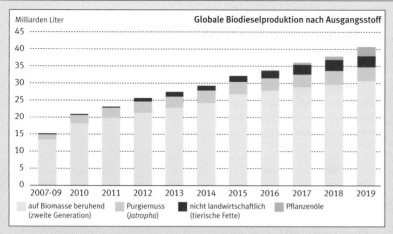

Die weltweite Produktion von Biodiesel, aufgeschlüsselt nach verwendetem Rohstoff. Nachdruck mit freundlicher Genehmigung von OECD-FAO Agricultural Outlook.

Die Samen der Purgiernuss (*Jatropha curcas*) enthalten 27–40 % nicht genießbares Öl und gelten daher als am besten für die Biodieselproduktion geeignet.

Bei den produzierten **Fettsäuremethylestern** handelt es sich um geradkettige Fettsäuren, was sie von dem Diesel aus fossilen Brennstoffen unterscheidet, die verzweigt sind. Das führt zu anderen physikochemischen Eigenschaften von Biodiesel, unter anderem ist es viskoser und empfindlicher gegenüber niedrigen Temperaturen. Das Produkt Biodiesel weist als Brennstoff einen höheren *Cloud Point*, einen höheren Sauerstoffanteil, eine geringere Stabilität und eine geringere Energiedichte auf als aus Erdöl hergestellter Dieselkraftstoff.

Das gebräuchlichste Verfahren zur Herstellung von Biodiesel ist die Umesterung der Triglyceride mittels eines Alkohols, gewöhnlich Methanol oder Ethanol, unter Zugabe einer Base als Katalysator. Dabei entstehen als Produkte Methyl- bzw. Ethylester aus Fettsäuren und Glycerin. Unter günstigen Reaktionsbedingungen sind bei dieser **Umwandlung Erträge von 98 %** möglich. Als eines der größten Hindernisse bei der Biodieselherstellung erweist sich der Wassergehalt des Rohstoffs, weil das Wasser die Reaktion hemmt und eine Verseifung begünstigt.

Weil **Biodiesel** ähnliche Verbrennungseigenschaften aufweist wie fossiler Diesel, eignet es sich für normale Dieselmotoren. Im Jahr 2009 belief sich die Biodieselproduktion in den USA auf rund 300 000 Barrel pro Tag (im Vergleich dazu betrug die Produktion aus Rohöl weltweit ungefähr 85 Millionen Barrel

pro Tag). Im gleichen Jahr wurden in den Vereinigten Staaten täglich 1,3 Millionen Barrel Ethanol produziert.

Das Hauptinteresse richtet sich derzeit darauf, **neue Quellen für Öle** zu erschließen und **unabhängiger vom Anbau bestimmter Pflanzen** zu werden. Auch Mikroorganismen könnten für die Herstellung von Biodiesel Verwendung finden. Es gibt zahlreiche Mikroorganismen mit einem **hohen Lipidgehalt von bis zu 75 %, etwa Algen, Bakterien, filamentöse Pilze und Hefen**, die sich aber dennoch nicht für die kommerzielle Biodieselproduktion eignen. Aufgrund der geringen Produktivität und der erforderlichen Reinigungsmethoden sind sie **zu kostspielig**. Dagegen wird die Verwendung von Lipiden aus Pflanzen subventioniert. Das hat dazu geführt, dass die Biodieselproduktion in den Vereinigten Staaten im ersten Halbjahr 2011 bereits die Gesamtmenge von 2010 überschritten hat.

Der weltweit größte Biodieselproduzent ist mit einem Anteil von 65% die EU. Im Jahr 2009 lag der **Anteil von Biodiesel an den Biokraftstoffen in Europa bei 75 %, die übrigen 25 % waren Bioethanol.**

Bioethanol wird weltweit größtenteils durch Gärung hergestellt. Bei dem am weitesten verbreiteten Verfahren dienen preisgünstige Kohlenhydrate als Substrat für die Hefe *Saccharomyces cerevisiae*. Welches Kohlenhydrat als Ausgangsstoff Verwendung findet, hängt von den klimatischen und geografischen Gegebenheiten ab. In Brasilien dient Saccharose (aus Zuckerrohr) als Kohlenstoffquelle für die Gärung, in den USA hingegen

Glucose (aus Mais). Die Maisstärke wird von Amylase in Glucose umgewandelt. Ethanol hat als Kraftstoff einige **Nachteile**, beispielsweise die korrodierende Wirkung auf die Kraftstoffanlage (die Kraftstoffanlagen der heute hergestellten Autos „tolerieren" Ethanol) und der geringere Energiegehalt pro Volumeneinheit im Vergleich zu normalem Benzin, was eine geringere Reichweite pro Tankfüllung nach sich zieht.

Um die Ethanolherstellung wirtschaftlich rentabler zu machen, ist eine rege Forschung nach neuen Organismen und Substraten im Gang. Vielversprechende Eigenschaften weisen in dieser Hinsicht einige **Bakterien wie** *Zymomonas mobilis* auf. Die Ethanolproduktivität ist im Vergleich zu Hefen um das Drei- bis Fünffache höher, mit einer Ethanolausbeute von 97% der theoretisch möglichen Menge; allerdings kann dieses Bakterium nur Glucose, Fructose oder Saccharose als Substrat verwenden. Daher wird weiter daran geforscht, das Spektrum an Substraten zu erweitern.

Biokraftstoffe der zweiten Generation

Die Biokraftstoffe der **zweiten Generation** beruhen auf **Lignocellulose** als Substrat. Lignocellulose zeichnet sich durch **bessere Nachhaltigkeit** aus. Als potenzielle Substrate für Biokraftstoffe der zweiten Generation kommen auch **verschiedene organische Abfälle** infrage wie Hackschnitzel, Sägemehl oder Haushaltsabfälle.

Noch sind die Biokraftstoffe der zweiten Generation **nicht konkurrenzfähig**, weil die Hydrolyse von Lignocellulose äußerst langsam abläuft. Nur relativ wenige in der Natur vorkommende Mikroorganismen verfügen über Enzyme zum Abbau von Lignocellulose. Daher wurde eine ganze Reihe von Vorbehandlungen mit physikalischen, chemischen, biologischen Prozessen oder einer Kombination davon entwickelt. Selbst nach über 40 Jahren Forschung und Investitionen in Millionenhöhe existiert **immer noch kein wirtschaftlich rentabler Prozess**, der Lignocellulose in industriellem Maßstab als Substrat zur Produktion von Biokraftstoffen verwendet.

Im Jahr 2011 erschien ein Bericht darüber, dass mehrere Großfabriken, die Lignocellulose als Substrat verwenden wollten, die Produktion noch nicht aufnehmen konnten (*Scientific American*, August 2011, S. 58–65).

Biokraftstoffe der dritten Generation

Die Biokraftstoffe der **dritten Generation** befinden sich nach wie vor weitgehend im Stadium der Erforschung und Entwicklung, wobei die Ziele Nachhaltigkeit und eindeutige Verringerung des Ausstoßes an Treibhausgasen lauten.

Zu diesen Kraftstoffen gehören unter anderem **höhere Alkohole** (Butanol und verzweigtkettige Alkohole mit höherer Oktanzahl, wie 2-Methyl-2-butanol oder 2-Phenylethanol), Kohlenwasserstoffe, Algen als Lipidquellen sowie biologische Abfallstoffe. Viele davon sollen sogenannte „Drop-in-Fuels" sein, Kraftstoffe, deren Nutzung keine speziellen Vorbereitungen oder Veränderungen der existierenden Infrastruktur für die Verteilung erfordern.

Es gibt Mikroorganismen, die Kohlenwasserstoffe ähnlich dem gegenwärtig verwendeten Benzin synthetisieren. Dies wäre ein idealer Weg zur Herstellung von Flüssigtreibstoffen. Gentechnisch wäre es möglich, die Kettenlänge der von den Mikroorganismen produzierten Kohlenwasserstoffe genau festzulegen. Durch Dichteunterschiede zwischen Wasser und dem Produkt wäre dieses verhältnismäßig leicht zu trennen und zu gewinnen.

Als die **idealen Organismen** für die Produktion von Biokraftstoffen gelten **Makroalgen, Mikroalgen** und **Cyanobakterien**.

Bei einigen Arten wie *Botryococcus braunii*, *Dunaliella tertiolecta* und *Pleurochrysis* wurde ein besonders hoher Gehalt an Lipiden nachgewiesen. Die Verwendung dieser Organismen bringt mehrere offenkundige **Vorteile** mit sich, etwa die Nutzung der Energie der Sonne und des Kohlenstoffs aus CO_2 sowie von Wasser unterschiedlicher Qualität, sodass es **nicht zur Konkurrenz um Anbauflächen** für andere Nutzungen käme.

Am Energieministerium der Vereinigten Staaten (DOE, Department of Energy) gab es von 1978 bis 1996 ein Forschungsprogramm für aquatische Arten. Bislang können die Anforderungen eines preisgünstigen, in großen Mengen herstellbaren Produkts aus den Lipiden von Algen noch nicht erfüllt werden. Es werden nur geringe Konzentrationen an Zellen produziert, denn bisher hat noch kein Unternehmen zur groß angelegten Produktion von Algenbiomasse seinen Betrieb aufge-

nommen. Ein weniger konventioneller Rohstoff für die Produktion von Biokraftstoffen sind **Abfälle aus der Landwirtschaft**, der Industrie oder aus Haushalten. Landwirtschaftliche Abfälle bestehen hauptsächlich aus Lignocellulose, sodass hier die gleichen Bedenken bestehen wie bei der Lignocellulose, die speziell zum Zweck der Energiegewinnung produziert wird. Industrielle Abfälle sind sehr vielfältiger Art. Ihre Zusammensetzung entscheidet darüber, welche weiteren Maßnahmen zur Erzeugung von Energie erforderlich sind und ob ihre Nutzung überhaupt realistisch ist. Gemischte feste Abfallstoffe aus Haushalten werden bereits durch kontrollierte Verbrennung zur Energiegewinnung genutzt; die organischen Bestandteile werden der Kompostierung oder dem anaeroben Abbau zugeführt und dienen so zur Produktion von Biogas.

Um diese umfangreiche Quelle, die nicht mit anderen Verwendungszwecken konkurriert, besser nutzen zu können, gilt es, weitere technische und biologische Lösungen zu entwickeln. Zudem würde sich dadurch die **Belastung der Umwelt durch Abfälle verringern**, deren Entsorgung kaum irgendwelchen zusätzlichen Gewinn bringt. Daher wurde vorgeschlagen, die Feststoffabfälle aus Siedlungen als erneuerbare Energiequelle aufzunehmen, ganz unabhängig davon, mit welcher Technologie die Energie aus diesen Abfällen gewonnen wird.

J. Stefan Rokem ist Professor an der Abteilung für Molekularbiologie und Molekulargenetik, IMRIC, an der Hebräischen Universität und Hadassah Medical School in Jerusalem, Israel.

Literatur:

1 **Fairlay P** (2011) Next generation biofuels. *Nature* 474, S2–S5.

2 **Searchinger T et al** (2008) Use of U.S. croplands for biofuels increases greenhouse gases through emissions from land-use change. *Science* 319, 1238–1240.

Demirbas A (2002) Diesel fuel from vegetable oil via transesterification and soap pyrolysis. *Energy Sources* 24, 835–841.

Alle Algen fliegen hoch!

Die Hongkonger Fluggesellschaft Cathay Pacific will ihre Jets künftig mit **Biosprit** betanken. 35 % ihrer Betriebskosten entfallen gegenwärtig auf Kerosin. **Biokerosin**, eine **50:50-Mischung**, würde zu einer **Halbierung der Kosten** um 1,4 Milliarden Euro führen. Die Hongkonger Airlines haben sich natürlich vor ihrem Entschluss umgeschaut: KLM Royal Dutch Airlines nutzt Biosprit auf etwa 200 Flügen zwischen Amsterdam und Paris. Lufthansa hat gerade ein Sechs-Monats-Experiment abgeschlossen.

Mehr als 1000 Biosprit-Flüge wurden erfolgreich zwischen Hamburg und Frankfurt absolviert. Immerhin wurden mit 1500 Tonnen Biokerosin **1500 Tonnen CO_2-Emissionen eingespart**. Nun sind erste Transatlantikflüge geplant. Für einen Interkontinentalflug von Frankfurt nach Washington werden beispielsweise ca. 40 Tonnen Biokerosin benötigt.

Algen klingen sehr vielversprechend. Sie konkurrieren nicht mit Nahrungsmitteln; ihr Problem ist vielmehr das erforderliche Wasser. **Mark Wigmosta** vom Energy National Labor Pacific Northwest in Richland (WA) hat im Regierungsauftrag die **Algenvariante** genau untersucht. Klar war, dass die sonnigen und feuchten Regionen der USA ideal sind, also auf keinen Fall Alaska, vielmehr die Golfküste, Florida und die Großen Seen. Das Land sollte nicht landwirtschaftlich nutzbar sein und nicht umweltgeschützten Feuchtgebieten oder den Nationalparks angehören. Dafür wurden die Wetterinformationen der letzten 30 Jahre zusätzlich ausgewertet. Wie viel Sonnenschein und welche Temperaturen sind zu erwarten?

Algensprit wird hergestellt, indem man die **fettartigen Lipide** aus Algenzellen extrahiert und raffiniert. Eine erste Hochrechnung ergab eine Produktion von 21 Milliarden Gallonen (1 Gallone sind ca. 3,8 Liter) Algenöl pro Jahr. Dies entspricht 17 % des 2008 für Transportzwecke in die USA importierten Rohöls. Algen produzieren 80-mal mehr Sprit pro Hektar als Mais! Und das Beste: Algen sind Carbon-neutral, sie verbrauchen Kohlendioxid und konsumieren Stickstoff und Phosphor, also gleichzeitig Abwässer klären und Energie erzeugen!

(Siehe Cartoon in der Box 6.9.)

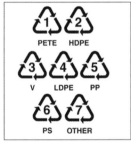

Abb. 6.42 Bioabbaubare Produkte in Japan: Beutel für Bioabfälle, sich selbst zersetzende Essgeschirre, Briefumschläge, ein Rucksack aus Polylactat (PLA)

Gut zu wissen:

1 **PETE:** Polyethylen-Terephthalat
2 **HDPE:** High Density Polyethylen
3 **V:** Vinyl/Polyvinylchlorid (PVC)
4 **LDPE:** Low Density Polyethylen
5 **PP:** Polypropylen
6 **PS:** Polystyren
7 **other:** andere gemischte Polymere

Goethe und Recycling?

»Ein Hündchen wird gesucht, das weder murrt noch beißt, zerbroch'ne Gläser frisst und Diamanten... «

J.W. v. Goethe in Zahme Xenien *(8. Buch aus dem Nachlass)*

hochkristalliner Thermoplast mit einem Schmelzpunkt bei 180 °C. In der Erprobungsphase stellte man Formteile, Folien und Fasern aus PHB her. Es zeigte gute Eigenschaften als Verpackungsmaterial, war jedoch Polypropylen nicht überlegen – nützlich, aber nicht sonderlich attraktiv für Techniker.

Der Umschwung kam, als es gelang, neben den 3-Hydroxybutyrat-Bausteinen noch **3-Hydroxypentanat** bakteriell zu produzieren. Wenn aus beiden Bausteinen Biopol® polymerisiert wird, entsteht ein Polymer, das erheblich elastischer und zäher ist und einen Schmelzpunkt bei 135 °C hat. Biopol® ist außerdem piezoelektrisch, das heißt, bei Verformung seiner Kristalle tritt durch Scherspannung eine elektrische Ladung an der Oberfläche auf. Der Biokunststoff könnte also in Druckmessfühlern eingesetzt werden.

Die **biologische Abbaubarkeit** macht Biopol® zu einem sehr interessanten Material für die Medizin: Künftig brauchen nach Operationen keine Fäden mehr gezogen zu werden. Man kann in Biopol®-Kapseln Medikamente einschließen, die über lange Zeit an den Körper abgegeben werden sollen.

Ebenso können Nährstoffe und Wachstumsregler, mit einem Biopol®-Mantel versehen, im Gartenbau und in der Landwirtschaft in den Boden eingebracht und langsam mit der mikrobiellen Zersetzung an die Umgebung abgegeben werden. Das ist kein Wunder: Schließlich wurde *Alcaligenes eutrophus* seinerzeit aus Bodenproben der Norddeutschen Tiefebene isoliert. Im Boden zersetzen Pilze, Bakterien und extrazelluläre Enzyme Biopol® in wenigen Wochen bis zu mehreren Monaten.

Noch ist allerdings Biopol® zu teuer für breite Anwendungen. Interessant sind Versuche, **Biopol® in transgenen Pflanzen** zu produzieren (Kap. 7). Mehr Biotech-Produkte sind in Sicht: Spinnenfäden der Seidenspinnen (*Nephila*) sind zum Teil so stark, dass sie in der Südsee zum Fischen Einsatz finden. Sie lassen sich um ein Drittel dehnen, bevor sie reißen. Man versucht gegenwärtig, diese Proteine, **Spidroine**, gentechnisch in *E. coli* oder sogar in Ziegen (als BioSteel® der US-Firma Nexia) rekombinant herzustellen.

Wer in Japan seine Rechnung von der Telefonfirma NTT DoCoMo bekommt, dient der Umwelt: Das Plastik-Sichtfenster des Briefumschlags begann sein Leben nicht in einer Erdölquelle, sondern auf einem Maisfeld.

Es besteht aus **Polylactat** (*polylactic acid*, PLA). Lactat (das Salz der Milchsäure, Kap. 2) ist beim Polylactat zu einer Kette verknüpft. Es wird aus Glucose durch mikrobielle Fermentation von Maisstärke gewonnen (Abb. 6.38 und 6.42).

Seit 2002 steht in Nebraska (USA) eine Anlage der McCargill-Dow, die jährlich 140 000 Tonnen PLA produzieren kann und es unter dem Namen NatureWorks® PLA vermarktet. Eine japanische Firma erzeugt daraus dünne transparente Folien. Für ein DIN-A4-Blatt braucht man etwa zehn Maiskörner.

Sanyo kommt mit einer „Pflanzen-CD" aus PLA auf den Markt (Abb. 6.41).

Hinderlich sind noch die **Wärmeempfindlichkeit des Materials und sein Preis**. Bei 60 °C wird PLA weich. Bioabbaubare Teebeutel und Esscontainer sind in Entwicklung. Mit 500 Yen (etwa 5 Euro) ist 1 kg Bioplastik allerdings noch mehr als **dreimal so teuer wie aus Erdöl produzierter Kunststoff**. Das dürfte sich aber ändern, sobald PLA-Produkte Massenbedarf werden. Wenn sich in Zukunft Abfälle aller Art in unserer Umwelt wirklich in „Wohlgefallen auflösen", ist das ein Erfolg neuer Bioprodukte.

Dann hätte man die **Einbahnstraße** Rohstoff-Produkt-Abfall zugunsten von **natürliche Kreisläufen** abgeschafft.

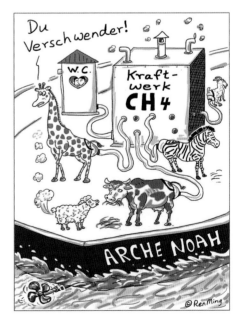

Verwendete und weiterführende Literatur

- **Bahadir M, Parlar H, Spiteller M** (2000) Springer Umweltlexikon. 2. Aufl. Springer, Heidelberg

- Umfassendes Umweltlexikon: *Römpp-Umweltlexikon* auf CD-ROM (1999). Thieme, Stuttgart

- Immer noch eine der besten Einführungen, auch in die Umwelt-Biotechnologie: **Dellweg H** (1994) Biotechnologie verständlich. Springer, Berlin, Heidelberg, New York

- Leicht lesbar zu „Bioremediation": **Thieman WJ, Palladino MA** (2007) *Biotechnologie*. Pearson Studium, München

- Ein schönes Umweltmikrobiologie-Kapitel im wohl weltweit best-illustrierten Mikrobiologiebuch: **McKane L, Kandel J** (2000) *Microbiology. Essentials and applications*. 2nd ed. McGraw-Hill Inc., New York

- Berliner Rieselfeldgeschichte: **Meinicke I, Bernitz H-M** (1996) *Der Gemüsegarten Berlins – Bilder einer Ausstellung*. Ausstellungskatalog, Rangsdorf

- **Sigg L, Stumm W** (2016) *Aquatische Chemie. Einführung in die Chemie natürlicher Gewässer*. 6. Aufl. Vdf Hochschulverlag, Zürich

- Ein akademischer Rundumschlag: **Alexander M** (1999) *Biodegradation and Bioremediation*. Academic Press, New York

- Zwei empfehlenswerte „Umweltthriller": **Kegel B** (2001) *Sexy Sons*. S. Fischer, Frankfurt a.M. **Schätzing F** (2004) *Der Schwarm*. Kiepenheuer und Witsch, Köln

- Klassischer Artikel zu Biobergbau: **Brierly CL** (1984) *Bakterien als Helfer im Bergbau*. In: Gruss P (Hrsg.) *Industrielle Mikrobiologie*. Spektrum Akademischer Verlag, Heidelberg

- Seenkunde: **Schwoerbel J, Brendelberger H** (2013) *Einführung in die Limnologie*. 10. Aufl. Springer Spektrum, Heidelberg

- **Barnum S** (2006) Biotechnology: *An Introduction, Updated Edition*. 2. Aufl. Cengage Learning, Boston

- **Fairlay P** (2011) Next generation biofuels. *Nature* 474, S 2–S 5

- **Searchinger T et al** (2008) Use of U.S. croplands for biofuels increases greenhouse gases through emissions from land-use change. *Science* 319, 1238–1240

- **Demirbas A** (2002) Diesel fuel from vegetable oil via transesterification and soap pyrolysis. *Energy Sources* 24, 835–841

Umwelt-Zeichen am Himmel ? Sonnenuntergang vor dem Haus des Verfassers: Chemie-Schornstein und Chemtrails

8 Fragen zur Selbstkontrolle

1. Warum muss zusätzlich Sauerstoff in biologische Kläranlagen gepumpt werden?

2. Was bedeutet bei einer Abwasserprobe ein BSB5 von 900 mg/L? Aus wie vielen Litern sauberen Wassers müsste bei 20 °C der Sauerstoff aufgewendet werden, um einen einzigen Liter dieses Abwassers zu reinigen?

3. Wo ist der Einsatz von Biogas wirklich sinnvoll?

4. Wofür bekam Ananda Chakrabarty ein US-Patent? Was hatte er experimentell erreicht, und warum war das Patent ein Durchbruch?

5. Warum eigentlich ist Holz ein so beliebtes Baumaterial? Wogegen muss man es schützen?

6. Was spricht für Bio-Ethanol-Autos, was dagegen?

7. Welches Lebewesen produziert die Hauptmasse des Treibhausgases Methan auf der Erde?

8. Welches bioabbaubare Produkt aus nachwachsenden Rohstoffen hat gegenwärtig die größten Chancen bei Textilien und Wegwerf-Plastik?

WENN MORGEN
DIE WELT UNTERGINGE,
WÜRDE ICH HEUTE NOCH
EIN APFELBÄUMCHEN PFLANZEN

Martin Luther (1483–1546) zugeschrieben

SO LASST UNS DENN
EIN APFELBÄUMCHEN PFLANZEN.
ES IST SOWEIT!

Hoimar von Ditfurth (1921–1989)

Martin Luther, geistiger Vater der Reformation vor 500 Jahren

GRÜNE BIOTECHNOLOGIE

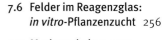

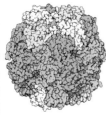

Kapitel 7

Abb. 7.1 Azteken beim Abfischen von *Spirulina*

Abb. 7.2 Braunalge Kelp (*Macrocystis*)

Abb. 7.3 *Spirulina*-Farm in Indien

Abb. 7.4 *Spirulina*-Tabletten

7.1 Mikroben sind essbar!

Für die Produktion von 1 kg tierischem Protein werden 5–10 kg Pflanzeneiweiß benötigt. Hierbei geht Eiweiß massiv verloren, zusätzlich zu den riesigen Verlusten durch Schädlinge, Ernte, Transport und Lagerung. Mikroorganismen könnten wirksam helfen: Sie produzieren nicht nur Medikamente, Wein und Käse – Mikroben selbst sind essbar! Sie enthalten wertvolle Proteine, Fette, Zucker und Vitamine.

Schon 1521 beschrieb der Spanier **Bernal Diaz del Castillo** (1492–1581) nach der Eroberung Mexikos, dass die Azteken merkwürdige kleine käseähnliche Kuchen aßen. Diese Kuchen bestanden aus in mexikanischen Seen wachsenden mikroskopisch kleinen Algen, von den Azteken *Techuilatl* genannt. Es handelte sich dabei um *Spirulina*. *Spirulina* ist keine „echte" Alge, vielmehr ein Cyanobakterium, ein „Blaubakterium".

Im **Aztekenreich Montezumas II** (1466–1520) sollen Diener, die den Herrscher täglich mit frischem Fisch versorgen mussten, was nur im Dauerlauf über sehr große Entfernungen möglich war, als Kraftnahrung *Spirulina* verwendet haben. Noch zu Zeiten des Eroberers **Hernándo Cortés** (1485–1547) wurde *Spirulina* auf den Märkten der Einheimischen gehandelt und als Beigabe zu Brot und Körnerspeisen gegessen.

Spirulina schöpften die Fischer mit feinmaschigen Netzen aus Salzseen ab (Abb. 7.1), die damals noch nicht trockengelegt waren. Heute gibt es *Spirulina* wohl nur noch im Texcoco-See in Mexiko. Die anderen Seen, mitsamt den schwimmenden Gärten der Azteken, sind heute unfruchtbare Wüste.

Tausende Kilometer entfernt verzehren die Eingeborenen am **Tschadsee in Afrika** (**Nigeria**) ebenfalls seit Urzeiten *Spirulina*. Auf lokalen Märkten am Tschadsee gibt es dünne, harte, blaugrüne Algenkuchen zu kaufen. Das Volk der Kanembu nennt dieses Produkt *Dihé*. *Dihé* ist wichtiger Bestandteil in 70% aller Gerichte. Es wird als Beimischung zu Soßen aus Tomaten, Chilis und diversen Gewürzen verarbeitet, die zusammen mit dem Grundnahrungsmittel Hirse gegessen werden. Die *Spirulina*-Kuchen stellt man durch Sonnentrocknung her. Zuvor werden die schwimmenden Cyanobakterien aus geschützten Bereichen des Sees aus dem Wasser geschöpft. Dann lässt man sie abtropfen und breitet sie im warmen Sand aus, wo sie rasch trocknen.

In westlichen Ländern und Japan isst man *Spirulina* aus Algenfarmen als Cholesterin-senkende, blutreinigende Diät (Abb. 7.4). 100 g *Spirulina* sollen rund 70 g Protein, 20 g Zucker, 2 g Fasern und nur 2 g Fett enthalten, aber wichtige Vitamine (A, B_1, B_2, B_6, B_{12}, E) und Mineralstoffe.

7.2 Algen und Cyanobakterien

Algen sind – mit Ausnahme der prokaryotischen *Spirulina* – photosynthetische Eukaryoten (Box 7.1). **Makroalgen** sind ökonomisch bedeutsamer als **Mikroalgen**: Grüne (Chlorophyta), Rote (Rhodophyta) und Braune Makroalgen (Fucophyta oder Phaeophyta) werden gegenwärtig genutzt.

Braunalgen, wie den bei Tauchern beliebten dschungelartig wachsenden kalifornischen Kelp (*Macrocystis*, Abb. 7.2), erntet man seit 1900. Aus ihm wurde seit 1921 in San Diego das gelatineartige Alginat produziert. Hier gibt es Riesentangwälder. Heute wird **Alginat** als Eindicker und Stabilisator in Nahrungsmitteln und Eiscreme, in der Textilindustrie und als Verkapselung für Medikamente (und für Enzyme und Hefen, Kap. 2) genutzt.

Andere Algenprodukte sind das Gel-bildende **Agar** (früher Agar-Agar genannt, wichtig für die Kultivierung von Mikroben und die Gelelektrophorese, siehe Kap. 10) und **Carrageenan**.

Die geschmacksverstärkende Aminosäure L-**Glutamat** wurde zuerst in Algen in Japan gefunden (Kap. 4). Andere Braunalgen wie *Undaria* (jap. *Wakame*) und *Laminaria* (jap. *Kombu*) wachsen an den Küsten Japans und Chinas und werden für Salate, Suppen, Nudeln oder mit Fleisch genutzt (Abb. 7.14 und 7.15). Der jährliche Marktwert beider Algen liegt bei 600 Millionen US-Dollar. 20 000 t *Wakame* werden jährlich geerntet.

Die **Rotalge** *Porphyra* (jap. *Nori*) wird in Japan seit dem Mittelalter kultiviert. Heute wird sie in riesigen Mengen an Bambusbüscheln oder horizontalen Netzen in Meeresfarmen gezogen und später luftgetrocknet.

Die wichtigsten **Mikroalgen** stammen aus zwei verschiedenen Klassen: Die schon erwähnten prokaryotischen Cyanobakterien und die eukaryotischen Grünalgen.

Zu den früher als Blaualgen bezeichneten prokaryotischen **Cyanobakterien** („Blaubakterien") gehören die wirtschaftlich wichtigen Arten der Gattung *Spirulina* (Abb. 7.3 und 7.4).

Box 7.1 **Photosynthese**

Fast alle freie Enthalpie, die von biologischen Systemen verbraucht wird, stammt von der Energie der Sonne. Das sind riesige Mengen: etwa 4×10^{17} kJoule oder 10^{10} t pro Jahr in Zucker umgewandelter Kohlenstoff.

Die **Sonnenenergie** wird durch die **Photosynthese** in **chemische Energie** umgewandelt. Wasser und Kohlendioxid vereinigen sich in einem hochkomplexen Prozess zu Kohlenhydraten (zunächst Glucose, dann Saccharose und Stärke) und molekularem Sauerstoff.

In den Chloroplasten der grünen Pflanzen erzeugen Pigmentmoleküle (Chlorophylle) in der Thylakoidmembran aus eingefangener Lichtenergie Elektronen hoher Energie. Sie werden in der **Lichtreaktion** zur Erzeugung von NADPH+H⁺ und ATP (Kap. 1) verwendet. Die Photosynthese der grünen Pflanzen wird durch zwei miteinander verbundene Photosysteme ausgeführt. Sehr stark vereinfacht stellt man sich das so vor:

Im **Photosystem II** führt die Lichtanregung von P680 (einem Paar von Chlorophyllmolekülen) zu einem Elektronentransfer über mehrere pigmentierte Moleküle auf Plastochinon A und dann auf Plastochinon B. Diese energiereichen Elektronen werden durch Entzug von Elektronen niedriger Energie aus Wassermolekülen wieder ersetzt: Das Sauerstoff entwickelnde Zentrum entnimmt Wasser ein Elektron, transferiert es zu einer Tyrosingruppe und diese bringt es zurück zum Chlorophyll, das dadurch ein weiteres Photon aufnehmen kann. Für jeweils vier übertragene Elektronen wird ein Molekül Sauerstoff erzeugt. Vom Plastochinon laufen die Elektronen über einen Cytochrom-bf-Komplex zum Plastocyanin und von dort zum Photosystem I.

Das hier gezeigte **Photosystem I** ist ein trimerer Komplex, der in der Membran „schwimmt". Jede der drei Untereinheiten hat Hunderte Cofaktoren (grün Chlorophyll, orange Carotinoide). Die Farben haben eine Bedeutung: **Chlorophyll absorbiert blaues und rotes Licht – deshalb sehen wir Pflanzen in komplementärem wunderbaren Grün.**

Das Photosystem I besitzt Elektronentransferketten als Zentrum der drei Untereinheiten. Jede ist von einem dichten Ring aus Chlorophyll- und Carotinoidmolekülen umgeben, die als „Antennen" fungieren. Diese Antennen absorbieren Licht und transferieren Energie an ihre Nachbarn. Dann wird alles in die drei Reaktionszentren kanalisiert, die Elektronen (eine reduzierende Kraft) generieren.

Summa summarum führt die Lichtreaktion in den Thylakoidmembranen der Chloroplasten erstens zu einer **reduzierenden Kraft** (zur Erzeugung von NADPH+H⁺), zweitens zur Bildung eines **Protonen- (H⁺-)Gradienten** (ein Gefälle zwischen den beiden Seiten der Thylakoidmembran, damit wird ATP erzeugt) und drittens zur **Produktion von Sauerstoff**.

Eine weitere Stufe ist die CO_2-Fixierung: Das Enzym **Ribulose-1,5-*bis*phosphat-Carboxylase/Oxygenase** (kurz **RUBISCO**) ist eine Lyase (Kap. 2) und bildet die **Brücke zwischen Leben und Leblosem**.

Es verbindet das gasförmige CO_2 mit Ribulose-1,5-*bis*phosphat, einer kurzen Zuckerkette mit fünf Kohlenstoffatomen. RUBISCO bildet daraus zwei 3-Phosphoglycerate (mit je drei Kohlenstofftomen). Die meisten Phosphoglyceratmoleküle werden recycliert, um noch mehr Ribulosebisphosphat zu bilden, aber jedes sechste Molekül wird zur Bildung von Saccharose oder Stärke (als Speicherstoff) verwendet.

16 % der Eiweiße der Chloroplasten sind RUBISCO. Bei der gewaltigen Menge an Pflanzen ist **RUBISCO offenbar das häufigste Protein auf der Erde!**

Ribulose-1,5-*bis*phosphat

CO_2

H_2O

ATP

Stärke, Zucker

RUBISCO

3-Phosphoglycerat

2 NADPH +2H⁺

2 ATP

photosynthetisches Reaktionszentrum

Licht

Licht sammelnder Komplex

Licht

PS I

Licht

PS II

Licht

Oben rechts: Struktur des Photosystems I und II
Links: Prozess der CO_2-Fixierung durch RUBISCO

Box 7.2 Biotech-Historie: Einzellerprotein

In der Sowjetunion startete man in den 60er-Jahren unter **Nikita Chruschtschow** (1894–1984), beflügelt einerseits von Weltraumerfolgen und andererseits geplagt von ständigen Missernten, ein Programm zur Suche nach den besten Alkanfressern, um **aus billigem Erdöl wertvolles Eiweiß** zu gewinnen.

Man suchte auch parallel nach Möglichkeiten, die **Cellulose sibirischer Wälder** zu Zucker abzubauen und diesen dann zu „verhefen" und Eiweiß zu gewinnen. Schon 1963 begannen erste Versuchsanlagen zu arbeiten. Auf vorgereinigten Erdölproben wuchsen **Hefestämme der Gattung** *Candida*, die „mit Heißhunger" Alkane verzehrten. Bei Beginn der Hefeproduktion aus den Alkanen des Erdöls gab es Bedenken von Ärzten und Tierärzten, die meinten, wegen der schweren Verdaulichkeit von Alkanen für Menschen und Tiere könnte das **Alkanhefeeiweiß** für höhere Lebewesen problematisch oder sogar krebserregend sein. Langjährige russische Experimente zeigten zwar, dass das Hefeeiweiß wohl unbedenklich in die Nahrungskette für den Menschen aufgenommen werden kann. Im Westen stieß das (wahrscheinlich zu Recht) jedoch auf große Skepsis. Das erste große Werk für Alkanhefe begann in der Sowjetunion 1973 mit der Produktion von 70 000 t Hefe im Jahr. Die Anlage im Petrolchemischen Kombinat Schwedt in der damaligen DDR, dem Endpunkt der sowjetischen Erdölleitung *Drushba* (Freundschaft), begann Anfang 1986 ihren ständigen Betrieb. Sie lieferte jährlich mit Tauchstrahlreaktoren 40 000 t des **Futterhefepräparats Fermosin®**. Die Bioreaktoren waren zweifellos eine Meisterleistung der ostdeutschen Ingenieure und Biotechnologen. Nach der deutschen Wiedervereinigung wurde allerdings der Fermosin®-Prozess gestoppt.

Aber auch im Westen scheiterten *single cell*-Protein-Projekte: British Petroleum (BP) beteiligte sich 1971 auf Sardinien an der Herstellung von **Toprina®**, einem Erzeugnis aus Hefe, die auf Resten von Rohöl wuchs, durch die italienische Firma ANIC. Als Schuldige für das Scheitern des Projekts wurden ausgemacht: Die Erdölkrise, die Soja-Lobby, die Sojapreise reduzierte, die Diskussion über die Unbedenklichkeit von Toprina® (hoher Gehalt an Nucleinsäuren, ruft Gicht hervor) und Umweltbedenken.

Alkanhefe-Bioreaktor (42 m hoch) in Schwedt zu DDR-Zeiten; Meisterleistung im Osten!

Das riesige ICI-Werk bei Billingham, natürliche Bioreaktoren im Vordergrund

Einer der ICI-Bioreaktoren

Parallel wurde im Westen Europas an der Verwertung von **Methanol** geforscht. Auf einem Rugbyplatz in der britischen Grafschaft Durham wurden die Biotechnologen der britischen Imperial Chemical Industries (ICI) fündig. Sie entdeckten das Bakterium *Methylophilus methylotrophus* (Abb. 7.6).

Etwa 10 000 Mikroorganismen waren 13 Jahre lang gesucht und getestet worden auf der Suche nach einem Mikroorganismus, der schnell auf petrolchemischen Rohstoffen wächst und ein Eiweißkonzentrat für Haustiere liefert: **Pruteen®** war das Resultat. Zuerst hatte sich ICI auf Methan als Kohlenstoffquelle konzentriert, weil die Firma Zugang zum reichlichen Nordseegas hatte. Das schien ein eleganter Weg zu sein vom einfachsten organischen Molekül zum komplizierten Protein. Nicht nur die Explosionsgefahr des Methans, sondern auch seine geringe Löslichkeit und das Problem, es im Medium gleichmäßig zu verteilen, sprachen aber gegen Methan. Methanol, oxidiertes (also Sauerstoff enthaltendes) Methan, kann dagegen den Sauerstoffbedarf der Mikroben leichter stillen, ist unbegrenzt wasserlöslich und führt nicht zu einer so hohen Wärmeent-

wicklung im Bioreaktor. Die ICI-Forscher entschieden sich auch deshalb für den *Methylophilus*-Stamm (lat. Methanol-liebend), weil er stabil und frei von toxischen Nebeneffekten war. Die Entscheidung, eine Reinkultur der Bakterien in einem kontinuierlichen Prozess zu züchten, hatte allerdings eine Konsequenz: Der Prozess musste unter den außergewöhnlichen Bedingungen der Sterilität durchgeführt werden! Im Gegensatz dazu lief der Alkanhefeprozess unsteril, das heißt, der Hefestamm verdrängt selbst alle Konkurrenten – so wie das bei den meisten biotechnologischen Prozessen zur Nahrungsmittelproduktion der Fall ist.

Die britische Firma John Brown Engineers and Constructors baute das gigantische Werk von ICI bei Billingham für den **größten Steril-Bioprozess der Welt**. Die Biofabrik bedeckte eine Fläche von 8 ha. Der Bioreaktor, ihr Kernstück, war 60 m hoch (mit acht Blasensäulen-Fermentern) und enthielt 150 000 L absolut keimfreier Nährlösung, in der die Methanolbakterien leben. Er wurde durch ein ausgeklügeltes System von 20 000 Ventilen und Filtern drei bis vier Monate lang ununterbrochen frei von fremden Mikroben gehalten. *Methylophilus* lebt bei 35 °C nur von Methanol, Ammoniak und Luftsauerstoff. Ständig wurden dem Bioreaktor Mikroben entnommen, mit heißem Wasserdampf abgetötet, zu größeren Klumpen zusammengeballt und getrocknet. Sie ergaben das körnige, karamelfarbige Produkt Pruteen®. Alles schien in bester Ordnung…

Als das Werk 1976 startete, wurde die Firma jedoch mit den steigenden Energiepreisen und einer hervorragenden Sojaernte konfrontiert; **Einzellerprotein konnte so nicht ökonomisch produziert werden**. *Methylophilus* wurde deshalb sowohl gentechnisch als auch mit Methoden der klassischen Genetik verbessert: Das Gen für das Enzym Glutamat-Dehydrogenase (für eine effektivere Stickstoffverwertung aus Ammoniak) wurde erfolgreich eingeschleust. Die Eiweißausbeute konnte so um 5–7 % verbessert werden. Das ICI-Werk funktionierte, die Nachfrage blieb jedoch hinter den Erwartungen zurück. Die bis 1982 investierten 100 Millionen Pfund Sterling betrachtet ICI dennoch als „Eintrittskarte zur Biotechnologie".

Wichtige Erfahrungen flossen aber in die großtechnische Realisierung der Pilzeiweiß-*Quorn*-**Produktion** (siehe S. 254) ein.

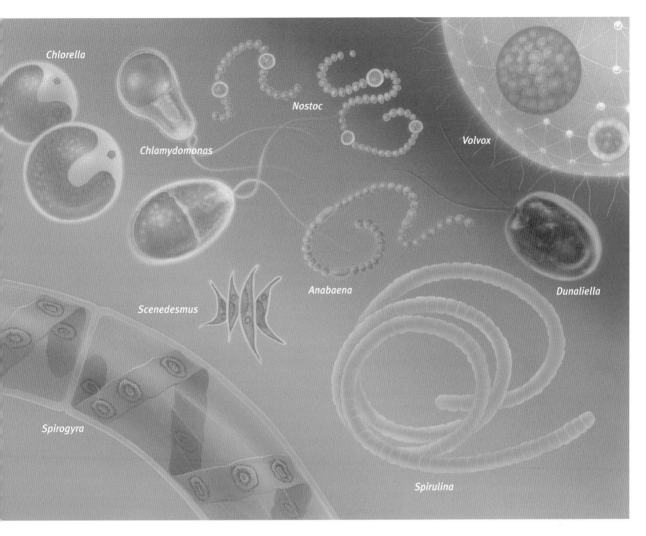

Chlorella

Nostoc

Chlamydomonas

Volvox

Scenedesmus

Anabaena

Dunaliella

Spirogyra

Spirulina

Der in Asien bei den Reisbauern kultivierte **Wasserfarn** *Azolla* beherbergt das symbiotische Cyanobakterium *Anabaena azollae* (Abb. 7.5), auch Schnurfaden genannt, das den Farn mit Stickstoff versorgt.

Die *Spirulina*-Zellwand besteht wie die der Bakterien aus Mucoproteiden und ist daher durch menschliche Verdauungsenzyme leicht aufzuschließen, ein Vorteil bei ihrer Verwendung für Diätzwecke. *Spirulina* ist ein fädiger, schraubig gewundener Organismus, der aus 150 bis 300 Einzelzellen bestehen kann und dann eine Länge von bis zu einem halben Millimeter erreicht. Zu den Cyanobakterien gehört auch der **Zittertang oder Schleimling** *Nostoc* (Abb. 7.5).

Zu den eukaryotischen **Grünalgen** (Chlorophyceae) zählen die Arten aus den Gattungen *Chlorella*, der Vierling *Scenedesmus*, die begeißelten *Dunaliella* und *Chlamydomonas* (Abb. 7.5) sowie die aus bis zu 20 000 Zellen bestehende

Algenkolonie *Volvox*. *Volvox* ist hoch organisiert, mit differenzierten Zellen. Sie sind wichtige Algen im Abwasser und Plankton der Seen und Meere.

Die Zellen von **Chlorella** und **Scenedesmus** sind durch eine feste Cellulosewand mit Sporopollenin-Einlagerungen (der Substanz der Wände von Pollenkörnern höherer Pflanzen) umhüllt. Die damit imprägnierten Zellwände sind chemisch besonders schwer angreifbar. Deshalb müssen die etwa 10 μm großen Zellen vor der Weiterverwendung zu Ernährungszwecken aufgebrochen werden.

Algen wie *Chlorella* werden heute mit Kosten von rund 8 US-Dollar je Kilogramm gezüchtet und vor allem als Diätnahrung zum etwa zehnfach höheren Preis verkauft. Der Rohproteinanteil dieser Algen beträgt etwa 50 % der Gesamtmasse (im Vergleich dazu bei Sojabohnen 35 %), und sie weisen einen hohen Anteil an ungesättigten Fettsäuren und Vitaminen auf.

Abb. 7.5 Biotechnologisch wichtige Algen und Cyanobakterien

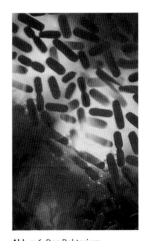

Abb. 7.6 Das Bakterium *Methylophilus methylotrophus* produziert hochwertiges Protein aus Methanol.

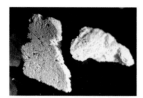

Abb. 7.7 Mycoprotein vor der Verarbeitung; links „Rind", rechts „Huhn"

Abb. 7.8 Erstes Probeessen von „veredeltem" Mycoprotein

ATKINS?   QUORN!

Abb. 7.9 *Quorn*-Produkte aus *Fusarium*: Fleischbällchen und Würstchen ohne Fleisch

Abb. 7.10 Rechts: Wie Pflanzen *in vitro* vermehrt werden können.

Dunaliella-Arten, einzellige, bewegliche Flagellaten, besitzen hingegen keine feste Zellwand. Ihre auffälligste Eigenschaft ist eine **außergewöhnliche Salztoleranz**. Diese halophilen Algen treten daher massenhaft in eintrocknenden Lagunen von Meerwassersalinen auf. Wegen ihres enormen Gehalts an β-Carotin färben sie die Salzlauge tiefrot (Abb. 7.16). Zum Ausgleich des externen osmotischen Wertes reichern sie in beträchtlichem Umfang Glycerin an, das wie das Carotin industriell gewonnen wird.

Algen verdoppeln ihre Masse in nur sechs Stunden. Gräser brauchen dafür zwei Wochen, Küken vier Wochen, Ferkel sechs Wochen und Kälber zwei Monate.

In vielen Ländern wird deshalb an **Algenfarmen** gearbeitet. Man braucht dazu große, flache Wasserbecken, in denen die Algen genügend Sonnenlicht bekommen (Abb. 7.3 und 7.16). Mit dessen Hilfe bilden sie aus Kohlendioxid, Wasser und aus Nährsalzen Zucker und aus den Zuckern dann Eiweiß. Licht und Luft sind kostenlos, und nur wenige billige Nährsalze werden benötigt, um die Algen üppig wachsen zu lassen. Je Hektar Fläche ergibt *Spirulina* etwa zehnmal mehr Biomasse als Weizen und hat einen viel höheren Eiweißgehalt als dieser. Bei der Ernte werden die Algen herausgesiebt, an der Luft getrocknet und dann, nachdem sie mit Geschmacksstoffen versetzt wurden, verkauft.

Warum gibt es dann **noch keine riesigen Algenfarmen in den Hungergebieten**? Hier fehlt selbst die einfachste Technik dazu; in vielen Gebieten ist zudem das Wasser knapp und teuer. Der entscheidende Faktor: Unter günstigen Produktionsbedingungen kostet Algenprotein 10 US-Dollar pro Kilogramm und Sojaeiweiß nur 20 Cent pro Kilogramm. Fachleute sind dennoch überzeugt, dass die Algen eine große Zukunft haben werden.

Noch **schneller als Algen wachsen Bakterien, Hefen und Pilze**. Bakterien verdoppeln ihre Masse im Zeitraum von 20 Minuten bis zwei Stunden, und sie können zu 70 % aus Eiweiß bestehen. Im Durchschnitt können Hefen je Masseinheit 100 000-mal schneller Protein bilden als eine Kuh. Dabei gibt eine Kuh nur ein Elftel der aufgenommenen Nährstoffe aus der Pflanzennahrung in Form von Fleisch an uns weiter. Zehn Elftel gehen also beim Rind für die menschliche Ernährung verloren. Das ist bei den Bakterien, Hefen und Pilzen anders: Hier wird fast die gesamte Nährstoffmenge in für Menschen und Tiere verwertbare Eiweiße, Zucker und Fette umgewandelt. Es lag nahe, das zu nutzen.

7.3 *Single cell*-Protein: Hoffnung auf billige Eiweißquellen

Die moderne Geschichte der Eiweißproduktion durch Mikroben begann im kaiserlichen Deutschland während des Ersten Weltkriegs mit der Zucht von **Hefen**. Wegen der Lebensmittelknappheit züchtete man Bäckerhefe im Großmaßstab und „streckte" damit hauptsächlich Wurst und Suppen. Hefen haben den großen Vorteil, dass sie sich von billigen, sonst nicht verwertbaren zuckerhaltigen Lösungen ernähren und den Zucker direkt in wertvolles Protein umwandeln. Im 900 Tage belagerten Leningrad bewahrten Hefen Tausende von Menschen im Zweiten Weltkrieg vor dem Hungertod. Kurz nach dem Krieg stillten in Deutschland „Hefeflocken" den Hunger vieler Menschen.

Erst in den 60er-Jahren begann man in Europa erneut, Anlagen zur Eiweißproduktion durch

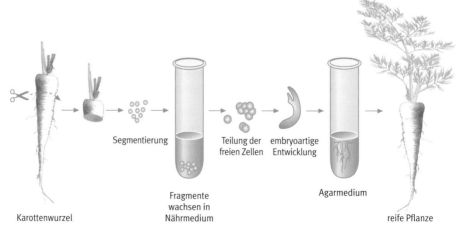

Karottenwurzel → Segmentierung → Fragmente wachsen in Nährmedium → Teilung der freien Zellen → embryoartige Entwicklung → Agarmedium → reife Pflanze

Box 7.3 Expertenmeinung:
Marine Biotechnologie

Die Ozeane sind ein uraltes Ökosystem, in dem vor etwa vier Milliarden Jahren in Form von Bakterien das Leben entstanden ist. **Marine Mikroorganismen** liefern uns einen sehr wertvollen Genpool, den wir gerade erst zu nutzen beginnen. Damit das Nahrungsnetz in den Meeren gesund und stabil bleibt, muss die Umweltverschmutzung eingedämmt werden, bedrohte Arten müssen geschützt und wirtschaftlich stark genutzte Organismen gegebenenfalls kultiviert werden. Außerdem müssen wir die Zusammenhänge zwischen den Primärproduzenten der Meere (dem Plankton) und anderen Organismen verstehen.

Die Meere bieten eine Fülle bislang noch nicht erschlossener Ressourcen für die Forschung und für die Entwicklung neuer Produkte (einschließlich medizinischer Erzeugnisse). Die überwiegende Mehrheit mariner Organismen (von denen die meisten Mikroorganismen sind) ist bisher noch nicht bestimmt worden, und über die bereits bestimmten Lebewesen weiß man nur sehr wenig.

Meeresorganismen sind sowohl für die Wissenschaft als auch für die Industrie aus zwei Gründen von größtem Interesse:

- Von allen Organismen der Erde stellen sie den größten Anteil. Die meisten Hauptgruppen von Organismen, die auf der Erde existieren, leben entweder hauptsächlich oder vollständig im Meer. Diese Organismen bergen ein großes Potenzial an genetischen und physiologischen Informationen.

- Marine Organismen zeichnen sich durch einzigartige Stoffwechselwege und andere Anpassungsfunktionen aus. Hierzu gehören besondere Sinnesleistungen und Abwehrmechanismen, spezielle Fortpflanzungssysteme und physiologische Prozesse, die es ihnen ermöglichen, unter so extremen Umweltbedingungen zu leben, wie den kalten arktischen Meeren, den sehr heißen hydrothermalen Schloten oder dem in großer Tiefe herrschenden hohen Druck.

Aquakultur

Schon seit Tausenden von Jahren wird auf der Welt **Aquakultur** praktiziert. Ihre Anfänge nahm sie in Fernost, zunächst hauptsächlich mit Süßwasser.

Die Aquakultur in China lässt sich auf mindestens 3000 Jahre zurückdatieren. Die frühesten bekannten Aufzeichnungen aus dem Jahr 473 v. Chr. berichten von der Karpfenzucht in Monokultur.

Mit einer Verfeinerung der Methoden kam es zu den ersten Mischkulturen, bei denen man Arten mit unterschiedlichen Nahrungsansprüchen kombinierte. Solche Teiche enthielten dann verschiedene Arten von Fischen, Schalen- oder Krebstieren.

Heute wird Aquakultur in vielen Ländern mit hoher Individuendichte praktiziert. Beispielsweise wird auf den Philippinen die Riesengarnele *Penaeus monodon* in Teichen mit einer Individuendichte von 100 000 bis 300 000 Tieren pro Hektar kultiviert. Auch bei der Zucht von Muscheln, wie Austern, Miesmuscheln und Jakobsmuscheln, von Seeohren (Abalone), Salinenkrebschen (*Artemia*), Blaukrabben und einer ganzen Reihe von Fischen wurden große Fortschritte erzielt.

Bei der traditionellen Aquakultur werden Fische, Algen, Krebstiere und Weichtiere mit nur geringem technischem Aufwand gezüchtet, geerntet und vermarktet.

Unglücklicherweise werden **durch Aquakulturanlagen immer wieder empfindli-**

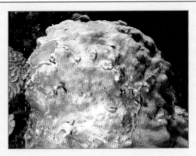

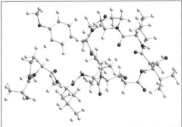

Didemnin B ist ein zyklisches Peptid, das von dem Tunicaten (Manteltier) *Trididemnum solidum* aus der Karibik produziert wird.

che Lebensräume zerstört, etwa durch die Belastung mit Abfällen, oder dezimiert, beispielsweise durch die Rodung von Mangroven, um Platz für Krabbenteiche zu schaffen. Einige der Probleme, die durch intensive Aquakultur entstehen, lassen sich jedoch vielleicht mithilfe der Biotechnologie lösen. Heute werden Biotechnologien sowohl für Salz- als auch für Süßwasserkulturen eingesetzt, um den Ertrag und die Qualität von Fischen, Krebstieren, Algen und verschiedenen **Muscheln** wie etwa Austern zu steigern. Seit Kurzem werden für die zukünftige kommerzielle Nutzung **transgene Organismen** mit gewünschten Eigenschaften erzeugt (siehe Kap. 8).

Die moderne **Meeresaquakultur** in Japan ist weitaus produktiver als die Süßwasseraquakultur und liefert mittlerweile mehr als

Fortsetzung nächste Seite

Mikroben zu errichten (Box 7.2). Der Proteinbedarf der Menschheit stieg. Man rechnete mit Hungersnöten in der Zukunft und hatte inzwischen entdeckt, dass sich Mikroorganismen nicht nur von zuckerhaltigen Nährlösungen, sondern auch von kohlenwasserstoffhaltigen Bestandteilen des Erdöls, von Alkanen (Paraffinen) und von Methanol ernähren können.

Die wachsartigen Alkane sind für Menschen und Tiere nicht verwertbar, nur Mikroben können sie in wertvolles Eiweiß umwandeln.

Im Osten Europas konzentrierte man sich in der Hoffnung auf permanent billiges Erdöl auf **Alkanhefen** (*Candida*), im Westen, vor allem die britische ICI, **auf Methanol verwertende Hefen und Bakterien** (siehe Box 7.2 und Abb. 7.6).

Die beiden so **hoffnungsvollen Riesenprojekte endeten letztlich ohne Erfolg**. Die Alkanhefen wurden nur begrenzt als Futtermittel freigegeben, denn man befürchtete krebserregende Rückstände aus dem Erdöl.

Abb. 7.11 Das Meer bietet noch viele unerschlossene Ressourcen für Aquakulturen.

92 % des gesamten Ertrags des Landes aus Aquakultur. Die wichtigsten Nahrungsmittel daraus sind die **Pazifische Felsenauster** (*Crassostrea gigas*) und eine unter der Bezeichnung **Nori** gehandelte Rotalge (*Porphyra*). Nori stellt den Hauptanteil der Algenernte. Weitere wichtige Produkte sind Stachelmakrelen, Meerbrassen sowie Jakobsmuscheln und zwei Arten von Braunalgen (*Wakame* und *Kombu*).

Die weltweit hohe Nachfrage nach Venusmuscheln, Austern, Miesmuscheln, Abalone, Krabben, Shrimps und Hummer fördert die Entwicklung effizienter Kulturmethoden zur Steigerung des Ertrags. Die Kultivierung der Organismen erfolgt mit verschiedenen Methoden: von der Aufzucht in speziellen Becken bis hin zu schwimmenden Plattformen und Substraten.

Durch **genetische Veränderungen an der Kultur** werden ein schnelleres Wachstum und eine raschere Reifung gefördert, die Krankheitsresistenz gesteigert und Triploidie erzeugt. Normale **diploide Austern** laichen im Sommer ab und verlieren an Geschmack, weil sie große Mengen an Fortpflanzungsgewebe bilden. Statt des doppelten Chromosomensatzes, den diploide Organismen aufweisen, besitzen **triploide Pazifische Felsenaustern** drei Sätze (zwei vom Weibchen, einen vom Männchen). In Kulturen erhält man **triploide Austern**, indem man die Eier mit Cytochalasin B behandelt. Dieses hemmt die normale Zellteilung und verdoppelt dadurch die Zahl der Chromosomen. Werden die Eier nun mit normalen Spermien befruchtet, weisen die Zygoten drei Chromosomensätze auf. Weil **triploide Austern** steril sind und keine Fortpflanzungsorgane ausbilden, sind sie das ganze Jahr über fleischig und reich an Geschmack. Außerdem werden sie größer und wachsen schneller als diploide

Austern und können früher geerntet werden. In den USA machen triploide Austern mittlerweile einen bedeutenden Teil der Gesamtproduktion an Austern aus (bis zu 50 % der Austernzucht im Pazifik im Nordwesten des Landes). Bestehende Sicherheitsbedenken bei der Verwendung von Cytochalasin B könnten bald dazu führen, dass man zur Produktion triploider Austern tetraploide Individuen (mit vier Chromosomensätzen) mit normalen diploiden Austern verpaart.

Zur Zucht von Muscheln wie Austern oder Schnecken wie Abalone (mit einem Handelswert von 20 bis 30 US-Dollar pro Pfund), wird deren Fortpflanzungszyklus manipuliert. Durch Zugabe von Wasserstoffperoxid zum Meerwasser wird die Synthese von Prostaglandin angeregt, einem Hormon, welches das Ablaichen auslöst. Anschließend veranlasst man die Larven durch Hinzufügen von γ-Aminobuttersäure (GABA), einem wichtigen Neurotransmitter bei Tieren, dazu, sich auf dem Substrat festzusetzen. Nach dem Festsetzen beginnen die so behandelten Larven mit ihrer Metamorphose und Zelldifferenzierung.

Man hat auch schon wachstumsbeschleunigende Gene identifiziert und geklont. Diese sollen später einmal zur Produktion von Substanzen aus diesen Genen verwendet werden und die Effizienz der Kultur von Abalonen und anderen Meeresfrüchten steigern. Die Produktivität lässt sich auch durch Kreuzung bestimmter genetischer Linien steigern; die Wachstumsrate von Austern lässt sich so beispielsweise um bis zu 40 % erhöhen. Rekombinante Wachstumshormone können das Wachstum von Schalentieren ebenfalls fördern.

Medizinische Verwendung

In den letzten 100 Jahren hat man große Anstrengungen unternommen, um Organis-

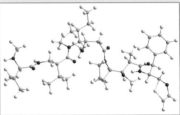

Dolastatin 10 ist ein lineares Peptid, das der Seehase *Dolabella* (oben) produziert.

men weltweit auf nützliche Substanzen hin zu untersuchen. Schätzungsweise 20 000 Verbindungen wurden dabei beschrieben. Sie stammen zu einem großen Teil von marinen Organismen wie Bakterien, Algen, **Schwämmen**, Korallen, Quallen, Bryozoen (Moostierchen), Mollusken (Weichtieren), **Tunicaten** (Manteltieren) und **Echinodermen** (Stachelhäutern). Der jährliche Verkauf neuer natürlicher Präparate aus Pflanzen übersteigt in den USA die Zehn-Milliarden-Dollar-Marke. Da das Potenzial der Pflanzen jedoch erst seit Kurzem erschlossen wird, verspricht man sich von den natürlichen Produkten aus marinen Organismen ähnlichen Erfolg.

Tatsächlich zeigte sich schon, dass **marine Organismen eine hervorragende Quelle für neue Substanzen** darstellen, die eine Vielzahl biologischer Wirkungen entfalten.

Die meisten Substanzen stammten – in absteigender Reihenfolge der Häufigkeit – von Schwämmen, Seescheiden, Algen, Weichtieren sowie Weich- und Hornkorallen. In letzter Zeit bilden **Schwämme** wegen

Abb. 7.12 Schwimmende Aquakulturen in der Clear Water Bay in Hongkong, vor der Haustür meiner Uni

Beide Projekte in Ost und West scheiterten letztlich ökonomisch an den zwei Erdölkrisen. Im Westen scheiterte das Methanol-Futtermittel noch zusätzlich an EU-Subventionen.

Denn diese Subventionen machten Magermilchpulver als Futtermittelzusatz unerreichbar preiswert.

Die Biotechnologen sammelten jedoch **unschätzbare Erfahrungen beim Bau und Betrieb von riesigen Bioreaktoren**.

■ 7.4 Mycoprotein ist als pflanzliches Eiweiß beim britischen Verbraucher erfolgreich

Ein erfolgreiches Produkt ist dagegen das **Mycoprotein** (griech. *mykes*, Pilz) von Rank Hovis McDougall (RHM) und heute Marlowe Foods, eine Tochter der ICI. RHM, der viertgrößte Nahrungsmittelproduzent Westeuropas, fand seine Mikrobe in den 60er-Jahren und wendete insgesamt über 30 Millionen Pfund Sterling für den Pilz auf, der in passable Imitationen von Fisch,

ihrer großen Spannbreite an biosynthetischen Fähigkeiten das bevorzugte Forschungsobjekt. Stoffwechselprodukte aus Stachelhäutern, wie Seesternen und Seeigeln, sind ebenfalls für natürliche Präparate isoliert worden.

Eine ganze Reihe der aus marinen Organismen isolierten Substanzen sind vielversprechende **Mittel zur Krebsbehandlung**. **Didemnin B**, ein zyklisches Peptid aus dem karibischen Manteltier *Trididemnum solidum*, erwies sich im Experiment als wirksames Mittel zur **Immunsuppression**. Es ist etwa 1000-mal wirkungsvoller als das Standardmedikament Cyclosporin A. Weitere Untersuchungen sollen seine Wirksamkeit bei der Unterdrückung von Abstoßungsreaktionen nach Transplantationen nachweisen.

Schon die alten Römer kannten die toxische Wirkung von Rohextrakten aus Seehasen (einer Meeresschneckenart), die **Dolastatin** enthalten, und nutzten solche Extrakte schon um das Jahr 150 zur Behandlung verschiedener Krankheiten.

Erst in den 1970er-Jahren erkannte man jedoch die Wirksamkeit der Dolastatine zur Behandlung von **lymphocytischer Leukämie und Melanom** (schwarzem Hautkrebs). Seitdem hat man Dolastatine mit unterschiedlicher Struktur isoliert, die alle cytostatische Eigenschaften besitzen.

Dolastatin 10 ist ein lineares Peptid aus dem Seehasen *Dolabella*, der im Indischen Ozean vorkommt. Diese Substanz ist das aktivste Isolat und ein **wirkungsvoller Mitoseinhibitor** (Hemmstoff der Zellteilung).

Sie hemmt die Polymerisation von Tubulinen zu Mikrotubuli, die an der Zellteilung beteiligt sind. Gegenwärtig wird die Substanz klinischen Tests unterzogen und mit anderen Mitteln verglichen, welche die Polymerisation von Tubulin hemmen, beispielsweise mit Vinblas-

tin, das aus dem Madagaskar-Immergrün (*Catharanthus roseus*) gewonnen wird (siehe Abb 7.31).

Viele marine Organismen, darunter Cyanobakterien, Grün-, Braun- und Rotalgen, Schwämme, Dinoflagellaten, Quallen und Seeanemonen, produzieren Sekundärmetaboliten mit **antibiotischen Wirkungen**.

Eine vielversprechende Klasse von Breitspektrum-Antibiotika, die **Squalamine**, ist erst vor Kurzem aus dem Magen des Dornhais (*Squalus acanthias*) isoliert worden. Sie wirken gegen eine ganze Reihe von Bakterien, Pilzen und Protozoen. Leider hat man die Isolation von Antibiotika und deren Charakterisierung bislang noch nicht besonders intensiv betrieben, sodass bislang nur wenige Substanzen von marinen Organismen untersucht worden sind. Dies liegt wahrscheinlich vor allem an den hohen Kosten, die für Identifizierung und Tests der wirtschaftlich interessanten Antibiotika anfallen.

Marine Organismen produzieren zu unterschiedlichen Zwecken auch verschiedene **Toxine** (Giftstoffe), zum Beispiel zum Beutefang, zur Abwehr von Raubfeinden oder pathogenen Organismen und zur Signalübertragung im autonomen und im Zentralnervensystem. Viele dieser marinen Naturprodukte sind extrem giftig. Sie können Dermatitis (Hautentzündungen), Lähmungen, Nierenversagen, Krämpfe und Hämolyse verursachen. Durch Trinkwasser, das mit speziellen Toxin-produzierenden Algen oder Cyanobakterien kontaminiert war, sind schon Vieh und Menschen erkrankt oder gar gestorben. Dinoflagellaten produzieren Saxitoxine, die 50-mal giftiger sind als das Pfeilgift Curare.

Der Verzehr von Muscheln, die solche Saxitoxine aufgenommen haben, kann zu einer Muschelvergiftung mit schweren Krankheits-

symptomen oder gar zum Tod führen. Außerdem produzieren Dinoflagellaten auch die hochgiftigen Ciguatoxine. Kleine Fische nehmen beim Abweiden von Algen oft auch Dinoflagellaten mit auf. Werden sie dann selbst wieder von größeren Fischen gefressen, kann das Ciguatoxin durch den Verzehr dieser Fische auch in den Menschen gelangen und zu Vergiftungen führen. Derzeit werden marine Toxine auf Substanzen hin untersucht, die gegen Tumore, Krebs oder Viren wirken, das Tumorwachstum hemmen, entzündungshemmende Eigenschaften haben oder als Schmerzmittel oder Muskelrelaxantien eingesetzt werden können.

Das Meer ist eine Schatzkammer voller noch nicht geborgener Schätze. Deswegen sollte der Schutz dieses wertvollen Ökosystems allerhöchste Priorität besitzen!

Susan Barnum ist Professorin für Botanik an der Miami University in Oxford. Sie ist Autorin einer Einführung in die Biotechnologie. Unter anderem erforscht sie die molekulare Evolution der Gene für die Stickstofffixierung sowie die Evolution und Exzision von DNA-Elementen innerhalb dieser Gene bei einigen Cyanobakterienarten. Im Rahmen eines neuen Forschungsprojekts beschäftigt sie sich mit der Identifizierung molekularer Prozesse in der Differenzierung von Heterocysten (den mikroaeroben spezialisierten Zellen, in denen bei manchen Formen filamentöser Cyanobakterien die Fixierung des Luftstickstoffs erfolgt).

Geflügel und Fleisch verwandelt werden kann (Abb. 7.7 bis 7.9).

Forscher von RHM hatten mehr als 3000 Bodenproben aus der ganzen Welt gesammelt. Wie so oft lag der Haupttreffer aber ganz in der Nähe: In der Nachbarschaft des Ortes Marlowe in Buckinghamshire, England, wurde *Fusarium graminareum* (heute: *Fusarium venenatum*, Abb. 7.17) gefunden. Zuvor war sein Name nur Pflanzenpathologen geläufig gewesen: Der Pilz verursacht Wurzelfäule bei Weizen.

RHM produzierte damals 15 % des britischen Speisepilzangebots. Wegen schlechter Erfahrungen mit psychologischen Vorurteilen der Konsumenten gegen Bakterieneiweiß betonte RHM von Anfang an: *Fusarium* **ist ein Pilz wie unsere Speisepilze und Trüffel**, die wir essen, ohne zweimal nachzudenken.

Abgesehen davon, dass *Fusarium* fast geruch- und geschmacklos ist, **ideal für Fleischimitate**, enthält er auf Trockengewicht gerechnet etwa 50 % Protein, eine Zusammensetzung wie die von

Abb. 7.13 Aquakultur in Hongkong: Verschiedene Muscheln werden in meinem Fischrestaurant angeboten.

Abb. 7.14 Getrocknete Makroalgen dienen in China und Japan als preiswerte Grundlage für Suppen.

Abb. 7.15 In Japan gehören Makroalgen seit jeher zum festen Bestand der Ernährung.

Abb. 7.16 Die Alge *Dunaliella* wird in Farmen kultiviert (oben: in Westaustralien). Unten: Carotinoide reichern sich in der rechts gezeigten Zelle an.

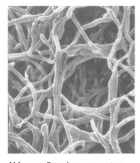

Abb. 7.17 *Fusarium venenatum*, der Erzeuger von *Quorn*

gegrilltem Beefsteak. Der Pilz hat aber einen niedrigeren Fettgehalt als Beefsteak, nur 13 %, noch dazu pflanzliches Fett, **kein Cholesterin** (dafür Ergosterin) und einen Fasergehalt von 25 % – das alles zählt zunehmend bei Gesundheitsbewussten. Ein Hauptvorteil bei der Gewinnung von Pilz- gegenüber Bakterienzellen ist, dass sie typischerweise viel größere Dimensionen besitzen, also aus dem Fermentationsmedium leicht abtrennbar sind. Andererseits **wachsen aber Pilze viel langsamer als Bakterien**, mit einer Verdopplungszeit von vier bis sechs Stunden im Vergleich zu 20 Minuten bei Bakterien.

Auch das kann sich in einen Vorteil verwandeln: **Langsameres Wachstum bedeutet auch, dass im Endprodukt weniger Nucleinsäuren enthalten sind.** Über einen längeren Zeitraum in hohen Konzentrationen durch Säugetiere und den Menschen aufgenommen, führen Nucleinsäuren zu Gicht.

Während einige Bakterien 25 % Nucleinsäuren und Hefen bis zu 15 % enthalten, gelang es RHM bei der neuen Nahrung Mycoprotein, den Gehalt auf weniger als die **für den Menschen akzeptable Grenze von 1 %** zu senken. Der Pilz hat auch eine Aminosäurezusammensetzung, die von der UN-Welternährungsorganisation (FAO) als „ideal" empfohlen wird.

Die vielleicht außergewöhnlichste Eigenschaft des Pilzes ist der Weg, wie er in ein **komplettes Imitatspektrum von Nahrungsmitteln**, von Suppen und Biskuit bis zu überzeugenden Nachahmungen von Geflügel, Schinken und Kalbfleisch, verwandelt werden kann (Abb. 7.7 bis 7.9).

Der Schlüssel zu dieser Anpassungsfähigkeit: Die **Länge der Fasern kann kontrolliert werden**; je länger der Pilz im Bioreaktor wachsen „darf", umso länger sind auch die Fasern, und desto gröber ist die Textur des Produkts. Das Medium besteht aus Glucosesirup als Kohlenstoffquelle mit Ammoniak als Stickstoffquelle. Der Sirup kann aus allen verfügbaren Stärkeprodukten (Kartoffeln, Weizen, Maniok) gewonnen werden, und der Prozess ist sehr viel effizienter als die Umwandlung von Stärke in Protein durch Haustiere.

Zur Pilzproduktion taten sich ICI und RHM zusammen. 1985 wurde das Mycoprotein in Großbritannien vom MAFF (Ministry of Agriculture, Fisheries and Food) freigegeben. Das erste Produkt war ein *Savory Pie*. In den 90er-Jahren wurde Marlow Foods in Marlow gegründet.

Inzwischen ist das Pilzeiweiß in England als *Quorn* erfolgreich auf dem Markt (Abb. 7.9).

Die britische Premier Foods kaufte *Quorn* 2005 für 172 Millionen Pfund. Es wurde 2015 weiterverkauft für 550 Millionen Pfund. Interessant ist die Zielgruppe: Frauen von 25 bis 45 Jahren in Großbritannien. Die ältere Generation ist konservativ, obwohl die Firma gezielt ungenau nicht von Mikroben, sondern von „pflanzlichem Eiweiß" spricht.

Fast jedes Land könnte im Prinzip seine Kohlenhydratreserven in Pilzprotein umwandeln: in Europa Getreide und Kartoffeln, in tropischen Ländern Maniok, Reis oder Rohrzucker. Viele tropische Länder nutzen traditionell Pilznahrung, zum Beispiel Tempeh, eine Mixtur von Sojabohnen und Pilzen (Kap. 1). Es wären also weniger psychologische Vorbehalte gegen die Nahrung aus dem Bioreaktor zu überwinden.

■ 7.5 „Grüne" Biotechnologie *ante portas*!

Unkrautjäten, Gießen, Düngen, Kompostieren, Insekten- und Pilzbefall möglichst schonend bekämpfen, sind nur das Vergnügen der Hobby-Gärtner. Für den Bauern sind das dagegen **echte wirtschaftliche Faktoren**. Er möchte sie drastisch verringern.

Kann uns die Erde künftig ernähren? In Afrika lebten 1950 halb so viele Menschen wie in Europa, heute doppelt so viele. Heute geht es weltweit um die Ernährung von weit über sieben Milliarden, in 20 Jahren von acht Milliarden Menschen. Die Chinesen essen heute dreimal mehr Fleisch als noch vor 20 Jahren: 32 kg pro Kopf. Deutsche konsumieren 60 kg pro Kopf, US-Amerikaner, 123 kg (2003). Das US-amerikanische Worldwatch Institute sagt voraus, dass China im Jahr 2030 200 Millionen Tonnen Getreide importieren muss. Der Hunger auf der Welt hat weiter zugenommen. Makabererweise ist laut *Time* 2004 erstmals (dank der dicken Amerikaner und der „über-Nacht-reich-gewordenen" Schichten der arabischen Welt) die **Zahl der Unter- und Überernährten gleich groß**. Die „Verfettung der Welt"…

Dies ist alles nicht die Schuld der Landwirte. Die **Pflanzenzuchtrevolution** der 60er- und 70er-Jahre hat die Weltwirtschaft wesentlich verändert. Dabei waren es nicht so sehr raffinierte neue Düngemittel und Pestizide, sondern neue Hoch-

Box 7.4 Biotech-Historie:
Tomoffel und Biolippenstift

Ein Wunschtraum: Die Tomatoffel oder Tomoffel, experimentell vom Verfasser in nur zehn Minuten „erzeugt"!

Eine Möglichkeit, Pflanzenzellen biotechnisch zu verändern, ist die **Protoplastenfusion**. Dabei werden „nackte" **Protoplastenzellen** durch Chemikalien wie Polyethylenglykol oder durch elektrische Impulse miteinander verschmolzen. Kreuzungen zwischen taxonomisch nur entfernt verwandten Arten (somatische Hybride) sind bereits gelungen, wobei auf natürlichem Weg keine Kreuzungen möglich waren.

Die echte Tomatoffel (Mitte), am Max-Planck-Institut für Züchtungsforschung in Köln erzeugt. Links: Tomate; rechts: Wildkartoffel

Erstes Objekt war die **Tomatoffel oder Tomoffel**, eine Kreuzung von Kartoffel und Tomate: Oben an der Pflanze sollten Tomaten und an den unterirdischen Ausläufern Kartoffelknollen reifen. Das Experiment gelang erstmals 1977 **Georg Melchers** am Max-Planck-Institut für Biologie in Tübingen. Die Tomoffel bildete allerdings weder echte Kartoffeln noch echte Tomaten aus. Die mögliche Ursache könnte darin liegen, dass in solchen „unnatürlichen" Hybriden die Zellteilungen anormal ablaufen. Eine reale Tomoffel wurde am Max-Planck-Institut für Züchtungsforschung in Köln von **Inca Lewen-Dörr** und der Firma GreenTec 1994 entwi-

ckelt. Die Pflanzen waren „wüchsig". Das Einzigartige war die gelbe Blüte der Tomoffel bei ansonsten großer Ähnlichkeit mit dem Kartoffel-Phänotyp. Gelb kommt normalerweise bei Kartoffeln nicht als Blütenfarbe vor.

Die somatische Hybridisierung eignet sich durchaus zu Züchtungszwecken und wird auch z. B. bei *Citrus* oder Chicoreé praktisch angewendet. Sie ist immer dann die Methode der Wahl, wenn komplexe, polygen bestimmte Merkmale, wie z. B. Frosttoleranz (bei Kartoffeln schon gemacht) oder Blütenfarben, von einer Wildart in eine Kulturart übertragen werden sollen.

Die Wahrscheinlichkeit ist groß, dass die verschiedenen für die Kartoffel bzw. für die Tomate charakteristischen Inhaltsstoffe bei einer Vermischung eine Ungenießbarkeit verursachen. Obwohl die Kartoffel wie die Tomate zu den Nachtschattengewächsen (Solanaceae) gehört, also zur selben Pflanzenfamilie, treten bereits große Probleme auf.

Shikonin

»Ein überzeugender Lippenstift ohne Chemie, mit rein biologischem Farbstoff, bekannt schon der altchinesischen Medizin – für moderne Frauen – ein japanisches *High-tech*-Produkt!«

Der **Biolippenstift** war der Hit auf dem Kosmetikmarkt: Innerhalb weniger Tage wurden 1985 in Japan zwei Millionen Stück verkauft, trotz des „stolzen Preises" von 3500 Yen (ca. 35 €). Die Werbung nutzte geschickt die Ressentiments der Japaner gegen Chemieprodukte, ihr Traditionsbewusstsein und den Stolz auf ihre Leistungen in den Hochtechnologien. Der rote Farbstoff des Lippenstiftes ist ein echt biologisches Produkt: **Shikonin** (eine Naphthochinon-Verbindung), ein jahrhundertelang verwendetes Medikament der altchinesischen Medizin, das mühsam aus den Wurzeln der Shikonin-Pflanze (*Lithospermum erythrorhizon*) gewonnen wurde. Es dauert drei bis sieben Jahre, bis die Pflanze maximal 2 % des Wirkstoffs in ihren Wurzeln angesammelt hat. In der traditionellen Medizin wurde Shikonin gegen Bakterienerkrankungen und Entzündungen eingesetzt. Die Japaner importierten jährlich 10 t Shikonin-Rohstoff für

etwa 4500 US-Dollar je Kilogramm aus China und Südkorea. Ein so teures Produkt lohnte den Versuch, die Shikonin produzierenden Pflanzenzellen in Nährlösung wachsen zu lassen. Der Tokioter Firma Mitsui Petrochemical Industries Ltd. gelang das mit großem Erfolg.

Der Biolippenstift von Kanebo – in den 1980er- und 90er-Jahren ein Verkaufshit

Die geniale Verkaufsidee kam dann den Managern der Kosmetikfirma Kanebo:

Der prächtige Farbton eignet sich hervorragend für Lippenstifte und Puder (Rouge). Der Gag dabei: Der Farbstoff ist nicht nur biologisch erzeugt, er schützt auch noch vor Bakterien und wirkt entzündungshemmend! Mit aufwendigen Verfahrenstechnologien werden heute die geschmacks- und geruchsneutralen Lippenstifte von Kanebo hergestellt.

In industriellem Maßstab werden *Lithospermum*-Zellen in einem 200-Liter-Bioreaktor mit Wachstumsmedium angezogen, dann in einen kleineren Reaktor mit einem Medium überführt, das die Shikoninproduktion fördert. Mit diesen Zellen beimpft man einen 750-Liter-Bioreaktor, in dem das Shikonin produziert wird. Die Wurzelzellen im Bioreaktor erzeugen immerhin 23 % Shikonin in nur 23 Tagen. Man vergleiche das nochmals mit der Natur: nur 2 % in drei bis sieben Jahren! In jedem kompletten Bioreaktorlauf sollen etwa 5 kg reines Shikonin gewonnen worden sein. Mitsui konnte anfangs etwa 65 kg Shikonin je Jahr bei einem japanischen Bedarf von 150 kg produzieren.

Zellaggregate von *Lithospermum erythrorhizon* aus Kulturen im M9-Medium, rot gefärbt durch ihren Gehalt an Shikonin

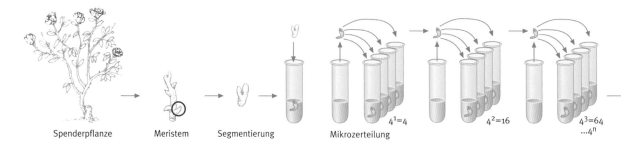

Spenderpflanze   Meristem   Segmentierung   Mikrozerteilung $4^1=4$ $4^2=16$ $4^3=64$ $...4^n$

Abb. 7.18 *In vitro*-Vermehrung von Rosen

Abb. 7.19 Eine Rose aus dem Reagenzglas

Abb. 7.20 Rosen: von der Wildrose zu modernen Sorten

leistungssorten von wichtigen Nutzpflanzen, wie Reis und Weizen, die zu Fortschritten führten. Die **Produktivitätssteigerung** musste allerdings teuer erkauft werden: Hochgezüchtete neue Sorten brauchen ständigen **Düngemittel- und Pestizideinsatz.** Jetzt aber haben die Pflanzenzüchter einen Satz neuer Werkzeuge in die Hand bekommen, mächtigere als jemals zuvor. Neue Hoffnung auf eine Bewältigung des Welternährungsproblems keimt.

Die Biotechnologie verspricht den Pflanzenzüchtern die Einschleusung fremder Gene in Pflanzen mit dem Ziel, dass diese ihre Qualität verbessern: z. B. höheren Protein-, Vitamin- oder Energiegehalt erreichen; **Resistenz** gegen „Schädlinge", Krankheiten und Fröste entwickeln; gegen trockene oder versalzte Böden und gegen Herbizide zur Kontrolle der Unkräuter resistent sein werden. Außerdem schafft sie die Möglichkeit zur Produktion von Arzneimitteln, Kosmetika und Nahrungsmittelzusätzen durch genmanipulierte (transgene) Pflanzenkulturen oder aber durch Laborkulturen, unabhängig von der Landwirtschaft (Abb. 7.10).

■ 7.6 Felder im Reagenzglas: *in vitro*-Pflanzenzucht

Rosen sind bevorzugtes Objekt der Züchter, von einfachen Formen zu kunstvoll aussehenden. Die Geschichte der **Rosenzüchtung** beginnt aber erst ziemlich spät, obwohl die Kultivierung von Rosen schon im 12. Jahrhundert vor unserer Zeit bei den Persern und Medern bekannt war. Kultiviert wurde damals die *Rosa gallica*, und sie gilt somit als erste und älteste Gartenrose der Welt (Abb. 7.20).

Erst mit dem Wissen um die Vererbungslehre und ihrer möglichen Anwendung als theoretischem Hintergrund konnte man Rosen nach Wunsch züchten. Die ersten Züchtungen durch künstliche Bestäubung führte der Franzose **Jaques-Louis Descemet** (1761–1839) durch.

500 000 neue Pflanzen können aus einer einzigen Mutterpflanze in nur einem Jahr erzeugt werden! Sie müssen zudem nicht veredelt werden. Die Pflanzenzüchtung im Reagenzglas (*in-vitro*-Vermehrung) erlaubt dem Züchter, wertvolle Neuschöpfungen schnell zu vermehren (Abb. 7.18). Spezifische Eigenschaften, wie Resistenz gegen Krankheiten und Herbizide, lassen sich bereits in Zellkultur selektieren.

Wenn es sich um eine **Hybridpflanze** handelt (Kreuzung verschiedener Sorten oder Rassen miteinander), muss auf die geschlechtliche Vermehrung über Samen verzichtet werden, weil sich die Nachkommenschaft entsprechend den Mendel'schen Regeln aufspaltet. Es blieb bisher nur die **vegetative Vermehrung** – so wie wir sie traditionell von den Ausläufern der Erdbeerpflanzen kennen – oder durch Stecklinge. Nicht alle Pflanzen lassen sich aber so einfach vegetativ vermehren.

Die **Mikrovermehrung** ist viel schneller und effektiver als die bisherige Stecklings- oder Ausläufervermehrung. Wieso ist überhaupt eine Regeneration einer ganzen Pflanze aus einzelnen Zellen möglich? Ursache hierfür ist die **Totipotenz** der Pflanzenzellen, vor allem der Zellen von Wurzeln und Spross: Jede Zelle enthält den vollständigen Chromosomensatz und damit auch die gesamte genetische Information, die für die Entwicklung eines Individuums aus einer Zelle notwendig ist. Je nach der Funktion, die die einzelnen Zellen und Zellverbände während der Entwicklung und im fertigen Organismus übernehmen, wird nur ein spezifischer Teil der genetischen Information realisiert. Der restliche Teil wird nicht abgelesen. Im Unterschied zu tierischen Zellen können einige Zellen vieler zweikeimblättriger Pflanzen aber **dedifferenziert** werden. Ihre entwicklungsbiologische Uhr kann also wieder an den Anfang zurückgestellt und unter bestimmten Bedingungen erneut in Gang gesetzt werden. Die Zellen durchlaufen ihr Entwicklungsprogramm, festgelegt in den Befehlen ihrer Gene, wieder von vorn.

Medienwechsel Bewurzelung

Cytokinine Auxine

100 000 bis 200 000 Exemplare

Auspflanzung in Töpfen

Gewächshaus

Auspflanzen ins Freiland

blühende Pflanze mit eigenen Wurzeln

Für eine erfolgreiche Regeneration einer Pflanze aus einer einzelnen Zelle sind **Wachstumshormone** (**Phytohormone**) im Nährsubstrat notwendig.

Diese steuern Wachstum und Differenzierung der pflanzlichen Zellen: Die **Auxine** regulieren das Wurzelwachstum und sorgen außerdem dafür, dass immer nur die obersten Knospen einer Pflanze austreiben. Die **Cytokinine** induzieren dagegen das Sprosswachstum und hemmen somit das Wurzelwachstum. Entscheidend ist das Verhältnis von Cytokininen zu Auxinen.

Auf 1 m² Laborfläche kann man immerhin 100 000 neue Pflänzchen heranziehen (Abb. 7.18). So kann man besonders ertragreiche Pflanzen schnell vermehren, wobei alle Pflänzchen aus Zellen einer einzigen Superpflanze stammen.

Diese Nachkommen einer einzigen Pflanze nennt man einen **Klon** – nach dem griechischen *klon*, das so viel wie Schössling oder Zweig bedeutet. Der Klon hat – wie eineiige Zwillinge – die gleichen Erbanlagen. Wir werden später bei den transgenen Tieren (Kap. 8) darauf zurückkommen.

Nach dem Zelltyp des Ausgangsmaterials unterscheidet man Meristem- und Haploidenkulturen, nach der Kultivierungsart Kallus- und Suspensionskulturen.

■ 7.7 Meristemkultur

Die wichtigste moderne Methode der Pflanzenklonierung ist die Meristemkultur, bei der man **Teilungsgewebe** (**Meristeme**) der Pflanzen (Spross, Wurzel oder Axillarknospen) benutzt (Abb. 7.24).

Meristeme sind Teilungsgewebe, die sich an verschiedenen Stellen der Pflanze befinden. Die wichtigsten Meristeme sind die **Sprossmeristeme**. Die tief in den Knospen versteckten Meristeme werden isoliert, geteilt und die Explantate auf festen oder in flüssigen Nährmedien gehalten. Wenn sie herangewachsen sind, können sie noch wiederholt geteilt werden. Aus jedem dieser Teil-

stücke lassen sich nach Zusatz entsprechender Pflanzenhormone eine oder mehrere Pflanzen regenerieren.

Tausende Pflanzenarten werden heute auf diesem Weg vermehrt. Man begann mit seltenen Orchideen, Lilien (Abb. 7.21 und 7.22), Chrysanthemen, Nelken und endete bei solch wirtschaftlich wichtigen Pflanzen wie Kartoffeln, Mais, Maniok, Weinreben, Bananen, Zuckerrohr und Sojabohnen.

Die **hoch ertragreichen Ölpalmen** (Abb. 7.23) in Malaysia wurden seit den 60er-Jahren des 20. Jahrhunderts durch Zellkultur vermehrt. Sie erzeugen nicht nur 30 % mehr Palmöl als normale Palmen, sondern sind auch deutlich kleiner, was die Ernte erleichtert. Die **übertriebene Palmenmonokultur** bedroht allerdings die letzen Urwälder Asiens.

Bei **Erdbeeren** liefert die klassische vegetative Vermehrung durch Ausläufer maximal zehn Ausläuferpflanzen. Durch moderne Meristemkultur können dagegen theoretisch bis zu 500 000 Pflanzen im Jahr von einer Mutterpflanze gewonnen werden.

Dazu kommt noch ein entscheidender Vorteil: Auch wenn die Ausgangspflanze von **Viren** befallen war, können die **vegetativen Nachkommen virusfrei erzeugt** werden. Man wählt nur virusfreie Pflanzenteile zur Vermehrung aus. Das sich schnell teilende Gewebe der Meristeme scheint der Virusausbreitung zu „entwachsen". Es enthält deshalb meist weniger Viren. Manchmal sind dagegen Pflanzenviren sogar willkommen. **Schön geflammte Tulpen** verursacht das *Poty*-Virus (Abb. 7.25).

Die Meristeme werden geschnitten, kultiviert und bewurzelt (Abb. 7.24). Der ganze Zyklus wird erneut durchlaufen, bis virusfreie Meristeme gefunden sind, die dann virusfreie Pflanzen liefern. Diese sind aber nicht vor neuem Virusbefall gefeit, wenn sie dann in die Natur ausgepflanzt werden. Meristemkulturen haben inzwi-

Abb. 7.21 Die Mehrzahl unserer Zierpflanzen ist durch Mikrovermehrung entstanden.

Abb. 7.22 Auch Orchideen werden massenhaft *in vitro* vermehrt.

Abb. 7.23 Die Ölpalme (*Elaeis guineensis*) liefert Palmöl, das gesättigte Fettsäuren enthält. Riesige Monokulturplantagen der in Zellkultur gezogenen und „verbesserten" Palme in Asien wurden auf Kosten der tropischen Dschungelgebiete angelegt und sind Anlass heftiger Kritik.

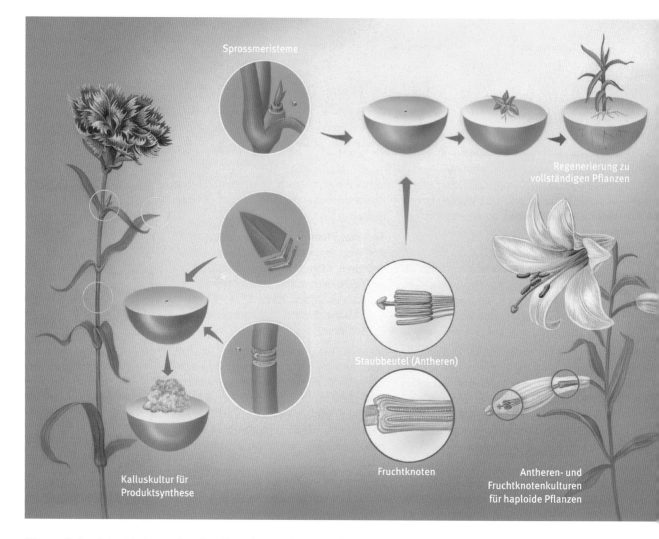

Sprossmeristeme

Regenerierung zu
vollständigen Pflanzen

Staubbeutel (Antheren)

Fruchtknoten

Kalluskultur für
Produktsynthese

Antheren- und
Fruchtknotenkulturen
für haploide Pflanzen

Abb. 7.24 Meristemkultur (oben)
und Antheren-/Fruchtknoten-
kultur (unten)

Abb. 7.25 Ein Beispiel für
erwünschten Virusbefall:
geflammte Tulpen

Abb. 7.26 Das Symbol Hong-
kongs, die *Bauhinia*. Hier sind
deutlich Staubbeutel zu sehen.

schen den Gartenbau revolutioniert. Der Weltmarkt wird auf über drei Milliarden US-Dollar
geschätzt: Millionen Nutz- und Zierpflanzen!

■ 7.8 Haploidenkulturen:
Staubbeutel und Fruchtknoten

Staubbeutel (**Antheren**, Abb. 7.24) bestehen aus
wenigen männlichen Keimzellen, die haploid
sind, das heißt ihre Zellkerne enthalten nur
jeweils einen Chromosomensatz.

Wenn junge Antheren steril der Blüte entnommen
und auf Nährmedium (Agar) ausgelegt werden,
wachsen sie nach Hormonzusatz zu unfruchtbaren
haploiden vollständigen Pflanzen aus.

Diese Pflanzen sind in der Züchtung begehrt, weil
man aus ihnen zeitsparend durch experimentelle
Verdopplung ihres Chromosomensatzes mithilfe
des „**Mitosegiftes**" Colchicin leicht reinerbige (homozygote) diploide Linien erhalten

kann. Rezessive Mutationen werden nicht durch
das bei Diploiden vorhandene zweite Chromosom überdeckt und sind damit sofort sichtbar. Gut
für den Züchter!

Auch aus **Fruchtknoten** (Abb. 7.24) können wie
bei Antherenkulturen ganze haploide Pflanzen
entstehen. Haploidenkulturen wendet man bei
der Züchtung von Tabak, Raps, Kartoffeln, Gerste
und Arzneipflanzen an.

■ 7.9 Kallus- und Suspensions-
kulturen

Unorganisiert wachsendes Wundgewebe bezeichnet man bei Pflanzen als **Kallus**. Er entsteht
bei Pflanzen aus der Schnittfläche der Explantate.
Kalli kann man auf Agar als Oberflächenkulturen
züchten und dann als undifferenzierten Zellklumpen weiter kultivieren, oder aber man gibt
Phytohormone zu und bekommt wieder vollständige Pflanzen (Abb. 7.28).

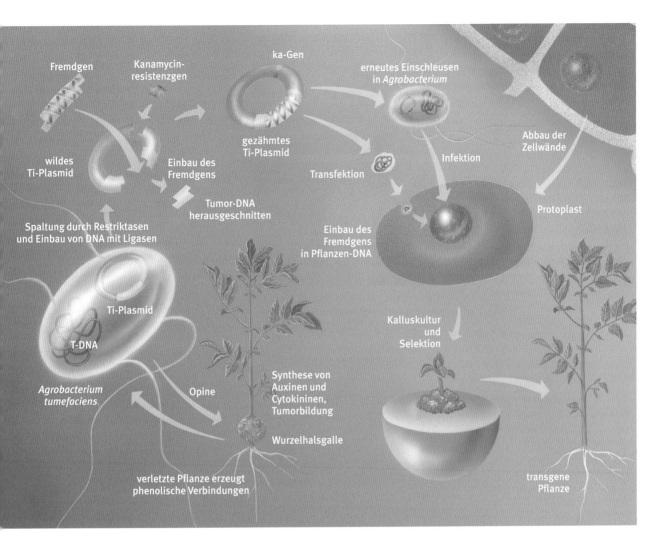

Abb. 7.27 Wie transgene Pflanzen mit *Agrobacterium* gewonnen werden.

Eine spezielle Möglichkeit der Pflanzenvermehrung bieten die **Protoplasten**.

Das sind Zellen, bei denen enzymatisch die Zellwände entfernt wurden (Abb. 7.29). Man schneidet aus Laubblättern Streifen, die man in Lösung mit Zellwand-abbauenden Enzymen (Pektinasen, Cellulasen) legt.

Die danach erhaltenen „nackten" Zellen, die Protoplasten, überführt man in ein Kulturmedium, in dem sie ihre Zellwände regenerieren. Die so wieder entstandenen wandhaltigen Zellen lassen über fortwährende Teilungen kleine Kalli entstehen.

Durch **Zusatz von Hormonen** werden in den Kalli kleine Sprosse induziert, die sich durch andere Hormone bewurzeln lassen. Tausende vollständige neue Pflanzen können so aus einem einzigen Blatt durch Protoplastenkultur entstehen (Abb. 7.33).

Da isolierten Protoplasten die Zellwand fehlt, können sie relativ leicht durch **Zellfusion** (chemisch) oder durch elektrische Felder (Elektrofusion) miteinander verschmolzen werden (wie bei den Hybridomzellen mit Polyethylenglykol, Kap. 5).

Die fusionierten Zellen lassen sich dann zu somatischen Hybridpflanzen heranziehen. Diese **somatische Hybridisierung** führte 1977 zur – leider ungenießbaren – **Tomaffel oder Tomoffel** (Box 7.4).

Selbst bei einem Erfolg der Tomoffel wäre es aber für sie schwierig, gleichzeitig zwei Nährstoffspeicher, nämlich Knollen und Früchte, zu beliefern.

Ein praktischer Erfolg war dagegen die **Verschmelzung von Zellen aus zwei Stechapfelarten** (*Datura*). Die neue Stechapfelart produzierte mehr Alkaloide (Scopolamin) als jede der beiden Ausgangsarten und wuchs besser.

Abb. 7.28 Tabak in Kalluskultur

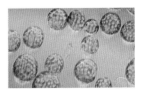

Abb. 7.29 Protoplasten

Box 7.5 Expertenmeinung:
Zahlen und Fakten:
Anbau gentechnisch veränderter Pflanzen und Kennzeichnung der daraus hergestellten Lebensmittel

Im Jahr 1996 wurden in den USA erstmals gentechnisch veränderte Pflanzen ausgesät. Seitdem sind deren Flächen kontinuierlich angestiegen – bis 2016 weltweit auf 185,1 Millionen Hektar. (Zum Vergleich: Die Gesamtfläche Deutschlands beträgt 35,7 Millionen Hektar.)

Die „Grüne Gentechnik" – die praktische Nutzung gentechnisch veränderter Pflanzen in der Landwirtschaft – ist vor allem in Nord- und Südamerika weit verbreitet. Nach Angaben der ISAAA (International Service for the Acquisition of Agri-Biotech Applications), einer internationalen Institution, die jährlich einen Report zur globalen Anbausituation veröffentlicht, haben 2016 weltweit etwa 18 Millionen Landwirte in 28 Ländern gentechnisch veränderte Pflanzen (gv-Pflanzen) angebaut.

Anbauländer: Die Länder mit den größten Anbauflächen für **gv-Pflanzen** waren 2016 die USA (72,9 Mio. Hektar), Brasilien (49,1), Argentinien (25,8), Kanada (11,6), Indien (10,8), Paraguay (3,6), Pakistan (2,9), China (2,8) und Südafrika (2,7) sowie Uruguay, Bolivien, Australien, die Philippinen und weitere 13 Ländern mit kleineren Flächen.

Kulturarten. Bisher konzentrierte sich die landwirtschaftliche Nutzung von gv-Pflanzen auf die Kulturarten Soja, Mais, Baumwolle, Raps und Zuckerrüben.

- Gentechnisch veränderte **Sojabohnen**: Anbaufläche: 91,7 Mio. Hektar; Anteil Welterzeugung: 78%; wichtigste Anbauländer: Brasilien, USA, Argentinien.
- Gentechnisch veränderter **Mais**: Anbaufläche: 60,6 Mio. Hektar; Anteil Welterzeugung: 26%; wichtigste Anbauländer: USA, Brasilien, Argentinien, Südafrika. Kanada.
- Gentechnisch veränderte **Baumwolle**: Anbaufläche: 22,3 Mio. Hektar; Anteil Welterzeugung: 64%; wichtigste Anbauländer: Indien, USA, Pakistan, China.
- Gentechnisch veränderter **Raps**: Anbaufläche: 8,6 Mio. Hektar; Anteil Welterzeugung: 24%; wichtigste Anbauländer: Kanada, USA, Australien.

Oben: Maiskolben mit Fraßspuren des Maiszünslers: Ein Folgeproblem ist der Befall mit Pilzerregern. Deren giftige Stoffwechselprodukte (Aflatoxine) belasten Futter- und Lebensmittel. Unten: Die Larven des Maiszünslers sind der wirtschaftlich bedeutendste Maisschädling in Europa.

- Gentechnisch veränderte **Zuckerrüben**: Anbau in den USA und Kanada; Anbaufläche USA 470 000 Hektar, entspricht 98% der Zuckerrübenproduktion in den USA, Kanada.

Auf kleineren Flächen werden in den USA **gv-Zucchinis** (Squash), **gv-Papayas** und gv-Alfalfa (Luzerne) landwirtschaftlich genutzt, in Australien und Kolumbien **gv-Nelken** mit blauer Blütenfarbe. Zudem hat China großflächig gv-Pappeln angepflanzt. Neu hinzugekommen ist 2016 der Anbau von **gv-Kartoffeln** in den USA und von schädlingsresistenten gv-Auberginen in Bangladesch.

Bisher verfügen fast alle landwirtschaftlich genutzten gv-Pflanzen über Resistenzen gegen Unkrautbekämpfungsmittel (Herbizide) oder gegen Schadinsekten.

Inzwischen haben sich vor allem solche Sorten durchgesetzt, die Kombinationen von verschiedenen Varianten dieser Merkmale besitzen (Stacked Genes), also gleichzeitig gegen mehrere Herbizid-Wirkstoffe und Schädlinge wirksam sind. Mit herbizidresistenten Pflanzen wird die Bekämpfung von Unkräutern einfacher und wirksamer. Im Sojaanbau ermöglichen solche Sorten bodenschonende Anbauverfahren, bei denen weitgehend auf das Pflügen verzichtet werden kann.

Der Schutz gegen Schädlinge geht auf ein aus einem Bodenbakterium stammendes Gen zurück. Wird es auf Pflanzen übertragen, produzieren sie einen Wirkstoff (Bt-Protein), der bestimmte Schadinsekten abtötet.

Der Einsatz von chemischen Pflanzenschutzmitteln wird dadurch überflüssig oder kann deutlich reduziert werden. Zudem gehen die durch die jeweiligen Schädlinge verursachten Ernteverluste zurück. Eine solche gentechnisch vermittelte Insektenresistenz ist vor allem bei Mais und Baumwolle verbreitet.

In den USA ist inzwischen auch trockentoleranter **gv-Mais** erhältlich, der Dürreperioden ohne größere Ernteverluste überstehen soll und weniger intensiv bewässert werden muss. 2016 wurde dieser Mais auf einer Fläche von 1,2 Mio. Hektar angebaut.

In **Europa** ist bisher (Stand Frühjahr 2017) nur eine gv-Pflanze für den Anbau zugelassen: Der insektenresistente Mais MON810 bildet eine Variante des Bt-Proteins, die gegen den Maiszünsler gerichtet ist.

Dieser wirtschaftlich bedeutendste Maisschädling ist in Süd- und Osteuropa verbreitet und auf seiner Nordwanderung inzwischen an der Ostsee angelangt. Angebaut wird MON810-Mais vor allem in Spanien, 2016 auf etwa 130.000 Hektar, einem Drittel der spanischen Maisproduktion. Kleinere Anbauflächen gibt es noch in Portugal, Tschechien und der Slowakei

Seit 2015 haben EU-Mitgliedstaaten das Recht, den Anbau von gentechnisch veränderten Pflanzen bei sich zu verbieten. Sie müssen dafür „sozioökonomische" Gründe anführen. Viele Länder machen davon Gebrauch, auch Deutschland.

Sollten weitere gv-Maislinien für den Anbau in der EU zugelassen werden, bliebe er dennoch in den meisten EU-Ländern verboten, auch wenn die gv-Pflanzen nach wissenschaftlichen Grundsätzen als „sicher" bewertet wurden und keine besonderen Risiken für Umwelt und die Gesundheit von Menschen und Tieren darstellen. Inzwischen haben die großen Agrounternehmen das Interesse an Europa verloren und ihre Forschungsabteilungen nach Nord- und Südamerika ausgelagert.

Die mangelnde Akzeptanz für die grüne Gentechnik zeigt sich auch in den Zulassungsverfahren: In der EU dauern sie viele Jahre und werden aus politischen Gründen oft verzögert.

Lebensmittelsortiment: „Wo ist Gentechnik drin?"

Auch wenn viele meinen, Tomaten seien bereits gentechnisch verändert – es stimmt nicht. Überhaupt: Keine Pflanze, die direkt als Lebensmittel verzehrt wird, gibt es – zumindest bei uns in Europa – in gentechnisch veränderter Form zu kaufen. Äpfel und Auberginen, Erdbeeren und Melonen, Zucchini und Blumenkohl – Obst und Gemüse sind „gentechnikfrei"

Vor allem über Soja- und Maisrohstoffe

kommen viele Lebensmittel „mit Gentechnik" in Kontakt, ohne jedoch selbst gentechnisch verändert zu sein. So können Öl in Margarine, Lecithin in Schokolade, Keksen oder Eis, Eiweiße oder Vitamine aus Soja stammen. Jährlich führen die EU-Länder etwa 35 Millionen Tonnen Sojarohstoffe aus Brasilien, USA und Argentinien ein. Wenn nicht ausdrücklich „ohne Gentechnik" erzeugt wird, enthalten solche auf dem Weltmarkt gehandelten Sojarohstoffe einen gewissen Anteil gv-Sojabohnen.

Der überwiegende Teil der eingeführten Sojarohstoffe wird jedoch als Futtermittel verwertet. Ohne sie ist in Europa die Fleischerzeugung auf dem derzeitigen Niveau nicht möglich. Bei Fleisch, Milch oder Eiern ist jedoch nicht nachweisbar, ob die Tiere mit gentechnisch veränderten oder konventionellen Rohstoffen gefüttert wurden.

Aus Mais wird Stärke gewonnen –

Grundstoff nicht nur für die Chemie- und Papierindustrie, sondern auch für zahlreiche Lebensmittelzutaten und Zusatzstoffe. So können etwa Traubenzucker und Glucosesirup, in vielen süßen Produkten enthalten, aus Maisstärke hergestellt werden.

Vor allem bei importierten Produkten ist es möglich, dass Stärke und andere maishaltige Zutaten – etwa Maismehl – zumindest teilweise aus gentechnisch verändertem Mais stammen.

Zahlreiche in der Lebensmittelwirtschaft eingesetzte **Zusatz- und Hilfsstoffe** werden heute mithilfe gentechnisch veränderter Mikroorganismen hergestellt, etwa einige Vitamine, Citronensäure, Geschmacksverstärker, Aminosäuren oder Enzyme wie Chymosin (Lab-Ferment), das man bei der Käseherstellung braucht.

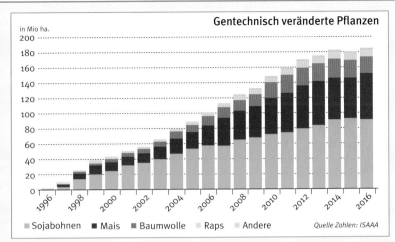

Gentechnisch veränderte Pflanzen

in Mio ha.

■ Sojabohnen ■ Mais ■ Baumwolle ■ Raps ■ Andere

Quelle Zahlen: ISAAA

Kennzeichnung

Seit 2003 gibt es in der EU einheitliche Rechtsvorschriften zur Kennzeichnung. Der Grundsatz: Jede direkte Verwendung eines GVOs (gentechnisch veränderter Organismus) im Verlauf der Herstellung oder Erzeugung von Lebens- und Futtermitteln ist kennzeichnungspflichtig. Es spielt keine Rolle, ob der jeweilige GVO im Endprodukt nachweisbar ist oder nicht.

Kennzeichnungspflichtig sind alle Lebensmittel, Zutaten, Aromen und Zusatzstoffe,
- die aus einem gentechnisch veränderten Organismus (GVO) hergestellt sind oder
- die selbst ein GVO sind oder GVOs enthalten.

Dieses Kennzeichnungskonzept liefert Informationen über die Anwendung der Gentechnik, unabhängig von der stofflichen Zusammensetzung des betroffenen Lebensmittels. Es kann vorkommen, dass stofflich identische Lebensmittel ein Mal zu kennzeichnen sind, ein anderes Mal nicht.

Zweck dieser Kennzeichnung ist es, dem Verbraucher Wahlfreiheit zu gewähren und ihn darüber zu informieren, ob bei der Herstellung eines Lebensmittels GVOs verwendet wurden. Damit soll der Verbraucher Kaufentscheidungen treffen können, die mit seinen Werten und Grundeinstellungen übereinstimmen. Aufgabe der Kennzeichnung ist es nicht, vor gentechnisch veränderten Lebensmitteln zu warnen oder auf Sicherheitsmängel hinzuweisen. Die Sicherheit gentechnisch veränderter Lebensmittel wird bei der gesetzlich vorgeschriebenen Zulassung gründlich geprüft. Sie dürfen nur dann auf den Markt, wenn sie nachweislich genauso sicher sind wie herkömmliche Vergleichsprodukte.

Verschiedene Anwendungen der Gentechnik im Lebensmittelbereich fallen nicht unter die gesetzliche Kennzeichnungspflicht:

- **Tierische Lebensmittel** wie Fleisch, Milch oder Eier, wenn die Tiere Futtermittel aus gentechnisch veränderten Pflanzen erhalten haben.

- **Zusatz- oder technische Hilfsstoffe** (Enzyme), die mithilfe von gentechnisch veränderten Mikroorganismen hergestellt sind. Voraussetzung ist, dass weder die bei der Herstellung verwendeten Mikroorganismen noch Teile von ihnen im fertigen Produkt enthalten sind.

- **Zufällige, technisch unvermeidbare Beimischungen von GVOs** bis zu einem Anteil von 0,9%. Das gilt jedoch nur für solche GVOs, die in der EU als Lebens- und Futtermittel zugelassen sind. Werden Spuren anderer GVOs gefunden, müssen die Produkte in jedem Fall vom Markt genommen werden.

In Deutschland wird die Einhaltung der Kennzeichnungsvorschriften von den Lebensmittelüberwachungsämtern kontrolliert. Dafür sind die Bundesländer zuständig.

Gerd Spelsberg,
Büro i-bio Information
Biowissenschaften,
Leiter der Internet-
plattformen
www.transgen.de
(Transparenz
Gentechnik) und
www. biosicherheit.de (Sicherheitsforschung
zu gentechnisch veränderten Pflanzen)

Quelle: *www.transgen.de*

Abb. 7.30 Weiden (*Salix*) produzieren Salicin. Es wird im Darm und in der Leber zur Salicylsäure umgewandelt (siehe Kap. 9).

Abb. 7.31 Das Madagaskar-Immergrün, *Catharanthus roseus*, liefert Medikamente gegen Krebs.

Abb. 7.32 Eckard Wellmann (Universität Freiburg) war als Erster erfolgreich mit der *in vitro*-Kultur von *Huperzia* (oben).
Chinesische *Huperzia*-Arten an meinem Schrank für traditionelle chinesische Medizin (unten)

■ 7.10 Pflanzenzellen im Bioreaktor produzieren Wirkstoffe

Zur Produktion von pflanzlichen Stoffen im Reaktor benötigt man keine differenzierten Pflanzenteile; es genügt ein „Zellklumpen", ein Kallus, der die Pflanzeninhaltsstoffe synthetisiert.

Isoliert man Gewebsfragmente aus einer Pflanze, so kann man sie auf vollsynthetischen Nährmedien unbegrenzt züchten. Dabei wird zunächst ein Teil aus einem Organ der Pflanze sterilisiert, anschließend wird aus dem Innern ein Teil entnommen und dieses auf mit gelatineartigem Agar verfestigtem Nährboden kultiviert. Der Nährboden muss anorganische Nährsalze, einen Zucker als Energiequelle, einige Vitamine sowie Hormone enthalten. Hat man die richtige Zusammensetzung für eine bestimmte Zellkultur gefunden, bildet sich ein **Kallus**. Man kann nun dieses Kallusgewebe in ein flüssiges Nährmedium übertragen. Schüttelt man die Kultur, um die Zellen ausreichend mit CO_2 zu versorgen, vermehren sich die Pflanzenzellen weiter (Abb. 7.28).

Solche Zellen kann man auch in großen Bioreaktoren mit mehreren Kubikmetern Inhalt kultivieren. Dabei reichern sich bei geeigneten Kultivierungsbedingungen die in der Pflanze vorhandenen Substanzen an und können dann isoliert werden, indem das gesamte Zellmaterial zum Beispiel gefriergetrocknet und mit einem geeigneten Lösungsmittel extrahiert wird. Nicht jede Pflanze produziert aber ihre hochkomplexen Inhaltsstoffe „freiwillig" in Zellkultur.

An der Universität Tübingen wurden in der Gruppe von **Lutz Heide** zwei Gene der Ubichinon-Biosynthese aus *E. coli* sowie ein pflanzliches Stoffwechselgen (HMG-CoA-Reduktase) zur Transformation der Shikonin-Pflanze *Lithospermum erythrorhizon* eingesetzt (Box 7.4). In Zellkulturen von *Lithospermum* werden durch die Expression dieser Enzyme bestimmte Biosyntheseschritte bei der biotechnologischen Produktion des Arznei- und Farbstoffes **Shikonin** gezielt beeinflusst.

Berühmt geworden ist Shikonin (Box 7.4) durch den **Biolippenstift**. Folgen noch weitere Pflanzenprodukte aus dem Bioreaktor?

Bereits der primitive Mensch, der Jäger und Nomade, verwendete **Heilpflanzen**, wie die Salicin produzierende Weidenrinde (*Salix*, Abb. 7.30), die Fieber senkt, oder Pflanzen, welche die

Wundheilung beschleunigen. Selbst heute, im Zeitalter der synthetischen Arzneimittel, sind pflanzliche Produkte in der medikamentösen Therapie unentbehrlich.

An der Spitze stehen Steroide (aus **Diosgenin** aus Yamswurzel, Kap. 4), **Codein** (Beruhigungs- und Hustenmittel), **Atropin** (zur Pupillenerweiterung bei Augenuntersuchungen und bei Vergiftungen), **Reserpin** (zur Blutdrucksenkung), **Digoxin** und **Digitoxin** (Herzmittel) aus dem Fingerhut (*Digitalis*, Abb. 7.34) und der Bitterstoff **Chinin** (Malariamedikament, Aromastoff).

Nachteile der traditionellen Gewinnungsverfahren sind: begrenzte Verfügbarkeit, Qualitätsschwankungen, Gefahr der Ausrottung seltener Pflanzenarten, Platzbeanspruchung durch die Plantagen (Abholzen von Regenwäldern, zu wenig Land für Landwirtschaft), Auftreten von Pflanzenkrankheiten und Schädlingen (Monokulturen), Verunreinigung durch Pflanzenschutzmittel, Schwermetalle aus verschmutzter Luft, Abhängigkeit des Wirkstoffgehalts der Pflanze von Klima, Witterung, Jahreszeit, Alter, Standort und die Abhängigkeit von politischen Krisen und Preiskartellen der Anbauländer. Der letztgenannte Nachteil trifft allerdings meist nur die multinationalen Pharmakonzerne, die sich aber – wie das Beispiel der Steroidhormone gezeigt hat (Kap. 4) – sehr wohl zu wehren wissen. Die **Befürchtungen der Entwicklungsländer**, deren Exporte sehr oft von pflanzlichen Produkten abhängen, sind dabei zweifellos begründeter: Bei ihnen geht es oft buchstäblich um das physische Überleben.

Die Pflanze übertrifft bei Weitem alles, was von Chemikerhand bis in die überschaubare Zukunft synthetisiert werden kann. Man rechnet mit Zehntausenden von extrem kompliziert gebauten Verbindungen. Alle diese Substanzen sind offenbar unter dem Selektionsdruck von Tieren und Mikroben entstanden, viele davon richten sich auch gegen Warmblüter. Also muss man davon ausgehen, dass hier ein **ungeheurer Schatz** pharmakologisch interessanter Substanzen ruht, der seiner Hebung harrt. Nur ein Bruchteil der Pflanzenwelt ist bis heute untersucht worden, dazu teilweise mit veralteten, weit überholten und unzulänglichen Methoden zum Nachweis der Wirkstoffe. Man muss fürchten, dass mit der Abholzung tropischer Wälder auch Pflanzenarten ausgerottet werden, ehe man überhaupt ihren Nutzen testen konnte. Da die chemische Synthese der Wirkstoffe entweder noch nicht möglich oder sehr aufwendig ist, sind die aus

Pflanzen gewonnenen Naturprodukte in der Arzneitherapie nicht zu ersetzen.

Um diese Versorgung künftig sicherzustellen und zu erweitern, ist die Gewinnung pflanzlicher Wirkstoffe mithilfe der Zellkulturtechnik zu erwägen.

■ 7.11 Welche Pflanzenwirkstoffe werden dem Shikonin folgen?

Für die Zellkulturforscher ist das **Madagaskar-Immergrün** (*Catharanthus roseus*, Abb. 7.31) ein dankbares Untersuchungsobjekt. Es beinhaltet eine Reihe von Wirkstoffen, darunter die äußerst komplex gebauten, synthetisch kaum zugänglichen Indolalkaloide **Vinblastin** und **Vincristin**. Beide Wirkstoffe kosten mehrere Tausend US-Dollar je Kilogramm und werden aus tropischen Entwicklungsländern importiert.

Aus **Fingerhut** (*Digitalis*, Abb. 7.34) lassen sich in Zellkultur die Steroid-Herzglykoside **Digoxin** und **Digitoxin** isolieren, wobei vor allem Digoxin und Digoxinderivate therapeutisch interessant sind. Das Digoxin unterscheidet sich vom Digitoxin lediglich durch die Anwesenheit einer weiteren Hydroxylgruppe.

Eckard Wellmann von der Universität Freiburg (Abb. 7.32) gelang in Zusammenarbeit mit unserer Gruppe in Hongkong die Produktion einer hochinteressanten Substanz in Zellkultur, die von den Chinesen schon seit Urzeiten gegen Gedächtnisschwund eingesetzt wurde.

Die Erkrankung ist uns heute unter dem Namen **Alzheimer-Krankheit** bekannt. Der Bärlapp *Huperzia* wächst nur langsam in den chinesischen Bergen; er braucht acht bis zehn Jahre und ist inzwischen von Sammlern fast ausgerottet worden, um das begehrte **Huperzin A** zu gewinnen. Nun konnte das Huperzin A erstmals in **Zellkultur** erzeugt werden. So könnte authentisches Huperzin A in großen Mengen preiswert hergestellt werden (Abb. 7.32).

Pflanzenzellkulturen erweisen sich für hochwertige Substanzen als die Methode der Wahl, wenn deren **synthetische Herstellung zu aufwendig oder ihre mikrobielle Herstellung nicht möglich** ist.

Und nicht zuletzt leisten sie hoffentlich einen relevanten Beitrag zum **Schutz seltener Pflanzen** und **sparen wertvolle Ackerfläche** ein, die für Nahrungspflanzen dringend benötigt wird.

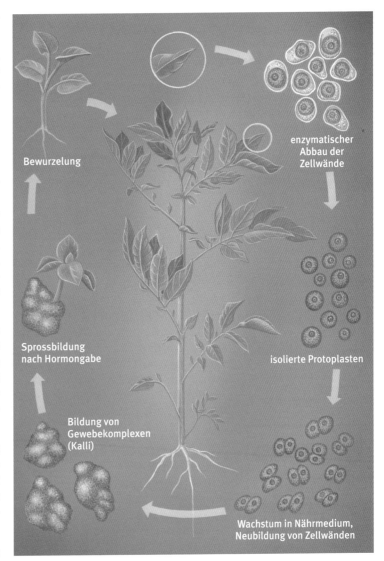

Bewurzelung

enzymatischer Abbau der Zellwände

Sprossbildung nach Hormongabe

isolierte Protoplasten

Bildung von Gewebekomplexen (Kalli)

Wachstum in Nährmedium, Neubildung von Zellwänden

Abb. 7.33 Prinzip der Protoplastenkultur

■ 7.12 *Agrobacterium* – ein Schädling als Gentechniker

Wenn man Pflanzenzellen wie Mikroorganismen in Nährlösungen kultivieren kann, warum sollte man sie nicht auch **gentechnisch verändern** können (Kap. 3)? Pflanzen zu erzeugen, die widerstandsfähig gegen **Trockenheit, Insekten und Pflanzenschutzmittel** sind sowie auf **versalzten Böden** wachsen und mehr Eiweiß und Nährstoffe enthalten – das sind Ziele der Pflanzen-Gentechniker.

„Natürliche" Gentechniker sind Bakterien der Art ***Agrobacterium tumefaciens***, die im Boden leben und bei Verletzungen krebsartige Wucherungen (Wurzelhalsgallen) an zweikeimblättrigen Pflanzen hervorrufen. Diese Entdeckung machten **Erwin F. Smith und C. V. Townsend** schon 1907.

Abb. 7.34 Der Rote Fingerhut (*Digitalis purpurea*) liefert herzwirksame Arzneistoffe.

Abb. 7.35 So verheerend wirkte Basta (Phosphinothricin) auf den Hongkonger Rasen des Verfassers.

Abb. 7.36 Logo von *Roundup®*, eines Herbizids auf Glyphosatbasis

Abb. 7.37 Oben: Ökologische Landwirtschaft gestattet Wildkräuter am Feldrain. Unten: Der farbenprächtige Mohn im Garten dient *nicht* der Opiumproduktion!

Die Bakterien werden durch Elicitoren angelockt – Moleküle, die bei einer Verletzung freigesetzt werden. Sie besitzen ein großes Plasmid (ringförmige Doppelstrang-DNA, siehe Kap. 3, 200 bis 800 Kilobasen lang), das den Tumor auslöst und deshalb **Ti-Plasmid** (engl. *tumor inducing*) genannt wird. Der Schädling eignet sich somit als „Trojanisches Pferd" oder **Vektor für fremde Gene** (Abb. 7.27), wie Jozef Schell fand.

Die Ti-Plasmide tragen Gene für die Opinverwertung und die Phytohormonbildung. **Opine** sind spezielle Aminosäuren, die in den befallenen Zellen gebildet werden und nur von *Agrobacterium* genutzt werden können. Das Bakterium programmiert also die Pflanzenzelle zu seinem Nutzen um. **Auxine** und **Cytokinine**, die Phytohormone, stimulieren das Wachstum und die Zellteilung der transformierten Zelle in dem Wurzelhalsgall-Tumor. Außerdem tragen Ti-Plasmide Gene zur Erkennung verwundeter Zellen sowie zur Mobilisierung und zum Transfer der **T-DNA** in die Pflanze bei. Nach der Übertragung wird die Transfer-DNA in die pflanzliche DNA des Zellkerns einbaut. Das ist ein seltenes Beispiel für einen **Gentransfer von einem Prokaryoten in einen Eukaryoten**.

1983 stellten unabhängig voneinander **Marc van Montagu** (geb. 1933, Abb. 7.38) und **Jeff Schell** (1935–2003, Abb. 7.39) in Gent (Belgien) und **Robert Fraley** (geb. 1953) bei Monsanto (St. Louis, USA) eine revolutionäre Methode vor.

Sie „entschärften" die „wilden" Ti-Plasmide durch Einbau eines Fremdgens in die 15–30 kb große T-DNA. Die Phytohormon- und Opingene der T-DNA wurden entfernt, um Platz für den Einbau

fremder DNA zu schaffen; gleichzeitig entstehen somit auch keine Wucherungen mehr. Aus Krebsgewebe kann man nämlich nur mit Mühe ganze Pflanzen regenerieren.

In die so „gezähmten" Ti-Plasmide kann man **beliebige Fremdgene integrieren**, etwa für die Resistenz gegen Herbizide oder Antibiotika. Zusätzlich zum Fremdgen werden Antibiotikaresistenzgene (meist für Kanamycin oder Ampicillin) eingeschleust, um später leichter die „erfolgreichen" Zellen selektieren zu können (Abb. 7.27).

Man schleust die rekombinanten Plasmide entweder direkt in „nackte" Pflanzenzellen, also in die Protoplasten, ein oder baut sie erneut in *Agrobacterium* ein, das dann intakte Pflanzenzellen befällt. Letztere ist die Standardmethode.

Man inkubiert Blattstücke mit einer Suspension rekombinanter *Agrobacterium*-Zellen. Durch Hormonzugabe wird anschließend Sprossbildung induziert. Die Bakterien werden durch Antibiotikazugabe getötet und die erfolgreich transformierten Pflanzen auf einem Kanamycin-Medium selektiert. Die Kanamycin-resistenten Zellen (Kap. 3) müssen auch das Fremdgen enthalten. Anschließend induziert man die Wurzelbildung und regeneriert die Pflanzen. Es werden nun keine Wurzelhalsgallen mehr gebildet, denn die T-DNA-Gene für die Auxin-, Cytokin- und Opinproduktion fehlen.

In der Realität ist der Prozess noch raffinierter: Man lässt die rekombinanten Plasmide mit intakten Ti-Plasmiden in *Agrobacterium*-Zellen wechselwirken und rekombinieren; das nennt sich **„binäres oder Zwei-Vektor-System"**. Binäre Vektoren bleiben in *Agrobacterium*-Zellen als

Box 7.7 Expertenmeinung:
Ingo Potrykus, „Golden Rice" und der Konflikt zwischen guten Absichten und dem Misstrauen der Bürger gegenüber genetisch modifizierten Organismen

„Golden Rice" ist das erste Beispiel von **Biofortifikation**, der natürlichen Anreicherung von Vitaminen auf der Grundlage der Gentechnik. Dies öffnet eine neue Ära nachhaltiger Unterstützung, die Mangelernährung von an Mikronährstoffen armen Bevölkerungsgruppen in Entwicklungsländern zu reduzieren. Der „Vater von Golden Rice" berichtet im folgenden (stark gekürzten) Bericht über ein Projekt zur Rettung von Leben und Augenlicht ärmster Menschen und über seine Empörung darüber, dass wegen seiner Einschätzung nach ungerechtfertigter Überregulation des Einsatzes von genetisch modifizierten Organismen (GMO) Kinder sinnlos sterben und erblinden.

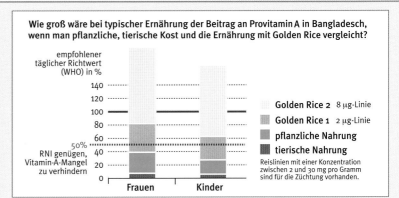

Wie groß wäre bei typischer Ernährung der Beitrag an Provitamin A in Bangladesch, wenn man pflanzliche, tierische Kost und die Ernährung mit Golden Rice vergleicht?

Golden Rice 2 8 µg-Linie
Golden Rice 1 2 µg-Linie
pflanzliche Nahrung
tierische Nahrung

Reislinien mit einer Konzentration zwischen 2 und 30 mg pro Gramm sind für die Züchtung vorhanden.

Um Vitamin-A-Mangel in reisabhängigen Bevölkerungen zu verhindern, würde es genügen, normalen Reis durch Golden Rice zu ersetzen.

„Golden Rice" im Vergleich zur Kontrolle. Die gelbe Farbe beruht auf Carotinoiden (Provitamin A); die Farbintensität ist ein Maß für die Konzentration (im Beispiel etwa 4 mg/g Endosperm).

Arme Bevölkerungsgruppen, die sich vorwiegend von Reis ernähren, leiden unter **Vitamin-A-Mangel**, weil ihre Grundnahrung keinerlei Provitamin A enthält und weil sie kein Geld für eine an Vitaminen reichere Nahrung haben. Hunderte Millionen in Asien, Afrika und Lateinamerika erreichen deshalb nicht einmal 50 % der von der WHO empfohlenen Tagesdosis (RNI) an Vitamin A. Eine Umstellung von normalem auf Vitamin-A-haltigen Reis könnte diese Menschen schützen. Eine Studie aus dem Jahr 2006 hat festgestellt, dass **Golden Rice in Indien bis zu 40 000 Menschenleben pro Jahr (und dies zu minimalen Kosten) retten könnte**.

Die wissenschaftlichen Grundlagen

Mein Interesse war stets, als Wissenschaftler einen Beitrag zur **Ernährungssicherung** zu leisten. Dafür habe ich mich seit 1974 auf Gentechnik mit Getreidesorten konzentriert. Ende der 80er-Jahre waren wir so weit, Reis transformieren (also genetisch verändertes Erbgut einschleusen) zu können, und wir arbeiteten an Projekten, durch Insekten, Pilze, Bakterien und Viren gefährdete Ernten durch Anbau resistenterer Pflanzen zu retten. Die **Rockefeller Foundation** weckte mein Interesse am Problem der Vitamin-A-Mangelernährung.

1991 begann ich mit meinem Doktoranden **Peter Burkhardt** daran zu arbeiten, Provitamin A im Reisendosperm zu synthetisieren. Ich realisierte bald, dass mein Doktorand einen Mitbetreuer brauchte, der etwas mehr von diesem Biosynthesestoffwechselweg verstand. Den idealen Partner fanden wir in **Peter Beyer** von der Nachbaruniversität in Freiburg im Breisgau. Als ich bei der Rockefeller Foundation um Unterstützung nachsuchte, reagierte Dr. **Gary Toenniessen** mit der Organisation eines „Brainstormings" in New York. Das Ergebnis war: Die Erfolgswahrscheinlichkeit ist zwar extrem niedrig, aber die Konsequenzen im Erfolgsfall wären überwältigend. Erfreulicherweise entschied sich die Stiftung, Peter Beyers und mein Labor zu unterstützen. Dies war die Geburtsstunde einer perfekten Zusammenarbeit zwischen zwei Gruppen, die sich in ihrer Expertise bestens komplementierten. Nach Stand des Wissens waren vier Gene zu isolieren, zu modifizieren und in die Reispflanze einzubauen.

Der Durchbruch stellte sich nach acht Jahren mit einem Experiment eines chinesischen Mitarbeiters, **Xudong Ye**, ein. Als Peter Beyer die Samen eines komplizierten Experiments unter Beteiligung von fünf Genen analysierte, stellte sich heraus, dass die Pflanzen nicht nur weiße, sondern auch gelbe Reiskörner gebildet hatten. Eine HPLC-Analyse bestätigte, dass die gelbe Farbe auf **Provitamin A** beruhte. Dies geschah im Februar 1999, zwei Monate vor meiner Pensionierung. Glücklicherweise ist Peter Beyer jünger und kann weiterarbeiten.

Ein wissenschaftlicher Durchbruch ist nur der Beginn einer praktischen Anwendung

Auf meinem Abschiedssymposium am 31. März 1999 stellten wir unseren Erfolg der Öffentlichkeit vor; die wissenschaftliche Publikation folgte 2000 in *Science*. *Nature* hatte eine Publikation aus „Desinteresse" abgelehnt. Es stellte sich jedoch bald heraus, dass Wissenschaft, die Medien und die Öffentlichkeit überaus interessiert waren. Das *TIME Magazine* widmete am 31. Juli 2000 Golden Rice eine Titelgeschichte, und es folgten viele Hunderte von Berichten in Zeitungen, Radio und Fernsehen. Die Leser von *Nature Biotechnology* wählten Peter Beyer und Ingo Potrykus zu den *most influencial personalities in agronomic, industrial, and environmental biotechnology* für die Dekade 1995 bis 2005, und es gab eine Reihe weiterer für uns überraschender Ehrungen.

Das TIME Magazine widmete Golden Rice eine Titelgeschichte, und es gab Hunderte von Zeitungsartikeln und viele TV-Sendungen, in denen positiv über diesen ersten GMO-Fall im Interesse des Konsumenten und der öffentlichen Hand berichtet wurde.

Fortsetzung nächste Seite

265

Die erste **Ernüchterung** folgte, als sich herausstellte, dass keine Institution im öffentlichen Sektor die Mittel hatte, in die notwendige Weiterentwicklung für ein humanitäres **Produkt** zu investieren. Uns blieb damit nur die Wahl, aufzugeben oder zu versuchen, Unterstützung vom **privaten Sektor** zu mobilisieren. Glücklicherweise hatte Peter die Mühe auf sich genommen, unsere Erfindung zu patentieren. So konnten wir der Agroindustrie die Rechte an einer kommerziellen Nutzung im Tausch gegen eine Unterstützung eines humanitären Projekts anbieten.

Wie kann man Golden Rice den Armen kostenfrei zur Verfügung stellen und gleichzeitig mit einem kommerziellen Produkt Gewinn machen? Dr. **Adrian Dubock** (damals bei Zeneca, später Syngenta) fand eine Lösung. „Humanitär" wurde hierbei definiert als jegliche Form der Nutzung, die nicht zu einem Einkommen von mehr als 10 000 Dollar pro Jahr führte, auf das Gebiet der Entwicklungsländer beschränkt war und Export ausschloss. Auf dieser Grundlage übertrugen wir unsere Rechte an Zeneca (später Syngenta) und behielten eine Lizenz für *humanitarian use*.

Diese *public-private-partnership* half uns auch bei der Lösung des nächsten Problems: der Klärung aller Patentrechte, die bei der Technologie verwendet wurden! Wir hatten keine Vorstellung, welche und wie viele Patente wir genutzt hatten. Zwei von der Rockefeller Foundation bezahlte Patentanwälte untersuchten diese Frage und fanden alarmierende Zahlen: Wir hatten 70 Patente von 32 Patenthaltern genutzt. Wir brauchten also freie Lizenzen für unser humanitäres Projekt. Glücklicherweise stellte sich heraus, dass 58 der Patente in unseren Zielländern nicht gültig waren. Von den verbleibenden zwölf gehörten sechs unserem Partner Zeneca/Syngenta. Für den Rest war es nicht schwer, freie Lizenzen zu bekommen.

Die spezifischen Hürden der Produktentwicklung und bei den gesetzlichen Vorschriften

Die Bedingungen für Zulassungsverfahren erwiesen sich als nahezu unüberwindliche Hürde. Als Universitätswissenschaftler hatten wir natürlich davon keine Ahnung. Es bedeutete z.B. zunächst, dass wir vier Jahre aufwenden mussten, um das gleiche Experiment, natürlich mit Modifikationen, so lange zu wiederholen, bis eine transgene Linie

Vier Persönlichkeiten (Adrian Dubock, Ingo Potrykus, Peter Beyer, Gary Toenniessen, von links nach rechts) waren an diesem Projekt entscheidend beteiligt.

Peter Beyer war als „Wissenschaftler" und **Ingo Potrykus** als „Ingenieur" verantwortlich für die wissenschaftliche Lösung. **Gary Toenniessen** (Rockefeller Foundation) hatte die Idee, organisierte das „Brainstorming" und half bei der Finanzierung der Wissenschaft.

Adrian Dubock (Zeneca/Syngenta) organisierte die *public-private-partnership*, die freien Lizenzen, konzipierte das *Humanitarian Board* und ist die treibende Kraft hinter der Produktentwicklung und der Deregulation. Golden Rice wurde rasch zum Lieblingskind der Befürworter und (vermutlich deswegen) zum Prügelknaben der Gegner der Grünen Gentechnik. Die Beteiligung einer Firma weckte den Verdacht der Medien und der Umweltverbände.

Der Papst ist offen für die Herausforderungen neuer Technologien: Ingo Potrykus, Professor Nicola Cabbibo und Papst Franziskus (mit freundlicher Genehmigung von Msgr. Marcelo Sanchez Sorondo, Kanzler der Pontifical Academy of Sciences).

hatten, die hinsichtlich der gesetzlichen Vorschriften optimiert war und trotzdem noch genug Provitamin A bildete.

Es gelang, den **Gehalt an Provitamin A auf das 23-Fache zu steigern**, ein erfreuliches Ergebnis, da wir noch keine präzisen Daten hatten, um zu berechnen, wie viel Provitamin A wir mit der täglichen Nahrung zur Verfügung stellen mussten. Als das Syngenta-Management sehr zu unserem Bedauern entschied, die Idee eines kommerziellen Golden Rice zu begraben, wurden alle Ergebnisse dem humanitären Projekt zur Verfügung gestellt!

Das Projekt erforderte zunehmend **weiter reichende strategische Entscheidungen**, für die wir als Molekularbiologen nicht die nötigen Kenntnisse und Erfahrung hatten. Deshalb etablierten wir ein „**Humanitarian Golden Rice Board**" mit internationalen Spezialisten in all den Bereichen, die sich als wichtig erwiesen. Dieses Board führt das Projekt seit 2001. Das Projekt erforderte ebenfalls GMO-kompetente Reiszüchtungsinstitutionen in den Zielländern, um lokal angepasste und ackerbaulich optimierte Sorten zu entwickeln. Seit 2003 haben wir dafür ein „Humanitarian Golden Rice Network" mit öffentlichen Instituten in Indien, den Philippinen, China, Bangladesch, Vietnam, Indonesien und Nepal. Und wir benötigten Managerkompetenz und -kapazität und stellten dafür einen „Network Coordinator" und einen „Project Manager" ein. Detailliertere Informationen finden sich auf unserer Homepage www.goldenrice.org.

Verschwendete Jahre wegen Überregulation

Wegen der extremen Anforderungen beim Zulassungsprozess an Zeit und Geld muss das gesamte Züchtungsprogramm auf eine einzige, sorgfältig ausgewählte Transformation ausgerichtet werden. Diese Auswahl wurde 2008 abgeschlossen. Unsere Partnerinstitute sind bereits dabei, dieses veränderte Gen in 30 sorgsam ausgesuchte, etablierte Reissorten zu integrieren. Dies ermöglicht, die Freigabe aller Golden Rice-Sorten auf diese eine genetische Modifikation zu konzentrieren. Bei dieser Züchtung erhalten die Golden-Rice-Sorten zusätzlich weitere wertvolle ackerbauliche Merkmale, um den Reisbauern einen Anreiz zum Anbau zu geben.

Im Vergleich zu einer nichttransgenen Sortenentwicklung **dauert das Verfahren zehn Jahre länger**. Die zusätzliche Zeit ergibt sich ausschließlich aus den Anforderungen der Regulation. Wir haben vier bis sechs Jahre verloren für die Anpassung der experimentellen Linien an die Gesetzesvorschriften, welche vom wissenschaftlichen Standpunkt her in Bezug auf biologische Sicherheit unbegründete sind. Das krasseste Beispiel dieser **irrationalen Regulationsvorschriften** ist unsere Erfahrung mit der Genehmigung für Feldversuche. Obwohl kein Ökologe ein realistisches Gefahrenszenario mit Golden Rice konstruieren kann (Golden Rice enthält ein paar Mikrogramm Provitamin A im Samen; die

Pflanze enthält natürlicherweise viele Gramm davon in allen grünen Geweben; dieses Merkmal bietet keinen Ansatz für irgendeinen Selektionsvorteil in irgendeinem Ökosystem), dauerte es von 2001 bis 2008, bis endlich die Genehmigung für das erste Feldexperiment in einem Entwicklungsland erteilt wurde. Da Golden Rice das Potenzial hat, Tausende von Menschenleben pro Jahr zu retten (siehe erste Abbildung S. 265), bedeutet die wissenschaftlich unbegründete Verzögerung der Anwendung einen unverantwortlichen Verlust von Leben. Die GMO-Vorschriften sind also verantwortlich für den Tod von Millionen von Menschen. Haben im Gegenzug die Vorschriften für GMO irgendeinen Schaden verhindert? Nach Auswertung aller Regulationsdossiers und aller Biosicherheitsforschungsergebnisse ist die Antwort: Wahrscheinlich nein!

Ingo Potrykus
(geb. 1933).

Er studierte Biologie an der Universität von Köln und wurde am Max-Planck-Institut für Züchtungsforschung promoviert.
Nach einigen Jahren am Institut für Pflanzenphysiologie der Universität Hohenheim wurde er Forschungsgruppenleiter am Max-Planck-Institut für Genetik in Ladenburg. 1976 übernahm er eine Forschungsgruppenleiterstelle am Friedrich-Miescher-Institut in Basel. Seit 1987 war er Professor für Pflanzenwissenschaften an der ETH Zürich.

Seit seiner Emeritierung 1999 leitet er das Humanitarian Golden Rice Board und investiert seine Energie darin, Golden Rice über die vielen Hürden der GMO-Vorschriften zu den Reisbauern in Entwicklungsländern zu bringen.

Er ist Mitglied der Päpstlichen Akademie der Wissenschaften in Rom.

Literatur:

Stein AJ et al. (2006) Potential impact and cost-effectiveness of Golden Rice in India. *Nature Biotechnology* 24: 10
Jajaraman KS et al. (2006) Who's who in biotechnology. *Nature Biotechnology* 24: 291–300
Ye X et al. (2000) Engineering the provitamin A biosynthetic pathway into (carotenoid-free) rice endosperm. *Science* 287: 303–305
Paine JA et al. (2005) Improving the nutritional value of Golden Rice through increased provitamin A content. *Nature Biotechnology* 23: 482–487

unabhängig replizierende Vektoren erhalten (siehe Abschnitt 7.16 bei den Antisense-Experimenten der „Anti-Matsch-Tomate"!).

7.13 Biolistischer Gentransfer: DNA-Schuss aus dem Revolver

Nicht alle Pflanzen lassen sich jedoch so transformieren. Einkeimblättrige (**Monokotyledonen**) werden kaum infiziert. Dabei sind aber gerade die Monokotyledonen Mais und Reis und andere Gräser die wichtigsten Nahrungspflanzen überhaupt!

Die Lösung kam nicht von den Protoplasten, sondern aus den USA, typischerweise aus dem Lauf einer Genkanone: **biolistischer Gentransfer**. An der Cornell University in Ithaca (New York) wurden Miniaturkanonen entwickelt. Plasmid-**DNA wird auf Gold- oder Wolframpartikel aufgebracht** und dann in ein Gewebe geschossen, ohne dabei die Zelle zu beschädigen. Die adsorbierte DNA verbleibt beim Durchtritt der Geschosse in der Zelle und wird in zwar seltenen, aber doch ausreichenden Fällen **in die genomische DNA integriert**.

Man kann auf diese Weise Fremd-DNA sowohl in die Kern-DNA als auch in die DNA von Chloroplasten einbauen. Andere Methoden gestatten den Einbau von Fremdgenen lediglich in die Chromosomen des Zellkerns.

Der große Vorteil der biolistischen Transformation ist es, dass sie auch für beliebige andere Organismen, einschließlich der Wirbeltiere, verwendet werden kann (Abb. 7.40 und 7.41).

7.14 Transgene Pflanzen: Herbizidresistenz

Gentechnisch veränderte Pflanzen nennt man **transgene Pflanzen**. Jedes Jahr bauen Landwirte in aller Welt immer mehr dieser gentechnisch veränderten Pflanzen an. Gegenüber 2003 stiegen die mit transgenen Pflanzen bestellten Flächen im Jahr 2015 auf 180 Millionen Hektar an. 17 Länder setzten die Grüne Gentechnik in ihrer

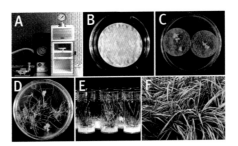

Abb. 7.38 Marc van Montagu (geb. 1933), einer der Väter der Pflanzengentechnik

Abb. 7.39 Jeff Schell (1935–2003), Pionier der „Grünen" Biotechnologie

Abb. 7.40 Filmstar Hans Albers in dem UFA-Film „Münchhausen": Ritt auf der Kanonenkugel. So wie Münchhausen auf der Kugel wird DNA beim biolistischen Gentransfer in die Zellen geschossen.

Abb. 7.41 (links unten) Biolistischer Gentransfer bei Turfgras. Zeng-yu Wang von der Samuel Roberts Noble Foundation in Oklahoma übertrug Gene mit biolistischem Gentransfer auf eine Schafschwingel-Art (*Festuca*).
A: Das Gerät PDS/1000 für Mikroprojektile
B: Zellsuspension vor der Bombardierung
C: Kalli nach Selektion auf Hygromycin
D, E: Transgene Pflänzchen werden regeneriert.
F: transgene *Festuca*-Pflanzen im Gewächshaus

Abb. 7.42 Präparat aus *Bacillus thuringiensis* gegen den Kartoffelkäfer

Abb. 7.43 Kartoffelkäferlarven

Abb. 7.44 Pollenfalle zur Ermittlung des Pollenflugs transgener Pflanzen. Vor allem bei Raps wird eine Wechselwirkung mit anderen Kreuzblütlern (Ackersenf, Hederich) befürchtet.

Abb 7.45 *Bacillus thuringiensis*-Präparate sind bienenfreundlich.

Landwirtschaft kommerziell ein. Fast überall nahmen die Flächen zu (siehe Box 7.5).

In den USA sind bereits mehr als 30 transgene Pflanzen registriert. Transgene Baumwolle, Kartoffeln, Mais, Raps, Sojabohnen, Tomaten, die gegen Herbizide, Schadinsekten oder Viren geschützt sind.

Etwa 10 % der Ernte gehen im Durchschnitt durch „Unkräuter" verloren (Abb. 7.37). Das ideale **Herbizid** sollte in niedrigen Mengen aktiv sein, nicht das Wachstum der Nutzpflanzen hemmen, schnell abgebaut werden und nicht das Grundwasser erreichen. Chemiker arbeiten intensiv an der Substanz; Biotechnologen konzentrieren sich auf die Genmanipulation der Nutzpflanzen. Der **Herbizidmarkt** wird im Jahr 2020 einen Umfang von 13,5 Milliarden US-Dollar erreichen.

Der US-amerikanischen Genfirma Calgene gelang es als Erster, Bakteriengene in Tabakpflanzen und Petunien einzuschleusen, die Pflanzen gegen die Substanz **Glyphosat** resistent machen. Damit vertragen diese Pflanzen solche Mengen des Herbizids *Roundup®*, des meistverkauften Herbizids in den USA, bei denen normale Pflanzen längst zugrunde gegangen wären.

Auftraggeber der Genfirma war Monsanto, Hauptproduzent von *Roundup®* (Abb. 7.36). Glyphosat schädigt die Pflanze, indem es ein wichtiges Enzym im Aminosäurestoffwechsel (Enolpyruvylshikimat-phosphat-Synthase, **EPSP-Synthase**) hemmt. Man isolierte Glyphosat-resistente *E. coli*-Stämme, gewann das EPSP-Synthase-Gen und klonierte es. Dann übertrug man das Gen mit *Agrobacterium* in Petunien-, Tabak- und Sojabohnenzellen. Diese Zellen wurden dann wieder zu ganzen Pflanzen herangezogen. Die erhaltenen Pflanzen besaßen nun eine „unempfindlichere" EPSP-Synthase und wurden deshalb erst von viel höheren Konzentrationen des Herbizids geschädigt. „Unkräuter" werden also vernichtet, die transgene Pflanze überlebt.

Von Ökologen wird diese Entwicklung allerdings kritisch gesehen. Sie begegnen den Maßnahmen mit Skepsis, die auf eine **großflächige vollständige Vernichtung eines Schadfaktors** gerichtet sind. Gerechterweise sei aber angemerkt, dass Glyphosat ein **ausgezeichnetes Systemherbizid** ist, das geringste Aufwandmengen gestattet, die ökologische Belastung extrem klein hält und kaum Rückstände in den Pflanzen und im Boden zurücklässt.

Ökologisch interessanter als der Schutz von Pflanzen durch Erhöhung ihres Enzymgehalts sind **transgene Pflanzen, die tatsächlich aktiv das Herbizid abbauen und so entgiften.** Nur so kann eine Anreicherung des Herbizids vermieden werden.

Gelungen ist das für das Herbizid **Basta®**. Bei dem Wirkstoff handelt es sich um Phosphinothricin, PPT. Basta® hemmt die Synthese der Aminosäure Glutamin in der Pflanze durch die **Glutamin-Synthase** (**GS**, Abb. 7.46). Dadurch wird das giftige Ammoniak, das Zellen abtötet, nicht verarbeitet und akkumuliert. Das Gen für ein Enzym, das PPT modifiziert (acetyliert, PPT-Acetyltransferase), wurde aus Streptomyceten isoliert und auf Tabak, Kartoffeln, Raps und andere Pflanzen übertragen. Dadurch ist die Hemmung der Glutaminbildung bei transgenen Pflanzen, nicht aber bei den umgebenden Unkräutern, aufgehoben.

Gegen Basta® resistente Rapspflanzen wurden verwendet, um die **ökologische Fitness** gegenüber konventionellen Rapspflanzen über drei Jahre hinweg in drei klimatisch verschiedenen Regionen Englands herauszufinden. Die 1993 in *Nature* publizierten Ergebnisse entfachten heftige Diskussionen: Die transgenen Rapspflanzen hatten ein „durchschnittlich geringeres Invasionspotenzial" als nichttransgene. Freisetzungsgegner bemängeln aber bis heute, dass **Modellversuche immer mangelhaft** sind und dass insgesamt gesehen der transgene Raps zwar durchschnittlich unterlegen war, aber an speziellen Einzelstandorten in England durchaus auch überlegen sein könnte.

■ 7.15 Biologische Insektentöter

In einigen Entwicklungsländern werden rund **80 % der Ernte durch Insekten und Nagetiere vernichtet.** In Europa rechnet man mit 25–40 % Verlusten. Insekten sind in tropischen Ländern auch als Übertrager der Malaria (*Anopheles*-Mücken) oder der Schlafkrankheit (Tsetsefliegen) gefürchtet. Von der Zahl der Erkrankten her steht Malaria mit jährlich 214 Millionen Fälle 2015 an der Spitze aller Krankheiten auf der Erde.

Deshalb ist es leider unabdingbar, bestimmte Insekten zu bekämpfen. Bisher geschah das mit chemischen Mitteln. Die **Insektizide** vernichten dabei aber nicht nur die Schädlinge, sondern auch viele andere Insekten, die mit ihnen in Berührung kommen. Sie stören damit das empfindliche **ökologische Gleichgewicht**. Dazu kommt, dass auch andere Lebewesen allmählich vergiftet werden, wie insektenfressende Vögel oder der fischfressende Weißkopfseeadler (das Symboltier der USA), die am Ende der Nahrungskette stehen. Rückstände von Insektiziden gelangen schließlich über die Nahrungskette auch in die menschliche Nahrung. Außerdem entwickeln Schadinsekten überall auf der Welt Widerstandskraft (**Resistenz**). Um sie zu bekämpfen, erhöht man die Giftmenge oder muss neuartige Insektizide einsetzen. Ein Teufelskreis!

Der seinerzeit in Thüringen entdeckte *Bacillus thuringiensis* (Bt) hat sich seit Jahren als Raupentöter ausgezeichnet bewährt. Er wird auf den Feldern ausgesprüht und von den Raupen mit der Nahrung aufgenommen. Die Mikroben bilden zunächst nur **schwach giftige kristallförmige Eiweiße** (Abb. 7.47), die sich im Raupendarm in die Giftform umwandeln und den Darm perforieren. Gleichzeitig werden die Fresswerkzeuge gelähmt. Daran stirbt die Raupe. *Bacillus thuringiensis* wird in Bioreaktoren in großem Maßstab gezüchtet. Das Oberrheingebiet wird durch großflächigen Einsatz von Bt „schnakenfrei" gehalten.

Die Unterart *israelensis* von *Bacillus thuringiensis* bewährt sich gegen **Stechmücken**. Hierbei gab es früher durch Insektizideinsatz oft schwere Schäden für die gesamte Tierwelt. In deutschen Garteneinkaufzentren kann man bereits für den Gartenteich ein Präparat kaufen, das aus *B. thuringiensis* var. *israelensis* gewonnen wurde. Es wirkt speziell gegen Mückenlarven, nicht gegen Nutzinsekten wie Bienen (Abb. 7.45) und ist völlig harmlos für den Menschen, für Fische und Warmblüter.

Neue Bakterienstämme wirken speziell gegen die Larven des **Kartoffelkäfers** (Abb. 7.43). Waldschädlinge, wie Eichenwickler und verschiedene Spinnenarten, können ebenso gezielt vernichtet werden, wie Hausfliegen und Goldafter, ohne dass dabei andere Insekten und Bienen getötet werden. Trotz aller Erfolge ist aber der Verbrauch an Bt-Toxin im Vergleich zu anderen Insektiziden gering und auf spezielle Kulturen eingeschränkt. UV-Strahlen führen zu schnellem Abbau. Die Wurzeln der Pflanzen oder Insekten im Pflanzenstängel werden meist nicht erreicht.

Der nächste Schritt ist logisch: das Bt-Gen isolieren, vermehren und mit *Agrobacterium* in Kulturpflanzen einbringen! Damit wären nur Insekten getroffen, die auf diesen transgenen Pflanze parasitieren. Gegen den Maiszünsler resistenter,

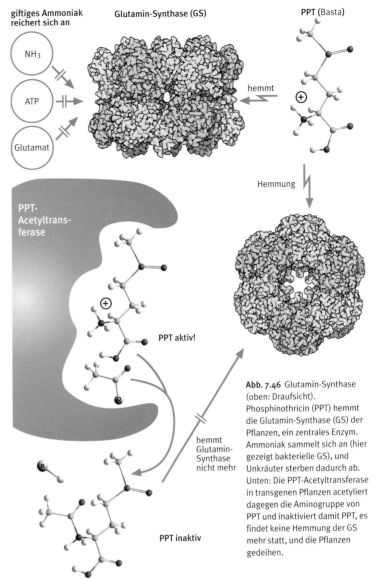

transgener Bt-Mais ist seit vielen Jahren in den USA und auch in der EU zugelassen. Bis 2008 wurde Bt-Mais auch in Deutschland angebaut. Aktuell informiert dazu sehr sachlich: *www.transgen.de.*

Werden **Insekten gegen Bt-Mais resistent**? Unter massivem Selektionsdruck kann das vorkommen. Allerdings wurden bisher bei Versuchen in Deutschland noch keine resistenten Tiere entdeckt. Es ist ja nicht so, dass die Tiere dann von den Bt-Feldern auf Felder mit nichttransgenen Pflanzen ausweichen würden. Insekten, die auf nichttransgenen Pflanzen gedeihen, unterliegen keinem Selektionsdruck. Rezessive (unterdrückte) Resistenzgene bei Insekten erhalten damit keinen Selektionsvorteil.

Abb. 7.46 Glutamin-Synthase (oben: Draufsicht). Phosphinothricin (PPT) hemmt die Glutamin-Synthase (GS) der Pflanzen, ein zentrales Enzym. Ammoniak sammelt sich an (hier gezeigt bakterielle GS), und Unkräuter sterben dadurch ab. Unten: Die PPT-Acetyltransferase in transgenen Pflanzen acetyliert dagegen die Aminogruppe von PPT und inaktiviert damit PPT, es findet keine Hemmung der GS mehr statt, und die Pflanzen gedeihen.

Abb. 7.47 Toxische Eiweißkristalle aus *Bacillus thuringiensis*

Box 7.8 Expertenmeinung:
Rekonstruktion des Stammbaums des Lebens

Die Biodiversität auf unserer Erde ist beeindruckend und teilweise unerforscht

Unser Planet Erde beherbergt bekanntlich eine eindrucksvolle Biodiversität mit über 10 000 Bakterienarten, über 250 000 Einzellern, Algen und Pilzen, 35 000 Sporenpflanzen, 250 000 Samenpflanzen, 1,2 Millionen wirbellosen Tieren (Evertebraten) und über 51 000 Wirbeltierarten (Vertebraten). Vermutlich liegt die Zahl der heute (noch) **existierenden Arten bei zehn Millionen** oder sogar noch höher, da viele Bakterien, Pilze und Evertebraten nur unvollständig erfasst wurden.

Die Erde entstand vor rund 4,6 Milliarden Jahren. Vor mindestens 3,5 Milliarden Jahren bildete sich erstes Leben in Form von photosynthetisch aktiven Bakterien (Cyanobakterien). In den nächsten 1,7 Milliarden Jahren evolvierten die diversen Entwicklungsäste der Bakterien (Eubakterien und Archaea), die dann vor 1,8 Milliarden Jahren zu den Eukaryoten führten. Vielzellige Lebensformen, also Pflanzen, Pilze und Tiere, entstanden in den letzten 800 Millionen Jahren. Alle lebenden Organismen bestehen aus Zellen, die nicht *de novo* entstehen können. Zellen stammen immer von einer anderen Zelle (Mutterzelle) ab und sind daher in einer ununterbrochenen Linie miteinander verbunden. **Rudolf Virchow** (1821–1902) prägte 1885 den noch heute gültigen Lehrsatz »*omnis cellula e cellulae*«. Im Verlauf der Evolution sind ständig neue Arten aus bestehenden Arten entstanden und andere sind ausgestorben. Daher nimmt man an, dass die **heute lebenden Arten nur 10 %**, vielleicht sogar nur 1 % der Arten darstellen, die jemals auf der Erde gelebt haben.

Taxonomie und Systematik beschreiben die Biodiversität

Zu den klassischen Aufgaben der Biologie gehört die Erforschung der aktuellen und vergangenen Biodiversität. Arten müssen beschrieben und mit einem eindeutigen lateinischen Namen bezeichnet werden (Taxonomie). Dem schwedischen Naturforscher **Carl von Linné** (1707–1778) gebührt die Ehre, als erster eine Nomenklatur vorgeschlagen zu haben, die auch heute noch gilt. In *Species plantarum* (1753) führte Linné eine binäre

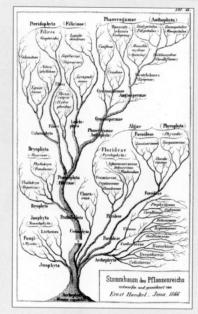

Stammbaum der Pflanzen von Ernst Haeckel (aus: *Allgemeine Entwicklungsgeschichte der Organismen*, Bd. 2, 1866)

Nomenklatur ein. Der erste Name entspricht der Gattung (lat. *Genus*), der zweite der Art. Die Tollkirsche beispielsweise gehört zur Gattung *Atropa* und erhielt den Artnamen *belladonna*. Mehrere nah verwandte Arten werden in eine gemeinsame Gattung, Gattungen in Familien und Familien in Ordnungen zusammengefasst.

Mit der Entscheidung, welche Arten nahe verwandt sein könnten, bewegt sich die **Taxonomie** (als Lehre der Klassifikation oder Nomenklatur) in Richtung Systematik (der Lehre von der Verwandtschaft von Lebewesen). Ziel der Systematik ist es demnach, die Verwandtschaftsbeziehungen der heute lebenden Arten in Relation zu den früheren Arten zu ermitteln bzw. indirekt zu rekonstruieren, von denen viele, ohne direkte Spuren (d. h. Fossilien) zu hinterlassen, ausgestorben sind.

Die Kenntnis der Biodiversität und der zugrunde liegenden phylogenetischen Zusammenhänge ist nicht nur für den Taxonomen und Systematiker interessant, sondern auch für den Biotechnologen. Schon heute werden viele unterschiedliche Arten zur Produktion von Naturstoffen wie Antibiotika oder rekombinanten Wirkstoffen eingesetzt. Vermutlich gibt es aber noch geeignetere Organismen für diese Aufgaben, die bislang übersehen wurden. Pflanzen, Mikroorganismen und sessile marine Lebewesen produzieren eine große Diversität von Sekundär-

stoffen, deren Aufgabe in der Abwehr von Fraßfeinden, Prädatoren oder Mikroorganismen liegt. Viele dieser Naturstoffe sind biologisch aktiv und stellen interessante Wirkstoffe für Pharmazie und Medizin dar. Da spezielle Naturstoffe oft von verwandten Arten produziert werden, kann die Bioprospektion erfolgreicher arbeiten, wenn man die Phylogenie, also den Stammbaum des Lebens, kennt.

Charles Darwin (1809–1882), der Begründer der Evolutionstheorie, träumte davon, dass die Systematik dem Stammbaum des Lebens entsprechen und die Phylogenie genau widerspiegeln sollte.

Der sehr produktive Biologe **Ernst Haeckel** (1834–1919) griff die Idee schnell auf und wagte bereits als junger Privatdozent, Stammbäume für die Hauptäste der Organismen zu erstellen, die auf morphologischen und anatomischen Merkmalen beruhten (Abb. links). Die Hilfsmittel der Taxonomie waren anfangs Anatomie und Morphologie, und Organismen mit ähnlichen Merkmalen wurden zu gemeinsamen Gruppen zusammengefasst. Im 20. Jahrhundert kamen biochemische und ökologische Merkmale oder Verhaltensweisen (bei Tieren) hinzu. Da solche Merkmale vielfachen Anpassungen unterliegen, waren die Ergebnisse der frühen Systematik nicht immer befriedigend und wurden von unterschiedlichen Forschern zum Teil konträr interpretiert. Entsprechend häufig wurde die Systematik der Organismen neu angeordnet.

Molekulare Stammbäume rekonstruieren die evolutionäre Vergangenheit

Die Erbinformation ist bei allen Organismen, von einfachen Bakterien bis hin zum Menschen, in gleicher Weise in Form der **DNA** gespeichert und wird von Generation zu Generation weitergereicht. Die DNA ist als Doppelhelix ein vergleichsweise stabiles Molekül, dessen Basenabfolge sehr konserviert ist. Dennoch treten von Generation zu Generation kleine Fehler auf (z. B. Basenaustausche), die durch Umwelteinflüsse (z. B. UV-Strahlung) oder auch spontan ausgelöst werden. Obwohl die DNA äußerst exakt kopiert wird, treten zudem immer wieder einzelne Kopierfehler auf. Durch Mutationen und Lesefehler verändern sich die DNA-Sequenzen im Verlauf der Zeit. Diese Änderungen in den DNA-Sequenzen kann die **Molekulare Evolutionsforschung** nutzen, um die Verwandtschaft zwischen den heute lebenden Organismen mit geeigneten Computerprogrammen zu rekonstruieren. Dabei geht man von der Annahme aus, dass **Sequenzähnlichkeit auf naher Verwandtschaft beruht**. Da Mutationen mit einer gewissen Regelmäßigkeit auftreten, kann man für jedes Gen eine Art **molekulare Uhr** ermitteln, über die man das Alter von Diversifikationsereignissen abschätzen kann. Was für den Archäologen die Keramikscherbe darstellt, ist für den Evolutionsbiologen die DNA-Sequenz, mit der er weit in die Vergangenheit zurückschauen kann.

Der schnelle Fortschritt auf dem Gebiet der DNA-Analytik (PCR, DNA-Sequenzierung) hat auch der Stammbaumforschung einen **gewaltigen Auftrieb** gegeben. Durch Sequenzierung von Markergenen der mitochondrialen (mtDNA), plastidären DNA (cpDNA) und des Kerngenoms sowie kompletter Genome haben die Evolutionsbiologen heute die Möglichkeit, den Verwandtschaftsgrad zwischen Arten, Gattungen und Familien zu ermitteln und Stammbäume relativ verlässlich zu rekonstruieren. Die DNA-Stammbäume haben in vielen Fällen die phylogenetischen Zusammenhänge bestätigt, die über anatomische und morphologische Merkmale erstellt wurden. Aber auch **gewaltige Unstimmigkeiten** wurden erkannt, die bereits zu einer starken Veränderung der Taxonomie und Systematik vieler Organismen geführt haben bzw. führen werden, da diese Forschungen noch lange nicht abgeschlossen sind. Dies soll am Beispiel der Systematik der Pflanzen erläutert werden.

Molekulare Phylogenie der Pflanzen

In der klassischen Taxonomie wurden seit Linné insbesondere **Merkmale des Blütenaufbaus** (z. B. Zahl der Staubgefäße, Kron- und Kelchblätter), aber auch **Blatt- und Wuchsform** zur Klassifizierung herangezogen. In den letzten 50 Jahren wurde zudem das Vorkommen von **biochemischen Merkmalen** als Marker genutzt, etwa das Auftreten von Alkaloiden, Glykosiden, Terpenen und Polyphenolen (sog. Sekundärstoffe). Die morphologischen und biochemischen Merkmale sind jedoch häufig adaptiv, sodass Merkmalsähnlichkeit nicht unbedingt eine nahe Verwandtschaft anzeigt. Seit mehr als 20 Jahren haben Botaniker begonnen, die **Sequenzen von einigen DNA-Markern aus dem Chloroplastengenom** (z. B. *rbcL*) oder Kerngenom (z. B. ITS) für das ganze Pflanzen-

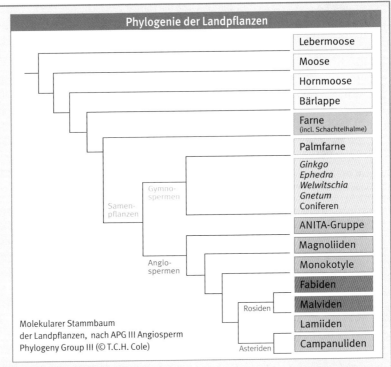

Phylogenie der Landpflanzen

Lebermoose
Moose
Hornmoose
Bärlappe
Farne (incl. Schachtelhalme)
Palmfarne
Ginkgo Ephedra Welwitschia Gnetum Coniferen
ANITA-Gruppe
Magnoliiden
Monokotyle
Fabiden
Malviden
Lamiiden
Campanuliden
Samenpflanzen
Gymnospermen
Angiospermen
Rosiden
Asteriden

Molekularer Stammbaum der Landpflanzen, nach APG III Angiosperm Phylogeny Group III (© T.C.H. Cole)

reich zu bestimmen. Aufgrund dieser Untersuchungen wurde eine neue Pflanzensystematik entwickelt, die sich von den Stammbäumen Haeckels (siehe Abb. linke Seite) deutlich unterscheidet (Abb. oben).

An der Basis der Landpflanzen stehen die Moose, aus denen sich die übrigen Sporenpflanzen (Bärlappe, Farne und Schachtelhalme) ableiten. Eine evolutionäre *key innovation* war die Entwicklung von Blüten mit Samen anstelle von Sporen. Die Samenpflanzen untergliedern sich in zwei Hauptgruppen, die Nacktsamer (Gymnospermen) und Bedecktsamer (Angiospermen). In den Angiospermen stehen die einkeimblättrigen Pflanzen (Monokotyle) nicht an der Basis, wie man früher annahm, sondern leiten sich aus frühen zweikeimblättrigen Pflanzen ab. Das heißt, die Einkeimblättrigkeit ist kein ursprüngliches, sondern ein abgeleitetes Merkmal. Die DNA-Systematik hat nicht nur zu neuen Großgruppen geführt, sondern auch innerhalb von Ordnungen und Familien viele Taxa neu angeordnet.

Ausblick

Bei den vermutlich über **zehn Millionen lebenden Arten** wird es noch eine Zeit lang dauern, bis alle verwandtschaftlichen Zusammenhänge aufgeklärt sind. Doch ist schon heute abzusehen, dass es bald molekulare Phylogenien für alle größeren Organismengruppen geben wird. Da die Technologie der DNA-

Sequenzierung („*Next Generation Sequencing*" und andere Hochdurchsatz-Methoden) schnell voranschreitet, wird man zukünftig nicht nur einzelne Markergene analysieren, sondern ganze Genome, die es erlauben werden, noch genauer und tiefer in die Vergangenheit zu blicken. Der Traum von Charles Darwin (s. o.) ist also teilweise schon Wirklichkeit geworden.

Michael Wink ist Professor und Direktor am Institut für Pharmazie und Molekulare Biotechnologie der Universität Heidelberg. Er ist Herausgeber des Lehrbuchs Molekulare Biotechnologie – Konzepte, Methoden und Anwendungen. *Seine Arbeitsgebiete umfassen die Erforschung von Arzneipflanzen und der Wirkmechanismen der darin enthaltenen Wirkstoffe. Sein besonderes Interesse liegt auf dem Gebiet der molekularen Evolutionsforschung. Seine Mitarbeiter haben die phylogenetischen Zusammenhänge bei etlichen Pflanzen, Insekten, Reptilien und Vögeln aufgeklärt.*

Mein Dank geht an T.C.H. Cole für die Zusammenstellung der molekularen Stammbäume. www.uni-heidelberg.de

Abb. 7.48 Das Enzym Luciferase, aus Glühwürmchen gewonnen, war ein erster Biomarker, um die Expression von Genen in der Zelle sichtbar zu machen.

Abb. 7.49 Transgene blaue Nelken durch Gentransfer aus Petunien (oben rechts); unten: das Ergebnis des Gentransfers in Nelken

Abb. 7.50 Der Autor mit Suntorys erstem Ergebnis in der Grünen Biotechnologie (oben) und die Vision von blauen Rosen (unten)

In den USA sind die Farmer verpflichtet, in Nachbarschaft zu den Bt-Feldern auch Felder mit Nicht-Bt-Pflanzen zu bestellen. Das Anlegen solcher **Refugialräume** gilt dort als die wichtigste Maßnahme, um die Entstehung Bt-resistenter Schädlinge zu vermeiden und ihre Ausbreitung zu verzögern.

Diese Flächen sorgen dafür, dass „normale", nichtresistente Schädlinge überleben, die sich dann – falls vorhanden – mit resistenten Schädlingen aus dem benachbarten Bt-Maisfeld paaren können. Wenn von rezessiven Resistenzgenen ausgegangen wird, können aber gemischterbige Nachkommen (mit nur einem Resistenzallel) im Bt-Mais nicht überleben. Um das sicherzustellen, sollen Bt-Pflanzen das Bt-Toxin in weitaus höheren Mengen enthalten, als zum Abtöten nichtresistenter (und nicht reinerbig resistenter) Insekten erforderlich ist.

Für Großfarmer in den USA ist ein solcher Verlust auf Refugien leicht zu verschmerzen. Man hört allerdings, dass die Regeln nur nachlässig kontrolliert werden. In Europa trifft es aber **kleine alternative Landwirte, die keine zusätzlichen Flächen** als Refugium haben.

Eine weitere Frage, die untersucht wird: **Weitergabe von Herbizidresistenzgenen** von Kulturpflanzen an Unkräuter? Dann würden diese wilder denn je wuchern (z. B. von transgenem Raps auf die Verwandten Ackersenf und Hederich). In der Regel können sich gentechnisch veränderte Pflanzen in der Natur nicht besser behaupten. Zumindest wurde das bisher nicht widerlegt. Sie werden dort angebaut, wo auch nichtmodifizierte Pflanzen kultiviert werden, sind also keine verheerenden neuen Arten für das Ökosystem wie der Bärenklau in Europa oder Kaninchen in Australien.

Und wie verhält es sich mit dem **Pollenflug** (Abb. 7.44) Das wurde intensiv für Bt-Mais untersucht. Die bisher vorliegenden Ergebnisse von Experimenten in Deutschland zeigen deutlich, dass der Anteil in den Ernteproben mit wachsender Entfernung zur Bt-Maisparzelle rapide abnimmt (siehe Abb. 7.60).

GVO (gentechnisch veränderte Organismen)-Anteile über dem für die Kennzeichnung maßgebenden Schwellenwert von 0,9 % finden sich nur innerhalb eines 10 m breiten Streifens unmittelbar neben dem Bt-Maisfeld. In größerer Distanz liegen die GVO-Werte in der Regel unterhalb

der 0,9 %-Schwelle. Die Maßnahme, früh und spät blühende Maissorten gleichzeitig anzupflanzen, ist in der Praxis nicht geeignet, GVO-Einträge zu verhindern.

Konventioneller Mais, der in einem 10 m breiten Randstreifen um ein Bt-Maisfeld geerntet wird, dürfte unter die Kennzeichnungspflicht fallen, da mit einem GVO-Anteil über 0,9 % zu rechnen ist. Mais aus größerer Entfernung bleibt wegen des geringeren GVO-Anteils ohne Kennzeichnung und kann ohne Einschränkung oder Auflagen verwertet werden (Box 7.5).

Landwirte, die Bt-Mais anbauen, sollten daher einen **Trennstreifen von 20 m um die Flächen mit GVO-Mais** anlegen. Durch Auskreuzungen verursachte wirtschaftliche Schäden bei Nachbarbetrieben sind damit weitgehend auszuschließen.

■ 7.16 Blaue Nelken und Anti-Matsch-Tomaten

Das Gen für das „**Glühwürmchenenzym**" **Luciferase** wurde erfolgreich in Zellen von Tabak eingeschleust (Abb. 7.48 zeigt die Struktur mit dem aktiven Zentrum). Wenn das Substrat Luciferin mit dem Gießwasser in die Pflanze gelangte und mit dem energiereichen ATP durch Luciferase umgewandelt wurde, begannen die transgenen Pflanzen tatsächlich grünlich gelb zu leuchten! Das Luciferase-Gen dient den Wissenschaftlern **als leicht erkennbarer Marker**, der anzeigt, welche Gene in welchen Teilen der Pflanze „angeschaltet" werden.

Der Fantasie sind nun (fast) keine Grenzen mehr gesetzt: **Transgene blaue Nelken** wurden von der australischen Firma Florigen an die japanische Whiskyfirma Suntory lizenziert: Man übertrug den Nelken ein Gen aus Petunien (Abb. 7.50). Das Petunien-Enzym erzeugte in der Nelke ein wunderbares blaues Pigment.

Die Hauptpigmente in Pflanzen entstehen aus Anthocyanen und den gelben Carotinoiden. Die drei primären Pflanzenpigmente sind Cyanidin, Pelargonidin und Delphinidin. Das Enzym Dihydroflavinol-Reduktase (DFR) modifiziert alle farblosen Pigmentvorläufer in farbige Produkte. Jegliche Mutation im DFR-Gen resultiert in weißen Blüten.

Das Delphinidinsynthese-Gen fehlt in Nelken. Man übertrug das Delphinidin-Gen aus blauen Petunien auf Nelken und kombinierte es mit dem mutierten Nelken-DFR-Gen. Die Nelken waren

Box 7.9 Expertenmeinung:
Baroness Susan Greenfield über die Auswirkungen der Technologie des 21. Jahrhunderts auf unser Leben: Ernährung und Altern

Die umjubelte britische Neurowissenschaftlerin **Baroness Susan Greenfield** zeigt in ihrem neuen Bestseller, dass vieles, was wir für uns selbst als selbstverständlich betrachten, wie Fantasie, Individualität, Gedächtnis, Liebe und Freiheit, bald für immer verloren gehen könnte. Nur indem wir die Technologie auf humane Weise nutzbar machen, so ihre Argumentation, können wir unsere einzigartige Wahrnehmung des Selbst bewahren und an dem festhalten, was unser Menschsein ausmacht.

Der folgende kurze Auszug aus ihrem doch optimistischen Bericht aus der nahen Zukunft handelt von unserer künftigen Lebensführung, unserer künftigen Ernährung und dem Altern.

... Man setzt sich zum Essen hin – das ist eine der wenigen verbliebenen „realen" Erfahrungen und Wechselwirkungen mit der stofflichen physikalischen Welt, eine direkte sensorische Erfahrung, die ausschließlich innerhalb des eigenen Körpers und in keinem anderen erfolgt. Während man es genießt, zu kauen, zu riechen, zu schmecken und zu schlucken, denkt man darüber nach, wie sich die Einstellung gegenüber Lebensmitteln von **gentechnisch veränderten Organismen (GVO)** binnen relativ kurzer Zeit verändert hat.

Die ersten GVO-Lebensmittel enthielten die jeweilige Substanz des entsprechenden Organismus, wie das beispielsweise bei Tomatenmark der Fall ist; heute bestehen sie jedoch

Werden Grillpartys auch in Zukunft noch so beliebt sein?

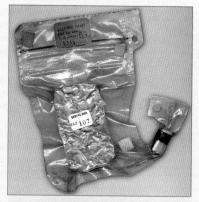

Trinkventil

Nahrungsriegel

Astronautennahrung: die Ernährung der Zukunft? Oben abgebildet ist eine typische Mahlzeit auf Mondflügen.
Ein gefriergetrockneter Nahrungswürfel wird durch Zugabe von kaltem oder heißem Wasser durch das Ventil rechts unten wieder aufgequollen. Nach vorgeschriebener Quellzeit öffnet der Astronaut einfach den doppelten Reißverschluss und kann die Mahlzeit mit dem Löffel zu sich nehmen.

häufiger aus gereinigten Derivaten, die sich nicht von denen aus nicht gentechnisch veränderten Organismen unterscheiden lassen, zum Beispiel Lecithin und bestimmte Öle und Proteine aus Soja. Da das GVO-Lecithin **chemisch identisch zu dem nicht gentechnisch veränderten** ist, ist schwer ersichtlich, warum es ein zusätzliches Gesundheitsrisiko darstellen soll. Um die Jahrhundertwende bestand das Problem, dass man unmöglich die **Reinheit jeder Substanz** garantieren konnte.

Auch heute benötigt man noch immer spezielle Tests, um sicherzustellen, dass nicht zusätzliche fremde Sequenzen vom menschlichen Gewebe oder von Mikroorganismen im Darm aufgenommen werden.

Mittlerweile sind Lebensmittel aus GVO nun schon über mehrere Generationen ohne katastrophale Folgen Teil unserer Kultur und werden daher von der Öffentlichkeit eher akzeptiert. Der **Meinungsumschwung** setzte mit der Erkenntnis ein, dass es ganz einfach

keine **Alternative** gab, um die Menschen in den damals als „Entwicklungsländer" bezeichneten Staaten zu ernähren, diesen überwiegenden Teil der vom technologischen Fortschritt ausgeschlossenen Menschheit, der einen solchen Schatten über die Errungenschaften zu Beginn dieses Jahrhunderts geworfen hat. Laut damaligen Schätzungen der UN waren 800 Millionen Menschen weltweit unterernährt. Die Nutzung von GVO-Lebensmitteln hat nicht nur den **Hungertod einer großen Zahl von Menschen verhindert**, sondern auch die Zahl der Erblindungen von Kindern aufgrund von Vitamin-A-Mangel von 100 Millionen auf null gesenkt. 400 Millionen Frauen im gebärfähigen Alter müssen nicht mehr unter Eisenmangel leiden, der ein erhöhtes Risiko von Geburtsschäden bedingte. Reis wird mittlerweile routinemäßig so verändert, dass er β-Carotin (Provitamin A) enthält, das der Körper in Eisen und Vitamin A umwandelt (Box 7.7).

Auch **Schädlinge** stellten für die Bauern ein Problem dar: So mussten beispielsweise 7 % der gesamten Maisernte vernichtet werden. Durch gentechnisch veränderte, schädlingsresistente Feldfrüchte konnte diese Verschwendung verhindert werden; zudem bildeten sie eine sehr **attraktive Alternative zum Einsatz hochgiftiger Pestizide.**

Der größte Anreiz für die umfassende Akzeptanz gentechnisch veränderter Lebensmittel war jedoch ganz einfach der **persönliche Nutzen.** Interessanterweise hat dieser Nutzen aber nichts mit der Gesundheit oder der Ernährung zu tun. Man tritt aus den Schatten vergangener Jahrhunderte in eine neue Welt ein. Weil man viel Zeit mit der Verarbeitung künstlicher, **verstärkter und leuchtender Farben** verbringt, wirken unveränderte Möhren, Spinat oder Tomaten fade und unappetitlich im Vergleich zu ihren leuchtenden modernen Gegenstücken. Nachdem Nahrungsmittel mittlerweile das wichtigste Medium für das seltene und geschätzte Phänomen der direkten Stimulation der Sinne darstellen, haben die Hersteller erkannt, dass sie durch genetische Veränderung der unwesentlichen Eigenschaften, die die Sinne überfluten, ihre Kunden glücklich machen können.

Lange Zeit hat man den **Geschmack** einer jeden Zutat genetisch verändert, um ihn zu intensivieren. Jede essbare Substanz kann

Fortsetzung nächste Seite

den Geschmack jeglicher anderen anneh-men. Diese Flexibilität ist umso besser, seit beispielsweise „richtige" Schokolade auf-grund der hohen Produktionskosten sowie der übermäßigen Menge an Zucker, die darin enthalten ist, kein rentables Produkt mehr darstellt.

Die **Farben der Nahrungsmittel** sind eben-falls viel lebhafter und standardisiert. Und nicht nur die Farbe, auch die Form ist wesent-lich attraktiver geworden. Nahrungsmittel gibt es in einer **viel größeren Bandbreite an Formen und Größen**. Dank der Gen-technologie und der präzisen Manipulation der Atome der Oberfläche (Nanotechnologie) kann man heute **würfelförmiges Gemüse** oder **Fleisch in geometrischen Formen** erzeugen. Das vereinfacht die Unterbringung großer Lebensmittelvorräte im Kühlschrank, und der Kühlschrank kann den Verbrauch wesentlich einfacher überwachen, weil sich die Barcodes alle an der gleichen Position befinden.

Ein weiterer Vorteil der gentechnisch verän-derten Lebensmittel gegenüber „natürlichen" Nahrungsmitteln ist, dass sie auf eine **einfa-chere Zubereitung** optimiert wurden. So enthält Getreide jetzt verkapselte Flüssigkeit, die in der Mikrowelle freigesetzt wird. Auch **Kleckern durch tropfende Soßen** gehört der Vergangenheit an. Soßen fließen jetzt nicht mehr frei, sondern sind zusammenhän-gend und magnetisiert, sodass man sie ein-fach mit einer Gabel oder mit dem Finger auf-nehmen kann. Überdies bekommt man fast keine Nahrungsmittel mehr, die nicht mit **Vitaminen, Mineralien und anderen Inhaltsstoffen wie Fischölen** angereichert sind, welche eine optimale Versorgung des Körpers gewährleisten.

Die **nutrazeutische Industrie zur Herstel-lung funktioneller Lebensmittel** floriert wie nie zuvor. Gentechnisch veränderte Kar-toffeln wirken gegen Verstopfung; es gibt eine rot gefärbte Gurkensorte, die so viel Vitamin A enthält wie Cantaloupe-Melonen; Karotten sind kastanienbraun, denn sie enthalten gro-ße Mengen β-Carotin, um die Sehfähigkeit bei Nacht zu verbessern; und das Salatdres-sing senkt bei regelmäßigem Verzehr den Cholesterinspiegel. Besonders beliebt sind **maßgeschneiderte Nutrazeutika**: speziell auf die Bedürfnisse einer Person abgestimmte gentechnisch veränderte Nahrungsmittel, die nicht nur den persönlichen Geschmacksvor-

Oben: Würfelförmige Wassermelonen sind in Asien ein Verkaufsschlager, ohne Gentechnik.
Mitte: „Kifli" heißt die alte Fingerling-Kartoffel-sorte, die das kanadische Potato Gene Resour-ces Repository vor einigen Jahren erhielt. Die begehrten, glattschaligen, leicht gebogenen kleinen Fingerling-Kartoffeln eignen sich beson-ders gut für frische Pellkartoffeln oder als Salat-kartoffeln.
Unten: Eine neue Obstkreation: *Strawbernana* (Banane mit Erdbeergeschmack), die beiden Lieblingsobstsorten des Autors zu einer Frucht vereint!

lieben, sondern auch den persönlichen Gesundheitsanforderungen Rechnung tragen.

Das medizinische Profil jeder Person wird überwacht und in ein ständig aktualisiertes Programm eingegeben, das Nahrungsmittel entsprechend der jeweils speziellen Bedürf-nisse gentechnisch mit Ergänzungsmitteln versieht. Dennoch ist es nicht leicht, eine Grenze zu ziehen zwischen solchen Gen-technologien, mit denen lediglich interessan-te Nahrungsmittel produzieren werden, die unsere abgestumpften Sinne übermäßig sti-mulieren sollen, und jenen, die durch direk-ten Eingriff auf genetischer Ebene die Gesundheit optimieren – sei es nun zur Vor-

beugung oder zur Heilung einer Krankheit – eine Methode, die sich inzwischen zur vor-herrschenden Behandlungsmethode entwi-ckelt hat...

Nanomedizin

... Ein weiterer Eckpfeiler des Gesundheits-wesens im 21. Jahrhundert ist die **Nanome-dizin**: Winzige Geräte kreisen im Körper und warnen frühzeitig vor möglichen Problemen oder befördern genau die richtige Menge eines Medikaments an den richtigen Wirkort. Diese neuen Therapien führen in Kombinati-on mit Fortschritten in der traditionellen Behandlung und den Erkenntnissen über die Krankheit sowie einem gesünderen Lebens-stil zu einer höheren Lebenserwartung.

Vor tausend Jahren betrug die Lebenserwar-tung nur 25 Jahre, aber schon im Jahr 2002 konnten Männer und Frauen in Großbritan-nien davon ausgehen, ihren 75. Geburtstag feiern zu können, und ein zu dieser Zeit ge-borenes Mädchen hatte eine 40%ige Chance, 150 Jahre alt zu werden. **Im Jahr 2050 wären weltweit über zwei Milliarden Menschen älter als 60 Jahre**, wobei diese „Senioren" ein Drittel oder mehr mancher Bevölkerungen repräsentierten. In den ver-gangenen Jahrzehnten ist sehr viel gesche-hen, dass eine solch hohe Lebenserwartung inzwischen zur Norm geworden ist.

Mittlerweile hat jeder erkannt, dass **Altern keine spezielle Krankheit** ist, sondern ein allgemeiner Abnutzungsprozess bei verschie-denen Körperfunktionen; am meisten gefürchtet sind dabei nach wie vor der Ver-

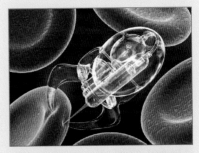

Nanoinjektor mit roten Blutzellen. Diese Darstel-lung von **Coneyl Jay** mit dem Originaltitel „Nano-technology" war im Jahr 2002 der Gewinner des Visions of Science Awards, ausgeschrieben von *The Daily Telegraph*, London, und Novartis.
Sie zeigt eine mögliche zukünftige Anwendung der Nanotechnologie in der Medizin: Mikroskopisch kleine Geräte wandern mit dem Blutstrom durch den Körper und verabreichen Medikamente oder nehmen Proben für Untersu-chungen.

lust der Vitalität und das häufig vorkommende geistige Nachlassen. Die Wissenschaft verspricht heute **nicht nur, die reine Lebensspanne auszudehnen, sondern tatsächlich ein längeres aktives Leben** zu ermöglichen. Seit geraumer Zeit sind sich die Menschen darüber im Klaren, dass sie die geistigen Fähigkeiten älterer Menschen gesondert betrachten müssen und nicht mit noch unausgereiften, wachsenden Gehirnen vergleichen dürfen...

Baroness
Susan Adele
Greenfield

Susan Adele Greenfield, Baroness Greenfield (geb. 1950), ist eine britische Wissenschaftlerin, Autorin und Mitglied des House of Lords. Greenfield ist Professorin für Synaptische Pharmakologie am Lincoln College der Universität Oxford und Direktorin der Royal Institution of Great Britain. Ihre Forschungen konzentrieren sich auf die Physiologie des Gehirns, insbesondere auf die Kausalität der Parkinson- und der Alzheimer-Krankheit. Am bekanntesten ist sie jedoch durch ihre populärwissenschaftlichen Veröffentlichungen.

Susan Greenfield hat mehrere populärwissenschaftliche Bücher über das Gehirn und das Bewusstsein geschrieben (darunter Reiseführer Gehirn. *Spektrum Akademischer Verlag, Heidelberg, 2003), hält regelmäßig öffentliche Vorträge und tritt in Radio und Fernsehen auf. Im Jahr 1994 hielt sie als erste Frau den von der BBC geförderten Weihnachtsvortrag der Royal Institution mit dem Titel „Das Gehirn". Von 1995 bis 1999 hielt sie als Physik-Professorin des Gresham College öffentliche Vorlesungen.*

Greenfield gründete die drei Forschungs- und Biotechnologiefirmen Synaptica, BrainBoost und Neurodiagnostics, die sich mit der Erforschung neuronaler Erkrankungen wie der Alzheimer-Krankheit befassen.

Quelle:

Greenfield S (2004) *Tomorrow's people. How 21st century technology is changing the way we think and feel.* Penguin Books, London

also farblos und wurden nun leicht vom Blau der Petunien überlagert. Das Resultat: Die blauen Nelken *Moondust* und *Moonglow* sind der Hit auf dem japanischen und amerikanischen Markt. Das **Traumziel sind jedoch blaue Rosen** (Abb. 7.50), die durch RNA-Interferenz (**RNAi**, Kap. 10) erzeugt werden.

Gentechnisch erzeugte Nahrungsmittel werden im Moment (noch) von einer Mehrheit der Deutschen abgelehnt, gleichzeitig befürwortet eine andere Gruppe aber die Biotechnologie, wenn es um die eigene Gesundheit geht. Kaum ein deutscher Diabetiker lehnt Insulin ab, nur weil es gentechnisch erzeugt wurde.

Tomaten sind das beliebteste Objekt der Züchter und der Verbraucher: 25 kg Tomaten/Kopf werden in Deutschland gegessen! Transgene Tomaten, die langsamer reifen, eine dickere Haut haben und 20 % mehr Stärke beinhalten, erfreuen die Ketchup-Produzenten. Die **„Anti-Matsch Tomate"** wird erst dann reif, wenn die Verbraucher es wünschen, und sie fault weniger schnell.

Die kalifornische Firma Calgene Inc. hatte die Idee dazu: Tomaten werden bisher grün geerntet, um Reifung und Weichwerden zu vermeiden, bevor sie auf den Markt kommen. Sie werden mit Ethylen begast, damit sie rot werden, aber sie entwickeln keinen echten Geschmack. Bei der Gen-Tomate bleibt dagegen die Frucht bis zur Reife an der Pflanze hängen (Abb. 7.51).

Das Gen für das Enzym **Polygalacturonidase** (PG) ist verantwortlich dafür, dass die Zellwand der Tomate zuerst weich und dann schutzlos vor Bakterien wird. Das Enzym baut Pektine ab (Kap. 2). Der Sinn von Früchten besteht ja in der raschen Verbreitung des enthaltenen Samens.

Man hat nun das Gen gezielt „abgeschaltet" und *Flavr Savr*™-**Tomaten** („Aroma-Bewahrer") bekommen. Wie schaltet man Gene ab? Man benutzt die **Antisense-Technik** (engl. „Gegensinn"). Das ist eine ganz wichtige neue Technik, deshalb sei sie am Beispiel der Polygalacturonidase (PG) erläutert:

Das Gen (in der DNA-Doppelhelix) für die PG wird normalerweise im Zellkern durch Polymerase in einzelsträngige messenger-RNA für PG (PG-mRNA) umgeschrieben, gelangt dann durch das Cytoplasma zum Ribosom und wird dort abgelesen. Die entsprechenden Aminosäuren werden zum PG-Eiweiß verknüpft, das sich zum aktiven Enzym PG faltet.

Abb. 7.51 Ein Lieblingsobjekt der Grünen Biotechnologie und der Verbraucher: Tomaten.
Oben: Poster der Firma Calgene, das um Verständnis für die *Flavr Savr*™-Tomaten-Technologie wirbt.

Unten: **John Innes** von der Universität Norwich erzielte mit Gentransfer purpurne Tomaten. Ihre purpurne Farbe kommt von den Anthocyanen, die Krebs hemmen. Die Gene entstammen Löwenmäulchen.

Abb. 7.52 Oben: Kartoffelpflanzen, die von der Kraut- und Knollenfäule (*Phytophthora infestans*) befallen sind (vorne); gesunde Kartoffelpflanzen mit Resistenzgenen aus Wildkartoffel (hinten). Unten: Amflora-Kartoffel: die erste Ernte. Durch „Abschalten" eines Gens ist ihre Stärkezusammensetzung geändert. Sie wird ausschließlich als Industriekartoffel verwertet.

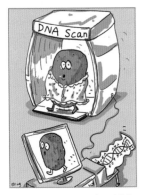

Abb. 7.53 Das Genom der wichtigen Nahrungspflanze Kartoffel wurde 2011 sequenziert. Nun können besser virusresistente Sorten gezüchtet werden.

Rund 300 Millionen Tonnen Kartoffeln werden weltweit produziert. Eines der größten Probleme jedoch, die hohe Anfälligkeit für Pilz- und Bakterienkrankheiten, konnte bisher nicht durch Zucht behoben werden. Die gezielte Züchtung krankheitsresistenter Sorten wurde bislang durch die komplizierte Genetik der Kartoffel erschwert. Nun wird das endlich möglich!

Wie kann man das verhindern? Man baut ein synthetisches Anti-PG-Gen in die DNA im Zellkern ein, das beim Kopieren in eine **einsträngige Anti-PG-mRNA** umgesetzt wird. Diese ist komplementär (oder ein Spiegelbild) zur PG-mRNA.

Was passiert nun, wenn beide auf dem Weg zum Ribosom zusammentreffen? Beide sind Einzelstränge und verbinden sich zu einem Doppelstrang. Ein **Doppelstrang** wird nun allerdings nicht mehr vom Ribosom akzeptiert und wird somit von der Zelle als „fremde DNA" abgebaut. Auf diese Weise unterbleibt die Produktion von PG!

Die gleiche **Antisense-Technik** wird zunehmend auch für Medikamente angewendet: Eine neue Stoffklasse von Biotech-Produkten ist so entstanden. Isis Pharmaceuticals (Carlsbad, Kalifornien) bekam beispielsweise von der Federal Drug Administration (FDA) 1998 die Genehmigung für das erste Antisense-Medikament Vitravene® mit dem Wirkstoff **Formivirsen**. Damit kann die Cytomegalie-Retinitis, eine Netzhauterkrankung bei AIDS-Patienten, erstmals geheilt werden, die **sonst unweigerlich zum Erblinden** führt. Medikamente gegen Krebs und Entzündungen werden nun ebenfalls auf der Antisense-Basis entwickelt (Kap. 9).

■ 7.17 Gefahr durch Gen-Food?

„Gen-Tomate, Gen-Mais, Gen-Food" – diese **Begriffe sind alle irreführend**.

Alle Pflanzen, die von Menschen oder Tieren verspeist werden, enthalten selbstverständlich Gene bzw. DNA. Mit den „normalen" Lebensmitteln nimmt **jeder Mensch täglich etwa 1 g DNA** auf, ganz gleich, ob diese DNA aus Tieren, Pflanzen oder Bakterien stammt: Sie verändern die Menschen nicht. Gene oder die DNA sind in erster Linie eine biologische Information. Als Bestandteil der Nahrung sind sie eine **harmlose Chemikalie**, die im Magen oder im Darm schnell abgebaut wird.

Die **Anti-Matsch-Tomate** war das erste zugelassene Gen-Food-Produkt der menschlichen Geschichte. Es wurden dabei von der Federal Drug Administration (FDA) nach Regeln von 1992 die Eigenschaften und nicht die Produktionsmethoden auf Verbrauchersicherheit getestet. Dass ein **Gen für Antibiotikaresistenz** dabei verwendet wurde, war deshalb kein Sicherheitsrisiko für die FDA, die meinte, die Calgene-Tomate unterscheide sich nicht signifikant von einer

nichtmanipulierten Tomate und habe die essenziellen Charakteristika einer normalen Tomate, sei also **sicher wie eine normale Tomate** (Abb. 7.51).

Letztlich war die Gen-Tomate allerdings nicht erfolgreich: Sie erreichte „keine hohe Marktdurchdringung". Die Ausgangssorte hatte keine besonders hohe Qualität, und die am Strauch gereiften Tomaten wurden von den Erntemaschinen beschädigt, die auf harte, unreife Früchte ausgelegt waren. Was ist aber, wenn ein transgenes Produkt nun tatsächlich besser schmeckt, weniger Pestizide und mehr Wertstoffe (Vitamine, Öle) enthält als die bisherigen Produkte und dabei auch noch weniger kostet?

Transgene Kartoffeln (Abb. 7.52) mit 25 % höherem Amylopektingehalt (verzweigte Stärke) sind bereits erzeugt worden. Amylopektin ist besser für die Verarbeitung geeignet als die unverzweigte Amylose.

Am Max-Planck-Institut für Molekulare Pflanzenphysiologie in Golm (Brandenburg) ist eine neuartige Kartoffel entwickelt worden: Dank zweier eingeführter Gene bildet sie in ihren Knollen nicht nur Stärke, sondern auch besondere Kohlenhydrate: **Fructane** (auch Inulin genannt). Diesen Ballaststoffen, reichlich in Artischocken oder Chicorée vorhanden, wird eine gesundheitsfördernde Wirkung zugeschrieben.

Zwar ist die Fructan-Kartoffel noch weit von einer Markteinführung entfernt, doch für die Sicherheitsforschung ist sie ein interessanter Modellorganismus. Das Grundelement ist Fructose, die sich zu langen, kettenförmigen Molekülen verknüpft. Diese Bindungen zwischen den Fructose-Einheiten können von den menschlichen Verdauungsenzymen nicht geknackt werden.

Die Folge: Anders als die pflanzliche Stärke passieren Fructane unverändert durch Magen und Dünndarm. Im Dickdarm regen sie das Wachstum bestimmter, als nützlich geltender Bakterien an. Fructane sind somit Ballaststoffe mit probiotischer Wirkung: Sie verbessern die Darmflora, indem sie „gute" Bakterien auf Kosten der „schlechten" fördern. Das sorgt nicht nur für eine gute Verdauung und eine gesteigerte Aufnahme bestimmter Mineralstoffe. Einige Studien fanden sogar Hinweise auf verbesserte Blutfettwerte (weniger Cholesterin) und ein geringeres Risiko für Dickdarmkrebs.

Inzwischen haben verschiedene, mit Fructanen oder anderen Oligosacchariden angereicherte

Lebensmittelprodukte großen Markterfolg. Meist kombinieren derartige Joghurts und Milchdesserts Fructanzusätze (*Präbiotika*) mit bestimmten „gesunden" Milchsäurebakterien wie LC1 oder *Bifido*-Stämmen (Probiotika), sodass sich ihre positiven Einflüsse ergänzen.

Nachdem es am Golmer Max-Planck-Institut gelungen war, die Gene für die beiden entscheidenden Biosyntheseenzyme zur Fructanbildung im Genom der Artischocke zu finden und sie in das Genom der Kartoffel zu übertragen, produzierten die Kartoffelknollen tatsächlich Fructan – in der langkettigen, besonders verdauungsstabilen Variante, wie sie für Artischocken typisch ist. Immerhin bestehen die Golmer Kartoffeln bis zu 5 % aus Fructan (bezogen auf die Trockenmasse). Doch bis die Konsumenten die neuartigen Kartoffeln im Handel kaufen können, muss sich Deutschland erst einmal durchringen sie zuzulassen.

Transgene Raps- und Sojasorten mit einem höheren Gehalt der essenziellen Aminosäure **Lysin** haben einen höheren Nährwert. Transgener Raps mit einem veränderten Spektrum der Fettsäuren wird zur **Konkurrenz für die Ölpalmen**: Laurinsäure (C_{12}) ist ein wichtiger Rohstoff für die Herstellung kaltwasserlöslicher Tenside. Sie kommt nur in Kokos- und Palmkernöl vor. Das Saatöl des transgenen Rapses enthält nun Laurinsäure. Malaysia, der Hauptproduzent von Palmöl, sieht das als reale Bedrohung: Soll man statt Palmen Raps anbauen?

Virusresistente Zuckerrüben widerstehen dem BNYVV (*beet necrotic yellow vein virus*), das die Blätter befällt und den Zuckerertrag mindert. Sie nutzen den Trick des Igels im Märchen der Brüder Grimm: »Ich bin allhier!«, sagen abwechselnd der Igelmann oder aber die gleich aussehende Igelfrau. Die genetische Information für ein Virushüllprotein wird in die Pflanze eingebaut und täuscht vor, sie sei schon vom Virus befallen.

Der Erreger der **Kartoffelfäule** führte im 19. Jahrhundert zu Hungersnöten in Irland. *Phytophtora* gehört zu den Oomyceten. Sie zwangen die irischen Vorfahren von **John F. Kennedy** zum Auswandern. Ironie der Geschichte: Ohne den „Kartoffelpilz" wäre Kennedy wohl nie US-Präsident geworden. Die transgenen pilzresistenten Pflanzen produzieren mit den Resistenzgenen aus Wildkartoffeln unter anderem Cellulasen. Diese Cellulasen wirken gegen die Pilzzellwände und lösen sie auf.

Bereits 1999 sind in Franken und in der Pfalz gentechnisch veränderte **Weinreben** freigesetzt worden. Das Ziel der Gentechniker ist es, endlich eine wirksame Strategie gegen pilzliche Schaderreger wie den Mehltau zu finden. Denn diese sind im Weinbau ein großes Problem, insbesondere bei den traditionellen Sorten Riesling, Merlot oder Chardonnay.

7.18 Soll man Gen-Food kennzeichnen?

Muss man Gen-Food kennzeichnen? **Oliver Kayser** von der Technischen Universität Dortmund fordert dringend auf, in der Diskussion zu differenzieren: »Keiner wird fürchten, einen roten Kopf zu bekommen, wenn er in eine Tomate beißt, obwohl er selbstverständlich mit dem Verzehr der Tomate deren komplettes Genom mitverzehrt. [...] Die Information für die rote Farbe wird zwar prinzipiell auch von der menschlichen Zelle verstanden. Sie kann aber nicht realisiert werden, da die vorgeschalteten Kontrollelemente beim Menschen nicht funktionieren.«

Also: Selbst wenn ein „Matsch-Gen" der Tomate manipuliert wurde, der Mensch hat keine Tomatenzellwände. **Saubere Kennzeichnung** sollte aber bei komplexen Gemischen mit rekombinanten Produkten selbstverständlich sein. Im Tomaten-Ketchup sind sowohl Fremd-DNA als auch die von dieser DNA codierten Proteine enthalten. **Also kennzeichnen!** Für hochgereinigten Zucker, der aus wurzelbartresistenten Rüben gewonnen wurde, war das zum Beispiel unklar. Zucker ist Zucker, glaubte man. Seit 2005 sind deshalb neue Richtlinien der EU in Kraft (Box 7.5 und Neuestes unter *www.transgen.de*), nicht alle logisch, aber ein erster Schritt in die richtige Richtung.

7.19 Gen-Pharming

Gentechnisch erzeugte menschliche Hormone wie Insulin und Wachstumsfaktor (Kap. 3 und 9) zeigen, dass **Biotechnologie unverzichtbar** ist. Der Bedarf dafür steigt rasant. Nun gibt es ein neues Dilemma; wir haben **nicht genügend Produktionskapazität!** Die „armen" **Colibakterien und auch Säugerzellen sind künftig total überfordert.**

Fachleute wie **Jörg Knäblein** sind deshalb der festen Überzeugung, dass **transgene Pflanzen** das Rennen machen werden (Box 7.10).

Was spricht dafür? Die **Kosten!** Pflanzen produzieren **zehn- bis 50-mal preiswerter** als *E. coli*

Abb. 7.54 2005 Proteste gegen Gen-Food (Greenpeace und attac) mit „Acht-Meter-Riesentomate"

Offensiv über Grüne Gentechnik informiert *www.gr   uenevernunft.de*

»Der Wissende ist noch nicht so weit wie der Forschende, der Forschende ist noch nicht so weit wie der heiter Erkennende.«
Konfuzius

Box 7.10 Expertenmeinung:
Pflanzliches Expressionssystem – eine „reife" Technologieplattform

Jedes vierte neue Medikament ist heute ein **Biopharmazeutikum**, dessen Wirkstoffe in Bioreaktoren produziert wurden: in Bakterien, Bierhefen, Insekten- oder Hamsterzellen, Tieren oder Pflanzen. Der Marktanteil dieser Wirkstoffe wächst gewaltig. Inzwischen wird aber deutlich, dass die Kapazität der mikrobiellen Fermentation begrenzt ist.

Allein für **Antikörper** wurden Gewinne von 8 Milliarden US-Dollar im Jahre 2008 erzielt. Zehn Monoklonale (siehe Kap. 5) belegen mehr als 75% der industriellen Produktionskapazität. 60 neue monoklonale Antikörper sollen den Markt in den nächsten Jahren erreichen. Zusammengenommen sind 1200 Produkte auf der Basis von Proteinen „in der Pipeline". Ein Markt von 100 Milliarden US-Dollar wurde für 2010 erzielt. Derzeit immer häufiger als Bioreaktor im Gespräch sind transgene Pflanzen.

In der **SWOT-Analyse** (*Strengths, Weaknesses, Opportunities, Threats*) wird deutlich, warum transgene Pflanzen als Expressionssystem für die Herstellung von Biopharmazeutika so gut geeignet sind: Preiswert und vergleichsweise schnell können diese Medikamente in großen Mengen hergestellt werden.

Strengths (Stärken):
- Erschließung zusätzlicher Produktionskapazitäten
- Hohe Produktionsleistung und hohe Proteinausbeute
- Kurze Entwicklungszeit bis zum Protein
- Sicherheitsvorteile: Es sind keine Humanpathogene involviert.
- Stabile Zelllinien: Sie haben eine hohe genetische Stabilität.
- Simples Medium: Wasser, Mineralien und Licht

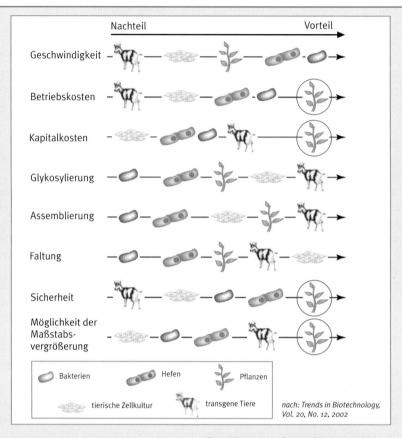

nach: *Trends in Biotechnology, Vol. 20, No. 12, 2002*

- Einfache Aufarbeitung (z. B. Ionenaustauscher)

Weaknesses (Schwächen):
- Es gibt noch kein zugelassenes Medikament (Phase III).
- Es existieren noch keine finalen Richtlinien der Behörden.

Opportunities (Möglichkeiten):
- Geringere Kosten und größere Gewinnmargen sind zu erwarten.
- Verhinderung von Produktionsengpässen
- Humanähnliche Glykosylierung der Proteine (im Gegensatz zu Bakterien)

Threats (Gefahren)
- Kontamination der Nahrungskette
- Entweichen von DNA

Die „Medien" (im Prinzip Wasser und Nährsalze) sind preiswert und frei von Keimen (Pathogene, Viren, Prionen etc.) und die Pflanzen sehr robust bezüglich der Kultivierungsbedingungen. Transgenes Moos z.B. produziert bei Temperaturen von 15–25°C und bei pH-Werten von 4 bis 8 in großen Mengen das gewünschte Protein. Icon Genetics aus Halle kultiviert gentechnisch veränderte Tabakpflanzen für die Produktion dreier Biopharmazeutika, die bislang in Bakterien- oder Zellkulturen hergestellt wurden. Bei dem ersten Protein handelt es sich um einen bereits auf dem Markt befindlichen Wirkstoff, bei dem zweiten soll demnächst die Zulassung als Mittel gegen Morbus Crohn eingereicht werden, und der dritte befindet sich

Abb. 7.55 Transgene Tomaten müssten klar erkennbar sein, z. B. durch Blaufärbung. Hier eine Photoshop-Simulation des Verfassers.

und sogar **100-mal billiger als Säugerzellen**. Ein Gewächshaus kostet 10 US-Dollar/m² im Vergleich zu 1000 US-Dollar/m² für tierische Zellkulturen. Ein 10 000-Liter-Bioreaktor für Bakterien kostet 250 000 bis 500 000 US-Dollar und fünf Jahre Zeit bis er läuft (Box 7.10).

Transgene Tiere (Kap. 8) können Medikamente zwar günstig in Milch produzieren, Tierschützer melden allerdings starke Bedenken an, und jüngste Rückschläge lassen eine Ausweitung der Technologie zunehmend unwahrscheinlicher erscheinen. **Bei Pflanzen gibt es dagegen keine ethischen und emotionalen Probleme!** So wachsen also Arzneimittel beim „Pharmer" in der Pharma-Plantage …

Einen weiteren **entscheidenden Vorteil** haben Pflanzenzellen: Komplizierte Eiweiße von höheren Lebewesen werden nach der Produktion in

auf dem Sprung in die klinische Entwicklung. Das virale Expressionssystem von ICON Genetics ist in der Abbildung rechts dargestellt und zeigt sehr anschaulich, wie das Virus nach wenigen Tagen den größten Teil der Blattzellen infiziert hat. Diese Zellen erscheinen unter UV-Licht grün, weil sie grün fluoreszierendes Protein (GFP, siehe Kap. 8) exprimieren.

Biopharmazeutika sind für eine chemische Synthese oft zu groß und zu komplex. Meist handelt es sich dabei um langkettige Proteinmoleküle, die korrekt gefaltet und mit Zuckern und anderen Molekülen besetzt sein müssen, um als Antikörper, Enzyme, Botensubstanzen oder Impfstoffe wirken zu können.

Für mich besteht der diskrete Charme von Moos, Mais und Tabak darin, dass sie über einen aufwendigeren Syntheseapparat als Bakterien verfügen, eine Produktion unschlagbar günstig wäre, und die so hergestellten Medikamente garantiert frei von Tierkeimen sind. Allerdings steckt auch bei den Kräutern der Teufel im Detail: Pflanzen haben deutlich andere Zuckervorlieben, wenn es um die Synthese von Proteinen geht. Außerdem bergen gentechnisch veränderte Pflanzen grundsätzlich die Gefahr, dass die veränderten Gene ungewollt auf andere Pflanzen übertragen werden.

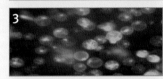

Virales Expressionssystem im Experiment: GFP (grün) und DsRed (rot) sind die beiden Fluoreszenzproteine, die gemeinsam exprimiert werden.

GFP (grün) und DsRed (rot) sind die beiden Fluoreszenzproteine, die zur Kontrolle der Genexpression eingesetzt werden können.

Diese Probleme haben die Forscher von ICON Genetics elegant gelöst. Eine Genausbreitung unterbinden sie, indem sie z.B. die Bauanleitung für die Arzneien nicht permanent ins Erbgut der Pflanzen einbauen. Erfreulicher Nebeneffekt: Die Produktion der Wirkstoffe läuft dadurch auf Hochtouren.

Die innovativen Verfahren der Firma zielen ab auf Genauigkeit, Geschwindigkeit, kontrollierte Expression und Sicherheit im Umgang mit den in die Pflanze eingebrachten Transgenen.

Das magnICON-System eignet sich für eine schnelle Gen/Vektorassemblierung und Optimierung, ebenso wie für die pflanzliche Hochdurchsatz-Expression (*high throughput expression*) bei optimaler Ausbeute. Zusätzlich bietet ICON das lexICON-System an, welches die eindeutige Markierung genetisch veränderter Pflanzen („DNA-Barcode")

ermöglicht. Das rot fluoreszierende Protein aus der Indopazifischen Seeanemone *Discosoma* spec. und das grün fluoreszierende Protein (GFP, siehe Kap. 8) sind ideale Marker für die Genexpression.

In der Abbildung links ist die Expression gezeigt: In Bild 1 sieht man die Pflanze kurz nach der viralen Infektion, in Bild 2 nach etwa einer Woche. Unter UV-Licht ist zu erkennen, dass fast alle Blattzellen GFP herstellen. Bild 3 und 4 zeigen denselben Ausschnitt. Unter dem Mikroskop erkennt man, dass dieselben Zellen sowohl GFP (grün) als auch DsRed (rot) exprimieren.

Dies bedeutet, dass eine Zelle doppelt transformiert werden kann. So könnte man z.B. in einer Zelle sowohl die leichte Kette eines Antiköpers als auch die schwere Kette herstellen. Eine solche Zelle wäre also in der Lage, einen kompletten Antikörper, bestehend aus leichter und schwerer Kette, funktional zu exprimieren. So sehe ich erwartungsfroh in die Zukunft. Vorausgesetzt, dass auch die klinischen Versuche nach Plan verlaufen, können die aus Pflanzen stammenden, aber identischen Wirkstoffe in nicht allzu ferner Zukunft heutige Medikamente teilweise ersetzen.

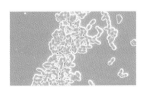

Dr. Jörg Knäblein ist Technology Scout der Bayer Schering Pharma AG in Berlin.

Literatur:

Knäblein J (2005) Production of recombinant proteins in plants. In: Knäblein J (ed) *Modern Biopharmaceuticals – Design, Development and Optimization*. Wiley-VCH, Weinheim, 893 – 917.

Knäblein J (2008) Plant-based Expression of Biopharmaceuticals. In: Meyers RA (ed) *Pharmacology – From Drug Development to Gene Therapy*, Wiley-VCH, Weinheim, 442 – 465.

der Zelle noch modifiziert. Beispielsweise werden **komplizierte Zucker angehängt,** ohne die manche Proteine nicht aktiv sind (Kap. 4).

Das können Bakterien nicht! Was kann man also machen? **Antikörper** (engl. *antibodies*) können schon jetzt in Pflanzen (engl. *plants*) in großen Mengen hergestellt werden, sogenannte **Plantibodies**. Antikörper wurden bereits gegen das Adhäsin der Kariesbakterien (*Streptococcus*

mutans, Abb. 7.56) in transgenem Tabak produziert.

Erfolgreich wurde auch schon getestet, **Impfstoffe in Kartoffeln und Bananen** zu produzieren: Kartoffeln mit einem Eiweiß einiger *Coli*-Stämme, das zu Durchfällen führt (Enterotoxin B), schützte menschliche Freiwillige nach dem Verzehr effektiv vor den lästigen Begleiterscheinungen des Bakterienbefalls.

Abb 7.56 Die Ansiedlung von Kariesbakterien (*Streptococcus mutans*) könnte künftig mit Antikörpern aus transgenen Tomaten oder Bananen verhindert werden.

Abb. 7.57 Der Anteil transgener Pflanzen (grün) wächst weltweit beständig (in Millionen Tonnen).

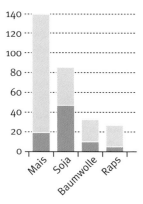

Abb. 7.58 Oben: Gene der Osterglocke und des Bakteriums *Erwinia* wurden auf Reis übertragen, um den „Goldenen Reis" mit hohem Provitamin-A-Gehalt zu schaffen. Unten: Ingo Potrykus (rechts) und Peter Beyer waren zwei seiner Schöpfer.

Box 7.11 Expertenmeinung: Menschliches Blutprotein aus dem Reiskorn

481 Millionen Tonnen Reis werden 2017 weltweit geerntet, sagt die Food and Agriculture Organisation (FAO) der Vereinten Nationen. Könnte man mit einem Teil der Reispflanzen medizinisch wertvolle Substanzen produzieren, wie zum Beispiel menschliche Eiweiße?

An der Universität Wuhan in Zentralchina haben wir das erfolgreich für ein Blutprotein demonstriert.

Das **Bluteiweiß Albumin** hat zwei zentrale Aufgaben: Es reguliert die Flüssigkeitsverteilung zwischen Blut und Körpergewebe und arbeitet als „Molekültransporter" im Blut. In der Medizin ist es wichtig etwa bei schweren Leberkrankheiten oder in der Dialyse. Der Bedarf an Albumin – derzeit weltweit mehr als 500 Tonnen pro Jahr – kann nicht gedeckt werden. Das führt zu einem rapiden Preisanstieg und sogar zu gefälschtem Albumin in China. Gegenwärtig gewinnt man das Protein aus menschlichem Blutplasma. Das ist eine mühevolle und langsame Prozedur. Sie birgt zudem auch noch Sicherheitsrisiken: Durch das Plasma könnten die Empfänger mit Krankheiten wie HIV und Hepatitis infiziert werden.

Das ist bei uns in China ein hochsensibles Thema: In der Provinz Henan sind ganze Dörfer durch kontaminiertes Blutplasma durch kriminelle Geschäftsleute mit HIV infiziert worden. Genmanipulierte (transgene) Pflanzen bieten sich an. Versuche mit trans-

Oben:
Reisterrasse
Rechts:
japanische Reismünze

genem Tabak und Kartoffeln gab es bereits. Es gelang tatsächlich, Albumin herzustellen. Aber letztlich war das Verfahren zu teuer.

Deshalb begannen wir, mit Reis zu experimentieren. Reis eignet sich – ebenso wie andere Getreidesorten – besonders gut, weil er Eiweiß in großer Konzentration für relativ lange Zeit speichern kann und der Produktionsprozess sich genau steuern lässt. Wir verpflanzten gentechnisch das menschliche Albumin-Gen (also einen DNA-Abschnitt) in Reispflanzen. Ganz wichtig: Wir fanden eine effektive Methode, mit der das Protein aus den Körnern extrahiert werden konnte.

Pro Kilogramm Reiskörner wurden 2,75 g des lebenswichtigen Proteins produziert, das ist deutlich kosteneffizient! Das untere Kostenlimit liegt bei 0,1 g pro Kilogramm Reis. Wir überprüften die Qualität des gewonnenen Albumins auch gleich an Ratten: Bei den Tieren mit Leberzirrhose – und damit eingeschränkter Albuminproduktion – wirkte das im Reis erzeugte Blutprotein ebenso wie natürliches Albumin.

Allergische Reaktionen auf das pflanzliche Albumin hat es nicht gegeben. Dazu sind allerdings noch umfassende weitere Analysen nötig, bevor es im Rahmen einer klinischen Therapie eingesetzt werden kann.

Im Englischen könnte sich der Bauer statt *farmer* künftig... *pharmer* nennen...

Daichang Yang ist Professor an der Universität Wuhan, China.

Box 7.12 Biotech-Historie: Antifrostbakterien – die Freisetzungsgeschichte

Im April 1983 gab die Gesundheitsbehörde der USA, deren Beratungskommission über Gentechnikexperimente entscheidet, grünes Licht für **Freilandversuche mit Antifrostbakterien**. Die Rechnung war aber ohne die amerikanische Öffentlichkeit gemacht worden. Einige Bürger gingen vor Gericht und kritisierten, dass es keine umfangreichen ökologischen Studien gegeben habe: Wer garantiert, dass nicht auch Unkräuter und Pflanzenschädlinge von den Frostschutzbakterien profitieren? Wird das biologische Gleichgewicht gestört? Einmal in die Umwelt entlassene Mikroben lassen sich nicht zurückrufen. Selbst Klimaveränderungen wurden nicht ausgeschlossen.

Im Mai 1984 entschied man, Freilandversuche mit gentechnisch veränderten Lebewesen nicht zuzulassen. Es sollte ein ökologisches Gutachten vorgelegt werden, in dem Nutzen und Risiken für die Umwelt abgewogen werden. Die Forscher experimentierten daraufhin weiter im Labor und im Gewächshaus und konnten einige der kritischen Punkte entkräften.

Inzwischen aber hatte die Universität von Kalifornien eine Lizenz an die benachbarte Firma Advanced Genetic Sciences (AGS) vergeben. Nach amerikanischem Recht war die Firma nicht von dem gerichtlichen Verbot betroffen, das nur für Regierungsinstitutionen wie Universitäten galt. AGS plante, Antifrostbakterien auf 2400 Erdbeerpflanzen eines Feldes in dem Ort Salinas zu sprühen und sie drei Monate lang sorgfältig zu beobachten. Sollten die Bakterien die Schutzzone in 15 und 30 m Umkreis überqueren, würden sie mit Antibiotika bekämpft.

Nun schaltete sich die Umweltbehörde ein, genehmigte aber im November 1985 das Experiment. Daraufhin leisteten die Einwohner von Salinas Widerstand. Sie lehnten die Feldversuche als zu riskant ab. Außerdem sickerten Informationen durch, AGS habe noch vor Genehmigung des Freilandversuchs auf dem großen Flachdach der Firma Obstbäume bereits heimlich mit Antifrostbakterien besprüht. Damit war der Skandal perfekt: Die Umweltbehörde entzog der Firma die Genehmigung auf unbestimmte Zeit und verhängte ein Bußgeld von 20 000 Dollar.

Die Firma musste nun zusätzliche Experimente anstellen und Expertisen ausarbeiten. In einem Experiment wurden im Gewächshaus Erdbeeren mit verschiedenen Konzentrationen von Eis-Minus-Bakterien und Normalbakterien besprüht. Keiner der Bakterienstämme erlangte in der Folgezeit aber einen Vorteil. Das hieß aber auch, dass eine unkontrollierte Ausbreitung nicht absolut ausgeschlossen werden konnte.

Schneeflocken sind aus vielen Kristallen zusammengebacken und werden umso größer, je höher die Temperatur beim Schneefall ist.

Schließlich waren 1987 die Auflagen der US-Umweltbehörde durch AGS erfüllt. Zwar wurde ein Teil der Erdbeerpflanzen trotz moderner Sicherungsanlagen kurz vor dem ersten Test von Unbekannten herausgerissen, der Test verlief jedoch erfolgreich. **Julie Lindemann** stapfte dekorativ durch die Medien. Es konnten keine manipulierten Mikroben außerhalb der 30-Meter-Sicherheitszone gefunden werden. Nicht einmal 15 m weit breiteten sich die manipulierten Bakterien aus.

1992 registrierte Frost Technologies Corporation bei der EPA eine Mischung von drei *Pseudomonas*-Stämmen („Frostban B") zur Frostkontrolle. Die EPA bestand aber darauf, Frostban als Pestizid zu registrieren, da natürliche Bakterien vermindert werden. Im Moment scheinen die Kosten das Projekt

Bakterien dienen als Kristallisationskeime für Eiskristalle.

gestoppt zu haben. In Europa wurden übrigens genmanipulierte Viren schon im September 1986 freigesetzt, allerdings, um die Sicherheit von Gentechnikexperimenten zu überprüfen: Baculoviren töten normalerweise die Raupen der Kieferneule, eines Forstschädlings. Oxforder Virologen setzten in das Erbmaterial des Virus ein 80 Basenpaare langes DNA-Stück ein, das nur dazu dient, die Viren genetisch zu markieren, und den Stoffwechsel nicht verändert. Das Schicksal von einmal freigelassenen Mikroorganismen sollte so im Feld weiterverfolgt werden. Schädlingsraupen wurden mit „markierten" Viren infiziert. Die Raupen und auch die geschlüpften Schmetterlinge können die engmaschigen Netze des Testfeldes nicht durchdringen. Wenn die Experimente gelingen, sollen in Baculoviren das Gen für ein zusätzliches Insektengift und ein „Selbstmordgen" eingebaut werden; Letzteres sorgt dafür, dass die Viren nach getaner Arbeit absterben.

Werden künftig Palmen im winterlichen Garten unserer Grafikerin Darja Süßbier wachsen? Wo ist mein Kater?

Man stelle sich vor, man äße nach dem Zähneputzen noch eine „Anti-Karies-Tomate".

Hier wäre aber sofort die Frage nach der Sicherheit (Dosierung!) zu stellen. Man müsste die Pflanzen dann **auffällig kennzeichnen**, die Tomaten müssten also z. B. farblos sein oder eine andere Farbe tragen (Abb. 7.55). Wie wäre es mit blau?

■ 7.20 Transgene Pflanzen – eine hitzige Debatte

Die Diskussion über transgene Pflanzen und Gen-Food hält an. Die Hauptargumente dagegen sind eher politischer Natur und schwer zu widerlegen: Sie dienten massiv den Interessen der großen Firmen und der Großfarmer und machten kleine Farmer noch abhängiger.

Abb. 7.59 Steven E. Lindow

Box 7.13 Expertenmeinung: Biotechnologie an Kulturpflanzen in den USA – eine Erfolgsgeschichte

Nordamerikanische Landwirte stehen beim **Anbau von gentechnisch veränderten Kulturpflanzen** weiterhin weltweit an der Spitze. 2014 bauten sie davon rund 80 Millionen Hektar an. Die treibende Kraft für diese Steigerung der Anbaufläche von zwei Millionen Hektar im Jahr 1996 (dem ersten Jahr des kommerziellen Anbaus) bildete der aus dieser Technologie gewonnene enorme Nutzen.

Die amerikanische Farmer bauten **acht biotechnologisch veränderte Nutzpflanzenarten** an: Luzerne, Raps, Mais, Baumwolle, Papaya, Sojabohnen, Speisekürbis und Zuckermais.

Die Veränderung betraf die drei Eigenschaften **Resistenz gegen Herbizide, gegen Insekten und gegen Viren**. Angebaut wurden vor allem 13 verschiedene Kombinationen: Luzerne, Raps, Mais, Baumwolle und Sojabohnen mit Herbizidresistenz; Kürbis und Papaya mit Virusresistenz sowie drei Maissorten, zwei Baumwollsorten und Zuckermais mit Insektenresistenz.

2014 waren 93 % der Sojabohnen und der Baumwolle und 80 % des Maises in den USA genetisch modifiziert.

Im Allgemeinen werden **Kulturpflanzen mit Herbizidresistenz** in weitaus größerem Umfang angebaut als insekten- und virusresistente Pflanzen. Die rasche Einführung und der großflächige Anbau herbizidresistenter Feldfrüchte sind vor allem darauf zurückzuführen, dass Unkräuter überall wachsen.

Der Anbau insekten- und/oder virusresistenter Kulturpflanzen schwankt jährlich in Abhängigkeit vom voraussichtlichen Befall mit den betreffenden Schädlingen. Die Anbaumenge dieser Kulturpflanzen, insbesondere der Bt-Pflanzen, wird künftig noch weiter ansteigen, da neue Sorten Baumwolle auf den Markt kommen und größere Mengen an Saatgut für YieldGard Rootworm-Mais sowie WideStrike- und Bollgard II-Baumwolle zur Verfügung stehen. Wie die amerikanischen Erfahrungen aus mehr als einem Jahrzehnt Anbau biotechnologisch veränderter Pflanzen zeigen, stellen diese Pflanzen **einfa**-che, zuverlässige und flexible Alternativen zu den traditionellen Möglichkeiten der Schädlingsbekämpfung dar. Sie vermindern die Produktionskosten und erhöhen die Ernteerträge, wovon **die Farmer direkt finanziell profitieren**.

Das National Center for Food and Agricultural Policy der USA gibt seit 2002 eine Studie in Auftrag, die seitdem jährlich aktualisiert wird. Einem aktuellen Bericht zufolge hat der Anbau biotechnologisch veränderter Pflanzen auf 48 Millionen Hektar Ackerfläche im Jahr 2005 den **Ertrag** um 3,8 Milliarden Kilogramm **gesteigert**, die **Produktionskosten** um 1,4 Milliarden Dollar und den **Pestizidverbrauch** in der landwirtschaftlichen Produktion um 32 Millionen Kilogramm **gesenkt** (Sankula 2006). Die **Steigerung des Nettoertrags** durch Anbau biotechnologisch veränderter Pflanzen betrug im Jahr 2005 zwei Milliarden Dollar.

Die folgende Diskussion konzentriert sich auf die Probleme, welche die Schädlingsbekämpfung für die Landwirte beim Anbau konventioneller Feldfrüchte mit sich bringt, und welche Lösungsmöglichkeiten biotechnologisch veränderte Pflanzen dafür bieten. Außerdem werden die Auswirkungen für die Farmer und die Produktion von gentechnisch veränderten Nutzpflanzen in den USA diskutiert. Aus Platzgründen beschränkt sich diese Erörterung auf Mais und Baumwolle mit Insektenresistenz und virusresistente Papayas.

Probleme mit Maisschädlingen

Bei der Maisproduktion in den USA bereiten vor allem **Maiszünsler, Maiswurzelbohrer, Rübeneulen und Erdraupen** die größten Probleme.

Der Europäische Maiszünsler und der Westliche Maiswurzelbohrer sind die beiden ökonomisch wichtigsten Maisschädlinge. Sie bescheren den Farmern jährlich Kosten in Milliardenhöhe für Insektizide und führen zu starken Ernteeinbußen.

Der für diese beiden Arten geprägte Spitzname „**Milliarden-Dollar-Schädlinge**" ist einem Minderertrag in Höhe von mindestens einer Milliarde Dollar geschuldet, den jede dieser Arten pro Jahr verursacht.

Die Bekämpfung des **Europäischen Maiszünslers** mit **Insektiziden** ist aus zwei Gründen schwierig. Zum einen ist die Befalls-rate nur schwer vorauszusagen und variiert von Jahr zu Jahr sehr stark. Demzufolge zögern die Landwirte, Geld für Untersuchungen auszugeben, welche die Durchführbarkeit und Rentabilität der Anwendung von Insektiziden feststellen können. Zum anderen ist die Bekämpfung des Europäischen Maiszünslers auch wegen seiner Fress- und Lebensgewohnheiten schwierig.

Die Larven des Maiszünslers fressen nach dem Schlüpfen in den Blattwirteln und dringen schließlich in den Maisstängel vor, in dessen hohlem Inneren sie sich dann verpuppen und daher für Insektizide nicht erreichbar sind. Deshalb müssen die Insektizide in dem zwei bis drei Tage dauernden Zeitraum zwischen dem Schlüpfen und dem Einbohren in den Stängel aufgebracht werden. Die Insektizide zum genau richtigen Zeitpunkt anzuwenden, ist zwar der Schlüssel zu einer erfolgreichen Bekämpfung des Europäischen Maiszünslers, mit den bisher bestehenden Möglichkeiten an **Insektiziden lassen sich jedoch nur geringfügige bis gute Erfolge** erzielen.

Ähnlich wie der Europäische Maiszünsler stellt auch der **Maiswurzelbohrer** ein wirtschaftlich wichtiges und schwieriges Problem bei der Schädlingsbekämpfung dar. Manche ausgezeichneten Insektizide blieben auf der Strecke, weil der Maiswurzelbohrer eine Resistenz dagegen entwickelte. Neben der Anwendung von Insektiziden wird verbreitet auf Fruchtwechsel als Anbaumethode gesetzt, um den Maiswurzelbohrer einzudämmen. Da eine Variante des Maiswurzelbohrers als erster Schädling überhaupt eine Möglichkeit entwickelt hat, den Fruchtwechsel zu überstehen, haben die Landwirte nach einem Durchbruch in der Bekämpfung dieses Schädlings gesucht. Gentechnisch veränderter Bt-Mais läutete daher in den USA den Beginn einer neuen Ära der Schädlingsbekämpfung sowohl des Europäischen Maiszünslers als auch des Maiswurzelbohrers ein.

Probleme mit Baumwollschädlingen

Die verheerendsten Auswirkungen haben Baumwollschädlinge, welche die Kapseln und Knospen befallen, wie der Amerikanische Baumwollkapselbohrer, die Baumwolleule, der Rosa Baumwollkapselwurm, der Mexikanische Baumwollkapselkäfer und Wiesenwanzen.

Ertragseinbußen durch ein Zusammenspiel von Baumwollkapselbohrer und Baumwolleule, die verheerendsten der oben genannten Schädlinge, sind zur Blütezeit typischerweise höher. Ohne effektive Bekämpfung verursachen diese beiden Schädlinge Ertragsminderungen von bis zu 67 %.

Baumwolle gilt als das landwirtschaftliche Produkt mit dem höchsten Einsatz an Pestiziden in den USA. Mehr als 90 % der gesamten Baumwollanbaufläche in den USA werden mit Insektiziden behandelt. Die Kosten für Insektizide zur Bekämpfung des Baumwollkapselbohrers, der Baumwolleule und des Rosa Baumwollkapselwurmes machen schätzungsweise 60–70 % der Gesamtkosten für Schädlingsbekämpfung bei amerikanischen Baumwollfarmern aus. Außerdem haben der Baumwollkapselbohrer und die Baumwolleule bereits gegen Insektizide aus den Klassen der Organophosphate, Pyrethroide und Carbamate Resistenzen entwickelt, was die Bekämpfung noch weitaus problematischer macht. Gentechnisch veränderte insektenresistente Baumwolle lieferte die Antwort auf die Herausforderungen bei der Schädlingsbekämpfung.

Insektenresistenter Mais

Insektenresistenter Mais oder Bt-Pflanzen waren eine der ersten Kulturpflanzen, die in den USA mithilfe von Biotechnologie entwickelt wurden. In die Pflanzen wurde ein Gen des Bodenbakteriums *Bacillus thuringiensis* eingeschleust, daher die Bezeichnung Bt. Das für bestimmte Insekten hochgiftige **Bt ist für den Menschen relativ harmlos**, da er keine Verdauungsenzyme besitzt, um die Proteinkristalle in ihre aktive Form zu überführen. Wegen ihrer Sicherheit und Effektivität bei der Bekämpfung bestimmter Schädlinge bilden Cry-Proteine aus Bt schon seit mehr als 40 Jahren einen wesentlichen Bestandteil der organischen Nutzpflanzenproduktion in den USA. Im Jahr 2005 wurden **drei insektenresistente Maissorten kommerziell** produziert.

Dazu gehören Bt-Mais, der resistent gegen den Maiszünsler ist (Handelsnamen: Yield-Gard Corn Borer und Herculex I), Bt-Mais mit Resistenz gegen die Ypsiloneule und die Rübeneule (Handelsname: Herculex I) und Bt-Mais mit Resistenz gegen den Maiswurzelbohrer (Handelsname: YieldGard Rootworm). YieldGard Corn Borer ist schon seit 1996 auf

Ein Fachmann untersucht Papayabäume auf den Befall mit dem Papaya-Ringfleckenvirus.

dem Markt, der kommerzielle Einsatz von Herculex I und YieldGard Rootworm erfolgte dagegen erst im Jahr 2003.

Bt-Baumwolle

Kommerziell angebaut werden in den USA derzeit drei Sorten von Bt-Baumwolle: Bollgard I, Bollgard II und WideStrike. Die Zielschädlinge für die Bollgard I-Baumwolle, die das Cry1Ac-delta-Endotoxin produziert, sind die Baumwolleule und der Rosa Baumwollkapselwurm. Bollgard II ist die zweite Generation insektenresistenter Baumwolle, die neben dem Schutz vor Baumwolleule und Rosa Baumwollkapselwurm (wie bei Bollgard I) auch noch einen erweiterten Schutz vor dem Amerikanischen Baumwollkapselbohrer, Rübeneulen und dem Sojabohnenspanner bietet. Bollgard II enthält die beiden Bt-Gene Cry1Ac und Cry2Ab, sein Vorgänger Bollgard I nur eines.

Durch das Vorhandensein zweier Gene kann **ein breiteres Spektrum von Schädlingen** bekämpft werden, bestimmte Schädlinge lassen sich wirksamer bekämpfen, und die Gefahr einer Resistenzbildung verringert sich. Die Anwesenheit des Cry2Ab-Gens neben dem Cry1Ac-Gen bei Bollgard II-Baumwolle liefert unabhängig eine zweite hohe Insektiziddosis gegen die Zielorganismen.

Deswegen betrachtet man Bollgard II auch als wichtiges neues Element, um eine Resistenzbildung bei der Bekämpfung von Baumwollschädlingen zu verhindern. Dow Agrosci-

ences nutzten ein ähnliches Verfahren wie bei Bollgard II und entwickelten dadurch WideStrike-Baumwolle, die gleichzeitig zwei verschiedene Bt-Proteine mit insektizider Wirkung produziert, Cry1Ac und Cry1F. Wie Bollgard II bietet diese Baumwolle während der gesamten Wuchsperiode einen Schutz vor einem breiten Spektrum an Baumwollschädlingen wie dem Amerikanischen Baumwollkapselbohrer, der Baumwolleule, dem Rosa Baumwollkapselwurm, Rübeneulen, der Amerikanischen Gemüseeule und dem Sojabohnenspanner

Auswirkungen insektenresistenter Mais- und Baumwollpflanzen

Bt-Pflanzen bieten einen mindestens genauso umfangreichen Schutz vor bestimmten Schadorganismen wie die zuvor eingesetzten konventionellen Bekämpfungsmethoden – wahrscheinlich sogar einen höheren. Seit der erstmaligen Anpflanzung insektenresistenter Bt-Pflanzen registrierten die Farmer als bedeutendste Auswirkung eine Steigerung der Ernteerträge. Im Gegensatz zu konventionellen Insektiziden liefern die Bt-Pflanzen einen „eingebauten" erhöhten Schutz vor Schädlingen, der die ganze Wachstumsperiode lang anhält und in einem höheren Ertrag resultiert.

Eine weitere wesentliche Auswirkung insektenresistenter Pflanzen ist, dass **weniger Insektizide** gegen die Zielorganismen ausgebracht werden müssen, da Bt-Pflanzen diese Anwendung überflüssig machen. Durch diese Reduzierung des gesamten Insektizidverbrauchs und der Zahl der verwendeten Spritzmittel konnten die Farmer, die Bt-Pflanzen anbauen, Kosten einsparen und dadurch ihre Gewinne steigern. Weitere Vorteile der Bt-Pflanzen sind Zeitersparnis durch Wegfall von Kontrollen auf Schädlinge, ein geringerer Energieverbrauch und eine geringere Gesundheitsbelastung durch Wegfall des Ausbringens der Insektizide.

Indirekt wirken sich die Bt-Pflanzen auf die Schädlingspopulation vor Ort aus, da sie zu einer **starken Dezimierung der Schadorganismen** auf der Anbaufläche führen. Dies wird als „Halo-Effekt" bezeichnet und wurde sowohl bei Bt-Mais als auch bei Bt-Baumwolle beobachtet. Da beim Anbau von Bt-Mais und Bt-Baumwolle weniger Kolben und Kapseln auf den Boden fallen, ist im Folgejahr auch

Fortsetzung nächste Seite

Anbau gentechnisch veränderter Pflanzen in den USA

Merkmal:
virusresistent
Resistenz gegen:
Papaya-Ringflecken-
virus,
Papayamosaikvirus

Papaya

Merkmal:
virusresistent
Resistenz gegen:
Gurkenmosaikvirus,
Wassermelonen-
mosaikvirus,
Zucchini-Gelbmosaik-
virus

Speisekürbis

Merkmal:
herbizidresistent
Resistenz gegen:
Glyphosat

Sojabohne

Merkmal:
herbizidresistent
Resistenz gegen:
Glyphosat, Glufosinat

Raps

Merkmal:
herbizidresistent
Resistenz gegen:
Glyphosat, Glufosinat

Mais

Merkmal:
insektenresistent
Resistenz gegen:
Rosa Baumwollkapsel-
wurm, Baumwolleule,
Spanner, Armyworm

Baumwolle

Merkmal:
herbizidresistent
Resistenz gegen:
Glyphosat

Luzerne

ein geringerer Wildwuchs an Mais- und Baumwollpflanzen zu verzeichnen. Durch ihre gezielte Wirkung auf bestimmte Schädlinge (mittels natürlich vorkommender Proteine) vermindern Bt-Pflanzen die Notwendigkeit und den Einsatz chemischer Insektizide. Dadurch werden **nützliche Insekten, die die Kulturlandschaften bewohnen, erhalten und sogar gefördert**, was eine weitere Ebene der Schädlingsbekämpfung darstellt. **Lokale Ökosysteme** profitieren ebenfalls, denn seit der Anpflanzung von Bt-Pflanzen hat man eine **höhere Zahl von Vogelpopulationen** in Bt-Baumwollfeldern registriert als in herkömmlichen Feldern.

Virusprobleme bei Papaya

Das **Papaya-Ringfleckenvirus** ist die wichtigste, Papayas betreffende Krankheit. In den 90er-Jahren war die Papayaproduktion in den USA, die hauptsächlich auf Hawaii erfolgt, aufgrund der Epidemien des Papaya-Ringfleckenvirus stark rückläufig. Die hawaiianischen Farmer mussten ständig ihre Bäume kontrollieren und infizierte Exemplare fällen, um ein Übergreifen des Virus auf andere Felder zu verhindern. Dieses Vorgehen erwies sich als sehr kostspielig und uneffektiv und führte zum Zusammenbrechen der Papayaindustrie auf Hawaii.

Daraufhin wurden biotechnologisch veränderte virusresistente Pflanzen entwickelt, die Gene des pathogenen Virus exprimieren. Solche Pflanzen stören die grundlegenden Lebensfunktionen des Virus. Bei der Pathogen-abgeleiteten Resistenz werden am häufigsten Hüllprotein-Gene eingesetzt. Die Expression des Hüllprotein-Gens schützt vor der Infektion mit dem Virus, von dem das Gen stammt, und möglicherweise auch vor Infektionen mit anderen Viren.

Seit 1998 wurden in den USA zwei virusresistente Pflanzenarten angebaut: **Papaya und Speisekürbis**. Insbesondere die Papaya gilt als leuchtendes Beispiel für den biotechnologischen Erfolg in den USA.

Bedeutung virusresistenter Papayabäume

Allein der Biotechnologie ist es zu verdanken, dass die Papayaindustrie auf Hawaii noch immer fortbesteht. Virusresistente Papayabäume haben eine strategische Anpflanzung konventioneller Sorten in Gebieten ermöglicht, die zuvor vom Ringfle-

ckenvirus betroffen waren, sowie die Pflanzung von konventionellen und gentechnisch veränderten Sorten in unmittelbarer Nachbarschaft. Die Papayaproduktion, die ab den frühen 90er-Jahren bis 1998 um 45 % zurückgegangen war, erholte sich seit 1999 wieder auf ihren ursprünglichen Stand. Experten führen dieses Ansteigen der Papayaproduktion auf die Anpflanzung virusresistenter Sorten zurück. Insgesamt gesehen haben gentechnisch veränderte Papayas **das wirtschaftliche Überleben eines Industriezweiges gesichert, der am Rand des Ruins stand.**

Fazit

Jede Entscheidung bezüglich des Anbaus von Feldfrüchten hat ihre Auswirkungen. Die Entscheidung, gentechnologisch veränderte Pflanzen anzubauen, bildet da keine Ausnahme. Amerikanische Farmer haben sich dazu entschieden, gentechnisch veränderte Feldfrüchte anzubauen, da sie die eindeutigen Vorteile dieses Anbaus erkannten. Die Biotechnologie revolutionierte nicht nur die Art der Produktion dieser Feldfrüchte, sondern gab den Farmern auch berechtigte Hoffnung auf einen verbesserten Schutz vor Schädlingen und damit auf einen höheren Ertrag bei minimalem Einsatz. Mit dieser gesteigerten Hoffnung und großer Zuversicht haben die amerikanischen Farmer die Anbauflächen für gentechnisch veränderte Feldfrüchte seit 1996 um 78 Millionen Hektar bis 2014 erweitert.

Der jährliche Anstieg des Anbaus gentechnisch veränderter Feldfrüchte seit deren Einführung zeugt von den konkreten positiven Auswirkungen, die dies mit sich bringt, und von den optimistischen Aussichten für die Zukunft.

Dr. Sujatha Sankula war Leiterin des Forschungsprogramms für Biotechnologie am National Center for Food and Agricultural Policy, Washington, DC.

Literatur:

Sankula S (2006) *Quantification of the Impacts on US Agriculture of Biotechnology – Derived Crops Planted in 2005.* NCFAP, Washington

Sie unterminierten nachhaltige und alternative Landwirtschaft. Dem wird aber entgegengehalten, dass sowohl große wie kleine Farmer, auch in Entwicklungsländern, sich für den Anbau dieser Pflanzen entschieden haben, weil sie sich trotz höherer Saatgutkosten letzten Endes ökonomische Vorteile davon versprechen.

Ein wirklich umweltfreundliches Produkt wird durch transgene *Arabidopsis thaliana* und in Raps produziert: **Polyhydroxybutyrat** (**PHB**) – ein bioabbaubares Polymer (siehe Kap. 6). Dieser Biokunststoff verschwindet nach einiger Zeit völlig aus der Umwelt, weil er von Bakterien aufgefressen wird. Inzwischen sind Biosynthesegene von *Ralstonia eutropha* in der Acker-Schmalwand *Arabidopsis thaliana* – einem Lieblingsobjekt der Pflanzengenetiker – zur Expression gebracht worden und machen die PHB-Produktion zunehmend kostengünstig und attraktiv.

Beinahe **2,4 Milliarden Menschen ernähren sich in der Hauptsache von Reis.** Wer fast ausschließlich Reis zu sich nimmt, riskiert schwerwiegende **Mangelerscheinungen**, weil Vitamin A, Eisen, viele Spurenelemente und wichtige Proteine in den weißen Körnern fehlen. Rund 800 Millionen Menschen weltweit leiden unter akutem **Vitamin-A-Mangel**. Ihr Sehvermögen wird schwächer, Immunsystem, Blutbildung und Skelettwachstum ebenso. Wissenschaftler schätzen, dass dies die Ursache für jährlich zwei Millionen Todesfälle ist und dass **eine halbe Million Kinder** pro Jahr wegen Vitamin-A-Mangel erblinden. Hinzu kommen weit verbreitete Symptome durch **Eisenmangel**: Für 1,8 Milliarden Frauen, vor allem in der Dritten Welt, ist Blutarmut unausweichlich.

Ingo Potrykus (geb. 1933, Box 7.7) von der Eidgenössischen Technischen Hochschule (ETH) in Zürich und seinem deutschen Kollegen **Peter Beyer** (geb. 1952, Uni Freiburg) ist es gelungen, den „**Goldenen Reis**" zu entwickeln. Die beiden Forscher übergaben ihre Resultate dem International Rice Research Institute (IRRI) bei Manila zur kostenlosen Verwertung. Die Öffentlichkeit Europas war über den „Goldenen Reis" begeistert. Er enthält in den golden schimmernden Körnern in hoher Konzentration Carotin (Provitamin A), eine Vorstufe für Vitamin A. Gene der Osterglocke (*Narcissus pseudonarcissus*) und eines Bakteriums (*Erwinia uredovora*, wir kennen *Erwinia* von der Vitamin-C-Synthese aus Kap. 4) wurden dafür übertragen.

Die Firma Zeneca hatte – ein Sonderfall in der Gentechnikbranche – angekündigt, das Saatgut für diesen „Goldenen Reis" kostenlos an Kleinbauern in Entwicklungsländern abzugeben. Das erschien den Kritikern vordergründig. Eine unerwartet heftige Debatte begann, sie hält bis heute an. Nun hat ein Forschungsteam des Biotechnikunternehmens Syngenta die neue Variante des „Goldenen Reises" entwickelt. Sie enthält 23-mal mehr β-Carotin als die zuerst entwickelte Variante.

Die Wissenschaftler um **Rachel Drake** vom britischen Jealott's Hill International Research Center in Bracknell fügten im Jahr 2005 dem Reisgenom ein Maisgen hinzu. Mithilfe des darin verschlüsselten Proteins produzieren die Reispflanzen das Provitamin A. Der „Goldene Reis II" könnte rund **die Hälfte des Tagesbedarfs an Vitamin A** decken, sagen die Forscher.

Andere Projekte seien hier nur genannt: coffeinfreier Kaffee (immerhin trinken 20 % aller Erdbewohner DECAFF) und Schwermetall sammelnde Pappeln, trockenheits- und salzresistente Kulturpflanzen.

■ 7.21 Tropische Palmen in Deutschland?

Können wir künftig auch frostempfindliche tropische Palmen im deutschen Winter im Garten stehen lassen (Box 7.12 und Abb. 7.61)?

Am 24. April 1987 um 6.45 Uhr schrieb **Julie Lindemann**, eine junge Wissenschaftlerin, Biotechnologiegeschichte. Sie stapfte in einem Mondanzug über ein kalifornisches Erdbeerfeld und versprühte dabei eine Brühe mit Antifrostbakterien: Zum ersten Mal wurden gentechnisch manipulierte Mikroben mit Genehmigung der staatlichen Behörden freigesetzt. Damit endete ein langjähriger Disput über die Freisetzung gentechnisch veränderter Lebewesen in die Umwelt. Die **Geschichte der Antifrostbakterien** begann 1980 im Labor der Universität von Kalifornien in Berkeley.

Schon seit Langem wusste man, wie Pflanzen durch Frost geschädigt werden: Es bilden sich Eiskristalle auf den Blättern und in Pflanzenteilen, die das lebende Gewebe zerstören. Neu war, dass Bakterien dabei eine Schlüsselrolle spielen. Die nur ein tausendstel Millimeter großen Lebewesen dienen oft als Kristallisationszentren für die Eiskristalle.

Leitungswasser gefriert bei 0°C; hochgereinigtes, destilliertes Wasser kann dagegen bis auf −15°C

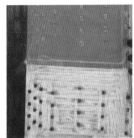

Abb. 7.60 Transgener Mais (oben) in der Kontroverse: Mehrere EU-Länder haben die Anbauzulassung aufgehoben, da nicht alle Zweifel an seiner Sicherheit ausgeräumt seien.

Solche nationalen Verbote wurden von den EU-Behörden mehrfach wissenschaftlich überprüft. Bisher haben sich dabei keine Hinweise auf Sicherheitsmängel ergeben.

Mitte: Versuchsfelder zum Test des Pollenflugs (Luftbild).

Unten: Die Raupen des beliebten Monarchfalters (*Danaus plexippus*) wurden in den USA fünf Jahre lang intensiv auf Schäden durch Bt-Maispollen untersucht. Es gab Schäden an einzelnen Raupen unter extremen Laborbedingungen, nicht aber für die Gesamtpopulation in der freien Natur. Diese war dagegen von Insektiziden betroffen.

www.transgen.de/home/

Box 7.14 Biotech-Historie: Lackmustest

»Der Lackmustest hierbei, meine Damen und Herren Abgeordnete, und ich betone es, ist doch... äh... wie das Problem... äh... bla bla bla...«

Wie oft haben wir das schon gehört? Der **Lackmustest** gehört als einziger chemischer Test zur Allgemeinbildung, also auch zum Vokabular der Redenschreiber für Abgeordnete.

Aber weiß jemand, was das eigentlich für ein Test ist und dass er auf der innigen Symbiose von Algen und Pilzen beruht? Ich frage aus Spaß meine Chemikerkollegen nach der Lackmusformel. Alle schütteln den Kopf. Einer sagt zumindest: »Komplexes Gemisch, funktioniert aber trotzdem...«

Der Name **Lackmus** (oder im Englischen *litmus*) soll aus dem nordischen Sprachraum stammen und von „färben" herrühren.

Der Ire **Robert Boyle** (1627-1691), einer der Väter der modernen Chemie, der auch den Begriff „Analyse" schuf, war wohl der erste Nutzer.

Robert Boyle schuf den Begriff „Analyse" und testete Lackmuspapier.

1660 verwendete er Lackmus zur **Messung des Säuregehalts**, heute nennen wir das pH-Wert. Damit konnte er exakt Säuren von seifigen Basen (Laugen) unterscheiden. Zu dieser Zeit erklärte man das Prickeln und den sauren Geschmack von schwachen Säuren auf der Zunge noch mit kleinen spitzen Partikeln in der Lösung. Diese sauren Spit-

zen kratzten auch an der Oberfläche von Metallen. Bekanntlich lösen Säuren Metalle auf. Neutralisiert wurde demnach eine Mischung aus Säuren und Laugen, wenn die winzigen Spitzen der Säure sich in die winzigen Poren von Laugen bohrten...

Robert Boyle konnte dagegen mit Lackmuspapier Säuren präzise charakterisieren. Es färbt sich rot bei Säuren, blau bei Basen. Er verwendete offenbar Material aus Flechten. Genaueres ist nicht hinterlassen. Die Franzosen reklamieren allerdings für sich, dass das Lackmuspapier von **Joseph Louis Gay-Lussac** (1778–1850) Anfang des 19. Jahrhunderts in Paris entwickelt wurde.

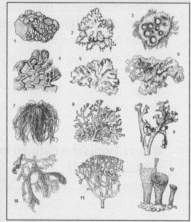

Flechten sind Symbiosen von Algen und Pilzen.

Bekannt ist dagegen, dass während des 16. Jahrhunderts in Holland die Flechten *Ochrolechia* und *Lecanora* gesammelt und zermahlen, dann mit Urin, Kalk und Pottasche gemischt wurden. Nach mehreren Wochen Fermentation änderte sich die Farbe langsam von Rot über Purpur zu Blau. Dann extrahierte man das wertvolle Pigment. Man verwendete es hauptsächlich zur Färbung von Wolle und Seide königlicher Gewänder. Die satten feurigen Farben waren aber leider nicht sonderlich farbstabil.

Vielleicht bekleckerte sich der König mit Essig und hatte plötzlich rote Flecken auf dem Purpur? Sein Medicus hatte das mit scharfem Blick registriert... ein Aha-Erlebnis!

Papier (also Cellulose) wurde für den Lackmustest in eine starke kochende Lackmusbrühe getaucht, getrocknet und lichtgeschützt in dunklen Gefäßen aufbewahrt.

Und was haben die **Flechten** davon? Diese Symbiose aus nichtverwandten Algen und Pilzen ist auf der Erde mit etwa 15 000

Arten vertreten, mit eigenen Namen, obwohl immer mindestens zwei dazugehören.

Die Algen sorgen für die Photosynthese, die Pilze sind darauf angewiesen und gedeihen auf Organischem. Die Flechtenpilze produzieren dafür eine ganze Reihe von Substanzen, etwa die Flechtensäuren. Flechtensäuren wie das Orcin mit braunen, blauen und roten Farbstoffen werden aus *Ochrolechia* und *Rocella* gewonnen. Es wird von den Flechtenkundlern viel spekuliert, wozu die Säuren gut sind: Sie sind bitter und wirken antibakteriell und gegen fremde Pilze.

Man findet Flechten überall auf Borke, Steinen und Mauern. Sie sind ein empfindlicher Umweltindikator. Schlechte Luft in Städten lässt Flechten nicht gedeihen. Die besten Lackmusproduzenten sind *Rocella tinctoria* im Mittelmeerraum und *Ochrolechia tartarea* in den Niederlanden.

Flechten sind auch Umweltindikatoren.

Lackmustest

Box 7.15 Expertenmeinung:
Moos wirkt Wunder

Die meisten **rekombinanten Biopharmazeutika** sind komplexe menschliche Glykoproteine, die normalerweise in Säugerzellen produziert werden, so z. B. in CHO-(Chinese Hamster Ovary-) Zellen.

Pflanzen sind auf den ersten Blick keine geeigneten Produzenten für menschliche Glykoproteine, und doch werden sie zunehmend als **alternative Produktionssysteme** genutzt. Hier sind einige der Gründe:

- Sie sind einfacher zu kultivieren.
- Sie sind billiger.
- Es gibt kein Risiko der Verunreinigung mit Humanpathogenen.
- Die Aufreinigung, das sogenannte *downstream processing*, und Sicherheitstests sind direkter und kostengünstiger.

Einige in Pflanzen hergestellte Biopharmazeutika sind in klinischen Studien. Das erste Produkt, Taliglucerase alfa, ein Enzym zur Behandlung von Morbus Gaucher, wurde 2012 von Pfizer/Protalix auf den Markt gebracht.

Große Herausforderungen für Pflanzen

Drei große Herausforderungen gilt es zu meistern, bevor Pflanzen auf breiter Front als alternative Produktionssysteme genutzt werden können:

- Die Ausbeute an rekombinanten Produkten muss erhöht werden.
- Obwohl die Grundstruktur der Zucker von **Glykoproteinen** bei Menschen und Pflanzen gleich ist, gibt es spezifische Unterschiede, die die Stabilität, die Effizienz und die Toleranz durch das Immunsystem der Patienten beeinflussen können.
- Um offiziell als Biopharmazeutikum zugelassen zu werden, muss das Produkt nach den Richtlinien der *good manufacturing practice* (GMP) hergestellt werden, und diese schreibt auch die Produktion in geschlossenen Systemen vor.

Moos: Millionen Jahre älter als Spermatophyten (Samenpflanzen)

Unser Team in Freiburg nutzt das Kleine Blasenmützenmoos (*Physcomitrella patens*) als Produktionssystem für Glykoproteine. Seit den 1980er-Jahren habe ich mich auf die Erforschung dieses Mooses konzentriert,

Großtechnische GMP-konforme Einmal-Wave-Reaktoren für die Produktion von Biopharmazeutika im Moos *Physcomitrella patens*. (A) Ein Raum bestückt mit mehreren Wave-Reaktoren. (B) Ein genauerer Blick auf einen Wave-Reaktor und sein Beleuchtungssystem. Die Abbildungen wurden mit Erlaubnis der Veröffentlichung Reski, Parsons und Decker (2015): *Moss-made pharmaceuticals: from bench to bedside. Plant Biotechnology Journal 13, 1191-1198* entnommen.

zu einer Zeit, in der die meisten anderen Forscher begannen, die Acker-Schmalwand (*Arabidopsis thaliana*) als Modellsystem zu nutzen. Obwohl Moose nie wirklich als Modellsysteme in Mode waren, hat sich viel Wissen über die Jahrhunderte angesammelt. Von Beginn an fühlte ich mich zu den Moosen hingezogen; wegen ihrer geringen Größe, ihrer Fähigkeit, auf reinem Mineralmedium in Petrischalen zu wachsen, und nicht zuletzt wegen der Tatsache, dass sie die meiste Zeit ihrer Entwicklung haploid sind.

Auf dem evolutionären Baum finden sich Moose ungefähr in der Mitte zwischen den einzelligen Algen und den komplexen Samenpflanzen, deren letzter gemeinsamer Vorfahre vor ungefähr **einer Milliarde Jahre** lebte. Moose haben ihre Gestalt in den letzten 400 Millionen Jahren kaum verändert. Es gab sie schon, als die Dinosaurier entstanden, und sie sahen auch deren Verschwinden. Obwohl sie niemals wirklich im Rampenlicht standen, waren und sind sie doch **wahre Überlebenskünstler.**

Enabling-Technologien

Über die Jahre konnten wir unbeeindruckt von verschiedenen kurzlebigen Wissenschafts- und Technologietrends unser Moos zu einem **Flaggschiff-Modellorganismus**

entwickeln. Unsere Moose wachsen nicht nur in Petrischalen und Erlenmeyerkolben, sondern auch in großtechnischen Bioreaktoren in reinen Mineralmedien. Sie benötigen keine organischen Zusätze wie Antibiotika, Kohlenstoffquellen oder Wachstumsregulatoren und keine extrem kontrollierten Bedingungen. *P. patens* wurde zuerst transformiert, indem man Antibiotikaresistenz in das Wildtyp-Moos brachte und die Transformanten so leicht identifizieren konnte.

Das Moos ist aber auch besonders geeignet für das **Gen-Targeting** (GT). Weil die haploide Wachstumsphase vorherrschend ist, wird GT oft benutzt, um interessante Gene zu zerstören und die Genfunktion von diesen Knockout-Moosen abzuleiten.

Diese Anwendung war **das erste Beispiel für ein präzises Genom-Engineering bei Pflanzen**, und das schon im Jahre 1998.

Die hohe GT-Rate ist ein klarer Vorteil für ein Glyko-Engineering von Moos gegenüber ähnlichen Verfahren bei Samenpflanzen. Überraschenderweise kann *P. patens* eine Vielzahl von Komponenten der Transkriptions-, Translations- und Sekretionsmaschinerien nutzen, die ursprünglich für die rekombinanten Produktion in CHO-Zellen entwickelt und optimiert wurden – eine wirkliche evolutionäre Überraschung!

Das *Physcomitrella*-Genom besteht aus ca. 500 Megabasenpaaren. Es wurde vollständig sequenziert – als drittes Pflanzengenom nach *A. thaliana* und *Populus*, der Pappel. Die komplette Genomsequenz ist frei verfügbar über *www.cosmoss.org*.

Eine Lebens- und Produktionsumgebung für Moose

Wie Pflanzenzellkulturen und Wurzelkulturen können auch Moose in Photobioreaktoren vermehrt werden, was das Containment in kontrollierter Umgebung vereinfacht. GMP-Richtlinien sind unter solchen Bedingungen einfacher einzuhalten. Die ersten Kulturen wurden in Zwei-Liter-Folienreaktoren gezogen. Danach folgten Kulturen in 5, 10 und 20 L gerührten Glasreaktoren, die immer noch die Arbeitspferde im Labor sind. Für die kommerzielle Produktion unter GMP-Bedingungen werden zurzeit 100- und 500-L-Wave-Reaktoren als Einwegartikel verwendet.

Rekombinante Proteine aus Moos

Verschiedene Proteine wurden bereits in Moos produziert.

Bakterielle β-Glucuronidase (**GUS**), bakterielle α-Amylase (**AMY**) und die **humane placenta-sekretierte alkalische Phosphatase** (**SEAP**) wurden als quantifizierbare Reporterproteine eingesetzt. Als Produkt, aber auch als Stabilisator für sekretierte Biopharmazeutika, wurde **humanes Serumalbumin** (**HSA**) im Produktionsprozess koexprimiert.

Weitere in Moos produzierte humane Proteine sind gegen Tumore gerichtete **monoklonale Antikörper** mit erhöhter **antikörperabhängiger zellvermittelter Cytotoxizität** (**ADCC**), vaskulärer endothelialer Wachstumsfaktor (**VEGF**), Komplementfaktor H (**FH**), Keratinocyten-Wachstumsfaktor (**FGF7/KGF**), epidermaler Wachstumsfaktor (**EGF**), Hepatocyten-Wachstumsfaktor (**HGF**) Asialo-Erythropoetin (asialo-EPO), α-Galactosidase (**aGal**) und β-Glucocerebrosidase (**GBA**).

Darüber hinaus wurde ein von mehreren Epitopen der Virushülle abgeleitetes **HIV-Protein** als **möglicher Impfstoff** in Moos produziert.

Sekundärmetabolite

Moose haben wesentlich mehr Gene für den Sekundärstoffwechsel als Samenpflanzen.

Einige Metabolite besitzen bekannte gesundheitsfördernde Eigenschaften. Deshalb ist ein Seitenaspekt der Biotechnologie mit Moosen das Metabolic Engineering, um die Produktion von wirtschaftlich wichtigen Sekundärmetaboliten zu steigern. Ein Durchbruch war in diesem Zusammenhang die Expression der Taxadien-Synthase von *Taxus brevifolia*, einem Enzym, das verantwortlich für die Synthese einer Vorstufe von Paclitaxel ist, eines weitverbreiteten Krebsmedikaments.

Ein weiterer bedeutender Markt für genveränderte Moose ist die Parfümindustrie. In diesem Zusammenhang wurden eine Patchoulol-Synthase und eine α/β-Santalen-Synthase in Moos exprimiert. Patchoulol und α/β-Santalol sind zwei Sesquiterpenoide, die in Parfüms Anwendung finden.

In Moos produzierter humaner Komplementfaktor und Impfstoffe

Der **humane Komplementfaktor H** (**FH**) ist ein zentraler Regulator des alternativen Weges der Komplementaktivierung und er schützt vor oxidativem Stress. Weil es ein großes Protein ist (155 kDa) und 40 Disul-

Ralf Reski vor einem Moosbioreaktor

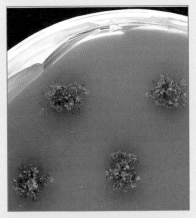

Kolonien von *Physcomitrella patens* auf Agar in einer Petrischale

fidbrücken enthält, ist es ein **schwer zu exprimierendes Protein**. Deshalb werden Versuche unternommen, kürzere Versionen, die aber dennoch biologisch aktiv sind, in Insektenzellen zu produzieren.

Das FH-Protein konnte in voller Länge in Moos produziert werden und zeigte sowohl *in vitro* als auch in präklinischen Versuchen an FH-defizienten Knockout-Mäusen *in vivo* volle biologische Aktivität. Rekombinantes FH könnte essenziell sein bei der Behandlung von Nierenerkrankungen wie dem atpyischen hämolytisch-urämischen Syndrom (aHUS) und der C3-Glomerulopathie (C3G), sowie für die altersbedingte Makuladegeneration (AMD).

FH aus Moos könnte eine kostengünstigere und verträglichere **Alternative zum mono-**

klonalen Antikörper Eculizumab sein, der nur zur Behandlung von aHUS eingesetzt werden darf und erhebliche Nebenwirkungen hat. **Eculizumab ist das weltweit teuerste Biopharmazeutikum mit Behandlungskosten von ca. 400 000 Euro pro Patient und Jahr.**

Verschiedene humane Wachstumsfaktoren wie EGF und HGF, die in Säugerzellkulturen verwendet werden, wurden im Moossystem produziert. FGF7/KGF (Keratinocyten-Wachstumsfaktor) ist das erste kommerziell erhältliche humane Protein aus Moos und kann *in vitro* verwendet werden (*www.greenovation.com*).

Ausgehend von diesen Erfahrungen wurde Moos als **möglicher Produzent von Impfstoffen** vorgeschlagen. Da keine nachteiligen Effekte eines Verzehrs von Moosen bekannt sind, könnten Impfstoff-produzierende Moose direkt oral eingenommen werden. Damit könnte man eine teure Proteinaufreinigung vermeiden, was die Impfstoffe preiswerter machte.

Biobetters aus Moos

Pflanzen werden als alternative Produktionssysteme immer beliebter, weil sie eine kostengünstigere Produktion bei gleichzeitig erhöhter Sicherheit ermöglichen. Humane Proteine können in ihnen ähnlich wie in CHO-Zellen produziert werden. Für die Produktion solcher Biosimilars muss aber umfassendes Glyko-Engineering betrieben werden.

Die inhärenten Unterschiede zwischen Pflanzen und Säugetieren könnten aber Pflanzen als Produktionsorganismen bevorzugen. Zumindest in einigen Fällen produzieren sie Biopharmazeutika von überlegener Qualität, sogenannte Biobetters. Hier sind einige Beispiele: ein glyko-optimierter Antikörper, der entwickelt wurde, um Tumor-assoziierte Glykosylierungsmuster zu erkennen, wurde in Moos produziert. Er induzierte **vierzigmal effektiver** in drei verschiedenen Tumorzelllinien eine Lyse als der gleiche Antikörper aus CHO-Produktion.

Morbus Gaucher und **Morbus Fabry** sind zwei seltene Erkrankungen, bei denen eine Enzymersatztherapie angezeigt ist.

Beide humanen Enzyme, α-**Galactosidase** (**aGal**) für Fabry und β-**Glucocerebrosidase** (**GBA**) für Gaucher, werden in Moos hergestellt. Eine detaillierte Analyse der Glykanstrukturen aus verschiedenen Batches

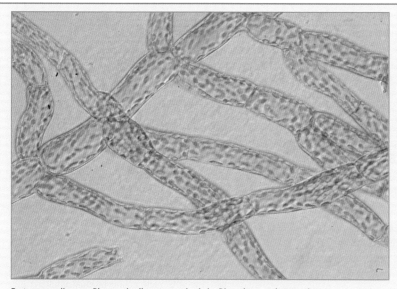

Protonemazellen von *Physcomitrella patens,* wie sie im Bioreaktor wachsen und Medikamente produzieren

Ralf Reski
(geb. 1958)
studierte Biologie,
Chemie und Päda-
gogik im Lehramt.
Er war Heisen-
berg-Stipendiat
der Deutschen
Forschungsge-
meinschaft DFG und wurde 1999 zum
ordentlichen Universitätsprofessor und
Ordinarius für Pflanzenbiotechnologie an
die Albert-Ludwigs-Universität Freiburg im
Breisgau berufen. Im selben Jahr war er
einer der Gründer der Firma Greenovation
Biotechnologie GmbH. Im Jahr 2011 wurde
er als Senior Fellow an das Freiburg Institute
for Advanced Studies (FRIAS) und als
ordentliches Mitglied der Heidelberger
Akademie der Wissenschaften berufen.

Im Jahr 2013 wurde er als Senior Fellow an
das Institute for Advanced Study der Universität Strasbourg, Frankreich (USIAS), berufen.

ergab eine höhere Homogenität und eine **signifikant erhöhte Batch-zu-Batch Stabilität** im Vergleich zu kommerziell erhältlichen, in Säugerzellen hergestellten vergleichbaren Medikamenten. Deshalb ist Moos in der Lage, **Biopharmazeutika von überlegener Qualität** zu produzieren. In Moos produzierte aGal hat erfolgreich alle vorgeschriebenen Toxizitätstests durchlaufen.

Es ist **das erste in Moos produzierte Pharmazeutikum in klinischen Versuchen.** Somit wurde das Etappenziel „Vom Moos in den Menschen" schon erreicht.

Asialo-EPO, ein nützliches und sicheres EPO

Erythropoetin (EPO) ist ein Hormon (Cytokin), das an der Reifung der roten Blutkörperchen (Erythrocyten) im Knochenmark beteiligt ist. Darüber hinaus hat es noch eine Reihe anderer Effekte; u. a. in der Nierenfunktion, beim Wachstum der Blutgefäße (Angiogenese) und bei der Bildung von Nervenzellen (Neurogenese).

Ferner wurde gezeigt, dass es die Immunabwehr steigert und den programmierten Zelltod (Apoptose) verhindert – um nicht nur den illegalen Gebrauch in verschiedenen Sportarten zu erwähnen. Funktionelles EPO wurde in Moos produziert.

Das resultierende **Asialo-EPO** war von außerordentlich hoher Homogenität. Diese Glykoform des EPO kann die Reifung der Erythrocyten nicht stimulieren und deswegen nicht für Doping missbraucht werden.

Aber es hat neuroprotektive und anti-apoptotische Funktionen.

Deshalb könnte in Moos produziertes Asialo-EPO ein sicheres Biobetter für verschiedene Indikationen sein (siehe Cartoon am Ende dieses Kapitels).

Zusammenfassung

In den letzten Jahrzehnten wurde das Moos *Physcomitrella patens* von Grund auf zu einem Flaggschiff-Modellorganismus für die Grundlagenforschung und für die Biotechnologie entwickelt. Einige zentrale Eigenschaften des Moossystems sind ein vollständig sequenziertes Genom, herausragende Möglichkeiten für gezielte Genomveränderungen (*genome engineering*), die zertifizierte GMP-konforme Produktion in Bioreaktoren, das erfolgreiche Upscaling in großtechnische 500-L-Wave-Reaktoren, die herausragende Homogenität hinsichtlich Proteinglykosylierung und Batch-zu-Batch Stabilität und eine sichere Kryokonservierung von Produktionszelllinien (*master cell banks*).

Literatur:

Büttner-Mainik A et al (2011) Production of biologically active recombinant human factor H in *Physcomitrella. Plant Biotechnol. J.* **9**, 373–383

Decker EL, Reski R (2004) The moss bio-reactor. *Curr. Opin. Plant Biol.* **7**, 166–170

Häffner K et al (2017) Treatment of experimental C3 Glomerulopathy by human complement factor H produced in glycosylation-optimized *Physcomitrella patens. Molecular Immunology* **89**, 120

Koprivova A et al (2004) Targeted knockouts of *Physcomitrella lacking* plantspecific immunogenic N-glycans. *Plant Biotechnol. J.* **2**, 517–523

Michelfelder S et al (2016) Moss-produced, glycosylation-optimized human factor H for therapeutic application in complement disorders. *J. Americ. Soc. Nephrol.* **28**, 1462–1474

Parsons J et al (2012) Moss-based production of asialo-erythropoietin devoid of Lewis A and other plant-typical carbohydrate determinants. *Plant Biotechnol. J.* **10**, 851–861

Reski R (1998) Development, genetics and molecular biology of mosses. *Bot. Acta* **111**, 1–15.

Reski R (1998) *Physcomitrella* and *Arabidopsis:* the David and Goliath of reverse genetics. *Trends Plant Sci.* **3**, 209–210

Reski R, Frank W (2005): Moss (*Physcomitrella patens*) functional genomics – Gene discovery and tool development, with implications for crop plants and human health. *Brief. Funct. Genomic. Proteomic.* **4**, 48–57

Reski R, Parsons J, Decker EL (2015) Moss-made pharmaceuticals: from bench to bedside. *Plant Biotechnol. J.* **13**, 1191–1198

Abb. 7.61 Palmen in Wintergebieten könnten mit Antifrostbakterien effektiv geschützt werden.

Abb. 7.62 Werbung für abgetötete *Pseudomonas*-Bakterien (oben) und Kunstschnee „Snowmax" aus der Schneekanone (Mitte)

Abb. 7.63 Studenten der Universität Innsbruck forschen für den Erhalt der alpinen Flora.

Wird es künftig überhaupt noch genug Schnee geben?

heruntergekühlt werden, solange es keine Verunreinigungen als Kristallisationszentren enthält. Besonders eine kristallbildende Bakterienart ist in der Natur weitverbreitet: *Pseudomonas syringae*. Die Biotechnologen **Steven E. Lindow** (geb. 1951, Abb. 7.59) und Nikolas Panopoulos machten die Probe aufs Exempel: Sie untersuchten normale, mit *Pseudomonas* befallene Pflanzen in einer Klimakammer bei Temperaturen unter dem Gefrierpunkt. Bei –2°C begannen sich erste Frostschäden zu zeigen. Pflanzen, deren Bakterien abgetötet wurden, vertrugen noch –8°C und sogar –10°C ohne Schaden (Box 7.12).

Nun ist es aber total unrealistisch, in der freien Natur alle Bakterien auf den Kulturpflanzen abtöten zu wollen. Die beiden Forscher suchten deshalb nach der Ursache, die Mikroben zu **Frostbakterien** verwandelt. Sie fanden heraus, dass ihre Staubkorngröße allein nicht ausreicht, sondern ein spezielles Eiweiß auf der Oberfläche der Winzlinge die Bildung der Eiskristalle anregt. Könnte man den Abschnitt aus dem DNA-Strang der Frostbakterien herausschneiden, der den Befehl zur Bildung des Frosteiweißes enthält, dann müsste auch ihre Fähigkeit verloren gehen, Eiskristalle zu bilden. Genau das gelang Lindow und Panopoulos gentechnisch.

Als Nächstes besiedelten sie Pflanzen mit den neuen **Antifrostbakterien**: Sie bewahrten ihre Wirte vor Frostschäden! Größere Versuchsreihen im Labor zeigten, dass es ausreichte, Pflanzen mit einer Antifrostbakterienflüssigkeit zu besprühen. Die gentechnisch manipulierten Mikroben verdrängten dann die natürlichen. Die Sprühflüssigkeit lässt sich billig und in großen Mengen in Bioreaktoren herstellen. Verlockende Perspektiven eröffnen sich. Zum Beispiel könnte eine Vielzahl von Kulturpflanzen, die bisher nur in wärmeren Regionen gedeihen, auch weiter nördlich angebaut

werden. Nicht zuletzt ließen sich Frostschäden einschränken (Abb. 7.61).

Doch eine entscheidende Frage blieb offen: Wie verhalten sich die **neu geschaffenen Mikroben in der Umwelt** (Box 7.12)? Letztlich wurde das Projekt gestoppt.

■ 7.22 Bakterien in Schneekanonen sichern den Skiurlaub

In der Zwischenzeit ließen sich aber die pfiffigen Manager von AGS etwas einfallen: Sie verkauften die in Biorektoren massenhaft produzierten und dann abgetöteten **natürlichen Frostbakterien** unter dem Namen „Snowmax", um künstlichen Schnee zu produzieren (Abb. 7.62). Die toten Bakterien werden dem Wasser von Schneekanonen zugesetzt. Die Schneeproduktion steigt mit „Snowmax" um 45%. „Snowmax" spart außerdem Kühlenergie.

Keine Behörde in den USA verbietet, nicht manipulierte natürliche Mikroben freizusetzen. Inzwischen boomt das Geschäft mit Kunstschnee *made by Snowmax* weltweit. Die abgetöteten Frostbakterien retteten übrigens die Olympischen Winterspiele 1988 in Calgary (Kanada) bei einem unerwarteten Wärmeinbruch. In Zukunft wird sich diese Situation angesichts der Klimaveränderung weiter verschärfen (Abb. 7.62).

Nur noch 44% der Schweizer Skigebiete gelten auch für die Zukunft als schneesicher. Das trifft auf die gesamten Alpen zu. „Snowmax" ist in der Schweiz, trotz vehementer Proteste, seit 1997 offiziell zugelassen.

Abb. 7.64 *Der Garten Eden* (etwa 1617) von Jan Brueghel dem Älteren (1568–1625)

Abb. 7.65 Das moderne „Eden Project" in Cornwall – eine weltweite ökologische Attraktion

Verwendete und weiterführende Literatur

- Entscheidendes weiterführendes Buch, ein hochinformatives Taschenbuch:
  Kempken F, Kempken R (2012) *Gentechnik bei Pflanzen, Chancen und Risiken*. 4. Aufl. Springer, Berlin, Heidelberg

- Das Standardwerk für Pflanzenforscher, der „Strasburger":
  Kadereit JW, Körner C, Kost B, Sonnewald U (2014) *Strasburger. Lehrbuch der Pflanzenwissenschaften*.
  37. Aufl. Springer Spektrum, Heidelberg

- Gute allgemeine Einführung, mit Kapitel zur Grünen Biotech; allerdings nicht auf letztem Stand.
  Schellekens H et al. (1994) *Ingenieure des Lebens*.
  Spektrum Akademischer Verlag, Heidelberg

- Komplementär zur vorliegenden *Biotechnologie für Einsteiger*:
  Brown TA (2011) *Gentechnologie für Einsteiger*.
  6. Aufl. Spektrum Akademischer Verlag, Heidelberg

- Immer noch die beste Einführung in die Gentechnik auf allen Gebieten:
  Watson JD, Gilman M, Witkowski J, Zoller M (2000) *Rekombinierte DNA*.
  2. Aufl. Spektrum Akademischer Verlag, Heidelberg

- Das Kompendium zur Gentechnik und Biotechnologie, schon jetzt das Standardwerk für Pharmazeuten auf Deutsch:
  Dingermann T, Winckler T, Zündorf J (2010) *Gentechnik - Biotechnik*.
  2. Aufl. Wissenschaftliche Verlagsgesellschaft, Stuttgart

- Gute Einführung:
  Thieman WJ, Palladino MA (2007) *Biotechnologie*. Pearson Studium, München

- Biochemie pur und sehr gut illustriert, der „Stryer":
  Berg JM, Tymoczko JL, Stryer L (2017) *Stryer Biochemie*.
  8. Aufl. Springer Spektrum, Heidelberg

- Akribische Untersuchung, etwas trocken für Anfänger:
  Menrad K, Gaisser S, Hüsing B, Menrad M (2003) *Gentechnik in der Landwirtschaft, Pflanzenzucht und Lebensmittelproduktion*.
  Physica-Verlag, Heidelberg

- Für höhere Semester super: **Clark DP, Pazdernik NJ** (2009)
  Molekulare Biotechnologie.
  Spektrum Akademischer Verlag, Heidelberg

8 Fragen zur Selbstkontrolle

1. Warum versorgen sich die Hungergebiete nicht „einfach" selbst durch Algenfarmen?

2. Woran scheiterte die gute Idee, Proteine aus Erdöl zu gewinnen? Welches Bioprodukt dient der gesunden Ernährung und ist ein spätes Ergebnis dieser *single cell*-Protein-Forschung?

3. Wie heißen die Bakterien, die Wurzelhalsgallen verursachen, und wie kann man sie für den Gentransfer bei Pflanzen nutzen?

4. Funktioniert dieser Gentransfer (in Frage 3) auch für Mais und Reis? Was ist der Ausweg?

5. Ist das Klonen von Pflanzen total neu und erst von den Gentechnikern erfunden worden?

6. Welches Prinzip wurde benutzt, um die Anti-Matsch-Tomate zu schaffen? Welche Enzyme werden dabei gezielt blockiert?

7. Nennen Sie drei von der Wissenschaft „gut gemeinte" transgene Pflanzenprodukte!

8. Welcher Zusammenhang besteht zwischen Frostschäden bei Pflanzen und Bakterienbefall? Was sind Antifrostbakterien?

Siehe Box 7.14.

GOTT
SCHEINT EINE BESONDERE VORLIEBE
FÜR KÄFER ZU HABEN.
DIES BEZIEHT SICH AUF DIE TATSACHE,
DASS 25% ALLER BEKANNTEN TIERARTEN
KÄFER SIND.

J.B.S. Haldane (1892–1964)

JEDER DUMME JUNGE
KANN EINEN KÄFER ZERTRETEN,
ABER ALLE PROFESSOREN DER WELT
KÖNNEN KEINEN HERSTELLEN.

Arthur Schopenhauer (1788–1860)

EMBRYONEN, KLONE UND TRANSGENE TIERE

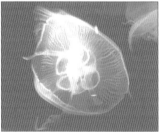

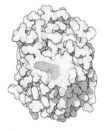

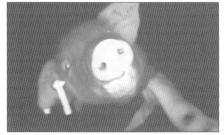

Kapitel **8**

Abb. 8.1 Hippokrates (460–370 vor unserer Zeit)

Abb. 8.2 Zu Goyas Zeiten (1746–1828) wurden Hunde bereits künstlich besamt.

Abb. 8.3 Künstliche Besamung bei Hunden. Von oben nach unten: Eine Golden-Retriever-Hundemutter in Deutschland wurde von einem finnischen Rüden künstlich befruchtet. Der Samen wurde per Express tiefgekühlt verschickt. Kontrolle der Besamung über Monitor. Glückliche Hundemutter mit Welpen

8.1 Künstliche Besamung

Die **künstliche Besamung (artifizielle Insemination)** von Rindern, die heute in allen Industrieländern fast durchgängig praktiziert wird, ist ein erfolgreicher konventioneller Weg, um hochwertige Eigenschaften einiger weniger Zuchtbullen weiterzugeben.

Bei der **Hundezucht** wurde die künstliche Besamung schon durch **Lazzaro Spallanzani** (1729-1799, Kap. 2) um 1780 beschrieben (Abb. 8.2). In Deutschland ist es übrigens bei den meisten Hundezuchtvereinen obligatorisch, dass eine solche Besamung nur dann durchgeführt werden darf, wenn die Hündin zuvor schon einmal normal gedeckt wurde. Damit soll vermieden werden, dass (was bei der Rinderzucht schon die Regel ist und in den USA offensichtlich nun auch schon bei Hunden beobachtet wird) ein „Natursprung" nicht mehr möglich ist – die Tiere können sich nicht mehr natürlich paaren (Abb. 8.3).

1942 gab es in Deutschland die erste Besamungsstation für Rinder. In den 50er-Jahren wurden Techniken zur Lagerung von **Bullensperma** in **flüssigem Stickstoff (−196 °C)** entwickelt, eine Revolution in der Tierzucht: Tiefgefrorenes Sperma konnte nun in alle Länder verschickt werden. Es ist ein großer Unterschied, ob ein heißblütiger Stier über den Atlantik geschickt wird oder ein Paket mit tiefgefrorenem Bullensperma (Abb. 8.11 bis Abb. 8.13). Heute werden etwa 90 % der **Milchkühe** in den Industrieländern durch künstliche Befruchtung gezeugt. Bei Schweinen sind es etwa 60 %.

Die **Methode ist kostengünstig**: Aus dem Ejakulat eines Zuchtbullen, der eine Kuh-Attrappe bespringt, gewinnt man immerhin 400 Portionen Samen mit je 20 Millionen Spermien. **Ein „Besamungsbulle" ersetzt etwa 1000 „Natursprungbullen".**

In den vergangenen 40 Jahren wurde **ganz ohne Gentechnik** (!) die Milchleistung dramatisch gesteigert: In den 50er-Jahren gab eine Milchkuh 1 000 L Milch pro Jahr, heute sind es durchschnittlich 7800 L.

8.2 Embryotransfer und künstliche Befruchtung

Durch die künstliche Besamung ist es möglich geworden, ausschließlich Samen hochwertiger Bullen zur Zucht einzusetzen. Aber selbst eine künstlich besamte Kuh mit herausragenden Merk-

malen kann in der Regel nur ein oder manchmal auch zwei Kälbchen nach neun Monaten zur Welt bringen. Der Züchter würde natürlich gerne von einer solchen Kuh weit mehr Nachkommen in kürzerer Zeit erzeugen (Abb. 8.11).

Hormone machen es möglich: Das injizierte Hormon Gonadotropin bewirkt eine gleichzeitige Reifung mehrerer Eizellen (**Superovulation**). Diese werden **künstlich befruchtet**. Die danach entstehenden Embryonen lassen sich ohne Schwierigkeiten mit einem Katheter aus dem Uterus herausspülen oder durch unblutige Ultraschall-Follikelpunktion gewinnen. Es entstehen bis zu acht transfertaugliche Embryonen, aus denen in Leihmüttern durchschnittlich vier Kälber entstehen

Für längerfristige Aufbewahrung können Embryonen (wie Sperma auch) in Flüssigstickstoff tiefgefroren und fast endlos lange deponiert werden. Zwei Drittel eignen sich nach dem Auftauen noch für den **Embryotransfer**.

Auch hier entfällt der aufwendige und stressige Transport einer Spitzen-Kuh zum Super-Bullen. Da sich außerdem das Kalb vollständig in der Leihmutter entwickelt, bekommt es von ihr auch gleich ihren Immunschutz mit. Es hat also **Antikörper gegen „lokale Krankheiten"** schon im Blut.

Bei der künstlichen Befruchtung findet die Verschmelzung von Ei- und Samenzelle außerhalb der Tiere im Reagenzglas (*in vitro*-**Fertilisation**) statt. Der heranwachsende Embryo wird dann in entsprechende Ammen (Leihmütter, engl. *surrogate mothers*) eingepflanzt.

So kann das Erbmaterial herausragender Rinder ökonomisch an eine Vielzahl von Nachkommen weitergegeben werden.

Schon **Hippokrates** (460 – 370 vor unserer Zeit, Abb. 8.1) interessierte sich dafür, das Geschlecht der Nachkommen zu kontrollieren. Heute gelingt die **Geschlechtsbestimmung** der gewonnenen Embryonen mit der Polymerase-Kettenreaktion (PCR, Kap. 10): Rinderembryonen werden zuerst bis zum Acht-Zell-Stadium gebracht. Eine der Zellen wird mit einem Mikromanipulator unterm Mikroskop entfernt. Die restlichen Zellen wachsen normal weiter, wenn sie eingepflanzt werden.

Aus der entnommenen Einzelzelle wird DNA extrahiert. Dann vervielfältigt man eine spezielle Region auf dem **Y-Chromosom** (dem männlichen Geschlechtschromosom) mithilfe der PCR millionenfach (s. Kap. 10).

Wenn nach der Anfärbung mit Ethidiumbromid (Kap. 10) eine sichtbare DNA-Bande auf dem Elektrophorese-Gel erscheint, handelt es sich um ein männliches Kalb. Fehlt diese Bande, dann entsteht aus dem Embryo ein weibliches Kalb.

Beim Menschen ist eine solche **pränatale Implantationsdiagnostik** (PID) heftig umstritten.

Milchfarmer können mithilfe der pränatalen Implantationsdiagnostik gezielt Milchkälber, Fleischfarmer dagegen Bullenkälber austragen lassen. Gegenwärtig kann man bereits „geschlechtssortierte" Rinderembryonen für den Transfer in Leihmütter aus den Internet-Katalogen kaufen (Abb. 8.13).

8.3 Aussterbende und bedrohte Arten können durch Embryonentransfer gerettet werden

Im Cincinnati-Zoo in Ohio (USA) setzte man 1984 erfolgreich Holstein-Rinder als Leihmütter für den seltenen malaysischen Gaur (*Bos gaurus*) ein. In Kenia nutzte man die häufigen Elen-Antilopen (*Taurotragus oryx*) als Leihmutter, um die Population der seltenen Bongo-Antilope (*Tragelaphus euryceros*) wieder aufzubauen (Abb. 8.6). Tiefgefrorene Bongo-Embryonen wurden vom Cincinnati-Zoo nach Kenia geflogen, Embryonen wilder Bongos vom Mt. Kenia dagegen nach Ohio zu Elen-Antilopen- und Kuhmüttern.

Parallel wurden US-Bongo-Embryonen auch noch wilden Bongos in Kenia eingepflanzt. Sie werden nach der Geburt und Freisetzung über Miniatur-Radiosender von Verhaltensforschern beobachtet. Das Audubon-Institut in New Orleans hat ebenfalls spektakuläre Erfolge beim Wüstenluchs, dem Karakal (*Felis caracal*, auch *Caracal caracal*), erzielt (Abb. 8.7).

Eine Vielzahl anderer bedrohter Tierarten steht auf der Liste der Zoofachleute: Eine spektakuläre erste künstliche Befruchtung gelang in Hongkong bei Delfinen (Abb. 8.5). Das viel diskutierte Klonen, das zu beliebig vielen genetisch identischen Kopien eines Tieres führt, wird detailliert in den Abschnitten 8.11 bis 8.16 behandelt.

Bitte noch so eine Menschen-Mama!

Abb. 8.5 Auch Delfine, hochintelligente Meeressäuger, können durch künstliche Befruchtung vermehrt werden.

Abb. 8.6 Bongo-Antilope (*Tragelaphus euryceros*)

Abb. 8.7 Ein Wüstenluchs oder Karakal (*Felis caracal*) wurde im Jahr 2003 in New Orleans vom Audubon-Institut als Embryo durch *in vitro*-Befruchtung erzeugt, eingefroren, aufgetaut und erfolgreich in eine Leihmutter implantiert. Baby „Azalea" war gesund und munter.

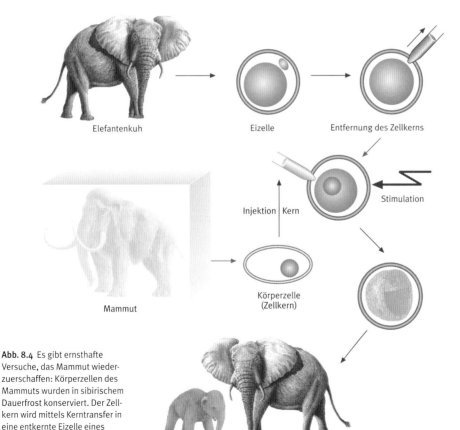
Elefantenkuh — Eizelle — Entfernung des Zellkerns — Stimulation — Injektion | Kern — Körperzelle (Zellkern) — Mammut — Leihmutter mit Mammutbaby

Abb. 8.4 Es gibt ernsthafte Versuche, das Mammut wiederzuerschaffen: Körperzellen des Mammuts wurden in sibirischem Dauerfrost konserviert. Der Zellkern wird mittels Kerntransfer in eine entkernte Eizelle eines Elefanten übertragen. Eine Leihmutter trägt den Embryo aus.

Abb. 8.8 Das Mammutbaby „Lyuba" (Liebe) wurde gut erhalten tiefgefroren in Sibirien gefunden.

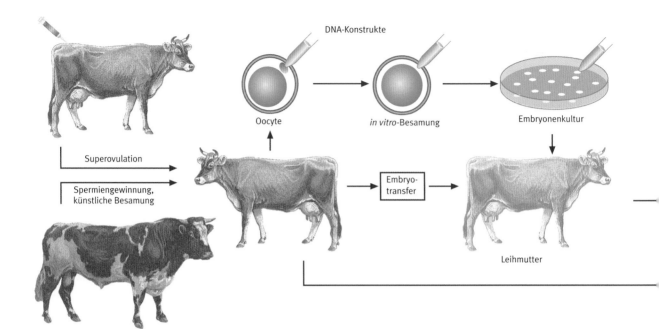

DNA-Konstrukte

Oocyte

in vitro-Besamung

Embryonenkultur

Superovulation

Spermiengewinnung, künstliche Besamung

Embryo-transfer

Leihmutter

Abb. 8.9 Ein Qilin, ein mythisches Geschöpf mit Drachenkopf, einem Löwenendstück, Ochsenhufen und Rotwildgeweih, den Sommer-Palast in Peking schützend

Abb. 8.10 Der Minotaurus aus der griechischen Mythologie, ein Ungeheuer mit Menschenleib und Stierkopf, das vom König Minos im Labyrinth gefangengehalten und von Theseus besiegt wurde.

8.4 Chimäre Tiere haben mindestens vier genetische Eltern

Eine andere Technik führt zu **Chimären** (lat. *chimaera*, Flammen speiendes, aus verschiedenen Tieren zusammengesetztes Fabeltier), Tieren mit mindestens vier genetischen Eltern. Der Minotaurus ist eine berühmte Chimäre aus der griechischen Sage (Abb. 8.10).

Fusionschimären (Abb. 8.16) entstehen durch die Vereinigung zweier Embryonen im Zwei- bis Acht-Zell-Stadium, denen zuvor die Embryonalhülle (*Zona pellucida*) entfernt wurde. Man benötigt dafür zwei Embryonen im gleichen Teilungsstadium.

Injektionschimären (Abb. 8.18) gewinnt man dagegen durch Entnahme einiger Zellen (**Blastomeren**) aus einer **Blastocyste** und deren Injektion in eine Blastocystenhöhle eines anderen Keimes. Innerhalb von 24 Stunden erfolgt die Integration der übertragenen Blastomeren zu einem einheitlichen Zellverband. Die so erzeugten Chimären können nun zur Austragung in Ammentiere eingepflanzt werden.

Bisher diente die Gewinnung von Chimären bei Mäusen vor allem zur Klärung wissenschaftlicher Grundlagen der Embryologie, Krebsforschung und Entwicklungsgenetik. Es entstand aber auch schon eine „Schiege" oder „Schafziege", eine Chimäre beider Arten. Ob solche Chimären, die sich auf natürlichem Wege nicht erzeugen lassen, für die Nutztierzüchtung interessant werden können, ist heute noch nicht abzusehen. Die interessanteste Entwicklung ist die von Injektionschimären aus gentechnisch veränderten Stammzellen (ausführlich Kap. 9).

Dabei werden dem Embryo im Blastocystenstadium aus der „inneren Zellmasse" (*inner cell mass*, *ICM*) Zellen entnommen und in Gewebekultur gehalten. Das sind die sogenannten **embryonalen Stammzellen** (**ES-Zellen**, Abb. 8.18).

Differenzierte Zellen können sich teilen (wie Leberzellen) oder auch nicht (wie Nervenzellen), aber in keinem Fall können sie in andere Zellen umgewandelt werden. Nervenzellen werden als terminal differenziert bezeichnet. Das heißt aber nicht, dass sie schnell absterben, im Gegenteil – sie leben und funktionieren offenbar jahrelang.

Anders bei Stammzellen: Embryonale Stammzellen aus der Blastocyste können alle anderen Zelltypen erzeugen, man nennt sie deshalb **pluripotent**. Sie gelten nicht als totipotent, denn sie können kein ganzes Individuum entwickeln.

Sie werden auf einer Bodenschicht in Nährzellen (*feeder layer*) von Maus-Fibroblasten vermehrt. In solche Zelllinien kann man Fremdgene durch Transfektion einführen. Fast alle DNA-Transfermethoden sind dann bei den ES-Zellen anwendbar. Der große Vorteil ist, dass man die Zellen, die das fremde Gen aufgenommen haben, vor der Injektion in Blastocysten (Embryonen) selektieren kann. Danach kann man sie in eine Blastocyste rücküberführen und erhält so **transgene Chimären**.

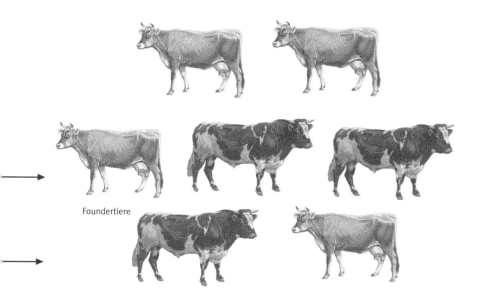

Foundertiere

Abb. 8.11 Mit *in vitro*-Fertilisation (IVF) und Embryotransfer (ET) kann die Vermehrungsrate von Hochleistungsrindern erhöht werden. Muttertiere werden durch Hormonbehandlung zur Superovulation gebracht und künstlich besamt (Mitte) oder aber *in vitro* besamt (obere Reihe). Die Embryonen werden in scheinträchtige Leihmütter übertragen.

Abb 8.12 Befruchtung einer Eizelle (Zeichnung von Ernst Haeckel in seiner *Anthropogenie*)

Abb. 8.13 Zuchtstationen bieten Bullensperma und Embryonen im Internet an.

Abb. 8.14 Subzonale Injektion von lentiviralen Vektoren

Abb. 8.15 Geklonter Stier

Totipotent (oft auch omnipotent genannt) sind Zellen bis zur Morula (Maulbeerkeim), danach ist die Blastocyste mit den ES-Zellen höchstwahrscheinlich nur pluripotent. Aussagen hierzu können sich aber schnell ändern (ausführlich in Kap. 9).

Die Problematik ist brisant, weil selbst bei den für das **therapeutische Klonen** (siehe Ende dieses Kapitels) erforderlichen Embryonen nicht nur ES-Zellen gewonnen werden können, sondern ein Missbrauch für das **reproduktive Klonen** nicht ausgeschlossen werden kann: Es könnte also ein vollständiges Lebewesen entstehen.

Manipulierte Zellen injiziert man in intakte Maus-Blastocysten, wo sich diese zusätzlichen Zellen zwischen den ICM-Zellen einordnen. In der Embryonalentwicklung entsteht dann ein chimäres Tier mit vier Eltern (Abb. 8.18).

Wenn die ES-Zellen zum Beispiel von einer braunen Maus gewonnen wurden (das sogenannte *Agouti*-Gen, das als braune Fellfarbe sogar exprimiert wird, wenn es als Einzelkopie vorliegt) und in eine Blastocyste einer weißen Maus injiziert werden, dann zeigt die Fellfarbe der neugeborenen Mäuse an, ob sie transformierte ES-Zellen enthalten.

▥ 8.5 Transgene Tiere: von der Riesenmaus zum Riesenrind?

Wie bei Pflanzen (Kap. 7) können auch bei Tieren durch den Einbau von DNA in die Zellen neue Gene eingefügt oder vorhandene Gene ausge-

schaltet werden. Die neuen Gene werden weitervererbt. Solche transgenen Tiere sind die heute spektakulärsten Produkte der Biotechnologie.

Eine Vielzahl von Methoden wurden entwickelt:

- **Genkanonen** (Kap. 7): DNA auf Gold-Kügelchen adsorbiert wird in die Zellen geschossen.

- Die **retrovirusvermittelte Transgenese**: Mausembryonen im Acht-Zell-Stadium werden vor der Implantation mit defekten Retroviren infiziert, die als Vektor für die Fremdgene dienen. Das Virusmaterial ist defekt in dem Sinn, dass weder Hüllen noch infektiöse Viren produziert werden. Die Methode ist allerdings durch die Größe des transferierten Gens (nur acht Kilobasen Fremd-DNA) eingeschränkt. So wurden beispielsweise die transgenen „leuchtenden" Ferkel in München mit Lentiviren erzeugt, die das Gen für das grün fluoreszierende Protein (*green fluorescent protein*, GFP) tragen (Box 8.4).

- **Pronucleus-Mikroinjektion:** Wenn sich Sperma- und Eizelle zur Zygote vereinigen, wird die Fremd-DNA direkt in den Pronucleus von Sperma- oder Eizelle injiziert (Abb. 8.14). Es wird also kein Vektor benötigt.

- **Embryonale Stammzell- (ES-)Methode:** Embryonale Stammzellen werden der inneren Zellmasse der Blastocysten entnommen und mit Fremd-DNA gemischt. Einige der ES absorbieren die Fremd-DNA und werden so transformiert. Diese Zellen werden dann in die innere

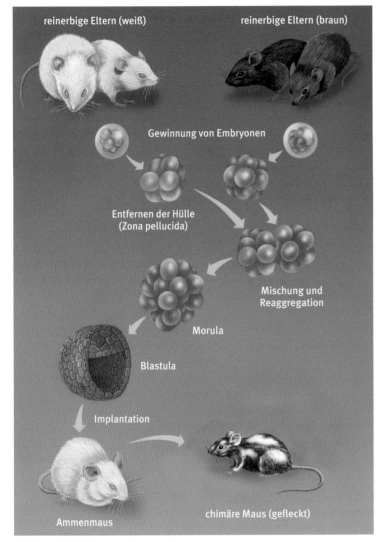

reinerbige Eltern (weiß)

reinerbige Eltern (braun)

Gewinnung von Embryonen

Entfernen der Hülle
(Zona pellucida)

Mischung und
Reaggregation

Morula

Blastula

Implantation

Ammenmaus

chimäre Maus (gefleckt)

Abb. 8.16 Wie Fusionschimären entstehen

Abb. 8.17 Mitte 2005, der neueste Erfolg der Klonierer: das Afghanenhündchen Snuppy (mit Spender, dem Zellen des Ohres entnommen wurden). Der bei Stammzellexperimenten als Fälscher entlarvte Südkoreaner Hwang (siehe Kap. 9) schaffte es in diesem Falle.

Zellmasse einer Blastocyste injiziert. Diese Methode ist inzwischen die wichtigste Technik. Allerdings sind die Jungtiere Chimären (Abschnitt 8.4), das heißt, nur ein Teil der Zellen trägt Fremdgene. In der zweiten Generation erhält man aber transgene Tiere, die in allen Zellen das fremde Genmaterial enthalten. Durch weiteres Kreuzen können schließlich homozygote (reinerbige) transgene Linien etabliert werden.

- Der **spermavermittelte Transfer** benutzt „Linker-Proteine", um DNA an Spermazellen zu binden und sie als „Trojanisches Pferd" in die Eizelle zu transportieren.

Die 1982 entstandene **Riesenmaus** (Box 8.1) von **Richard D. Palmiter** (geb. 1942; University of Washington) und **Ralph L. Brinster** (geb.1932; University of Pennsylvania) zeigte bereits die

Konsequenzen der neuen Technik. Von zwei zehn Wochen alten Mäusen wog die eine 44 g, die andere 29 g. Das transgene Riesenmaus-Baby wuchs dank des eingeschleusten Ratten-Gens für das Wachstumshormon doppelt so schnell wie die nichttransgenen Wurfgeschwister und wurde schließlich doppelt so groß.

Die Maus (*Mus musculus*) ist dem Menschen physiologisch erstaunlich ähnlich. Allerdings stehen uns Schweine physiologisch noch näher. Da Mäuse leicht zu züchten und zu halten sind, werden murine Modelle (Maus-Modelle) in der Medizin oft zur Erforschung humaner Krankheiten verwendet.

Die Idee war genial (Box 8.1 und Abb. 8.20): Man injiziert das Ratten-Gen für das Wachstumshormon mit einem Trick in eine undifferenzierte Maus-Eizelle und integriert es im Erfolgsfall in das Genom des Embryos. Das Gen wird dabei so an ein anderes Gen – zusammen mit dessen „Anschalter-Gen" (Promotor) – gekoppelt, dass das Hormon später nicht (wie eigentlich vorgesehen) im Mäusehirn gebildet und von dort kontrolliert abgegeben wird. Es wird vielmehr in einem anderen Gewebe, z. B. in der Leber, und zweitens unkontrolliert – ohne Kontrolle durch die Hypophyse – gebildet. Die Riesenmaus war somit doppelt so schwer wie unbehandelte Altersgefährten.

Auch ihre Nachkommen wuchsen schneller und wurden größer. Das Ratten-Gen war also stabil in das Erbmaterial der Maus eingebaut worden.

8.6 Wachstumshormone für Rinder und Schweine

Bei Rindern steht dagegen nicht die Größe im Zentrum des Interesses, denn kein Mensch will größere Ställe bauen, sondern **Milchqualität, Wachstum, Fruchtbarkeit und Krankheitsresistenz.**

Die Qualität der Milch wird verändert. So soll κ-**Casein**, ein Phosphoprotein, erhöht gebildet werden, um besseren Käse zu gewinnen. Millionen Menschen mit Lactose-Intoleranz hätten von **lactosefreier Milch** einen großen Nutzen. Sie könnten dann Milch ohne Flatulenzen verdauen (Kap. 2, bisher wird Lactose enzymatisch mit Galactosidase abgebaut).

Resistenz gegen bakterielle **Mastitis** (Euterentzündung) ist ein weiteres Ziel. Mastitis verursacht allein in Deutschland jährlich Verluste von 250 Millionen Euro in der Milchproduktion.

Die Zahl der Impfungen von Rindern können durch transgene Kühe deutlich verringert werden.

Wirtschaftlichen Erfolg gab es bereits mit ausgewachsenen Milchkühen, denen gentechnisch produziertes **Rinderwachstumshormon** (*recombinant bovine Somatotropin*, rBST) **injiziert** wurde: Sie steigerten nach Angaben einiger Wissenschaftler ihre **Milchleistung um 10–25 %.** Dabei verbrauchten diese Kühe nur 6 % mehr Futter. Das Hormon steigert also offenbar die Milchproduktion ohne wesentlichen finanziellen Mehraufwand. Andere Forscher verweisen dagegen auf einen erhöhten Kraftfutterverbrauch. Ungeklärt sind aber die Langzeitwirkungen der Hormonbehandlung. Schon ohne Hormonbehandlung soll die **Gesundheitssituation vieler Hochleistungskühe problematisch** sein. Auch wenn das Bild von den „ausgebrannten Hormonkühen" überzeichnet ist, steht noch ein abschließendes Urteil aus.

Die Milchkrise in der EU tut ein Übriges, um in der Alten Welt die Skepsis zu nähren. Die teilweise erbitterte Kontroverse über die Hormonbehandlung könnte aber bald beendet sein: Das Wachstumshormon-Gen wird in Rinder übertragen und muss nicht mehr gespritzt werden. Die **transgenen Kühe produzieren es selbst.**

Sinnvoller dürfte der Einsatz von Wachstumshormonen für **Schweine** sein: Hier steigert das Wachstumshormon den **Fleischansatz auf Kosten des Fettes.** Dabei ist aber ein Mindestfettgehalt immer notwendig, denn fettfreies Fleisch schmeckt nicht. Unpraktikabel ist allerdings das tägliche Spritzen der Tiere. Hier sollen Depotpräparate eingesetzt werden, die nur im Abstand von einigen Wochen injiziert werden müssen. Und transgene muskelstrotzende und fettarme Schweine? Es gelang tatsächlich ein Gentransfer, aber mit viel geringerer Effizienz als bei der Maus. Bislang war es eine Enttäuschung. Bei Schweinen ergibt eine Überproduktion von Wachstumshormon zwar eine höhere Wachstumsgeschwindigkeit mit geringerem Fettansatz, gleichzeitig sind aber auch Nierenerkrankungen, Hautveränderungen und Gelenkentzündungen zu beobachten. Transgene Schweine lahmen oft und sind nicht besonders fruchtbar, kein Wunder bei den gerade geschilderten Symptomen …

Transgene **Ziegen und Schafe** scheinen dagegen keine Gesundheitsprobleme zu haben. Die Milchdrüsen von Schafen und Ziegen als „Bioreakto-

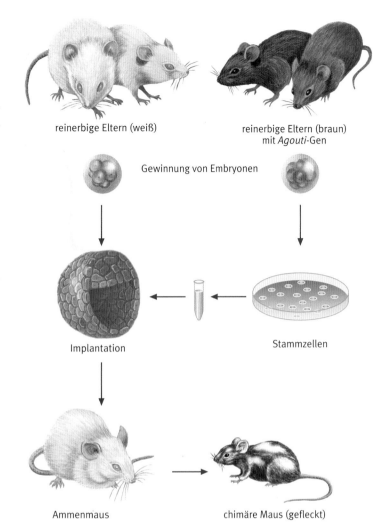

reinerbige Eltern (weiß) reinerbige Eltern (braun) mit *Agouti*-Gen

Gewinnung von Embryonen

Stammzellen

Implantation

Ammenmaus chimäre Maus (gefleckt)

Abb. 8.18 Injektionschimären, die mithilfe embryonaler Stammzellen (ES) gewonnen werden. Die ES kann man zusätzlich genmanipulieren.

ren" sind im Experiment, um menschliche Eiweiße (Faktor VIII und IX, Plasminogenaktivator) mit der Milch zu sezernieren, ein Gen-Pharming.

8.7 Gen-Pharming: hochwertige Humanproteine aus Milch und Ei

Dass man Mäuse melken kann, betrachten Biotechnologen nicht als Scherz. Bei normalen Mäusen lohnt der Aufwand sicher nicht, wohl aber bei gentechnisch manipulierten transgenen Mäusen. 1987 produzierten erstmals Mäuse menschlichen **Gewebeplasminogenaktivator** (*tissue Plasminogen Activator*, t-PA; Abb. 8.20) und gaben ihn mit ihrer Milch in hoher Konzentration ab. **t-PA** ist ein wichtiger Wirkstoff, der die Auflösung von Thromben (Blutgerinnseln) bei Herzinfarkt bewirkt. Die Grundidee war, das Gen für menschliches t-PA (Kap. 9) in die befruchtete Eizelle von Mäusen zu injizieren, so wie man das schon mit anderen Säugetiergenen erfolgreich praktizierte.

Abb. 8.19 Oben: geklonte Ziege. Unten: Transgene Rinder können menschliche Proteine mit der Milch sezernieren.

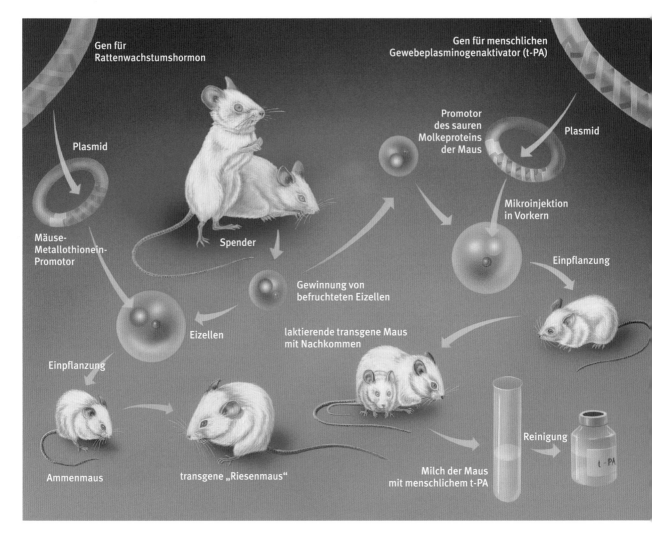

Gen für
Rattenwachstumshormon

Gen für menschlichen
Gewebeplasminogenaktivator (t-PA)

Plasmid

Promotor
des sauren
Molkeproteins
der Maus

Plasmid

Mäuse-
Metallothionein-
Promotor

Spender

Mikroinjektion
in Vorkern

Einpflanzung

Gewinnung von
befruchteten Eizellen

Eizellen

laktierende transgene Maus
mit Nachkommen

Einpflanzung

Reinigung

Ammenmaus

transgene „Riesenmaus"

Milch der Maus
mit menschlichem t-PA

t-PA

Abb. 8.20 Links: wie die Riesen-maus entstand.
Rechts: Transgene Mäuse produzieren menschlichen Gewebeplasminogenaktivator (t-PA) in Milch.

Abb. 8.21 Ein Liter Kuhmilch wiegt ca. 1030 g und enthält durchschnittlich 3–8 g Vitamine und Mineralstoffe, 15–35 g Protein, 50–70 g Milchzucker, 40 g Milchfett und den Rest Wasser. Die Milchproteine könnten künftig menschliche therapeutische Wirkstoffe sein.

Dabei wurde das fremde Erbmaterial in einigen Fällen stabil in die Erbsubstanz integriert.

Um fremde Genprodukte wie t-PA unkompliziert über die Milch (Abb. 8.20) gewinnen zu können, wurde das Promotorgen für saures Molkeprotein, das häufigste Eiweiß in Mäusemilch, mit dem isolierten Gen für menschliches t-PA verbunden. Tatsächlich bildete sich das **menschliche t-PA daraufhin ausschließlich im Milchdrüsengewebe** der transgenen Mäuse und wurde auch aktiv in die Milch abgegeben. Im Blut der Mäuse fand sich dagegen kein menschliches t-PA (Abb. 8.20).

Denkbar sind nun viele Wege. Billige **Nagerfarmen** können statt der teuren Bioreaktoren für Säugerzellkulturen Gentechnikprodukte erzeugen. Jede einzelne Maus, die mit einer speziellen Mäusemelkmaschine in 15 Minuten gemolken wird, liefert immerhin pro Tag 4 ml Milch. In kurzer Zeit kann man Riesenkolonien der transgenen Tiere erzeugen.

Ende der 80er-Jahre begann die holländische Firma GenePharming, Rinderembryonen zum Zweck des Gen-Pharmings zu manipulieren.

Ziel war, dass die Kühe in ihrer Milch größere Mengen des menschlichen Proteins **Lactoferrin** produzieren sollten. Lactoferrin sollte als Zusatz zu Säuglingsnahrung dienen.

Als Erstes wurden 2400 Embryonen genmanipuliert. Von diesen Versuchsobjekten entwickelten sich 128 weiter und wurden in normale Kühe verpflanzt. Das Tier, das lebend und wie eingeplant transgen im Dezember 1990 zur Welt kam, war allerdings kein weibliches Tier, das im Alter von etwa zwei Jahren Milch mit Lactoferrin produziert hätte.

Das männliche Kalb erhielt den Namen „Hermann". Die niederländische Regierung erlaubte im März 1993, transgene Spermien zur Besamung von nichttransgenen Kühen zu verwenden. Ende

1993 wurden Hermanns Nachkommen geboren. Von 55 geborenen Kälbern waren acht weiblich und transgen. Drei dieser Tiere starben, die restlichen fünf erreichten im Frühjahr 1995 die Geschlechtsreife und wurden mit normalem Sperma besamt.

Im März 1996 brachten Hermanns Töchter Kälber zur Welt und begannen nun, Milch zu produzieren. Vier dieser Töchter Hermanns bildeten **menschliches Lactoferrin** in Konzentrationen von 0,3–2,8 g/L! Dieses Lactoferrin ist identisch mit dem in der menschlichen Muttermilch enthaltenem Lactoferrin und verbessert die Eisenabsorption und den Schutz vor Darminfektionen.

Ziegen sind inzwischen noch begehrtere transgene Tiere: Sie reproduzieren sich schneller und sind billiger zu halten als Rinder. Ein Blutgerinnungsfaktor wurde bereits erfolgreich in Ziegenmilch produziert. Eine Herde von 100 Ziegen kann in einem Jahr Produkte im Wert von 200 Millionen US-Dollar produzieren.

Warum eigentlich in Deutschland Milchdrüsen als „Bioreaktoren"? Ein **Huhn** legt im Durchschnitt 300 Eier im Jahr (Abb. 8.22), das Eiklar enthält etwa 3–4 g Protein. Wenn nur ein Bruchteil davon Therapeutika sind, lohnt die Produktion. Monoklonale Antikörper konnten bereits in Eiern exprimiert werden.

Abb. 8.22 Menschliches Insulin in Eiern transgener Hühner produziert, ein realistischer Traum

■ 8.8 Transgene Fische: von *GloFish®* zur Riesenforelle

Der weise **Lao-Tse** (Abb. 8.24) sprach:»Gib einem Mann einen Fisch, und er ist satt für einen Tag. Lehre ihn, Fische zu fangen, und er ist satt sein

---

Box 8.1 Die Riesenmaus

Normalerweise wird das Gen für das Wachstumshormon bei Mäusen (und auch Menschen) nur in der Hirnanhangsdrüse (Hypophyse) eingeschaltet. Sie bildet das Hormon und gibt es, kontrolliert vom Gehirn, ins Blut ab. Das Mäusekind wächst, „klug gesteuert" vom Gehirn.

Die geniale Idee von **Ralph Brinster** (geb. 1932) war: Man müsste Wachstumshormon außerhalb der Kontrolle der Hypophyse in der Maus produzieren (z. B. in der Leber) und würde so ein rasantes Wachstum erreichen. Die Synthese des Eiweißes **Metallothionein** findet in der Leber statt und wird durch Schwermetalle wie Zink stimuliert, gegen die es das Gewebe schützen soll. Kann man dessen **Gen als „Schlepper"** benutzen?

Wenn man nun zwei Gene (also DNA) mit einem „Anschalter" (Promotor) kombiniert (Wachstumshormon-Gen und Metallothionein-Gen plus Metallothionein-Promotor) und in eine embryonale Maus einschleust, besteht die begründete Hoffnung, dass zumindest ein Teil des **Wachstumshormon-Gens in der Leber** (ohne Hirnkontrolle) exprimiert wird und dort Wachstumshormon bildet. Am direktesten lässt sich ein neues Gen in eine Zelle einschleusen, indem man die gereinigte DNA unter dem Mikroskop mit einer Kanüle einfach in den Zellkern einer Eizelle injiziert und hofft, dass sie in das Genom eingebaut wird. Bei Mäusen funktioniert das sehr gut. Man präpariert zunächst DNA mit dem Wachstumshormon-Gen und

dem Metallothionein-Gen sowie seinem induzierbaren Promotor. Das Ganze wird dann in ein Plasmid eingebaut und in Bakterien millionenfach vermehrt. Anschließend schneidet man sich mit Restriktasen das gewünschte DNA-Stück in großer Menge wieder heraus. Heute kann man die DNA auch mit PCR vervielfältigen, aber zum Zeitpunkt der Riesenmaus war diese Methode noch nicht greifbar.

Die Embryonen betrachtet man bei 100- bis 200-facher Vergrößerung unter einem Mikroskop mit einer Spezialoptik. Die Zellstrukturen des Embryos sind hier kontrastreich zu erkennen. Acht bis zwölf Stunden nach der Befruchtung sieht man die beiden runden Vorkerne (Pronuclei) deutlich. Der vom Vater ist deutlich größer als der mütterliche.

Mit einer Ansaugpipette hält man nun eine Zygote sanft fest. Eine Mikroinjektionsnadel sticht die Eizelle an und injiziert 50 bis 500 Genkopien in den männlichen Vorkern. Nicht alle Embryonen überleben das, aber im Allgemeinen sind 60–80 % danach lebensfähig.

Potenzielle Leihmutter-Weibchen paart man nun mit sterilisierten Mäusemännern. Sie sind dann scheinträchtig, treten in den Hormonzyklus einer Schwangerschaft an, tragen aber keinen eigenen Embryo. Die implantierten Embryos entwickeln sich in der Amme zu normalen Föten. Die Neugeborenen bleiben noch drei Wochen bei der Leihmutter, bis sie alt genug zur Entwöhnung sind.

Ist die neugeborene Maus transgen? Trägt sie die eingespritzte DNA nun integriert in ihrem

Genom? Vermehrt sich die DNA bei jeder Zellteilung während des Wachstums des Embryos?

Eine Gewebeprobe, aus dem Mäuseschwanz gezogen, gibt Antwort darauf. Die PCR zeigt im Normalfall, dass immerhin rund 27 % der Nachkommen die fremde DNA integriert haben, dass die DNA aktiv ist und mit ihren Geschlechtszellen auch an Nachkommen weitergegeben wird.

Die Riesenmaus wuchs bei Exposition des Embryos mit Spuren von Zink so stark, weil die Leberzellen sowohl das Metallothionein als auch das Ratten-Wachstumshormon bildeten. Das Promotor-Gen des Metallothioneins hatte tatsächlich beide Gene aktiviert. In der Leber konnte die **Hormonausschüttung nicht mehr wie im Gehirn kontrolliert** werden. Der Hormonüberschuss stimulierte die Entwicklung der Maus ununterbrochen.

Weltweit sind heute schon Tausende transgene Mäusestämme für wissenschaftliche Forschung erhältlich. Das erleichtert die Analyse der Funktion des menschlichen Genoms. Mäuse sind gute Modelle für menschliche Krankheiten: Arthritis, Alzheimer-Krankheit und Herz-Kreislauf-Erkrankungen.

Ralph Brinster und die Riesenmaus

Box 8.2 Biotech-Historie: *GloFish®* – das erste transgene Haustier

Nach dem Trickfilm-Clownfisch „Nemo" macht ein reales Fischlein in den USA Furore: ein Aquarienfisch, der unter Fluoreszenzlicht herrlich rot leuchtet. Das **erste genmanipulierte Haustier** ist da!

Die Leucht-Euphorie der Biotechnologen begann vor etwa 20 Jahren: Das Gen für das Glühwürmchen-Enzym **Luciferase** wurde damals in Zellen von Tabak eingeschleust. Wenn das Substrat Luciferin mit dem Gieß-wasser in die Pflanze gelangte und durch Luciferase umgewandelt wurde, begannen die genmanipulierten (transgenen) Pflanzen grünlich gelb zu leuchten. Beabsichtigt war nicht, dass die Tabakernte künftig nachts erfolgen kann oder der Weihnachtsbaum sanft von allein glimmt. Vielmehr diente das Luciferase-Gen den Wissenschaftlern als **leicht erkennbarer Marker**, welche Gene in welchen Teilen der Pflanze angeschaltet werden.

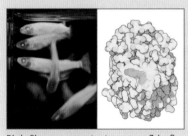

Die in Singapur erzeugten transgenen Zebrafi-sche, die bei Stress bzw. Anwesenheit von Schwermetall oder Östrogenen im Wasser fluo-reszieren. Rechts: Das GFP-Molekül mit der aktiven fluoreszierenden Gruppe

Das **grün fluoreszierende Protein** (**GFP**) wandelt UV-Licht in grünes Licht niedrigerer Energie um. Lösungen von gereinigtem GFP

sehen im normalen elektrischen Licht gelb aus und glühen grün im Sonnenlicht. Was immer man mit GFP koppelt, kann sichtbar gemacht werden, z. B., wie sich Eiweiße durch eine Zelle oder Viren im Körper bewe-gen. Wenn das Gen für GFP mit anderen Genen zusammen eingeschleust wird, kann deutlich wahrgenommen werden, wo es exprimiert wird.

GloFish®, das erste transgene Haustier, leuchtet rot bei Schwarzlichtbestrahlung (UV-Licht).

Singapurer Forscher versuchten, den aus dem indischen Ganges stammenden schwarz-weiß gestreiften **Zebrabärbling** (*Danio rerio*) so zu manipulieren, dass der Fisch bei Stress grün oder rot aufleuchtet. Weibliche Sexual-hormone (Östrogene) oder Schwermetalle im Wasser können so einfach angezeigt werden.

Die Japaner, Taiwanesen und US-Amerikaner machten aus dieser „Leucht-Idee" ein Geschäft: **das erste genmanipulierte Haustier** *GloFish®* (Glühfisch). Für 5 Dollar wird *GloFish®* seit Januar 2005 in den USA angeboten. Die schnelle Vermarktung hat vie-le Kenner der Szene irritiert. Keine der drei dafür infrage kommenden US-Zulassungsbe-hörden konnte – oder wollte – sie verhin-dern. Offenbar weil sich niemand dafür zuständig fühlte.

Das Umweltamt EPA (»Zierfische sind keine Umweltbelastung!«) winkte ebenso ab wie die Arzneizulassungsbehörde FDA (»Zierfi-

sche sind keine Drogen!«) und das Landwirt-schaftsdepartment USDA (»Zierfische sind keine Nahrung!«). Doch selbst wenn diese Lücke gefüllt werden sollte, bleiben Unsicher-heiten und viele Fragen. Andere Fische war-ten nämlich seit Jahren auf die Zulassung, z. B. die transgene Pazifik-Forelle (mit Zusatz-Wachstumshormon).

Ein bitterböses Beispiel ganz ohne Gentech-nik hat der **Nilbarsch** (*Lates niloticus*) gelie-fert, der im afrikanischen Victoriasee in guter Absicht ausgesetzt wurde. Er hat fast alle lokalen Fischarten, vor allem die berühmten Victoria-Buntbarsche (Cichliden), verdrängt, lässt sie aussterben und liefert noch nicht ein-mal hochwertiges Fleisch. Ein lebendiges Labor heute noch laufender Evolution wurde leichtfertig und kurzsichtig für immer durch einen kompetitiven Fremdling zerstört.

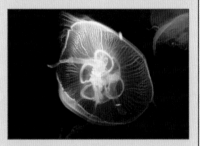

Leucht-Qualle

Forscher der Purdue University (West Lafa-yette, USA), die seit vielen Jahren transgene Fische erforschen, fanden bei japanischen Verwandten des Zuchtlachses, dem *Medaka*, dass transgene Männchen einen deutlichen Vorteil besitzen: Bis zu viermal so häufig wie ihre wilden Artgenossen befruchten sie die Eier. In spätestens 50 Generationen, so schlie-ßen die Forscher aus ihren Computersimula-tionen, würden die Wildformen in der Natur verschwunden sein.

Abb. 8.23 Auch Pilze können mithilfe der Biolumineszenz im Dunkeln leuchten.

Leben lang.« Der Fischverzehr steigt rasant an. Pro Jahr und Kopf werden 20 kg Fisch im Jahr ver-zehrt. Viele Fischbestände sind inzwischen bedroht (Abb. 8.30), und die Fangmengen sinken bereits.

Besteht der Ausweg in **Riesenfischen in Fisch-farmen?** 2017 wurden schon etwa 73 Millionen Tonnen Fisch jährlich in Aquakultur gezüchtet. Jungen Regenbogenforellen wurde gentechnisch hergestelltes Forellenwachstumshormon (*sal-mon growth hormone*) injiziert. Die Fische wuchsen zu doppelter Größe heran. Das Fangen

Tausender Forellen und Injizieren des Hormons ist aber schwierig und teuer. So versuchte man sich an **transgenen Forellen**.

Gentechnische Veränderungen bei Fischen sind wesentlich einfacher als bei Säugetieren: Die **Befruchtung der großen Eier ist extrakorpo-ral** und die Entwicklung der Fischembryonen fin-det nicht im Muttertier, sondern am Gewässer-grund statt. Die Eier können dort leicht entnom-men werden und müssen nach dem Einschleusen neuer Gene nicht wieder in das Muttertier einge-setzt werden. Zudem stehen wesentlich **mehr**

Eier zur Verfügung als bei anderen Tierarten, sodass mehrere Experimente parallel unternommen werden können, was die Forschungszeiten erheblich verkürzt.

Fische haben **riesige Eizellen**, daher war die Injektion des Gens für das Wachstumshormon nicht besonders schwierig.

Die **transgene Pazifik-Forelle** ist etwa zehnmal größer als der normale Fisch, einzelne Forellen waren sogar 37-mal größer! Die natürliche Forelle sieht dagegen wie ein Zwerg aus (Abb. 8.28). Die Züchter wollen darüber hinaus bestimmten **geschmacklichen oder auch ästhetischen Qualitätsanforderungen** gerecht werden. So schätzen die Konsumenten etwa bei **Lachs die rosa Färbung**, die ursprünglich auf Kleinkrebse als bevorzugte Nahrung der wildlebenden Tiere zurückgeht. Bei Lachs haben Züchtung und Ausweitung der Aquakultur vor allem in Norwegen zu einer massiven Überproduktion geführt.

Heute ist Lachs kein Luxusartikel mehr, sondern ein alltägliches Lebensmittel. An den bisherigen Züchtungszielen ändert sich mit der Gentechnik wenig. Sie eröffnet die Möglichkeit, einzelne Gene für bestimmte Merkmale zu übertragen und damit schneller und präziser zum Ziel zu kommen. Zudem können auch artfremde Gene verwendet werden.

In verschiedenen Laboratorien, vor allem in den USA, Kanada, Großbritannien, Norwegen und Japan, sind bisher mehrere Dutzend Fischarten gentechnisch verändert worden. Vor Forellen und Karpfen spielt dabei der **Atlantische Lachs** eine herausragende Rolle: Er ist das weltweit wichtigste in Aquakultur erzeugte Fischprodukt.

Auch Seefische wie Kabeljau, Steinbutt und Heilbutt, die künftig vermehrt in Aquakultur erzeugt werden sollen, sind bereits gentechnisch verändert worden. Eine kommerzielle Anwendung ist bisher noch nicht absehbar. Die Gattung *Tilapia* (Buntbarsche, Abb. 8.25) wird intensiv gentechnisch bearbeitet. Dieser ursprünglich aus Afrika stammende Süßwasserfisch ist in vielen tropischen und subtropischen Ländern zu einem der wichtigsten Zuchtfische geworden. Er wird auch nach Europa exportiert.

Das derzeit kommerziell interessanteste mit gentechnischen Verfahren verfolgte Zuchtziel ist, das **Größenwachstum** der Fische (Abb. 8.26) zu beschleunigen. Viele weitere Projekte befinden sich noch in einem frühen Entwicklungsstadium und sind weit von der Markteinführung transge-

ner Fische entfernt. Hier geht es vor allem darum, neue Gene zu finden und geeignete Verfahren zu entwickeln, um sie in das Erbgut von Fischen zu integrieren. Anfangs versuchte man, durch Übertragung von **Wachstumshormon-Genen** aus verschiedenen Tierarten (andere Fische, Ratte, Rind, sogar Mensch) das Größenwachstum der Fische „übernatürlich" zu steigern. Die Erfahrungen zeigen jedoch, dass Veränderungen an den jeweils arteigenen Wachstumshormon-Genen eher und zuverlässiger zum gewünschten Erfolg führen. Wird etwa das Wachstumshormon-Gen **aus dem Pazifischen Lachs auf Atlantischen Lachs übertragen**, so wird das Wachstumshormon auch im Winter ausgeschüttet: Der Atlantische Lachs wächst das ganze Jahr über, nicht wie bisher nur im Frühjahr und Sommer. Ein derart gentechnisch veränderter Lachs erreicht deutlich schneller sein Schlachtgewicht (Abb. 8.28). Besonders in den Käfigen und Becken der Fischfarmen führen Krankheiten zu Ertragsausfällen, da sich bakterielle und virale Erreger in dem dichten Fischbesatz rasch ausbreiten können.

Gentechnisch erzeugte **Resistenzen** sind daher ein für die Fischzucht interessantes Ziel. Ein Ansatz, die Fische resistenter gegen Krankheitserreger zu machen, ist, geeignete Resistenzgene zu finden und sie auf die Fische zu übertragen. Ein anderer Ansatz ist, die Fische verstärkt das **antibakterielle Enzym Lysozym** (Kap. 2) produzieren zu lassen.

1974 gefror in Neufundland an der Universität ein Tank mit Flundern. Die meisten dieser 200 flachen Fische hatten sogar Eis in den Herzen. Der junge chinesische Assistenz-Professor **Choy L. Hew** (Abb. 8.29) war untröstlich. Er verschenkte die gefrorenen Fische an Kollegen und war damit tagelang sehr populär. Beim Herauslesen der Toten entdeckte er jedoch plötzlich ein paar **Überlebende! Sie hatten das Vereisen überstanden.**

Später fand Hew die Ursache: ein *antifreeze*- (**Antifrost-**)**Protein**, das bestimmte Fische vor dem Erfrieren schützt. Als auch das für dieses proteincodierende Gen gefunden war, versuchten Wissenschaftler, es auf Lachse zu übertragen. Auf diese Weise hoffte man, Lachse auch bei Temperaturen um den Gefrierpunkt züchten zu können. Hew produziert heute erfolgreich an der Universität Singapur transgene Fische.

Durch Übertragen der Gene für „Gefrierschutzproteine" soll die Kältetoleranz von Lachsen oder anderen Zuchtfischen erhöht werden.

Abb. 8.24 Lao-Tse, mit bürgerlichem Namen Li Er. Die Literatur beschreibt ihn als älteren Zeitgenossen des Konfuzius (551–479 vor unserer Zeit).

Abb. 8.25 Die Vertreter der Gattung *Tilapia* sind Barsche aus den warmen Gewässern Afrikas und des Jordan, auch „Petrus-Fische" genannt. Sie eignen sich ganz besonders für alle Gebiete, in denen es an eiweißreicher Ernährung mangelt. Sie ernähren sich von praktisch allen organischen Stoffen, sind anspruchslos, vermehren sich schnell, sind widerstandsfähig gegen Krankheiten und haben ein hochwertiges Fleisch.

Abb. 8.26 Transgene *Tilapia* (links) im Vergleich zu normalen Fischen

Abb. 8.27 Norman Maclean (geb. 1932) von der Universität Southampton arbeitete an transgenen Tilapien und Medakas.

Box 8.3 Expertenmeinung: Alzheimer im Aquarium – Wie Zebrafische bei der Demenz für Durchblick sorgen

Die Volkskrankheit Alzheimer und ihre molekularen Grundlagen

Alzheimer hat sich in den letzten Jahren zu einer echten Volkskrankheit entwickelt. In Deutschland gibt es momentan schon über eine Million Krankheitsfälle, weltweit sind es mehr als 25 Millionen. Jedes Jahr kommen fast fünf Millionen neue Fälle hinzu.

Die **Demenzerkrankung** wurde erstmals vor gut 100 Jahren vom deutschen Psychiater **Alois Alzheimer** (1864-1915) diagnostiziert. Die Patientin litt unter Orientierungsstörungen und einem dramatischen Gedächtnisverlust. Den eigentlichen Grund für ihre Beschwerden konnte der Arzt jedoch erst nach Ihrem Tod feststellen, als er ihr Gehirn untersuchte. Dieses war deutlich geschrumpft, und ein großer Teil der Nervenzellen war abgestorben. Unter dem Mikroskop fand Alzheimer fädig erscheinende Ablagerungen aus Eiweißen, die wie Bündel verklebter Nudeln aussahen. Er nannte sie daher neurofibrilläre Bündel.

Heutzutage werden die Bündel vorzugsweise mit dem englischen Begriff *Tangles* bezeichnet. Die *Tangles* bestehen aus aneinander klebenden Molekülen des sogenannten τ-**Eiweißes** und werden bis heute gemeinsam mit den ebenfalls auftretenden amyloiden Plaques, die aus Ablagerungen des Amyloid-β-Eiweißes bestehen, zur Diagnose von Alzheimer herangezogen (Abb. 1A). Das τ-Eiweiß befindet sich beim Menschen in allen Nervenzellen, und zwar hauptsächlich in den langen Fortsätzen, mit denen die Nervenzellen Kontakt mit weiteren Zellen aufnehmen. Für die Funktion der Nervenzellen sind diese Zellfortsätze essenziell, sie sind gewissermaßen die Verbindungskabel, über welche die Zellen Informationen weiterleiten. Das τ-Eiweiß stabilisiert das interne Gerüst dieser Fortsätze, ähnlich wie die Schwellen, welche Eisenbahnschienen miteinander verbinden. Durch molekulare Analysen fand man heraus, dass τ bei Alzheimer-Patienten typische biochemische Veränderungen aufweist, die seine Funktion behindern. Dies wirkt sich in zweierlei Hinsicht schädlich auf die Nervenzelle aus: Zum einen nimmt die Menge der τ-Eiweiße im Zellkörper zu, wodurch die Eiweiße verklumpen und die für Alzheimer typischen *Tangles*

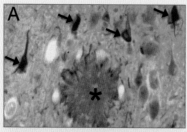

Abb. 1: Zebrafische als Tiermodelle für die Erforschung neurodegenerativer Demenzen. Typische Neuropathologie bei Alzheimer mit neurofibrillären *Tangles* (Pfeil) und senilen Plaques (Stern) (**A**) (aus: Lichtenthaler, SF Haass C (2004). *Journal of Clinical Investigation*). Seitenansicht eines adulten Zebrafisches (**B**) (Foto: Mathias Teucke) und einer drei Tage alten Zebrafischlarve (**C**).

bilden. Zum anderen bewirkt der Verlust der τ-Schwellen einen Zusammenbruch der Transportschienen und damit des intrazellulären Stofftransports. Hierdurch werden die für die Infomationsweiterleitung wichtigen Synapsen nicht mehr ausreichend mit Energie und Stoffwechselprodukten versorgt. Die ausgehungerten Synapsen gehen verloren, die gesamte Nervenzelle stirbt.

Ursachenforschung in Tiermodellen

Obwohl die Ursachen von Alzheimer bereits seit Jahrzehnten intensiv erforscht werden, gibt es **bis heute noch keine Heilungsmöglichkeiten**. Weltweit versuchen daher Molekularbiologen und Mediziner mit Hochdruck, mehr darüber herauszufinden, wo die **Ursachen** der Krankheit liegen. Man möchte vor allem genauer verstehen, welche Faktoren am Absterben der Nervenzellen beteiligt sind und wie man diesen schädlichen Prozess aufhalten kann. Nun haben Wissenschaftler aber heutzutage immer noch das gleiche Problem wie damals Alois Alzheimer: Sie können den Erkrankten nicht einfach den Schädel öffnen und mal reinschauen, was da gerade passiert. Für Untersuchungen an menschlichem Gewebe sind Forscher daher im Wesentlichen auf verstorbene Patienten angewiesen.

Da sich die Krankheit bei diesen aber meist schon im Endstadium befindet, sind die betroffenen Nervenzellen dann schon abgestorben und man kann den Grund für ihren Tod nicht mehr erkennen.

Um herauszufinden, was mit den Nervenzellen bei Alzheimer vor ihrem Untergang passiert, verwenden Wissenschaftler daher **Tiermodelle**, also Versuchstiere, bei denen die Krankheit auftritt.

Wie bekommt man aber nun Versuchstiere mit Alzheimer? Wissenschaftler haben molekularbiologische Methoden entwickelt, mit denen man den Versuchstieren ein defektes menschliches Gen einsetzen kann und so ein transgenes Tiermodell herstellt. Das eingesetzte Gen bildet ein fehlerhaftes Eiweiß, beispielsweise das τ-Eiweiß. Durch den Einbau eines solchen menschlichen „Alzheimer-Gens" kann die Erkrankung in diesen transgenen Tieren nachgebildet und erforscht werden. Allerdings eignen sich die bisher für die Alzheimer-Forschung verwendeten Versuchstiere, wie z. B. Labormäuse, nicht für längere Beobachtungen des Nervensystems am lebenden Objekt, da man ihnen auch nicht einfach so ins Gehirn schauen kann.

Alzheimer im Zebrafisch?

Hier schlägt nun die große Stunde der **Zebrafische**. Diese werden aufgrund ihrer vielen praktischen Vorteile bereits seit Längerem in der Grundlagenforschung verwendet, beispielsweise zur Untersuchung von embryonalen Entwicklungsprozessen. Die Morphologie wichtiger Organe, wie etwa des Nervensystems, ist dem Menschen recht ähnlich. Außerdem besitzen Zebrafische **alle wesentlichen Gene, die beim Menschen an der Ausbildung von Demenzerkrankungen beteiligt sind**.

Der größte Vorteil der Fischlarven ist aber ihr **vollständig durchsichtiger Körper**. Sie bieten die einzigartige Möglichkeit, Nervenzellen direkt in einem lebenden Tier zu untersuchen. Man könnte in einem Zebrafisch mit Alzheimer den Krankheitsverlauf also live über einen längeren Zeitraum beobachten.

Um solche „Alzheimer-Zebrafische" zu erhalten, wurde ihnen daher das fehlerhafte menschliche τ-Gen eingesetzt. Dabei war es besonders wichtig, dass das Gen zum rechten Zeitpunkt in den richtigen Zellen aktiviert und das defekte Eiweiß gebildet wird. Für diese Steuerung besitzen Gene neben dem

Bauplan für die Bildung des Eiweißes auch noch eine Steuerungseinheit, den sogenannten **Promotor**. Mit diesem wird sichergestellt, dass jede Zelle im Körper genau weiß, zu welchem Zeitpunkt und in welchen Geweben ein bestimmtes Gen aktiviert werden soll. Das τ-Gen wurde also zunächst mit einem Fischpromotor bestückt, damit es in den Nervenzellen der Fische aktiviert wird.

Da man die Nervenzellen mit dem menschlichen Alzheimer-Gen in den Fischen aber nicht direkt sehen kann, wurde außerdem noch das **Fluoreszenzgen DsRed** (siehe Box 7.10) eingefügt, welches aus einer Koralle stammt. Durch das Gen kann die Koralle im Dunkeln rot fluoreszieren. Die Verwendung im Fisch ermöglichte es, direkt diejenigen Nervenzellen zu erkennen und zu beobachten, in denen das Alzheimer-Gen aktiv war. Mit biochemischen Färbungen wurde bestätigt, dass in allen leuchtenden Nervenzellen auch das menschliche τ-Eiweiß gebildet wird. Die ersten für die frühen Stadien von Alzheimer charakteristischen Veränderungen traten in den Nervenzellen bereits nach wenigen Stunden auf, erste Nervenzellen begannen abzusterben und auch die für Alzheimer typischen, aus verklumptem τ-Eiweiß bestehenden *Tangles* entstanden (Abb. 2C).

Die „Alzheimer"-Zebrafische simulieren also **im Schnelldurchlauf wesentliche neuropathologische Merkmale der menschlichen Alzheimer-Erkrankung und einen typischen Krankheitsverlauf.**

„...und Action!": Neurodegeneration *live*.

Doch was passiert nun eigentlich genau mit den betroffenen Nervenzellen? Um deren Schicksal im Detail beobachten zu können, wurden die betäubten Zebrafischlarven mit einem **Farbstoff behandelt, der spezifisch die DNA in absterbenden Zellen grün anfärbt**. Das Absterben der rot leuchtenden Nervenzellen konnte daher direkt unter dem Fluoreszenzmikroskop anhand der grün aufleuchtenden Zellkerne beobachtet werden. Dann wurde über mehrere Stunden das Nervensystem der Fischlarven mit einem Videomikroskop aufgenommen.

So entstand ein Tierfilm der besonderen Art: Erstmals gelang es Forschern weltweit, das Absterben der Nervenzellen in einem Tiermodell für Alzheimer zu verfolgen und im Detail zu studieren. Das Experiment stellte für das gesamte Feld der Alzheimer-Forschung einen

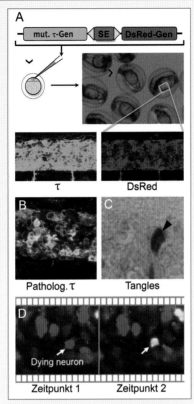

Abb 2: Herstellung und Charakterisierung Tautransgener Zebrafische. Das „Demenz-Gen" Tau wird mit dem Fluoreszenzgen DsRed und der Steuerungseinheit (SE) aus einem neuronalen Zebrafischpromotors kombiniert und in Fischeier injiziert. Die entstehenden transgenen Fische bilden τ und DsRed in Neuronen des Nervensystems (A). Nach wenigen Stunden entstehen die ersten pathologischen Veränderungen (Phospho-τ, B), nach einige Wochen Proteinablagerungen (*Tangles*, C) (Foto: Astrid Sydow). Das Absterben der Nervenzellen konnte erstmals live in einem Zeitraffervideo studiert werden (Einzelbilder eines Videos, D).

massiven Durchbruch dar: Durch die direkte Beobachtung der Vorgänge, die zum Tod der Nervenzellen führen, kann dieser krankheitsauslösende Prozess nun wesentlich besser verstanden werden. Dieses Wissen wird die Entwicklung neuartiger Therapien zur Behandlung von Alzheimer-Patienten wesentlich vereinfachen.

Pharmaforschung am Zebrafisch

In Zusammenarbeit mit einer großen Pharmafirma konnte zusätzlich nachgewiesen werden, dass mit den Alzheimer-Fischen auch direkt **neue Therapieansätze** entwickelt und überprüft werden können. Hierfür wurde zunächst die molekulare Struktur eines Enzyms bestimmt, welches die krankhaften

Veränderungen des τ-Eiweißes bewirkt. Dann wurden basierend auf diesem Strukturmodell am Computer neue Wirkstoffe entwickelt, welche wie ein Schlüssel in das aktive Zentrum des Enzyms passen und seine Funktion blockieren. Da Zebrafischlarven gelöste Substanzen unmittelbar aus dem Wasser aufnehmen, konnte die **Wirkung der neuen Substanzen** anschließend durch einfache Zugabe in die Petrischalen direkt am lebenden Tier getestet werden. Einer der Wirkstoffe konnte die Alzheimer-Symptome der Fische tatsächlich lindern. Dieser Stoff könnte in Zukunft also möglicherweise zu einem Medikament weiterentwickelt werden.

Durch die Einfachheit dieser Tests können mit den Zebrafischlarven in Zukunft noch viele **weitere Wirkstoffe** gefunden werden. Da die Fischlarven viel kleiner und entsprechend einfacher zu handhaben sind und wesentlich mehr Nachkommen produzieren als die bislang für solche Tests verwendeten Labormäuse, wird die Medikamentenentwicklung deutlich beschleunigt.

Den kleinen Fischen steht in der Forschung damit noch eine große Zukunft bevor.

Dominik Paquet studierte Biologie in Tübingen. Forschungsaufenthalt an der University of Sheffield, UK. Doktorarbeit bei Prof. C. Haass an der LMU München. 2009 bis 2011 Postdoc am Deutschen Zentrum für Neurodegenerative Erkrankungen in München. Seit 2016 Professor für Neurobiologie am Institute for Stroke and Dementia Research (ISD), Klinikum der Universität München.

Christian Haass, *Biologiestudium und Doktorarbeit in Heidelberg. Postdoc und Assistant Professor of Neurology, Harvard Medical School. 1995 bis 1999 Professor für Molekulare Biologie am Zentralinstitut für Seelische Gesundheit in Mannheim. Seit 1999 Leiter des Lehrstuhles für Stoffwechselbiochemie an der Ludwig-Maximilians-Universität München. Ab 2009 Leiter des Deutschen Zentrums für Neurodegenerative Erkrankungen in München.*

Abb. 8.28 Natürliche Forellen (oben), Größenvergleich von normalen Forellen mit transgener Pazifik-Forelle (unten)

Abb. 8.29 Choy L. Hew von der Universität Singapur arbeitete an transgenen *antifreeze*-Fischen und jetzt zusammen mit Norman Maclean an *Tilapia*.

Abb. 8.30 Korallenriffe werden überfischt, zum Teil mit illegalen Fangmethoden wie Cyanid und Dynamit. Die überlebenden cyanid-gefangenen Fische werden dann in Hongkonger Restaurants angeboten.

Abb. 8.31 Knockout-Mäuse. Siehe Cartoon Seite 325.

Die Maus ist der dem Menschen ähnlichste Modellorganismus: Weniger als 1% der Gene haben beim Menschen kein entsprechendes Gegenstück!

Ziel ist eine Erzeugung von Lachs in Aquakultur in den Meeresregionen, in denen die kalten Wassertemperaturen im Winter dies bisher unmöglich machten. Generelle Bedenken gegen **transgene Fische** gibt es von Ökologen: Man kann nicht garantieren, dass sie nicht doch aus Fischfarmen entweichen und sich unkontrolliert verbreiten. Der bewusst eingeführte Nilbarsch (*Lates niloticus*) hat im Victoriasee verheerende Schäden bei den Buntbarschen angerichtet und die Hälfte der Arten im See aussterben lassen.

Die größte Befürchtung bei der gewollten oder ungewollten **Freisetzung** von **transgenen Fischen** ist die Auskreuzung in bestehende Wildpopulationen. Ein Entkommen von Fischen aus den Aquakulturen ist je nach Wetterlage kaum vermeidbar. Neuere Arbeiten beschäftigen sich daher mit der **Züchtung von transgenen Fischen, die steril sind** und so ihre Gene nicht verbreiten können. Transgene Rinder und Schweine verwildern dagegen in dicht besiedelten Entwicklungsländern nicht so einfach. Sie werden schlichtweg gefangen und aufgegessen. Es gibt aber aber Ausnahmen: Auf den schwer zugänglichen Galapagos-Inseln fraßen verwilderte Hausschweine die Gelege der berühmten, Darwin inspirierenden Schildkröten. Die Schildkröten hatten davor keine Fressfeinde außer den Möwen gehabt.

In Japan und in den USA gibt es für nur 5 US-Dollar den von Singapurer Forschern entwickelten **transgenen Zebrabärbling** zu kaufen, der unter UV-Licht fluoresziert. Er heißt *GloFish®* und ist das erste transgene Haustier (Box 8.2). *GloFish®* trägt das grün fluoreszierende Protein (*green fluorescent protein*, GFP) einer Leucht-Qualle in seinem Erbgut.

Bei *GloFish®* handelt es sich um den tropischen Zebrabärbling (*Danio rerio*), der zusätzlich das Fluoreszenzgen der **Leucht-Qualle** (*Aequorea victoria*) trägt. Während normale Zebrabärblinge schwarz-silbern sind, leuchtet der manipulierte *GloFish®* schon bei geringstem Lichteinfall in grellem Rot. Ursprünglich wurden die Leuchtfische von der Nationaluniversität in Singapur entwickelt, um Umweltverschmutzungen in Gewässern zu ermitteln. Eine frühere Form der manipulierten Fische hat sich nur dann grün oder rot verfärbt, wenn das Wasser, in dem sie schwamm, Giftstoffe enthielt.

Auch das „**Genäffchen**" ANDi, der erste im Jahr 2000 geschaffene transgene Primat, trägt die Quallen-Gene. ANDi ist eine Umkehrung der Abkürzung für *inserted DNA* (eingebaute DNA). Das GFP dient hier als „Reporter-Protein", also als Marker, um aktivierte Gene aufzuspüren. Das Gen wurde zwar erfolgreich übertragen, aber nicht aktiviert. ANDi leuchtet nicht!

Bei **Schweinen** ist es im Jahr 2003 dagegen gelungen: 30 Ferkel schimmern grünlich im Stall des Münchner Reproduktionsbiologen **Eckhard Wolf** und des Pharmakologen **Alexander Pfeifer**. Als Transportvehikel für die Quallen-Gene wurden Lentiviren verwendet (Box 8.4). Damit beginnt das Gen-Pharming Wirklichkeit zu werden. Bei aller Begeisterung dürfen **ethische Bedenken** allerdings nicht unbeachtet bleiben.

Einfacher als Mäuse zu melken ist es natürlich, transgene Rinder, Schafe oder Ziegen zur Milchproduktion zu nutzen. Verschiedene Pharmaprodukte wurden so schon produziert, zum Teil mit Ausbeuten von 35 g/L Milch! Die Produkte können aus der Milch isoliert oder direkt mit der Milch getrunken werden. Eine gute Milchkuh kann etwa 10 000 L Milch pro Jahr liefern. Damit könnte sie den gesamten Bedarf der USA (120 g) am Blutfaktor VIII (für die Behandlung der Bluterkrankheit) liefern. Allerdings ist diese Produktionsmethode (noch) nicht zugelassen. Andere Wunschproteine sind Insulin, Erythropoetin (EPO, Kap. 9), Fibrinogen, Hämoglobin, Interleukin-2, Wachstumshormon und auch monoklonale Antikörper.

Es bleibt abzuwarten, wer das Rennen in der „Gen-Pharm" macht: transgene Tiere (emotionsbeladen für Tierfreunde) oder ihre stummen Pendants, transgene Pflanzen (Box 7.10 und 11 in Kap. 7).

8.9 Knockout-Mäuse

Mäuse haben bis zu achtmal jährlich drei bis acht Mäusekinder. Nach vier bis sechs Wochen sind sie geschlechtsreif und leben etwa zwei Jahre. **Eine Maus kann bis zum Ableben also durchschnittlich 150 Nachkommen hervorbringen. Deshalb sind Mäuse ideale Labortiere.**

Die haarlose Nacktmaus, die für Hautverträglichkeitsprüfungen eingesetzt wird, ist eine sogenannte **Knockout-Maus** (Abb. 8.31) und ein Horrorbild für die Medien gewesen. Man vergisst aber dabei, dass man bei der Erforschung wichtiger menschlicher Krankheiten ohne diese SCID-(Immunschwäche-), Onko- (Krebs-) und Bluthochdruck-Mäuse nicht vorangekommen wäre. Mehr als **5000 menschliche Krankheiten werden durch Gendefekte hervorgerufen.**

Beim Gen-Targeting (engl. *target*, Ziel) schaltet man **gezielt einzelne Gene aus**, um dann im Erscheinungsbild (Phänotyp) zu beobachten, welche Rolle das Gen gespielt hat. Da wir wohl 90 % entsprechende menschliche Gegenstücke zu den Maus-Genen besitzen, ist das ungeheuer informativ.

Ein nichtfunktionales Gen (**Knockout-Gen**) wird dafür in embryonale Stammzellen (ES) übertragen. Dabei kann zuvor ein Stück der DNA herausgeschnitten werden, oder aber ein Teil der DNA wird durch nichtfunktionale DNA ersetzt. Das eingeführte Gen assoziiert sich physisch mit dem entsprechenden Gen in einem Maus-Chromosom. Dann erfolgt ein bisher wenig verstandener Austausch (homologe Rekombination). Die so manipulierten embryonalen Stammzellen werden in einen frühen Mausembryo injiziert, in der Hoffnung, dass sie sich integrieren. Den Embryo implantiert man einer Ammenmaus.

Die Mäuse werden dann vermehrt, um zu sehen, ob das Knockout-Gen weitergegeben wird. Weil es am Anfang zwei Kopien jedes Gens gibt (ein normales, das andere inaktiviert), ist die Maus heterozygot für dieses spezielle Gen. Durch Paarung mit anderen heterozygoten Mäusen werden homozygote Mäuse erzeugt, die das entsprechende Protein, das blockiert werden sollte, nicht produzieren.

Zwei Generationen von Inzucht- (*crossbreeding*) **Mäusen** werden benötigt, um Tiere zu erhalten, die komplette Knockouts sind (Abb. 8.31). Solche Knockout-Mäuse haben beispielsweise die Erforschung der menschlichen **cystischen Fibrose** dramatisch weitergebracht. Die cystische Fibrose (oder Mucoviscidose) ist **in Europa die am weitesten verbreitete Erbkrankheit.** Etwa eines unter 2000 Neugeborenen ist betroffen. Jeder Zwanzigste trägt das defekte Gen. Die Patienten produzieren in der Lunge große Schleimmengen. Das führt zu Atemschwierigkeiten sowie zu Anfälligkeit für Lungeninfekte. Eine Heilung gibt es bisher nicht. Es ist klar einzusehen, dass dieser Versuchsansatz auch geeignet wäre, Krebsgene „auszuknocken".

■ 8.10 Xenotransplantation

Der Bedarf an zu transplantierenden Organen steigt gewaltig. In den USA warten 50 000 Menschen unter 65 Jahren auf eine **Herztransplantation.** Dem gegenüber stehen nur 2000 geeignete Spenderherzen. Der Bedarf steigt, die Spendebereitschaft stagniert. Man versucht deshalb, **xenologe Organe** aus Tieren zu gewinnen oder aber Organe in Zellkultur zu ziehen.

Schweine sind am besten geeignet (Abb. 8.32), Organe für den Menschen zu liefern (Größe, Physiologie, Anatomie). Das Grundproblem ist aber die immunologische Abstoßungsreaktion: Die Antikörper des Menschen reagieren auf die Zelloberflächenantigene des Schweineorgans wie auf ein zu bekämpfendes Fremdmolekül. Gentechnologisch wird nun diese Immunabwehr ausgeschaltet. Das erste transgene Schwein „Astrid" wurde im September 1992 geworfen. Transgene Schweine produzieren menschliche Regulatoren der Immunabwehr, sodass das Organ nicht sofort als „fremd" erkannt wird. Bei den ersten transgenen Schweinen, die gezielt für die **Xenotransplantation** von der schottischen Firma PPL Therapeutics entwickelt wurden, wurde das Gen der α-1,3-Galactosyl-Transferase „stillgelegt". Dieses Gen codiert ein bedeutendes Enzym, das Zucker in der Zellmembran der Schweine aufbaut.

Diese Zucker sind von Bedeutung für die Immunantwort. Fehlen sie, erhöht sich die Chance, dass das Gewebe vom Empfängerorganismus nicht abgestoßen wird.

Immerhin 30 bis 60 Tage überlebten Schweineherzen in Menschenaffen. Nichttransgene Kontrollherzen wurden dagegen innerhalb von Minuten vom Immunsystem des Empfängers angegriffen. Die Empfänger mussten dazu auch noch mit Immunsuppressiva (mit Cyclosporin, Kap. 4) behandelt werden.

Echte **Risiken** bestehen darin, dass Tierviren (z. B. das PERV-Virus, *porcine endogenous retrovirus*), die harmlos für Schweine sind, durch transplantierte Organe auf den Menschen übertragen werden und sich dort als nicht so harmlos erweisen könnten. Es wird erwartet, dass Humaninsulin produzierende Schweine-Inselzellen aus Knockout-Schweinen (die kein Schweine-Insulin erzeugen) zur Behandlung von schwerer **Diabetes** transplantiert werden.

Eine weniger riskante Möglichkeit ist das **Tissue** (Gewebe-) **Engineering**. Dabei werden zum Beispiel Knorpelzellen der menschlichen Nase auf einem polymeren Gerüst in Nährlösung gezüchtet. Wegen der Immunproblematik nimmt man die Knorpelzellen am besten vom selben Individuum. Man kann tatsächlich daraus **Nasen formen** und dann transplantieren (Abb. 8.33 und 8.34).

Abb. 8.32 Transgene Schweine produzieren Organe für Xenotransplantate.

Abb. 8.33 Berühmte große Nase: Der französische Vorläufer der Aufklärung, der Freigeist und duellierfreudige Offizier Cyrano de Bergerac (1619-1655), hätte vom Tissue Engineering sehr profitieren und sich viel Kummer ersparen können.

Abb. 8.34 Eine Science-fiction-Vision: der Verfasser in der Tissue Engineering-Werkstatt vor der Transplantation einer neuen Nase. Eine griechische Nase, wenn möglich...

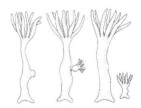

Abb. 8.35 Polypen können sich durch Knospung vermehren.

Box 8.4 Expertenmeinung: Klonen in Deutschland

Am 23. Dezember 1998 kam „Uschi" in München zur Welt. „Uschi" ist das erste europäische Kalb, das wie Dolly aus Zellen eines erwachsenen Tieres geklont wurde.

Uschi ist das erste europäische Klonkalb.

Was ist Klonierung durch Kerntransfer?

Eigentlich ist der **Kerntransfer** eine leicht verständliche Technik. Ganz einfach erklärt: Der Zellkern einer Spenderzelle wird in eine zuvor entkernte Eizelle gebracht. Daraus entsteht ein neuer Embryo. Zugegeben, ein ganz besonderer: Denn sowohl beim Schaf Dolly als auch beim Kalb Uschi stammte der Zellkern aus Euterzellen.

Für uns Reproduktionsbiologen geschieht nach dem Kerntransfer etwas Faszinierendes, das wir auch nach der Geburt von Dolly noch nicht ganz verstanden haben: Der Zellkern, der bisher voll und ganz auf seine Funktion im Euter spezialisiert war, wird umprogrammiert. Er verwandelt und „verjüngt" sich zu einem Zellkern, der wieder das Programm für alle späteren Organfunktionen aktivieren kann.

Dazu wird das genetische Programm vorübergehend gestoppt und durch komplexe Mechanismen wieder neu gestartet. Je nachdem, wie gut dieser Neustart funktioniert, kann sich der Klonembryo bis zu einem vollständigen Lebewesen entwickeln.

Ein Dogma der Zellbiologie ist gefallen

Die Pionierexperimente am Roslin-Institut in Edinburgh zeigten erstmals, dass unter bestimmten Bedingungen sogar Zellen aus erwachsenen Tieren für den Kerntransfer geeignet sind. Diese Experimente, deren Krönung das aus einer Euterzelle entstandene Schaf Dolly darstellte, widerlegten ein zentrales Dogma der Zellbiologie, nach dem sich nur aus frühen embryonalen Zellen wieder ganze Organismen bilden können.

Dementsprechend wurden die Arbeiten anfänglich auch von vielen namhaften Wissenschaftlern angezweifelt. Mittlerweile sind diese Zweifel jedoch durch die erfolgreiche Wiederholung des Verfahrens bei einer Vielzahl weiterer Tierarten ausgeräumt.

Biotechnologie der Reproduktion – Schlüssel zur schnelleren Verwirklichung von Zuchtzielen

Tierzüchterisches Wissen über die Erblichkeit von Eigenschaften musste bisher immer aus dem Phänotyp, also den äußerlich erkennbaren Merkmalen des Tieres, abgeleitet werden. Gentechnische Methoden eröffnen nunmehr den direkten Zugang zum Erbmaterial.

Ziel der **Genomanalyse** ist es, den strukturellen und funktionellen Aufbau des Erbmaterials möglichst genau zu verstehen, um interessante genetische Merkmale erkennen und für die Zucht auswählen zu können. Inzwischen versucht man, durch Genotypisierung mit einer hohen Markerabdeckung die kausalen Genvarianten umfassend für züchterische Zwecke zu nutzen, ohne dass diese im Einzelnen spezifisch charakterisiert werden (= **genomische Selektion**).

Die Voraussetzungen dafür sind mit der Verfügbarkeit einer großen Zahl von Einzelnucleotid-Polymorphismus- (SNP-) Markern und Chip-basierten Typisierungstechniken gegeben. Doch das ist nur die eine Seite:

Um die Vorteile der direkten Erkennung von überlegenen Genotypen möglichst effizient nutzen zu können, ist eine gezielte Steigerung der Vermehrungsrate genetisch vorteilhafter Tiere notwendig. In der Rinderzucht ist bereits seit den 50er-Jahren die künstliche Besamung üblich. Sie ermöglicht eine strenge Selektion der Zuchtbullen. Die Biotechnik **Embryotransfer** (**ET**), die eine hormonelle Stimulation der Ovulationsrate genetisch wertvoller Spendertiere, die Embryogewinnung und den Transfer der Embryonen auf Empfängertier, umfasst, ermöglicht eine Verbesserung der Selektion auch auf der weiblichen Seite.

Dieses Verfahren ist jedoch aufwendig, kostspielig und häufig unzureichend effizient. Daher sind Alternativen bzw. ergänzende Techniken zu konventionellen ET-Verfahren unverzichtbar.

Bei der *in vitro*-**Produktion** (**IVP**) von Rinderembryonen werden Eizellen aus Eierstöcken geschlachteter Kühe gewonnen, in Kultur gereift, befruchtet und über einen Zeitraum von sechs bis acht Tagen bis zum Erreichen transfertauglicher Stadien kultiviert. Unmittelbar praktische Bedeutung hat die IVP von Rinderembryonen, indem man von genetisch wertvollen oder gefährdeten Rassen angehörigen Tieren, die aus Alters- oder sonstigen Gründen geschlachtet werden müssen, noch Nachkommen erhalten kann.

In zunehmendem Maße werden Eizellen auch von lebenden Färsen und Kühen gewonnen (*ovum pick-up* oder OPU) und für die IVP von Rinderembryonen eingesetzt. Diese Gewinnung von Eizellen ist eine wichtige Biotechnik, um die Zahl der Kälber von wertvollen Zuchttieren zusätzlich zu erhöhen.

Biotechniken der Fortpflanzung zur Erstellung von genetisch modifizierten Großtiermodellen für die biomedizinische Forschung

Bislang musste man für den Gentransfer bei Nutztieren die zu übertragende genetische Information in vielen Kopien in befruchtete Eizellen injizieren (= **pronucleäre DNA-Mikroinjektion**). Dieses Verfahren ist allerdings sehr ineffizient, da nur ein kleiner Teil der injizierten Eizellen die übertragene Information tatsächlich ins Erbgut einbaut. Man muss Hunderte von befruchteten Eizellen injizieren, um ein oder zwei transgene Nachkommen zu erhalten, die das gewünschte zusätzliche oder veränderte nutzbringende Gen tatsächlich tragen.

Eine wesentliche Steigerung der Effizienz des Gentransfers gelang durch den Einsatz von **viralen Vektoren**. Bestimmte Viren verfügen über die Fähigkeit, in fremde Zellen einzudringen, und bauen dort ihr eigenes Erbmaterial – ebenso wie die fremden Gene – in die DNA der infizierten Zelle ein. Diese Methode scheiterte bislang aber oft daran, dass das virale Erbmaterial von den Zellen stillgelegt wurde und nicht mehr aktiviert werden konnte.

Den Arbeitsgruppen um **Eckhard Wolf** und **Alexander Pfeifer** ist es gelungen, mittels modernster viraler Technologie dieses Problem zu umgehen. Um die Methode zu etablieren, verwendeten sie ein Gen, das für das **grün fluoreszierende Protein** (**GFP**) codiert – ein optimaler Marker im Gewebe. Die Wissenschaftler benutzten ein **Lentivirus**,

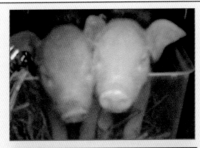

Transgene Schweine, denen GFP-Gene mit Lentiviren übertragen wurden, glimmen grünlich.

mit dem sie die Schweine-Embryonen sehr früh infizierten, nämlich im Ein-Zell-Stadium. Insgesamt wurden 46 Ferkel geboren. In 32 Tieren und damit 70 % konnte das GFP-Gen nachgewiesen werden. In 30 Schweinen, also 94 % dieser Gruppe, war das Gen auch aktiv. Tatsächlich leuchteten nicht nur alle Gewebe und auch die Keimzellen grün, sondern das Gen wurde sogar an die Nachkommen der Ferkel weitergegeben.

Mit dem Verfahren des lentiviralen Gentransfers hat das Team Eckhard Wolf erstmals ein genetisch modifiziertes Schweinemodell generiert, **das wichtige Aspekte des Typ-2-Diabetes** widerspiegelt. Der Typ-2-Diabetes ist eine Volkskrankheit mit erheblichen gesundheitlichen und wirtschaftlichen Konsequenzen: Jeder zweite **Herzinfarkt oder Schlaganfall**, aber auch andere schwere Folgeschäden, gehen auf das Konto dieser schweren Stoffwechselstörung.

Alleine in Deutschland sind mehr als sieben Millionen Menschen von dieser Erkrankung betroffen, weltweit könnte die Zahl der Diabetiker bis im Jahr 2030 auf 370 Millionen steigen. Beim Typ-2-Diabetes setzt eine Kombination genetischer und umweltbedingter Faktoren die Wirkung des Hormons Insulin im Körper herab und führt so zu einem chronisch erhöhten Blutzuckerspiegel. Ist der Blutzuckerspiegel nach einer Mahlzeit erhöht, wird von β-Zellen der Bauchspeicheldrüse bedarfsgerecht Insulin ausgeschüttet.

Das Hormon lässt den überschüssigen Zucker unter anderem von Muskelzellen aufnehmen. Diese Regulation ist bei einem Typ-2-Diabetes gestört, denn dann sprechen die Zellen nicht mehr richtig auf das Insulin an. Es kommt zu einem chronisch erhöhten Blutzuckerspiegel, der schwere Folgeschäden wie etwa Herz-Kreislauf-Erkrankungen, Nierenversagen und Erblindung nach sich ziehen kann.

Bis vor wenigen Jahrzehnten als „Altersdiabetes" bekannt, tritt die bislang unheilbare Erkrankung zunehmend häufiger auch bei jungen Erwachsenen, Jugendlichen und sogar Kindern auf. Je jünger aber die Patientengruppe, desto wahrscheinlicher entwickeln sich im Lauf der Jahre und Jahrzehnte mit dem chronischen Leiden die schweren Folgeerkrankungen. Die beiden körpereigenen Inkretinhormone **GIP, kurz für „Glucoseabhängiges Insulin-freisetzendes Polypeptid"**, und GLP-1, kurz für „Glucagonähnliches Peptid-1", werden nach der Nah-

rungsaufnahme vom Darm abgegeben und gelangen über die Blutbahn zur Bauchspeicheldrüse, wo sie Bildung und Ausschüttung von Insulin stimulieren. GLP-1-Präparate werden bereits erfolgreich in der Diabetestherapie eingesetzt. Die Wirkung von GIP ist bei den Patienten dagegen stark eingeschränkt. Es wird kontrovers diskutiert, ob dies eine Ursache oder eine Folge des Diabetes ist.

Die Münchener Arbeitsgruppe hat ein **genetisch modifiziertes Schwein** generiert, in dem – wie beim Typ-2-Diabetiker – die Funktion von GIP stark reduziert ist. Die Tiere zeigen nicht nur eine Reduktion der Zuckerverwertung und Insulinfreisetzung, sondern auch eine reduzierte β-Zellmasse. Damit ist das Modell ideal geeignet, um neue Therapien zu testen, die auf den Erhalt bzw. die Expansion der funktionellen β-Zellmasse abzielen. Die Münchner Forscher verfügen mittlerweile über insgesamt vier Schweinemodelle für die Diabetesforschung und damit über eine weltweit einzigartige Ressource.

Klonen zur Erstellung von Großtiermodellen mit maßgeschneiderten genetischen Modifikationen

Wählt man die Strategie der Klonierung, so kann der eigentliche Schritt des Gentransfers in der Zellkultur durchgeführt werden. Man sucht sich dann diejenigen Zellen heraus, welche die gewünschte Information stabil

eingebaut haben, und überträgt ihre Kerne in entkernte Eizellen, wodurch ein entwicklungsfähiger Kerntransferembryo entsteht. Dieser kann dann einem Empfängertier übertragen werden und sich zu einem transgenen Nachkommen entwickeln.

Das Klonen von Schweinen aus gezielt genetisch veränderten Zellen ist vor allem für die genetische Modifikation von Schweinen als Organspender für die **Xenotransplantation** relevant. Damit ist es beispielsweise möglich, auf genetischer Basis störende Zuckerreste auf der Oberfläche von Schweinezellen zu entfernen, die für die hyperakute Abstoßung von Schweinegeweben in Primaten verantwortlich sind. Damit ist jedoch nur die erste Kaskade einer komplexen Abstoßungsreaktion überwunden. Um ein längerfristiges Überleben von Xenotransplantaten zu ermöglichen, müssen mehrere Strategien durch die Erzeugung multitransgener Schweine kombiniert werden. Solche multitransgenen Schweine können derzeit am besten über die Technik des Klonens generiert werden.

Ein weiteres Anwendungsgebiet ist die **Erstellung von Modellen für Erbkrankheiten des Menschen**, mit dem Ziel, neue Behandlungsverfahren zu entwickeln und ihre Wirksamkeit und Sicherheit zu prüfen.

Dies ist insbesondere wichtig, wenn keine anderen Tiermodelle für die jeweilige Erkrankung verfügbar sind oder sie die phänotypische Veränderung der menschlichen Erkrankung nur unzureichend widerspiegeln. Vor diesem Hintergrund gelang es der Arbeitsgruppe um Eckhard Wolf in jüngster Zeit, **Schweinemodelle für die Mucoviscidose und für die Duchenne-Muskeldystrophie** zu entwickeln.

Der Vorteil dieser gezielt erstellten Tiermodelle ist, dass sie die Ursache der menschlichen Erkrankung molekülgetreu abbilden und somit Versuchsergebnisse hoher Validität erwarten lassen.

Prof. Dr. Eckhard Wolf (geb. 1963), Lehrstuhl für Molekulare Tierzucht und Biotechnologie, Genzentrum der LMU München

Box 8.5 Biotech-Historie: „Klonologie"

Die **Chronologie des Klonens** (nach Hwa A. Lim in seinem Buch *Sex is so good, why clone?* auch „Klonologie" genannt) startete wohl mit der **Parthenogenese** („Jungfernzeugung") durch den deutschen Embryologen **Oscar Hertwig** (1848–1922), der Strychnin oder Chloroform zu Seeigel-Eiern gab und die Eier ohne Sperma zur Entwicklung brachte.

Jacques Loeb (1859–1924) wiederholte das drei Jahre später. 1900 brachte Loeb unbefruchtete Frosch-Eier mit einen Nadelstich zur Embryoentwicklung, 1936 gelang das **Gregory Goodwin Pincus** (1903–1967) bei Kaninchen-Eizellen durch Temperaturschock. Erst 2002 wurde Parthenogenese durch **Jose Cibelli** von der Advanced Cell Technology für einen Primaten, einen Makaken namens „Buttercup", berichtet.

Paul Berg klonierte als Erster erfolgreich Gene, er rief später zu einem Moratorium auf, um DNA-Experimente unter Kontrolle zu halten. 1980 erhielt er den Nobelpreis.

Das **Klonen von Genen** wurde 1972 durch **Paul Berg**, **Stanley Cohen**, **Annie Chang** (Stanford), **Herbert Boyer** und **Robert B. Helling** (UC San Francisco) vorangetrieben (Kap. 3): Fremd-DNA, die z. B. in Bakterien eingebaut wurde, konnte millionenfach kopiert, also geklont werden.

1976 injizierte **Rudolf Jaenisch** (Salk Institute, La Jolla) menschliche DNA in frisch befruchtete Mäuse-Eizellen, um Mäuse mit menschlichem DNA-Anteil zu produzieren. Diese *Founder*-Mäuse gaben das Material an ihre Nachkommen weiter. Transgene Mäuse waren entstanden!

Klonen ist in der Öffentlichkeit immer noch umstritten.

Zwei Jahre später, am 25. Juli 1978, wurde **Louise Joy Brown** geboren. Baby Brown war das erste *Test-tube-baby* („Reagenzglasbaby") der Geschichte, mit den britischen Ärzten **Bob Edwards** und **Patrick Streptoe** als Begründern der *in vitro*-Fertilisation – IVF.

1983 erfand **Kary Mullis** (Kap. 10) mit der Polymerase-Kettenreaktion (PCR) eine Methode, DNA und RNA-Stücke milliardenfach zu kopieren, also zu klonen.

Steen Willadsen klonte 1984 ein lebendes Lamm von unreifen Schaf-Embryozellen. Er ging ein Jahr später zu Grenada Genetics, um Rinder kommerziell zu klonen. Tiere aus Embryozellen enthalten allerdings das genetische Material beider Eltern, weil die Embryonen durch sexuelle Befruchtung entstanden. 1995 brachten **Ian Wilmut** und **Keith Campbell** Schaf-Embryozellen in eine Ruhephase, bevor sie deren Kerne in Schafzellen transferierten. 1996 wurde „Dolly" geboren.

Teruhiko Wakayama entwickelte 1998 auf Hawaii die sogenannte Honolulu-Technik und schuf mehrere Generationen genetisch identischer Mäuse. An Japans Kinki-Universität klonte man acht Kälber von einer Kuh.

In Deutschland kam 1998 das Klonkalb „Uschi" zur Welt (Box. 8.4). Zur gleichen Zeit klonte man an der Texas A&M University das Kalb „Second Chance" von dem 21-jährigen Brahman-Stier „Chance". Das ist das älteste geklonte Tier bislang. Im Jahr 2000 wurde der weibliche Rhesusaffe „Tetra" durch Klonen erzeugt, in Japan und Schottland klonte man Schweine.

Steve Stice verdreifachte im Jahr 2001 die Erfolgsrate beim Klonieren von Rindern. Es wurden Haut- und Nierenzellen verwendet. Zum ersten Mal verwendete man Zellen einer Kuh, die 48 Stunden zuvor geschlachtet worden war.

„Prometea", das erste geklonte Haflingerpferd, wurde 2003 aus Hautzellen in Italien geklont.

Inzwischen (2017) gibt es eine stattliche Liste weiterer geklonter Tiere: Kamel, Wasserbüffel, Koyote, Fruchtfliege, Ziege, Arktischer Wolf, Kaninchen, Ratte, Mufflon, Reh.

Oben: geklonte Schweine; unten: „Second Chance", der Brahman-Stier, dessen Kernspender „Chance" 21 Jahre alt und durch eine Hodenoperation nicht mehr zeugungsfähig war

---

■ 8.11 Klonen – massenhafte Zwillingsproduktion

Der Begriff „Klonen" klingt manchen Menschen unheimlich. Dabei bedeutet das griechische Wort *klon* nur so viel wie Schössling oder Zweig.

Jeder Gärtner klont, wenn er einen Zweig bewurzelt oder einen Obstbaum pfropft. **Asexuelle Reproduktion** nennt das der Biologe.

Blattläuse sind Meister des Klonens. Männliche Honigbienen, die Drohnen, schlüpfen aus unbefruchteten Eiern (Abb. 8.36). Je höher die Lebewesen entwickelt sind, desto geringer ist jedoch die Chance zur asexuellen Fortpflanzung. Vermutlich war die **geschlechtliche Fortpflanzung** ein entscheidender Vorteil in der Evolution für die Anpassung an neue Umweltbedingungen. Die durch Partnerwahl bedingte Konkurrenz sichert eine Auslese der am besten angepassten Individuen. Andererseits wird das Erbmaterial bei der Bildung der Keimzellen umsortiert. Dies bietet endlose Variationsmöglichkeiten, durch die sichergestellt ist, dass es Individuen gibt, die sich auch geänderten Umweltbedingungen anpassen können, was beim Klonen nicht der Fall ist. Die

Abb. 8.36 Drohnen entstehen durch Parthenogenese (Jungfernzeugung) aus unbesamten Eiern.

nach **Charles Darwin** und **Alfred Wallace** entscheidenden Evolutionsfaktoren Variation und Auslese werden offenbar bei der geschlechtlichen Fortpflanzung besser genutzt. Genetisch identische Individuen können aber auch bei der sexuellen Fortpflanzung entstehen: **eineiige Zwillinge**. Beim Menschen geschieht das allerdings nur mit einer Häufigkeit von 0,3 %. Nach **Jens Reich** ist »ein Klon genetisch gesehen nichts anderes als ein Zwilling, der mit Verspätung ins Leben tritt.«

8.12 Klonen von Salamandern und Fröschen

Der deutsche Zoologe **Hans Spemann** (1869–1941) experimentierte mit Salamander-Embryonen. Er schnürte im „Experiment der verzögerten Kernversorgung" eine befruchtete Eizelle (Zygote) partiell ab, das heißt, der Zellkern wurde durch Schnürung auf eine Seite verlagert. Nur diese Hälfte furcht sich. Rutscht ein späterer Furchungskern unter der Ligatur hindurch in die kernlose Hälfte, so schnürt sich diese ab und beginnt verspätet ebenfalls mit der Furchung. Daher stammt die Bezeichnung „verzögerte Kernversorgung". Aus beiden Hälften entwickeln sich vollständige Embryonen. Aufgrund dieser Beobachtungen schlug Spemann das Experiment vor, mit Kernen von entwickelten Körperzellen eine normale Entwicklung im Zellsaft des Eies in Gang zu bringen. Er bekam 1935 als erster Zoologe den Nobelpreis für Physiologie oder Medizin (Abb. 8.37).

Heute nennt man diesen Vorschlag Spemanns **„Kerntransfer in eine entkernte Eizelle"**. Erstmals gelang dies 1952 **Robert Briggs** (1911-1983) und **Thomas King** (1921-2000) am Krebsforschungsinstitut in Philadelphia. Sie zerstörten den Kern einer eben befruchteten Eizelle mit UV-Licht und ersetzten ihn durch den Kern einer Blastocystenzelle des Leopardenfrosches. Blastocysten sind flüssigkeitsgefüllte Hohlkugeln von etwa 100 Zellen, die sich eine Woche nach Befruchtung der Eizelle bilden. Das so aktivierte Ei begann, sich zur „vaterlosen" Kaulquappe zu entwickeln. Mit Zellkernen aus dem Gastrula- oder gar Neurula-Stadium von Embryonen oder reifen Körperzellen (somatischen Zellen) funktionierte das jedoch nicht.

Bekannter wurden die südafrikanischen **Krallenfrösche** (*Xenopus laevis*, Kap. 3) des englischen Biologen Sir **John Gurdon** (geb.1933, Nobelpreis 2012) Anfang der 60er-Jahre. Er stach mit

einer fein ausgezogenen Glaskapillare unter dem Mikroskop vorsichtig eine Darmwandzelle einer Kaulquappe an und saugte den (diploiden, also mit zwei Chromosomensätzen versehenen) Zellkern dieser reifen Zelle in eine Kapillare. Anschließend stach er mit der gleichen Kapillare die Eizelle eines Frosches an und übertrug den Kern aus der Darmzelle. Der haploide Zellkern (mit einem Chromosomensatz) der unbefruchteten Eizelle war zuvor durch ultraviolette (UV) Strahlung bzw. durch Absaugen des Kerns vollständig zerstört worden. DNA-Fragmente konnten sich also nicht reorganisieren. Die Erfolge waren bescheiden, nur einige von hundert der so konstruierten diploiden Eizellen verhielten sich wie eine befruchtete Eizelle, begannen mit Zellteilungen und endeten mit Kaulquappen und vollständigen Fröschen (Abb. 8.39). Es gab auch missgebildete und kranke Tiere. Aber das Prinzip funktionierte! Dies war gleichzeitig der Beweis für die **Omnipotenz** des Zellkerns in einer ausdifferenzierten Darmzelle.

Da immer noch das Argument der Kritiker bestand, die Darmzelle einer Kaulquappe sei keine terminale Zelle, hat John Gurdon das Experiment danach mit Schwimmhautzellen (die zwischen den Zehen vorkommen) von ausgewachsenen Krallenfröschen wiederholt. Durch serielles Klonen hat er dann eine höhere Zahl von adulten Tieren erhalten. Als **serielles Klonen** bezeichnet man den Kerntransfer in eine entkernte Oocyte, die anschließende Aufzucht bis zur Blastula und danach den erneuten Transfer in entkernte Oocyten. Dieses Prinzip entspricht der Konditionierung des Zellkerns beim Klonschaf „Dolly" (siehe Abschnitt 8.13). Die DNA eines „terminalen" Kerns kann sich offensichtlich nur unter bestimmten experimentellen Bedingungen für die Transkription „entpacken".

Die grundlegende Erkenntnis der Kerntransferexperimente war: Eine **reife Körperzelle hat die volle Information zur Bildung eines Organismus** und kann diese unter günstigen Umständen auch in ein Entwicklungsprogramm umsetzen. Die koordinierte Benutzung dieser Information ist aber sehr komplex und gelingt nur selten.

8.13 Dolly – der Durchbruch beim Klonen

Danach versuchte man jahrzehntelang vergeblich, Säugetiere zu klonen. Versuche mit Mäusen in den 70er-Jahren misslangen. Das Volumen eines Säugetier-Eies ist 4000-mal kleiner als das

Abb. 8.37 Hans Spemann (1869–1941)

Abb. 8.38 Entwicklungsstadien von Krallenfröschen in einer 1905 erschienenen Arbeit des Embryologen E. J. Bles

Abb. 8.39 Oben: Frösche waren die ersten Tiere, die geklont wurden. Unten: Sind das künftige Leihmütter für „Dolly"?

Abb. 8.40 (rechts) Wie „Dolly" geschaffen wurde

Fig. 8.41 „Dolly" mit ihrer Leihmutter, die zu einer schottischen schwarzgesichtigen Schafrasse („Blackface") gehört

Abb. 8.42 In Texas geklontes Fohlen, nach dem Wim-Wenders-Film „Paris-Texas" genannt

Abb. 8.43 Geklontes Reh

Abb. 8.44 Mitochondrium. Mitochondrien stammen auch bei normaler Befruchtung immer von der Mutter und enthalten mitochondriale DNA (mtDNA).

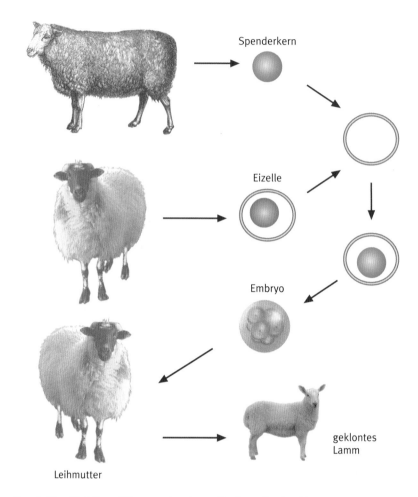

Spenderkern

Eizelle

Embryo

geklontes Lamm

Leihmutter

eines Frosch-Eies. Ein Mäuse-Ei hat nur ein zehntel Millimeter Durchmesser.

1986 gelang ein Durchbruch in Cambridge: Der dänische Biologe **Steen Willadsen** (geb. 1943) entkernte Schaf-Eizellen. Er führte Kerne von Schaf-Zygoten in die kernlosen Eizellen ein, und es entwickelten sich Embryonen. Versuche mit Kernen reifer Körperzellen scheiterten jedoch. Mitte der 90er-Jahre entnahmen Mitarbeiter von Sir **Ian Wilmut** (geb. 1944, Box 8.6) und **Keith Campbell** (1954-2012) im schottischen Roslin dem erwachsenen Finn-Dorset-Schaf „Tracy" Euterzellen und züchteten sie in Zellkultur. „Tracy" war bereits tot, als ihre Zellkerne in entkernte Eizellen einer anderen Schafrasse injiziert wurden. Eizelle und Kern wurden in Nährlösung stimuliert und tatsächlich begann eine Embryoentwicklung.

Das **Klonschaf „Dolly"** erblickte schließlich am 5. Juli 1996 das Licht der Welt. Dolly war der lebende Beweis dafür, dass man erwachsene Säugetiere klonen kann, dass eine normale Körperzelle alle Spezifizierungen „vergessen" kann und so tut, als sei sie eine „totipotente", befruchtete Eizelle.

Der kurze Brief an *Nature* widerlegte eines der hartnäckigsten Dogmen der gesamten Biologie (Abb. 8.40).

Dolly hatte allerdings auch Glück: Von 277 Versuchen entwickelten sich nur 29 zu Embryonen, die transferiert werden konnten. Die wenigen trächtigen Muttertiere hatten frühe Fehlgeburten. **Dollys Leihmutter war die einzige glückliche Ausnahme.** Alle, die zum Menschen-Klonen laut spekulieren, sollten diese Zahlen sehr nachdenklich stimmen. Missgebildete Schaf-Embryonen sind schon furchtbar genug! Später wurde Dolly auf „natürlichem" Wege auch noch selbst Mutter: Am 13. April 1998 kam „Bonnie" gesund zur Welt (siehe Box 8.6).

Dolly war übrigens nicht das einzige geklonte Schaf, sie hatte Vorläufer: Die Welsh-Mountain-Mutterschafe **„Megan"** und **„Morag"** wurden 1995 direkt aus den Kernen von Embryozellen geklont, **„Taffy"** und **„Tweed"**, zwei Black-Welsh-Böcke zur gleichen Zeit wie Dolly aus **kultivierten fötalen Zellen**. Diese Vorläufer hatten gezeigt, dass man mit kultivierten Zellen arbeiten kann.

Box 8.6 Biotech-Historie: Das Klonschaf Dolly

In nur wenige Berühmtheiten war die Weltpresse so vernarrt wie in sie. Ihre Geburt war eine Sensation, löste jede Menge Spekulationen und Gemunkel aus und verursachte einen riesigen Wirbel. Sie war in der Zeitschrift *People* abgebildet, kam auf die Titelseiten und erregte sogar die Aufmerksamkeit von **Bill Clinton**. Spiele, Karikaturen und Opern wurden von ihrer Geschichte inspiriert, in der Werbung schlug man Kapital aus ihren Bildern, und ihr Name schien in aller Munde. Die ihr am nächsten stehenden Personen meinten, die Publicity sei ihr zu Kopf gestiegen und sie sei bald abgehoben.

Noch nicht einmal die Mutterschaft konnte ihre Karriere aufhalten; selbst als sie sechs Kinder zu versorgen hatte, blieb sie weiterhin in den Nachrichten. Aber wie das bei vielen Superstars der Fall ist, die ein Leben auf der Überholspur leben, war ihr Untergang vorherbestimmt. Sie bekam einen schlimmen Husten und verfiel zusehends. Nach wenigen Wochen starb sie auf tragische Weise noch jung an Lungenkrebs – und das, obwohl sie nie geraucht hatte. Ihr Tod markierte das Ende einer großen Berühmtheit. Diese Geschichte handelt aber nicht von einer gewöhnlichen Diva, sondern von einem Schaf.

So viel zur atemlosen Berichterstattung der Medien über das Leben von **Dolly**, dem Schaf. Ihre Lebensgeschichte steht mittlerweile sowohl in Geschichtsbüchern als auch in den Annalen der Wissenschaft. Dollys Geburt am 5. Juli 1960 im **Roslin Institute** in der Nähe von Edinburgh markierte den Beginn einer neuen Ära biologischer Einflussnahme. Zusammen mit einem großen Team war ich der Erste, der das Rad der Zelle zurückdrehte, jenen Prozess, bei dem sich embryonale Zellen in die etwa 200 verschiedenen Zelltypen des Körpers differenzieren.

Wir hatten uns dem biologischen Verständnis unserer Zeit widersetzt, dass die Entwicklung in der Natur immer nur in einer Richtung verläuft, indem die Zellen so unterschiedlicher Gewebe wie Gehirn, Muskel, Knochen und Haut letztlich alle auf eine einzige kleine Zelle zurückgehen, die befruchtete Eizelle. Bis zu Dollys Geburt herrschte die Ansicht, die Mechanismen zur Auswahl des entsprechenden DNA-Codes, der eine Zelle zu einer Hautzelle statt zu einer Muskel-, Gehirn-

Dolly, der Superstar

Dolly und ihr erstes Lamm Bonnie

Megan und Morag, die ersten aus gezüchteten embryonalen Zellen geklonten Schafe

oder anderen Zelle werden lässt, seien so komplex und starr festgelegt, dass man sie unmöglich ausschalten könne. Diese tief verwurzelte Überzeugung wurde von Dolly über den Haufen geworfen. Sie war **das erste aus einer völlig ausdifferenzierten Zelle geklonte Säugetier** – eine Meisterleistung mit zahlreichen praktischen Einsatzmöglichkeiten, von denen viele schwerwiegende moralische und ethische Fragen aufwerfen.

Der Begriff „**Klon**" stammt von griechischen Wort für „Zweig" ab und bezeichnet eine Gruppe identischer Wesen. Dolly war genetisch (fast) identisch mit einer Zelle, die einem sechs Jahre alten Schaf entnommen worden war. Deren Zellkern wurde in die Eizelle eines anderen Schafes übertragen und anschließend für die weitere Entwicklung in die Gebärmutter eines dritten und schließlich eines vierten Schafes eingesetzt. Den Namen Dolly erhielt das Klonschaf, weil wir zur Klonierung die **Euterzelle eines alten Mutterschafes** verwendeten – unsere liebevolle Hommage an die vollbusige amerikanische Sängerin **Dolly Parton**.

Während es mittlerweile als gegeben hingenommen wird, dass man erwachsene Säugetiere klonen kann, schockierte Dollys Geburt die Öffentlichkeit, vor allem Leute, die sich über die Folgen der Vermehrung ohne

Geschlechtsakt aufregten. Auch unter den Wissenschaftlern zeigten sich viele von dieser Tat schockiert. Wissenschaftler tendieren zu Erklärungen, dass bestimmte Vorgänge „biologisch unmöglich" seien, mit Dolly wurden all diese Behauptungen jedoch bedeutungslos. Einige Gelehrte sagten sogar, Dolly habe die Gesetze der Natur durchbrochen. Dabei hat sie diese Gesetze bestätigt und sich nicht darüber hinweggesetzt. Sie unterstrich, dass der menschliche Ehrgeiz im 21. Jahrhundert und darüber hinaus nur von der Biologie und dem Gespür der Gesellschaft begrenzt ist, was richtig und was falsch ist.

Als wir Dolly erschufen, dachten wir nicht an Räume voller Klone oder an haufenweise identische Schafe als Einschlafhilfe. Wir hatten auch nicht vor, lesbischen Paaren zu einer Fortpflanzung ohne Samenspende zu verhelfen oder Filmstars zu vervielfältigen. Und ganz bestimmt beabsichtigten wir auch nicht, Kopien von Diktatoren zu erstellen. Dollys verschlungene Geschichte passt nicht ins Drehbuch eines traditionellen Hollywood-Films: mein unbeirrbarer Kampf, allen Widrigkeiten zum Trotz meinen Traum zu erfüllen; ein skurriles Treiben in einem unterirdischen Labor in einer düsteren, stürmischen Nacht; oder wie eine verschworene Gruppe stark behaarter Außenseiter in einem obskuren schottischen Labor schuftet und arroganten glattrasierten Wissenschaftlern mit eingefallenen Wangen, die in einem bestens ausgestatteten nordamerikanischen Genzentrum arbeiten, den Klonpreis vor der Nase wegschnappt.

Mein Team trägt zwar durchaus langes Haar und Bärte, es war jedoch eine bestimmte Kombination von Faktoren, die zum Erfolg geführt hat; hinzu kam noch ein Quäntchen Glück.

Es kamen **die richtigen Leute mit den richtigen Fähigkeiten zur rechten Zeit am rechten Ort** zusammen – in Roslin, mit seinen tadellosen Labors für Molekularbiologie, seinen mit Stroh ausgelegten Ställen und den neuesten Einrichtungen für Operationen an Tieren wie auch an lebenden Zellen.

Dollys Geschichte ist jedoch aus ganz anderen Gründen bemerkenswert. Die klassische Geschichte von rivalisierenden Wissenschaftlerteams, die um einen Preis wetteifern, wie sie lebhaft in **James Watsons** Buch *Die Doppelhelix* geschildert wird, fand bei uns nicht statt. Wir wurden hauptsächlich durch pure Neugier angespornt, obwohl wir natürlich die

Fortsetzung nächste Seite

praktische Anwendung in Wissenschaft und Landwirtschaft im Hinterkopf hatten. Wie in jedem staatlichen Labor war die Forschung eine Plackerei, da es immer an Geld fehlte. Erst recht in jenen Tagen, als die wissenschaftlichen Einrichtungen starken Einsparungen unterworfen waren:

Am Tag der Vorstellung von Dolly entzog mir die Regierung die Finanzierung für mein Projekt. Das Unternehmen PPL Therapeutics, das uns bei ihrer Erschaffung unterstützte, war zwar unser Verbündeter, aber insofern nicht unser Freund, als wir den Austausch von Informationen nur auf das Notwendigste beschränkten.

Geleitet wurde die Gruppe von mir zusammen mit **Keith Campbell**, einem Zellbiologen, der schon seit zehn Jahren mein Assistent war und sich ein profundes Wissen über die Funktionsweise von Zellen angeeignet hatte. Es erstaunt mich noch immer, dass wir zusammen so erfolgreich waren, sind wir doch beide nicht besonders gut organisiert. Seine Risikobereitschaft und sein Wissen über die Zellen bildeten jedoch eine hervorragende Ergänzung zu meiner eigenen wissenschaftlichen Neugierde, meinen Erfahrungen mit dem Klonen und meinem strategischen Vorgehen, Schritt für Schritt das Ziel der genetischen Transformation von Vieh zu erreichen. Ich hatte das Projekt konzipiert, aber nur dank Keiths Inspiration war es auch erfolgreich.

Der Ort Roslin, nicht das Institut, schweißt uns in dieser schwierigen Zeit zusammen. Keith und ich fuhren immer gemeinsam zum Labor und unterhielten uns lebhaft über die Einzelheiten des Klonens. Beide waren wir von der Wissenschaft fasziniert. Beide stammten wir aus den Midlands. Aber wir waren nicht Watson und Crick im Wettlauf gegen die Zeit mit Rivalen. Wir hatten unterschiedliche Stile und Perspektiven. Und wir waren nicht sehr gesellig.

Unser gemeinsames Ziel war es, Methoden für einen Kerntransfer bei Schafen zu entwickeln, um später gezielt ganz bestimmte genetische Veränderungen einbringen zu können. Es scheint paradox zu sein, dass das Bedürfnis, genetisch identische Nachkommen zu erzeugen, auch genutzt werden kann, um genetische Veränderungen in Tieren insgesamt zu erzielen. Die Antwort auf das Rätsel ist, dass man das Klonen benutzen kann, um ein ganzes Lebewesen aus der

einen einzigen Zelle zu erzeugen, bei der man mit der Genchirurgie erfolgreich war, während der Eingriff bei Millionen anderer Zellen nicht vollständig gelungen oder gänzlich gescheitert ist. Das hätte einen riesigen Vorteil gegenüber der althergebrachten, recht grobschlächtigen Methode, bei der wir unendlich viele Embryonen in Schafe implantieren mussten, ohne eine genaue Vorstellung davon zu haben, ob die Veränderung der Embryonen erfolgreich war.

Zur Durchführung noch einiger weiterer Experimente standen uns nur 20 000 Pfund zur Verfügung, die uns ein Roslin-Komitee wegen unserer guten Fortschritte beim Klonen zugebilligt hatte. Aufgrund unserer vorherigen Erfahrungen wollten wir dazu Schafe nehmen. Das bedeutete jedoch, dass wir deren **notorische Probleme bei der Geburt** irgendwie bewältigen mussten (Schäfer sagen, Schafe würden sich ständig neue Wege ausdenken, um zu sterben).

Wir wurden zu Sklaven ihres Fortpflanzungszyklus. Im Winter, wenn sich die Schafe paaren und trächtig werden, hatten wir also jede Menge zu tun. Ausschlaggebend war jedoch, dass Schafe erstaunlich preisgünstig waren. Zu jener Zeit kostete ein Schaf auf dem Markt weniger als eine Flasche Mineralwasser in einem vornehmen Hotel, für eine Kuh musste man 500-mal so viel bezahlen. Wir waren jedoch zuversichtlich, dass aufgrund der Ähnlichkeiten bei Fortpflanzung und Embryonalentwicklung jegliche an Schafen entwickelte Methode auch auf Rinder übertragbar sein sollte. Im Endeffekt waren die **Schafe für uns also nur billige kleine Kühe.**

Alles schien so einfach. Zum Klonen wollten wir ganz bestimmte Zellen verwenden – embryonale Stammzellen. Diese lassen sich im Labor züchten, behalten jedoch viele Eigenschaften embryonaler Zellen bei. Deshalb war ich auch optimistisch, dass dieser Ansatz zur genetischen Veränderung bei Tieren funktionieren würde. Es gab allerdings ein Problem. Wir konnten diese Schaf-Stammzellen nicht im Labor vermehren (und können es bis heute nicht). Bei unseren fehlgeschlagenen Bemühungen kultivierten wir jedoch mehr ausgereifte Zellen, die gerade begonnen hatten, sich zu differenzieren, wie es die Wissenschaftler nennen.

Dank Keith Campbells Erkenntnissen über die Mechanismen des Zellzyklus machten wir weiter und fanden etwas Bemerkenswertes

heraus: Diese stärker differenzierten Zellen ließen sich in ein bestimmtes Ruhestadium versetzen (was mit embryonalen Zellen nicht möglich ist) und klonen. Als Ergebnis dieser bahnbrechenden Erkenntnisse wurden die beiden Welsh-Mountain-Schafe **Megan** und **Morag** geboren. Sie waren die ersten Klone aus differenzierten Zellen. Zwar war es uns nicht gelungen, Stammzellen zu kultivieren, aber Keiths neue Klonierungsmethode hatte sich als effektiver erwiesen, als vermutet. Keith hatte stets daran geglaubt, dass das Klonen mit adulten Zellen eines Tages möglich sein würde. Mit diesem Antrieb machten wir uns daran, diese Idee zu überprüfen. Dollys Geburt bestätigte diesen Punkt eindrücklich.

Als ich im Sommer 1996 auf Dollys Geburt wartete, schwankte meine Stimmung zwischen Euphorie und Angst. Keith und ich waren vom Erfolg überzeugt. Allerdings können bei einem derart komplizierten Vorgang, der so viele Schritte erfordert und an dem so viele Menschen beteiligt sind, immer Fehler auftreten. Sollten wir erfolgreich sein, würde die Begeisterung darüber sicherlich durch den Gedanken an den zwangsläufig folgenden Rummel gemindert. Als jemand, der nicht gerne im Rampenlicht steht, wusste ich, dass mein Leben danach nie mehr so ruhig sein würde wie zuvor.

Wir hatten tatsächlich **Erfolg, allerdings nur bei einem von 227 Versuchen**. Bei ihrer Geburt wog Dolly 6,6 kg, was für ein Finn-Dorset-Schaf zwar viel, aber doch nicht außergewöhnlich war. Vielleicht hätten wir in einem anderen Jahr 20 Dollys erhalten, weitaus wahrscheinlicher wären wir jedoch gescheitert. Trotz aller Objektivität und Vernunft **braucht man selbst in der Wissenschaft stets auch ein bisschen Glück.** Für Keith waren indessen Megan und Morag die wahren Stars dieser wissenschaftlichen Geschichte. Er betrachtete Dolly lediglich als „Sahnehäubchen". Wir hatten uns geeinigt, dass ihm die begehrte Position als erstgenannter Autor auf der Veröffentlichung über Megan und Morag gebührte, während mein Name auf der Veröffentlichung zuerst genannt werden würde, die Dollys schwierigen Start in diese Welt beschrieb.

Die ersten sechs Monate lang hielten wir Dollys Existenz geheim – bis die Details des Artikels über ihre Entstehung von anderen Wissenschaftlern geprüft worden waren und in einer akademischen Fachzeitschrift veröffentlicht werden konnten. Als im Februar 1997 die Nachricht von ihrer Geburt durchsickerte, machte sie Schlagzeilen und beflügelte die Fantasie von Kommentatoren, Kolumnisten und Meinungsschreibern auf der ganzen Welt.

Im Vergleich zu den anderen Schafen ihrer Herde auf der Farm, von denen viele schon im Alter von neun Monaten geschlachtet wurden, **hatte Dolly ein sehr langes und erfülltes Leben.** Manche Wissenschaftler fürchteten aus unerfindlichen Gründen, sie könne unfruchtbar sein. Dolly widerlegte diese Beurteilung jedoch, pflanzte sich mit einem Welsh-Mountain-Widder namens David fort und gebar im April 1998 eine Tochter.

Ihr erstgeborenes Lamm, laut ihrem Tierarzt **Tim King** ein ausgesprochen hübsches Tier, erhielt den Namen **Bonnie.** Im Jahr 1999 gebar Dolly zwei weitere Lämmer. Insgesamt brachte sie sechs Lämmer zur Welt, die alle auf natürlichem Weg gezeugt wurden und bei der Geburt gesund waren. Sie war der lebendige, blökende und wollige Beweis dafür, dass neues Leben – auch im engeren Sinne fortpflanzungsfähiges Leben – aus einer ausgereiften geklonten Zelle entstehen kann.

Angesichts ihrer ungewöhnlichen Entstehung wurde von da an jedes Blöken von Dolly auf seine biologische Bedeutung und den winzigsten Hinweis auf irgendeine Hinfälligkeit analysiert. Es gab jedoch keine offensichtlichen Anzeichen, anhand derer sie sich von den anderen Mitgliedern ihrer Herde unterschied. Allerdings konnten wir nicht alles untersuchen, um festzustellen, ob sie wirklich „normal" war. So konnten wir sie beispielsweise nicht auf geistige oder stimmungsbedingte Abweichungen hin untersuchen, die man auf das Klonen hätte zurückführen können...

Schließlich kennt niemand den Geist eines normalen Schafes...

Ian Wilmut mit Superstar Dolly

Mit freundlicher Genehmigung gekürzt zitiert aus **Wilmut I, Highfield R** (2006) *After Dolly: the Uses and Misuses of Human Cloning.* WW Norton & Co, New York, London, 11–18, 23–25

Das Dolly-Wunder war, dass erwachsene Körperzellen der Spenderin verwendet wurden! Inzwischen ist Dolly nach sechs Jahren des Ruhmes an einer Lungenkrankheit gestorben. Die einzige systematische Studie war vor Dolly an geklonten Mäusen am National Institute of Infectious Diseases in Tokio gemacht worden. Die Mäuse starben vorzeitig.

Die 24 geklonten Kälber der Klonfirma Advanced Cell Technology müssen erst einmal älter werden, um die Effekte zu sehen. Im Februar 2003 starb Australiens erstes Klonschaf im Alter von zwei Jahren und zehn Monaten an unklaren Symptomen. Solche Lungenkrankheiten, wie Dolly sie hatte, sind typisch für ältere Schafe. Ihre Spendermutter war bei der Zellkernentnahme sechs Jahre alt gewesen.

Es entzündete sich sofort eine Diskussion **über die Lebenserwartung geklonter Tiere.** Im Januar 2002 hatte man bei Dolly bereits Arthritis festgestellt, eine Alterserkrankung der Gelenke. Dazu **Harry Griffin** vom Roslin-Institut: »Schafe können elf bis zwölf Jahre leben. Eine vollständige *post mortem*-Untersuchung wird durchgeführt und alle bedeutenden Befunde werden berichtet.« Inzwischen hat man festgestellt, dass einige geklonte Tiere **kürzere Telomere** als normale Altersgenossen besitzen. Telomere sind Chromosomenkappen am Ende der Chromosomen mit charakteristischer DNA-Wiederholungssequenz, die die Chromosomen (wie die Plastikenden von Schnürsenkeln) schützen. Die Telomere werden bei jeder Zellteilung kürzer und können deshalb als Maß für das Alter von Zellen angesehen werden (irgendwann hat der Schnürsenkel kein Plastikende mehr).

Man arbeitet intensiv daran, **Telomerase** in alternden menschliche Zellen zu aktivieren. Dieses Enzym erhöht die mögliche Zahl der Zellteilungen von rund 50 auf 300, allerdings bisher nur in Zellkultur. Ist damit ein potenzieller Jungbrunnen in Sicht?

▨ 8.14 Schwierigkeiten beim Klonen

Die Schwierigkeiten beim Klonen sind aber nicht nur auf unvollkommene Technik zurückzuführen, sondern haben offenbar auch biologische Ursachen: Der Zellkern stammt aus einer voll entwickelten Körperzelle. Bestimmte **Genabschnitte sind hier blockiert.** Beispielsweise muss eine Inselzelle (für die Produktion des Hormons Insulin) nicht Substanzen einer Nervenzelle herstellen.

Abb. 8.45 Sir Ian Wilmut berichtete bei seinem Hongkong-Besuch im Februar 2012 über seine neuen Arbeiten mit induzierten Stammzellen.
Siehe auch: *www.crm.ed.ac.uk*

Abb. 8.46 Oben: Katzen haben 19 Chromosomenpaare. Nur das weibliche X-Chromosom enthält aber eine Farbinformation. Kater (XY) können ihre Farbinformationen also nur ihren weiblichen Nachkommen (XX) vererben; die Samenzellen mit den Y-Chromosomen tragen keine Farbinformationen. Also erben Kater auch ihre Farbe (schwarz oder rot) immer von der Mutter.

Unten: Hier sind zwei interessante Phänomene gezeigt: meine dreifarbige Kätzin „Fortuna", die den Schwanz einer Eidechse erbeutet hat. Der lebensrettende Eidechsenschwanz wird regeneriert.

Abb. 8.47 Das grüne fluoreszierende Protein (GFP) hilft beim Erforschen des Felinen Immunschwäche-Virus (FIV).

„Katzenaugen" hießen die gelben Reflektoren an meinem Fahrrad, die einfallendes Licht nachts reflektieren sollten. Nun suche ich mit der Taschenlampe meinen Hongkonger Kater „Fortune", der nicht zum Mittag- und Abendessen erschienen ist. Eventuell leuchten ja seine Augen als Reflexion der Lampe auf.

Die ganze Katze müsste im Dunkeln leuchten! Diese Idee hatten bereits clevere Kollegen in New Orleans am Audubon Center for Research of Endangered Species, das eigentlich für bedrohte Tierarten betrieben wird. „Mr. Green Genes", ein sechs Monate alter, orange gefärbter Kater. Er sieht bei Tageslicht normal aus, aber unter UV-Licht im Dunkeln glimmen seine Augen, das Schnäuzchen, unbehaarte Haut wie Ohren, der Gaumen und die Zunge intensiv grünlich unter UV-Licht. Ein Spaß zu Halloween? Nein!

Die Wissenschaftler, die das GFP in Leucht-Quallen entdeckt und für die Medizin und Gentechnik nutzbar gemacht hatten, bekamen 2008 den Nobelpreis für Chemie: Osamu Shimomura, Martin Chalfie und Roger Y. Tsien.

Abb. 8.48 Katzen und Affen können wie wir auch von einem Immunschwächevirus befallen werden; beide helfen uns bei der Entwicklung von Abwehrstrategien.

Eine Nervenzelle braucht dagegen kein Insulin. Ian Wilmut hat bei Dolly die **Blockade aufgehoben**, indem er die entnommenen Körperzellkerne in einem nährstoffarmen Medium hungern ließ. Vermutlich wurde dabei die Verpackung der DNA wieder in einen Urzustand versetzt. Die blockierte DNA wurde reprogrammiert.

Der **Spenderzellkern** ist zumeist vorgeschädigt. UV-Strahlung, reaktive Sauerstoffradikale und Gifte haben oft einige Stellen des Genoms beschädigt. Beim Menschen kommen noch Alkohol, Medikamente, Röntgenstrahlen und Gegrilltes hinzu. Normalerweise stören diese Schäden die Körperzelle nicht, da sie diese defekt gewordene Information nicht braucht. Erst die Reprogrammierung und Neuentwicklung als Klon bringt den Schaden ans Licht. So wäre es auch erklärbar, dass der Klon vorzeitig altert.

Schließlich funktioniert das Zusammenspiel zwischen entkernter Eizelle und eingeimpftem Zellkern nicht fehlerfrei. Das **Zellplasma der Eizelle** steuert mit bestimmten Wirkstoffen die Funktion des zugehörigen Zellkerns. Wenn er nicht richtig reprogrammiert ist, gibt es Missverständnisse. Bei der normalen Befruchtung werden väterliche Chromosomen kurz nach dem Eindringen in die Eizelle demethyliert (CH_3-Gruppen werden entfernt). Das bringt die Eizelle in einem späteren Stadium nicht mehr zuwege, weil sie es normalerweise nicht braucht.

Die **„Kopie-Euphorie" der Massenmedien ist also wissenschaftlich nicht berechtigt**: Die meisten jetzigen Klone sind keinesfalls identische Kopien der Spender!

Dolly hat wie alle Tierklone von der Spendermutter einen Zellkern erhalten, benutzt aber das Zellplasma der Eizellspenderin und erhält somit deren mitochondriale DNA. **Mitochondrien** (Abb. 8.44) stammen auch bei der normalen Befruchtung immer von der Mutter (maternale Herkunft). Die DNA in den Mitochondrien der Eizelle ist wichtig und kann auch zum DNA-Fingerprinting (Kap. 10) benutzt werden!

Dolly ist also das **Produkt aus Kern-DNA des Spenders plus Mitochondrien-DNA der Eizelle und zusätzlich beeinflusst durch Hormone der Leihmutter**. Ian Wilmut (Abb. 8.45) sagt dazu in seinem Buch *Dolly. Der Aufbruch ins biotechnische Zeitalter:*

»Daher haben Dolly und das Mutterschaf, von dem der ursprüngliche Kern stammt, eine identische DNA, aber kein identisches Cytoplasma.

So gesehen, ist **Dolly kein „echter" Klon** des ursprünglichen Mutterschafs. Sie ist einfach ein DNA-Klon oder genomischer Klon.« Er formuliert vorsichtig: »Obwohl also die Zellen in Dollys Körper von einer Zelle abstammen, die vor allem Scottish-Blackface-Cytoplasma enthielt, war in dieser Zelle auch etwas Finn-Dorset-Cytoplasma vorhanden, das den Spenderzellkern umgab. Natürlich war die Oocyte, die von dem Scottish-Blackface stammte, viel größer als die kultivierte Körperzelle, die den Finn-Dorset-Kern lieferte, sodass man hätte meinen können, der magere Finn-Dorset-Beitrag würde einfach unterdrückt werden. Tatsächlich scheint das auch der Fall zu sein.«

Der Anteil von Cytoplasma und Amme am Aussehen des Klons wurde dann deutlich, als man Katzen klonte.

8.15 Katzenklonen – die verschiedenen Elternvarianten

Am Beispiel einer Katze soll das Klonen erläutert werden. Es gibt zunächst **mehrere „Eltern"-Varianten**:

1. Eine weibliche Katze kann ihre Eizelle spenden. Dieser wird der Zellkern entfernt und ein Kern ihrer Körperzellen eingebracht. Der so entstandene Embryo wird der gleichen Katze eingesetzt. Sie ist Eizellspenderin, Körperzellspenderin und Amme zugleich. Also **ein Elter**.

2. Der Körperzellkern kann von einer anderen (männlichen oder weiblichen) Katze stammen und die Eizelle wird der Eizellspenderin wieder eingepflanzt. Also **zwei Eltern**.

3. Eizelle und Körperzelle stammen von verschiedenen Katzen, die Amme ist eine dritte Katze: **drei Eltern**.

Der weitere Ablauf ist wie bei Dolly. Schritt für Schritt:

- Der Katze werden Körperzellen entnommen, die man (wie bei Dolly) in Nährstofflösung „hungern" lässt. Ihre Zellkerne werden dann chemisch oder mechanisch entnommen.

- Eine Spenderkatze produziert durch Hormonbehandlung statt einer gleich mehrere Eizellen (Superovulation). Diese werden durch Punktion entnommen (wie bei der künstlichen Befruchtung) und entkernt. Zurück bleibt nur der Zellinhalt ohne Kern (der aber doch noch die wichtige Mitochondrien-DNA enthält, siehe oben!)

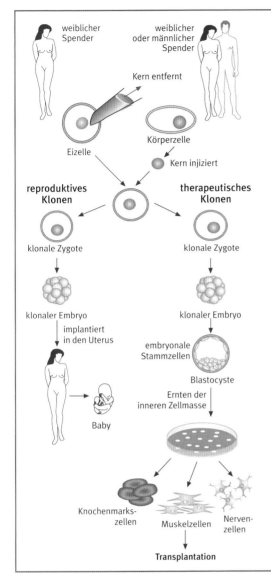

reproduktives Klonen — therapeutisches Klonen (Diagramm mit Beschriftungen):
weiblicher Spender — weiblicher oder männlicher Spender — Kern entfernt — Körperzelle — Kern injiziert — Eizelle — reproduktives Klonen — therapeutisches Klonen — klonale Zygote — klonale Zygote — klonaler Embryo — klonaler Embryo — implantiert in den Uterus — embryonale Stammzellen — Blastocyste — Ernten der inneren Zellmasse — Baby — Knochenmarkszellen — Muskelzellen — Nervenzellen — **Transplantation**

Box 8.7 *In vitro*-Befruchtung beim Menschen

Es beginnt mit der Gewinnung von Eizellen durch Eileiterpunktion. Die Technik ist weit entwickelt, birgt aber noch Probleme. Die Frau muss sich einer Hormonbehandlung unterziehen, damit mehrere Eizellen im Eierstock gleichzeitig heranreifen. Dabei kann es zu Hormonstörungen kommen. Mit Ultraschall wird durch die Bauchdecke festgestellt, ob genügend Eibläschen (Follikel) herangereift sind. Ebenfalls unter Ultraschall-Sichtkontrolle werden die Follikel mit einer Spritze entnommen. Dies geschieht meist von der Scheide aus und gegebenenfalls mit örtlicher Betäubung. Es kann zu Infektionen und Blutungen kommen. Acht bis zehn Eizellen werden so gewonnen; die Samenzellen erhält man vom Mann durch Masturbation.

Im Labor befruchtet man die Eizelle mit einer Samenprobe. Die Verschmelzung beider Zellen in Nährlösung im Brutschrank geschieht also außerhalb des weiblichen Körpers. Zwischen dem dritten und fünften Tag, also im Mehrzellstadium, wird der Embryo in die Gebärmutter transferiert (Embryotransfer, ET). Im Erfolgsfall kommt es zur normalen Schwangerschaft. Der Erfolg ist aber nicht die Regel: Nur 10–15 % der Versuche sind erfolgreich. Wenn mehrere Eizellen in einem Behandlungsgang befruchtet und eingepflanzt werden, gibt es immer wieder Mehrlingsschwangerschaften. Deshalb dürfen in Deutschland nicht mehr als drei Embryonen gleichzeitig eingesetzt werden, in den USA sind es allerdings sechs.

Abb. 8.49 Mark Westhusin mit Cc, *Carbon copy*

Abb. 8.50 Die echte Mutter *Rainbow* (oben) und die Leihmutter von Cc mit *Carbon copy* (unten)

Samen-Spenden

Weltweit wurden 2014 fünf Millionen Kinder nach künstlicher Befruchtung geboren. In Deutschland (2003) 20 000.

Diese Kinder haben in Deutschland das Recht, den Namen des Vaters zu erfahren, ohne dass der Samenspender juristische Verpflichtungen hat.

- Der Spenderkern wird in die entkernte Eizelle eingebracht. Das kann mit Mikropipetten oder durch feine Stromimpulse geschehen. Die Eizelle hat nun einen diploiden Chromosomensatz (so, als wären wie im Normalfall Ei- und Samenzelle zusammengekommen). Sie wird mit Stromimpulsen zur Teilung angeregt. Im Acht-Zell-Stadium kann der Embryo auf Erbschäden untersucht werden.

- Einer Ammenkatze wird der wachsende Embryo in die Gebärmutter eingesetzt. Sie trägt den Embryo aus.

Wenn es eine Kätzin ist, die geklont werden soll, kann statt einer neuen Amme aber auch die Zellkernspender-Katze selbst als Leihmutter dienen. **Theoretisch klont sich diese Katze selbst.**

Das Katzenklon-Baby wäre ihr dann wohl am ähnlichsten, ein echter Klon. Wenn dagegen ein Kater geklont werden soll, ist er vollständig auf die Hilfe von Katzendamen angewiesen. Die Kätzin kann dagegen Zwillingsschwester, Eizellmutter und die Leihmutter eines Klons sein. Die dreifarbige Katze Cc oder *Carbon copy* (Durchschlag) wurde 2001 zwei Tage vor Heiligabend geboren. Texanische Forscher um **Mark Westhusin** (Abb. 8.49) erklärten, dass erstmals in der Geschichte eine Katze geklont worden sei. Und warum ist Ccs **Farbmuster** nicht identisch mit dem der Zellkern- und Eizellspenderin *Rainbow*? »Das Farbmuster ist eigentlich sehr ähnlich zu *Rainbow*. Fell und Muster sind natürlich nicht der Amme („Surrogatmutter") ähnlich, weil es ja genetisch völlig verschiedene Katzen sind« (Abb. 8.50).

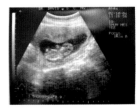

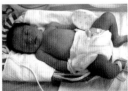

Abb. 8.51 Vom Ultraschallbild zum neugeborenen munteren Baby Theo Alex Kwong, allerdings klappte es ohne PID und IVF.

Das Ganze hielt das Dorf eine Woche lang in toller Stimmung. Welcher Forscher hat schon eine solche breite Publikumswirkung? Außerdem gab ich einen Bericht bei der Ornithologenversammlung und bekam Absolution: Die Spatzen waren nach Fachmeinung nicht gequält worden.

Eine Woche zuvor lief im Westfernsehen **Alfred Hitchcocks** Horrorfilm *Die Vögel*, und die gesamte DDR hatte ihn natürlich gesehen. Vögel wurden plötzlich suspekt. Als generelle Methode, die Attraktivität der Ornithologie in der Bevölkerung zu erhöhen, fand sich jedoch keine Mehrheit für meine „Hütchenmarkierung". Schade!

Nach einer Woche waren wohl die Hütchen abgefallen. Ob die „behüteten" Spatzenmänner begehrter bei den Frauen waren, konnte ich nicht herausfinden. Es gibt in der Literatur kaum Angaben zum Liebesleben von *Passer domesticus* bei Frost.

»Vom Erfolg von Schwindel befallen", hieß es auf einer Broschüre von **Stalin** im Bücherschrank meines Papas. Auch ich wurde durch den Erfolg wagemutig. Größere Objekte mussten nach den Kleinvögeln her. Ich hypnotisierte fünf **Leghorn-Hühner** meiner Großmutter so, dass sie alle wie leblos in einer Reihe dalagen. Der stolze Hahn verweigerte sich allerdings dem Experiment.

Ich fand das Hypnotisieren sehr lehrreich, obschon mir dazu partout kein Forschungsthema zur Begründung einfiel. Katastrophal war aber, dass das schockierte Federvieh am nächsten Tag „Quick-Eier" legte, also Eier ohne Schale. »Was hätte der hypnotisierte Hahn wohl getan?«, dachte ich gerade, als mein wissenschaftlicher Höhenflug jäh beendet wurde.

Meine liebe Oma war sehr wütend auf mich und zeigte mir die Quick-Eier. Ihre Hühnerchen waren ihr Ein und Alles. Damit waren meine frühjugendlichen Feldforschungen beendet, und ich beschloss, ein ernsthafter ordentlicher Wissenschaftler zu werden.

Sieben Jahre später, 1969: Gerade war das englische Taschenbuch *The Double Helix* von **James D. Watson** aus dem Westen hereingeschmuggelt worden. Mein Freund Hans-Joachim hatte das Kultobjekt in Verwahrung, und ich durfte es immerhin eine (!) ganze Nacht lang lesen. Nach dieser schlaflosen Nacht wollte ich sofort … Jim Watson werden. Genforschung, das war's!

Ein Buch und seine Folgen...

Ein **DNA-Modell** wäre dafür der richtige Einstieg, dachte ich. Mein Chemielehrer war ebenfalls begeistert, sagte aber, die Kalottenmodelle gäbe es nur an der TH in Merseburg und der Martin-Luther-Uni in Halle, und die wären wohl alle aus England importiert. Alle englischen Kalotten der ganzen DDR würden nicht ausreichen, um auch nur ein Stückchen der DNA zu modellieren. Was tun? Not macht erfinderisch! Mein Blick fiel auf den Kinderwagen meines Schwesterleins **Beatrice**. Da waren Klappern mit einem Gummiband quer gespannt. Große Kugeln, unterbrochen von kleinen. Das wären die Zucker und Phosphatreste der Helix! Die Basenpaare A-T und C-G schnitt mir mein Bruder **Steffen**, ein begabter Bastler, aus einer Plasteplatte (Werbespruch: »Plaste und Elaste aus Schkopau!«) aus.

Steffen ist heute Diplom-Mikroelektroniker.

Ich fühlte mich wie Watson und Crick. Aber die Kugeln reichten nicht aus! Ich überwand meine Scham und ging zum einzigen Laden Merseburgs für Kinderwagen. Dort sagte mir die Verkäuferin, ZEKIWA-Kinderwagen aus Zeitz seien sehr begehrt.

Ich müsste also lange warten und sollte mal lieber meinen Papa vorbeischicken. Der war allerdings Lehrer und hatte keine Tauschäquivalente anzubieten wie andere Väter (Fleischer, Zahnärzte oder Buchhändler etc.)… »Ich wollte ja aber nur eine Klapper!« »Die gibt's nur mit Kinderwagen«, beschied mich die Verkäuferin barsch. Zerknirscht berichtete ich abends vom Misserfolg. Zwei Tage später brachte meine gute Mama im Triumph ganze drei (!) Kinderwagenklappern mit nach Hause. Zwei weitere erbeutete ich in Halle, und eine erbettelte ich in Leipzig. Mindestens sechs DDR-Kinder sind also durch meine Schuld klapperlos durch die Gegend gefahren wor-

den… Und so kam es kurzzeitig zum „Kinderwagenklapper-Versorgungsproblem im Raum Halle-Merseburg". Und wer war schuld? Jim Watson!

Das experimentelle Gen lag offenbar in unserer Familie: Mein Bruder hatte auch Experimente gemacht; z. B. bekamen Besucher einen elektrischen Schlag beim Berühren der Türklinke.

Detail des historisch ersten ostdeutschen DNA-Modells: kleine Klapperkugeln mit Rillen und große glatte (Phosphate und Zucker)

Die DNA-Basenpaare bestanden aus hellblauem Polystyrol aus dem Bunawerk in Schkopau. Mein Forschungsassistent Steffen schnitt sie mit der Blechschere nach einer vorgegebenen Schablone, bis er Blasen an den Fingern hatte. Ein etwas labiles Plasterohr diente als Achse und steckte im Fuß eines Chemiestativs. Aber dadurch bekam die montierte Doppelspirale eine gewisse Elastizität und war ähnlich einer Unruhe immer etwas in Bewegung. Also wie in der Natur offenbar. Mit Nitrolack übrigens mussten die Steinchen in den Klappern verbleiben. Beim Tragen des Gesamtmodells gab es ein kräftiges Rasseln. Jedenfalls zog ich eine Woche später strahlend wie Jim Watson mit dem frisch lackierten DNA-Modell in die Schule.

Mein Chemielehrer gab mir gleich drei (!) Einsen und fragte dann fasziniert: »Und warum *klappert* es die ganze Zeit?«

Heute weiß ich: Auch in der Wissenschaft gehört Klappern zum Handwerk!

„Call me Jim."

Aus *Bioanalytik für Einsteiger*, R. Renneberg, Spektrum Akademischer Verlag, Heidelberg

Allerdings kann das Farbmuster des Klons auch nicht als exakt identisch mit der Spenderkatze erwartet werden! Das Farbmuster ist nämlich das Ergebnis von sowohl Gen- als auch von **Umwelteinflüssen**. Zum Beispiel beeinflusst die Position des Embryos im Uterus der Amme, welche spezifischen Haarfollikel von den Farbstoff-produzierenden Zellen erreicht werden. Auch andere Umweltfaktoren können zu kleinen Unterschieden zwischen Klon und Spender beitragen. Die Nahrung der Amme kann die Geburtsgröße des Babys beeinflussen.

Man sollte sich daran erinnern, dass **ein Klon genetisch identisch zum Spender ist, aber eben nicht das gleiche Tier!** Es gibt also Unterschiede im Aussehen, aber keine dramatischen. Die Texaner haben sogenannte Cumuluszellen benutzt, um Cc zu klonieren. Cumuluszellen umgeben die Eizelle während der Eireifung im weiblichen Eileiter. Sie nähren das Ei vor und direkt nach dem Eisprung. Die texanischen Forscher glaubten, dass Cumuluszellen besser geeignet seien als Fibroblasten. Zuerst wurden 82 geklonte Embryonen (aus Hautfibroblastenzellkernen) produziert und in sieben Ammen implantiert. Kein Erfolg! Dann wurden *Rainbows* Cumuluszellen benutzt und geklonte Embryonen erzeugt. Diese Embryonen implantierte man in die Amme, und 66 Tage später wurde Cc geboren.

Müssen also Cumuluszellen für das Katzenklonen benutzt werden? Nein, Cc ist nur die erste geklonte Katze. Die nächsten sechs geklonten Tiere (Schafe, Ziegen, Rinder, Schweine, Mäuse und der Gaur) wurden aus den Zellkernen tiefgefrorener und dann natürlich aufgetauter Hautfibroblasten gewonnen.

■ 8.16 ... und der Mensch? Klonen, IVF und PID

Katzen, Mäuse, Rinder, Schafe, Ziegen und Hunde wurden geklont. Entgegen sensationeller Erklärungen von esoterischen Sekten ist das **Menschen-Klonen** durch Transfer einer reifen Körperzelle in ein „leeres" Ei technisch nicht ausgereift. Man denke nur an die hohe Missbildungsrate!

Es wäre auch für die Wissenschaftler katastrophal, wenn missgebildete Babys zur Welt kämen. In Deutschland ist es zudem durch das **Embryonenschutzgesetz** verboten. Der Bioinformatiker, Arzt und Bioethiker **Jens Reich** (geb. 1939) sagt in seinem Buch *Es wird ein Mensch gemacht* dazu:

»Über das Klonen von Tieren will ich nicht moralisch streiten, obwohl ich auch da Probleme sehe.

Aber beim Menschen finde ich es obszön, und zwar aus zwei prinzipiellen Gründen: dem technischen Vorgang des Machens von Menschen und der dahinter stehenden Absicht, einen Menschen nach eigenem Bilde zu schaffen.«

Die **Präimplantationsdiagnostik** (**PID**) ist in Deutschland gegenwärtig ebenso heftig umstritten wie Gen-Food (Kap. 7) und die Stammzellenforschung (Kap. 9).

Wenn das Genom des Embryos untersucht werden soll, muss mindestens eine Zelle aus dem Zellverband entnommen werden. Diese Zelle wird dabei natürlich zerstört. Man wartet in der Regel bis zum dritten Tag nach der Befruchtung, bis zum Acht-Zell-Stadium, und entnimmt dann eine Zelle (eine zweite zur Sicherung der Diagnose). Diese Zelle hat dann noch alle Informationen (ist also totipotent) und der **Embryo nimmt keinen Schaden**, er ist noch nicht kompakt.

Was lässt sich feststellen? Das **Geschlecht** (XX weiblich, XY männlich) und Abweichungen der Chromosomenzahl (normal 46) lassen sich leicht bestimmen. Einzelne Chromosomenabschnitte lassen sich mikroskopisch darstellen, sodass fehlerhafte Abschnitte ermittelt werden können. Sogar Genmutationen, die zu Krankheiten führen, werden heute schon identifiziert. Es wäre sogar möglich, den gesamten DNA-Text zu lesen, die Kosten lägen allerdings heute noch in astronomischen Höhen. Dies wird sich wohl durch technologische Fortschritte in Zukunft ändern.

Nach jahrelangen Debatten trat in Deutschland am 8. Dezember 2011 das heftig umstrittene Gesetz über die **begrenzte Zulassung** der Präimplantationsdiagnostik (PID) in Kraft.

Paare können allerdings noch nicht – wie im Gesetz vorgesehen – Embryonen nach einer künstlichen Befruchtung in Deutschland auf Gendefekte testen lassen. Grund ist eine fehlende Rechtsverordnung. Jetzt gilt es, die Rechtsverordnung in möglichst kurzer Zeit auf den Weg zu bringen.

Sie betrifft die Voraussetzung für die Zulassung der Zentren, in denen PID durchgeführt werden darf, die Qualifikation der Ärzte, die Zusammensetzung der entscheidenden Ethikkommissionen sowie die Ausgestaltung einer Zentralstelle für die Dokumentation der durchgeführten PID-Fälle.

Abb. 8.52 Mein bescheidener Wunschtraum: Kater „Fortune" klonieren! Hier gelungen mit *Photoshop*...

Abb. 8.53 Frappierende Ähnlichkeiten der Embryonen von Mensch, Schaf, Fledermaus und Katze (Tafel von Ernst Haeckel)

Box 8.9
Fleisch ohne Schlachthaus!

Was mir (RR) persönlich zum vollkommenen Glück in Hongkong fehlt?

Ganz profan: Deutsche Bockwurst und Thüringer Rostbratwurst!

Meine chinesischen Studenten, die ich alle mal nach Deutschland geschickt habe, schwärmen inzwischen auch von „Blatwulst".

»Aber dafür müssen Tiere sterben!«

Nicht mehr unbedingt! Meine niederländischen Kollegen produzieren nämlich Fleisch im Reagenzglas …

Dr. Mark Post an der Uni Maastricht experimentiert mit Zellen aus Schweinen.

Dr. Mark Post an der Uni Maastricht

Er kann Muskelzellen aus Schweine-Stammzellen züchten, die mit fötalem Pferdeserum ernährt werden. Erstaunliche 2,5 cm lang und 7mm breit sind die Gewebestreifen. Mark Post verpasst ihnen ein tägliches „Training", um sie wie echte Muskeln wachsen zu lassen. Trotzdem sehen sie noch „blass" und nicht sehr appetitlich aus, weil sie kein Blut durchströmt. Sie haben auch nur wenig Myglobin. Myoglobin ist das eisenhaltige Muskelenzym. Eisen liefert das Rot.

Ein unbekannter reicher Spender hat nun Geld locker gemacht für Rinder-Zellen. Post meint optimistisch: »In einem Jahr haben wir Hamburger aus der Retorte!«

Stellan Welin, Bioethiker an der Uni Linköping in Schweden sagt: »Die Wahl unseres Fleisches war bisher dadurch bestimmt, welche Tiere leicht domestizierbar waren, nicht welche auch am besten schmeckten.«

Das ist vorbei mit synthetischem Fleisch! Ich könnte mir vorstellen, dass auf den Verzehr

Massentierhaltung ist ethisch hochproblematisch

Produkte, die wie Fleisch aussehen und scheinbar wie Fleisch schmecken, nur dass sie kein Fleisch sind.

von echten Panda-Würstchen in China jetzt die strafrechtliche Höchststrafe verhängt würde … Verschiedene gentechnische Projekte laufen nämlich, um das Sibirische Mammut, die Dinosaurier und den neuseeländischen Riesenvogel Moa wieder auferstehen zu lassen.

Man muss ja nicht die kompletten Tiere neu erschaffen, „nur" deren Muskelgewebe!

Das wären irre Patent-Ideen: „*Tyrannosaurus rex* T-bone steak", „Moa in Aspik" und Mammut Filets … Hmmm …

Richard David Precht (geb. 1964) ist ein deutscher Philosoph und Publizist. Er ist Honorarprofessor für Philosophie an der Leuphana Universität Lüneburg und für Philosophie und Ästhetik an der Hochschule für Musik Hanns Eisler in Berlin.

Der deutsche Philosoph **Richard David Precht** berichtet in seinem schockierenden und sehr lesenswerten Buch *Tiere denken. Vom Recht der Tiere und den Grenzen des Menschen* über neue Biotechnologien, die unsere Grausamkeiten zu Tieren beenden können.

Aus Platzmangel hier (vom Autor RR) stark gekürzte Auszüge und Schlagworte aus dem Buch:

- 45 Millionen „Mastgeflügel" vegetieren bei Dauerbeleuchtung …

- Nur vierzig Tage dauert das Leben eines „Endproduktkükens" …

- Schweine … quiekendes Tierleid, fünfundzwanzigmillionenfach …

»Ich rede auch nicht lange über Rinder; nicht über den Wahnsinn, 600 000 Kälber im Jahr auf quälend langen Lkw-Fahrten in andere Lander auszuführen, um schließlich weitere 150 000 einzuführen; nicht über Stehsärge und Dunkelheit, gezielte Fehlernährung und Fehlzüchtung.

> »Wir werden von dem Aberwitz abkommen, ein ganzes Huhn zu züchten, um die Brust oder den Flügel zu essen, und diese stattdessen in einem geeigneten Medium züchten.«
>
> *Winston Churchill*

Churchill und Einstein

Wozu sollte ich darüber reden? Wozu soll ich erzählen, was der deutsche Durchschnittsbürger längst weiß oder eben nicht wissen will...

Wenn andere Ausflüchte nicht helfen, kann man auch ökonomisch argumentieren, ohnehin die einzige Argumentation, die zählt. An der landwirtschaftlichen Tierhaltung und der Fleischverarbeitung hängen in Deutschland immerhin insgesamt über 100 000 Arbeitsplätze. Die meisten davon existieren nur dadurch, dass Deutschland bei der Fleischprouktion global konkurrenzfähig ist und als Exportnation auf dem Weltmarkt mithält.

Das bedeutet vor allem eins: So billig wie möglich zu produzieren, Massenbetriebe zu errichten mit 300 000 Hühnern und riesige Hallen für Schweine und Rinder zu bauen... Gerade einmal sechs Euro verdient ein Bauer in Deutschland an einem von klein auf gezüchtetem und gemästeten Schwein.

Da rentiert sich nur die Masse, und der Tierschutz wird zum Ausschlusskriterium auf dem Weltmarkt...

Alles das ist richtig. Und ebenso richtig ist, dass sich die Branche in diesem Wettbewerb selbst den Ast absägt, auf dem sie sitzt. Wenn sich nur noch Massentierhaltung wirklich lohnt, dann braucht man keine „normalen" Bauernhöfe mehr, sondern einzig Tierfabriken...

Massentierhaltung, wie sie in Deutschland betrieben und gefördert wird, ist also nicht nur ethisch hochproblematisch, sie ist auch ökonomisch eine Katastrophe. Sie vernichtet Jahr um Jahr Arbeitsplätze und verseucht Böden und Gewässer in einem solchen Maße, dass alle Gewinne nicht ausreichen würden, die ökologischen Schäden zu bezahlen, die wir künftigen Generationen aufzwingen.

Bill Gates in Hongkong im Genom-Institut

Sergey Mikhaylovich Brin

Peter Thiel

Doch es gibt auch gute Nachricht. All das, was hier zu beklagen ist, wird verschwinden!

Vielleicht nicht in zehn, aber gewiss in zwanzig Jahren wird von Massentierhaltung in Deutschland keine Rede mehr sein. Die Branche mag noch so viel in neue Tierfabriken investieren, ihr Ende ist programmiert«

Cultured Meat!

Die Idee hinter Posts „*in vitro*-Fleisch" ist nicht neu. Bereits 1932 prophezeite der britische Staatsmann **Winston Churchill** (1874-1965) ein solches Cultured Meat...

Spätestens seit Beginn der Forschung mit adulten Stammzellen kam das Ziel erneut auf die Agenda.

Zahlreiche Universitäten forschen inzwischen an Verfahren, Fleisch aus Muskelzellen herzustellen. Post brauchte für seinen Pionier-Burger fünf Jahre und zwei Millionen Euro vom niederländischen Staat.

Zu späterer Zeit stieg auch noch Google-Mitgründer **Sergey Mikhaylovich Brin** (geb. 1973) mit ein.

Sein US-amerikanischer IT-Kollege **Bill Gates** (geb. 1955) investiert derweil in ein Projekt namens „Beyond Meat"– Produkte, die wie Fleisch aussehen und ununterscheidbar wie Fleisch schmecken, nur dass sie kein Fleisch sind.

Auch der Deutsche **Peter Thiel** (geb. 1967), einer der Hauptinvestoren von Facebook, investiert große Summen sowohl in Cultured Meat als auch in wohlschmeckende Eier, die keine sind.

Wenn Profis wie Brin, Gates und Thiel mit an Bord sind, ist klar: Dem Fleisch ohne Schlachthöfe und Tierleid dürfte die Zukunft gehören...

Zitate aus R. D. Prechts Buch Tiere denken. Vom Recht der Tiere und den Grenzen des Menschen. *Goldmann, München (2016) mit freundlicher Genehmigung der Verlagsgruppe Random House FSC ® Noo1967.*

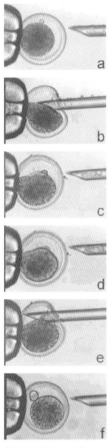

Abb. 8.54 Kerntransfer beim Rind

Abb. 8.55 Jens Reich, Arzt, Bioinformatiker und Bioethiker, Mitglied der Ethikkommission der Bundesregierung

Abb. 8.56 Goethes Vision vom Homunculus

Das Parlament war sich mit großer Mehrheit einig gewesen, dass genetisch stark vorbelasteten Eltern mithilfe der PID die Möglichkeit gegeben werden sollte, ein gesundes Kind zur Welt zu bringen. Die Zeit, in der Frauen eine Schwangerschaft auf Probe in Kauf nehmen mussten, obwohl in ihrer Familie schwere Krankheiten erblich sind oder aber immer wieder Totgeburten auftraten, ist vorbei.

■ 8.17 Der gläserne Embryo und das Humangenomprojekt

Jens Reich gibt in einem Essay in unserem gemeinsamen Buch *Liebling, Du hast die Katze geklont* zu bedenken: »Die 0,1 % des eigenen Genoms, die nicht identisch mit dem anderer Menschen sind, stellen unser privates, einmaliges Genom dar. Größtenteils unerfüllbare Wunschvorstellung bleibt es allerdings, aus diesen 0,1 % abzulesen, wie groß und intelligent ich bin, welche Augenfarbe ich habe, was meine Lieblingsspeisen sind und wie es um meine sportliche und musikalische Begabung steht.

Viele Eigenschaften im Menschen sind zwar von Geburt an angelegt, realisieren sich aber abhängig von den Lebensumständen unterschiedlich. So werden Größe und Gesundheit durch die Ernährung mit beeinflusst, die Intelligenz lässt sich in den ersten drei Lebensjahren entscheidend fördern. Dagegen kann ein Klaviertalent unentdeckt bleiben, wenn der Mensch niemals in seinem Leben einen Klavierdeckel aufklappen darf oder nicht bereit ist, ausdauernd am Klavier zu üben.

Auch Diabetes entwickelt sich in den meisten Fällen erst unter den Ernährungs- und Lebensbedingungen der modernen Konsumwelt. Zum anderen gilt: Alle diese Eigenschaften werden nicht von einem Gen verursacht, sondern es sind im Gegenteil meist mehrere Gene, manchmal sogar mehrere Tausend Gene dafür verantwortlich. Doch im Allgemeinen kann man nur im Tierversuch herausfinden, welche Gene für welche Eigenschaften verantwortlich sind.

Und da Mäuse nun einmal nicht Klavier spielen und andere Schönheitsideale als wir Menschen haben, ist es schwer möglich, auf diese Weise die Genkombinationen für Musikalität oder Schönheit zu entdecken. Man weiß bisher wenig über die Funktion der einzelnen Gene und kann aus dem privaten Genom so gut wie nichts über sich selbst erfahren. Ist dann die ganze Aufregung über „den gläsernen Menschen" haltlos?

Was die Daten betrifft, die z. B. für medizinische Diagnose oder Forschungszwecke in gegenseitigem Einverständnis erhoben werden, so müsste deren anderweitige Anwendung ausdrücklich verboten werden.

Es muss klar sein, dass weder ein Vertragspartner (Arbeitgeber, Versicherung) solche Auskunft verlangen darf, noch ich selbst sie für meine Zwecke irgendwo einsetzen darf. Diese Daten müssen für alle anderen Zwecke, außer dem genannten, nicht existent sein. Es ist nicht möglich, aus DNA-Profilen Persönlichkeitsprofile abzulesen.

Jeder Mensch besitzt 1000 Milliarden Nervenzellen und jede von ihnen knüpft wiederum 1000 Verbindungen mit anderen Nervenzellen. Dieses individuell ganz spezifische Geflecht kann unmöglich in den drei Milliarden DNA-Buchstaben codiert sein.

Gen-Daten allein sind sicher nicht gefährlich. Aber man kann sie ja kombinieren.

Mit Gesundheitsdaten.

Mit den Internetadressen, die man besucht und die jemand registriert.

Mit meinem Kaufverhalten.

Mit der Detailaufstellung meiner Telefonkontakte.

Mit Kontobewegungen.

Mit den Ortsbewegungen, die die Abbuchungen auf der Kreditkarte dokumentieren.«

Verwendete und weiterführende Literatur

- Lustig zu lesen: **Anthes E** (2014) *Frankensteins Katze*. Springer Spektrum, Berlin, Heidelberg

- Sehr unterhaltsam und voller Humor und Weisheit:
  Podschun TE (1999) *Sie nannten sie Dolly. Von Klonen, Genen und unserer Verantwortung*. Wiley-VCH, Weinheim

- Vom Dolly-Vater die ganze Geschichte:
  Wilmut I, Campbell K, Tudge C (2000) *Dolly. Der Aufbruch ins biotechnische Zeitalter*. Hanser, München

- Ein Rundumschlag in Klonologie:
  Lim HA (2004) *Sex is so good, why clone. Human cloning, to do or not to do?* Enlighten Noah Publishing, Santa Clara

- Eine gute Einführung: Neuauflage erwünscht!
  Schenkel J (2006) *Transgene Tiere*. 2. Aufl. Springer, Berlin, Heidelberg

- Katzenklonen und Biotech „*light*", mit tollen Cartoons von Manfred Bofinger (einige davon sind im vorliegenden Buch zu sehen):
  Renneberg R, Reich J (2004) *Liebling, Du hast die Katze geklont! Biotechnologie im Alltag*. Wiley-VCH, Weinheim

- Eine lexikalische Biotech-Fundgrube:
  Bains W (2004) *Biotechnology from A to Z*. 3rd ed. Oxford University Press, Oxford

8 Fragen zur Selbstkontrolle

1. Wie viele „Natursprungbullen" kann ein Zuchtbulle theoretisch ersetzen?

2. Welche DNA kann außer der chromosomalen DNA des Spenders Einfluss auf das geklonte Tier haben?

3. Wie konnten die Professoren Wolf und Pfeifer in München Ferkel zum grünlichen Glimmen bringen?

4. Ist beim Katzenklonen die Fellfarbe der Klonkätzchen identisch zum Spendertier? Begründen Sie Ihre Antwort!

5. Wie kann man Quallen-Gene für transgene Experimente nutzen?

6. Welche speziellen Möglichkeiten der Erzeugung von Pharmaprodukten bieten transgene Rinder, Ziegen und Hühner? Was wäre der Vorteil?

7. Wie kann man bei Fröschen zeigen, welche Zellen omnipotent sind?

8. Wie kann man bedrohte Tierarten retten?

JUGEND
IST KEIN LEBENSABSCHNITT,
SONDERN EIN GEISTESZUSTAND,
EIN SCHWUNG DES WILLENS,
REGSAMKEIT DER FANTASIE,
STÄRKE DER GEFÜHLE,
SIEG DES MUTES ÜBER DIE FEIGHEIT,
TRIUMPH DER ABENTEUERLUST
ÜBER DIE TRÄGHEIT.

Albert Schweitzer,
Arzt und Philosoph (1875–1965)

HERZINFARKT, KREBS UND STAMMZELLEN –

ROTE BIOTECHNOLOGIE ALS LEBENSRETTER

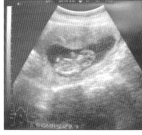

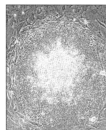

Kapitel 9

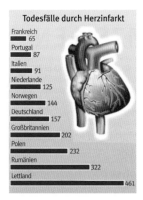

Todesfälle durch Herzinfarkt

Frankreich
65
Portugal
87
Italien
91
Niederlande
125
Norwegen
144
Deutschland
157
Großbritannien
202
Polen
232
Rumänien
322
Lettland
461

Abb. 9.1 Westeuropa hat die niedrigste Herzinfarkt-Sterberate (pro 100 000 Einwohner). *Quelle: Eur Heart 129, 2008*

Abb. 9.2 Herzinfarkt! Schnelle Hilfe ist entscheidend. Polizei und Notarztwagen in einer abgestimmten Rettungsaktion. Wenn eindeutig ein Herzinfarkt festgestellt wurde, gibt es zwei Möglichkeiten: die **enzymatische Lyse** (siehe Haupttext) **und** zunehmend die **perkutane transluminale koronare Angioplastie** (**PTCA**), ein Verfahren zur Erweiterung verengter Herzkranzgefäße, der Koronararterien, mit einem Ballonkatheter.

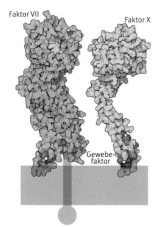

Faktor VII

Faktor X

Gewebe-faktor

Abb. 9.3 Der Gewebefaktor (oben) bindet an Faktor VII und aktiviert ihn tausendfach, der aktivierte Faktor VIIa aktiviert Faktor X.

Abb. 9.4 Rechts: Blutgerinnungskaskade

■ 9.1 Herzinfarkt und Antikoagulanzien

Herzinfarkt (Abb. 9.1) und Schlaganfall gehören zu den häufigsten Todesursachen in den entwickelten Ländern (ausführlich in Kap. 10).

Das Enzym **Thrombin** steht im Mittelpunkt der Blutgerinnung (Abb. 9.4). Die Blutgerinnung startet mit Molekülen, die anzeigen, dass etwas „falsch läuft". Bei Gefäßverletzungen mit Schädigung des Endothels (des dünnen, einschichtigen Belags aus glatten Zellen auf der Innenseite der Blutgefäße) wird durch die Endothelzellen der darunter liegende **Gewebefaktor** (*tissue factor*) freigesetzt. Daraufhin startet eine Kaskade von Enzymaktivierungen, beginnend mit wenigen Gewebefaktormolekülen, und verstärkt sich pyramidenartig (Abb. 9.4).

Der Gewebefaktor aktiviert zunächst wenige Moleküle des **inaktiven Faktors VII zum aktiven Faktor VIIa**, diese aktivieren in Komplexen mit dem Gewebefaktor eine große Zahl an **Faktor X** proteolytisch zu Xa. Der Gewebefaktor selbst ist keine Protease, sondern ein Transmembran-Glykoprotein; er geht einen Komplex mit zirkulierendem Faktor VIIa ein, der schließlich seinerseits den Faktor X enzymatisch aktiviert.

Der Faktor Xa aktiviert wiederum die Thrombin-Vorstufe Prothrombin (Faktor II) zu **Thrombin** (Faktor IIa). Die Protease Thrombin spaltet nun von **Fibrinogen** einen Teil ab: Fibrin entsteht und formt das **Fibrin-Netz**. Blutzellen werden dabei mit eingeschlossen. So entsteht der dunkelrote Schorf auf einer Wunde.

Antikoagulanzien verhindern die Blutgerinnung und Bildung des **Blutpropfens** (**Thrombus**). Bekannt für ihre blutgerinnungshemmende Wirkung sind **Heparin** (Abb. 9.7) und Cumarin-Derivate. **Cumarin** stammt aus dem Waldmeister (*Galium odoratum*) und verleiht ihm seinen typischen Geruch. Es wird in Form von **Warfarin** auch als Rattengift verwendet, durch das die Ratten innerlich verbluten. Cumarin wirkt als Konkurrent (Antagonist) von Vitamin K.

Eine alte, preiswerte und unübertroffene sowie zudem preiswerte Substanz zur Blutgerinnungshemmung ist die **Acetylsalicylsäure** (ASS), sie ist ein Abkömmling (Derivat) des ursprünglich aus der Weidenrinde isolierten Salicins (lat. *salix*, Weide, Abb. 7.30 und 9.18). ASS „verdünnt" das Blut und wird **Herzinfarkt-Risikopatienten** empfohlen zur Vorbeugung.

Bei beginnendem Herzinfarkt sofort den Notarzt anrufen! Der kann eine Aspirintablette verabreichen, die man schnell zerkaut und hinunterschluckt. Neue **Immunschnelltests** helfen, rasch eindeutige Diagnosen zu stellen (Kap. 10).

Interessant ist auch **Hirudin** (auch Hirundin genannt) aus dem Medizinischen Blutegel (*Hirudo medicinalis*). Hirudin wird als einziges Antikoagulans heute gentechnisch produziert (Handelsname Lepirudin).

■ 9.2 Fibrinolyse nach Herzinfarkt: Thromben werden enzymatisch aufgelöst

Thrombolytika (oder **Fibrinolytika**) lösen bereits gebildete Thromben wieder auf. Sie sind Proteasen (Proteine spaltende Enzyme, siehe Kap. 2). Bei der Fibrinolyse werden Fibrin-Gerinnsel nach einem Gefäßverschluss durch eine Gruppe von Proteinen abgebaut. Die Hauptkomponente von Gerinnseln bei Thrombosen und Embolien ist das Protein Fibrin. Plasminogenaktivatoren wandeln zuerst Plasminogen in das aktive Fibrin spaltende Enzym Plasmin um.

Plasmin ist eine Serin-Protease (Kap. 2). Ein endogener Plasminogenaktivator heißt **t-PA** (*tissue Plasminogen Activator*), auf Deutsch **Gewebeplasminogenaktivator**.

intrinsischer Weg
verletztes Blutgefäß

Antithrombin III (hemmt)

Kininogen
Kallikrein

XII → XIIa

extrinsischer Weg
Trauma

XI → XIa

IX → IXa

VIIa → VII

VIIIa

Gewebe-faktor ← Trauma

X → Xa ← X

Va

Antithrombin III (hemmt)

Prothrombin (II) → **Thrombin** (IIa)

Fibrinogen (I) → Fibrin (Ia)

XIIIa

Fibrin-Netz

Verstopft beispielsweise ein Herzkranzgefäß, wird der Herzmuskelbezirk von der Sauerstoffzufuhr abgeschnitten – mit fatalen Folgen: **Herzinfarkt**! Auf der Suche nach einer Behandlung der Ursachen konzentrieren sich die Forscher deshalb darauf, innerhalb der ersten Stunden – also vor dem endgültigen Gewebetod – wirksam und möglichst risikoarm Thromben aufzulösen.

Bisher am längsten wurde **Streptokinase** zur Thrombolyse eingesetzt, ein exogener, körperfremder Plasminogenaktivator. Trotz der Endung „-ase" handelt es sich aber um kein Enzym, sondern um ein nichtenzymatisches Protein, das von Streptokokken gebildet wird und das Gerinnungssystem indirekt aktiviert.

Sobald Streptokinase injiziert wird, bildet sie mit dem Plasminogen einen Aktivatorkomplex, der weitere Plasminogenmoleküle aktiviert. Streptokinase wird aus Streptokokken gewonnen und ist sehr wirksam, kann aber wegen ihrer bakteriellen Herkunft allergische Reaktionen des Immunsystems beim Patienten hervorrufen.

Das Enzym **Urokinase** gewinnt man dagegen aus menschlichem Urin, den Kulturen menschlicher Nierenzellen oder neuerdings auch gentechnisch mit Colibakterien. Wenn Urokinase oder Streptokinase in genügend großer Menge eingespritzt werden, aktivieren sie das Plasminogen zum aktiven Plasmin und beseitigen somit Blutpfropfen.

Beide Proteine wirken aber im gesamten Blutkreislauf, das heißt, die Wirkung ist nicht im Wesentlichen auf den „Schadensplatz" beschränkt. Dadurch wird das gesamte Gerinnungssystem stark beeinflusst. Es besteht im Vergleich zu modernen Fibrinolytika zumindest tendenziell ein **höheres Risiko für innere Blutungen** (z. B., wenn der Patient an Magengeschwüren leidet).

Bei moderneren Substanzen wird nur das fibringebundene Plasminogen aktiviert. Die Wirkung ist vor allem auf den Schadensort beschränkt.

t-PA ist der natürliche gewebstypische Plasminogenaktivator. t-PA wirkt **nur dort, wo es gebraucht wird: am Thrombus**. Es vermindert die Gerinnungsfähigkeit des Blutes also nicht im gesamten Körper. Bei einem Herzinfarkt ist aber das eigene t-PA meist überfordert, es muss durch zusätzliche rekombinante t-PA-Moleküle (rt-PA) unterstützt werden. rt-PA ist der Goldstandard in der fibrinolytischen Therapie des **Herzinfarkts**. Kann ein Kranker frühzeitig behandelt werden, hat er eine

realistische Chance, nicht nur sein Leben, sondern auch sein bedrohtes Herzmuskelgewebe in voller Funktion zu erhalten.

Untersuchungen haben gezeigt, dass in der ersten Stunde 60 bis 80 Leben pro 1000 Behandelte zusätzlich gerettet werden. Eine Behandlung, die später als drei bis vier Stunden nach dem Infarkt begonnen wird, kann zwar den Schmerz beseitigen (durch die Wiedereröffnung des Gefäßes), für die Erhaltung des Herzmuskelgewebes kommt sie jedoch mit zunehmend größer werdender Wahrscheinlichkeit zu spät. Moderne Fibrinolytika können schon im Notarztwagen injiziert werden (Abb. 9.2).

Menschliches t-PA wurde 1982 kloniert und ist in Deutschland seit 1987 zugelassen. Da das Molekül neben Protein auch noch Zucker enthält, kann es nicht „einfach" mithilfe von Bakterien hergestellt werden; es wird in Säugerzellkultur (**Ovarialzellen des Chinesischen Hamsters, CHO-Zellen**) sehr viel teurer produziert und auch schon in der Milch transgener Schafe und Ziegen (Kap. 8) sowie in Moos (Kap.7).

Auch beim rt-PA geht die Taktik der Biotechnologen voll auf, **menschliche Krankheiten mit biotechnologisch hergestellten menschlichen Substanzen zu bekämpfen**.

Durch gezielte Veränderungen des Moleküls wurden die Wirksamkeit und Wirkzeit von t-PA erhöht. So entstand rt-PA/Reteplase (Rapilysin® von der Firma Hoffman-La Roche), das in *E. coli*-Zellen produziert wird, oder TNK-t-PA (Metalyse® von Boehringer Ingelheim und Genentech), das man in CHO-Zellen herstellt. TNK-t-PA ist ein **ausgezeichnetes Beispiel für Protein-Design**.

■ 9.3 Schlaganfall: Vampir-Enzym hilft

Der Schlaganfall ist in den Industrieländern nach Herzkrankheiten und Krebs die **dritthäufigste Todesursache** und zugleich eine der häufigsten Ursachen von schwerer langfristiger Behinderung. In den Industrieländern erleiden jährlich 300 bis 500 von 100 000 Menschen einen Schlaganfall. In Deutschland sind das 270 000 Opfer.

20 % der Schlaganfallopfer sterben innerhalb der ersten vier Wochen. Nur etwa ein Drittel der Überlebenden kann in ein normales Arbeitsleben zurückkehren. Ein weiteres Drittel bleibt lebenslang auf fremde Hilfe angewiesen. Die finanzielle Belastung des Gesundheitswesens durch schlag-

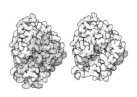

Abb. 9.5 Das Hirudin (hier blau) der Blutegel bindet sich perfekt an Thrombin und blockiert das aktive Zentrum (rechts ohne Hirudin gezeigt).

Gegen hohes Cholesterin hat ein Dr. Endo aus Tokyo die Statine entwickelt...!

Abb. 9.6 Akira Endo (Tokio) entdeckte das erste Statin. Statine hemmen die Cholesterol-Biosynthese in der Leber, erniedigen so den Cholesterol- und LDL-Spiegel. Die dramatische Senkung des Risikos für Mortalität und Infarkte wird jedoch durch zusätzliche (pleiotrope) Effekte der Statine bewirkt (siehe Box 9.4).

Abb. 9.7 Eine Heparinspritze vor meiner 13 Stunden-Flugreise von Hongkonk nach Berlin hilft, Thrombosen zu verhindern.

Abb. 9.8 Vampire (*Desmodus rotundus*) besitzen t-PA, das als Vorbild für das gentechnische rt-PA diente.

Box 9.1 FABP-Geschichte – wie der schnellste Herzinfarkttest der Welt entstand
(aus der Sicht von Grafiker Manfred Bofinger (†))

1. Ab 1991 arbeitete RR als Abteilungsleiter Immunosensorik am Fraunhofer Institut für Chemo- und Biosensorik (ICB) in Münster. Dort untersuchte seine Forschungsgruppe in Kooperation mit Dr. Jan FC Glatz (Universität Maastricht, NL) das Fettsäure-Bindungsprotein FABP aus dem menschlichen Herzmuskel.

2. Die Untersuchungen zeigten, dass FABP ein sehr kleines, aktives Protein ist. Gemeinsam mit Maastricht wurde erforscht, wie und ob das FABP als früher Herzinfarktmarker geeignet ist.

3. Verdacht auf Herzinfarkt und Herzinfarkte in der eigenen Familie bestärkten uns, einen Test für FABP zu entwickeln. Am ICB wurde begonnen, einen elektrochemischen Analysator für FABP zu entwickeln.

4. Der Bedarf lag auf der Hand: Es sollte ein einfacher und zuverlässiger Ja/Nein-Test entwickelt werden, den der Notarzt ohne weitere Hilfsmittel und den man auch überall selbst durchführen kann.

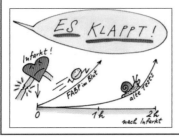

5. Tatsächlich erwies sich FABP als der schnellste Herzinfarktmarker (u. a. in der Multicenterstudie EUROCARDI).

6. Die Idee war, dem Test die Form einer lebensrettenden Kredikarte zu geben. Industriekontakte blieben leider erfolglos.
Zu stark war der Einfluss der Pharmakonzerne mit etablierten Tests.

7. Die Rettung kam aus Fernost: RR wurde zum Professor an die Hong Kong University of Science and Technology berufen. Mit Hongkonger Forschungsmitteln wurde der FABP-Schnelltest vorangetrieben, monoklonale Antikörper, rekombinantes FABP erzeugt, der Serumtest funktionierte. Erste klinische Tests im Prince of Wales Hospital (Department of Cardiology unter Leitung von Prof. John E. Sanderson) bestätigten das. RR erwarb eine Lizenz von der Uni für die Verwertung des Tests. Wir konnten aber vorerst keinen Hongkonger VC-Geber dafür begeistern: Das Risiko erschien ihnen zu hoch.

8. Rückstart nach Berlin: Ilka Renneberg zog zurück nach Berlin und startete, auch mit Fördermitteln des BMBF, in Berlin-Buch die 8sens. biognostic AG. Der FABP-Test wurde nun zum Vollbluttest weiterentwickelt, das Kartendesign von CardioDetect® sah zwei Testfelder vor.

9. Nach erfolgreichem Abschluss der Prototyp-Entwicklung stellte sich erneut die Frage nach Kapital. Der Vollbluttest wurde nun klinisch getestet.

10. Durch die SARS-Epidemie in Hongkong wurde eine neue Idee geboren: Ein Schnelltest für die Erkennung von Bakterien- und Virusinfektionen (siehe Kap. 5).

anfallbedingte Krankenhausaufenthalte und langfristige Betreuungsprogramme für die Patienten ist enorm. Sie belief sich allein in den USA im Jahr 2004 auf rund 54 Milliarden Dollar. Gleichzeitig erhalten heute wenige Schlaganfallpatienten eine direkte, kausale Behandlung.

Zu einem **Schlaganfall** kommt es, wenn eines der Blutgefäße im Gehirn durch ein Blutgerinnsel verstopft wird (**ischämischer Schlaganfall**) oder reißt (**hämorrhagischer Schlaganfall**). In beiden Fällen wird der betroffene Teil des Gehirns nicht mehr ausreichend mit Sauerstoff und Nährstoffen versorgt. Dadurch sterben die Nervenzellen in der betroffenen Gehirnregion ab. Welche Art der Behandlung notwendig ist, hängt davon ab, ob der Schlaganfall durch einen Gefäßverschluss (88 % aller Schlaganfälle) oder durch eine Hirnblutung (12 % aller Schlaganfälle) verursacht worden ist. Der sogenannte **ischämische Schlaganfall** (Gefäßverschluss) wird durch Entfernung des verursachenden Blutgerinnsels und Wiederherstellung der Blutversorgung behandelt.

Das einzige bisher zugelassene Medikament zur kausalen Behandlung des akuten ischämischen Schlaganfalls ist das **Thrombolytikum rt-PA** (r = rekombinant), dessen Wirkung auf der Auflösung des Blutgerinnsels basiert. Jedoch kann rt-PA nur begrenzt eingesetzt werden, da es nur innerhalb der ersten drei Stunden nach dem Einsetzen der Schlaganfallsymptome verabreicht werden darf. Aufgrund dieses sehr engen Zeitfensters wird nur ein geringer Anteil aller akuten ischämischen Schlaganfälle mit rt-PA behandelt.

Desmoteplase, ein hochselektiver Plasminogenaktivator, ist ein neuer Wirkstoff der Aachener Firma Paion AG. Dieses gentechnisch nachgebaute Enzym (411 Aminosäuren) wurde ursprünglich im Speichel der Vampirfledermaus (*Desmodus rotundus*) gefunden (Abb. 9.8), deren Nahrungsquelle das Blut von Säugetieren ist.

Desmoteplase wirkt durch gezielte Aktivierung des an Fibrin gebundenen Plasminogens. Nach der Aktivierung wird Plasminogen in das Enzym Plasmin umgewandelt (Abb. 9.9), das den Thrombus durch die Zerlegung seiner Fibrinmatrix zur Auflösung bringt. Die Blutzufuhr zu dem betroffenen Gewebe wird wiederhergestellt und die andernfalls fortschreitende ischämische Schädigung minimiert.

Ein Vorteil ist, dass Desmoteplase keine Neurotoxizität aufweist. Positive klinische Daten aus einer abgeschlossenen Phase-II-Studie deuten

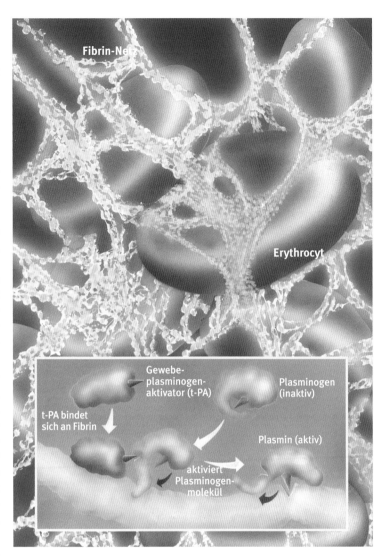

Fibrin-Netz

Erythrocyt

Gewebe-plasminogen-aktivator (t-PA)

Plasminogen (inaktiv)

t-PA bindet sich an Fibrin

Plasmin (aktiv)

aktiviert Plasminogen-molekül

Abb. 9.9 Wie t-PA Thromben auflöst: Durch Fibrin wird das Proenzym zur aktiven Serin-Protease umgewandelt, die dann ihrerseits Plasminogen in einem Blutgerinnsel aktiviert. Damit wird im Wesentlichen eine lokale und gezielte Fibrinolyse sichergestellt.

darauf hin, dass Desmoteplase nach dem Einsetzen der Schlaganfallsymptome in einem Zeitfenster von bis zu neun Stunden sicher wirksam sein kann.

■ 9.4 Gentechnischer Faktor VIII – sichere Hilfe für Hämophile

»Könige werden sorgfältig vor unangenehmen Realitäten geschützt. Die Hämophilie des Zarewitsch (**Alexej von Russland**, Urenkel der Königin Victoria) war nur ein Symptom für die Kluft zwischen Royalität und Realität« schrieb der englische Biologe **J. B. S. Haldane** (1892-1964).

Die **Bluterkrankheit** (**Hämophilie A**, Abb. 9.10) betrifft ausschließlich Männer, kann jedoch auch über die Mutter auf ihre Söhne weitervererbt werden. Das Gen für den Gerinnungsfaktor VIII muss also **auf einem X-Chromosom** liegen.

Abb. 9.10 Die Zarenfamilie: Der kleine Alexej (1904-1918) ist links vorn im Foto zu sehen.

331

Box 9.2 Was sind Interferone?

Interferone sind körpereigene Proteine, die einen schnellen und nichtspezifischen Abwehrmechanismus gegen Viren einleiten können. Schon während das Virus in der Zelle wächst, induziert offenbar ein Nebenprodukt der Virusmultiplikation die Interferonproduktion der Zelle. Das Interferon wird freigesetzt und wandert zu anderen Zellen im Körper.

Es bindet sich an spezifische **Interferon-Rezeptoren** auf der Zelloberfläche und sendet ein besonderes Signal (Abb. 9.11) aus. Dieses Signal veranlasst die Zelle, mehrere neue Proteine herzustellen. Allein stören diese Proteine den Zellmechanismus noch nicht. Sie sind so lange passiv, bis eine Zelle von einem Virus infiziert wird. Dann werden die Proteine aktiviert und hemmen jedes weitere Viruswachstum.

Bis heute hat man eine Vielzahl von Interferonklassen gefunden; die drei wichtigsten sind α-, β- und γ-Interferon.

α-**Interferon** wird hauptsächlich von den weißen Blutkörperchen (Leukocyten) nach einem Virusangriff gebildet. Es bewegt sich frei im Blutserum durch den Körper von Zelle

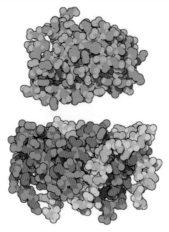

α- Interferon (oben) und γ-Interferon

zu Zelle. Bisher sind mindestens 16 Untertypen von α-Interferon bekannt. α-Interferon wirkt als einziges Medikament gegen die Haarzell-Leukämie. Es wirkt außerdem gegen Melanome – eine von Pigmentzellen der Haut ausgehende Krebserkrankung, der sogenannte schwarze Hautkrebs – gegen Myelome (vom Knochenmark ausgehender Krebs) und gegen Hepatitis B und C.

β-**Interferon** wird von einer Reihe von Zellarten, einschließlich den Fibroblasten (Bindegewebszellen), gebildet, die für den Aufbau des Bindegewebes verantwortlich sind. β-Interferon setzt man vor allem gegen Multiple Sklerose (MS, eine entzündliche Erkrankung des Zentralnervensystems) ein.

γ-**Interferon** bilden die weißen Blutkörperchen in der Milz während einer Immunreaktion (Antwort des Organismus auf Fremdkörper). Dabei werden gleichzeitig Antikörper oder spezifische Zellen zur Abtötung von virusbefallenen Zellen oder zur Abstoßung von Fremdgewebe erzeugt.

γ-Interferon ist durch seine **antiviralen Eigenschaften bekannt**. Es ist ein stärkerer Modulator des Immunsystems als die beiden anderen Interferontypen und bereits für die Behandlung von Granulomatose zugelassen. Granulomatose ist ein angeborener Defekt des oxidativen Stoffwechsels der Granulocyten, einer Untergruppe der weißen Blutzellen. Die Granulocyten der erkrankten Personen bilden keine aggressiven Sauerstoffradikale und können dadurch Keime nicht abtöten. Die Patienten müssen deshalb mit Antibiotika dauerbehandelt werden. γ-Interferon soll außerdem gegen Arthritis (Gelenkentzündung) und Asthma wirksam sein.

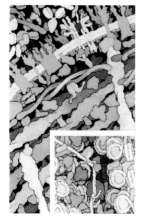

Abb. 9.11 γ-Interferon (rot) bindet an Rezeptoren (gelb) der Zelloberfläche. Das Signal wird in die Zelle übertragen. Das eine Interferonmolekül außerhalb der Zelle bringt vier Rezeptoren zusammen. Verschiedene Proteinkinasen (orange) sind im Innern gebunden und werden phosphoryliert und aktiviert. Sie fügen den STAT-Proteinen (rosa) eine Phosphatgruppe an. Die Proteine formen nun Dimere, die sich im Zellkern an Zielgene heften und damit Synthesen starten.

Historisch exakt dokumentiert (wie die genetisch weitergegebene „Habsburger-Lippe") ist der Fall von Königin **Victoria von England** (1819–1901) mit ihren zahlreichen Nachfahren im europäischen Adel. Dass überhaupt einige ihrer männlichen Nachkommen so alt wurden, um Kinder zu zeugen, verdankten sie einzig dem nur ihnen möglichen behüteten Leben „unter einer Glasglocke".

Die Gruppe der Bluter ist allerdings im Vergleich zu den Infarktfällen klein (es trifft einen Mann unter 10 000), aber sie wird ebenfalls zunehmend biotechnologisch versorgt. Den Blutern fehlt ein wichtiger Bestandteil des Gerinnungssystems ihres Blutes: **Faktor VIII**. 80 % der Bluter haben Hämophilie A, also Faktor-VIII-Mangel, der Rest hat einen Mangel an Faktor IX (Hämophilie B). In Deutschland sind etwa 8000 Menschen **Bluter**.

Die Beschwerden sind bei beiden Arten der Hämophilie gleich. Sie sind umso dramatischer, je größer der Mangel an Gerinnungsfaktor ist. Bei schweren Formen kommt es schon nach Minimalverletzungen zu unstillbaren lebensbedrohlichen Blutungen nach außen, ins Gewebe oder in die Gelenke. Bei milderen Formen ist vor allem bei chirurgischen Eingriffen mit Blutungen zu rech-

nen. Die Behandlung besteht in der intravenösen Verabreichung des fehlenden Gerinnungsfaktors, wobei die Dosis vom Blutungsrisiko abhängt, das heißt, sie muss vor allem bei Kindern und vor Operationen entsprechend hoch sein.

Weniger als **500 g des Faktors VIII sollen den jährlichen Weltbedarf decken**, dieses knapp halbe Kilo kostete aber bislang, **ohne Biotechnologie, 170 Millionen US-Dollar**!

Das Protein des Faktors VIII besteht aus 2332 Aminosäurebausteinen. Es ist damit eines der größten Proteine, dessen Struktur bisher aufgeklärt wurde. Jeder Mensch hat in seinen etwa 6 L Blut 1 mg des Faktors VIII.

Einem Bluter muss zweimal wöchentlich 1 mg des Faktors gespritzt werden, damit er ein normales Leben führen kann. Also benötigt man (bei einer Blutspende von einem halben Liter) rein rechnerisch **pro Woche 24 Blutspender für einen einzigen Bluter**!

Die Gewinnung und Verarbeitung von Spenderblut sind aber nicht nur teuer, sondern auch mit **erheblichen Risiken** behaftet: Früher stand die

Gefahr einer Infektion mit Hepatitis-B-Viren (Gelbsuchterreger) im Vordergrund, heute ist es das **Risiko einer AIDS-Virus- und Hepatitis-C-Infektion** (siehe Kap. 5).

Man schätzt, dass 60 % der Bluter tragischerweise (und teils wie in Frankreich in krimineller Weise) durch Spenderblut infiziert wurden. In den USA ist die Hälfte der Bluterpopulation mit HIV infiziert worden.

Dagegen ist der **gentechnisch erzeugte Faktor VIII virusfrei und sicher**. Da Faktor VIII ein Glykoprotein ist, wird er in CHO-Zelllinien (*Chinese Hamster Ovary*-Zellen) erzeugt und für die Behandlung und Prophylaxe von Blutungen bei Hämophilie-A-Patienten eingesetzt.

Neuerdings wird Faktor VIII auch in Schweinen durch Gen-Pharming hergestellt (Kap. 8). Man hat die vollständige menschliche cDNA mit dem Promotor für das saure Molkeprotein (engl. *whey acid protein*) aus den Brustdrüsen von Schweinen verknüpft und Faktor VIII so in die Milch abgegeben (sezerniert).

■ 9.5 EPO für Nierenpatienten und Sportler

Andere Gentechnikprodukte sind auf Faktor VIII gefolgt, so das Hormon **Erythropoetin** (**EPO**, Abb 9.12), das in der Niere gebildet wird und die körpereigene Erythrocyten-Produktion (Erythropoese) im Knochenmark stimuliert. Das Glykoprotein EPO ist ein **Wachstumsfaktor für rote Blutzellen**. Es induziert im Knochenmark die Bildung von Hämoglobin.

Für 40 000 **Dialysepatienten** in Deutschland, die durch Dialyse eine „künstliche" Anämie erleiden, ist EPO lebenswichtig.

Sportler wurden früher zum Höhentraining geschickt: Die „dünne Luft" förderte die Bildung von roten Blutzellen und eine optimale Sauerstoffversorgung bei nachfolgenden Wettkämpfen. Das lässt sich nun preiswerter erreichen. Produziert wird EPO (wie auch Faktor VIII) in CHO-Zellen (Box 7.15). Die Zuckerketten des EPO sind wichtig, da sie EPO vor einem raschen Abbau in der Leber schützen. Ohne Zucker ist das EPO inaktiv.

Bei der Tour de France verließen ganze Mannschaften das Rennen, als sie von der Polizei und unabhängigen Doping-Experten untersucht werden sollten. Forscher in Freiburg produzieren nun EPO mit transgenen Mooszellen im Bioreaktor.

Etwa 100 000 Deutsche benutzen einen anderen lebensrettenden Wachstumsfaktor, **GM-CSF**: Der **Granulocyten-Makrophagen-Wachstumsfaktor** stimuliert sowohl die Bildung eosinophiler und neutrophiler Granulocyten als auch von Fresszellen (Makrophagen). Beide Gentechnikprodukte haben jeweils einen Weltmarktwert von etwa zwei Milliarden US-Dollar pro Jahr. Spitzenprodukt!

■ 9.6 Interferone gegen Viren und Krebs

Warum infizieren sich virusbefallene Menschen (z. B. bei Grippe) und Tiere fast **nie gleichzeitig** mit einer zweiten Viruskrankheit ?

Bei Bakterienerkrankungen bahnt doch oft eine Bakterienart der nächsten den Weg, weil die Abwehrkräfte des Körpers geschwächt sind. Warum also sollte es bei Viruserkrankungen anders sein?

Diese Frage stellten sich der Engländer **Alick Isaacs** (1921–1967) und der Schweizer **Jean Lindenmann** (1924–2015) 1956 bei ihrer Arbeit am National Institute for Medical Research in London. 1957 fanden sie einen dafür verantwortlichen Wirkstoff. Das Protein wird von virusbefallenen Zellen ausgeschüttet und macht andere Zellen gegenüber Infektionen dieses Virus, aber auch anderer Virusarten, widerstandsfähig. Isaacs und Lindenmann nannten diesen Wirkstoff **Interferon**, weil er die Virusfortpflanzung offenbar behinderte oder störend beeinflusste (engl. *interfere*, stören, beeinflussen, Box. 9.2).

Dass Interferon als **antivirales Agens** viel versprach, war bereits vom Zeitpunkt seiner Entdeckung an klar, denn es richtet sich nicht nur gegen irgendein Virus, vielmehr schützt es die Zellen vor einer ganzen Reihe von Viren. Interferon kann aber noch mehr: Es beeinflusst verschiedene Zellaktivitäten in einer Art und Weise, die auf weitere therapeutische Möglichkeiten schließen lässt. Interferon ist zudem eine hochwirksame Substanz, eine winzige Menge davon reicht für einen langen Schutz. Nicht zuletzt wäre Interferon, die richtige Dosierung vorausgesetzt, als natürliches Zellprodukt wahrscheinlich auch sicherer als die meisten neuen chemischen Stoffe, die als Medikamente erprobt werden. Interferon wird jedoch von den herstellenden Zellen nur in so geringer Menge ausgeschieden, dass viele Forscher sogar an der Existenz dieser Substanz zweifelten.

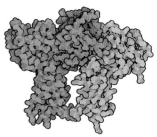

Abb. 9.12 Erythropoetin (EPO) stimuliert die Bildung von Hämoglobin.

Krebsarten

Beim Menschen sind über 200 Krebsarten bekannt.

- **Lungenkrebs** steht an der Spitze bei beiden Geschlechtern (oft ausgelöst durch Rauchen, Umwelt, Asbest).

- **Brustkrebs** (Mammakarzinom) ist zweithäufigster tödlich verlaufender Krebs bei Frauen (altersabhängig, oft familiäre Veranlagung möglich).

- **Prostatakrebs**, zweithäufigster Krebs bei Männern (altersabhängig)

- **Colorectaler Krebs** (Dickdarmkrebs), die drittgefährlichste Krebsform in beiden Geschlechtern (begünstigt durch Nahrung mit viel Fett und wenig Fasern, kann familiär veranlagt sein)

- **Hautkrebs**, ausgelöst durch UV, chemische Mutagene

- **Eierstockkrebs**, Frauen über 40, hoher Östrogenspiegel, Ernährung

- **Leukämie**, unkontrolliertes Wachstum weißer Blutzellen

- **Gebärmutterhalskrebs** (Cervixkarzinom) bei Frauen über 30 (erhöhtes Risiko durch Rauchen, frühzeitigen Sex und wechselnde Sexualpartner, sexuell übertragene Krankheiten wie Herpes)

- **Hodenkrebs** ist häufigster Krebs bei jungen Männern.

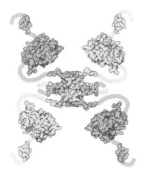

Abb. 9.13 Das p53-Tumorsuppressorprotein ist ein flexibles Molekül aus vier identischen Untereinheiten. Mutationen von p53 sind wahrscheinlich für die Hälfte aller Krebserkrankungen beim Menschen mitverantwortlich. Auslöser kann eine einzige inkorrekte Aminosäure in p53 sein.

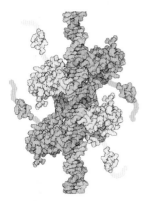

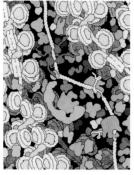

Abb. 9.14 Oben: p53 bindet sich mit allen vier „Armen" und aktiviert benachbarte Proteine, die am Ablesen der DNA involviert sind.

Unten: Der p53-Tumorsupressor (rot) in Aktion. Er aktiviert die Transkription. Gelb gezeigt ist die DNA, hellblau zwei RNA-Polymerasen, die begonnen haben, mRNA zu synthetisieren.

Die Situation begann sich zu ändern, als **Kari Cantell** vom finnischen Roten Kreuz in den 70er-Jahren eine Produktionstechnik entwickelte, mit der aus menschlichem Blut Interferon gewonnen werden konnte. Cantell sammelte von den Blutspendern der finnischen Blutbanken ausreichend Blut, um damit Interferon für klinische Tests zu erhalten. Dieser Prozess war aber kompliziert und kostspielig: Leukocyten von Blutspendern infizierte man mit einem Virus, sammelte und reinigte dann das freigesetzte Interferon. Mittels dieser Technik ließ sich insgesamt ein halbes Gramm teilweise gereinigtes Interferon gewinnen, und das aus mehr als 50 000 L Blutplasma!

Obwohl die Mediziner großes Interesse am Interferon zeigten, konnte die Forschung wegen der äußerst geringen verfügbaren Mengen nur auf Sparflamme betrieben werden. Das Blut von **100 000 Spendern hätte nur 1 g Interferon** geliefert, das im besten Fall 1 % des reinen Wirkstoffes enthalten hätte. Jemand berechnete für dieses 1 g reinen Interferons – das aber in solcher Menge nie gewonnen wurde – den stolzen Preis von einer Milliarde Dollar!

Trotz der Schwierigkeiten begannen sich die Hinweise zu mehren, dass Interferon zur Bekämpfung von Viruserkrankungen und vielleicht einigen Krebsformen erfolgreich sein könnte. Im Januar 1980 lösten dann Nachrichten aus der Schweiz den „**Interferon-Boom**" aus, der für die weitere Entwicklung der Biotechnologie einen entscheidenden Durchbruch brachte.

Im Labor des Züricher Molekularbiologen **Charles Weissmann** begann genau am Heiligabend der Laborstamm HiF-2h von Colibakterien ein Protein zu produzieren, das in seinen biologischen Eigenschaften ganz dem Interferon aus menschlichen Leukocyten glich: Die erste bakterielle Synthese des menschlichen antiviralen Wirkstoffes Interferon war offenbar geglückt.

Weissmann und seine Arbeitsgruppe hatten es, anders als in Versuchen zur bakteriellen Synthese von Insulin, beim menschlichem Leukocyten-Interferon mit einer Substanz zu tun, deren genaue **Struktur noch nicht im Einzelnen bekannt** war. So kam die Nachricht von den Interferon-produzierenden Bakterien in Zürich, obwohl als Möglichkeit schon länger erkannt, unerwartet früh.

Erst nach der erfolgreichen Synthese dieses Proteins in *E. coli* wurden auch seine Eigenschaften bekannt. **Statt 50 000 L Blut reichten nun 10 L**

Bakterienkulturlösung, um ein halbes Gramm ungereinigten Interferons zu gewinnen. Es wurde aber auch klar, dass sich hinter der Bezeichnung „**Interferon" eine ganze Familie von Substanzen** verbarg (Box 9.2).

Weltweit sind heute alle wichtigen Pharmaunternehmen mit der Interferonforschung beschäftigt. Gegenwärtig beträgt die weltweite Marktgröße für α-Interferon 500 Millionen US-Dollar. Die drei weltweit agierenden β-Interferon-Hersteller erzielten 2011 allein mit β-Interferon Umsätze von fünf Milliarden US-Dollar.

Interferone dienten als Modelle für die Entwicklung und Produktion einer Reihe von Mediatoren, wie von **Interleukin-2, das Immunzellen des Körpers zur Teilung veranlasst** und bei der Therapie der Immunschwäche AIDS hilfreich ist.

Vielversprechend sind aber auch die Erfahrungen mit Interferonen bei einer Reihe von viralen und anderen Erkrankungen. Erwiesen wurde bisher die Wirksamkeit gegen **Hepatitis B und C** sowie gegen verschiedene **Herpesformen** (Viruserkrankungen der Haut und Schleimhaut).

Das Haupteinsatzgebiet der Interferone sind heute Indikationen, bei denen noch nicht eindeutig geklärt ist, warum diese Substanz überhaupt wirksam ist – Erkrankungen, die nicht viel mit Virusinfektionen zu tun haben: Krebserkrankungen wie Blasenkrebs, Myelome, Melanome und Lymphome.

Gegen die relativ seltene **Haarzell-Leukämie,** ein Blutkrebs, ist Interferon momentan sogar das **einzig verfügbare Heilmittel.**

Zur Behandlung eines Patienten genügen hier 3 mg Interferon. Auch Patienten mit Multipler Sklerose, Rheumatoider Arthritis und chronischer Granulocytomatose schöpfen neue Hoffnung durch Interferone. Interessant ist die Anwendung von Interferon als Vorbeugungsmaßnahme gegen Viruserkrankungen bei älteren oder geschwächten Menschen in Risikosituationen.

■ 9.7 Interleukine

Interferon gehört zur Familie der **Cytokine**. Das sind Polypeptide (oft Glykoproteine), die von aktivierten Zellen des Immunsystems, des hämatologischen Systems und des Nervensystems gebildet werden. Zu den Cytokinen zählen die Interleukine, Interferone, Kolonie-stimulierende Wachs-

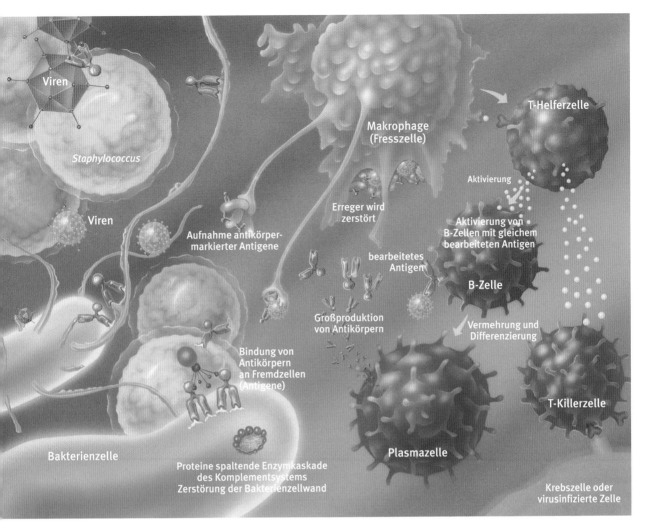

Viren

Staphylococcus

Viren

Aufnahme antikörper-
markierter Antigene

Makrophage
(Fresszelle)

Erreger wird
zerstört

bearbeitetes
Antigen

Großproduktion
von Antikörpern

Bindung von
Antikörpern
an Fremdzellen
(Antigene)

Bakterienzelle

Proteine spaltende Enzymkaskade
des Komplementsystems
Zerstörung der Bakterienzellwand

T-Helferzelle

Aktivierung

Aktivierung von
B-Zellen mit gleichem
bearbeiteten Antigen

B-Zelle

Vermehrung und
Differenzierung

T-Killerzelle

Plasmazelle

Krebszelle oder
virusinfizierte Zelle

tumsfaktoren, Chemokine, inflammatorische Cytokine und antiinflammatorische Faktoren. Cytokine sind immer zellulären Ursprungs, das ist der kleinste gemeinsame Nenner in der Vielfalt. Sie werden immer bei Bedarf neu gebildet, nie gespeichert. Das bedeutendste von Lymphocyten gebildete Cytokin (**Lymphokin**) ist bisher **Interleukin-2** (**IL-2**). Es wurde erstmals 1976 am amerikanischen National Institute of Health (NIH) gefunden. IL-2 fördert die Aktivität und das Wachstum von T-Zellen (einer Untergruppe von Lymphocyten) und anderer Immunzellen. Da die lebenswichtigen T-Helferzellen des Immunsystems vom AIDS-Virus zerstört werden, ist Interleukin-2 **höchst interessant für die AIDS-Therapie**. Es wirkt als Botenmolekül, das die Leukocyten neben anderen Mediatoren zur Regulierung der Immunantwort benutzen. IL-2 ist das erste von mehr als 20 Interleukinen, der „**Hormone des Immunsystems**", das als Proleukin® der Firma Chiron zur Therapie von Nierenzell-

krebs zugelassen ist. Asthma, AIDS, Lungenkrebs und Entzündungen sind künftige klinische Anwendungen von Interleukinen.

■ 9.8 Krebs: anormales unkontrolliertes Zellwachstum

Krebs ist der allgemeine Begriff für jegliche Krankheit mit **anormaler und unkontrollierter Zellteilung** (**Proliferation**) (siehe Randspalte S. 333). Im Folgenden kann nur eine stark vereinfachte Einführung in dieses komplexe Gebiet gegeben werden. Die neuen Zellen, die keine nützliche Funktion im Körper haben und einen Tumor bilden, werden neoplastische Zellen genannt. **Benigne**, also gutartige Tumoren enthalten Zellen, die Normalzellen ähneln. Weil sie in einer Kapsel von fibrösem extrazellulärem Material eingeschlossen sind, bleiben sie an einem Platz und bilden keine Tochtergeschwülste. **Maligne**, also bösartige Tumoren enthalten dagegen anormale Zellen,

Abb. 9.15 Wie das Immunsystem Infektionen abwehrt
(stark vereinfacht, siehe Kap. 5):

Eine Infektion mobilisiert Immunzellen. Zuerst muss das Antigen von einer Antigen-präsentierenden Zelle (Makrophage) aufgenommen werden, die das Antigen prozessiert. Es erscheint auf der Zelloberfläche und wird einer T-Helferzelle präsentiert. Diese bildet durch den Stimulus Interleukin-2 (hier gelb) und aktiviert damit B-Zellen, die zuvor ebenfalls Antigenkontakt hatten. Diese B-Zellen vermehren sich stark und differenzieren sich: Plasmazellen bilden Antikörper, die das Antigen für die Zerstörung markieren.

Daneben wirken das Komplementsystem (unten links) und T-Killerzellen (unten rechts), die ständig die Oberflächen aller Zellen absuchen und diejenigen Zellen mit körperfremden Kennzeichen töten.

335

Box 9.3 Eiben, Taxol-Synthese und Pilze

Im August 1962 schälte der Botaniker **Arthur S. Barclay** (1932–2003) im Auftrag des U.S. Department of Agriculture Rinde von einer **Pazifischen Eibe** (*Taxus brevifolia*). Das geschah im Gifford Pinchot National Forest in der Nähe des berühmt gewordenen Berges Mt. St. Helens. Die Proben schickte er zur Testung auf ihre biologische Aktivität ins Labor nach Maryland. Getestet wurde unter anderem, ob eine Krebszellkultur „9KB" im Wachstum gehemmt würde. Im September 1964 war klar, dass **Eiben-Extrakte Krebszellen hemmen.**

Heute ziert eine Gedenktafel zum 40. Jubiläum diesen Ort. 1967 teilte **Monroe Wall** (1916–2002), der die Extrakte gewonnen hatte, der Fachwelt mit, dass Paclitaxel ein außergewöhnlich breites Spektrum an Anti-Tumor-Aktivitäten aufweist. Es dauerte drei weitere Jahre, bis die verrückte Struktur des Stoffes offenbar wurde: zwei Moleküle in einem! 1971 begann dann das weltweite Rennen um die Synthese. Gleichzeitig bestellte das National Cancer Institute (NCI) immer größere Mengen der Eibenborke. Im Juli 1977 war ein Höhepunkt erreicht: 3500 kg Borke von 1500 gefällten Eiben. Die Wirkungsweise des Paclitaxels auf Krebszellen wurde durch **Susan B. Horwitz** (geb. 1937; Yeshiva University, New York) in der Fachzeitschrift *Nature* 1979 erläutert: Nicht direkte Hemmung der Zellteilung, sondern die Stabilität der Mikrotubuli wurde stimuliert. Die unbedingt notwendige Dynamik des ansonsten blitzschnellen Mikrotubuli-Auf- und -Abbaus wurde gestört und dadurch die **Zellteilung gehemmt.**

Taxol aus der Pazifischen Eibe und Paclitaxel und Docetaxel beeinträchtigen die Zellvermehrung und wirken bevorzugt auf Zellen, die sich, wie Tumorzellen, schnell teilen. Sie stabilisieren die Mikrotubuli und blockieren deren notwendigen Umbau. Vinca-Alkaloide, wie Vinblastin und Vincristin, binden sich dagegen an die Mikrotubuli-Enden und hemmen die Anlagerung von Dimeren. In der Abbildung ist Paclitaxel in Grün gezeigt. Es bindet sich an Tubulin und blockiert die normale Dynamik von Ab- und Aufbau: Die Zelle aktiviert ihr Selbstmordprogramm – Apoptose – und stirbt.

Am 6. April 1984 wurde Taxol bei der Food and Drug Administration (FDA) für die

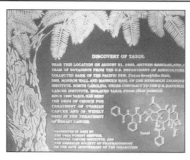

Plakette am Ort der Entdeckung des Eibenwirkstoffes

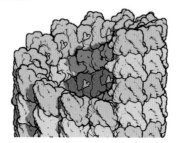

Mikrotubuli sind hohle, zylinderförmige Polymere des Cytoskeletts; sie bestimmen entscheidend über die Zellform mit und sind für die Trennung der Tochterchromosomen bei der Zellteilung von großer Bedeutung. Ein typischer Mikrotubulus hat nur eine Lebenszeit von zehn Minuten, bevor er abgebaut wird; die Bestandteile werden für neue Mikrotubuli benutzt. Mikrotubuli sind daher exzellente Zielorte für die Chemotherapie bei Krebserkrankungen.

Struktur des Paclitaxels. Grandios!

Phase-I-Tests freigegeben. 22 Jahre hatte das gedauert! Die Ergebnisse der Phase-II-Tests für die aggressivste Form von Eierstockkrebs wurden 1984 veröffentlicht: In drei von zehn Patienten schrumpften die Tumoren. 360 000 Bäume hätten allerdings gefällt werden müssen, um alle Eierstockkrebs-Patientinnen der USA für ein Jahr versorgen zu können. Baumkulturen waren keine Option, denn die Eiben brauchen hundert Jahre, um zu guten Taxol-Ausbeuten zu kommen!

Die **Umweltschützer an der Pazifikküste** standen schon lange auf den Barrikaden. Eine Synthese musste her! 1980 wurde von einer französischen Gruppe aus den Nadeln der

Europäischen Eibe (*Taxus baccata*) die Substanz 10-Deacetyl-baccatin III gewonnen (10-DAB). Nadeln des Baumes konnte man tonnenweise ernten, ohne negative Umweltkonsequenzen. Die 10-DAB-Taxanringe sind die Ausgangssubstanz für Taxol. Sechs Jahre brauchten **Pierre Potier** und **Andrew Greene**, um 10-DAB mit dem kleineren Teil des Taxols zu verbinden, einem Cluster aus 34 Atomen, die wie eine Schneeflocke aussahen. Die Ausbeuten waren mager, aber von nun an war das Ziel, 10-DAB in Taxol zu verwandeln, klar. Die besten Synthesechemiker der Welt wetteiferten um eine Semisynthese.

Die Synthesechemie greift ein

Robert Holton (geb. 1944; Florida State University, FSU) publizierte seine erste Taxol-Veröffentlichung 1982. Mit einer Million Dollar Forschungsgeldern schaffte der Workaholic Holton 1988 die Synthese von Taxusin, eine verwandte Verbindung, die auch natürlich in der Eibe vorkommt.

1988 war die Taxol-Krise auf dem Höhepunkt: **Ein riesiger Taxol-Bedarf stand den Protesten der Grünen gegenüber.** Das NCI wollte sich aus dem Taxol-Projekt zurückziehen; das Projekt hatte bereits 25 Millionen Dollar verschlungen! Andere hoffnungsvolle Kandidaten wurden zugunsten dieser Substanz zurückgestellt. Holton bekam einen historischen Anruf vom NCI: »*Invent finally a damn semisynthesis!*«

Ende 1989 entwickelte Holton einen doppelt so ergiebigen Prozess wie die Franzosen; er patentierte ihn und begann große Pharmafirmen anzuschreiben. Der Kongress hatte bereits 1986 den *Federal Technology Act* beschlossen: die kommerzielle Nutzung von staatlichen Forschungsergebnissen durch Privatfirmen. Rhone-Poulenc, im Besitz der französischen Patente, konkurrierte mit Bristol-Myers (vor der Fusion mit Squibb) und zwei anderen Giganten um das Taxol. Bristol-Myers machte das Geschäft. Am 1. April 1990 unterschrieb die Florida State University den Vertrag ihres Lebens: Geld im Überfluss für Forschung!

Bristol-Myers übernahm auch die Patentkosten für alle etwaigen Derivate von Taxol. Einige könnten sich als wirksamer erweisen als die Muttersubstanz selbst. 1992 patentierte die Firma eine neue, von Holton etablierte Semisynthese, den Metallalkoxid-Prozess. Ausgangsstoff für dieses Verfahren ist das 10-DAB, der komplexe Vorläufer des Taxols.

Es wird aus nachwachsenden Eibennadeln durch Extraktion gewonnen.

In Irland begann die Produktion. „Von der Borke bis zum Business" hat es 31 Jahre gedauert und 32 Millionen Dollar gekostet.

Ende 1993 kostete 1 g Taxol 5846 US-Dollar. Der Vertrag über die Lieferung von Eibenborke wurde beendet. Für die Umweltschützer ein Triumph.

Schon 1995 konnten unzählige krebskranke Frauen mit Taxol ihr Leben verlängern. 1995 war Taxol weltweit das Antikrebsmittel mit dem schnellsten Verkaufszuwachs. Aber Taxol hatte auch toxische Nebenwirkungen, vor allem durch das Rizinusöl, das benutzt wurde, um Taxol löslich zu machen. Bristol-Myers verzeichnete 38 % jährlichen Zuwachs beim Verkauf, mit dem Höhepunkt von 1,6 Milliarden im Jahr 2000. Allerdings wurde Taxol auch zum 20-fachen Preis des Rohprodukts verkauft. Bristol argumentierte mit einer Milliarde Entwicklungskosten.

Am 9. Dezember 1993 feierte Bob Holten seinen Triumph über fast hundert andere Synthesegruppen weltweit: die Totalsynthese des Taxols – 40 Syntheseschritte mit 2 % Ausbeute. Holton hatte außerdem Hunderte Taxol-Analoga gefunden, die nun fieberhaft von der FSU in 35 Patenten geschützt wurden, eine potenzielle Goldgrube! Als der Fünfjahresvertrag mit Bristol auslief, beschuldigte Holton die Firma, die Analoga nicht wirklich zu testen, um ihrem Blockbuster Taxol nicht selbst Konkurrenz zu machen. Man einigte sich, dass die FSU den eigenen Metalloxid-Prozess nutzen durfte für die Taxol-Analoga, aber 50 % Lizenzgebühr für die Auslizensierung zahlen würde.

Die FSU hatte bis zum Jahr 2000 etwa 200 Millionen Dollar aus der Taxol-Forschung eingenommen, einmalig in der Universitätsgeschichte. Auch Bob Holton war nun vermögend. Er gründete seine eigene Firma mit eigenem Geld, Taxolog, Inc. Das Taxol-Analogon TL-139 scheint ein Hit zu werden. Es ist 1000-mal besser als Taxol auf der gleichen Entwicklungsstufe war, sagt Taxolog, Inc.

Holtons Devise: »*If you have the opportunity to do something that could save someone's life, you have to do it!*«

... nun die Biotechnologie!

Der Mikrobiologe **Gary Strobel** (geb. 1938) wohnt in Montana, dem Eibengebiet. Er ist ein begeisterter Wanderer und viel in den

Robert Holton

Gary Strobel

Rainer Zocher auf dem TU Campus in Berlin, vor den Eiben, aus denen 10-DAB-Acetyltransferase isoliert wurde

Bergen und Wäldern Montanas unterwegs. Strobels Leidenschaft ist die Erforschung von Mikroorganismen, die es sich auf und in Pflanzen als Wirte bequem machen und deshalb als Endophyten bezeichnet werden.

Auf seinen Wanderungen mit seinen Kollegen **Andrea** und **Don Stierle** vom Montana Institute of Technology nahm er von verschiedenen Pflanzen Proben mit. 1993 fanden sie einen Pilz auf der Borke der Pazifischen Eibe im Nordwesten Montanas.

Strobel war von der Idee besessen, dass Mikroben auf Pflanzen ähnliche Stoffe wie ihre Wirte produzieren. Der Pilz wurde also isoliert und *Taxomyces andreanae* benannt, nach seinem Wirt Eibe (Taxus) und entsprechend der Sitte eines Kavaliers, nach der Dame Andrea Stierle im Team. Nach Kultur des Pilzes und Analytik seines Produkts konnte Strobel es nicht fassen – und studierte die gefundene Struktur immer wieder.

Aber es war so – **der kleine Pilz selbst hatte tatsächlich Taxol produziert!** Er produziert es leider in zu geringen Mengen, um konkurrenzfähig zu sein. Strobel fand aber etwas grundlegend Geniales heraus: Die mikrobiellen Parasiten imitieren offenbar die Wirts-

Chemie! Sie machen die gleiche chemische Verbindung wie die Wirtspflanze! Wenn man sie isoliert und anzüchtet, kann man das gleiche wie beim Penicillin erreichen. Und es gibt Tausende anderer Pilze!

Taxol ist das **meistversprechende Anti-Tumor-Medikament der letzten Jahrzehnte.** 2012 belief sich der Taxol-Weltmarkt auf sagenhafte 1040 kg. Der Wermutstropfen: Obwohl Taxol die Überlebenszeit von Patienten dramatisch erhöht hat, ist es kein Krebs-Heilmittel. Viele Patienten entwickeln Resistenz dagegen, viele Tumoren sprechen darauf nicht an. Man sucht nun nach Modifikationen.

In der Pflanzenzelle wird das Taxol durch spezifische Enzyme synthetisiert. Dies brachte meinen Freund, den inzwischen verstorbenen Biochemiker **Rainer Zocher** an der TU-Berlin, auf die Idee, Taxol, ausgehend von der Vorstufe 10-DAB im Enzymreaktor zu gewinnen, das heißt, die Holton'sche Semisynthese enzymatisch durchzuführen. Dies hat den Vorteil, dass **keine Nebenprodukte** auftreten und nicht umgesetztes 10-DAB in den Prozess zurückfließen kann. Außerdem sind Enzyme stereospezifisch und arbeiten im wässrigen Milieu bei Raumtemperatur ohne Einsatz giftiger Chemikalien und Lösungsmittel wie bei der chemischen Synthese.

Enzyme sind also harte Konkurrenten zu der organischen Chemie. Zunächst wurde die Schlüsselreaktion der Semisynthese in Angriff genommen, die Acetylierung an Position 10. Es konnte tatsächlich in Nadeln und Wurzeln von Eiben auf dem Campus der TU-Berlin eine entsprechende 10-DAB-Acetyltransferase-Aktivität nachgewiesen werden. Es gelang dann, das Enzym zu reinigen und partiell zu sequenzieren. Aus internen Sequenzen konnten DNA-Sonden (siehe Kap.10) hergestellt werden, mit deren Hilfe das Gen aus der Eibe isoliert wurde.

Der nächste Schritt war die **Expression des Pflanzenenzyms in** *E.coli*. Damit stand der Weg offen, Baccatin-III, den Vorläufer von Taxol, enzymatisch in einem Membranreaktor (siehe Abschnitt 2.13) zu gewinnen.

Die technische Realisierung des Prozesses wird in Zusammenarbeit mit dem IFB Halle durchgeführt. Das Projekt ist ein Modellsystem für nachhaltige Zukunftstechnologien, bei denen organische Synthesen komplexer Naturstoffe durch Enzyme ersetzt werden sollen.

Box 9.4 Statine oder: Wie Akira Endo Millionen Menschen vor dem drohenden Infarkt rettete

Seit 2008 nehme ich selbst Statine ein und interessiere mich seitdem dafür. Der Japaner Akira Endo entdeckte das Compactin, das erste Statin. Es senkt den Cholesterinspiegel im Körper durch Hemmung der enzymatischen Biosynthese in der Leber. Als ich ihn bat, darüber zu schreiben, lernte ich auch, dass er zwar seine Firma Sankyo sehr reich machte, selbst jedoch heute ein sehr bescheidenes Rentner-Dasein fristet. Eine, wie mir scheint, schreiende Ungerechtigkeit. Hier ist seine Geschichte. Er verdient, in einem Zug mit Alexander Fleming genannt zu werden... und der Nobelpreis ist ihm sicher! Ich sagte ihm das persönlich und wünsche ihm sehr, das noch zu erleben!

Reinhard Renneberg 2010

Akira Endo (geb. 1933) mit Joseph Goldstein, Chairman der Jury, bei der Verleihung des Lasker-Preises in New York 2008

Die Statine – Wunderdrogen?

Statine erniedrigen den Teil des Cholesterins, den wir den „schlechten" nennen: LDL (*low density lipoproteins* oder LDL-Cholesterin). Von 1994 bis 2004 sank die **Todesrate bei Herzkrankheiten in den USA um 33 %**. Dieser sagenhafte Erfolg wird maßgeblich den Statinen zugeschrieben. Sie sind Wirkstoffe, die bei Menschen, die bereits einen Herzinfarkt erlitten haben, das Risiko für einen erneuten Herzinfarkt senken. In Deutschland sind **fünf verschiedene Statine** zugelassen (Atorvastatin, Fluvastatin, Lovastatin, Pravastatin und Simvastatin). Sie sind alle in der Lage, Cholesterinwerte im Blut zu senken. Simvastatin ist am besten erprobt. Für dieses Statin ist durch viele Studien belegt, dass es bei Patienten mit Diabetes mellitus und bestimmten Herzerkrankungen das Leben verlängern kann. Das Kölner Institut für Qualität und Wirtschaftlichkeit im Gesundheitswesen (IQWiG) informiert darüber im Internet: *www.iqwig.de.*

Klar ist die Indikation:

- „Stabile koronare Herzkrankheit" (Durchblutungsstörung des Herzens): Hierzu gehören vor allem Patienten, die früher einen Herzinfarkt erlitten haben.
- „Akutes Koronarsyndrom": Hierzu gehören insbesondere Patienten, die akut wegen eines Herzinfarkts oder starker Herzbeschwerden im Krankenhaus behandelt werden.

Die Akira-Endo-Story

Akira Endo wurde vor 77 Jahren in einer Bauernfamilie in schneereichen Norden Japans geboren. Sein Großvater lehrte den Knaben alles über Pilze. Besonders fasziniert war der kleine Akira vom Japanischen Fliegenpilz, der lästige Fliegen tötete.

Dr. Endo erinnert sich heute: »Wir hatten, zusammen mit Deutschland, den Krieg verloren. Niemand wusste, wie es weitergehen sollte. Sogar die Kinder verloren ihre Träume und die Hoffnung. Wir hatten ständig Hunger.«

Akira setzte durch, dass er trotz der allgemeinen Not auf ein College gehen durfte. Er war exzellent, manchmal aber so hungrig, dass er sich kaum auf den Beinen halten konnte und auf dem Boden kroch. Alles wurde nach Essbarem abgesucht, auch die japanischen Wälder. Sein Großvater brachte ihm bei, dass man sogar scheinbar giftige Pilze essen könne, nachdem man das Gift ausgekocht und dann das Wasser abgegossen hatte. Akira fand das sehr interessant. Er kochte in den Sommerferien von der Highschool Japanische Fliegenpilze (*Tricholoma muscarium* Kawamura) und dekantierte die Flüssigkeit. Fliegen, die vom Sud allein tranken, starben sofort. »Der giftige Wirkstoff war also wasserlöslich, ganz wie mein guter Großvater gesagt hatte.« Das war eine frühe Prägung.

Alexander Fleming, Akiras Held

Der Heranwachsende war sehr beeindruckt von **Alexander Flemings** Entdeckungsgeschichte des Penicillins. Dieses erste Antibio-

Der Japanische Fliegenpilz, der den kleinen Akira begeisterte

Der Pilz, der Compactin produzierte

tikum hatte im Zweiten Weltkrieg Millionen Menschenleben gerettet. Es wurde biotechnologisch großtechnisch produziert (siehe Box 4.7). Nach dem Krieg wiederholte sich die Geschichte bei der Tuberkulose: Streptomycin wurde vom **Selman Waksman** an der amerikanischen Rutgers University aus Bodenmikroben isoliert (siehe Abschnitt 4.20).

Nach dem College ging Endo zur Tokioter Firma Sankyo Co. Sankyo wurde von **Jokichi Takamine** (siehe Abb. 2.13) gegründet. 3000 japanische Kirschbäume (Sakura) schenkte Takamine der US-Hauptstadt Washington 1933, noch heute eine Sehenswürdigkeit.

Endo begann mit Lebensmittel-Enzymtechnologie. 250 verschiedene mikrobielle Pilze wurden auf Pektinasen (siehe Abschnitt 2.7) gescreent, um Früchte zu verflüssigen und klare Fruchtsäfte zu produzieren. Endo fand einen potenten Enzymproduzenten und das Produkt wurde sofort ein Volltreffer. 1966 schickte die Firma Dr. Endo als Auszeichnung an das Albert Einstein College of Medicine in New York, um zum Cholesterin zu forschen. Cholesterin war damals ein heißes Thema wegen der zunehmenden Herzkrankheiten.

»Ich fand das sehr seltsam: Die Amerikaner schnitten sorgsam das Fett ab, bevor sie ihr riesiges Steak verspeisten. Eine Verschwendung! Das war für mich als Japaner ein Kulturschock. Der andere Schock war die Unmasse fetter Menschen auf den Straßen Amerikas. Ich musste zuerst laut lachen. Die Durchschnitts-Amerikaner sahen aus wie unsere bewusst dick gemachten japanischen Sumo-Ringer...«

Es gab damals bereits **Cholesterinsenker** wie **Clofibrat**. Die hatten aber erhebliche Nebenwirkungen. (In Deutschland durften

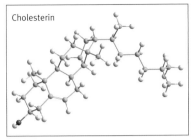

Cholesterin

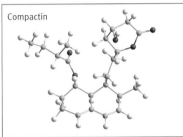

Compactin

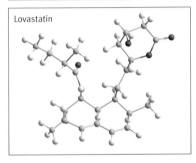

Lovastatin

Der junge Endo fand, dass die Amerikaner japanischen Sumo-Ringern sehr ähnlich sahen, allerdings bewegten sie sich nur ungern.

Damit gibt es auch genug Energie, um Cholesterin zu bilden. Nach seinem Aufenthalt hatte Endo ein klares Bild vom Cholesterin. Interessante Idee: Bakterien brauchen, wie wir, Cholesterin, um ihre Zellmembranen intakt zu halten. Einige Pilze könnten das Cholesterin-Biosynthese-Enzym in Bakterien hemmen und somit konkurrierende Bakterien töten! Sie müssten dann **Enzyme zur Hemmung** haben. Doch welcher Pilz? Endo forderte Hilfe bei Sankyo an. **Masao Kuroda**, ein junger Chemiker bei Sankyo, und zwei Assistenten halfen von nun an. Im April 1971 begannen sie mit der Anzucht von Pilzkulturen. Das zu hemmende Enzym wurde aus Rattenlebern isoliert. (Das erinnert mich an meine Doktorandenzeit in Berlin-Buch, als ich aus 20 Ratten pro Woche die Leber entfernte, um Cytochrom P450 zu isolieren. Sie tun mir heute noch leid… RR)

Die Testung von 6393 Pilzen

Länger als zwei Jahre arbeitete das Team Tag und Nacht bis zur Erschöpfung im Labor nahe einem Eisenbahndepot im Süden Tokios. Einige Extrakte hemmten zwar das Enzym gut, waren aber zu giftig. Im August 1973 fanden sie schließlich den Pilz, nach insgesamt 6392 Fehlschlägen. **Es war interessanterweise ein Pinselschimmel – wie bei Fleming!** *Penicillium citrinum* produzierte das **erste sogenannte Statin, das Compactin.**

Aber Sankyo war skeptisch, es gab kein Vorbild für die Statine… Die Firma ging lieber auf Nummer sicher mit traditionellen Cholesterinhemmern. Eine typische konservative Firmenhaltung. Nur sein Chef unterstützte Dr. Endo bei einem geheimen Experiment an der Uni Osaka. Dr. **Akira Yamamoto** vom Uni-Hospital Osaka untersuchte Patienten mit genetischem Defekt mit extrem hohen Cholesterin im Blut. Endo rief Yamamoto nur nachts an, um das Projekt im Labor streng geheim zu halten. Heute würde ein solcher Test umfangreiche und bürokratische Genehmigungen erfordern. Die erste Patientin der Welt, die Statine erhielt, war eine 18-jährige Japanerin. Sie bekam eine extrem hohe Dosis Compactin. Sie litt sofort unter einem (heute gut bekannten) Nebeneffekt der Statine: Muskelschmerzen. Sie konnte kaum noch laufen. Yamamotos Chef stoppte die Versuche sofort. Yamamoto beharrte aber auf der Fortsetzung. Die Patientin hatte sich erholt. Es wurden niedrigere Dosen verabreicht an andere Patienten. Bei neun Patienten konnte Yamamoto den

deshalb ab 1979 Clofibrat-haltige Arzneimittel nicht mehr verkauft werden.) Es wurde auch klar, dass ein Schlüsselenzym am Cholesterinstoffwechsel beteiligt war: die **HMG-CoA-Reductase** (3-Hydroxy-3-methylglutaryl-Coenzym-A-Reduktase).

Heute wissen wir: **Menschen haben zwei Cholesterinquellen**: Der geringere (!) Teil wird mit der Nahrung aufgenommen (0,1–0,3 bis maximal 0,5 Gramm pro Tag). Der überwiegende Teil (1–2 Gramm pro Tag) wird im Körper aber selbst gebildet. Auch Vegetarier können also einen erhöhten Cholesterinspiegel haben!

Die **Cholesterin-Biosynthese** findet hauptsächlich in der Leber statt. Aber auch im Gehirn wird Cholesterin vollständig selbst produziert, da es die Blut-Hirn-Schranke nicht überwinden kann. Bei hoher Konzentration von Cholesterin im Blut oder vermehrter Aufnahme des Nahrungsfetts mit dem Essen wird die HMG-CoA-Reduktase gehemmt und die endogene Cholesterinbildung gedrosselt. Aktiviert wird das Enzym durch Insulin, dessen Konzentration hoch ist, wenn viel Glucose im Blut vorhanden ist.

Cholesterinspiegel immerhin um durchschnittlich 27 % senken! Nun stimmte auch Sankyo formalen Tests zu. Zu spät: Der gefrustete Endo verließ Sankyo und ging an die Tokioter Noko Universität. Die sonst so höflichen Japaner untersagten sogar den Labormitarbeitern, Dr. Endo beim Packen zu helfen…

Sankyo war allerdings nicht der einzige Statin-Interessent. Der **US-Riese Merck war interessiert und kaufte eine Lizenz** bei Sankyo. Der eine Seite lange Vertrag hatte ein winziges, aber entscheidendes Schlupfloch: Wenn Merck Cholesterinhemmer in anderen Pilzen finden würde, wäre das ohne finanzielle Konsequenzen. Das hieß: Volle Kraft voraus bei Merck! 1978 wurde prompt ein Pilz gefunden mit einer virtuell identischen Substanz zu Endos Compactin: das **Lovastatin.**

Das lag in der Luft: Gleichzeitig hatte auch Endo die gleiche Substanz in den ersten Monaten an der Noko Universität gefunden! Aber Merck saß insgesamt am längeren Hebel: Die Firma hatte die US-Rechte. 1987 begann Merck sein **Mevacor** zu vermarkten, das erste FDA-zugelassene Statin. Mitte der 90er-Jahre waren die Statine dann in aller Munde. Heute ist Pfizers **Lipitor der Weltbestseller** bei den Medikamenten mit etwa 12 Milliarden US-Dollar Jahresumsatz!

2011 sind allerdings die Patente ausgelaufen. Indien und China stellen nun **preiswerte Generika** her. Endo hat seinen Humor behalten. 2004 sagte er bei einem Essen: »Ich habe heute eine gute und eine schlechte Nachricht. Die schlechte: Mein Cholesterinspiegel hat 240 mg/dl erreicht. Ich esse wohl zu oft *Sukiyaki* oder *Shabushabu*… Die gute, lustige: Mein Doktor sagt mir: Keine Sorge! Ich kenne gute Cholesterinsenker!«

Quellen:

www.latimes.com/news/science/la-sci-statin 10-2008nov10,0,802569.story
www.scienceheroes.com

Abb. 9.16 Rizinus (*Ricinus communis*) und Rizinussamen sind die Lieferanten für Ricin.

1978 verübte man mit Ricin ein tödliches Attentat auf den Exil-Bulgaren **Georgi Markow** in London. Er wartete an der Waterloo Bridge auf einen Bus und wurde dabei von hinten mit einem Regenschirm in die Wade gestochen. Am selben Abend bekam er Fieber, und sein Blutdruck sank. Vier Tage später war er an einem Herzstillstand verstorben. Bei der Autopsie fand man eine Kugel aus Platin und Iridium von 1,52 mm Durchmesser mit zwei Löchern, in die Ricin gefüllt worden war (unten).

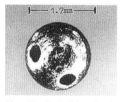

Diese Mordtechnik kam in mindestens sechs weiteren Fällen Ende der 70er- und Anfang der 80er-Jahre zum Einsatz.

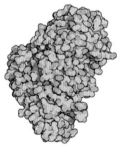

Abb. 9.17 Ricin ist ein starkes Phytotoxin, das die Samen von *Ricinus* vor Säugetieren schützt. Die zwei Ketten haben verschiedene Aufgaben: Die B-Kette (in rosa gezeigt) bindet stark an Zuckern der Zelloberfläche und dirigiert die A-Kette (blau) in das Zellinnere, wo diese enzymatisch Ribosomen attackiert.

die sich ablösen können. Sie wandern in andere Körperteile, verbreiten also den Tumor, und bilden Tochtergeschwülste (**Metastasen**). Diese Metastasierung ist schwer zu kontrollieren. Deshalb muss man Krebs so früh wie möglich diagnostizieren und behandeln, bevor sich die Tumorzellen im Körper ausgebreitet haben.

Karzinome sind Tumoren, die aus Epithelzellen der inneren und äußeren Oberflächen des Körpers erwachsen: Haut, Magenschleimhaut, Brustdrüsengänge und Lungen. **Sarkome** entstehen aus Zellen in Stützstrukturen wie Knochen, Muskeln und Knorpeln. **Neoplasmen** des Immun- und hämatopoetischen Systems entwickeln sich aus Blutzellen oder ihren Vorläufern. Zu ihnen gehören Leukämien, Lymphome und Myelome.

Krebs entsteht selten durch Vererbung oder durch Infektionen. Vererbt werden kann z. B. der **familiäre Brustkrebs**. Durch **Viren** werden Gebärmutterhalskrebs (Humane Papillomviren), bestimmte Blutkrebsformen (Retrovirus HTLV-I) und Leberkrebs (Hepatitis) begünstigt.

Krebs ist eine genetische Erkrankung, weil er immer mit einer Veränderung der DNA beginnt. Er wird von somatischen Zellen während des individuellen Lebens „erworben" und nicht an die nächste Generation weitergegeben. Eine familiäre Prädisposition kann begünstigend wirken. Eine einzelne Mutation eines Gens reicht allerdings nicht aus, um im Menschen Krebs entstehen zu lassen, da komplexe regulatorische Netzwerke dem entgegenwirken. Krebs ist somit eine **vielstufige Krankheit**: Einzelne neoplastische Zellen wandeln sich fortschreitend zu anormalen und aggressiven Zellen.

Zwei wichtige Klassen von Genen sind direkt mit dem Verlust der Wachstumskontrolle verbunden: **Proto-Onkogene** codieren für Proteine, die Zellwachstum und Proliferation fördern. Unter normalen Bedingungen werden diese Proteine nur in sich schnell teilenden Zellen exprimiert und müssen über externe Signale aktiviert werden.

Wenn durch Mutationen solche Gene überexprimiert oder ihre Proteinprodukte überaktiv werden, kann eine unkontrollierte Proliferation ablaufen. Mutierte Versionen der Proto-Onkogene, die das Krebsrisiko erhöhen, werden **Onkogene** genannt.

Tumorsuppressorgene sind dagegen Gene, die im Körper Zellwachstum und -proliferation unter-

drücken. Diese Gene können als **Bremsen bei der Zellteilung** wirken, oder sie fördern die Zelldifferenzierung oder aber den **programmierten Zelltod** (**Apoptose**). Wenn eine dieser Funktionen fehlläuft, gibt es einen Überschuss an proliferierenden Zellen.

Die Verwandlung von Proto-Onkogenen in krebsfördernde Onkogene kann auf verschiedene Weise erfolgen; sie ist mit einem Funktionsgewinn (*gain-of-function mutation*) verbunden.

Die Tumorsuppressorgene führen dagegen durch Funktionsverlust (*loss-of-function mutation*) zum Krebs. In vielen Krebsarten werden sie epigenetisch zum Schweigen gebracht, das heißt durch DNA-Methylierung (siehe Kap. 3) und Umbau der Chromatinstruktur.

In Abbildung 9.13 ist der **p53-Tumorsuppressor** gezeigt. Er liegt normalerweise in geringer Konzentration vor. Wenn jedoch ein DNA-Schaden auftritt, beginnt der p53-Spiegel zu steigen und initiiert Schutzmechanismen; p53 bindet an viele regulatorische Bereiche der DNA und verursacht die Produktion von Schutzproteinen.

Ist der DNA-Schaden zu groß, initiiert p53 den **programmierten Zelltod, die Apoptose**. Mutiert p53, so gehen diese Kontrollmechanismen verloren und damit der Schutz vor unkontrollierter Zellteilung.

Tumorzellen haben eine Reihe von Gemeinsamkeiten, die man nutzt, um sie gezielt zu bekämpfen:

- Sie haben ein physisch morphologisch anderes Erscheinungsbild als Normalzellen.

- Sie haben ihre ursprüngliche Funktion verloren (Dedifferenzierung).

- Sie sind in Zellkultur praktisch „unsterblich".

- Sie treten mit Nachbarzellen in anderer Weise in Wechselwirkung.

- Sie heften sich nicht an Oberflächen an.

- Sie besitzen chemisch veränderte Zellmembranen.

- Sie können Chromosomenveränderungen enthalten.

- Sie sezernieren andersartige Proteine.

Eine **frühe Diagnose** (Kap. 10) **ist der Schlüssel zum Erfolg** einer Antikrebstherapie.

9.9 Neue Krebstherapien

Bei 30 % der Krebsarten wird operiert, besonders im Frühstadium. Die anderen neuen Behandlungsformen profitieren von Gentechnik und Genomforschung. Bei der **Radioimmuntherapie** (RIT) werden mit Isotopen markierte Antikörper (Kap. 5) benutzt, um Tumore zu lokalisieren. ^{90}Yttrium und ^{131}Jod können auch direkt Krebszellen töten. Die Antikörper konzentrieren diese Isotope gezielt am Tumor.

Bei der **Chemotherapie werden „kleine Moleküle" eingesetzt**. Das erste maßgeschneiderte Medikament war **Glivec®** (Gleevec®) von Novartis in Basel (Box 9.5). Glivec® bindet an das *abl-bcr*-Fusionsprodukt bei der chronischen myeloischen Leukämie (CML). Das sind Tyrosinkinasen, wie das Src-Protein, die normalerweise Proteine mit ATP phosphorylieren und überaktiviert werden.

In der **Biotherapie werden Proteine gegen Krebs eingesetzt:** Interferone, Interleukine, monoklonale Antikörper. Interferone und Interleukine stimulieren das Immunsystem. Interleukin-2 (IL-2) stimuliert beispielsweise die Produktion lymphokinaktivierter Killerzellen, die in Tumore eindringen und Toxine freisetzen. In der adaptiven Biotherapie werden T-Lymphocyten des Patienten in Zellkultur gehalten, durch IL-2 aktiviert und dann in den Patienten rückübertragen. Rekombinante monoklonale Antikörper erkennen Tumorantigene und setzen die Komplementkaskade und andere cytotoxische Effektoren in Gang. **Rituximab** ist ein hervorragendes Beispiel dafür (ausführlich Kap. 5).

Immuntoxine sind Antikörper (Kap. 5), die ein kleines Molekül (wie Ricin bei chemotherapieresistenten Formen der Leukämie und Lymphomen oder das bakterielle *Pseudomonas*-Enterotoxin) zum Wirkort transportieren (Abb. 9.16 und Abb. 9.17). Sie wirken vor allem bei Blutkrebsarten, weil diese leichter zugänglich sind als feste Tumore. **Ein Einzelmolekül Ricin kann eine ganze Zelle töten**, indem es von einem zum anderen Molekül „springt" (im Gegensatz zu Giften wie Cyanid, die 1:1 wirken).

Rekombinante Antikörper können auch Cytokine wie IL-2 tragen, oder sie werden als Abzyme konstruiert (Kap. 5).

Antikrebsmedikamente werden mithilfe der Gentechnik beschleunigt entwickelt. Pflanzen besitzen erstaunlicherweise ein großes Potenzial an Antikrebswirkstoffen. **Acetylsalicylsäure** wirkt z. B. nicht nur entzündungshemmend, schmerzstillend und blutgerinnungshemmend und beugt damit einem wiederholten Herzinfarkt vor, sondern hat auch Effekte gegen Krebs: Acetylsalicylsäure attackiert die erste Stufe der Synthese bedeutender Botenstoffe, der Prostaglandine. Die Fettsäure Arachidonsäure wird dabei durch das Membranenzym Cyclooxygenase in Prostaglandine umgewandelt (Abb. 9.18).

Einige Medikamente, wie **Paclitaxel** (Box 9.3) (aus Eiben), **Vinblastin** und **Vincristin** (aus dem Madagaskar-Immergrün, Kap. 7), werden in winzigen Mengen in Pflanzen synthetisiert. Sie haben fantastisch komplizierte Strukturen. Der chemische Name für die Substanz Paclitaxel lautet z. B.

5β,20-Epoxy-1,2-α,4,7-β,10β,13-α-hexahydroxytax-11-en-9-on-4,10-diacetat-2-benzoat-13-ester mit (2R, 3 S)-*N*-Benzoyl-3-phenylisoserin

Man versucht, die Pflanzen durch metabolisches Engineering umzuprogrammieren. Wirkstoffe aus der Eibe (*Taxus*) waren die ersten Antikrebsmedikamente (Box 9.3).

9.10 Paclitaxel gegen Krebs

Eiben sind immergrüne Nadelbäume, die im Herbst leuchtend rote Früchte tragen. Der Nadelbaum ist **in allen seinen Teilen hochgiftig** – mit einer Ausnahme: Der rote fleischige Samenmantel ist essbar, der Kern aber giftig. Die Bäume bergen in ihrer knorrigen Borke eine Substanz, die Leben retten kann. Eiben (Box 9.3) lagern im Laufe ihres Baumlebens kontinuierlich ein Alkaloid in der Rinde ab, **Paclitaxel**, auch **Taxol®** genannt.

Paclitaxel ist in der Medizin zu einem **unverzichtbaren Cytostatikum** geworden. Auf die Hemmung der Zellteilung reagiert die Zelle mit dem programmierten Zelltod – der sogenannten **Apoptose**.

Nach intensiven Forschungen durch das US-amerikanische nationale Krebsforschungsinstitut (National Cancer Institute, NCI) wird Paclitaxel seit Anfang der 90er-Jahre sehr erfolgreich bei **Brust-** und **Eierstockkrebs** am Menschen eingesetzt. Allerdings hat dieser Arzneistoff einen Nachteil: Er ist selten und deshalb sehr teuer.

Die **Pazifische Eibe** (*Taxus brevifolia*) liefert das begehrte Paclitaxel. Sie ist in den noch verbliebenen Urwäldern an der Küste Nordkaliforniens anzutreffen. Fatalerweise sind es vor allem die

Abb. 9.18 Aspirin® ist das heute am häufigsten eingenommene Medikament der Welt.

80 Milliarden Tabletten werden jährlich davon geschluckt!

1828 wurde Salicin aus der Rinde von Weiden (*Salix alba*) als gelbe, kristalline Masse isoliert.

1889 patentierte Felix Hoffmann (1868–1946) dann die Acetylsalicylsäure (ASS) und bot die Idee der Firma Bayer an.

„A" aus Acetylchlorid wurde kombiniert mit „spir" aus *Spiraea ulmaria*, dem Mädesüß (das wie Weidenrinde Salicin enthält), und die Endung „in" bezeichnete eine Arznei.

Aspirin® blockiert die Produktion von Prostaglandinen im Körper, Mediatoren, die örtlich Schmerzsignale weiterleiten und sie verstärken.

Alle Prostaglandine stammen von einem Vorläufer, der Arachidonsäure. Das Enzym Cyclooxygenase (COX) baut zwei Sauerstoffmoleküle in Arachidonsäure ein, und nachfolgend entstehen im Körper Prostaglandine. Wird nun dieses Enzym gehemmt, entsteht kein Schmerzsignal als Reaktion auf Entzündungen.

Die Blutgerinnung wird ebenfalls verzögert. Aspirin® hemmt genau dieses Enzym und blockiert damit die Prostaglandinbildung.

Offenbar sind „nichtsteroidale Entzündungshemmer" wie Aspirin® auch ein Schutzfaktor gegen einige Krebsformen.

Selbst als Wundermittel gegen Herzinfarkt kann Aspirin® aber nur dem Erstinfarkt vorbeugen; es kann ihn nicht verhindern, sondern nur die Gefahr verringern. Rein wirtschaftlich betrachtet ist Aspirin® wohl die kostengünstigste Vorsorge gegen einige behandlungsintensive und kostenaufwendige Krankheiten, sehr zum Leidwesen der Pharmaindustrie.

Box 9.5 Glivec® – das erste maßgeschneiderte Krebsmedikament

Louis Pasteur und **Marie Curie** waren seine Helden als Zwölfjähriger. Er las das Schlüsselbuch *Mikrobenjäger* von **Paul de Kruif** und er wollte unbedingt wie sie etwas bewirken auf der Welt, zum Beispiel ein neues Heilmittel finden. Der Basler **Alex Matter** (geb. 1940) stürzte sich nach einer medizinischen Ausbildung in Basel und Genf und einer Ausbildung in Pathologie und Immunologie in den USA und Europa auf einen schier hoffnungslosen Fall: **Krebs**. Man sollte von der Natur lernen können, wie unerwünschte Zellen getötet werden, meinte Matter. Und: »Krebs sollte man wie eine Infektionskrankheit heilen können!«

In seinem Laboratorium in Frankreich arbeitete er 1980 an Interferon (Box 9.2), damals als Wunderdroge gegen Krebs gefeiert. Diese Hoffnungen waren leider naiv. Schlimmer noch war, dass zu Matters Enttäuschung niemand zu jener Zeit für Krebsforschung zu begeistern war. Der „Pharma-Riese" Ciba-Geigy in Basel hatte die Krebsforschungsabteilung 1980 geschlossen.

Doch 1983 wurde Matter dennoch nach Basel gelockt, um die wiedereröffnete Abteilung zu leiten. Man erwartete allerdings kaum schnell etwas Nützliches aus der Krebsforschung. Matter wurde gewarnt, das sei das Ende seiner wissenschaftlichen Karriere.

Besonders eine Enzymklasse faszinierte ihn, die **Kinasen** (Kap. 3). Einige chinesische Mediziner und Basler Kollegen glaubten, dass Kinasen etwas mit der Zellproliferation zu tun hätten. Was passierte, wenn man diese Kinasen hemmen würde? In der Bibliothek fand Alex Matter eine japanische Arbeit: die natürliche Substanz **Staurosporin** aus Pilzen hemmt eine Reihe von Kinasen. Seinen Kollegen erschien die Idee, so Krebs zu bekämpfen, ziemlich abwegig und auch zu simpel. Nach zwei Jahren in Basel, 1985, heuerte er **Nick Lydon** aus Boston für die Kinase-Forschung an. Sie konzentrierten sich auf **Tyrosinkinase**.

Heute weiß man, dass Tyrosinkinasen an sich im gesunden Zellleben unverzichtbar sind. Diese Enzyme sind wichtig für die **Signaltransduktion** (Signalübermittlung). Eine Kommunikationskette im Innern der Zelle gerät auf eine passende äußere Nachricht hin in Bewegung: Signale, die außen bei

Alex Matter

Jürg Zimmermann

der Zelle eintreffen, werden aufgenommen und bis zum Zellkern und zu den Genen weitergereicht.

Die Tyrosinkinasen zählen zu den ersten und auch wichtigsten intrazellulären Übermittlern von Nachrichten. Sie übertragen eine Phosphatgruppe vom ATP auf Tyrosinbausteine von Proteinen.

In Boston arbeitete Matter mit dem Postdoc und medizinischen Onkologen **Brian Druker** zusammen, der die Inhibitoren testete. Es fehlte noch der Chemiker **Jürg Zimmermann** im Team, der sie in Basel bastelte, und eine Biologin, die sie immer wieder testete: **Elisabeth Buchdunger**.

Brian Druker wusste, dass der aussichtsreichste Krebs **chronische myeloische Leukämie (CML)** wäre, die einzige aus mehr als 100 Krebsarten, von der die genetische Ursache bekannt ist. Druker sagte 1988 voraus, dass CML die erste Krankheit werden könnte, bei der ein Proteinkinase-Hemmer funktioniert. Bei der chronischen myeloischen Leukämie vermehren sich weiße Blutzellen (Leukocyten) unkontrolliert. Die augenscheinliche Ursache für deren maßloses Wachstum bei dieser Art von Leukämie ist ein mit dem Mikroskop erkennbarer genetischer Defekt: Die entarteten weißen Zellen sind an einem veränderten Chromosom zu erkennen: dem **Philadelphia-Chromosom**. Es entsteht, wenn sich in einer der Stammzellen im Knochenmark, aus denen die weißen Blutzellen hervorgehen, ein Unfall ereignet: Während sich die Zelle teilt, erhält Chromo-

som 9 fälschlicherweise ein Stück von Chromosom 22 und dieses umgekehrt ein Stück von Chromosom 9. Diese Umlagerung von Erbmaterial – **Translokation** genannt – ist charakteristisch für die meisten Fälle von chronischer myeloischer Leukämie.

Das Philadelphia-Chromosom ist für die Krankheit so typisch, dass die Ärzte es schon lange als Marker-Chromosom für die Diagnose heranziehen. Wegen der Fusion der Chromosomenstücke treffen zwei Gene zusammen, die normalerweise nichts miteinander zu tun haben: das Gen *abl* von Chromosom 9 und das Gen *bcr* von Chromosom 22. Die beiden Gene werden zu unmittelbaren Nachbarn – mit fatalen Folgen: Zusammen bilden sie ein sogenanntes **Onkogen, ein krebserzeugendes Gen**: *bcr-abl*.

Druker bezweifelte, dass man einen Hemmstoff schaffen könnte, der eine krebserzeugende Tyrosinkinase selektiv hemmt, ohne die anderen etwa 150 Tyrosinkinasen der Zelle zu treffen. Da las er in *Science*, dass eine Gruppe den Rezeptor für Epidermal Growth Factor (EGF, Kap. 9) und nur ihn spezifisch hemmen konnte. Druker meinte nun, wenn ein **Tyrosinase-Inhibitor** das *bcr-abl*-Onkogen stoppen würde, wäre das ein Beweis für ein molekularbiologisches Konzept zur Bekämpfung von Krebs.

1990 waren immerhin schon 100 Forscher in **Alex Matters Labor bei Ciba-Geigy** beschäftigt, im Vergleich zu dem halben Dutzend 1983! Und das gegen den direkten oder indirekten Widerstand der Firmenleitung. Bei den geringen Patientenzahlen mit CML war **ganz sicher kein Pharma-Blockbuster zu erwarten**. Doch für Alex Matter ging es um das Prinzip: Funktionierte der Hemmstoff bei diesem Krebs, könnte es auch bei anderen gelingen, molekularbiologisch vorzugehen. Matter und Lydon hatten Hunderte Substanzen, die sie testen wollten. Alle waren nur schwache Hemmstoffe.

Jürg Zimmermann kam 1990 in Matters Abteilung. Seine Verbindungen mussten in die „Tasche" des *Bcr-Abl*-Enzyms passen. Dieses aktive Zentrum ist mit ATP gefüllt. Die Verbindungen sollten die „guten" und wichtigen Tyrosinkinasen dagegen nicht hemmen. Jede Woche synthetisierte Zimmermann nun etwa zehn Verbindungen, die dann in den nächsten zwei Wochen von den Biologen getestet wurden. Die ersten Ergebnisse waren niederschmetternd: gute Hemmung, aber eben von **allen** Kinasen. Solche Substanzen wären giftig!

Zimmermann wurde dann auf eine Klasse von Substanzen aufmerksam, die bereits auf dem Markt waren, die **Phenylaminopyrimidine**. Sein „Bauchgefühl als Chemiker" sagte ihm, dass man daraus was machen könnte. Als Zimmermann am 26. August 1992 im Labor ankam, fühlte er den Erfolg in der Luft: Eine Serie von Substanzen war aktiv gegen das *bcr-abl*-Onkogen und zeigte sogar Aktivität *in vivo*, also in Labortieren!

Durch die Chromosomenumlagerung (Translokation) wird ein Gen gestört, das für eine Tyrosinkinase (siehe Abbildung oben) codiert. Die Tyrosinkinase wird dereguliert und bleibt „ständig angeschaltet." Das **„hyperaktive" Enzym** phosphoryliert alle Proteine in der Kaskade der Reaktionen, die der Zelle sagen sich zu teilen. Die **unkontrollierte Phosphorylierung** ist somit die Quelle für eine **Katastrophe, die zum Krebs führt.** Man muss also die Phosphorylierung durch die Kinasen unter Kontrolle bringen, um CML zu bekämpfen. Der Test von Elisabeth Buchdunger dauerte nur ein paar Stunden. Zellkulturen wurden mit der gefundenen Substanz **Imatinibmesylat** inkubiert. Der Phosphorylierungsgrad wurde gemessen, wenn die Substanz auf das *bcr-abl*-Onkogen einwirkte. Die Phosphorylierung wurde gehemmt! Noch wussten die Forscher nicht, dass sie **Medizingeschichte geschrieben** hatten. Im Frühjahr 1993 war die Substanz dann als *„drug candidate"*, als mögliches Medikament, klassifiziert. Sie behielt ihren Codenamen STI571.

Das Medikament hatte einen **Nachteil: geringe Patientenzahlen, also auch geringe Gewinne bei Erfolg.** 1993 wurden vier ähnliche Verbindungen, darunter STI57, von Brian Druker in den USA getestet; im Februar 1994 gab es die ersten Ergebnisse: 90 % der Leukämiezellen in Zellkultur wurden gehemmt. Tierversuche begannen 1995, alle mit gutem Erfolg.

Im März 1996 fusionierte Ciba-Geigy mit Sandoz. **Daniel Vasella** wurde der *Chief Executive Officer* (CEO) und 1999 der Präsident von Novartis. Alex Matter verdoppelte seine Forschungskapazität durch die Kollegen der Sandoz-Onkologie. Die Skepsis gegen sein Konzept blieb – der Druck auf ihn wuchs ins Unendliche. Das Marketing-Management

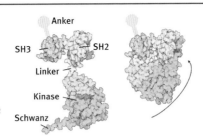

Das Src-Protein, eine Tyrosinkinase, hat viele bewegliche Teile. In der inaktiven Form (rechts) ist es ballförmig. Die aktive Form (links) ist aufgeklappt, um Proteine phosphorylieren zu können. Sie bindet ATP (rot), das die Phosphatgruppe liefert. In der ersten Reaktion wird Tyrosin (blau) phosphoryliert. Wenn diese Stelle phosphoryliert ist, ist das Enzym voll aktiv. Kontrollverlust bei Tyrosinkinasen: Wenn der Schwanz gekappt wird, kann das Enzym nicht mehr zur inaktiven Form (rechts) zusammenklappen; Src ist dann permanent aktiv, die Kontrolle des Zellwachstums geht dadurch verloren, Krebs kann entstehen.

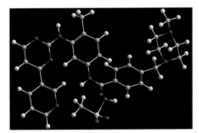

Struktur von Glivec® (Gleevec®) oder Imatinibmesylat

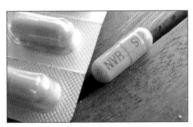

Die kleine lebensrettende Glivec®-Pille

beharrte, dass der Markt viel zu klein sei. Alex Matter glaubte nicht daran, dass es nicht funktionieren könnte, es musste funktionieren! »Du darfst den Knochen wie ein bissiger Hund niemals mehr loslassen«, meinte Alex Matter. Hunderte Millionen Dollar waren geflossen. Das Konzept für Glivec stand 1983, das Molekül Imatinibmesylat war 1993 fertig synthetisiert und nach einigem Auf und Ab 1998 an ersten Patienten getestet, dann 2001 von der Food and Drug Administration (FDA) in Rekordzeit zugelassen worden, weil sich auch die Krebspatienten hervorragend organisiert hatten.

STI oder Glivec® ist eines der ersten Medikamente, das **auf molekularer Ebene maßgeschneidert** wurde und der Vertreter einer völlig neuen Klasse von Krebsmedikamenten, den „Signaltransduktions-Inhibitoren".

Im Unterschied zu den herkömmlichen Krebsmedikamenten, die zwischen gesunden und entarteten Zellen nur bedingt unterscheiden können und deshalb häufig mit schweren Nebenwirkungen einhergehen, versuchen die neuen Wirkstoffe präzise an **molekularen Informationswegen** anzusetzen, die für Tumorzellen typisch sind.

Gestörte Kommunikationswege im Innern der Zelle sind nicht nur für die chronische myeloische Leukämie bedeutend. Der Wirkstoff von **STI571 interferiert mit der überaktiven Tyrosinkinase.** Sie wird wegen des Philadelphia-Chromosoms fälschlich gebildet. Die so gestörte Kommunikation wird somit an einem der ersten und wichtigsten molekularen Übermittlungsschritte in der Zelle geblockt: Die Wachstumsbotschaft erreicht dank des Medikaments nicht mehr den Zellkern mit den Genen. Die unkontrollierte Vermehrung der Zelle bleibt nun aus. Die Ergebnisse waren so vielversprechend, dass die amerikanische Gesundheitsbehörde das neue Krebsmedikament bereits im Mai 2001 für die Behandlung von Patienten mit chronischer myeloischer Leukämie zuließ. Nach fünf Jahren lag die Überlebensrate von CML-Patienten bei 95 %. Glivec® beeinflusst noch weitere Tyrosinkinasen, zum Beispiel c-kit. Diese Kinase soll das Wachstum sogenannter gastrointestinaler Stromatumoren (GIST) fördern. Für diese Krebserkrankungen des Bauchraums gab es bislang keine medikamentöse Therapie.

Mittlerweile ist der **Nachfolger von Glivec®**, AMN107 oder Nilotinib, auch auf gutem Weg und wurde Mitte 2007 zugelassen.

Axel Matter arbeitet nun in der AIDS-Forschung.

Quelle:

Eberhard-Metzger C (2001) Die neuen Medikamente gegen Krebs. *Spektrum der Wissenschaft* 12, 46 ff. Material von Novartis, *www.glivec.com*

Abb. 9.19 Menschliches Wachstumshormon (oben). Wäre Napoleon auch so berühmt geworden, wenn er ein körperlicher Riese gewesen wäre?

Abb. 9.20 Oben: Selbst in Lippenstiften wird EGF bereits in China eingesetzt. Mitte: Produktion von EGF durch *E. coli* im Bioreaktor (rechts W. K. Wong).
Unten: Nach 21 Tagen teurer EGF-Behandlung verschwinden meine Falten, um nach Absetzen der Creme wieder zu erscheinen! Hautkrebszellen könnten allerdings aktiviert werden...

besonders alten Bäume, die das Alkaloid in höheren Konzentrationen angereichert haben. 2 g der Substanz sind nötig, um einen Krebspatienten zu therapieren. Der Bedarf ist enorm, denn um allen Frauen, die in den USA an Brustkrebs erkrankt sind, eine ausreichende Therapie für nur ein Jahr zu ermöglichen, müssten restlos alle Eiben in Kalifornien gefällt werden. Ein Baum von etwa 60 cm Durchmesser braucht 200 Jahre, um diese Größe zu erreichen und liefert rund 2,5 kg Taxol. Das entspricht einer Ausbeute von nur 0,004 %.

Der **Widerstand der Naturschützer** gegen das Abholzen begann heftiger zu werden: Schutz von Eibe plus ursprünglichem Wald gegen Profit-Firmeninteressen! Im Januar 1993, drei Wochen nach Zulassung des Wirkstoffs durch die FDA, wurde bekannt gegeben, dass keine Eibe mehr in Nationalparks gefällt wird (Box 9.3).

Der mittlerweile aus nachwachsenden Blattnadeln der Eibe halbsynthetisch hergestellte Wirkstoff wurde, wie erwähnt, zunächst bei Frauen zur Behandlung von bösartigen Eierstock- und Brustgeschwülsten eingesetzt. Das auf Paclitaxel basierende Arzneimittel Taxol® oder Taxotere® hat aber auch die Behandlung des im Regelfall schnell zum Tod führenden **Bronchialkarzinoms** einen kleinen, aber wichtigen Schritt vorangebracht.

Nach Angaben der Weltgesundheitsorganisation WHO ist **Lungenkrebs** weltweit die häufigste bösartige Erkrankung. Pro Jahr erkranken 1,6 Million Männer und Frauen an dem Leiden, das nach Expertenmeinung in etwa 80 % der Fälle durch Zigarettenrauch ausgelöst wird. In Deutschland starben 2010 daran 42 972 Menschen.

In den 80er-Jahren und Anfang der 90er-Jahre wetteiferten über 100 der führenden Chemiker um die Totalsynthese von Paclitaxel im Labor. Das Rennen machte schließlich das Team von **Robert A. Holton** (Box 9.3) von der Florida State University. 1994 berichteten die Wissenschaftler von der komplizierten Totalsynthese: Ausbeute 2 %!

Was die Pflanzenzelle bei Normaltemperatur, Normaldruck und in Wasser schafft, muss der **Chemiker in 40 kleinen Schritten** „zusammenkochen". Das Einzige, was beide am Ende doch gemeinsam haben, ist die **geringe Ausbeute** des so heiß begehrten Stoffes. Da die kalifornischen Eiben aus Artenschutzgründen nicht allesamt abgeholzt werden konnten, mussten alternative Quellen gefunden werden.

Der Mikrobiologe **Gary Strobel** spürte neue Paclitaxel-Quellen in symbiontischen Pilzen auf (Box 9.3), die im inneren Siebgewebe des Baumes leben. Auch mit Zellkulturen von Eibenzellen in Fermentern wird eine Taxol-Vorstufe hergestellt, so z. B. in Hamburg, im weltgrößten Pflanzenzell-Bioreaktor.

■ 9.11 Menschliches Wachstumshormon

Ein Mangel an **Wachstumshormon** (Abb. 9.19), das in der erbsengroßen Hirnanhangsdrüse (Hypophyse) gebildet wird, führt im Extremfall zu **Zwergwuchs** oder zu Unfruchtbarkeit.

Bis zum Ende der 50er-Jahre war der Zwergwuchs nicht durch medizinische Behandlung zu beheben. Erst ab 1958 erhielten immer mehr Kinder menschliches Wachstumshormon (*human Growth Hormone*, hGH). Im Gegensatz zum Insulin, das zur Diabetesbehandlung auch von Schweinen oder Rindern stammen kann, ist das Wachstumshormon artspezifisch.

Es kann zur Therapie also nur **menschliches Wachstumshormon** eingesetzt werden. Deshalb musste es bislang den Gehirnen menschlicher Leichen entnommen werden. Die früher zweijährige Behandlung eines Kindes erforderte 50 bis 100 Hirnanhangsdrüsen. Heute geht man davon aus, dass die Behandlung mit Wachstumshormon auch über das 18. Lebensjahr hinaus weitergeführt werden muss, um erfolgreich zu sein.

Nachdem es zu **Todesfällen** bei Patienten gekommen war, wurden Anfang 1985 der Verkauf und die Anwendung von natürlichem hGH untersagt:

Bei der Isolierung des Hormons sollen infektiöse Partikel aus den Leichen in das Medikament gelangt sein und die Creutzfeldt-Jakob-Krankheit ausgelöst haben (ähnlich BSE).

Glücklicherweise gibt es jetzt das neue gentechnisch hergestellte hGH. Die schwedische Firma Kabi Vitrum, bislang weltweit der größte Hersteller von „natürlichen" menschlichen Wachstumshormonen, produzierte beispielsweise in einem **450-Liter-Bioreaktor mit Bakterien dieselbe Menge auf gentechnischem Weg, die man zuvor aus 60 000 Hirnanhangsdrüsen gewann!** Früher stand so wenig Hormon zur Verfügung, dass nur Kinder mit sehr stark ausgeprägtem Zwergwuchs behandelt werden konnten.

Box 9.6 Auch Bakterien altern

Bakterien kennen theoretisch kein Altern und keinen Tod. Aus einer *E. coli*-Zelle entstehen in 20 Minuten zwei identische Kopien, welche sich wiederum unbegrenzt weiter teilen können. Nun besteht jedoch kein Grund mehr zum Neid auf die Bakterien. Forscher vom Biozentrum der Universität Basel haben vor zwei Jahren ein erstes Bakterium gefunden, das nachweislich altert.

Prokaryoten, die einfachsten Lebensformen ohne echten Zellkern, zu denen die Bakterien gehören, galten als unsterblich, sofern sie genug Nahrung haben und keinen schädlichen Umwelteinflüssen ausgesetzt sind. Alle anderen höheren Zellen hingegen (Eukaryoten) scheinen sozusagen ein Ablaufdatum zu besitzen. Sie erfüllen ihre Aufgabe und teilen sich einige Male, bevor sie zu altern beginnen und schließlich absterben. Ihre Telomere, spezielle Enden der Chromosomen, werden bei jeder Teilung kürzer.

Voraussetzung für das **Altern** in Bakterien ist eine sogenannte **asymmetrische Zellteilung**, das heißt, die beiden entstehenden Zellen dürfen nicht vollkommen identisch sein. Beobachten ließ sich das am Bakterium *Caulobacter crescentus*, das in nährstoffarmen Bächen vorkommt. Es gibt zwei Versionen dieses Organismus: der frei herumschwim-

mende, nicht fortpflanzungsfähige „Schwärmer" und die sesshafte „Stielzelle", die zur Zellteilung in der Lage ist. Jede Schwärmerzelle verwandelt sich irgendwann zur Stielzelle, heftet sich an einem geeigneten Ort an und beginnt wiederum Schwärmerzellen zu bilden. Bei Experimenten zeigte sich, dass die Fortpflanzungsfähigkeit der Stielzellen über den Verlauf von etwa zwei Wochen stark abnahm. Die Zahl von bis zu 130 produzierten Nachkommen verteilte sich nicht gleichmäßig über die beiden Wochen. Einige der Stielzellen hatten bis Versuchsende bereits ganz aufgehört, Schwärmerzellen zu bilden, andere teilten sich nur noch sporadisch. Es wurde vermutet, dass der untersuchte *Caulobacter* keineswegs ein Kuriosum in der Welt der Bakterien darstellt. Was aber ist mit den symmetrischen Zellteilern?

Das Darmbakterium *Escherichia coli* war nun gerade bekannt für vollkommen symmetrische Teilungen. Endloses Leben durch ständige Teilungen? Wie die meisten Bakterien schnürt es sich in der Mitte durch, sodass zwei gleich große Zellhälften entstehen. Die jeweils andere Hälfte wird dann neu synthetisiert. Dadurch besteht jede Zelle aus einem alten Zellpol, den sie von ihrer Vorgängerzelle geerbt hat, sowie aus einem neuen.

Eric Stewart vom französischen Medizinforschungsinstitut INSERM in Paris und seine

Kollegen verfolgten das Schicksal der sich teilenden Bakterienzellen in Abhängigkeit vom Alter ihrer Zellpole. Sie markierten hierfür einzelne *E. coli*-Zellen mit Fluoreszenzfarbstoffen und beobachteten das Wachstum der Kolonien mit einem automatischen Zeitraffer-Mikroskop.

Die anschließende Auswertung von über 35 000 Zellen zeigte: Die Bakterien mit den ältesten Zellpolen (im Foto rot) hatten eine geringere Wachstums- und Teilungsrate sowie ein höheres Absterberisiko als diejenigen mit neu synthetisierten Zellhälften.

Nach Ansicht der Forscher treten Alterungserscheinungen also bei allen Organismen auf. Unsterblichkeit gäbe es demnach auch bei Bakterien nicht. Ein Trost!

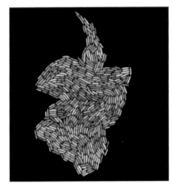

Der experimentelle Beweis, dass Bakterien altern

Neue Befunde lassen den noch kleinen Markt für Wachstumshormon deutlich anwachsen. Wachstumshormone fördern bei Kühen die Milchleistung (Kap. 8), das ist natürlich nur ökonomisch interessant für uns. Bei der Mast zeigt es aber „anabole Wirkung"!

Dieses Stichwort elektrisiert wiederum **Bodybuilder und Sportler**: Das Wachstumshormon vermehrt Proteine (Muskel) und verringert die Fettbildung.

Der Dopingfachmann **Werner W. Franke** konstatierte bei den Leichtathletik-Weltmeisterschaften in Paris 2003: »Diese WM war ein Festival der Zahnspangenträger. Zahnspangen sind ein sicheres Anzeichen dafür, dass menschliches Wachstumshormon genommen wird:

Es wächst die Kinnlade, es wachsen die Kiefer, und das führt zu einem Zahnüberstand, wie er als Fehlbildung bei Kindern vorkommt. Zahnspangen weisen eindeutig auf Hormonmissbrauch hin.«

■ 9.12 Epidermales Wachstumshormon – Falten verschwinden, und diabetische Füße heilen

Weltweit werden Unsummen ausgegeben, um Falten und Fältchen aus dem Gesicht verschwinden zu lassen. Die Damenwelt lässt sogar Injektionen von **Botulinum-Toxin** (Botox) über sich ergehen. Das Toxin wird von Bakterien gebildet, die für Lebensmittelvergiftungen berüchtigt sind. Die Injektion unter die Haut lähmt die Muskulatur für eine Weile. Falten verschwinden für die Dauer der Muskellähmung. Botox hat aber interessante medizinische Anwendungen, z.B. gegen Depressionen.

Die Kosmetikindustrie verwendet andere, ebenso aufwendige **Antifaltencremes** mit Fetten und Vitaminen. Als Werbeträger dienen zumeist junge Mädchen mit makellosem Teint (Abb. 9.20). Anders wirkt der **epidermale Wachstumsfaktor** (Epidermal Growth Factor, EGF), ein Peptid, das die Hautzellen zur Neubildung anregt.

Abb. 9.21 Lucas Cranachs *Jungbrunnen* ... macht's Biotechnologie möglich?

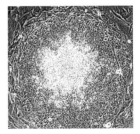

Abb. 9.22 Menschliche Stammzellen

Box 9.7 Expertenmeinung: Die Suche nach der „Wunderwaffe". Ist sie beendet? Antikörper contra niedermolekulare Pharmazeutika

Das vergangene Jahrhundert wurde Zeuge der Entwicklung einer großen pharmazeutischen Industrie mit einem Hunger auf immer neue Pillen – Wunderwaffen, von denen man sich die Heilung von Krankheiten versprach.

Mittlerweile haben sich „biopharmazeutische Wunderwaffen" als vielversprechend erwiesen, beispielsweise rekombinante Proteine und Antikörper, Therapien auf RNA- und DNA-Ebene und die sogenannte „regenerative Medizin" mittels Zelltherapie. Was wird die Suche nach neuen Wunderwaffen in Zukunft bringen und wie wird der Goldschatz aussehen, den es bei dieser Suche am Ende des pharmazeutischen Regenbogens zu finden gilt?

„Polypharmazie"

Die Geschichte der Anwendung von Arzneistoffen begann schon vor sehr langer Zeit bei unseren Stammesvätern, die ein ähnliches Leben führten wie die heutigen **Waorani**. Dieser eingeborene Stamm lebt im Quellgebiet des Amazonas in den unzugänglichen Regenwäldern im Osten von Ecuador. Etwa 600 Individuen bezeichnen sich als Waorani und leben in Gruppen von 30 bis 50 Personen als Jäger und Gartenbauer wie schon unsere Vorfahren vor 10 000 Generationen. Ich lebte mehrere Monate lang bei diesen Menschen, wurde in ihre Gemeinschaft aufgenommen und hatte so die Gelegenheit zu erforschen, wie sie Heilmittel aus der Natur verwenden. Bis vor kurzem verteidigte die Gruppe vehement ein Gebiet von etwa 20 000 km², griff alle Fremden, die ihr Territorium betraten, mit Speeren an und entsprach so gar nicht **Rousseaus** Klischee vom „edlen Wilden"!

Während der vergangenen 200 000 Jahre fanden Gruppen des modernen Menschen, wie die Waorani, durch reines Ausprobieren niedermolekulare „Arzneistoffe", die sie zu Heilzwecken einsetzten oder anderweitig nutzten. Die **Arzneimitteltherapie** begann zunächst als „Polypharmazie": Die Medikamente der Waorani und die weiter entwickelten Arzneimittel, zum Beispiel der Heilkundigen aus China und Indien, sind in der Regel Mischungen aus Extrakten unterschiedlicher

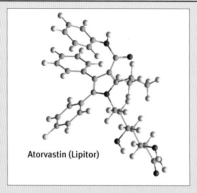

Atorvastin (Lipitor)

Das von Pfizer hergestellte, Cholesterin-senkende Medikament Atorvastatin (im deutschsprachigen Raum unter dem Namen Sortis, weltweit unter Lipitor im Handel) ist das meistverkaufte teuerste Arzneimittel der Geschichte.

Paul Ehrlich auf einem 200-DM-Schein

Der Autor mit seinem Waorani-Freund Kampati. Kampati stellt eine Curare-Mixtur her (links).

Quellen wie Mineralien, Pflanzen, Tieren oder Pilzen. Nur selten ist die aktive Substanz im Detail bekannt. Im Dschungel konnten wir direkt den Einsatz eines der aufregendsten Beispiele beobachten: die Verwendung von **Pfeilgift**. Die Waorani stellen zum Präparieren der Spitzen ihrer Blasrohrpfeile eine Mixtur aus ungefähr 50 Pflanzen her. Das

Blasrohr ermöglicht den Indianern die Jagd in der Kronenregion des Regenwaldes, vorzugsweise auf Wollaffen (und andere Primaten), die einen Hauptbestandteil ihrer Nahrung ausmachen. Die westliche medizinische Forschung hat **Curare** (z. B. aus *Strychnos toxifera*) als aktive Substanz in dieser tödlichen Mischung identifiziert. Derivate von Curare werden in modernen Krankenhäusern häufig eingesetzt, um die Muskulatur von Patienten für verschiedene chirurgische Eingriffe zeitweilig ruhigzustellen. Die Waorani können sich mit diesem „Pharmazeutikum" jedoch mindestens ein Drittel ihrer gesamten Kalorienzufuhr beschaffen.

Paul Ehrlichs Zauberkugeln

Gegen Ende des 19. Jahrhunderts behauptete der deutsche Chemiker **Paul Ehrlich** (1854–1915) als Erster, dass sich bestimmte „Chemorezeptoren" auf der Oberfläche von Parasiten, Mikroorganismen und Krebszellen von analogen Strukturen im Wirtsgewebe unterscheiden. Seiner Auffassung nach sollten diese Unterschiede therapeutisch nutzbar sein, um „Zauberkugeln" herzustellen.

Aus diesem Konzept erwuchs die Idee einer Chemotherapie mit niedermolekularen Verbindungen, heute die Grundlage der modernen pharmazeutischen Industrie, die etwa 2 % der Weltwirtschaft ausmacht! Im späten 19. Jahrhundert stellten deutsche Farbstoffhersteller, wie Bayer und Hoechst als Vorreiter, die ersten **Arzneimittel aus gezielt ausfindig gemachten kleinen organischen Molekülen** her. Diese sollten jeweils einem bestimmten pharmakologischen Ziel dienen, und ihre Wirksamkeit wurde durch biologische Testreihen oder Tierversuche bestätigt.

Der Bakteriologe **Emil von Behring** (1854–1917) erhielt den ersten Medizin-Nobelpreis (1901) für seinen Nachweis der passiven Immuntherapie unter Verwendung von spezifischen, aus immunisierten Tieren gewonnenen Antiseren. Dieser alternative Ansatz zum Erhalt einer „Wunderwaffe" war zwar vielversprechend, wurde jedoch bald wieder fallen gelassen, weil die Behandlung häufig zur Serumkrankheit führte, einer Überempfindlichkeitsreaktion von Patienten auf die verabreichten Antikörper. Eine Renaissance erlebte die Therapeutik mit Antikörpern und anderen Proteinen erst in den vergangenen 25 Jahren durch die Entwicklung der **rekombinanten DNA-Technologie** und der Technologie der **humanen monoklonalen Antikörper**. Diese neuen Therapien sind kostspielig, müssen häufig parenteral (unter Umgehung des Verdauungstraktes) verabreicht werden und machen derzeit nur etwa 10–15 % des Ertrags der Pharmaindustrie aus. Obwohl beim Verkauf therapeutischer und diagnostisch verwendeter Antikörper weltweit ein logarithmischer Anstieg zu verzeichnen war, belaufen sich Antikörper gegenwärtig nur auf 2,5 % des weltweiten pharmazeutischen Handels. Noch immer werden die meisten Medikamente als kleine organische Moleküle in Form von Tabletten konsumiert, aber der Handel mit **Biopharmazeutika wächst doppelt so schnell** wie der Handel mit konventionellen Arzneimitteln! In den letzten 50 Jahren haben sich **Arzneimittel zu einem äußerst profitablen Industriezweig entwickelt**, der sogar die Öl- und Gasindustrie übertrifft. Vorangetrieben wurde dies zumindest teilweise durch die Entwicklung von sogenannten „Blockbuster"-Medikamenten, äußerst profitablen „Wunderwaffen" mit einem jährlichen Handelsvolumen von mehr als einer Milliarde Dollar. Wird es der pharmazeutischen Industrie in den kommenden Jahren gelingen, noch weitere Wunderwaffen zu entwickeln, oder ist die Ökologie dieser „Ressource" limitiert wie Erdöl und Erdgas?

Das Universum der Targets

Einer Erhebung zufolge (US National Drug Discovery, Dezember 2006) fanden sich unter den etwa **21 000 von der amerikanischen Arzneimittelzulassungsbehörde (FDA) registrierten Medikamenten** weniger als 1200 neuartige molekulare Substan-

Curare: die Brechnuss-Art *Strychnos toxifera* und die Struktur von Turbocurarin

zen. Das sind **bemerkenswert wenige** einzigartige molekulare Pharmazeutika: nur 324 bei zugelassenen Medikamenten! Von diesen wiederum waren nur 266 menschliche Moleküle, der Rest stammte aus Pathogenen. In Anbetracht der Komplexität der menschlichen Physiologie ist dies erstaunlich wenig!

Trotz gewaltiger Investitionen (jährlich mehr als 30 Milliarden US-Dollar) wurden seit den 80er-Jahren **pro Jahr im Schnitt nur fünf neue Targets (Wirkstoffzielverbindungen) identifiziert.** Gehen der Pharmaindus-

Curare wird von den Indios Lateinamerikas als Pfeilgift benutzt.

trie die Targets aus? Wie groß ist überhaupt das Universum an pharmazeutisch verwertbaren chemischen Substanzen?

Neue therapeutische Targets aus dem Humangenomprojekt?

Wie das Humangenomprojekt bei seinem Abschluss ergab, liegen der Komplexität des Menschen nur rund 21000 Gene zugrunde – weitaus weniger, als ursprünglich erwartet. Basierend auf der Struktur **derzeit bekannter Wirkstoffzielverbindungen** schätzt man mittels bioinformatischer Methoden, dass vielleicht 8–10 % dieser Gene für „wirkstoffzugängliche" **Protein-Targets** (im Englischen als *druggable targets* bezeichnet) codieren könnten, also Proteine mit einer Ansatzstelle, an die ein kleines organisches Molekül binden kann. Zwar sind bisher 10–20 % aller Proteine noch nicht funktionell klassifiziert, **es gibt jedoch keine unentdeckte große Proteinfamilie mehr**. Sämtliche noch verbliebenen potenziellen neuen Protein-Targets sind höchstwahrscheinlich Mitglieder sehr kleiner Proteinfamilien. Erhöhen könnte sich die Zahl der Targets noch durch posttranslationale Veränderungen und den Zusammenschluss zu funktionellen Komplexen. Die grundlegenden Proteinfaltungen sind bei wirkstoffzugänglichen Targets jedoch genau bekannt: Bei der Mehrzahl aller Targets handelt es sich um G-Protein-gekoppelte Rezeptoren (GPCR) oder Ionenkanäle.

Das Metabolom: Quelle neuer Hinweise?

Die meisten Medikamente konkurrieren mit kleinen Molekülen um die Bindungsstellen an Proteinen oder Enzymen, das heißt, Statine hemmen die HMG-CoA-Reduktase und Bronchospasmolytika binden an Adrenozeptoren. Die Zahl der Bindungsstellen ist proportional

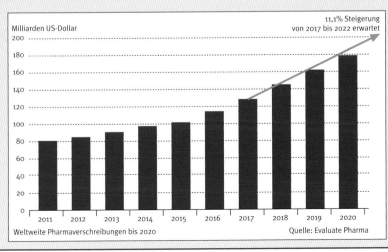

11,1% Steigerung von 2017 bis 2022 erwartet

Milliarden US-Dollar

Weltweite Pharmaverschreibungen bis 2020

Quelle: Evaluate Pharma

Fortsetzung nächste Seite

Weltweiter Verkauf von Antikörpern für Therapie und Diagnostik 2010

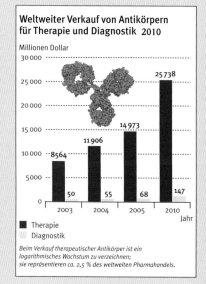

Millionen Dollar

Beim Verkauf therapeutischer Antikörper ist ein logarithmisches Wachstum zu verzeichnen; sie repräsentieren ca. 2,5 % des weltweiten Pharmahandels.

■ Therapie
□ Diagnostik

Wirkstoffzielverbindungen

menschliches Genom
ca. 30 000

wirkstoff-zugängliches Genom
ca. 3000

krankheits-beeinflussende Gene
ca. 3000

Wirkstoff-Targets
ca. 600–1500
Zwei- bis Dreifaches
der gegenwärtigen Zahl?

Wie groß ist das Genom, das Proteine binden kann?

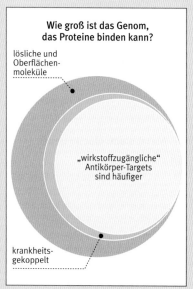

lösliche und Oberflächen-moleküle

„wirkstoffzugängliche" Antikörper-Targets sind häufiger

krankheits-gekoppelt

---

zur Größe des Metaboloms; darunter versteht man die Gesamtheit aller kleinen Moleküle eines Organismus. Ein Weg zur Entdeckung neuartiger Targets könnte die Identifizierung von Enzymen und Rezeptoren durch das sogenannte „metabolische Profiling" darstellen. Im Gegensatz dazu ist die „Wirkstoffzugänglichkeit" von Targets, die man durch Proteom- oder Transkriptions-Profiling identifizieren kann, wahrscheinlich gering, weil die Proteinfaltung erhalten bleibt.

Leider ist „wirkstoffzugänglich" nicht gleichzusetzen mit Wirkstoffzielverbindung

Die Proteinbindung kleiner Moleküle mit passenden chemischen Eigenschaften und der erforderlichen Bindungsaffinität kann eine Ansatzstelle für Wirkstoffe sein, *muss aber nicht* zwangsläufig eine potenzielle Wirkstoffzielverbindung darstellen. Diese „Ehre" gebührt nur Proteinen, die auch mit einer bestimmten Krankheit gekoppelt sind und diese in irgendeiner Weise beeinflussen!

Aufgrund der Konservierung der Proteinfaltung und der Bauart der Proteine aus Einzelbausteinen ist es *unwahrscheinlich*, dass viele spezifische Wirkstoffbindungsstellen entdeckt werden.

Die McKusick-Datenbank für Erbkrankheiten führt 1620 Proteine auf, die *direkt* mit der Pathogenese von Krankheiten gekoppelt sind, jedoch bislang lediglich 105 Wirkstoffzielverbindungen! Entsprechend sind viele „Targets" mit bestimmten Krankheiten „assoziiert": **Leptin** oder Leptinrezeptor mit Fettleibigkeit, **LDL-Rezeptor** mit Arteriosklerose; Komplementrezeptoren mit Entzündungen, Interleukin-4 (IL-4) mit allergischen Erkrankungen. Das bedeutet jedoch nicht, dass sie passende Wirkstoffzielverbindungen für neue Medikamente darstellen!

Verschiedene bioinformatische Analysen lassen vermuten, dass das „Universum" an Wirkstoffzielverbindungen etwa zwei- bis dreimal so groß ist, wie bisher bekannt, und die Obergrenze bei etwa 1500 liegt.

Warum ist die Anzahl der Wirkstoffzielverbindungen eigentlich so gering?

Vielleicht wurden biologische Strukturen wie Proteine auf einen angeborenen „Schutz" vor

externen Chemikalien selektiert, insbesondere vor kleinen Molekülen? Seit der Zeit Ehrlichs wurden viele Wunderwaffen identifiziert, charakterisiert und in der Arzneimitteltherapie angewendet. Die Tatsache, dass ihre Zahl begrenzt ist, könnte ein Zeichen dafür sein, dass sich nur ein kleiner Teil der biologischen Reaktionen so einfach manipulieren lässt!

Kann man die geringe Zahl von „Wirkstoffbindungsstellen" durch neuartige biopharmazeutische Technologien wie Antikörper überwinden?

Möglicherweise. Unserer Vermutung nach ist das „Epitop-Universum" – Epitope sind die Stellen, an denen Antikörper binden können – wahrscheinlich größer als das „Target-Universum". Genomik, Proteomik, Transkriptomik etc. werden neuartige Targets erbringen, die sich als ganz besonders zugänglich für die neueren Technologien erweisen werden. Wie sieht es mit der Redundanz der Antikörper-Targets im Vergleich zu den Targets für kleine chemische Moleküle aus? Bis jetzt hat man *nur* neun Targets gefunden, die *sowohl* durch Antikörper *als auch* durch kleine organische Moleküle reguliert werden.

Ein erfolgreiches Beispiel ist der **EGF-Rezeptor** (EGF = Epidermal Growth Factor). Die rekombinanten Antikörper Cetuximab und Panitumumab binden an die extrazelluläre Domäne des Rezeptors und regulieren dadurch das Wachstum der Tumorzellen. Die niedermolekularen Medikamente Gefitinib und Erlotinib binden an den Adeninrest der ATP-Bindungsstelle der cytosolischen katalytischen Kinasedomäne.

Sind Medikamente aus Antikörpern die Rettung?

Noch ist eine recht große Zahl von Fragen zu beantworten: Wie groß ist das „**antikörperzugängliche Genom**", das Proteom? Was ist das „Universum der Epitope"? Wie viele von ihnen sind mit Krankheiten gekoppelt? Welche davon kann man zur Behandlung der Krankheit nutzen? Können Antikörper die Barriere zum Schutz vor „chemischer Invasion" überwinden?

Das Pharmaunternehmen Five Prime Inc. mit Sitz in San Francisco erstellte die wahrscheinlich weltweit größte cDNA-Bibliothek mit mehr als 280 000 vollständigen cDNA-

Klonen aus mehr als 200 Geweben. Mit bioinformatischen Methoden hat man rund 2500 Gene für sezernierte Proteine identifiziert und rund 5000 Gene, die für Membranproteine codieren, das sind zusammen 7500 potenzielle Antikörper-Targets.

Eignen sich monoklonale Antikörper am besten zur Hemmung von Protein-Protein-Wechselwirkungen?

Immunglobulin E (IgE), VEGF (Vascular Endothelial Growth Factor), Interleukin-2 und IL-5 oder deren jeweilige Rezeptoren können bei Allergien, Krebs, Autoimmunkrankheiten und Asthma sehr günstige Wirkstoffzielverbindungen darstellen.

Bei der traditionellen Entwicklung kleinmolekularer Medikamente ist man an diesen Targets meist gescheitert. An den Schnittstellen zwischen zwei Proteinen finden sich jedoch sogenannte „Hotspots", begrenzte Regionen, die für die Bindung entscheidend sind. Sie sind genauso groß wie kleine Moleküle. Durch Bindung kleiner Moleküle an diese Hotspots lassen sich Protein-Protein-Wechselwirkungen hemmen. Ein Beispiel dafür ist die Entwicklung von VLA4-Inhibitoren (für engl. *very late antigen 4*) durch Biogen-IDEC und Merck.

Die Vielfältigkeit der Antikörpertherapie ist im Vergleich zur Arzneimitteltherapie riesig. Die Zahl der durch Antikörper erreichbaren Targets kann das Metabolom übertreffen. Wenn man davon ausgeht, dass jedes Protein mit vier bis fünf weiteren in Kontakt ist, entstehen dadurch viele Angriffspunkte. Die Entwicklung von Antikörperfragmenten und Gentherapie im Körperinneren machen komplexe cytoplasmatische Targets zugänglich.

Im Gegensatz zu kleinen Molekülen kann man Antikörper mit unterschiedlichen Wirkfunktionen herstellen. Antikörper können sich in Größe, Affinität oder Isotyp unterscheiden, zum Beispiel sekretorisches IgA zur äußeren oder inneren Anwendung. Mit Antikörpern sind Katalyse, Komplexbildungen und Enzymfusionen möglich. Daher überrascht es nicht, dass die **Technologie der monoklonalen Antikörper und deren Produkte einen starken Anstieg** verzeichnet und derzeit mehr als 250 Produkte auf Basis von Antikörpern klinische Testreihen durchlaufen.

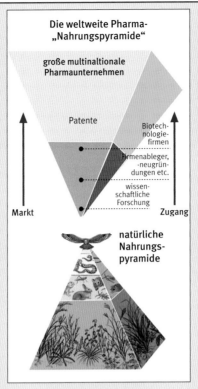

Die weltweite Pharma-„Nahrungspyramide"

große multinationale Pharmaunternehmen

Patente

Biotechnologiefirmen

Firmenableger, -neugründungen etc.

wissenschaftliche Forschung

Markt

Zugang

natürliche Nahrungspyramide

Technologie als Antrieb für den endlosen Kreislauf menschlicher Interaktion

Stammesdorf

Reiche etc.

Neutribalismus
• personalisiert
• Polypharmazie

Nationalismus

globales Dorf

Ersetzen Polypharmazie und Polypharmakologie die Monopharmazie mit „Blockbustern"?

Die traditionellen Arzneibücher sind eine heiße Spur. In der nächsten Generation werden **Polypharmazie** und **Polypharmakologie** durch kombinierte Anwendung verschiedener Medikamente/Pharmakophore optimalen klinischen Nutzen bringen. Polypharmazie, die Kombination mehrerer Substanzen mit jeweils anderem Wirkmechanismus oder sich gegenseitig ergänzender Toxizität, wurde zunächst in erster Linie in der Chemothera-

pie bei der Behandlung von Krebs eingesetzt, wird zunehmend aber auch in anderen Bereichen der Medizin Verwendung finden. In der Polypharmakologie sucht man nach **einer einzelnen Substanz, die an zahlreiche Targets bindet und diese verändert**. Die klinischen Wirkungen werden durch eine Reihe von Targets vermittelt. Die Multi-Kinase-Inhibitoren Sorafenib/Sunitinib hemmen beispielsweise die RAF-Kinase (und andere Kinasen).

Die Ökologie der pharmazeutischen Industrie verändert sich

Die 90er-Jahre wurden als „Jahrzehnt der Hilfsmittel" (engl. *tools decade*) charakterisiert: Es gab geradezu eine Revolution auf den Gebieten der Genomik, Proteomik, Transkriptomik usw. Reformen der frühen **Clinton**-Regierung (1993–1995) werteten Analogpräparate (sogenannte „*Me-too*-Präparate") ab. Nur die Weiterentwicklung neuartiger Medikamente wurde als wert erachtet, und die Definition, was neuartig war, wurde strenger gehandhabt. Die explosionsartige Zunahme neuartiger biotechnologischer Hilfsmittel erhöhte die Produktivität in der Forschung. Die neuen Hilfsmittel haben jedoch *nicht*, wie erhofft, dazu geführt, dass es der Pharmaindustrie gelang, mehr **neue Wunderwaffen** zu identifizieren und zu entwickeln; und die Produkt-Pipeline wird durch Generika von Kassenschlagern behindert. Das **Ablaufen entscheidender Patente** hat die einstige Monopolstellung dieser hochprofitablen Gesellschaften noch weiter bedroht.

Eine Folge dieser sich verändernden Landschaft ist eine bemerkenswerte Zusammenlegung der Industrie durch Großfusionen und Ankäufe. Die größten Gesellschaften haben sich zu multinationalen Marketing-Organisationen entwickelt, die bestimmte „Marken" prägen, z. B. Lipitor von Pfizer, um den Marktanteil zu sichern. Diese Gesellschaften kaufen nun häufig „Inhalte" von kleineren Gesellschaften und Forschungsorganisationen.

Diese **ungesunde „Dinosaurier-Ökologie" bringt riesige Probleme** mit sich. Sie ist durch einen Verlust an Vielfalt und Kreativität gekennzeichnet. Die Medikamentenentwicklung ist in Gefahr.

Fortsetzung nächste Seite

Die Anzeichen für eine gravierende Krise sind klar ersichtlich:

- geringe Produktivität,
- *top-down*-Management,
- Gleichförmigkeit,
- Forschungs-„Manager" statt -Leiter,
- Kassenschlagerwahn,
- Fusionswahn,
- Druck von Seiten der Aktionäre,
- Verschiebung von Forschung und Entwicklung zur Vermarktung.

Der Pharmaindustrie sind in den letzten Jahren zahlreiche Fehleinschätzungen unterlaufen.

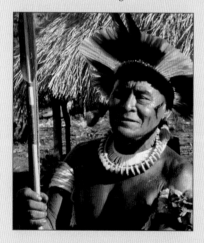

Einst als „Orphan-Arzneimittel" deklarierte Medikamente sind mittlerweile „populär". Können wir nach alledem darauf vertrauen, dass die Dinosaurier den richtigen Weg einschlagen? Die Säugetiere kommen!

... und zukünftig? „Personalisierte Medizin"?

Eine weitere Herausforderung zum „Kassenschlagerwahn" ist die sogenannte **personalisierte Medizin**.

Neue Therapien sind von der Diagnose abhängig. Man denke nur an Trastuzumab (Herceptin), die Antikörpertherapie der Firma Genentech gegen Brustkrebs, die nur bei jenen Frauen durchgeführt wird, in deren Tumor das HER-2/neu-Onkoprotein nachgewiesen wurde.

Tatsächlich wächst die Biomarkerdiagnostik schneller, als neue Arzneistoffe entdeckt werden.

Die Medikamente werden zunehmend zielgerichteter auf spezifische Krankheiten und Patientenpopulationen abgestimmt. Kennzeichnet dies das Ende der Kassenschlager? Biomarkerdiagnostik wird für Reihenuntersuchungen und zur Überwachung eingesetzt werden. Biologische/Antikörper-Therapeutika werden eine größere Verbreitung erlangen. In zunehmendem Maße wird auch die individualisierte regenerative und Stammzellenmedizin eingesetzt werden.

Wie können wir von diesen Trends profitieren?

- Durch Entwicklung neuer Technologien, die schwierige Krankheitsanalysen vereinfachen;
- durch das Erschließen von Einsatzgebieten für die Biomarkerdiagnostik;
- durch die Entwicklung einfach anzuwendender Produkte für den Einsatz bei der Diagnose;
- durch Marktlösungen für die Produktion und das Testen biologischer Arzneimittel.

Leben wir im Zeitalter der „Internet-Schamanen"?

Das 21. Jahrhundert ist gekennzeichnet durch **Komplexität, Isolation, Entfremdung und eine weltweit alternde Bevölkerung.**

Arzneimittel werden zukünftig vermehrt gegen medizinische Probleme des Alterns und psychotischer Störungen eingesetzt. Die zunehmende globale Vernetzung durch das Internet wird den Markt steuern.

Wer wird für neue Medikamente bezahlen? Die Regierungen oder die Konsumenten?

Arzneimittel werden zu Markenartikeln und werden „verkonsumiert": Designerdrogen, Nahrungsergänzungsmittel, pharmazeutische Kosmetika und regenerative Medizin. Tatsächlich weist das Internet bereits eine „Stammesstruktur" auf: Viele Menschen finden im Netz ihren „virtuellen Stamm" und lassen sich in Blogs *in silico* von einem oder mehreren „Schamanen" ihres Stammes persönlich behandeln oder therapieren!

Wenn ich über meine eigenen Erfahrungen mit den Waorani in den Regenwäldern Südamerikas nachdenke, bin ich davon überzeugt, dass – sei dies nun gut oder schlecht – das Zeitalter des „Hightech-Internet-Schamanen" kommen wird ...

Zurück in die Zukunft!

James W. Larrick *ist Gründer und Leiter des Panorama Research Institute in Silicon Valley, USA. Als aktiver biomedizinischer Privatunternehmer gründete er mehr als 15 biopharmazeutische Firmen.*

Durch die von ihm organisierten biomedizinischen Forschungsexpeditionen nach Nepal, Papua-Neuguinea, China, Ecuador, Peru, Ghana usw. leistete er einen großen Beitrag zur Verbesserung der Gesundheit auf der Welt.

Jim, danke für die Hilfe und Deinen Enthusiasmus zum Buch!

Die Autoren

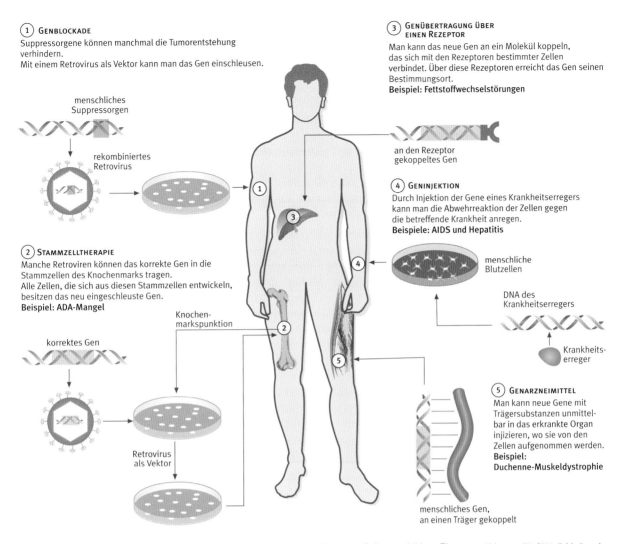

① GENBLOCKADE
Suppressorgene können manchmal die Tumorentstehung verhindern.
Mit einem Retrovirus als Vektor kann man das Gen einschleusen.

menschliches
Suppressorgen

rekombiniertes
Retrovirus

② STAMMZELLTHERAPIE
Manche Retroviren können das korrekte Gen in die Stammzellen des Knochenmarks tragen.
Alle Zellen, die sich aus diesen Stammzellen entwickeln, besitzen das neu eingeschleuste Gen.
Beispiel: ADA-Mangel

korrektes Gen

Knochen-
markspunktion

Retrovirus
als Vektor

③ GENÜBERTRAGUNG ÜBER EINEN REZEPTOR
Man kann das neue Gen an ein Molekül koppeln, das sich mit den Rezeptoren bestimmter Zellen verbindet. Über diese Rezeptoren erreicht das Gen seinen Bestimmungsort.
Beispiel: Fettstoffwechselstörungen

an den Rezeptor
gekoppeltes Gen

④ GENINJEKTION
Durch Injektion der Gene eines Krankheitserregers kann man die Abwehrreaktion der Zellen gegen die betreffende Krankheit anregen.
Beispiele: AIDS und Hepatitis

menschliche
Blutzellen

DNA des
Krankheitserregers

Krankheits-
erreger

⑤ GENARZNEIMITTEL
Man kann neue Gene mit Trägersubstanzen unmittelbar in das erkrankte Organ injizieren, wo sie von den Zellen aufgenommen werden.
**Beispiel:
Duchenne-Muskeldystrophie**

menschliches Gen,
an einen Träger gekoppelt

Wan Keung Wong von der Hongkong University of Science and Technology (HKUST) hat menschliches EGF gentechnisch durch Colibakterien produzieren lassen. Die entsprechende teure EGF-Creme (ein Döschen kostet 450 HK-Dollar, 50 Euro) wird täglich aufgetragen, und nach vier bis sechs Wochen sind die Fältchen durch neugebildete Hautzellen aufgefüllt (Abb. 9.20).

Einen medizinischen Durchbruch gab es auch schon mit EGF: Patienten mit schwerem Diabetes leiden oft an *Diabetic feet ulcer* (diabetischen Fußgeschwüren), offene Wunden, die nicht mehr zuheilen. In den USA sollen davon 600 000 Patienten betroffen sein.

In einer Hongkonger Studie mit EGF war nach acht Wochen bei fast hoffnungslosen Diabetikern in Hongkong eine deutliche Heilung zu sehen. Sie hatten als Alternative nur die Amputation des Fußes gehabt! Auch bei Verbrennungen hilft EGF

der Haut, schneller neue Zellen zu bilden. Ebenso wird EGF bei Augenverletzungen und zum Abheilen von Magengeschwüren mit Erfolg eingesetzt.

■ 9.13 Stammzellen, der ultimative Jungbrunnen?

Stammzellen (Abb. 9.22) erneuern unsere Körperzellen ständig. Nur Muskel- und Nervengewebe haben Probleme mit der Erneuerung. Deshalb glaubte man bisher, dass sich das betroffene Hirngebiet nach einem Schlaganfall oder der Herzmuskel nach einem Herzinfarkt nicht regenerieren kann. Es scheint aber nun auch dafür Stammzellen zu geben.

Wie sind Stammzellen zu der Erneuerung fähig? Sie können sich vielfach teilen und nicht nur sich selbst am Leben halten, sondern neue spezialisierte Körperzellen bilden.

Abb. 9.23 Fünf Möglichkeiten der Gentherapie

Ich komme von einer Hautzelle einer schönen Japanerin!

Ich komme von einem amerikanischen Burschen. Schäme mich zu sagen woher genau

Abb. 9.24 Stammzellen können auch aus Hautzellen gewonnen werden. Man induziert pluripotente Stammzellen. Die Vorhaut (Präputium) ist bei männlichen Säugetieren die den Penis umgebende Haut.

351

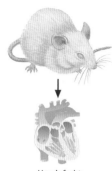

Herzinfarkt
von weiblicher Maus
induziert:
Schaden im linken
Herzventrikel

Gewinnung
von Stammzellen

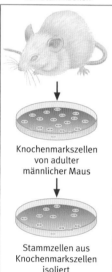

Knochenmarkszellen
von adulter
männlicher Maus

Stammzellen aus
Knochenmarkszellen
isoliert

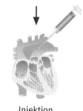

Injektion
3–4 Stunden nach
Herzinfarkt

1–2 Wochen später:
injizierte Stammzellen
haben Herzventrikel
regeneriert

Abb. 9.25 Stammzelltherapie bei
Herzinfarkt (der Maus)

Im Knochenmark teilen sich Stammzellen des Blutsystems auf Körpersignale hin (z. B. Erythropoetin, EPO, als Folge von Blutverlust, Kap. 4) und bilden Tochterstammzellen sowie neue Blutzellen. Gewebsstammzellen sind also „Urzellen", die ständig neue spezialisierte Zellen dort entstehen lassen, wo Bedarf besteht. Stammzellen finden sich auch im frühen Embryo, fünf bis zehn Tage nach der Befruchtung. Diese **embryonalen Stammzellen** (**ES**) führten ab dem Jahr 2000 zu einer erbitterten Diskussion in Medien und Parlamenten: Aus ihnen können prinzipiell alle Zelltypen entstehen, sie sind **pluripotent**.

Wie entstehen embryonale Stammzellen? Die befruchtete Eizelle (**Zygote**) formt nach rascher Zellteilung in drei bis fünf Tagen einen kompakten Ball von zwölf Zellen, die **Morula** („Maulbeerkeim"). Nach fünf bis sieben Tagen entsteht ein Embryo in Form einer 100-zelligen **Blastocyste**. Die Blastocyste misst nur etwa ein siebtel Millimeter. Ihre äußeren Zellen werden **Trophoblast** genannt. Der kleine Zellhaufen im Innern ist die innere Zellmasse und Quelle der embryonalen Stammzellen. Diese ES haben die Fähigkeit zur Differenzierung in etwa 200 Zelltypen, sie sind also **pluripotent**.

James Thomson (geb. 1958) von der University of Wisconsin in Madison war der Erste, der menschliche ES isolierte und kultivierte. Im gleichen Jahr bewerkstelligten das **John D. Gearhart** und sein Team von der Johns Hopkins University mit primitiven embryonalen Gametenzellen (Spermien und Eizellen), die sich dann ebenfalls differenzierten.

Menschliche ES haben zwei Haupteigenschaften:

- Sie können sich unendlich selbst erneuern und weitere Stammzellen bilden.

- Sie können sich unter bestimmten Bedingungen zu einer Vielzahl reifer spezialisierter Zellen differenzieren.

Menschliche ES altern nicht, weil sie ein hohes Niveau an **Telomerase** exprimieren. Verschiedene Arbeitsgruppen haben Zelllinien über drei Jahre hinweg und über 600 Teilungsrunden ohne Probleme am Leben gehalten. Stammzellen können auch über lange Zeit eingefroren werden und verlieren ihre Eigenschaften dadurch nicht. Wenn sie mit Wachstumsfaktoren stimuliert werden, können sie zu verschiedenen Zelltypen differenzieren: Hautzellen, Hirnzellen (Neuronen und Gliazellen), Knorpelgewebe (Chondrocyten), Osteoblasten (knochenbildende Zellen), Hepato-

cyten (Leberzellen), Muskelzellen, einschließlich glatte Muskulatur, welche die Wände der Blutgefäße auskleiden, Zellen der Skelettmuskulatur und Herzmuskelzellen (Myocyten).

Wenn man gezielt Stammzellen in einen kranken Organismus transplantiert, können diese vor Ort das nötige Ersatzgewebe bilden. Bei Ratten und Mäusen konnte man mit embryonalen Stammzellen erreichen, dass sich nach einem experimentellen **Herzinfarkt** die abgestorbenen Herzmuskelzellen regenerierten (Abb. 9.25). Auch beim Menschen ist das mit behandelten Herzinfarktpatienten in Deutschland gelungen. Es ist also kein Wunder, dass sich jedermann für die „Alleskönner" interessiert. Man kann bereits mit embryonalen und Gewebsstammzellen in Nährlösung spezielle Zelltypen züchten. Beispielsweise wird versucht, die Langerhans'schen Inseln der Bauchspeicheldrüse aus embryonalen Stammzellen zu züchten. Diabetiker könnten, statt Insulin zu spritzen, durch Unterhaut-Depots von Stammzellen mit neuen Insulin bildenden Zellen versorgt werden.

Gewebsstammzellen (**adulte Stammzellen**) haben ein geringeres Entwicklungspotenzial als embryonale Stammzellen. Ihre Vermehrbarkeit und Lebensdauer sind begrenzt. Es ist aber gelungen, adulte Stammzellen aus dem Gehirn zu isolieren und daraus Neuronen in Zellkultur zu züchten. Bei Ratten und Mäusen mit Rückenmarksverletzungen konnten injizierte, aus Stammzellen gewonnene Neuronen deren Nervenfunktion verbessern.

Embryonale Stammzellen haben auch Nachteile: Ihre Gewinnung ist ethisch problematisch, weil dazu ein Embryo verwendet werden muss. Außerdem kann es beim Empfänger zu Abstoßungsreaktionen und zu bösartigen Wucherungen kommen. All das ist **kein Problem bei adulten Stammzellen, den Gewebsstammzellen**. Man kann sie dem Patienten entnehmen und später gefahrlos wieder auf ihn übertragen, ohne eine Abstoßungsreaktion befürchten zu müssen. Sie tragen allerdings die angeborenen oder erworbenen Defekte des Patienten. Dafür sind sie ethisch unbedenklich und können aus dem Knochenmark durch Punktion extrahiert werden.

Auch **Placenta- und Nabelschnurblut** ist reich an Stammzellen. Es gibt pfiffige Firmen, die schon heute anbieten, Nabelschnurblut über einen langen Zeitraum zuverlässig tiefzufrieren, um es dann bei eventuellem Bedarf für den Spender zu

Box 9.8 Expertenmeinung: Fötale Gentherapie

Eine genetisch bedingte Erkrankung trifft die betroffenen Familien gewöhnlich völlig unvorbereitet.

Pränatale Gentests haben den betroffenen Familien die Möglichkeit eröffnet, erkrankte Föten bereits vor der Geburt zu erkennen. Viele Familien entscheiden sich für die Vermeidung der Geburt eines unheilbar erkrankten Kindes durch Schwangerschaftsunterbrechung, und nicht wenige bekommen nach wiederholter Schwangerschaft gesunde Kinder. Gentherapie eröffnet prinzipiell neue therapeutische Möglichkeiten für eine Reihe genetischer Erkrankungen. Die Strategie der **somatischen Gentherapie** ist bestechend einfach: Da die Ursache der Krankheiten auf einer Störung der normalen Genexpression beruht, sollte ihre kausale Behandlung durch DNA- oder, genereller, nucleinsäuregesteuerte Einflussnahme auf die gestörte Genexpression möglich sein. DNA mit einer spezifischen Information wird demnach als „Medikament" verabreicht und entfaltet ihre Wirkung über die Produktion des in ihr codierten therapeutischen Eiweißes im behandelten Organismus.

Die Effektivität und Sicherheit der Vektorsysteme, die die fremde DNA in den Zielorganismus tragen, waren und sind die entscheidenden Faktoren für das Tempo des Fortschritts bei der Gentherapie.

Die Gentherapie genetisch bedingter Erkrankungen erfordert eine lebenslange Korrektur, entweder durch wiederholte Dosierung oder durch einen dauerhaft wirkenden **Gentransfer**. Für Letzteres sind zurzeit am besten Vektoren der Retrovirusgruppe geeignet, die sich in das Wirtsgenom integrieren können.

Jedoch ist selbst eine effektive postnatale Gentherapie häufig nicht mehr in der Lage, die bereits aufgetretenen irreversiblen Organschäden zu beheben. Diese und weitere Überlegungen führten schließlich zu dem Konzept der **in utero**-Gentherapie (auch **fötale oder pränatale Gentherapie**).

Dieses neue Verfahren könnte das Auftreten frühzeitiger Organschäden verhindern, einen besseren Zugang zu Organen und Zellsystem (unter ihnen stark expandierende Stammzellpopulationen) ermöglichen und die Entstehung von Immunreaktionen verringern. Im

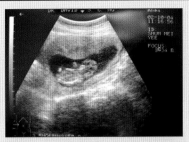

Ultraschallbild von Theo Alex Kwong (mit freundlicher Genehmigung meines ersten Hongkonger-Studenten Dr. Alex Kwong)

Idealfall sollte dieses Verfahren es ermöglichen, die für die jeweilige Erkrankung relevanten Stammzellen zu korrigieren, um lebenslange Heilung der Erkrankung zu erreichen.

Für eine zunehmende Anzahl genetischer Erkrankungen ist es möglich, durch vorgeburtliche Tests genetisch betroffene Föten *in utero* zu diagnostizieren. Meistens wird solche Diagnostik für Familien durchgeführt, in denen bereits ein erkranktes Kind aufgetreten ist, aber für häufiger in bestimmten Populationen auftretende Erkrankungen, wie z.B. die Hämoglobinopathien, Morbus Tay Sachs und cystische Fibrose (Mucoviscidose), wird in einigen Ländern auch ein pränatales Screening in der Schwangerschaft durchgeführt. Die bisherige Konsequenz der Diagnose eines genetisch betroffenen Föten ist die schwierige Entscheidung der betroffenen Familie zwischen Schwangerschaftsabbruch und Akzeptanz eines unheilbar erkrankten Kindes. Die Möglichkeit einer fötalen Gentherapie würde diesen Familien eine dritte Option anbieten.

Die fötale Gentherapie ist natürlich nicht als Alternative zur postnatalen Gentherapie gedacht, sondern als eine Erweiterung, die einen präventiven Einsatz ermöglicht. In den letzten 20 Jahren ist an verschiedenen Tiermodellen mit unterschiedlichen Vektoren gezeigt worden, dass es möglich ist, praktisch alle für eine Gentherapie genetischer Erkrankungen relevanten Organe *in utero* zu erreichen. **Fetoskopie** oder ultraschallgestützte *in utero*-Interventionen (siehe Abbildung oben) sind eine hervorragende Grundlage für eine gezielte pränatale Vektorapplikation.

Das **adeno-assoziierte Virus** hat in jüngerer Zeit den Weg bis in die postnatale klinische Erprobung bei der Gentherapie für Hämophilie gefunden. Dieses Virus ist nur gering immunogen und verweilt auch länger in den infizierten Zellen. Vektoren der Retrovirus-

gruppe, die sich in die DNA des Wirtsorganismus einbauen (integrieren), sind erfolgreich in klinischen Studien zur Therapie genetisch bedingter Immundefizienzen eingesetzt worden. Sie haben den Vorteil, sich in das Wirtsgenom zu integrieren und dadurch eine lebenslange Persistenz zu gewährleisten. Ihre Zufallsintegration birgt aber auch die Gefahr der Onkogeneseinduktion (Krebsauslösung). Mit dem Ziel der kliniknahen Applikation des *in utero*-Gentransfers hat unser interdisziplinäres Forschungsteam erstmalig 1999 minimalinvasive ultraschallgestützte Injektionen in die Nabelschnurvene zum Gentransfer an Schaf-Föten eingesetzt. Das Schaf hat eine konstante Tragzeit von etwa 145 Tagen mit überwiegend Einzelgeburten. Es zeigt eine gute Toleranz gegenüber *in utero*-Manipulationen, und seine Anatomie erlaubt es, Eingriffe, die am menschlichen Föten anwendbar sind, durchzuführen. Die Spezialisten in fötaler Medizin in unserem Team haben am fötalen Schafmodell auch neuartige *in utero*-Methoden zu verschiedenen Schwangerschaftszeiten entwickelt, die bisher nicht am menschlichen Fötus erprobt wurden. Bei allen diesen Prozeduren war die maternale Sterblichkeit äußerst gering, und die fötale Mortalität lag gewöhnlich infolge intraoperativer Infektion bei etwa 15%.

Der erste erfolgreiche therapeutische fötale Gentransfer wurde 2003 von **Seppen** (Niederlande) an Föten der Gunn-Ratte durchgeführt. Die Gunn-Ratte ist ein natürliches Modell der sehr seltenen Crigler-Najar-Type-I-Erkrankung (CN 1) des Menschen. Diese Erkrankung wird durch Mutationen auf Humanchromosom 2 hervorgerufen. Die Mutationen führen zu einem toxischen Bilirubinspiegel im Blut und durch Akkumulation von Bilirubin im Stammhirn zu schweren Hirnschäden. Durch direkte Injektion eines viralen Vektors (der die Produktion der menschlichen Bilirubin-UDP-Glucuronyltransferase steuert) in die Leber von Gunn-Ratten-Föten gelang es, das toxische Bilirubin über einen Zeitraum von einem Jahr um etwa 45% zu reduzieren.

2004 wurde durch unsere Gruppe an einem **Mausmodell für Hämophilie B** (siehe Abschnitt 9.4) eine permanente Korrektur der Blutgerinnungsstörung durch die einmalige Dottersackgefäßinjektion eines viralen Vektors (der die Produktion des menschlichen

Fortsetzung nächste Seite

Blutgerinnungsfaktors IX steuert) erzielt. Diese Mäuse haben kein funktionsfähiges Faktor IX-Protein. An den einzelnen behandelten Tieren konnte lebenslang die Expression des therapeutischen transgenen Faktors IX im Blut verfolgt werden. Von besonderer Wichtigkeit ist, dass man bei den *in utero* behandelten Tieren keine Antikörper gegen das humane HX-Protein fand.

Weitere genetische Erkrankungen, bei denen im Tiermodell therapeutische Erfolge durch pränatale Gentherapie erzielt wurden, sind die Muskeldystrophie Typ Duchenne, die Glykogenspeicherkrankheit Gaucher und eine Form von Blindheit im Kindesalter (Leber'sche Erkrankung).

Wie weit sind diese tierexperimentellen Prinzipbestätigungen von einer klinischen Anwendung am menschlichen Fötus entfernt? Wir glauben, dass es trotz der großen Fortschritte der letzten Jahre noch ein langer Weg ist: Zunächst müssen die großen Speziesunterschiede berücksichtigt werden. Weiterhin sind eine Reihe genereller und spezifischer Sicherheitsanforderungen und damit zusammenhängende ethische Fragen zu klären.

Die fötale Gentherapie trägt natürlich eine Reihe **prozedurbedingter spezifischer Risiken**, die sie offensichtlich von der postnatalen Gentherapie unterscheidet. Wie bei den meisten geburtshilflichen Interventionen betreffen diese sowohl die Mutter als auch den Fötus, wobei natürlich das mütterliche Leben und Wohlergehen Vorrang hat.

Diese Risiken sind Infektionen, die Auslösung vorzeitiger Wehen und Fehlgeburten. Andere häufig diskutierte Risiken betreffen die Möglichkeiten der unbeabsichtigten Keimbahntransmission, von Entwicklungsstörungen und Onkogenese (Krebsentstehung). Alle diese Risikofaktoren müssen weiter gründlich durch sorgfältigen Ausschluss von Geburtsfehlern und durch postnatale Langzeitstudien an *in utero* behandelten Tieren untersucht werden, bevor eine klinische Anwendung in Erwägung gezogen werden kann.

Zu den am häufigsten geäußerten Befürchtungen bei der pränatalen somatischen Gentherapie gehört die Keimbahnmodifikation, die nicht selten mit der Absicht zur Erschaffung sogenannter **Designerbabys** in Zusammenhang gebracht wird. Das gegenwärtige Ziel der Gentherapie ist ausschließlich die Behandlung des individuellen Patienten mit

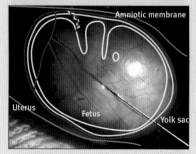

Intraamniotische Injektion in einem Mäuseembryo

Injektion in den Dottersack

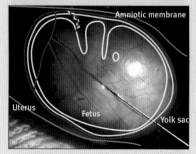

Gesunde Zwillinge, ein Traum für Familien unter der chinesischen Ein-Kind-Politik. Meine Studentin Jenny in Beijing hat es geschafft. Nun hat China auch zwei Kinder erlaubt!

einer schwerwiegenden Erkrankung, für die es keine andere effektive Therapie gibt. Erste gegenwärtig laufende Untersuchungen an nichthumanen Primaten sollten wertvolle Ergebnisse zur Einschätzung von Langzeiteffekten der beschriebenen fötalen Gentherapieverfahren an einem dem Menschen ähnlichen Tiermodell liefern. Wir sind noch ganz am Anfang der Umsetzung dieses Zieles, und wenn eines Tages Sicherheit und Effektivität ausreichend gezeigt wurden, wird wohl auch einer Anwendung für weniger schwerwiegende Erkrankungen und sogar einer postnatalen kosmetischen Nutzung nichts entgegenstehen, solange das ethisch und kostenmäßig vertretbar ist. Die **pränatale Gentherapie zielt auf die Verhinderung eines schweren genetisch bedingten Leidens**, das durch Mutationen in einem einzelnen und genau definierten Gen bedingt ist.

Die Annahme, dass diese Technik verwendet werden könnte, um gezielt einen Reißbrett-

menschen mit „erwünschten" physischen oder intellektuellen Eigenschaften zu schaffen, ist schlicht eine Illusion!

Weder können wir diese vom Zusammenspiel vieler verschiedener Gene abhängigen Eigenschaften an der befruchteten Eizelle voraussagen noch wüssten wir, welche Gene wie zu manipulieren wären; ganz abgesehen von den Sicherheitsrisiken und ethischen Geboten, die einem solchen Ziel entgegen stünden. Noch abwegiger ist es anzunehmen, dass derartige Veränderungen durch Manipulation der Keimzellen auf künftige Generationen zur Schaffung einer „Superrasse" weitergegeben werden könnten.

Eine Keimbahngentherapie am Menschen ist gegenwärtig weder medizinisch notwendig noch technisch verlässlich durchführbar und ist daher weder ethisch akzeptabel noch legal zulässig. Die direkte Genmanipulation von unbefruchteten Keimzellen ist zurzeit rein technisch praktisch nicht möglich, und bestenfalls könnte ein zufälliger Einbau der therapeutischen Gensequenz in das Keimzellgenom erreicht werden, wobei die Konsequenzen für die Genexpression des therapeutischen Eiweißes nicht voraussagbar sind. Darüber hinaus könnte ein erfolgreicher Einbau nur durch Analysen nachgewiesen werden, die entweder die Zerstörung der Keimzelle oder ihre Verwendung zur Schaffung eines neuen Organismus erfordern.

Natürlich könnten sich in der Zukunft mit zunehmendem Wissen über die Funktion des menschlichen Genoms und der technischen Vervollkommnung der Möglichkeiten und der Sicherheit der Genmanipulation sowohl ein medizinischer Bedarf als auch die technische Möglichkeit zur gezielten Keimbahnmodifikation ergeben. Es wird dann künftigen Generationen obliegen, die hierfür notwendigen ethischen Rahmenbedingungen, Sicherheitsvoraussetzungen und legalen Bestimmungen zu schaffen. Ein weiterer Ansatz zur Erhöhung der Sicherheit der *in utero*-Gentherapie könnte auf der Verwendung genmodifizierter fötaler autologer Stammzellen beruhen, wie sie z.B. durch Leberzellbiopsie ab der dritten Schwangerschaftswoche erhältlich sind. Dieser *ex vivo*-Therapieansatz würde es ermöglichen, eine geringere Vektordosis zu verwenden und die Verbreitung von Vektor im fötalen oder maternalen Organismus verhindern. In der Zukunft wären möglicherweise sogar ein *ex vivo*-Screening und die

Selektion von Zellen mit unbedenklichen Integrationsorten und deren Expansion vor Reinfusion denkbar, um potenzielle onkogene Integrationsorte auszuschließen.

Welche **psychologischen Aspekte** könnten ein zukünftiges Elternpaar, das mit der Diagnose einer schweren genetischen Erkrankung bei dem Föten konfrontiert ist, dazu veranlassen, sich für eine *in utero*-Gentherapie anstelle einer Schwangerschaftsunterbrechung oder der Akzeptanz eines erkrankten Kindes zu entscheiden? Obwohl wir annehmen, dass ein Bedarf für eine therapeutisch/präventive Lösung des Problems besteht, sind wir uns auch darüber im Klaren, dass **wahrscheinlich nur wenige betroffene Familien bereit sein werden, als Erste diese Option zu wählen**, selbst wenn in Tierversuchen ihre Sicherheit und Effektivität nachgewiesen worden ist. Von der Gentherapie wird verlangt werden, dass sie mit großer Sicherheit die Erkrankung verhindert und keine zusätzlichen Schäden verursachen wird. Sie wird aus diesen Gründen noch strengeren medizinischen Indikationskriterien und Sicherheitsstandards unterliegen als die meisten postnatalen Anwendungen der Gentherapie.

Die klinische Einführung der fötalen Gentherapie **wird eine breite Akzeptanz erfordern**. Unsere Kenntnisse über die Ansichten hierzu in der Bevölkerung oder bei betroffenen Patienten und ihren Familien beruht zurzeit bestenfalls auf Hörensagen. Klinische Studien sollten daher unbedingt Befragungen von Patienten/Familien, Mitarbeitern des Gesundheitswesens und der Allgemeinbevölkerung nach eingehender Erklärung der Ziele, Möglichkeiten und Grenzen dieses neuartigen präventiven Gentherapieverfahrens beinhalten. Das sollte dazu beitragen die notwendige Information zu vermitteln, Ängste und Bedenken kennenzulernen und die wissenschaftliche Grundlage für rationale Nutzen-Risiko-Abschätzungen zu schaffen.

Charles Coutelle ist Professor emeritus am Imperial College London.

verwenden. Nur auf ihn sind „seine" Stammzellen rückübertragbar. Embryonale Stammzellen sind dagegen universell.

Drei Möglichkeiten gibt es, embryonale Stammzellen zu gewinnen:

- Aus „überzähligen" Embryonen bei der künstlichen Befruchtung. Weltweit gibt es Hunderttausende künstlicher Befruchtungen.

- Aus abgetriebenen oder spontan abgegangenen Embryonen und Föten; das sind die **fötalen Stammzellen**.

- Durch „**therapeutisches Klonen**", dem Zellkerntransfer in eine entkernte Eizelle; auf diese Weise entstand das Klonschaf „Dolly".

In Deutschland ist jegliches Klonen menschlicher Embryonen und die Gewinnung von Stammzellen aus ihnen verboten. In Ausnahmefällen erlaubt das Gesetz aber den Import von Stammzellen, die vor dem 1. Januar 2002 durch künstliche Befruchtung gewonnen und in Laborkulturen gelagert wurden. Einige deutsche Forscherteams dürfen inzwischen mit diesen Zellen arbeiten. In Großbritannien und Südkorea ist das therapeutische Klonen ausdrücklich erlaubt. US-Präsident **Barack Obama** unterzeichnete am 9. März 2009 einen Erlass, der die Regelungen seines Vorgängers **George W. Bush** zur Stammzellenforschung kippt. Dadurch wird die unter Bush drastisch eingeschränkte staatliche Förderung embryonaler Stammzellenforschung wieder erlaubt.

Der japanische Stammzellenforscher **Shinya Yamanaka** (geb. 1962) gab 2008 bekannt, es sei ihm und seinen Kollegen an der Universität von Kyoto gelungen, die Zellen erwachsener Menschen so „umzuprogrammieren", dass sie das Potenzial embryonaler Stammzellen aufweisen. Allerdings sei die Effizienz noch ziemlich niedrig. Aus 50 000 Hautzellen konnten nur zehn **induzierte pluripotente Stammzellen** gewonnen werden. Die Wissenschaftler konnten aber zeigen, dass aus den so erzeugten Stammzellen beispielsweise Neuronen oder Herzzellen gezüchtet werden (Abb. 9.24) können. Überdies konnten sie demonstrieren, dass die Gewinnung von pluripotenten Zellen auch aus anderen Körperzellen möglich ist. Nobelpreis für Medizin 2012!

■ 9.14 Gentherapie

Einen lebenden Beweis, dass heute noch Wunder geschehen können, nannte der Vorsitzende des Wissenschaftsausschusses im US-Repräsentantenhaus **George Brown** die Geschichte der kleinen **Ashanti DeSilva** (Abb. 9.26).

Abb. 9.26 Ashanti DeSilva, die erste kleine Patientin mit erfolgreichem Gentransfer

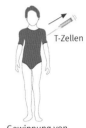

T-Zellen

Gewinnung von
ADA-Mangel-Zellen
aus dem SCID-Patienten

T-Zellen

Zellkultur

Infektion der Zellen
mit Retrovirus,
das korrektes
ADA-Gen transportiert

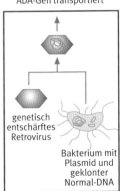

genetisch
entschärftes
Retrovirus

Bakterium mit
Plasmid und
geklonter
Normal-DNA

ADA-Gen-
enthaltende
T-Zellen

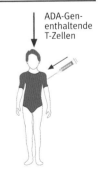

Rückinfusion der ADA-Gen-
enthaltenden T-Zellen

Abb. 9.27 Wie die Gentherapie bei ADA-Mangel ausgeführt wurde.

Box 9.9 Expertenmeinung: Pulitzer-Preis-Gewinner Siddharta Mukherjee über das Postgenom und den Reiseführer durch eine postgenomische Welt

Dr. med. Siddharta Mukherjee, Autor des großartigen Buches *The Emperor of Maladies* über Krebs, schreibt (hier stark gekürzt) in seinem neuesten Bestseller *Das Gen*:

Der erste „postgenomische" Mensch könnte kurz vor seiner Geburt stehen… Wir brauchen ein **Manifest- oder zumindest eine Art Reiseführer** – für eine postgenomische Welt.

Wie der Historiker **Tony Judt** (1948– 2010) mir einmal darlegte, hat in **Albert Camus'** Roman *Die Pest* diese Seuche eine ähnliche Funktion wie **König Lear** in Shakespeares gleichnamigem Drama:

Eine biologische Katastrophe wird zum Prüfstein unserer Fehlbarkeit, Wünsche und Ambitionen. Man kann *Die Pest* nicht anders lesen denn als leicht verschleierte Allegorie der menschlichen Natur.

Auch *Das Gen* ist ein Prüfstein unserer **Fehlbarkeit und Wünsche**, allerdings muss man, um es zu lesen, keine Allegorien oder Metaphern verstehen. Was wir in unser Genom hineinlesen und schreiben, sind unsere Schwächen, Wünsche und Ziele.

Es *ist* die menschliche Natur.

Es ist Aufgabe einer kommenden Generation, dieses umfassende Manifest zu schreiben, aber vielleicht können wir ihre **Einführungsklauseln** aufsetzen, indem wir uns an die wissenschaftlichen, philosophischen und ethischen Lehren dieser Geschichte erinnern:

1. *Ein Gen ist die Grundeinheit der Erbinformation*.

Es trägt die notwendigen Informationen für die Entwicklung, Erhaltung und Reparatur von Oranismen in sich.

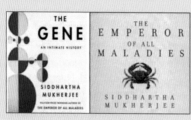

Im Zusammenwirken mit anderen Genen, Umwelteinflüssen, Auslösern und Zufall produzieren Gene die letztendliche Form und Funktion eines Organismus.

Der berühmte „Stein von Rosetta" ist das Fragment einer steinernen Stele mit einem Priesterdekret, das in drei untereinander stehenden Schriftblöcken (Hieroglyphen, Demotisch, Altgriechisch) sinngemäß gleichlautend eingemeißelt ist. Champollion decodierte damit die Hieroglyphen.

2. *Der genetische Code ist universell.*

Ein Gen eines Blauwals lässt sich in ein mikroskopisch kleines Bakterium einsetzen und wird korrekt und mit nahezu perfekter Genauigkeit entschlüsselt.

Jacques Monod (1954): »*What is true of* E. coli… *is also true of the elephant*.«

Eine Begleiterscheinung: **menschliche Gene sind nichts Besonderes**.

3. *Gene beeinflussen Form, Funktion und Schicksal, in der Regel wirken sich diese Einflüsse jedoch nicht 1:1 aus.*

Die meisten menschlichen Merkmale erwachsen aus mehr als einem Gen; viele entstehen durch das **Zusammenwirken von Genen, Umwelt und Zufall**.

Die meisten dieser Wechselwirkungen sind nicht systematisch – sie entstehen durch **Überschneidung eines Genoms mit im Grunde unvorhersehbaren Ereignissen**. Manche Gene beeinflussen lediglich Neigungen und Tendenzen. Daher lassen sich die Auswirkungen einer Mutation oder Variation auf einen Organismus nur für eine kleine Untergruppe von Genen voraussagen.

4. *Variationen in Genen tragen zu Variationen in Merkmalen, Formen und Verhalten bei.*

Wenn wir umgangssprachlich von einem **Gen für blaue Augen oder einem Gen für Körpergröße** sprechen, meinen wir in Wirklichkeit eine Variation (oder ein Allel), die Augenfarbe oder Größe bestimmt.

Menschen mit blauen Augen haben einen gemeinsamen Vorfahren mit einer Mutation, die vor 6000 bis 10 000 Jahren passierte. Vorher gab es keine „Blauaugen" (wie den Verfasser RR). Chinesen halten Blauaugen für etwas naiv…

Diese Variationen machen einen **äußerst geringen Anteil im Genom** aus. In unserer Vorstellung nehmen sie nur deshalb einen großen Raum ein, weil kulturelle und möglicherweise biologische Tendenzen Unterschiede eher verstärken.

Ein 1,80 Meter großer Mann aus Dänemark und ein 1,20 Meter großer Mann aus Demba haben die gleiche Anatomie, Physiologie und Biochemie.

Stolzer Kolonialherr, der meint, überlegen zu sein…

Selbst die beiden extremsten menschlichen Varianten – **Männer und Frauen** – besitzen **zu 99,688 Prozent die gleichen Gene.**

99,688% genetisch gleich!

5. *Wenn wir behaupten, „Gene für" bestimmte menschliche Merkmale oder Funktionen zu finden, so geschieht dies aufgrund einer engen Definition dieses Merkmals.*

Es ist durchaus sinvoll, „Gene für" Blutgruppen oder „Gene für" Körpergröße zu bestimmen, da diese biologischen Merkmale an sich schon eng definiert sind.

Narziss ist in der griechischen Mythologie der schöne Sohn des Flussgottes Kephissos und der Leiriope, der die Liebe anderer zurückwies und sich in sein eigenes Spiegelbild verliebte.

Es ist jedoch **ein alter Fehler der Biologie,** die Definition eines Merkmals mit dem eigentlichen Merkmal zu verwechseln. Viele menschliche Krankheiten werden stark von Genen beeinflußt oder verursacht.

Wenn wir unter **„Schönheit" blaue Augen (und nur diese)** verstehen, werden wir tatsächlich ein „Gen für Schönheit" finden. Wenn wir **„Intelligenz"** als Leistung bei nur einer Aufgabenstellung in nur einer Art von Test definieren, werden wir tatsächlich **ein „Gen für Intelligenz"** finden.

**Das Genom ist lediglich ein Spiegel für das Ausmaß der menschlichen Vorstellungskraft.
Es ist das Spiegelbild des Narziss.**

6. *Es ist unsinnig, absolut oder abstrakt von „nature" oder „nurture" zu sprechen.*

Ob **Natur** – also Gene – **oder Umwelt** – also Umgebung – die Entwicklung eines Merkmals oder einer Funkion dominieren, hängt stark vom jeweiligen Merkmal und vom Kontext ab.

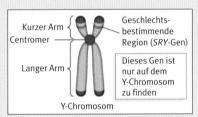

Kurzer Arm
Centromer
Langer Arm
Geschlechts-bestimmende Region (SRY-Gen)
Dieses Gen ist nur auf dem Y-Chromosom zu finden
Y-Chromosom

Das **SRY-Gen** bestimmt auffallend autonom die geschlechtliche Anatomie und Physiologie – das ist ausschließlich Natur.

Geschlechtsidentität, sexuelle Vorlieben und die Wahl der Geschlechterrollen werden durch das Wechselspiel von Genen und Umgebung geprägt – also von Natur und Umwelt.

Die Art, **wie in einer Gesellschaft „Männlichkeit" im Gegensatz zur „Weiblichkeit" wahrgenommen oder umgesetzt wird,** ist dagegen weitgehend von Umgebung, gesellschaftlicher Erinnerung, Geschichte und Kultur abhängig, ist also **ausschließlich von der Umwelt bestimmt.**

7. *Jede Generation von Menschen bringt Variationen und Mutanten hervor, das ist ein untrennbarer Bestandteil unserer Biologie.*

Eine Mutation ist lediglich im statistischen Sinne „anormal": Sie ist die weniger verbreitete Variante.

Der **Wunsch, Menschen zu homogenisieren und zu „normalisieren",** muss gegen die biologischen Imperative abgewogen werden, Vielfalt und Anormalität zu erhalten.

Normalität ist die Antithese zur Evolution.

8. *Viele menschliche Krankheiten werden stark von Genen beeinflusst oder verursacht – darunter auch schwere Erkrankungen, die man früher mit Ernährung, äußeren Erregern, Umwelt und Zufall in Verbindung brachte.*

Die meisten dieser Krankheiten sind **polygenetisch,** also von mehreren Genen beeinflusst. Sie sind „erblich" – durch das Zusammenspiel bestimmter Genkombinationen verursacht –, aber nicht ohne Weiteres „vererbbar", haben also keine hohe Wahrscheinlichkeit, an die nächste Generation weitergegeben zu werden, weil die Genkombinationen in jeder Generation „neu gemischt" werden. „**Monogenetische**" – von jeweils nur einem Gen verursachte – Krankheiten sind selten, in der Summe jedoch erstaunlich verbreitet. Bislang wurden mehr als zehntausend solcher Krankheiten identifiziert. Von hundert bis zweihundert Kindern wird eins mit einer monogenetischen Krankheit geboren.

9. *Jede genetische „Krankheit" ist ein Missverhältnis zwischen dem Genom eines Organismus und seiner Umwelt.*

In manchen Fällen mögen die angemessenen Maßnahmen zur Linderung einer Krankheit darin bestehen, dass sie für die jeweilige Ausprägung eines Organismus „taugt" (alternative Bauweise für Kleinwüchsige; alternative Bildungseinrichtngen für autistische Kinder).

In anderen Fällen wäre es vielleicht angebracht, die Gene der Umwelt „anzupassen". In wieder anderen mag eine Anpassung unmöglich sein. Die schwersten Formen genetischer Krankheiten, beispielsweise solche, die auf Fehlfunktionen lebenswichtiger Gene zurückgehen, sind mit jeglicher Umgebung unvereinbar.

Es ist ein Trugschluss zu glauben, dass die definitive Lösung für Krankheiten darin bestünde, die **Natur** – sprich: die Gene – zu ändern, obwohl die **Umgebung** oft wesentlich formbarer ist.

10. *In Ausnahmefällen mag die genetische Unvereinbarkeit so tiefgreifend sein, dass nur außerordentliche Maßnahmen wie genetische Auslese oder gezielte genetische Eingriffe gerechtfertigt sind.*

Bis wir die vielfältigen unbeabsichtigten Folgen begreifen, die eine Genselektion oder Genommodifikion hat, ist es sicherer, solche Fälle als **Ausnahmen statt als Regel** einzustufen.

11. *Es gibt in Genen und Genomen nichts, was sie gegen chemische oder biologische Manipulation resistent machen würde.*

Die gängige Vorstellung, dass „die meisten menschlichen Merkmale das Ergebnis komplexer Wechselwirkungen von Genen und Umwelt und das Ergebnis mehrerer Gene sind", entspricht durchaus den Tatsachen.

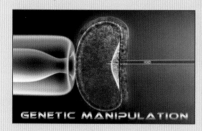

Obwohl diese komplexen Zusammenhänge die Möglichkeit zur Genmanipulation einschränken, lassen sie jedoch **genügend Raum für wirkungsvolle Formen der Genmodifikation.**

Masterregulatoren, die Dutzende von Genen steuern, sind in der Humanbiologie verbreitet. Ein **epigenetischer Modifikator** kann so angelegt sein, dass er mit einem **einzigen Schalter den Zustand Hunderter Gene steuert.** Das Genom ist voll von solchen Schaltzentren.

12. *Bislang haben drei Erwägungen – außerordentliches Leid, hochpenetrante Genotypen und vertretbare Eingriffe – unsere Bestrebungen, in die Genetik des Menschen einzugreifen, eingeschränkt.*

In dem Maße, in dem wir die Grenzen dieses Rahmens lockern (indem wir die Standards für „außerordentliches Leid" oder „vertretbare Eingriffe" verändern), brauchen wir **neue biologische, kulturelle oder gesellschaftliche Richtlinien**, welche genetischen Eingriffe erlaubt oder eingeschränkt werden sollen und **unter welchen Besingungen sie als sicher oder zuverlässig** gelten sollen.

13. *Die Geschichte wiederholt sich, teils, weil das Genom sich wiederholt. Und das Genom wiederholt sich, teils, weil die Geschichte es tut.*

Die **Impulse, Ambitonen, Fantasien und Wünsche, die Triebkraft der Menschheitsgeschichte** sind, sind zumindest teiweise **im Humangenom codiert.**

Und die Menschheitsgeschichte hat wiederum **Genome begünstigt**, die diese Impulse, Ambitionen, Fantasien und Wünsche in sich tragen. Dieser sich **selbst bewahrheitende Zirkelschluss** ist für einige der großartigsten und sinnträchtigsten, aber auch für einige der verwerflichsten Eigenschaften unserer Spezies verantwortlich. Es wäre zu viel verlangt, dass wir uns aus dieser Logik befreien, aber ihre innere Zirkulität zu erkennen und ihre Übertreibungen mit Skepsis zu begegnen, könnte **die Schwachen vor dem Willen**

der Starken und die „Mutanten" vor der Auslöschung durch die „Normalen" schützen.

Vielleicht ist sogar diese Skepsis irgendwo in unseren 21 000 Genen verankert.
***
Vielleicht ist auch das Mitgefühl, zu dem solche Skepsis befähigt, unauslöschlich im Humangenom codiert.
***
Vielleicht ist es ein Bestandteil dessen, was uns zu Menschen macht...

Siddhartha Mukherjee (geb. 1970) ist ein indisch-amerikanischer Mediziner, Onkologe und Autor des Buches The Emperor of All Maladies: A Biography of Cancer. *Er studierte Biologie in Stanford, promovierte in Oxford und bekam den MD von Harvard.*

Seit 2009 ist er Assistant Professor of Medicine am Columbia University Medical Center in New York City.
The Emperor of All Maladies: A Biography of Cancer *war ein Durchbruch in seiner Karriere, dafür bekam er 2011 den Pulitzer-Preis. Das* Time Magazine *nominierte das Buch in der Kategorie „100 most influential books written in English since 1923".*

Dank den Verlagen S. Fischer (Frankfurt am Main) und Scribner (NY) für die Rechte zum Abdruck des Auszugs.
Bebilderung durch den Autor RR.

Im September 1995 trat sie medienwirksam vor dem Ausschuss auf. Als Zweijährige hatte sie am 14. September 1990 die erste Gentherapie der Geschichte erhalten. Sie litt an extremer Immunschwäche und musste in Sterilräumen eines Krankenhauses aufwachsen, ein sogenanntes *Bubble-baby*. Schon eine einfache Grippe hätte sie umgebracht. Ihr fehlte ein einziges Gen, sie war Trägerin des **ADA-Syndroms**. Die weißen Blutzellen benötigen das ADA-Protein (Adenosin-Desaminase) zum Wachsen und Teilen. Ohne dieses Genprodukt fehlt dem Patienten ein Großteil seines Immunsystems.

Man kann die Krankheit allerdings durch Gabe von ADA behandeln. Es gibt weltweit nur etwa 100 Patienten. Die Behandlung ist extrem kostspielig, die Kosten betragen rund 40 000 US-Dollar pro Monat. In einem *ex vivo*-Experiment (außerhalb des Körpers) wurden Ashanti eigene T-Lymphocyten transfundiert, in die zuvor das intakte ADA-Gen transferiert worden war (Abb. 9.27).

Eine Sensation: Die Patientin konnte das Krankenhaus schon kurz danach verlassen und ging schließlich normal zur Schule. Etwa die Hälfte ihrer Blutkörperchen enthielt das neue ADA-Gen. Das war ein **Super-Start für die Gentherapie**.

Von einer Standardtherapie für diese seltene Krankheit ist man aber noch meilenweit entfernt. ADA war ein vergleichsweise leichter Fall: Nur ein defektes Gen musste durch seine natürliche Variante ersetzt werden.

Bei anderen Erkrankungen wie Krebs müssen viele fehlende und mutierte Gene ersetzt werden. **Krebs entsteht als mehrstufiger Prozess mit mehreren mutierten Genen**. Alle betroffenen Gene müssen schließlich verändert sein und ausfallen. Dies geschieht durch eine Summierung unglücklicher „Zufälle" bzw. „DNA-Unfälle".

Es gibt allerdings auch familiäre, also genetische Veranlagungen für Krebserkrankungen. **Napoleon** (1769-1821) starb, wie sein Vater, sein Großvater und drei Geschwister, an Magenkrebs. (Ich bin übrigens (laut iGENEA) mit Bonaparte verwandt. RR) Auch Brustkrebs tritt gelegentlich gehäuft in Familien auf.

Gentherapien gegen Krebs gibt es wegen der Vielstufigkeit der Krebsentstehung noch nicht. So viele Gene gleichzeitig kann man noch nicht beeinflussen. Am ehesten kommt man hier über die Stärkung des Immunsystems und von Reparaturenzymen zum Ziel.

Der Knackpunkt ist die Entwicklung wirkungsvoller Verfahren, um die Gene in die Zellen zu schmuggeln. Bisher hat man dazu harmlose Retroviren (Viren mit Einzelstrang-RNA) als **Genfähren** benutzt. Retroviren integrieren ihr eigenes Erbgut mit in die infizierte Zelle. Die Idee einer Genfähre ist bestechend, allerdings auch nicht gut steuerbar.

Neue Genfähren werden erprobt, die Talsohle der ersten Schnellschüsse ist offenbar durchschritten. Die **Genvektoren** müssen dem Patienten direkt injiziert werden können, sie sollten an einer sicheren Stelle im Chromosom eingebaut werden oder das defekte Gen direkt ersetzen.

Schließlich muss das neue Gen auf physiologische Veränderungen reagieren, also bei einem Diabetiker muss das Gen auf steigenden oder sinkenden Glucosespiegel reagieren, so wie die natürlichen Gene. Die moderne Gentherapie (Abb. 9.27 und Box 9.8) ist dann nicht mehr als eine moderne Anwendungsform eines Arzneimittels.

Eine alternative Gentherapie entsteht mit der RNA-Interferenz, RNAi, und mit CRISPR/Cas9.

■ 9.15 Diamanten im Müll? RNAi, die interferierende RNA

Neben funktionaler Genomik oder der Proteomforschung (Kap. 10) erobert in den Biowissenschaften seit einiger Zeit eine neue Technologie den Markt – die **RNA-Interferenz**, **RNAi**. Erstmals lassen sich hochwirksam und schneller als mit jedem anderen Verfahren einzelne Gene gezielt ausschalten. Dabei wird die Proteinbildung benachbarter Gene nicht gestört. Erstmals ist es möglich, die Funktionen von Genen durch ihr Stilllegen (*silencing*) im Hochdurchsatz zu bestimmen und so wirtschaftlichen Nutzen aus den in Genomprojekten (Kap. 10) ermittelten DNA-Sequenzen zu ziehen.

RNAi-Technologien sind nach Experteneinschätzung um rund 80 % billiger als die Schaffung sogenannter **Knockout-Mäuse** (Kap. 8), die bisher zur Genfunktionsermittlung genutzt wurden. Jedes Gen kann mithilfe der RNAi-Technologie untersucht werden, RNAi eröffnet damit der postgenomischen Forschung völlig neue Perspektiven. Aber RNAi zeigt auch alle Schlüsseleigenschaften, die man von einem sequenzspezifischen Therapeutikum erwarten würde.

Mit der RNAi-Technologie wird das Erbgut von Modellorganismen und des Menschen nach

---

Brustkrebsgen eliminiert?

Rummel um eine Londonerin. Sie entschied sich, nachdem in drei vorherigen Generationen Brustkrebs aufgetreten war, das dafür verantwortliche Gen nicht an ihre Tochter weiterzugeben. Die Ärzte im University College Hospital in London hatten mit Sperma und Eizellen der besorgten Eltern elf Embryonen im Reagenzglas (*in vitro*) erzeugt und diese nach drei Tagen auf das Risiko-Gen untersucht. Dazu wurde die Präimplantationsdiagnostik (PID) benutzt. Zwei Embryonen ohne das gefährliche Brustkrebsgen wurden in die Gebärmutter der Londonerin verpflanzt. Das Baby, ein Mädchen, ist im Januar 2009 geboren worden und wird mit hoher Wahrscheinlichkeit keinen Brustkrebs bekommen. Die genetische Selektion von Embryonen ist international umstritten. Kritiker befürchten, dass das Verfahren missbraucht wird, um blonde und blauäugige „Designerbabys" zu schaffen. In Deutschland ist PID verboten. Aber der Sprung über die Grenzen in Europa ist einfach... Könnte man z.B. „Raffgier-Gene" ausschalten und damit Finanzkrisen biotechnologisch beseitigen oder zumindest verringern? Nun, im Fall des Brustkrebsgens kann man vielleicht die besorgten Eltern verstehen.

Mein neugeborener Enkel hat nach PID und Embryotransfer das Blutsauger-Gen der Vampire nicht mehr!

Sag mal, Dracula, aber sollte er nicht BANKER werden?!

Und sonst? Wie schrieb doch ein Mann vor langer Zeit? »Das Kapital hat einen Horror vor der Abwesenheit von Profit oder sehr kleinem Profit wie die Natur vor der Leere.

Mit entsprechendem Profit wird Kapital wach, 10 % sicher, und man kann es überall anwenden; 20 %, es wird lebhaft; 50 %, positiv waghalsig; 100 %, es stampft alle menschlichen Gesetze unter seinen Fuß; 300 %, und es existiert kein Verbrechen, das es nicht riskiert, selbst auf Gefahr des Galgens.«

Box 9.10 Expertenmeinung: Analytische Biotechnologie zur Risikoeinschätzung für Herzerkrankungen und Diagnose von Herzinfarkten

Ein akuter Myokardinfarkt (AMI) – gemeinhin als **Herzinfarkt** bezeichnet – tritt auf, wenn die Blutzufuhr zu einem Teil des Herzens unterbrochen ist. Dies stellt einen medizinischen Notfall dar und ist weltweit eine der Haupttodesursachen.

Zu den klassischen **Symptomen eines Herzinfarkts** gehören Schmerzen in der Brust, Atemnot, Übelkeit, Erbrechen, Herzklopfen, Schweißausbruch und Beklemmung oder Todesangst. Häufig treten die Krankheitsanzeichen ganz plötzlich auf. Schätzungsweise ein Drittel aller Herzinfarkte verläuft jedoch „stumm", das heißt ohne Brustschmerzen oder andere Symptome.

Wie lässt sich ein Herzinfarkt nachweisen?

Heutzutage werden am Patienten eine Reihe von diagnostischen Untersuchungen durchgeführt, zum Beispiel ein **Elektrokardiogramm** (**EKG**) und **Blutuntersuchungen**, um erhöhte Konzentrationen von Creatin-Kinase oder Troponin nachzuweisen. Dabei handelt es sich um auch normalerweise in den Zellen vorkommende Biomarker, die aber von geschädigtem Gewebe, insbesondere des Herzmuskels, bei Ischämie (Unterversorgung des Gewebes mit Sauerstoff) oder Nekrose (Absterben des Gewebes) abgegeben werden. Diese beiden späten Marker sind erst drei bis sechs Stunden nach Auftreten der Symptome im Blut nachweisbar.

Vor einiger Zeit wurde ein neuer Marker namens *heart fatty acid-binding protein* (H-FABP, Fettsäure-Bindungsprotein) entdeckt. Dies ist ein wesentlich kleineres Protein, das im Herzmuskel reichlich vorhanden ist und sich nach einer schweren Ischämie schon eine Stunde nach Auftreten der Symptome nachweisen lässt. Je früher man bei Patienten einen Herzinfarkt diagnostizieren und behandeln kann, desto besser. Bei früher Behandlung wird weniger Herzmuskelgewebe dauerhaft geschädigt, das Herz ist stärker, die Patienten erleiden weniger Komplikationen und sterben seltener daran. H-FABP hat als **sehr früher und sensitiver Marker** für

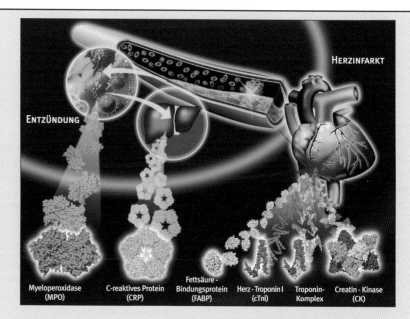

ENTZÜNDUNG

HERZINFARKT

| Myeloperoxidase (MPO) | C-reaktives Protein (CRP) | Fettsäure-Bindungsprotein (FABP) | Herz-Troponin I (cTnI) | Troponin-Komplex | Creatin-Kinase (CK) |

die schnelle Diagnose eines Herzinfarkts ein großes Potenzial.

Wir haben mit **Jan Glatz** (geb. 1955) in Maastricht einen **schnellen und sensitiven Immuntest** zum Nachweis von H-FABP in Blutproben entwickelt.

Die Kombination von H-FABP mit dem **späten hochspezifischen Marker Troponin** stellt eine ausgezeichnete Kombination für die frühe Diagnose von Herzinfarkten dar (Box 9.1). In den **Notfallstationen** von Krankenhäusern werden schnelle Tests benötigt, um eine **rasche Entscheidung** treffen zu können. Das kann Leben retten. Deshalb sind diese Tests dort auch besonders wertvoll. Sie können aber auch in Ambulanzen oder sogar zu Hause eingesetzt werden, wenn Patienten sich ihren eigenen Test anschaffen möchten.

Bei einem vorliegenden Herzinfarkt ist die Schädigung bereits erfolgt. Aber **wie kann man einen AMI vorhersagen**?

Der Schlüsselbegriff hierzu lautet **Entzündung**. Eine Entzündung ist eine komplexe biologische Reaktion von Gewebe, insbesondere von Gefäßen, auf schädigende Auslöser (Pathogene, geschädigte Zellen oder Reize). Als Schutzreaktion bemüht sich der Organismus, den schädlichen Reiz auszuschalten und gleichzeitig den Heilungsprozess für das Gewebe in Gang zu setzen.

Auch bei Herzerkrankungen sind Entzündungen eine Schlüsselkomponente. Früher nahmen die Wissenschaftler an, dass chronisch

entzündete Blutgefäße den Weg für Arteriosklerose (Verhärtung der Arterien) bereiten. Entzündete Stellen „verkleben", und im Inneren der Herzkranzgefäße beginnen sich sogenannte Plaques anzusammeln. Dadurch verstopfen die Gefäße letztendlich.

Die beiden amerikanischen Kardiologen **Paul Ridker** und **Peter Libby** haben sich dieser Problematik auf völlig neue Weise angenommen und die Plaques und die Entzündungen als zwei voneinander unabhängige Faktoren betrachtet, die die Gefäße schädigen. Wie sich bei Untersuchungen, die schon vor mehr als 20 Jahren begonnen wurden, zeigte, ähneln die Arterien keinesfalls leblosen Rohren. Sie enthalten vielmehr lebende Zellen, die permanent miteinander und mit ihrer Umgebung kommunizieren.

Diese Zellen sind an der Entwicklung und am Wachstum **arteriosklerotischer Ablagerungen** beteiligt, die innerhalb der Gefäßwände entstehen und nicht auf ihnen. Außerdem nehmen nur wenige Ablagerungen derartige Ausmaße an, dass sie die Durchblutung extrem einschränken. Die meisten Herzinfarkte und Schlaganfälle werden von weniger auffälligen Plaques verursacht, die plötzlich reißen. Dadurch bilden sich Blutklumpen oder Thromben, die den Blutfluss unterbinden.

Wenn sich Gewebe entzünden, sondern sie mehrere verschiedene Proteine ab, unter anderem das **C-reaktive Protein** (**CRP**). Zu CRP liegen die meisten bestätigenden Daten und die schlagkräftigsten Beweise vor, dass

Chinesisches
Zeichen für Herz

man anhand eines Anstiegs des CRP-Spiegels bei jeglichem Cholesterinspiegel und jedem Risikowert der Framingham-Studie das Herzinfarktrisiko vorhersagen kann. Unter Berücksichtigung anderer Faktoren wie Alter, Rauchgewohnheiten und Diabetes treten bei Frauen mit einem **hohen CRP-Spiegel** später doppelt so häufig kardiovaskuläre Probleme auf wie bei Frauen mit niedrigem CRP-Spiegel. Frauen mit hohem CRP-Spiegel erleiden zudem häufiger einen Herzinfarkt oder einen Schlaganfall als Frauen mit einfachem hohen Cholesterinspiegel. Eine **Kombination von CRP- und Cholesterin-Tests** ist also offensichtlich weitaus zuverlässiger als jeder der Tests allein. Viele der bekannten Risiken für Herzerkrankungen lassen anscheinend auch den Spiegel von CRP ansteigen. Laut einer neueren Studie stehen Rauchen, Bluthochdruck, Übergewicht und Bewegungsmangel alle in engem Zusammenhang mit einem hohen CRP-Wert. Auch die Gene scheinen eine wichtige Rolle zu spielen. Wenn die Eltern hohe CRP-Spiegel hatten, ist das bei ihren Kindern wahrscheinlich auch so.

Wir arbeiten momentan an einer ganzen Reihe **neuer schneller Immuntests**, nicht nur für Herzinfarkt, sondern auch für neue Entzündungsmarker wie CRP, Neopterin und Myeloperoxidase (MPO). Durch diese Tests lassen sich die Risiken für künftige kardiovaskuläre Erkrankungen besser vorhersagen und die Menschen dadurch (vielleicht) dazu bewegen, ihren ungesunden Lebensstil rechtzeitig zu ändern!

*Meine Studentin **Dr. Cangel Pui Yee Chan** war Forschungsleiterin der R&C Biogenius Ltd., Hongkong. **Prof. Tim Rainer** war Chef der Notfallabteilung an der Universitätsklinik der Chinese University, Prince of Wales Hospital, Hongkong. Nun praktizier er wieder in England.*

neuen Angriffspunkten für Medikamente durchsucht, die man validiert an die Pharmaindustrie verkauft.

Den Grundstein dazu legten vor fünf Jahren **Andrew Fire** (geb. 1959) und **Craig Mello** (geb. 1960) mit Forschungsarbeiten am Fadenwurm *Caenorhabditis elegans*. Sie beschrieben erstmals eine neue Technologie, die es ermöglicht, mithilfe einiger weniger doppelsträngiger RNA-Moleküle (**dsRNA**) die Bildung bestimmter Proteine in der lebenden Zelle gezielt zu verhindern (Nobelpreis für Physiologie oder Medizin 2006).

Dazu musste ein Strang der dsRNAs lediglich dieselbe Basenabfolge wie das proteincodierende Gen haben, das stillgelegt werden sollte. Allerdings verhindern die dsRNAs nicht das Ablesen des Gens, sondern schalten einen zelleigenen Mechanismus an, der die vom Gen abgelesenen mRNAs zerstört und so die Bildung des entsprechenden Proteins unterbindet (*Post-Transcriptional Gene Silencing*, PTGS).

Ausgelöst wird der gezielte mRNA-Abbau durch kurze doppelsträngige RNA-Moleküle (***siRNAs**, small inferfering RNAs*), die homolog zu der mRNA sind, deren Translation in Protein verhindert werden soll: Einer der siRNA-Stränge – der sogenannte Antisense-Strang – verbindet sich mit dem zelleigenen ‚RISC'-Proteinkomplex und der Ziel-mRNA. In diesem sorgt eine Nuclease für den sequenzspezifischen mRNA-Abbau und das Ausbleiben der Proteinexpression (Abb. 9.28).

Versuche, mit längeren dsRNAs (> 50 RNA-Bausteine) auch die für die Medikamentenentwicklung interessanten Säugetiergene stummzuschalten, scheiterten noch bis vor wenigen Jahren an der Interferon-Antwort – der Immunreaktion gegen Virusinfektionen, bei der die Säugerzellen die Proteinbildung einstellen und die mRNA unspezifisch abbauen (Abschnitt 9.6).

Dann gelang im Jahr 2001 dem deutschen Wissenschaftler **Thomas Tuschl** (geb. 1966, Abb. 9.29) ein Durchbruch: Tuschl, damals am Göttinger Max-Planck-Institut für Biophysikalische Chemie, fand den Dreh.

Bei den nur 21 bis 23 Bausteine kurzen RNA-Molekülen wurde Tuschl fündig. Er entdeckte ausgerechnet in jenen Teilen des Erbgutes „Diamanten", die als *junk* (Abfall) galten. Nachdem er die Schnipsel extrahiert hatte, konnte er damit mRNA im Zellkern effektiv blockieren. Tuschl

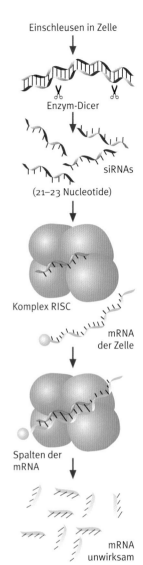

Einschleusen in Zelle

Enzym-Dicer

siRNAs

(21–23 Nucleotide)

Komplex RISC

mRNA der Zelle

Spalten der mRNA

mRNA unwirksam

Abb. 9.28 Hypothetischer Ablauf der RNA-Interferenz. Unklar ist, ob die kurzen RNA-Stücke einzel- oder doppelsträngig sind.

Abb. 9.29 Thomas Tuschl, RNAi-Pionier

361

Abb. 9.30 Noch sind die Details der interferierenden RNA unklar, klar ist aber, dass die Molekularbiologen die Rolle der kurzen RNA-Stücke in der Zelle völlig unterschätzt haben. Sie scheinen ein gewaltiges Potenzial zu haben!

Nun schon unser 5. Nobelpreis und wir sind immer noch nicht beliebt...

Abb. 9.31 Der Nobelpreis für Physiologie oder Medizin 2006 ging an die beiden Forscher Prof. Dr. Andrew Z. Fire und Prof. Dr. Craig C. Mello. Sie hatten in Experimenten die RNAi beim Fadenwurm *Caenorhabditis elegans* erkannt.

erkannte sofort das Potenzial seiner Entdeckung. Mithilfe der *small interfering RNA* ließen sich erstmals in Säugetierzellen Gene nach Belieben abstellen – wenn auch vorerst nur in Zellkulturen.

Mit den künstlich erzeugten siRNAs von 21 bis 23 Nucleotiden Länge schaltete sein Team erstmals Säugetiergene still, ohne die störende **Interferon-Antwort** auszulösen. Seitdem meldet die Forschung einen Erfolg nach dem anderen – zum Beispiel beim gezielten Stilllegen diverser HIV-Gene, bei der Bekämpfung des Influenza- und des Hepatitis-C-Virus.

Zwar wussten Forscher spätestens seit 1998, dass sich Gene mithilfe von RNA-Molekülen stummschalten lassen. Aber es war unklar, wie dieser Mechanismus, der **RNA-Interferenz** (**RNAi**) genannt wurde, funktioniert.

Schon zwei Jahre später setzte man die siRNA weltweit in den Labors ein. Mit maßgeschneiderten künstlichen RNA-Strängen testet man inzwischen reihenweise die Funktion von Genen – und zwar innerhalb von Wochen und nicht mehr im Zeitraum von Jahren. Dabei werden nicht nur wie früher einzelne Gene untersucht, sondern gleichzeitig Hunderte.

Die Methode von Tuschl erweitert nicht nur das Repertoire der Grundlagenforscher, die damit die Funktion der rund 30 000 Gene des menschlichen Erbgutes enträtseln. Auch große Pharmaunternehmen sind an der Technik interessiert. Gene sind ein wichtiger Ansatzpunkt für Therapeutika. Rund 5000 der menschlichen Gene sind für Medikamente interessant, und mithilfe der „kurzen" RNA-Stränge hofft man sie zu finden.

Doch die siRNA lässt sich auch selbst als Medikament einsetzen. Ist ein entgleistes Gen mithilfe der siRNA identifiziert, liegt es nahe, die entsprechende mRNA therapeutisch zu unterdrücken. Genau das wollten Forscher seit 30 Jahren mit der sogenannten **Antisense**-**Technik** (Kap. 7 bei der „Anti-Matsch-Tomate").

Die Wissenschaftler hatten es allerdings mit zu großen RNA-Stücken versucht. Auf diese reagieren die Zellkerne jedoch allergisch, weil es sich dabei möglicherweise auch um das zerstörerische Erbgut von Viren handeln könnte. Also greift der Zellapparat den Eindringling an und vernichtet ihn. Es gibt nur eine Möglichkeit, dieses „Immunsystem des Zellkerns" zu unterlaufen:

Die RNA muss winzig sein, nicht länger als 21 bis 23 Bausteine. Denn RNA mit dieser Länge schwimmt natürlicherweise im Zellkern und steuert unter anderem, ob oder wie oft ein Gen abgelesen wird. Tuschls kleine Moleküle drosselten die Produktion von Proteinen 1000-mal effizienter als die alte Antisense-Technik.

Die Liste möglicher **Einsatzgebiete**: Rheuma, Morbus Alzheimer, Morbus Parkinson, Krebs, Stoffwechsel- und Autoimmunerkrankungen sowie Infektionskrankheiten.

Doch der Weg zur Anwendung vom Labor in die Klinik ist lang. Die größte Schwierigkeit der siRNA-Therapie: Wie bringt man die fragilen Moleküle in die Zellkerne, in denen sie wirken sollen? In der Blutbahn wird der empfindliche Stoff attackiert und schnell von Enzymen abgebaut. Die einen Forscher packen ihn in Liposomen, andere transportieren die Moleküle mit Viren in den Zellkern oder versuchen es mit nackter siRNA, die chemisch stabilisiert wurde.

Vielleicht löst sich auch folgendes Rätsel: Wir haben **nur achtmal mehr Gene als *Escherichia coli,* aber wir sind genetisch sicher 1000-mal komplexer**. Sind die kleinen RNAs und alle Gene, die nicht direkt in Proteine umgesetzt werden, gar die wahren Herrscher im Zellkern und für den Motor der Evolution verantwortlich? Erst diese ausgeklügelte Steuerung könnte die große Flexibilität des Stoffwechsels höherer Lebewesen erklären.

Antworten sollen aus der Entschlüsselung des Genoms wichtiger Lebewesen und schließlich des Menschen selbst kommen.

Abb. 9.32 Französische Briefmarke: „Kampf der Wissenschaft gegen Krebs"

Verwendete und weiterführende Literatur

- Überblick zur Pharma-Biotech:
  Kayser O, Warzecha H (2012) *Pharmaceutical Biotechnology*. 2. Aufl. Wiley-VCH, Weinheim

- Viel gesammeltes Wissen, aber schwer lesbar für Einsteiger:
  Primrose SB, Twyman RM (2003) *Genomics. Applications in Human Biology*. Blackwell Publishing, Malden

- Komplette Information:
  Dingermann T (2017) *Gentechnik – Biotechnik*. 2. Aufl. Wissenschaftliche Verlagsgesellschaft, Stuttgart

- Gute ausführliche Grundlagen, aber etwas kompliziert für Einsteiger:
  Wink M (2011) *Molekulare Biotechnologie, Konzepte, Methoden und Anwendungen*. 2. Aufl. Wiley-VCH, Weinheim

- Schon etwas älter, aber sehr gut lesbar:
  Winnacker E-L (2002) *Das Genom*. 3. Aufl. Eichborn, Frankfurt/M.

- Einführung, konzentriert auf medizinische Biotechnologie, mit Karrieretipps:
  Thieman WJ, Palladino MA (2007) *Biotechnologie*. Pearson Studium, München

- Der deutsche Biotech-Klassiker:
  Dellweg H (1987) *Biotechnologie*. Wiley-VCH, Weinheim

- Die „Taschen-Bibel der Biotechnologie":
  Schmid RD (2016) *Taschenatlas der Biotechnologie und Gentechnik*. 3. Aufl. Wiley-VCH, Weinheim

- **Gruss P, Herrmann R, Klein A,** (1993) *Industrielle Mikrobiologie*. 3. Aufl. Spektrum Akademischer Verlag, Heidelberg

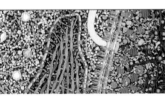

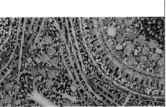

Ein Makrophage (Fresszelle, links) bei der Aufnahme eines Bakteriums (rechts)

Das Cytoplasma ist blau, purpur sind Ribosomen, rot und orange ist die DNA dargestellt.

Membranen sind grün dargestellt.

Das Triptychon im Center for Integrative Medicine des Scripps Institute in La Jolla ist eine von David Goodsells Illustrationen aus dem Inneren von Zellen.

8 Fragen zur Selbstkontrolle

1. Was unternimmt der Notarzt bei einem akuten Herzinfarkt, und welcher biochemische Marker ist schneller im Blut: FABP oder Troponin?

2. Wie könnte (theoretisch) Graf Dracula beim Schlaganfall helfen?

3. Beseitigt man tatsächlich seine Falten mit EGF? Gibt es sinnvollere Anwendungen?

4. Sollte man Stammzellforschung limitieren? Kann sie missbraucht werden?

5. Wie nutzen einige Sportler die Errungenschaften der Biotechnologie zur Leistungssteigerung?

6. Wie kann man für Bluter ein absolut sicheres Medikament liefern?

7. Wie retten Pazifische Eiben das Leben Krebskranker?

8. Was ist interferierende RNA, und wie kann sie zum Stilllegen von Genen genutzt werden?

2008 hatte der Verfasser die Gelegenheit, seinen eigenen Herztest auszuprobieren: Der Test rettete ihm das Leben...! Danke, Biotechnologie!

In Südafrika berichteten mir meine Freunde begeistert von der Predigt
ihres schwarzen Erzbischofs Desmond Tutu.

Nobelpreisträger Tutu ist einer der Anti-Apartheid-Helden aus meiner Kindheit.
Erzbischof Tutu erzählte die Geschichte von dem Bauern,
der ein Vogelnestjunges mit nach Hause brachte.

ER STECKTE DAS KÜKEN ZU SEINEN HÜHNERN IN DEN STALL
UND ER GAB IHM,
WIE SEINEN ANDEREN HÜHNERN AUCH, EINFACHES HÜHNERFUTTER.
WENIG SPÄTER KAM EIN NATURKUNDIGER DES WEGS
UND MEINTE ZUM BAUERN:
„HEY, BAUER, DAS IST ABER KEIN HUHN DORT IN DEINEM STALL,
DAS IST… EIN KLEINER ADLER!"
DER BAUER ANTWORTETE: „NEIN, SCHAU DOCH MAL,
ES PICKT WIE EIN HUHN UND ES BENIMMT SICH AUCH SO."
DER NATURKUNDIGE FRAGTE, OB ER DAS EIGENARTIG AUSSEHENDE
HÜHNERKÜKEN HABEN KÖNNE.
ER ERKLOMM MIT IHM IN DER HAND MÜHSAM EINEN BERG
UND WARTETE BIS ZUM SONNENAUFGANG.
DANN WANDTE ER SICH MIT DEM MERKWÜRDIGEN HÜHNCHEN
DER MAJESTÄTISCH AUFGEHENDEN ROTGOLDENEN SONNE ZU
UND SAGTE ZU IHM:
„NUN FLIEG, MEIN ADLER, FLIEG!"
DER KLEINE VOGEL SCHÜTTELTE SICH KURZ,
BREITETE DANN SEINE SCHWINGEN AUS,
HOB AB UND SCHWEBTE IMMER HÖHER FREI DURCH DIE LÜFTE,
BIS ER NICHT MEHR ZU SEHEN WAR…

Erzbischof Tutu hob nun seine Stimme und
sah seinen Zuhörern eindringlich in die Augen:

„GOTT SAGT UNS ALLEN, DASS WIR KEINE HÜHNER SIND,
SONDERN ADLER:
FLIEGT, MEINE ADLER, FLIEGT!

GOTT WILL, DASS AUCH WIR UNS SCHÜTTELN,
UNSERE SCHWINGEN AUSBREITEN, ABHEBEN, SCHWEBEN
UND AUFSTEIGEN ZU ZUVERSICHT, ZUM GUTEN UND SCHÖNEN,
ZU LEIDENSCHAFT, SENSIBILITÄT UND FÜRSORGE.
WIR STEIGEN AUF, UM DAS ZU WERDEN, WAS GOTT VON UNS WILL:
ADLER UND KEINE HÜHNER!"

ANALYTISCHE BIOTECHNOLOGIE UND DAS HUMANGENOM

Kapitel 10

Abb. 10.1 Falsche Ernährung und Bewegungsmangel sind Hauptursachen für Übergewicht und Diabetes.

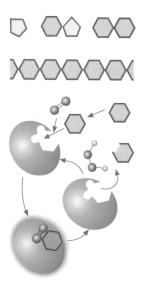

Abb. 10.2 Wie GOD Glucose aus einem Gemisch von Zuckern erkennt, bindet und umsetzt (ausführlich in Kap. 2, Box 2.1)

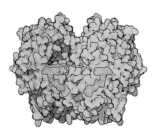

Abb. 10.3 Glucose-Oxidase, ein dimeres Molekül (ausführlich in Kap. 2)

■ 10.1 Enzymtests für Millionen Diabetiker

Mit der Entdeckung der Enzyme erfüllte sich der alte Traum der exakten Diagnose aus Körperflüssigkeiten. Aus einer Mixtur Hunderter Substanzen, wie im Blut oder Urin vorhanden, lassen sich gezielt einzelne Substanzen spezifisch herausfinden, wie β-D-**Glucose** bei **Diabetes**. Das kann beispielsweise mit **Glucose-Dehydrogenase** (GDH) erfolgen. GDH setzt Glucose mit dem Cofaktor Nicotinamidadenindinucleotid (NAD^+) zu Gluconolacton um und reduziert dabei NAD^+ zu NADH (+ H^+). NADH lässt sich einfach mit dem optischen Test nach **Otto Warburg** (Kap. 2) bei 340 nm Wellenlänge im Photometer bestimmen. NAD^+ dagegen absorbiert Licht dieser Wellenlänge nicht.

Ein anderes Enzym, ebenfalls eine Oxidoreduktase, ist die **Glucose-Oxidase** (**GOD**, Abb. 10.3). Die GOD reduziert Sauerstoff mit den Elektronen der Glucose zu Wasserstoffperoxid (H_2O_2). Sie wandelt aus einem Zuckergemisch nur die ß-D-Glucose um. Lässt sich also H_2O_2 nach Zugabe von GOD in einem Gemisch (Blut, Serum, Urin) nachweisen, heißt das, dass Glucose präsent war. Je mehr H_2O_2 (bei gleicher Enzymmenge) gefunden wird, desto mehr Glucose liegt vor. Mit Lösungen bekannter Glucosekonzentration wird eine Eichkurve (Kalibration) erstellt, aus der man die Konzentration des untersuchten Gemischs ablesen kann. Es gibt heute dafür **Biosensoren** in Form von Taschengeräten, die jeder Diabetiker selbst bedienen kann (Abb. 10.12).

Rund 8 % der deutschen Bevölkerung sind an Diabetes erkrankt. **Diabetes mellitus** („honigsüßer Durchfluss" oder Zuckerkrankheit) ist eine Stoffwechselerkrankung, bei welcher der Blutzuckerspiegel stetig erhöht ist. Wenn zu viel Glucose im Blut vorkommt, können die Nieren sie nicht mehr herausfiltern: Glucose wird vermehrt über den Urin abgegeben.

Ursache des Diabetes ist ein **Mangel oder eine gestörte Wirkung des Hormons Insulin** (Kap. 3), das in der Bauchspeicheldrüse (Pankreas) gebildet wird. Insulin senkt den Blutzuckerspiegel, indem es die Glucose in die Zellen schleust. Das Hormon ist zugleich in den Fett- und Proteinstoffwechsel mit eingebunden, weswegen es bei einem Mangel nicht nur zu einer Störung der Zuckerverwertung kommt.

Der normale **Blutzuckerspiegel** liegt zwischen 60 und 110 mg/dL und steigt auch nach dem Essen nicht über 140 mg/dL an. Bei Zuckerkranken beträgt der Wert jedoch schon im nüchternen Zustand mehr als 126 mg/dL und erreicht nach dem Essen Werte von 200 mg/dL und darüber.

Beim **Typ-I-Diabetes** fehlt Insulin aufgrund einer Zerstörung der Insulin-produzierenden Zellen in der Bauchspeicheldrüse. Ursache ist wahrscheinlich eine vorausgegangene Autoimmunreaktion, bei der der Körper die eigenen Zellen angreift und zerstört. Wodurch diese Immunreaktion plötzlich ausgelöst wird, ist unklar. Diskutiert wird beispielsweise ein viraler Infekt in der Kindheit. Genetische Faktoren spielen zusätzlich eine Rolle: 20 % der Erkrankten haben Familienmitglieder mit Typ-I-Diabetes.

Die „Alters-Diabetiker" (**Typ-II-Diabetiker**, Abb. 10.1) produzieren anfangs zwar ausreichend Insulin, aber die Hormonwirkung im Körper ist herabgesetzt (Insulinresistenz): Die Insulin-Rezeptoren werden zunehmend unempfindlich. Dadurch gelangt weniger Glucose in die Zellen, und die Glucosekonzentration im Blut steigt an. Dies führt dazu, dass die Bauchspeicheldrüse noch mehr Insulin ausschüttet, um den Blutzuckerspiegel zu senken – mit der Folge, dass die Anzahl der Rezeptoren auf den Zellen reduziert wird und die Insulinansprechbarkeit noch weiter abnimmt. Durch die ständige Überproduktion von Insulin kommt es zu einer Ermüdung der β-Zellen und schließlich zum Insulinmangel.

Bei einem Typ-II-Diabetes verläuft die Krankheit meist schon über einen längeren Zeitraum, bis sie erkennbar wird. Die Anhaltspunkte, die auf Diabetes mellitus hinweisen können, sind wenig charakteristisch: Allgemeine Erscheinungen wie Müdigkeit, Leistungsminderung, Heißhunger, Gewichtsverlust, Schwitzen und Kopfschmerzen führen alleine oft nicht zur Diagnose. Hier sind **bioanalytische Tests** wichtig! Mehr als die Hälfte aller Diabetiker weiß nichts von ihrer Erkrankung. Unbehandelt kann Diabetes zu katastrophalen Folgeschäden führen: Diabetes mellitus verursacht in Deutschland jährlich etwa 30 000 Schlaganfälle, 3000 Erblindungen und 35 000 Herzinfarkte. Auch den Nieren droht Gefahr, 3000 Patienten müssen sich der Dialyse unterziehen. Darüber hinaus sind etwa 70 % aller Fuß- und Beinamputationen durch Diabetes bedingt (Kap. 9, EGF).

Box 10.1 Expertenmeinung:
Diabetes! „Wie Biotech mein Leben veränderte"

Als die heutige Biotechnologie-Professorin **Katrine Whiteson** sechs Jahre alt war, konnte sie auf einer Wanderung mit ihren Eltern in Kalifornien nicht mithalten. Gegen den übermäßigen Durst trank sie zuckersüße Softdrinks und machte damit das Problem nur noch schlimmer. Sie verlor zu dieser Zeit auch deutlich an Gewicht.

Die Diagnose lautete 1984: **Diabetes!** Die Insulin-produzierenden Zellen von Katrines Bauchspeicheldrüse waren in den ersten Lebensjahren durch ihr eigenes Immunsystem zerstört worden. Insulin regelt bekanntlich den Blutzucker. Der Blutzuckerwert im Blut betrug 900 mg/dL, neunmal höher als normal! Glück im Unglück: Zu genau dieser Zeit begann man Blutzucker mit neuartigen **Biosensoren** zu bestimmen. Katrine benutzte dafür **Blutglucosetests**. Ihre Eltern stachen ihr in den Finger, benetzten den Teststreifen, wischten das Blut ab, das Signal wurde im Messgerät exakt in Glucosekonzentration umgewandelt und konnte dann akkurat abgelesen werden.

Bis zum Alter von zehn Jahren testeten die armen Eltern Katrinchen vor jedem Essen, manchmal drei- bis viermal am Tag.

Sie mussten dann entscheiden, wie viel Insulin genau zu injizieren war. Das hing davon ab, wie viel Kohlenhydrate sie essen wollte, wie aktiv sie war, und von einer ganzen Reihe anderer Umstände.

Wenn der Biosensor zu hohe Glucosewerte anzeigte, musste zusätzliches Insulin und bei zu niedrigen Werten weniger Insulin injiziert werden; evtl. musste sie einen zusätzlichen Snack essen – sehr kompliziert.

Katrine schrieb mir netterweise ihre persönliche Geschichte per E-Mail auf:

»Heute, fast 25 Jahre später, ist meine Routine immer noch ähnlich, aber der Glucose-Biosensor braucht nun erheblich weniger Blut und nur fünf Sekunden statt mehrerer Minuten.

Deshalb teste ich jetzt öfter meinen Blutzucker, z. B. bevor ich Auto fahre oder eine Vorlesung halte.

Seit 1996 verwende ich schnell reagierendes **gentechnisches Insulin** in einer Pumpe

statt der Injektionen eines Gemischs von regulärem und langsamer reagierendem Insulin.

Die Pumpe imitiert die Insulinzellen und gibt stündlich kleinere Insulinmengen an den Körper ab, über den ganzen Tag verteilt – entsprechend der körperlichen Aktivitäten und Essenszeiten.

Den Blutzucker in den Griff zu bekommen, ist ein permanenter Balanceakt. Die Information des Biosensors entscheidet. Zu niedriger Blutzucker ist kurzfristig gefährlich, zu hoher Zucker verursacht zukünftige Komplikationen wie Nierenerkrankungen und Erblinden.«

Wie funktioniert eigentlich so ein moderner Glucose-Biosensor? Vereinfacht gesagt, benutzt er das Enzym Glucose-Oxidase. Dieses ist auf einem Einweg-Sensorchip gebunden, wartet auf Glucose aus dem Bluttröpfchen und überträgt dann Elektronen der Glucose auf den Sensorchip. Ein Messgerät zeigt genau diese Elektronen an. Eine größere Anzahl an Elektronen bedeutet mehr Glucose. Die Messung geschieht in gerade einmal 20 Sekunden – ein Wunder der (Bio-)Technik!

Katrine weiter: »Essen, Hormone, Training, Stress, Krankheit, aber auch unberechenbare Faktoren beeinflussen die Zuckerwerte. Ich muss daher immer alles möglichst sorgfältig planen. Also messe ich, sooft es nur geht. Gefährliche Zuckerwerte außerhalb des Normalbereichs können so schnell korrigiert werden.

Obwohl es toll ist, dass man heute ein fast normales Leben mit Diabetes führen kann, sind perfekte Glucosewerte immer noch ein Traumziel.

Im letzten Jahr wurde ich schwanger. Hohe Blutglucosewerte sind gefährlich für Mutter und Baby. Herz- und Neuralrohr können beim Embryo in den ersten drei Monaten Schaden nehmen, und sie lassen das Baby zu schnell wachsen. Später in der Schwangerschaft reduzieren andere Hormone im Körper das Insulin, sodass normale Schwangere oft die dreifache Insulinmenge benötigen.

Also testete ich mehr als zehnmal täglich und mehrfach nachts. Schließlich konnte sogar mein Mann meine Zuckerwerte mit dem Biosensor testen, ohne mich dabei zu wecken! Immer, wenn der Wert zu hoch war, machte ich mir Sorgen.

Durch diese fast pausenlose Überwachung konnte ich meine Glucose- und Insulinwerte ähnlich denen einer Schwangeren ohne Diabetes halten. Das alles verdanke ich allein zwei Fortschritten der Biotechnologie: gentechnischem menschlichen Insulin, durch manipulierte Bakterien produziert, und Biosensoren mit zuckeroxidierenden Enzymen.

Unser Sohn Silas wurde kerngesund geboren, welch ein Wunder nach den Sorgen: am 07.07.07! Vivat Biotech!«

Gerade meldet die Universität von North Carolina, dass es ihren Forschern gelungen ist, menschliche Hautzellen genetisch „zurückzuprogrammieren", und zwar in Insulin-produzierende Zellen.

Insulin könnte also wieder selbst im Körper hergestellt werden – ein Hoffnungsschimmer für Hunderte Millionen Diabetiker weltweit, bis zu 10 % der Erwachsenen in den industriell entwickelten Ländern.

Prof. Katrine Whiteson mit ihrem Ehemann Daniel und ihren Kindern Silas (4) und Hazel (2) am Crystal Cove State Beach/ Kalifornien, Februar 2012

Abb. 10.4 Claudius Galenus von Pergamon (129–199), neben Hippokrates der bedeutendste Arzt der Antike, begründete die antike Vier-Säfte-Lehre.

Abb. 10.5 Tropische Schmetterlinge finden im Experiment den Urin heraus, der süßer als die normale Kontrolle schmeckt.

Abb. 10.6 Giovanni Boccaccio (1313–1375) verfasste 1348 bis 1353 das *Decamerone* (gedruckt erst nach seinem Tod, 1470) und beschrieb darin den ersten „Biosensor" zur Testung von Glucose in Urin: die Zunge des Arztes, der zu einer kranken Schönen gerufen wurde.

Abb. 10.7 Einmal-Chip für Glucose. Im aktiven Zentrum der am Chip adsorbierten GOD bindet sich Glucose am Flavinadenindinucleotid (FAD) und gibt via FAD zwei Elektronen an zwei kleine Mediatormoleküle (Ferrocen) ab, die somit reduziert das aktive Zentrum verlassen. Sie diffundieren zur Chipoberfläche und geben dort die Elektronen ab. Die Stromstärke ist proportional zur Zahl der übertragenen Elektronen und diese proportional zur Mediator- und letztlich zur Glucosekonzentration.

10.2 Biosensoren

Wie misst man Glucose schnell und exakt? Mit Biosensoren! Die Pioniere waren, 600 Jahre nach der ersten literarischen Publikation eines „Glucose-Biosensors" durch **Giovanni Boccaccio** (Abb. 10.6), die Amerikaner **Leland Clark** junior und **George Wilson**, der Japaner **Isao Karube**, der Brite **Anthony P. F. Turner** und der Deutsche **Frieder W. Scheller** (Abb. 10.9).

Die Grundidee der Biosensoren ist eine direkte Kopplung (**Immobilisierung**, Kap. 2) von Biomolekülen (Enzymen, Antikörpern) oder Zellen mit Sensoren (Elektroden oder optischen Sensoren). Durch die **direkte Kopplung** wird der Analyt (z. B. Glucose) durch die Biokomponente (z. B. GOD) in ein biochemisches Signal (z. B. H_2O_2) umgewandelt (Abb. 10.8), das unmittelbar auf den Sensor trifft. Dort wird es in ein elektronisches Signal (Strom) umgewandelt und über einen Verstärker angezeigt.

Die immobilisierte Biokomponente wird **nach Gebrauch regeneriert.** Man kann beispielsweise in Glucosesensoren mit der gleichen GOD etwa 10 000-mal Glucose in Blutproben messen. Für die klinischen Labors stand die Wiederverwendbarkeit des Biosensors im Vordergrund. Man hat Hunderte von Patientenproben, die man preiswert und schnell bestimmen will (Abb. 10.10).

Einmalsensoren („Wegwerf"-Sensoren, Abb. 10.12) sind dagegen für die Selbsttestung des Diabetikers ideal, vor allem auch wegen des Schutzes vor Infektionen (HIV, Hepatitis). Der Biochip wird nur einmal verwendet und dann entsorgt. Der Diabetiker bekommt dabei oft das elektronische Messgerät von der Firma geschenkt (zwecks „Kundenbindung"), muss dann allerdings die Biochips von dieser Firma ständig nachkaufen.

Die meisten Glucose-Biosensoren verwendeten ein spezielles Enzym aus Schimmelpilzen (*Aspergillus*), die **Glucose-Oxidase** (**GOD**). GOD bindet nur β-D-Glucose und Sauerstoff und wandelt sie innerhalb von Bruchteilen einer Sekunde in Gluconsäure und Wasserstoffperoxid (H_2O_2) um (Abb. 10.2). Das Prinzip jeder Glucosemessung ist Folgendes: Je mehr Glucose in der Probe ist, desto mehr Produkt wird gebildet, und desto mehr Sauerstoff wird verbraucht. Die Menge des Produkts wird gemessen: mit Farbtests, Teststreifen und modernen Glucosesensoren.

Mit den Glucosesensoren wurde die **erste Generation von Biochips** entwickelt. Zum ersten Mal wurden dabei die zwei Hochtechnologien Mikroelektronik und Biotechnologie direkt miteinander verknüpft: Elektronik und Proteine.

Die handlichen und preiswerten Glucosemessgeräte verwenden zum Schutz vor Infektionen (HIV, Hepatitis) meist Einmal-Chips (Abb. 10.12). Auf den Chips befindet sich Glucose-Oxidase (GOD), trocken durch eine Drucktechnik (*screenprinting*) adsorbiert (also immobilisiert, Kap. 2). Hier ist eine dauerhafte Immobilisierung wie bei den wieder verwendbaren Biosensoren unnötig, da die Chips nur einmal verwendet werden.

Der Diabetiker steckt einen frischen Biochip ins Gerät (Abb. 10.12), sticht dann seine Fingerkuppe (oder den Unterarm bei anderen Geräten) mit einer automatischen Lanzette (steril verpackt) an, und der winzige Blutstropfen wird durch Kapillarkräfte in den Biochip gesaugt. Dort wird die GOD aktiviert (durch die Flüssigkeit des Blutes) und setzt Glucose in Sekundenschnelle um. Dabei bindet sie Glucose und überträgt Elektronen auf eine Hilfssubstanz, einen **Mediator** (zum Beispiel Ferrocen, Abb. 10.7).

Der Vorteil von Mediatoren besteht darin, dass der Sensor damit nicht mehr vom Sauerstoff abhängig ist. In einem Tropfen Blut ist nämlich die **Sauerstoffkonzentration** schwer einstellbar. Das Enzym bevorzugt nun den Mediator anstelle des natürlichen Co-Substrats Sauerstoff. Zwei Ferrocen-Moleküle nehmen je ein Elektron über das aktive Zentrum der GOD (Flavinadenindinucleotid, FAD) von einem Glucosemolekül auf. Das reduzierte Ferricinium diffundiert aus der GOD

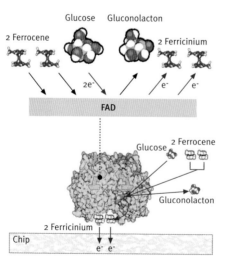

heraus und gelangt zum Chip (Abb. 10.7). Dort gibt es die Elektronen an den Chipsensor weiter und liefert somit ein elektrisches Signal. Das Display des Geräts zeigt schließlich die in Glucosekonzentration umgerechnete Stromstärke an.

Weitere Biosensoren folgten. Ein **Lactatsensor** etwa misst heute die Fitness von Sportlern und von Rennpferden. Bei Rennpferden in Hongkong wurden vor und nach einem drei- bis fünfminütigen Rennen die Werte für **Glucose** und **Lactat** mit Enzymsensoren gemessen. Das Lactat steigt schnell an, wenn die Muskeln nicht ausreichend mit Sauerstoff versorgt werden, Glucose wird dann anaerob umgesetzt (Kap. 1). Je durchtrainierter ein Pferd ist, desto weniger Lactat entsteht. Das „fitteste" Pferd muss natürlich nicht der Sieger sein, der Jockey sorgt dafür, dass das Ergebnis nicht so eindeutig vorhersagbar ist.

Nach wie vor ist aber die Glucosemessung die häufigste Biosensoranwendung: Das Marktvolumen von Glucosesensoren liegt bei etwa 300 Millionen US-Dollar weltweit. Durch Schwellenländer wie China wird sich der Markt schnell vergrößern.

■ 10.3 Mikrobielle Sensoren: Hefen messen die Abwasserbelastung in fünf Minuten statt fünf Tagen

Wichtig für Umweltkontrollen sind Biosensoren, die lebende immobilisierte Mikroben – meist Hefen wie *Trichosporon cutaneum* und *Arxula adeninivorans* – verwenden (Kap. 1) und direkt die **organische Belastung** im Abwasser messen können. Die **Hefe** *Arxula* wurde ursprünglich für ein *Single cell*-Protein-Projekt in der Sowjetunion gescreent. Sibirische Cellulose sollte mit Säure aufgeschlossen und somit in Kohlenhydrate umgewandelt werden. Dann neutralisierte man die Säure mit Lauge. Dabei entstand Salz in hoher Konzentration. Nun suchte man nach einem Mikroorganismus, der möglichst viele Kohlenhydrate verwertet („Allesfresser") und außerdem salztolerant (halophil) ist.

Das Cellulose-Einzellerprotein-Projekt scheiterte schließlich (Kap. 7) genauso wie die Erdöl-SCP-Projekte, aber die Hefe eignete sich bestens für Abwassersensoren: In küstennahen tropischen Ländern mit Süßwassermangel werden Toiletten mit Meerwasser gespült. Abwasser hat also einen **hohen Salzgehalt, der viele Mikroben inaktiviert – nicht aber** *Arxula*! (Abb. 10.11)

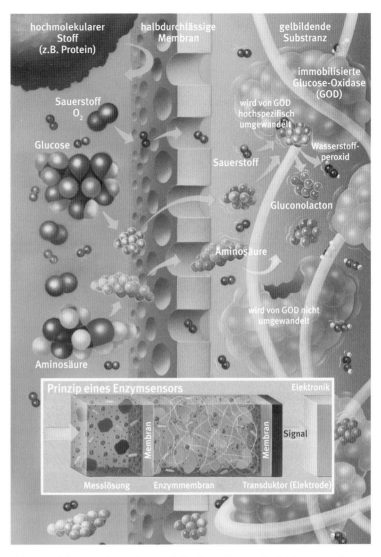

Abb. 10.8 Wiederverwendbarer Enzymsensor für Glucose:

Klinische Sensoren, die Tausende Messungen mit demselben Enzym machen können (Abb. 10.10 und 10.11), bestehen aus einem Sensor (Elektrode), der mit einer dünnen Enzymmembran aus immobilisierter Glucose-Oxidase (GOD) bespannt ist. GOD wird in Gele aus Polyurethanen eingeschlossen (in der Abbildung rechts).

Aus einem Gemisch in der Probe (links) diffundieren nur niedermolekulare Substanzen und Sauerstoff (in der Abb. rot) durch die Poren der Dialysemembran (Bildmitte) in das Gel (hellblau). Hochmolekulare Analyten oder Mikroben (oben links) können die Membran nicht durchdringen. Die GOD setzt nur die β-D-Glucose unter Sauerstoffverbrauch und Bildung von Gluconolacton und H_2O_2 um. Die immobilisierte GOD kann aus der Membran nicht herausgewaschen werden.

Das entstehende Produkt H_2O_2 (Wasserstoffperoxid) ist ein elektrodenaktiver Stoff, das heißt, seine Konzentration kann mithilfe der Elektrode ermittelt werden. Das Insert zeigt das Gesamtschema der Signalverarbeitung.

Die Konzentration der Glucose ist der H_2O_2-Konzentration und diese der Stromstärke proportional. Für eine Glucosebestimmung wird der Biosensor in die zu prüfende Lösung getaucht. Anhand des gebildeten Wasserstoffperoxids lässt sich die enthaltene Glucosemenge schnell bestimmen.

Nach der Messung wird die Enzymmembran mit klaren Lösungen gespült, die keine durch GOD umsetzbare Substanzen enthalten. Dadurch wäscht man die vorher eindiffundierten Substanzen und die Produkte der GOD-Reaktion aus. Der Biosensor ist somit regeneriert und erneut messbereit.

Mit ein und derselben Enzymmembran kann man 10 000 bis 20 000 Messungen schnell, mit hoher Präzision und preiswert ausführen.

369

Box 10.2 **RFLP und Vaterschaftstest**

Wie kommt es, dass die **homologe Intron-DNA** (also DNA auf den exakt gleichen Abschnitten der Chromosomen) verschiedener Personen verschieden lange Stückchen ergibt, wenn sie mit den gleichen Restriktionsenzymen geschnitten wird? Die **Restriktionsendonucleasen** schneiden die DNA immer an den gleichen Stellen, also z. B. nach dem Guanin (G) in der Sequenz ...GAATTC... (Kap. 3). Wenn die Person, nennen wir sie mal „**Renneberg**", ein DNA-Fragment mit einem Intron hat, das die folgende Sequenz besitzt:

...TTTTGAATTCTTTTGAATTC...

so erkennt man leicht zwei Stellen, an denen das Enzym spalten kann:

...TTTTG/AATTCTTTTG/AATTC...

Somit entstehen drei Fragmente:

...TTTTG und AATTCTTTTG und AATTC...

Bei der Person „**Darja Süßbier**" ist dagegen eine simple Mutation (ein sogenanntes SNP, siehe Abschnitt 10.10) erfolgt: Ein G ist durch ein A ersetzt:

...TTTTGAATTCTTTT**A**AATTC...

Hier kann das Enzym nur einmal spalten:

...TTTTG/AATTCTTTTAAATTC...

Es entstehen also nur zwei DNA-Fragmente:

...TTTTG und AATTCTTTTAAATTC...

So gibt es ein unterschiedliches Muster: Die DNA-Probe „Süßbier" enthält nur zwei Fragmente, von denen sich das zweite, längere DNA-Stück bei der gelelektrophoretischen Auftrennung durch die Poren schwerfälliger, also langsamer bewegt. Die drei kleineren von „Renneberg" bewegen sich dagegen flinker durch das Gel.

Diese Unterschiede der DNA zwischen Individuen macht man mit **Blotting** sichtbar (Blotting heißt so viel wie „Flecken produzieren"), indem man eine Lösung mit den geschnittenen DNA-Fragmenten in eine Vertiefung oder Tasche (*well*) auf einem Gel pipettiert und ein elektrisches Feld anlegt (**Gelelektrophorese**). Die negativ elektrisch geladenen DNA-Fragmente wandern dann durch die Poren des Gels zur Anode (Pluspol) und werden dabei nach ihrer Größe „gesiebt" und getrennt (Abb. 10.18).

Die US-Historiker jubeln: DNA-Tests erlauben auch nach 100 Jahren neue Erkenntnisse über Präsident Thomas Jeffersons Lebenswandel. Links: Karikatur von 1802 zu Jefferson und Sally Hemings

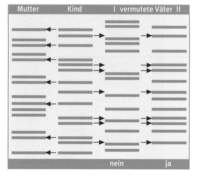

Beispiel für eine Vaterschaftsanalyse

Legt man nun in einer Blotting-Apparatur ein Nitrocellulosepapier auf das Gel mit den nach ihrer Größe verteilten DNA-Fragmenten, so werden sie aus dem Gel auf das Papier gesaugt (in der gleichen Verteilung natürlich). Dort werden sie dann fest gebunden. Ein radioaktiver Marker wird zugegeben, der die DNA-Stückchen schließlich mit einem aufgelegten Röntgenfilm sichtbar macht. Das Ergebnis gleicht einer Leiter mit unregelmäßig dicken Sprossen, die zudem ungleichmäßig verteilt sind. Es erinnert an den Barcode auf Verpackungen, der im Supermarkt an der Kasse blitzschnell eingelesen wird. Die Leitersprossen nennt man auch „DNA-Banden".

„Süßbier" und „Renneberg" zeigen beim Blotting also ein unterschiedliches Bandenmuster. Die Bande „TTTTG" ist bei beiden vorhanden, die beiden kleineren Banden bei „Renneberg" fehlen „Süßbier", die dafür eine größere „Sprossen" ihr eigen nennt. Damit wäre ein winziger genetischer Unterschied zwischen der Grafikerin und dem Verfasser des Buches erklärt. Die eine malt genial und schreibt ungern, und der andere schreibt gern, aber malt nur Formeln und Comics für seine chinesischen Studenten.

Wissenschaftlich (und menschlich) interessant wäre nun ein weiterer RFLP-Vergleich

der DNA-Banden der Berlinerin „**Süßbier**" und des Mitteldeutschen „**Renneberg**" mit den Norddeutschen „**Braunbeck**" und „**Techentin**", die dieses Buch mit Enthusiasmus lektoriert und betreut haben. Aber ganz so einfach ist es nun doch nicht, da wir es hierbei ja mit nichtcodierenden Sequenzen zu tun haben.

Beim **Vaterschaftstest** werden die DNA-Fingerprints der Mutter, des Kindes und des vermuteten Vaters nebeneinander platziert und verglichen. Die Banden der Mutter und des Kindes, die auf gleicher Höhe sind, werden identifiziert. Dann werden die restlichen Banden des Kindes mit denen des vermuteten Vaters verglichen. Die Banden, die nicht mit den mütterlichen übereinstimmen, müssen deshalb vom biologischen Vater stammen. Wenn es keine Übereinstimmung der Banden gibt, ist mit hoher Wahrscheinlichkeit ein anderer Vater anzunehmen.

Offenbar gibt es kaum Grenzen der Anwendung des genetischen Fingerabdrucks. In Frankreich wurde der Schauspieler und Sänger **Yves Montand** exhumiert, um einen Vaterschaftsstreit zu klären (er war nicht der Papa!). Noch ein bizarres Beispiel aus Amerika: 1802 wurde **Präsident Thomas Jefferson**, der Vater der amerikanischen Unabhängigkeitserklärung, von einer Zeitung beschuldigt, eine heimliche Beziehung zu seiner Mulattensklavin **Sally Hemings** unterhalten zu haben. Jefferson könnte also der Vater eines der sieben Kinder von Sally Hemings sein. 19 DNA-Proben von Nachfahren Jeffersons wurden nun 1997 gesammelt, darunter Blutproben männlicher Nachfahren von Jeffersons Onkel väterlicherseits, **Field Jefferson**. Jede Probe wurde auf polymorphe Marker auf dem Y-Chromosom (das nur über die männliche Linie Gene weitergibt) untersucht. Die Analyse zeigte, dass Jefferson offenbar der Vater des jüngsten Kindes, **Eston Hemings**, war.

Das war nur ein Vorspiel zur „**Lewinsky**-Seifenoper" im August 1998. Die beiden DNA-Tests von **Bill Clintons** Blutprobe und der Spermafleck auf Monicas Kleid hätten erwiesen, dass sie mit einer Wahrscheinlichkeit von 1 zu 7 820 000 000 000 (sieben Billionen) identisch seien, wurde vom FBI offiziell mitgeteilt. Daraufhin erhielt das Amtsenthebungsverfahren im Senat eine Mehrheit. Witzbolde forderten daraufhin, den heiligen Präsidenten Jefferson posthum des Amtes zu entheben.

Die Idee des mikrobiellen Sensors (Abb. 10.11) entstammt der traditionellen Messung des sogenannten **Biochemischen Sauerstoffbedarfs** für fünf Tage, **BSB$_5$** (engl. BOD$_5$, *Biochemical Oxygen Demand in five days*). Der kommerzielle BOD$_5$-Test (Box 6.3, Kap. 6) inkubiert Abwasserproben mit einer Mikrobenmischung fünf Tage lang bei 20–25°C und misst den Sauerstoffgehalt mit einer Clark-Elektrode vor und nach der Inkubation. Ist das Wasser sauber, haben die aeroben Mikroben nichts zu verwerten („kein Futter!"), schalten auf *Standby* und verbrauchen keinen Sauerstoff. Der Sauerstoffgehalt nach den fünf Tagen ist also unverändert. Enthält dagegen die Probe viele aerob verwertbare Substanzen, vermehren sich die Mikroben proportional zur „Futtermenge" und zehren den Sauerstoff auf. Man kann so ermitteln, wie viel Sauerstoff benötigt würde, um in einer Abwasserprobe die bioabbaubaren Substanzen vollständig zu verwerten – also sauberes Wasser herzustellen. Bei Abwasseranlagen in Deutschland darf das abgegebene gereinigte Wasser einen BSB$_5$-Wert von 20 mg O$_2$/L nicht übersteigen.

Der BOD-Test braucht fünf Tage, der mikrobielle Biosensor dagegen nur fünf Minuten für eine Messung. Die lebenden Hefezellen werden in einem polymeren Gel immobilisiert (wie beim Glucosesensor, Abb. 10.8) und auf eine Sauerstoffelektrode montiert (Abb. 10.13). Der Sensor misst nun, wie viel Sauerstoff von den „ausgehungerten" Zellen verbraucht wird. Gibt man eine saubere Abwasserprobe dazu, die also keine verwertbaren Substanzen enthält, nehmen die Hefen auch keinen zusätzlichen Sauerstoff auf. Sobald jedoch eine Probe mit „Futter" (Kohlenhydrate, Aminosäuren, Fettsäuren) zugegeben wird, werden die Zellen aktiv und nehmen diese auf und „veratmen" sie. Der Sauerstoffverbrauch steigt proportional zur „Futtermenge". Solche mikrobiellen Sensoren sind ideal für das **Monitoring** von Abwasseranlagen geeignet. Sie zeigen an, wie hoch belastet das hereinkommende Wasser ist, und regeln die Luftpumpen für das Belebtschlammbecken. So kann Energie gespart werden. Ein Biosensor am Ausfluss der Kläranlage zeigt an, ob das Wasser tatsächlich gereinigt wurde.

■ 10.4 Immunologische Schwangerschaftstests

Um das Jahr 1600 wurde eine mitteleuropäische Frau im Laufe ihres Leben durchschnittlich 20-mal schwanger. Heute verfügen wir in den Indus-

trieländern über Verhütungsmittel („die Pille", Kap. 4) und eine schnelle **Schwangerschaftsdiagnostik**.

Dass man den Urin schwangerer Frösche einspritzte (»Der Frosch hat positiv reagiert!«) ist heute Medizingeschichte. Der **Froschtest** oder **Krötentest** (Galli-Mainini-Test) war ein biologischer Schwangerschaftsnachweis. Einem männlichen Frosch (oder einer männlichen Kröte) wurde Urin oder Blutserum einer weiblichen Testperson in den dorsalen Lymphsack oder subkutan injiziert. Wenn nach 24 Stunden im Harn des getesteten Lurches unter dem Mikroskop seine Samenzellen nachzuweisen waren, dann war die getestete Frau auch schwanger (nicht der Frosch). Der Froschtest bzw. der Krötentest war bis in die 60er-Jahre die Methode der Wahl zur frühen Feststellung einer Schwangerschaft. Das Versuchstier, der sogenannte „Apothekerfrosch" (meist ein Afrikanischer Krallenfrosch, Kap. 3), stand nach einer Erholungspause für den nächsten Test wieder zur Verfügung. Außer den Injektionen, „Zölibat" und der Gefangenschaft musste er keine Qual erleiden. Heute ist der Frosch- und Krötentest durch **immunologische Schwangerschaftstests** ersetzt worden.

Neben den enzymatischen Glucosetests sind immunologische Schwangerschaftstests heute die am meistverkauften Biotests. Antikörper erkennen Substanzen, wie das für die Bildung des Schwangerschafts-Gelbkörpers verantwortliche **humane Choriongonadotropin (hCG)**, perfekt im Blut und Urin.

Was passiert biochemisch bei einer Schwangerschaft? Das befruchtete Ei nistet sich sechs Tage nach der Befruchtung in die Uterusschleimhaut ein. Die Einnistung bewirkt eine drastische Hormonausschüttung bei der werdenden Mutter und beim Embryo. Ein sehr schnell produziertes Hormon der Placenta (Mutterkuchen) ist das humane-Choriongonadotropin. Das hCG „überrollt" den normalen Hormonzyklus, der sonst in der Menstruation kulminiert. Es wird so viel hCG

Abb. 10.9 Der Verfasser (2. v. r.) hatte in jungen Jahren das Privileg und Vergnügen, in Frieder W. Schellers Gruppe als Doktorand zu forschen. Scheller (seit seiner Emeritierung ist er Honorarprofessor an der Universität Potsdam und Leiter einer Arbeitsgruppe des Fraunhofer-Instituts für Biomedizinische Technik in Golm) begann seine Biosensorenforschung später als die anderen Pioniere der Biosensoren, 1975 in Berlin-Buch im Osten Berlins. Die Arbeit verlief unter erschwerten materiell-technischen Bedingungen, und doch war Scheller seiner Zeit voraus: Seine Gruppe entwickelte den schnellsten Glucosesensor der Welt: GKM-01.

Abb. 10.10 Einen 10 000-mal regenerierbaren Dickschicht-Biosensor hat die Firma EKF-diagnostic (Magdeburg/ Leipzig) entwickelt. Er basiert auf Frieder Schellers Glucometer GKM-01. Simultan können Glucose und Lactat in zehn Sekunden preiswert und exakt bestimmt werden.

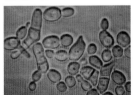

Abb. 10.11 Ein wiederverwendbarer Abwassersensor (oben), der mit immobilisierten Hefezellen (unten) den BSB-Wert in nur fünf Minuten (anstatt in fünf Tagen) bestimmt

Abb. 10.12 Glucose-Selbsttest: Wie man schnell und sicher Glucose selbst bestimmt. Der Glucosewert von 104 mg/dL (oder 5,6 mmol/dL) ist normal.

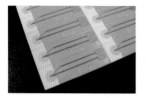

Abb. 10.13 Sensoren für die Fertigung von Biosensoren. Gedruckte Dickschichtsensoren (Fa. Bio Sensor Technologie, Berlin)

produziert, dass es in extrem hoher Konzentration im Blut vorliegt und über die Nieren auch in den Urin ausgeschieden wird. **Urin** ist nach Definition eine „in größeren Mengen freiwillig abgegebene Körperflüssigkeit" und deshalb leicht und – im Gegensatz zum Bluttest – schmerzlos zu bekommen, also gut geeignet für Selbsttests. Heutzutage gibt es in den Apotheken eine ganze Anzahl frei verkäuflicher Urin-Schwangerschaftstests (Abb. 10.14 und 10.15), die leicht durchzuführen und zu etwa 90–98 % verlässlich sind. Je früher der Test durchgeführt wird, umso unsicherer ist das Ergebnis. In der Arztpraxis wird die Schwangerschaft in der Regel mittels einer Blutuntersuchung festgestellt.

Im Blut kann das Schwangerschaftshormon hCG als sicheres Anzeichen einer Schwangerschaft bereits zehn Tage nach der Befruchtung nachgewiesen werden. Der Urintest zeigt in einem Fenster des Plastikgehäuses einen farbigen Strich als Kontrolle an (Abb. 10.14, „Test funktioniert") und in einem zweiten Fenster den entscheidenden farbigen Strich: „Baby im Kommen!" Wenn dieser Strich ausbleibt, ist kein hCG im Urin nachweisbar und folglich liegt auch keine Schwangerschaft vor. Der Test dauert zwar nur eine Minute, aber er zeigt natürlich die Schwangerschaft nicht bereits am Tag nach der Befruchtung an; der Embryo muss zunächst Zeit haben, sich einzunisten. Der Test kann erst von dem Tage an funktionieren, an dem die Menstruationsblutung fällig gewesen wäre.

Der Schwangerschaftstest benutzt **monoklonale Antikörper** (Kap. 5) zum Hormonnachweis. Diese erkennen spezifisch das von der Placenta gebildete Hormon hCG und nur dieses aus einem Gemisch Tausender Substanzen heraus. Ähnlich den Enzymen „fischen" die Antikörper nach Substanzen, die exakt binden. Wie lässt sich sichtbar machen, ob ein Antikörper das Antigen hCG gefunden hat?

Im *Enzyme-linked Immunosorbent Assay* (**ELISA**, ausführlich Kap. 5) benutzt man Enzyme, um die Bildung eines Komplexes aus Antikörpern und Antigenen nachzuweisen. Das ist „Nass-Chemie" und braucht Lesegeräte (*Reader*). Man erhält aber genaue Antigenkonzentrationen im Testresultat.

Bei **Teststreifen** will man dagegen ohne Geräte ein schnelles Ergebnis haben – ein zuverlässiges „**Ja**/**Nein**"-Signal (nicht etwa „55 % schwanger"). Man gibt dazu Antikörper auf das Ende eines schmalen Filterpapierstreifens und lässt die-

se antrocknen. Die Antikörper wurden vorher an Farbkügelchen aus Latex (rot, blau oder grün) oder an kolloidales Gold (rot) gebunden. Sie heißen **Detektor-Antikörper**, weil sie eine detektierbare Farbe tragen.

Wenn man ein Löschblatt mit einem Ende in eine Flüssigkeit hält, steigt diese in den Poren und Kapillaren des Papiers hoch. Diese Eigenschaft lässt sich für die **Immuno-Chromatografie** nutzen. Wenn man also das Ende des Papierstreifen in Urin tunkt, zieht sich die Urinflüssigkeit am Papier hoch und benetzt langsam den gesamten Streifen. Die Flüssigkeit transportiert dabei das hCG aus dem Urin zum „wartenden" Detektor-Antikörper. Dieser bindet das hCG und beginnt, mit ihm verbunden, zu wandern. Nun schlängelt sich ein Konstrukt aus

hCG ⋯ Detektor-Ak mit Farbkugel

durch die Poren des Papiers. In der Streifenmitte wurde ein „Fänger"-Antikörper fest gebunden und ist als Strich auf dem Papier markiert. Auch er erkennt das hCG. Dieser Fänger „fischt" die Konstruktion hCG-Detektor-Farbstoff aus dem Flüssigkeitsstrom heraus und hält sie fest.

Die Bindung erfolgt über das hCG. Da dieses hCG nun von beiden Seiten – vom Fänger und vom Detektor – gebunden wird, nennt man das Ganze auch einen **Sandwich-Test**.

Das Konstrukt sieht nun folgendermaßen aus:

Papier ⋯ Fänger-Ak ⋯ hCG ⋯ Detektor-Ak mit Farbkugel

Es bildet sich ein deutlich sichtbarer **farbiger Strich**. Wenn kein hCG im Urin vorhanden ist, bindet hCG sich natürlich auch nicht am Detektor-Farbstoff-Komplex. Der Detektor wandert dann allein zum Fänger, der ihn aber nicht fischen kann, weil hCG für das Sandwich fehlt. Infolgedessen entsteht auch kein farbiger Strich. Die **Kontrolllinie** zeigt aber an, ob der Test überhaupt funktioniert. Man bindet einen zweiten Fänger-Antikörper am Papier, der den Detektor-Ak auch ohne hCG erkennt. Die Kontrolle zeigt Folgendes:

Papier ⋯ Fänger-Ak für Detektor-Ak ⋯ Detektor-Ak mit Farbkugel

Wenn die Kontrolle nicht funktioniert hat, ist das Testergebnis nicht verwertbar.

■ 10.5 AIDS-Tests

Man stelle sich vor: Jeden Tag infizieren sich 15 000 Menschen mit einem tödlichen Virus! Wo bleibt die weltweite Panik, und wo bleiben die Hilfsaktionen? Wir leben inzwischen mit dem Virus und seiner Bedrohung. Etwa 40 000 000 Menschen sind weltweit an **AIDS** (*Acquired Immune Deficiency Syndrome*) erkrankt (Kap. 5). In Südafrika sind 5,3 Millionen Menschen HIV (*Human Immune Deficiency Virus*)-positiv, das entspricht 12 % der Bevölkerung. In Deutschland sind rund 39 000 Menschen betroffen.

Das „Hinterhältige" des HI-Virus ist, dass **das eigentlich schützende Immunsystem selbst befallen** wird. Wenn man sich mit HIV infiziert, wird wie bei anderen Infektionen die Abwehr des Körpers aktiviert. Im Gegensatz zu anderen Infektionen bildet der Körper jedoch frühestens vier bis sieben Wochen nach der Infektion **Antikörper** gegen das Virus. Der Körper bläst damit zum Angriff gegen die Eindringlinge. Man kann diese Antikörper im Blut eines Infizierten nachweisen. Da die ersten Symptome von AIDS oft sehr schwach sind oder nicht existieren, wurden Tests entwickelt: ein **Immuntest** zum Nachweis der gebildeten Antikörper und die **Polymerase-Kettenreaktion** (**PCR**, siehe Abschnitt 10.11) zum Nachweis der viralen RNA selbst. Der prinzipielle Nachteil des Immuntests ist, dass der Körper zuvor Antikörper gebildet haben muss, damit der Test eine Infektion anzeigen kann. Frische Infektionen werden nicht angezeigt, das kann nur die PCR. Ähnlich wie der AIDS-Test funktionieren andere Virustests, z. B. für **Hepatitis B**. Es gibt auch immer mehr einfach zu handhabende „Ja/Nein"-Teststreifen für alle diese Viruserkrankungen, die ähnlich aufgebaut sind, wie Schwangerschaftstests.

10.6 Herzinfarkttests

Ein Herzinfarkt (akuter Myokardinfarkt) beginnt mit Unwohlsein und starkem Druckgefühl auf dem Brustbein, Schmerzen strahlen auf den linken Arm aus, Todesangst kommt auf, kalter Schweiß perlt auf der Stirn. So eindeutig sind die Symptome bei einem Herzinfarkt aber nicht immer! Es kann nur einfach Unwohlsein vorliegen, bei Frauen sind es oft nur Magenschmerzen. Bei etwa 40 % der Infarkte zeigen **Elektrokardiogramme** (**EKGs**) akute Infarkte nicht eindeutig an. Hier helfen **Immunschnelltests.**

Beim Infarkt ist die Blutzufuhr des Herzens durch Blutpfropfen (**Thromben**) vermindert oder ganz unterbunden. Herzzellen bekommen dann weder Nährstoffe noch Sauerstoff und beginnen abzusterben. Die sterbenden Herzzellen entlas-

sen Proteine aus ihren Zellen, die ins Blut übergehen. Gemessen wurden in den letzten Jahren vor allem Herzmuskelenzyme wie **Creatin-Kinase (CK)** und Eiweiße wie verschiedene **Troponine**.

Diese relativ großen Eiweiße sind sogenannte **späte Marker** (*late markers*). Wenn diese Proteine im Blut auftauchen, ist es bereits passiert: Der Herzinfarkt ist seit mindestens einer Stunde im Gange! Die Warnung ist gut, aber eben reichlich spät.

„Zeit rettet Herzmuskel!", sagt der Kardiologe. Je eher der Thrombus aufgelöst ist, desto weniger Herzgewebe stirbt ab. Spritzt man das gentechnisch hergestellte Enzym, das Blutpfropfen auflöst (Gewebeplasminogenaktivator, tPA, Kap. 9), besteht aber die Gefahr von Blutungen im Gehirn. Das kleine, aber existierende Risiko ist nur gerechtfertigt, wenn ganz eindeutig ein Herzinfarkt vorliegt. Daher wird fieberhaft nach schnelleren Markern gesucht.

Der Verfasser ist mit seiner Forschungsgruppe in Hongkong und zwei Firmen in Berlin-Buch gemeinsam mit Jan F. C. Glatz aus Maastricht (Niederlande, Abb. 10.16) einem solchen Marker seit Anfang der 90er-Jahre auf der Spur, zuerst in Münster, nun in Hongkong: Das Fettsäure-Bindungsprotein (*fatty acid-binding protein*, FABP) ist ein sehr kleines Eiweiß (MG 15 000), das deshalb gleich nach dem Infarkt im Blut erscheint. Es ist eine bis zwei Stunden schneller im Blut als die bisherigen „späten" Infarktmarker Creatin-Kinase und die Troponine T und I, ein **früher Marker**.

Der schnellste Herzinfarkttest der Welt funktioniert ganz ähnlich wie der Schwangerschaftstest (siehe Abschnitt 10.4), nur werden hier monoklonale Antikörper gegen das Herz-Fettsäure-Bindungsprotein eingesetzt. Diese erkennen FABP aus einem Gemisch Tausender Substanzen im Blut heraus (Abb. 10.17).

Wie kann man sichtbar machen, ob ein Antikörper das FABP gefunden hat?

Man gibt den Antikörper – wie beim Schwangerschaftstest – auf das Ende eines schmalen Filterpapierstreifens und lässt ihn dort antrocknen. Der Antikörper wird zuvor nicht an farbige Latexpartikel (wie beim Schwangerschaftstest), sondern an **kolloide Nano-Goldpartikel** gebunden. Die Partikel geben in Lösung eine schöne rote Farbe. Der Detektor-Antikörper ist also rot markiert. Der Teststreifen ist in einem flachen Plastikgehäuse in der Form einer Kreditkarte untergebracht (Abb. 10.16) und hat eine Öffnung (Trichter) zur Blut-

Abb. 10.14 Schwangerschaftstest im Selbstversuch in der Bioanalytik-Vorlesung. Der Urintest zeigt nur eine Linie im Fenster (die Kontrolllinie), der zweite Streifen für hCG erscheint nicht.

Belustigte Studenten: »Unser Professor ist offenbar nicht schwanger!«

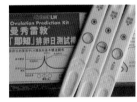

Abb. 10.15 Ein Ovulations-Immuntest zeigt das Luteinisierende Hormon (LH) kurz vor dem Eisprung an. Der Urintest beginnt 17 Tage vor der erwarteten Menstruation. Ein positiver Test bedeutet, dass das Ei in den nächsten 36 Stunden befruchtbar ist. Die Ergebnisse stammen nicht vom Verfasser.

Abb. 10.16 Oben: Jan F. C. Glatz (Universität Maastricht, NL) fand den bislang schnellsten Herzinfarktmarker, FABP. Unten: Die „lebensrettende Kreditkarte" als Schnelltest

Abb. 10.17 Der Streifen ist in einem flachen Plastikgehäuse einer „Kreditkarte" untergebracht mit einer Öffnung (Trichter) zur Blutaufnahme und einem Fenster zur Ergebnisanzeige.
Man sticht den Finger (wie beim Diabetestest) mit einer sterilen Lanzette an. Drei Tropfen Vollblut starten den Selbsttest. Er sollte bei unklarem Ergebnis etwa eine halbe Stunde später wiederholt werden.
Die „lebensrettende Kreditkarte" passt in jede Brief- oder Handtasche, in den Rettungswagen und die Notaufnahme.

Abb. 10.18 Prinzip der Gelelektrophorese

aufnahme und ein Fenster zur Anzeige des Ergebnisses. Man sticht den Finger (wie beim Diabetestest) mit einer sterilen Lanzette an und gibt drei Tropfen Blut in den Testtrichter. Das Filterpapier saugt das Blut durch Kapillarkräfte ins Innere. Die Flüssigkeit transportiert dabei das FABP aus dem Blut zum „wartenden" goldmarkierten Detektor-Antikörper. Dieser bindet das FABP und beginnt gemeinsam mit ihm zu wandern – es bewegt sich nun das ganze Konstrukt

> FABP ··· Detektor-Ak mit roter Nano-Goldkugel

durch die Poren des Papiers.

In der Streifenmitte ist ein Fänger-Antikörper fest gebunden, wieder als Strich auf dem Papier markiert.

> Papier ··· Fänger-Ak

Dieser Fänger fischt die Konstruktion „FABP-Detektor-Antikörper-Gold" aus dem Flüssigkeitsstrom heraus und hält sie fest. Die Bindung erfolgt über das FABP als Sandwich (Abb. 10.19).

> Papier ··· Fänger-Ak ··· FABP ··· Detektor-Ak mit roter Nano-Goldkugel

Es bildet sich ein deutlich sichtbarer **roter Strich** und signalisiert damit einen **Infarkt**.

Ist kein FABP im Blut vorhanden, bindet sich dieses Protein natürlich auch nicht am goldmarkierten Detektor. Der Detektor wandert allein zum Fänger, der ihn aber nicht fangen kann, weil das FABP für das Sandwich fehlt. Es entsteht somit kein roter Strich, kein Infarkt hat stattgefunden. Eine **Kontrolllinie** zeigt an, ob der Test überhaupt funktioniert hat. Der ganze Test dauert etwa zehn Minuten.

Schon jetzt hat der Test den Ärzten geholfen, **exakte Diagnosen im lebensrettenden Zeitfenster** zu stellen (Abb. 10.17).

■ 10.7 *Point of Care* (POC)-Tests

Neue Immuntests sind in Sicht. Sie messen zum Beispiel das **Risiko eines Herzinfarktes oder Schlaganfalls**. Dafür wurden bisher vor allem Blutfette gemessen. In einigen deutschen Apotheken kann man heute schon in fünf Minuten das **Lipidprofil** bestimmen lassen: Der Wert für Gesamtcholesterin war früher ein wichtiger Parameter. Inzwischen ist aber allgemein bekannt, dass ein hoher Cholesterinspiegel allein nichts über das Risiko der Arteriosklerose aussagt. Dafür muss man verschiedene Fette im Blut messen.

Triglyceride, das „gute" HDL-Cholesterin (*high density lipoprotein*), das „schlechte" LDL-Cholesterin (*low density lipoprotein*) und *very low density lipoprotein* (VLDL) sind zu unterscheiden. Das entscheidende Verhältnis von Gesamtcholesterin zu HDL sollte unter 4,0 liegen. Bei Werten darüber erhöht sich das Arterioskleroserisiko.

In den klinischen Zentrallabors stehen gigantische **Analyse-Automaten** und messen Hunderte Substanzen gleichzeitig. Nicht immer sinnvoll. Der Trend geht aber deutlich zur Dezentralisierung und zur Schnelltestung an Ort und Stelle, man nennt das *Point of Care* (**POC**)-Testung.

Wie weiß man nun, bevor es zu spät ist, ob ein Herzinfarkt oder Schlaganfall droht? **Entzündungsmarker** (*inflammation markers*) liefern Warnsignale: Das **C-reaktive Protein** (**CRP**) ist bereits in den USA als zusätzlicher Risiko-Marker zu den Blutfetten anerkannt worden. Selbst US-**Präsident Bush** war CRP-getestet und als physisch gesund befunden worden (Box 9.10).

Hochinteressant sind künftige Schnelltests, die einem bei tropfender Nase und Fieber verraten, ob es sich um eine **virale oder eine bakterielle Infektion** handelt. CRP für Bakterien- und Neopterin für Virusinfekte sind die Marker.

Antibiotika helfen bekanntlich nur bei Bakterieninfektionen. Die übermäßige Verschreibung von Antibiotika – und auch das eigenmächtige vorzeitige Absetzen der Tabletten durch Patienten nach erster Besserung der Symptome – hat zu **resistenten Bakterienstämmen** geführt, gegen die man neue oder höher dosierte Waffen braucht (Kap. 4). Ein Teufelskreis, der durchbrochen werden muss (Box 9.10)!

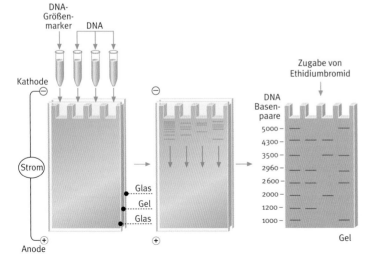

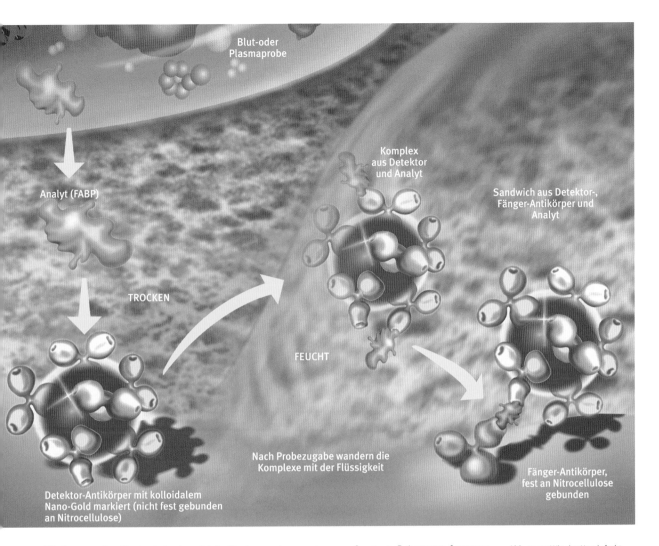

Blut-oder Plasmaprobe

Analyt (FABP)

Komplex aus Detektor und Analyt

Sandwich aus Detektor-, Fänger-Antikörper und Analyt

TROCKEN

FEUCHT

Nach Probezugabe wandern die Komplexe mit der Flüssigkeit

Detektor-Antikörper mit kolloidalem Nano-Gold markiert (nicht fest gebunden an Nitrocellulose)

Fänger-Antikörper, fest an Nitrocellulose gebunden

Die Immunschnelltests sind sehr wichtig für den Nachweis von Bakterien und Viren, um Antibiotika gezielter einsetzen zu können. DNA-Tests sind ein neues Werkzeug.

■ 10.8 Wie man DNA analysiert: Die Gelelektrophorese trennt DNA-Fragmente nach ihrer Größe auf

Wie kann man eine DNA-Sequenz herausfinden? Zur Analyse von Genen schneidet man genomische DNA (oder andere zu analysierende DNA, z. B. Bakterienplasmide) mit einem oder mehreren **Restriktionsenzymen** (Kap. 3) und trennt die entstehenden Fragmente dann auf einem **Agarose-Gel** nach ihrer Größe auf.

Agarose ist ein Polysaccharid, das aus roten Meeresalgen (Kap. 7) gewonnen wird und durch Aufkochen in Puffer verflüssigt wird, beim Abkühlen

aber zu einem großporigen Gel erstarrt. Legt man an dieses Gel ein **elektrisches Feld**, wandern Nucleinsäuren aufgrund ihrer negativ geladenen Phosphatgruppen zum Pluspol (Anode). Die kleineren DNA-Fragmente wandern bei der Gelelektrophorese schneller als die großen durch die Poren (Abb. 10.18 und 10.20).

Man trennt die entstandenen DNA-Fragmente im Gel nach ihrer **Größe** auf. Einen **DNA-Standard** lässt man parallel unter gleichen Bedingungen mitlaufen. Er besteht aus DNA-Fragmenten bekannter Größe und einer „Leiter" (*ladder*), die z. B. Fragmente von 1000 bis 5000 Basenpaaren beinhaltet (Abb. 10.18) und eine ungefähre Abschätzung der Fragmentgrößen ermöglicht.

Der DNA-bindende Farbstoff **Ethidiumbromid** macht sie sichtbar. Ethidiumbromid lagert sich zwischen die Basen der Nucleinsäuren ein (interkaliert) und fluoresziert im UV-Licht. Die Färbung erfolgt im Anschluss an den Lauf, oder Ethidium-

Abb. 10.19 Wie der Herzinfarkt-Test für FABP funktioniert.

Abb. 10.20 Geräte zur Durchführung der Agarose-Gelelektrophorese

Abb. 10.21 Mit Ethidiumbromid im UV-Licht sichtbar gemachte DNA-Banden nach einer Agarose-Gelelektrophorese

Box 10.3 Biotech-Historie: DNA-Profile und der Fall Colin Pitchfork

1983 wurde die 15-jährige **Lynda Mann** vergewaltigt und erdrosselt im Dorf Narborough in England aufgefunden. Drei Jahre später fand man **Dawn Ashworth**, ebenfalls 15 Jahre alt, im nahegelegenen Enderby. Beide Mädchen entdeckte man auf einem dunklen Pfad. Die Zeitungen sprachen von „The Black Pad Killer".

Die Polizei fand keine Spur, da verkündete **Alec Jeffreys** (geb. 1950), ein Genetiker der University of Leicester, seine Methode des **Restriktionsfragment-Längenpolymorphismus** (*Restriction Fragment Length Polymorphism, RFLP*).

Die Erkenntnis ereilte ihn in der Dunkelkammer um neun Uhr morgens, am Montag, dem 15. September 1984. Jeffreys untersuchte die Evolution des Gens für das Sauerstoff-Transportprotein im Muskel, Myoglobin, und hatte nach einer Gelelektrophorese dafür entsprechende Abschnitte von DNA fotografiert. Jeffreys schaute auf die frisch entwickelte Filmaufnahme. Sie zeigte die DNA in mehreren Banden, die wie Strichcodes auf Verpackungen aussehen. Mein Gott, soll er gedacht haben, was haben wir denn hier! Ganz unterschiedliche Muster, und zwar so einzigartig, dass jeder Mensch damit identifiziert werden könnte! Nur wenige Stunden später gaben Jeffreys und seine Kollegen der Zufallsentdeckung den Namen „**genetischer Fingerabdruck**".

DNA aus Spermaspuren wurde isoliert, um das DNA-Profil des Mörders zu rekonstruieren. 5000 Männer von 16 bis 34 ohne Alibi

wurden zu einer Blutprobe gebeten. Natürlich nahm die Polizei an, dass der Mörder sich nicht solchermaßen freiwillig untersuchen lassen würde. Das passierte denn auch zufällig. Im August 1987 erzählte eine Frau aus einer Bäckerei der Polizei, dass einer ihrer Kollegen im Pub erzählt habe, er habe sein Blut anstelle eines anderen abgegeben, um ihm zu helfen. Als Ian Kelly befragt wurde, leugnete er das nicht ab. Sein Kumpel, der 27-jährige **Colin Pitchfork**, hatte ihm weisgemacht, er habe sein Blut bereits für einen anderen abgegeben, der in der Klemme steckte.

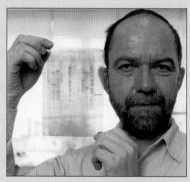
Alec J. Jeffreys mit dem ersten DNA-Fingerprint in der Geschichte

Der wahre Grund: Pitchfork war der Mörder! Im Januar 1988 bekannte sich Pitchfork schuldig und bekam eine lebenslange Gefängnisstrafe. Er war der erste Mörder der Geschichte, der mit seiner DNA überführt wurde. Ein geistig verwirrter 19-jähriger Mann, **Rodney Buckley**, hatte sich zuvor schuldig bekannt, Dawn Ashworth getötet zu haben. Er wurde auf freien Fuß gesetzt, denn seine DNA stimmte absolut nicht mit der

Sperma-DNA am Tatort überein. Buckley war der erste Verdächtige in der menschlichen Geschichte, der aufgrund einer DNA-Analyse freigesprochen wurde.

1987 wurden in den USA und England DNA-Tests erstmals offiziell als Beweismittel zugelassen. Die britische landesweite Datenbank enthält etwa 700 000 DNA-Profile und wurde bisher in 75 000 Ermittlungen genutzt, etwa 500-mal pro Woche. Bei 10 000 Vergewaltigungsfällen zwischen 1989 und 1996 konnten 25 % der zuerst Verdächtigen durch DNA-Analysen ausgeschlossen werden.

Es zeigte sich, dass auch Augenzeugen oft irren, so wie auch die US-Justizbehörde: Das *Innocence Project* („Projekt Unschuld") des New Yorker Anwalts **Barry Scheck** nennt die DNA „die Goldwaage der Unschuld" und konnte seit 1992 mehr als 250 Unschuldige durch DNA-Analyse aus dem Gefängnis holen, darunter 15 Todeskandidaten. Scheck sagt, von jeweils sieben Menschen, die in den USA hingerichtet werden, sei mindestens einer (!) unschuldig.

Alec J. Jeffreys wurde ob seiner Verdienste um die Menschheit von der Queen in den Adelsstand erhoben. *Sir Alec, congrats!*

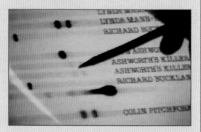
Der genetische Fingerabdruck des Mörders stimmt mit dem Pitchforks überein.

Abb. 10.22 DNA-Fingerprints zeigen auch, wie „treu" Vögel sind; hier Unzertrennliche (*Agapornis*) (oben). Die Frage, wer der Papa dieses Babys (unten) sei, spielt in der Voliere des Verfassers keine Rolle.

bromid kann auch bereits zu Anfang dem Agarose-Gel zugesetzt werden (Abb. 10.21). Man kann auch radioaktiv markierte DNA verwenden und sie über einen Röntgenfilm sichtbar machen (Autoradiografie).

Wird ein DNA-Molekül mit einem oder mehreren Restriktionsenzymen gespalten, kann eine **Restriktionskarte** erstellt werden, das heißt, man bestimmt die Anordnung und Abstände der Restriktionsschnittstellen innerhalb des DNA-Moleküls.

Die Gelelektrophorese war eine wichtige Methodik für den genetischen Fingerabdruck (*genetic fingerprint*, Box 10.3).

10.9 Leben und Tod: genetische Fingerabdrücke zur Aufklärung von Vaterschaft und Mord

Seit 1892 werden Fingerabdrücke zur Identifizierung von Personen benutzt (**Dactyloskopie**). Sogar eineiige Zwillinge haben unterschiedliche Abdrücke.

Der Fall des US-Footballstars **O. J. Simpson** machte das molekulare **DNA-Fingerprinting** weltweit medienwirksam bekannt. Simpson konnte allerdings schließlich nicht überführt werden, aber eigentlich nur, weil bei der Sammlung der Indizien von der Polizei geschlampt wurde und weil seine Anwälte die Ankläger in Widersprüche verwickelten. Der praktisch vernichtende Beweis ging dabei unter.

Beim politischen Mord an der schwedischen Außenministerin **Anna Lindt** hatte, anders als im ungelösten Mordfall **Olof Palme**, die Polizei die Tatwaffe sichergestellt – ein Messer. Fingerabdrücke wurden darauf keine gefunden, aber Hautpartikel. Ebenso schnell war die DNA-Fahndung beim Mord am Münchner Modezar **Moshammer** erfolgreich. Die Täter wurden durch DNA-Analyse überführt.

Die DNA zweier Menschen unterscheidet sich nur um 0,1 %. Bei nichtverwandten Menschen findet sich also etwa alle 1000 Basen einmal ein geänderter Buchstabe. Dieser Unterschied reicht jedoch aus, um einen „genetischen Fingerabdruck" anzufertigen, der unverwechselbar ist. Interessant ist, dass der genetische Unterschied zwischen Menschen von verschiedenen Kontinenten kleiner ist, als man bislang annahm: **Ein einzelner Afrikaner kann einem einzelnen Europäer oder Asiaten genetisch ähnlicher sein als einem anderen Afrikaner.**

Das erste Mal wurde das DNA-Fingerprinting von **Alec J. Jeffreys** in England an der Universität Leicester in den 70er-Jahren beschrieben (ausführlich Box 10.3). Der Test beruht darauf, dass sich mithilfe von Restriktionsenzymen in Stückchen (Fragmente) geschnittene DNA verschiedener Menschen in Zahl und Größe unterscheiden. Man nennt diese Technik **Restriktionsfragment-Längenpolymorphismen**-Analyse (*Restriction Fragment Length Polymorphism Analysis*) kurz **RFLP**-Analyse (siehe Box 10.3). Die Gentechniker sprechen es wie *„riflip"* aus.

Es geht beim Begriff RFLP eigentlich nur um **den Weg des Nachweises der DNA-Varianten**: die Verwendung sehr spezifischer DNA schneidender Enzyme, der Restriktionsendonucleasen (Kap. 3). Wenn sich zwei DNA-Varianten in der Erkennungssequenz für ein Restriktionsenzym unterscheiden, wird die eine Variante von dem Restriktionsenzym geschnitten, die andere eventuell nicht. Die Fragmente geschnittener Varianten haben deshalb verschiedene Längen (ausführlich Box 10.2). Der überwiegende Teil der DNA höherer Organismen (97 %) enthält keine Information zur Bildung von Proteinen. Gene sind Oasen in dieser Wüste. Nun trägt diese „**nichtcodierende DNA**" (Introns) aber öfter Mutationen als die codierende, weil in den meisten Fällen diese **Mutationen** ohne lebensbedrohlichen

Effekt auf die Zelle bleiben. Logisch! Diese Mutationen werden von Generation zu Generation weitergegeben, ohne dass sich das äußere Bild des Organismus (der Phänotyp) verändert. Die **nichtcodierenden RFLPs** unterscheiden sich dadurch zwischen Individuen stärker als codierende DNA-Sequenzen. Das ist ideal für die Diagnostik.

10.10 DNA-Marker: kurze Tandemwiederholungen und SNPs

Für umfassende Analysen sind jedoch die RFLPs nicht ausreichend, unter anderem, weil jede Schnittstelle nur zwei mögliche Zustände haben kann. Eine wichtige Rolle spielt **Mikrosatelliten-DNA**. Sie repräsentiert 5 % der Sequenzpolymorphismen. Das sind kurze tandemartig wiederholte DNA-Abschnitte (***short tandem repeats*, STRs**) wie CACACACACA. Die Wiederholungseinheiten sind meist bis zu zehn Nucleotide lang und wiederholen sich fünf- bis 20-mal. Die Anzahl der Wiederholungen je Satellit ist individuell verschieden. Das menschliche Genom enthält mindestens 700 000 STRs. Mikrosatelliten-DNA kommt selten in Genen vor, und wenn, hat das Konsequenzen, z. B. bei der Erbkrankheit Chorea Huntington, dem Veitstanz. Ihre Anzahl erlaubt eine Kartierung des menschlichen Genoms mit einer akzeptierbaren Auflösung.

Gemeinsam ist RFLPs und Satellitenmarkern, dass sie sich gut **physikalisch kartieren**, das heißt, in einer Genomkarte festmachen und somit auf einem Chromosom feststellen lassen. Bei der Kartierung muss das Chromosom (oder das ganze Genom) möglichst mit Markern vollständig abgedeckt werden, um z. B. die Lage von Krankheitsgenen leichter bestimmen zu können. Man ermittelt dann, wie häufig die untersuchten Marker (RFLPs, STRs) in bestimmten Familien zusammen mit der Krankheit vererbt werden.

Am wichtigsten sind aber offenbar **SNPs** (*Single Nucleotide Polymorphism*), die wie *„snips"* („Schnipsel") ausgesprochen werden.

Polymorphismus bedeutet, dass verschiedene Kopien eines Gens einer Population nicht exakt identisch sind. Einzelnucleotid-Polymorphismus liegt vor, wenn der Unterschied zwischen den verglichenen Genen gerade einmal eine Base groß ist. In groß angelegten Studien menschlicher oder anderer Populationen sind die SNPs die Marker der Wahl, weil sie mit **Gen-Chips** (siehe Abschnitt 10.24) leicht messbar sind.

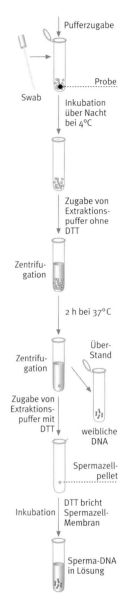

Abb. 10.23 DNA-Test für die Kriminalistik, der weibliche DNA von verglichener Sperma-DNA separiert

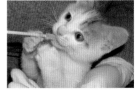

Abb. 10.24 Katerbaby „Fortune" liefert spielend eine DNA-Probe mit einem buccalen Swab.

Abb. 10.25 DNA-Polymerase in Aktion bei der PCR

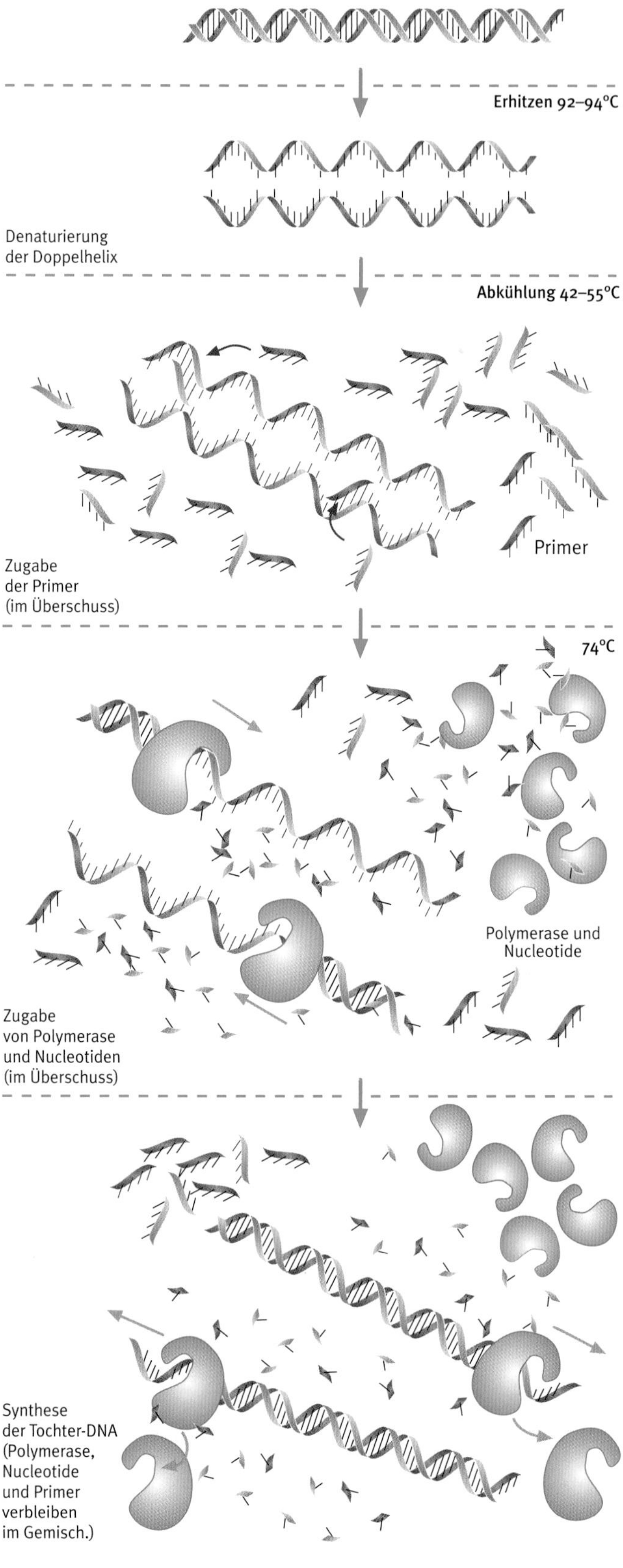

Erhitzen 92–94°C

Denaturierung
der Doppelhelix

Abkühlung 42–55°C

Zugabe
der Primer
(im Überschuss)

Primer

74°C

Polymerase und
Nucleotide

Zugabe
von Polymerase
und Nucleotiden
(im Überschuss)

Synthese
der Tochter-DNA
(Polymerase,
Nucleotide
und Primer
verbleiben
im Gemisch.)

SNPs repräsentieren 90% der polymorphen Sequenzvariationen. Bereits 149 735 377 SNPs waren 2015 bekannt. Der einzige Nachteil der SNPs ist, dass jeglicher SNP nur eines der zwei Basenpaare A-T oder G-C sein kann. Zwei Menschen zu unterscheiden, kann also schwierig sein. Man muss **SNP-Blöcke** finden, wie einen genetischen Strichcode. Solche SNP-Kombinationen werden auch Haplotypen genannt. Die **Haplotyp**-Kartierung ist jetzt Teil jedes Gen-Kartierungsprogramms. In den 90er-Jahren wurde das RFLP-Fingerprinting um die SNPs ergänzt.

In der **Kriminalistik** spielt DNA eine immer größere Rolle. Ein DNA-Fingerabdruck kann inzwischen mit 20-50 Nanogramm DNA ausgeführt werden. Eine DNA-Probe, z. B. vom Opfer einer Vergewaltigung, aus Spermaspuren und eine DNA-Probe des Verdächtigen werden mit dem Fingerprinting verglichen. Bei sogenannten DNA-Rasterfahndungen wurden inzwischen auch in Deutschland Abstriche der Mundschleimhaut Tausender verdächtiger Männer mit sogenannten **Swabs** (Wattestäbchen, Abb. 10.23 und Abb. 10.24) genommen und untersucht, sehr oft erfolgreich!

Die Anlage einer allgemeinen **DNA-Datenbank** ist allerdings aus rechtlichen Gründen in Deutschland umstritten, hat aber nach dem Mord an Modezar **Rudolph Moshammer** (1940-2005) in München starke Befürworter bekommen.

Das Fingerprinting wird immer empfindlicher. Es reichen schon Speicheltröpfchen in der Sprechmuschel des Handys oder eine einzelne Haarwurzel. Die **Haarwurzelmethode** wurde vom deutschen Bundeskriminalamt entwickelt. Nach dem Anschlag am 11. September 2001 in New York identifizierte man damit Opfer.

Die Bewegung *Las Abuelas* („Die Großmütter") in Argentinien konnte zumindest 150 der 2000 während der Militärdiktatur verschleppten Kinder dank der DNA-Analyse den ursprünglichen Familien zurückgeben. Hier wurde **Mitochondrien-DNA** der Kinder und der Großmütter analysiert. Mitochondriale DNA wird ausschließlich über die Mütter weitergegeben.

Von sich reden machten auch die DNA-Analyse der Zarenfamilie **Romanow** und die Entlarvung von **Anne Anderson**, der letzten „Zarentochter".

Andere Anwendungen sind beispielsweise die **Faseranalytik**: dass ein Kaschmir-Pullover tatsächlich von einer Kaschmirziege stammt und nicht von normalen Schafen.

Der DNA-Fingerabdruck kann auch auf **künstliche DNA** ausgedehnt werden, um z. B. spezielle Markierungen (*tags*) zu konstruieren und Fälschungen zu verhindern. Eine 20-Basen-DNA bietet zehn Trillionen möglicher Varianten zum Codieren an. Damit könnten wertvolle Gemälde und Nobelkarossen markiert werden.

Sind aber nur geringe Mengen DNA verfügbar, muss diese **DNA zunächst vermehrt** werden. Polymerase-Kettenreaktion (PCR) heißt hier das Zauberwort.

■ 10.11 Die Polymerase-Kettenreaktion: der DNA-Kopierer

Der DNA-Kopierer *par excellence* heißt PCR. Eigentlich geschieht bei der **Polymerase-Kettenreaktion** (*polymerase chain reaction*, **PCR**) das gleiche wie bei der Teilung einer Zelle in zwei Tochterzellen. Da jede Tochterzelle genau die gleiche Erbinformation braucht, muss die Information der Mutterzelle vollständig kopiert werden. Die beiden Stränge der Doppelhelix werden dazu getrennt. Die beiden einzelsträngigen DNA-Moleküle dienen als Matrizen für zwei neue Stränge. Mithilfe eines Enzyms, der **DNA-Polymerase** (Abb. 10.25), werden in der Zelle die beiden komplementären Stränge synthetisiert. Die Polymerase baut dabei das jeweils richtige, zur Matrize passende Nucleotid ein. Beide entstandenen DNAs der Tochterzellen sind mit der DNA der Mutterzelle identisch.

Tausende Biochemiker und Biotechnologen hatten jahrelang versucht, dieses im Reagenzglas nachzuahmen, aber erst **Kary Mullis** (geb. 1944) kam auf die entscheidende Idee – PCR.

Das geniale Prinzip der PCR heißt kurzgefasst:

- Aufheizen und damit Trennen (Denaturieren) der DNA;
- Abkühlen und Anlagern der Primer;
- Erwärmen und Synthese der neuen DNA durch die Polymerase;
- erneuertes Aufheizen und Trennen (Denaturieren) der neuen DNA;
- der gleiche Vorgang wieder von vorne.

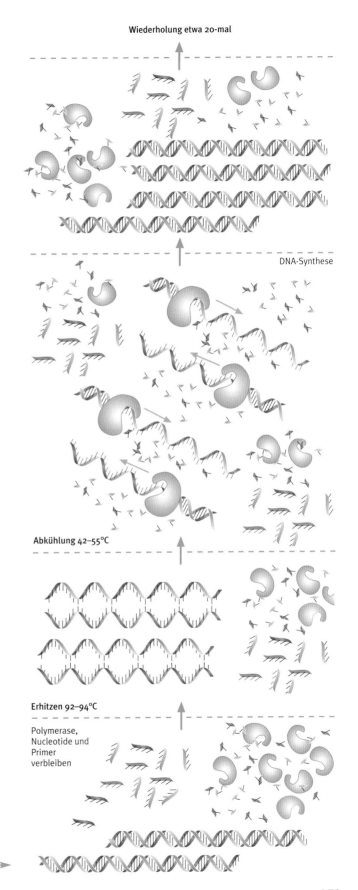

Wiederholung etwa 20-mal

DNA-Synthese

Abkühlung 42–55°C

Erhitzen 92–94°C

Polymerase, Nucleotide und Primer verbleiben

Box 10.4 Biotech-Historie:
Craig Venters Ungeduld oder: Sequenz-Etiketten

Die Erleuchtung kam **Craig Venter** 10 km über dem Pazifik beim Rückflug aus Japan in die USA.

Venters Job am National Institute of Health (NIH) war die Suche nach einem **Rezeptor für das Stresshormon Adrenalin** gewesen, der an der Oberfläche von Herzzellen sitzt. Jahrelang mühten sich die Forscher, um die Proteine aufzureinigen und das Gen aufzuspüren. Ein langsames und teures Geschäft! 1986 flog Venter nach Kalifornien zu **Applied Biosystems (ABI), die einen neuen Sequenzierautomaten entwickelt** hatten.

Das neue System nutzte **Fred Sangers** Prinzip, verwendete aber **Fluoreszenzfarbstoffe** (anstelle von radioaktiver Markierung) und konnte mit dem ABI 373A gleichzeitig 24 Proben analysieren und täglich etwa 12 000 Buchstaben der DNA liefern. Die Maschine kostete allerdings 100 000 Dollar.

Anfang 1987 testete Venters NIH-Labor das neue „Spielzeug" und sequenzierte Rattengene, die mit dem Adrenalin-Rezeptor zu tun hatten. Der Automat war schneller und insgesamt billiger als die bisherigen manuellen Methoden. **Eigentlich wollte Venter aber mehr: die interessantesten Gene aufspüren**, zum Beispiel ein Segment auf dem langen Arm des X-Chromosoms (Xq28), auf das Dutzende genetisch verursachter Krankheiten zuückverfolgt worden waren. Venter beantragte Geld beim NIH-Genomzentrum, das von dem großen **James Watson** geleitet wurde. Die Antwort wurde endlos verzögert.

Die zermürbende Wartezeit nutzte Venter für zwei kleinere Projekte, die für die Humangenetik zentrale Bedeutung hatten: Den erblichen **Veitstanz (Chorea Huntington)** auf Chromosom 4 und **Muskelschwund (Dystrophische Myotonie)** auf Chromosom 19.

Zwar waren die gefundenen Gene in beiden Fällen nicht direkt relevant, die Sequenzierautomaten funktionierten jedoch vortrefflich mit 60 000 und 106 000 Basen. Unter Venters Mitarbeitern befand sich übrigens sein künftiger Gegenspieler, **Francis Collins**. Venter ging es aber immer noch viel zu langsam. Die Erleuchtung? Man musste Gene „anreichern", **um nicht lange Strecken von nichtcodierender DNA (engl. junk-**

Unten: Craig Venter 2012 in Hongkong

DNA) zu sequenzieren. Die Natur macht es bei der Transkription vor (Kap. 3). Dabei wird Doppelstrang-DNA in einzelsträngige messenger-RNA überschrieben und der **„Schrott" (die nichtcodierenden Sequenzen, Introns) eliminiert**. Nur die „sinnvolle" reife mRNA, die für Proteine codiert, gelangt aus dem Zellkern zu den Ribosomen in der Zelle und wird dort abgelesen (Translation). Wenn man die relativ instabilen RNA-Moleküle aus einer Zelle isoliert, reinigt und sie in *complementary* DNA (komplementäre DNA, cDNA) zurückverwandelt, erhält man eine Sammlung an cDNA, eine sogenannte **cDNA-Bibliothek**. Wie wir in Kapitel 3 gesehen haben, kann man das mit Reverser Transkriptase erreichen.

Die eukaryotische mRNA (nur 1–3 % der Gesamt-RNA der Zelle) kann leicht über eine Säule affinitätschromatografisch abgetrennt werden, da sie am 3'-Ende eine Oligo-A-Sequenz trägt (also ...AAAAAA-3'). Die Säule enthält eine Oligo-T-Matrix mit TTTTT-Sequenzen, und die AAAAAs hybridisieren dort und werden verzögert von der Säule eluiert.

Venters Idee war verblüffend einfach:
Er produzierte mit seinem Kollegen **Mark Adams** die cDNA-Library einer Gehirnzelle. Sie enthielt Zehntausende Kopien von Genen, die im Gehirn aktiv sind. Die mRNA wurde dazu mit Revertase in cDNA umge-

schrieben, diese in **Bakterienplasmide** eingebaut und in **Bakterien geschleust**.

Man konnte nun die Bakterien auf einer Petrischale zu Kolonien heranwachsen lassen und einzelne Kolonien auswählen. Jede Kolonie enthielt die cDNA eines noch rätselhaften Gens, das im Gehirn exprimiert wurde! Und diese DNA musste man sequenzieren! Anschließend verglich Venter die 200 bis 300 Basen lange Sequenz mit den zuvor identifizierten Genen von anderen Lebewesen aus der öffentlichen Gendatenbank. Jedes cDNA-Sequenz-Schnipsel wurde als **exprimiertes Sequenz-Etikett** (*expressed sequence tag*) oder **EST** bezeichnet.

Der Plan war so einfach und elegant. Nobelpreisträger **Sydney Brenner** hatte immerhin 1986 gesagt, das Sequenzieren von Schrott-DNA gleiche dem Zahlen von Einkommenssteuern: Es sei unvermeidlich, aber es gibt Wege, es zu umgehen, und es sei auf jeden Fall eines der Probleme, die wir unseren Nachfolgern überlassen können und auch sollten.

Venter jedoch hatte es hocheffizient geschafft. Er zog seinen zwei Jahre schmorenden Antrag zur Sequenzierung des langen Arms des X-Chromosoms zurück und beschwerte sich bei Watson, er hätte in den zwei Jahren zwei Millionen Buchstaben sequenzieren können. Dann verkündete er im Juni 1991 seine neue EST-Strategie in *Science*. Er hatte 330 neue, im menschlichen Hirn aktive Gene entdeckt. Immerhin wird das Nervensystem von etwa einem Viertel der über 5000 bekannten genetisch bedingten Krankheiten beeinträchtigt.

Zu diesem Zeitpunkt enthielt die öffentliche Genbank des NIH die Sequenzen von weniger als 3000 menschlichen Genen. Im Alleingang hatte also Venter in wenigen Monaten mehr als 10 % der Gesamtzahl aller bekannten Gene sequenziert. Ein Triumph!

Craig Venter (geb. 1946)

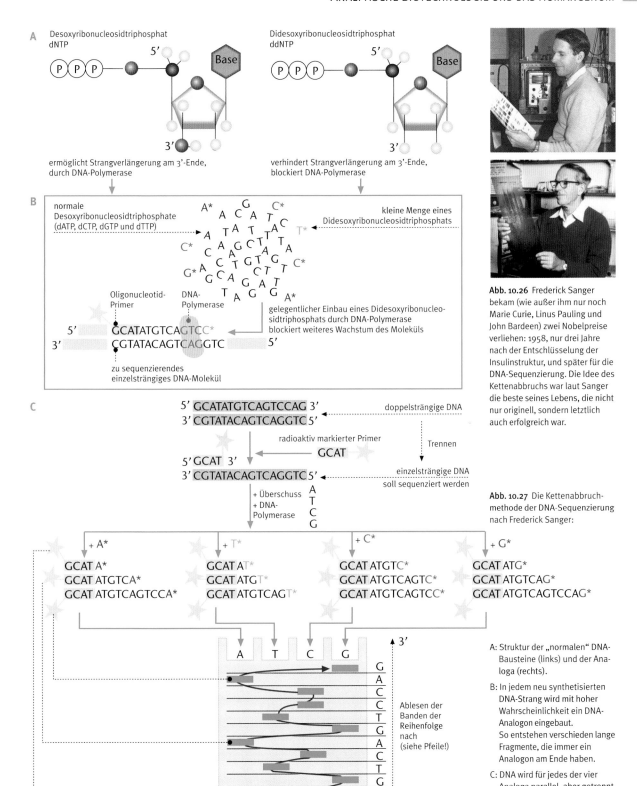

A Desoxyribonucleosidtriphosphat dNTP

ermöglicht Strangverlängerung am 3'-Ende, durch DNA-Polymerase

Didesoxyribonucleosidtriphosphat ddNTP

verhindert Strangverlängerung am 3'-Ende, blockiert DNA-Polymerase

B normale Desoxyribonucleosidtriphosphate (dATP, dCTP, dGTP und dTTP)

kleine Menge eines Didesoxyribonucleosidtriphosphats

Oligonucleotid-Primer

DNA-Polymerase

gelegentlicher Einbau eines Didesoxyribonucleosidtriphosphats durch DNA-Polymerase blockiert weiteres Wachstum des Moleküls

5' GCATATGTCAGTCC*
3' CGTATACAGTCAGGTC 5'

zu sequenzierendes einzelsträngiges DNA-Molekül

C 5' GCATATGTCAGTCCAG 3'
3' CGTATACAGTCAGGTC 5'

doppelsträngige DNA

radioaktiv markierter Primer
GCAT

Trennen

5' GCAT 3'
3' CGTATACAGTCAGGTC 5'

einzelsträngige DNA soll sequenziert werden

+ Überschuss
+ DNA-Polymerase

A
T
C
G

+ A*
GCAT A*
GCAT ATGTCA*
GCAT ATGTCAGTCCA*

+ T*
GCAT AT*
GCAT ATGT*
GCAT ATGTCAGT*

+ C*
GCAT ATGTC*
GCAT ATGTCAGTC*
GCAT ATGTCAGTCC*

+ G*
GCAT ATG*
GCAT ATGTCAG*
GCAT ATGTCAGTCCAG*

A	T	C	G

3'
G
A
C
C
T
G
A
C
T
G
T
A
5'

Ablesen der Banden der Reihenfolge nach (siehe Pfeile!)

Ablese-Ergebnis: ATGTCAGTCCAG
Umwandlung in komplementäre Basen: TACAGTCAGGTC
Ergebnis: (plus Primer-Anteil) 3' CGTATACAGTCAGGTC 5'

Abb. 10.26 Frederick Sanger bekam (wie außer ihm nur noch Marie Curie, Linus Pauling und John Bardeen) zwei Nobelpreise verliehen: 1958, nur drei Jahre nach der Entschlüsselung der Insulinstruktur, und später für die DNA-Sequenzierung. Die Idee des Kettenabbruchs war laut Sanger die beste seines Lebens, die nicht nur originell, sondern letztlich auch erfolgreich war.

Abb. 10.27 Die Kettenabbruchmethode der DNA-Sequenzierung nach Frederick Sanger:

A: Struktur der „normalen" DNA-Bausteine (links) und der Analoga (rechts).

B: In jedem neu synthetisierten DNA-Strang wird mit hoher Wahrscheinlichkeit ein DNA-Analogon eingebaut. So entstehen verschieden lange Fragmente, die immer ein Analogon am Ende haben.

C: DNA wird für jedes der vier Analoga parallel, aber getrennt synthetisiert und dann nach der Größe elektrophoretisch getrennt. Man liest die komplementäre Sequenz von unten nach oben und muss sie noch in die gesuchte übersetzen.

381

Abb. 10.28 DNA-Analyse durch Gelelektrophorese und Southern Blotting

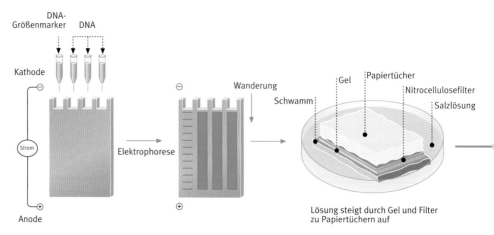

Abb. 10.29 Sir Edwin Southern (Universität Oxford) entwickelte den Southern Blot.

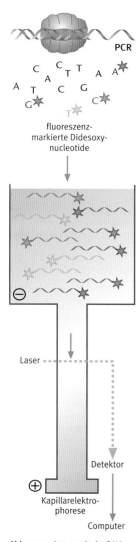

Abb. 10.30 Automatische DNA-Sequenzierung mit hohem Durchsatz (*high throughput sequencing*)

Ein Zyklus läuft automatisch in wenigen Minuten ab. Anfänglich musste die DNA-Polymerase bei jedem neuen Zyklus immer neu zugesetzt werden, denn das Enzym aus Colibakterien verlor bei dem Denaturierungsschritt von 94 °C seine Aktivität. Dann entdeckte man in siedend heißen Quellen, z. B. in den Geysiren des Yellowstone-Nationalparks, Bakterien (Abb. 10.36). Auch sie brauchen eine Polymerase, um sich dort zu vermehren! Eine hitzestabile!

Das aus *Thermus aquaticus* isolierte Enzym (*Taq*-Polymerase) wurde gentechnisch modifiziert und in großen Mengen hergestellt. Die *Taq*-Polymerase arbeitet optimal bei 72 °C und verträgt ohne Schaden 94 °C. Sie kann im Reagenzglas bei allen Zyklen verbleiben, entscheidend für den Erfolg der Methode. Die Box 10.6 und Abb. 10.25 beschreiben die Details der PCR.

■ 10.12 Werden Saurier und Mammut zu neuem Leben erweckt?

Ein spannendes Kapitel sind die Analysen ausgestorbener Tiere mithilfe der PCR. Wo immer DNA-Spuren vorhanden sind, kann man sie verstärken.

Ein Mammut, das nach 20 000 Jahren im sibirischen Eis gefunden wurde, zeigte bei der DNA-Analyse die erwartete Verwandtschaft zum heutigen Elefanten. Ein russisch-japanisches Team ist sehr zuversichtlich, dass es das Wollhaarmammut klonieren kann. Funde wie das 34 000 Jahre tiefgefrorene sibirische Mammutbaby „Lyuba" (Abb 10.31) zeigen noch relativ gut erhaltene DNA, ganz im Gegensatz zu der bisher gefundenen Dino-DNA (Kap. 8).

Eine der ersten durch uns ausgerotteten Tierarten könnte dann wiedererschaffen werden. Eine Ges-

te der Dankbarkeit: Immerhin verdanken wir dem Mammut maßgeblich das Überleben des Menschen in der Eiszeit. Es war der fast einzige Fleischlieferant in der Eiswüste.

In Bernstein eingeschlossene **Insekten** (Abb. 10.32) könnten tatsächlich an Dinosauriern Blut gesaugt haben und somit **Saurier-DNA** enthalten, die Grundlage für das Buch und den Film *Jurassic Park*. Allerdings wird wohl leider die verwertbare spärliche und weitgehend zerstörte DNA-Information nie ausreichen, um uns den *Tyrannosaurus rex* zurückzugeben. Die DNA-Bruchstücke reichen dafür einfach nicht aus. Auch prähistorische Mumien liefern nun verwertbare DNA zum Vergleich mit uns Lebenden. Interessant ist, dass nun neben *Homo sapiens* auch die DNA-Bank für *Homo neanderthalensis* aufgebaut wird.

■ 10.13 Wie Gene sequenziert werden

Die Nucleotidsequenz eines Gens zu kennen, also die Abfolge der A, G, T und C, kann wichtig sein:

- um die Aminosäuresequenz eines im Gen codierten Proteins abzuleiten;
- um die exakte Sequenz des Gens zu bestimmen;
- um regulatorische Elemente (wie Promotorgene) zu identifizieren;
- um Unterschiede in Genen zu identifizieren;
- um genetische Mutationen (z. B. Polymorphismen) zu identifizieren.

Heute sind unterschiedliche Methoden der DNA-Sequenzierung verfügbar. Die am weitesten genutzte Methode wurde 1977 von **Frederick**

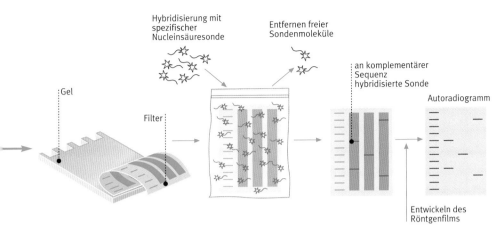

Hybridisierung mit spezifischer Nucleinsäuresonde

Entfernen freier Sondenmoleküle

an komplementärer Sequenz hybridisierte Sonde

Autoradiogramm

Gel

Filter

Entwickeln des Röntgenfilms

Abb. 10.31 Der Verfasser vor einem Mammutporträt in der Hongkonger Ausstellung des sibirischen Mammutbabys „Lyuba".

Sanger entwickelt (Abb. 10.26) und wird als **Kettenabbruchmethode** bezeichnet. Dabei (Abb. 10.27) wird ein radioaktiv markierter DNA-Primer mit denaturierter *template*-DNA (DNA-Matrize) hybridisiert, und zwar in einem Röhrchen, das die vier Desoxyribonucleotide (dNTPs) und DNA-Polymerase enthält. Die Polymerase kopiert vom 3'-Ende der Primer ausgehend die Stränge.

Ein **modifiziertes Nucleotid** (Didesoxyribonucleotid, ddNTP) wird untergemischt. **ddNTP** hat am 3'-Kohlenstoff des Zuckers nur ein Wasserstoffatom (-H) statt einer Hydroxylgruppe (-OH) gebunden. Wenn ein ddNTP in eine DNA eingebaut wird, führt das zum **Abbruch** (*termination*) der Kettenverlängerung, weil sich am 3'-H keine Phosphodiesterbindung mit einem neuen Nucleotid bilden kann.

Vier verschiedene Röhrchen werden eingesetzt. Jedes mit DNA, Primer und allen vier dNTPs, aber jedes mit einer kleinen Menge nur eines der vier ddNTPs. Die Polymerase baut also zufällig ddNTPs ein und es entsteht eine Reihe verschieden langer Fragmente, die alle von ddNTPs terminiert werden.

Ein Polyacrylamid-Gel separiert in einer Elektrophorese die Fragmente nach ihrer Größe. Sie werden durch radioaktive Markierung und einen durch die Strahlung geschwärzten Röntgenfilm (**Autoradiogramm**) sichtbar gemacht (Abb. 10.28).

Die Sanger-Kettenabbruchmethode kann nur für Sequenzen von 200 bis 400 Nucleotiden in einer Einzelreaktion benutzt werden. Man muss also z. B. für 1000 Basenpaare verschiedene Läufe durchführen und dann überlappende Sequenzen zusammenpuzzeln.

10.14 Southern Blotting

1975 entwickelte **Edwin Southern** (geb. 1938, Abb. 10.29) in Oxford eine dramatische Verbesserung der DNA-Gelelektrophorese. Das nach ihm benannte **Southern Blotting** beginnt mit der Spaltung der DNA durch Restriktionsenzyme und der Auftrennung der Fragmente in einer Agarose-Gelelektrophorese. Wenn man beispielsweise chromosomale DNA spaltet, ist aber die Zahl der Fragmente so groß, dass man sie nicht einfach auf dem Gel auflösen kann und die Banden „verschmieren" (engl. *smear*). Das Southern Blotting erlaubt dagegen, spezifische Fragmente zu lokalisieren.

Dazu denaturiert man zunächst die Doppelstrang-DNA mit Natronlauge (NaOH), es bildet sich Einzelstrang-DNA für die spätere Hybridisierung (Abb. 10.28). Dann legt man das Gel nach der Elektrophorese auf einen **Nitrocellulosefilter** (oder eine Nylonmembran), beschwert ihn und erzeugt einen Pufferfluss (durch Papierhandtücher) durch das Gel hin zum Filter oder der Membran. Die Einzelstrang-DNA-Fragmente werden durch die Kapillarwirkung aus dem Gel auf den Filter transferiert, an den sie binden. So entsteht ein Abbild der DNA im Gel fest gebunden auf dem Filter.

Der entscheidende Vorteil von **Blotting-Techniken** ist, dass Reaktionspartner (z.B. DNA-Sonden) mühsam ins Gel hineindiffundieren müssten und die nachzuweisenden Analyten in der Zwischenzeit auf Wanderschaft gehen. Auf dem Nitrocellulosefilter liegen die **Analyten dagegen frei zugänglich** auf dem Präsentierteller.

Nun entfernt man den Filter. Dann gibt man eine radioaktiv markierte **DNA-Sonde** zu. Die Hybridisierung beginnt. Anschließend werden freie

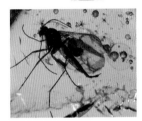

Abb. 10.32 In Bernstein eingeschlossene Insekten könnten tatsächlich an Dinosauriern gesaugt haben und somit Saurier-DNA enthalten. Das hier von *www.amberworld.com* gezeigte Insekt ist allerdings eine Pilzmücke, Ordnung Diptera, Familie Mycetophilidae. Der baltische Bernstein ist etwa 28 bis 54 Millionen Jahre alt. Im Kreide-Bernstein aus New Jersey, Libanon oder Burma könnten blutsaugende Mücken vorkommen, jedoch sind diese Einschlüsse sehr selten. Bei *Jurassic Park* hat man deshalb auch einen baltischen Bernstein genommen.

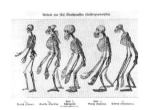

Abb. 10.33 Vor fünf Millionen Jahren hatten wir gemeinsame Vorfahren, heute beträgt der DNA-Unterschied zwischen Mensch und Menschenaffen 1–2 %. (Zeichnung von Ernst Haeckel)

383

Box 10.5 *DNA-Wanderkarte 1*: Was das *Genographic Project* über die Wanderung meiner DNA von Afrika aus herausgefunden hat

Sehr geehrter Herr Professor Reinhard Renneberg, hier sind Ihre Ergebnisse!

Typ: Y-Chromosom
Haplogruppe: E3b (M35)
Ihre STRs

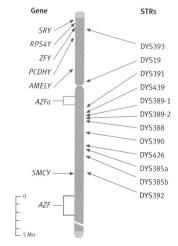

Gene — STRs

SRY
RPS4Y — DYS393
ZFY — DYS19
PCDHY — DYS391
AMELY — DYS439
AZFa — DYS389-1
— DYS389-2
— DYS388
— DYS390
— DYS426
SMCY — DYS385a
— DYS385b
— DYS392
AZF

Interpretation Ihrer Ergebnisse

DYS393:13   DYS439:12   DYS388:12   DYS385a:17
DYS19:13   DYS389-1:13 DYS390:25 DYS385b:18
DYS391:10   DYS389-2:18 DYS426:11 DYS392:11

Oben sehen Sie die Ergebnisse der Laboranalyse Ihres **Y-Chromosoms**. Ihre DNA wurde auf *short tandem repeats* (**STRs**) untersucht, das sind sich wiederholende Segmente Ihres Genoms mit einer hohen Mutationsrate. Die Lage von jedem einzelnen dieser Marker auf dem Y-Chromosom ist auf der Abbildung eingezeichnet – zusammen mit der Anzahl der Wiederholungen der einzelnen STRs, die rechts davon stehen. DYS19 ist beispielsweise eine Wiederholung von TAGA. Wenn Ihre DNA diese Sequenz zwölfmal an dieser Stelle wiederholte, würde dies als DYS19 12 vermerkt. Durch Analyse der Kombination dieser STR-Längen in Ihrem Y-Chromosom können Genetiker Sie einer bestimmten Haplogruppe zuordnen und dadurch die komplexen Wanderungen Ihrer Ahnen aufzeigen.

Y-SNP: Falls die Analyse Ihrer STRs zu keinem Ergebnis geführt haben sollte, wird das Y-Chromosom zusätzlich auf das Vorhandensein eines informativen **Single-Nucleotid-Polymorphismus** (**SNP**) hin untersucht.

Das sind durch Mutationen entstandene Variationen einzelner Nucleotidbasen, die es dem Untersuchenden ermöglichen, Sie definitiv einer genetischen Haplogruppe zuzuordnen.

Die Ergebnisse der Analyse Ihres Y-Chromosoms identifizieren Sie als Mitglied der Haplogruppe *E3b*.

Die genetischen Marker, die Ihre Abstammung definieren, reichen rund **60 000 Jahre zurück** bis zum ersten gemeinsamen Marker aller nicht-afrikanischen Männer, *M168*, und folgen Ihrer Abstammungslinie bis zum heutigen Tag, endend mit M35, dem definierenden Marker der Haplogruppe *E3b*.

Beim Betrachten der Karte, die die Wanderungsbewegungen Ihrer Vorfahren aufzeigt, können Sie erkennen, dass Mitglieder der Haplogruppe *E3b* folgende Marker auf dem Y-Chromosom tragen:

M168 > YAP > M96 > M35

Heutzutage ist die *E3b*-Abstammungslinie hauptsächlich in der Bevölkerung im Mittelmeerraum zu finden. Etwa 10 % aller spanischen Männer gehören dieser Haplogruppe an, ebenso 12 % aller Männer in Norditalien und 13 % der Männer in Mittel- und Süditalien. Rund 20 % der Männer auf Sizilien sind ebenfalls Angehörige dieser Gruppe. Im Balkan und in Griechenland gehören zwischen 20 und 30 % der Männer zu *E3b*, außerdem fast 75 % der Männer Nordafrikas. In Indien oder Ostasien ist die Haplogruppe dagegen kaum vertreten. Ungefähr 10 % aller europäischen Männer können ihre Abstammung auf diese Linie zurückführen. So gehören beispielsweise in Irland 3-4 % der Männer dazu, in England 4-5 %, in Ungarn 7 % und in Polen 8-9 %. Etwa 25 % aller jüdischen Männer sind ebenfalls Angehörige dieser Haplogruppe.

Der Leiter des Programms, Dr. Spencer Wells, spricht beim Start des *Genographic Project* am 13. April 2005 am Hauptsitz von *National Geographic* in Washington, D. C., mit Repräsentanten von Völkergruppen, die an der genografischen Untersuchung teilnehmen.

Was ist eine **Haplogruppe**, und warum konzentrieren sich Genetiker bei ihrer Suche nach Markern auf das Y-Chromosom? Und was ist überhaupt ein **Marker**? Die DNA, die jeder von uns in sich trägt, ist eine Kombination von Genen sowohl der Mutter als auch des Vaters und führt zur Ausprägung bestimmter Merkmale, die von der Augenfarbe und der Größe bis hin zu Sportlichkeit und Krankheitsanfälligkeit reichen. Eine Ausnahme davon bildet jedoch das Y-Chromosom: **Dieses wird direkt vom Vater zum Sohn weitergegeben, und zwar unverändert von Generation zu Generation.**

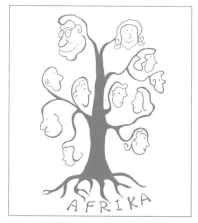

Meisterschuss! Zurück zu unseren afrikanischen Wurzeln: mein erster Elefant in freier Natur im Shamwari-Park in Südafrika. Man beachte auch die Singdrossel beim Elefanten.

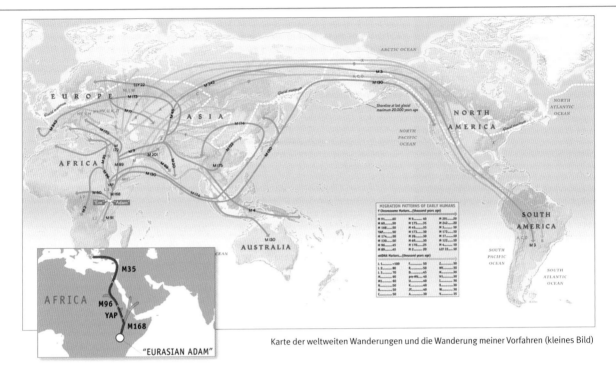

Karte der weltweiten Wanderungen und die Wanderung meiner Vorfahren (kleines Bild)

Unverändert aber nur dann, wenn keine Mutation stattfindet, also eine zufällige, natürlich auftretende und gewöhnlich harmlose Veränderung. Die Mutation, der Marker, fungiert als Signal; man kann sie über Generationen hinweg verfolgen, weil sie von dem Mann, bei dem sie erfolgt ist, an seine Söhne, deren Söhne und jedes weitere männliche Familienmitglied über Tausende von Jahren weitergegeben wird.

In manchen Fällen kommt es zu mehreren Mutationen, die dann einen bestimmten Zweig des Stammbaumes charakterisieren. Das bedeutet, dass jeder einzelne dieser Marker dazu genutzt werden kann, Ihre spezielle Haplogruppe zu ermitteln, da jedes Individuum, das einen dieser Marker trägt, zwangsläufig auch die anderen Marker aufweist, die Marker sind also miteinander gekoppelt. Wenn Genetiker solche Marker identifizieren, versuchen sie auch herauszufinden, wann und in welcher geografischen Region der Welt diese zuerst aufgetreten sind.

Jeder Marker bedeutet im Grunde die Entstehung einer neuen Abstammungslinie im Stammbaum der Menschheit. Indem man diese Abstammungslinien zurückverfolgt, kann man sich ein Bild darüber machen, wie sich kleine Volksstämme des modernen Menschen in Afrika vor Zehntausenden von Jahren auseinanderentwickelt und in die ganze Welt ausgebreitet haben.

Eine Haplogruppe wird durch eine Reihe von Markern definiert; ihr gehören alle Männer an, die die gleichen zufälligen Mutationen tragen. Über die Marker lassen sich die Wanderungsbewegungen der Vorfahren zurückverfolgen. Eines der Ziele des fünf Jahre dauernden *Genographic Project* ist die Erstellung einer ausreichend großen Datenbank anthropologischer genetischer Daten, um einige dieser Fragen zu beantworten.

Die Wanderung Ihrer Ahnen: Was wir bis jetzt wissen

M168: Ihr frühester Vorfahr

Skelettfunde und archäologische Beweise legen nahe, dass sich der anatomisch moderne Mensch vor **ca. 200 000 Jahren** in Afrika entwickelte und von dort aus vor ca. 60 000 Jahren auszog, um den Rest der Welt zu besiedeln.

Der Mann, auf den **der erste genetische Marker** Ihrer Abstammungslinie zurückzuführen ist, lebte wahrscheinlich **vor ungefähr 31 000 bis 79 000 Jahren** im Nordosten Afrikas in der Gegend des **Ostafrikanischen Grabenbruchs**, eventuell im heutigen Äthiopien, Kenia oder Tansania.

Wissenschaftler halten einen Zeitraum von vor rund 50 000 Jahren für am wahrscheinlichsten. Seine Nachfahren bildeten die einzige Abstammungslinie, die außerhalb Afrikas überlebt hat, und machten ihn damit zum Stammvater aller heute lebenden Nicht-Afrikaner.

Aber warum wagte sich der Mensch erstmals aus den ihm bekannten afrikanischen Jagdgründen in unerforschtes Land?

Fortsetzung nächste Seite

Oben: Meine Vorfahren väterlicherseits: meine Großeltern Anna und Alfred Renneberg
Links: Der Verfasser als Baby

Wahrscheinlich gab eine **Klimaveränderung** den Anstoß für die Auswanderung aus Afrika. Die **afrikanische Eiszeit** war eher durch Trockenheit als durch Kälte charakterisiert. Vor etwa **50 000 Jahren** begann die Eisdecke von Nordeuropa zu schmelzen, was in Afrika zu einer Periode mit wärmeren Temperaturen und einem feuchteren Klima führte. Dadurch wurden **Teile der lebensfeindlichen Sahara für kurze Zeit bewohnbar und grün.**

Als sich die sonst ausgetrocknete Wüste zur Savanne umwandelte, erweiterten die von Ihren Ahnen gejagten Tiere ihr Verbreitungsgebiet und begannen durch den neu entstandenen grünen **Korridor aus Grasland** zu wandern. Ihre nomadischen Ahnen folgten dem guten Wetter und den Tieren, die sie jagten. Welche Route sie genau einschlugen, muss jedoch noch ermittelt werden. Gleichzeitig kam es zusätzlich zu den günstigen Klimaveränderungen zu einem großen Evolutionssprung bei den intellektuellen Fähigkeiten des modernen Menschen.

YAP: Eine uralte Mutation

Die heute südlich der Sahara lebenden Populationen sind durch eine von drei unterschiedlichen Y-Chromosom-Abstammungslinien im Stammbaum des Menschen charakte-

risiert. Ihre väterliche Abstammungslinie *E3b* ist eine dieser drei uralten Linien und wird von den Genetikern als *YAP* bezeichnet. *YAP* entstand im nordöstlichen Afrika und ist die häufigste der drei alten genetischen Linien in Afrika südlich der Sahara. Sie ist durch eine als Alu-Insertion bekannte seltene Mutation gekennzeichnet. Dabei wird während der Zellteilung ein 300 Nucleotide großes Fragment der DNA in unterschiedliche Bereiche des menschlichen Genoms eingebaut. Bei Ihrem fernen Vorfahr, einem Mann der vor ca. 50 000 Jahren gelebt hat, wurde dieses Fragment in sein Y-Chromosom eingebaut, und er gab es an seine Nachkommen weiter. Im Laufe der Zeit spaltete sich diese Abstammungslinie in zwei getrennte Gruppen auf. Die eine findet sich vorwiegend in Afrika und im Mittelmeergebiet. Sie ist charakterisiert durch den Marker *M96* und wird Haplogruppe E genannt. Die andere Gruppe, Haplogruppe D, kommt in Asien vor und ist gekennzeichnet durch die *M174*-Mutation. Ihre eigene genetische Abstammung ist innerhalb der Gruppe zu finden, die in der Nähe des Herkunftsortes blieb. Die Träger des Merkmals spielten wahrscheinlich eine maßgebliche Rolle für die damalige Kultur und die Wanderungen innerhalb Afrikas.

M96: Auswanderung aus Afrika

Der nächste wichtige Mann Ihrer Abstammungslinie wurde **vor etwa 30 000 bis 40 000 Jahren** im nordöstlichen Afrika geboren. Bei ihm entstand der Marker *M96*. Dessen Ursprung ist noch nicht geklärt; vielleicht können weitere Daten den genauen Ursprung dieser Abstammungslinie erhellen. Sie stammen von einer **uralten afrikanischen Abstammungslinie** ab, die sich **entschloss, nach Norden in den Nahen Osten zu wandern.** Ihre Angehörigen haben sich vielleicht dem Clan des Nahen Ostens (mit dem Marker *M89*) angeschlossen, als sie den Herden der großen Säugetiere nach Norden durch die Grasländer und Savannen des Sahara-Korridors folgten. Eine Gruppe Ihrer Ahnen könnte jedoch auch zu einem späteren Zeitpunkt allein diese Wanderung vorgenommen haben und der Route des zuvor gewanderten Clans aus dem Nahen Osten gefolgt sein. **Vor etwa 40 000 Jahren** begann sich das Klima erneut zu verändern und wurde kälter und arider. Eine Dürre suchte Afrika heim, und das Grasland wurde

wieder zu Wüste. **Für die nächsten 20 000 Jahre war der Sahara-Korridor gewissermaßen geschlossen.** Durch die Unüberwindlichkeit der Wüste blieben Ihren Vorfahren nur zwei Möglichkeiten: entweder im Nahen Osten zu bleiben oder weiterzuwandern. Der Rückzug auf den Heimatkontinent war nicht möglich.

M35: Bauern der Jungsteinzeit

Der letzte gemeinsame Vorfahr in Ihrer Haplogruppe, der Mann bei dem der Marker M35 entstanden ist, wurde vor etwa 20 000 Jahren im Nahen Osten geboren. Seine Nachkommen waren mit die ersten Bauern und trugen dazu bei, den Ackerbau vom Nahen Osten bis ins Mittelmeergebiet zu verbreiten. Am Ende der letzten Eiszeit, vor ca. 10 000 Jahren, änderte sich das Klima erneut und wurde für den Ackerbau günstiger. Dies trug wahrscheinlich dazu bei, die Neolithische Revolution anzubahnen, das ist der Zeitpunkt, an dem die menschliche Lebensweise von den **nomadischen Jägern und Sammlern** zu den sesshaften Bauern überging.

Die frühen Erfolge des Ackerbaus im fruchtbaren Halbmond des Nahen Ostens führten **vor rund 8000 Jahren** zu einem starken Bevölkerungswachstum und förderten Völkerwanderungen in weite Teile des Mittelmeerraumes. Die Einflussnahme auf das Nahrungsmittelangebot stellt einen wichtigen Wendepunkt für die Menschheit dar. Statt in kleinen Gruppen von 30 bis 50 Personen zu leben, die äußerst mobil und zwanglos organisiert waren, kam es durch den Ackerbau zu den ersten Fallen der Zivilisation.

Ein einzelnes Gebiet zu besetzen erforderte eine komplexere soziale Organisation und den Wandel von den verwandtschaftlichen Bindungen innerhalb einer kleinen Sippe zu den ausgefeilteren Beziehungen in einer größeren Gemeinschaft. Es förderte den Handel, das Schreiben, die Erstellung eines Kalenders und bahnte den Weg für die modernen sesshaften Gemeinden und Städte.

Diese frühen Bauern, Ihre Vorfahren, brachten die Neolithische Revolution ins Mittelmeergebiet.

Aus Bioanalytik für Einsteiger *von Reinhard Renneberg.*

Internet-Link:

https://www3.nationalgeographic.com/ genographic/

Box 10.6 Biotech-Historie: Nachts auf dem kalifornischen Highway

Kary Mullis befand sich 1985 auf der Wochenendheimfahrt aus dem Labor der Biotech-Firma Cetus auf einem mondbeschienenen kalifornischen Highway.

Die Lichter eines Highways brachten Mullis auf seine Idee.

Er dachte die langen drei Stunden über eine Idee nach: Wie kann man ein einzelnes spezielles DNA-Stückchen millionenfach und milliardenfach kopieren? So könnte man die molekulare Nadel im Heuhaufen finden! Eine Möglichkeit besteht darin, die DNA in ringförmige Plasmide einzubauen, dann die Plasmide in Bakterien einzuschleusen, die Bakterien millionenmal zu vermehren, die Plasmide wieder herauszuholen und die so geklonte DNA auszuschneiden. Aufwendig!

Mullis sah, wie Autolichter auf beiden Seiten der Fahrbahn aufeinander zukamen, aneinan-der vorbeiglitten, Autos bogen auch ständig vom Highway ab. In dieser Symphonie von Lichtspuren und sich überschneidender Lichter kam ihm die entscheidende Idee, für die er nur acht Jahre später den Nobelpreis erhalten sollte. Er stoppte sein Auto und begann Linien zu zeichnen: wie sich DNA im Reagenzglas (*in vitro*) verdoppelt, wobei das Produkt jedes Zyklus die Matrizen für den nächsten Zyklus liefert. Nur 20 Runden würden reichen, um aus einem einzigen doppelsträngigen DNA-Molekül 1 000 000 identische DNA-Moleküle zu erzeugen! Mullis weckte seine schlafende Beifahrerin: »Das glaubst Du nicht. Es ist so unglaublich!« Sie brummelte etwas Unfreundliches und fiel wieder in den Schlaf, einen Zustand, den Mullis in dieser Nacht nicht erreichen konnte, da »desoxyribonucleare Bomben in meinem Kopf explodierten«.

Als Mullis am Montag zu Cetus zurückkehrte, testete er fieberhaft die Idee, es funktionierte! Nur wenige Kollegen waren jedoch beeindruckt: Es war so einfach – sicher hatte es jemand zuvor probiert. Als Nobelpreisträger **Joshua Lederberg** (Kap. 3) kurze Zeit später auf einem Kongress das Poster von Mullis sorgfältig studierte, fragte er eher beiläufig: »*Does it work*?« Als Mullis bejahte, bekam er endlich die lang erwartete Reaktion: Die Ikone

der Molekulargenetik, **Joshua Lederberg**, raufte sich die (spärlichen) Haare und rief laut: »Oh mein Gott! Warum bin *ich* nicht darauf gekommen!?«

Und wem verdanken wir die Erfindung der **Polymerase-Kettenreaktion (PCR)**?

Dem russischen **SPUTNIK 1**! In seiner Autobiografie schreibt Nobelpreisträger Mullis, dass er mit seinen Klassenkameraden übte, schnell unter den Tisch zu kommen, falls die bösen Russen eine Atombombe auf Columbia im verschlafenen South Carolina abwerfen sollten. Der „Sputnik-Schock" 1957 veranlasste dann die US-Regierung, schleunigst Geld in die Bildung ihrer Bürger zu stecken. Der 13-jährige Kary wünschte sich zu Weihnachten einen Chemiebaukasten. So begann die Geschichte der PCR.

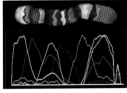

Kary Mullis (geb. 1944)

Sondenmoleküle durch **Waschen** entfernt. Man legt dann den Filter auf einen Röntgenfilm und findet nun exakt die Fragmente mit hybridisierter DNA als Schwärzung auf dem Autoradiogramm.

Ed Southern zu Ehren wurden ähnliche Blot-Analysen nach anderen Himmelsrichtungen benannt: Southern Blotting überträgt DNA auf die Nitrocellulose, **Northern Blotting** dagegen RNA, **Western Blotting** transferiert nicht eine Nucleinsäure, sondern ein Protein von einem SDS-Polyacrylamid-Gel auf Nitrocellulose (siehe Abschnitt 10.26). Das gesuchte Protein wird dann mit markierten Antikörpern sichtbar gemacht oder durch andere Proteinnachweise.

▪ 10.15 Automatische DNA-Sequenzierung

Gelelektrophorese plus Southern Blotting waren für die Sequenzentschlüsselung im Humangenomprojekt (Abschnitt 10.17 und Box 10.9) natürlich viel zu langsam, und man setzte auf

computergestützte Sequenzierer, die Sequenzen größer als 500 Basenpaare in einer Einzelreaktion sequenzieren.

Beim oben schon erwähnten Sanger-Verfahren werden die synthetisierten Moleküle mit abgebrochenen Ketten radioaktiv markiert, und die DNA-Sequenz liest man dann aus dem Autoradiogramm ab. Die radioaktive Markierung hat man in den letzten Jahren jedoch zunehmend durch **Fluoreszenzmarkierungen** ersetzt. Dieser Prozess kann entweder ddNTPs nutzen, die anstelle einer radioaktiven Markierung jeweils mit einem andersfarbigen Fluoreszenzfarbstoff gekennzeichnet sind, oder einen Sequenzierungs-Primer, der am 5'-Ende mit einem Farbstoff markiert ist.

Im Fall von unterschiedlich markierten ddNTPs kann die Reaktion in einem einzigen Reagenzglas erfolgen, und die Probe wird in einem Kapillargel separiert (eine ultradünne Hohlfaser der **Kapillarelektrophorese**) und mit einem Laserstrahl gescannt. Der Laser regt die Fluoreszenzfarbstoffe

Abb. 10.34 Sequenzierautomaten beim Humangenomprojekt

Abb. 10.35 FISH (oben) und *Multi-Color-Banding* eines Chromosoms durch Ilse Chudoba (Metasystems Jena)

Box 10.7 **PCR: der DNA-Kopierer** *par excellence*

Mit der *Polymerase Chain Reaction* (**PCR, Polymerase-Kettenreaktion**) wird ein ausgewähltes Stück DNA höchst wirksam exponentiell anwachsend vermehrt. Dabei kann es sich um jeden Abschnitt einer beliebigen DNA handeln, solange man die Sequenzen, also die Basenfolge, an seinen beiden Enden kennt. Die DNA-Polymerase benötigt nämlich Ansatzpunkte, wo sie zu kopieren beginnen soll. Die DNA-Vermehrung selbst erfolgt mit der hitzestabilen Polymerase aus *Thermus aquaticus* (**Taq-Polymerase**) (Abb. 10.36) oder einer anderen hitzestabilen Polymerase.

Für die Entwicklung einer automatisierten PCR war die Hitzestabilität des Enzyms entscheidend. So muss nicht nach jedem Zyklus die sonst durch Hitze zerstörte Polymerase durch frische ersetzt werden.

Wenn man die Enden des DNA-Stücks, das vervielfältigt werden soll, kennt, synthetisiert der Chemiker kurze Stücke einsträngiger DNA, sogenannte **Primer** oder Startsequenzen, die maßgeschneidert komplementär zu Starterbereichen nahe den beiden Enden des DNA-Stückes sind.

Die PCR beginnt: Alle erforderlichen Reagenzien, die DNA-Matrize (*template*), beide Primer, die Polymerase und die DNA-Bausteine (die vier Nucleotide A, G, C und T, auch als dNTPs zusammengefasst) werden in einem Proberöhrchen in einem optimalen Puffer gelöst. Der **Thermocycler** sorgt dann für eine automatisierte Reaktion:

- Die Doppelhelix erhitzen auf 94 °C, so bilden sich zwei Einzelstrang-DNAs.

Thermocycler: MJ Research Model Tetriad; unten: Roche Light Cycler

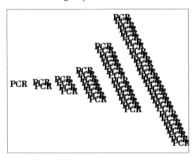

Bildhafte Darstellung des PCR-Prinzips

- Abkühlen auf 40–60 °C, daraufhin binden sich die beiden Primer an den passenden Starterbereich nahe den Enden der Einzelstrang-DNAs (Hybridisierung). Dadurch entstehen für die Polymerasen kurze Anknüpfungsstellen, die zugleich die Startpositionen des Kopiervorgangs markieren.

- Von beiden DNA-Enden arbeiten zwei Polymerasen aufeinander zu und bauen die passenden Nucleotide ein, sie kopieren das gewünschte Stück DNA. Auf diese Weise

sind zwei identische Tochter-Doppelhelix-DNAs entstanden.

- Nun wird wieder auf 94 °C erhitzt, beide Tochter-DNAs spalten sich in insgesamt vier Einzelstrang-DNAs auf.

- Abkühlen, vier Primer binden sich an die nun vorliegenden vier Enden, Polymerase produziert vier Doppelhelix-DNAs, die alle identisch sind.

- Wiederholung des Zyklus, und es entstehen exponentiell 8, 16, 32, 64, 128, 256 Kopien und so fort.

Bei einem Zyklus, der nur drei Minuten dauert, kann man auf diese Weise in einer Stunde (20 Runden) eine Million Kopien erzeugen! Zum Starten der PCR genügt theoretisch ein einziges Molekül der zu vermehrenden DNA. In der Praxis benötigt man allerdings mindestens drei bis fünf Moleküle der zu vermehrenden DNA, um die PCR-Reaktion in Gang zu bringen.

Die PCR ist nicht nur unschätzbar wertvoll für die Forschung, sondern auch für die Diagnostik. So können auch Viren und Bakterien direkt nachgewiesen werden, das heißt, ohne sie vorher künstlich vermehren zu müssen. Für die Diagnose von Erbkrankheiten und Krebs wird immer häufiger die PCR eingesetzt. Ein Problem ergibt sich dabei aber aufgrund der extremen Empfindlichkeit der PCR: Wenn nicht sehr sauber gearbeitet wird, kann im Labor vorhandene Fremd-DNA als Kontamination die Ergebnisse leicht verfälschen. Selbst in der Luft befindet sich DNA! Bei der SARS-Epidemie in Hongkong führte das dazu, dass eigentlich Gesunde als Kranke behandelt wurden und sich tragischerweise im Hospital infizierten, weil sie falsch positiv getestet wurden.

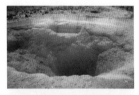

Abb. 10.36 *Thermus aquaticus* (unten) aus heißen Quellen des Yellowstone-Nationalparks (oben)

an, die verschiedene Farbvarianten (*color pattern*) für jedes Nucleotid emittieren.

Ein Fluoreszenzdetektor zeichnet die von den einzelnen Banden ausgehenden Signale auf, und ein Computer wandelt die vier verschiedenen Farbsignale in die DNA-Sequenz um (Abb. 10.30, 10.39 und 10.40).

Mit Einführung der Kapillarelektrophorese anstelle der Gelelektrophorese zur Trennung kann man nun in nur vier Stunden mit 96 Kapillaren etwa 40 000 Nucleotide analysieren. Geräte mit 384 Kapillaren werden entwickelt. Wenn man überlegt, dass im Genomprojekt teilweise über

100 Geräte eingesetzt wurden, können ganze Genome kurzfristig sequenziert werden, selbst wenn wegen der Lesefehler Mehrfachbestimmungen jeder Sequenz erforderlich sind.

■ 10.16 FISH: Chromosomen-lokalisierung und Zahl der Genkopien

Wie kann man herausfinden, auf welchem Chromosom ein Gen lokalisiert ist oder ob ein Gen in einer Einzelkopie im Genom oder multipel vorhanden ist? Mit **FISH** (**Fluoreszenz-*in-situ*-Hybridisierung**) kann analysiert werden, welches

Chromosom Träger eines bestimmten Gens ist. Chromosomen werden dazu auf einem Mikroskop-Objektträger ausgestrichen; eine komplementäre DNA (*complementary* DNA, cDNA) des betreffenden Gens wird als DNA-Sonde enzymatisch mit fluoreszierenden Nucleotiden markiert und mit den Chromosomen inkubiert.

Die Sonde hybridisiert mit den entsprechenden Genen auf den Chromosomen. Im Fluoreszenzmikroskop leuchten dann die markierten Gene auf. Wenn man die 23 menschlichen Chromosomenpaare nach Größe und Bänderung ihrer Chromatiden sortiert, kann man den **Karyotyp** darstellen (Abb. 10.35).

Die moderne Technik der pränatalen Diagnostik (Kap. 9) erlaubt es heute, eine direkte Analyse an unkultivierten Zellen, zum Beispiel an Amnionzellen im **Fruchtwasser**, vorzunehmen. Durch Chromosomenuntersuchung der Amnionzellen ist dann z. B. leicht eine vorhandene Trisomie 21 (Down-Syndrom) detektierbar. Da aber die Veränderung einzelner Zellen nichts über eine Chromosomenstörung eines Menschen aussagt, müssen von jeder Fruchtwasserprobe mindestens 50 Zellen untersucht werden, um ein vernünftiges Ergebnis ableiten zu können.

Mit dem FISH-Test können numerische Chromosomenaberrationen der autosomalen Chromosomen 13, 18, 21 sowie der Geschlechtschromosomen X und Y an unkultivierten Fruchtwasserzellen erkannt werden. Ein Verfahren, um die Struktur und Zusammensetzung von Chromosomen zu untersuchen, haben Wissenschaftler der Universität Jena und der Firma Metasystems entwickelt.

Das sogenannte *Multi-Color-Banding* (Abb. 10.35) wird insbesondere in der Krebsdiagnostik und -therapie eine hohe Bedeutung erlangen, denn jede Krebszelle weist gegenüber den gesunden Körperzellen ihrer Umgebung typische Veränderungen in ihrer Erbinformation auf, die sie mit jeder Teilung unkontrolliert vervielfältigt. In Tumorzellen ist die natürliche Ordnung der 23 menschlichen Chromosomenpaare durcheinandergeraten: Chromosomenstücke fehlen, sind in ihrer ursprünglichen Lage verdreht oder finden sich als Anhängsel an anderen Chromosomen wieder. Genau diese Veränderungen im Erbmaterial macht die *Multi-Color-Banding*-Methode farblich sichtbar. Die markierten Chromosomen einer Tumorzelle fluoreszieren in allen Farben. Cytogenetische Defekte sind so deutlich sichtbar:

etwa, wenn bei einem der beiden Chromosomen Nummer fünf ein blauer „Kringel" fehlt, den das normale Pendant aber besitzt, oder die Farben in ihrer Reihenfolge vertauscht sind.

Oft finden sich mehrere derartige Defekte in einer Tumorzelle. Für die Diagnose ist ein aufwendiges Rechenprogramm erforderlich – und ein gentechnischer Kniff.

Denn damit die Chromosomenstücke farbig leuchten, hat man sie mit fluoreszenzmarkierten DNA-Sonden hybridisiert. Nach einer cytogenetischen *Multi-Color-Banding*-Analyse der Krebszellen lässt sich für Patienten eine viel präzisere Prognose über ihren individuellen Krankheitsverlauf stellen und eine risikoangepasste Therapie planen.

■ 10.17 Die Krönung der Biotechnologie: das Humangenomprojekt

Im Oktober 1990 wurde das größte biologische Projekt aller Zeiten gestartet. Insgesamt sollten dafür etwa 3 Milliarden US-Dollar an Fördermitteln aufgebracht werden. Rund um die Uhr arbeiteten Biotechnologen und Molekularbiologen, um die etwa **3,2 Milliarden Basenpaare**, die auf 23 menschlichen Chromosomenpaaren verteilt sind, zu kartieren (Box 10.9). Bei den 23 Paaren stammt jeweils ein Satz von einem Elternteil: 22 autosomale Chromosomenpaare und zwei Geschlechtschromosomen (weiblich XX oder männlich XY). Die 3200 Millionen Basenpaare enthalten eine unglaubliche Informationsmenge, äquivalent zu 200 der superdicken New Yorker Telefonbücher zu je 1000 Seiten.

Das entspricht etwa 750 Megabytes an digitaler Information.

Das kleinste Chromosom, das für den „winzigen Unterschied" zwischen Mann und Frau verantwortlich ist, das **Y-Chromosom**, hat 50 Millionen, das größte (Chromosom 1) 250 Millionen Basenpaare. Im Vergleich dazu brauchen „Modellorganismen" wie die Taufliege *Drosophila* „nur" zehn Telefonbücher, Hefe gar nur ein Buch und *Escherichia coli*-Bakterien 300 Seiten im Telefonbuch New Yorks.

Etwa **6000 Krankheiten werden jeweils durch ein** einziges schadhaftes Gen **hervorgerufen.** Wenn im genetischen Text ein Wort falsch buchstabiert wird, produziert die Zelle nicht das korrekte Protein, oder sie bildet eine falsche Proteinmenge.

Abb. 10.37 Supernova-Prinzip: Kann man die PCR durch einfachere Methoden ersetzen? Unser Team hatte dazu 1997 die folgende Idee: Die dichteste Packung von Atomen findet man in **Kristallen** (oben ein Diamant). Man benutzt nun Fluorophor-Kristalle als Markierungen für DNA-Sonden. Ein 100 nm großer Kristall beinhaltet 1 000 000 Moleküle des Fluorophors. Wenn man diesen Kristall als Marker benutzt, ihn wasserunlöslich macht und an ihn Einzelstrang-DNA bindet, sind nach Waschschritten an ein Molekül DNA theoretisch eine Millionen Nachweismoleküle gebunden. Wenn man ein organisches Lösungsmittel zugibt, löst sich der Kristall auf: Die Fluoreszenzmoleküle werden freigesetzt und die Lösung erstrahlt dann in hellstem Fluoreszenzlicht... fast wie eine Supernova im Weltall!

Ende 2017 kommt das System auf den Markt.

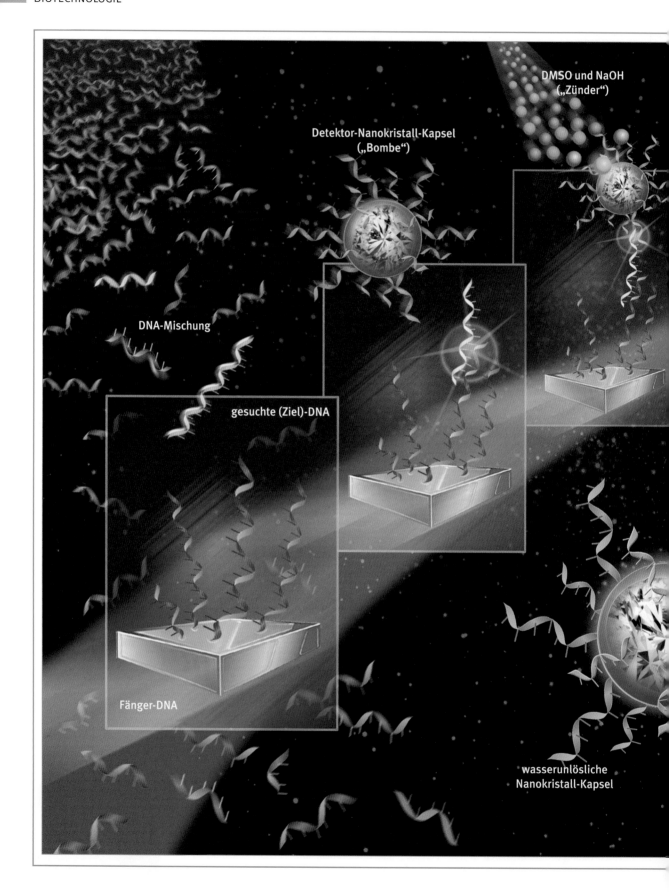

DMSO und NaOH
(„Zünder")

Detektor-Nanokristall-Kapsel
(„Bombe")

DNA-Mischung

gesuchte (Ziel)-DNA

Fänger-DNA

wasserunlösliche
Nanokristall-Kapsel

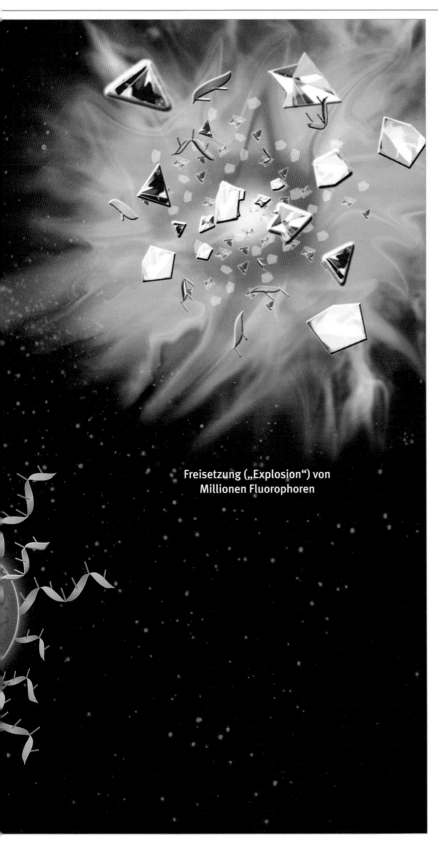

Freisetzung („Explosion") von Millionen Fluorophoren

Box 10.8 Finde die Nadel im Heuhaufen! Kann Supernova die PCR ergänzen?

Wenn man eine winzige Menge DNA nachweisen will, gleicht das der Suche nach der Nadel im Heuhaufen. Die geniale Idee der **PCR** ist nun, die gesuchte „**DNA-Nadel**" millionenfach zu produzieren, sodass man diese große Menge ganz einfach findet. Dazu braucht man einen Hybridisierungsofen („PCR-Thermocycler"), der die Temperatur der Probe hoch- und herunterfährt, man muss Templates und Nucleotide zusetzen.

Geht das auch einfacher? In Abbildung 10.37 (S. 389) wird das Prinzip erklärt. Zuerst wird die „DNA-Nadel" von **Fänger-DNA** an einem Chip aus einer DNA-Mischung aufgespürt und gebunden. An dem überstehenden Ende der „DNA-Nadel" bindet sich eine Sonde, eine igelartige „**Fluoreszenz-Bombe**". Diese Sonde trägt eine wasserunlösliche **Nanokristall-Kapsel** mit etwa zwei Millionen Fluoreszenzmolekülen. Wenn sie die „DNA-Nadel" gefunden hat, bindet sie sich an der „DNA-Nadel", und beide binden also an einer Fänger-DNA. Wenn alle ungebundene DNA weggewaschen ist, bringt man die „Bombe" zur „Explosion". Man setzt ein **organisches Lösungsmittel (DMSO)** in **basischer Lösung (NaOH)** zu. Schlagartig werden nun etwa zwei Millionen Fluoreszenzmoleküle löslich: Die Probe fluoresziert hellgrün.

Die „Nadel" ist gefunden!

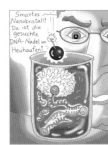

Der Clou: Das Ganze kann man ohne Labor und ohne Apparaturen in einfachen Plastikröhrchen ausführen: **ein genialer DNA-Test für überall**!

Box 10.9 Biotech-Historie: Das Humangenomprojekt

Die Idee, **das gesamte menschliche Erbmaterial zu kartieren**, wurde noch Mitte der 80er-Jahre für unmöglich gehalten. Damals war lediglich das gesamte Genom eines winzigen Virus kartiert. Das Genom des Phagen ΦX 174, 5375 Basen, wurde bereits 1977 vollständig durch **Fred Sanger** analysiert, aber erst 20 Jahre später war des Genom des ersten frei lebenden Organismus (das Bakterium *Haemophilus influenzae*) vollständig sequenziert.

Robert Sinsheimer, Kanzler der University of California in Santa Cruz, versammelte 1985 auf der Suche nach einem neuen biologischen Großprojekt die einflussreichsten Genomforscher auf seinem Campus. »Mutig und aufregend, aber nicht machbar!«, lautete die Schlussfolgerung. **Walter Gilbert**, der später den Nobelpreis für seine alternative DNA-Sequenzierungsmethode bekam (er teilte sich den Nobelpreis mit Sanger), gab aber nicht auf. Er fand einen mächtigen Verbündeten in **James D. Watson** (Kap. 3).

Nach dem Abflauen des Kalten Krieges suchte das amerikanische Energieministerium (Department of Energy, DOE) nach neuen Aufgaben. Der erste prall gefüllte Geldbeutel stand zur Verfügung. Und doch zweifelten viele Forscher noch an dem Sinn und Nutzen des Projekts. »Unglaublich langweilige Forschung im industriellen Maßstab« drohte. Nobelpreisträger **Sydney Brenner** schlug im Scherz vor, die DNA-Sequenzierung an Gefängnisinsassen auszugeben: je schwerer das Verbrechen, desto größer das zu bearbeitende Chromosom!

Eine weitere Befürchtung: Es würde kaum noch Geld für andere biologische Forschung übrig bleiben. Und: Was soll man mit einer Abfolge von drei Milliarden Buchstaben anfangen, die wahrscheinlich zu 97 % keine (direkte) Funktion hat? War das Energieministerium überhaupt kompetent?

Das National Institute of Health (NIH), die staatliche Dachorganisation der biomedizinischen Forschung in den USA, zögerte jedenfalls. Ein spezielles Komitee der American Academy of Sciences (AAS), zusammengesetzt aus Kritikern und Befürwortern, empfahl schließlich ein schrittweises Vorgehen: Zuerst sollte eine grobe Karte des Genoms erstellt werden. Außerdem sollten die Genome verschiedener einfacher Organismen, von

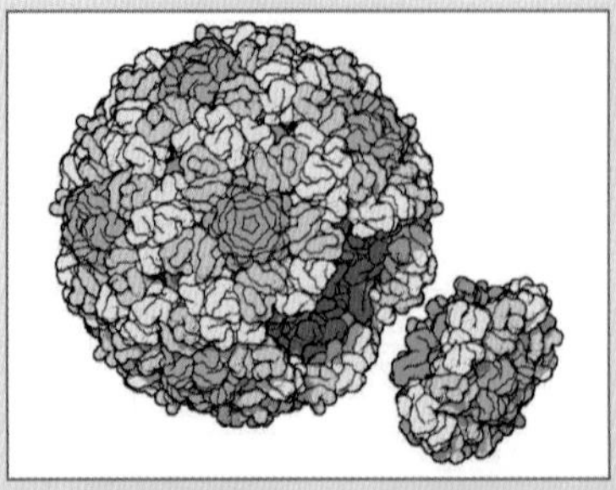

Das Genom des Bakteriophagen Φ X 174 (gezeigt ist hier der Aufbau der Proteinkapsel, nicht die DNA) wurde als Erstes in der menschlichen Geschichte sequenziert.

Ein Ereignis, inszeniert wie die Mondlandung: Craig Venter (l.), US-Präsident Bill Clinton und Francis Collins geben den Abschluss der Humangenomsequenzierung bekannt. Bill Clinton: »Heute lernen wir die Sprache kennen, in der Gott das Leben erschaffen hat.«

Escherichia coli, von der Hefe *Saccharomyces cerevisiae* und des Fadenwurmes *Caenorhabditis elegans*, parallel angegangen und dabei neue Techniken erprobt werden.

Geld wurde vom US-Kongress bewilligt, nun wollte auch das NIH wieder dabei sein und richtete 1988 eine Leitstelle für Genomforschung ein. Watson wurde Oberkommandierender. Er griff zu: »Diese Gelegenheit in meinem wissenschaftlichen Leben, den Weg von der Doppelhelix zu den drei Milliarden Stufen des menschlichen Genoms zurückzulegen, würde ich nur einmal bekommen.«

Das NIH war damit wieder an die Spitze der Genomforschung gelangt. Watson verfolgte eine Doppelstrategie: Neue Kartierungstechniken entwickeln und schnell Krankheitsgene orten! Sein eigener Sohn war krank.

1989 wurde die **Human Genome Organisation** (**HUGO**) gegründet, eine Weltorganisation mit Mitgliedern aus 30 Ländern, die alle Aktivitäten koordiniert, um unnötige Konkurrenz und Doppelarbeit zu vermeiden. Alles schien harmonisch, bis **Craig Venter** auf der Bühne erschien. Venter, selbst noch beim NIH angestellt, wollte keine Zeit verschwenden mit „Schrott" (dem nicht funktionellen Teil der DNA), sondern gleich die möglicherweise profitablen Gene herausfischen und patentieren. Die Patentabteilung des NIH stellte kurz vor der Veröffentlichung von Venters EST (*expressed sequence tags*)-Artikel einen Antrag auf die Patentierung der ersten 347 ESTs.

Die Reaktion der anderen Wissenschaftler war ungläubige Wut. Watson bezweifelte öffentlich die „Nichtoffensichtlichkeit" von Venters Sequenzierungsverfahren und nannte es »die Arbeit eines hirnlosen Roboters« . Das EST-Progamm könne »auch von Affen erledigt werden«. Venters Labor trat daraufhin mit Gorilla-Masken vor die Fotografen. Nobelpreisträger **Paul Berg**, Vizepräsident **Al Gore**, alle waren sich einig: **Das Humangenom sollte nicht patentiert werden.**

Watson zerstritt sich mit der NIH-Direktorin **Bernadine Healy**, die auf dem Patentantrag beharrte, und gab 1992 seinen Job beim Genomprojekt auf. Das Patentamt wies im August 1992 in der ersten Runde alle inzwischen eingegangenen Patentanträge zurück. Der neue Direktor des NIH, Nobelpreisträger **Harold Varmus**, zog 1994 endgültig alle Anträge zurück.

Craig Venter verließ im Juli 1992 das NIH, allerdings in entgegengesetzte Richtung: Eine Venture Kapitalgesellschaft bot ihm 70 Millionen US-Dollar an (später auf 85 Millionen erhöht), um seine Pläne umzusetzen. Craig Venter war entzückt: »Das ist der Traum aller Wissenschaftler – einen Wohltäter zu haben, der in ihre Ideen, Träume und Fähigkeiten investiert.«

Konkurrenz belebt das Geschäft: Staatliche gegen industrielle Forschung am menschlichen Erbgut. Die ganze Geschichte, spannend wie ein Krimi, kann in **Kevin Davies'** 2003 erschienenem Buch *Die Sequenz. Der Wettlauf um das menschliche Genom* nachgelesen werden. Hier ist nur Platz für die Höhepunkte.

1995 erklärte Venter, dass er mit der Johns Hopkins University zum ersten Mal **das gesamte Genom eines frei lebenden Lebewesens** kartiert habe: *Haemophilus influenzae*, ein Bakterium. Sie hatten in nur einem Jahr mit der *Shotgun*-Technik (Schrotflintentechnik) einen Erfolg gehabt. Das NIH hatte diese Methode als unzuverlässig und „nicht förderwürdig" abgelehnt.

1996 konnten die „Staatsforscher" das komplette Genom der Bäckerhefe (*Saccharomyces cerevisiae*) vorstellen. Venter konterte im Mai 1998, er könne mit seinem neuen Unternehmen **Celera Genomics** mithilfe seiner umstrittenen Schrotflintentechnik für nur 300 Millionen Dollar das gesamte menschliche Genom sequenzieren, und das in nur drei Jahren! Watsons Nachfolger, **Francis Collins**, ein Pionier der Suche nach Krankheitsgenen, kündigte neue Ziele an: Im Frühjahr 2001 den Entwurf des Humangenoms (90 % der Gesamtsequenz) und 2003 die Gesamtsequenz, zwei Jahre früher als geplant.

Venter revanchierte sich nur ein Jahr später mit dem kompletten Genom der Taufliege *Drosophila*. Im Januar 2000 hatte Celera angeblich **90 % des Humangenoms** kartiert. Das öffentliche Projekt gab zwei Monate später bekannt, zwei Milliarden Basenpaare entschlüsselt zu haben. Der Druck auf die Genom-Streithähne wuchs. Das DOE vermittelte und beide Parteien vereinbarten, die beiden Sequenzversionen gleichzeitig zu veröffentlichen. Das geschah am 26. Juni 2000: Craig Venter, **Bill Clinton** und Francis Collins gaben eine Pressekonferenz. Der Druck von Clinton (und **Blair** von britischer Seite) hatte offenbar kurzfristig gesiegt. Aber nur fünf Monate später weigerte sich Venter, seine Version in einer öffentlichen Datenbank zugänglich zu machen. Im Februar 2001 veröffentlichten dann die amerikanische *Science* die Venter'sche **Karte des menschlichen Genoms** und *Nature* die des öffentlichen Projekts.

Aber nicht nur Finanzierung und Öffentlichkeitsarbeit, auch die grundsätzlichen Strategien unterschieden sich. Die im staatlichen Genomprojekt organisierten Forscher „zerhackten" zunächst das Genom in handliche Portionen und sortierten sie wieder, bevor sie begannen, die DNA-Portionen zu sequenzieren. Venter ließ „preiswerter" zuerst das Genom mechanisch zerschneiden, sequenzierte dann aber zuerst die DNA-Stücke, bevor er erst ganz am Ende alle Fragmente wieder zusammenfügte.

Das staatliche Projekt hatte die DNA von zwölf anonymen Spendern analysiert. Nebenbei hielt sich das Gerücht, dass Celera hauptsächlich die **DNA eines einzigen Erdenbürgers** sequenziert hätte.

Es stellte sich heraus, dass die großartigen preiswerten privaten „Schrotschützen" nicht ohne Zusatzinformationen der öffentlichen Forscher auskamen. Der Celera-Supercomputer benutzte nämlich Teilsequenzen der Konkurrenz. **Eigentlich ergänzten sich beide Feinde, wie so oft im Leben!**

An anderen komplexen Krankheiten sind **mehrere Gene, oft Dutzende**, beteiligt: Herzinfarkt, Arteriosklerose, Asthma, Krebs. Dazu kommt die Wechselwirkung mit Umweltgiften (Schadstoffen) und der Ernährung.

Solche monogenetischen Erkrankungen sind beispielsweise die Phenylketonurie (PKU), der Veitstanz (Chorea Huntington) oder die Mucoviscidose (cystische Fibrose).

Forscher gehen davon aus, dass bei Volkskrankheiten wie Krebs und Asthma durch die Kenntnis des Humangenoms völlig neue Behandlungs- und Präventionsstrategien entwickelt werden können.

Um ein Genom zu verstehen, müssen drei Analysen ausgeführt werden:

- **Genomik**: das Sammeln von DNA-Sequenzdaten. Die Daten erhält man in Form vieler Einzelsequenzen von 500–800 bp, die dann zur fortlaufenden Genomsequenz zusammengesetzt werden müssen. Man braucht dazu eine Ordnungsstrategie.

- **Postgenomik** oder funktionelle Genomik: Gene, Steuerungssequenzen und andere interessante Eigenschaften sollen lokalisiert werden. Anschließend klärt man die Funktion der dabei entdeckten unbekannten Gene auf.

- **Bioinformatik**: der Einsatz von Hochleistungscomputern für die Genomik und Postgenomik. Zusammenhängende DNA-Sequenzen werden erstellt, sie werden auf möglicherweise vorhandene Gene untersucht, die Genfunktion wird vorhergesagt. Die gewaltige Datenmenge muss erfasst werden.

■ 10.18 Genetische Genomkarten

Das Genom eines Lebewesens besteht aus Milliarden Basenpaaren. Da mit den beschriebenen Sequenzierungstechniken meist nur 750 bp-Sequenzen geliefert werden, muss das Genom zusammengepuzzelt werden. Das öffentliche Genomprojekt vertraute auf sogenannte **Genomkarten**, um die Positionen von kurzen Teilsequenzen zu finden. Genomkarten müssen viele eindeutige und möglichst gleichmäßig verteilte **Marker** haben. Die sequenzierten Puzzle-Bausteine sollten möglichst einen mehr oder weniger deutlichen Hinweis auf einen Marker tragen. **Zwei Arten von Genomkarten existieren: genetische und physische Karten.**

Abb. 10.38 Craig Venter und Bill Clinton (oben) und Francis Collins (unten)

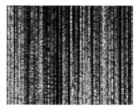

Abb. 10.39 Sequenzierungsgel mit Fluoreszenzmarkern

Abb. 10.40 Typischer DNA-Sequenzausdruck

Die DNA als Wollknäuel

Angenommen, wir vergrößern eine typische menschliche Zelle etwa 300 000-mal auf die Größe eines großzügigen Wohnzimmers. In einer Ecke des Zimmers steht dann ein VW Käfer, der als Zellkern dient. Das DNA-Molekül eines Chromosoms ließe sich dann durch einen mehrere Kilometer langen Baumwollfaden darstellen, der aufgewickelt, verdreht und zusammengerollt als eines von 46 Knäueln im Innern des Wagens liegt.

Nach Boyce Rensberger, *Life itself* (1996)

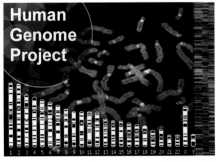

Abb. 10.41 Unsere 23 Chromosomenpaare im Blickpunkt des Genomprojekts

Genorte können durch genetische Methoden (Kreuzungen bei Laborlebewesen, Stammbaumanalysen beim Menschen) identifiziert werden. 1994 war das Ziel des Humangenomprojekts erreicht, eine **genetische Karte** mit einen Marker pro 1 000 000 Basenpaaren (bp) aufzustellen. Zwei Jahre später hatte die Karte einen Marker pro 600 000 bp, war also verfeinert worden. Sie basierte auf 5264 **Mikrosatelliten oder STRs** (*short tandem repeats*), kurzen wiederholten Abfolgen der Basen CACACA. Diese Tandem-DNA kommt auf allen Chromosomen vor. Ihre Zahl an einem Genlocus kann man mit PCR ermitteln: Man verwendet Primer, die beiderseits der STR anhybridisieren, also zum Beispiel:

Primer-CACACA-Primer

und

Primer-CACACACACACACACA-Primer

und ermittelt dann nach erfolgter PCR die Größe der Produkte durch Agarose-Gelelektrophorese. Das erste PCR-Produkt ist kürzer als das zweite und läuft somit schneller auf dem Gel. Das **Humangenom hat mindestens 650 000 STRs.**

Andere Marker sind **RFLPs** und **SNPs**. RFPLs werden jetzt mit PCR-Primern, PCR, dann Restriktionsspaltung und Elektrophorese nachgewiesen. Man weist die Gegenwart oder das Fehlen einer Schnittstelle nach. SNPs sind Stellen im Genom, an denen mindestens zwei verschiedene Nucleotide vorkommen können, also Punktmutationen. Sie weist man mit kurzen Oligonucleotid-Sonden nach, die jeweils nur mit einer SNP-Form hybridisieren.

Alle diese Marker sind variabel. Das heißt, sie kommen in mindestens zwei Ausprägungen, also Allelformen, vor. Man verfolgt über Stammbaumanalysen oder durch Kreuzungsexperimente die Vererbung der unterschiedlichen Allele an einem bestimmten Genort (Locus).

10.19 Physische Genomkarten

Eine physische Karte des Genoms zeigt die Lage ganz bestimmter DNA-Sequenzen auf dem DNA-Molekül eines Chromosoms. Die DNA-Marker sind exprimierte Sequenzanhängsel (ESTs, *expressed sequence tags*, Box 10.4). Das sind kurze Sequenzen, die man aus komplementärer DNA (cDNA) gewinnt, also aus Teilsequenzen von Genen.

Die Idee ist, dass **nur exprimierte Gene in der Zelle in mRNA transkribiert** werden. Wenn man also diese mRNA als Ausgangsmaterial verwendet, sie in DNA umwandelt, kann man eine Bibliothek der exprimierten Gene erstellen. Die cDNA selbst wird durch Reverse Transkriptase aus mRNA hergestellt (Kap. 3)

Aus der EST-Sequenz ist zwar nicht ersichtlich, um welches Gen es sich handelt, es lässt sich aber schnell die **Lage des Gens** ermitteln. Zwei Methoden werden verwendet:

- **Fluoreszenz**-*in-situ*-**Hybridisierung** (**FISH**): Parallel werden zwei DNA-Sonden verwendet, die mit einem anderen Fluorophor markiert wurden. Wenn man die Chromosomen-DNA spreizt und streckt, kann man die Marker mit hoher Genauigkeit lokalisieren.

- Ein **Kartierungsagens** wird eingesetzt, eine Sammlung überlappender DNA-Fragmente, die das untersuchte Gen oder Chromosom abdeckt.

10.20 Der Methodenstreit: Contig contra Schrotschuss

1998 gründete **Craig Venter**, der sechs Jahre zuvor aus dem Humangenomprojekt ausgestiegen war, sein Unternehmen Celera Genomics (ausführlich siehe Box 10.9). Mit dieser Firma wollte er die menschliche DNA schneller sequenzieren als das öffentliche Genomprojekt.

Nach längerem Konkurrenzkampf „einigte man" beide Seiten im Jahr 2000 darauf, ihre Daten zur gleichen Zeit gemeinsam zu präsentieren. Die Meinungsverschiedenheiten bezogen sich im Wesentlichen auf die unterschiedlichen Methoden, die zum Einsatz kamen. Klon-Contig gegen Schrotschuss.

Die Schlagworte „Kartieren vor Sequenzieren" und „Klon für Klon" stehen für den Ansatz des öffentlichen Humangenomprojekts.

Beim **Klon-Contig-Verfahren** geht dagegen der Sequenzierung eine Phase voraus, in der man eine Reihe **überlappender Klone** identifiziert. Viele Kopien des Genoms werden mit Restriktasen zerschnitten. Es entstehen Fragmente von ungefähr 150 000 Basenpaaren (150 kb). Diese Fragmente kloniert man in künstliche Bakterienchromosomen (*Bacterial Artificial Chromosomes*, **BACs**) und führt sie in Bakterien ein.

Diese **künstlichen Bakterienchromosomen** sind neuartige Vektoren auf der Grundlage des sogenannten F-Plasmids. Sie „verkraften" DNA-Fragmente bis zu 300 kb. Mit jeder Zellteilung der Bakterien werden auch die menschlichen DNA-Fragmente vervielfältigt. Jedes Bakterium enthält dabei eine DNA-Kopie. Vergleicht man das mit einer 23-bändigen Enzyklopädie (nach Thomas Weber), so enthält z. B.

Klon A die Seiten 26 bis 49 von Band 12,
Klon B die Seiten 35 bis 52 des gleichen Bandes 12,
Klon C hingegen Seite 18 bis 36 von Band 12,
Klon D Seite 27 bis 50.

Tatsächlich wissen wir aber nicht, welche Seiten aus welchem Band in einem bestimmten Klon vorkommen. Klar ist, dass die Klonbibliothek das gesamte Genom abdeckt.

Jeder der Klone muss nun in einen räumlichen Zusammenhang mit den anderen Klonen gebracht werden. Dazu werden die **Klone erneut mit einer oder mehreren Restriktasen behandelt**, die einen Klon-Fingerabdruck erzeugen. Dann weist man mittels PCR das Fehlen oder die Gegenwart von Schnittstellen nach (früher nahm man Southern Blots).

Nun werden die einzelnen klonierten DNA-Abschnitte sequenziert und diese Sequenz in der sogenannten **Contig-Karte** an der richtigen Stelle untergebracht.

Hat beispielsweise Klon A Marker (z. B. STRs) auf den Seiten 42 und 46, die auch bei Klon B zu finden sind, dann lassen sich die Seiten 26 bis 52 rekonstruieren. Finden sich im Klon A auf den Seiten 27 und 30 Marker, die auch bei Klon C vorkommen, dann kann man die Rekonstruktion bis auf Seite 18 ausdehnen. Nicht alle Klone werden jedoch benutzt: Den Klon D nun einzubeziehen (27 bis 50) ist nicht mehr sinnvoll. Man sucht also nach der kleinsten Zahl von teilweise überlappenden Klonen, die das gesamte Genom abdecken, ein sogenanntes **Contig**. Das sind 30 000 BAC-Klone beim menschlichen Genom.

Die Fragmente in den BACs sind wiederum zu groß für eine direkte Sequenzierung, sie werden wieder zerkleinert und in Sub-Klonen vervielfältigt. Diese werden nun direkt mit der modernen Version der **Sanger'schen Kettenabbruchmethode** sequenziert. Klar ist: Das ist langsam und teuer! Wie geht es schneller und preiswerter?

Craig Venter und Celera Genomics betreiben dagegen eine „**Schrotschuss**" (*Shotgun*)-**Sequenzierung**. Sie war bereits erfolgreich bei der Sequenzierung des Genoms von *Haemophilus influenzae* 1995.

Ohne vorherige Kartierung wurde damals das 1830 kb große Genom nach dem **Zufallsprinzip** (durch Ultraschall) in kleine Stücke zerlegt und analysiert. In den so entstandenen Sequenzen sucht man nach **Überlappungen**. Man muss natürlich zwischen allen Einzelsequenzen Überlappungen erkennen können, sonst funktioniert der Schrotschuss nicht. Die ultraschallbehandelte DNA trennte man durch Gelelektrophorese auf. Aus dem Gel reinigte man dann Stücke und klonierte sie in *E. coli*. Man erhielt eine **Klonbibliothek** mit 19 687 Klonen. Damit wurden insgesamt 28 643 Sequenzierungsexperimente durchgeführt. Die zu kleinen Sequenzen wurden verworfen. Die restlichen 24 304 jedoch gab man in Computer ein. Er analysierte 36 Stunden lang die Daten: 140 zusammenhängende Sequenzen wurden erhalten.

Man hätte nun noch mehr ultraschallbehandelte Fragmente sequenzieren können, um die Lücken zu schließen, entschied sich aber dazu, die Lücken durch den Einsatz von Oligonucleotid-Sonden und einer Phage-λ-Bibliothek (Kap. 5) zu schließen. Bakteriengenome waren für den Schrotschuss gut geeignet: klein und mit wenig oder gar keinen repetitiven DNA-Sequenzen. **Repetitive Sequenzen** im Eukaryotengenom können aber beim Schrotschuss zur absoluten Verwirrung führen, weil fälschliche Überlappungen entstehen.

Das Zusammensetzen der Sequenzdaten in der richtigen Abfolge ist ohne Orientierungshilfe wegen der Größe der DNA-Sequenz also sehr schwierig. **Venter** entwickelte allerdings komplexe Rechenschemen, um die Sequenz mithilfe von Computern zu ordnen, war aber zuletzt doch gezwungen, auf die öffentlich zugänglichen physikalischen Karten des Humangenomprojekts zurückzugreifen. Bei Bakteriengenomen war also die Schrotschussmethode einfach:

Abb. 10.42 Symbole des Humangenomprojekts

Abb. 10.43 Das *HapMap*-Projekt wird genetische Variationen des Humangenoms erfassen.

Abb. 10.44 Gen-Chips (DNA-Arrays) sollen die Analyse von Genomen aller Lebewesen vereinfachen.

395

Box 10.10 *DNA-Wanderkarte 2*: Die Wanderung der weiblichen mitochondrialen DNA

Nachdem meine eigene DNA vom *Genographic Project* analysiert worden war (siehe Box 10.5) überredete ich meine Freundin Claire (die als Delfintrainerin im Ocean Park von Hongkong arbeitet), ihre DNA analysieren zu lassen, um männliche und weibliche, europäische und asiatische Proben miteinander vergleichen zu können. Dies ist ein Auszug aus ihrem Bericht (mit ihrer freundlichen Genehmigung).

Sehr geehrte Claire Ma, im Folgenden finden Sie die Analyse Ihrer mitochondrialen DNA.

Wie sind Ihre Ergebnisse zu interpretieren?

Oben abgebildet ist die **Sequenz Ihres mitochondrialen Genoms**, das im Labor analysiert wurde. Ihre Sequenz wird mit der **Cambridge-Referenz-Sequenz** (**CRS**) abgeglichen, der mitochondrialen Standardsequenz, die ursprünglich von Wissenschaftlern in Cambridge, Großbritannien, bestimmt worden ist. Die Unterschiede zwischen Ihrer DNA und der CRS sind hervorgehoben. Diese Daten erlauben es den Untersuchern, die Wanderungsbewegungen Ihrer genetischen Abstammungslinie nachzuvollziehen. **Substitution** (**Transition**): eine Mutation einer Nucleotidbase, bei der eine Pyrimidinbase (C oder T) durch eine andere Pyrimidinbase ersetzt worden ist oder eine Purinbase (A oder G) durch eine andere Purinbase.

Das ist die häufigste Form einer einzelnen Punktmutation. **Substitution** (**Transversion**): ein Basenaustausch, bei dem eine Pyrimidinbase (C oder T) durch eine Purinbase (A oder G) ausgetauscht wird oder umgekehrt. **Insertion**: eine Mutation, die durch Einfügen von mindestens einer zusätzlichen Nucleotidbase in die DNA-Sequenz entsteht. **Deletion**: eine Mutation, die durch den Verlust von mindestens einer Nucleotidbase in der DNA-Sequenz entsteht.

Ihr Zweig im Stammbaum des Menschen

Ihre DNA-Ergebnisse kennzeichnen Sie als Mitglied eines bestimmten Zweiges des menschlichen Stammbaumes, der sogenannten **Haplogruppe *B***. Die oben abgebildete

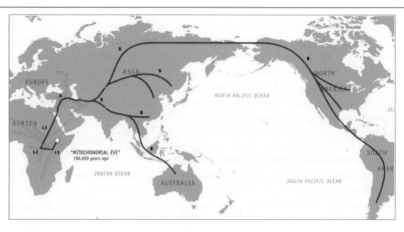

Vergleichende Sequenzanalyse

```
mtDNA_CRS        ATTCTAATTTAAACTATTCTCTGTTCTTTCATGGGGAAGCAGATTTGGGTACCACCCAAG 60
mtDNA_Claire_Ma  ATTCTAATTTAAACTATTCTCTGTTCTTTCATGGGGAAGCAGATTTGGGTACCACCCAAG 60
                 ************************************************************

mtDNA_CRS        TATTGACTCACCCATCAACAACCGCTATGTATTTCGTACATTACTGCCAGCCACCATGAA 120
mtDNA_Claire_Ma  TATTGACTCACCCATCAACAACCGCTATGTATTTCGTACATTACTGCCAGCCACCATGAA 120
                 ************************************************************

mtDNA_CRS        TATTGTACGGTACCATAAATACTTGACCACCTGTAGTACATAAAAACCCAATCCACATCA 180
mtDNA_Claire_Ma  TATTGTACGGTACCATAAACACTTGACCACCTGTAGTACATAAAAACCCAATCCACATCA 180
                 *******************·****************************************

mtDNA_CRS        AAACCCCCTCCCCATGCTTACAAGCAAGTACAGCAATCAACCCTCAACTATCACACATCA 240
mtDNA_Claire_Ma  AACCCCCCCCCCCATGCTTACAAGCAAGTACAGCAATCAACCCTCAACTATCACACATCA 240
                 **·******·*************************************************

mtDNA_CRS        ACTGCAACTCCAAAGCCACCCCTCACCCACTAGGATACCAACAAACCTACCCACCCTTAA 300
mtDNA_Claire_Ma  ACCGCAACTCCAAAGCCACCCCTCACCCACTAGGATACCAACAAACCTACCCACCCTTAA 300
                 **·*********************************************************

mtDNA_CRS        CAGTACATAGTACATAAAGCCATTTACCGTACATAGCACATTACAGTCAAATCCTTCTC 360
mtDNA_Claire_Ma  CAGTACATAGCACATAAAGCCATTTACCGTACATAGCACATTACAGTCAAATCCTTCTC 360
                 **********·*****************************************·******

mtDNA_CRS        GTCCCCATGGATGACCCCCCTCAGATAGGGGTCCCTTGACCACCATCCTCCGTGAAATCA 420
mtDNA_Claire_Ma  GTCCCCATGGATGACCCCCCTCAGATAGGGGTCCCTTGACCACCATCCTCCGTGAAATCA 420
                 ************************************************************

mtDNA_CRS        ATATCCCGCACAAGAGTGCTACTCTCCTCGCTCCGGGCCCATAACACTTGGGGGTAGCTA 480
mtDNA_Claire_Ma  ATATCCCGCACAAGAGTGCTACTCTCCTCGCTCCGGGCCCATAACACTTGGGGGTAGCTA 480
                 ************************************************************

mtDNA_CRS        AAGTGAACTGTATCCGACATCTGGTTCCTACTTCAGGGTCATAAAGCCTAAATAGCCCAC 540
mtDNA_Claire_Ma  AAGTGAACTGTATCCGACATCTGGTTCCTACTTCAGGGCATAAAGCCTAAATAGCCCAC 540
                 **************************************·**********************

mtDNA_CRS        ACGTTCCCCTTAAATAAGACATCACGATG 569
mtDNA_Claire_Ma  ACGTTCCCCTTAAATAAGACATCACGATG 569
                 *****************************
```

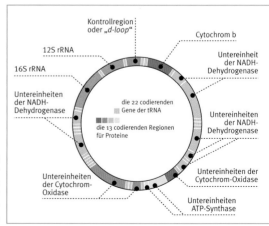

Schematische Darstellung der mitochondrialen DNA mit Angabe der Lokalisierung einzelner DNA-Abschnitte

Karte zeigt, welche Richtung Ihre mütterlichen Vorfahren von ihrer ursprünglichen Heimat im östlichen Afrika aus nahmen. Während dieser Ausbreitung, die Zehntausende von Jahren dauerte, schlugen die Menschen viele verschiedene Pfade ein; die oben eingezeichneten Linien geben daher nur die Hauptroute bei dieser Wanderung an.

Im Laufe der Zeit verbreiteten sich die Nachkommen Ihrer Ahnen in Ostasien, manche Gruppen schafften es sogar bis Polynesien und auf die amerikanischen Kontinente. Aber bevor wir Sie auf eine Reise in die Vergangenheit mitnehmen und Ihnen deren Geschichte erzählen, müssen wir zunächst einmal verstehen, wie die moderne Wissenschaft diese Analyse möglich gemacht hat.

Die oben abgebildete Kette aus 569 Buchstaben repräsentiert Ihre **mitochondriale DNA-Sequenz**. Die Buchstaben A, C, T und G stehen für die vier Nucleotide – die chemischen Bausteine des Lebens – die Ihre DNA bilden. Die Zahlen oben auf der Seite beziehen sich auf die Positionen in Ihrer Sequenz, an denen **bei Ihren Vorfahren informative Mutationen stattgefunden haben**. Sie erzählen uns eine ganze Menge über die Geschichte Ihrer genetischen Abstammung.

Dies funktioniert folgendermaßen. Hin und wieder kommt es in der Sequenz der mitochondrialen DNA zu einer Mutation, einer zufälligen, natürlich auftretenden (und gewöhnlich harmlosen) Veränderung. Stellen Sie sich das wie einen Rechtschreibfehler vor: Einer der Buchstaben in der Sequenz kann sich von einem C in ein T umwandeln oder von einem A zu einem G. Nachdem eine dieser Mutationen bei einer bestimmten Frau stattgefunden hat, gibt sie diese an ihre Töchter und die wiederum an deren Töchter weiter und so fort. (**Mütter geben ihre mitochondriale DNA zwar auch an ihre Söhne weiter, diese vererben sie aber nicht an ihre Nachkommen.**) Genetiker nutzen diese Marker von Menschen aus aller Welt, um einen umfassenden **mitochondrialen Stammbaum** zu erstellen. Wie Sie sich vorstellen können, ist der Stammbaum sehr komplex, aber mittlerweile können die Wissenschaftler sowohl das Alter als auch die geografische Verbreitung jeder Abstammungslinie bestimmen und so die prähistorischen Wanderungen Ihrer Ahnen rekonstruieren. Indem wir uns die Mutationen in Ihrem Genom anschauen, können wir Ihre Abstam-

Ein langer Weg für die mitochondriale DNA von Afrika in den Ocean Park von Hongkong... Claire Ma ist dort eine sehr erfolgreiche Delfintrainerin.

mungslinie von Vorfahr zu Vorfahr nachvollziehen und so deren Wanderung von Afrika aus verfolgen. Unsere Geschichte beginnt mit Ihrer frühesten Ahnin. Wer war sie, wo hat sie gelebt und wie lautet ihre Geschichte?

Die Mitochondriale Eva: die Mutter von uns allen

Unsere Geschichte beginnt vor 150 000 bis 170 000 Jahren in Afrika mit einer Frau, der die Anthropologen den Spitznamen „**Mitochondriale Eva**" gaben. Sie erhielt diesen mythischen Beinamen 1987, als Populationsgenetiker entdeckten, dass alle heute lebenden Menschen ihre mütterliche Abstammungslinie auf sie zurückführen können. Die Mitochondriale Eva war jedoch **nicht der erste weibliche Mensch.**

Homo sapiens entwickelte sich vor ca. 200 000 Jahren in Afrika. Die ersten Hominiden, gekennzeichnet durch ihren charakteristischen aufrechten Gang und die damit verbundenen Veränderungen des Körpers, tauchten schon fast zwei Millionen Jahre früher auf. Aber obwohl es schon seit nahezu 30 000 Jahren Menschen außerhalb Afrikas gibt, ist **Eva außergewöhnlich**: Ihre Abstammungslinie ist die einzige, die aus dieser fernen Zeit bis heute überlebt hat.

„Warum ausgerechnet Eva?" Ganz einfach gesagt, Eva war eine Überlebende. Eine mütterliche Linie kann aus vielen unterschiedlichen Gründen aussterben. Eine Frau hat vielleicht keine Kinder oder gebiert ausschließlich Söhne (die ihre mtDNA nicht an die nachfolgende Generation weitergeben).

Sie kann Opfer einer Naturkatastrophe werden, beispielsweise eines Vulkanausbruchs, einer Überflutung oder einer Hungersnot, alles Ereignisse, die die Menschen seit jeher heimgesucht haben. Keines dieser Aussterbeereignisse traf jedoch auf Evas Linie zu.

Vielleicht war es einfach nur Glück – es kann aber auch sehr viel mehr dahinter stecken. Zur selben Zeit nämlich machten die intellektuellen Fähigkeiten des Menschen eine Weiterentwicklung durch, für die der Autor **Jared Diamond** den Begriff **großer Evolutionssprung** (*Great Leap Forward*) geprägt hat. Viele Anthropologen sind der Ansicht, dass die Entwicklung einer **Sprache** uns einen entscheidenden Vorsprung vor anderen frühen menschlichen Spezies verschafft hat. Verbesserte Werkzeuge und Waffen, die Fähigkeit, vorauszuplanen und mit anderen zu kooperieren, sowie eine gesteigerte Fähigkeit, Ressourcen besser zu nutzen, als dies früher möglich war, erlaubten es dem modernen Menschen, schnell neue Gebiete zu erobern, sich neue Ressourcen zu erschließen und andere Hominiden, z. B. die Neandertaler, aus dem Feld zu schlagen und deren Stelle einzunehmen.

Evas einzigartiger Erfolg lässt sich nur schwer auf eine genaue Abfolge von Ereignissen zurückführen, aber wir können mit Sicherheit sagen, dass wir alle unsere mütterliche Abstammung auf diese einzelne Frau zurückführen können.

Die untersten Äste: Abstammungslinie „Eva" > *L1/L0*

Die Mitochondriale Eva repräsentiert die Wurzel des menschlichen Stammbaumes. Ihre Nachfahren wanderten in Afrika umher und spalteten sich schließlich in zwei verschiedene Gruppen auf, deren Mitglieder durch unterschiedliche Mutationssätze gekennzeichnet sind. Man bezeichnet diese beiden Gruppen als **Haplogruppe *L0*** und **Haplogruppe *L1***. Die Angehörigen dieser beiden Gruppen weisen in ihren DNA-Sequenzen die größten Unterschiede auf, die unter allen heute lebenden Menschen zu finden sind, und repräsentieren daher die untersten Äste des mitochondrialen Stammbaumes.

Noch wichtiger: Wie aktuelle genetische Daten zeigen, **gibt es ausschließlich in**

Fortsetzung nächste Seite

Afrika Ureinwohner, die zu diesen Gruppen gehören. Da alle Menschen einen gemeinsamen weiblichen Vorfahren – nämlich Eva – haben und alle genetischen Daten zeigen, dass Afrikaner die älteste Gruppe auf der Erde sind, können wir folgern, dass unsere Spezies hier entstanden ist.

Die Haplogruppen *L0* und *L1* entwickelten sich wahrscheinlich in Ostafrika und breiteten sich von dort auf den übrigen Kontinent aus. Heutzutage findet man diese Abstammungslinien am häufigsten bei den Eingeborenenvölkern Afrikas, den Jäger-und-Sammler-Gruppen, die die Kultur, die Sprache und Bräuche ihrer Ahnen über Tausende von Jahren bewahrt haben.

Nachdem diese beiden Gruppen für wenige Tausend Jahre nebeneinander in Afrika gelebt hatten, geschah auf einmal etwas sehr Bedeutendes. Die mitochondriale Sequenz einer Frau aus der Haplogruppe *L1* mutierte. Ein Buchstabe in ihrer DNA veränderte sich, und weil viele ihrer Nachfahren bis in die Gegenwart hinein überlebt haben, öffnet diese Veränderung ein Fenster in die Vergangenheit.

Die Nachfahren jener Frau, gekennzeichnet durch diese wegweisende Mutation, bildeten anschließend eine eigene Gruppe, die sogenannte **Haplogruppe *L2***. Weil die Ahnin von *L2* ein Mitglied der Gruppe *L1* war, können wir Aussagen über die Entstehung dieser wichtigen Gruppen treffen: Eva begründete *L1*, und *L1* begründete *L2*. Nun beginnen wir die Reise in Ihre genetische Abstammungslinie.

Haplogruppe *L2*: Westafrika

Menschen der *L2*-Gruppe findet man in Afrika südlich der Sahara und wie ihre *L1*-Vorfahren ebenfalls in Zentralafrika bis in den tiefsten Süden nach Südafrika. Während *L1*/*L0*-Individuen vorwiegend im östlichen und südlichen Afrika blieben, schlugen Ihre Vorfahren eine andere Richtung ein, die Sie auf der Karte oben verfolgen können.

L2-Individuen findet man am häufigsten in Westafrika, wo sie die Mehrheit der weiblichen Abstammungslinien bilden. Und weil *L2*-Individuen in großer Zahl auftreten und in Westafrika weitverbreitet sind, repräsentieren *L2*-Haplotypen eine der **vorherrschenden Abstammungslinien der Afro-Amerikaner**. Unglücklicherweise lässt sich nur schwer genau feststellen, wo die *L2*-Linie entstanden sein könnte.

Adam und Eva des deutschen Malers **Lucas Cranach** (1472–1553).
Dieses gefeierte Kunstwerk vereint meisterlich die fromme Bedeutung mit künstlerischer Eleganz und Fantasie.
Die Szene spielt auf einer Waldlichtung. Eva steht vor dem Baum der Erkenntnis, bildlich dabei festgehalten, wie sie dem verwirrten Adam einen Apfel reicht. Die Schlange, die sich in den Ästen des Baumes windet, sieht zu, wie Adam der Versuchung erliegt.
Eine reichhaltige Menagerie von Vögeln und anderen Tieren rings um den Baum vervollständigt diese wundervoll verlockende Vision des Paradieses unmittelbar vor dem Sündenfall.

Für einen Afro-Amerikaner aus der Haplogruppe *L2* – wahrscheinlich ein Nachkomme von Westafrikanern, die im Zuge des **Sklavenhandels** nach Amerika gelangten – kann man nicht mit Sicherheit sagen, wo genau in Afrika die Linie entstanden ist.

Haplogruppe *L3*: Wanderung nach Norden auf neue Kontinente

Ihr nächster wegweisender Vorfahr ist die Frau, mit deren Geburt vor ungefähr 80 000 Jahren die Haplogruppe *L3* entstand. Es ist wiederum die gleiche Geschichte: Bei einem Individuum der Gruppe *L2* kam es zu einer Mutation in der mitochondrialen DNA, und diese wurde an die Nachkommen weitervererbt. Die Kinder überlebten, und deren Nachkommen lösten sich letztendlich vom *L2*-Clan und spalteten sich schließlich zur neuen Gruppe namens *L3* ab. In der Abbildung oben können Sie erkennen, dass dies als neuer Schritt in Ihrer Abstammungslinie zum Ausdruck kommt. *L3*-Individuen findet man zwar im gesamten Afrika, einschließlich des

südlich der Sahara gelegenen Gebiets, ihre wirkliche Bedeutung liegt jedoch in ihren Wanderungsbewegungen nach Norden. Diese Wanderung können Sie auf der Karte oben nachvollziehen; sie zeigt die erste Ausbreitung von *L1*/*L0*, dann *L2*, gefolgt von der Wanderung von *L3* nach Norden. Ihre *L3*-Vorfahren waren die ersten Menschen, die Afrika verließen, und repräsentieren somit die untersten Äste des Stammbaumes außerhalb dieses Kontinents.

Heutzutage findet man Menschen der *L3*-Gruppe sehr häufig in den **Populationen Nordafrikas**. Von dort aus wanderten Mitglieder dieser Gruppe in wenige unterschiedliche Richtungen. Manche Linien innerhalb der *L3*-Gruppe zeugen von einem ausgeprägten Expansionsverhalten im mittleren Holozän, das in Richtung Süden stattfand, und sind in vielen **Bantu-Gruppen** in ganz Afrika vorherrschend. Eine Gruppe wandte sich nach Westen und ist in erster Linie auf das atlantische Westafrika beschränkt, einschließlich der Kapverdischen Inseln. Andere *L3*-Individuen, Ihre Vorfahren, wanderten noch weiter nach Norden und **verließen schließlich alle den afrikanischen Kontinent**. Diese Menschen stellen mittlerweile etwa 10 % der Population im Nahen Osten dar. Aus ihnen wiederum entstanden zwei wichtige Haplogruppen, die schließlich den Rest der Welt besiedelten.

Haplogruppe *N*: Die Inkubationszeit

Der nächste Ihrer wegweisenden Vorfahren ist die Frau, deren Nachkommen die Haplogruppe *N* bildeten. Die Haplogruppe *N* bildet eine von zwei Gruppen, die aus den Nachfahren von *L3* hervorgingen.

Die **Haplogruppe *N*** war das Ergebnis der ersten großen Wanderungsbewegung des modernen Menschen außerhalb Afrikas. Diese Menschen verließen den Kontinent wahrscheinlich über das Horn von Afrika in der Nähe von Äthiopien, und ihre **Nachkommen folgten der Küstenlinie ostwärts, um schließlich bis hin nach Australien und Polynesien zu kommen.**

Haplogruppe *B*: Ihr Ast des Stammbaumes

Eine Gruppe dieser frühen *N*-Individuen setzte sich in die **zentralasiatischen Steppen** ab und machte sich, ihrem Jagdwild über große Entfernungen folgend, auf ihren eigenen

Weg. **Vor rund 50 000 Jahren** begannen die ersten Mitglieder Ihrer **Haplogruppe B** Ostasien zu besiedeln.

Die Reise ging dann weiter, bis schließlich auch Nord- und Südamerika und ein Großteil Polynesiens besiedelt waren. Ihre Haplogruppe entstand wahrscheinlich in den Hochebenen Zentralasiens zwischen dem Kaspischen Meer und dem Baikalsee. Sie ist **eine der wichtigsten Abstammungslinien Ostasiens** und umfasst gemeinsam mit den Haplogruppen *F* und *M* rund drei Viertel aller mitochondrialen Abstammungslinien, die man heutzutage dort findet. Ausgehend von ihrer zentralasiatischen Heimat breiteten sich Ihre entfernten Vorfahren, die Begründer der Haplogruppe *B*, in die umliegenden Gebiete aus, wandten sich alsbald auch nach Süden und besiedelten ganz Ostasien.

Heutzutage gehören ca. 17 % aller Menschen im Südosten Asiens und ungefähr 20 % des gesamten chinesischen Genpools der Haplogruppe *B* an. Die Gruppe zeigt eine sehr weite Verbreitung entlang der Pazifikküste von Vietnam nach Japan und – in geringerem Umfang (ungefähr 3 %) unter den Ureinwohnern Sibiriens. Wegen ihres hohen Alters und des gehäuften Auftretens im gesamten östlichen Eurasien ist es weitgehend anerkannt, dass diese Abstammungslinie auf die ersten Menschen zurückzuführen ist, die in diesem Gebiet siedelten.

Im nördlichen Eurasien und in Sibirien eigneten sich die Menschen der Haplogruppe *B*, die Erfahrung im Überleben der harten Winter in Zentral- und Ostasien hatten, besonders gut für die beschwerliche Überquerung der erst kurz zuvor entstandenen **Bering-Landbrücke**. Während des letzten eiszeitlichen Maximums vor 15 000 bis 20 000 Jahren banden die niedrigeren Temperaturen und das trockenere globale Klima einen Großteil der Süßwassers der Erde im Eis der Polkappen und machten ein Überleben in weiten Teilen der nördlichen Hemisphäre nahezu unmöglich. Eine wichtige Folge dieser Vereisung war jedoch, dass der Osten Sibiriens und der Nordwesten Alaskas vorübergehend durch eine gewaltige Eisdecke miteinander verbunden waren. Mitglieder der Haplogruppe *B*, die an der Küste fischten, folgten ihr.

Heute ist die Haplogruppe *B* eine von **fünf mitochondrialen Abstammungslinien**, die innerhalb der amerikanischen Ureinwohner zu finden sind, und zwar sowohl in Nord- als

Vertreter eingeborener Bevölkerungsgruppen beim Start des *Genographic Project* am 13. April 2005 am Hauptsitz von *National Geographic* in Washington, D. C.; sie nehmen an der genografischen Feldstudie teil und sprechen beim Projektstart über die Belange ihrer Bevölkerungsgruppen.
Von links nach rechts: Battur Tumur, Nachfahre von Dschinghis Khan, Mongolei/San Francisco, USA; Julius Indaaya Hunume, Hadza-Häuptling, Tansania; Phil Bluehouse Jr., Navajo-Indianer, Arizona, USA.

auch in Südamerika. Die Haplogruppe *B* ist zwar sehr alt (ungefähr 50 000 Jahre), die geringe genetische Variabilität auf den beiden amerikanischen Subkontinenten lässt jedoch darauf schließen, dass diese Abstammungslinien erst innerhalb der letzten 15 000 bis 20 000 Jahre hier ankamen, sich dann aber schnell dort ausbreiteten. Bessere Erkenntnisse zu erlangen, wie viele Wellen von Menschen genau nach Amerika kamen und wo sie sich zuerst niederließen, ist noch immer von höchstem Interesse und bildet den Mittelpunkt der weitergehenden Untersuchungen des *Genographic Project* in den beiden amerikanischen Subkontinenten.

Durch neuere Ausbreitungsereignisse scheint eine Untergruppe der Abstammungslinien von Haplogruppe *B* von Südostasien nach **Polynesien** gelangt zu sein. Diese Linie wird als *B4* bezeichnet (das bedeutet die vierte Untergruppe innerhalb *B*) und ist durch eine Reihe von Mutationen gekennzeichnet, die eine erhebliche Zeit benötigten, um sich auf dem eurasischen Kontinent anzureichern. Diese nahe verwandte Untergruppe von Abstammungslinien breitete sich wahrscheinlich **innerhalb der letzten 5000 Jahre** von Südostasien nach Polynesien aus und ist besonders auf den Inseln in großer Häufigkeit zu finden. Dazwischen liegende Linien – die nur einige, aber nicht alle *B4*-Mutationen aufweisen – findet man in den Bevölkerungen von Vietnam, Malaysia und Borneo. Das

macht es wahrscheinlich, dass die polynesischen Linien in diesen Teilen Südostasiens entstanden sind.

Ausblick (in die Vergangenheit): Wohin geht unsere Reise?

Auch wenn der Pfeil Ihrer Haplogruppe momentan jenseits von Afrika südlich der Sahara endet, bedeutet dies dennoch nicht das Ende der Reise von Haplogruppe *B*. Ab hier werden die genetischen Schlüsse unklar, und Ihre DNA-Spur verläuft im Sand. Ihre hier dargestellten vorläufigen Ergebnisse basieren auf dem heutigen Wissensstand, der ist aber erst der Anfang. Grundlegendes Ziel des *Genographic Project* ist es, diese Spuren bis in die heutige Zeit weiterzuverfolgen.

Persönliches Fazit von Reinhard Renneberg

Nach dem Lesen dieses ausführlichen DNA-Berichts begannen Claire und ich, unsere DNA-Wanderwege zu vergleichen (siehe auch Box 10.5). Es war recht informativ, den Ort und die Zeit herauszufinden, als ihre Ur-Ur-Ur(usw.)-Großmutter meinem Ur-Ur-Ur(usw.)-Großvater in der unbekannten Sprache der damaligen Zeit sagte:

»Okay, mein dickköpfiger Liebster, hier müssen wir uns trennen! Du gehst nach Westen, ich nach Osten – aber sei unbesorgt, unsere Ur-Ur-Urenkel werden sich in wenigen Tausend Jahren in einer großen Stadt wiedertreffen! Viel Glück!!«

Sie hatte (wie das bei Frauen meist der Fall ist) Recht! RR

Siehe auch: www.youtube.com/watch?v= uQxl6T_ofoo&feature=related

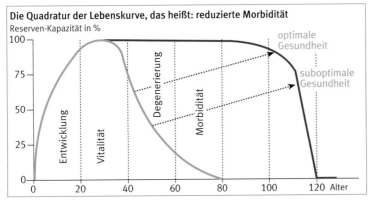

Die Quadratur der Lebenskurve, das heißt: reduzierte Morbidität

Reserven-Kapazität in %

optimale Gesundheit

suboptimale Gesundheit

Entwicklung

Vitalität

Degenerierung

Morbidität

Abb. 10.45 Quadratur! Absolute Verlängerung unserer Lebenszeit?

Ja, aber nur mit einer lebenswerten Gesundheit! Wer möchte schon morbide dahinsiechen mit Demenz und ans Krankenbett gefesselt? Stammzelltherapie, rekombinante Antikörper, neue Biopharmaka... könnten ein langes lebenswertes Leben absichern.

Es geht aber nur mit einer lebensbejahenden optimistischen, solidarischen, aktiven Grundhaltung!
Nach einer Idee von Jim Larrick

Abb. 10.46 Bekommen wir künftig einen DNA-Pass?
Der Autor ist nachdenklich...

Abb. 10.47 »Weniger als die Hälfte der Patienten, denen teuerste Medikamente verschrieben wurden, hat einen Nutzen davon«, erklärte Allen Roses.

Die Genome sind nicht nur klein, sondern enthalten auch nur wenig repetitive DNA-Sequenzen. Beim Zusammenfügen solcher repetitiver Sequenzen von Eukaryotengenen, die bis zu mehrere Kilobasen lang sein können, kann es aber zu fälschlichen Positionierungen kommen. Man kann allerdings diese Einschränkung umgehen, wenn man für das Zusammenfügen der mit dem Schrotschuss gewonnenen Sequenzen eine Karte des Genoms verwendet. Der Kompromiss? Die **„gezielte Schrotschussmethode"** als Schnellverfahren für die Sequenzierung großer Genome. Die mit Schrotschuss erzeugte Sequenz wird ständig in Beziehung zu einer **Genkarte** gesetzt.

10.21 Wie geht es weiter mit dem Humangenom?

Das männliche Y-Chromosom, das für den so wichtigen winzigen Unterschied sorgt, bestehe fast ausschließlich aus *junk*-DNA, stichelte **James Watson**. Menschliche Gene sind auch sonst **Oasen (etwa 3 %!) in der riesigen Wüste nichtcodierender DNA** (d. h. DNA, die keine Anweisung für Eiweißproduktion enthält, eben in Ermangelung eines besseren Ausdrucks als *junk* bezeichnet).

3,2 Milliarden Buchstaben des Genoms müssen nach codierenden Sequenzen abgesucht werden, eine Aufgabe der **Bioinformatik**. Es ist hier nicht der Platz, das genau zu erklären, nur so viel: Enttäuschenderweise besitzt die Krone der Schöpfung „nur" **19 000 bis 20 000 Gene**. Interessant ist ein Vergleich: Bäckerhefe hat 6000 Gene, der Fadenwurm *Caenorhabditis elegans* 18 000.

Bei Darmbakterien sind 78 % codierend, beim Menschen nur 3 %! Wenn wir den Manhattan-Telefonbuchvergleich bemühen: 78 % der 300 Bakterien-Seiten, also 234 Seiten, sind jetzt „sinnvoll" lesbar und enthalten Information. Beim Menschen sind dagegen die genetischen Informationen, die insgesamt 6000 Seiten entspre-

chen, auf zwei Millionen Seiten verteilt. Was steckt dahinter? Es sind ganz sicher nicht geniale Informationen von Außerirdischen, wie einige Science-Fiction-Autoren spekulieren, oder der Sitz der Seele oder des chinesischen *CHI* (siehe auch Kap. 9, RNAi).

Ein internationales Konsortium hat das 100 Millionen Dollar umfassende **HapMap-Projekt** *(map of haplotypes,* Abb. 10.43) 2002 gestartet, um die nächste Generation des Humangenoms abzubilden. Ziel des Projekts war es, die Entdeckung von Genen, die für weitverbreitete Erkrankungen wie Asthma, Krebs und Diabetes eine Rolle spielen, voranzutreiben. Im Konsortium waren USA, Japan, China, Kanada, Nigeria und Großbritannien vertreten.

HapMap soll genetische Variationen innerhalb des menschlichen Genoms aufzeichnen. Durch den Vergleich genetischer Unterschiede zwischen Individuen, so erhofft es sich das Konsortium, wird Forschern ein Werkzeug in die Hand gegeben, den Einfluss der Gene auf viele Erkrankungen zu erkennen. Während das Humangenomprojekt die Basis für genetische Entdeckungen lieferte, soll *HapMap* der Beginn dafür sein, die Ergebnisse der Genomforschung in die Praxis zu überführen.

Die DNA für *HapMap* stammt aus Blutproben, die von Forschern aus Nigeria, Japan, China und den USA gesammelt wurden. Zu Beginn arbeiten die Forscher mit Blutproben von 200 bis 400 Menschen. Die Ergebnisse der Analyse sollen im Internet frei zur Verfügung stehen. Nach Fertigstellung von *HapMap* stehen die Daten Wissenschaftlern weltweit zur Verfügung, um die genetischen Risikofaktoren für eine große Bandbreite an Erkrankungen zu untersuchen. Jeder Interessierte kann beim *National Geographic Genographic Project* seine DNA einsenden und für 130 US-Dollar die Wanderwege seiner Vorfahren nachvollziehen (Box 10.10).

Das Humangenomprojekt geht weit über die Erforschung genetischer Krankheiten hinaus. Neue Ansatzpunkte für Medikamente sollen gefunden (**Pharmakogenomik**), und Krebs soll endlich heilbar werden.

10.22 ... und wie kann man die Sequenz des Genoms verstehen?

Nun haben wir die DNA-Sequenz auf dem Computer, aber wie spürt man die Gene, die 3 % Oasen in der Wüste, auf? Wenn man die Aminosäure-

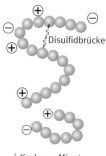

Disulfidbrücke

Kochen 5 Minuten
SDS
β-Mercaptoethanol

sequenz des Proteinprodukts kennt, ist es kein Problem, die DNA-Sequenz vorauszusagen. Bei den meisten Genen liegt aber keinerlei Information vor. Wo soll man zu lesen beginnen? Die **DNA-Sequenz eines Gens ist ein „offenes Leseraster"** (*open reading frame*, **ORF**).

Das ist eine Abfolge von Tripletts, die mit einem Start-Codon (oft TAC, in mRNA also AUG) beginnt und einem Stopp-Codon endet: ATT (UAA), ATC (UAG) oder ACT (UGA), die das Ende der codierenden Sequenz anzeigen.

Man muss sechs Leseraster durchmustern, denn Gene können auf der Doppelhelix in beiden Richtungen angeordnet sein. Nehmen wir einmal eine idealisierte DNA-Sequenz an.

5'-TACATAGGAGTTGCCGTTAAATCCCATCTTACCACGACT-3'

3'-ATGTATCCTCAACGGCAATTTAGGGTAGAATGGTGCTGA-5

Man kann dann wie folgt in sechs Rastern ablesen:

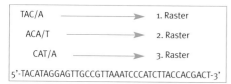

5'-TACATAGGAGTTGCCGTTAAATCCCATCTTACCACGACT-3'

Und nun vom „anderen Ende" her gelesen:

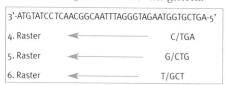

Übersetzen wir einmal das dritte Raster in mRNA (grün) und dann in Aminosäuren (rot):

5'-TACATAGGAGTTGCCGTTAAATCCCATCTTACCACGACT-3'

Das Raster ist nicht offen und wird durch „UAG"auf der mRNA („STOPP!") unterbrochen und nur teilweise übersetzt. So kann man alle Raster durchgehen. Um es kurz zu machen: Nur das erste Leseraster aus den sechs ist „offen":

5'-TACATAGGAGTTGCCGTTAAATCCCATCTTACCACGACT-3'

AUG/UAU/CCU/CAA/CGG/CAA/UUU/AGG/GUA/GAA/UGG/UGC/UGA

Start Tyr Pro Gln Arg Gln Phe Arg Val Glu Trp Cys STOPP!

Wunderbar! Ein vollständiges Peptid, allerdings nur ein winziges Protein.

Das könnte so bei Bakterien funktionieren; bei Eukaryoten befinden sich aber riesige Zwischenräume zwischen den Genen, man findet auch kurze zufällige ORFs, die dann doch keine echten Gene sind. Viele Gene sind in Exons und Introns aufgeteilt.

Wenn man dann ein Gen vorläufig gefunden hat, sucht man nach Homologien in der Datenbank, nach ähnlichen Sequenzen auch mit anderen Lebewesen. Wenn man fündig wird, kann man oft sogar eine Funktion zuordnen! Selbst beim Fadenwurm *Caenorhabditis elegans* und der Taufliege *Drosophila melanogaster* wurden Gene gefunden, die auch noch beim Menschen vorkommen.

■ 10.23 Pharmakogenomik

»Weniger als die Hälfte der Patienten, denen teuerste Medikamente verschrieben wurden, hat einen Nutzen davon«, erklärte **Allen Roses**, Vize-Präsident für Genetik bei der Weltfirma GlaxoSmithKline (GSK) – in der Pharmaindustrie ein offenes Geheimnis (Abb. 10.47). Medikamente für die Alzheimer-Krankheit wirken bei weniger als einem von drei Patienten, die für Krebs gar nur bei jedem vierten. Arzneien gegen Migräne, Osteoporose und Arthritis funktionieren nur bei der Hälfte der Patienten. »Das passiert, weil die Empfänger Gene haben, die mit den Medikamenten interferieren. Die überwiegende Mehrheit der Arzneimittel, mehr als 90 %, arbeitet nur bei 30–50 % der Patienten«, erklärte Roses. Er ist Fachmann für **Pharmakogenomik**.

Es weiß eigentlich jeder: Das gleiche Medikament wirkt bei verschiedenen Menschen oft unterschiedlich. Der Arzt verschreibt nämlich seine Mittel nur auf der Grundlage der jeweiligen Krankheit. Könnte er aber zusätzlich die genetische Veranlagung berücksichtigen, käme dies einer Revolution in der Medizin gleich. Auch Nebeneffekte von Arzneimitteln würden so verringert.

Wenn die Genomforscher zum Beispiel eine Gruppe von Genen identifizieren, die eine Rolle bei Lungenkrebs spielen können, kann man diese bei Gesunden und Krebspatienten vergleichen. Die Differenzen (Polymorphismen) zwischen den beiden Gensequenzen können die Wahrscheinlichkeit, an Krebs zu erkranken, beeinflussen. Oft sind es nur einzelne Basenpaare, die mutiert sind, z. B. von A zu G oder von T zu C (*Single Nucleotide Polymorphism*, SNP).

Die Information kann nun für **diagnostische Tests** genutzt werden: Menschen mit höherem Krebsrisiko werden so gewarnt. Außerdem kann

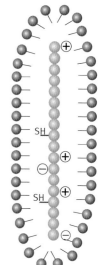

SDS-Protein-Micellen

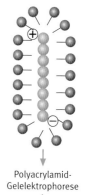

Polyacrylamid-Gelelektrophorese

Coomassie-Brillantblau

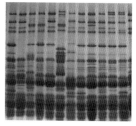

Abb. 10.48 Prinzip der SDS-PAGE

Box 10.11 Die PCR im heißesten Wissenschaftskrimi der letzten Jahre

„Sagen sie, Monsignore Changeux. Das mit der PCR, das hab ich noch nicht so richtig verstanden."

„Die PCR? Ja, Bruder Mariano. Also, was macht diese Methode aus?

Nun, die Erbsubstanz, die DNS, besteht aus vier Buchstaben A, G, C und T, wie die Zahl der vier Evangelien. In vier Evangelien hat der Herr uns die Weisheit und die Gnade verkündet und die vier Buchstaben A, G, C, T enthalten unseren Leib und sind auch in ihm enthalten: aufgereiht wie Perlen auf einem Rosenkranz.

Nun ist das Evangelium die Lehre der Liebe und auch bei der DNS liebt jeder Buchstabe einen anderen: A liebt T und G liebt C. Daher treten die DNS-Ketten als Doppelstrang auf.

Zu einem Strang gehört ein Gegenstrang, so wie zum Licht der Schatten gehört – außer natürlich zum Licht des Herrn, das am jüngsten Tage über uns allen leuchten wird.

Nur eines bringt den Doppelstrang zum Auseinanderweichen: Hitze.

Auch uns ist ja in schwüler Sommernacht die Nähe des Nächsten lästig, an eisigen Wintertagen dagegen rücken wir zusammen. So auch die DNS-Stränge. Sie trennen sich in der Hitze und rücken wieder zusammen, wenn es kälter wird.

Dabei findet jedes A sein T, und jedes G sein C: Der Doppelstrang bildet sich aufs neue."

Changeux holt Luft, bläst die runden Backen auf und ähnelt nun einem roten Luftballon. Salbungsvoll fährt er fort:

„Der Herr machte aus einem Fisch Tausende und speiste damit die Hungrigen. Auch das Wunder der PCR macht aus einem DNS-Strang deren Tausende und speist damit den Hunger nach Erkenntnis. Dies Wunder vollbringen kleine Engelchen, die Polymerasen.

Engel sind nicht Gott, also nicht omnipotent.

Das heißt: Engel brauchen Hilfe, um einen DNS-Einzelstrang zu kopieren. Zuerst einmal brauchen sie Einzelstränge. Nun, nichts leichter als das: Der Doppelstrang wird erhitzt und trennt sich in die Einzelstränge.

Des Weiteren brauchen die Engelchen für jeden Strang zwei kleine DNS-Stückchen, die Primer.

Einen für den Anfang, einen für das Ende des zu vervielfältigenden Stranges.

Wie also geht das heilige Werk vor sich? Wir geben den Doppelstrang, die Engelchen, und die Primer zusammen und erhitzen.

Die Doppelstränge trennen sich. Wir kühlen ab und die Primer lagern sich an die Einzelstränge an. Jetzt schreiben die Engelchen zu jedem Einzelstrang den Gegenstrang. Was haben wir danach? Richtig",

Changeux deutet mit einem Wurstfinger auf Mariano.

„Wir haben zwei Doppelstränge.

Wiederholen wir die Liturgie, erhalten wir vier Doppelstränge. So geht es in Zyklen von Hitze und Kälte weiter. Dank der Gnade der Göttlichen Schöpfung und der Lizenzabteilung der Firma ... wird jedes Mal die Zahl der DNS-Stücke verdoppelt.

Zum Heil eines großen Werkes und gemäß dem Gebot des Herrn: Wachset und mehret euch."

Aus dem Vatikan-Gentechnik-Thriller Gottes Lohn für Gottes Klon *von Urm Beter und Timmo Faust; Selbstverlag epubli 2016, zu beziehen über* www.amazon.de.

Die geheimnisvollen Autoren sind dem Verfasser wohlbekannt... Lesen! RR

Hier sehen Sie die Autoren: Sie stehen in der Bildmitte neben dem Münster von Freiberg am Wurststand ...

Abb. 10.49 In der Asthmatherapie wird Albuterol inhaliert. Der Wirkstoff gelangt gezielt in die Atemwege, die Wirkung tritt schneller ein; in der Regel mit einer geringeren Dosis.

der Arzt damit herausfinden, welches Arzneimittel bei welchem Patienten am besten wirkt (Abb. 10.49). Das **β2-AR-Gen** bestimmt beispielsweise, wie gut Asthmapatienten auf Albuterol ansprechen. Albuterol öffnet den Atemweg durch Entspannen der Lungenmuskeln.

Von diesem Gen gibt es beim Menschen vier bis fünf verschiedene Ausprägungen (**Allele**). Das erklärt, warum bei etwa 25 % der Asthmapatienten Albuterol nicht gut funktioniert. Ein Test auf Varianten des Enzyms Cytochrom P450 (Kap. 4) würde klären, ob man auf bestimmte Antidepressiva anspricht. Andere Tests können die Reaktionen auf häufig verschriebene Medikamente für Bluthochdruck oder Migräne voraussagen (Abb. 10.51).

Der Humangenom-Pionier **Francis Collins** (Abb. 10.38) sagt voraus, dass künftig **Tests für 25 weitverbreitete Krankheiten** weithin verfügbar sein werden, die es den Menschen ermöglichen, ihren Lebensstil zu ändern. Um 2020 werden dann genbasierte Designer-Medikamente für Diabetes, Bluthochdruck und viele andere Volkskrankheiten verfügbar sein. Bis 2030 will man die

Box 10.12 **DNA-Chips**

DNA-Chips und **DNA-Mikroarrays** sind nichts anderes als eine geordnete Sammlung von DNA-Molekülen von bekannter Sequenz. So ein Array ist gewöhnlich in Form eines Rechtecks oder Quadrats angeordnet. Es kann aus nur einigen Hundert, aber auch aus einigen Zehntausend Einheiten bestehen (z. B.: 60 × 40, 100 × 100 oder 300 × 500). Jede Einheit ist ein örtlich genau definierter Punkt auf der Glasoberfläche mit einem Durchmesser von weniger als 200 μm. Sie enthält Millionen von Kopien eines genau definierten, kurzen DNA-Stückes. Im Computer ist die Information, wo sich welche DNA in einem Array befindet, abrufbar.

Es gibt zwei Versionen:

1. Vorfabrizieren der DNA und sie dann auf die Oberfläche bringen (*spotted microarray*) oder

2. die DNA *in situ* (*high-density oligonucleotide chip*) auf dem Glas-Wafer synthetisieren.

Affymetrix dominiert das kommerzielle Gen-Chip-Geschäft mit *in situ*-Chips, die Licht benutzen, um die DNA zu winzigen Spots auf einem Glas-Chip zu bringen. DNA-Chips sind in der Regel kleine Glas- oder Kunststoffplättchen. Sie tragen in regelmäßigen Abständen DNA-Moleküle, meist sehr kurze einsträngige Oligonucleotide. Die „Oligos" werden direkt auf der Chipoberfläche synthetisiert. Der fotolithografische Prozess wurde von **Steve Fodor** (geb. 1953) und seinen Kollegen bei Affymetrix entwickelt.

Vereinfacht gesagt, nutzt man Laserlicht und deckt immer einen Teil des Chips mit Masken als Lichtschutz ab (**Fotolithografie**). Nur an den belichteten Stellen werden Nucleotide (also A, G, C oder T) mithilfe der hohen Lichtenergie an spezielle Startpunkte

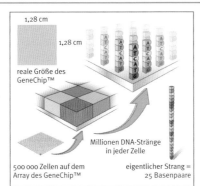

RNA-Fragmente mit Fluoreszenzmarkern (*tags*) aus der zu analysierenden Probe

mit der DNA des GeneChip™ hybridisiertes RNA-Fragment

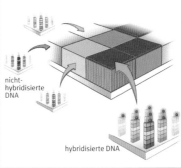

angeknüpft. So kann man verschiedenste einsträngige DNA-Moleküle auf einem einzigen Chip synthetisieren. Man kann inzwischen schon 250 000 bis 1 000 000 Oligonucleotide auf 1 cm² (!) unterbringen. Eine andere Möglichkeit: Man tropft mit einem Roboter Tröpfchen von DNA auf den Chip und lässt sie

trocknen. So kann man mehrere Tausend Oligonucleotide auf den Chip bringen. Auch das Prinzip des Tintenstrahldruckers wird verwendet.

Als Nächstes werden dann DNA-Fragmente auf den Chip gebracht. (Wenn man von mRNA ausgeht, verwandelt man sie durch Reverse Transkriptase in cDNA. Die DNA wurde zuvor durch Restriktasen „kleingehackt". Die zu analysierenden Doppelhelix-DNA-Stückchen müssen außerdem vorher „aufgeschmolzen", das heißt, zu Einzelstrang-DNA verwandelt werden (dies geschieht durch Erhitzen, siehe auch Box 10.7). Sie binden nur an den Stellen des Chips, die komplementäre Basen enthalten.

Ein Oligo mit der Sequenz

CTTTTTTCCCCCC

„fischt" sich also eine Einzelstrang-DNA mit der Teilsequenz

GAAAAAAGGGGGG

heraus.

Die auf den Chips angebrachten DNA-Stücke (DNA-Sonden) dienen so als „Köder" für das „molekulare Angeln" nach DNA-Fragmenten (molekulare *fish on chips*). Jeder DNA-Köder kann also aus einem komplexen Gemisch aus Millionen von verschiedenen DNA-Molekülen genau jenes herausfischen, das genetisch perfekt übereinstimmt (**Hybridisierung**).

Es bildet sich eine kurze Doppelhelix. Die gefischten DNA-Fragmente bleiben daher auf einem genau definierten Punkt des DNA-Chips „kleben". Wenn man die DNA vor dem Versuch mit fluoreszierenden Farbstoffen versieht, dann leuchten diese Punkte unter dem Laserlicht auf und können so leicht nachgewiesen werden.

Tastet man mit einem Laserscanner den Chip ab, leuchten nur die Stellen der erfolgreichen Hybride auf. Da der Computer „weiß", welche Oligos an welcher Stelle auf dem Chip platziert waren, kann er auch sagen, welche DNA-Bruchstücke in der Probe enthalten waren.

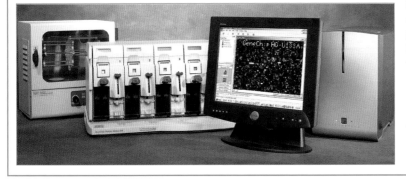

Das GeneChip®-System von Affymetrix besteht aus einem GeneChip®-Sonden-Array, Hybridisierungsofen, Fluidics-Station, Scanner und einem PC.

Die erschreckend geringe Effizienz von Arzneimitteln
(nach Allen Roses):

- Alzheimer-Krankheit: 30%
- Analgetika: 80%
- Asthma: 60%
- Herz-Arhythmien: 60%
- Depression (SSRI): 62%
- Diabetes: 57%
- Hepatitis C (HCV): 47%
- Inkontinenz: 40%
- Migräne (akute): 52%
- Migräne (Prophylaxe) 50%
- Onkologie: 25%
- Arthritis: 50%
- Schizophrenie: 60%

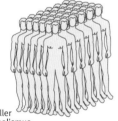

Abb. 10.50 Affymetrix-Gen-Chip

Abb. 10.51 Genbasierte Medikamente

Gene aufgespürt haben, die den Alterungsprozess kontrollieren, und die individuelle DNA-Sequenzierung auf Nachfrage wird weniger als 1000 US-Dollar kosten.

Für 2040 wird eine genbasierte Medizin die Norm sein, welche die meisten Krankheiten erkennt, bevor überhaupt Symptome auftreten, und individuell zugeschnittene medikamentöse und Gentherapien ausarbeitet. Die **personalisierte Medizin** ist in Sicht! Inzwischen freuen sich außer uns Patienten noch einige Personengruppen auf diese Informationen: Versicherungen, Firmenleitungen und Regierungen sowie deren Geheimdienste.

Collins meint, **wir alle trügen vier oder fünf wirklich verkorkste Gene mit uns herum** und noch ein halbes Dutzend weiterer, die nicht so toll sind und uns irgendein Risiko eintragen. Die Menschen könnten ihre Gene ja nicht aussuchen, und die Gene sollten daher auch nicht gegen sie verwendet werden.

Für die Pharmaindustrie selbst ist die Entwicklung einer hocheffektiven SNPs-Diagnostik wegen der hohen Kosten der klinischen Testung für neue Medikamente (Hunderte Millionen Dollar) vordringlich, vor allem, weil viele Medikamente auch noch in späten Phasen der Erpro-

bung scheitern. Das Herz der „Revolution in der Medizin" schlägt in Plättchen in der Größe einer Briefmarke: DNA-Chips oder DNA-Mikroarrays (Abb. 10.50).

■ 10.24 DNA-Chips

Eine weitere Revolution hat begonnen. Mit DNA-Chips kann man mit Chiptechnologie und Laserscannern oder CCD-Bildanalyse schnell bestimmen, welche DNA-Muster in einer Probe vorliegen (Box 10.12).

DNA-Chips – auch als Gen-Chips oder **DNA-Mikroarrays** bezeichnet – wurden in den frühen 90er-Jahren entwickelt. Die Firma Affymetrix, Inc. in Santa Clara, Kalifornien, hatte die Idee, Tausende DNA-Sonden auf Glas-Mikrochips aufzubringen, ähnlich wie Transistoren auf Silikon. (Abb. 10.50) Dazu wurden die Methoden zur Erzeugung von Computer-Chips neu adaptiert. Die DNA-Chip-Technik entwickelt sich seitdem rasant. DNA-Chips werden in einigen Jahren aus unserem Alltag nicht mehr wegzudenken sein. Gen-Chips werden breit für die Genomanalyse von Genen und deren Aktivitäten genutzt. Viele DNA-Tests brauchen Dutzende oder sogar Hunderte Hybridisierungsreaktionen, um alle Informationen zu erhalten. Die Biochip-Idee erlaubt es, das alles in einer winzigen Probe auszuführen, weil der Chip auch sehr klein ist und alles auf einen Chip passt. Die Anwendungen sind gewaltig:

- Expressionsprofile messen die gesamte RNA in der Zelle: „Welche Gene machen wie viel welcher RNA und welcher Proteine zu einer bestimmten Zeit?"

- Mutationstest einer DNA-Sequenz, z. B. für die AIDS- und Krebsforschung und für die Pharmakogenomik.

- SNP-Analyse.

Wenn genügend DNA-Sonden auf einem Biochip sind, kann man die DNA mit ihnen sequenzieren. Das nennt sich *sequencing by hybridization* (SBH). Am praktischsten ist aber wohl die SNP-Analyse für maßgeschneiderte Arzneimittel.

■ 10.25 Krankheitsursachen finden: Genexpressionsprofile

Mithilfe von **Expressionsprofilen** (wie bei der Hefe, Abb. 10.44) versucht man, den einer Krankheit zugrunde liegenden Veränderungen der Aktivität von Genen des Menschen auf die Spur zu kommen.

Individuen reagieren verschieden auf Anti-Leukämie-Medikamente

schneller Metabolismus

langsamer Metabolismus

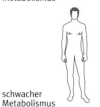

schwacher Metabolismus

nach einem Bluttest bekommen Patienten maßgeschneiderte Dosis entsprechend ihrem genetischen Profil

keine Mutation

normale Dosis

Mutationen im Gen für das Enzym TPMT

verringerte Dosis

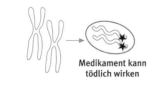

Medikament kann tödlich wirken

Dosis (nur eine Tablette) für einen besonders langsamen Metabolismus (TPMT-Defizit)

Box 10.13 Expertenmeinung:
Alan Guttmacher über den Anbruch der genomischen Ära

Der **14. April 2003** bedeutete das offizielle **Ende des Human Genome Project**: Das gesteckte Ziel war erreicht, die **vollständige Sequenzierung des menschlichen Genoms**. Dies stellte einen wahrhaft historischen technischen und wissenschaftlichen Erfolg dar und hat das Gesicht der biomedizinischen Forschung bereits verändert. Genauso wichtig wie die Sequenzierung waren aber auch andere, wenngleich weniger offensichtliche Beiträge, die das Human Genome Project zur biomedizinischen Forschung leistete.

Das Human Genome Project demonstrierte, dass große, zentral organisierte Projekte nicht nur auf anderen Gebieten der Naturwissenschaften von Nutzen sein können, etwa in der Physik, sondern auch in der biomedizinischen Forschung. Es zeigte außerdem, dass von einer Hypothese ausgehende und von einem Wissenschaftler initiierte Forschung zwar weiterhin die wichtigste Vorgehensweise bei der produktiven biomedizinischen Forschung bleiben wird; dass aber andererseits auch solchen Forschungen eine Schlüsselrolle zukommt, die nicht darauf ausgerichtet sind, eine bestimmte Fragestellung zu beantworten, sondern vielmehr einen **gemeinschaftlichen Wissenspool** zu schaffen. Auf diesen können dann viele Forschungsrichtungen zurückgreifen und damit einen weiten Bereich von Fragen beantworten – häufig sind dies Fragen, die man zu dem Zeitpunkt der Erstellung der Wissensquelle noch gar nicht voraussehen konnte.

Die „gemeinschaftliche" Natur des Wissenspools, der durch das Human Genome Project geschaffen wurde, erwies sich einerseits als Schlüssel zum Erfolg des Projekts, andererseits auch als ein sehr wichtiger Beitrag zur biomedizinischen Forschung. Kennzeichnend für das Projekt war, dass **alle erstellten Daten innerhalb von 24 Stunden der gesamten Forschergemeinschaft weltweit zur Verfügung gestellt** wurden. Das bedeutete einen großen Schritt weg von dem bislang vorherrschenden Modell, dem zufolge die Forschungsergebnisse dem jeweiligen Forscher „gehören". Natürlich muss man geeignete Möglichkeiten finden, wie man die Mühe, die Zeit und die intellektuelle Kreativität, die der Wissenschaftler in seine Forschung investiert, entsprechend erkennen,

würdigen und entlohnen kann. Die Wissenschaft kommt jedoch schneller voran – und gleichzeitig profitiert auch die Gesellschaft rascher davon –, wenn die Untersuchungsdaten weniger als persönlicher Schatz behandelt werden, den der Wissenschaftler hütet und auf den nur er Zugriff hat, sondern vielmehr als Allgemeingut. Dies ist besonders im derzeitigen Wissenschaftszeitalter von Bedeutung, da wir, wie das Human Genome Project veranschaulicht, mittlerweile in eine Ära eingetreten sind, in der das Suchen wissenschaftlicher Daten vielleicht eine fast größere Herausforderung darstellt, als diese zu sammeln.

Das Human Genome Project hat auch gezeigt, wie nützlich es ist, den gesellschaftlichen Kontext und die Auswirkungen für die wissenschaftliche Forschung zu erkennen und anzusprechen. Durch die Berücksichtigung der ethischen, rechtlichen und sozialen Auswirkungen (ELSI, Ethical, Legal, and Social Implications) seiner Forschungen, stellte das Projekt sicher, dass ein großes Aufgebot an Forschern mit sehr unterschiedlichen Lebenserfahrungen, verschiedenen Ausbildungen und Fachkenntnissen aktiv dessen potenziell weitreichenden gesellschaftlichen Einfluss anerkannten. Sowohl das Projekt selbst als auch die Gesellschaft profitierten von diesem breit angelegten Forschungsfeld und Denken, das selbst nach Abschluss des Human Genome Project ein wertvoller Teil der Genomik geblieben ist.

Eine weitere Lektion des Human Genome Project ist, dass die **vollständige Sequenzierung nicht das Ende darstellt, sondern erst den Beginn**. Schon gleich nach Abschluss des Human Genome Project 2003 wurden viele Stimmen laut, die vom Eintreten in die „Post-Genom-Ära" sprachen. Zwar halten wir jetzt die Sequenz des menschlichen Genoms in Händen, es ist jedoch richtiger zu sagen, dass wir gerade erst in die „Genom-Ära" eingetreten sind. Das ist ein wesentlicher Unterschied.

Durch unsere Kenntnis der Sequenz des menschlichen Genoms und die vielen anderen wissenschaftlichen und technischen Fortschritte, die das Human Genome Project hervorgebracht hat, stehen wir gerade am Beginn der Ära, in der wir die Genomik anwenden können: um die Biologie und die Gesundheit und Krankheiten des Menschen besser zu verstehen und, was vielleicht noch wichtiger ist, die Gesundheit der Menschen weltweit zu verbessern.

Dr. Alan E. Guttmacher (geb.1949) war stellvertretender Leiter des National Human Genome Research Institute (NHGRI). Er kümmerte sich darum, die Bemühungen des Instituts in der immer weiter fortschreitenden Genomforschung zu überwachen, die Vorteile der Genomforschung für die Gesundheitsvorsorge nutzbar zu machen sowie die ethischen, rechtlichen und gesellschaftlichen Folgen der Forschung am menschlichen Genom zu sondieren. 2003 gaben Dr. Guttmacher und der Leiter des NHGRI, Dr. Francis S. Collins, gemeinsam eine Reihe von Veröffentlichungen über die Anwendungsmöglichkeiten der Fortschritte der Genomik in der Gesundheitsvorsorge unter dem Titel Genomic Medicine (The New England Journal of Medicine) heraus.

Alan Guttmacher beaufsichtigte auch die Einbindung des NIHs in die U.S. Surgeon Generals's Family History Initiative, dem Bemühen, alle Amerikaner dazu zu ermutigen, sich mit ihrer medizinischen Familiengeschichte auseinanderzusetzen, um die eigene Gesundheit zu fördern und Krankheiten vorzubeugen.

Dr. Guttmacher erwarb seinen Doktortitel an der Harvard Medical School, schloss ein Praxissemester und eine Facharztausbildung in Pädiatrie ab und erhielt ein Forschungsstipendium in medizinischer Genetik am Children's Hospital Boston und an der Harvard Medical School. Er ist Mitglied des Institute of Medicine.

Literaturempfehlungen:

Guttmacher AE, Collins FS (2002) Genomic Medicine – A Primer. *New England Journal of Medicine*, 19: 1512–1520. Kann aus dem Internet heruntergeladen werden unter *http://content.nejm.org/cgi/content/full/347/19/1 512*
Collins FC, Green ED, Guttmacher AE, Guyer MS (2005) A vision for the future of genomics research. *Nature*, 422: 835–847. Kann aus dem Internet heruntergeladen werden unter *www.nature.com/nature/journal/v422/n6934/full /nature01626.html*
Der Artikel enthält 44 der wichtigsten wissenschaftlichen Veröffentlichungen mit Weblinks.

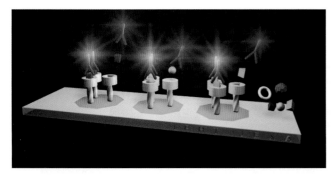

Abb. 10.52 Die Vision eines Protein-Chips

Abb. 10.53 Die historisch erste zweidimensonale Gelelektrophorese

Abb. 10.54 Patrick O'Farrell erfand als Student die 2D-PAGE. Tausende Proteine aus *Escherichia coli* konnte er damit auftrennen. Die Methode ist wichtig, aber schwer reproduzierbar.

Abb. 10.55 Oben: Franz Hillenkamp (1936–2014) von der Universität Münster baute das erste MALDI-Gerät. Unten: Ein Hochleistungsmassenspektrometer

Um herauszufinden, welche Gene in gesundem bzw. krankem Gewebe aktiv sind, isoliert man zuerst die mRNAs aus beiden Gewebeproben. Davon fertigt man mit Reverser Transkriptase fluoreszenzmarkierte cDNA-Kopien an und trägt sie auf Gen-Chips auf, die mit Tausenden von Genabschnitten beladen sind. Binden die markierten cDNAs an ihre komplementären Fragmente auf dem Chip, werden die aktiven Gene sichtbar. Ein Vergleich von Expressionsprofilen fördert oft Aktivitätsunterschiede bei mehreren Hundert Genen zutage. Nun gilt es, die Gene zu finden, die die Krankheit tatsächlich auslösen.

Eine Reihe von Methoden aus der funktionellen Genomforschung kommt zum Einsatz, um die Kandidatengene, also die, die als Krankheitsauslöser infrage kommen, zu beurteilen. Zuerst werden Datenbanken zur Funktion der identifizierten Gene befragt. Gene, die aufgrund dieser Informationen offensichtlich keine Rolle bei den Störungen im Zellhaushalt spielen, scheiden hier aus. Am Ende der Versuchsreihen stehen meist Untersuchungen weniger Kandidatengene in Tiermodellen. Dabei wird getestet, ob die genetischen Veränderungen im Tier das gleiche Krankheitsbild wie im Menschen hervorrufen. Erst dann kann die Beteiligung eines Gens an der Entstehung einer Krankheit auf molekularer Ebene als gesichert gelten.

Seit 1995 gibt es den Trend zur globalen Analyse der Genexpression, in der die Expressionsprofile Tausender Gene gleichzeitig verfolgt werden. Es wird möglich werden, das gesamte **Transkriptom** zu verfolgen, das heißt alle mRNAs der Zelle. Damit könnten alle Gene identifiziert werden, die in jeglichen medizinischen Prozess involviert sind.

■ 10.26 Proteomik

Die gerade beschriebene Transkriptom-(mRNA-) Analyse zeigt einen nützlichen Weg, um Krankheiten zu studieren und zu charakterisieren und unsere Reaktion auf Arzneimittel oder Umwelt-

veränderungen vorauszusagen. Die aktuellen funktionellen Moleküle der Zelle sind aber nicht mRNAs, sondern die Proteine! Das Vorliegen eines Transkripts (also der mRNA) korreliert nicht immer mit dem jeweiligen Protein, weil die Proteinsynthese oft unabhängig reguliert wird.

Unter den 1995 vorgeschlagenen Begriffen „**Proteomik**" oder „**Proteomanalyse**" versteht man die Untersuchung der gesamten Proteinausstattung einer Zelle, eines Gewebes oder eines kompletten Organismus. Bei höheren Organismen nimmt man an, dass von einem Gen ausgehend im Durchschnitt zehn Proteine gebildet werden. Die Expression, Funktion und Wechselwirkung miteinander verschalteter Proteine ist Proteomik oder **funktionelle Genomik**.

Generell ist die Proteomanalyse in zwei ineinandergreifende Bereiche aufteilbar: Probengewinnung und Separation der einzelnen Proteine und dann Proteinidentifizierung und Feinstrukturanalyse der Proteine (Modifikationen).

Für die Probenseparation wird zumeist die **zweidimensionale (2D)-Polyacrylamid-Gelelektrophorese (PAGE)** eingesetzt. Wie bei der Agarose-Gelelektrophorese von Nucleinsäuren erfolgt hier die Trennung nach hydrodynamischer Beweglichkeit (kleinere Proteine wandern schneller), zusätzlich aber auch noch nach Ladung.

Im Gegensatz zu Nucleinsäuren sind Proteine aber nicht einheitlich geladen. Proteine mit negativer Gesamtladung wandern zum Pluspol (Anode), die mit positiver zur Kathode der Elektrophorese. Die Spezialform dieser Methode, Sodium-(Natrium-) Dodecylsulfat-(**SDS-**)**PAGE** denaturiert Proteine zunächst in Gegenwart von Mercaptoethanol (das eventuelle Disulfidbrücken -S-S- zu -SH-Gruppen reduziert; Abb. 10.48).

Das SDS ist ein anionisches Detergens (Tensid), das vollständig dissoziiert ist. Es zerstört fast alle nichtkovalenten Wechselwirkungen innerhalb der Proteine (also besonders die Wasserstoffbrücken) und „entfaltet" so alle Proteinstrukturen, bildet dann **Micellen** und maskiert damit die unterschiedlichen Ladungen des Proteins. Die negative Nettoladung der Micelle ist dann (wie bei Nucleinsäuren) proportional zur Molekülgröße. SDS-beladene denaturierte Proteine lassen sich demnach in Gelen so trennen wie Nucleinsäuren.

Im Anschluss macht man die Proteine im Gel sichtbar, indem man sie meist mit Coomassie-Brillantblau anfärbt, sodass man blaue Banden erhält. Es

Box 10.14 Expertenmeinung:
David Goodsell über die Zukunft der Nanobiotechnologie

Richard Feynman: »*Was würde geschehen, wenn wir Atome nach Belieben einzeln anordnen könnten?*«

Die Wissenschaft der **Nanotechnologie** befasst sich damit, Materialien zu verändern und Werkzeuge im Größenmaßstab von Atomen zu erschaffen. Die Vorsilbe „nano-" bedeutet „ein Milliardstel". Da Atome ungefähr 0,10 nm groß sind, scheint der Begriff Nanotechnologie demnach passend. Die Nanotechnologie beschäftigt sich mit Materialien, die weniger als ein Tausendstel des Durchmessers eines menschlichen Haares groß sind. Im Jahr 1959 lenkte der Wissenschaftler **Richard Feynman** (1918–1988) erstmals die Aufmerksamkeit auf das Konzept der Nanowissenschaft und wies auf die Notwendigkeit hin, Hilfsmittel zu entwickeln, die auf atomarer Ebene eingesetzt werden können.

Seit damals hat sich dieses Gebiet enorm ausgeweitet. Die weltweiten Ausgaben für Forschung und Entwicklung von Nanotechnologie überschreiten mittlerweile die Grenze von drei Milliarden Dollar. Seit US-Präsident **Clinton** im Jahr 2000 die National Nanotech Initiative ankündigte, investiert die Regierung der USA rund zwei Milliarden Dollar. Andere Länder wie Japan und die Europäische Union haben ihre Förderung gleichermaßen drastisch erhöht. Noch innerhalb dieses Jahrzehnts wird die Nanotechnologie vermutlich zu einer billionenschweren Industrie heranwachsen.

Wie wird die Nanotechnologie des 21. Jahrhunderts aussehen?

Unter Nanotechnologie stellen sich viele Menschen eine Technologie vor, die **makroskopische Maschinen auf mikroskopische Größe schrumpfen lässt**: Nanoroboter mit Zahnrädern, Antriebsscheiben, Schaltgliedern und Signalspeichern in Nanometergröße; Montage-Roboter mit starren geraden Verstrebungen und runden Lagern; Speichertanks, die von einer starren Wand aus Diamant umgeben sind. Diese Maschinen sind ein detailgetreues Abbild der Maschinen, die wir heute in der makroskopischen Welt einsetzen – eine verlockende Vorstellung mit durchaus spannenden Aussichten. **Aber ist dies der einzige Weg?**

Wird Nanotechnologie stattdessen einem Wald aus Bäumen gleichen und mithilfe des Sonnenlichtes Baumaterialien aus Kunststoffen und Keramikkomponenten oder gar komplette Gebäude herstellen? Wird die Nanotechnologie einem ruhenden Teich ähneln, in dem zellähnliche Nanomaschinen fieberhaft maßgeschneiderte medizinische Präparate herstellen und sie gebrauchsfertig verpacken? Nanotechnologie könnte auch ein Computer sein, der nicht mit Elektrizität, sondern mit Zucker und Sauerstoff betrieben wird. Oder Nanotechnologie könnte genau aussehen wie ein Virus – ein Virus, das speziell dazu konstruiert ist, in Krebspatienten Tumorgewebe aufzuspüren und zu zerstören.

Bionanotechnologie ist heute Realität

Durch Vereinigung der experimentellen Erkenntnisse aus Biologie, Chemie, Physik und Computerwissenschaft verstehen wir die betreffenden Prozesse mittlerweile mit hinreichender Genauigkeit, dass wir Biomoleküle für unsere Zwecke einspannen können. Ein völlig neuer Bereich von sogenannter Wetware steht zur Verfügung, darunter versteht man Maschinen im Nanobereich, die unter physiologischen Bedingungen arbeiten. Viele der Anwendungsgebiete der Bionanotechnologie und der Nanomaschinen lassen sich als erweiterte Biologie beschreiben: Nanomaschinen, sollen Funktionen ausführen, die normalerweise von Biomolekülen oder ganzen Zellen erfüllt werden – nur dass die Maschinen diese Arbeit sogar noch besser erledigen. Wetware ist für diese Anwendungsbereiche perfekt geeignet, weil die Funktionen in einer für biologische Moleküle geeigneten Umgebung ausgeführt werden – warm, nass und salzig.

Der Blick in die Zukunft zeigt ungeahnte Möglichkeiten, von denen manche spekulativ sind, andere in den Bereich der Science-Fiction fallen. Bisher stehen wir erst unmittelbar am Anfang.

Ein Zeitplan für die Bionanotechnologie

Was wird die Zukunft bringen?

Natürlich ist es immer gefährlich zu spekulieren, weil die meisten kulturellen und wissenschaftlichen Veränderungen von unvorhersehbaren Entwicklungen geprägt sind. Autos, Eisenbahnen und Flugzeuge vernetzen die Welt immer mehr und rücken sie enger zusammen. Durch die Entdeckung mikrosko-

pischer Lebensformen und die darauffolgenden internationalen Bemühungen zur Bekämpfung von Krankheitserregern hat sich unsere Lebensspanne verdoppelt. Computer erschließen ganz neue Welten der Recherche und haben grundlegende Fragen über unseren Geist aufgeworfen. Das Internet hat unsere Vorstellungen von Information und Kommunikation erweitert. In all diesen Fällen eröffnete ein wissenschaftlicher oder technischer Fortschritt eine zuvor unvorstellbare Welt. Was können wir darüber hinaus also angesichts der vorhersehbaren Fortschritte unseres heutigen Verständnisses von der Bionanotechnologie erwarten?

Zunächst einmal können wir eine Lösung des Problems der **Proteinfaltung** erwarten. Dies wird es ermöglichen, die Struktur und Funktion eines Proteins mit beliebiger Sequenz vorherzusagen und damit neuartige Bionanomaschinen zu konstruieren. Das ist ein entscheidender Schritt in der Bionanotechnologie. Derzeit erwartet man so ungefähr im kommenden Jahrzehnt effektive Berechnungsmethoden zur Vorhersage der Proteinstruktur. Sind die natürlichen Proteine erst einmal verstanden, kann man das weitaus größere Problem angehen, die natürlichen Baumaterialien so zu verbessern, dass man sie zunehmend in nichtbiologischen Anwendungsbereichen einsetzen kann.

Das sogenannte **Zell-Engineering** (engl. *cellular engineering*) stellt eine weitere Möglichkeit dar. Angesichts der schnell wachsenden Zahl an Genomen und Proteomen werden wir in naher Zukunft eine vollständige Stückliste lebender Zellen zur Verfügung haben. Die kommenden Jahrzehnte werden uns immer mehr Erkenntnisse darüber liefern, wie diese Komponenten angeordnet sind und wie sie wechselwirken, um alle Prozesse des Lebens auszuführen. Mit diesem Verständnis werden wir die Fähigkeit entwickeln, Zellen zu verändern und neue Zellen auf bestimmte Bedürfnisse zuzuschneiden. Bakterienzellen wurden bereits so modifiziert, dass sie spezifische Produkte wie Wachstumshormon und Insulin produzieren. Zukünftig wird es auch Zellen geben, die Umweltverschmutzungen beseitigen, Kunststoffe und andere Rohmaterialien herstellen, Krankheiten bekämpfen und in zahllosen anderen Anwendungsgebieten eingesetzt werden können.

Fortsetzung nächste Seite

Das **Entwerfen von Organismen** wird viele Möglichkeiten eröffnen; bisher gelingt dies aber nur mit natürlichen Methoden. Die künstliche Beschleunigung der Evolution reicht in der Menschheitsgeschichte schon lange zurück. Seit Jahrhunderten züchtet der Mensch Lebewesen, die besser an die menschlichen Bedürfnisse angepasst sind. Wenn wir die molekularen Vorgänge der Entwicklung verstehen, wird sich die aufregende Möglichkeit eröffnen, Organismen von Grund auf neu zu konstruieren. Durch direkten Eingriff in das Genom eines Organismus sind Veränderungen aller Art möglich. Bereits heute werden durch die Gentechnologie die Eigenschaften von Nutztieren und Nutzpflanzen verbessert, auch wenn dies wichtige Sicherheitsfragen aufwirft. Außerdem könnten wir beginnen, für eine bessere Gesundheit und ein besseres Wohlergehen unseres eigenen Körper zu verändern.

Wie steht es mit unvorhersehbaren Vorteilen?

Dazu sollten wir die Grauzonen der Biologie betrachten und Vermutungen über Bereiche anstellen, die Nutzen bringen könnten, wenn weitere Geheimnisse der Natur entschlüsselt sind.

Bislang scheint es, dass die Biologie mittels deterministischer Prozesse auf einer Ebene weit oberhalb der Größenordnung von Quanten abläuft. Die Unbestimmtheit der Quantenmechanik spielt bei kovalenten Bindungen, bei der Kinetik von Reaktionen und beim Elektronentransfer eine wichtige Rolle, jedoch in sehr vorhersehbarer Weise. Wir können dies im Hinblick auf Bindungslänge, Reaktionsgeschwindigkeit oder Transferraten angeben, sodass keines der Geheimnisse der Quantenmechanik berücksichtigt werden muss – etwa, dass die Information schneller als mit Lichtgeschwindigkeit übermittelt wird, wenn quantenmechanische Zustandsformen kollabieren. Das bedeutet aber nicht, dass man diese nicht nutzen kann. Angesichts dessen, dass Bionanomaschinen so nahe an der Größenordnung von Quanten arbeiten, sind sie die perfekten Kandidaten für eine neue Quantentechnologie. In der Theorie und in Physiklaboren werden bereits aufregende Konzepte von Quantencomputern und Quantenkommunikation auf ihre Machbarkeit hin untersucht. Bionanomaschinen könnten einen Weg darstellen, wie sich diese Ideen in praktische Anwendungen

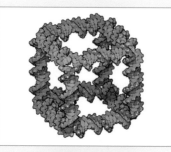

DNA stellt ein attraktives Baumaterial in Nanogröße zum Bau definierter mehrdimensionaler Strukturen dar: DNA ist programmierbar und vorhersehbar, außerdem kann man DNA-Oligonucleotide mit jeder gewünschten Sequenz bequem mittels DNA-Syntheseautomaten herstellen. DNA-Doppelhelices sind starre Polymere, zumindest im Bereich von wenigen Windungen der Doppelhelix oder von 10 nm. Unter physiologischen Bedingungen ist DNA relativ stabil, und für Manipulationen stehen viele natürliche Enzyme zur Verfügung.

Seeman war mit seiner modularen Methode ein Vorreiter bei der Herstellung mehrdimensionaler Objekte aus verzweigten DNA-Strukturen. Die Bausteine sind aus mehreren Strängen zusammengesetzt, die zusammen einen kreuzförmigen Komplex bilden. Dabei muss jeder Arm eine einzigartige Sequenz aufweisen, um zu gewährleisten, dass nur eine einzige mögliche Gesamtstruktur gebildet werden kann.

An jedem Ast der Verzweigung verbleiben „klebrige" Enden, die man dazu nutzt, die einzelnen Blöcke zu größeren Strukturen zu verbinden. Durch passende Auswahl der Sequenz dieser klebrigen Enden lassen sich größere Gebilde jeder beliebigen Form herstellen. Große DNA-Strukturen werden aus modularen Untereinheiten mit klebrigen Enden konstruiert.

Einen Würfel fertigt man, wie in der Abbildung zu sehen, aus acht dreiarmigen Modulen. Wenn man zur Verknüpfung der Module DNA-Ligase verwendet, setzt sich die Struktur aus acht topologisch verbundenen DNA-Ringen zusammen.

umsetzen lassen. Das **Bewusstsein** ist nach wie vor ein Mysterium, das auch zukünftig unvorhersehbare Überraschungen bereithalten könnte. Manche halten Bewusstsein für eine nicht erklärbare Eigenschaft, vielleicht bedingt durch die **Unbestimmtheit der Quanten** oder auf etwas eher Metaphysischem beruhend. Je mehr wir über Neurobiologie in Erfahrung bringen, desto eindeutiger scheinen Denken und Erinnerung fest in zellulären und molekularen Strukturen verankert zu sein. Falls sich herausstellen sollte, dass sich auch das Bewusstsein auf physikalische Prinzipien zurückführen lässt, kann das Schaffen eines Bewusstseins in künstlichen Objekten (Lebewesen?) verschiedene Möglichkeiten eröffnen. Mit der Raffiniertheit und

dem Reaktionsspektrum biologischer Systeme wird sich diese geheimnisvolle Fähigkeit am ehesten erfolgreich erzeugen lassen.

Lektionen in molekularer Nanotechnologie

Eric Drexler und andere molekulare Nanotechnologen haben einen spekulativen Entwurf für eine Nanotechnologie vorgelegt. Sie basiert auf dem schrittweisen mechanischen Hinzufügen einzelner Atome an eine wachsende Struktur mittels eines Montage-Roboters. **Richard E. Smalley** zeigte bei diesem Entwurf zwei Probleme auf, die er als das „Dicke-Finger-Problem" und das „Klebrige-Finger-Problem" bezeichnete.

Das „**Dicke-Finger-Problem**" ergibt sich durch den atomaren Aufbau der Nanomaschinen. Weil die Maschine aus Atomen aufgebaut ist, kann sie keine feineren Strukturen aufweisen als diese Atome. Das schränkt die Möglichkeiten für die kleine Gruppe von Atomen in einem Montage-Roboter ein, die direkt mit den Atomen interagieren, welche dem wachsenden Produkt hinzugefügt werden. Smalley betonte, dass man zur Herstellung eines Mehrzweck-Assemblers eine ganze Reihe unterschiedlicher chemischer Umgebungen benötigen würde und es sich als unmöglich erweisen wird, starre Roboterfinger zu konstruieren, die so eng nebeneinander stehen, dass sie einzelne Atome aneinander fügen können.

Das „**Klebrige-Finger-Problem**" liegt in den Wechselwirkungen der Atome begründet, die sich sehr von denen vertrauter Objekte unterscheiden. Atome sind „klebrig". Wenn sie einander nahe kommen, bilden sie über Van-der-Waals-Kräfte, Wasserstoffbrücken und elektrostatische Verbindungen stabile Wechselwirkungen aus. Die Wechselwirkungen mit dem Roboter könnten laut Smalley genauso stark sein wie die mit dem Produkt, sodass die Atome eventuell am Roboterarm kleben bleiben. Als Vergleich dazu stelle man sich ein Beispiel aus der realen Welt vor: eine Tüte voll Murmeln, überzogen mit einer dicken Schicht aus Gummilösung. Nun soll man versuchen, mit den Fingern, an denen ebenfalls die klebrige Lösung haftet, die Murmeln zu einer Pyramide zusammenzusetzen. Gar nicht so einfach!

Die Tatsache, dass Sie hier sitzen und diese Zeilen lesen, ist jedoch ein Beweis dafür, dass beide Probleme lösbar sind. Für die auf Diamantoiden beruhende Mechanosynthese, wie man sie sich in der molekularen Nanotechnologie vorstellt, mögen diese Probleme unüberwindbar sein. In der Realität jedoch haben biologische Systeme Lösungen dafür entwickelt, Objekte durch direkte Manipulation einzelner Atome von Grund auf neu zu erschaffen. Die von der Natur entdeckte Lösung ist hierarchisch und verwendet dazu, wenn möglich, Nanotechnologie auf Atomebene; falls dies nicht möglich ist, kommt es zur sogenannten Selbstmontage.

Beide Probleme lassen sich mit Enzymen lösen. Diese müssen ausschließlich aus Atomen ein aktives Zentrum in Molekülgröße schaffen, und sie müssen ihre Substrate einfangen sowie ihre Produkte freisetzen. Aktive Zentren werden mit einem hohen Aufwand an Proteininfrastruktur um das aktive Zentrum herum gebildet. Dabei werden viele Hundert mehr Atome verwendet, als für die direkte Wechselwirkung mit dem Substrat benötigt werden. Diese große Infrastruktur ermöglicht die genaue Anordnung der Atome zur Bildung des aktiven Zentrums, wobei die Toleranzen dabei geringer sind als der Radius eines Atoms.

Zur Freisetzung der Produkte wird die Bindungsstärke passgenau maßgeschneidert: Das aktive Zentrum ist so beschaffen, dass es fest an den instabilen Übergangszustand bindet, nicht jedoch an die Produkte. Die Form des aktiven Zentrums begünstigt die Reaktion und anschließende Freisetzung. In vielen Fällen bleibt die Freisetzung des Produkts jedoch der langsamste Schritt der Reaktion – ein Beweis, dass sich auch die Natur noch immer mit dem „Klebrige-Finger-Problem" herumzuplagen hat.

Der enzymatische Zusammenbau ist für bestimmte Klassen von Reaktionen nützlich. Im Allgemeinen müssen die Enzyme die zu modifizierenden Moleküle umfassen können, um dadurch eine geschlossene chemische Umgebung zu bilden. Dies sind gute Voraussetzungen für die Bildung maßgefertigter organischer Moleküle und linearer Polymere.

Für die Bildung großer dreidimensionaler Objekte funktioniert diese Strategie jedoch nicht. Wenn Enzyme auf eine glatte Oberfläche treffen und diese verändern sollen, sind sie im Allgemeinen nicht wirksam. Zum Bau größerer Strukturen dient daher die Selbstmontage. Die Konstruktion von Protein- und Nucleinsäurepolymeren, die sich spontan zu stabilen kugelförmigen Strukturen zusammenfalten, ermöglicht die Herstellung modularer Einheiten, die sich selbst zu Objekten jeder gewünschten Größe aneinanderfügen. Diese 10–100 nm großen Module sind einfacher zu handhaben als einzelne Atome. Mit diversen Modifikationsmethoden kann man Bausteine hinzufügen, die Oberfläche verändern, Module an Ort und Stelle aktivieren, schon eingebaute Module vernetzen und zahllose weitere Variationen durchführen.

Bei unserer Arbeit zur Entwicklung synthetischer Methoden für die Nanotechnologie **mussten wir zwei wesentliche Lektionen aus der Biologie lernen**, Lektionen, die man genauso gut von der Chemie lernen kann.

Erstens: **Das Zusammenfügen spezieller Atome zu einem Molekül** ist eine schwierige und anspruchsvolle Aufgabe. Sowohl in der Biologie als auch in der Chemie erfordert jedes neue Molekül und jede neue Bindung die Entwicklung einer maßgeschneiderten Technik. Wenn wir Objekte Atom für Atom zusammensetzen wollen, werden wir aller Voraussicht nach eine große Menge an Konstruktionswerkzeugen brauchen, von denen jedes maßgefertigt für eine bestimmte Aufgabe beim Zusammenbau ist. Sofern wir jedoch bereit sind, einen Schritt weiter zu gehen und zur Konstruktion unserer Objekte in Nanogröße Polymere zu verwenden, wird die Konstruktionsaufgabe unermesslich viel einfacher.

Dann kann man in allen Fällen eine einzelne synthetische Reaktion verwenden, wobei sich mittels einer Vielzahl monomerer Untereinheiten viele verschiedene Endprodukte herstellen lassen. Mit Polymeren kann man jedoch nicht jede beliebige Kombination von Atomen erzeugen, man ist auf das Bindungsschema der ausgewählten Polymere beschränkt. Allerdings erleichtert dies die Synthese ungeheuer und erhöht die Flexibilität der Konstruktion. Wenn wir die Natur und die Chemie betrachten, erkennen wir eine Kombination beider Techniken: Konstruktion spezieller Moleküle Atom für Atom durch aufwendige Herstellung geeigneter Enzyme und die Verwendung von Proteinen, Kunststoffen und anderen Polymeren, wenn größere Strukturen benötigt werden.

Abschließende Gedanken

Das Potenzial der Bionanotechnologie zur Ernährung der Weltbevölkerung, zur Verbesserung unserer Gesundheit und zur schnellen und billigen industriellen Produktion unter Rücksicht auf die Umwelt ist immens. Wir müssen diese Begeisterung jedoch durch sorgfältige Überlegungen zügeln. Die Philosophie, dass alle Dinge schicksalhaft dazu bestimmt sind, uns zur Verfügung zu stehen, ist ein wesentlicher Bestandteil der westlichen Kultur und wird oft ohne kritische Betrachtung verfolgt, und ohne an die Folgen zu denken. Wir täten gut daran, uns die Natur zum Vorbild zu nehmen – ihre weltumspannende Vernetzung, ihre bescheidene Kreativität, das Wunder ihrer Vollendung – als Richtlinie, um die starken kulturellen Zwänge nach Neuerungen und Profit zu zügeln.

David S. Goodsell ist Molekularbiologe und außerordentlicher Professor am Scripps Research Institut in La Jolla, Kalifornien. Sein Labor erforscht die Medikamentenresistenz bei HIV, und zwar sowohl die Struktur als auch die Funktion der Biomoleküle bei dieser Erkrankung. Mit Unterstützung der National Science Foundation schreibt Goodsell auch eine Kolumne mit dem Titel „Molekül des Monats" für die Protein Data Bank und erstellt dafür die Illustrationen; diese Datenbank umfasst ein Archiv der dreidimensionalen Strukturen von mehr als 20 000 verschiedenen Proteinmolekülen. Professor Goodsell begeistert sich schon sein Leben lang für Kunst. Seine Gemälde, Zeichnungen und computergenerierten Illustrationen von Molekülen und Zellen wurden in Galerien ausgestellt und waren auf den Titelseiten von Zeitschriften und Wissenschaftsjournalen abgedruckt. 2009 ist die 2. Auflage seines Buches **Machinery of Life** *erschienen, das 2010 unter dem Titel* Wie Zellen funktionieren *auf Deutsch bei Spektrum Akademischer Verlag veröffentlicht wurde. Wir schätzen uns sehr glücklich, dass er seine fantastische Kunst, seine präzise Wissenschaft und seine Kreativität zu diesem Buch beigesteuert hat. Danke, David! RR*

Quelle:

Goodsell, DS (2004) *Bionanotechnology – Lessons from Nature.* Wiley-Liss, Hoboken

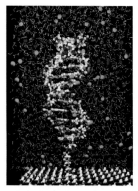

Abb. 10.56 DNA-Chip: Eine Einzelstrang-DNA hybridisiert mit einer DNA-Sonde.

Abb. 10.57 Oben: Michael Pirrung, der Vater des DNA-Chips
Unten: Der erste DNA-Chip von Affymetrix

Tales zu Proteus:

»Zu raschem Wirken sei bereit!
Da regest du dich nach ewigen Normen
Durch tausend, abertausend Formen,
Und bis zum Menschen hast du Zeit.«

J.W.v.Goethe: Faust, der Tragödie zweiter Teil

»Da steh ich nun,
ich armer Tor!
Und bin so klug als wie zuvor.«

können immerhin 0,1 µg eines Proteins nachgewiesen werden, sie ergeben eine sichtbare Bande.

Eine neuere Entwicklung ist die **zweidimensionale Gelelektrophorese** (**2D-GE**) (Abb. 10.53). Sie nutzt zuerst die **isoelektrische Fokussierung** (**IEF**): Ein vertikales Gel mit einem pH-Gradienten (niedriger pH zu hohem pH) wird geschaffen. Dann trägt man die Proteinprobe auf und legt eine Spannung an.

Die Proteine wandern zu ihrem isoelektrischen pH-Wert, das heißt dorthin, wo ihre Nettoladung gleich null ist. So bilden sich Banden. Dann inkubiert man das Gel mit SDS, legt es horizontal auf ein SDS-Polyacrylamid-Gel und führt eine Elektrophorese durch. So entsteht ein zweidimensionales Punktmuster. Die Proteine werden also in der einen Richtung durch ihre Ladung und anschließend im rechten Winkel dazu aufgrund der Masse getrennt.

Die meisten Forscher sind aber nicht so recht zufrieden mit der 2D-GE, besonders mit der Genauigkeit und Reproduzierbarkeit. Ein anderer Lösungsweg kommt von den **Massenspektrometern** (**MS**). Nach der Trennung durch die 2D-Gelelektrophorese werden die entstehenden Proteinspots aus dem Gel ausgestochen, durch eine Protease (wie Trypsin) verdaut und so in Peptide gespalten. Über diese Peptide identifiziert dann die Massenspektrometrie die Proteine.

10.27 MALDI: Ein Gas von Proteinionen

Massenspektrometer wurden ursprünglich entwickelt, um hochsensitiv ionisierte Atome nachzuweisen. Auch für die Analyse kleiner anorganischer und organischer Moleküle werden sie seit langer Zeit eingesetzt. Die massenspektrometrische Analyse von großen Biomolekülen wie Proteinen und DNA ist aber erst in jüngere Zeit gelungen, müssen sie doch dabei aus ihrer wässrigen Umgebung einzeln herausgelöst, in das Vakuum des Massenspektrometers überführt und mit einer Ladung versehen werden, ohne dabei in Fragmente zu zerfallen. Das ist etwa so, als würde man einen Astronauten ohne Schutzanzug ins Weltall entlassen. Ohne Tricks sind so große und geladene Moleküle nicht flüchtig!

Einer der beiden heutige gängigen Tricks heißt *Matrix-assisted Laser Desorption/Ionization* (**MALDI**) und wurde Ende der 80er-Jahre von **Franz Hillenkamp** (Abb. 10.55) und Mitarbeitern an der Universität Münster entwickelt.

Man baut die Proteine in Kristalle von UV-absorbierenden Molekülen ein. Dies geschieht meist, indem man die Lösungen der Matrix und Proteinmoleküle auf einem Metallträger mischt und wartet, bis sich das Lösungsmittel verflüchtigt hat. Den Träger mit den proteindotierten Kristallen schiebt man dann ins Hochvakuum und bestrahlt die Probe mit einem sehr kurzen und intensiven UV-Laserimpuls. Explosionsartig werden dadurch die UV-absorbierenden Matrixmoleküle und mit ihnen auch die Proteine ins Vakuum freigesetzt. Bei diesem Prozess wird auf einige Proteine noch eine positive oder negative Ladung übertragen.

Durch MALDI erzeugte Ionen werden meistens mit einem **Flugzeit-Massenspektrometer** analysiert (TOF von *time-of-flight*). Dabei fliegen die Ionen durch ein etwa 1 m langes, evakuiertes Rohr und ihre Flugzeit von typisch etwa einer Millionstel Sekunde wird gemessen. Vorher werden die Proteinionen noch durch ein elektrisches Feld beschleunigt. Proteine mit gleicher Ladung, aber unterschiedlicher Masse, fliegen unterschiedlich schnell.

Ein Proteinion kleiner Masse fliegt schneller als eines mit höherer Masse und ein Proteinion mit zwei Ladungen doppelt so schnell wie das gleiche Protein mit nur einer Ladung. Die Flugzeiten korrelieren also mit dem Masse-/Ladungs-Verhältnis (m/z) der Proteine und diese Flugzeiten misst der Flugzeitanalysator. Ein gutes TOF-MALDI-Massenspektrometer bestimmt die Masse eines Proteins mit einer Genauigkeit von bis zu 0,01 Promille.

Ein Flugzeit-Massenspektrometer arbeitet also wie eine sehr schnelle und genaue SDS-Gelelektrophorese: In beiden Fällen bestimmt man Laufstrecken oder -zeiten von geladenen Molekülen. Massenspektrometer sind eine ideale Ergänzung zur isoelektrischen Fokussierung; allerdings sind die Geräte teuer. Die zweite Methode zur Erzeugung von Ionen großer Moleküle ist **ESI** (**Elektrospray-Ionisation**).

10.28 Aptamere und Protein-Chips

Protein-Mikroarrays werden ähnlich wie DNA-Arrays fabriziert (Abb. 10.52). Die Arrays enthalten spezielle *Capture*-(Fänger-)Agenzien, zum Beispiel Antikörper. Sie können mit Massenspektrometern (wie MALDI-TOF) oder über Fluoreszenzmarker ausgelesen werden.

Box 10.15 Biotech-Historie: CRISPR – Ein einfaches und erstaunlich effektives Werkzeug zur zielgerichteten Änderung des Erbguts

Seit der Entdeckung der Doppelhelixstruktur der DNA 1953 haben Wissenschaftler von einem einfachen Weg geträumt, **beliebige DNA-Sequenzen innerhalb einer Zelle spezifisch durch eine Sequenz ihrer Wahl zu ersetzen** und auf diese Art die genetische Information nach ihrem Willen umzuschreiben. Dieser Traum wurde von Befunden während der 1960er beflügelt, denen zufolge zumindest ein Teil der benötigten Mechanismen für eine derartige Ersetzung in der Natur vorhanden war.

Alle lebenden Organismen besitzen DNA-Reparaturmechanismen, die als „Rechtschreibprüfer" arbeiten und **Nucleasen** umfassen, Enzyme, die geschädigte DNA ausschneiden, sowie **Ligasen**, Enzyme, die neue, korrekte DNA-Stücke zusammenkleben können. Wenn man diese Mechanismen in einer Weise lenken könnte, der Zelle zu sagen, welche Sequenzen sie „reparieren" soll und wie die „korrekte" Sequenz auszusehen hat, wäre das Problem gelöst.

Erste Versuche bauten auf dieses Prinzip der Ersetzung von DNA durch den Reparaturmechanismus, indem synthetische Oligonucleotide in die Zelle eingebracht wurden, die der Ziel-DNA teilweise entsprachen. Später wurden ausgefeiltere Techniken mit manipulierten Meganucleasen entwickelt, die die DNA an ausgewählten Stellen schnitten, wonach eine DNA-Reparatur erfolgte. Es zeigte sich jedoch, dass diese und andere Techniken mit zu viel Arbeit verbunden oder zu ungenau waren. Eine einfache und gezielte Änderung des Genoms blieb schwer zu erreichen.

Das alles änderte sich im Jahr 2011 mit der Aufklärung des Mechanismus, den das CRISPR/Cas9-System anwendet. Heute könnte man dieses **System im Biologielabor eines Gymnasiums anwenden, um Genome gezielt zu verändern**. Dieses Werkzeug ist so mächtig, dass die routinemäßige Erzeugung neuer genetischer Varianten von Organismen in Reichweite liegt. Wie so oft in den Biowissenschaften folgte die Entwicklung dieser revolutionären Technologie einem langen und verschlungenen Pfad über nicht zusammenhängende Entdeckungen, die von neugierigen

und cleveren Forschern gemacht wurden, bis eine von ihnen, **Emmanuelle Charpentier**, das Schlüsselexperiment durchführte, das alle Einzelteile zusammenfügte.

1987: Die seltsamen Sequenzwiederholungen um das bakterielle *iap*-Gen herum

1987 publizierten **Yoshizumi Ishino** und Kollegen von der Universität Osaka in Japan die Sequenz eines **Gens, das** *iap* **genannt wird und in** *Escherichia coli* **vorkommt**, dem häufigsten Bakterium unserer Darmflora. Solche Projekte zur Sequenzierung eines individuellen Gens waren zu jener Zeit an der Tagesordnung und wurden durchgeführt, um die codierenden Bereiche und die flankierenden Kontrollsequenzen zu identifizieren.

Aber im Fall von *iap* fanden die Forscher auch etwas Ungewöhnliches: einen Abschnitt von fünf konstanten DNA-Segmenten aus den gleichen 29 Basen bestanden und voneinander durch Spacer aus variablen 32 Basenpaaren langen Sequenzen getrennt waren. Diese Anordnung glich nichts, was Biologen vorher gesehen hatten. Als die Forscher ihre Resultate veröffentlichten, schrieben sie demütig: »Die biologische Bedeutung dieser Sequenzen ist unbekannt.«

Während dieser frühen Tage der DNA-Sequenzierung wusste niemand, ob es ähnliche Sequenzen in anderen Bakterien gab. Aber in den frühen 1990er-Jahren verbesserte sich die Sequenzierungstechnologie dramatisch. Am Ende der Dekade waren Projekte zur vollständigen Sequenzierung des Genoms vieler Bakterien im Gange, und es stellte sich heraus, dass die **merkwürdigen Strukturen um das** *iap***-Gen herum in einer wachsenden Zahl von Bakterien und Archaeen vorhanden waren**. In der Tat waren sie so häufig, dass sie einen Namen haben mussten, obwohl ihre Bedeutung unbekannt war.

2002: Nennen wir sie „CRISPR"

2002 schlug **Ruud Jansen** (geb. 1957) von der Universität Utrecht (Niederlande) einen Namen für diese Strukturen vor: *„clustered regularly interspaced short palindromic repeats"* oder CRISPR. Jansens Team bemerkte, dass sich die CRISPR-Sequenzen immer in der Nachbarschaft von Genen mit spezifischen Funktionen befanden. Einige dieser CRISPR-assoziierten oder Cas-Gene codierten für **Nucleasen** (**DNA-Schneider**) während

andere für **Helicasen codierten, die die DNA-Doppelhelix entwinden**. Cas-Proteine waren eindeutig an Veränderungen der DNA beteiligt.

Es gibt drei Haupttypen von CRISPR-Systemen mit unterschiedlichen Mechanismen. Die grundlegenden Eigenschaften des am besten untersuchten Systems – Typ II CRISPR – werden im Folgenden besprochen.

2005: CRISPR – eine mikrobielle Waffe gegen Virusinfektionen?

2005 beschrieben drei Forschergruppen unabhängig voneinander eine sonderbare Eigenschaft der CRISPR-Spacer: Ihre Sequenzen glichen Sequenzen, die man in Bakterienviren fand. Als **Eugene Koonin** (geb. 1956) vom National Institute for Biotechnology Information in Bethesda von diesen virusartigen Sequenzen in CRISPR-Spacern erfuhr, hatte er unmittelbar den Verdacht, dass CRISPR und Cas-Enzyme einen antiviralen Verteidigungsmechanismus bilden. Namentlich stellte Koonin die These auf, dass Bakterien Cas-Enzyme benutzen, um Fragmente eindringender viraler DNA zu zerschneiden, um sie dann in ihre eigenen CRISPR-Sequenzen einzufügen. Nach einer darauf folgenden Infektion mit dem gleichen Virusstamm würden die Bakterien die eingefügten Sequenzen als Referenz benutzen, um den Eindringling zu identifizieren. Kurz gefasst: CRISPR funktionierte als bakterielles Immunsystem, indem es nach einer anfänglichen Virusattacke Resistenz verlieh.

2007: Ernsthafte Joghurtwissenschaft

Rodolphe Barrangou, ein Wissenschaftler, der für die große Lebensmittelfirma Danisco arbeitete, fand Koonins Hypothese sehr interessant und wollte sie testen. Sein Interesse wurde auch von seinem Arbeitgeber geteilt: Joghurt wird durch bakterielle Fermentation hergestellt, und Ausbrüche viraler Infektionen können große Chargen von Joghurtkulturen vernichten.

Um Koonins Hypothese zu testen, infizierten Barrangou und seine Kollegen zuerst die Milch-fermentierende Mikrobe *Streptococcus thermophilus* mit zwei Virusstämmen. Das Gros der Bakterien wurde abgetötet, aber nicht alle. Wenn man die überlebenden Bakterien wachsen ließ und sie sich vermehr-

Fortsetzung nächste Seite

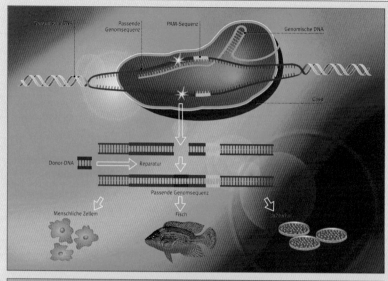

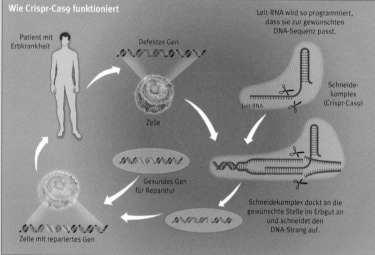

biologin **Emmanuelle Charpentier** (geb. 1968) und der Strukturbiologin **Jennifer Doudna** (geb. 1964).

Charpentier verstand als Erste, wie das CRISPR/Cas9-System vom Typ II funktioniert. Zur Zeit ihrer Pionierarbeit an der Universität Umeå arbeitete sie über den humanpathogenen Organismus *Streptococcus pyogenes* und versuchte zu verstehen, wie seine Virulenzgene möglicherweise von kleinen RNAs reguliert werden. In *S. pyogenes* gibt es viele solcher regulatorischer RNAs, und Charpentier und ihre Kollegen entschieden sich, sie alle zu identifizieren.

Während sie den authentischen RNA-Zoo durchsiebten, erregte eine kleine RNA ihr Interesse, deren Gen in der Nachbarschaft eines CRISPR-Typ-II-Locus lokalisiert war. Da es sich *per definitionem* um ein *cas*-Gen handelte, welche Rolle, wenn überhaupt, spielte es in der CRISPR-vermittelten Immunität? Alle zu dieser Zeit bekannten CRISPR-Systeme waren ziemlich komplex: Sie gebrauchten viele Proteine, aber nur ein spezifisches RNA-Molekül, crRNA. Charpentier fühlte intuitiv, dass das System von *S. pyogenes* mit seiner zusätzlichen RNA anders war.

Was wäre, wenn diese zusätzliche RNA tatsächlich eine der Aufgaben übernahm, die in anderen CRISPR-Systemen von Proteinen ausgeführt wurden? Was, wenn diese neue RNA (die später *trans-activating* oder tracrRNA genannt werden sollte) mit der crRNA wechselwirken würde, um die DNA-schneidende Nuclease zu einer bestimmten Sequenz im Genom zu lenken?

Es zeigte sich, dass Charpentier nicht nur mit ihrer Intuition richtig lag, sondern auch, dass das von ihr entdeckte System außerordentlich einfach war, da es aus nur zwei RNAs, crRNA und tracrRNA, und einem Protein, Cas9, bestand. Das bedeutete, dass man es möglicherweise für biotechnologische Anwendungen umwandeln könnte!

Anfangs 2011 traf sich Charpentier mit der Strukturbiologin **Jennifer Doudna**, die an der University of California in Berkeley arbeitete. Doudna, die die Strukturen unterschiedlicher CRISPR/Cas-Enzyme untersucht hatte, war die ideale wissenschaftliche Partnerin, um genauer zu verstehen, wie das System funktionierte und wie es aufgebaut war. Zusammen deckten die Teams von Charpentier und

ten, zeigte sich, dass die Nachkommen gegenüber den Viren resistent waren. Eine genetische Veränderung hatte stattgefunden!

Durch die Sequenzierung des Genoms der resistenten Stämme fand Barrangou neue CRISPR-Spacer-Sequenzen, die DNA-Fragmenten der beiden Viren entsprachen, welche die Elternstämme infiziert hatten. Wenn man diese neuen Spacer herausschnitt, verloren die Bakterien ihre Resistenz. Dieses Experiment belegte die immunisierende Rolle des CRISPR-Systems direkt.

Barrangou (jetzt Professor ohne Lehrstuhl an der North Carolina State University) erinnert sich daran, dass seine Entdeckung viele Joghurtproduzenten dazu veranlasste, Milchfermentierende Stämme mit maßgeschneiderten CRISPR-Sequenzen zu selektieren, um ihre Joghurtproduktion vor einer Massenvermehrung von Viren zu schützen.

2012: Die technische Anwendung von CRISPR – die Erfindung eines programmierbaren DNA-Schneideenzyms

Die Ergebnisse von Barrangous Experimenten sind einfach, aber die zugrunde liegenden Mechanismen der bakteriellen Immunität durch CRISPR sind extrem raffiniert. Das ist nicht überraschend: Sie wurden von einem der besten Ingenieure aller Zeiten erfunden, Mutter Natur!

Wir verdanken das Verständnis dieser Mechanismen und die Entstehung der revolutionären Technologien, die dieses Verständnis ermöglichte, zwei Wissenschaftlerinnen: der Mikro-

Doudna die Abfolge der Ereignisse im Innersten der CRISPR-vermittelten Immunität auf. Der erste Schritt ist die Bildung eines partiellen tracrRNA:crRNA-Duplex (erinnern Sie sich daran, dass RNA-Moleküle meist einzelsträngig vorliegen, die Basen sich aber wie DNA paaren können). Die doppelsträngige Region besteht aus nichtvariablen tracrRNA- und crRNA-Sequenzen. Aber ein Teil der crRNA bleibt einzelsträngig. Die Sequenz dieses Teils ist variabel und entspricht dem Ziel. Dieser variable Teil wirkt wie eine Orientierungshilfe für Cas9, um einen ortsspezifischen Schnitt des DNA-Doppelstrangs genau da durchzuführen, wo er benötigt wird. Der Aufbau der gesteuerten DNA-Schneidemaschine war vollkommen einleuchtend.

Das System wurde noch weiter vereinfacht, als einer von Doudnas Mitarbeitern, **Martin Jinek** (geb. 1979), tracrRNA und crRNA gentechnisch in einer *single guide* RNA (sgRNA) vereinte, die zwei wesentliche Charakteristika beibehielt: eine Sequenz am 5'-Ende, die an die genomische Zielsequenz bindet (RNA-DNA-Basenpaarung) und eine RNA-Duplexstruktur am 3'-Ende, die an Cas9 bindet.

Dieses einfache System aus den beiden Komponenten sgRNA/Cas9 war bahnbrechend. Doudna erinnert sich: »Sobald wir es als programmierbares DNA-Schneideenzym erkannt hatten, gab es einen interessanten Wandel.« Aus dem bakteriellen Immunsystem, das Viren abtötete, wurde ein Werkzeug zur Edition von Genomen. Darüber hinaus war es möglich, durch die Kombination mehrerer unterschiedlicher Zielsequenzen in einer einzigen sgRNA mehrere gezielte Änderungen mit einem Schritt durchzuführen. Und das modifizierte genetische System war so kompakt, dass es auf einem Plasmid untergebracht werden konnte, bereit zur Einschleusung in jede beliebige Zelle.

Die erstaunliche, oben zusammengefasste Arbeit wurde 2012 in der Wissenschaftszeitschrift *Science* in einem richtungsweisenden Artikel von Doudna, Charpentier und weiteren Kollegen unter dem Titel *A programmable dual-RNA-guided DNA endonuclease in adaptive bacterial immunity* veröffentlicht.

Das CRISPR/Cas9-System zur Edition von Genomen wurde später durch das Ersetzen der Cas9-Nuclease von *Streptococcus pyogenes* durch ein wesentlich kleineres Enzym aus *Staphylococcus aureus* optimiert, wodurch

kleinere, effizientere Plasmidkonstrukte möglich wurden. 2013 verfeinerten der Neurobiologe **Feng Zhang** (geb. 1982) vom MIT und sein Kollege **George Church** (geb. 1954) von der Harvard University das System sogar noch weiter, um pluripotente humane Stammzellen und die Genetik neuropsychiatrischer Erkrankungen zu untersuchen.

CRISPR und die Zukunft

Man kann die CRISPR-Revolution in der Biotechnologie mit der Einführung der Computer in der Informationstechnologie vergleichen. Vor der Einführung von CRISPR war es wie vor der Einführung von Computern nötig, bei allen Änderungen des Designs oder des Verwendungszwecks eines Geräts (oder einer lebenden Zelle) langwierige und teure Hardware-Änderungen durchzuführen. Denken Sie einfach an eine Änderung der Tastatur einer mechanischen Schreibmaschine oder die Züchtung einer neuen Rasse eines Haustiers. Aber mit Computern kann man eine neue Tastatur durch die Ausführung eines Programms erzeugen, wodurch unendliche Möglichkeiten an einer unbegrenzten Anzahl von Maschinen gegeben sind. Im Prinzip eröffnet CRISPR die gleichen Möglichkeiten für Genome.

Von der systematischen Analyse der Genfunktion in Säugerzellen bis zur Untersuchung der Mechanismen bei der Entstehung unterschiedlicher Krankheiten in Zellkulturen und tierischen Modellen hat CRISPR/Cas9 einen immensen Einfluss auf die funktionelle Genomik, unser Verständnis von Krankheiten und auf die Entwicklung von Medikamenten. Die Anwendungen von CRISPR/Cas9 bei Pflanzen und Pilzen versprechen das Tempo und die Richtung der landwirtschaftlichen Forschung zu ändern.

Letztendlich könnte es möglich sein, die Technologie in der Gentherapie zu benutzen, wobei entsprechend manipulierte CRISPR-Plasmide die für genetische Störungen verantwortlichen Mutationen korrigieren. Eine noch gewagtere Anwendung besteht darin, einen Organismus als „Genantreiber" (von engl. *gene driver*) zu benutzen. Dieser Organismus hätte ein CRISPR-System zur Edition von Genen in seinem Genom integriert. Seine Nachkommen würden derart verändert werden, dass sie unabhängig von der genetischen Komponente des anderen Elternteils die gewünschte Sequenz enthalten, wodurch das

normale genetische Vererbungsschema außer Kraft gesetzt würde!

In der Praxis wären derartige Organismen fähig, ihre Gene in Populationen von Wildtypen in Rekordgeschwindigkeit auszubreiten. Dieser Genantriebsmechanismus ist mithilfe von CRISPR zur Erzeugung von Moskitos benutzt worden, um gezielt die zur Übertragung von Malaria notwendigen Gene zu verändern. Wenn alles gut geht, könnte Malaria schneller ausgerottet sein, als man für möglich hielt!

Wie jedes mächtige Werkzeug muss die Edition von Genomen mittels CRISPR weise eingesetzt werden. Die Bedenken über diese neue Technologie umfassen mögliche Irrtümer in Bezug auf das Design der Zielsequenzen, negative Einflüsse auf andere Gene, unerwartete negative Effekte auf die Gesundheit, das Risiko der Eugenik und die Störung der Gleichgewichte der Genpools natürlicher Populationen von Tieren, Pflanzen und Mikroorganismen.

Es ist unbedingt notwendig, dass Wissenschaftler, Regulierungsbehörden, Politiker und die Öffentlichkeit eine offene Debatte führen, um die Auswirkungen dieser Technologie besser zu verstehen und vernünftige Richtlinien zu schaffen, die die Notwendigkeit der Forschung und die Besorgnisse bezüglich Ethik und Sicherheit gleichermaßen berücksichtigen.

Dr. Ruud Jansen arbeitet seit 2002 als Molekularbiologe am Regionalkrankenhaus Haarlem.

Auf YouTube findet man den kompletten Vortrag von Emmanuelle Charpentier zu CRISPR/Cas9 an der Hong Kong University of Science and Technology (HKUST): https://www.youtube.com/watch?v= sxosqyU_aNg&t=3033s

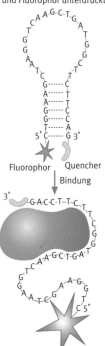

Proteine

freies Signal-Aptamer:
Fluoreszenz wird durch die räumliche Nähe von Quencher und Fluorophor unterdrückt

Fluorophor   Quencher

Bindung

gebundenes Signal-Aptamer:
Quencher und Fluorophor sind räumlich getrennt; Fluorophor kann angeregt werden.

Abb. 10.58 Wie Aptamere funktionieren.

Abb. 10.59 Stephen Hawking kommuniziert mit Augenbewegung über seinen Computer: »...irgendjemand wird irgendwo die Menschen verbessern...«

Protein-Chips sind aber längst noch nicht auf der Höhe der DNA-Chips, bei denen es Chips mit 10 000 und mehr Spots gibt, die das Vorhandensein und die relative Menge der RNA im Zellextrakt zeigen.

Der Proteinbiochemiker **Hubert Rehm**, Redakteur des beliebten *Laborjournals* aus Freiburg, kommentiert:»Auch der Proteinbiochemiker hätte gern ein solches Spielzeug, im Idealfall einen Chip, über den er bloß Zellextrakt geben muss, und der ihm eine halbe Stunde später Zahl, Art, Modifikation und Konzentration jedes Proteins in der Soße sagt. Ganz Verwegene fordern sogar Chips, die zusätzlich die Konzentration der Metaboliten wie Glucose, Lactat etc. und die der Oligo- und Polysaccharide bestimmen. [...] Man bräuchte für Protein-Chips dann allerdings einige Hunderttausend verschiedene monoklonale Antikörper...« Fazit: eigentlich nicht machbar!

Aber es gibt auch andere Ideen: **Aptamere**. Aptamere sind DNA- oder RNA-Oligonucleotide (15 bis 60 Nucleotide), die sich spezifisch an Proteine binden. Sie sind leicht, billig und in großer Menge in DNA-Synthesizern herstellbar. Sie werden zunehmend als Antikörper-Ersatz verwendet und lassen sich gegen Ionen (wie Zn^{2+}) genauso herstellen wie gegen ATP, Peptide, Proteine und Glykoproteine. Sie sind zwar den Antikörpern in ihrer Spezifität unterlegen, lassen sich aber als Bindungsanzeiger benutzen (Abb. 10.58):

Am 5'-Ende des Nucleotids wird das Aptamer mit einem Fluoreszenzfarbstoff markiert und am 3'-Ende mit einem „Quencher" (einem Molekül, das die Fluoreszenz auslöscht).

Bei Abwesenheit des Analyten formt das Aptamer eine Schlaufe, die Fluoreszenz wird gelöscht. Wenn sich dagegen der Analyt bindet, wird die Schlaufe aufgelöst. Der Quencher entfernt sich vom Fluorophor, das Aptamer erstrahlt in Fluoreszenz!

Pessimisten, wie **Stephen Hawking** (Abb. 10.59), meinen:»In den vergangenen 10 000 Jahren gab es kaum bedeutungsvolle Veränderungen in der menschlichen DNA. Doch bald wird es uns möglich sein, die Komplexität unserer inneren Niederschrift, unserer DNA, zu erhöhen, ohne auf den langsamen Prozess der biologischen Evolution warten zu müssen [...] beispielsweise durch eine Vergrößerung unseres Gehirns [...]. Ungeachtet aller nur denkbaren Strenge der gesetzlichen Beschränkungen wird irgendjemand irgendwo die Menschen verbessern.«

Optimisten wie **James D. Watson** behaupten dagegen:»Die Genetik an sich kann niemals schlecht sein. Erst wenn wir sie gebrauchen oder missbrauchen, kommt die Moral mit ins Spiel.« (zitiert nach Davies, 2003)

■ 10.29 *Quo vadis*, Biotech?

»In Zukunft werden Computer [...] vielleicht nur noch anderthalb Tonnen wiegen.« (Entwicklung der Computer, Studie von 1949)

Diese tolle Prognose im Hinterkopf, wollen wir entsprechend vorsichtig versuchen vorauszusagen, was uns erwartet.

Die Wertung mag der Leser selbst treffen. Hier sind aus unterschiedlichsten Quellen **Prognosen** zusammengestellt.

- Bei *Bier, Wein, Brot und Käse* (Kap. 1) werden zunehmend gentechnisch veränderte Mikroorganismen die Arbeit tun. „Gute, alte" Stämme werden verändert, möglichst ohne dass der gute Geschmack leidet, im Gegenteil!

- Die *Landwirtschaft* (Kap. 7) wird deutlich weniger Pestizide und Dünger einsetzen, der Landwirt selbst wird nicht mehr so vielen Schadstoffen ausgesetzt, andererseits wird die Artenvielfalt weiter drastisch abnehmen. Die Abhängigkeit von großen „Saatzucht-Dünger-Pestizid-Biotech-Konzernen" verstärkt sich, ein Trend der Wirtschaftsentwicklung, an der allerdings nicht neue Technologien schuld sind.

- Abbaubarer *Biokunststoff* und *Mikroben* als „Saubermänner" werden die Umwelt weniger belasten bzw. reinigen (Kap. 6).

- Auf die *Pharmabranche* (Kap. 4 und Kap. 9) wird Biotech gewaltigen Einfluss nehmen. Gentechnik, Impfstoffproduktion (Kap. 5) und Diagnostik revolutionieren die Behandlung auch bisher unheilbarer Krankheiten.

- Völlig *neue Biotech-Medikamente* entstehen: Beispielsweise wurde ein Antisense-Oligonucleotid für Cytomegalovirus-(CMV-)Infektion der Augen zugelassen (Vitravene®). AIDS-Kranke waren vorher an CMV unheilbar erblindet.

- Die Pharmaceutical Research and Manufacturers of America (PhRMA) fanden 369 Medikamente „in der Pipeline", die *200 potenzielle Krankheiten* heilen sollen: Autoimmunerkrankungen, Asthma, Alzheimer-Krankheit, Multiple Sklerose und Krebs.

Box 10.16 Expertenmeinung:
Microbiology Infects Art (MIA) und Bunte Biotechnologie

Binokulare Welten

Seit 1992 isolieren meine Biotechnologiestudenten im Rahmen des mikrobiologischen Grundpraktikums unterschiedliche Schimmelpilzgattungen aus vorgegebenen Herkunftsquellen. Wenn mit dem Binokular die Geflechte aus Hyphen und Sporenständen bei 40-facher Vergrößerung inspiziert werden, ermuntere ich im Sinne des erweiterten Kunstbegriffs von Joseph Beuys, diese nicht nur fachimmanent zu analysieren, sondern auch die ästhetische Seite der fantastisch skurrilen Welten in den mikrobiologischen Präparate wahrzunehmen. Dank des Siegeszuges der Smartphones wird ehrgeizig durch die Okulare der Binokular- und Lichtmikroskope fotografiert, und die besten Bilder fließen in die hochschuleigenen Ausstellungsreihe „Binokulare Welten".

Viele unterschiedliche und interessante Exponate mikroskopischer Kunstdokumentationen aus vielen Laboren der Welt finden sich übrigens in der Reihe „Das besondere Photo" des deutschen Wissenschaftsmagazins *Laborjournal*. Dabei wird offensichtlich, welche Potenziale die Mikroskopie für Objekte der Life Sciences besitzt, wenn sie spezifische Färbungsmittel oder Fluoreszenzfarbstoffe in Verbindung mit der Auflicht-Fluoreszenztechnik einsetzt, filigrane Querschnitte erstellt oder fortgeschrittene Mikroskopiertechniken wie Rasterelektronenmikroskopie oder konfokale Lasermikroskopie nutzt. Vermehrungsprozesse und Bewegungsabläufe im mikroskopi-

schen Bereich können effektvoll über Zeitraffer im Videofilm dokumentiert werden. Mit diesem Medium lässt sich der Weg in die Videokunst beschreiten, wobei sich auch hier bestätigt findet, dass Unbelebtes leichter gefilmt werden kann als lebende Objekte.

So ließ sich im Projekt über diffusionsgesteuertes fraktales Wachstum der anorganische Kristallisationsprozess schnell festhalten, während erst nach internationalen Telefonaten über viele Tricks und die Schaffung eines angemessenen Wellnessbereichs ein *Bacillus*-Stamm dazu gebracht werden konnte, die Scheu vor der Kamera abzulegen und sich zu vermehren.

Microbiology Infects Art (MIA)

Als ich einem Kollegen vor einigen Jahren mitteilte, dass wir uns in einem eigenen Projekt namens Micobiology Infects Art (MIA) engagieren, bestand sein Missverständnis darin, wir kümmerten uns nun wohl um den Schutz von Kunst- und Kulturgütern, was sicherlich dazu führen wird, dass bald keine Gemälde mehr verpilzen oder freistehende Denkmäler von Mikroorganismen zersetzt werden können. Tatsächlich formulierte – allerdings hierzu ganz konträr – einer meiner Studenten im MIA-Projekt schon frühzeitig die Idee, monoton graue Zweckarchitektur aus den 70er-Jahren mit einer Mischung aus geeigneten Bakterien großflächig zu besprühen, um tristen Beton mit einer mikrobiell bewachsenen Graffiti farbig zu gestalten. Unser Ansatz hat leider nichts mit dem Schutz von Kunstwerken vor mikrobiellen Verfall zu tun, sondern wir wollen Mikroorganismen so einsetzen, dass „Art" entsteht. Auch der Begriff „Kultur", unter dem der Mikrobiologe zunächst ganz fachlich eine Ansammlung von Mikroorganismen versteht, legitimiert sich in diesem Kontext sprachlich neu. Microbiology Infects Art ist zudem in seiner Abkürzung „MIA" für einige unserer Weihenstephaner Studierenden ein besonderer Impetus.

Die eigentliche Initialzündung für MIA kam über eine Agarplatte, auf der ein Mitarbeiter für einen Studieninformationstag testweise mittels Bakterienbewuchs die Linien des Hochschullogos sichtbar werden ließ. Der Begriff des Infizierens steht sinnbildlich für das Eindringen und Erobern der Kunstszene mit Mikroorganismen. Dafür müssen mikrobiologische Methoden angepasst oder neu

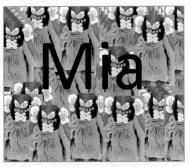

Selina Götz – *Mia san mia* (collagiert von Norbert W. Hopf)

entwickelt werden, d.h. Plattformtechnologien müssen bereitgestellt werden:

Lassen sich die etablierten mikrobiellen Kenntnisse und Techniken, mit denen bisher Bakterien und Pilze isoliert und zur Vermehrung gebracht werden, auch so einsetzen, dass nicht Antibiotika oder andere Naturstoffen hergestellt werden, sondern künstlerische Werke im weitesten Sinne? Kann die Agarplatte die Gemäldeleinwand ersetzen und die Impföse den Pinsel? Welche Einflüsse haben Zusammensetzungen von Nährböden auf die Vermehrung und letztendlich auf das Bild, das im Prinzip erst fertig ist, wenn die Zellen sich nicht mehr vermehren? Welche Effekte lassen sich über Temperaturwahl, Sauerstoffeinfluss und pH-Wert erzielen? Gibt es Änderungen, wenn der Agarnährboden dünn ist und damit das Nährstoffangebot eher knapp ist? Oder: Können einzelne Mikroorganismen, die bei Nährstoffverbrauch die Vermehrung einstellen, durch Auftragen von frischen Substanzen selektiv gefüttert werden und dort gezielt weiterwachsen?

Es galt zunächst, Mikroorganismen zu finden, die entweder durch morphologische oder physiologische Eigenschaften farbig wachsen oder deren Stoffwechselprodukte in Verbindung mit geeigneten Differenzialnährböden gewünschte Farbeffekte entstehen lassen. Die Studiengruppe untersuchte hierfür die Möglichkeiten des Einsatzes von Chromogenen aus Testsystemen, die ursprünglich für den labormedizinischen Nachweis von pathogenen Bakterien bei Urogenitalerkrankungen entwickelt wurden. Je nach Bakterienart besitzen diese spezifische Enzyme oder nicht, und je nach Umsetzung oder Nichtumsetzung durch Enzyme entstehen Produkte, wodurch spezifische Farbeffekte

Fortsetzung nächste Seite

Emma Langguth – *Ballerino*

Tanja Krüger – *Eule*

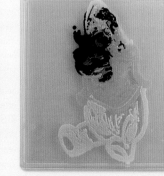

„Postfaktische Kulturen", Theresa Bartko – *Winnie Pooh*

auftreten können. Auch Mischfarben können entstehen.

Das Malen mit Bakterien soll natürlich einfach sein, und das ist es, wenn Mikroorganismen farbig auf einfach herzustellenden Agarnährböden wachsen können. In einer ersten Studienarbeit wurde gezeigt, dass dies für Standardagar möglich ist mit *Chromobacterium subtsugae* (violett bis schwarz), *Kocuria rosea* (rot), *Rhodococcus rhodochrous* (rotorange), *Micrococcus luteus* (gelb), *Vogesella indigofera* (grau) und *Bacillus atrophaeus* (weiß) und natürlich mit *Escherichia coli* (beige).

Man kann schnell die Handfertigkeit trainieren, um mit diesen sechs Bakterien und einer Backhefe Bilder zu malen, indem von Stammplatten oder einer „Palette" mit der Impföse auf die gewünschte Agaroberfläche einer Petrischale gezeichnet wird. Großflächiges

Melanie Kaseder – Dürers *Hase*

kann durch Verwendung eines Drigalski-Spatels erreicht werden. Pointillistische Effekte erreicht man, wenn von Eimalimpfwerkzeugen aus Kunststoff nicht die Öse sondern die Gegenseite mit einer kleinen planen Fläche zum Tupfen verwendet wird. Wenig filigran lässt sich malen, wenn die Malkeime aus Flüssignährboden übertragen werden, und das auch noch mit sterilen Malpinseln. Recht eindrucksvolle Bilder können entstehen, wenn unter die Agarplatte passende Malvorlagen fixiert werden.

Das Malen mit lebenden Keimen unterscheidet sich vom Malen mit Öl oder Acryl wesentlich dadurch, dass während des Malvorgangs kaum zu erkennen ist, welche Teile des Bildes schon mit welchen Mikroorganismen berührt wurden. Dies wird erst nach der Bebrütung sichtbar. Auch lässt sich ein gesetzter Keim kaum mehr entfernen. Um die Keime während des Malvorgangs sehen zu können, hat die Studiengruppe in einem Projekt ihre Keime mit entsprechenden fluoreszierenden UV-Farben (Black Light Paint) gemischt und unter einer Quecksilberniederdruckdampflampe gemalt. Für die Farbbildung im fertigen Bild waren später unter normalen Lichtbedingungen nur die ausgewachsenen Bakterien verantwortlich.

In einem ganz anderen Licht – im wahrsten Sinne des Wortes – leuchten genetisch modifizierte Bakterien, denen die Fähigkeit zur Bildung von Fluoreszenzfarbstoffen verliehen wird. Hier gibt es mittlerweile schon alles in den Farben des Regenbogens. Die Studiengruppe hat mit Dürer *Hase* mithilfe von GFP-*E. coli* neu gezeichnet, das bei Normallicht unauffällig ist, unter der Schwarzlichtlampe jedoch giftig grün erstrahlt. Inwieweit ein bei uns ausgestrichener Keim durch einen ande-

ren übermalt werden kann, zeigen die Ergebnisse von Tests mit Querstrichdiagrammen. Tatsächlich gibt es überwachsende Dominanzarten wie *C. subtsugae*.

Interessanterweise ist ferner zu beobachten, dass die Mikroorganismen sich nicht miteinander vermischen lassen und so auch keine Mischfarben entstehen. Jeder Keim wächst in eigenen Kolonien und fremde Kolonien durchdringen sich nicht. Bestenfalls kann es passieren, dass auf einer schon existierenden Kolonie eine andere distinkt und unvermischt aufwächst. Nach Öffnen bewachsener Agarplatten zeigt sich, dass Agarbereiche, die noch unbewachsen sind, leicht durch Pilzsporen infiziert werden, während schon gut bewachsene Areale signifikant keimfrei bleiben. In diesen Arealen sind natürlich ursprünglich vorhandene Nährstoffe verbraucht und durch neue Stoffwechselprodukte ersetzt, die in Form von Acetat oder Lactat auch zu einer lokalen pH-Wert-Veränderung führen können.

Da gerade mikrobiell erzeugte Bilder besonders empfindlich gebenüber Fremdinfektionen sind, sind entsprechende Maßnahmen erforderlich. Eine Möglichkeit bietet die Fotodokumentation, welche zudem weitere künstlerische Perspektiven eröffnet. Einen speziellen Abstraktionsgrad bietet die starke Vergrößerung von Aufnahmen kleiner Wachstumsmuster auf großflächige Projektionen in Plakatmaßstab. Dieser Effekt wurde in der Hochschulreihe „Postfaktische Kulturen" genutzt, um über die Neudimensionierung dem Betrachter die Basis des ursprünglichen Kontextes zu entfremden.

Dabei entstehen neuartige Impressionen ästhetischer Natur bzw. die Möglichkeit für eigenin-

Oben: Malen mit Bakterien transparent gemacht mithilfe von UV-Farben (Anna Dinkelmeier). Unten: Ansätze zur Konservierung der Kunst mit Epoxidharz (Benjamin Steinebrunner)

terpretative Sinnzuordnungen. Platten im Original lassen sich gut durch die Einsatz von Kaltglasuren aus dem einschlägigen Künstlerbedarf konservieren oder durch Besprühen mit Acrylspray.

Seit 1999 malt der österreichische Naturwissenschaftler Erich Schopf in den mikrobiellen Laboren der veterinärmedizinischen Universität Wien mit Bakterien und hat im Rahmen der von ihm entwickelten Bacteriographie und Bacterioästhetik schon zahlreiche und beeindruckende Bilder gemalt, von denen einige im Museum ausgestellt sind.

Bunte Biotechnologie

Die Schaffung künstlerischer Werke soll nicht nur auf das begrenzt werden, was ein mikrobiologisches Labor an Methoden bieten kann, sondern die Einbeziehung des gesamten Methodenrepertoirs der Biotechnologie steht auf dem Prüfstand. Welche Projekte bieten sich an?

Für großflächige Malprojekte könnten hochautomatisierte Maschinen im Hochdurchsatz-Screening so umprogrammiert werden, dass Stechmuster nicht mehr nach wissenschaftlichen Vorgaben abgearbeitet werden, sondern eine digitale Bildvorlage in Einzelpunkten

angeimpft wird. In einem anderen Ansatz wird ein Tintenstrahldrucker umfunktioniert und mit verschiedenfarbigen Mikroorganismen befüllt.

Mit der Bioreaktortechnik lassen sich Anlagen erstellen, die für künstlerische Zwecke nutzbar sind. Auf der Ausstellung „BIOS – Konzepte des Lebens in der zeitgenössischen Kultur", Berlin 2012, exponierte der österreichische Künstler Thomas Feuerstein beispielsweise eine Art Photobioreaktor bestehend aus säulenartigen Plexiglaswalzen, Kunststoffschläuchen und Leuchtstoffröhren, mit dem er durch die Kultivierung mit der Alge *Chlorella vulgaris* seine Manna-Maschine II zu einer grün belebten Skulptur deklarierte.

Mithilfe von Fermentern lassen sich literweise Biofarbstoffe herstellen. Bioskulpturen können mit fermentativ hergestellten Werkstoffen geformt werden, beispielsweise mittels Polyhydroxyalkanoaten, oder anderer Biopolymere.

Auch in der 3D-Druck-Technik, mit der sich für medizinische Anwendungen lebensfähige Gewebestrukturen herstellen lassen, besteht Potenzial.

Unter der Bezeichnung BIO-ART – auch als LIFE-ART bezeichnet – entstanden insbesondere 2007 am amerikanischen Rensselear Polytechnic Institute, New York, aus einer Kooperation von Wissenschaftlern der Abteilungen für Kunst und Biotechnologie interessante Projekte und Werke.

Ein Pionier der Bio Art ist Eduardo Kac als Professor an der School of the Art Institute Chicago. Im Jahr 2000 erregte er mit seinem transgenem Kunstwerk *GFP Bunny* weltweites Aufsehen, nachdem er in befruchtete Kaninchen-Eizellen die genetische Information zur Synthese von GFP einfügte, was ein Kaninchen heranwachsen lies, das unter der Blaulichtlampe in tiefem Grün fluoreszierte. Kac machte auch seinen Körper zum Kunstobjekt, indem er eigens einen Mikrochip in seinem Körper implantierte. Arbeiten, bei denen transgene Organismen für Kunstzwecke hergestellt wurden, riefen – wen wundert es – den Protest von Tierschützern hervor.

Ethisch umstritten sind allerdings Arbeiten wie die von Julia Reodica, für die sie beispielsweise mithilfe der Kulturtechniken Rattengewebe mit eigenen Vaginalzellen fusioniert, um Hymenskulpturen zu schaffen, wobei der

künstlerische Impetus auf einen Kontext moderner Sexualität und Jungfräulichkeitskultur fokussiert und über Thematik und Technik provozieren will.

Auch ein Brückenschlag zur Kunst mit den Möglichkeiten der Synthetischen Biologie ist denkbar. Insbesondere der Teil, der als Xenobiologie bezeichnet wird, ist vielversprechend: Es wird etwas Künstliches geschaffen, weil es auf biochemischen Konstrukten basiert, die in der Natur nicht vorkommen. So lassen sich DNA-ähnliche Moleküle konstruieren, die neuartige Nucleotidbausteine enthalten.

Selbst mit den normalen vier Nucleotidbausteinen bastelt die biomolekulare Nanotechnologie inzwischen an gezielt gefalteten Nucleinsäuren, wobei recht interessante, nur mit dem Elektronenmikroskop sichtbare Designstrukturen entstehen, was als DNA-Origami bezeichnet wird.

Die Zeit ist reif, all diese Formen kreativer Nutzungen biotechnologischer Techniken im weiteren Sinne unter einem Begriff zusammenzufassen – Bunte Biotechnologie. Anlehnend an die Definition für die gesamte Biotechnologie der European Federation of Biotechnology wird vorgeschlagen:

Bunte Biotechnologie ist die integrierte Anwendung des Wissens und von Techniken aus den Life Sciences mit dem Ziel, künstlerische Anwendungen des Potenzials von Mikroorganismen, Zell- und Gewebekulturen sowie Teilen davon zu erreichen.

Kurz formuliert: Wenn Biotechnologie zur Schaffung von Kunstwerken eingesetzt wird, dann kann das nur bunt werden!

Prof. Dr. rer. nat. Norbert W. Hopf, HSWT – Hochschule Weihenstephan-Triesdorf, University of Applied Sciences, Fakultät Biotechnologie und Bioinformatik

Abb. 10.60 Die Bioelektronik ist an der Schnittstelle von Chiptechnologie, Biotechnologie und Informatik angesiedelt und wird die nächsten Durchbrüche in den Hochtechnologien erbringen.

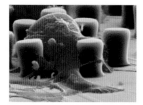

Abb. 10.61 Spitzenforschung von Peter Fromherz: Ein Neuron aus der Schlammschnecke ist Teil eines Netzwerks von Neuronen. Der Käfig dient der Immobilisierung der Zellen auf Chipstrukturen, die sowohl die Erregung der Nervenzellen als auch die Messung der entstehenden Signale erlauben. Die Neuronen wachsen unter Ausbildung elektrischer Synapsen zusammen.

Abb. 10.62 Nervenzelle aus dem Rattenhirn auf einem Silicium-Chip. In der Mitte sind die Feldeffekt-Transistoren erkennbar, mit denen die Signale des Neurons gemessen werden.

Abb. 10.63 Nanobiotech: ATP-Synthase für einen Nanopropeller verwendet. Drei schwefelhaltige Aminosäuren wurden angefügt, um den Motor am Untergrund festzumachen. Wenn ATP zugesetzt wird, rotiert der Propeller (blau).

- Biotech-Pharmaka haben gegenwärtig 5 % des riesigen Weltpharmamarkts inne. Dieser Wert wird bis 2050 voraussichtlich auf 15 % steigen.
- Die Zahl der *Biotech-Patente* wächst seit 1995 jährlich um 25 %.
- *Impfungen* gegen AIDS und Malaria (Kap. 5) werden möglich und erfolgreich sein.
- Das explosive Wachstum der *Gendiagnostik* (Kap. 10) wird die Erstellung eines persönlichen Genprofils innerhalb einer Stunde für 100 Euro erlauben.
- Hunderte neuer *Gen- und Immuntests* werden die Sicherheit bei Blutprodukten erhöhen. Preiswerte *Bioteststreifen und Biochips* werden mehrere Parameter gleichzeitig und in Minutenschnelle testen (z. B. das Risiko von Herzinfarkt). Die Tests können auch vom Laien zu Hause ausgeführt werden.
- *Personalisierte Medizin und Diagnostik* auf Biochips finden industrielles Interesse.
- *Proteomik* und *Pharmakogenomik* werden heute noch unbekannte Marker entdecken und Krankheiten noch vor Ausbruch therapieren.
- Durch *Xenotransplantation* der Organe transgener Tiere (Kap. 9) wird der chronische Mangel an Spenderorganen beendet.
- *Tissue*-(Gewebs-) *Engineering* schafft unter anderem neue Nasen und Haut. Bio-Hybridsysteme stützen Leber- und Nierenfunktionen.
- *Stammzellen* (Kap. 9) werden entscheidende Therapie von Morbus Parkinson, Alzheimer-Krankheit, Leukämie und Gendefekten wie Adenosin-Desaminase-Defizienz (ADA) und cystischer Fibrose (CF).
- In der ersten Dekade des 21. Jahrhunderts wird die Biotech ein explosives Wachstum zeigen, da immer mächtigere Computer, automatisierte Labortechnik, Kenntnisse des Genoms und der Proteine (Proteom) und des Metabolismus zusammenkommen.
- Immer offenkundiger wird der Nutzen der Biotech für den Einzelnen und die Gesellschaft sein. Lebensrettende Biotech erreicht immer mehr Menschen. Damit steigt die Akzeptanz.
- Die *Entwicklungskosten für ein Medikament* belaufen sich gegenwärtig auf 880 Millionen US-Dollar, und man benötigt 15 Jahre vom Start zum Markt. 75 % der Kosten entstehen durch Fehlschläge. Durch Genomtechnologie hofft man, die Kosten auf 500 Millionen zu senken, mit Zeiteinsparungen von 15 %.
- Transgene Pflanzen und Tiere (Kap. 7 und Kap. 8) werden mit *Gen-Pharming* wichtige menschliche Proteine produzieren.
- *Gentherapie und Nanoroboter* werden bis zum Jahr 2020 erwartet.

Die **Nanobiotechnologie** ist wohl die interessanteste Schnittstelle der Zukunft. Sie nutzt Biomoleküle zur Konstruktion molekularer Maschinen, z. B. Nanobiomotoren, die mit ATP wie die Geißeln von Bakterien betrieben werden (Abb. 10.63). Die **Bioelektronik** hat mit Biosensoren für Glucose die ersten Produkte auf dem Markt und lässt nun Neuronen auf Chips wachsen, die Signale zum Chip übertragen (10.61 und 10.62).

Wie prophezeite der große Victor Hugo?

Victor Hugo (1802 - 1885)

»Nichts ist mächtiger als eine Idee, deren Zeit gekommen ist!«
Die Zeit der Biotechnologie ist gekommen...

Verwendete und weiterführende Literatur

- Das ausführliche Lehrbuch zur Bioanalytik:
  Renneberg R (2009) *Bioanalytik für Einsteiger. Diabetes, Drogen und DNA.*
  2. Aufl. Spektrum Akademischer Verlag, Heidelberg

- Das beste Lehrbuch zur Genomik, aber eher für Fortgeschrittene:
  Primrose SB, Twyman RM (2004) *Genomics. Applications in Human Biology.*
  Blackwell Publishing, Malden

- Spannend und fundiert berichtet zum Humangenomprojekt:
  Davies K (2003) *Die Sequenz. Der Wettlauf um das menschliche Genom.*
  DTV, München

- Die Zukunftsvision zum Genom, auf Englisch, aber unbedingt lesen!
  Collins F, Green ED, Guttmacher AE, Guyer MS (2003) A vision for
  the future of genomics research. *Nature* 422: 835–845

- Das Standardwerk für Proteinlabore, endlich versteht man,
  was man immer falsch gemacht hat:
  Rehm H, Letzel T (2016) *Der Experimentator. Proteinbiochemie/Proteomics.*
  7. Aufl. Springer Spektrum, Heidelberg

- Knappeste Einführung, aber didaktisch gut:
  Weber TP (2002) *Schnellkurs Genforschung.* DuMont, Köln

- Die faszinierende Welt der Humangenetik gut erklärt:
  Cummings MR (2013) *Human Heredity. Principles and issues.* 10th ed. Thomson-Brooks/Cole, Pacific Grove

- Vom genialen Schöpfer der Molekülgrafiken in diesem Buch:
  Goodsell DS (2010) *Wie Zellen funktionieren.* 2. Aufl.
  Spektrum Akademischer Verlag, Heidelberg

- Vom führenden Bioethiker Deutschlands geschrieben:
  Reich J (2003) *Es wird ein Mensch gemacht. Möglichkeiten und Grenzen
  der Gentechnik.* Rowohlt, Berlin

- Rundumschlag gegen eine profitgesteuerte Biotech-Industrie:
  Rifkin J (2007) *Das biotechnische Zeitalter. Die Geschäfte mit der
  Gentechnik.* Campus, Frankfurt/M.

- Das Neueste von David, ein Augenschmaus: **Goodsell DS** (2016) *Atomic
  Evidence: Seeing the Molecular Evidence of Life.* Copernicus, Göttingen

- Der „Lottspeich" gehört in jedes Labor, darin ein neues Kapitel
  „Biosensoren": **Lottspeich F, Engels JW** (Hrsg.) (2012) *Bioanalytik.* 3. Aufl.
  Springer Spektrum, Heidelberg

- Neueste visionäre Literatur: **Fischer EP** (2017) *Treffen sich zwei Gene:
  Vom Wandel unseres Erbguts und der Natur des Lebens.* Siedler, München

Acht Fragen zur Selbstkontrolle

1. Welche Krankheit ist auf dem Weg, Volkskrankheit Nummer eins zu werden, und wie können Biosensoren bei ihrer Erkennung und Kontrolle helfen?

2. Welche chemische Substanz weist ein Schwangerschaftstest nach? Funktioniert er sofort nach einer erfolgten Befruchtung der Eizelle?

3. Welche Eigenschaft der DNA und ihrer Fragmente erlaubt eine Auftrennung in einem Gel, an das ein elektrisches Feld angelegt ist?

4. Welche zwei prinzipiellen Möglichkeiten gibt es, DNA zu vervielfältigen?

5. Wie viele DNA-Kopien kann man in einer Stunde mit einer der in Frage 4 gefragten Techniken erzielen, wenn ein Zyklus drei Minuten dauert?

6. Was passiert mit Proteinmolekülen bei MALDI?

7. Wie unterscheidet sich „Schrotschuss" vom Contig-Verfahren beim Humangenomprojekt, und was führte schneller zu zuverlässigen Ergebnissen?

8. Was verbirgt sich hinter den Begriffen Genomik und Proteomik?

Als ich Manfred Bofinger eine Gliederung für mein Biotech-Buch aufmalte, schickte er mir diesen Biotech-Baum im Paradies (mit Schlange!).

Danke, Manfred!
Manfred Bofinger starb am 8. Januar 2006.

	Kapitel 1
	Kapitel 2
	Kapitel 3
	Kapitel 4
	Kapitel 5
	Kapitel 6
	Kapitel 7
	Kapitel 8
	Kapitel 9
	Kapitel 10
	Kapitel 11

DAS NANORU

Die unglaubliche Geschichte seiner Isolierung,
Aufreinigung und Charakterisierung

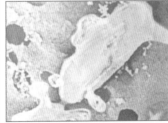

Aus Bioanalytik für Einsteiger von Reinhard Renneberg, Spektrum Akademischer Verlag, Heidelberg

Kapitel **11**

■ 11.1 Der Fundort

Ende 2004 startete Professor **R. Renguru** von der Hong Kong University of Science and Technology mit seinem Sohn **Maxuru** und seiner Assistentin **Lou Lawguru** eine Expedition. Sie suchten nach **neuen bioaktiven Proteinen**.

Hier ist Rengurus Bericht:

Unser Ziel war Südafrika. Dort, wo die Wiege der Menschheit ist, wollten wir suchen. Südafrikas Pflanzenwelt ist eine der artenreichsten der Erde. Fast ein Zehntel aller bekannten Blütenpflanzen, etwa 24 000 Arten, sind im Land zu finden. Das sind mehr, als in ganz Europa vorkommen. An der äußersten südwestlichen Spitze des Landes existiert mit der Kapflora sogar ein eigenes Florenreich mit einem selbstständigem Vegetationscharakter und einer unabhängigen Entstehungsgeschichte. Allein am 60 Quadratkilometer großen Tafelberg bei Kapstadt existieren 1470 verschiedene Pflanzenarten. Auch die Tierwelt Südafrikas ist von fantastischer Vielfalt. 250 Landsäugetierarten

und 43 Arten von Meeressäugetieren können hier beobachtet werden: Dickhäuter wie Elefanten, Nashörner und Flusspferde, Großkatzen wie Löwen, Leoparden und Geparde, Huftiere wie Giraffen, Zebras und Antilopen. Auch Vogelwelt, Amphibien und Reptilien sowie Insekten sind artenreich. Ein Eldorado für Naturforscher!

Wenig untersucht sind die **Mikroorganismen**. Wir begannen mit dem Sammeln der Proben in Kapstadt am Tafelberg, dann entlang der Gartenroute über Knysna zum Shamwari-Reservat in der Nähe von George.

Im Reservat sollten wir eine neue Bakterienspezies finden. Deshalb wird hier nur dieses Reservat ausführlich geschildert.

Das **Shamwari Game Reserve** liegt zwischen dem Hafen Port Elizabeth und Grahamstown entlang des Bushman River. Es umfasst etwa 25 000 Hektar Buschland, das typisch ist für die östliche Kapprovinz. Die gesamte Gegend ist malariafrei.

In diesem Reservat, dem ersten seiner Art am Ostkap, hat ein Idealist seinen Traum realisiert, die hier vorhandenen fünf Ökosysteme mit ihren Pflanzen, Säugern und Vögeln zu schützen. Shamwari hat seit seiner Gründung viele internationale Artenschutzpreise gewonnen.

Seit dem Jahr 2000 ist im Reservat ein Gebiet von 3000 Hektar absoluter Wildnis, reserviert nur für eine Pirsch zu Fuß. Dorthin transportierte uns Wildhüter Johann per Jeep. Wir bauten unser Lager auf, erkundeten mit ihm (vor Löwen und Nilpferden beschützt) die Gegend und sammelten vier Tage lang Bodenproben.

Die offenbar entscheidende Bodenprobe!
(Pfeil: Werkzeug)

■ 11.2 Aufzucht und Reinkultur

Insgesamt 188 **Bodenproben** ① wurden nach Hongkong verbracht und dort im Labor auf **Agarnährböden** in Petrischalen ② auf Bakteriennährmedien ausgestrichen. Cellulosezusatz förderte das Wachstum rotbrauner Kolonien. In **Schüttelkultur** (Erlenmeyer-Kolben) ③ konnten abgeimpfte Reinkulturen des unbekannten Bakteriums kultiviert werden.

Taxonomisch gehört das neue Bakterium zu den gramnegativen aeroben Stäbchen und erhielt nach seiner typischen **känguruförmigen Zellform** (siehe elektronenmikroskopische Aufnahme) den vorläufigen Namen *Bacillus macropii (R.)*. *Macropus* ist der lateinische Name für Känguru. Nach Anreicherung in cellulosehaltiger Schüttelkultur ③ wurden größere Mengen der Bakterien im **50-Liter-Rührtank-Bioreaktor** (nächste Seite ④) produziert.

Um eine möglichst breite Diversität von Mikroorganismen zu erfassen, wurden **Komplexmedien** verwendet. Diese enthielten Extrakte oder verdautes Protein aus biologischem Material (Hefeextrakt, Fleischextrakt, Milchpulver) tryptisch oder peptisch verdautes Fleischprotein (Trypton bzw. Pepton), Malzextrakt oder peptisch verdautes Sojabohnenprotein. Diese Extrakte liefern Aminosäuren, Mineralsalze und Faktoren wie Biotin.

Als zusätzliche C-Quelle wurde noch **lösliche Cellulose** zugesetzt, um Cellulose verwertende Mikroorganismen zu finden.

Projektziel:

Suche, Isolierung und Charakterisierung neuer cellulolytischer Proteine für die vollständige Verwertung von cellulosehaltigen Abfällen in China

Der wunderbare Safaribaum aus Holz von ARBOR ART (Cape Town, Design: Werner Prisi) brachte uns auf eine Grafikidee: Der Baobabbaum mit den afrikanischen Tieren Elefant, Löwe, Nashorn, Giraffe, Schlange, Spinne, Igel, Eule und Nilpferd ist ein großartiges Symbol nicht nur für die Harmonie in der Savanne, sondern kann auch symbolisch die Proteine der Zelle darstellen.

Forschergruppen der Hong Kong University of Science and Technology (HKUST, oben) und der Hong Kong University (HKU, unten) begannen die experimentellen Arbeiten.

Boxen für mikrobiologische Sterilarbeiten

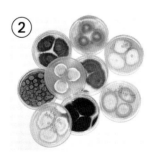

Ausplattierte Mikrorganismen auf Komplexmedien in Petrischalen

Mikrobielle Schüttelkulturen in Erlenmeyer-Kolben

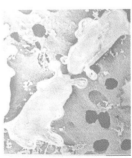

Rasterelektronenmikroskopisches Bild des neuen Mikroorganismus. Er wuchs hervorragend aerob auf Cellulose.

Fortsetzung nächste Seite ⟶

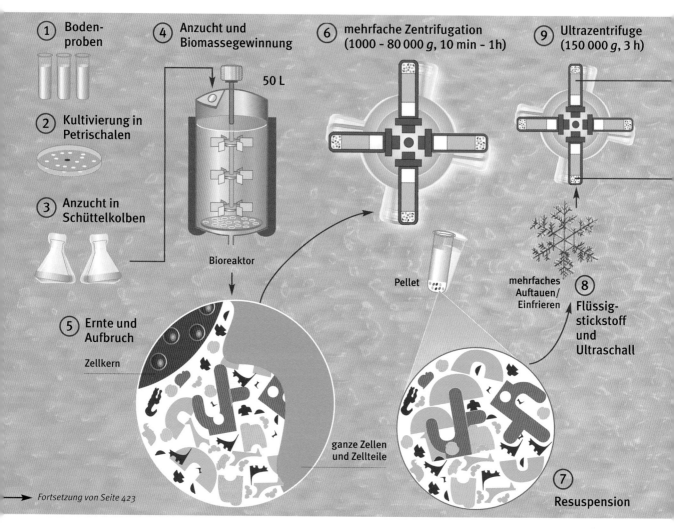

① Boden-
proben

② Kultivierung in
Petrischalen

③ Anzucht in
Schüttelkolben

④ Anzucht und
Biomassegewinnung

50 L

Bioreaktor

⑤ Ernte und
Aufbruch

Zellkern

⑥ mehrfache Zentrifugation
(1000 – 80 000 g, 10 min – 1h)

Pellet

ganze Zellen
und Zellteile

⑨ Ultrazentrifuge
(150 000 g, 3 h)

mehrfaches
Auftauen/
Einfrieren

⑧ Flüssig-
stickstoff
und
Ultraschall

⑦ Resuspension

→ Fortsetzung von Seite 423

11.3 Biomassegewinnung

④ In **Rührtank-Bioreaktoren** von **1 L** bis **50 L**
Volumen wurden die Bakterien unter Sauerstoff-
überschuss mit Cellulose als C-Quelle kultiviert
und danach geerntet ⑤.

⑥ Durch **Zentrifugation** von 1000 bis 80 000 g
wurden die Zellen stufenweise sedimentiert.

⑦ Die Zellen wurden jeweils resuspendiert und
durch **Ultraschallbehandlung**, **Einfrieren** in
Flüssigstickstoff ⑧ und **Auftauen** aufgebrochen.
Nachfolgende Zentrifugationen fraktionierten die
Zellbestandteile.

⑨ In der letzten Phase wurde für 3 h eine **Ultrazentrifuge** bei 150 000 g eingesetzt.

50-L-Bioreaktor (oben) und
Laborzentrifugen (unten)

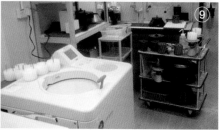

Kleinere Fermenter zur Probeanzucht (oben);
Ultrazentrifuge (unten)

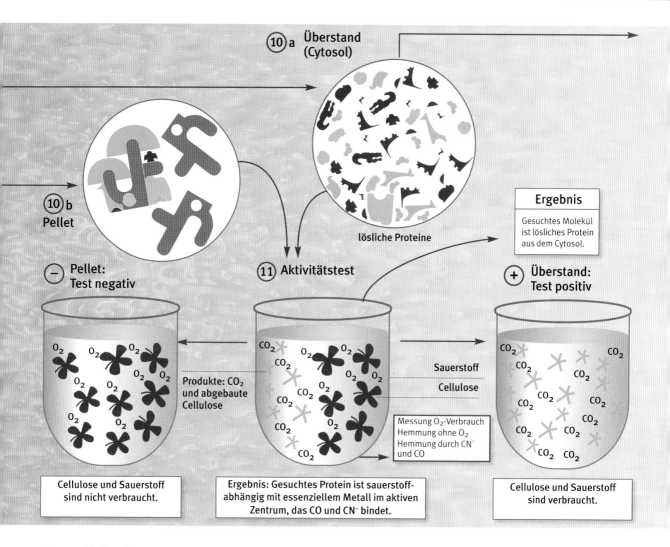

⑩a **Überstand**
(Cytosol)

⑩b
Pellet

lösliche Proteine

Ergebnis

Gesuchtes Molekül
ist lösliches Protein
aus dem Cytosol.

(–) **Pellet:**
Test negativ

⑪ **Aktivitätstest**

(+) **Überstand:**
Test positiv

O_2 O_2 O_2 O_2 O_2 O_2 O_2 O_2 O_2 O_2

CO_2 O_2 O_2 CO_2 O_2 CO_2 O_2 CO_2 O_2 CO_2

CO_2 CO_2 CO_2 CO_2 CO_2 CO_2 CO_2 CO_2 CO_2 CO_2 CO_2 CO_2 CO_2

Sauerstoff

Cellulose

Produkte: CO_2
und abgebaute
Cellulose

Messung O_2-Verbrauch
Hemmung ohne O_2
Hemmung durch CN^-
und CO

Cellulose und Sauerstoff
sind nicht verbraucht.

Ergebnis: Gesuchtes Protein ist sauerstoff-
abhängig mit essenziellem Metall im aktiven
Zentrum, das CO und CN^- bindet.

Cellulose und Sauerstoff
sind verbraucht.

■ 11.4 Aktivitätstest

Der **Zellüberstand** (Supernatante) ⑩a enthielt
cytosolische lösliche Proteine. Das **Sediment**
(Pellet) ⑩b enthielt Ribosomen, Mikrosomen
und Mitochondrien.

Ein neu entwickelter **Aktivitätstest** ⑪ auf Cellulase benutzte eine elektrochemische Messzelle
mit Clark-Sauerstoffelektode mit einer Suspension
löslicher Cellulose in sauerstoffgesättigtem Phosphatpuffer (pH 7,0) bei 37 °C. Das Sediment zeigte
nur schwache Aktivität, der Überstand dagegen
starke: Cellulose wurde unter Sauerstoffverbrauch umgesetzt. Cyanid und CO hemmen die
Reaktion, ein Hinweis auf **Metalle im aktiven
Zentrum**. Unter Sauerstoffabschluss fand keine
Reaktion statt. Im Überstand befindet sich also ein
Enzym, das Cellulose umsetzt! Zur Aufreinigung
der cytosolischen Proteine wurden verschiedene
Arten der **Chromatografie** eingesetzt.

Elektrochemischer Aktivitätstest
im Labor der HKUST: Proben werden in sauerstoffangereichertem
Puffer in einer Messzelle mit löslicher Cellulose inkubiert. Der Sauerstoffverbrauch wird gemessen.

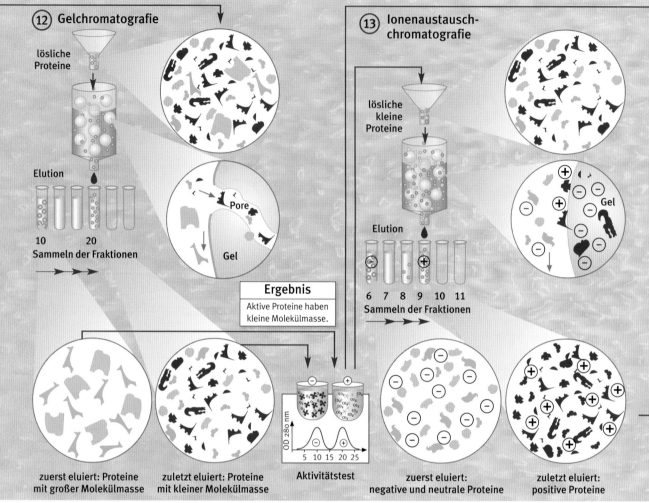

(12) Gelchromatografie

lösliche Proteine

Elution

10   20
Sammeln der Fraktionen

Pore

Gel

(13) Ionenaustauschchromatografie

lösliche kleine Proteine

Elution

6   7   8   9   10   11
Sammeln der Fraktionen

Gel

Ergebnis

Aktive Proteine haben kleine Molekülmasse.

zuerst eluiert: Proteine mit großer Molekülmasse

zuletzt eluiert: Proteine mit kleiner Molekülmasse

OD 280 nm

5 10 15 20 25

Aktivitätstest

zuerst eluiert: negative und neutrale Proteine

zuletzt eluiert: positive Proteine

Fortsetzung von Seite 425

11.5 Gel- und Ionenaustauschchromatografie

Gelchromatografie (12) trennt die Proteine nach der Größe auf, mithilfe von quervernetzten Gelkugeln, die Poren haben. Große Proteine dringen nicht in die Poren ein und werden früher eluiert als kleine Proteine, die in die Poren wandern. Ein Fraktionssammler fängt das Eluat auf. Ein optischer Sensor absorbiert Licht bei 280 nm (typisch für aromatische Aminogruppen der Proteine). Aktivitätstests zeigen später, in welchen Fraktionen sich das gesuchte Protein befindet.

Das gesuchte Protein X wurde 5-fach aufgereinigt, die Probe war aber danach um das Dreifache verdünnt.

Ionenaustauschchromatografie (13) sollte den Durchbruch bringen. Sie trennt die Proteine der gefundenen Fraktion (also etwa gleicher Größe) nach ihren **Ladungen**. Das Gel ist negativ geladen (Kationenaustauscher). Durch stufenweise Änderung der Ionenstärke (Salzgehalt!) wird das gesuchte Protein eluiert. In unserem Fall war es ein Fehlschlag: Im gesamten Eluat ließ sich keine Aktivität messen. Offenbar wurde die Aktivität des Proteins X von hohen Salzkonzentrationen zerstört, oder klebte es irreversibel an der Säule?

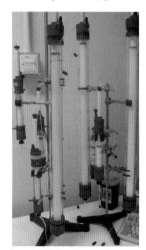

Chromatografische Trennsäulen

Präparative Gelchromatografiesäule zur Aufreinigung großer Proteinmengen

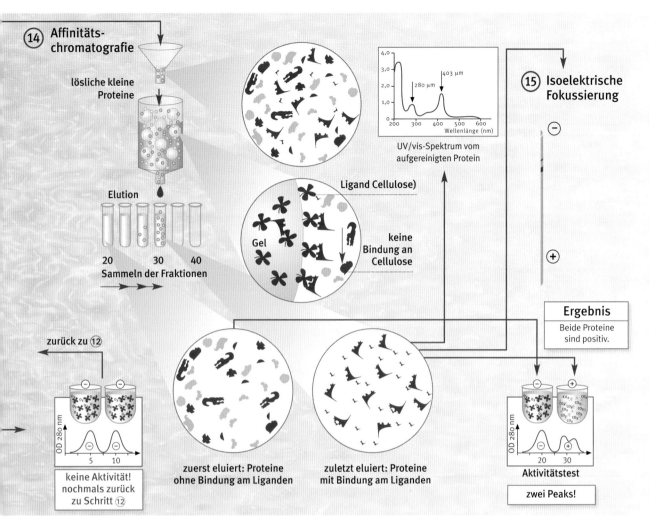

(14) **Affinitäts-chromatografie**

lösliche kleine Proteine

Elution

20   30   40

Sammeln der Fraktionen

UV/vis-Spektrum vom aufgereinigten Protein

280 μm   403 μm

Wellenlänge (nm)

(15) **Isoelektrische Fokussierung**

Ligand Cellulose)

Gel   **keine Bindung an Cellulose**

Ergebnis

Beide Proteine sind positiv.

zurück zu (12)

OD 280 nm

5   10

keine Aktivität! nochmals zurück zu Schritt (12)

zuerst eluiert: Proteine ohne Bindung am Liganden

zuletzt eluiert: Proteine mit Bindung am Liganden

OD 280 nm

20   30

Aktivitätstest

zwei Peaks!

■ 11.6 Affinitätschromatografie

Wir versuchten es deshalb mit einer **Affinitäts-chromatografie** (**A**C) AN.

Wenn man weiß, welchen Liganden das gesuchte Protein spezifisch bindet, koppelt man diesen Liganden über lange Abstandhalter (Spacer) an gelartige Kugeln. Hier diente Cellulose definierter Kettenlänge (20 Zuckereinheiten) als Ligand. Und, oh Wunder, es funktionierte: Allein das Protein X band an die mit Cellulose derivatisierten Kugeln, alle anderen Proteine rauschten ungehindert vorbei. Die AC erwies sich als hocheffektiv, das Protein wurde **500-fach aufgereinigt**! Interessant war, dass es einen großen und einen kleinen positiven Peak mit der AC gab, die beide Aktivität zeigten. Das Protein scheint aus zwei **aktiven Untereinheiten** zu bestehen. Es könnten aber auch zwei Isoenzyme sein. Ein Absorptionsspektrum (UV/vis) zeigte einen Protein-Peak (bei 280 nm) und einen Peak bei 403 nm, der auf Metalle hinweist.

■ 11.7 Isoelektrische Fokussierung

Mit einer **Isoelektrischen Fokussierung** (**IEF**) (15) wurde eine elektrophoretische Auftrennung der gereinigten Proteine in einem Gel aufgrund ihres relativen Gehalts an sauren und basischen Aminosäureresten versucht.

Am **isoelektrischen Punkt** (**pI**) eines Proteins beträgt seine Nettoladung, also die Summe aller Ladungen der einzelnen Aminosäuren, null. Bei diesem pH-Wert ist die elektrophoretische Beweglichkeit ebenfalls null. An das mit pH-Gradienten hergestellte Gel wurde eine Spannung angelegt. Jedes Protein wanderte im elektrischen Feld so weit, bis der umgebende pH-Wert seinem pI entsprach. Das elektrische Feld konzentrierte (fokussierte) also die einzelnen Proteine an ihrem spezifischen pI. Es wurden nur zwei nahe beieinanderliegende Banden im Bereich hohen pHs gefunden, also müssen diese **beiden Proteine positiv geladen sein.**

Prof. Aimin Xuguru (HK University) bei der affinitätschromatografischen Aufreinigung

Isoelektrische Fokussierung

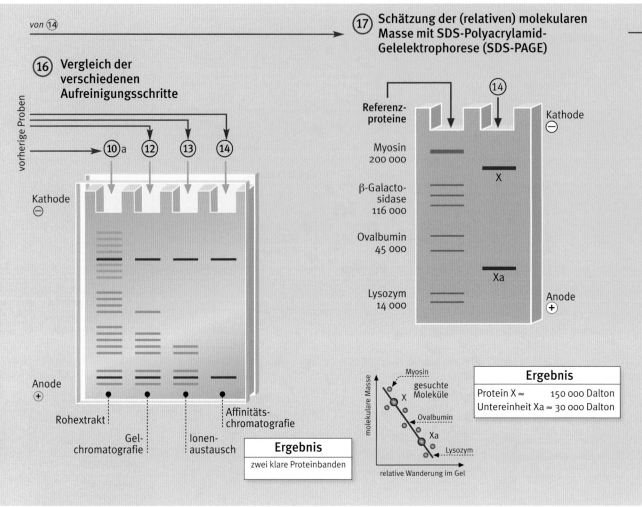

von (14)

(17) **Schätzung der (relativen) molekularen Masse mit SDS-Polyacrylamid-Gelelektrophorese (SDS-PAGE)**

(16) **Vergleich der verschiedenen Aufreinigungsschritte**

vorherige Proben

(10)a (12) (13) (14)

Kathode ⊖

Anode ⊕

Rohextrakt

Gel-chromatografie

Ionen-austausch

Affinitäts-chromatografie

Ergebnis
zwei klare Proteinbanden

(14)

Referenz-proteine

Kathode ⊖

Myosin 200 000

X

β-Galacto-sidase 116 000

Ovalbumin 45 000

Xa

Lysozym 14 000

Anode ⊕

molekulare Masse

Myosin

gesuchte Moleküle

X

Ovalbumin

Xa

Lysozym

relative Wanderung im Gel

Ergebnis
Protein X ≈ 150 000 Dalton
Untereinheit Xa ≈ 30 000 Dalton

Fortsetzung von Seite 427

Geräte zur Durchführung der Gelelektrophorese

■ 11.8 Gelelektrophorese

Die **Gelektrophorese** (16) wird als analytische Methode benutzt, um die Reinheit des gesuchten Proteins bei verschiedenen Aufreinigungsstufen zu charakterisieren. Dabei wandert eine Probe aus zu trennenden Proteinen unter Einfluss eines elektrischen Feldes durch ein Gel, das eine ionische Pufferlösung enthält. Die Moleküle des Gels, beispielsweise Agarose oder Polyacrylamid, bilden ein engmaschiges Netz, das die zu trennenden Moleküle bei ihrer Wanderung im elektrischen Feld behindert. Je nach Größe und Ladung der Moleküle bewegen sich diese unterschiedlich schnell durch das als Molekularsieb wirkende Gel.

Kleine, negativ geladene Moleküle (Anionen) wandern am schnellsten in Richtung der positiv geladenen Anode. Je nach Anwendung werden dem Gel verschiedene Zusatzstoffe zugesetzt. SDS zwingt allen Proteinen eine der molaren Masse proportionale negative Ladung und eine einheitliche stäbchenförmige Struktur auf, bei der **SDS-Polyacrylamid-Gelelektrophorese (SDS-PAGE)** (17).

Zur Auswertung des Gels nach der Elektrophorese werden die zu trennenden Moleküle entweder vor der Elektrophorese radioaktiv markiert und anschließend mit Autoradiografie nachgewiesen oder nach der Elektrophorese mit verschiedenen Farbstoffen behandelt.

Die (relative) molekulare Masse schätzten wir durch Vergleich mit Proteinen mit bekannter Molmasse für die zwei hochgereinigten Fraktionen des Proteins auf 150 kDa und 30 kDa.

Offenbar besitzt Protein X eine **Untereinheit Xa, die mit X einen Komplex bilden kann**. Dieser Komplex kann durch Gelpermeationschromatografie (GC) in Gegenwart bzw. Abwesenheit denaturierender Agenzien (wie z. B. Guanidiniumhydrochlorid) nachgewiesen werden.

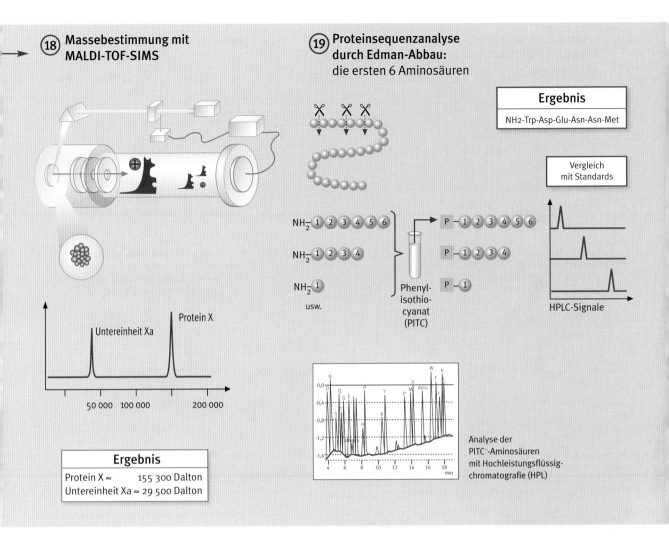

(18) Massebestimmung mit MALDI-TOF-SIMS

Untereinheit Xa

Protein X

50 000 100 000   200 000

Ergebnis	
Protein X ≈	155 300 Dalton
Untereinheit Xa ≈	29 500 Dalton

(19) Proteinsequenzanalyse durch Edman-Abbau: die ersten 6 Aminosäuren

Ergebnis
NH2-Trp-Asp-Glu-Asn-Asn-Met

Vergleich mit Standards

NH_2–①②③④⑤⑥   P–①②③④⑤⑥

NH_2–①②③④   P–①②③④

NH_2–①   P–①

usw.

Phenyl-isothio-cyanat (PITC)

HPLC-Signale

Analyse der PITC⁻-Aminosäuren mit Hochleistungsflüssig-chromatografie (HPL)

11.9 Massen- und Sequenzanalyse

Mit **Massenspektrometrie** (18) wurden dann die exakten Proteinmassen bestimmt. Matrixunterstützte Laserdesorption/Ionisierung gekoppelt mit einem Flugzeitanalysator (**MALDI-TOF**, siehe ausführlich Kap. 10) bestimmte die molekularen Massen genau: **Protein X hat eine molekulare Masse von 155 300 Da, die Untereinheit von Protein Xa von 29 500 Da.**

Das bedeutet rund 300 Aminosäuren für die Xa und 1500 Aminosäuren für das 5-mal größere Protein X, das somit etwa die Größe von Immunglobulin G (IgG) besitzt.

Wie ist die **Primärstruktur von Protein X**? Mit **Edman-Sequenzierung** (19) konnte ein Teil von Protein X vom N-Terminus aus sequenziert werden. Beim Edman-Abbau wird jeweils Aminosäure für Aminosäure mit Säure vom Ende des Proteins

abgespalten, mit Phenylisothiocyanat (PITC⁻) gekoppelt und dann chromatografisch analysiert. Durch Vergleich mit dem Satz bekannter PITC⁻-Aminosäuren können die Aminosäuren identifiziert werden.

Auf eine vollständige Proteinsequenzierung konnte jedoch verzichtet werden, weil wir nur eine **DNA-Sonde zum Fischen des Gens X** benötigten. Protein Xa wurde zunächst nicht sequenziert.

Bild unten links und oben im Detail: Gerät für matrixunterstützte Laserdesorption/ Ionisierung gekoppelt mit Flugzeitanalysator (MALDI-TOF) zur Massebestimmung der Proteine X und der Untereinheit Xa

Protein-Sequenzierautomat, der den Edman-Abbau benutzt

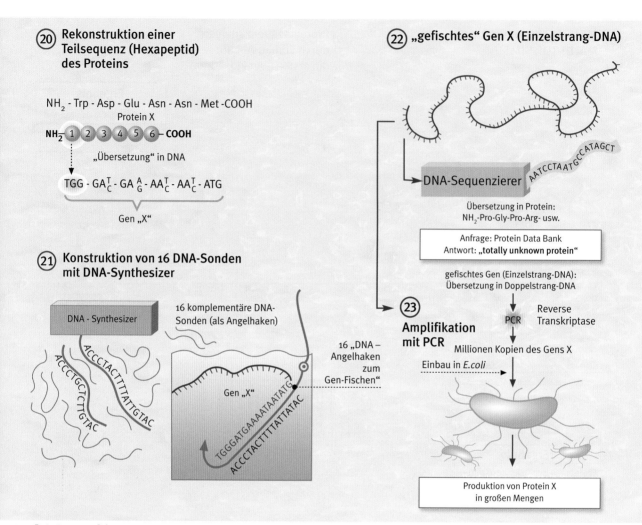

⑳ Rekonstruktion einer Teilsequenz (Hexapeptid) des Proteins

NH₂ - Trp - Asp - Glu - Asn - Asn - Met -COOH
Protein X

NH₂─①②③④⑤⑥─ COOH

„Übersetzung" in DNA

TGG - GA^T_C - GA ^A_G - AA^T_C - AA^T_C - ATG

Gen „X"

㉑ Konstruktion von 16 DNA-Sonden mit DNA-Synthesizer

DNA - Synthesizer

ACCCTACTTTTATTGTAC
ACCCTGCTCTTGTAC

16 komplementäre DNA-Sonden (als Angelhaken)

Gen „X"

TGGGATGAAATAATATG
ACCCTACTTTTATTATAC

16 „DNA – Angelhaken zum Gen-Fischen"

㉒ „gefischtes" Gen X (Einzelstrang-DNA)

DNA-Sequenzierer AATCCTAATGCCATAGCT

Übersetzung in Protein:
NH₂-Pro-Gly-Pro-Arg- usw.

Anfrage: Protein Data Bank
Antwort: „**totally unknown protein**"

gefischtes Gen (Einzelstrang-DNA):
Übersetzung in Doppelstrang-DNA

㉓
Amplifikation mit PCR

PCR | Reverse Transkriptase

Millionen Kopien des Gens X

Einbau in *E.coli*

Produktion von Protein X
in großen Mengen

Fortsetzung von Seite 429

DNA-Syntheseautomat

DNA-Sequenzierer

PCR-Cycler

■ 11.10 Wie das Gen „gefischt" wurde

Wir gewannen durch Edman-Abbau eine kurze **Teilsequenz von Aminosäuren** ⑲:

NH₂-Trp-Asp-Glu-Asn-Asn-Met-COOH

Nach dem genetischen Code wird dieses Hexapeptid von folgender DNA-Sequenz codiert:

TGG-GAT-GAA-AAT-AAT-ATG
TGG-GAC-GAG-AAC-AAC-ATG

In Klammern sind die anderen möglichen Codons gezeigt. Wegen dieser Mehrdeutigkeit des genetischen Codes gibt es also **16 Oligonucleotide**, welche die Sequenz Trp-Asp-Glu-Asn-Asn-Met codieren. Sie wurden im DNA-Synthesizer ㉑ synthetisiert und im Gemisch als **Gensonden** zur Durchmusterung der cDNA von *Bacillus macropii* eingesetzt. Das gefischte Gen X wurde mit dem DNA-Sequenzautomaten **sequenziert**

㉒. Eine Anfrage bei der Proteindatenbank (PDB) ergab: „unbekanntes Protein!" Das Gen X wurde danach mit PCR **amplifiziert** ㉓, in Plasmide eingebaut und in *E.coli* exprimiert. So konnte das Protein X im Milligramm-Maßstab gewonnen werden. Hurra!

Nach erneuerter Aufreinigung mit **Affinitätschromatografie** (**AC**) ⑭ lag es hochgereinigt vor.

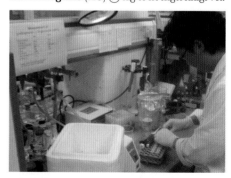

Beim Fischen des Gens für Protein X

㉔ Röntgenstrukturanalyse

Fällung mit
Ammoniumsulfat

Beugungsbild

Proteinkristalle

3-D-Bilder
Auflösung 0,5 nm

Elektronendichtekarten
von Protein X

Elektronendichtekarten
von der Untereinheit Xa

㉕ NMR–Analyse
(parallel zu ㉔)

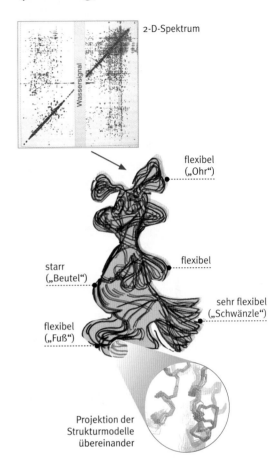

2-D-Spektrum

Wassersignal

flexibel
(„Ohr")

starr
(„Beutel")

flexibel

sehr flexibel
(„Schwänzle")

flexibel
(„Fuß")

Projektion der
Strukturmodelle
übereinander

■ 11.11 Röntgenstrukturanalyse und NMR

Durch Ammoniumsulfat wurden Protein X und Xa ausgefällt und kristallisiert. In Zusammenarbeit mit **Dietmar Schomburru** (TU Braunschweig) wurden mittels **Röntgenstrukturanalyse** dreidimensionale Elektronendichtekarten ㉔ erstellt und eine Auflösung von 0,5 nm erreicht.

Parallel dazu wurde mit der **Kernresonanzspektroskopie (NMR)** ㉕ die Raumstruktur aufgeklärt. Ihre Stärke ist, dass zeitabhängige Phänomene wie Konformationsänderungen (also bewegliche Teile) beobachtet werden können.

Die genmanipulierten *E.coli*-Bakterien wurden mit den seltenen nichtradioaktiven Isotopen ^{13}C und ^{15}N „gefüttert", damit die produzierten Proteine ^{13}C- oder ^{15}N-markiert vorlagen. Mehrere Strukturmodelle von Protein X wurden überein-

ander projiziert. Starke Unterschiede im Proteinrückgrat deuten auf flexible Bereiche hin: Protein X besitzt demnach einen hochflexiblen großen Bereich (hier **„Schwänzle"** genannt) und vier kleine flexible Bereiche, die alle vom Grundkörper aus wie Flagellen rotieren. Daneben ist in der **„Kopfregion"** ein hyperflexibler Bereich sichtbar, der das aktive Zentrum beeinhalten könnte. Ein zweiter **„Pouch"-Bereich** scheint wie ein Beutel geformt zu sein.

Schließlich kam der entscheidende Schritt, der die Proteine X und Xa auf die Titelseiten von *Science* und *Nature* brachte, die sensationelle **Röntgenstrukturanalyse mit 0,1 Nanometer-Auflösung** ㉖ (nächste Seite).

Röntgenstrukturanalyse

Protein-NMR

■ 11.12 Die Sensation: Das Nanoru – plötzliche Klarheit

Resultat:
ein neues multifunktionelles Protein **„NANORU"**

Nachdem die Struktur des Nanorus und seiner Untereinheiten aufgeklärt war, wurden plötzlich auch verschiedene Mechanismen klar:

(27) Funktionales Modell

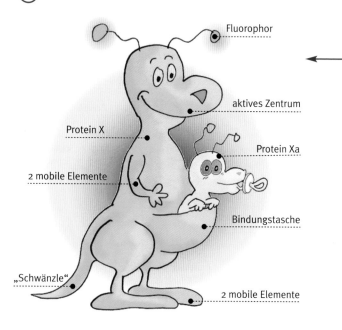

Fluorophor
aktives Zentrum
Protein X
Protein Xa
2 mobile Elemente
Bindungstasche
„Schwänzle"
2 mobile Elemente

(26) Röntgenstrukturanalyse: Auflösung 0,1 Nanometer

Die Molekularstruktur des Proteins X und der Untereinheit Xa wurde mit höchster Auflösung sichtbar gemacht. Deutlich sind eine Bindungstasche und das aktive Zentrum zu erkennen. Echt sensationell ist die Ähnlichkeit des etwa 15 nm großen Moleküls mit einem Känguru!

(29) Eine ökologische Nische: das Nanoru in Afrika

Das Nanoru gehört zu den **Neobiota** (v. griech.: *neos* = neu; *bios* = Leben) in Südafrika, das heißt zu gebietsfremden Arten, die einen geografischen Raum infolge direkter oder indirekter menschlicher Mitwirkung besiedeln. Offenbar wurde es als „Australier" von den lokalen Arten aufgrund seines freundlichen vegetarischen Wesens akzeptiert.

(28) Aktivitätstest

Beim **Aktivitätstest** bindet das Nanoru Cellulose im aktiven Zentrum und wandelt sie biokatalytisch mit Sauerstoff zu CO_2 und Wasser um. Der O_2-Verbrauch kann mit einer Clark-Elektrode gemessen werden.

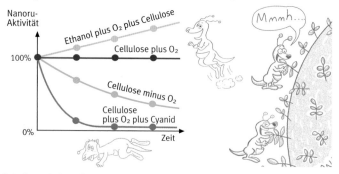

Nanoru-Aktivität
Ethanol plus O_2 plus Cellulose
Cellulose plus O_2
100%
Cellulose minus O_2
Cellulose plus O_2 plus Cyanid
0%
Zeit

Mmmh....

Rote Kurve: Bei Zugabe von Cellulose plus Sauerstoff bleibt die Aktivität der Nanorus gleich.
Gelbe Kurve: Ethanol erhöht die Aktivität kurzzeitig.

Grüne Kurve: Wenn Cellulose zugegeben, aber Sauerstoff entzogen wird, verringert sich die Nanoru-Aktivität langsam.
Blaue Kurve: Cyanid inaktiviert Nanorus sofort.

▪ 11.13 Wie geht es weiter mit dem Nanoru?

Nach der Entdeckung des Nanorus begannen in der ganzen Welt fieberhafte Arbeiten. Die **Grundlagenforschung** ③ untersucht L- und D-Formen, die von der Ost- und der Westseite des Tafelbergs in Kapstadt isoliert wurden. Intensive molekulare Wechselwirkungen zwischen beiden Formen führen zur Bildung von Xa, die reversibel gebunden sind. Neue Anwendungen ③ finden Nanorus in der **Immun- und Rezeptoranalytik**. Die cellulolytische Aktivität des Nanorus wird bei **Biosensoren** eingesetzt.

Durch gezielte Modifikation des Moleküls ist das Nanoru zum wichtigsten Objekt der **Bionanotechnologie** ③ geworden.

③⓪ Nanoru – Grundlagenforschung

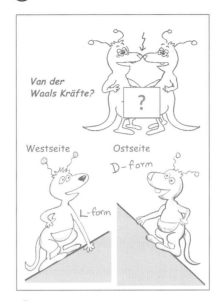

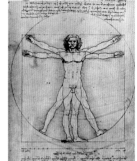

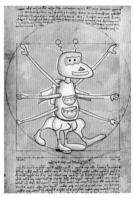

Leonarus Vision der Harmonie in der Nanowelt des Nanorus

③① Neue Anwendungen

Immunoassays: Die fluoreszierenden Untereinheiten werden als Marker benutzt.

Biosensoren: Gekoppelt mit Sauerstoffsensoren kann der Substratverbrauch (Cellulose) innerhalb von Sekunden bestimmt werden.

③② Publikation der Sensation

DAS NANORU IN DER POESIE

Drüben am Walde kängt ein Guruh – Warte nur balde kängurst auch du.

Nanochim Ringuru

③③ Bionanotechnologie: gezielte Modifikationen des Nanorus

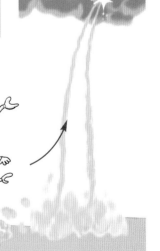

BIOTECH AUF BRIEFMARKEN

Die Naturwissenschaften konnten im Laufe der Zeit einen enormen **Wissenszuwachs** verzeichnen. Nach eher bescheidenen Anfängen vor der modernen Zeitrechnung kam es zu einer beträchtlichen, in den letzten Jahrzehnten fast exponentiellen Zunahme des Wissens und der Entwicklung neuer, bahnbrechender Methoden.

Bedeutende Entdeckungen verdienter Wissenschafter sind nicht nur durch die Verleihung von (Nobel-)Preisen honoriert, sondern auch weltweit immer wieder auf **Briefmarken** gewürdigt worden.

1676 – Antoni van Leeuwenhoek (1632–1723)

1800 – Allessandro Volta (1745–1827)

um 150 – Galenus von Pergamon (ca. 129 – ca. 216)

1687 – Isaac Newton (1643–1727)

um 350 v. Chr. – Aristoteles (344–322 v. Chr.)

um 400 v. Chr. – Hippokrates (ca. 460 – ca. 370 v. Chr.)

Schweizer Käse

um 600 v. Chr. – Thales (ca. 624 – ca. 546 v. Chr.)

um 500 v. Chr. – Heraklit (535–475 v. Chr.)

um 250 v. Chr. Archimedes (287–212 v. Chr.)

Bierbrauen war die erste Gärung

um **600 v. Chr.**
Thales:
Naturphilosophie

um **500 v. Chr.**
Heraklit: Panta rhei!
(Alles fließt)

um **400 v. Chr.**
Hippokrates:
Heilkunde
und Säftelehre

0 Beginn
der modernen
Zeitrechnung

1005–1024 Avicenna (ibn Sina):
Kanon der Medizin

1452–1519 „Universalgenie"
Leonardo da Vinci

1536 Paracelsus:
Heilmittelkunde

500 v. Chr. 0 **500** **1000** **1500** **1600**

um **250 v. Chr.**
Archimedes:
Archimedisches
Prinzip

350 v. Chr.
Aristoteles:
Physik, Zoologie,
Logik

um **150**
Galenus von Pergamon:
Hygiene und Medizin, Säfte-Lehre

Vogelfang
im Alten Ägypten

1005–1024 – Avicenna (ibn Sina; 980–1037)

Nofretete (ca. 1370 – ca. 1330 v. Chr.) war eine mächtige ägyptische Königin.

1452–1519 – Leonardo da Vinci

1927 – Linus Pauling
(1901–1994)

1859 – Charles Darwin
(1809–1882)

1928 – George
Papanicolaou
(1883–1962); Pap-Test

1901 – ABO-
Blutgruppensystem
(Karl Landsteiner)

1828 – Harnstoffsynthese
(Friedrich Wöhler)

1898 –
Marie Curie
(1867–1934)

1913 – Radioisotopenmarkierung
(George de Hevesy)

1865 – Johann Gregor Mendel
(1822–1884)

Emil Fischer
(1852–1919)

1936 – Otto Warburg
(1883–1970); optischer Test

1930 – Elektrophorese
(Arne Tiselius)

1895 – Wilhelm C. Röntgen
(1845–1923)

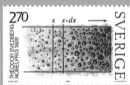

1897 – Paul Ehrlich (1854–1915);
Begründer der Immunologie

1924 – Ultrazentrifugation
(Theodor Svedberg)

1941 – Verteilungschromatografie
(Richard Synge und Archer Martin)

1950 Proteinsequenzanalyse
1951 mobile (transponierbare)
genetische Elemente

1637 Descartes:
Erkenntnistheorie und
Metaphysik
(*Discours de la méthode*)

1665 Hooke sieht
Pflanzenzellen
im Mikroskop

1800 Volta-Säule
1828 Harnstoffsynthese
1833 erstes Enzym

1901 ABO-Blutgruppensystem
1906 Chromatografie
1907 Peptidsynthese

1950

1953 Gaschromatografie
1953 DNA-Doppelhelix
1959 PAGE, Polyacrylamid-
Gelelektrophorese

1900

1700

1600

1676 Leeuwenhoek
entdeckt Bakterien
mit seinem Mikroskop

1687 Newton:
Philosophia naturalis

1800

1845–1862 Humboldt:
Kosmos

1859 Darwins
Evolutionstheorie:
*Die Entstehung
der Arten*

1865 Mendelsche Gesetze
1886 elektromagnetische
Wellen
1890 Kristallisation
1894 Schlüssel-Schloss-
Modell
1895 Röntgenstrahlen
1897 Seitenkettentheorie
der Immunisation
1898 Radioaktivität

1913 Radioisotopenmarkierung
1924 Ultrazentrifugation
1926 Kristallisation von Urease
1927 Quantenchemie
1928 Pap-Test
Entdeckung des Penicillins
1932 Phasenkontrastmikroskopie
1930 Elektrophorese
1936 Optischer Test
1937 Krebs-Zyklus
1937 Rasterelektronenmikroskopie
1941 Verteilungschromatografie
1946 NMR-Spektroskopie
1948 Aminosäureanalyse

Louis Pasteur; Vater der Modernen
Mikrobiologie, Impfung
(1822–1895)

1953 –
Struktur
der DNA

1953 – **Francis Crick** (1916–2004) und
James D. Watson (geb. 1928);
die Entdecker der DNA-Doppelhelix

1961 – Marshall W. Nirenberg (1927–2010); Beginn der Entschlüsselung des genetischen Codes

1966 – Har Gobind Khorana (1922–2010) und Robert Holley (1922–1993); Entschlüsselung des genetischen Codes

1970 – Daniel Nathans (1928–2011); Mitentdecker der Restriktionsenzyme

1970 – Hamilton Smith (geb. 1931) und Werner Arber (geb. 1929); Entdecker der Restriktionsenzyme

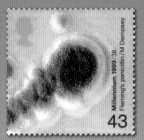

1928 – Penicillin

1977 – Richard J. Roberts (geb. 1943) und Phillip A. Sharp (geb. 1944); stellten fest, dass Gene diskontinuierlich aufgebaut sind.

Genome Genetic Engineering

1982 – Transgene Tiere; Gentechnik ermöglicht die Erzeugung transgener Tiere

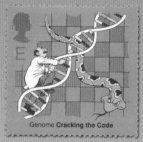

Genome Cracking the Code

1966 – Knacken des genetischen Codes; vollständige Entschlüsselung des genetischen Codes

1975 – César Milstein (1927–2002); Hybridomtechnik zur Produktion monoklonaler Antikörper

1978 – Michael Smith (1932–2000); ortsspezifische Mutagenese

1960 Hybridisierung von Nucleinsäure
1960 Röntgenstrukturanalyse
1961 Beginn der Entschlüsselung des genetischen Codes
1961 chemiosmotische Hypothese
1962 Festphasen-Peptidsynthese
1966 isoelektrische Fokussierung
1966 vollständige Entschlüsselung des genetischen Codes
1967 automatische Proteinsequenzanalyse
1969 Isolierung des ersten Gens (aus *E. coli*)

Frederick Sanger (1918–2013) und Walter Gilbert (geb. 1932), Nobelpreis 1980

1972 – Paul Berg (geb. 1926); DNA-Hybridisierung, Restriktionsanalyse

1970 Restriktionsenzyme
1971 Mikroprozessor
1972 Restriktionsanalyse
1972 Genklonierung
1974 HPLC von Proteinen

1981 Kapillarelektrophorese
1982 transgene Tiere
1982 Rastertunnelmikroskopie
1983 Ribozyme
1983 automatische Oligonucleotidsynthese
1983 Polymerase-Kettenreaktion
1984 ESI-Massenspektrometrie

1960
1970
1975
1980
1985

1975 Southern Blotting
1975 DNA-Sequenzanalyse
1975 2D-Elektrophorese
1975 monoklonale Antikörper
1977 Introns
1978 ortsspezifische Mutagenese

Rachel Louise Carson (1907–1964); amerikanische Meeresbiologin, die mit dem Buch *Silent Spring* über DDT die globale Umweltbewegung startete

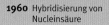

2006 – Meilenstein im Kampf gegen Krebs; Impfstoff gegen Gebärmutterhalskrebs

Genome Medical Futures

GENOM – Welche bedeutenden-Entdeckungen wird die Zukunft bringen?

Shinya Yamanaka (geb. 1962), Nobelpreis für Stammzellen, John Gurdon (geb. 1933), Nobelpreis für das Klonen von Fröschen

Emmanuelle Charpentier (geb. 1968); Pionier des Gene-Editing*

2018

1997 E.coli-Genom sequenziert
2002 Name CRISPR kreiert (Jansen)
2003 Entzifferung des Humangenoms weitgehend abgeschlossen
2004 Sequenz des Humangenoms fast Komplett
2005 Reis-Genom entziffert
2007 Erster Beweis für adaptive Immunität mit CRISPR
2011 Emmanuelle Charpentier findet Schluss-Stein zum CRISPR-Puzzle in Umea und Wien

2010

2018 Andauernder Patentstreit der Institutionen von CRISPR-Pionieren verhindert deren gemeinsamen Nobelpreis

Genome The End of the Beginning

2004 – Das Genom; vollständige Sequenzierungdes menschlichen Genoms

Genome Comparative Genetics

2005 – Vergleichende Genetik; die Genome von Mensch und Schimpanse sind zu fast 99 % identisch.

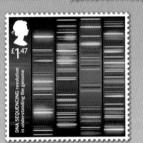

DNA – Sequenzierung nach der Sanger-Methode

1995 Proteomanalyse
1995 Sequenz des ersten Genoms (*Haemophilus*)
1996 Sequenz des ersten Eukaryotengenoms (Hefe, *Saccharomyces cerevisiae*)
1996 DNA-Chip
1997 Klonierung des ersten Säugetiers (Schaf)

2000

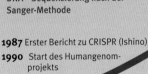

1385

1990 – Humangenomprojekt; jeder Organismus hat seinen eigenen genetischen Code.

1987 Erster Bericht zu CRISPR (Ishino)
1990 Start des Humangenom-projekts

1995

2002 – Genomsequenz des Malariaerregers (*Plasmodium falciparum*) und des Überträgers (*Anopheles*-Mücke)

1990

1985

2005 – Stammzellen

2007 Neue Virusausbrüche (Vogelgrippe, SARS)

2010 Genmodifizierter Goldener Reis wird auf den Philippen erprobt.

* (CRISPR-Marke ist eine Eigenkreation von Reinhard Renneberg und Darja Süßbier für die HKUST Hongkong.)

Aus Bioanalytik für Einsteiger, bearbeitet von Reinhard Renneberg, Spektrum Akademischer Verlag, Heidelberg

Unser Biotechnologie-Buch in anderen Ländern

Biotechnologie in Deutschland, Österreich und der Schweiz (nun 5. Auflage)

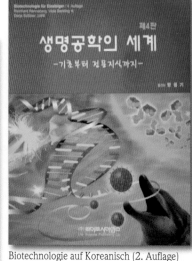

Biotechnologie auf Koreanisch (2. Auflage)

Biotechnologie auf Englisch

Biotechnologie auf Japanisch

Biotechnologie auf Chinesisch

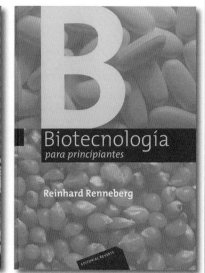

Biotechnologie auf Spanisch

Für meine Studenten in Hongkong, alle zehn Kapitel „Biotechnologie" in einzelnen handlichen Büchern

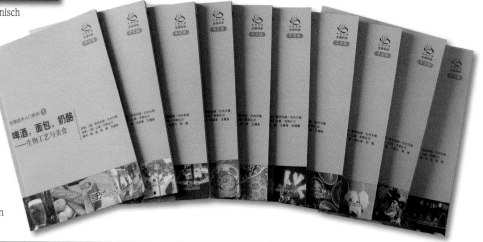

GLOSSAR

A

Adenoviren: Familie der Adenoviridae: Viren ohne Hülle mit ikosaedrischem (20-flächigem) → Capsid und linearer → dsDNA.

Aerobier: Organismen, für deren Leben elementarer Sauerstoff (O_2) nötig ist.

Affinität: Neigung von Molekülen zum Zusammenschluss, zeigt sich z. B. in der Bindungsstärke von → Antikörpern → zu einem → Epitop des Antigens oder in der Affinität eines → Enzyms zu seinem → Substrat.

Affinitätschromatografie: Hochspezifische → chromatografische Trennmethode. Das Trennprinzip der Säulen beruht auf der spezifischen Erkennung des aufzureinigenden Stoffes durch → Antikörper oder spezifischen Affinitäten des aufzureinigenden → Enzyms zu Liganden (z.B. → Substrate, Inhibitoren oder → Cofaktoren) an der stationären Phase.

Affinitätskonstante K: Maß für die Bindefestigkeit (→ Affinität) eines → Antikörpers an ein → Antigen oder ein monovalentes → Hapten; errechnet sich nach dem Massenwirkungsgesetz.

Agar: Ein pektinähnliches gelierfähiges Polysaccharid, das aus der Zellwand von Rotalgen (Rhodophyta) gewonnen wird. Es besteht aus Agarose und Agaropektin und wird u.a. für mikrobielle Nährböden verwendet. Es schmilzt erst bei 100°C, bei Abkühlung jedoch bleibt es bis zu einer Temperatur von 45°C flüssig.

Agglutination: Durch die Antigen-Antikörper-Reaktion (spezifische Immunantwort) bewirkte Verklumpung partikulärer → Antigene. Bei der direkten Agglutination sind die agglutinierenden Antikörper direkt gegen bakterien- oder zellgebundene Antigene gerichtet, bei der indirekten Agglutination werden lösliche Antigene an einen festen Träger gekoppelt.

AIDS, *aquired immune deficiency syndrome*: Durch das → humane Immundefizienz-Virus (HIV) erworbenes Immundefektsyndrom. Es ist charakterisiert durch das Auftreten von andauernden oder wiederkehrenden Krankheiten, welche auf Defekte im zellulären Immunsystem hinweisen, wobei keine anderen bekannten Ursachen dieser Immundefekt-Symptomatik nachzuweisen sind.

aktives Biomonitoring: Einsatz von pflanzlichen und tierischen Organismen sowie Tests mit lebensraumeigenen Organismen zur Erfassung des Vorkommens und der Menge von Schadstoffen in Boden, Wasser, Abwasser und Luft.

aktives Zentrum: Das aktive Zentrum eines → Enzyms enthält die Bindestellen für das → Substrat und den → biokatalytisch aktiven Bereich. Außerdem findet die Inhibition von Enzymen häufig am katalytischen Zentrum statt – Inhibitor und Substrat binden in solch einem Falle an derselben Stelle.

Aktivierungsenergie: Die minimale Energie, die für den Start einer nicht spontanen chemischen Reaktion benötigt wird. Man kann sich die Aktivierungsenergie als die Höhe der Barriere zwischen zwei Energieniveaus vorstellen. → Biokatalysatoren wie z.B. → Enzyme senken diese Barriere.

Allosterie: Eine Form der Enzymregulation, bei der der regulierend wirkende Stoff an anderer Stelle als dem → aktiven Zentrum des → Enzyms bindet.

Ames-Test: Von Bruce Ames entwickelter Test, der das mutagene Potenzial verschiedener Chemikalien misst.

Aminosäuresequenz: Reihenfolge der Aminosäuren im linearen Polypeptid eines Proteins. Primärstruktur von Proteinen.

Ampholyte: Abkürzung für amphoterische Elektrolyte, d.h. Stoffe, die in wässriger Lösung sowohl Protonendonator als auch Protonenakzeptor sein können.

Anabolismus: Stoffwechselwege, die zum Aufbau von Molekülen aus kleineren Einheiten unter Energieaufwand führen. Gegenteil von → Katabolismus.

Anfangsgeschwindigkeit (V_0): Die Anfangsgeschwindigkeit einer enzymatischen Umsetzung ergibt sich durch die Steigung der Tangente am Ursprung.

Antheren: Staubblätter; die Organe, die in den Blüten der bedecktsamigen Pflanzen die Pollen produzieren.

Antibiotika: Stoffe oder Verbindungen, die das Wachstum von Bakterien hemmen (bakteriostatisch) oder Bakterien abtöten (bakterizid und bakteriolytisch) und daher weitreichende medizinische Anwendungen finden. Häufig werden Antibiotika von Mikroorganismen gebildet, wodurch gegenüber konkurrierenden Mikroorganismenspezies ein selektiver Vorteil entstehen kann.

Antigene: → Proteine, Kohlenhydrate, Lipide oder andere Stoffe, an die → Antikörper oder spezielle → Lymphocyten-Rezeptoren spezifisch binden (wodurch dann Antikörper gegen dieses Antigen gebildet werden können).

Antikörper: Immunglobuline; → Proteine des Immunsystems. Antikörper binden nichtkovalent und spezifisch an ihre jeweiligen → Antigene. Sie werden in extrem hoher Variabilität gebildet. Somit besteht eine hohe Wahrscheinlichkeit, dass zu jedem Antigen ein passender Antikörper vorhanden ist. In der Biotechnologie sind Antikörper von großer wirtschaftlicher Bedeutung – sie werden sowohl in der Analytik (z.B. → Affinitätschromatografie) als auch therapeutisch genutzt (z.B. zielgerichteter Medikamententransport mittels → monoklonaler Antikörper in der Krebstherapie).

Apoptose: Serie genetisch programmierter Ereignisse, die zum programmierten Zelltod führen.

Aptamere: Kurze einzelsträngige → DNA- oder → RNA-Oligonucleotide, die ein spezifisches Molekül über ihre 3D-Struktur binden können.

Assoziationsgeschwindigkeit: Geschwindigkeit der Anlagerung von zwei oder mehreren einfachen Molekülen, Atomen, Atomgruppen oder Ionen zu einem Molekül oder Molekülkomplex.

ATP: Adenosintriphosphat, die universelle Form unmittelbar verfügbarer Energie in Zellen durch die enthaltenen energiereichen Phosphatbindungen („Energiewährung" der Zellen).

ATZ-Aminosäure: Entsteht bei der Sequenzierung von Peptiden und → Proteinen über Edman-Abbau. Sie wird dann in einen Konverter überführt und durch eine wässrige Säure zum stabileren Phenylthiohydantoin (PHT-Aminosäure) isomerisiert. Die Analyse und Identifizierung erfolgt mit chromatografischen Methoden.

Ausschlussgrenze: a) Definierte Trennschärfe der Molekülmassen von globulären Molekülen, welche durch eine Membran zurückgehalten werden.
b) Der kritische Wert in einem quantitativen diagnostischen Test, der zwischen zwei Testergebnissen (positiv, negativ) unterscheidet und damit einen Patienten einer der zwei untersuchten Krankheitszustände (krank oder nicht krank) zuordnet.

Autoradiografie: Sichtbarmachung einer chemischen Komponente auf fotografischem Film oder mittels Strahlungsdetektoren durch die Verwendung radioaktiver Isotope; wichtig für die DNA-Sequenzierungsmethode nach Frederick Sanger.

Auxine: Natürliche oder synthetische Wachstums- und Entwicklungsregulatoren von Pflanzen (eine Klasse der Phytohormone → Hormone).

Avidin: Basisches → Glykoprotein, das im Eiweiß vieler Vogel- und Amphibieneier enthalten ist und einen stöchiometrischen, nichtkovalenten festen Komplex mit dem Vitamin → Biotin bildet.

Avidität: Bezeichnung für die Stärke der Antigen-Antikörper-Bindung nach der Bildung des → Antigen-Antikörper-Komplexes. Sie setzt sich zusammen aus der Anzahl und der Affinität der einzelnen Bindungsstellen (Antikörpervalenz).

B

bakterielle Infektion: Durch eingedrungene Bakterien hervorgerufene Erkrankung eines Organismus. Abhängig vom Ansiedlungsort der Erreger, von deren Menge und von ihren infektiösen und pathogenen Eigenschaften sowie von der Empfänglichkeit des Makroorganismus.

Bakteriophagen: Viren, deren Wirte Bakterien- oder Archaeazellen sind. Wichtiges Werkzeug in der Gentechnologie zum Einschleusen von Fremd-DNA in Zielzellen.

Bändermodell: Ein auf quantenmechanischer Grundlage entstandenes Schema des Energiespektrums der Elektronen in einem Festkörper.

Basensequenz: Lineare Aufeinanderfolge der Nucleinsäurebasen in → DNA oder → RNA. Primärstruktur von DNA und RNA.

Belebtschlammverfahren: Teilprozess in Kläranlagen. Mikroorganismen metabolisieren im Abwasser enthaltene organische Verunreinigungen und tragen so zur Klärung des Wassers bei.

Beugung: Änderung der Ausbreitungsrichtung einer ebenen elektromagnetischen Welle (bzw. von Lichtstrahlen), die nicht durch Brechung, Reflexion oder Streuung hervorgerufen wird, sondern durch im Weg stehende Hindernisse (z. B. Blenden, Kanten) oder durch Dichteänderungen im durchlaufenen Medium.

Biokatalysator: Vermittler der → Biokatalyse; es können → Enzyme selbst, seltener aber auch ganze Zellen (und mit ihnen die von ihnen produzierten Enzyme) gemeint sein.

Biokatalyse: Senkung der → Aktivierungsenergie einer chemischen Reaktion durch → Enzyme. Dieser Vorgang, eine sogenannte Katalyse, bewirkt ein schnelleres Einstellen eines thermodynamischen Gleichgewichts. Hierbei wird die Lage des Gleichgewichts (in Bezug auf das Verhältnisse von Edukten und Produkten) allerdings nicht beeinflusst, und der Katalysator geht unverändert aus der Gesamtreaktion hervor, wird also nicht verbraucht.

biologische Katalysatoren: Auch Biokatalysatoren genannt, Sammelbezeichnung für Wirkstoffe in lebenden Organismen, die chemische Reaktionen beschleunigen oder in anderer Weise fördern. Beispiele sind vor allem → Enzyme, aber auch RNA, Hormone, Vitamine, Spurenelemente und pflanzliche Wuchsstoffe.

Biolumineszenz: Ausstrahlung von sichtbarem Licht ohne Temperaturänderung durch lebende Organismen. Das Prinzip der Leuchtvorgänge beruht auf einer Oxidation von Luciferinen in Anwesenheit des → Enzyms → Luciferase, das diese Reaktion katalysiert.

Bioreaktor (Fermenter): Verschiedenste Formen von Behältnissen, in denen Zellen (tierische, pflanzliche oder mikroorganismische) in einem → Substrat kultiviert (also angezogen) werden. Anschließend werden die veränderte Substrat (z.B. Käse oder Bier), die Zellen selbst (z. B. single cell-Protein, SCP) oder Teile ihrer Stoffwechselprodukte, die aus der Fermentationsbrühe (→ Fermentation) aufgereinigt wurden (z.B. Ethanol, → Antibiotika oder → monoklonale Antikörper), weiterverwendet. Die Volumina von Bioreaktoren reichen von wenigen Millilitern im Labormaßstab bis hin zu Tausenden von Kubikmetern in großindustriellen Anlagen.

Biosensoren: Messelemente, in denen eine biologisch aktive Komponente (Sensor) mit einem Signalwandler sowie einem elektronischen Detektor und Verstärker eine Einheit bildet. Durch Wechselwirkung zwischen Molekülen und dem gekoppelten biologischen Sensor wird ein biochemisches oder optisches Signal hervorgerufen, das durch den Transducer angezeigt wird.

Biotin: Schwefelhaltiges, wasserlösliches Vitamin, das als → Coenzym in vielen Carboxylierungsreaktionen fungiert.

Blaue Biotechnologie: Biotechnologie der Lebewesen aus dem Meer.

Blindwert: Experiment, Probe oder Test, bei dem die zu untersuchende Substanz absichtlich ausgelassen wird. Das Messergebnis einer Blindprobe ist der sogenannte Blindwert, durch den der unspezifische Anteil einer Messmethode gegenüber dem spezifischen Anteil quantifiziert wird.

Blotting: Vom Englischen blot (Fleck, Klecks). Biochemische Methode zur Übertragung von auf Agarose- oder Polyacrylamid-Gel aufgetrennten Makromolekülen auf spezielle Membranen zum Zwecke der Fixierung für weitere analytische Untersuchungen.

B-Lymphocyten: Werden auch B-Zellen genannt. → Lymphocyten, die sich aus aktivierten Zellen des Knochenmarks des Erwachsenen bzw. der Leber des Fötus entwickeln und später → Antikörper bilden. Sie sind Vermittler der humoralen Immunantwort (Antikörperbildung).

BSE (bovine spongiforme Encephalopathie): Übertragbare Tierseuche bei Rindern, die vor allem das Zentralnervensystem befällt. Merkmal sind das Absterben von Nervenzellen sowie die schwammartige Durchlöcherung der Hirnrinde, was zu Bewegungsstörungen, Lähmungen und Blindheit führt. Auslöser sind Proteinpartikel, sogenannte → Prionen.

Bt-Mais: Transgener Mais, der zur Synthese des → Bt-Toxins fähig ist.

Bt-Toxin: Toxin (Giftstoff), das von Bacillus thuringiensis produziert werden kann und in der Landwirtschaft als Pflanzenschutzmittel eingesetzt wird (z.B. gegen den Maiszünsler, einen Schmetterling, dessen Raupen Kulturmaispflanzen befallen). Es gilt als ungiftig für alle Organismen, die nicht direkte Antagonisten sind (z.B. den für Menschen).

C

cAMP: Zyklisches Adenosin-3‘,5‘-monophosphat. Universeller Effektor zur Regulation von Enzym- und Genaktivitäten. Es wirkt als intrazellulärer chemischer Botenstoff zwischen der Plasmamembran, wo es durch das → Enzym Adenylat-Cyclase aus → ATP unter Abspaltung von Pyrophosphat gebildet wird, und bestimmten Enzymsystemen des Plasmas bzw. bestimmten Faktoren des Zellkerns.

Capsaicin: Ein Alkaloid aus der Gruppe der aromatischen Amine; die scharf schmeckende Substanz einiger Paprika-Arten, in denen sie ausschließlich in den Früchten vorkommt.

Capsid: → Proteinhülle eines Virus, die der Verpackung des viralen Genoms dient. Capside bestehen aus regelmäßigen Grundeinheiten, den Capsomeren, die aus einem oder verschiedenen Proteinen bestehen. Capside wirken auf das Immunsystem als → Antigene und können somit in manchen Fällen als Impfstoffe eingesetzt werden.

cDNA: copy/complementary DNA. Bezeichnung für die einzel- bzw. doppelsträngige DNA-Kopie eines RNA Moleküls. Die Synthese von cDNA wird durch das → Enzym → Reverse Transkriptase katalysiert.

Cellulose: Ein unverzweigtes pflanzliches Polysaccharid, das aus β-1-4-glykosidisch verbundenen Glucoseeinheiten besteht.

CHO (Chinese Hamster Ovary)-Zellen: Zelllinien, die aus den Ovarien von Cricetulus griseus (Chinesischer Zwerghamster) gewonnen werden und häufig Verwendung in der biologischen und medizinischen Forschung finden. Sie können in Suspension in → Bioreaktoren kultiviert werden und benötigen die Aminosäure Prolin als Supplement im Nährmedium.

Chorea Huntington: Progressiv verlaufende neurologische Erbkrankheit mit Bewegungsstörungen und Demenz.

Chromatografie: Sammelbegriff für physikalisch-chemische Trennverfahren zur analytischen oder präparativen Trennung eines Stoffgemischs zwischen einer stationären und einer mobilen Phase.

Chromatogramm: Fixierung der mittels → Chromatografie getrennten Komponenten in der Säule oder auf der Schicht oder die grafische Darstellung des Detektorsignals der getrennten Komponenten als Konzentrationsmaß gegen die Zeit.

Chromophor: Molekül- oder Atomgruppe mit lichtabsorbierenden Eigenschaften. Durch die Häufung von Doppelbindungen oder aufgrund von aromatischem Charakter können Chromophore UV- oder sichtbares Licht absorbieren.

Chromosomen: Strukturen in den Zellkernen eukaryotischer Zellen, die der Speicherung und Weitergabe der genetischen Information dienen.

Circe-Effekt: Bezeichnung für den Effekt, bei dem ein → Enzym elektrostatische Anziehungskräfte nutzt, um das Substrat der Reaktion zur aktiven Tasche des Enzyms zu dirigieren.

Citratzyklus: Auch Citronensäurezyklus, Tricarbonsäurezyklus (TCC) oder Krebs-Zyklus genannt. Ein aus mehreren chemische Reaktionen bestehender Zyklus der Zellatmung, bei dem Acetyl-CoA zu Kohlenstoffdioxid oxidiert wird und Wasserstoffatome in Form von → NADH+H$^+$ und → FADH$_2$ gespeichert werden.

Codon: Sequenz aus drei Nucleotiden der DNA oder mRNA mit der Information für den Einbau einer bestimmten Aminosäure in eine wachsende Polypeptidkette oder für die Beendigung der Polypeptidsynthese.

Coenzyme: Nicht → proteinogene Cosubstrate von → Enzymen; niedermolekulare, organische Verbindungen, die unmittelbar in die chemische Umsetzung des → Substrats eingreifen, dabei selbst verändert und in Enzym-Folgereaktionen wieder regeneriert werden.

Cofaktoren: Bei vielen → Enzymen für die katalytische Funktion notwendige Zusatzstrukturen, wie z.B. Metallionen oder niedermolekulare organische Verbindungen (→ Coenzyme).

Cosmide: Artifizielle Plasmide, die auf dem zur Zirkularisierung befähigten Genom des → Bakteriophagen λ beruhen. Cosmide können wesentlich längere DNA-Sequenzen (bis zu 40 000 Basenpaare) aufnehmen als gewöhnliche → Plasmide. Sie eignen sich daher zur Herstellung von → Genbibliotheken eines Genoms.

Crabtree-Effekt: Bezeichnet das Phänomen bei der aeroben Kultivierung von Bäckerhefe (Saccharomyces cerevisiae) unter hohen Glucosekonzentrationen, dass trotz Anwesenheit von Sauerstoff Ethanol gebildet wird.

C-reaktives Protein (CRP): Ein zu den Akute-Phase-Proteinen gehörendes Globulin. Während die normale Konzentration im Serum 1–2 µg/ml beträgt, steigt sie im Rahmen der Akute-Phase-Reaktion bei akuten Entzündungen bis auf 1 mg/ml.

CRISPR: Clustered Regularly Interspaced Short Palindromic Repeats.

cystische Fibrose: siehe → Mucoviscidose.

Cytochrom-Oxidase: → Enzym, das den letzten Schritt des Elektronentransports in der Atmungskette und den Elektronentransfer vom Cytochrom c zum molekularen Sauerstoff katalysiert.

Cytokine: Kleine → Glykoproteine, die von T-Zellen, Makrophagen und anderen Zellen freigesetzt werden. Sie binden an ihre Zielzellen und verändern deren Verhalten.

cytosolische Rezeptoren: primäre Angriffspunkte von Steroiden, Retinoiden und kleinen, löslichen Gasen wie Stickstoffmonoxid (NO) und Kohlenstoffmonoxid (CO), die aufgrund ihrer Lipophilie bzw. ihrer geringen Molekulgröße die Zellmembran passieren können.

D

Dehydrogenasen: Zu den Oxidoreduktasen gehörende → Enzyme, die die Übertragung von Wasserstoff von einem Substrat auf ein anderes Substrat katalysieren.

Destillation: Trennverfahren, das zum Beispiel beim Brennen von Alkoholika genutzt wird. Flüssige Gemische ineinander löslicher Stoffe gehen aufgrund ihrer unterschiedlichen Siedepunkte (Voraussetzung) zu unterschiedlichen Zeitpunkten vermehrt in die Gasphase über und können durch Abkühlen in einem separaten Gefäß wieder aufgefangen werden.

Detektor-Antikörper: Meist enzym- oder fluoreszenzmarkierter → Antikörper, der ein → Antigen direkt oder indirekt in einem → Immunoassay (z. B. → ELISA) nachweist.

Detergenzien: Moleküle, die sowohl hydrophobe als auch hydrophile Regionen besitzen und hydrophobe Moleküle, einschließlich Fette, Öle und Schmierstoffe, in Wasser lösen können.

Diabetes mellitus: Zuckerkrankheit. Eine Krankheit, die durch das teilweise oder vollständige Fehlen von Insulin bzw. durch eine verringerte Anzahl oder verminderte Sensitivität der zellulären Insulinrezeptoren verursacht wird.

diagnostische Lücke: Der Zeitraum zwischen dem Infektionszeitpunkt und dem labordiagnostischen Nachweis einer → HIV-Infektion. Das ist die Zeit, die der Körper benötigt, um nachweisbare → Antikörper zu erzeugen. Der Umschlag von negativ nach positiv wird „Serokonversion" genannt.

Dialyse: Methode, bei der mithilfe einer semipermeablen Membran Moleküle aufgrund ihrer Größe getrennt werden. Die Dialysemembran lässt kleine Moleküle frei diffundieren, während größere Moleküle zurückgehalten werden.

Dissoziationskonstante: Die Dissoziationskonstante beschreibt das chemische Gleichgewicht von Dissoziationsreaktionen unter bestimmten Standardbedingungen.

Disulfidbrücke: Chemische Bindung zwischen zwei Schwefelatomen, die bei Proteinen eine zentrale Rolle bei der Ausbildung von Tertiärstrukturen spielt.

DNA-Gelelektrophorese: Die Trennung unterschiedlich langer → DNA-Moleküle einer Lösung aufgrund ihrer unterschiedlichen Wanderungsgeschwindigkeit in einem Agarosegel in einem elektrischen Feld.

DNA-Ligase: → Enzym, das Einzelstrangbrüche doppelsträngiger → DNA verschließen kann.

DNA-Polymerasen: → Enzyme, die den schrittweisen Aufbau von DNA-Ketten lenken. Als Substrate werden die vier 2'-Desoxyribonucleosid-5'-triphosphate dATP, dCTP, dGTP und dTTP umgesetzt, deren 2'-Desoxyribonucleosid-5'-monophosphat-Reste auf die 3'-Enden der wachsenden DNA-Kette übertragen werden, wobei Pyrophosphat freigesetzt wird.

DNA-Sonde: Chemisch synthetisierter, radioaktiv oder fluoreszenzmarkierter Nucleinsäureabschnitt, der verwendet wird, um ein gesuchtes Gen durch → Wasserstoffbrückenbindung an eine komplementäre Sequenz zu finden.

diploid: Zellen oder Organismen, mit einem Chromosomensatz, der aus je zwei homologen Chromosomenpaaren besteht. Wird als $2n$ bezeichnet (s.a. → haploid, → polyploid).

downstream processing: In der Bioverfahrenstechnik sämtliche Schritte der Aufarbeitung eines Produkts nach seiner Herstellung, bis es zur Verpackung bereit ist.

dsDNA: doppelsträngige DNA.

E

Echtzeit-PCR: *real-time* PCR, Arbeitsverfahren, das die reverse Transkription und → Polymerase-Kettenreaktion in einem experimentellen Versuchsansatz miteinander kombiniert. Als Ausgangsmaterial dient → RNA, die zunächst durch eine → Reverse Transkriptase in → DNA „umgeschrieben" wird, welche dann mittels PCR amplifiziert werden kann.

Einwohnergleichwert: Begriff aus der Wasserwirtschaft; dient als Referenzwert für die Schmutzfracht im Wasser. Dieser Wert gibt das Äquivalent der Tagesmenge von Schmutzstoffen bzw. Verbräuchen im Abwasser eines Einwohners an (z.B. Stickstoff, Phosphor, Sauerstoffbedarf, Schwebstoffe etc.)

Einzelketten-Antikörper: → rekombinante Antikörper, bestehend aus jeweils der variablen Region der leichten (L-Ketten) und der schweren Kette (H-Ketten) eines → Antikörpers, die durch ein Verbindungspeptid verknüpft stabilisiert werden.

Elektrophorese: Trenntechnik, bei der Substanzen aufgrund Ihrer elektrischen Ladungen und/oder ihrer molekularen Massen aufgetrennt werden.

Elektroporation: Methode der Molekularbiologie, die zur → Transformation von Zellen verwendet wird. Hierbei bewirkt ein elektrisches Feld die Entstehung kleiner Löcher in der Zellmembran der behandelten Zellen, wodurch DNA von außen in das Cytoplasma eindringen kann.

ELISA: Abkürzung für *Enzyme-linked Immunosorbent Assay*; immunologischer, diagnostischer Test, bei dem enzymgebundene Indikator-Antikörper verwendet werden.

Elution: Das Auswaschen von Stoffen oder Nucleotiden, die an einer anderen Substanz adsorbiert sind, mithilfe von geeigneten Lösungsmitteln, Salzlösungen oder Gasen.

embryonale Stammzellen: → Pluripotente Zellen, die sich zu Zellen jedes der drei Keimblätter und zu Zellen der Keimbahn ausdifferenzieren können. Somit können sich embryonale Stammzellen zu allen Körperzellen ausdifferenzieren.

EMEA (European Medicines Agency): Eine Agentur der Europäischen Union, die für die Beurteilung und Überwachung von Arzneimitteln zuständig ist und eine entscheidende Rolle in der Arzneimittelzulassung im europäischen Wirtschaftsraum innehat. Sie ist in dieser Funktion in etwa das europäische Pendant zur US-amerikanischen → FDA.

Enantiomere: → Isomere, die sich wie Bild und Spiegelbild verhalten und keine Symmetrieebene zueinander besitzen (wie die linke Hand zur rechten Hand).

Enthalpie: Ein Maß der Energie (in Joule, J) in einem System, das aus der inneren Energie der Stoffe und der Volumenarbeit (anhängig von Druck und Volumen) zusammengesetzt ist. Die Enthalpie wird mit dem Buchstaben H bezeichnet.

Entropie: Eine thermodynamische Größe, die unzureichend als Maß der Unordnung in einem System beschrieben werden kann. Die Entropie wird mit dem Buchstaben S bezeichnet und in Joule pro Kelvin (J/K) angegeben.

Enzyme: → Proteine, an denen chemische Gruppen so angeordnet sind, dass das Enzym als Katalysator einer chemischen Reaktion fungieren kann.

Enzyminhibitoren: Substanzen die entweder mit dem physiologischen Substrat um die Bindung an das → Enzym konkurrieren (→ kompetitive Hemmung) oder – meist über eine Konformationsänderung des Enzyms – dessen Aktivität vermindern (→ nichtkompetitive Hemmung).

Enzymnomenklatur-Nummer: EC-Nummer, Enzyme Commission Number; wird der Klassifikationszahl von → Enzymen vorangestellt. Enzyme tragen das Suffix „-ase" und sind dadurch als Enzyme zu erkennen. Jedem bekannten Enzym wurde ein „Gebrauchsname" zugeordnet, dazu ein systematischer Name, der sich nach der katalysierten Reaktion richtet, und eine Klassifikationszahl, welche die eindeutige Bestimmung eines Enzyms erlaubt.

Enzym-Substrat-Komplex (ES): Bezeichnung für einen Komplex, der sich bei einer enzymkatalysierten Reaktion vorübergehend durch Bindung des → Substrats an das → aktive Zentrum des → Enzyms ausbildet.

Epitop: Teil eines → Antigens, der durch eine Antikörperbindungsstelle erkannt wird. Bei Protein-Antigenen ist ein Epitop in der Regel fünf bis acht Aminosäuren lang. Durch eine Genfusion kann ein Epitop mit einem Protein verknüpft werden, das dadurch markiert wird.

EST (*expressed sequence tag*): Transkribierte Nucleotidsequenzen, die durch → cDNA-Bibliotheksanalysen (s.a. → Genbibliothek) bestimmt werden können.

Ethidiumbromid: Farbstoff, der in der Molekularbiologie zum Nachweis von Nucleinsäuren (DNA und RNA) verwendet wird. Ethidiumbromid ist toxisch und steht im Verdacht, Krebs auslösen zu können. Da Ethidiumbromid durch die Haut in den Körper eindringen kann, ist das Tragen von Handschuhen (Nitril) bei der Verwendung unbedingt nötig.

Exon: DNA-Abschnitt bei Eukaryoten, der für einen Teil eines Polypeptids codiert (im Gegensatz zu einem → Intron).

Expression: Im weiteren Sinne die vollständige Ausprägung der genetischen Information zum Phänotyp eines Organismus.

Extinktion (E): Maß für die Lichtundurchlässigkeit einer Probe. Die frequenz- bzw. stoffabhängige Schwächung der Intensität einer Strahlung durch Absorption, Streuung und Reflexion in bzw. an Materie.

F

FAD (Flavinadenindinucleotid): An Redoxreaktionen beteiligtes → Coenzym, das aus Riboflavin (Vitamin B_2) gebildet wird.

β-Faltblatt: Sekundärstrukturelement von → Proteinen, bei dem verschiedene Polypeptidstränge in gestreckter Form durch → Wasserstoffbrücken stabilisiert nebeneinander liegen.

Fänger-Antikörper: Der → Antikörper, der in einem → Sandwich-ELISA an eine feste Phase immobilisiert wird und mit dem das nachzuweisende → Antigen gebunden wird.

FDA (Food and Drug Administration): Dem US-amerikanischem Gesundheitsministerium unterstellte Arzneimittelzulassungsbehörde. Die FDA kontrolliert die Sicherheit und Wirksamkeit von Arzneimitteln, biologischen und medizinischen Produkten, Kosmetika, Lebensmitteln (und Zusätzen) und strahlenemittierenden Geräten. Außerdem ist die FDA beauftragt, Hygienegesetze des *Public Health Service Act* der USA durchzusetzen.

Fermentation: Aerobe und anaerobe Stoffwechselreaktionen von Bakterien, Pilzen (überwiegend Hefen), pflanzlichen oder tierischen Zellen und Enzymen. Fermentation wird zur Gewinnung von Produkten, von Biomasse oder zur Biotransformation eingesetzt.

Fettsäure-Bindungsproteine (fatty acid-binding proteins, FABP): Eine Familie von Trägerproteinen für Fettsäuren und andere lipophile Stoffe. Man geht davon aus, dass sie am transzellulären Transport von Fettsäuren beteiligt sind.

FISH: Fluoreszenz-*in-situ*-Hybridisierung – nichtradioaktives Verfahren der *in situ* → Hybridisierung zum Nachweis von Nucleinsäuren. FISH eignet sich u.a. zur physikalischen Kartierung von Genen und genomischen Markern an Metaphase-Chromosomen

Fließgleichgewicht (*steady state*): Gleichgewichtszustand in offenen Systemen, wobei ein ständiger Strom von ausgetauschter Masseund Energie stattfindet.

Flugzeit-Massenspektrometer (*time-of-flight,* TOF): Massenspektrometer, das misst, wie lange ein Ion benötigt, um von der Ionenquelle bis zum Detektor zu gelangen.

Fluoreszenz: Typ der Lumineszenz, bei der durch Absorption von Licht angeregte Atome rasch unter Lichtemission in den Grundzustand zurückkehren. Das ausgestrahlte Licht hat dabei dieselbe oder eine größere Wellenlänge als das absorbierte.

Fraktionierung: Die Zerlegung eines Stoffgemischs durch stufenweise Abtrennung der Bestandteile unter bestimmten Temperatur-, Druck- oder Konzentrationsbedingungen.

Freie Enthalpie: → Gibbs-Energie

Fusionsprotein: Entsteht durch gemeinsame Expression zweier direkt und ohne Unterbrechung durch ein Stopp- → Codon aufeinanderfolgender Gene.

G

Gärung: Die anaerobe Verstoffwechselung von Kohlenhydraten (z.B. Glucose), um Energie zu gewinnen.

Gefriertrocknung: → Lyophilisation.

Gelelektrophorese: → Elektrophoretische Trennung von Molekülen mithilfe eines Gels, das in der Regel aus Agarose oder Acrylamid besteht.

Gelfiltrationschromatografie: Eine Variante der → Chromatografie, bei der Moleküle nach ihrer Größe und Form auf schonende Art getrennt werden, sodass diese Methode auch sehr gut für die Trennung empfindlicher Biomoleküle geeignet ist. Grundlage einer solchen Gelfiltration ist eine mit einer speziellen Gelmatrix gefüllte Säule. Große Moleküle vermögen eine solche Säule schneller zu durchwandern, da sie schlechter in die Poren der Gelmatrix eindringen können als kleinere Moleküle, welche effektiv in einem größeren Volumen verteilt sind und daher langsamer durch die Matrix gelangen.

Genbibliothek: Auch genomische Bank genannt. Besteht aus allen geklonten DNA-Fragmenten, die mittels → Restriktionsenzymen aus Chromosomen oder ganzen Genomen gewonnen werden. Das heißt, eine Genbibliothek beinhaltet jedes Gen des zu untersuchenden Ausgangsmaterials in Form eines → Plasmids (→ Cosmids o.Ä.) mit einem Restriktionsfragment des Ausgangsmaterials als Insert. Jedes einzelne dieser Konstrukte liegt in einer separaten Zellkultur vor.

Gen-Chips: DNA-Mikroarray. Analysesystem mit einzelsträngigen DNA-Fragmenten von Genen, die mit einem Ende präzise lokalisierbar auf einer Matrix verankert sind. Aus zu testenden Zellen wird die DNA isoliert, mittels PCR amplifiziert und mit Fluoreszenzfarbstoffen markiert. Die → Hybridisierung von komplementären Sequenzen wird analysiert, indem durch die Rückseite des Chips ein Laserstrahl gelenkt wird und ein Detektor die davon angeregte Fluoreszenzstrahlung registriert.

Genotyp: Die genaue Beschreibung der genetischen Konstitution eines Individuums, entweder im Hinblick auf ein bestimmtes Merkmal oder auf eine ganze Reihe von Merkmalen (im Gegensatz zu → Phänotyp).

Gen-Pharming: Kunstwort aus *farming* und *pharmaceuticals*. Produktion von Pharmazeutika in Tieren oder Pflanzen. Gentechnische Methoden werden genutzt, um Tiere oder Pflanzen dahingehend zu manipulieren, dass beispielsweise deren Milch oder Früchte das gewünschte Genprodukt (z.B. ein Pharmazeutikum) enthalten.

Gentechnik: Die *in-vitro*-Verknüpfung von DNA-Molekülen unterschiedlicher Herkunft zu vermehrbarer, neu kombinierter DNA sowie deren Einführung in einen Empfängerorganismus zum Zweck der Vermehrung der → rekombinanten DNA und der Herstellung neuartiger Genprodukte (→ **rekombinante Proteine**).

Gentherapie: In der Entwicklung; noch nicht im klinischen Alltag genutzt. Gene werden mit dem Ziel der Behandlung von Erbkrankheiten oder Gendefekten in Zellen des Patienten eingebracht (*in vivo* oder *ex vivo*, bei Letzterem müssen die behandelten Zellen anschließend wieder dem Organismus zugeführt werden).

GFP (grün fluoreszierendes Protein): → Protein der Qualle *Aequorea victoria*. Das Protein wird häufig als → Fusionsprotein mit anderen zu untersuchenden Proteinen gekoppelt, da seine fluoreszierende Eigenschaft einen leichten Nachweis ermöglicht.

Gibbs-Energie: Auch Freie Enthalpie genannt, bezeichnet mit dem Buchstaben G. Mithilfe der Berechnung der Gibbs-Energie vor und nach dem Ablauf einer Reaktion, und damit der Änderung der Gibbs-Energie (ΔG), lässt sich abschätzen, ob eine Reaktion exergon (ΔG < 0) oder endergon (ΔG > 0) ist. Die Gibbs-Energie setzt sich aus der Differenz der → Enthalpie und dem Produkt aus absoluter Temperatur und → Entropiedifferenz zusammen. In der Biologie lässt sich (inakkurat) die Gibbs-Energie mit der Energie beschreiben, die bei gleichbleibender Temperatur und Druck zur Verrichtung von Arbeit verfügbar ist.

Glucose: Das am meisten verbreitete Monosaccharid. Im Energiestoffwechsel ist Glucose insbesondere als Endprodukt der Photosynthese sowie als Ausgangsprodukt der → Glykolyse bzw. der alkoholischen Gärung von zentraler Bedeutung.

Glykolyse: Katabolischer Reaktionsweg zum Abbau von Glucose zu zwei Pyruvatmolekülen in zehn enzymatisch katalysierten Schritten unter Energiegewinn in Form von → ATP. Hierbei ebenfalls entstehende Reduktionsäquivalente (→ $NADH+H^+$) werden im Folgenden auf unterschiedliche Arten weiterverwendet, abhängig von dem betreffenden Organismus und den äußeren Umständen (z.B. im → Citratzyklus unter aeroben Bedingungen mit weiterem Energiegewinn oder unter Bildung von Ethanol in der alkoholischen → Gärung).

Glykoproteine: → Proteine mit einem Kohlenhydratanteil in Form von Seitenketten. Diese sind häufig speziesspezifisch und haben daher große Bedeutung für die Biotechnologie, da Bakterien keine Kohlenhydratseitenketten an Proteine binden. Somit ist die Wirksamkeit als Pharmazeutikum bakteriell produzierter → rekombinanter Proteine teilweise beeinträchtigt.

GOD-Test: Glucose-Oxidase-Test. Chemische Nachweismethode von Glucose. Wird häufig zum Nachweis der Erkrankung an *Diabetes mellitus* eingesetzt (Glucose im Urin).

G-Proteine: Membranproteine, die an der Signalübertragung beteiligt sind

Graue Biotechnologie: Auch Umwelt-Biotechnologie genannt; umfasst Verfahren zur Aufarbeitung von Trinkwasser, Reinigung von Abwasser, Bodensanierung, Müllrecycling und Abgasreinigung.

Grüne Biotechnologie: Pflanzenbiotechnologie – Teilbereich der Biotechnologie der sich mit Pflanzen befasst.

GVO (-Lebensmittel): Gentechnisch veränderter Organismus (bzw. Lebensmittel, die aus solchen Organismen bestehen).

H

Hämoglobin: Roter Blutfarbstoff, der vorwiegend dem Sauerstofftransport dient und bei Menschen und Wirbeltieren in den Erythrocyten, bei vielen Wirbellosen frei in der Hämolymphe vorkommt.

Hämophilie: Die „Bluterkrankheit". Die Blutgerinnung ist gestört, sodass Wunden nur schwer verschorfen. Manchmal kommt es zu spontanen Blutungen ohne sichtbare Wunden. Die Krankheit kann durch verschiedene → Genotypen ausgelöst werden.

haploid: Zellen oder Organismen, die mit einem einfachen Chromosomensatz ausgestattet sind. Wird als 1 *n* (oder *n*) bezeichnet (s. a. → diploid, → polyploid).

Haplotypen: Kombination der Allele mehrerer gekoppelter Gene eines einzelnen → Chromosoms.

Haptene: Sammelbezeichnung für niedermolekulare Stoffe, die allein keine adaptive Immunität auslösen, d. h., keine Bildung von → Antikörpern induzieren können, die jedoch immunogen wirken, wenn sie an makromolekulare Carrier gekoppelt sind.

Heidelberger-Kurve: In der Immunologie von Michael Heidelberger entdeckter Verlauf der → Präzipitatbildung bei Titration eines mindestens bivalenten → Antikörpers mit einem → Antigen oder umgekehrt. Sie erreicht ihr Maximum am Äquivalenzpunkt und sinkt bei Überschuss einer Komponente ab.

α-Helix: Sekundärstrukturelement von → Proteinen in Form einer langgestreckten Schraube mit normalerweise rechtsdrehendem Windungssinn.

Hexokinase: → Enzym, das den ersten Schritt der → Glykolyse, die Übertragung eines Phosphatrestes von ATP auf → Glucose unter Bildung von Glucose-6-phosphat, katalysiert.

Histone: Eine Gruppe von basischen → Proteinen, die in der ersten Verpackungsstufe der DNA, den Nucleosomen, in Chromosomen mit der DNA assoziiert sind.

HIV: siehe → Humanes Immundefizienzvirus.

Hochaktive antiretrovirale Therapie (HAART; *Highly Active Anti-Retroviral Therapy***):** Kombinationstherapie für → HIV-Erkrankte, bei der Nucleosid-Analoga zur Inhibition der → Reversen Transkriptase, nichtnucleosidische Reverse-Transkriptase-Inhibitoren und Protease-Inhibitoren in unterschiedlichen Kombinationen verabreicht werden.

Hormone: Chemische Botenstoffe, die von Zellen des Organismus gebildet und sekretiert werden und an anderer Stelle im Körper zielgenau einen Effekt auslösen. Dieser Vorgang ist ähnlich dem der Nerven, nur dass im Falle der Hormone die Signalweiterleitung deutlich langsamer ist. Der Zeitraum zwischen Hormonausschüttung und Wirkung kann von Hormon zu Hormon sehr unterschiedlich sein.

humanes Choriongonadotropin (hCG): Glykoprotein der Placenta mit hohem → Kohlenhydratanteil, das die Produktion von Östrogen und Progesteron stimuliert und damit sekundär das Wachstum des Uterus fördert. Es wird vorwiegend während der ersten Schwangerschaftsmonate gebildet und mit dem Urin ausgeschieden. Darauf beruht die Reaktion zum Schwangerschaftsnachweis.

Humanes Immundefizienzvirus (HIV): Das → Retrovirus, das → AIDS verursacht.

Hybridisierung: (1) Molekulargenetische Technik – experimentelles Zusammenlagern von Nucleinsäuresträngen (DNA- oder RNA-Sequenzen); beruht darauf, dass sich Einzelstränge über Wasserstoffbrücken mit anderen Einzelsträngen identischer (oder sehr ähnlicher) Sequenz verbinden. (2) Kreuzung nahe verwandter Arten.

Hybridom-Technik: Verfahren zu Herstellung von → monoklonalen Antikörpern. → B-Lymphocyten werden hierbei mit Krebszellen (→ Myelomzellen), die keine → Apoptose vollziehen, fusioniert, sodass sich die resultierende, Antikörper produzierende Hybridomzelle beliebig oft teilen kann.

Hybridomzellen: siehe → Hybridom-Technik.

Hydrolyse: Chemische Reaktion, bei der Moleküle durch Reaktion mit Wasser gespalten werden:
$$AB + H_2O \rightarrow AH + BOH.$$

I

Immobilisierung: In der Biotechnologie versteht man hierunter die Fixierung von Zellen oder Enzymen an verschiedenen Matrizes. Die Zellen oder Enzyme können an der Oberfläche, durch Quervernetzung, Einschluss uvm. an ihre Matrix gebunden sein. Dies dient hauptsächlich der Wiederverwertbarkeit der → Biokatalysatoren, da sie nun nach einem Produktionsprozess leichter zurückgewonnen werden können, und zum Teil auch zur Stabilitätsverbesserung in kritischen Milieus.

Immunanalytik: Analytische Methoden, deren Prinzip auf → Antigen-Antikörper-Reaktionen mit markierten → Antikörpern basiert.

Immunglobuline: Klasse von → Proteinen mit charakteristischer Struktur, die als Rezeptoren und Effektoren im Immunsystem dienen.

Immunkomplex: Makromolekularer Komplex, der durch die spezifische Bindung zwischen mindestens bivalenten → Antikörpern und ihrem spezifischen → Antigen zustande kommt.

Immunoassay: Testmethode, bei der Bestandteile des Immunsystems, meist → Antikörper, als Nachweisreagenzien dienen.

Interferone: Gruppe der → Cytokine, die innerhalb des Immunsystems der Wirbeltiere vielfältige Wirkungen haben. Diese → Glykoproteine werden von spezifischen Abwehrzellen oder von virusinfizierten Zellen gebildet, um die Virusresistenz benachbarter Zellen zu stärken. Interferone haben große pharmazeutische Bedeutung (z.B. in der Therapie von Hepatitis C). Rekombinante Interferone sind daher ein wichtiges Produkt der Biotechnologie.

Interleukine: Eine Gruppe der → Cytokine, die von verschiedenen Zellen des Körpers als Teil des Immunsystems produziert werden. Sie dienen als Kommunikationssignale verschiedenster Immunsystemfunktionen und zur Entwicklungssteuerung von Zellen.

Intron: Nichtcodierender Teil einer DNA Sequenz der beim → Spleißen der entsprechenden mRNA entfernt wird.

Ionenaustauschchromatografie: Eine Form der Flüssig-Fest-→ Chromatografie, die auf der reversiblen Ausbildung heteropolarer Bindungen zwischen den an die Matrix des Ionenaustauschers gebundenen Festionen und mobilen Gegenionen basiert. Passiert ein ionisches Gemisch eine Ionenaustauschersäule, so werden neutrale Moleküle oder Ionen eluiert, die die gleiche Ladung wie die Festionen besitzen, während die den Festionen entgegengesetzt geladenen Spezies mit den Gegenionen um die Bindungsplätze konkurrieren, wobei die Ionen mit höherer Ladung als die Gegenionen an die Festionen gebunden und zurückgehalten werden.

isoelektrische Fokussierung (IEF): Elektrophoretische Methode zur Auftrennung von Proteinen gemäß ihrer Ladung durch einen pH-Gradienten.

isoelektrischer Punkt: pH-Wert, bei dem ein Molekül gleich viele negative und positive Ladungen enthält. Ein Molekül am isoelektrischen Punkt bewegt sich in einem elektrischen Feld nicht.

Isoenzyme: Unterschiedliche Formen eines → Enzyms, die eine etwas abweichende → Aminosäuresequenz aufweisen, aber die gleichen Reaktionen katalysieren.

Isomere: Organische Moleküle gleicher Summenformel, aber verschiedener räumlicher Anordnung der Atome. Dies kann zu abweichenden Eigenschaften führen (eines der → Enantiomere des Contergans führte beispielsweise zu Missbildungen bei Neugeborenen). Die biologische Synthese von Substanzen führt fast in jedem Falle zu enantiomerreinen Produkten und ist in dieser Hinsicht gut für die Produktion von Arzneistoffen geeignet.

K

Kapillarelektrophorese: Trägerfreie elektrophoretische Trennmethode, die auf dem gleichen Prinzip wie die konventionelle → Elektrophorese beruht. Die Trennung der Analyte erfolgt jedoch in Glaskapillaren aus amorphem Silica-Glas mit einem Durchmesser von 25–100 μm.

Karyotyp: Gesamtheit der cytologisch erkennbaren Chromosomeneigenschaften eines Individuums oder einer Gruppe verwandter Individuen.

Katabolismus: Stoffwechselwege, die zum Abbau von komplexen Molekülen zu kleineren Molekülen führen (Gegenteil von → Anabolismus). Dies kann der Energiegewinnung oder dem Abbau von Giftstoffen dienen.

Katalase: → Enzym, das die Reaktion von → Wasserstoffperoxid (H_2O_2) zu Sauerstoff und Wasser katalysiert. Wasserstoffperoxid ist ein starkes Oxidationsmittel und kann daher Schäden in Zellen anrichten.

Katalyse: siehe → Biokatalyse.

Kernresonanzspektroskopie (*nuclear magnetic resonance***, NMR):** Spektroskopisches Verfahren zur Strukturaufklärung von organischen und metallorganischen, seltener von anorganischen Verbindungen, welche sich die Messung des Eigendrehimpulses von Atomkernen zunutze macht.

Kinetik: Teilgebiet der physikalischen Chemie, das quantitative Beziehungen zwischen dem zeitlichen Ablauf chemischer Reaktionen und den sie beeinflussenden Faktoren aufzeigt.

Klonierung: Erzeugung und Vervielfältigung eines DNA-Moleküls mittels Bakterienzellen (meist *E. coli*). Das gewünschte DNA-Fragment wird in einen → **Vektor** integriert und dieser in Zellen eingebracht, wodurch er im Zuge der Zellteilungen mit vervielfältigt wird.

Kohlenhydrate: Organische Moleküle aus den Bestandteilen Kohlenstoff, Wasserstoff und Sauerstoff im Verhältnis 1:2:1 (das heißt mit der allgemeinen Formel $C_nH_{2n}O_n$), z.B. Zucker, Stärke und → **Cellulose**.

kompetitive Hemmung: Blockierung eines → **Enzyms** durch Bindung eines dem eigentlichen Substrat ähnlichen Moleküls an das → **aktive Zentrum**. Verhindert die Bindung an das → **Substrat** und die Reaktion.

Knockout: Gezieltes Ausschalten eines Gens.

kovalente chemische Bindung: Chemische Bindung, bei der sich zwei Atome Elektronen teilen, gewöhnlich eine sehr feste Bindung.

Krebs-Zyklus: siehe → **Citratzyklus**.

Kristallisierung: Bildung von Kristallen aus Lösungen, Schmelzen oder der Gasphase. Die Kristallisation einer Lösung tritt beim Eindampfen oder Abkühlen bzw. Ausfällen ein, wenn die Sättigungskonzentration der gelösten Substanz überschritten wird.

L

Life Cycle Assessment (LCA): Ökologische Bilanz eines Stoffes. Es wird versucht, alle Aspekte, von der Beschaffung der Rohstoffe über den Energiebedarf der Produktion bis hin zur Entsorgung, exakt zu berücksichtigen.

Ligasen: → **Enzyme**, die die Verknüpfung zweier Moleküle katalysieren. Ein wichtiger Vertreter ist die DNA-Ligase, die eine Esterbindung zwischen einem Phosphatrest und dem Zucker Desoxyribose katalysiert.

Luciferase: Enzym, welches die Oxidation der polyzyklischen aromatischen Luciferine mit molekularem Sauerstoff katalysiert und damit → **Biolumineszenz** erzeugt.

Lymphocyten: Teil der weißen Blutkörperchen, verschiedene Typen von Lymphocyten gehören zum Immunsystem.

Lyophilisation: Schonendes Trocknungsverfahren, häufig zur Konservierung hochwertiger Produkte verwendet (z.B. Pharmazeutika). Der Vorgang beinhaltet Einfrieren des Produkts unter Normaldruck und anschließende Trocknung. Für diese wird ein Vakuum angelegt und das Eis sublimiert (tritt direkt in den gasförmigen Zustand ein).

Lysozym: → **Enzym**, das die Polysaccharide der bakteriellen Zellwände spaltet. Es befindet sich z.B. im Hühnerei-Eiweiß, dem menschlichen Speichel, Tränen und Nasensekret. Im menschlichen Organismus ist Lysozym Teil der unspezifischen Abwehrmechanismen.

M

MALDI: *Matrix-assisted Laser Desorption / Ionisation*, Verfahren zur Ionisierung von Molekülen, das in der → **Massenspektrometrie** Verwendung findet. Von besonderer Bedeutung ist MALDI-TOF (*time of flight*). Bei diesem Verfahren werden die Ionen durch ein elektrisches Feld beschleunigt. Die Flugzeit der Moleküle kann mittels eines TOF-Massenspektrometers ermittelt werden und ist abhängig von der Ladung und der Masse. Hierdurch kann eine Ausgangssubstanz (z.B. ein unidentifiziertes Protein) auf ihre Zusammensetzung hin untersucht werden.

Massenspektrometrie: Messung der Masse/Ladungs-Verhältnisse durch Ionisation der zu untersuchenden Substanz und Messung der Ablenkung beschleunigter Ionen in einem elektrischen Feld.

Matrixunterstützte Laserdesorption/Ionisation: siehe → **MALDI**

Maximalgeschwindigkeit (V_{max}): Geschwindigkeit, die erreicht wird, wenn alle → **aktiven Zentren** eines → **Enzyms** an → **Substrat** gebunden sind.

Meristemkultur: Zellkultur aus undifferenzierten Pflanzenzellen des Bildungsgewebes (Meristem).

MHC: Major Histocompatibility Complex (Haupt-Histokompatibilitäts-Komplex); Klasse I: Oberflächen-→ **proteine**, die an der zellulären Immunantwort bei Virusinfektion oder → **Mutation** beteiligt sind. Sie werden von fast allen Zellen des Organismus gebildet. Klasse II: Oberflächenproteine, die an der humoralen Immunantwort beteiligt sind und von Antigen-präsentierenden Zellen gebildet werden. Klasse III: Nicht membrangebundene Plasmaproteine; Komplementärfaktoren, Stressproteine und Tumornekrosefaktoren.

Mikroarray: Sammelbezeichnung für moderne Analysesysteme, die die parallele Analyse von mehreren Tausend Einzelnachweisen in einer geringen Menge biologischen Probenmaterials erlauben.

Mikrosatelliten-DNA: Di-, Tri- oder Tetranucleotide, die zu zehn bis 30 Kopien innerhalb einer „geclusterten" Repetitionseinheit eukaryotischer → **DNA** auftreten. Ihre Schwebedichte bei der Dichtegradienten-Zentrifugation weicht aufgrund hohen AT-Gehalts von der der übrigen DNA ab.

Molekularsieb-Effekt: Die schonende Auftrennung von Molekülen nach ihrer Größe durch ein dreidimensionales Netzwerk aus polymeren organischen Verbindungen, das mit hydrophilen Poren durchsetzt ist.

monoklonale Antikörper: Antikörper, die aus genau einem einzelnen → **B-Lymphocyten** bzw. einer Zellkultur aus Klonen dieser Zelle stammen. Sie sind genau gegen ein → **Antigen** gerichtet, und zwar gegen exakt ein Epitop dieses Antigens. Wichtiges Produkt der Biotechnologie (s. a. → **Antikörper**).

mRNA (messenger-Ribonucleinsäure): Ribonucleinsäuremoleküle, die durch den Prozess der → **Transkription** an → **DNA** als Matrize entstehen und anschließend mithilfe von → **Ribosomen** und → **tRNA** im Prozess der → **Translation** in die → Aminosäuresequenzen von → **Proteinen** übersetzt werden.

Mucoviscidose: Auch cystische Fibrose (CF) genannt. Angeborene Stoffwechselerkrankung, bei der eine Fehlfunktion der Chloridionenkanäle vorliegt, wodurch die Zusammensetzung der Sekrete exokriner Drüsen verändert ist. Dies führt vor allem zu zähflüssigem Schleim in den Bronchien und damit zu chronischem Husten und schweren Lungenentzündungen. Mucoviscidose ist eine der ersten Krankheiten, für deren Heilung erste ernsthafte Versuche der → **Gentherapie** durchgeführt werden.

multiple Klonierungsstellen: *multiple cloning sites* (MCS); meist synthetisch hergestelltes Oligonucleotid, das jeweils singuläre Schnittstellen für mehrere → **Restriktionsenzyme** aufweist. Es wird meist in → **Vektoren** eingebaut, wobei die entsprechenden Schnittstellen ausschließlich in der MCS bereitgestellt werden.

Multiple Sklerose: MS; Autoimmunkrankheit, bei der die Myelinscheide der Nervenzellen geschädigt oder zerstört wird. Häufig werden zur Therapie biotechnologisch relevante Moleküle eingesetzt (z.B. → **Interferone** oder → **monoklonale Antikörper**).

Mutagen: Ein Faktor, der die → **Mutation**srate erhöht (z.B. energiereiche Strahlung oder chemische Stoffe wie Basenanaloga etc.).

Mutation: Veränderung der Abfolge der DNA oder Veränderung der Chromosomenzahl, die erblich ist und nicht auf Rekombination oder Segregation beruht.

Myelomzellen: Entartete → **Lymphocyten**, die zur Ausbildung von Tumoren führen.

N

NAD⁺: Nicotinadenindinucleotid, chemischer Speicher von Reduktionskraft im → **Katabolismus** (vgl. → **NADPH**), der als Akzeptor und Donor von Wasserstoffatomen fungiert. Auch als Reduktionsäquivalent bezeichnet.

NADPH: Nicotinadenindinucleotidphosphat; eine dem → **NAD⁺** ähnliche Substanz des → **Anabolismus** mit vergleichbarer Funktion.

nichtkompetitive Hemmung: Blockierung eines → **Enzyms** durch Bindung eines Hemmstoffs außerhalb des → **aktiven Zentrums**. Dadurch wird die Konformation des Enzyms so verändert, dass das → **Substrat** nicht mehr binden kann.

Northern Blot: Der Transfer → **elektrophoretisch** aufgetrennter RNA aus einem Gel auf eine Membran. Nach Fixierung auf der Membran kann die RNA mit → **Hybridisierung**smethoden analog zum → **Southern Blot** weiter untersucht werden.

O

Oberflächenplasmonresonanz: Ein quantenmechanisches Phänomen, das in Verbindung mit totaler interner Reflexion polarisierten Lichtes in Gegenwart einer dünnen Metallschicht oder eines Halbleiterfilms auftritt. → **Biosensor**technologie beruht häufig auf dieser Technologie zur Detektion von Massenänderungen in einem evaneszenten Feld.

Onkogene: Teile des normalen Erbgutes einer Zelle. Solche Gene können, wenn sie → **mutieren** oder zu hohem Maße exprimiert werden, ein Tumorwachstum auslösen.

optische Auflösung: Eigenschaft eines Auges oder eines optischen Geräts, z.B. eines Mikroskops; minimaler Abstand zwischen zwei Linien, die noch getrennt wahrgenommen werden können.

optischer Warburg-Test: Von Otto Warburg entwickelte Methode zur Bestimmung der enzymatischen Aktivität von → NAD- bzw. → NADP-abhängigen Dehydrogenasen. Durch Kopplung mit anderen Enzymen werden auch viele Substrate messbar. Hierbei wird die Absorption bei 340 nm gemessen. Diese dient als Maß für den Reduktionsgrad von NAD^+ oder $NADP^+$.

P

p53: Tumorsuppressor-→ protein, das an der Regulation des Zellzyklus (als Transkriptionsfaktor) beteiligt ist. Dieses Gen ist bei vielen Krebserkrankungen mutiert, wodurch bösartige Tumore entstehen können.

PAGE: Polyacrylamid-Gelelektrophorese, → Elektrophorese in einem Gel aus Polyacrylamid.

Paratop: Die für das Erkennen des → Epitops verantwortliche Region einer B-Zelle oder eines → Antikörpers.

Pasteurisierung: Kurzzeitige Erhitzung auf 60–90°C zur Abtötung von Mikroorganismen. Dieser Vorgang wird häufig zur Haltbarmachung von Lebensmitteln eingesetzt, so wird z.B. Milch beim Pasteurisieren für etwa 20 Sekunden auf ca. 72°C erhitzt.

PCR: siehe → Polymerase-Kettenreaktion.

Pellagra: Multiple Vitaminmangelkrankheit, die im Wesentlichen auf einem Mangel an Vitamin B$_5$ (Nicotinamid, Nicotinsäure) beruht.

Penicillin: β-Lactam-Antibiotikum, das die Quervernetzung der Peptidoglykanketten in der Zellwand von Bakterien inhibiert. Es gibt eine große Zahl von Penicillinderivaten, z. B. Ampicillin.

Peroxidasen: Zu den Oxidoreduktasen gehörende, Häm enthaltende → Enzyme. Sind im Tier- und Pflanzenreich weitverbreitet und katalysieren die Entgiftung von Wasserstoffperoxid unter Beteiligung von organischen Wasserstoffdonoren.

Phagen: Kurzbezeichnung für → Bakteriophagen.

Phagen-Display: Methode, bei der Peptide, Proteinteile oder komplette → Proteine an der Oberfläche von Bakteriophagen exponiert werden. Aus Bibliotheken solcher Phagen-Displays können dann, nach einem weiteren Schritt, in dem sich genau das exponierte Molekül, das „passt", an ein zu untersuchendes Molekül gebunden hat, gezielt einzelne Moleküle ausgewählt werden, die für eine weitere Untersuchung relevant sind (z.B. Interaktion eines speziellen → Antikörperfragments [aus Millionen möglichen] mit einem → Antigen).

Phänotyp: Erkennbare Eigenschaften eines Individuums, die durch Einwirken sowohl genetischer als auch umweltbedingter Faktoren entstanden sind (s. a. → Genotyp).

Pharmakogenomik: Untersucht den Einfluss der Erbanlagen auf die Wirksamkeit bzw. Nebenwirkungen von Pharmazeutika.

PHA/PHB: Polyhydroxyalkanoate/Polyhydroxybutyrat; Polyester, die von vielen Bakterien als interne Energiespeicherstoffe akkumuliert werden. PHA (und verschiedene Copolymere) können thermoplastisch verformt werden und weisen ähnliche Eigenschaften wie erdölbasierte Kunststoffe auf. Sie können aber in der Regel biologisch abgebaut werden.

Phosphodiesterbindungen: Bindungen, die den Zusammenhalt der einzelnen Nucleotide der → DNA bilden, wobei die 5-Phosphatgruppe am 5'-Kohlenstoff eines Nucleotids mit dem 3'-Kohlenstoff eines anderen Nucleotids verestert ist. Dadurch erhalten DNA-Moleküle zwei unterschiedliche Enden und somit eine Orientierung, nämlich ein sogenanntes 5'-Ende, dessen Triphosphatgruppe nicht an einer Esterbindung beteiligt ist, und am anderen Ende das sogenannte 3'-Ende mit einer freien Hydroxylgruppe.

Photometrie: Messmethode, bei der Lichtgrößen mithilfe eines Photometers bestimmt werden. In der Biologie, Medizin und Chemie wird die Photometrie vor allem zur Konzentrationsbestimmung bekannter Substanzen sowie zur Messung von Enzymaktivitäten verwendet.

pH-Wert: Abkürzung aus dem Lateinischen *potentia hydrogenii* (Macht des Wasserstoffs); der negative dekadische Logarithmus der Protonenkonzentration; Maß für die Azidität einer Lösung. Eine Lösung mit einem pH von 7 wird als neutral bezeichnet; pH-Werte größer als 7 sind charakteristisch für basische Lösungen, während saure Lösungen einen pH-Wert kleiner als 7 aufweisen.

Plasma: Der flüssige Anteil des Blutes, in dem Blutzellen und andere Teilchen gelöst sind.

Plasmide: Bei Bakterien und zum Teil bei Hefen vorkommende kleine, zirkuläre, extrachromosomale → dsDNA Moleküle, die meist nur wenige Gene enthalten und als unabhängige genetische Einheiten repliziert werden. Häufig tragen Plasmide Resistenzgene gegen → Antibiotika.

Pluripotenz: Bezeichnung der Fähigkeit pluripotenter Stammzellen, sich zu Zellen der drei Keimblätter Ektoderm, Entoderm und Mesoderm zu differenzieren. Sie können also zu jedem Zelltyp des Organismus werden, haben aber (im Gegensatz zu totipotenten Zellen) die Fähigkeit verloren, einen gesamten Organismus zu bilden.

polyklonale Antikörper: Gemisch aus verschiedenen → Antikörpern, die jeweils von verschiedenen → B-Lymphocyten produziert werden, aber dasselbe → Protein binden. Dies geschieht aber an unterschiedliche Epitopen (im Gegensatz zu → monoklonalen Antikörpern).

Polymerase-Kettenreaktion (PCR): *polymerase chain reaction*; Methode, mit der eine bestimmte Region der DNA durch sich wiederholende Abfolgen von Denaturierung, Anlagerung spezifischer Primer und DNA-Synthese vervielfältigt (amplifiziert) werden kann. Die Konzentration des amplifizierten DNA-Fragments verdoppelt sich in jedem Zyklus (exponentielle Amplifikation).

Polymere: Ketten aus identischen oder ähnlichen Molekülen.

polyploid: Zellen oder Organismen mit mehr als zwei Chromosomensätzen (s. a. → haploid, → diploid).

Präzipitation: Die Ausfällung eines gelösten Stoffes durch die Zugabe eines anderen (z.B. durch Bildung einer schwer löslichen Verbindung).

Prionen: Kurzbezeichnung für *proteinaceous infectious particles*, proteinartige infektiöse Partikel, bei denen es sich um die Erreger bestimmter übertragbarer schwammartiger Hirnerkrankungen beim Menschen und anderen Säugern handelt (BSE, Creutzfeld-Jakob-Erkrankung). Prionen bestehen aus Aggregaten pathogener, abnorm gefalteter Versionen normaler zellulärer Proteine, deren Abnormität und Pathogenität sich auf die normal gefalteten Proteine übertragen kann.

Promotor: DNA-Bereich eines Gens, durch den der Initiationspunkt und die Initiationshäufigkeit der Transkription festgelegt werden und an den die RNA-Polymerase bindet.

prosthetische Gruppe: Zusätzliche, oft kovalent an ein → Protein gebundene chemische Gruppe (z.B. die Hämgruppe), die aber nicht in die Polypeptidkette eingebaut ist.

Proteine: Aus einzelnen Aminosäuren aufgebaute Polymere; Proteine sind nicht nur Hauptbestandteil der Zellstrukturen, sondern ermöglichen auch die meisten metabolischen Funktionen in der Zelle.

Protein-Engineering: Entwicklung von → Proteinen mit veränderten Eigenschaften. Es gibt zwei grundlegende Herangehensweisen: *rational design* (Struktur und Funktionskenntnisse werden genutzt, um gezielt Änderungen am Ausgangsprotein vorzunehmen) und *directed evolution* (Zufallsmutagenese und geeignete Selektionszwänge sollen zu einem veränderten Protein mit verbesserten Eigenschaften führen, außerdem wird durch *DNA shuffling* natürliche Rekombination nachgestellt, um die gewonnenen, verbesserten Proteine weiter zu optimieren, indem man sie miteinander „mischt").

Proteomik: Die Erforschung der Gesamtheit aller in einer Zelle unter bestimmten Bedingungen vorliegenden → Proteine mittels verschiedener Methoden (z.B. → zweidimensionale Gelelektrophorese).

Protoplasten: Von Zellwänden befreite Bakterien-, Pilz oder Pflanzenzellen.

Protoplastenfusion: *In vitro*-Verschmelzung zweier → Protoplasten (worauf ggf. die Verschmelzung der beiden Zellkerne folgen kann), aus der sogenannte somatische Hybride entstehen. Dies gelingt auch mit sonst nicht kreuzbaren Ausgangslinien.

Punktmutation: → Mutation, die auf Veränderung eines einzigen Basenpaares in der DNA beruht. Diese kann wieder zum Wildtyp mutieren. Das Leseraster bleibt erhalten. Solche Mutationen sind häufig harmlos, da viele Aminosäuren von mehr als einem Codon codiert werden (der genetische Code ist degeneriert [redundant]).

R

Racemat: Äquimolares Gemisch zweier → Enantiomere.

Radioimmunoassay (RIA): Erfasst quantitativ in *in-vitro*-Systemen eine immunologische Reaktion zwischen einer zu bestimmenden Substanz und ihrem spezifischen → Antikörper unter Verwendung von radioaktiv markiertem → Antigen als technisch messbarer Leitsubstanz.

rekombinante Antikörper: Werden *in vitro* hergestellt, d. h. ohne Versuchstier. Sie stammen typischerweise aus Antikörper-Genbibliotheken, die die Herstellung von → **Antikörpern** in Mikroorganismen ermöglichen. Die Isolierung eines spezifisch bindenden Antikörpers erfolgt dabei nicht nur durch das Immunsystem eines Organismus, sondern durch einen Bindungsschritt im Reagenzglas (*panning*). Rekombinante Antikörper können einfach genetisch modifiziert werden, da ihre Erbsubstanz bekannt ist.

rekombinante DNA: Ein *in vitro* hergestelltes DNA-Molekül aus Abschnitten unterschiedlicher Herkunft, oft über die Artgrenzen hinweg.

rekombinante Proteine: Von → **rekombinanter DNA** codierte Proteine.

Replikation: Die identische Verdopplung oder Vervielfachung von → **DNA** (bzw. von RNA). Die Replikation ist die molekulare Grundlage für die Weitergabe der genetischen Information von Generation zu Generation.

Restriktionsenzyme: Restriktionsendonucleasen; bakterielle → **Enzyme**, die spezifisch vier bis acht Basenpaare lange DNA-Sequenzen, die Restriktionsschnittstellen, erkennen und anschließend beide Stränge der DNA schneiden.

Retroviren: RNA-Viren, bei deren Vermehrung eine einzelsträngige Genom-RNA in einem mehrstufigen Prozess in eine doppelsträngige DNA umgeschrieben wird. Dieser dem gewöhnlichen genetischen Informationsfluss DNA→ RNA gegenläufige Prozess wird durch eine virusspezifische RNA-abhängige DNA-Polymerase (→ **Reverse Transkriptase**) katalysiert.

Reverse Transkriptase: → **Retrovirales** → **Enzym**, das die Synthese von DNA-Ketten mit RNA als Matrize katalysiert, wobei 2'-Desoxyribonucleosid-5'-triphosphate als → **Substrate** umgesetzt werden.

Rezeptoren: Die erste Komponente eines Signaltransduktionsweges. Bestimmte Bereiche oder spezielle → **Proteine** (Rezeptorproteine) auf der äußeren Oberfläche der Plasmamembran oder im Cytoplasma, an die Liganden einer anderen Zelle binden.

RFLP-Analyse: *Restriction Fragment Length Polymorphism* (Restriktionsfragment-Längenpolymorphismus); Sachverhalt, dass vererbbare, lokal auftretende Sequenzveränderungen in einer DNA zu Veränderungen in dem ursprünglichen Muster von Restriktionsfragmenten bei Verdau dieser DNA mit → **Restriktionsenzymen** führen können. So kann z.B. eine Restriktionsschnittstelle durch eine → **Punktmutation** verschwinden, und es ergeben sich unterschiedliche Längen der DNA-Fragmente nach Verdau.

Ribosomen: Die größten und am kompliziertesten aufgebauten, gleichzeitig stabilsten und zahlreichsten Ribonucleoprotein-Partikel der Zelle, an denen die → **Translation** der genetischen Information, d.h. die Proteinsynthese, stattfindet.

Ribozyme: Katalytisch wirksame RNA-Moleküle.

Rituximab: Erster → **Antikörper**, der zur Behandlung von Krebs zugelassen wurde.

RNA-Interferenz (RNAi): Regulationsmechanismus in lebenden Zellen, der die Aktivität und Modulation der Aktivität von Genen beeinflusst. Hierbei sind

miRNA (*micro RNA*) und siRNA (*small interfering RNA*) von entscheidender Bedeutung. Diese binden z.B. an mRNA und verhindern so die Synthese des Proteins.

RNA-Welt: Theorie, nach der in einer frühen Ära der Evolution das Leben zum größten Teil oder vollständig auf der Funktion der RNA als → **Enzym** und Träger der genetischen Information beruhte und sich die → **DNA** und → **Proteine** erst in einem späteren Stadium der Evolution entwickelt haben.

Röntgenstrukturanalyse (Röntgenkristallografie): Ein Verfahren zur Aufklärung der Anordnung der Atome in Kristallen mithilfe von Röntgenstrahlen.

Rote Biotechnologie: Medizinische Biotechnologie; Bereiche der Biotechnologie, in denen an medizinischen Anwendungen der Biotechnologie geforscht wird.

S

Sandwich-ELISA: → **ELISA**, der zum Nachweis von → **Antigenen** auf einer Oberfläche immobilisierte → **Antikörper** nutzt, die ein → **Epitop** des gesuchten Antigens erkennen. Das auf diese Weise gebundene Antigen wird anschließend mithilfe von enzymgebundenen Antikörpern sichtbar gemacht, die ein anderes Epitop des gleichen Antigens erkennen.

Schlüssel-Schloss-Prinzip: Modell der Enzymaktivität, bei der das → **aktive Zentrum** eines → **Enzyms** ganz präzise zum Substrat passt.

„Schrotschuss"-Sequenzierung (*shotgun sequencing*): Lange, mehrfach kopierte DNA Sequenzen werden willkürlich in kleinere Abschnitte zerstückelt (z.B. mittels Ultraschall) und einzeln sequenziert (aufgrund der Schwierigkeiten, sehr lange Sequenzen am Stück zu sequenzieren). Die erhaltenen Sequenzen werden auf Übereinstimmungen überprüft (mittels bioinformatischer Analysen) und so „übereinander gelegt", dass man eine zusammenhängende Sequenz erhält.

SDS: Natriumdodecylsulfat (*sodium dodecyl sulphate*); anionisches Tensid, wird für die SDS- → **PAGE** verwendet. Hierbei dient es mittels seiner tensidischen Eigenschaften zur Denaturierung von Proteinen. Da SDS an alle Proteine im Verhältnis von ca. 1,4:1 bindet, werden der „Größe" des Proteins entsprechende Ladungsverhältnisse erlangt und Eigenladungen überdeckt.

SNP (*Single Nucleotide Polymorphism*, Einzelnucleotid-Polymorphismus): Variation einzelner Basenpaare einer DNA Sequenz. Diese können Einfluss auf die Verträglichkeit von Medikamenten haben.

Southern Blot: Eine Methode, bei der man denaturierte DNA von einem Gel auf eine Membran überträgt und dann eine markierte DNA-Sonde mit der durch den Blot übertragenen DNA → **hybridisiert**.

Spleißen: *splicing*, in eukrayotischen Zellen ablaufender Prozess, durch den ein primäres Transkript in eine reife mRNA umgewandelt wird. Hierbei werden → **Introns** entfernt und → **Exons** miteinander verbunden.

Stammzellen: Zu verschiedenen Graden undifferenzierte Zellen, die sich zu unterschiedlichen Zelltypen ausdifferenzieren können.

Sterilisation: Verfahren, durch das Materialien, Flüssigkeiten oder Gegenstände von lebenden Mikroorganismen, deren Dauerformen, Viren oder → **Prionen** befreit werden. Eine Sterilisation kann in der Praxis nie mit vollständiger Sicherheit erreicht werden.

STRs (*short tandem repeat*): Wiederholung kurzer Basenpaarmuster hintereinander in einem DNA-Strang. Werden für Verwandtschaftsanalysen herangezogen.

Substrat: Chemische Verbindung, die von einem → **Enzym** oder einem Organismus verwendet werden kann.

T

Taq-**Polymerase:** DNA-Polymerase des Bakteriums *Thermus aquaticus* (*Taq*), das in heißen Geysiren vorkommt. Das → **Enzym** ist entsprechend hitzebeständig und wird daher häufig für → **Polymerase-Kettenreaktionen** verwendet.

Telomerase: → **Enzym**, das aus einem → **Protein-** und einem RNA-Anteil besteht. Es fungiert als → **Reverse Transkriptase**, da es die interne RNA als Matrize zur DNA Synthese an sich verkürzenden → **Telomeren** nutzt.

Telomere: Einzelsträngige Chromosomenenden linearer Chromosomen. Werden mit jeder Replikation der DNA verkürzt. Ab einer Mindestlänge teilen sich die Zellen nicht mehr, und häufig tritt → **Apoptose** ein. Das → **Enzym** → **Telomerase** kann die Verkürzung jedoch wieder ausgleichen.

Thermodynamik, dritter Hauptsatz: Der absolute Nullpunkt der Temperatur ist unerreichbar (-273,15°C).

Thermodynamik, erster Hauptsatz: Energie kann weder erzeugt noch verbraucht werden, sie wird immer nur in andere Energiearten umgewandelt.

Thermodynamik, nullter Hauptsatz: Wenn sich zwei thermodynamische Systeme jeweils mit einem dritten System in thermischem Gleichgewicht befinden, so befinden sie sich auch in thermischem Gleichgewicht zueinander.

Thermodynamik, zweiter Hauptsatz: Thermische Energie ist nicht in beliebigem Maße in andere Energiearten umwandelbar (die → **Entropie** in einem isolierten System kann nicht abnehmen, sie nimmt in der Regel zu [Ausnahme: reversible Prozesse, hier bleibt die Entropie konstant]).

T-Lymphocyten: Auch T-Zellen genannt. An der zellulären Immunantwort beteiligter Lymphocytentyp. Die letzten Entwicklungsstadien dieser Zellen erfolgen im Thymus.

Totalreflexion: Spezialfall der Reflexion, bei dem beim Übergang von einem optisch dichteren Medium in ein optisch dünneres Medium das gesamte Licht in das optische dichtere Medium zurückreflektiert wird.

Transfektion: Das Einbringen von Fremd-DNA in eukaryotische Tierzellen.

Transformation: Nichtvirale Aufnahme von freier DNA in kompetente Bakterienzellen, Hefen, Pilze, Algen und Pflanzen.

Transkription: Erster Schritt der Genexpression, bei dem es zu einer DNA-abhängigen Synthese der Ribonucleinsäuren kommt, die durch RNA-Polymerasen katalysiert wird und zur Bildung von → **mRNA**, → **tRNA**, ribosomaler RNA und einer Reihe weiterer RNA-Spezies führt.

Translation: Der Prozess, der sich während der Genexpression von proteincodierenden Genen an die → **Transkription** und Prozessierung der Primärtranskripte anschließt; hierbei wird die in der → **mRNA** als Abfolge von Nucleotiden gespeicherte genetische Information umgesetzt.

Tricarbonsäurezyklus (TCC): siehe → **Citratzyklus**.

tRNA (transfer-Ribonucleinsäure): Eine Gruppe von ubiquitär vorkommenden, relativ kurzkettigen RNA-Molekülen, durch die bei der Proteinsynthese die einzelnen Aminosäuren gebunden und an den → mRNA-Ribosomen-Komplex herangeführt werden, um anschließend auf die wachsenden Peptidketten transferiert zu werden.

Tumorsuppressorgene: Gene, die → **Proteine** codieren, welche den Zellzyklus regulieren bzw. → **Apoptose** auslösen. Eine → **Mutation** solcher Gene erhöht die Wahrscheinlichkeit der Tumorbildung.

U

upstream processing: Teil eines biotechnologischen Prozesses; Zellmasse wird gebildet, Produkte werden synthetisiert. Zur Ernte/Aufreinigung der im *upstream process* hergestellten Produkte werden dann die → *downstream processing*-Verfahren angeschlossen.

V

Vektoren: Transportmoleküle für Fremd-DNA. Häufig eingesetzt werden → **Plasmide**, → **Cosmide** oder modifizierte Viren.

W

Wasserstoffbrücken: Schwache chemische Bindungen; entstehen durch die Anziehung zwischen einem positiv polarisierten, gebundenen Wasserstoffatom und einem negativ polarisierten, anderen gebundenen Atom.

Wasserstoffperoxid: H_2O_2; wirkt cytotoxisch, ist ätzend und kann reduzierend wirken. Im Metabolismus entstehendes Wasserstoffperoxid kann durch das → **Enzym** → **Katalase** zu harmlosem O_2 und H_2O umgesetzt werden.

Weiße Biotechnologie: Wird auch industrielle Biotechnologie genannt; Biotechnologie zur industriellen Produktion (z.B. von Grund- und Feinchemikalien).

Western Blotting: Verfahren, mit dem → **Proteine** von einem Polyacrylamid-Gel (nach einer → **PAGE**) auf eine Membran überführt werden, auf der sie dann mit spezifischen → **Antikörpern** nachgewiesen werden können.

X

Xenotransplantation: Übertragung von Zellen, Zellverbänden oder ganzen Organen zwischen zwei Spezies. Die übertragenen Zellen sind lebens- und funktionstüchtig. Kontrovers diskutiert bezüglich der potenziellen Gefahren der Übertragung von Pathogenen über Speziesgrenzen hinweg und der hohen Abstoßungsrisiken.

Z

Zitronensäurezyklus: siehe → **Citratzyklus**

zweidimensionale Gelelektrophorese: Gelelektrophorese, bei der insbesondere sehr komplexe Proteingemische in zwei Dimensionen nach jeweils anderen Kriterien aufgetrennt werden (z.B. folgt auf eine Trennung nach → **isoelektrischem Punkt** in Richtung X, eine Auftrennung nach Molekülgröße in Richtung Y).

CRISPR, Zusammenarbeit Hongkong-Berlin (hier mit Prof. King Chow, HKUST)

BILDNACHWEIS

Darja Süßbier (**DS**), Berlin: Entwurf/Neuzeichnung aller Grafiken und Tabellen des Buches;

Reinhard Renneberg, MCI Innsbruck (**RR**): eigene Fotos, Archiv und Abbildungsideen;

David S. Goodsell (**DG**), The Scripps Research Institute, La Jolla, USA: Molekülstrukturen, Molekülgrafiken;

Francesco Bennardo (**FB**), Cosenza, Italien: Darstellung der chemischen Formeln;

Ming Fai Chow (**CMRR**): Cartoons gemeinsam mit RR;

Archiv Bernt Karger-Decker (†) (**AKD**): Historische Bilder, antiquarische Buchillustrationen

Sammlung Kurt Stüber, BioLib (**KS**): Abbildungen aus alten Büchern;

Reinhard Renneberg und Archiv Bernt Karger-Decker ((†) in: Renneberg R (1990) *Bio-Horizonte*. Urania-Verlag Leipzig (**UV**);

Manfred Bofinger (†) (**MB**) aus: Renneberg R, Reich J (2004) *Liebling Du hast die Katze geklont!* Wiley-VCH, Weinheim (mit freundlicher Genehmigung von Wiley-VCH) und Neues Deutschland (Berlin);

Nicht ausdrücklich erwähnte Abbildungen stammen aus dem Archiv des Autors oder anderen Quellen, bei denen sich trotz mehrmaliger Nachfrage kein Copyright-Inhaber ermitteln ließ.
Bitte bei RR melden bei Fragen!

Vorspann und Vorwort

Alle Cartoons: CMRR; Brief-Faksimile: Sanger F (†), Cambridge; VII CMRR; IX bis XIII DG; XII bis XIII UV, Aehle W; Fa. Weck; Tautz J; Kunkel D; Larrick, J; CMRR; XIV RR, Loroch V, DS, DG; XV FB, CM, Behncke-Braunbeck M; XVI RR(4); KS; Brommund AB; XVII CMRR (2); RR; UV; XIX Fischer EP; XXIII KS

Kapitel 1

S. XXIV CMRR; 1.1 CMRR; 1.2 Deutsches Brotmuseum Ulm; 1.3 de Kruif P (1940) Mikrobenjäger, Orell Füssli, Zürich, Leipzig und RR; 1.4 und 1.5 UV; Box 1.1 UV und de Kruif (1940) Mikrobenjäger; Box 1.2 DS, DG, FB, RR; Box 1.3 Protein Data Bank (2017); Box 1.4 DS, RR; 1.5. UV; 1.6 RR; S.9 UV; 1.7

und 1.8 DS, RR; Shapiro J, Univ. Chicago und Ellis D, Univ. Adelaide; 1.9, 1.10, 1.11 DS, RR; Box 1.5. RR; Box 1.6 DS, RR,FB; verändert nach Präve P, Faust U, Sittig W und Sukatsch DA (Hrsg.) (1984) *Handbuch der Biotechnologie*. R. Oldenbourg Verlag München, Wien; 1.12, 1.13 und1.14 DS, DG, RR; Box 1.7 DG, RR (3), AKD (2); Box 1.8 RR (3); 1.15, 1.16 und 1.17 AKD; 1.18 RR; 1.19 AKD; 1.20 DS, FB, RR; 1.21 Busch W; 1.22 RR; Box 1.9 AKD, Gänzle M, Alberta; 1.23 RR; 1.24 und 1.25 KS; 1.26 AKD; 1.27 KS; Box 1.10 McGovern P und Palastmuseum Taipeh; 1.28 RR; 1.29 Shimizu S, Kyoto University; Box 1.11 EZB, Diamond J (1997) *Guns, Germs and Steel, The Fates of Human Society*. Mit freundlicher Erlaubnis von W.W. Norton & Company Inc.; Bildzitate von Brueghel P und J; 1.30 RR; 1.31 Banque de France; Box 1.12 UV; 1.32 AKD; 1.33 Busch W; 1.34 und 1.35 Fukui S (†), Kyoto; S. 32 Gänßler K; Seite 33 CMRR, The Netherlands Post

Kapitel 2

S. 33 CMRR; 2.1 bis 2.4 © The Nobel Foundation; 2.5 und 2.6 DG; Box 2.1 DS, RR, AKD; Box 2.2 The Nobel Foundation, UV; 2.7 KS, AKD, DG; Box 2.3 DS, DG, RR; 2.8 DS, RR, RCSB Protein Data Bank; 2.9 Phillips D; 2.10 und 2.11 DS, RR, RCSB Protein Data Bank; Box 2.4 AKD, Phillips D; 2.12 Watson L; 2.13 Fukui S (†), MB; Box 2.5 DS, RR, Madura J; 2.14 und 2.15 Röhm GmbH/Degussa; 2.16 AKD; 2.17 DS, RR, DG; 2.18 RR; 2.19 KS; Box 2.6 RR (2); 2.20 und 2.21 Röhm GmbH/Degussa; 2.22 Novozymes; Box 2.7 DS, RR, Hatzak F; 2.23 Tanabe Seiyaku Co. Ltd (Osaka) (2); 2.24 MB, Fukui S (†); 2.25 AKD; Box 2.8 DS, RR; 2.26 FitzRoy R; 2.27 RR; 2.28 und 2.29 Fukui S (†), Kyoto; Box 2.9 Aehle W (5), CMRR; 2.30 RR, DG, DS; 2.31 DS, RR nach Kyowa Hakko Kogyo Co.; Box 2.10 Berkling V, DS; 2.32 RR; 2.33 DS, RR nach einer Idee in *Newton* (Japan), Riedel K (Hefe), CMRR; Box 2.11 Aehle W (3); 2.34 DS, RR,FB; 2.35 nach Tanabe Seiyaku; 2.36 Wan C; Box 2.12 Wandrey C, CMRR, Deutsche Bundespost; Box 2.13 DG, FB, Kircher M (5), DS, RR nach Kircher M; 2.37 DS, RR nach Wandrey C; 2.38 Wandrey C, CMRR, 2.39 AKD; 2.40 Kyowa Hakko Kogyo, 2.41 Mair T, Universität Magdeburg; 2.42 The Scottish Treasury, Scotland; S.69 CMRR (2)

Kapitel 3

S. 71 RR (Gregor-Mendel-Museum Brno): 3.1 und 3.2 The Nobel Foundation; 3.3 und 3.4 DG; 3.5 AKD; 3.6 Forsdyke DR und Mortimer JR (2000), in: Gene 261, DS, RR; 3.7 MB und biodidac, Ottawa; 3.8 DS, RR nach Felsenfeld G (1984) in: Gruss P, Herrmann R, Klein A und Schaller H (Hrsg.) *Industrielle Mikrobiologie*. Spektrum der Wissenschaft Verlagsgesellschaft, Heidelberg; 3.9 DG; 3.10 U.S. National Library of Medicine, Oregon State University Library; 3.11The Nobel Foundation; 3.12 und 3.13 DG (2) und Kurths Verlag Feldberg J; Box 3.1 RR, AKD (2), UV (3); 3.14 Gesellschaft für Biotechnologische Forschung Braunschweig; 3.15 DG; 3.16 und 3.17 DS, RR nach einer Idee in Newton (Japan); S.79 MB; 3.18 DS, RR; 3.19 DG (2); 3.20 © The Nobel Foundation; 3.21 DG; 3.22 DS, RR; Box 3.2 AKD, Post Office Palau; Fischer EP, 3.23 DS, RR nach einer Idee in Newton, Japan; 3.24 University of California at San Francisco, Public Affairs Office; 3.25 Cohen SN; 3.26 RR; 3.27 DS, RR nach Piechocki R (1983) *Genmanipulation. Frevel oder Fortschritt?* Urania, Leipzig; 3.28 The Nobel Foundation; 3.29 Cohen SN; Box 3.3 Päpstliche Akademie der Wissenschaften, Arber W (3), DG, MC, Post Office Palau (2), AKD, Poste Vaticane; S. 91 Arber S; 3.30 DS, RR nach Felsenfeld G (1984) in: Gruss P, Herrmann R, Klein A und Schaller H (Hrsg.) *Industrielle Mikrobiologie*. Spektrum der Wissenschaft Verlagsgesellschaft, Heidelberg; DG (2); 3.31 DS, RR, Konstantinov I (2); Box 3.4 AKD, MB; 3.32 DS, RR nach Piechocki R (1983) *Gen-manipulation. Frevel oder Fortschritt?* Urania, Leipzig, MB (2), Karte von pBR322 nach Brown TA (2001) *Gentechnologie für Einsteiger*. 3. Aufl. Spektrum Akademischer Verlag Heidelberg; 3.33 Post Office Daressalam; 3.34 DG; 3.35 DS, RR nach Gruss P, Herrmann R, Klein A und Schaller Heidelberg; 3.36 DG (2); 3.37 Renneberg T; 3.38 und 3.39 DS, RR verändert und ergänzt nach Gruss P, Herrmann R, Klein A und Schaller H (Hrsg.) *Industrielle Mikrobiologie*. Spektrum der Wissenschaft Verlagsgesellschaft, Heidelberg; Poste Belgique; 3.40 und 3.41 The Nobel Foundation;
Box 3.5 Mayo Clinic und Hoechst AG, AKD (2); 3.42 DS, RR nach Aharonowitz Y und Cohen G (1984) in: Gruss P et al. (1984);

Box 3.6 CM; RR; Jian ZY, Kegel B; 3.43 RR; 3.44 Cetus Corp., Demain A; 3.45 FB; 3.46 DS, RR; 3.47 RR, DS nach Firmenschrift Hoechst AG; 3.48 MB, DG (3); Box 3.7: AKD (3), Genentech (2), Smith S, Cartoon Hawaii: Adair, D; Box 3.8: RR; Box 3.9 Clark DP, FB, RR; Box 3.10 Sanger F, DG (2), DS, RR; 3.49 The Nobel Foundation; Box 3.11 DS, RR nach Hopwood DA (1984) in: Gruss P et al. (1984); 3.50 FB; Box 3.12 Geißler E (2); 3.51 DS, RR nach Pestka S (1984) in: Gruss P et al. (1984); 3.52 Renneberg T; Box 3.13 Duerer A (4), Huber W; S. 109 RR, Huntoon J; 3.53 DS, RR nach Watson JD et al. (1993) *Rekombinierte DNA*, 2. Aufl. Spektrum Akademischer Verlag, Heidelberg; 3.53 und 3.54 DS, RR nach Dingermann T (1999) *Gentechnik, Biotechnik*. Wissenschaftliche Verlagsgesellschaft mbH, Stuttgart; 3.55 bis 3.57, 3.60 Gesellschaft für Biotechnologische Forschung Braunschweig; 3.58 CM; 3.59 DS, RR; 3.61 Post Office Macao, Australian Post; 3.62 CMRR

Kapitel 4

S. 122 Djerassi C (†) © Isabella Gregor; 4.1 AKD; 4.2 DG; 4.3 The Nobel Foundation; 4.4 *Kyoto Encyclopedia of Genomes and Genes* (KEGG); 4.5 DS, RR; 4.6 Roche; 4.7 DS, DG (2), RR; 4.8 und 4.9 DG, DS, RR; Box 4.1 KS; 4.10 DG und The Oncologist, FB; 4.11 DS, DG, RR, FB; 4.12 DG; 4.13 FB, DS, RR; 4.14 Ellis D, University Adelaide und CMRR; 4.15 Niedersächsische Erzeugergemeinschaft für Zuchtschweine e.G., Oldenburg; 4.16 RR, DS; Box 4.2 FB, RR und WACKER Fine Chemicals; Winterhalter Ch; 4.17 und 4.18 FB, DS, RR; 4.19 DS, RR nach Hopwood DA (1984) in: Gruss P et al. (1984), Foto: Sahm H, Forschungszentrum Jülich; 4.20 Kyowa Hakko Kogyo; 4.21 Pühler A; Box 4.3 RR, Kyowa Hakko, Kinoshita S (†), Fukui S (†); 4.22 Fukui S (†); 4.23 Wan C; 4.24 und 4.25 DS, RR; 4.26 Gottschalk G, Malin D; 4.27 Schweizer Post; 4.28 Walther A und Wendland J, FB; 4.29 FB und Royal British Mail; 4.30 DS, RR, FB; 4.31 RR; FB, The Dirt Doctor Howard Garret Dallas; 4.32 FZ Jülich; Box 4.4 Roche Basel; RR (Experiment); AKD, MB; 4.33 und 4.34 Coca Cola Inc.; 4.35 FB, RR; 4.36 Fraunhofer Institut für Grenzflächen und Bioverfahrenstechnik, Stuttgart und Semartec Ltd.; Box 4.5 DS, DG, The Oncologist (2), RR; 4.37 akademie spectrum, Berlin (3); Box 4.6 DS, RR nach Hopwood DA (1984), Fotos: Gesellschaft für Biotechnologische Forschung (GBF) Braunschweig; 4.38 GBF Braunschweig; Box 4.7 The Nobel Foundation, The New York Botanical Garden, University of Pennsylvania, Bank of Australia, AKD (3); 4.39 © The Nobel Foundation, AKD, Royal British Mail; 4.40 RR; 4.41 Gist-Brocades; Box 4.8 DS, RR, FB; 4.42 DG; Box 4.9 Fa. WECK 94, Poste Francaise;

4.43 RR; 4.44 Dept. Agriculture and Agrifood, Government of Canada; 4.45 FB, DS, RR nach DG Bionanotechnology. Wiley-Liss, Hoboken; 4.46 RR; Box 4.10 DG, RR, DS und GBF Braunschweig (Foto); 4.47 RR; Box 4.11 DS, RR nach Gaden EL jr. in: Gruss P et al. (1984), Fotos: Roche Penzberg und GBF Braunschweig; Box 4.12 DS, RR; 4.48 GBF Braunschweig; 4.49 © The Nobel Foundation; 4.50 AKD; 4.51 Ellis D, University Adelaide; 4.52 UV; 4.53 AKD; 4.54 RR; 4.55, 4.56 und 4.57 FB, DS, RR nach Aharonowitz Y und Cohen G (1984) in Gruss P et al.; Box 4.13 Djerassi C(†) (3) © David Loveall, FB, DS, RR (Struktur), Post Österreich; 4.58 FB; 4.59 Mayo Clinic Rochester; 4.60 und 4.61 FB; Box 4.14 Roche Biochemical Pathways mit Erlaubnis von Dr. Friedhelm Hübner, ©Roche Diagnostics GmbH, www.roche-applied-science.com; 4.62 Ellis D, University Adelaide; 4.63 CMRR; S.169 CMRR, Post Office Mauritius, Poste Mocambique

Kapitel 5

S. 162 CM; 5.1 Peiris M; 5.2 RR; 5.3 South China Morning Post, Hongkong; 5.4 CMRR; 5.5 Konstantinov I (2); Box 5.1 DS, RR, DG (3); 5.6 und 5.7 DS, RR; 5.8 bis 5.10 DG; Box 5.2 RR, Preiser W, Korsman S, Kunkel D (Photo HIV), Newman M (AIDS-Karte); 5.11 AKD (2), CMRR; 5.12 DG; 5.13 RR; Box 5.3 DG (3), Konstantinov I (2); 5.14 UV (2); 5.15 CMRR; 5.16 DS, RR; 5.17 DS, RR nach Brown (2001) (Kapitel 3); Box 5.4 DS, RR (Grafik) aus Diamond J (1997) (Kapitel 1), Dürer A (1497), AKD (2), Diamond J; 5.18 und 5.19 World Health Organization; 5.20 AKD; 5.21 RR; Box 5.5 AKD; 5.22 DS, RR; 5.23 Bayer AG; Box 5.6 RR (3), DG, Feldmeier H; Box 5.7 DS, RR nach Breitling F und Dübel S (1997); 5.24 RR, DS; 5.25 Gesellschaft für Biotechnologische Forschung Braunschweig; Box 5.8 The Nobel Foundation; 5.26 CM, FB; 5.27 DS, RR; 5.28 und 5.29 RR (4); 5.30 DS, RR, DG und FB; 5.31 MB; Box 5.9 Ligler FS (2), DS und RR, DG und Courtesy of Research International of Redmonton, WA USA (Foto: BioHawk); S.191 Dübel S; 5.32 bis 5.34 DS, RR, DG nach Watson et al. (1993), Breitling F; 5.35 Smith GP und Gesellschaft für Biotechnologische Forschung Braunschweig; 5.36 DS,RR, DG; 5.37 Herfort K; Box 5.10 Heilmann HR, Tautz J; 5.38 DG und *The Oncologist*; 5.39 DS, RR; 5.40 AKD, RR, Proceedings of the Royal Society (1900); Box 5.11 DS, RR; Box 5.12 Duebel S und Antibody Society Website 2/2017; 5.41 DG, 5.42 DS, RR; 5.43 AKD;5.44 Celltech, UK; S. 209 CMRR, Post of Ethiopia

Kapitel 6

S 212 CMRR; 6.1 Deutsche Bundespost; 6.2 AKD, MB; 6.3 World Health Organization;

Box 6.1 AKD, Menicke I und Bernitz H-M (1996) Der Gemüsegarten Berlins. Ausstellungskatalog. Rangsdorf; 6.4 DS, RR, 6.5 und 6.6 RR; 6.7 RR, DS; 6.8 RR; Box 6.2 KS, Strobel G (2), DS, FB, CMRR; 6.9 Bayer Leverkusen, Werk Bürrig; 6.10 RR; 6.11 AKD; 6.12 RR; 6.13 DS, RR; 6.14 DS, RR; Box 6.3 RR; 6.15 und 6.16 RR; 6.17 AKD; 6.18 Brown L; 6.19 DS, RR nach Hopwood DA (1984) in: Gruss P et al. (1993); Box 6.4 Chakrabarty AM (5) (2003) *Patenting life forms: yesterday, today and tomorrow*, in: Kieff FS, Olin JM (Hrsg.) (2003) *Perspectives on properties of the Human Genome Project*. Elsevier Academic Press, und Kunkel D (Foto Pseudomonas); 6.20 Royal British Mail (5); 6.21 Gundlach E (4); 6.22 DS, RR; 6.23 KS, RR; 6.24 AKD; 6.25 FB (7), RR, DS; Box 6.5 AKD und Bank of Israel; 6.26 FB, DS; 6.27 KS; 6.28 DS, RR; 6.29 AKD; 6.30 und 6.31 Kennecott Utah Copper/ Minerals Corp.; Box 6.6 KS, VW do Brazil und RR; 6.32 RR; 6.33 CMRR, MB, RR; 6.34 DS, RR; 6.35 RR; 6.36 FB; 6.37 CM; Box 6.7 Wei F, Beijing; 6.8 AKD, RR (2), Ghisalba O; 6.38 DG; 6.39, 6.40, 6.41 RR; Box 6.9 CMRR, SAAB, Rokem JS, FAO; 6.42 MB, RR (3); 6.43 CMRR; S. 243 CMRR

Kapitel 7

S. 234 CMRR; 7.1 Goldscheider S, Biothemen; 7.2 RR; 7.3 Grassmeier D, Spirulife (3); 7.4 RR; Box 7.1 DS, DG, RR; Box 7.2 ICI Billingham (2) und Petrolchemisches Kombinat (PCK) Schwedt; 7.5 DS, RR; 7.6 Imperial Chemical Industries (ICI); 7.7 RR; 7.8 ICI; 7.9 Marlow Foods (2), CMRR; 7.10 DS, RR nach Bourgaize D, Jewell TR und Buiser RG (2000) Biotechnology. Demystifying the concepts. Addison Wesley Longman, San Francisco; Box 7.3 Barnum S, FB (2); 7.11 bis 7.15 RR; 7.16 Polle J und Hutt Farm, Australien; 7.17 Marlow Foods; Box 7.4 RR (2), Lewen-Doerr I (GreenTec), Heide L und MB; 7.18 DS, RR; 7.19 Gratschow W; 7.20 KS (3), Wan C; 7.21 Wan C; 7.22 RR; 7.23 KS; 7.24 DS, RR; 7.25 Stanley J, RR; 7.26 RR; 7.27 DS, RR nach Newton (Japan); 7.28 Max-Planck-Institut für Züchtungsforschung, Köln (MPIZ); 7.29 AKD; Box 7.5 Spelsberg G und TransGen, bioSicherheit.de und Monsanto Agrar; ISAAA; 7.30 KS; 7.31 RR; 7.32 RR, Wellmann E; 7.33 DS, RR; 7.34 RR; Box 7.6 Lehmann M; 7.35 RR; 7.36 Monsanto Agrar; 7.37 RR (2); Box 7.7 Potrykus I (5), RR, DS, TIME, Pontificale Akademie; 7.38 van Montagu M; 7.39 MPIZ Köln; 7.40 AKD; 7.41 Wang ZY und Taylor & Francis, Inc; 7.42 RR; 7.43 bioSicherheit.de/ Ruth P (oben); 7.44 bioSicherheit.de/ Lehmann N; 7.45 bioSicherheit.de/ Kühne S; 7.46 DS, DG, RR; 7.47 MB, Walsh R; Box 7.8 Cole TCH, Wink M, AKD 7.48 DG; 7.49 DG;

7.49 und 7.50 RR; Box 7.9 NASA, AKD; Greenfield S (2004) Tomorrow's people. Penguin Books, London, S. 23-25 und 27-28, mit Genehmigung von Baroness Prof Susan Greenfield; Jay C, Science Photo Library (Foto T395/126 Mikrosyringe, mit Genehmigung von Photo-und-Presseagentur GmbH Focus); 7.51 RR, Innes J, Calgene, Inc.; S. 265 CMRR; 7.52 bioSicherheit.de (3); 7.53 CMRR; 7.54 Greenpeace; Box 7.10 Knäblein J, Bayer Schering Pharma AG; 7.55 DS; 7.56 RR; 7.57 DS, RR; 7.58 Potrykus I (4); Box 7.11 CMRR, Yang D (2), Bank of Japan; Box 7.12 DS (3); 7.59 Lindow S; Box 7.13 Sankula S (2), KS und TransGen (7)/biosicherheit.de; Box 7.14 AKD, RR; Box 7.15 Reski R (6); 7.60 biosicherheit.de/Biologische Bundesanstalt Braunschweig; 7.61 RR; 7.62 Snowmax (2), MB; 7.63 RR; 7.64 Breughel J d.Ä.; 7.65 Eden Project, Cornwall; S. 291 Australian Mail, CMRR

Kapitel 8

S. 278 RR; 8.1 und 8.2 AKD; 8.3 Friedrich R, Universität Gießen (4); 8.4 DS, RR; 8.5 CMRR; 8.6 und 8.7 Cincinnati Zoo; 8.8 RR; 8.9 RR; 8.10 AKD; 8.11 DS, RR; 8.12 KS; 8.13 Konrad M; 8.14 Roslin Institute, Edinburgh; 8.15 Wadsworth L; 8.16 DS, RR; 8.17 Hwang W-S; 8.18 DS, RR; 8.19 Wadsworth L, RR; 8.20 DS, RR; 8.21 und 8.22 RR; Box 8.1 Brinster R(2); Box 8.2 DG, RR und Glo-Fish (2), Yorktown Technologies; 8.23 Tsien R; 8.24 und 8.25 RR; 8.26 und 8.27 McLean N; Box 8.3 Paquet D, Haass C; 8.28 und 8.29 Hew CL; 8.30 RR; 8.31 Blüthmann H, Roche Center for Medical Genomics; 8.32 Roslin Institute, Edinburgh; 8.33 AKD; 8.34 RR; 8.35 biodidac, Ottawa; Box 8.4 Wolf E; Box 8.5 © The Nobel Foundation (Foto Berg P), Wadsworth L (2), RR; 8.36 Tautz J; 8.37 AKD; 8.38 KS; 8.39 RR (3); 8.40 DS, RR; 8.41 Roslin Institute, Edinburgh; 8.42 und 8.43 Wadsworth L, CMRR; 8.44 biodidac Ottawa; Box 8.6 Wilmut I und Highfeld R (2006): *After Dolly: The Uses and Misuses of Human Cloning.* Mit Genehmigung von W.W. Norton & Co. und Roslin Institute, Edinburgh und National Museum of Scotland (jeweils Fotos); 8.45 und 8.46 RR (3); 8.47 National Geographic; 8.48 Talukdar D; 8.49 und 8.50 Wadsworth L (3); 8.51 Kwong A (2); Box 8.7 DS, RR nach Thieman WJ and Palladino MA (2004): *Introduction to Biotechnology.* Pearson Benjamin Cummings, San Francisco; Box 8.8 RR; Box 8.9 Precht RD, Post M, AKD, CMRR, Thiel P, Brin S; 8.52 RR; 8.53 KS; 8.54 Wolf E; 8.55 Behncke-Braunbeck M; 8.56 AKD; Seite 307 CMRR, Royal British Mail

Kapitel 9

S. 324 CMRR; 9.1 DS, RR (*nach European Heart*); 9.2 RR; 9.3 DG; 9.4 DS, RR nach Dingermann T (1999) *Gentechnik, Biotechnik.* Wissenschaftliche Verlagsgesellschaft Stuttgart; 9.5 DG; 9.6 CM; 9.7 RR; 9.8 Paion AG; Box 9.1 MB, RR; 9.9 DS, RR; 9.10 AKD; Box 9.2 DG; 9.11 DG und The Oncologist; 9.12 DG und MB; 9.13 und 9.14 DG; 9.15 DS, RR; Box 9.3 Powell DC (Foto Plakette), The Florida State University Research in: *Review Magazin* (Holton-Foto), DG, Stanyard R, Strobel G, Zocher R; Box 9.4 Endo A (3), FB (3), CMRR; 9.16 KS; 9.17 BBC London, DG; 9.18 MB; Box 9.5 Matter A, Zimmermann J (Novartis), DG, FB, RR; 9.19 DG, CMRR; 9.20 RR (3); Box 9.6 Steward E, Timmermann S, INSERM; 9.21 AKD; 9.22 Hwang W-S; Box 9.7 Larrick JW (6), KS, Deutsche Bundesbank, DG, FB, DS, RR; 9.23 DS, RR; 9.24 CMRR; 9.25 DS, RR nach Thieman WJ und Palladino MA (2004) Introduction to Biotechnology, Pearson; Box 9.8 Kwong A, Coutelle C (3); 9.26 De Silva A; 9.27 DS, RR nach Thieman WJ und Palladino MA (2004); Box 9.9 Judt T, AKD, Sieren F, Cranach L , Mukherjee S, Mandela N; Box 9.10 DS, RR; Box 9.11 DS, RR (2); 9.28 DS, RR; 9.29 Tuschl T; 9.30 und 9.31 CMRR; 9.32 Poste de France; S. 345 CMRR, DG

Kapitel 10

S. 348 CMRR; 10.1 MB; 10.2 DS, RR; 10.3 DG; Box 10.1 CM, Whiteson K; 10.4 und 10.5 AKD; 10.6 RR; 10.7 DS, DG, RR; 10.8. DS, RR; Box 10.2 AKD; 10.9 RR; 10.10 EKF-diagnostic GmbH, Magdeburg/ Leipzig; 10.11 und 10.12 RR; 10.13 BioSensorTechnologie, Berlin; 10.14 und 10.15 RR; 10.16 Glatz J, RR; 10.17 RR (2), MB; 10.18 DS, RR nach Campbell NA (2003) *Biologie*, Spektrum Akademischer Verlag Heidelberg; 10.19 DS, RR; 10.20 und 10.21 RR; Box 10.3 Jeffreys SAJ, AKD; 10.22 RR (2); 10.23 DS, RR nach Thieman WJ und Palladino MA (2004) *Introduction to Biotechnology*, Pearson/San Francisco; 10.24 RR; 10.25 DS, RR; Box 10.4 Venter Institute (2), RR; 10.26 Wellcome Trust Sanger Institute; 10.27 DS, RR nach Alberts B, Bray D, Hopkin K, Johnson A, Lewis J, Raff M, Roberts K, Walter P (2005) *Lehrbuch der Molekularen Zellbiologie.* Wiley-VCH, Weinheim; 10.28 DS, RR; 10.29 Southern E; 10.30 DS, RR; 10.31 RR; 10.32 Holt J, www.amberworld.com, MB; 10.33 KS; Box 10.5 National Geographic: *The Genographic Project* und Thiessen M, National Geographic, mit freundlicher Erlaubnis von Geographic Image Collection (Foto: Wells S), RR (3), CMRR; Box 10.6 The Nobel Foundation; 10.34 und oberes Bild 10.35 U.S. Department of Energy, Human Genome Program; 10.35 Chudoba I, MetaSystems, Jena; Box 10.7 RR (2) und Rebers J (PCR-Prinzip); 10.36 Ministry of Agriculture and Agri-Food, Canada; 10.37 DS, RR, NASA; Box 10.8 DS, RR, CMRR (2); Box 10.9 DG und TV Station Pearl Hong Kong; 10.38 Venter Institute und US Department of Energy, Human Genome Program (Collins-Portrait); 10.39, 10.40, 10.41 US Department of Energy, Human Genome Program, http://genomics.energy.gov; 10.42 Powell D, Wellcome Trust Sanger Institute, Cambridge und US Department of Energy, Human Genome Program; 10.43 und 10.44 US Department of Energy, Human Genome Program; Box 10.10 Genographic Project, Thiessen M (Foto), mit Erlaubnis der National Geographic Image Collection, Ma KYC (Porträt), CM, Cranach L, RR; 10.45 RR, DS nach einer Idee von Larrick J; 10.46 RR; 10.47 MB; 10.48 DS, RR; Box 10.11 Stadt Freiburg, Konstantinov I, Raffael; 10.49 Gordon GF; Box 10.12 Affymetrics; 10.50 Affymetrics; 10.51 DS, RR; Box 10.13 Guttmacher AE, National Human Genome Research Institute; 10.52 Klenz U; 10.53 O'Farrell, PH (1975) *High resolution two-dimensional electrophoresis of proteins*, J. Biol.Chem. 250: 4007; 10.54 O'Farrell PH; 10.55 Hillenkamp F, RR; 10.56 RR; 10.57 Affymetrix, Pirrung M; Box 10.14 University of Miami, Department of Physics (Foto Feynman R) und DG; 10.58 DS, RR; 10.59 RR (2); 10.60 DS, RR; 10.61 und 10.62 Fromherz P; 10.63 DG und Wiley-Liss; Box 10.15 Jansen R, DS, Heuss A; Box 10.16 Hopf NW; S. 396 CMRR; S. 397 CM; S. 398 MB(2); S. 400 DS, RR, Kobayashi H.; S.420 MB und RR

Kapitel 11

alle Abb./Cartoons CMRR

Personenverzeichnis

SACHVERZEICHNIS

Albert Einstein (1897-1955, Nobel 1921)

Weblinks zum Anklicken:

www.springer.com/9783662562833

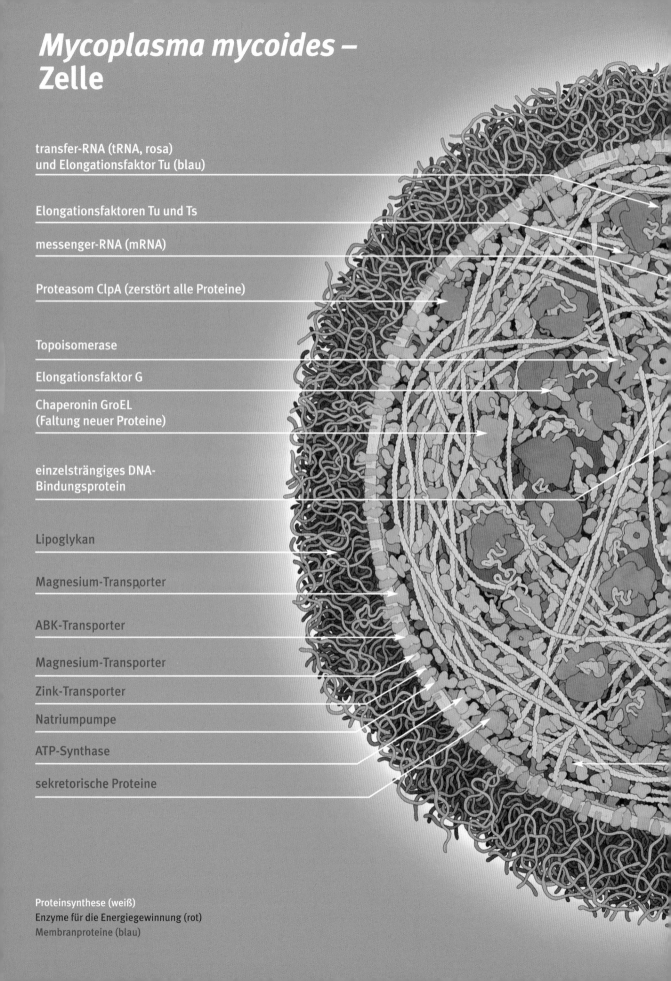

Mycoplasma mycoides – Zelle

transfer-RNA (tRNA, rosa)
und Elongationsfaktor Tu (blau)

Elongationsfaktoren Tu und Ts

messenger-RNA (mRNA)

Proteasom ClpA (zerstört alle Proteine)

Topoisomerase

Elongationsfaktor G

Chaperonin GroEL
(Faltung neuer Proteine)

einzelsträngiges DNA-
Bindungsprotein

Lipoglykan

Magnesium-Transporter

ABK-Transporter

Magnesium-Transporter

Zink-Transporter

Natriumpumpe

ATP-Synthase

sekretorische Proteine

Proteinsynthese (weiß)
Enzyme für die Energiegewinnung (rot)
Membranproteine (blau)

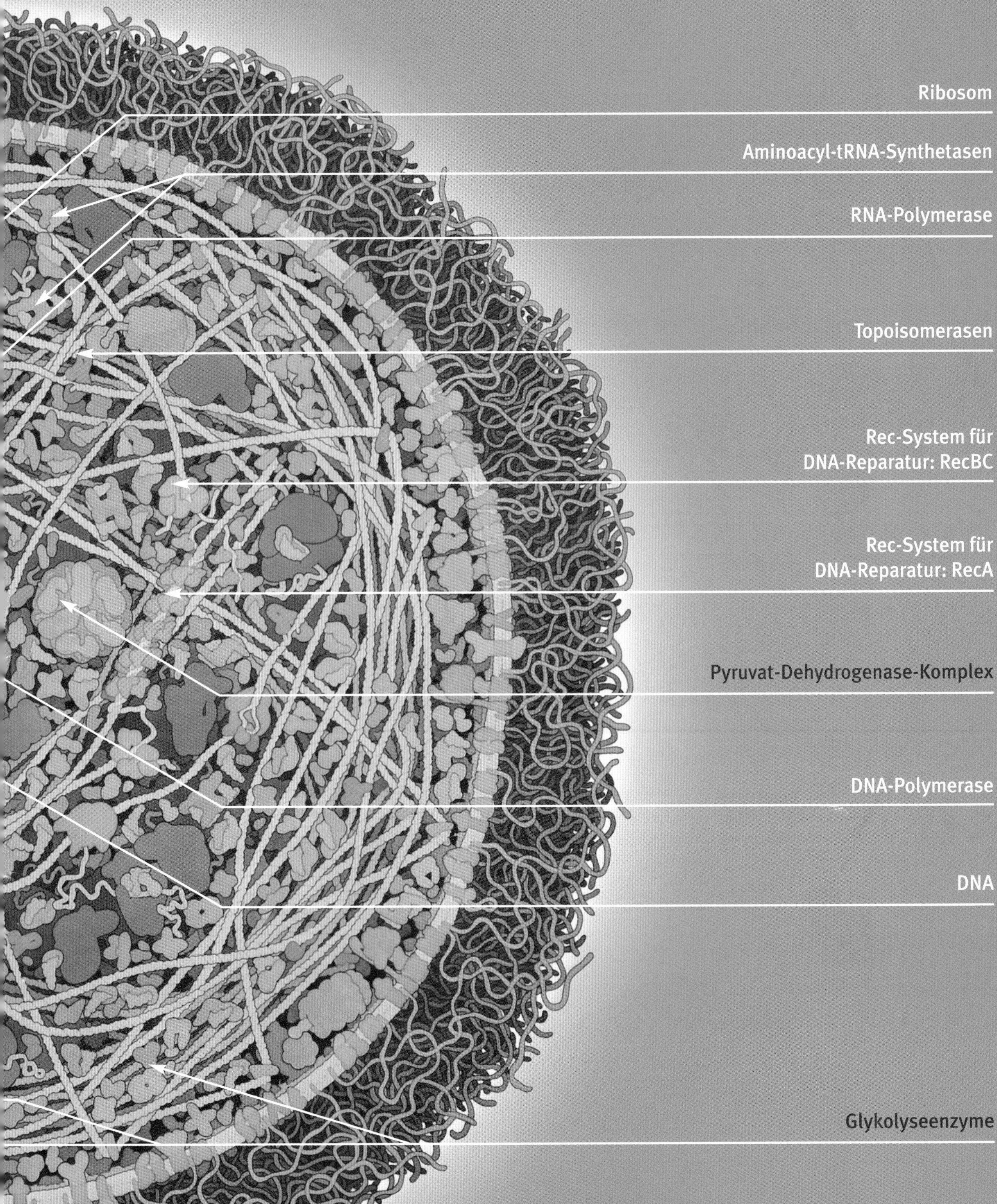

Ribosom

Aminoacyl-tRNA-Synthetasen

RNA-Polymerase

Topoisomerasen

Rec-System für
DNA-Reparatur: RecBC

Rec-System für
DNA-Reparatur: RecA

Pyruvat-Dehydrogenase-Komplex

DNA-Polymerase

DNA

Glykolyseenzyme

Illustration von David S. Goodsell vom Scripps Research Institute (La Jolla, USA).
David widmete mir das Aquarell zum 60.Geburtstag, mein schönstes Geschenk!
DANKE!
David schrieb dazu: »Die *Mycoplasma*-Zelle hat einen Durchmesser von nur
250 Nanometern und ist vollgepackt mit Makromolekülen.
Ich habe wie immer versucht, sie so realistisch wie möglich darzustellen.«

http://mgl.scripps.edu/people/goodsell/illustration/mycoplasma

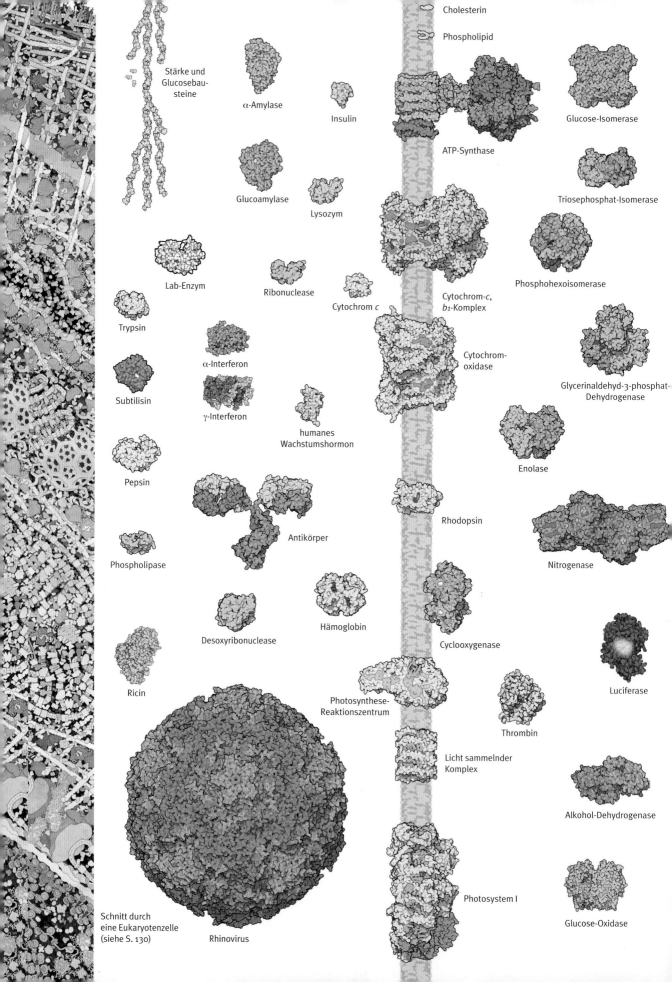

Cholesterin

Phospholipid

Stärke und
Glucosebau-
steine

α-Amylase

Insulin

Glucose-Isomerase

ATP-Synthase

Glucoamylase

Lysozym

Triosephosphat-Isomerase

Lab-Enzym

Ribonuclease

Cytochrom *c*

Cytochrom-*c*,
b₁-Komplex

Phosphohexoisomerase

Trypsin

α-Interferon

Subtilisin

γ-Interferon

humanes
Wachstumshormon

Cytochrom-
oxidase

Glycerinaldehyd-3-phosphat-
Dehydrogenase

Enolase

Pepsin

Antikörper

Rhodopsin

Nitrogenase

Phospholipase

Desoxyribonuclease

Hämoglobin

Cyclooxygenase

Luciferase

Ricin

Photosynthese-
Reaktionszentrum

Thrombin

Schnitt durch
eine Eukaryotenzelle
(siehe S. 130)

Rhinovirus

Licht sammelnder
Komplex

Alkohol-Dehydrogenase

Photosystem I

Glucose-Oxidase

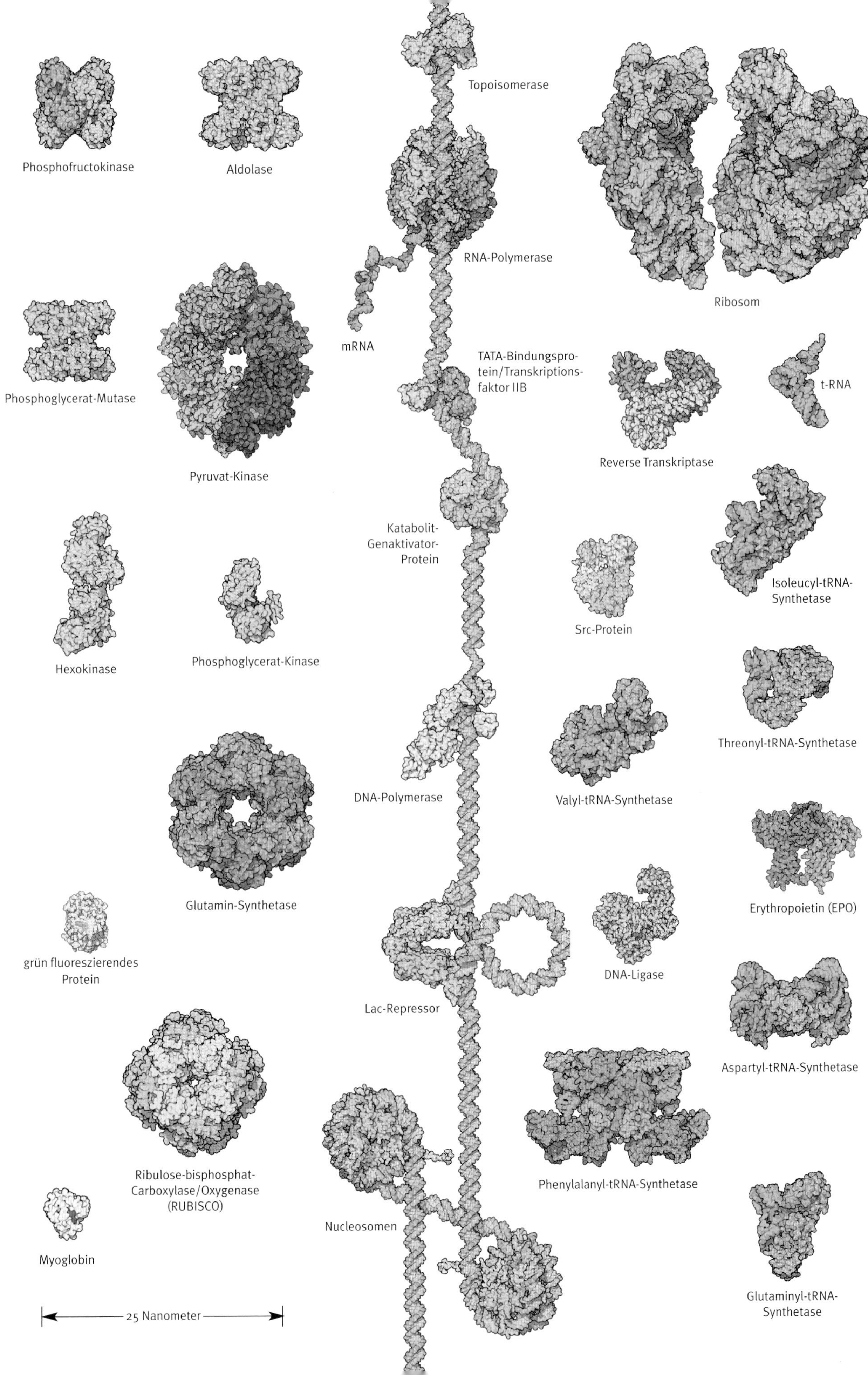

Phosphofructokinase

Aldolase

Topoisomerase

RNA-Polymerase

Ribosom

Phosphoglycerat-Mutase

Pyruvat-Kinase

mRNA

TATA-Bindungsprotein/Transkriptionsfaktor IIB

Reverse Transkriptase

t-RNA

Hexokinase

Phosphoglycerat-Kinase

Katabolit-Genaktivator-Protein

Src-Protein

Isoleucyl-tRNA-Synthetase

Threonyl-tRNA-Synthetase

Glutamin-Synthetase

DNA-Polymerase

Valyl-tRNA-Synthetase

Erythropoietin (EPO)

grün fluoreszierendes Protein

Lac-Repressor

DNA-Ligase

Aspartyl-tRNA-Synthetase

Ribulose-bisphosphat-Carboxylase/Oxygenase (RUBISCO)

Phenylalanyl-tRNA-Synthetase

Myoglobin

Nucleosomen

Glutaminyl-tRNA-Synthetase

25 Nanometer